U0296016

简单与复杂系统的
人为因素

Human Factors in
Simple and Complex Systems

【美】罗伯特·W·普罗克特 特丽莎·范赞特 著

揭裕文 郑弋源 傅 山 译

上海交通大学出版社
SHANGHAI JIAO TONG UNIVERSITY PRESS

内容提要

《简单与复杂系统的人为因素》是完整的人为因素学术专著,向读者提供需要了解的关于人为因素学科的理论基础。

本书认为人是信息处理系统,阐述了宽泛的人为因素问题,并强调基础理论与应用之间的紧密联系,以及基础性与应用性研究人员使用的方法、推理和理论。本书不仅为读者提供了理解产品和系统的设计、使用以及评价人为因素问题的必要知识,而且向读者提供了有关人的表现行为的原则以及对人为因素领域的简要概述。

本书可作为本科生和研究生的入门课程教材。

图书在版编目(CIP)数据

简单与复杂系统的人为因素／(美)罗伯特·W.普罗克特(Robert W. Proctor),(美)特丽莎·范赞特(Trisha Van Zandt)著;揭裕文,郑弋源,傅山译. —上海:上海交通大学出版社,2020
大飞机出版工程
ISBN 978 - 7 - 313 - 21789 - 9

Ⅰ. ①简… Ⅱ. ①罗… ②特… ③揭… ④郑… ⑤傅… Ⅲ. ①系统工程－人为因素－研究 Ⅳ. ①N945

中国版本图书馆 CIP 数据核字(2019)第 169039 号

简单与复杂系统的人为因素
JIANDAN YU FUZA XITONG DE RENWEI YINSU

著　　者:[美] 罗伯特·W·普罗克特　特丽莎·范赞特
译　　者:揭裕文　郑弋源　傅　山
出版发行:上海交通大学出版社　　　　　　　　地　　址:上海市番禺路 951 号
邮政编码:200030　　　　　　　　　　　　　　电　　话:021 - 64071208
印　　制:苏州市越洋印刷有限公司　　　　　　经　　销:全国新华书店
开　　本:710 mm×1000 mm　1/16　　　　　　印　　张:47
字　　数:818 千字
版　　次:2020 年 1 月第 1 版　　　　　　　　　印　　次:2020 年 1 月第 1 次印刷
书　　号:ISBN 978 - 7 - 313 - 21789 - 9
定　　价:378.00 元

前　言

从第一版的《简单与复杂系统的人为因素》出版至今已经 14 年。这 14 年中发生了日新月异的变化。1994 年出现的互联网已经成为生活很多方面的中心。尽管网络的使用一开始主要限于学术用户之间的电子邮件，现在已经成为"信息社会"的一部分。不需要离开家，我们就可以购买用品，进行银行和其他商品交易，几乎能够获取任何领域的信息，或者与世界范围内的其他人进行交流。

互联网使用的增加的一个关键问题是让所有人都能够使用网络，包括老年人，生理和精神上有残疾的人士，以及教育受限的人群。同样，不同形式的安全性要求（对人员和国家等）也成为中心问题。尽管一直强调安全性问题，但新出现的会中断计算机操作和破坏信息的蠕虫与病毒，以及网络犯罪包括身份盗窃和"钓鱼事件"也在不断上升。最大的安全性要求人员——终端用户、系统管理员和安全性监察员——定期适当地执行与安全相关的任务。

现在，新技术的出现成为日常生活的一部分，手机已经无处不在。驾驶时使用手机也成了一个热点问题，因为这需要驾驶员大量的体力和认知能力。智能驾驶系统能够帮助防止碰撞，避免死亡，并为驾驶员提供导航，甚至自动泊车服务。在所有这些实例中，以及未来可能出现的很多新技术中，可用性问题是关键。为了使得这些技术得到充分的使用，必须解决很多人为因素的问题。

第二版的《简单与复杂系统的人为因素》为学生提供了理解产品和系统设计、使用和评价人为因素问题的必要知识。在撰写这本书时，我们有很多的目标与第一版相同。我们的目标是向本科生与研究生提供有关人的表现行为的原则以及对人为因素领域的简要概述。

本书将人认为是信息处理系统，向学生介绍了宽泛的人为因素问题。我们通篇都强调基础研究/理论与应用之间存在紧密联系，并关注于基础性研究人员与应用性研究人员使用的方法、推理和理论。本书提供了对影响人的表现行为的变量的理解，以及人为因素专家使用这些理解的方式。它还提供了人为因素研究过程的框架，向学生提供我们对影响人的表现行为因素的综合理解，以及这些因素如何在系统设计中进行考虑。

本书解决了人为因素和人机工效学教科书的需求，填补了该领域中概率与经验基础之间的差距。如 Gavriel Salvendy 在第一版的前言中提到的："它所采用的理论方法与经常在人为因素中看到的'烹饪书'方法形成了鲜明的对比，'烹饪书'方法让学生获得只能应用于特定领域的具体功能或者属性的信息。相反，本书阐述了解决广泛问题的通用方法。它提供了人们期待已久并迫切需要的关于人为因素学科的理论基础。"

《简单与复杂系统的人为因素》是完整的人为因素教材，包含了目前人为因素与人机工效学的全部内容。本书可以作为本科生和研究生的入门课程。因为本书围绕人的信息处理进行构建，它也可以作为应用认知学的主要内容，只要去掉不相关的章节即可。

第二版与第一版有三个方面存在差异。第一，我们更新和修正的内容反映领域中最新的状态，包含在过去的十多年间人为因素和人机工效学出现的很多新的变化。此外，我们还介绍了例如情景意识这样不包含在第一版中的人为因素核心问题。第二，我们在本书中更加强调基础研究与应用的联系，并通过人为因素知识和实践进行加强。这使得我们对一些章节进行了重新组织，并将章节数缩减到 19 个。第三，我们让内容更加容易理解。在每一章中，都包含一个独立的框讨论与人机交互以及与当前新技术紧密相关的话题。在书稿的修订中，我们努力确保资料清晰，并且以直接和有趣的方式传播这些资料。

目　　录

第 1 部分　人为因素的历史和基础

1　人为因素的历史　3

1.1　概述　3

　　1.1.1　电子设备和数字设备　4

　　1.1.2　计算机技术　5

　　1.1.3　由于主要系统失效导致的严重事故　7

1.2　什么是人为因素和人机工效　9

　　1.2.1　定义　9

　　1.2.2　人类的基本绩效水平　10

　　1.2.3　人机系统和专业化领域　11

1.3　历史先例　14

　　1.3.1　人的心理行为表现　14

　　1.3.2　应用领域中的人的行为　17

　　1.3.3　人的行为的生物力学和生理学　20

　　1.3.4　小结　21

1.4　人为因素专业的出现　21

1.5　当代人为因素　24

1.6　总结　25

推荐阅读　26

2　人为因素的研究方法　27

2.1　概述　27

2.2　科学的特点　29

　　2.2.1　科学的基础　29

　　2.2.2　科学方法　30

　　2.2.3　科学的目标　31

2.3　测量　32

2.4　研究方法　35

　　2.4.1　描述性方法　36

　　2.4.2　相关性与差异性研究　41

　　2.4.3　试验的方法　42

　　2.4.4　小结　44

2.5　统计学方法　46

　　2.5.1　描述性统计　46

　　2.5.2　推论统计　50

2.6　学习评价人为因素设计　55

2.7　总结　57

推荐阅读　58

3　系统中的可靠性和人为差错　59

3.1　简介　59

3.2　人为因素学的中心概念：系统　60

　　3.2.1　系统概念的含义　61

　　3.2.2　系统变量　62

　　3.2.3　小结　65

3.3　人为差错　65

　　3.3.1　为什么会发生人为差错　66

　　3.3.2　差错分类　67

　　3.3.3　小结　72

3.4　可靠性分析　72

　　3.4.1　系统可靠性　73

　　3.4.2　人的可靠性　77

　　　3.4.3　概率风险分析　87

　3.5　总结　88

　推荐阅读　88

4　**人的信息处理**　90

　4.1　简介　90

　4.2　三阶段模型　92

　　　4.2.1　感知阶段　92

　　　4.2.2　认知阶段　93

　　　4.2.3　动作阶段　93

　　　4.2.4　人的信息处理和三阶段模型　93

　4.3　物理世界的心理学呈现　97

　　　4.3.1　检测与区别的经典方法　97

　　　4.3.2　信号检测　100

　　　4.3.3　心理物理学量表　105

　4.4　信息论　107

　4.5　计时方式　111

　　　4.5.1　减法逻辑　112

　　　4.5.2　附加因素逻辑　113

　　　4.5.3　连续信息累加　115

　4.6　心理生理学测量　116

　4.7　总结　117

　推荐阅读　118

第2部分　感知因素及其应用

5　**视觉感知**　121

　5.1　简介　121

　5.2　视觉感觉系统　122

　　　5.2.1　聚焦系统　124

　　　5.2.2　视网膜　130

　　　5.2.3　视觉通路　136

5.3　视觉感知　138

　　5.3.1　亮度　138

　　5.3.2　明度　144

　　5.3.3　空间和时间分辨率　146

5.4　总结　151

推荐阅读　151

6　感知世界中的目标　153

6.1　简介　153

6.2　颜色感知　153

　　6.2.1　颜色混合　154

　　6.2.2　三色理论　156

　　6.2.3　对立过程理论　157

　　6.2.4　人为因素问题　157

6.3　感知组织　158

　　6.3.1　图形和背景　158

　　6.3.2　分组规则　160

6.4　深度感知　164

　　6.4.1　眼球运动深度线索　165

　　6.4.2　单眼视觉线索　166

　　6.4.3　双眼视觉线索　171

　　6.4.4　大小和形状的恒定　174

　　6.4.5　大小和方向错觉　174

　　6.4.6　运动感知　176

　　6.4.7　模式识别　178

6.5　总结　181

推荐阅读　181

7　听觉、本体感觉和化学感觉　182

7.1　简介　182

7.2　听力　182

　　7.2.1　听觉系统　183

　　　　7.2.2　基本特征感知　190

　　　　7.2.3　较高等级属性的感知　196

　7.3　前庭系统　201

　7.4　躯体感觉系统　204

　　　　7.4.1　感觉系统　204

　　　　7.4.2　触觉感知　205

　　　　7.4.3　温度和疼痛感知　208

　7.5　化学系统　209

　7.6　总结　210

　推荐阅读　210

8　视觉显示、听觉显示和触觉信息显示　212

　8.1　简介　212

　8.2　视觉显示　214

　　　　8.2.1　静态显示　216

　　　　8.2.2　动态显示　228

　　　　8.2.3　其他显示　233

　8.3　听觉显示　238

　　　　8.3.1　警告和告警信号　238

　　　　8.3.2　三维显示　241

　　　　8.3.3　语音显示　241

　8.4　触觉显示　245

　8.5　总结　247

　推荐阅读　248

第 3 部分　认知因素及其应用

9　注意力和脑力工作负荷评估　251

　9.1　简介　251

　9.2　注意力模型　252

　　　　9.2.1　瓶颈模型　253

　　　　9.2.2　资源模型　255

9.2.3 执行控制模型 259

9.2.4 小结 260

9.3 注意力模式 260

9.3.1 选择性注意 260

9.3.2 注意力分配 266

9.4 脑力工作负荷评估 272

9.4.1 经验技术 274

9.4.2 分析技术 283

9.5 总结 284

推荐阅读 285

10 信息的保留和理解 286

10.1 简介 286

10.2 感觉记忆 287

10.2.1 视觉感觉记忆 287

10.2.2 触觉和听觉感觉记忆 289

10.2.3 感觉记忆的目标 289

10.3 短时记忆 290

10.3.1 基本特征 290

10.3.2 改善短时记忆 292

10.3.3 记忆搜索 293

10.3.4 短时记忆或者工作记忆模型 294

10.3.5 表象 297

10.4 长时记忆 298

10.4.1 基础特性 299

10.4.2 处理决策 301

10.5 理解言语和非言语材料 304

10.5.1 语义记忆 304

10.5.2 阅读书面信息 307

10.5.3 口语交流 309

10.5.4 情景意识 313

10.6 总结 314

推荐阅读　314

11　解决问题和决策　316

11.1　简介　316

11.2　问题解决　317

　　11.2.1　问题空间假设　318

　　11.2.2　类比法　321

11.3　逻辑和推理　323

　　11.3.1　演绎推理　323

　　11.3.2　归纳和概念　329

　　11.3.3　反绎和假设　332

11.4　决策　332

　　11.4.1　规范理论　333

　　11.4.2　描述性理论　334

11.5　改善决策　339

　　11.5.1　训练和任务环境　339

　　11.5.2　决策辅助　341

11.6　总结　345

推荐阅读　345

12　专家与专家系统　347

12.1　简介　347

12.2　认知技能的获得　348

　　12.2.1　练习的幂指数定律　348

　　12.2.2　技能分类　350

　　12.2.3　技能获取理论　353

　　12.2.4　学习转移　355

12.3　专家行为　358

12.4　自然决策　361

12.5　专家系统　362

　　12.5.1　专家系统的特征　362

　　12.5.2　人为因素问题　364

12.5.3　示例系统　370

12.6　总结　371

推荐阅读　372

第4部分　动作因素及其应用

13　响应选择与兼容性原则　375

13.1　简介　375

13.2　简单反应　376

13.3　选择反应　377

13.3.1　速度-准确性权衡　377

13.3.2　时间不确定性　378

13.3.3　刺激-响应不确定性　380

13.4　兼容性原则　382

13.4.1　刺激-响应兼容性　382

13.4.2　刺激-中央处理-响应兼容性　389

13.4.3　练习与响应选择　390

13.5　不相关的刺激　392

13.6　双任务和顺序行为　393

13.6.1　心理不应期效应　394

13.6.2　刺激与响应重复　396

13.7　控制动作的偏好　396

13.8　总结　402

推荐阅读　402

14　动作控制与运动技能学习　403

14.1　简介　403

14.2　运动的生理基础　404

14.2.1　肌肉骨骼系统　404

14.2.2　运动控制　404

14.3　动作控制　407

14.3.1　闭环控制　408

14.3.2　开环控制　409

14.3.3　目标性动作　414

14.3.4　抓取和拦截目标　418

14.3.5　运动控制的其他方面　419

14.4　动作学习　420

14.5　使用模拟器训练　427

14.6　反馈和技能获取　428

14.6.1　结果知识　428

14.6.2　表现行为知识　431

14.6.3　观察学习　434

14.7　总结　435

推荐阅读　436

15　控制器件和动作控制　**437**

15.1　简介　437

15.2　控制器件特征　438

15.2.1　基础维度　438

15.2.2　控制器件阻力　441

15.2.3　操作-结果相关性　443

15.3　控制面板　451

15.3.1　控制器件编码　451

15.3.2　控制器件布置　456

15.3.3　防止无意操作　459

15.4　特殊的控制器件　459

15.4.1　手部操纵控制器件　459

15.4.2　脚部操纵控制器件　471

15.4.3　专业控制器件　472

15.5　总结　475

推荐阅读　476

第 5 部分　环境因素及其应用

16　人体测量学和工作空间设计 479

16.1　简介　479

16.2　工程人体测量学　480

16.2.1　人体测量方法　483

16.2.2　人体测量数据源　485

16.2.3　生物力学因素　487

16.3　累积创伤失调　488

16.4　手动工具　492

16.4.1　手动工具的设计原则　493

16.4.2　手工工具或者动力工具　497

16.4.3　其他原则　497

16.5　人工物料搬运　498

16.5.1　举高和放低　499

16.5.2　搬运与推/拉　502

16.6　工作空间设计　503

16.6.1　工作位置　504

16.6.2　坐姿　506

16.6.3　视觉显示的位置　509

16.6.4　控制器件和目标的位置　510

16.6.5　工作空间设计的步骤　511

16.7　总结　513

推荐阅读　514

17　环境工效学 515

17.1　简介　515

17.2　光线　515

17.2.1　光线测量　516

17.2.2　光源　517

17.2.3　照度和表现行为　520

17.2.4　眩光　524

17.3　噪声　526

17.3.1　噪声测量　527

17.3.2　噪声等级与表现行为　528

17.3.3　听觉损伤　532

17.3.4　降噪　534

17.4　振动　536

17.4.1　全身振动　537

17.4.2　局部振动　538

17.5　热舒适性和空气质量　539

17.6　压力　542

17.6.1　一般适应综合征与压力源　543

17.6.2　职业压力　545

17.7　总结　548

推荐阅读　549

18　人力资源管理和宏观工效学　550

18.1　简介　550

18.2　个体员工　551

18.2.1　工作分析和设计　551

18.2.2　人员选择　555

18.2.3　培训　556

18.2.4　业绩考核　558

18.2.5　昼夜节律与工作时间表　560

18.3　员工交流　566

18.3.1　个人空间　566

18.3.2　领域性　568

18.3.3　拥挤与隐私　569

18.3.4　办公室空间及布置　571

18.4　组织小组间的交流　577

18.4.1　组织中的交流　577

18.4.2　员工参与　581

18.4.3　组织发展　582

18.5　总结　584

推荐阅读　585

19　人为因素实践　586

19.1　简介　586

19.2　系统开发　587

19.2.1　人为因素实例化　587

19.2.2　系统开发过程　591

19.3　人的表现行为的认知和物理模型　596

19.3.1　人的表现行为的工程模型　597

19.3.2　综合认知架构　602

19.3.3　控制理论模型　604

19.4　司法人为因素　606

19.4.1　责任　606

19.4.2　专家证词　609

19.5　人为因素与社会　611

推荐阅读　612

参考文献　613

术语表　718

索引　734

第 1 部分
人为因素的历史和基础

1 人为因素的历史

对设计供操作者使用机器的兴趣涵盖了所有不同复杂度的机器——从简单仪器的设计到必须一定程度合作才能操作的包含复杂系统的机器。

——A. Chapanis，W. Garner 和 C. Morgan(1949)

1.1 概述

本部分最开始的引述来自第一本关于人为因素的专著《应用试验心理学：工程设计中的人为因素》。该专著的作者包括 Alphonse Chapanis, Wendell Garner 和 Clifford Morgan。设计供操作者使用的机器和系统，不论是简单的还是复杂的，这不仅仅是这本先驱性的专著的重点关注内容，也是过去 70 年中，人为因素和人机工效的重点研究方向。在未来的设计中，人为因素的重要性与日俱增。2004 年，美国国家工程学院在《2020 的工程师》中指出：

工程师和工程学将要追寻信息技术和人类之间从身体方面、生理方面以及情感交互方面的最优化设计。当工程师创造工具进行身体方面或者其他方面的活动时，基于生理学、人机工效学以及人机交互的研究会扩展到对认知学、信息处理以及对电气、机械和光学刺激的生理响应的研究。

本书的目的在于总结已知的关于人类认知、身体和社会特性方面的知识，并描述如何将这些知识应用在机器、工具和系统的设计中，以保证它们的可用性和安全性。

在日常生活中，人类不断地与仪器、机器和其他无生命的系统进行交互。这种交互包括通过开关的方式打开和关掉一个台灯；对家用电器的操作，例如电炉和电脑；对复杂系统的控制，例如飞机和航天飞船等。在简单的台灯开关的例子中，用户与开关的交互以及开关控制的组件组成了一个系统。每个系统都有一个目标或者目的；台灯系统的目标在于照亮一个黑暗的房间，或者当不需要时关掉灯。这个系统中的无生命部分（电源、电线、开关、灯泡）的效力决定了系统的目标能否实现。例如,如果没有灯泡,那么台灯永远不会亮。

台灯系统和其他系统能否实现它们的目标也依赖于系统中操作者的部分。例如,如果一个孩童不能碰到台灯的开关,或者一个年长者很虚弱不能按动开关,那么台灯也不会被点亮。因此,系统总的效力依赖于系统中无生命部分的性能和操作者的绩效水平。两者中任何一个失效都会造成整个系统的瘫痪。

1.1.1 电子设备和数字设备

现代电子设备和数字设备能够实现的目标是惊人的。但是,这些工具如何工作(工具完成目标的程度由设计师确定)通常受到操作人员的限制。例如,磁盘录音机(VCR)的复杂特征引起了很多幽默的传奇故事。为了使用 VCR,首先需要正确地将设备与提供信号的电视机、网络系统或者卫星系统相连接,随后,如果 VCR 不能从网线或者卫星处接收到时间信号,那么需要手动调整 VCR 的时钟。当人们希望记录电视节目时,他/她需要设置正确的数据、频道、初始时间和结束时间以及磁带速度。如果他/她发生差错,那么程序可能不会被记录。要么什么都不会发生,要么录制错误的节目,或者正确的节目录错时间(例如,如果选择错误的磁带速度,他/她可能只录制了 4 小时节目中的前一半)。因为在整个过程中,有很多地方用户容易混淆或者出现差错,而且不同的 VCR 包含不同的命令选项,即使是相对熟练的节目录制人员也会弄错,特别是在操作不熟悉的机器时。

可用性问题使得 VCR 的使用者无法完全发挥 VCR 的能力(Pollack,1990)。在 1990 年,大约 1/3 的 VCR 拥有者报告称他们甚至从来没有设置过机器上的时间,这意味着他们从来不会特定设定的是将让 VCR 开始记录。在 1975 年 VCR 问世之后,可用性问题存在了很长时间。在 2001 年,美国广播公司 ABC 的节目专门采访了一些进行改善产品可用性开发项目的大学生。在这个节目中,主持人开玩笑地问学生能否设计一款好用的 VCR。

电子技术不断地进步,我们用 DVD 取代了 VCR。这些产品仍然需要一些程序,并且在大部分情况下,必须与其他设备(如电视机或者电脑)相连才能使用。这意味着可用性仍然是一个大问题,尽管我们不用再担心需要设置时钟。有人可能会认为现在可用性的问题只会出现在老年人中,他们不像年轻人那样熟悉新技术,但是年轻人在使用这些设备时也会产生问题。本书的作者之一对一个模块化书架立体音响进行了可用性测试,作为一个班级项目,测试对象是参加人为因素课程的高年级大学生。大部分的学生即使在手册的帮助下也无法设置音响的时钟。另一项关于 VCR 使用的研究表明,即使经过训练,20％的大学生错误地认为 VCR 已经设置正确(Gray,2000)。

1.1.2　计算机技术

计算机技术的高速发展和普及有目共睹(Bernstein,2005；Rojas,2001)。第一代现代化计算机产生于 20 世纪 40 年代中期。那时的计算机极其庞大,运算缓慢,价格昂贵,并且绝大部分用于军事。例如,1944 年,哈佛-IBM 合作制造的自动序列控制计算机(ASCC,美国第一个大型自动数字化计算机),大小接近半个美式橄榄球场,并且每 3～5 s 才进行一次计算。不同于操作系统或编辑器,对 ASCC 进行编程不是一件容易的事情。ASCC 的第一名编程人员 Grace Hopper 需要在纸带上针对机器指令进行打孔操作,然后再输入计算机。尽管计算机的尺寸很大,但是它只能执行简单的操作。Hopper 后来开发了编程语言的第一个编辑器。在她的后半生,她一直致力于计算机和编程语言的标准测试。

20 世纪 50 年代,ASCC 之后出现的计算机在尺寸方面明显小了很多,但是仍需要占据一大间屋子。这些计算机能够被更多的用户负担得起并使用,用户包括商业用户、大学和研究机构。这些计算机使用汇编语言进行编程,它们允许使用简短的编程代码。高级别的编程语言如 COBOL 和 FORTRAN,使用类似于英语的方式替代机器码。这也标志着软件工业揭开了序幕。在这一时期,大部分的计算机编程依赖于提前准备好的一叠卡片,由编程人员交给操作者。操作者将卡片塞入一种被称为卡片阅读器的机器,然后过一段时间,返回一张打印输入。编码的每一行都需要使用键控打孔机输入到每一张独立的卡片上。在那个年代进行编程的每一个程序员都记得他们曾经有过的痛苦经历,包括沉闷的定位程序；在质量极差的打孔卡片上进行差错纠正；编程卡片的混乱和丢失以及当一个程序崩溃时,接收到的是含义模糊、无法解释的差错信息。

到了 20 世纪 70 年代后期,随着微处理器的出现,第一代桌面式个人计算机广泛使用,包括 Apple Ⅱ、科莫多宠物(Commodore PET)、IBM 个人计算机和 Radio Shack TRS-80。这些机器改变了计算机的形象,让计算机供给个人使用。但是,当计算机从供小部分受过训练的用户使用,转变到供大众用户使用时,大量的可用性问题也随之自然地出现了。这驱使着开发更加友好的操作系统设计。例如,用户与第一代个人计算机操作系统进行交互时,需要通过一个基于文本的命令行界面。这个笨拙的、不友好的界面使得当时的个人计算机市场仅限于一小部分非常希望使用计算机并愿意学习操作系统命令的用户。当时,施乐公司帕洛阿尔托研究中心(PARC)正在研发"基于感知的用户界面"。在苹果公司发布 Apple II 7 年之后,他们又发布了 Macintosh——第一款基于窗口的图形化界面的个人计算机。这些界面至今仍集成在现今的计算机系统中。

与图形化界面进行交互需要在屏幕上使用一个指针设备进行目标定位。在 1963 年,Douglas Engelbart 在一个早期的计算机协同系统中,发明了第一只鼠标(见第 15 章)。他称之为"X - Y 位置指示器"。他的早期设计如图 1.1 所示,后来被 PARC 的 Bill English 进行了改进并使用在图形界面中。在图形化界面中,与计算机进行交互时,鼠标的使用代替了部分键盘的功能。

图 1.1　第一个计算机鼠标,在进行大量的可用性测试后由 Douglas Engelbart 发明

尽管图形化界面和计算机鼠标的使用极大地提升了用户体验,在人机交互(HCI)中仍然存在很多尚未解决的可用性问题。同时,随着新功能的引入,新的问题也在不断出现。例如,对于一款新的软件,通常在界面描述中很难理解不同的图标含义,或者容易与其他的图标产生混淆。本书的一个作者,当他不注意时,偶尔会在一个通用的文字处理软件中错误地将"复制"当作"存储"单击。这是由于"复制"和"存储"的外形相似并且靠在一起。在一个非常通用的操作系统中,当需要关闭电脑时,必须单击底部的"开始"按钮,这可能会引起大部分人的困惑。此外,类似于旧式的 VCR,很多软件包非常复杂,这种复杂性导致了大部分的用户无法完全使用这些软件的性能。

20 世纪 90 年代,随着互联网和万维网的发展,个人电脑变成了通用的家用设备。它可以作为游戏机、电话(电邮、语音信息、即时通信)、DVD 播放器/录像机、立体音响系统、电视、图书馆、购物中心等。由于网络带来的新的问题引发了可用性研究的发展（Proctor 和 Vu，2004，2005；Ratner，2003；Vu 和 Proctor，2006）。虽然网络上存在大量可用的信息，但用户很难找到他们希望搜索的信息。不同网站的可用性也各式各样，存在很多杂乱和难以理解的内容。对内容的准备和结构规划以及信息合适的显示方式对设计网站都非常重要。

私密性和安全性是因特网用户最关注的问题。个人和组织希望保证信息的安全性，并且只有授权的用户可以使用这些信息。一个不安全的计算机系统或者网站可能有意或者无意地被非授权的个人和组织攻击，严重的可能造成财产损失。粗心的系统设计师可能使得机密的信息被每一位网站访问者获得。这样的事件在 2006 年 6 月曾经发生过。谷歌的网络爬虫（webcrawler），一种只要发现数据就会自动在网络中进行搜索和归档的程序，获取了北卡罗莱州的 Catawba 县某学校 600 名学生的社保账号和考试成绩。由于这些数据被网络爬虫搜索到，所以凡使用谷歌搜索引擎的用户都能获取到这些数据。虽然该学校指责谷歌应该对数据的泄密负责，但是很明显，学校的计算机系统管理员也没有对数据进行加密。

安全性的增加通常伴随着可用性的降低（Schultz，2005，2006）。大部分的用户由于各种各样的原因，不希望进行额外的任务和操作以保证高等级的安全性。

1.1.3 由于主要系统失效导致的严重事故

1986 年 1 月 28 号，航天飞机"挑战者号"在发射的过程中发生爆炸，致使 7 名机组成员丧生。设计的缺陷和松散的安全性管理以及一系列不合适的决定导致了悲剧的发生。该悲剧不仅造成了人员损失，也使得航天项目受损，以及随后的政府和私营企业的其他成本增加。即使对"挑战者号"灾难的调查改善了美国航空航天局（NASA）的文化和管理模式，但是同样类型的错误和差错判断又导致了 2003 年 2 月 1 日"哥伦比亚号"航天飞机在得克萨斯州北部上空解体坠毁，7 名航天员丧生。

"哥伦比亚号"事故调查委员会的事故调查结论是：航天飞机在发射的时候，防热罩被从燃料箱脱落的泡沫材料碎块击中而严重受损。虽然照相机记录下了发射过程中发生的事件，但是美国航空航天局的官员认定不会对航天飞机的安全造成伤害。这是因为在其他的航天飞机任务中，发射过程中的泡沫材料脱落并没有产生不利的影响。但是 NASA 的工程师并不这样认为。NASA 的工程师一直担心由于泡沫材料脱落造成的撞击。他们多次请求航天飞机的项目经理与美国国防部合作，从军事卫星中获取哥伦比亚号的图片，以便他们能够对航天飞机的受损程度进行评估。甚至在通过计算机仿真和模拟后，工程师发现撞击发生在航天飞机的防热罩上之后，他们的请求仍然被项目经理忽视。项目经理受到"小组思想"的影响，在这种思想的影响下，项目经理很容易忽视非小组内成员的信息。

美国航空航天局不是唯一一个由于不好的人为因素原因而遭受灾难的组织。1979 年 3 月 28 日，由于一个压力阀的故障而导致了在宾夕法尼亚州靠近哈里斯堡的三里岛核反应堆陷于瘫痪。虽然应急设备能够正常工作，糟糕的告警显示和控制面板的设计使得一个微小的故障最终演变成美国核动力工业史上最严重的事故。这起事故对美国核动力工业造成极大的压力和财产损失。但是，事故最严重的后果是美国公民对核动力的态度：对这种能量源的公众支持率显著下降并一直保持很低的支持率。

三里岛事件是建立正式的核电站设计标准的主要驱动力。这些标准中有些是为了补救明显可能导致灾难的人机工效缺陷。其他的灾难也驱使类似的管理条例、设计修正和安全性指南的出现。例如，1994 年，瑞典的"爱沙尼亚号"客轮在芬兰西南部的波罗的海海域沉没。船上乘客和船员共 964 人，幸存者只有 141 人。这是欧洲自第二次世界大战以来最严重的一次海难事故。事故调查表明船首舱门锁在狂风巨浪的冲击下松动脱落，大量海水涌入船舱导致了灾难的发生。糟糕的设计和维护导致了船首舱门锁的故障，船员对事件的发生也缺乏合适和快速的反应。灾难发生后，欧盟对所有的欧洲客船建立了新的安全性指南标准。

但是，与"挑战者号"和"哥伦比亚号"相类似，对客船中人机工效的关注度的增加并没有阻止其他的灾难的发生。在"爱沙尼亚号"灾难之后，1999 年 9 月又发生了"Sleipner 号"高速汽船沉没事件，导致 16 人丧生。在这起灾难中，船员缺乏训练，并且只有极少数量的安全性程序。

不幸的是，还有很多类似的案例。2000 年 10 月 31 日，新加坡航空公司的一架大型喷气式客机误闯入正在施工维修而暂停开放的 06 右跑道尝试起飞，结果以超过 140 kn 的速度擦撞机具，之后翻覆并断裂成两截，机身引起大火。在这场意外中，81 人罹难，导致这起灾难的原因是不合理的机具摆放和不明确的指示。此外，2000 年 9 月 7 日，在美国 2000 年总统大选中，来自棕榈滩的很多选民被不合理的投票纸弄混，而错误地选择了第三党候选人 Par Buchanan，而不是民主党候选人 Al Gore。这也使得最终的选举结果向共和党候选人 George W. Bush 倾斜。

另外一个例子发生在 2001 年 2 月 9 日，美国"格林威尔号"潜艇在夏威夷海域撞沉了一艘日本的实习船"爱媛号"，造成 9 名日本人丧生。事故发生在"格林威尔号"执行一个紧急浮出水面接乘客登艇的任务过程中。多种因素造成了事故的发生，包括人员不充足；乘客的注意力分散；故障的设备以及船员之间的沟通不畅。指挥员强调最重要的因素是他脑海中的预先设定。他认为在上浮的过程中，周边区域内没有其他船只。由于指挥员的预先设定，所以他在上浮之前只用潜望镜进行了粗略的观察。

"挑战者号""哥伦比亚号"、三里岛以及其他的灾难可以归结于系统中机器和人的差错。读完本书以后，应该能够清楚地理解差错如何导致灾难的发生，以及在系统设计和评价的过程中采用怎样的方式能够减少这些差错发生的可能性。同时，也应该理解不管是简单的产品或者复杂的系统，只要与人类发生交互，都需要充分考虑人为因素的问题。

1.2 什么是人为因素和人机工效

工程师在设计机器时，需要对机器的可靠性、易于操作程度或者可用性以及容错特性等方面进行评估。因为系统的有效性既依赖于操作者的行为，也依赖于机器的性能。操作者和机器必须被考虑成一个单独的人机系统。只有在这种考虑中，系统中操作者部分的行为能力才能够与系统中无生命部分进行统一的分析。例如操作者的可靠性（成功执行任务的比率）可以与机器的可靠性以相同的方法进行评价。

1.2.1 定义

在系统中影响操作者效力的变量都是人为因素需要考虑的范围。人为因素也就是那些重点影响了操作者与系统中无生命部分进行交互实现系统目标的效力的变量，这也称为人机工效、人机工程、工程心理学或者其他的名字。事实上，在美国以外的国家，更多使用人机工效而非人为因素（Dempsey 等，2006）。

本书中对人为因素的官方定义遵循 2000 年 8 月国际人机工效学协会和人为因素与人机工效学会所采纳的：

> 人机工效/人为因素是研究系统中人与其他部分交互行为的科学学科。具体内容包括应用理论、规则、数据和其他的设计方法使得人的

绩效水平和整个系统的性能最优。

人为因素涉及的领域取决于相关支持科学的基础研究,针对该领域的应用性研究,数据的分析以及特定设计问题的规则等方面。因此,人为因素专家应该参与系统开发和评价的各个阶段中。

人为因素的定义强调了人类基础能力的重要性,例如感知能力、注意力范围、记忆跨度以及身体上的限制等。人为因素专家应当知晓这些能力并能够将其应用到系统的设计中。例如,将台灯的开关设计在一个最优的高度需要具备目标人群的人体测量限制(身体特征)的知识。在设计汽车、计算机软件包、微波炉等信息显示和控制器件时,人为因素专家需要充分考虑人的感知、认知和移动能力。只有设计能够适应并使得系统用户能力最优时,系统的性能才能最大化。

Barry Beith 是 Human Centric Technologies 公司的 CEO,他在谈到人为因素的从业者时,指出:

> 人为因素/人机工效有着相当广泛的应用。事实上,只要人类与技术有交互,都是人为因素关注的范围。由于这样的广泛度和多样性,基础才是成功的关键。这里的基础是指学科中所要具备的基础的工具、技术、技能和知识。对人的知识包括了能力与局限性,行为和文化特征,人体测量和生物力学属性,动态控制,感觉和感知,认知能力以及情感属性等。

因此,本书中所包含的基础内容对于读者理解不同领域中人为因素和人机工效的应用是非常重要的。

1.2.2　人类的基本绩效水平

目前,已经有很多关于人类能力局限的科学数据。对人类能力局限的研究已经超过了一个世纪,并且逐步转变到对人类的绩效水平的研究方向。具体地说,对人类的绩效水平的研究包括对技巧性行为过程的获取、保持、转变和执行的分析(Fitts 和 Posner,1967;Matthews 等,2000;Proctor 和 Dutta,1995)。这些研究关注于限制人类绩效水平不同方面的因素,将复杂的任务分解到更加简单的组件进行分析,并建立可估计的人类基础能力。运用这些研究结果和数据,就可以预期人类是如何执行简单任务和复杂任务的。

就像工程师在分析复杂系统时需要依据构成复杂系统的子系统(如电线、开关和灯泡构成的台灯系统)一样,研究人的绩效水平的人员也需要从子系统开始对人类进行分析。在台灯开启之前,需要有一个对光线的预期,确定合适的动作,并执行打开开关。与之相比,人为因素专家主要关注于人与机器的交互行为,目标是让两者之间的信息交互尽可能地顺畅和有效。在台灯系统的例子中,交互界面存在于台灯的开关中,人为因素应该关注的重点在于如何使得开关的设计和安放最适合使用。因此,尽管研究人的绩效水平的人员可能对系统中人的部分的特性更加感兴趣,人为因素专家关注的是如何设计最优的人机交互界面以实现系统的目标。

通常在设计一个系统时,对机器的运行特征设计的自由度要大于对操作人员特征的自由度。这也就是说,可以对机器部分进行重新设计或者改善,而不能期望对操作人员进行重新设计或者改善。虽然我们可以对操作人员进行监视和充分的训练,但是人类绩效水平特征的很多局限是无法打破的。

由于在设计时对操作人员方面自由度的限制,从而迫切地希望知晓人类的局限性对机器设计的影响。因此,人为因素专家必须考虑人类基本的绩效水平能力,以便在系统中机器部分设计时能够充分使用人的能力。

1.2.3 人机系统和专业化领域

图 1.2 和图 1.3 描绘了设计工程师、人的绩效水平研究人员和人为因素专家所涉及的领域。图 1.2 所示是一个人机系统:一个操作人员正在操作计算机。人机交互界面是一个呈现视觉信息的电脑显示屏。计算机通过显示屏与操作人员进行交流。操作人员通过视觉感知获取信息。操作人员处理信息,再通过按键盘上的键或者移动鼠标与计算机进行交流。计算机再处理操作人员的输

图 1.2　人机系统

入信息。随着计算机的广泛使用，人为因素的一个重要分支关注于人机（计算机）交互的问题（见框 1.1）。

框1.1 人机交互

人机交互（HCI，也称为机人交互或者 CHI）用来描述优化用户与计算机之间交互的跨学科研究领域。人机交互的研究在过去 20 年得到了飞速的发展，一些致力于人机交互的组织也随之成立。人机交互的研究成果不仅发表在有关人为因素的期刊上，也发表在人机交互专门的期刊上（如《人机交互》《人机交互国际期刊》《人机研究国际期刊》）。此外，还有一些专著（Dix 等，2003）和手册（Helander 等，1997；Sears 和 Jacko，2008）对人机交互内容进行了全面的阐述。

虽然人机交互专家认为人机交互是一个特殊的领域，但是人机交互可以被认定为是在人为因素的范畴之内，在本书中也是这样认为的，这是因为人机交互是在计算机界面设计中，对人为因素规则和方法的应用。对于人为因素专家来说，人机交互领域大有可为。因为人机交互涵盖了认知、物理和社会等多方面的问题（Carroll，2003）。这些问题在每一个显示和数据输入设备中都有体现，需要设计出合适的复杂信息呈现方式，使得脑力负荷最小，可理解程度最佳；还需要考虑针对群体的设计，能够支持团队的决定和表现。

下面给出了两个人机交互设计考虑的实例，一个需要考虑物理特性，还有一个需要考虑认知因素。长年累月地使用键盘可能会造成操作人员手腕部分的神经受损，从而患上腕管综合征。减少患上腕管综合征的方法很多，例如使用分离式键盘，或者弯曲的键盘，这样能够让手腕保持竖直而不会弯曲。因此，人为因素专家在设计界面时需要考虑的一个问题是设计的物理特性如何能够防止身体受损的情况发生。

除了物理上的限制外，人为因素专家还需要考虑认知的因素。例如，大部分用户的记忆力都有一定的能力限制，当他们在记忆菜单中特定命令的位置数量时，对记忆力的要求可以通过使用图标进行优化。只要用户单击图标，就能够实现界面的特定功能。这样就意味着，图标能够提升功能实现的速度。但是如果图标的设计不明确而容易产生混淆，那么执行了错误的功能可能会花费更多的时间。

随着计算机在生活各个方面得到广泛的应用,人机交互的研究在很多具体的应用领域展开。这些领域包括教育软件、计算机游戏、移动通信设备以及交通工具界面等。随着互联网的高速发展,人机交互最热门的领域聚焦到互联网和万维网的可用性方面(Nielsen,2000;Proctor 和 Vu,2005;Ratner,2003)。关注的问题包括主页设计、公众接入设计、电子商务应用、网络服务、人肉搜索等方面。

图 1.3 描述了一个抽象的人机交互系统。在这个抽象概念中,人与计算机的相似点是明确的,可以将人与计算机抽象成负责输入、处理和输出的子系统。人主要通过视觉系统获取信息,而计算机则通过键盘和其他的周边设备进行信息获取。计算机中的中央处理单元类似于人类大脑的认知能力。最后,人通过明确的身体反应进行输出,例如按按键,而计算机的输出则呈现在显示器上。

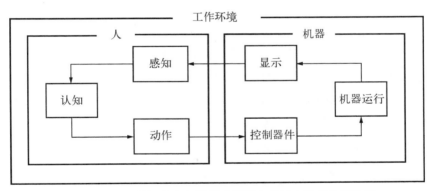

图 1.3　人机系统,人和机器构成了更大环境中运动的子系统

图 1.3 也体现了设计工程师、人的绩效水平研究人员以及人为因素专家所涉及的范围。设计工程师对机器部分的子系统以及它们之间的关系感兴趣;人的绩效水平研究人员对人部分的子系统以及它们之间的关系感兴趣;人为因素专家最关注的是人和机器部分的子系统的输入和输出之间的关系,或者说,是人机交互。

图 1.3 最后一个需要强调的是工作环境对系统的性能也有影响。这种影响可以通过机器部分或者人的部分,甚至通过界面进行评估。如果计算机处于一个非常热的、潮湿的环境中,它的一些组件可能受损而导致系统的失效。相类似

地,极端炎热和潮湿的环境也会影响计算机用户的绩效水平,也有可能导致系统失效。

工作空间的物理特性对人的绩效水平的影响不仅包含环境,还包含社会的和组织的变量都有可能使工作变得更加轻松或者更加困难。宏观人机工效学就用来描述组织环境和系统设计、应用之间的交互关系(Hendrick 和 Kleiner,2002)。

总的系统性能取决于操作人员、机器和所处的环境。设计工程师专注于机器的领域,人的绩效水平研究人员专注于操作人员的领域,而人为因素专家则关心机器、操作人员和环境之间的相互关系。通常,在解决一个特定的人机交互问题时,人为因素专家从操作人员的能力着手进行考虑。对人的能力的科学研究起源于 19 世纪,对人的能力的研究也是当代人为因素研究的基础。

1.3　历史先例

将人为因素从一项技术发展成一门科学的主要动力来自第二次世界大战。随着武器和交通运输系统不断复杂化,先进的技术也逐步应用到工厂自动化设备和日常所使用的设备中。复杂设备所引起的操作困难将人为因素的需求推向了新的高度。人为因素的研究需要基于人的心理行为表现、工业工程以及人体生理学的研究。因此,在对历史进行回顾时,会先对这些与人为因素相关的方面进行阐述。本部分的内容只是对这些人为因素领域的基础进行概要性的介绍,具体内容会在后续章节进行详细的讨论。

1.3.1　人的心理行为表现

对人的行为的研究强调人类基本的能力,主要是指对信息的感知和响应。对人类行为的研究可以追溯到 19 世纪中叶(Boring,1942),主要的工作是感知心理物理学和不同的脑力活动的时间测量。很多早期先驱者建立的理论和方法现如今仍然应用在人的行为的人为因素研究中。

1) 感知心理物理学

Ernst Weber 和 Gustav Fechner 建立了心理物理学,同时他们也是现在试验心理学的奠基人。Weber 和 Fechner 研究了在感觉和感知方面人的能力。Weber 通过对重量差别感知的研究发现的一条定律,即感知的差别阈限随原来刺激量的变化而变化,而且表现为一定的规律性,刺激的增量和原来刺激值的比是一个常数,该定义称为 Weber 定律,可以表示为

$$\Delta I / I = K$$

式中，I 为原刺激的强度（左手上的重量）；ΔI 为原刺激与另外一个刺激（右手上的重量）的差异程度（重量差值）；K 为一个常数。

Weber 定律指出：随着强度的增加，需要感知一个强度变化的绝对值是不同的，但是相对比率却是一个常数。例如，如果一个重量很重，那么必须要更大的绝对重量的增加才能感知到另一个更重的重量。Weber 定律在感知和感知的专业书籍中也有介绍（Goldstein，2007）。Weber 定律适用于中等强度的刺激，不适用于过高或过低的刺激。

Fechner 基于 Weber 的研究，建立了第一个心理量（如响度）与物理量（如幅度）之间数量关系的定律。Fechner 定律如下所示：

$$S = K \log(I)$$

式中，S 为感知强度；I 为物理刺激强度；K 为常量；$\log$ 可以是任意底。

类似于 Weber 定律，感知和感知的专业书籍中仍然在介绍 Fechner 定律（Dzhafarov 和 Colonius，2006），并且仍旧驱动着感知和物理世界相关性的理论研究的发展。心理物理学是描述基础的感知敏感性的科学，在第 4 章中，将对经典和当代的心理物理学进行介绍。

2）心理过程的速度

Fechner 和 Weber 揭示了如何使用控制试验法对人的行为特征进行研究，也因此提供了对人类进行广泛研究的动力。与此同时，其他科学家在感知生理学方面也取得了重大的突破。其中，最出名的是 Hermann 和 Helmboltz。他们的很多研究结论仍然是现代科学的理论基础。

Helmholtz 最重要的贡献之一是建立了测量神经脉冲传输时间的方法。他对青蛙的神经施加一个电刺激，并测量由该刺激而产生肌肉收缩的时间差值。测量的结果表明传输速度大约为 27 m/s（Boring，1942）。这一发现的重要性在于揭示了神经传输并不是瞬时的，而是需要经过一个可测量的时间。

Helmholtz 的发现是 Franciscus C. Donders 早期研究的基础。Donders 是眼科学的奠基人，他发明了被称为精密计时的方法。他认为当执行一个快速反应任务时，执行者必须进行一系列的判断：先检测到一个刺激并识别这个刺激；然后需要与其他的刺激区分。进行这些判断之后，执行者再针对该刺激选择合适的反应。

Donder 设计了一些简单的任务，这些任务中包含不同的判断组合。随后，他用需要多一个判断的任务执行时间减去不需要该判断的任务执行时间。通过这样的方法，Donder 估算出了不同判断的执行时间。

Donder 的方法现在称为**减法逻辑**。减法逻辑的意义在于对分离心理过程提供了基础。这一概念是**人类信息处理**的核心原则。人类信息处理在如今的人的行为研究中广泛应用，它认为认知是通过一系列的建立在感知的信息处理活动中实现的。对于人为因素问题的研究，将人作为一个信息处理系统的概念是非常有价值的，因为这样就能够基于相同的基础功能对人和机器进行分析。如图 1.4 所示，人和机器都基于来自环境的输入执行了一系列操作，并产生了新的信息输出。通过这样的方式看待人和机器，就可以依据基础的信息处理方式研究人机系统。

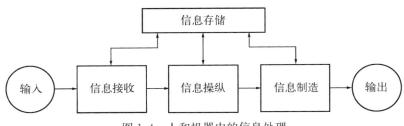

图 1.4　人和机器中的信息处理

3）Wundt 和注意力研究

心理学作为一门独立的学科通常可以追溯到 1879 年。在 1879 年，Wilhelm Wundt 建立了第一个专门研究心理学的实验室。Wundt 是一个成果很丰富的研究人员和教师。因此，他的观点在 19 世纪后期对心理学和人的行为研究有着重要的影响。

对于当代的人的行为心理学，Wundt 的最大贡献是他的科学论断。他提出了一种确定性的方式对心理生活进行研究。Wundt 认为心理活动在人的行为中存在因果关系。人对事物的心理表现是以往的经验和大脑组织这些经验的方式。他还强调这种心理表现具有创造性的特征，而不仅仅是不同的心理元素的简单的组合（Daziger，2001）。Wundt 将他的方法称为唯意志论（voluntarism），强调行为具体自发性的特征。他和他的学生使用了大量的心理物理学和精密计时的方法对注意力的构建和选择性注意力过程进行了详细的研究（Nicolas 等，2002）。

注意力是人为因素重点关注的问题，具体内容将在第 9 章中进行详细介绍。在 20 世纪后期和 21 世纪初期，对注意力的研究吸引了大量的科研人员。其中，最具影响力的应该是 William James,在他 1890 年发表的专著《**心理学原理**》中,James 使用了一个完整的章节介绍注意力。他提道:

> 每个人都知道什么是注意力。它是由大脑所控制的,从几个同时存在的物体或者想法中选取一个明确生动的。集中关注、聚精会神和意识都是注意力的本质。它意味着从一些事情中退出,转而去处理其他的事件。

以上关于注意力特征的很多描述在当代的研究中仍然适用,例如不同的注意力类型;处理能力的限制以及意识的作用(Johnson 和 Proctor,2004;Styles,2006)。

4)学习和技能获取

当 Wundt 和其他的科研人员在潜心研究如何解决分类心理事件的实验性问题时,Hermann Ebbinghaus 第一次用严谨的试验方法研究了学习和记忆。Ebbinghaus 的贡献是巨大的,因为在此之前,对于较高等级的心理过程的定量化研究被认为是不可能的。在其对自身的长期的试验过程中,Ebbinghaus 研究了他自己学习和记忆一系列无意义音节的能力。Ebbinghaus 所使用的程序、定量化的分析方法以及理论问题都为研究较高等级的心理功能提供了基础。

Bryan 和 Harter 将对学习和记忆的研究扩展到对技能获取的研究中,这在人的行为研究历史中留下了浓墨重彩的一笔。在他们对电报学的学习摩斯码的研究中,Bryan 和 Harter 确定了技能学习中的很多因素,后来称为知觉运动技能。Bryan 和 Harter 使用了与 Ebbinghaus 类似的方法,他们的贡献在于对技能学习的理解和对如何学习使用电报的理解。通过研究学习曲线,Bryan 和 Harter 提出学习分为几个阶段。现在使用的技能获取模型仍然建立在阶段的概念基础之上(Anderson,1983;Anderson 等,2004)。

1.3.2 应用领域中的人的行为

虽然人为因素作为一门学科起源于第二次世界大战期间,但是在此之前,大量的与人为因素相关的应用性工作就已经展开。大部分的这些工作主要是为了提高工作绩效和生产力。在第二次世界大战之前,至少已经存在两本与人为因素相关的期刊。

1)工作专业化和生产力

Charles W. Babbage 在 1832 年出版了《**机器与制造工人经济**》一书。在该书中,他提出了提高工人工作效率的方法。Babbage 提倡工作专业化,这样能够让工人对一定范围内的任务具有很高的劳动效率。他还设计了两台蒸汽机和一台用作差分计算的计算机。这台计算机是第一台多用途可编程计算机。他设计计算机的驱动力是减少科学计算中的错误。

在一篇名为"An Outline of Ergonomics，or the Science of Work Based upon the Truths Drawn from the Science of Nature"的文章中，W. B. Jastrzebowski 第一次使用了人机工效（ergonomics）这一专业术语（Karwowski，2006；Koradecka，2006）。他的杰出贡献在于帮助从事危险工作的工人，防止他们受伤，并且他还强调建立有效的工作实践。

Frederick W. Taylor 是在应用领域中系统性研究人的行为的科研人员之一。Taylor 是一名工业工程师，他关注于工业环境中的工人的生产力。他开展了最早的人为因素研究之一。如 Gies 所描述的，Taylor 重点关注炼钢厂的工人使用铁铲执行铲铁的任务。通过仔细的科学观察，他设计了不同的铁铲和适用于不同的材料的操作方法。

Taylor 建立了科学管理的思想。他在提升生产力方面有三个贡献：第一是任务分析，确定任务的组件。任务分析的一种方法是**工业操作效率的研究分析**。使用这种方法，能够对工人的动作进行分析，从而确定执行工作的最优方式。第二个贡献是建立**绩效薪酬**的概念。他提出使用"计件工作"的方式，依据工人完成的计件数支付报酬。第三个贡献在于引入了**人员甄选**的思想，即让工人适合执行任务。虽然 Taylor 的很多贡献现在被认为是不人道的和剥削性的，但他的思想有效地提高了人的行为效率（即提升了生产力）。此外，工业操作效率的研究分析和其他的任务分析方法在现代的人为因素研究中仍然有所使用。

Frank Bunker Gilbreth 和 Lillian Moller Gilbreth 是首批在人的工作中研究系统性分析的应用科研人员。Gilbreth 建立了一种具有影响力的技术能够将工作中的运动分解成基本元素或者"分解动作"。Frank Gilbreth 对砌砖工作和手术室程序的研究是工业操作效率的应用研究最早期很出名的例子。

Frank Gilbreth 是砌砖工人出身，他认为砌砖工人的动作数量是工具、原材料和建筑目标的函数。类似地，他研究了手术团队成员之间的交互行为。他对砌砖工人的研究大幅提升了他们的生产效率；而他对手术室程序的研究指导了当代手术规则的建立。Lillian Gilbreth 在 Frank 过世之后，将他对动作分析的工作扩展到残疾人士的家务劳动和设计中。

另一位对工作研究有杰出贡献的是心理学家 Hugo Münsterberg。虽然

Münsterberg 接受的是试验心理学的教育，他将大量的精力花费在应用心理学上。在《心理学与工作效率》一书中，Münsterberg 讨论了工作效率、人员甄选和市场技术。

人员甄选起源于第一次世界大战期间对能力建立中个体差异的研究。那时人员甄选的方法是使用智力测试。随后，很多其他方面的测试，包括绩效、资质、兴趣等也被用来进行人员甄选。尽管人员甄选能够提升系统的性能水平，但是仅通过人员的选择，这样的改善是有限的。一个不合理设计的系统即使使用最优秀的操作者也无法改善性能。因此，人为因素学科建立的一个主要驱动力是改善供操作者使用的系统的设计。

2）早期的人为因素期刊

20 世纪前半叶，两本短暂发行的期刊预示着随后的人为因素期刊的发展。其中一本期刊是美国发行的《**人体工程学**》。这本期刊在 1911 年发行了 4 期，1912 年发行了 1 期。在第 1 期的期刊中，编辑 Winthrop Talbot 将人体工程学描述如下（Ross 和 Aines，1960）：

> 人体工程学是研究工业领域中效率的物理和心理基础。它的目标是提高人的效率而不是机器的效率，减少人力资源的损失，发现和防止可能出现的摩擦、刺激或者受伤。

1927 年到 1937 年之间，一本称为《人为因素》的期刊在英国由国家工业心理学协会发布。该期刊中收录的内容比之后的与人为因素相关的领域更加广泛。很多文章都是关于职业指南和智力测试。但是，该期刊中也包含了很多人为因素核心关注点的文章。例如，在 1935 年的期刊中就收录了"The Psychology of Accidents""A Note on Lighting for Inspection""Attention Problems in the Judging of Literary Competitions"以及"An Investigation in an Assembly Shop"这样的文章。期刊中还发表了著名的生物学家和公众人物 Julian Huxley 的电台演说。在他的演说中，Huxley 将工业卫生与工业心理学进行了区分，他指出：

> 工业心理学的范畴要比工业卫生的范畴更加宽泛。工业心理学是针对工业领域中的人为因素问题，而工业卫生则关注于工业疾病和防护。工业心理学寻求的是提供工作的绩效，而其他的技术则是为了改善机器和程序。因此，工业心理学必须时刻关注机器与人之间的合作行为，而不单单是纯粹的机器本身。机器是机械化的运作，而人不是。

人有自己不同的处事方式、自己的情感、自己的想法，这些特征也必须
进行考虑。

1.3.3 人的行为的生物力学和生理学

对人的行为的生物力学的研究建立在早期的 Galileo 和 Newton 的理论工作基础之上。他们建立了基础的物理学和力学的规则。Giovanni Alphonso Borelli 是 Galileo 的学生，是最早从事人的行为力学研究的科学家之一，他将数学、物理学和解剖学的理论引入了对人的行为的研究。

对工作效率领域中进行生物力学分析做出最大贡献的科研人员是 Jules Amar。在他的《人体运动》一书中，Amar 提供了完整的工业工作中生物力学和生理学规则的理论基础。他的研究初始于如何将生物力学的规律应用到工作绩效中。Amar 和其他科研人员的思想和理论被随后的人为因素研究所采纳和吸收。

另一个重要的成就是建立了动态评估人的行为的程序。在 19 世纪后期，Eadweard Muybridge 构建了一套由成排照相机组成的装置，可以对动物和人的动作进行拍照（Muybridge，1955）。每一系列的照片都获取了复杂动作的生物力学特征，如图 1.5 所示。这些照片也可以用较快的速度进行呈现，能够作为正式动作的仿真。

图 1.5　Muybridge 的运动图片实例

Muybridge 的工作为动态的人的行为的生物力学分析指引了方向。特别地，生理学家 Etienne-Jules Marey 开发了能够对时间和动作进行分解的图像技

术(Marey,1902)。如今,类似的技术包括使用录像技术对人的动作行为进行评价。先进的基于照相机的系统,例如 Optotrak 系统(见图 1.6),能够跟踪依附在人身体上的红外线传感器信号,提供三维的人体运动学评价。

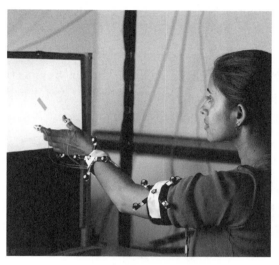

图 1.6　记录运动轨迹的 Optotrak 系统

1.3.4　小结

在 20 世纪中叶之前,已经开展了大量的人为因素的基础性研究。心理学家建立的研究方法和理论观点能够对人的行为各个方面进行分析;工业工程师着眼于在工作环境中的人的行为,能够将效率最大化;生物力学家和生理学家研究了物理特性和生物特性对人的行为的影响。虽然对于这些内容的介绍是简要的,但是就是因为有了这些早期的工作和科研人员的贡献,才有了 20 世纪后半叶人为因素专家显著的工作成就。

1.4　人为因素专业的出现

虽然对基础的人的行为和应用人为因素的兴趣可以追溯到 20 世纪之前,对人为因素的系统性研究开始于 20 世纪 40 年代(Meister,2006)。第二次世界大战带来的技术进步使得对人为因素的需求从学术研究领域转变到更加实际的领域中。此外,之前专注于基础研究的心理学家也越来越多地与工业工程师和通信工程师相互合作,将研究领域扩展到实际应用中。到战争结束的时候,心理学家和工程师的合作范围包含了飞机驾驶舱、雷达显示器和水声探测设备等。

人为因素学科建立的最重要标志是 1944 年英国成立的医学研究委员会应用心理学协会（Reynolds 和 Tansey，2003），以及 1945 年在美国 Wright Field 成立的航空医学实验室心理学分部。第一任的应用心理学协会的主席是 Kenneth Craik。他是使用计算机进行人的信息处理模型建模的先驱。但是 Kenneth 的贡献随着他的英年早逝（1945 年）而中断。心理学分部的创始人 Paul M. Fitts 是人为因素学科建立的关键人物，他在很多研究领域做出了大量的贡献。以他的名字命名的 Fitts 人类工程实验室（Fitts Human Engineering Division）是人为因素研究的顶尖实验室（Green 等，1995）。同时，在 1946 年，McFarland 出版了《**航空运输设计中的人为因素**》一书，这是第一本使用了人为因素一词的专著。在这一时期，工业领域也开展了人为因素的研究，贝尔实验室就在 20 世纪 40 年代建立了一个专门研究人为因素的实验室。在二战期间和战后初期，各领域之间的努力为人为因素专业的建立提供了坚实的基础。

在英国，人为因素专业正式形成的标志是 1949 年建立的人类研究小组（Stammers，2006）。1950 年，该小组将名字更改为人机工效研究学组，之后又称为人机工效学会。人机工效一词在欧洲用来表述对人机交互的研究，而非美国所使用的"人体工程学"。这是因为人体工程学主要与心理学家的设计活动相关。根据人机功效研究学会的创始人之一 Murrell 的描述"人机工效研究学会关注的活动涵盖了广泛的领域，包含工业生理学和老年学所关心的内容"。1949 年，Chapnis 等出版了第一代的人为因素专著《**应用试验心理学：工程设计中的人为因素**》。

1957 年，人机工效学会开始出版第一本人为因素的专业期刊《**人机工效学**》。在同一年度，美国人为因素学会（1992 年更名为人为因素和人机工效学会）出版了另一本人为因素的专业期刊《**人为因素学**》。此外，美国心理学协会建立了第 21 个分部：工程心理学。1959 年，建立了全球性的人为因素和人机工效学会：国际人机工效协会。

从 1960 年到 2000 年，人为因素专业飞速发展。以人为因素和人机工效学会的会员为例，人数从一开始的几百人发展到 20 世纪 80 年代后期的 4 500 人。人为因素关注的方向和问题也不断增加。虽然对于普遍趋势的特征描述都过于简单，人为因素的发展可以归纳如下（Shackel，1991）：20 世纪 50 年代，重点关注于军事应用，反映了人为因素和人机工效建立的主要动力；60 年代，工业人机工效越来越受重视；70 年代，随着用户问题的不断出现，用户产品设备逐渐成为关注焦点；个人计算机的热潮，使得人机交互成为 80 年代的重点；90 年代，关注点转变到认知人机工效,以及团队和组织结构和交互问题。现在,所有的这些人为因素方面都仍然非常重要,还包含新的老年化问题和跨文化交流等问题。

表 1.1 给出了目前人为因素和人机工效学会技术小组的构成。这些小组所关注的专题表征了目前人为因素专家研究的方向。在越来越多的国家都建立起了专业化的学会。例如,人机交互研究方向就是美国计算机协会中计算机-人交互特别兴趣小组、软件社会心理学、IEEE 计算机和显示人机工效学技术委员会重点关注的内容,其他的人为因素研究方向也是如此。除了计算机科学,技术的快速发展也是人为因素专业成为设备和机器设计与开发的关键因素。

表 1.1 人为因素与人机工效学会技术小组

航空航天系统:将人为因素应用在航空航天环境中,对人机系统进行设计、验证、运行和维护。

老龄化:关注各种生活环境中满足老年人与特殊人群需求的人为因素。

认知工程与决策:鼓励针对人类认知和决策进行研究,并将这些知识应用在系统与培训程序训练中。

沟通:关于人与人的沟通,特别强调以科技为媒介的交流。

计算机系统:关注计算机系统中人为因素的设计,包含以人为中心的硬件、软件、应用、文档、工作活动,以及工作环境的设计。

教育:关注人为因素与人机工效专家的教育和培训。

环境设计:关注人的行为与设计的环境之间的关系,包括家庭、办公室和工业环境中人机工效和宏观工效方面的设计。

论证:将人为因素/人机工效数据和技术应用在立法、管理和司法系统内建立的关注与问责标准中。

医疗保健:最大限度地发挥人为因素和人机工效学在医疗系统效能与功能创伤人群的生活质量中的贡献。

人的行为建模:关注人的行为的可预期定量模型的建立与应用。

行为中的个体差异:关注广泛的性格与个体差异,这被认为是影响表现行为的变量。

工业工效学:应用人机工效学的数据和原则提高安全性、生产力以及工作质量。

网络:关注网络技术以及相关的行为现象。

宏观工效学:关注人为因素与人机工效中的组织性设计与管理问题。

感知与行为:关于感知的信息,以及与人的行为的相关性。关注的内容包括视觉信息以及显示环境的特征、内容和量化指标;信息显示的物理现象与心理现象;信息显示的感知与认知表现和解释;使用视觉任务的工作负荷评价;以及信息呈现给不同的感觉系统后的动作与行为结果。

产品设计:关注使用人为因素、用户研究以及工业设计的方法生产客户化的产品。

安全性:开发与应用与所有环境和人群安全相关的人为因素技术。

地面交通:与国际地面运输领域相关的信息、方法和思想。

系统开发:将人为因素/人机工效应用在系统开发中。

测试与评价:将人为因素和人机工效的各个方面应用在系统的评价中。

培训:人为因素中的培训研究。

虚拟环境:与人-虚拟环境交互相关的人为因素问题。

1.5　当代人为因素

人为因素与军事的紧密联系可以追溯得到第二次世界大战期间。美军在所有的军事系统的设计和评价中都引入了人为因素分析。所有的军事部门都有人为因素研究项目。这些项目由空军科学研究所、海军研究所、陆军研究所和陆军工程实验室进行管理。此外,军事部门还有特定的项目保证人为因素的原则能够应用在武器和其他军事系统和设备的开发中。陆军的开发项目是人力资源和人事管理综合(MANPRINT);空军的开发项目是综合化人力资源、人事管理和综合性培训与安全性(IMPACTS);海军的开发项目是硬件/人力资源综合(HARDMAN)。

尽管这些项目的方法有所不同,它们的目标都是满足美国国防部 5000.53 指令:"防御系统获取过程中的人力资源、人事管理、培训和安全性。"例如,在 MANPRINT 的任务目标中提出:

> 美国陆军 MANPRINT 项目的设计目标是保证当升级或购买新系统时都能够充分考虑士兵和个体的特征。这一目标通过 MANPRINT 过程的 7 个方面实现:人力资源、人事管理、培训、人为因素工程学、系统安全性、健康危害和士兵生存能力。

人为因素分析的价值同样体现在日常生活中。在过去的 10 年中,汽车工业在汽车设计过程中越来越关注人为因素的问题。这些关注不仅包含汽车设计本身,还包含汽车工业中所使用的机器。类似地,现代办公室家具也从人为因素评价中收益颇丰。但仍有很多失败的设备设计。之前提到的 VCR 和其他数字设备就是失败设计的实例。因为制造商和广告公司都意识到这可以是产品的特色,因此对人为因素的需求愈加明显。汽车、家具、圆珠笔等产品的制造商从人机工效的角度推销自己的产品。这也意味着在未来人为因素的角色将越来越重要。

人为因素专家的独特性挑战还包含将他们的专业性应用到地球之外的环境中,例如国际空间站。地球外环境的特点要求在系统开发过程的初期就需要考虑人为因素的问题,因为在地球外环境中很难获得类似地球环境下的可用资源。

应用在外太空的人为因素原则与在地球上相同。例如,1997 年,导致俄罗斯补给航天飞船**进步号 234**撞击"和平号"空间站事故的原因是:糟糕的视觉显示器和由于操作人员缺乏睡眠而引起的疲劳(Ellis,2000)。同时地球外环境的特殊性又产生了新的限制(Lewis,1990)。例如在微重力环境中,人的脸会变得肿胀。此外,可以从更多的方向对人进行观察(上下颠倒)。因此,对于由面部表情所提供的非语言性线索,例如面对面交流变得难以理解(Cohen,2000)。意识到航天设备设计中需要充分考虑人为因素之后,1987年美国航空航天局(NASA)发布了第一部人为因素设计指南《人-系统集成标准》,帮助开发人员和设计人员进行航天的人与设备的集成(Tillman,1987)。该标准在1995年进行了更新。

1984年,建立国际空间站的计划被提上日程。美国航空航天局与其他国家开始一起建立空间站,包括欧洲太空总署、加拿大太空局等。NASA很快意识到需要在空间站设计的所有方面都考虑人为因素的问题,在系统的开发过程中,人为因素工程学需要与其他学科一起考虑(Fitts,2000)。在空间站的设计中,人为因素的研究在优化航天员的生活质量和可居住性方面起到了关键作用(Wise,1986),同时,还帮助提高航天员的工作质量和效率(Gillan等,1986)。人为因素考虑的问题包括了航天员执行科学实验时使用的用户界面等(Neerincx等,2001)。

Kuroda等对空间站的设计进行了总结:

> 在空间站的设计中采纳人为因素的输入是一个重要的进步,但是目前的重点是航天员界面硬件的设计和开展。长时间太空飞行需要考虑的人为因素问题远远不止物理的交互界面,还包括对行为学、心理学、生理学以及其他影响人的绩效水平和安全性的因素的考虑。这也将使得人为因素在人类的太空飞行中扮演更加重要的角色。

Kuroda等提到的其他因素也在研究,包括如何在不同文化背景的航天员之间获得有效的绩效水平(Kring,2001),任务中的紧张程度以及对绩效的影响(Sandal,2001),以及在紧急情况下航天员的心理和生理适应性对绩效的影响(Smart,2001)。

1.6　总结

从20世纪40年代后期开始,人为因素得到了飞速的发展。人的行为的科学基础建立在很多其他学科的基础之上。人为因素的研究范围也从初期的主要关注军用问题,发展到广泛的供用户使用的简单系统和复杂系统的设计和评价。尽管人为因素对工业、工程、心理学和军事方面的贡献不应过分夸大,但是当进行设计时，如果没有考虑人为因素的问题，可能会导致人力和财务的损失、受伤和不适，甚至丧失生命。因此，在系统开发的各个阶段充分考虑人为因素的问题都是非常重要的。

在本书的后续章节中，将详细介绍本章中所涉及的内容，包括通过经验研究建立人为因素科学的原则和指南；强调人为因素专业特定设计问题的应用和评价。本书将讨论各种类型的研究和理论，这对人为因素专家可能有所帮助，还将讨论很多具体的人为因素评估和评价的技术性问题。

推荐阅读

Casey, S. 1998. Set Phasers on Stun: And Other True Tales of Design, Technology, and Human Error (2nd ed.). Santa Barbara, CA: Aegean Publishing Company.

Chiles, J. R. 2001. Inviting Disaster: Lessons from the Edge of Technology. New York: HarperBusiness.

Norman, D. A. 1990. The Psychology of Everyday Things. New York: Basic Books. (Reissued in 2002 as The Design of Everyday Things.)

Perrow, C. 1999. Normal Accidents (updated edition). Princeton, NJ: Princeton University Press.

Rabinbach, A. 1990. The Human Motor: Energy, Fatigue, and the Origins of Modernity. New York: Basic Books.

Vaughan, D. 1997. The Challenger Launch Decision: Risky Technology, Culture, and Deviance at NASA. Chicago, IL: University of Chicago Press.

2 人为因素的研究方法

可以认为,科学是通过错误的暴露而不断进步的,并且,如果努力尝试是科学的,那么它就预备从自己的观点中寻找错误,正如反对它的观点一样。特别地,需要强调,观察在科学中扮演了重要的角色,但也不是无差错的。

——W. M. O'Neil(1957)

2.1 概述

Holton 和 Brush 在他们的专著《物理学,人类的探险》一书中提道:到目前为止,在科学和工程领域,研究和开发最主要的方向是人的需求、关系、健康和舒适度。当从这个角度看待科学,那么人为因素处于当代科学和工程的中心位置。

人为因素是一门应用性科学。它依赖于从实验环境到人机系统范围内,对行为和物理变量的测量。人为因素研究人员必须了解科学研究的通常方法以及具体的人为因素研究方法。同样,应用型的人为因素专家也必须理解这些方法,以及它们的优点和缺点。这样才能在系统开发过程的各个阶段做出明智的决策。

由于人为因素是一门应用性科学,它包含一系列基础的和应用性研究。这些研究可以通过一个 2×2 矩阵进行分类,如图 2.1 所示。其中,行表示"追求基本理解(是或者否)",列表示"使用考虑(是或者否)"(Stokes,1997)。纯粹的基础性研究的主要目标是增强某些特定方面的理论,例如对大脑注意力的研究,并没有具体的应用。与此相反,纯粹的应用性研究的主要目标是解决实际生活中的问题。基础研究的结论能够帮助理解科学性的问题,但是通常与应用没有明显的联系,而应用性研究的

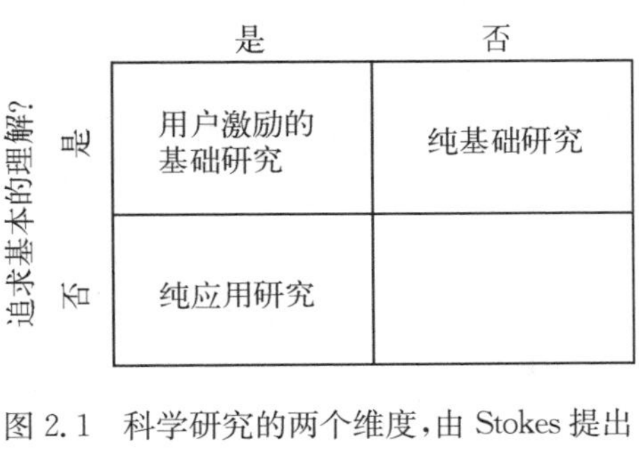

图 2.1　科学研究的两个维度,由 Stokes 提出

结果可以为具体的问题提供解决方案,却不能增加科学性。强调对具体问题的应用性研究限制了对其他问题和技术的贡献。然而,新技术的使用也导致了新的问题不断出现。这就意味着需要使用基础性研究的结论有效地应对新的问题。

对系统开发的基础性研究和应用性研究发生在不同的时间点(Adams,1972)。回顾引领系统革新的重要研究事件能够发现,前导事件主要来自应用性研究,而长期的贡献则依赖于基础性研究。换而言之,基础性的研究提供了理论基础和方法论的工具用来解决具体的应用问题。

以人的注意力为例,基础性的研究引出了注意力是一个或多个有限的能力资源,为人为因素学中脑力负荷的测量方法建立提供了基础。应用性研究则是确定需要研究的问题,并对有意义的研究提供一个标准。基础研究和应用性研究的相互作用是很多科学的基础,包括人为因素学。正如著名的记忆力研究人员 Alan Baddeley 所述:"有时,选择实际问题对理论的发展有显著的影响"(Reynolds 和 Tansey,2003),反之亦然。

除了纯粹的基础性研究和应用性研究,还需要考虑第三种类型的研究,即用户激励的基础性研究(Stokes,1997)。用户激励的基础性研究同时受到使用和追求基本理解的驱使。这一类型的研究特别有效,因为其通过基础研究的方法解决应用性问题(Gallaway,2007)。用户激励的基础性研究在人为因素学中极具价值,但是很难执行。因为在系统的设计中,存在着不同领域的各式研究人员,从而,不同的问题解决方式以及不同任务的冲突都可能造成沟通的问题。但是,如果用户激励的基础性研究能够成功开展,例如 Thomas Landauer 和他的同事对潜在语义分析的工作,那么研究成果是意义深远的。因为,这意味着"基础研究与实际问题的研究能够以一种有趣和有效的方式共处"(Streeter 等,2005)。需要记住的是,纯粹的基础性研究、纯粹的应用性研究以及用户激励的基础性研究都对人为因素学科的发展做出了贡献。

对人为因素研究的理解需要理解科学性方法论、研究方法和测量学。本章的目的是概述科学性方法论的主要特征,并介绍人的行为研究中通用的研究和统计方法。如果之前没有学习过研究方法和统计学理论,那么可能需要先进行补充。本章概述的内容回顾了人为因素学中严谨评价研究所需的基础工具。本章也介绍了如何从人为因素的角度思考问题。在后续章节中讨论的具体的人为因素技术也建立在本章概念的基础上。

2.2 科学的特点

第1章中对人为因素的定义强调其是一门科学学科。因此,为了理解人为因素,需要知道采用科学性方法的意义。但是,什么是科学? 所有对科学的定义都不尽完备,因为科学不是一个事件,而是一个过程——一种学习和理解世界的方式。这个过程包含让信息可视化,对自然事物形成备择假设,以及经验性地验证这些假设。

当然,科学并不是唯一获得知识的方式。例如,作为人为因素的学习者,课程设计的内容可能是对新的计算机系统设计一个键盘输入设备。在设计键盘的过程中,有各种渠道可以获取如何进行最有效设计的知识。例如,可以向专家进行请教,可能就是课程的指导教师;或者参考传统的、被广泛使用的键盘;或者可以依据个人经验和喜好进行设计。每一种方法都能提供有价值的信息。但是,如果采用科学性的方法,以上的方法应当作为研究的起点,而不是终点。为什么类似权威的、传统的,或者个人经验这样的信息源对于设计键盘输入设备是不充分的? 想象一下另外一名同学也需要完成同样的课程设计。尽管获取了相同的信息,但是每个人对信息的理解是不同的。从而,设计出的键盘也会有很大的差异。

随后,需要确定怎样的键盘最好,这要使用科学的方法。科学为问题的解决提供了系统性的方法。事实上,使用科学性的方法,不仅能够辨别键盘的好坏,更能够发掘一个设计的具体优点。使用科学性的方法既能解决具体的设计问题,又能对理解人为因素做出贡献。

2.2.1 科学的基础

科学建立在**经验主义**的基础之上,而经验主义是通过观察获取知识。观察可以是非控制性的,在自然条件下的直接观察,或者在人为环境下的精密观察。例如,如果对核电站操控室里的操作人员的行为感兴趣,那么可以记录和分析他们工作时的动作;在模拟器上进行具体的试验;测试操作人员识别显示信息的能力等。经验主义原则的关键点在于评价是建立在观察的基础之上,而科学则为这些评价提供了客观标准。

科学与其他知识获取方式的区别在于它是自我纠错的。以经验主义为基础的特点决定了科学具有自我纠错的机制。我们一直通过观察对科学论断进行测试。当可信赖的观察与预期和解释产生系统性的偏差,那么需要修正科学论断。因此,正如 O'Neil 所强调的,观察提供了错误纠正的反馈。科学的运行类似于一个闭环系统,这将在第 3 章中进行介绍。

正是由于科学的自我纠错特性保证新的技术是可靠的,并且能够帮助理解世界。科学家在接受论断时都很小心谨慎,他们接受的程度取决于支持论断的证据的数量。科学家不断地对科学论断的有效性进行测试,这些测试也向大众公开,并接受大众的监督。科学的自我纠错特征也嵌入到**科学方法**中。科学家大部分的研究工作都系统性地使用了科学方法。

2.2.2　科学方法

科学方法是解决问题的逻辑方法。科学方法通常包含以下的步骤:通过对世界普遍的观察,提出假设并求证,最终对引起观察现象的因素形成详细的、书面的论断。图 2.2 给出了假设检验中所包含的步骤。

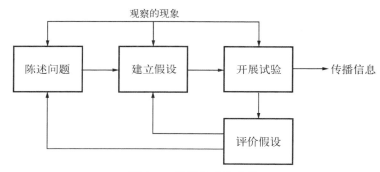

图 2.2　假设检验的步骤

科学研究来自对观察现象诱因的好奇心。例如,有人可能好奇为什么当人们开车打电话时更容易发生交通事故。为了回答这个问题,需要将这个问题以一种可以研究的形式提出。通常这需要确定什么样的行为测量能够反映问题。例如,司机遇到障碍物进行刹车动作的反应时可以作为反映驾驶注意力的行为测量对象。较高等级的注意力可能会产生快速的反应时间,而较低等级的注意力则可能导致较长时间的反应。人们可能会猜想使用手机分散了驾驶的注意力,增加了司机对道路变化情况的反应时间。这就是**假设**,一种对现象中因素的相互关系的试探性因果推断。

假设变成论断需要通过研究进行评价。一旦形成了一个假设,可以通过其他的观察进行验证,也可以与其他的假设进行比较,以增加对现象的理解。例如,当使用手机时,注意力因素需要为事故承担责任,那么其他导致分神的情况也会导致事故的发生。可以开展试验以比较使用手机的反应时间和与乘客交流的反应时间。这样,就可以基于试验,持续地修正假设,甚至推翻假设,直到得出一个合理的论断,全面地理解现象的发生。

值得注意的是,假设是通过开展试验去验证或者推翻它的预期,而不是直接地对假设进行试验;或者说,是验证由假设推断的可测量和可观察的变量之间的关系。假设成立的条件取决于这些变量之间的关系,这也是假设与假设之间的区别所在。例如,你可能会比较由于使用手机使得注意力分散而导致事故的假设和单手驾驶导致事故的假设。也可能同时对注意力假设和单手驾驶假设进行试验,确定哪一种假设更加合理。

科学方法的最后一步是告诉其他研究人员自己的研究成果。检验的假设、采集的数据以及对结果的解释应当在科学界进行发表。可以发表会议文章、期刊文章、技术报告或者出版专著。这样,研究才能够成为科学性知识基础的一部分。如果没有最后一步,科学方法最重要的自我纠正的特征将会缺失。人们可能在研究中犯下一些错误,可能发生在试验设计过程中,或者在数据分析的过程中,从而结论也可能不正确。只有将自己的研究在整个科学界发表,其他的科研人员才能够对研究成果进行近距离的检验,尝试着去复制,并对同样的问题做出他们的贡献。如果犯了错误,那么其他的科研人员将会发现错误并纠正。

以上对假设检验的介绍是很简单的。对假设的检验并不是孤立的。很多其他已知和未知的因素都会对试验的结果产生影响(Proctor 和 Capaldi,2001)。例如,在一个房间内进行的试验,不同的光线条件以及不同的设备位置都有可能对科学测量的结果产生影响。或者测量的仪器不够灵敏,没有校正精确都有可能不适合对假设的检验。因此,不能验证一个假设可能由于一个或者多个未知的因素,而不仅仅是由于假设本身的不充分。同样,从假设中推导的预期也有可能不合理。或者由于强调了假设中原先被忽略的部分,而产生不同的正确的预期。所以,如果试验的结果不能支持假设,那么推翻假设的做法是不明智的。很多有影响的科学结论都是由于科研人员的不断坚持而获得的。

2.2.3 科学的目标

由于强调数据采集的重要性,很容易将科学认为仅是基础的事实的收集活动。但是,事实远非如此。科学的目标是解释、预测和控制。实现这些目标的工具是**理论**。根据 Kerlinger 和 Lee 的解释:

> 理论是一系列相互关联的结构、概念、定义和命题,系统性地描述了现象中所包含变量的关系,目的是为了对现象进行解释和预期。

对具体问题的科学理论与从问题中获得的经验性证据紧密相关。我们所接受的理论都是对现有的研究结果的最佳的解释（Proctor 和 Capaldi,2006）。好的理论不仅提供对数据的解释,还必须产生能够被经验性检验的新预期。这些新的预期推动着科学不断地进步。理论还明确地阐述了具体问题中重要的因素,以及因素之间的关系。因此,能够通过对现象的理解,有效地进行控制。

有时,科学理论是非常抽象的。这种抽象性可能会使得科研人员和实践者错误地认为对高等级的理论不需要关注,因为这些理论脱离实际问题,并不是他们所关心的。但是,Atkins 强调:

> 抽象性有巨大的实际影响。因为抽象性针对的是现象之间非预期的联系,并且允许思想在不同的领域中应用。最重要的是,抽象性是给予一系列的观察,站在一个更加宽泛的角度看到问题。

很多人为因素专家认为理论不仅对于追求理解事物的潜在特性的基础研究人员很重要,同样,对于应用人为因素的科研人员和从业者也很重要。这并不令人感到惊讶。理论至少可以提供四个方面的优点（Kantowitz,1989）:

(1) 当缺少数据时,可以对具体的真实问题进行合理的插值处理。

(2) 为工程师和设计人员提供类型需求的定量化的预期值。

(3) 让工作者能够认识看上去不相关问题的潜在联系。

(4) 能够以便宜和有效的方法帮助系统设计。

因此,对人的行为的抽象概念的理论理解能够有效地解决人为因素的应用性问题。

最重要的是,科学是思考问题和获取知识的一种方法。这一点被著名的天文学家和科普工作者 Carl Edward Sagan 明确指出。他提道:

> 科学不仅仅局限于一个知识体系。它是一种思考的方式。这也是科学能成功的关键。科学引领我们接触到事实的真相,即使与先前的预期相冲突。科学建议我们在脑海中多形成几个假设,并证明哪一个更贴近事实。科学还激励我们在对新思想的没有任何限制的开放,以及对事物严谨的怀疑性的检验之间寻找平衡——新思想和已经建立的观念。我们需要大量使用这种类型的思考。

2.3　测量

科研人员对问题开展研究会有两种结果:① 定义一个兴趣范围。在人为因素中,研究的范围主要是在系统环境中的人的行为。在这个范围中,针对需要测量的物理特征,可操作性地定义目标或者事件。例如,在前一部分中,定义了在驾驶过程中,随着注意力的增加,刹车的时间会变短。② 定义开展有效测量的环境。如果对使用手机对驾驶行为的影响感兴趣,那么就需要在真实的驾驶环境中,对使用手机的人进行观察,而不是去观察割草时听广播的人的行为。

由于所观察的人的行为和环境是多样的,将这些定义的条件和测量的行为统称为**变量**。这也就是说,变量是任何事件都可以改变的,不管是我们自身去改变还是仅仅观察这个变化。我们将初始的问题精炼成可研究的形式;建立主要的感兴趣变量,并且开始构建我们将要使用的研究类型。

对变量进行分类的方式有很多种。大部分的人为因素研究包含对行为变量的测量。**行为变量**是明显的、可观察的行为;可以是简单的按键按压,也可以是飞行员对飞机的响应。行为从来不会单独出现,而是在一个具体的刺激事件中。对生物体的行为有影响的刺激称为刺激变量。刺激变量可以是一个期望响应的简单嗡鸣声,也可以是一个被空中交通管制员接受的复杂的听觉或视觉信息。大部分的人为因素研究都关注于刺激变量对行为变量的影响。

因为人为因素的研究关注于简单系统和复杂系统中的操作者的角色,所以人的特点非常重要。人与人之间在很多维度上存在差异,有些可以直接测量,有些则不行。我们必须在很多设计条件中考虑**被试变量**,如身高、体重、性别、年龄和残障情况。例如,在公共场所设施的设计需要考虑残障人士的可达性。这是设计人员考虑被试变量能够造福特定人群的具体实例。不可观察的被试变量,如个性和智力,同样也被人为因素专家所关注。例如,海上石油钻井平台的潜水员必须能够在危险的、有压力的条件下工作。为了控制不可观察的被试变量,海上石油钻井平台的潜水工作的申请者需要进行心理评估。

另一种对变量分类的方式取决于它们是否被控制或者测量。**独立变量(自变量)**是被研究人员控制的变量。通常,被控制的是刺激变量,例如亮度等级。我们通过控制**自变量**,以确定它们对其他变量的影响,这些其他的变量称为**因变量**。因变量通常是行为变量,有时也称为**标准变量**(Sanders 和 McCormick,1993),可以用来反映行为(如速度和反应的速度)、生理参数(如心律和脑电)或者主观反应(如努力的偏好和估计)。因变量和自变量构成了试验的基石。因为通过因变量和自变量能够建立因果关系。

在非试验性或者描述性研究中,不存在因变量和自变量的问题。我们只能对因果关系给出假设性的论断。例如,在杂货店对用户的行为进行无控制的观察是非试验性的。我们不能辨识和控制自变量,同时,我们也不能测量因变量。在另外一种类型的描述性研究中(特别是尝试理解人与人之间的差异性研究),我们可以找到自变量和因变量。但是,在差异性研究中,自变量和因变量是主观变量,不能进行控制。例如,我们不能让孩童组成一个小组,并且其中一半以富裕的方式进行培养,一半以贫困的方式进行培养;或者一半以健康的饮食方式进行培养,一半以不健康的饮食方式进行培养。由于我们不能控制主观变量,因此,不能指定不同变量间的因果关系和相互影响关系。本章的后面将对描述性研究进行介绍。

研究中最重要的两个概念是可靠性和有效性(Wilson,2005)。**可靠性**反映了测量的一致性。如果说测量可靠的,那么就意味着在对同一样事物进行多次测量时,可以得到相似的结果。对试验的可靠性是指在相似的条件下,试验是可以复制的。例如,对同一组被试者进行两次相同的试验,如果对于每一名被试在两次试验中结果都相似,那么可以认为试验具有高度的可靠性。另一种对可靠性的理解是,对于任意的测量 $X_{观察值}$,由两个部分组成:真实值($X_{真值}$)和随机误差。其中 $X_{观察值}=X_{真值}+随机误差$。如果真实值与随机误差的比例越大,那么认为可靠性越高。

有效性表征了一个试验、一个程序或者一次测量相对于它们预期的程度。但是有效性是一个复杂的概念,可以通过多种方式表示(Leonard 等,2006)。如果一个变量表面上看起来与预期相符,那么认为它具有高度的表面有效性。例如,通过测量飞行员在新飞机的飞行模拟器中所犯的差错的数量评估飞机驾驶舱的设计水平是否具有表面有效性,如果变量是对其代表的建构的一种真实测量,那么认为该变量具有建构有效性。例如,执行任务的时间随着不断的训练而减少,这就意味着反应时间是对学习的有效测量。研究人员的一个任务就是要使得有效性最优。

对于人为因素研究有三种类型的有效性特别重要。

(1) 生态学的有效性。当一项研究的设定与日常生活的环境和任务相类似,那么认为其具有生态学的有效性。例如,如果研究注意力对驾驶行为的影响。你可能会在计算机显示屏上呈现一个类似道路的环境,让司机通过按压计算机键盘的方式进行试验。这样的试验具有较低的生态学有效性。你也可能构建一个模拟器,使用真实汽车中的设备,让司机进行一个真实的驾驶任务。那么,这样的试验就具有较高的生态学有效性。通常,应用性人为因素研究需要追求高级别的生态学有效性,而基础的、对人的行为的研究则不需要。

（2）**内部有效性**。如果一个研究中所观察的关系可以高度地依赖于所关心的变量，那么认为该研究具有内部有效性，反之亦然。通常，实验室试验具有最高等级的内在有效性，这是由于我们对感兴趣的变量实行了高度的控制。内部有效性往往会牺牲生态有效性。在较低的生态有效性设定中比在较高的生态有效性设计中更容易获得内部有效性。这是因为在较高的生态有效性中通常有更加不可控的情景性变量，例如视界中的元素数量，操作者可用的动作等。

（3）**外部有效性**。如果一个研究结果，或者从结果中推导的原则适用于不同的条件设定，那么认为该研究具有外部有效性，反之亦然。需要重点注意的是较高的生态有效性并不意味着较高的外部有效性，而较高的内部有效性也不意味着就一定不具备较高的外部有效性。这也就是说，即使是一个较高生态有效性的研究，它的结论可能只适用于形同的设定条件。实验室开展的研究得出的结论和原则也可能广泛适用。

需要记住的是，经验性观察是科学研究的关键因素。在人为因素学中，通常是对行为的观察。被观察的行为受各种变量的影响，并不是所有的变量都被研究人员了解，并且，研究人员可能只对其中部分变量感兴趣，而其他的则是不感兴趣的外扰变量。如果外扰变量有显著的影响，那么它们甚至可能会掩盖感兴趣变量的影响。例如，新生产线对工人绩效水平的影响研究可能受到工资减少因素的影响。如果使用新生产线后，反而导致生产力降低，那么是因为新技术所致，还是由于收入减少所致。简要地说，外扰变量损害了研究的有效性，因为观察到的影响可能并不是我们所期望的。因此，研究的一个重要方面是减少这些变量的影响。

控制程序是科研人员为了减少可能损害研究有效性的外扰变量所使用的系统性方法。科研人员通过使用控制程序对情景进行掌控。需要明确意识到外扰变量可能对被试和科研人员都有影响。例如，实验人员对行为的记录和分类会受到他/她的个人偏好的影响，或者受到他/她自身对试验结果的输出的影响。如果研究是有效的，那么对因变量的测量必须能够准确反映自变量的影响。

2.4 研究方法

由于人为因素的研究涉及广泛的议题，因此，没有一个研究方法能够适应于所有的问题。行为科学中有很多研究技术，每一种技术都适用于不同的研究条件。这些技术能够让人们提出各式的问题，但对于结果的信任程度却不尽相同。这种信任程度依赖于在研究场景中对各种因素的相关控制。因此，在自然条件下和在精密控制的实验室试验条件下的观察和报告程序有很大的差异。没有一个单独的方法能够适用于所有类型的问题,而通过多种方法组合得出的结论才能对假设提供最强的信任度。

2.4.1　描述性方法

即使不能在真实的试验条件实现,我们也可以使用科学性的方法对世界提出问题。通常,在研究过程中对事件不施加控制会引起这些场景的出现。一些人为因素专家重点地研究了描述性方法(Kanis,2002;Meister,1985)。因为人为因素最终关注的是操作的系统,而这些系统是复杂的,有时很难精确控制。当这些系统在受控的实验室条件下进行研究时,有可能偏离原始系统的特征。这是因为严谨的实验室控制所带来的限制会使得任务环境与真实世界设定存在显著的差异。如前所述,研究设定模拟的真实世界的程度被称为生态有效性。在本节中,我们认为描述性方法具有生态有效性。

1) 归档数据

人为因素研究人员的一个数据来源是归档数据,即出于其他目的已经采集的数据(Bisantz 和 Drury,2005)。这些数据可能来自受伤或者事件报告(通常是法律所要求的),以及在工程中人们所记录的数据。归档数据对建立假设进行试验性验证,以及获取操作系统的重要信息有帮助。此外,归档数据可以作为将实验室环境中的结论扩展到真实世界的证据。

例如,考虑"稀释效应"。在实验室研究中,当做出决定时,需要向实验者提供信息或者线索(患者的症状)。当线索能够提供正确选择的有效信息时,认为线索是"具有诊断性的"。稀释效应发生于线索不具有诊断性时。当出现无诊断性线索时,人们往往会对具有诊断性的线索减少关注。

Waller 和 Zimbelman 在财务审计中使用归档数据对稀释效应进行了研究(Waller 和 Zimbelman,2003)。审计人员需要确定财务报告中的错误仅仅是简单的错误还是欺诈的行为。一些报告的模式对于欺诈具有可诊断性,但是财务文件中包含很多其他的线索。如果审计人员在真实的审计中考虑稀释效应,那么随着不具有诊断性的线索的数量增加,他们应当减少对具有诊断性线索的关注。从一家审计公司的 215 个实际审计的数据中可以发现,审计人员都经历过这种情况。这也证明了实验室环境中的结论能够扩展到真实世界。

由于研究人员对归档数据不能加以控制,因此在使用这些数据时必须非常小心。例如,对于受伤报告,可能只记录一些受伤情况,这会导致低估了具体情况下受伤的概率。类似地,对操作行为的记录可能不包含很多重要的细节。Bisantz 和 Drury 总结道:归档数据是人为因素研究的有价值的基础,但是如果不仔细使用,存在很多潜在的陷阱(Bisantz 和 Drury,2005)。

2）自然观察和人种学方法

当研究人员在自然的环境中观察行为时,具有最高的生态学有效性。当进行自然观察时,研究人员是被动的行为观察者。研究人员的目的是无刺激、非侵入式的。因此,在这种观察条件下的个体行为不受限。在人为因素学中,观察性研究的一个目标是描述被观察者在真实世界正常运行的系统中进行任务的特征(Bisantz 和 Drury,2005)。例如,对任务绩效的人为因素分析可以起始于在工作环境中对任务的观察。有时研究人员可以获得完整的描述性记录(即准确可靠地对行为复制)。通常记录的形式包括视频录像或者语音记录,研究人员可以随后对感兴趣的行为进行具体研究。

观察既可能是非正式的,也可能是正式的。非正式的观察通常发生在研究的最早期,对重要性形成初始的判断,并确定研究的最佳途径。非正式的观察也为研究人员提供了观察用户与系统交互的典型方式的机会。例如,通过非正式的观察,研究人员可能发现当检查员不在时,雇员可能不按照检查单执行程序。在后续的研究中,大部分的自然化测量是通过正式的观察实现。正式的观察依赖于研究人员建立的系统程序。当对具体的行为感兴趣时,通常研究人员只会记录与这些行为相关的事件。检查单可以用来记录这些具体行为的出现或缺失,随之可以推断行为出现的频率和持续时间。同时,行为可以通过数量、持续事件或者品质进行评价。

观察测量的方法还有其他方面的区别(Meister,1985):

(1) 观察的事件可以不同。

(2) 观察细节的内容和数量可以不同。

(3) 观察的时间可以不同。

(4) 观察在推理的数量或者解释的程度方面可以不同。

进行观察研究时,科研人员必须对所观察的行为进行分类,确定观察策略,建立分类和策略的可靠性和有效性,并且以有意义的方式处理数据(Sackett 等,1978)。在进行行为分类时,科研人员需要确定采用分子测量(molecular measurements)还是摩尔测量(molar measurements)。分子测量通过具体的动作进行定义,例如在控制面板上使用特点开关的次数。摩尔测量更加抽象,通过功能或者输出进行定义,例如在生产线上完成的产品数量。

　　在观察性研究中,可以使用三种测量或者采样策略(Meister,1985)：连续的、非连续的和一次性采样。在连续测量中,行为的每次出现或者持续都被完整地记录。在非连续的测量中,反应只在固定的时间间隔进行记录。一次性采样使用固定离散的间隔,对于每一个间隔,只存在一次反应。换言之,不管间隔中反应的类型都进行记录。对于连续测量,优点在于保证了对感兴趣变量完整的记录。但是,科研人员可能被连续测量所需的注意力需求弄得头昏眼花,这会降低测量的有效性。在离散的固定时间间隔进行采样的优点是简单,但是对于低频率的行为则不准确。

　　方法论方面的一个重要发展是复杂的计算机系统的建立。例如,Noldus 信息技术公司发明的 **The Observer** 系统,可以对观察的数据进行采集、管理和分析。这些系统能够记录行为的很多方面,包括人们参与的活动,他们的姿势、动作和位置等。随着手提电脑的使用,这种数据采集的形式对观察特别有价值。

　　观察研究中需要重点关注的一个问题是观察者的可靠性。如果观察者不可靠,就会产生不可靠的数据。可靠的观察需要精巧设计的测量尺度和接受过良好训练的观察者。通常,在观察研究中使用多个观察者以保证可靠性。随后,我们计算不同观察者之间的一致性,例如两个观察者之间一致内容的比例为

$$\frac{\text{两个观察者一致的次数}}{\text{存在一致机会的总次数}} \times 100\%$$

较高的观察者的可靠性能够保证测量是准确的。我们可以通过视频记录检查观察者的可靠性,并且可以为未来提供可参考的行为记录。

　　当研究中没有很多数据可用时,观察的程序很有帮助。这一类的研究可以作为使用试验方法进行检验的假设基础。如果我们对真实世界中的行为感兴趣,这也可能是最有效的开展研究的方式。例如,当用户处于自然环境中时,观察程序对于评价用户与产品之间的交互非常重要(Beyer 和 Holtzblatt,1998)。观察方法的普遍缺陷是不能对所观察的行为的诱因提供坚实的基础,因为我们可能会对重要的变量施加非系统性的控制。

　　对**人种学**的研究是一种来自人类学学科的观察方法(Mariampolski,2006)。在人为因素的领域中,需要理解用户的文化和他们的工作环境,识别他们完成任务所使用的工具。不同于大部分的观察技术,人种学依赖于对参与者的观察,即观察者要主动地参与感兴趣的用户和环境。人种学研究人员与被研究的对象一起相处,了解他们的生活和行为特征。人种学研究的目标是理解参与者的想法

和感兴趣的现象。现象发生的内容和条件与现象本身一样重要。

例如,Karn 和 Cowling 使用人种学的方法,通过个性测试的方式,研究了个性类型对学生团队完成软件工程项目的影响。Karn 和 Cowling 参与团队的会议,以理解团队运行过程中不同的个性类型之间的相互作用。他们记录每个成员所做出的正面和负面的贡献;成员之间的相互交流;团队的绩效水平;并向团队成员询问问题,以帮助理解具体的行为。关于人种学,Karn 和 Cowling 总结道:这种方法的使用让我们理解了学生团队之间的交互行为。

人种学研究的不足在于这种研究严重依赖于人种学者的主观解释,以及参与者的行为可能受到人种学者的影响。同时,人种学的研究通常需要花费很长的时间,因为研究人员需要努力地理解研究对象,甚至成为他们中的一员。在人为因素的领域内,人种学方法可以用来研究团队行为,如上述实例。同时,人种学方法也可以使用在产品开发中,因为产品开发的最终目标是通过体验潜在用户的生活,让工程师感同身受,从而设计出适用于用户的产品(Fulton-Suri,1999)。Karn 和 Cowling 指出,人种学方法是研究人为因素问题有效的方法之一。

3)调查与问卷

有时,解决问题最好的方式是询问在问题环境中工作人员的想法。这些信息是无价的,因为具体系统的操作人员比外人更加熟悉系统的特性。问卷可以是非正式的,但是通常都需要构建正式的调查和问卷(Charlton,2002)。当你希望从大量的用户中进行筛选,并且关注的问题相对简单,那么问卷或者调查特别有效。通过使用仔细设计的一些问题,可以获得对问题的简明解答,并且能够确定变量之间潜在的关系。问卷的优点在于能够从不同的用户处获得信息,同时,获得的信息相对容易进行分析。但是,问题的类型决定了问卷的有效性,而且反馈的比例相对较低。

问卷必须进行巧妙的设计,但是最简单的问卷也不容易设计。与其他的测量方式一样,获取数据的好坏取决于所使用的设备。准备一份问卷通常包含六个步骤(Shaughnessy 等,2006):

(1)确定希望问卷提供的信息。确定的方式可以与操作人员进行讨论。

(2)确定使用问卷的类型。是否需要设计新的问卷,或者可以使用以前的问卷?问卷是自己填写的,还是需要通过其他受训的采访者进行询问?

(3)如果决定要设计自己的问卷,第三步是先写一遍草稿。问题应当是明确的,必须避免引导性的问题。往往很容易设计出差的问卷。

（4）修改问卷。通常找其他人阅读问卷，有助于发现问卷中含糊不清的内容或者具有导向性的内容。

（5）预先测试问卷。选择目标对象的小部分样本进行测试，这能够更加深入地评估问题的合适性。

（6）问卷定稿。前面五个步骤中发现的问题都应当解决，并且最终对问卷定稿。

反馈的方式也是必须考虑的问题，包括开放式的和非开放式的。开放式的问题允许自由地回答问题，这样会提供很多非结构化的数据。提供多个选项的问题是常用的非开放式的问卷，能够提供有限数量的不同选择，并且容易分析。另一种常用的反馈形式是等级量表。允许应答者给出自己的偏好，或者对论断的认同度进行分级划分。例如，如果询问具体任务的工作负荷，那么可能的反馈是"很低""较低""中等""较高""很高"。

我们可以将问卷和其他研究方法相结合，从而获得人口统计学的数据，例如年龄、性别、种族以及其他的背景信息。调查和问卷的结果可以通过本章后续介绍的描述性统计学进行分析和总结。与所有的非试验性方法相似，我们应当对由问卷数据中推断出的因果关系保持怀疑。但是，它们可以为试验性研究提供一个坚实的基础。

4）访谈和焦点小组

我们可以出于广泛的目标，在研究过程中的任何阶段对操作者和用户进行结构化的和非结构化的访谈（Sinclair，2005）。通常，结构化的访谈对被采访者以固定的顺序使用一系列预先确定的问题。结构化访谈所使用的问题应当遵循构建问卷所使用的程序，以免造成误导性的、措辞不当的和模棱两可的问题。非结构性访谈通常只有很少预先准备的问题，采访者随意地询问问题，而被采访者的回答部分决定了访谈的方向。大部分的访谈技术是中等的结构化水平。

通常，焦点小组由六名到十名用户组成。他们组成一个小组讨论系统或产品特征的不同问题。小组有一名主持人，负责管理小组的讨论方向，并且让每一名用户都参与讨论。焦点小组对于获取系统不同方面的信息很有效，并且允许用户对其他用户的想法进行讨论。焦点小组的缺点与问卷和访谈相同，用户表达的可能并不是他们真实的想法。出于诸多的原因，用户可能并不能清楚地表示他们所执行的任务或者他们所具有的知识。同时，一个健谈的小组成员可能会主导或者影响讨论。焦点小组能够确定较高级别的目标，例如形成产品的功能或特性。对于探索产品具体的可用性问题，可能并不适用。

5）日志和记录文件研究

日志的目的是记录和评价用户在一段时间内的行为（Rieman，1996）。用户在日志中记录与任务或产品相关的事件，以及对这些事件的想法和看法。研究人员还可以提供照相机，使得用户能够拍照对日志进行补充。如果用户携带了无限视频记录仪，还可以记录视频日志。尽管用户日志能够提供研究问题的详细信息，但是需要注意的是，日志不能是侵入式的，或者难以操作，或者用户不能进行详细的记录。还有一个负面的因素是，用户可能会等到一个"方便的时间"才在日志中记录任务信息。这会减少信息的记录量，还可能导致缺失用户对任务的看法。

另外一种形式是记录文件。在记录文件中，只要用户与系统进行交互，他们的动作就会被记录。通过分析这些动作，可以确定行为的趋势，并且预测行为。只要使用计算机，动作就会被记录在文件中。这样，不同用户的大量数据就能够记录下来，而且数据记录过程也不会干扰用户与系统的正常交互。记录文件的缺点在于不相干的或者不正确的数据可能被记录，而重要的行为可能反而缺失。此外，当执行记录的动作时，数据不能反映用户任何潜在的相关的认知活动。

2.4.2　相关性与差异性研究

我们已经讨论了自然观察技术，在自然观察中，科研人员不对环境进行控制。相关性研究相较于自然观察施加了少许的控制。在相关性设计中，我们必须提前确定需要测量的变量。通常，我们基于希望探究的变量之间相互关系的假设选择测量的变量。在进行测量之后，使用统计学的方法评价变量如何变化。在最简单的例子中，测量两个变量，确定它们之间的相关性。我们可以通过计算相关性系数的方式，确定两个变量之间的相关性程度，这部分内容将在统计学方法章节进行阐述。相关性可以通过本节介绍的描述性方法进行研究。

进行相关性分析的价值在于能够基于观察变量之间的相互关系预期以后可能发生的事件。这也就是说，如果建立了两个变量之间的相互关系，那么当我们知道一个变量的值之后，可以预估另一个变量的值。例如，假定由于操作人员差错所导致的事故数量随着工作时间的增加而增加。当给出操作人员的工作时间，就能够使用这一相关性预计发生差错的可能性。从而，可以确定最优的换班时间。

我们不能简单地认为一个因素（换班时间）会导致另一个因素（差错频率）增加或者减少，仅仅依赖于我们观察到因素发生了共变。这是因为因素之间的相互关系可能受到非受控的、侵入的其他变量的影响。因此,尽管相关性分析具有预计的能力,但是对于理解包含原因变量的现象却力不从心。例如,虽然随着工作时间的增加,出现差错的可能性也增加,但是差错还受其他变量的影响,如厌倦或者疲劳。

对不同人之间差异性的研究称为**差异性研究**。Bergman 和 Erbug 指出在人为因素学和可用性研究中,考虑个体差异非常重要,特别是被个体广泛使用的产品。差异性研究是检验具有相同特征的多个个体群组之间变量的相互关系,例如个体都具有较高的智商或者较低的智商。通常,群组之间的区别作为因变量选择的基础。例如,比较一个由年轻人组成的群组与一个由老年人组成的群组的行为。这两个群组之间的差别(年龄)是一个主观变量。如我们之前讨论的,主观变量不是真实的因变量,因为根据主观变量的特点,它们排除了对个体的随机指派的可能性,不能进行控制。这就意味着可能存在很多未知的和不可控的变量会与指定的主观变量发生共变。

差异性研究能力为现象提供的理解程度取决于主观变量和感兴趣现象之间相关性强度。差异性研究有一个额外的优点是能够使用更加复杂的统计学方法。但是,类似于之前所介绍的其他的非试验性设计,因果推论仍然存在风险。所以,即使现象与主观变量共变,也不能轻易地得出因果关系的结论。

2.4.3　试验的方法

真实的试验具有三个典型的特征:

(1) 检验变量之间因果关系论断的假设。

(2) 最少对一个自变量的两个层级进行比较。

(3) 在试验条件下随机安排人员,保证在不同的条件下,潜在的可能造成混淆的因素能够均等地分配。

需要检验的具体的自变量和因变量取决于所考虑的假设。通过随机分派的方式,每个人被分派到任一条件的可能性都是相同的。随机分派保证因变量不受外扰因素的系统性影响,例如教育水平或者社会经济水平等。从而,我们可以将差异性简单地归结于对自变量的控制。这样,就能够得出自变量和因变量之间的因果关系。

基于实验室试验的限制性特征,精巧设计的试验具有高度的内部有效性。如前所述,由于受控的试验条件与真实世界环境相去甚远,严格的控制会导致较低的生态学有效性。通常,试验使用人为的环境研究人的基本能力,例如视觉。

通常试验使用仿真的环境(如驾驶模拟器中的行为)和真实设定条件(如真实的驾驶环境)开展应用人为因素的研究。

1) 组间设计

在组间设计中,检验两个或更多的小组,每个小组只接受自变量的一个处理条件。试验中的被试通常被随机分派到各个条件中。由于被试是随机分派的,基于预先存在的变量的每个分组都是相同的。因此,任意可靠的行为差异都应当是自变量的函数。

如果我们知道主观变量与因变量相关,可以使用配对设计。配对的程序多种多样,但是原则是使得所有试验组中的主观变量相同。例如,假设要比较在卡车上装载木箱的两种方式,而试验者公司的男女员工比例为 4:1。试验者会安排一半的员工使用一种方法,另一半的员工使用另一种方法。因为,不同性别之间的身体力量差异性很明显,如果严格按照随机的方式指派员工,那么可能一个小组中女性的个数明显高于另一个小组,从而该小组的平均力量较低。这样的话,两个小组之间的差异性就可能不是由于装载方式不同所致。更优化的方案是将两个小组的男女员工人数进行配对,从而保证每个小组的身体力量大致相等。

配对设计能够系统性地分派主观变量。随机指派保证了试验中的不同小组不会存在系统性的差异,而配对程序则能够将外扰因素(如上述的力量)均匀地分布在不同条件中。

2) 组内设计

随机指派和配对都是为了保证不同组别之间一致性的方式。另一种保持一致性的方式是在每个组别中使用相同的被试。这也就是说,每名被试都会参与所有条件的试验,作为对自己的控制。这增加了设计的敏感性,使得更有可能发现不同条件下细微的差异。这种方式也减少了参与试验的人数。

组内设计有两个主要的缺点:① **延滞**效应。是指前一个试验条件对后一个试验条件中被试行为产生影响。② 训练或者疲劳效应。这种情况不依赖特定的试验条件顺序。我们可以使用抵消补偿程序使得这些问题的影响最小化。例如,如果被试既需要在 A 条件下试验,又需要在 B 条件下试验,那么可以选择一半的被试先进行 A 条件试验,再进行 B 条件试验,而另一半被试则相反。同样,我们可以采用随机指派的方式,将被试指派到两种顺序的试验中。尽管组内设计的方式很适用,但是我们不能将其用在只允许被试参与一种条件试验的情况。

复杂设计。在大多数情况下,我们需要在试验中控制多个自变量。我们可以使用任意的组间、配对和组内与被试设计的组合。复杂的试验能够让研究人员确定自变量是否对因变量存在相互作用影响。即不管是否存在其他的变量,对一个变量施加的控制是否会产生影响?如果有影响,那么变量的影响是独立的;如果没有影响,变量是相互作用的。检验变量间的相互作用很重要,这是因为在现实世界中,很多变量是同时运转的。此外,相互作用与不相互作用的模式可以用来推断执行任务过程的构成。

2.4.4 小结

只要可行,我们就必须使用试验设计的方式回答科学问题。这就意味着,如果我们期望了解现象间的因果关系,试验设计是必需的。但是,这并不是否定描述性方法对于人为因素专家的重要性。描述性方法提供了不能从受控的试验中获取的真实世界系统的信息。它们不仅对构建人为因素知识的基础有价值,还能够在系统设计过程中使用。描述性方法可以快速地获取关于用户特征和可用性的信息(见框 2.1),这些信息都是设计人员所期望的。此外,当专家只需要对行为进行预测,而不需要理解潜在的因果机制时,描述性程序也非常有用。总而言之,由于试验方法和描述性方法不同的优点和缺点,两者对于人为因素研究都十分重要。

框 2.1　可用性评价

人机交互和工业界的人为因素专家期望保证建立的产品和系统是"用户友好的"。这种类型研究的主要目标不是对科学知识基础做出贡献,而是确定产品和系统的可用性。通常,可用性研究为了满足较短的期限,并且在早期的设计过程中无法进行受控的试验。因为无法进行受控的试验,还有一些其他的方法可供人为因素专家评价有效性(Zhu 等,2005)。这些方法可以分类为基于检验的或者基于用户的。

软件设计人员和人为因素专家使用可用性检验方法就可以评价系统的可用性,而不需要测试用户(Cockton 等,2003)。这些方法中最有名的是**启发式评价**和**认知演练**。对于启发式评价,一个或者多个可用性专家确定软件、网页或者产品是否满足建立的要求,例如"使得用户记忆负荷最小化"。因为不同的评价者会发现不同的问题,通常需要 5~7 名评价人员能够发现大部分的可用性问题。对于认知演练,可用性专家使

用用户经常执行的任务与系统进行交互，并从用户的角度评价系统。对每一步需要实现的具体目标，例如在文本中复制一个图片，并调整合适的大小和位置，评价者尝试确定每个所需的步骤是否对于用户是直觉反应。启发式评价和认知演练都依赖于专家评价的可用性，以及评价过程中使用的合适的启发式方法和任务。

基于任务的评价通常称为可用性测试(Dumas,2003)。设计人员在可用性实验室中进行这些测试，模拟系统所处的环境。设计人员必须保证选择的可用性研究用户能够代表目标用户群体。设计人员记录用户执行任务时的行为。通常，观察室与测试室相邻，并使用一个单向镜子进行隔离。设计人员可以通过单向镜观察用户如何执行任务。设计人员需要记录的一些内容包括标准行为，例如执行任务的时间以及正确完成任务的数量。

如果需要进行后期分析，设计人员还需要使用连续的视频/音频记录。此外，从试验中以及试验后的访谈或者问卷获取的用户口头报告也提供用户对产品喜好的额外信息。可用性测试的设计通常很简单，设计人员只对少数的被试进行测试(5个或者更多)，目的是获取关于设计目标快速、有效的信息，而不是补充科学数据库。

可用性评价中使用的其他方法包括人种日志方法、日志研究，以及访谈、焦点小组和问卷(Volk和Wang,2005)。这些方法用以理解用户如何与产品进行交互，并获取他们对于产品特征的喜好。通常，这些方法提供大量对于设计小组有效的定性数据。使用这些方法收集和分析数据需要大量的时间和努力，并且需要对用户数据进行广泛的解释。

需要记住的是，基础性研究和应用性研究的目标是不同的。因此，开展的研究也有很大的区别。对于基础性研究，主要关注内在有效性，通常使用人造的环境，对真实世界环境中容易混淆的变量进行控制。人们会使用研究的结果对从理论中推导的潜在的处理机制进行检验，并且关注点应当是将研究结果拓展到更广泛的条件中。但是，对于应用性研究，重点强调生态有效性，研究设计应当是对感兴趣的真实世界环境的重构。研究结果可以让人对感兴趣的真实世界行为进行预测。基础性研究和应用性研究对于人为因素学和人机工效学都非常重要。

2.5 统计学方法

通常从描述性研究和试验性研究中获取的信息包含大量对感兴趣变量的测量值,如果希望让这些数值有意义,能够供研究人员和其他个体使用,必须使用统计学的方法对这些结果进行组织和分析。有两种统计方式的类型:描述性统计和推论性统计。

2.5.1 描述性统计

如名称所示,**描述性统计**描述或者总结研究的结果。描述性统计的一个基本概念是**频率分布**。当我们获取一个变量的很多测量时,可以组织并绘制出观察到的数值的频率。例如,如果让一组人使用等级 1～7 估计任务的脑力负荷,我们可以记录反馈每个分值的人数。记录的每个分值的频率就是频率分布,通常通过频数多边形描绘,如图 2.3 所示。图中还显示一个**相对频率分布**,即每个分值被观察到的次数的百分比呈现相同的图形。我们可以使用分布中的**百分等级**描述一个数值。百分位数是测量表上的一个点,低于这个点,分值的百分比就会减低。百分等级是在该百分位数以下分值的比例。我们可以使用百分等级建立人体测量数据表格,并将这些数据应用在供人使用的设备设计中。

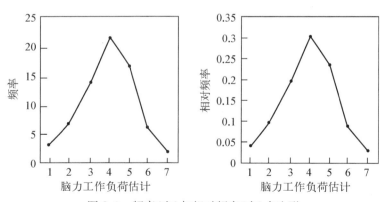

图 2.3　频率(左)与相对频率(右)多边形

1) 集中趋势和变异性

尽管一个分布能够帮助组织研究中的数据,其他的数值能够更简洁地传递重要的信息。通常,集中趋势和变异性的测量是研究报告中主要的描述性统计。集中趋势的测量表明了分布的中值或者有代表性的数值。很多研究使用集中趋势测量的方式呈现他们的结果,例如均值和中位数。算术平均通过累加所有的

数值再除以数量获得,如果 X 表示感兴趣的变量,那么算术平均 $\bar{X}$ 表示为

$$\bar{X} = \frac{1}{n} \sum_{i=1}^{n} X_i$$

式中,X_i 为 i 个数值 n。这个均值是人群均值估计 μ。中值是 50% 的分布位置,换而言之,即 50% 的百分数位。对于对称分布,均值和中值相等,而对于其他分布却不相等。如果分值过高或者过低,中值可能是一种较好的集中趋势估计,因为它只对分值的次序特性敏感,对幅度不敏感。

另一种测量集中趋势的方式称为**众数**,是最常出现的分值。在大部分情况下,众数并不非常有用。但是对于定性变量,众数是唯一有效的集中趋势的测量。众数还可以对分布的形状进行分类。例如,如果分布只有一个众数,那么它是单峰的,如果分布有两个众数,则分布是双峰的。

变异性的测量提供了关于集中趋势测量中个人分值的分散程度。换而言之,大部分的分值可能接近于最常见的分值,或者它们的分布范围很广泛。随着分散度的增加,变异性的测量增加。变异性测量最广泛使用的是**方差**和**标准差**。方差 S_X^2 表示为

$$S_X^2 = \frac{1}{n-1} \sum_{i=1}^{n} (X_i - \bar{X})^2$$

式中,$\bar{X}$ 为算术均值;n 为样本中数值的数量或者观察的数量。

这个统计量是总体方差 σ^2 的估计。方差的另一个名字是均方差,强调每个单独的数值与均值之间的均方偏差。

样本的标准差通过对方差开方获得

$$S_X = \sqrt{\frac{1}{n-1} \sum_{i=1}^{n} (X_i - \bar{X})^2}$$

标准差在描述性目标方面的优势是它存在统一的尺度,所以可以给出分值与均值之间差异的测量。记住,方差和标准差总是正数。

在很多情况下,选取样本的人群通常服从正态(高斯)分布(见图 2.4)。如果对一个正态分布进行测量,我们可以通过均值 μ 和标准差 σ 进行描述。因为正态分布的数量是无限的(因为均值 μ 和标准差 σ 的数量是无限的),我们通常将一个正态分布转化成标准的正态分布(均值为 0,标准差为 1)。从标准正态分布的测量结果可以得到变量 X 均值与标准差之间的差异。这种测量被称为

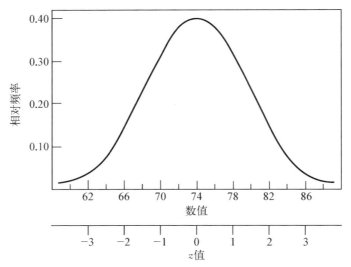

图 2.4　均值为 74,标准差为 4 的正态分布,以及对应的 z 值

z 值,即

$$z_i = \frac{X_i - \bar{X}}{S_X}$$

　　数值 z_i 是在变量原始尺度中观测的第 i 个 z 值。z 值非常有用,因为假设 z_i 等于 1.0,意味着比均值大一个标准差,而 X_i 等于 78 却不能提供信息,因为我们不知道均值和标准差。

　　我们可以将测量的样本转化成 z 值,即使样本本身并不服从正态分布。但是,为了使得 z 值样本代表一个正态分布人群,测量值 X 必须服从正态分布。因此任意的正态分布变量 X 可以转化为 z 值,而正态分布的相关频率和百分位数可以通过 z 值表查询。

　　例如,在 1985 年,美国女性的拇指尖到肩膀的距离均值为 74.30 cm,标准差为 4.01 cm。对于指尖距离为 70.00 cm 的女性,z 值为

$$\frac{70.00 - 74.30}{4.01} = -1.07$$

或者低于均值 1.07 个标准差。使用 z 值表,我们可以确定对应的百分位数为 14%。即 14% 的女性指尖距离小于 70.00 cm。

　　2) 相关系数

在相关性研究中,一个常用的描述性统计量为 Pearson 积矩相关系数 r:

$$r = \frac{S_{XY}}{S_X S_Y}$$

式中，X 和 Y 为两个变量，并且

$$S_{XY} = \frac{1}{n-1} \sum_{i=1}^{n} (X_i - \bar{X})(Y_i - \bar{Y})$$

是 X 和 Y 的协方差。两个变量的协方差测量一个变量的变化对另一个变量的影响程度。相关系数表示两个变量之间线性关系的程度。

相关系数 r 总是位于 -1.0 到 $+1.0$ 之间。当 X 和 Y 不相关时，r 为 0。当 r 等于 0 时，X 与 Y 之间没有线性相关性。当它们完美相关时，r 等于 $+1.0$ 或者 -1.0，并且两个变量的数值关系可以用一条直线表示。正相关表示随着 X 的增加，Y 也增加；负相关则表示随着 X 的增加，Y 减小。图 2.5 提供了一些不同 r 的图形。注意，X 可能与 Y 相关，但并非线性相关。因为 r 只测量线性相关性，如果 X 和 Y 不是线性相关的，例如 $Y = X^2$，线性相关性可能为 0。另一个

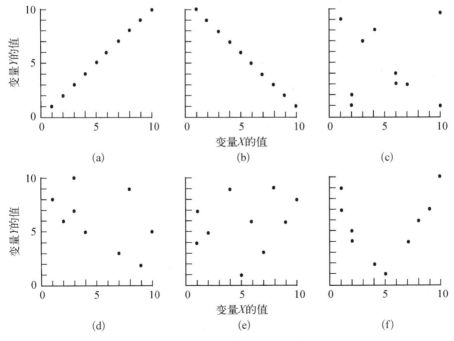

图 2.5 变量 X 与 Y 不同相关性的散点图

(a) $r = +1.0$；$r^2 = 1.0$　(b) $r = -1.0$；$r^2 = 1.0$　(c) $r = -0.01$；$r^2 = 0.00$　(d) $r = -0.49$；$r^2 = 0.24$　(e) $r = +0.25$；$r^2 = 0.06$　(f) 非线性

有效的统计量是 r^2，能够通过追溯两个变量的协方差，提供总方差的比例。通常认为 r^2 反映了线性关系解释的方差量。

我们可以举例说明相关系数以及均值和标准差的使用。Lovasik 等研究了在一个视觉检测任务中，前景颜色和背景颜色对表现行为的影响。在该任务中要求被试在 4 h 的周期内搜索计算机显示器上的一个目标符号。依据检测员执行任务花费的时间以及显示前景颜色和背景颜色的函数，测量他们发现目标的响应次数。表 2.1 给出了每名检测员在所有任务时间和颜色条件下的搜索次数。这些搜索次数是检测员在任务开始 1/2 后的搜索次数的比例。

表 2.1　目标搜索次数比例与任务第一个半小时之间的关系

检测	任务时间	红/黑（R）	蓝/黑（B）	红/绿（RG）
1	0.5	100	100	100
2	1.0	97	93	102
3	1.5	95	94	98
4	2.0	90	89	99
5	2.5	91	88	100
6	3.0	94	90	98
7	3.5	91	87	97
8	4.0	90	83	98
$\sum_{i=1}^{8}$	18.0 均值=2.25	748 均值=93.50	724① 均值=90.50①	792 均值=99.00

来源：Lovasik，Mathews 和 Kergoat 估计(1989)。

在表 2.1 中，我们计算了三种颜色条件下每种情况的评价搜索次数比例。注意均值为 100% 表示从初始的搜索开始，次数没有改善，而均值越小，改善越大。事实上，在红/绿条件下，检测员的表现没有改善。改善最显著的情况是蓝/黑条件。我们在表 2.2 中计算了目标搜索次数的方差，以及搜索次数与任务时间的相关性。红/绿条件的方差最小。对于所有显示条件，搜索次数与任务时间呈反比关系，表示随着任务时间的增加，搜索次数减少。

2.5.2　推论统计

1）概率

推论统计依赖于概率论的概率。当不确定结果时，我们会讨论事件发生的

---

①　原文有误，724 原文为 734，90.50 原文为 91.75，现已修正。——编注

表 2.2　表 2.1 中数据方差与相关系数计算

N	$T-\overline{T}$	$(T-\overline{T})^2$	$R-\overline{R}$	$(R-\overline{R})^2$	$B-\overline{B}$	$(B-\overline{B})^2$	$RG-\overline{RG}$	$(RG-\overline{RG})^2$	$(T-\overline{T})$ $(R-\overline{R})$	$(T-\overline{T})$ $(B-\overline{B})$	$(T-\overline{T})$ $(RG-\overline{RG})$
1	-1.75	3.06	6.50	42.25	8.25	68.06	1.00	1.00	-11.38	-14.44	-1.75
2	-1.25	1.56	3.50	12.25	1.25	1.56	3.00	9.00	-4.38	-1.56	-3.75
3	-0.75	0.56	0.50	0.25	2.25	5.06	-1.00	1.00	-0.38	-1.69	0.75
4	-0.25	0.06	-4.50	20.25	-2.75	7.56	0.00	0.00	1.12	0.69	0
5	0.25	0.06	-5.50	30.25	-3.75	14.06	1.00	1.00	-1.38	-0.94	0.25
6	0.75	0.56	-3.50	12.25	-1.75	3.06	-1.00	1.00	-2.62	-1.31	-0.75
7	1.25	1.56	-6.50	42.25	-4.75	22.56	-2.00	4.00	-8.12	-5.94	-2.50
8	1.75	3.06	-0.50	0.25	1.25	1.56	-1.00	1.00	-0.88	2.19	-1.75
$\sum_{i=1}^{8}$		10.48		160.00		123.48		18.00	-28.02	-23.02	-9.50
S^2		1.50		22.22		17.64		2.57	-0.68	-0.64	-0.69

概率。一件事件的概率从 0.0 到 1.0,表示时间发生的可能性。概率表示在所有可能的事件中,具体事件发生次数的比例。因此,**概率分布**是整个可能事件集中相对的频率分布。如果一个事件的概率为 0.0,那么这个事件不会发生。如果一个事件的概率为 1.0,那我们知道这个事件必定发生。如果一个事件的概率为 0.5,那么有 50% 的可能性会发生这个事件。例如,掷硬币时数字朝上的概率为 0.5。因此,如果我们掷很多次硬币,那么会期望观察到一半的情况下数字朝上。

两个独立事件的组合结果称为联合事件。例如,如果我们掷两个骰子,观察到第一个骰子 2 点朝上,而第二个骰子 4 点朝上,那么结果(2,4)是一个联合事件。正如我们可以观察一个单一事件所有可能结果的相对频率分布,我们也可以观察一个联合事件所有可能结果的联合相对频率。换而言之,我们可以计算每个可能的联合事件发生次数的比例。

两个事件组合成一个联合事件的可能也可能不取决于任一个事件。如果知道第一个事件的结果不会影响第二个事件的结果,那么这两个事件是独立的。这意味着,对于独立事件 A 和 B,联合事件 A 和 B 的概率 $A \bigcap B$ 等于

$$P(A \bigcap B) = P(A)P(B)$$

即联合概率等于每个独立事件的乘积。但是,在很多情况下,第一个事件的结果会影响第二个事件的结果,从而这两个事件是相关的,对于相关事件,在事件 A 发生情况下,发生事件 B 的概率为

$$P(B \mid A) = \frac{P(A \bigcap B)}{P(A)}$$

研究人员不关心对特定样本做出的结论,他们更关心关于整个人群的结论。但是,因为整个人群无法测量,所以一些测量存在差错的可能性。例如,如果对确定成年男性的身高感兴趣,就可能测量 200 个男性样本。观察到的每个高度都在整个人群中存在出现的可能,整个人群的身高均值大约为 178 cm。就可计算出 200 个样本的平均身高,并作为对整个人群平均身高的估计。但是,这仅仅是估计。因为,很有可能所选择的 200 个男性样本的身高都高于 183 cm。所以,样本的平均身高高于 183 cm,而人群的实际平均身高却只接近 178 cm。这是样本错误的实例。总之,增加样本的大小能够提高对感兴趣人群特征估计的准确性。

概率论在后续的章节中也很重要。概率论是可靠性分析(见第 3 章)、信号检测理论(见第 4 章)以及决策理论(见第 11 章)的基础。概率论还是人与系统行为仿真的核心。

2) 统计假设检验

通常在试验中或者其他类型的研究中,研究人员期望检测假设。在最简单的试验类型中,对两组被试进行测试。其中一组接受试验设定,而另一组为控制组,不接受试验设定。试验关注的是两个小组之间的差异是否来自某个自变量的变化。我们比较均值确定是否存在差异。但是,因为这些样本只代表估计的人群均值,并可能存在样本错误,只检验这些数值并不能告诉我们试验设定是否有效。换而言之,在得出样本均值差异能够反映"真实的"人群均值差异之前,我们需要一种方式确定样本均值之间的差异有多大。

推论统计提供了一种方式。在两组试验者中,我们首先建立一个**零假设**。零假设意味着试验设定没有影响,即两种条件下的人群均值没有差异。推论检测可以确定观察到的均值差异是否只是偶然造成的,给出误差变量的估计,并假设零假设成立。需要重点注意的是,研究人员并不知道零假设是否为真。基于统计学试验提供的概率证据,研究人员必须确定是否接受或者拒绝零假设。真实世界中两种可能状态(零假设真或假)与两种可能决策(零假设真或假)的组合构成一个 2×2 的矩阵输出,其中只有 2 个是正确的(见表 2.3)。

表 2.3 统计决策分析

零假设	决策	
	真	假
真	正确采纳($1-a$)	Ⅰ类错误(a)
假	Ⅱ类错误(β)	正确拒绝($1-\beta$)

如表 2.3 所示,当尝试从样本中推断人群特征时会发生两种类型的差错。第一种称为Ⅰ类错误。当样本的均值差异足够大而拒绝零假设时会发生此类错误,但是事实上人群的均值差异为 0。第二种称为Ⅱ类错误。当样本的均值相似而接受零假设,但是事实上人群的均值是不同时发生此类错误。研究人员具有一定的人群均值分布的知识,必须通过确定一个零假设被拒绝的点,选择一个合适的Ⅰ类错误的概率,这个概率称为 a 等级。

通常,如果零假设为真,且样本均值的差异足够大,获得更大差异的概率小于 0.05,那么可以认为试验操作具有可靠性或者显著性效应。如果概率大于

0.05,那么零假设不会被拒绝。如果使用 0.01 的 a 等级,Ⅰ类错误的概率更小,但是Ⅱ类错误的概率则会增加。换而言之,研究人员采用的标准影响每种错误发生的概率。

本书中所有试验使用的差异,都假设差异在 0.05 等级上是显著的。记住显著性差异只在精心设计的研究中有效。即一项显著性推理试验表明,除了偶然因素以外,显然还有其他的因素在区分两组人时起作用,但是并不能说明究竟是什么因素的作用。同样,错误拒绝零假设不一定意味着自变量没有影响。无法表现可靠的差异只能反映较大的测量错误。

一种广泛使用的推理检测方法是方差分析(ANOVA)。ANOVA 一个重要的优势在于可以应用在复杂的试验设计中。ANOVA 分析不仅能够阐述每个变量是否对应变量有总体的影响(即主效应),还能够说明两个独立的变量之间是否有交互效应。图 2.6 给出了交互模式和非交互模式的一些实例。非平行线条指示交互效应,而平行线条表明独立效应。当一个试验包含两个独立变量时,我们可以用同样的方式评价所有变量之间复杂的交互模式。

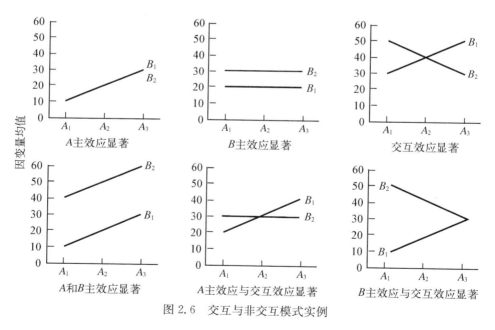

图 2.6 交互与非交互模式实例

例如,酒精和巴比妥类药物对行为有交互效应。如果 A 和 B 分别代表酒精和巴比妥类药物消耗的等级。A_0 表示没有酒精,B_0 表示没有巴比妥类药物,而

A_1 和 B_1 表示固定计量的酒精和巴比妥类药物。图 2.7 表示了这些变量对驾驶行为的交互效应,而因变量是车辆距道路中心线距离的方差,单位为 $ft^2$①。可见,在多种药物组合效应下的表现行为要差于使用单一的药物。

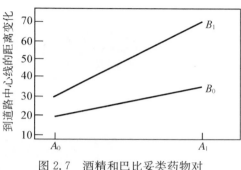

图 2.7 酒精和巴比妥类药物对驾驶行为的交互影响

2.6 学习评价人为因素设计

为了让一些研究和统计问题更具体,我们详细讨论一个具体的研究。虽然这项研究开展于几十年前,但是它仍然提供了如何使用不同的研究方法解决具体的人为因素问题的实例。Marras 和 Kroemer 对划船遇险信号的有效操作的设计因素进行了实验室和现场研究。一开始,Marras 和 Kroemer 调研了市场上可用的遇险信号,并根据识别、打开包装、操作所需的步骤进行分类。在对信号进行分类之后,他们对新手与有经验的划船者操作信号进行了初步的研究,并进行了录像。他们研究这些使用不同信号的被试的行为,识别感兴趣的设计变量,例如格式、标记、尺寸等。

这项研究的下一步是一系列的实验室试验。他们将每个识别出的设计变量作为试验的自变量。例如,一个测试检验了不同的形状如何影响对遇险信号设备的识别。他们使用三种不同形状的、涂成红色的照明弹,并不加以标记(一个完全符合提出的人为因素规定,一个部分符合人为因素规定,还有一个完全不符合规定)。被试的任务是从 5 个其他的设备中选取照明弹,研究人员测量他们选择的时间。他们发现被试选择符合人为因素规定的照明弹的速度要快于不符合规定的照明弹。

研究的最后一步发生在真实的环境中。研究人员将参与者带到一个小岛上,在那里他们登上了一只装有充气装置的橡皮艇。他们告诉参与者研究的目的是对海岸上的一个显示的可视性打分。研究人员将两种类型的手持照明弹之一放置在橡皮艇上(见图 2.8)。他们将橡皮艇划到湖中央,并在 2 min 内开始放弃,促使参与者使用遇险信号。随着他们将参与者拉回岸边,并使用第二种设备重复试验。表 2.4 给出了 20 名参与者打开两种类型的照明弹并进行操作所需的总时间。

①ft 为英制长度单位英尺,1 ft=0.305 m。

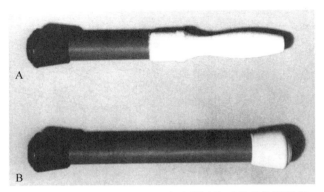

图 2.8　Marras 和 Kroemer 试验所用的两种手持照明弹

表 2.4　水上试验的结果：表现时间(min)

被　　　试	照明弹 A	照明弹 B
1	0.21	1.46
2	0.29	0.87
3	0.10	0.64
4	0.23	0.92
5	0.14	0.81
6	0.43	0.36
7	0.42	1.42
8	0.16	2.32
9	0.11	0.80
10	0.10	2.23
11	0.25	0.72
12	0.22	0.98
13	0.57	1.39
14	0.44	2.53
15	0.35	0.73
16	0.67	1.84
17	0.20	1.87
18	0.27	2.45
19	0.26	2.14
20	0.26	1.04
均值	0.289	1.376
方差	0.152	0.687

来源：Marras 和 Kroemer,1980。

对于照明弹 A,有明确区分照明弹底部的把手,平均时间为 0.289 min。对于照明弹 B,没有明确区分照明弹底部的把手,平均时间为 1.376 min。ANOVA 分析表明差异是显著的。即把手确实减少了总的行为表现时间。

这项研究的一个突出优点是其展现了从描述调研以及控制实验室试验的观察方法,再到在真实的生态环境设定中的现场试验这一完整的系统性过程。因此,这项研究将观察法和现场法的生态优势与实验法的内部优势结合起来。通过这种方法,这项研究提供了组合不同的研究方法解决特定的人为因素问题的理想案例。

应当能够通过现场试验的描述确定其使用了组内设计,因为每个人都进行了两次不同条件的照明弹试验。因此,照明弹使用的顺序是一个可能影响结论的外部变量。例如,如果对于所有的参与者都是先测试 A,再测试 B,那么 B 的缺点可能来自疲劳,或者其他一些顺序效应,例如第二次试验中恐惧感的消除。为了控制这些顺序效应,Marras 和 Kroemer 在试验中对两个设备的使用顺序进行了综合考虑。一半的被试先使用 A,而另一半则先使用 B。

即使顺序效应并未弱化,可能还会质疑组内设计的合适性。开展现场研究的一个目的是考察被试在真实的紧急状况下的表现行为。在第一次试验之后,被试很有可能已经意识到试验的真实目的。行为数据中并没有显著的证据表明被试意识到试验的真正目的,所以这可能不是个问题。组内设计的这一潜在缺陷可以通过对更少的人进行测试,以及考虑同等作用于两种条件的外部变量,例如划船经验等方式进行消除。组间设计与组内设计的相对优点表明在进行研究设计决策时,没有硬性和快速的规则可以使用。

Marras 和 Kroemer 基于研究的推荐改变了烟雾信号与照明弹的设计。在 1987 年,Kroemer 指出:

> 但是现在,如果去商店买海上应急信号装备,它们有各种不同的颜色,不同的设计,且工作情况良好。没有人做出过任何评价,但是总是认为这是一个非常令人满意的结果。我们通过这种方式挽救了一些人的生命。这很令我开心。我们从来没有收到任何正式的回复,但是我们知道研究成果正在被使用——**那就是最好的**。

2.7 总结

本章提供了人为因素学中研究基础的概述。人为因素学是一个应用性科学。因此,科学的推理指引了科研人员和设计人员的活动。因为科学依赖于经验性观察,所以,观察的方式具有基本重要性。此外,我们必须理解评价这些观察的统计学方法。

科学的方法需要基于观察持续地对理论进行建立和修正。观察提供了基础的事实,理论则解释了原因。好的理论不仅提供解释,还对新的条件进行预测,从而能够让我们在新的条件下有好的表现。

应当根据受控条件的控制方式,以及受控条件与感兴趣环境的相似程度选择研究方法获取数据。通常,实验室试验高度受控,具有较差的生态有效性,而描述性方法相对不受控,但是具有较高的生态有效性。因此,选择试验性方法还是描述性方法取决于研究的目标,有时候多种方法的组合提供了对问题最好的理解。

推荐阅读

Bechtel,W. 1988. Philosophy of Science:An Overview for Cognitive Science. Hillsdale,NJ: Lawrence Erlbaum. Chalmers,A. F. 1999. What Is This Thing Called Science?(3rd ed.). Indianapolis,IN:Hackett Publishing.

Meister,D. 1985. Behavioral Analysis and Measurement Methods. New York:Wiley.

Pagano,R. R. 2004. Understanding Statistics in the Behavioral Sciences (7th ed.). Belmont, CA:Wadsworth.

Proctor,R. W. & Capaldi,E. J. 2006. Why Science Matters:Understanding the Methods of Psychological Research. Malden,MA:Blackwell.

Rubin,J. 1994. Handbook of Usability Testing:How to Plan,Design,and Conduct Effective Tests. New York:Wiley.

Stanovich,K. E. 2004. How to Think Straight about Psychology (7th ed.). Boston,MA: Allyn & Bacon.

Taylor,S. J. & Bogdan,R. 1998. Introduction to Qualitative Research Methods:A Guidebook and Resource (3rd ed.). New York:Wiley.

3 系统中的可靠性和人为差错

即使在最先进的技术性系统中，人的可靠性通常是事件链上薄弱环节可能会导致安全性丧失和灾难性的结果。

——B. A. Sayers(1988)

3.1 简介

人都会犯错，有时这些错误会导致系统失效。例如，驾驶时很容易分神。有人可能使用手机接听朋友的电话，或者尝试插入一张唱片，从而忽视了前方停着的其他轿车。有人可能没有刹车就撞上了前方的轿车，或者没有足够的时间进行刹车防止碰撞。不管什么原因使得人的注意力不在道路上都是一种差错，这种差错往往会产生不良的后果。

2001 年 7 月，6 岁的 Michael Colombini 被带到纽约的图森医学中心(Westchester Medical Center)进行磁共振成像检查。磁共振成像仪器由一个巨大的强力的磁体构成。Michael 在磁共振成像仪器中进行检测。磁共振成像检测室的规定非常严格，明确规定了不能够带入检测室的物品，甚至是一个小小的回形针。但是，当 Michael 进行检测时，有人带入了一个氧气瓶。最终氧气瓶被吸入磁共振成像仪器，导致 Michael 的死亡。

美国有全球最先进的、有效的、安全的医疗系统。当发生医疗事故时，通常是由于人为差错。我们都听说失败的手术，灾难性的药物作用以及过度的、错误的注射决定和错误地使用医疗设备。这些事例掩盖了美国公民享受全球最好的医疗服务的事实。在 2000 年，由于医疗事故导致的死亡人数估计在 44 000～100 000 之间(Kohn 等，2000)。

因此，美国总统发布了一系列保证患者安全性的方案，期望到 2005 年，可预防的医疗事故减少 50%。方案要求所有的医院都参与到政府的医疗项目中，而这些医疗项目则需要建立差错减少机制，并且支持对医疗事故的研究。政府还邀请了专业的学者应用人为因素的方法,并且将研究结果编写入医疗课程中(Glavin 和 Maran,2003)。尽管从 2000 年开始增强了减少医疗事故重要性的意识,Leape 和 Berwick 总结到项目的进展是令人沮丧的。到了 2005 年,医疗事故导致的死亡人数只有少许减少,更不要说减少 50% 的目标。

如第 1 章中所述,系统可以很小(如台灯系统),也可以很大(如组成美国医院的人员、设备、政策和程序)。在每一个系统中,都可以有一个或多个操作人员。操作人员负责使用机器、执行政策或者完成任务,帮助系统实现目标。人为因素专家的一个主要任务是使得人为差错最小化,系统性能最大化。这要求专家识别执行任务的操作人员,并且确定差错可能的来源。如果要对系统的性能进行优化,这些信息必须随后输入到系统的设计中。在考虑评价人为差错可能性的方法之前,必须首先考虑系统概念和其在人为因素学中的角色。

3.2　人为因素学的中心概念:系统

人机系统是人与其他系统组件之间发生交互的系统。系统组件包括硬件、软件、任务、环境和工作结构。系统可以是简单的,例如人与一个工具的交互;也可以是复杂的,例如柔性制造系统(Czaja 和 Nair,2006)。

系统运行的目的是实现目标。医院的目的是治疗疾病和修复损伤。汽车的目的是将乘客送达目的地。作为人为因素专家,我们相信在系统的设计中应用行为原则能够提高系统的功能性,并且增加我们实现目标的能力。美国国家工程学院也明确指出了工程中系统方法的重要性:当今的挑战——从生物医疗设备到复杂的大型系统设计制造——越来越需要系统的眼光。

系统方法的基础是**系统工程**。系统工程是一种多学科融合的设计方法,强调设计过程中系统或者产品的总体目标(Kossiakoff 和 Sweet,2003)。从识别运行的要求开始,设计人员确定系统的需求,形成系统的概念。设计人员在系统的架构中应用这个概念,将系统分解为最优的子系统和组件。例如,医院计划建立癌症研究中心,包括最先进的诊断设备、处理设施、治疗意见和临终护理。癌症中心每一个独立的组件都可以认为是一个子系统,先对子系统进行检测、优化,再集成为一个总的系统进行评价和检测。这些子系统构建起癌症研究中心,希望实现最终的目标。

系统工程(以及系统管理)不关心系统中人的部分(Booher,2003)。这是人为因素专家的研究范畴,他们关注如何将人的子系统的性能最优,主要通过人机交互的设计,培训材料等方式。对系统中人的部分进行分析可以提供可靠性和差错评价的基础,并且能够对差错最小化提供设计建议。此外,这些分析还可以对系统的安全性评估提供基础,例如核电站系统(Cacciabue,1997)。

3.2.1　系统概念的含义

系统概念中的一些含义对于评价人的可靠性和差错很重要(Bailey,1996),包括操作人员、目标、系统结构、系统输入、系统输出以及系统环境。

1) 操作人员是人机系统的一部分

我们必须在整个人机系统中评价人的行为。这也就是说,我们必须考虑操作环境中具体的系统性能,并基于系统研究人的行为。

2) 系统的目标高于一切

系统的建立是为了实现特定目标。如果目标不能实现,就可认为系统设计失败。因此,评价系统所有的方面,包括人的行为,必须基于系统的目标。设计过程的目的是以最佳的方式满足系统的目标。

3) 系统是分层级的

一个系统可以分解为更小的子系统、组件、子组件和部件。系统层级中的较高级别是系统功能,而较低级别则是具体的物理组件或部件。人机系统可以分解为人和机器的子系统,而人的子系统必须满足总的系统目标。这就意味着,组件和部件代表了完成特定任务的策略和元素性的脑力和体力动作。我们可以通过考虑人的子系统和机器子系统的组件构建目标和子系统的层级。因此,我们可以评价子系统具体的子目标,也可以评价系统中的较高等级的目标。

4) 系统和组件具有输入和输出

我们可以识别子系统的输入和输出。人为因素专家特别关注机器对人的输入,以及人作用于机器的动作。因为人的子系统可以分解为子流程,同时我们也关注子流程的输入和输出特性,以及差错是如何发生的。

5) 系统具有结构性

系统组件的组织和构建是为了实现目标。这个结构为系统提供了本身的具体属性。换而言之,整个系统的属性来自系统的子部分。通过分析系统结构中的每个组件的性能,可以对整个系统的性能进行控制、预测和完善。为了强调整个复杂系统的属性,推荐使用认知工作分析,将整个系统,包括人和机器作为一个智能认知系统研究,而不是单独分析人的子系统和机器子系统(Sanderson,2003)。

6) 由于不充分的系统组件导致系统性能的缺陷

系统总体的性能由系统组件的特性和相互交互作用所决定。因此,如果系统设计是为了实现具体的目标,我们必须将系统的失效归结于一个或者多个系统组件的失效。

7）系统在更大的环境中运行

如果脱离了系统所处的更大的物理和社会环境,那系统本身很难理解。如果在系统设计和评价中没有考虑环境因素,那么对系统的评价是不全面的。尽管说系统和环境之间的差异很容易理解,它们之间的界限并不非常明确,正如子系统之间的界限也不明确一样。例如,数据管理专家在他或者她的办公室环境中操作一个计算机工作站,而办公室环境则由他或者她的雇主管理。

3.2.2 系统变量

一个系统包含所有的机器、实现系统目标的程序以及操作程序的操作人员。有两种类型的系统,分别是面向任务的系统和面向服务的系统(Meister,1991)。在面向任务的系统中,任务目标的等级高于个人的需求。这些系统在军事领域中很常见,例如武器系统和交通系统。面向服务的系统为个人、顾客和用户服务。这样的系统包括超市和办公室等。

大部分系统介于任务导向和服务导向两种极端之间。例如,汽车装配厂包含任务部分,目标是生产汽车,但是汽车装配厂也包含服务部分,即为顾客生产汽车。此外装配线上的工人生产汽车,他们的福利是系统设计人员需要考虑的。因此汽车制造商必须为这些工人服务,以完成任务,生产汽车。

变量定义了系统的属性,例如系统的大小、速度和复杂度,并且部分确定了保证系统有效运行的操作人员的要求。参考 Meister,我们定义两种类型的系统变量。一种类型的系统变量描述物理系统及其组件的功能,而另一种类型的系统变量则描述个体和团队操作人员的行为。表 3.1 列出了两种类型的系统变量。

表 3.1　Meister 识别的系统变量

物理系统变量

（1）子系统数量

（2）系统的复杂度和组织

（3）系统内部相关性的类别和数量

（4）所需资源的特性和可用性

（5）系统执行的功能和任务

（6）施加在系统上的需求

（7）目标的数量和特殊性

（8）系统输出的特性

（9）信息反馈机制的数量和特性

（10）系统属性——如决定性/非决定性,敏感性/非敏感性

（11）系统功能所处运行环境的特性

（续表）

操作人员变量
(1) 执行的任务和功能
(2) 人员对执行任务的态度
(3) 训练的合适性与数量
(4) 人员经验和技能的数量
(5) 是否有奖励和激励
(6) 疲劳或者压力条件
(7) 个体或者团队工作的物理环境
(8) 施加给个体或者团队的需求
(9) 团队大小
(10) 团队内相关性的类型和数量
(11) 个体/团队与其他子系统之间的关系

来源：Meister(1989)。

1) 物理系统变量

物理系统根据组成结构和复杂度进行区分。复杂度又由子系统的数据和布置方式确定。在某一时刻运行的子系统数量；哪些子系统接收输入；哪些子系统进行输出；子系统或者组件之间的联系方式都决定了系统的复杂度。

系统的组织和复杂度确定了子系统之间的相互作用。依赖其他子系统作为自身输入的子系统与必须使用公共资源池运行的子系统是相互作用的。对于相互作用的子系统，对其中一个子系统的操作直接影响其他的子系统，因为这些操作行为提供了其他子系统所需的输入和资源。

系统的一个重要特征是需要反馈。在系统中，反馈是输入或者信息流的反向运行。不同的系统可能有不同类型的反馈机制，而且往往不止一个。通常，反馈提供系统真实状态和预期状态之间差异的信息。正反馈是与系统的输入做加法，保持系统的状态正向改变。这样的系统通常是不稳定的。因为正向的信息流会放大错误而不是修正错误。与正反馈相对的是负反馈，它与系统的输入做减法。通常，负反馈机制会使系统更加有效。

假设一个系统的目标是产生预拌混凝土。一定数量的混凝土需要与一定数量的水进行混合。如果加入了过多的水，就需要加入沙土进行中和。负反馈环可以监视混合物中水的容量，这就能够直接确定是需要再加入水还是沙土。

使用反馈的系统称为**闭环系统**[见图 3.1(a)]。相对应地，没有使用反馈的系统称为**开环系统**[见图 3.1(b)]。使用负反馈的闭环系统可以对系统的输出保持监控，因此能够修正差错。相反，开环系统没有类似的差错检测机制。在复杂系统中，不同的系统层级间可能有很多不同的反馈环。

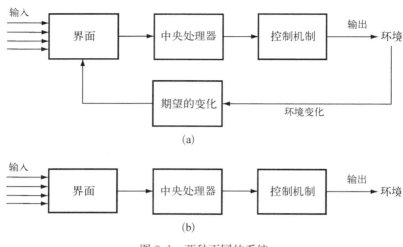

图 3.1 两种不同的系统

(a) 闭环系统 (b) 开环系统

系统的目标、功能、组合和复杂度决定了系统的属性。例如,系统可能对输入和输出的偏差相对敏感或者相对不敏感。气流微小的变化可能不会影响办公室中的系统,但是却会对化学加工厂中的系统带来灾难。同样,系统可以是确定的,也可以是不确定的。确定的系统是高度程序化的。操作人员需要遵循具体的规则,几乎没有灵活性。不确定系统不是高度程序化的,操作人员可以有自主的活动行为。同时,在不确定系统中操作人员的反应可能基于含糊不清的输入,也没有反馈。

系统运行的环境可能是友好的,也有可能是不友好的。不利的环境条件,例如炎热、风和沙尘都可能会对系统的组件造成影响。为了使系统能够有效地运作,系统的组件必须能够抵御环境的不利影响。

2) 操作人员变量

系统操作人员的需求依赖于实现系统目标所必须执行的功能和任务。为了执行这些任务,操作人员必须具有一定的天赋并且接受适当的训练。例如,战斗机飞行员的选择就需要进行资质评估和身体检查,同时,他们还需要进行大量的训练。

操作人员的行为也受激励、疲劳和压力的影响。这些不同程度的影响导致操作人员的绩效从好变坏。考虑医疗错误的情况。在 2003 年 7 月之前,住院医生通常每周工作超过 80 h,并且超过 30 h 工作才能换班。由于医院的差异,具体的工作负荷很难统计。对这些接受训练的医生苛刻要求的原因有很多,其中之一是长时间的轮班制能够让年轻的医生观察完整的治疗过程。

但是,剥夺睡眠容易导致医疗错误的发生(Landrigan 等,2004)。在 2000 年前后,大量的患者和医生团体向美国职业健康安全委员会(OSHA)提议对住院医生建立限制性的工作时间。对此,美国研究生医学教育认证委员会(ACGME)建立了新的标准,并于 2003 年 7 月开始实施。新的标准要求住院医生每周的工作时间不超过 80 h,换班时间不超过 30 h,并且每周至少休息一天。

然而,在 ACGME 颁布新的工作标准之后一年,超过 80% 的实习医生报告他们所在的医院并没有遵循新的标准,他们一直被迫每周工作超过 80 h。超过 67% 的实习医生报告他们换班前的工作时间超过 30 h(Landrigan 等,2006)。但是,还是难以确定医院遵守新的标准的程度,因为住院医生不愿意报告违反标准的情况,而且他们往往选择工作更长的时间去照顾病人(Gajilan,2006)。即使在新的标准之下,住院医生仍然会犯错,例如自己被针扎到,或者被手术刀切到(Ayas 等,2006),而且在换班后回家的路上,他们更容易发生交通事故(Barger 等,2005)。即使没有疲劳和压力这样复杂因素的影响,对个体的要求仍然随着各式的物理环境而不同。温度、湿度、噪声等级、照明等变量都会对操作人员产生影响。同样,当多个操作人员必须一起控制系统时,团队因素变得很重要。团队的大小和团队成员之间的相互关系影响了团队运行的效率,从而影响系统运行的效率。

3.2.3　小结

系统的概念和发展以及系统工程学是人为因素学科的基础。我们必须从物理和机械变量的角度,以及个体和团队操作人员变量的角度考虑整个系统。我们必须从整个系统的功能的角度评价操作人员的行为。系统概念的假设和含义指引了研究人员和设计人员解决问题的方式。系统的概念是可靠性分析的基础,也是人的行为中信息处理方式的基础。

3.3　人为差错

当出现以下的动作时可以认为发生了人为差错,包括"非动作者有意为之的;非一系列规则或者外部观察者所期望的;或者会导致任务或系统超越自身可接受的限制的"(Senders 和 Moray,1991)。因此,确定一个动作是否有差错,取决于操作人员和系统的目标。在一些情况下,缓慢或者草率的控制不被认为是一个差错,而在有些情况下则被认为是差错。

例如在正常的飞行过程中,飞机高于或者低于预期高度几米并不重要,也可能不被认为是一个差错。但是,在特技飞行中,几架飞机编队飞行时,高度和时间上微小的偏差都是致命的。1988年在西德的美国拉姆斯泰因空军基地,3架意大利空军三色箭飞行表演队的MB-339喷气机相撞,这是飞行表演中最惨烈的灾难之一。当时,10架喷气机正在表演名为"心脏穿刺"的特技表演。两组飞机沿跑道在观众面前形成一个心形,在完成的心形底部,两组飞机平行于跑道互相穿过,随后在观众的方向,一架飞机"刺过心脏"。空中撞机事故发生在两组飞机互相穿过时负责穿刺的那架飞机与它们相撞,那架飞机在跑道上坠毁,同时机身和航空燃油形成的火球砸向观众区。灾难导致3名飞行员和67名观众死亡,346名观众在爆炸及火灾中受重伤,数百人受轻伤。一名退役的飞行表演队飞行员总结道:"要么是单独的那架飞机飞得过低,要么机队飞得过高……在这种情况下,即使1 m的偏差都会打乱飞行计划……而这种偏差可能由于一个突然的湍流或者其他情况所导致。"在这个例子中,细微的高度差错就会导致系统的失效。

人为因素专家的主要考虑包含操作人员的系统故障。虽然通常我们认为差错是人为差错,但是它们往往可归咎于人机界面设计或者提供给操作人员的训练(Peters和Peters,2006)。因此,通常,技术性系统的失效开始于系统的设计阶段。系统的设计可以让用户预期到不能够成功的情景。我们将**操作者的差错**定义为完全由于人所导致的系统失效,而将**设计差错**定义为由于系统设计而导致的人为差错。

3.3.1　为什么会发生人为差错

关于人为差错的诱因有多种观点(Wiegmann和Shappell,2001)。其中第一种观点是,人为差错是由不充分的系统设计所导致:因为系统包含在工作环境中的人和机器,人单独并不会引起差错。不充分的系统设计可以分为3类(Park,1987):任务复杂度、容易发生差错的情况以及个体差异。

当任务的需求超过人本身能力的限制时,任务复杂度则成为一个问题。我们在后续的章节中将介绍,在感知、参与、记忆、计算等方面,人的能力是有限的。当任务需求超过这些基本的能力限制时,差错容易发生。容易发生差错的情况是指人置身于这些环境中更倾向于发生差错,包括不充分的工作空间、不充分的训练程序以及不充分的监督等。最后,如第2章中所介绍的个体差异决定了个人执行任务的绩效水平。个体差异包括能力和态度等。有些人对压力和经验水平非常敏感,这会使得他们在执行任务的时候人为差错发生的比率大幅提高(Miller 和 Swain,1987)。

第二种人为因素诱因的观点来自执行任务所需的认知加工过程(O'Hare 等,1994)。认知模型的一个假设是,从感知到动作的起始和控制,信息加工过程包含一系列的阶段。当某一个或多个阶段产生错误的输入,那么就会发生差错。例如,如果操作人员错误地感知显示的指示,那么错误的信息就会传递给操作人员的认知系统,从而形成一个错误的动作。

第三种观点在航空领域中比较流行,它出自航空医学的角度,包含与飞行相关的生理和心理障碍。在这种观点中,差错可以归咎于潜在的生理情况。它强调生理状态对人的行为的影响。这种观点更多关注疲劳和情绪压力的因素,以及工作时间和轮班调换所产生的影响。

最后两种观点来自心理社会学和组织学的角度,它们强调小组的交互以及对人为差错的影响(Dekker,2005;Perrow,1999)。心理社会学的观点将行为看成人与人之间交互行为的函数。这种观点特别适用于民用航空领域。在民用航空领域中,有多个飞行机组,每个机组有不同的职责,同时,空中交通管制员与他们进行交流,乘务员也会与乘客和飞行机组发生交互。此外,地勤人员会监视飞机的载荷和油量,维护人员则需要保证飞机处于正常的状态。心理社会学强调当团队成员之间的沟通出现问题时,就会产生人为差错。

组织学的观点强调在一个组织架构中,管理者、监视者和其他人员的角色的重要性。美国的"挑战者"号航天飞机的事故就是典型的由于社会和组织因素导致的灾难,尽管工程师之前就已经表达了对低温情况下火箭推进器上面 O 形环失效的担忧。

3.3.2 差错分类

将不同类型的人为差错进行分类很有帮助。差错的分类方式也是多种多样的(Stanton,2006)。有些分类是考虑执行或没有执行的动作类型,有些分类是考虑具体的操作程序,还有些是考虑信息处理系统中的差错位置。本节中将介绍基于动作、失效、处理和故意的分类方式,并介绍每种方式的适用条件。

1) 动作分类

有些差错可以直接追溯到操作人员的动作或者无动作(Meister 和 Rabideau,1965)。**遗漏差错**是指操作人员没有执行一个所需的动作。例如,一个化学垃圾处理厂在紧急情况下忘记打开阀门。遗漏差错可能是复杂程序中的一个简单的任务（忘记打开阀门），也可能是一个完整的程序（没有处理紧急情况）。**执行差错**是指执行的动作不合适。在这种情况下，工人可能关闭阀门而不是打开阀门。

我们可以进一步将执行差错分解为时间差错、顺序差错、选择差错和定量化差错。**时间差错**是指过早或者过迟地执行动作。**顺序差错**是指执行动作的顺序不合适。**选择差错**是指操作人员操作了错误的控制器件。**定量化差错**是指操作人员操作控制器件的幅度不合适。

2）失效分类

一个差错有可能会也有可能不会导致系统的失效。因此，将差错归类为可恢复的差错和不可恢复的差错。可恢复的差错是指能够进行修正的差错，使得不良的后果最小。相对应地，不可恢复的差错是指不可避免地将导致系统失效的差错。当人为差错是不可恢复时是最严重的。对于可恢复的差错，我们必须将系统设计成能够向操作人员提供反馈，让他们意识到自己发生了差错，并能够让操作人员进行系统恢复。

由人触发的系统失效可能由于操作、设计、装配或者安装/维修差错所引起（Meister，1971）。如果没有按照争取的程序操作机器则产生**操作差错**。当系统设计师没有考虑人的特性和局限，设计了一种容易发生差错的情况，则认为发生**设计差错**。当产生错误的装配或者有故障时，则产生**装配差错**或者**制造差错**。当机器安装不合适或者维修不合适，则产生**安装差错**或者**维修差错**。

1989 年，英国中部地区 092 航班从伦敦飞往贝尔法斯特的过程中，报告机身发生振动，并在驾驶舱中闻到燃烧的气味——这意味着一台发动机发生故障。当时，1 号发动机发生了故障，但是飞行机组却关闭了 2 号发动机，并尝试使用故障的 1 号发动机进行紧急着陆。在着陆过程中，1 号发动机完全失效，导致在跑道前 900 m 坠毁。该事故造成 47 名乘客和飞行机组丧生。最初，事故调查员认为飞机存在维修差错：可能是波音飞机的火警面板接线错误，从而导致发动机火警时，向飞行机组指示了错误的发动机。然而，事实上面板的接线并没有错误。这起灾难让波音公司对其他的波音飞机进行了检查。在 74 架飞机上，波音公司共发现 78 起接线错误的情况（Fitzgerald，1989）。为了防止在以后的装配和维修过程中发生接线错误的问题，波音公司重新设计了面板接线连接器，从而使得每个连接器都有独立的尺寸，不会发生接线错误。

3）处理分类

我们也可以根据差错在信息处理系统中的位置进行分类（Payne 和

Altman,1962)。**输入差错**发生在感觉和感知阶段。**中间差错**发生在感知到动作转换中的认知阶段。最后,**输出差错**发生在物理反应的选择和执行阶段。

表 3.2 给出了更加具体的处理分类(Berliner 等,1964)。除了输入(感知)差错、中间差错和输出(动作)差错,处理分类中还包含另外一种差错:**沟通差错**。沟通差错是指小组成员之间不能正确地交流信息。表 3.2 中还描述了每种差错的具体表现形式。在随后的章节中,我们将具体介绍信息处理系统和这些差错。

表 3.2　Berliner 等的任务处理分类

处理	活　　动	行　为　实　例
感知	搜索和接收信息 识别目标、动作和事件	检测、检查、观察、阅读、接收、扫视、调研
中继	信息处理 问题解决与决策	计算、分类、编码、插入、制表、转化 分析、选择、对比、估计、预期、计划
沟通		咨询、问答、交流、指示、告知、请求、发布
运动	简单、离散任务	激活、关闭、连接、断开、保持、加入、降低、移动、按压、设置
	复杂、连续任务	排列、管理、同步、跟踪、运输

来源:Berliner,Angell 和 Shearer(1964)。

Rasmussen 建立的信息处理失效分类方法包含 6 种类型的失效:刺激检测、系统诊断、目标设定、决策选择、程序采纳和动作行为。对大约 2 000 起美国海军航空事故使用 Rasmussen 和其他分类方法进行分析,分析结果表明严重的事故与轻微事故之间的认知基础是不同的(Wiegmann 和 Shappell,1997)。严重事故通常与决断差错相关,例如决策选择和目标设定,而轻微事故则与程序性和响应执行差错有关。这项研究也表明具体性的分析能够帮助解决差错特性的问题。在这项研究中具体的分析能够有效地区分严重事故和轻微事故的诱因。

4) 故意分类

根据操作人员故意执行或者不执行动作,将差错定义为疏漏或者错误。**过失(slip)**是指没有执行动作,而**错误(mistake)**是指执行行为有误。Reason 将疏漏和错误之间的区别与 Rasmussen 建立的行为模式相结合形成了一种新的分类方法。根据这种分类方法,当操作人员执行日常、熟悉的程序时,他/她处于**基于技能**的行为模式。当场景相对独特,操作人员的行为依赖于以往学习的规则,他/她处于**基于规则**的模式。当操作人员的行为依赖于问题的解决,他/她则处于**基于知识**的行为模式。从而,过失可以归咎于基于技能的模式,而错误则由于基于规则和基于知识的模式造成。

考虑一种场景,一名核电站的操作人员本来想关断泵出口阀 A 和阀 E,却无意地关断了阀 B 和阀 C,这是一个过失。如果操作人员使用错误的程序减压冷却剂系统,这是一个错误(Reason,1990)。通常,对于过失,与预期动作的偏差可以向操作人员提供差错的立即反馈。例如,当制作三明治时,既有蛋黄酱,又有酸菜酱,那么很快就知道自己的过失,错拿了酸菜酱当成蛋黄酱。但是,当发生一个错误时,却不能得到类似的反馈。因为发生错误时,得到的立即反馈是正确地执行了动作。对于错误,由于预期的动作就不正确,所以差错很难被发现。因此,错误比过失更加严重。我们还可以增加第三种差错的类型:**疏忽(lapses)**,是指记忆失效,例如在动作序列中迷失(Reason,1990)。

过失包含三种类型:动作计划的错误信息;动作模式的错误行为;动作模式的错误驱动。动作模式是一种知识的组织结构,直接指向动作活动的流程。我们将在第 10 章中讨论动作模式。目前,需要理解的是在执行一个动作之前,必须进行计划,这就是动作模式的目标。

通常,第一种类型的过失:动作计划的错误信息,是由于不明确的或者有误导性的情况引起。过失来自不良的动作计划,可能是由于不确定的场景所导致的模式差错,或者由于动作计划不明确或者不完整而导致的描述差错。你可能会误解一个显示信息,从而执行了符合其他的显示模式的动作。

第二种类型的过失:动作模式的错误行为。例如,在开车回家的过程中忘记在杂货店停留。开车回家这种高度熟悉的反应取代了在杂货店停留这种少见的反应。第三种类型的过失:动作模式的错误驱动,是指动作驱动的时间错误或者根本没有驱动。通常,这样的差错发生在演说过程中,例如,"首音误置"的情况。

相对于过失,我们可以将错误归咎于计划中包含的基本过程(Reason,1987)。首先,操作人员正确执行动作所需要的信息可能不包含在他/她在计划过程中所使用的信息。他/她真实用到的信息依据一系列的因素决定,例如注意力或者经验。其次,操作人员计划动作的心理活动依赖于个体的偏好,例如过分关注于逼真的信息;对事实相关性简要的观点等。最后,一旦他/她制订好一个计划,或者一系列的动作模式,就不会轻易改变或者修正;他/她对计划过度自信,忽略考虑其他可能的动作计划。个体的偏好可能导致不完备的动作选择信息,不现实的目标,多结果不完整的评价,以及对制订的计划过度的自信。

在护理医疗领域中,可以发现过失/错误的人为差错分类应用(Narumi 等,1999)。从 1996 年 8 月到 1998 年 1 月,心脏病房提交的事故和事件报告表明 75 起差错引起了患者的不适,其中,36 起是基于技能的过失,35 起是基于规则的错误,还有 4 起是基于知识的过失。同时,75 起差错中有 12 起威胁到生命安全,而其中 11 起是由于基于规则的错误引起,还有 1 起是基于技能的过失。只有 4 起差错包含程序问题,3 起是由于基于技能的过失,而 1 起是基于知识的差错。这项研究的结果与 Wiegmann 和 Shappell 在航空领域中研究的人为差错结果一致,严重的差错主要归咎于决断错误(基于规则的错误),而轻微的差错更多是程序上的问题(动作过失)。

应当将差错与违规进行区分。违规是指无视应当遵守的法规和规则(Reason,1990;Wiegmann 等,2005)。**习惯性违规**是指经常性的违规行为,例如在高速公路上驾车经常超速。这种习惯性违规通常被当局所容忍或者鼓励,例如超速不超过 10 mi/h[①] 就不会收到罚单。这个实例表明,习惯性违规被当局认为是可接受的。**特殊性违规**不是经常性的违规行为,相对于习惯性违规更难预测也更能掌控。

差错和违规都是操作人员不安全的行为。Reason 还定义 3 种更高等级的人的失效:组织影响、不安全监管和不安全行为的前提条件。人为因素分析和分类系统(HFACS;Wiegmann 和 Shappell,2003)对人为差错提供了一个完整的框架,将 19 种类型的差错的诱因区分到不同的层级中(见图 3.2)。最高等级是组织影响,包含组织气氛、组织过程以及资源的管理。这些影响因素会导致不安全的监管。不安全的监管包括不完备的监管,监管人员违规,计划不合适的操作以及无法纠正问题。不安全的监管可能会导致不安全行为的前提条件出现。不安全行为的前提条件分为环境因素(包括物理环境和技术环境)、操作者的状态(包括精神状态、生理状态以及身体/脑力局限)以及人员因素(包括机组资源管理和人员准备情况)。不安全的动作则可以分解为上述介绍的差错和违规,但是在差错分类上有稍许差异。

HFACS 方法的优点在于将与人为差错相关的组织因素、生理社会因素、航空医学因素和认知因素结合到一个框架中。HFACS 方法广泛应用在通用航空和商用航空事故分析(Wiegmann 等,2005)、军用飞机事故分析(Li 和 Harris,2005)、遥控飞机事故分析(Tvaryanas 等,2006),以及火车事故分析中(Reinach 和 Viale,2006)。

---

① mi/h,非法定速度单位,英里/时,1 mi/h=1.609 34 km/h。

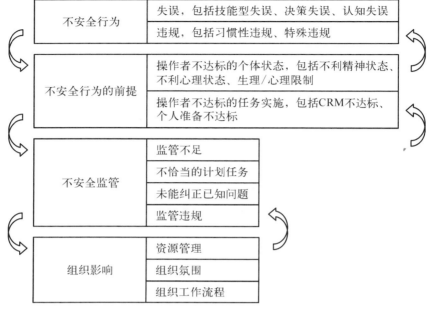

图 3.2　人为因素分析和分类系统

3.3.3　小结

4 种差错的分类(动作、失效、处理和故意)关注于人的行为的不同方面，每种分类方式都有不同的用途。动作和失效的差错分类方法能够用来分析复杂系统中的人的可靠性，但是只能辨识较浅层面的差错。相同动作类别的差错可能基于不同的认知基础。处理和故意的差错分类方式能够探究更深层级的差错发生机制，但是这两种方式需要对人的信息处理提出更多的假设。由于处理和故意的差错分类方式关注于差错的根源，因此它们相较于基于表层差错属性的分类方法更具有实用性。HFACS 方法包含了组织因素、生理社会因素、航空医学因素，为在复杂系统中完整地分析人为差错提供了一个有效的框架。

3.4　可靠性分析

系统可靠运行意味着系统能够完成预期的功能。可靠性工程学科建立于 20 世纪 50 年代(Birolini,1999)。可靠性工程的核心原则是系统总的可靠性由系统中的组件和它们的构型所确定。早期的文章(Bazovsky,1961)和研究通过将概率分析的数学工具与系统分析的组织工具相结合，为可靠性分析提供了定量化的基础。

硬件系统中可靠性分析的成功应用驱使人为因素专家将相似的逻辑应用到人的可靠性分析中。在近些年的研究中,可靠性工程学科越来越重视在复杂系统总的可靠性分析中评估人的行为的可靠性,例如在核工业领域(Dhillon,1999;La Sala,1998)。在复杂系统中,人为差错是大部分严重事故的主要诱因。在后续的章节中,我们将简要介绍可靠性分析的基础,并详细介绍人的可靠性分析。

3.4.1 系统可靠性

尽管如果能够让构建的系统一直有效地工作很完美,但这很难实现。**可靠性**描述了系统、子系统或者组件行为的可信任程度。可靠性定义为"在特定的时间内,一个物体能够在其预期用途中充分运行的可能性"(Park,1987)。为了让可靠性分析有意思,需要理解什么样的系统行为构成系统充分的运行。确定充分运行的构成依赖于系统预期完成的目标。

硬件系统的失效分为 3 类:运行失效、备用失效以及按需失效(Dougherty和 Fragola,1988)。以大厦中的空调系统失效为例,如果在冬天,空调系统已经开始制热,然后失效,就称为运行失效。对空调系统进行维护的工作人员认为这是按需失效:尽管空调系统已经在冬天进行了充分的维护,当天气变得过于温暖时,人们不会打开空调。而大厦的管理人员在以前天气温暖的季节感受过空调系统间歇性的失效,所以他们认为这是备用失效:对已经不可靠的系统进行的不充分的维护导致了在冬季系统的失效。

对系统可靠性有效的分析需要首先确定合适的组件失效的分类。在确定之后,必须评估每个系统组件的可靠性。组件的可靠性是组件不发生失效的概率。因此,可靠性 r 等于 $1-p$,其中 p 是组件失效的概率。当评估确定单独的组件的可靠性之后,可以通过使用概率论的知识构建数学模型推导整个系统的可靠性。通常在这些方法中,我们基于经验评估概率值 p,或者通过过去对具体系统组件失效频率的观察确定概率值 p。

当确定系统可靠性时,组件是**串联**布置还是**并联**布置很重要(Dhillon,1999)。在很多系统中,如果系统要执行预期的功能,需要组件都必须能够正常运行。在这种系统中,组件是串联布置(见图 3.3)。当独立的组件以串联的方式布置,系统的可靠性等于单个组件可靠性的乘积。例如,如果有两个组件串联布置,每个组件的可靠性是 0.9,那么总的系统可靠性等于 0.9×0.9=0.81。更

广泛地有

$$R = (r_1) \times (r_2) \times \cdots \times (r_n) = \prod_{i=1}^{n} r_i$$

式中,r_i 为第 i 个组件的可靠性。

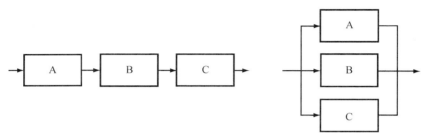

图 3.3　串联系统(左)与并联系统(右)

　　对于组件串联布置的系统需要记住两点:① 增加新的组件会减低系统的可靠性,除非新组件的可靠性为 1.0(见图 3.4)。② 一个低可靠性的组件会大幅降低系统的可靠性。例如,如果三个串联的组件各自的可靠性为 0.95,那么系统可靠性为 0.90。但是,如果用一个可靠性为 0.2 的组件取代其中一个组件,那么系统的可靠性会减低到 0.18。在串联系统中,系统的可靠性依赖于系统中最不可靠的组件。

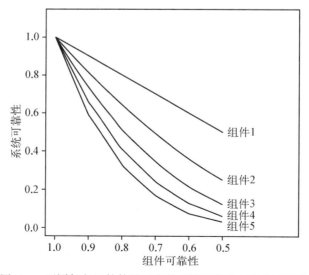

图 3.4　不同任务组件数量对应的系统可靠性与组件可靠性

另外一种布置组件的方式是具有两个或者多个组件实现相同的功能。系统的有效行为只要求其中一个组件能够正常工作。换句话说,其余的组件提供了系统正常运行的冗余。当组件以这样的方式布置时,它们是并联的方式。对于每一个组件具有相同可靠性的简单并联系统:

$$R = \left[1 - (1 - r)^n\right]$$

式中,r 为每个单独组件的可靠性;n 为并联系统中组件的个数。

在这种情况下,我们通过计算至少一个组件保证工作的可能性以推导系统总的可靠性。

并联系统的可靠性可以表示为

$$R = 1 - \left[(1 - r_1)(1 - r_2)\cdots(1 - r_n)\right] = 1 - \prod_{i=1}^{n}(1 - r_i)$$

式中,r_i 为第 i 个组件的可靠性。当有 i 个小组串联,每个小组中包含 n 个并联组件,那么系统总的可靠性为

$$R = \left[1 - (1 - r)^n\right]^i$$

更加广泛地,每个小组中的组件个数可以不同,而每个组件的可靠性也可以不同。我们通过依次计算每个并联组件子系统的可靠性推导出系统总的可靠性。假设 c_i 是第 i 个小组中并联组件的个数,r_{ji} 表示第 i 个小组中第 j 个组件的可靠性(见图 3.5),那么第 i 个子系统的可靠性为

$$R_i = 1 - \prod_{j=1}^{c_i}(1 - r_{ji})$$

总的系统可靠性则为

$$R = \prod_{k=1}^{n} R_k$$

在串联系统中,额外加入一个组件可能会显著地降低系统总的可靠性,但是在并联系统中,却可以增加系统的可靠性。从 R_i 的计算公式中可以发现,随着并联组件个数的增加,可靠性趋向于 1.0。例如,假设一个系统具有 5 个并联组件,每个组件的可靠性为 0.20,那么系统的可靠性等于 $1.0 - (1.0 - 0.20)^5 = 0.67$。当系统中包含 10 个并联组件,每个组件的可靠性为 0.20 时,那么系统的可靠性等于 $1.0 - (1.0 - 0.20)^{10} = 0.89$。这意味着,可以将并联系统中的组件

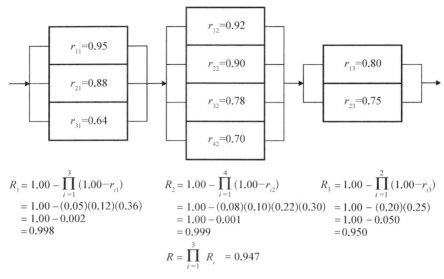

$$R_1 = 1.00 - \prod_{i=1}^{3}(1.00 - r_{i1}) \qquad R_2 = 1.00 - \prod_{i=1}^{4}(1.00 - r_{i2}) \qquad R_3 = 1.00 - \prod_{i=1}^{2}(1.00 - r_{i3})$$

$$\begin{aligned}
&= 1.00 - (0.05)(0.12)(0.36) &&= 1.00 - (0.08)(0.10)(0.22)(0.30) &&= 1.00 - (0.20)(0.25) \\
&= 1.00 - 0.002 &&= 1.00 - 0.001 &&= 1.00 - 0.050 \\
&= 0.998 &&= 0.999 &&= 0.950
\end{aligned}$$

$$R = \prod_{i=1}^{3} R_i = 0.947$$

图 3.5　串并联子系统的可靠性计算

认为"备份单元"。具有的备份单元越多,系统正常工作的可能性就越高。

　　对系统的一些影响是突然发生的,例如由于着火引起的过热环境。其他的一些环境因素可能持续影响系统的可靠性,例如水下设备受到水的影响。因此,使用两种可靠性测量方式。对于基于需求或者基于冲击的失效,$r = P(S < 目标的能力)$。即可靠性被定义为在设备运行过程中,冲击 S 不超过设备抵御冲击能力的可能性。对于基于时间的失效,$r(t) = P(T > t)$,其中 T 是首次失效的时间。换句话说,基于时间过程的可靠性定义为 t 时刻之后发生首次失效的可能性。当需要在大系统中同时考虑很多组件时,基于时间的可靠性分析非常难执行。

　　我们会多次提到**模型**。模型是对系统的抽象和简化,通常是数学性的表达。模型的参数代表系统的物理(可测量的)特征,例如操作时间或者失效可能性。模型的结构决定了如何计算系统的行为。在后续的内容中,我们将介绍人的信息处理系统的模型。这些模型并不总是精确表示系统如何处理,有时很难解释模型中的参数。但是,这些模型的意义在于它们以简单的方式表征非常复杂的系统,并且能够对系统的运行进行预测。

　　对于可靠性分析的关注点究竟是着眼于基于经验的系统架构定量化模型,例如串联模型和并联模型,还是着眼于"物理学失效"模型存在很大的争议(Denson,1998)。物理学失效模型对系统失效的物理原因进行建模。这种方法的支持者认为该方法比基于经验估计失效可能性的方法更加精确。同样,在下一节中,我们可以发现,在人的可靠性领域存在相似的争论,即应当关注观察活动的可靠性模型还是关注认知活动的可靠性模型。

3.4.2　人的可靠性

我们可以将确定无生命系统可靠性的程序和方法应用到对人机系统的人的可靠性评价中(Kirwan,2005)。事实上,当进行复制系统的安全性分析时,必须评估机器的可靠性和人为差错的概率,因为系统的可靠性需要重点考虑操作人员的行为。因此,尽管对人为差错诱因的理解越来越受重视,人的可靠性分析包含对操作人员差错概率的定量化评估,以及对有效系统行为的定量化预期(Hollnagel,1998;Kim,2001)。

操作人员的差错概率定义为实际发生差错的数量(e)除以所有发生差错机会的数量(O):

$$P(操作人员的差错) = \frac{e}{O}$$

因此,**人的可靠性**等于 $1-P$(操作人员差错)。

我们可以在正常和非正常运行环境中开展人的可靠性分析。这类的分析起始于任务分析,识别操作人员执行的任务,以及任务与总的系统目标的关系(见框3.1)。在正常的操作过程中,操作人员可能会执行以下的重要活动(Whittingham,1988):常规控制(保持系统变量在可接受的范围,如温度),预防性和故障维护,设备的校准和测试,维护后的服役恢复以及检查。在这些情况下,遗漏差错和执行差错在操作人员的动作序列中以离散事件发生。有时,直到出现不正常的运行情况,这些差错才会被发现。在不正常的运行条件下,操作人员认识和检测到失效状态,诊断问题,做出决策,并进行操作恢复系统。虽然面向动作的遗漏差错和执行差错在恢复过程中还会发生,但是感知差错和认知差错更容易发生。

框3.1　任务分析

人的可靠性分析的第一步是进行任务分析。任务分析详细地检查每个组件任务的物理或者认知的特性,以及组件任务之间的相关性。任务分析也是其他很多人为因素活动的起点,包括界面的设计和训练程序的构建。任务分析的基本思想认为任务的执行是为了完成具体的目标。这种对任务和系统目标的强调与系统工程中系统目标的重要性保持一致,这也使得任务分析重点关注于构建任务完成系统目标的方式。

如第 1 章中讨论的,Taylor 和 Gilbreth 建立了第一个任务分析的方法。他们基于动作元素分析了体力任务,通过将每个单独的动作元素的时间进行累加评估了总的任务执行时间。据此,Taylor 和 Gilbreth 进行了重新设计,使得执行任务的速度和有效性最大化。Taylor 和 Gilbreth 的方法主要针对体力工作,因此,对于装配线上的重复性体力任务很适用。在他们的研究之后的一个世纪里,工作的特性发生了改变,因此,建立起了很多不同的任务分析方法(Diaper 和 Stanton,2004;Strybel,2005)。

使用最广泛的任务分析方式之一是**层级任务分析法**(Annett,2004;Stanton,2006)。在层级任务分析法中,分析人员使用观察和访问推断出任务的目标和子目标;操作人员为了这些目标必须执行的操作或者动作,以及组件之间的关系。最终的结果是任务的具体结构图。以从计算机应用的弹出菜单中选择一项简单任务为例,对该任务进行层级任务分析法,如图 B3.1 所示(Schweickert 等,2003)。图形反映了一个目标(选择一项),三个元素级操作(在菜单中寻找、移动光标、双击),并且计划具体的操作顺序。当然,对于大部分的任务,图形会更加复杂。

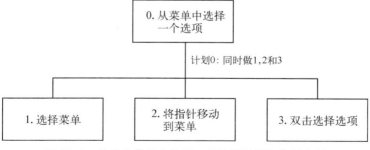

图 B3.1　从弹出菜单中选择一项的层级任务分析实例

随着复杂技术的不断使用,在很多工作环境中,工作和任务的一个重要变化是认知需求的不断增加和体力需求的不断减少。对认知需求的考虑是计算机界面设计重点关注的问题,这也是现在任务分析的目标(Diaper 和 Stanton,2004)。例如一个网站,网站中可用的信息很复杂也很广泛,登录网站的不同用户可能有不同的目标。任务分析必须评估用户使用这些信息的目标,他们搜索信息的策略,如何构建信息让用户能够实现他们的目标,以及最佳的方式显示这些信息使得搜索过程的效率最大化(Strybel,2005)。

认知任务分析是指分析用户或者操作人员认知活动的技术,而不是用户可观测的体力活动(May 和 Barnard,2004;Schraagan 等,2000)。这类分析方法中使用最广泛的是目标、操作人员、方法、选择规则(GOMS)模型和它的变形,这些模型专门为人机交互(HCI)设计,将在第 19 章中进行具体介绍。GOMS 模型包含目标、操作人员、方法和选择规则。在 GOMS 模型中,一个任务可描述为目标和子目标以及执行任务的方法。方法具体是指操作人员的一系列脑力和体力行为。当超过一种方法能够实现任务目标时,按规则选择合适的方法。GOMS 模型可以通过评估每个必需操作的时间预计总的任务时间。

人的可靠性分析要么基于**蒙特卡洛方法**仿真系统模型的性能,要么使用**计算方法**分析差错和可能性(Boff 和 Lincoln,1988)。进行这些分析的步骤如图 3.6 所示。对所有的系统/任务分析,第一步都是对系统进行描述,包括组件和功能。对于蒙特卡洛方法,第二步是基于任务的相互关系对系统进行建模。在这一步中,必须对任务时间的随机行为进行决策(如是否为正态分布)并且选择有效的概率仿真人和系统的操作。人或者系统的可靠性与仿真中完成任务的次数成正比。

对于计算方法,在描述系统之后,需要针对每个必须执行的任务识别潜在的差错,并评估每种差错的可能性和后果。然后,使用差错概率计算操作人员完成任务的可能性和整个系统有效运行的可能性。差错概率可以来自多个方面,并且如果希望计算的操作人员和系统的行为有效的概率有意义,差错概率必须准确。

蒙特卡洛方法和计算方法在很多方面类似,但是各自有独特的优点和缺点。例如,如果希望计算方法准确,则必须对可能发生的差错类型以及可能性和后果

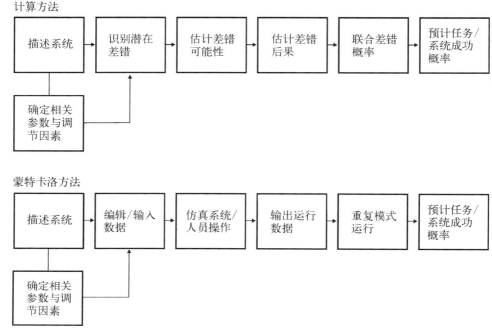

图 3.6 进行人的可靠性分析的计算方法与蒙特卡洛方法

进行具体分析。蒙特卡洛方法则需要建立准确的系统模型。

进行人的可靠性分析的方式有很多种。Lyons 等在医疗保健领域中总结了35 种直接或者间接的分析技术(Lyons 等,2004)。Kirwan 介绍了更加详细的定量化评价人为差错概率的方法,并讨论了选择和使用这些方法的指南。第一代技术和第二代技术中存在着差异,尽管它们之间有重叠的部分(Hollnagel,1998;Kim,2001)。第一代技术紧跟着传统的可靠性系统,但是是分析人的任务活动而不是机器的运行。通常,第一代技术强调可观察的行为,例如疏忽差错和执行差错,但很少关注差错背后潜在的认知行为。第二代技术更多考虑认知特性。我们将介绍两个第一代技术,分别使用了蒙特卡洛方法(随机建模技术)和计算方法[人为差错率预测技术(THERP)],以及两个与之相关的技术[系统的人为因素减少和预测方法(SHERPA)以及差错识别的任务分析(TAFEI)]。随后,我们将介绍 3 个有代表性的第二代技术[人的认知可靠性(HCR);一种人为差错分析技术(ATHEANA);认知可靠性和差错分析方法(CREAM)]。

随机建模技术。使用蒙特卡洛方法进行人的可靠性分析的例子是由 Siegel

和 Wolf 所建立的随机建模技术。该技术的目标是确定平均水平的操作人员能够在期限内完成所有的任务,并识别在处理中系统可能使得操作人员负荷过高的情况(Park,1987)。这种技术应用在复杂的场景中,例如飞机着陆。在这个过程中,飞行员必须正确执行很多子任务。随机建模技术使用以下信息进行估计:

(1) 执行具体子任务的平均时间;有代表性的操作人员执行子任务时间的标准差。

(2) 有效执行子任务的概率。

(3) 指示子任务的有效执行如何影响整个任务的完成。

(4) 下一步需要执行的子任务,其功能与初始任务是否有效执行有关。

对每个子任务基于以上的数据进行 3 个评估(Park,1987)。第一,根据操作人员在剩余时间中执行的子任务计算紧迫和压力条件。第二,从响应时间的合适分布中随机采用选择的子任务的具体执行时间。第三,子任务是否正确执行由随机采样确定,而随机采样则是使用有效行为和无效行为的概率。

随机建模技术在整个系统中基于对每个子任务的行为进行仿真,估计操作人员的效率。随机建模技术在各种各样的系统中得到广泛的影响。此外,该技术也被融入总体系统性能的测量中。

1) 人为差错率预测技术

人为差错率预测技术(THERP)建立于 20 世纪 60 年代初期,是最古老的,也是应用最广泛的人的可靠性分析计算方法之一(Swain 和 Guttman,1983)。该方法初始用来确定军工厂中炸弹生产线上人的可靠性,随后成了工业和核领域中可靠性分析的基础(Bubb,2005)。

使用 THERP 方法进行可靠性分析的步骤如下(Miller 和 Swain,1987):

(1) 确定由于人为差错引起的系统失效。

(2) 识别和分析由操作人员执行的与系统功能相关的任务。

(3) 评估相关人为差错的概率。

(4) 在系统可靠性分析中集成人的可靠性分析以确定人为差错对系统行为的影响。

(5) 推荐系统的改进方式以增加可靠性,随后评估这些改进方式。

THERP 方法中最重要的步骤是第三步和第四步。这两步中包含确定了操作人员产生差错的概率和人为差错导致系统失效的概率。这些概率可以通过THERP 数据库进行评估(Swain 和 Guttmann,1983),或者通过其他相关的数据进行评估,例如模拟器数据。

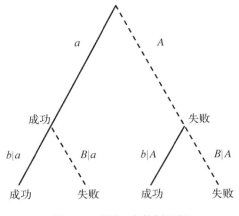

图 3.7　任务-事件树图解

图 3.7 描述了事件树图形中的概率。在这个图中,a 是任务 1 成功的概率,而 A 是不成功的概率。类似地,b 和 B 分别是任务 2 成功和不成功的概率。事件树的第一层分支是区分成功执行或者不成功执行任务 1 的概率。事件树的第二层分支则基于是否执行任务 1,给出了成功执行或者不成功执行任务 2 的概率。如果两个任务是独立的,那么任务 2 完成的概率为 b,不完成的概率为 B。如果我们知道独立组件任务的概率值,就可以计算任务执行成功或者不成功的任意组合的概率,以及由于人为差错导致的系统失效的概率。

例如,假定对便携式收音机生产线上的工人任务使用 THERP 分析。收音机的最后装配需要将电子元件放置在塑料盒中。工人必须将控制音量的电线弯曲并放置到电路板的下面,然后将塑料盒的两半合起来。如果工人将电线缠绕在电路板上,那么当他/她关闭盒子的时候,电线会损坏。工人也有可能在装配的时候损坏盒子。假设工人正确放置电线的概率为 0.85,工人在装配时盒子不损坏的概率为 0.90。图 3.8 描述了这个任务中的事件树。收音机成功安装的概率是 0.765。在这个案例中,THERP 分析的好处是可以对程序中的缺陷进行

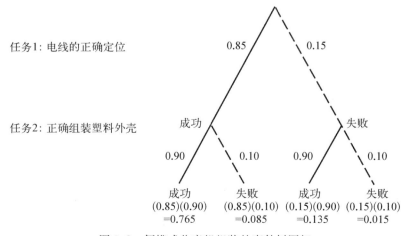

图 3.8　便携式收音机组装的事件树图解

识别,例如相对较高的错误放置电线的概率,并针对性地进行修正以提高成功安装的概率。

THERP 方法相较于其他人的可靠性评估技术,在定量化差错方面较好。但是 THERP 方法的差错分类是基于前面提到的动作行为假设,即疏忽差错和执行差错。这种假设是有问题的(Hollnagel,2000)。因为 THERP 依赖事件树。我们在每一步中将动作序列分为成功或者不成功。这样的差错分类方式孤立了由于人的信息处理可能产生的特定差错。更现代的技术,例如 HCR 模型,将精力更多地关注信息处理的差错。

2)系统的人为因素减少和预测方法

SHERPA(Embrey,1986;Stanton,2005)和 TAFEI(Stanton 和 Baber,2005)能够容易地预测人机交互时的人为差错。这些方法的第一步是进行层级任务分析(见框 3.1),将工作活动分解为目标,实现目标的操作以及以合适的顺序执行操作的计划。任务层级分析的结果是确定可能的差错和可能性的基础。

在 SHERPA 中,在任务层级的最底层,对每个操作进行可靠性分析,将操作分为 5 种类型:动作、恢复、检查、选择和信息沟通。第一步,对于每个操作,分析人员必须识别可能的差错模式。例如,动作差错可能是动作时间安排不合理,或者检查差错可能是忘记执行检查操作。第二步,分析人员考虑每个差错的后果,以及对于每一个差错,操作人员是否会进行恢复行为。如果差错很少发生,分析人员会分配一个"低概率";如果差错有时会发生,则分配一个"中等概率";如果差错经常发生,则分配一个"高概率"。此外,分析人员还将差错分为严重(如果差错会导致物理损失或者人员受伤)或者不严重。第三步,分析人员提供差错减少的策略。SHERPA 的结构化程序和差错分类使得该方法容易执行,但是分析也没有考虑基于认知的差错。

在 TAFEI 中进行层级任务分析之后,分析人员构建状态空间图表示设备的状态序列直到实现目标为止。对于序列中的每一个状态,分析人员会说明与其他系统状态的链接,通过这些链接表示系统从一个状态到另一个状态可能的动作行为。随后,分析人员将这些信息输入到传递矩阵中,传递矩阵用来表示从当前的状态到另一种状态可能的传递。矩阵中记录了有效的传递和无效的传递,即差错的传递。这种过程能够提供设计解决方案,使用户的无效传递不会发生。当 TAFEI 和 SHERPA 结合使用时,分析人员能够获得非常准确的可靠性预计。

3)人的认知可靠性模型

第一代模型,如随机建模技术和 THERP 主要关注于评估人在执行任务和子任务时,会成功还是失败。第二代模型更加关心操作人员将要做什么。人的认知可靠性模型(HCR)由 Hannaman、Spurgin 和 Lukic 建立,是最早的第二代模型之一,主要强调人的认知过程。该方法的建立是为了在事故序列中对人员的行为进行建模。模型的输入参数有 3 类:认知行为种类、平均响应时间和行为的环境影响因素。

与其他所有的技术相同,人的可靠性分析人员首先识别操作人员必须执行的任务。然后,他/她必须确定每个任务中所需的认知过程种类。HCR 使用的是前面介绍的 Rasmussen 的 3 种认知行为分类:基于技能的行为、基于规则的行为和基于知识的行为。基于技能的行为代表执行日常的、熟悉的活动,而基于规则和基于知识的行为却并不如此自动化。基于规则的行为依赖于经过训练学习到的规则和程序。基于知识的行为通常发生在对情况不熟悉的时候。HCR模型的基本理念是如果认知过程从基于技能转变为基于规则和基于知识的行为,执行任务的平均时间会增加。

分析人员通过使用人-行为数据库,估计操作人员执行任务的平均响应时间。人-行为数据库将在随后的内容中介绍。然后分析人员通过引入影响行为的环境因素对时间进行修正,例如压力等级、设备布置等。分析人员必须同时依据执行任务时可用的时间评价响应时间,从而提供确定操作人员是否能够在可用的时间内完成任务。

HCR 模型中最重要的部分是针对 3 种认知行为设定标准化的时间-可靠性曲线(见图 3.9)。这些曲线可以估计在某一个时间点没有响应的概率。标准化时间表示为

$$T_N = \frac{T_A}{T_M}$$

式中,T_A 为执行任务的真实时间;T_M 为执行任务的平均时间。

分析人员用这些标准化曲线表示在系统构建中,出现紧急情况后产生无响应的概率。

HCR 模型应用到核电站的操作中,主要关注于人员在时间方面的行为。关于该模型很多基础的假设至少已经被部分验证(Worledge 等,1988),而Whittingham 又提出了一个 HCR 和 THERP 结合的模型对人的可靠性进行估计。这两种方法的应用可以在核电站定量化提高人的可靠性报告中找到(Ko等,2006)。核电站使用了一个严重事故管理指导程序,向操作人员提供紧急情

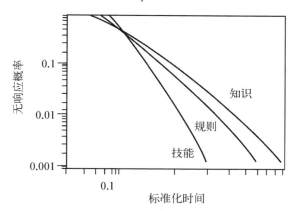

图 3.9　HCR 模型中机组基于技能、规则和知识过程的无响应曲线

况响应的结构化指导。通过分析表明,使用结构化程序使得操作人员的行为模式从基于知识(即解决问题)转换成基于规则(遵循程序的规则)。这增加了操作人员在限定时间内完成任务的概率。

4）人为差错分析技术

另一个有代表性的第二代技术是 ATHEANA(USNRC,2000)。对于典型的可靠性概率分析,ATHEANA 第一步是识别事故场景中可能的人的失效事件。分析人员通过穷举操作人员不安全的动作(疏忽差错或者执行差错)描述这些失效事件,然后使用 Reason 所区分的过失、疏忽、错误以及违规进行特征化描述。该模型综合了影响人为差错出现可能性的环境因素和工作环境。这种对容易引起差错环境的描述能够更好地识别可能的人为差错,以及这些差错最可能发生的任务阶段。ATHEANA 分析的最终结果是定量化估计在上述容易引起差错的场景中研究的不安全动作的条件概率。

ATHEANA 方法非常详细和明确。更重要的是,在事故后可靠性专家可以在容易发生差错的环境中识别具体执行的差错。但是,该方法有一些局限性(Dougherty,1997;Kim,2001)。由于它是概率可靠性分析的一种变形,因此它集成了概率可靠性分析的缺点。例如,ATHEANA 方法像其他的概率可靠性分析方法一样,能够区分疏忽差错和执行差错,但是对于基于认知的差错却无能为力。该模型的另一个缺点是其强调容易发生差错的环境,这暗示在这样特定的环境中很难成功。由于这个环境用来代替影响任务中人的认知和绩效因素,如果建立一个更加详细的认知可靠性模型,那么会更加有效。

5）认知可靠性和差错分析方法

CREAM(Hollnagel,1998)方法来自**认知工程学**的角度。该方法的依据是将人机系统概念化为联合认知系统,人的行为由其所处的组织环境和技术环境决定。在任务分析之后,CREAM方法需要评价通常执行任务的环境。有些环境可能包含程序的可用性和操作人员的计划、任务执行时的可用时间以及工作人员之间的合作质量。给出了任务执行的环境后,可靠性分析人员构建一个任务的认知需求的扼要描述。分析人员使用观察、解释、计划和执行这样的认知功能描述需求。然后,对每个任务组件,分析人员评估操作人员会采取怎样的策略或者控制模式完成任务。

CREAM方法考虑4种可能的控制模式:策略性的、战术性的、机会主义的或者杂乱性的。对于策略性模式,操作人员的动作由从全局环境中推导出的策略决定;对于战术性模式,操作人员的行为基于程序或者规则;对于机会主义模型,环境的明显特征确定了下一步动作;对于杂乱性模式,下一个动作的选择是不可预期的。当可靠性专家识别出最可能发生的认知功能失效模式,以及计算出任务元素和整个任务的认知失效概率后,可靠性分析完成。

CREAM方法是在操作人员认知过程中量化人为差错的具体方法。CREAM方法比ATHEANA方法更加系统和明确,它能够让分析人员使用相同的原则进行预测性分析和回归性分析(Kim,2001)。CREAM方法的一个局限在于其不能明确指出操作人员是如何从错误的行为中恢复,即假定所有的差错都是不可恢复的。这就意味着CREAM方法在很多条件下低估了人的可靠性。

6)人的行为数据源

人的可靠性分析需要对不同任务和子任务中人的行为进行明确的具体估计。这种估计包括正确行为的概率、反应时间等。图3.10给出了一些有用的行为估计数据源。最有效的估计来自与分析任务直接相关的经验数据,或者从真实系统运行中获得的数据。这些数据存在于数据库(如核电站操作人员可靠性数据库,Topmiller等,1982;工程数据概要:人的感知和行为,Boff和Lincoln,1988)和手册中(如人为因素和人机工效手册,Salvendy,2006)。数据源的主要局限在于最常用的数据来自实验室研究,而实验室研究通常在受限的、人造的条件中展开;因此对于复杂的系统,使用数据库应当谨慎。此外在数据库中可用的数据量是有限的。

模拟器提供了另一种复杂系统的数据来源,例如在处理化学垃圾工厂中,错误是很危险的(Collier等,2004)。模拟器能够生成具体的事故序列,对人员的行为进行分析,而不会危及系统或者操作人员的安全。模拟器允许分析人员测

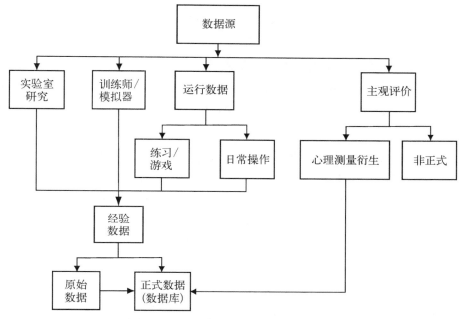

图 3.10　人的表现行为数据库及其输出

量响应准确度和重要事件的潜在因素，以及使用采访的方式获取操作人员关于显示和指示信息的可能性以及他们进行决策的方式（Dougherty 和 Fragola，1988）。

估计人为差错概率参数的另外一种方式是进行计算机仿真或者对人的行为进行数学建模（Yoshikawa 和 Wu，1999）。一个准确的模型能够提供经验数据不具备的客观概率估计。最后一种观点是询问专家，获得他们对具体差错概率的意见，但是这种方法过于主观，需要谨慎使用。

3.4.3　概率风险分析

在复杂系统中，对系统失效相关的风险评估是可靠性分析的一部分。风险是指可能造成伤害的事件，例如核电站向大气排放具有放射性的气体。因此，风险分析不仅考虑系统的可靠性，还包含伴随具体失效的分析，例如生命和财产损失。概率风险分析方法在核工业领域中建立并广泛使用。概率风险分析方法将关注的风险分解为较小元素，以便对失效概率进行定量化（Bedford 和 Cooke，2001）。随后，这些概率可能用来评估总的风险，目标是系统安全和识别最薄弱的环境（Pate-Cornell，2002）。

复杂系统中的人的风险分析,例如核电站,包含以下目标:

（1）代表来自人员和支持材料,例如程序的风险。

（2）提供工厂管理者可能优化风险,改善人为因素设计的基础。

（3）帮助训练工厂操作人员和维护人员,特别是针对偶然事件、紧急响应和风险防护(Dougherty 和 Fragola,1988)。

核工业领域使用概率风险分析方法识别核电站的缺陷,验证额外的安全需求,帮助设计维护程序,并支持日常程序和紧急程序中的决策过程(Zamanali,1998)。

可靠性分析关注于系统的有效运行,因此,我们需要考虑系统环境对系统行为的影响。相反,风险分析则关注于评价系统失效对环境的影响。使得系统可靠性最大化和系统风险最小化要求我们进行风险分析和可靠性分析,并且在系统开发和应用的各个阶段考虑这些问题。

3.5　总结

操作人员是人机系统的一部分。因此,在人为因素领域中,系统的概念扮演了重要的角色。我们必须在系统环境中检验操作人员的贡献。系统的行为取决于很多变量,有些仅与系统的机器部分有关,有些则仅与系统中人的部分有关。我们可以在系统环境中找到更多的变量。

系统操作人员的差错可能会导致系统失效。人为因素的一个基础目标是保证在系统可靠性最大化的情况下风险的可能性最小。这就需要人为因素专家对潜在的人为差错来源及其对总的系统性能影响进行分析。为了实现目标,人为因素专家也可以使用一些其他的差错分类方法。

我们依据系统组件的可靠性和系统结构的可靠性评估系统可靠性。可靠性分析能够有效地预计机器的可靠性。人和机器的可靠性分析可以持续对总的人机系统的行为和与操作相关的总的风险进行预期。

在本书中,经常重复的主题是最佳的系统设计要求我们在系统开发或者设计过程的每个阶段都考虑人为因素的问题。这就意味着我们必须考虑在系统的不同开发阶段潜在的人为差错类型。通过在系统设计中引入已知的行为规则,并对其他的设计方面进行评价,人为因素专家就可以保证系统能够安全、有效地运行。

推荐阅读

Birolini, A. 1999. Reliability Engineering: Theory and Practice. New York: Springer.

Gertman, D. I. & Blackman, H. S. 1994. Human Reliability & Safety Analysis Handbook. New York: Wiley.

Hollnagel, E. 1998. Cognitive Reliability and Error Analysis Method. London: Elsevier.

Kirwan, B. 1994. A Guide to Practical Human Reliability Assessment. London: Taylor & Francis.

Reason, J. 1990. Human Error. Cambridge: Cambridge University Press.

Senders, J. W. & Moray, N. P. 1991. Human Error: Cause, Prediction, and Reduction. Hillsdale, NJ: Lawrence Erlbaum.

Westerman, H. R. 2001. System Engineering Principles and Practice. Boston, MA: Artech House.

4 人的信息处理

信息处理是人的行为的核心。在人与系统交互的情况中,操作人员必须感知信息;必须将信息转化成不同的形式;必须在感知和转化信息的基础上进行动作,并且必须对动作的反馈进行反馈,评估对环境的影响。

——C. D. Wickens 和 C. M. Carswell(2006)

4.1 简介

人的信息处理方法在研究行为时,将人看成一个通信系统,在环境中接受输入,对该输入进行动作,然后向环境进行一个输出反馈。我们使用信息处理方法建立模式以描述人的信息流,这与系统工程师使用模型描述机器系统的信息流很相似。人的信息处理与系统观点具有相似性并非偶然,因为人的信息处理方法起源于第二次世界大战期间心理学家与工业工程师和通信工程师的交流中。

信息处理的概念受信息理论、控制理论和计算机科学的影响(Posner,1986)。但是,对人的行为的试验研究提供了方法的经验性基础。关注行为的信息处理描述了如何在认知过程中,对感知系统进行编码;这些编码如何使用在不同的认知子系统和子系统的组织中以及反馈的机制。虚拟的处理子系统图解可以用来识别不同类型的信息处理过程中发生的脑力活动,以及执行任务所要采用的具体的控制策略。

图 4.1 描绘了一个简单的信息处理模型实例。这个模型解释了在视觉呈现刺激下,在各种不同的任务中人的行为响应(Townsend 和 Roos,1973)。模型由一系列的子系统组成,这些子系统在视觉符号的呈现和身体响应的执行之间形成干涉。模型包含感知子系统(视觉形成系统)、认知子系统(长期记忆组件、有限容量翻译器和听觉形成系统)和动作子系统(响应选择和响应执行系统)。系统中的信息流如箭头所示。在这个例子中,信息在各子系统间流动。

工程师可以对机器内部进行研究从而得出机器的工作原理。但是,人为因

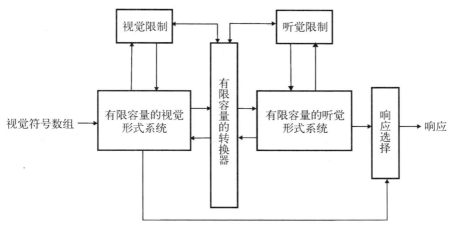

图 4.1　视觉信息处理行为模型

素专家却不能看到人的大脑内部去检测行为背后的子系统。取而代之的是,他或者她必须基于行为和生理学的数据推断出认知过程是如何发生的。人为因素专家有很多可用的模型,这些模型在处理子系统的数量和布局方式上存在差异。子系统可以是串联的,从而在一个时间点信息流只能流经一个子系统;或者是并联的,使得信息流可以同时在几个子系统内流动。复杂模型可以是串联子系统和并联子系统的结合。除了子系统的布局方式和特性,模型必须解决与每个子系统相关的处理成本(时间和努力)问题。

使用这些模型,我们可以预计不同刺激和环境条件下人的行为。通过将预期与经验数据进行对比的方式评价模型的有效性。与经验数据相关性高的模型比其他的模型更加可信。但是可信的模型必须不只是简单解释有限的行为数据,这些模型必须也与其他的行为现象和已知的神经心理学知识相一致。为了将这些模型发展为科学性方法,在获得新的数据后,我们会对模型进行改善和代替。

信息处理方法对人为因素的重要性在于它以相似的方式描述了操作人员和机器(Posner,1986)。通用的词汇更容易将操作人员和机器看成一个集成的人机系统。例如,在工业控制环境中考虑一个决策-支持系统的问题(Rasmussen,1986)。在执行监视任务以及进行紧急管理时,系统通过提供环境中最合适的动作信息帮助操作人员。系统行为是否最优取决于系统提供的机器信息和操作人员期望响应的方式。信息越有效、越一致,操作人员的绩效水平会越好。人的信息处理模型是系统概念设计的先决条件,因为这些模型可以帮助确定信息的重要性和最佳的呈现方式(McBride 和 Schmorrow,2005;Rasmussen,1986)。特别是在人机交互中,信息处理模型会形成解决问题的方案(Proctor 和 Vu,2006)。Card、Moran 和 Newell 指出"人机交互的应用心理学的理论基础可以认为是信息-处理心理学"。

因为"人的社会已经变成一个信息处理社会"(Strater,2005),信息处理方法提供了一个理解适当的框架和组织人的行为的问题。它是理解任务组件分析的基础,这一基础依赖于感知、认知和动作过程。在本章中,我们将介绍在人的行为研究中使用的基础概念和分析工具。

4.2　三阶段模型

图 4.2 给出了一个通用的信息处理模型,该模型区分了呈现刺激和执行响应之间的三个阶段。与感知和刺激识别相关的早期过程处于感知阶段。随后的阶段是包含决策和思想的中间过程:认知阶段。从认知阶段获得的信息在最后动作阶段进行选择、准备和控制形成一个反馈。

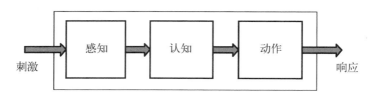

图 4.2　人的信息处理的三个阶段

三个阶段的模型提供了一个有效的组织工具。记住该模型缺失了呈现刺激之前发生的准备过程(即操作人员如何预期或者设置具体需要执行的任务),以及动作和感知之间紧密和周期性的关系(Knoblich,2006)。研究人的行为的科研人员对确定试验结果所归属的处理阶段和描绘系统中的信息流感兴趣。但是,感知、认知和动作的界限并不像模式中那样定义得清楚。行为的变化到底归属于感知、认知或是动作阶段并不总是那么明确。一旦具体的行为变化能够明确地归属到特定的阶段,那么就可以建立详细的处理模型。

4.2.1　感知阶段

感知阶段包含从感知器官获取刺激的过程(Wolfe 等,2006)。这个过程甚至可能发生在人员没有意识到的情况,包括对刺激的检测、区别和识别。例如,视觉显示程序或者反映被眼部感光器吸收的光能模式。这驱动了传输到脑部中专门过滤信号和提取信息部分的神经信号,例如形状、颜色或者运动。从信号中提取信息的脑部能力取决于传感器输入的质量。这个质量也受其他因素的影响，例如显示的清晰度和持续时间。

如果显示不明确，很多信息将丢失。如果投影仪不能聚焦，就无法看到图片的细节。类似地，显示有问题的电视可能有雪花，模糊不清。需要快速呈现的显示或者必须被快速检查的显示不允许获取信息的时长超过可用的时间，例如公路标牌信息和一些计算机差错信息。感知系统的输入降级会限制能够获取的信息，进而限制行为表现。

4.2.2　认知阶段

在感知阶段从显示提取足够的信息对刺激进行识别或分类之后，就开始进入确定合适的响应过程。这些过程包括从记忆中检索信息，比较显示的内容，比较这些内容和记忆中的信息，算术运算和决策（Herrmann 等，2006）。认知阶段对行为进行了具体的约束。例如，通常人们不适应于对一个以上的信息源进行关注，或者在脑海中进行复杂的计算。

行为的差错可能由这些和其他很多的认知局限引起。通常，我们以认知资源的方式描述认知局限：如果任务可用的资源很少，可能会影响任务的绩效。人为因素专家的一个目标是识别执行任务所需的认知资源和系统性的移除与资源相关的限制。这可能就需要额外的信息显示；重新设计机器界面或者甚至重新设计任务。

4.2.3　动作阶段

在感知处理阶段和认知处理阶段之后，需要进行明确的响应选择、编程和执行（Prinz 和 Hommel，2002）。响应选择是选取具体环境中最合适响应的问题。在选择响应之后，响应必须转换成一系列的肌肉、神经命令。这些命令控制具体的肢体或效果器进行响应，包括方向、速度和相对时间。

合适的响应选择和动作参数的规范会花费时间。通常，我们认为如果响应选择和移动复杂度增加，所需的时间就会增加（Henry 和 Rogers，1960）。因此，动作阶段与认知阶段一样，对行为施加了特定的限制。同样也需要考虑物理限制：当操作人员使用双手关闭一个阀门的时候，他/她不能同时去按压一个紧急按钮。动作阶段的限制会导致行为的差错，例如无法准确移动到预期的目标。

4.2.4　人的信息处理和三阶段模型

三阶段模型是一个通用的框架，可以用来组织我们所获知的人的能力。它让我们针对三阶段的特征和限制对行为进行检验。这个简单的人的信息处理分类方式能够对每个阶段的处理子系统进行更加详细的检验。例如,图4.3描绘了如何将每个阶段进行进一步分解,从而可以对具体的属性进行分析。框4.1描述了更加普遍的基于人的信息处理系统的详细规范的认知架构和计算模型。

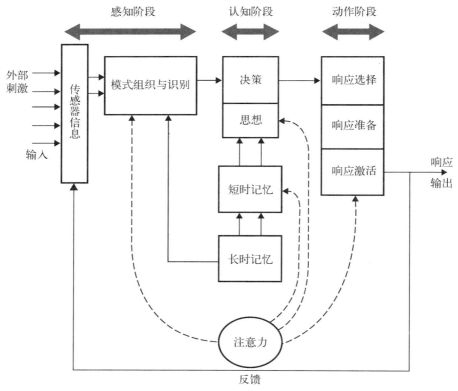

图4.3 人的信息处理描述模型

框4.1 计算模型和认知架构

在本书中,会遇到大量的人的信息处理和认知的数据和理论。对人机交互的理解,以及如何在人机交互和其他的人为因素领域解决应用的问题,取决于这些数据和理论。工作的成果是建立了一个认知架构能够对大量不同的任务和任务环境进行计算建模。

认知结构是"人的认知的宽泛理论是建立在广泛的人的试验数据选择的基础上,并类似一个计算机仿真程序进行实现"(Byrne,2008)。虽然在具体的任务范围内,有大量的数学和计算模型对行为进行解释,认知架构强调"宽泛的理论"。这也就是说,认知架构期望提供从各个领域的计算模型中集成和统一结果的理论。在架构能够对具体的任务进行建模之前,架构详细说明了人的信息处理是如何运行的。认知架构初始由科研人员建立,他们主要关心认知活动中基础的理论问题,现在已经广泛应用在人机交互和人为因素中。

认知架构的一个价值是它们可以提供对被测量的定量估计,例如行为时间、差错率和学习率。相较于框3.1中的GOMS模型,可以使用一个计算模型,真实地执行包含建立在刺激事件基础上的任务行为过程。因此,它们可以作为仿真虚拟世界的认知模型(Jones等,1999),也可以作为在教育系统中学习者知识状态的模型(Anderson等,2005)。

使用最广泛的认知架构是推理-思维的自适应模式/感觉-运动(ACT - R/PM;Anderson等,2004),状态、操作人员和结果(SOAR;Lehman等,1998),以及执行过程交互控制(EPIC;Kieras和Meyer,1997)。因为所有的这些架构都是基于产生式规则,所以可以分类为产生式系统。产生式规则是一个"如果……那么"式的申明:如果满足一系列条件,那么就执行一个脑力或者体力动作。这些架构提供对整个人的信息处理系统的描述,尽管它们在架构的细节和运行的层级上有所不同。

作为一个例子,我们简单地介绍执行过程交互控制(EPIC;Kieras和Meyer,1997)模型。图B4.1描述EPIC架构的完整结构。信息输入到听觉、视觉和触觉处理器,然后传递到工作记忆。工作记忆是认知处理器的一部分,而认知处理器则是一个产生式系统。除了产生应用性的任务知识,也产生与任务行为多个方面相关的执行知识,因此,EPIC命名是强调了"执行过程"。眼动、声音和手动处理器控制产生式系统选择的响应。

EPIC模型的一个显著特点是所有的处理器并行工作。该模型对认知处理器并行处理操作的数量没有限制。当使用EPIC模型执行一个具体任务时,应当明确指明任务需要每个处理器进行操作的时间。我们将在后续的内容中具体介绍EPIC模型和其他的架构。

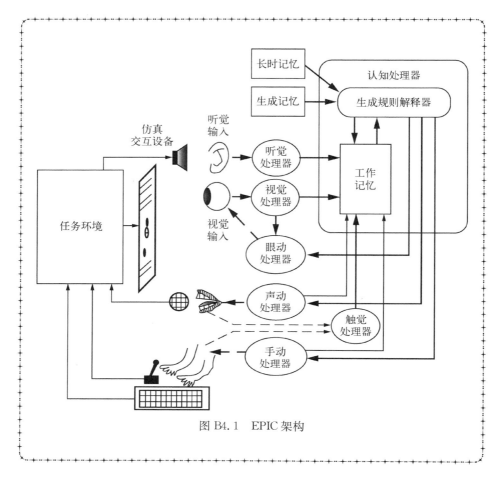

图 B4.1　EPIC 架构

　　每个阶段的处理差错可以归咎于三种处理限制：数据、资源和结构限制（Norman 和 Bobrow，1978）。当输入一个阶段的信息降级或者不完美时，发生**数据-有限处理**，例如当视觉刺激一闪而过或者当在嘈杂的环境中出现一个语音信号时。如果系统不够强大，不能支持任务有效性的操作需求，就发生**资源-有限处理**，例如记住一个较长的电话号码所需的记忆资源。当一个系统不能执行多个操作时，就发生**结构-有限处理**。结构限制可能发生于处理的各个阶段，最明显的是发生在动作阶段，当两个竞争的动作需要使用同一个肢体时。

　　尽管 Norman 和 Bobrow 对不同种类的处理限制的区分可能不够准确，不能描述人脑中认知处理的方式，但是它也是一个有用的分类方式。使用这种分类方式，能够容易确认行为的限制是否取决于传递给操作人员的信息的方式问题，这些信息服务于任务或者任务组件本身。此外，虽然在感知阶段发现数据限制,在认知阶段发现资源限制,在动作阶段发现结构限制最容易,但还需要记住所有的这些限制都可能发生在任一处理阶段。

4.3　物理世界的心理学呈现

将人看成一个信息处理系统在人为因素学和心理学中不是一个全新的概念。相似的概率可以追溯到 19 世纪 Weber 和 Fechner 的研究,如第 1 章中介绍的内容。信息处理观点带来了很多新的问题,这里我们主要关注其中的两个:① 感知刺激的感知限制是什么? ② 刺激强度的变化如何影响刺激感受的变化?专注于回答这类问题的研究人员称为心理物理学家。很多心理物理学技术建立用来测量感知体验(Hahn,2002;Schiffman,2003),同时,这些技术也是每位人为因素专家可用的工具。

大部分心理物理学技术建立在不同的刺激环境中具体响应的频率的基础上。例如,我们可能关注放射线研究人员在不同光线条件下,观察某人肺部 X 光片上阴影的次数。阴影出现的频率可以用来指示由具体 X 光片、照明条件等提供的感知体验的特性。

这里讨论的心理物理学方法提供了对大部分刺激的可检测性、可区分性和感知幅度的解释。**可检测性**是指感知系统能够感知刺激呈现的信息。**可区分性**是指确定两个不同刺激的能力。心理物理量表法则是探索感知幅度和物理幅度之间的相关性。

我们所知的大部分人的感知的动态范围以及物理变量对精确感知的影响都来源于心理物理学技术,例如听觉刺激的频率。心理物理学技术还使用在很多应用性领域的研究中。Uttal 和 Gibb 强调了使用心理物理学方法研究应用性问题的重要性。他们对夜视镜进行了心理物理学研究。Uttal 和 Gibb 认为他们的工作可以表明"经典的心理物理学提供了理解复杂视觉行为的重要方式,而这通常被工程师和用户忽略"。需要重点意识的是,基础的心理物理学技术能够被人为因素专家用来解决最优设计的具体问题。

4.3.1　检测与区别的经典方法

在经典的心理物理学中最重要的概念是阈值。**绝对阈值**是检测到刺激最小的强度(VandenBos,2007)。**差别阈值**是检测到两个不同刺激的最小差别。经典的心理物理学目标是精确地测量这些阈值。

阈值的定义确定了能够检测到刺激或者能够区分刺激的最小固定值,只要大于这些值都能够完美地检测到刺激。这就意味着,物理强度和可检测性的关系应当是一个阶跃函数,如图 4.4 中的虚线所示。但是,心理物理学研究总是给出了一个能够检测刺激或者区分两个刺激的范围。因此,典型的心理物理学函数是 S 形曲线,如图 4.4 中的点所示。

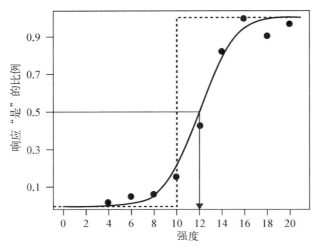

图 4.4　理想观测者(虚线)与真实观测者(实线)的检测响应随刺激强度的变化

Fechner 建立了一种经典的阈值测量方法。虽然随后的研究对该方法做很多修改,但大体的步骤没有改变。这些方法要求我们在准确定义的条件下进行测量,并从响应的结果分布中估计阈值。两个最重要的方法是极限方法和恒定刺激方法(Schiffman,2003)。

为了使用**极限方法**确定绝对的阈值,可以向观测者呈现一个强度持续小幅增加的刺激。例如,在确定观测值检测亮度的阈值时,我们可以使用一个能够调整照明强度从 0～30 W 的台灯。从最低的亮度开始逐步增加,在每一个亮度等级,询问观测者能否看见台灯,这样的询问直到观测者汇报能够看见为止。然后,我们计算能看见台灯的平均强度,并认为是阈值。同样,进行一个强度逐渐降低的相反的试验也很重要。我们必须将这两个试验进行多次。在每个试验中我们都会获得一个阈值。最后,可以认为所有这些阈值的平均值是某个具体观测值的绝对阈值。

使用极限方法确定差别阈值时,我们需要在每个试验中使用两个刺激。目标是确定观测者可以区分这两个刺激的最小差别。如果还以台灯强度为例,我们需要两个台灯。其中,一个台灯的亮度保持不变,作为强度的标准。改变另外一个台灯的亮度,称为对比强度。在每个试验中,观测者必须描述对比强度小于、大于或者等于标准强度。我们使用确定绝对阈值的方法增加和减少对比强度,并测量观测者对强度的响应变化。这些强度定义两个阈值:一个用于升序序列,一个用于降序序列。我们可以将两个阈值求均值得到一个总的差别阈值。但是通常这两个阈值不相等,因此使用平均值并不能提供一个准确的阈值。

　　恒定刺激方法。相较于在极限方法中使用的升序和降序强度,在恒定刺激方法中使用一个随机的强度序列。如果仍然以亮度为例,在每个试验中,观测者同样观察台灯能否看见。对每个强度,我们计算能够检测到台灯的次数,而阈值强度则定义为台灯能够被检测到概率为 50%时的强度。

　　使用恒定刺激方法同样容易确定差别阈值。对两个台灯,同样保持标准强度不变,在不同的试验中使用随机的对比强度。差别阈值定义为观测者报告多于 50%和少于 50%的响应。

　　极限刺激方法和恒定刺激方法以及很多其他方法,从 Fechner 的工作起已经成功地获得了关于每种感知特征的基础的、经验性的信息。应当重点理解在孤立的条件中测量阈值是没有意义的。相反,在不同条件下的阈值变化提供了关于感知限制的重要信息。例如,亮度的阈值依赖于照明的颜色。同样,差别阈值依赖于标准强度:标准强度越高,差别阈值就越大。对于听觉刺激,检测阈值是刺激频率的函数;过高音调和过低音调都很难听到。类似于这样的结论不仅揭示了视觉系统和听觉系统的基础特征,又向人为因素专家提供了视觉信息和听觉信息可感知的呈现方式。

　　在一些情况下,我们可能希望保证观测者不能观察到一些物体。例如,Shang 和 Bishop 评估了在景观建筑中引入输电塔或者炼油厂储罐的影响。他们编辑了包含这些(丑陋)结构的图片,并使用心理物理学方法获取检测影响、认知影响和视觉影响的阈值(由于结构导致的视觉降级)。他们的研究表明结构的大小和与周围环境的对比确定了以上三种影响的阈值。作者还推荐拓宽阈值测量,评估环境中其他变化对美学的影响,例如广告板。

　　尽管阈值确定方法很有效,但是仍然存在一些问题。最严重的问题是测量的阈值可能受到观测者主观意见的影响。一些证据表明对于差别阈值,通常升序序列和降序序列是不一样的。但是,考虑一种极端情况,当一个观测者决定对所有的试验都回答"是",那么就不能计算出任何的阈值,我们也不知道他/她是否真的成功检测。我们可以通过使用捕捉试验解决这一问题,在捕捉试验中不呈现任何的刺激。如果他/她在这些试验中也回答"是",那么他/她的数据就不可用。但是，捕捉试验往往不能发现反应偏差。

4.3.2　信号检测

经典方法的缺陷为阈值测量是主观化的。这也就是说，我们需要记录观测者对检测到的刺激的评价。这相当于在一场考试中，教师问学生是否知道材料，如果知道就给 A。客观的测试则需要对真的论断和假的论断进行区分。在这种情况下，教师会评价学生的知识水平，是否能够区别真假论断。信号检测更像是客观的测试，即观测者需要区分不同试验中呈现的刺激。

1）方法

在信号检测的专业术语中（Green 和 Swets，1966；MacMillan 和 Creelman，2005），噪声实验是指不呈现刺激的实验，而信号加噪声的实验（或者信号实验）是指呈现刺激的实验。在典型的信号检测试验中，我们选择一个信号刺激强度，并使用在一系统的实验中。例如，刺激可能是特定频率和强度的音调，在嘈杂的背景中呈现。在有些实验中，我们只呈现噪声，而在其他的实验中，我们同时呈现信号和噪声。观测者必须基于他们是否听到音调回答**是**或**否**。信号检测方法和经典方法的主要区别在于观测者对刺激的敏感度可以通过不呈现刺激时的响应进行校正。

表 4.1 是对可能的两种状态（信号、噪声）和两个响应（是、否）的四种组合。**命中**是指在信号实验中，观测者回答**是**。**误警**是指在噪声实验中，观测者回答**是**。**错过**是指在信号实验中，观测者回答**否**。**正确拒绝**是指在噪声实验中，观测者回答**否**。由于错过的概率和正确拒绝的概率可以通过命中和误警的概率确定，因此，通常信号检测分析只关注命中和误警的概率。应当注意到这里的 2×2 的状态和响应分类与推论统计中的真假假设的分类方式相同。使用命中和误警对人的行为进行优化与最小化 I 类差错和 II 类差错对应一致。理解信号检测理论的方式是意识到信号检测只是假设检验中数字模型的一种变形。

表 4.1　信号检测试验中信号与响应组合的分类

响　　应	状　态　空　间	
	信　　号	噪　　声
是（存在）	命中	误警
否（不存在）	错过	正确拒绝

如果一个人命中的概率高，误警的概率低，那么他/她对刺激的敏感性高。这就意味着，当信号呈现时，他/她会回答最多的**是**，而当不呈现信号时，他/她会回答**否**。相反地，如果命中的概率和误警的概率相似，则认为对刺激的敏感性低。因此不管信号是否呈现，他/她回答**是**和**否**的概率差不多。我们可以根据命中和误警的概率定义定量化的敏感度测量方法，但是这些方法都是基于以上相似的理论基础。

2）理论

信号检测理论提供了解释检测试验结果的框架。与固定阈值的概念不同，信号检测理论假定信号的感官证据可以用连续的方法表示。即使当只呈现噪声时，有些证据也会证明出现了信号。同时，这些证据在不同的实验中也是不同的，这就意味着，有时证据多，有时证据少。例如，当在噪声中检测到听觉信号时，由于噪声产生过程的数字特性，信号频率所包含的能量在不同的实验中是不同的。即使没有噪声，感知过程、神经传递等也会引起变异性。通常，我们认为噪声的影响服从正态分布。

通常，噪声所产生的感官证据等级要小于信号所产生的感官证据。图 4.5 给出了两个正态分布的情况，其中噪声分布的均值比信号分布的均值小 μ_N。在检测试验中，通常不容易区分信号和噪声。因为信号和噪声会发生重叠，如图 4.5 所示。有时，噪声看起来像信号，有时信号看起来像噪声。在实验中，观测者的响应取决于他/她所选择的标准值。如果信号超过标准值，观测者认为出现信号，选择**是**，反之则选择**否**。

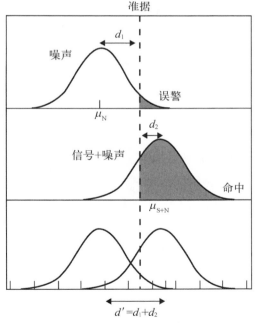

图 4.5 由 d' 确定的信号与噪声分布

3）可检测性和偏差

我们已经概况性地介绍了敏感性（或者可检测性）和响应偏差的概念。使用图 4.5 中的框架，我们就拥有了建立可检测性和偏差的定量化测量的工具。在信号检测理论中，刺激的可检测性由信号分布和噪声分布的差异所决定。如果均值相同，那么两个分布完美叠加，信号和噪声之间不存在差异。当信号分布的均值与噪声分布的均值差异越大，信号越容易检测。因此，最通用的可检测性测量公式表示为

$$d' = \frac{\mu_{S+N} - \mu_N}{\sigma}$$

式中，d' 为可检测性；μ_{S+N} 为信号加噪声分布的均值；μ_N 为噪声分布的均值；σ 为两个分布的标准差。

数值 d' 是两个分布均值的标准距离。标准的位移反映了观测者对**是**或**否**的偏好。如果信号与噪声的可能性相等，那么无偏准则的设置应当位于两个分布高度相等的位置（即来自信号分布的证据概率的值与来自噪声分布的证据概率值相等）。如果观测者需要强有力的证据才能相信信号的存在，那么我们称其是"保守的"。保守的偏差标准位移比两个分布的相交点更加靠右（见图 4.5）。如果不需要很多的证据证明信号的存在，我们称其为"自由的"。自由的偏差标准比两个分布的相交点更加靠左。决策标准也称为似然比 β，定义为

$$\beta = \frac{f_S(C)}{f_N(C)}$$

式中，C 为标准；f_S 和 f_N 分别为信号分布和噪声分布的高度。

如果 $\beta = 1.0$，那么观测者是无偏的；如果 β 大于 1.0，那么观测者是保守的；如果 β 小于 1.0，那么观测者是自由的。

从标准正态概率表中，很容易计算 d' 和 β。为了计算 d'，我们必须确定 μ_{S+N} 和 μ_N 到标准线的距离。标准线的位置对应误警率传递的噪声分布，反映分布落在标准线之外的比例（见图 4.5）。类似地，标准线的位置对应命中率传递的信号分布。我们可以使用正态分布表查询不同命中率和误警率对应的 z 值。噪声分布均值到标准线的距离可以通过 z 值进行计算（1－误警率），信号分布均值的距离可以通过命中率的 z 值进行计算。两种分布均值的距离或者 d' 是两者的和：

$$d' = z(H) + z(1 - FA)$$

式中，H 为命中率；FA 为误警率。

假设我们进行一个检测试验，观测到命中率为 0.80，误警率为 0.10。查询

标准正态分布表，横坐标上的点对应 0.80 的区域为 $z(0.80)=0.84$，另一个横坐标上的点对应 $1.0-0.10=0.90$ 的区域为 $z(0.90)=1.28$。因此，d' 等于 $0.84+1.28=2.12$。因为 d' 为 0 时，对应偶然行为（即命中和误警概率相同），而 d' 为 2.33 时，对应几乎完成的行为（即命中的概率几乎为 1，而误警率几乎为 0），所以 2.12 表示良好的区分度。

　　通过标准线查出信号分布的高度除以噪声分布的高度，可以得到标准设定的偏好。这可以通过以下的公式表示：

$$\beta = \exp\left\{-\frac{1}{2}\left[z(H)^2 - z(1-FA)^2\right]\right\}$$

如果 β 等于 1.59，那么由于 β 大于 1，观测者是保守的。

　　4）标准的变化

　　信号检测方法和理论的重点是能够独立于响应准则进行检测性测量。换而言之，d' 不应当受到观测者偏好的影响。这就是接受者操作特性（ROC）曲线（见图 4.6）。对于这一曲线，命中率随误警率而变化。如果行为是偶然的（d' 为 0 时），那么 ROC 曲线是一条沿正对角的直线。随着 d' 的增加，曲线向上并向左拉。因此，一条给定的 ROC 曲线代表了一个信号检测值，而曲线上不同的点则反映随着响应准则变化可能的命中率和误警率的组合。

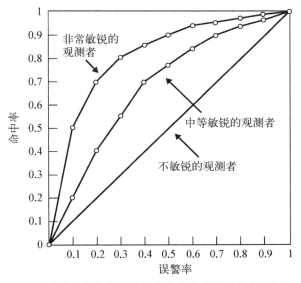

图 4.6　不同区分度中可能的命中率与误警率的 ROC 曲线

那么,响应准则如何变化? 一种方式是通过指令。如果我们要求观测者只有在确定信号存在时响应**是**,而非认为信号存在时响应**是**,那么他们会采用更高更保守的标准。类似地,如果我们引入对特定结果不同偏好的回报,他们也会相应地调整标准。例如,如果观测者在每次命中后都会被奖励 1 美元,而在正确拒绝后却没有奖励,那么他/她会向下调整标准从而做出更多的"信号"响应。最后,我们还可以改变信号试验 $p(S)$ 和噪声试验 $p(N)$ 的概率。如果我们大部分呈现的都是信号试验,那么观测者会降低他们的响应标准,而如果我们呈现的大部分都是噪声试验,那么他们会相应提高标准。根据信号理论预测,控制这些变量通常对可检测性的测量几乎没有影响。

当信号和噪声几乎相等时,收益矩阵是对称的,并不会出现对特定响应的偏好,那么观测者最优的策略是将 β 设为 1.0。当信号和噪声试验的相对频率不同时,矩阵是非对称的,最佳的标准不再为 1.0。为了使得收益最大化,理想的观测者应当将 β 设为 β_{opt},则有

$$\beta_{\mathrm{opt}} = \frac{p(N)}{p(S)} \times \frac{value(CR) - cost(FA)}{value(H) - cost(M)}$$

式中,CR 和 M 表示正确拒绝和错失,而 $value$ 和 $cost$ 对应观测者在正确响应和不正确响应后获得和丢失的收益(Grescheider,1997)。我们可以比较观测者与理想观测者设定的标准,以确定行为与最优表现之间偏差的程度。

5) 应用

虽然信号检测理论建立于基础的感觉检测实验,它几乎适用于所有的人必须做出基于刺激的、不能完美区分的二元分类情况。例如,信号检测理论应用在放射学问题上。放射科医生被要求确定 X 光片上的阴影表示疾病(信号)或是仅仅反映人体的生理差异(噪声)。放射科医生判断的准确性很少超过 70%(Lusted,1971)。在一项研究中,蒙特利尔一家医院的急诊室医生通过儿童胸部 X 光片诊断肺炎的准确率只有 70.4%(Lynch,2000)。现在有很多新型的医疗图形系统可以取代老式的 X 光片,包括正电子发射断层扫描(PET)、计算机断层扫描(CT)以及核磁共振成像扫描。通过检测 d' 或者其他敏感度参数的变化,我们可以评价不同的成像系统是否提升了放射科医生的检测能力(Barrett 和 Swindell,1981;Swets 和 Pickett,1982)。

通过思考,可能能够想象在其他一些领域中,信号检测也能带来好处。这项技术可以应用在很多问题中,例如疼痛感知、再认记忆、警觉、错误诊断、脑力资

源分配,以及随年龄的感知行为变化等(Gescheider,1997)。

4.3.3　心理物理学量表

在心理物理学量表中,我们关注的是建立定量化的心理物理学量表,并映射到物理量表上(Marks 和 Algom,1998)。例如,我们可能对测量周围的声音音量感兴趣,那么有两种检测心理学感受的测量程序:间接和直接。在间接的量表程序中,定量化量表从听者对不同刺激的区分行为中间接获得。为了建立一个响度的量表,我们可能不会直接让听者评价响度。取而代之的是,我们可以让听者区分不同强度的声音。相反,如果使用直接量表程序,我们会询问听者他们感知到的每个声音的响度等级。响度量表则基于他们所报告的、对响度的数字评价。

Fechner 可能是第一个建立间接心理物理学量表的科学家。他创建了绝对阈值和差别阈值的量表。绝对阈值提供了心理物理学量表的零点:刚好被检测到的刺激强度提供了心理物理学量表中的最小值。Fechner 将这个强度作为确定差别阈值的标准,从而,零点和下一个最高被检测强度之间的"刚好被注意的差异"决定了量表中的下一个点。随后,他再使用这个新的刺激强度作为标准寻找下一个差别阈值。

需要注意的是,Fechner 假设观测者的心理感受的增强对应量表中的点。这也就是说,不管是在量表底部还是在量表顶部,对于相同的刺激增量感受的变化都是一样的。还需要记住的是,物理强度的增加需要检测标准增量强度的变化,即在量表顶部的强度变化比量表底部的强度变化要大很多。因此,描述物理心理学感受等级和物理强度之间关系的函数("心理物理函数")通常是对数函数。

使用直接量表程序的历史大约与间接程序差不多久远。早在 1872 年,就有了从直接测量推导出的量表(Plateau,1872)。但是,直接程序的最大突破来自Stevens(1975)。Stevens 推广了量值估计的程序,他让观测者基于他们对刺激强度的感受进行打分。试验员首先给出一个基准刺激的量度,例如 10,然后向观测者询问他们感受到的其他刺激相对于基准刺激的强度差异。因此,如果一个刺激是基准刺激的 2 倍,那么观测者可能对该刺激的打分为 20。

这些心理物理学量表的直接方法不是对数的形式,相反,它们多是幂指数函数,表示为

$$S = aI^n$$

式中,S 为(报告的)感受体验;a 为常数;I 为物理强度;n 为不同的感知变量的指数值。

　　这个物理强度和心理物理学幅度之间的关系式是 Stevens 公式。图 4.7 描述了三种不同的刺激函数图形：一个是电刺激，电压不同；一个是线条的长度，不同的毫米值；一个是台灯，不同的亮度。对于感知不同长度的线条，Stevens 公式中指数值为 1.0，因此心理物理学函数是线性的。对于有痛感的刺激，例如电刺激，指数值大于 1.0，心理物理学函数图形是凸曲线。对于亮度刺激，指数值小于 1.0，心理物理学函数图形是凹曲线。这就意味着，感知幅度的增加小于物理幅度的增长。表 4.2 给出了不同感知刺激的指数值。

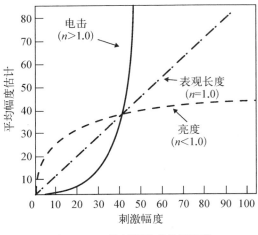

图 4.7　三种刺激维度的幂函数

表 4.2　具有代表性的感觉幅度与刺激幅度的幂函数指数

连　续　刺　激	指　　数	条　　件
响度	0.6	双耳
亮度	0.33	5°目标(适应黑暗的眼睛)
亮度	0.5	点源(适应黑暗的眼睛)
响度	1.2	灰色的纸
气味	0.55	咖啡味
味道	0.8	糖精
味道	1.3	蔗糖
味道	1.3	盐
温度	1.0	冷(手臂)
温度	1.6	热(手臂)
振动	0.95	60 Hz(手指)
时长	1.1	白噪声刺激
手指跨度	1.3	木块厚度
手掌压力	1.1	皮肤上的静力
重量	1.45	举起的重量
手握力	1.7	精密的手部测力器
电击	3.5	60 Hz(通过手指)

来源：Stevens(1961)。

　　心理物理学量表方法在很多应用性问题中很有效。例如,环境心理物理学家使用修正的心理物理学技术测量在现实环境中的人的刺激感知幅度。这些分析对于评价伤害性刺激的心理学幅度特别有效,例如高的噪声等级或者臭气污染。Berglund 和她的同事建立了一个程序,从对环境刺激的幅度评估判断中获得量表值。有了这个程序,就可以使用受控的实验室研究评估,对人们关于环境刺激的判断进行标准化处理。

　　例如考虑养猪场附近的臭味(Berglund 等,1974)。实验人员使用不同的方式施肥后,在不同的时间和不同的距离询问观测者臭味的幅度。相同的观测者提供了对多种不同吡啶(有刺激性味道)浓度的评价,随后研究人员将这些评价转换为每个人都可以使用的、对臭味程度估计的专业性量表。这一研究提供了减少可以感知的有害环境刺激幅度的有用信息,在本案例中,研究能够帮助确定施肥的方式和养猪场离居民区的距离。

　　心理物理学量表方法还应用在手工搬举任务中(Snook,1999)。基于在不同的生理学和生物力学压力情况下的感知用力情况,工作人员能够准备估计在一定时间内他们所能接受的最大的工作负荷。因此,包裹处理人员在具体的温度条件下所做出的能够处理包裹的重量和速度,可以用作建立可接受的材料处理程度的限制。完整的手工处理指南就是建立在本节中所介绍的心理物理学量表方法的基础上,例如国家职业与健康研究所(NIOSH)的搬举等式(Waters等,1993)。

　　最后的实例是,Kvalseth(1980)认为幅度的评估对在工业领域中评价人机工效因素的影响是有效的。他让几个公司的雇员对影响自身公司的 21 个人机工效的因素进行评估。他们先对一个因素进行打分(如事故率),再基于这个基础,对其余的因素的重要性给出相对于第一个因素的比率(如第二个因素的重要性比第一个因素高 2 倍,那么第二个因素的打分值应该为第一个因素的 2 倍)。令人惊讶的是,Kvalseth 的研究表明,最重要的两个因素是对人机工效应用需求的管理感知,以及满意的工作环境与工作条件所带来的潜在利益的管理知识。这两个因素的重要性竟然是工作事件和事故对健康损害因素的 2 倍。

4.4　信息论

　　另一个在人的信息处理方法中扮演重要角色的方法论工具是**信息论**(Garner,1962;Shannon,1948)。信息论是由通信工程师建立,用作定量化的估计通信线路中的信息流,例如电话线和计算机系统中。在 20 世纪 50 年代,伴随着信号检测理论的建立,心理学家开始将信息论的概率应用到人的行为研究中(Fitts 和 Posner,1967)。

现在,信息论已经不像之前那样在人为因素研究中扮演重要的角色,但是在很多条件下依然很有用。例如,Kang 和 Seong 使用一个信息理论方法定量化评价核电站控制室中界面的感知复杂度,以及界面是否会超过操作人员处理信息的能力。另一个实例是,Strange 等使用信息理论方法定量化地分析了脑部中控制视觉感知的海马体在不确定事件中的变化活动。

信息论并不是科学的理论,而是定量化测量信息的系统。事件(如刺激、响应等)传递的信息是可能的事件数量和发生概率的函数。如果一个事件必然发生,那么就不产生信息。例如,如果我已经知道我的轿车发动机不工作,那么当我使用钥匙发动轿车,观察到轿车不能启动时就不会获得信息。此外,如果我不确定发动机是否工作,例如在寒冷的冬天清晨,那么点火发动轿车就能够获得信息。事件的不确定性是我们能够通过观察所获取的信息量。

信息论背后的总体思想是识别一组事件中特定的那一个事件的最有效的方式是询问一系列二元问题。例如,如果要猜一个 1～16 中的自然数,可以通过询问问题的方式识别这个数值,那么有很多种处理方式。一种方式是随机地询问一个数值,直到获得**是**的回答。尽管可能第一次就猜对这个数据,但是平均需要 8 个问题才能确定正确的答案。

通过询问**是-否**的问题系统性地限制可能性的数量更有意义。有很多方式可以实现这一目标,但是最有效的方式是使用中值的方法进行询问。例如要识别 1～16 中的一个自然数,可以首先询问:"是否在 1～8 之间?"如果答案是**是**,那么可以再问:"是否在 1～4 之间?"使用这样的方法,总是可以通过 4 个问题就获得正确的答案。事实上,在所有可能的策略中,4 次是获得正确数值的平均最小次数。

二元问题的思想是信息论中定义信息的基础。解码信息所需的二元问题的数量提供了信息的量度。

当所有的事件可能性相同时,信息量 H 表示为

$$H = \log_2 N$$

式中,N 为可能事件的数量。信息的单位是比特(bit),或者二进制数。因此,如果一个事件包含 2 种相同概率的情况,那么就传递 1 bit 的信息。当 4 种相同概率时,为 2 bit;当 8 种相同概率时,为 3 bit;当 16 种相同概率时,为 4 bit。我们也

可以认为，16 个数中的每一个都可以通过一个专门的 4 位-二进制编码呈现：0 和 1 分别代表了 4 次猜测策略中每次回答的**否**和**是**。

不确定性的数量，即 N 种可能性的事件所传递的平均信息，是每个事件概率的函数。当 N 个事件概率相同时会包含最大的信息量。当事件的概率不尽相同时，所含的信息量最小。回忆一下轿车发动机在寒冷的冬季早上是否工作的问题。如果知道轿车的发动机有问题，那么不能启动的概率就大于能够启动的概率，所以当旋转钥匙打火后不能启动所传递的信息要小于能够启动时所传递的消息。

如果一个单独的事件 i 发生的概率为 p_i，那么事件的不确定性为 $-\log_2 p_i$；因此所有可能事件的平均不确定性，即信息量表示为

$$H = -\sum_{i=1}^{N} p_i \log_2 p_i$$

当所有的事件概率都相同时，即 $p_i = 1/N$ 时，很容易推导出更通用的公式

$$-\log_2 p_i = -\log_2 (1/p_i)$$

信息论的重要性在于能够用作分析系统中流动的信息量。因为可以将人看成一个通信系统，通过计算信息输入 $H(S)$（刺激信息）和信息输出 $H(R)$（响应信息）能够描述人的系统的特征。假设一个任务是识别耳机中听到的字母，如果 4 种刺激（字母 A、B、C 和 D）出现的概率相同，那么就有 2 bit 的刺激信息。如果同样有 4 种响应类型 A、B、C 和 D，每种响应的概率相同，那么也有 2 bit 的响应信息。

在大部分的通信系统中，我们对具体输入所产生的输出感兴趣。假定刺激 A 被输入到系统中，我们可以记录输出响应 A、B、C 和 D 出现的次数，以及每种刺激-响应配对的频率，从而得到一个二元频率分布（见表 4.3）。通过这样的表格，可以计算联合信息：

$$H(S,R) = -\sum_{i=1}^{N} \sum_{j=1}^{N} p_{ij} \log_2 p_{ij}$$

式中，p_{ij} 等于响应 j 相对于刺激 i 的相对频率。

在系统中使用联合信息，可以确定系统中传输的信息量，或者系统包含信息的能力。如果响应完美地对应刺激，例如刺激 A 每次都能得到响应 A，那么所有的刺激都能持续特定的响应，传递的信息量就为 2 bit。虽然在表格中，所有的

表 4.3　三种信息传递量的刺激-响应矩阵

刺　激	响　应			
	A	B	C	D
完美的信息传递				
A	24			
B		24		
C			24	
D				24
无信息传递				
A	6	6	6	6
B	6	6	6	6
C	6	6	6	6
D	6	6	6	6
部分信息传递				
A	9	8	3	4
B	3	15	2	4
C	4	4	8	8
D	0	5	3	16

响应都是正确的,但是需要注意的是,只要响应是连续的,也就是说,如果刺激 A 每次都能得到响应 B,那么信息量也是相同的。如果对于 4 种刺激,响应是平均分布的,如表 4.3 中部所示,那么就不包含信息量。如果刺激-响应配对不是完美的,如表 4.3 底部所示,那么信息量就在 0～2 bit 之间。为了确定所包含的信息量,必须计算刺激信息、响应信息和联合信息。传递的信息量等于

$$T(S, R) = H(S) + H(R) - H(S, R)$$

对于表 4.3 底部的数据,传递的信息量计算方法如表 4.4 所示。通过累加每个刺激可能的不同响应的频率,可以确定每个刺激都呈现了 24 次。由于 4 个刺激出现的次数相同,所以刺激信息量为 $\log_2 4$ 或者 2 bit。由于响应出现的次数不相同,因此必须使用通用的等式,其中 p_i 是响应 i 的相对频率,可以计算出响应的信息量为 1.92 bit。相类似地,联合信息可以通过计算每个刺激-响应组合的相对频率获得,为 3.64 bit。从而,传递的信息量等于刺激信息加上响应信息(2.00＋1.92＝3.92)再减去联合信息(3.92－3.64＝0.28)。因此,在本例中,传递的信息量为 0.28 bit。

表 4.4　计算传递的信息

刺　　激	响　　应				刺激频率
	A	B	C	D	
A	9	8	3	4	24
B	3	15	2	4	24
C	4	4	8	8	24
D	0	5	3	16	24
响应频率	16	32	16	32	

在其他的任务中,信息论应用于测量人的决断能力中,例如上述的字母识别任务。当操作人员需要正确识别显示信号时,这种能力很重要。通常当刺激的信息量增加,操作人员传输的信息量也增多,并最终趋于稳定。传输信息的近似值定量化描述了人的信息处理系统的"通道容量"。例如,区分不同音调的通道容量大约为 2.3 bit,或者 5 个音调(Pollack,1952)。这就意味着,如果要听者区分 6 种或者更多的音调,他/她就会产生错误。George Miller 在其经典的关于感知和记忆限制的文章《神奇的数字 7,加减 2》中提出在各种感知维度间,通道容量大约为 2.5 bit。

人为因素专家最关注的内容可能是以上的研究只是针对一个维度的刺激。当存在两个维度,如音调和位置同时变化,传输信息的能力也会随之增加。因此,如果我们向听者呈现一系列的音调,那么他或者她的通道容量可能不会超过 2.3 bit。但是,如果我们呈现相同的音调,其中一半来自左边耳机,另一半来自右边耳机,他或者她的通道容量就会增加。这也意味着,如果会有多种潜在的信号出现,那么应当使用多维度的刺激。

信息论还用作描述不确定性与响应时间和移动时间之间的关系(Schmidt 和 Lee,2005)。但是,近些年来,人的信息处理的研究越来越少关注于信息论,而更多地关注信息流。现在的研究更强调建立处理模型,表达刺激和响应直接的干涉关系,而不仅仅是对应关系。但是,信息论所强调的不确定性在当代人的行为研究中仍然扮演很重要的角色。

4.5　计时方式

随着使用响应时间和相关的计时测量方式探索和评价人的行为的研究不断增加,新的信息处理方法也不断出现(Lachman 等,1979)。在反应时间任务中,要求被试对于一个刺激尽可能快地做出响应。在心理物理学和信息理论方法中,响应频率依赖于所评价的行为,在计时方法中,我们在不同的响应情况中,研究反应时间的变化。

反应时间任务有 3 种类型。在**简单反应时间**中,当出现刺激时,就做出一个简单的响应。即只要检测到一个刺激事件(如出现一个字母),不管刺激是什么,都会产生一个响应。**执行-不执行反应时间**通过只对可能的刺激事件执行单一的响应获得。例如,任务要求当字母 A 出现时给出响应,而字母 B 出现时不给响应。因此,执行-不执行任务要求对刺激进行区分。最后,**选择反应时间**是指需要做出多个响应,而正确的响应依赖于出现的刺激。使用之前的例子,对于字母 A 需要做出一种响应,对于字母 B 需要做出另一种响应。那么选择任务不仅要求确定刺激的种类,还要做出正确的响应。

4.5.1　减法逻辑

Donders 使用了 3 种类型的称为减法逻辑的反应任务。他期望测量每个反应任务中单独部分的执行时间。Donders 认为简单的反应只包含检测到刺激和执行响应的时间。执行-不执行反应需要额外的识别刺激的过程,而选择反应还包含另一个过程,响应选择。Donders 提出识别过程的时间可以通过执行-不执行的反应时间减去简单反应的时间获得。类似地,选择反应时间和执行-不执行反应时间的差别可以认为是响应选择过程的时间。

减法逻辑是很多不同类型的任务中估计具体脑力行为时间的方法。该方法的理论基础是,只要一个任务包含另一个任务的所有过程,并加上一些其他的过程,那么两个任务之间的反应时间差异就是"其他的过程"所需要的时间。使用减法逻辑一个很有名的例子是心理旋转的研究(Shepard 和 Metzler,1971)。在该任务中,需要对呈现的两个几何图形判断**一致**或**不一致**。其中,一个图形与另一个图形要么在深度上或者在图平面上是旋转相关的(见图 4.8)。对于**一致**的响应,反应时间是旋转量的线性递增函数。这个线性函数可以理解为表明在做出**一致-不一致**判断之前所做出的对刺激的心理旋转。心理旋转的速率可以通过函数的斜率确定。对于图 4.9 中的情况,两个刺激的方向上每额外增加 20° 的偏差,就会增加大约 400 ms 的反应时间,因此旋转时间大约为 20 ms/(°)。这就是一个使用减法逻辑的实例,通过计算旋转 20° 情况的反应时间和不旋转情况的反应时间的差异确定心理旋转的时间。

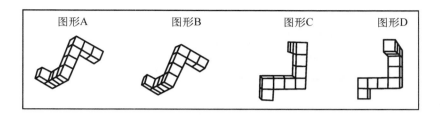

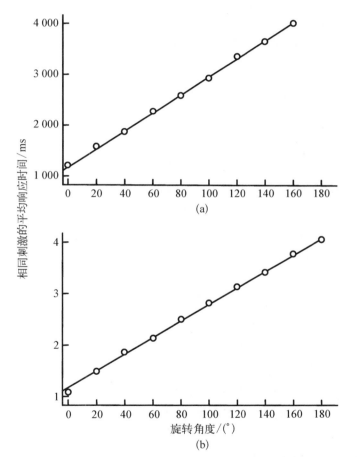

图 4.8 在图平面上(a)或者在深度上(b)旋转的手动旋转刺激与结果

4.5.2 附加因素逻辑

另一种通用的方法使用**附加因素逻辑**(Sternberg,1969)。附加因素逻辑的重要性在于其是一种识别潜在的处理阶段的技术。因此,减法逻辑需要假设过程是什么,然后评估过程的时间,而附加因素逻辑则提供了这些过程如何组织的

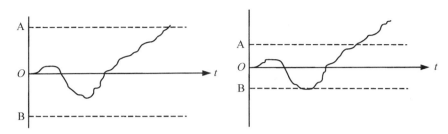

图 4.9 随机行走模型与速度和准确性的关系。响应 A 和响应 B 对应的信息
累加准据等级。左侧与右侧的图形表明在速度与准确性之间的权衡

证据。

在附加因素方法中,假定处理过程发生在一系列离散的阶段。每个阶段在向下一个阶段提供输入之间运行完成。如果一个实验变量影响一个处理阶段的持续时间,那么不同的反应时间可以反映该阶段相对的持续时间。例如,如果由于刺激的降级导致刺激-编码阶段变慢,那么这一处理阶段的时间会增加,但是其他阶段的持续时间应当不受影响。重要的是,如果第二个实验变量影响了另一个不同的阶段,例如响应选择,那么该变量只会影响这一阶段的持续时间。因为两个变量独立地影响不同的阶段,它们对反应时间的影响应当进行叠加。即如果使用 ANOVA 进行分析,两个变量之间应当不存在相关性。如果变量是相关的,那么它们必然影响相同的阶段。

附加因素逻辑背后的基础理念是通过仔细地选择变量,应当能够从交互的模式中确定潜在的处理阶段,并获得叠加效应。Sternberg 将附加因素逻辑应用到记忆搜索检测任务中。在该任务中,向被试先呈现一系列记忆内容(字母、数字等),然后再呈现目标项。被试必须确定目标是否在记忆的内容中。Strenberg 发现记忆内容的数量和变量之间存在叠加效应,会影响目标识别、响应选择和响应执行。他还认为存在着在记忆内容中搜索目标的处理阶段,而这一阶段与其他所有的处理阶段是相互独立的。

附加因素逻辑和减法逻辑都存在缺陷(Pachella,1974)。附加因素逻辑和减法逻辑都有一个假设:人的信息处理都发生在一系列离散的阶段,每个阶段都有固定的输出。由于脑部中高度平行处理的特性,上述的假设在很多环境中过于简化。这些方法的另一个限制是它们只对反应时间进行分析,没有考虑差错率的问题。这就意味着将这些方法应用到真实的人的行为问题时存在难度,因为人在大多数情况下都会犯错。尽管存在各种局限性,附加因素方法和减法方法已经证明是有效的,并具有鲁棒性(Sanders,1998)。

4.5.3 连续信息累加

近些年来,研究人员更倾向于使用信息处理的持续模型。在这些模型中很多操作是同时执行的。在信息论、减法逻辑和附加因素逻辑中,信息是以块的方式或者数据包的方式进行传输。在信息处理的持续模型中,信息以流的方式在处理系统中流动。信息处理的持续模型理论的一个重要方面是,应当对具体刺激做出响应的部分信息可以来自响应选择阶段,从而产生针对不同响应的部分激活行为(Eriksen 和 Schultz,1979;McClelland,1979;Miller,1988)。这些理论有很好的经验实证支持。Coles 等实证性地验证了在刺激信息的处理过程中,响应表现出部分激活行为。神经物理学证据也表明在做出一个响应之前,信息是逐步累加的(Schall 和 Thompson,1999)。

在反应时间任务中,由于人总是努力快速做出响应,这些响应有时是错误的。这一事实以及响应能够被部分激活的证据一起引起了新的处理模型的建立。在这些模型中人处理系统的状态变化是连续不断的。这些模型也解释了在响应标准和累加速率的变化中,速度和准确性之间的关系。

我们使用**随机行走模型**解释信息的逐渐积累(见图 4.9)。假定听者的任务是确定耳机中出现的字母是 A 还是 B。当听者听到一个字母时(假设为字母A),一个响应或者其他响应的证据就开始积累。当证据积累到一定的标准量(见图 4.9 左半部分中的虚线)后,就出现一个响应。如果证据达到上部边界"A",就做出响应 A;如果证据达到下部边界"B",则做出响应 B。因此通过积累证据达到边界所需要的时间能够确定反应时间。

假定要求听者必须快速做出响应。这就意味着他/她不能使用很多的信息,因为信息证据的积累需要时间。所以试着将标准设置得更加靠近,如图 4.9 右半部分所示。对于每个响应所需的信息量也随着减少,从而,可以做出更快的响应。但是,累加过程中的偶然变异使得响应更容易出错。如图 4.9 右半部分所示,由于在累加过程中标准的降低以及突然出现的一个"折点",使得很容易出现响应"B"的错误判断。

累加模型,例如随机行走模型,能够有效地解释速度和准确性之间的关系。因为累加模型可以解释一系列的现象,包括速度和准确性,它们提供了对人的选择几乎是完整的描述。另一些相类似的适用于信息累加建模的模型则假定很多过程是同时激活的。这些模型称为人工神经网络,它们广泛地应用于人的行为研究,以及需要诊断和分类的医学和工业领域（Rumelhart 和 McClelland，1986）。

在这些网络中,信息处理发生在很多基本单元的交互中,这些基本单元类似人类大脑中的神经元。这些单元按层级排列,并以刺激性方式和抑制性方式与其他层级相连接。执行具体任务所需的信息分布在网络中,其中有些基本单元是打开的,有些基本单元则是关闭的。网络模型在机器人和机器模式识别领域中得到广泛应用。在心理学中,网络模型比传统的信息处理模型更具有吸引力,在神经物理学方面也更加有效。我们可以通过累加过程描述很多类型的人工网络中的动态行为,例如随机行走模型。

4.6 心理生理学测量

心理生理学方法测量对于特定的心理事件可靠的生理响应。这些测量方法能够增强由计时方式所提供的对人的行为的解释（Luck，2005；Rugg 和 Coles，1995）。其中一个非常重要的测量技术是脑电图（EEG）中的事件相关电位（ERP）。

活动的大脑会呈现由神经元的电化学反应所产生的电压波动。这些电压波动就是"脑电波",可以通过脑电图进行测量。技术人员将电极精确地安装在被试人员的头皮上,覆盖特定的脑部区域,随后脑电图持续地记录这些脑部区域的电压值。如果被试人员看到需要响应的刺激,在脑电图上就会激发事件相关电位。事件相关电位中的"事件"就是刺激,"电位"则是在具体的位置、特定时间观察到的电压变化。

EPR 可以是正值也可以是负值,这取决于电压变化的趋势。ERP 也通过呈现刺激与被观察到的时间间隔进行描述。一个经常测量的 ERP 值为 P300,表示呈现刺激后约 300 ms 出现的一个正的电压波动。当一个目标刺激与其他一系列刺激一起呈现时,我们观察是否出现 P300,如果出现则意味着该处理过程包含认知和注意行为。

类似于 P300 这样的 ERP 是对特定刺激的生理反应。这样可靠的生理指标对于研究人的行为和检测信息处理的不同理论是无价的。通过比较在不同任务中测量的变化以及所关注的脑部区域,我们可以研究脑部的功能,还可以使用这些测量研究具体的任务是如何执行的,以及如何提高绩效水平。

EEG 已经在人的行为研究中得到了广泛的应用,但是它也有缺点。EEG 测量的脑电波类似于池塘中的水波纹;如果我们向池塘中扔入一个轮胎,我们能够可靠地检测到池塘表面具体位置出现的变化。每次我们扔入一个轮胎,我们都会在类似的时间记录到大约相同的变化。如果我们不知道向池塘里扔入的是什么,也不知道具体的位置,那么对水波纹的测量只能够帮助猜测发生了什么和发生的位置。更近的技术通过映射神经活动发生变化的位置,为我们提供了脑部的一个虚拟窗口。类似于正电子发射断层造影术(PET)和功能性磁共振(fMRI)这样的技术测量血含氧量的变化,已应用在脑部不同的区域(Huettel等,2004)。神经活动需要氧气,脑部中活动越剧烈的部分就需要越多的氧气。针对特定的任务,研究脑部使用的氧气的区域,就能够提供精确的脑部处理的位置信息。与 EEG 相比较,这些方法有很高的空间分辨率,可以告诉我们事件发生的位置。

但是,与 EEG 不同,PET 和 fMRI 的时间分辨率较差。回到池塘的例子中,这些方法能够告诉我们物体被投入池塘的具体位置,却不能提供时间信息。EEG 则能够准确地提供时间信息,却不能提供位置信息。PET 和 fMRI 时间分辨率较差的主要原因是它们依赖于流入脑部不同区域的血流:血液流动到所需的位置至少需要几秒钟。萃取氧气也需要一些时间,而这正是 PET 和 fMRI 所记录的活动。为了检测发生在毫秒级别的心理过程理论,影像学的研究有时需要精心设计控制条件。类似于 Donder 的减法逻辑,控制条件设计时需要包含所有的信息处理过程,除了需要研究的那一个。使用感兴趣的任务的血流模式减去控制条件中的血流模式,结果就是需要研究的活动的脑部区域图像。

与本章的其他方法相同,心理生理学方法也有自身的局限,在结果解释中存在难度。但是,在确定反应任务中的脑部功能,以及具体的处理行为方法很有价值。虽然人为因素专家并不总能使用这些设备记录人行为的心理生理学数据,但是这些技术的基础性研究为应用性工作提供了重要的基石。此外,对认知神经科学的研究也与新兴的神经人机工效学和增强认知研究紧密相关。这些研究的目标是监控心理和生理功能的神经生理指标,并动态地改善界面和工作需求状态。

4.7　总结

人的信息处理方法将人看成包含信息流的系统。与其他的系统方法相类似,我们可以将人看成子系统的组件,通过分析这些组件行为的方式分析人的行为。我们从行为测量数据中推断这些子系统的特征和组织,例如响应准确性和反应时间,这些数据从不同的任务中进行采集。感知、认知和动作子系统这个大体的分类方法为组织基础的有关人行为的知识和将这些知识应用到人为因素问题中提供了一个框架。

分析人的信息处理系统的具体方法有很多种。我们使用经典的阈值技术和信号检测方法获取响应准确性,评价基础的感知敏感性和响应偏差。信息论可以提供一个有用的不确定度量标准。我们使用响应时间和心理生理学测量方法阐述潜在的处理阶段的特性。我们还使用信息处理的持续模型描述不同任务情况下,行为速度和准确性之间的关系。

本章对人的行为的研究进行了总结。具体理论的基础数据和优化性能的推荐方式可以通过本章中的方法获得。当阅读这些研究时,会发现我们通常不会提供试验方法的具体描述。但是,应当能够确定这些数据是否有阈值,结论是否是基于附加因素逻辑,或者在具体的条件中,什么方法是最合适的。由于区分感知、认知和动作子系统向组织人的行为的知识提供了一个实用的方式,因此本书的随后 3 个部分会逐个阐述这些子系统。最后,我们将讨论物理环境和社会环境对人的信息处理的影响。

推荐阅读

Braisby, N. & Gellatly, A. (Eds.) 2005. Cognitive Psychology. New York: Oxford University Press.

Gazzaniga, M. S. (editor-in-chief) 2004. The Cognitive Neurosciences III. Cambridge, MA: MIT Press.

Gescheider, G. A. 1997. Psychophysics: The Fundamentals (3rd ed.). Mahwah, NJ: Lawrence Erlbaum.

Lachman, R., Lachman, J. L. & Butterfield, E. C. 1979. Cognitive Psychology and Information Processing: An Introduction. Hillsdale, NJ: Lawrence Erlbaum.

Luce, R. D. 1986. Response Times: Their Role in Inferring Elementary Mental Organization. New York: Oxford University Press.

MacMillan, N. A. & Creelman, C. D. 2005. Detection Theory: A User's Guide (2nd ed.) Mahwah, NJ: Lawrence Erlbaum.

Marks, L. E. & Algom, D. 1998. Psychophysical scaling. In M. H. Birnbaum (Ed.), Measurement and Decision Making (pp. 81 - 178). San Diego, CA: Academic Press.

Scarborough, D. & Sternberg, S. (Eds.) 1998. An Invitation to Cognitive Science (2nd ed., Vol. 4): Methods, Models and Conceptual Issues. Cambridge, MA: MIT Press.

Verdú, S. & McGlaughlin, S. W. (Eds.) 1999. Information Theory: 50 Years of Discovery. New York: Wiley.

第 2 部分
感知因素及其应用

5 视 觉 感 知

我们具有的关于视觉世界的信息,以及在世界中我们对目标和视觉事件的感知,只是间接地依赖于世界的状态。它们直接依赖于在我们眼球后部形成的图像特征,而这些图像与真实世界中的目标可能有很大的不同。

——T. N. Cornsweet(1970)

5.1 简介

不管是自然的或是人造的生物体需要在环境中有效运行,必须使用它的感觉获取环境的信息。同样地,生物体必须能够基于这些信息进行运动,并且感知动作对环境的影响。人类如何感知环境信息是人为因素很重要的一个方面。因为在人机系统中人的行为受到他/她所感知到的信息质量限制,所以,我们一直关注如何将显示信息变得更容易感知。

我们必须理解显示、控制、符号和其他人机界面组件设计时,感觉处理的基本原则以及不同的感觉系统的特征(Proctor 和 Proctor,2006)。好的显示设计应当可以利用这些刺激特征,使得感觉系统能够将这些刺激有效地传输到更高级别的脑部活动中。本章中,我们将概述性地介绍视觉系统和视觉感知现象,这也是人为因素学中最重要的特征。Watson 指出:由于视觉是我们从世界获取信息的主要方式,所以它在人为因素学中占据了中心的位置。

区分刺激对人的感觉系统的影响和他/她对刺激的感知体验很重要。如果某人观察一个台灯,那么光线的强度的感觉影响(取决于落在视网膜上的光子数量)与感知到的台灯亮度是不同的。如果在黑暗的房间中打开台灯,那么会感知认为台灯非常亮。但是如果台灯在室外阳光充足的条件下打开,那么会感知认为台灯很暗。在后续的讨论中,我们会区分感觉和感知影响。在本章的最后,应当能确定一个现象是感觉还是感知。

在我们具体讨论视觉系统之前,我们将考虑一些感觉系统的通用属性

（Fain，2003）。在本节中，我们会描述神经系统间的基本"连线"以及大脑如何对信息进行编码处理。

当物理刺激与感觉系统的"接收器"产生交联时，就产生感觉活动。接收器是对环境中具体的物理能力敏感的特定细胞。例如，台灯放射出的光线以光量子的方式撞击到眼部后方的接收器细胞上。一个声音以气压变化的方式引起中耳中小骨头的振动。这些振动导致了内耳中接收器细胞的移动。

接收器细胞将物理能量转化成神经元信号。高度结构化的神经元通路将这些信号传递到大脑。通路可以认为是各式的电缆：一束特定的细胞称为神经元，产生微小的电流。神经元通路就像过滤器，根据具体的特征整理和精炼收集的信息，例如颜色、形状或者强度。信息并不会简单地、被动地从接收器传递到大脑。信息处理活动随着感觉活动开始而开始。

通道在大脑中的第一个停止点是丘脑。丘脑是大脑中间的一个核桃大小的肿块组织（Casagrande 等，2005）。丘脑的一个功能是作为一个中转站，将神经元信号传送到合适的大脑皮层区域进行后续处理。大脑皮层是大脑中最外层的表面，是相互紧密联系的神经元褶皱层，只有几毫米厚。大脑皮层的不同区域是高度结构化的，对特定类型的刺激敏感度高。当神经信号到达对应的大脑皮层时，大脑皮层就产生响应行为。

每个单独的神经元都有一个激活的基线，并从其他的神经元处接收兴奋的和抑制的输入。伴随着兴奋输入的神经元活动力的增强会增加神经元的放电频率，而伴随着抑制输入的神经元活动力的增强会导致放电频率降低。这些输入决定了神经元敏感的具体刺激特征（如颜色）。大脑皮层中的神经元会响应非常复杂的刺激（如具体的形状），而较低等级的神经元输入则响应较简单的刺激（如线条和点）。大脑皮层的神经元向大脑的不同区域发送复杂的信号控制、记忆、情感等。当信号被完全处理时，它可能已经遍历了大脑中大部分的区域。

5.2　视觉感觉系统

现考虑早晨睁开双眼时大脑所能接收到的大量的视觉信息。所有落到视网膜上的光线和运动模式构成了对世界的呈现。起床时需要怎样的刺激？可能忽视的刺激是什么？实际上大部分的刺激都是被忽略的。我们对世界的感知仅建立在我们能够准确获取的少量信息的基础之上。

以驾驶时大脑所获取的视觉信息为例（Mestre，2002）。世界中的具体特征对任务非常重要，例如道路的位置，道路中央的黄线，道路上其他的车辆等。在驾驶过程中,几乎不会感知云的形状或者天空的颜色,尽管这样的信息也会冲击人的感觉。

　　视觉系统在我们的感觉中很特别,因为它不需要我们触碰到环境中的目标就可以获取信息。这一特征赋予了我们很多能力,包括避免碰到不愿意触碰的目标的能力。越过环境中移动的目标而不发生触碰的能力是我们躲避移动车辆的基础,也是我们自身移动的基础。

　　视觉让我们能够看见书本、杂志、报纸、标识和电视图像中的信息。视觉模态是人机界面中最通用的、最可靠的将信息从机器传递给操作人员的方式。例如,汽车仪表盘上所有的刻度盘和仪表要求驾驶员能够看见并获取到信息。在这个和所有的视觉例子中,信息都是通过光能投射或者反射到眼部中(Wade,2001)。

　　所有的光线都是电磁辐射,从一个光源以小粒子波的形式(光子)以光速(3×10^8 m/s)传播(Naess,2001)。特定类型的电磁辐射,例如广播电台信号、X射线或者可见光,都是通过电磁谱中的波长范围进行定义。可见光的波长范围在人眼所能感觉的范围内,而这个范围在整个电磁谱中只占很小的一部分。到达眼部的光线可以认为是环境中的目标发射或者反射的一群群的光子。光线的强度由目标产生的光子数决定。光线的颜色则由其波长确定。人的眼睛所能感觉到的可见光波长范围大约是$(3\ 800\sim7\ 600)\times10^{-10}$ m,或者 $380\sim760$ nm(纳米)。可见光中波长较长的部分呈现红色,而波长较短的部分呈现紫色(见图 5.1)。我们最常感受到的颜色不是由单独的波长构成,而是很多不同波长的

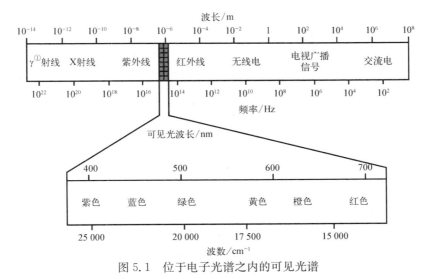

图 5.1　位于电子光谱之内的可见光谱

---

① 原文有误,原文为 λ,现已修正。——编注

组合。例如,白光是由所有不同的波长等量组成的。

当光子进入眼部,它们会被位于眼睛后方的感受细胞接受(Kremers, 2005)。这些细胞位于视网膜上,视网膜类似于一张弯曲的感光纸。每一个独立的感受细胞都包含一个对不同波长的光子敏感的光色素。当被光子撞击后,感受细胞会产生一个电化学信号传递给视网膜中的神经细胞。从而复杂的光线模式中包含的视觉图像呈现在视网膜上。为了能够让光线模式理解成图像,光波必须以相同的方式聚焦,而这种方式则要求图片必须聚焦到相机的镜头上。

5.2.1 聚焦系统

眼部结构如图5.2所示。光线从一个光源投射或者从一个表面反射到眼部。光线通过角膜进入眼部,并穿过瞳孔。随后,光线直接穿过晶状体,聚焦到视网膜上。当眼部不移动,观测者企图观测具体的物体时,我们可以认为眼睛是固定的,或者说目标被眼睛锁定。固定目标的空间位置是一个固定点。一旦目标被固定,目标的图形必须对焦。

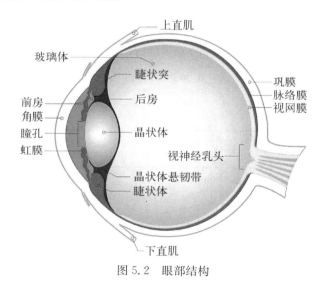

图 5.2　眼部结构

1) 角膜和晶状体

眼部大部分的聚焦能力来自角膜和晶状体(Spalton等,2005)。角膜的形状决定了它的大部分工作,在光线进入眼部之前将光线进行弯曲。当光线穿过瞳孔后,它必须随之穿过晶状体。晶状体是透明的胶状结构,能够基于固定目标的基体进行调整并聚焦。

当目标距离较近时,聚焦所需要的能量(弯曲)更多。晶状体通过**调节**过程提供额外的能量。在调节过程中,晶状体的形状发生改变(见图5.3)。当一个固定的目标大约在3 m或者更远的距离时,晶状体相对是平的。目标不能够被晶状体调节的距离称为**明视远点**。随着目标的距离从明视远点逐步减小,晶状体连接的小肌肉慢慢放松,拉力逐渐减少,从而晶状体渐渐变成球状。晶状体越接近球状,眼部接收的光线越弯曲。晶状体的调节能力也有一个**近点**,对于年轻人大约是20 cm。对于距离小于近点的目标,进一步增加调节能量是不可能的。

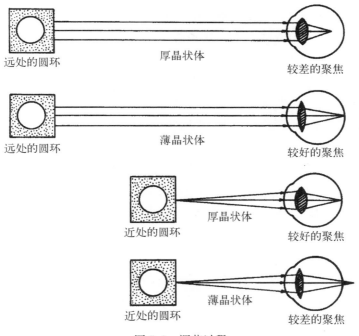

图5.3 调节过程

通常,调节和适应图像距离的变化需要一定的时间。例如,在驾驶的过程中,将注意力从道路转移到速度表上,需要将注视点从明视远点变化到近点,并聚焦在速度表上。年轻人的调节时间大约在目标呈现在视角范围内后900 ms之内完成(Campbell和Westheimer,1960)。

调节过程受到环境中的光量影响。在黑暗环境中与在光亮环境中的调节行为是不同的。在黑暗环境中,晶状体的肌肉处于休眠状态,或者**暗焦点**。暗焦点是近点和明视远点中间的一个调节点(Andre,2003;Andre和Owens,1999)。

暗焦点对于不同的人是不同的,它还受到很多其他的因素影响,例如之前持续的关注点和眼部位置等(Hofstetter 等,2000)。通常,暗焦点小于 1 m。暗焦点与适应目标之间的距离称为调节迟滞。视觉疲劳可能由于目标的位置持续变化,需要不断地适应调节所致,即使是微小的调节迟滞。这一原因对于环境光或者任务本身要求注视暗焦点时尤其适用。

2)瞳孔

瞳孔是虹膜中间的一个小洞。虹膜是眼睛中有颜色的部分,类似于甜甜圈状的肌肉,控制进入眼睛的光线量。当瞳孔扩张时,面积变大,更多的光线能够进入眼睛。当瞳孔收缩时,面积变小,更少的光线进入眼睛。扩张和收缩是最常见的由落入眼部光线量所确定的反射性行为。在昏暗的光线条件下,瞳孔可能扩张到最大直径 8 mm;而在光亮的条件下,瞳孔可能收缩到最小直径 2 mm。瞳孔完全扩张接收的光量是完全收缩时的 16 倍。瞳孔的大小同样受到调节状态和觉醒状态的影响。由远及近的焦点变化会导致瞳孔收缩(Bartleson,1968),而觉醒水平的增加会导致瞳孔扩张(Kim 等,2000)。

瞳孔的大小决定了固定图像的景深(Marcos 等,1999)。假设聚焦到一个一定距离的目标,目标的图像很清楚,那么在这个目标前方的一定距离内,或者后方的一定距离内,其他的目标图像也是清楚的。在聚焦完成后,焦点前后的范围内所呈现的清晰图像,这一前一后的距离范围,就是景深。当瞳孔变小时,景深变大。因此,当瞳孔较大时,例如当亮度很低的情况,调节必须更加精确(Randle,1988),也更容易产生视觉疲劳。

3)聚散

在聚焦中,另外一个重要的因素是两眼的聚散(Morahan 等,1998)。现在,注视自己的鼻尖,就会发现当尝试注视鼻尖时,双眼发生了交叉,眼睛向对方转动。当目光从鼻尖转移到稍远的目标时,双眼相互远离。聚散度是指两眼内旋或者外旋的角度,通过旋转双眼能够将固定目标的光线落入左眼和右眼的中心位置(视网膜的中央凹)(见图 5.4)。聚散能够将两眼看到的图片融合形成一个单一的目标。

每个眼的视线是从眼部后方的中心到向目标固定点的假想直线(见图 5.4)。当聚焦点从远到近时,双眼相向转动,视线在焦点处交互。相反,当聚焦点从近到远时,双眼分离,视线逐渐变成平行。超过聚焦距离大约 6 m,视线保持平行,不再有分离。收敛的近点大约为 5 cm;如果目标再靠近,那么会变得模糊。再一次看鼻尖,尽管能够容易地聚焦到鼻尖,但是除非鼻子很长,否则鼻

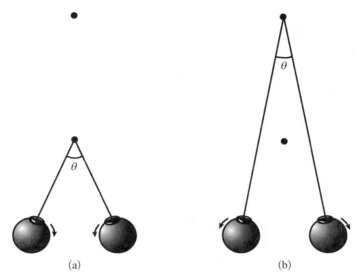

图 5.4   近点与远点的聚散角度 θ
(a) 汇聚   (b) 分散

尖是看不清的。

聚散由眼睛外部表面的肌肉控制。这些肌肉与连接晶状体的肌肉之间有反射性连接。这意味着当眼睛的位置发生改变时,调节也会发生变化(Schowengredt 和 Seibel,2004)。记住连接到晶状体上的肌肉控制调节存在一个休眠状态,即暗焦点。类似地,控制聚散度的肌肉也有一个休眠状态,在这个角度上假定没有光线。这个状态称为**暗聚散**。在暗聚散中视线形成的角度位于近距离目标和远距离目标聚散形成的角度之间(Owens 和 Leibowitz,1983)。

不同的人具有不同的暗聚散角度(Owen 和 Leibowitz,1980),这种个体差异会影响视觉检查任务的表现。在一个研究中,学生检查隐形眼镜放大图片的缺陷,观察距离为 20 m 和 60 m,观察时间大于半小时(Jebaraj 等,1999)。研究结果表明,即使在不同的距离条件下,保持投射到视网膜上的图片大小一样,近距离的检查比远距离的检查要多花 1 倍的时间,而且更容易引起视觉疲劳。该结论与暗聚散距离一致,但与暗聚焦不同。在另一个研究中,被试坐在位于视频显示终端 20 cm 的位置,并从干扰选项中寻找出目标字母(Best 等,1996)。靠近暗聚散角度的被试比远离暗聚散角度的被试更快完成任务。由于每名被试的位置都靠近显示器,这个研究的结果表明当观察距离和被试的暗聚散角度差异最小时,视觉检查任务的绩效水平最佳。

4) 聚焦的问题

精确的感知依赖于聚焦系统的正常运作,包括角膜、瞳孔和晶状体。该系统中最常见的缺陷是眼睛的形状。眼轴太长或者太短都会导致不管多努力地尝试调节,都不能将图片聚焦到感受器上。换而言之,感受器不在图片能够被聚焦的位置(见图 5.5)。眼镜和隐形眼镜的主要目标是提供额外的能够纠正这一问题的聚焦能力。

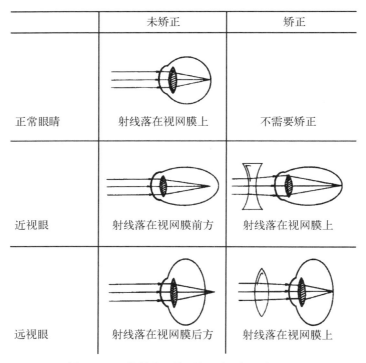

	未矫正	矫正
正常眼睛	射线落在视网膜上	不需要矫正
近视眼	射线落在视网膜前方	射线落在视网膜上
远视眼	射线落在视网膜后方	射线落在视网膜上

图 5.5　正常眼睛、近视眼以及远视眼的聚焦

对于近视,可以理解为眼轴过长。这会导致当晶状体松弛状态下,平行光线经眼的屈光系统折射后焦点落在焦点的前方。对于远视,可以理解为眼轴过短,这会导致平行光束经过调节放松的眼球折射后成像于焦点的后方。当人逐渐变老,调节的速度和范围都在持续变差。由于随着年纪的增加,晶状体硬化,弹性减弱,肌肉收缩能力降低而致调节减退,所有人都会变成远视。这种现象称为老视。对于 20 岁的年轻人,近点大约是 10 cm,而对于 60 岁的老年人,近点则变成大约 100 cm。老花眼可以使用老花眼镜或者双光镜,而通常需要超过 45 岁才能配到这样的眼镜。某个人可能在其他所有方面都具有完美的视觉,但是他/她

还是需要老花眼镜补偿晶状体调节能力的丧失。

　　另一个类似于老花眼的问题是**调节过度**,这会导致调节机能不足或者调节机能失效。此类失调情况来自控制调节的肌肉。这些肌肉会发生痉挛,削弱调节能力,显著增加调节调整所需的时间。调节机能不足有时称为早期的老花眼,会导致无法对较近的目标进行调节。调节机能失效是指无法从近聚焦转变成远聚焦(反之亦然),这会导致糟糕的调节表现和显著减缓的调节时间。有时,调节过度可以通过使用矫正视力的镜片得到改善,也可以通过视力恢复疗法进行治疗。视力恢复疗法是一种训练程序,通过训练减少晶状体肌肉痉挛的趋势。

　　通常,眼睛不适或者视疲劳是由于调节肌肉和聚散肌肉的疲劳所致。这一类的不适经常发生在需要很多近距离工作或者需要长时间注视电脑屏幕的工作者身上。如果显示屏靠近观察者,就需要更多的聚散和调节。如果需要整天都注视显示屏,眼部肌肉很容易疲劳。

　　我们提到近距离视觉工作感受到的视疲劳随着个体的暗聚散和暗聚焦位置的不同而不同。具有远的暗聚散角度的工作者比具有近的暗聚散角度的工作者在长时间的近距离工作后更容易感受到视疲劳(Owens 和 Wolf-Kelly,1987;Tyrrell 和 Leibowitz,1990)。类似地,具有远的暗焦点的工作者也比具有近的暗焦点的工作者在近距离的工作中也更容易疲劳。对于使用视觉显示器的工作者,当距离显示器 50 cm,具有更远的暗焦点的工作者会感受到比其他工作者更多的视疲劳。但是,当距离显示器 100 cm,这些工作者不会比其他工作者感受更多或者更少疲劳(Jaschinski-Kruza,1991)。同样,具有更远的暗焦点的工作者会让自己比具有较近的暗焦点的工作者距离视觉显示器更远,从而减少聚散的不利影响(Heuer 等,1989)。

　　使用电脑显示器会由于调节肌肉导致另一种视疲劳。电脑显示器上的文本与印刷的文本不同。印刷的文本有明亮的边缘,而电脑显示器的文本则是中部明亮,边缘模糊,这是因为显示器边缘的亮度在衰减。眼睛接收的获得聚焦和丢失聚焦的信号导致调节的状态漂移到暗焦点。这就意味着需要长时间阅读电脑显示器上文本的工作者必须持续地聚焦在显示器的文本上。近聚焦和暗焦点之间的竞争会导致明显的不适。

　　最后,某人可能由于**散光**的原因,所以难以聚焦。这种问题类似于近视和远视,都是由于眼睛的形状导致的。散光是由于角膜的不规则形状导致的。这种不规则的形状使得光线在穿过角膜时,弯曲是不对称的。平行光线进入眼内后,由于眼球在不同子午线上屈光力不等,不能聚集于一点(焦点),也就不能形成清晰的物像。不管眼睛多努力地调剂,部分图像总是模糊的。与近视和远视相同,散光可以通过眼镜进行矫正。

角膜和晶状体必须是透明的,这样光线才能进入眼睛。眼睛受伤或者疾病可能会损坏这些器官,影响视力。角膜受损会使得视力下降,出现散光的情况。这还会导致看到光源周围的光晕,特别是在夜晚。另外一个常见的现象是白内障。白内障是由于晶状体蛋白质变性而发生混浊,此时光线被混浊晶状体阻挠无法投射在视网膜上,导致视物模糊。通常,随年龄增长而白内障的发病率增多。尽管在大部分的情况下,白内障不会对人的行动产生影响,但是65岁以上的老年人中超过75%患有白内障。

5) 小结

对调节、聚散和聚焦系统其他方面的研究是人为因素的重要组成部分。聚焦系统决定了研究接受的图像质量,也限制了可以感知的视觉细节范围。这个系统也容易发生疲劳,使得操作者变得虚弱。聚焦系统最有趣的特点之一是调节和聚散的程度随着固定目标的距离发生系统性的变化。因此,聚焦系统的状态可以提供目标距离和大小的信息。这就意味着操作者判断目标的距离受到他/她眼睛的位置和聚焦点的影响。当对目标距离要求精确判断时,例如驾驶汽车或者飞机,设计者必须考虑显示器对眼睛聚散和调节的影响,操作者相对于显示器的位置,显示器运行时的照明条件,以及基于所有这些因素对外部目标估计的影响。

5.2.2　视网膜

在健康的眼睛中,视觉图像聚焦在**视网膜**上。视网膜位于眼睛后方(Ryan,2001)。视网膜包含一层接受细胞以及两层神经细胞,将视网膜成像简单地转换成神经信号。大部分人对接受细胞位于神经细胞层之后感到惊讶,事实上,进入眼睛的很多光线根本不会到达感受器。光线必须首先穿过其他的层级,同时还需要足够的供血支持视网膜。因此,到达眼睛的光线中,大约只有一半的光能对光感受器产生影响,激发视觉感受信号。

1) 光感受器

视网膜包含两种类型的感受器:**视杆细胞**和**视锥细胞**(Packer 和 Williams,2003)。两种类型的感受器都类似于小片的 pH 试纸。在每个光感受器的末端都有一些光敏色素。这些光敏色素吸收光量子,使得光感受器被"漂白",并且改变颜色。这种变化激活了神经信号。

视杆细胞和视锥细胞对不同的刺激敏感。其中,视锥细胞对不同的颜色敏感,而视杆细胞则不是。所有的视杆细胞都具有相同类型的光敏色素,而视锥细胞则包含三种不同的类型,每个类型都有不同的光敏色素。以上四种类型的光敏色素对不同波长的光线敏感(视杆细胞,500 nm;短波长视锥细胞,440 nm 或者蓝光;中波长视锥细胞,540 nm 或者绿光;长波长视锥细胞,565 nm 或者红光)。视杆细胞(大约 9 000 万个)和视锥细胞(大约 400 万个到 500 万个)的数量都很巨大(Packer 和 Williams,2003)。

视网膜中一个重要的部分是中央凹。中央凹只有针头大小,是视网膜中视觉最敏感的区域。相较于整个视网膜,中央凹的面积非常小(直径大约只有 1.5 nm;中央凹位于直径约 5.5 nm 的黄斑的中央)。在中央凹上只有视锥细胞。在中央凹的外面既有视杆细胞又有视锥细胞,而视杆细胞的数量远远大于视锥细胞。如我们随后将要具体介绍的,视杆细胞对弱光敏感(暗视觉),而视锥细胞则对强光敏感(亮视觉)。视锥细胞对颜色视觉和细节感知较为敏感。视杆细胞不能提供颜色和细节的信息,但是它对于检测微弱的光线更加敏感。

视网膜中另一个重要的标志是**盲点**。盲点位于视网膜鼻侧区域,大小大约是中央凹的 2~3 倍。盲点是视网膜上视觉纤维汇集向视觉中枢传递的出眼球部位,无感光细胞。因此,完全落入到盲点的视觉刺激不会被看见。人们可以"观察"自己的盲点。用一个手遮住一只眼睛,另一只手拿住顶部有橡皮擦的铅笔放置在鼻子正前方一个手臂的距离,观察橡皮擦。现在,保持眼睛不动,以一臂的距离向鼻子外侧缓慢地移动铅笔。当将铅笔移动大约 6~8 in[①] 时,会发现铅笔顶部的橡皮擦不见了。在这一点附近,可以来回缓慢移动铅笔,会发现橡皮擦若隐若现(不要移动眼睛)。如上述的方式移动铅笔,会发现盲点实际上相对较大,是视界中的一个真空洞。

尽管盲点相对较大,但是我们很少注意到它。其中一个原因是落入一只眼睛盲点的图像,在另外一只眼睛中落入到包含感受器的视网膜中。但是,即使我们只用一只眼睛观察世界,盲点也不明显。在大部分的情况下,如果一个观察的物体部分落入盲点,它会被感知为连续的或是一个整体(Awater 等,2005;Kawabata,1984)。再一次拿起铅笔,找到盲点。如果铅笔足够长,应该始终可

---

① in 为英制长度单位英寸,1 in=2.54 cm。

以让铅笔的顶端位于盲点的上方,而铅笔的尾端位于盲点的下方。可能会发现观察到铅笔中间部分的盲点变得困难:铅笔看起来是一个整体。这是我们讨论感知的第一个重要原则的实例;感知系统会填补丢失的信息(Ramachandran,1992)。

2) 神经层

在感受细胞对光量子做出响应之后,它们会向视网膜中的神经细胞传递信号(Lennie,2003)。这些神经细胞的一个重要特点为它们是广泛连接在一起的,因此,落入到视网膜中一块区域的光线至少会对另一块区域中的神经细胞产生作用。这种"横向"连接(横向是指在同一层组织中的连接)使得神经细胞具有与视杆细胞和视锥细胞不一样的特性,也产生了很多有趣的视错觉。

其中,一个现象称为马赫带,如图 5.6 所示。马赫带被认为是由于视网膜中的神经细胞之间的交互所致(Keil,2006)。图 5.6 呈现了由亮变暗逐渐变化的灰度带。虽然每个灰度带本身都有一致的亮度,但是可以清晰地分辨较暗和较亮的灰度带的边缘。马赫带形成的原因是视网膜上相邻的感光细胞相互抑制对光线反应的现象,即某个感光细胞受到光线刺激时,若它的相邻感光细胞再受到刺激,则它的反应会减弱。由于相邻细胞间存在侧抑制的现象,来自暗明交界处

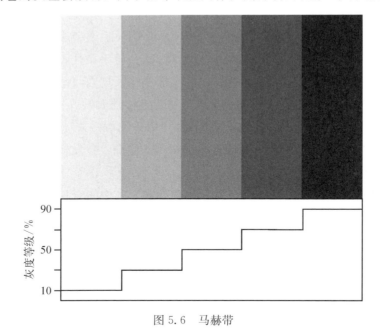

图 5.6　马赫带

亮区一侧的抑制大于来自暗区一侧的抑制,因而使暗区的边界显得更暗;同样,来自暗明交界处暗区一侧的抑制小于亮区一侧的抑制,因而使亮区的边界显得更亮。简而言之,感知的亮灰度带和暗灰度带并不是由于真正的物理刺激呈现所致,而是由于视网膜上神经的竞争造成。

视杆细胞和视锥细胞的感觉特征差异也是来自视网膜的神经结构。尽管视网膜上大约有 9 500 万个视杆细胞和视锥细胞,这些感受器只连接到大约 600 万个神经细胞上。因此,很多感受器接收的信号会拥挤到一个单一的神经细胞上。大约 120 个视杆细胞汇聚到一个神经细胞上,而平均 6 个视锥细胞会汇聚到一个神经细胞上。

视锥细胞系统相对较小的汇聚造就了对细节的精确感知。因为落入不同的视锥细胞的光线会被传递给不同的神经细胞,在神经元中真实重现的视网膜成像的空间细节传递了这些信息。但是,系统中的每个视锥细胞必须吸收自己的光量子,这样图片才是完成的。对应地,视杆细胞系统中大量的细胞汇聚则导致了细节的丢失。因为很多空间位置的信息传递给同一个细胞,细胞不会"知晓"信号的来源。但是,由于很多的视杆细胞连接到一个细胞之上,因此,只要光量子落到这些细胞中的很少一些就足以产生信号。所以,视锥细胞需要很多光线才能正常工作,而视杆细胞只需要一点点。

感受器之后的感觉通路专门用于处理刺激的独特特征。这些感觉通路至少沿着三条平行的路径:小细胞流、大细胞流和尘细胞流(Frishman,2001)。因为对尘细胞流中细胞的在感觉和感知方面的特性还不甚了解,我们将主要介绍前两种细胞流。小细胞流中的细胞(p 细胞)体积较小,对亮的刺激呈现出持续的响应(即只要就光线落入到视网膜上,p 细胞就工作),集中在中央凹附近,对颜色敏感。此外 p 细胞传输速度很慢,具有很好的空间分辨率,而时间分辨率较差。对应地,大细胞流中的细胞(m 细胞)体积较大,对亮的刺激呈现出一个瞬态响应(即当光线落入视网膜时,这些神经元产生一个响应,但随着光线的持续,响应频率逐步降低)。m 细胞在视网膜中均匀分布,是宽频带的(即对颜色不敏感),传输速度快,具有很好的时间分辨率,而空间分辨率较差。

这些特征让科研人员猜测小细胞流对模式和形状的感知很重要,而大细胞流则对运动和变化的感知很重要。正如我们将要看到的,小细胞流和大细胞流的差异延伸到初级视觉皮层,并且形成包含大脑很多区域的两个系统的基础,这两个系统平行地分析模式信息和位置信息。

3）视网膜结构和视敏度

如我们已经提到的内容，视网膜的结构决定了很多感知的特性。其中，一个重要的特征是视网膜的位置决定了感知细节的能力。这种能力称为视敏度。需要良好的视觉视敏度的任务实例是检测两条线段之间的小间隙，如果间隙很小，两条线段可能看起来像一条，但是当间隙够大时，很容易分辨两条线段。图 5.7 描述了在中央凹中，视敏度如何达到最大，以及当图像移动到周边时，视敏度显著下降。视敏度的功能与视锥细胞感受器的分配以及由小细胞流系统决定的 p 细胞类似。较低的汇聚程度决定了较好的视敏度。

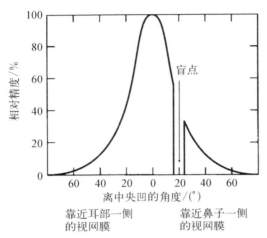

图 5.7 随视网膜位置变化的精度变化

视敏度受到环境光线等级的影响并不令人惊讶。在光适应条件下，视锥细胞系统进行了很多工作，所以视敏度很好。在暗适应条件下，只有视杆细胞工作。因为视杆细胞系统比视锥细胞系统具有高得多的汇聚度，所以视敏度就很差。详细的细节不能在暗环境中辨识，只能在光亮环境中辨识。

视敏度功能与很多人为因素问题相关。例如，在确定仪器设计和位置时，人为因素专家必须考虑如何使得图像落入视网膜中，并且保证细节能够被操作者获取。在外周视界中的计量表和刻度盘等应当足够大，没有过多的细节。一些电子显示使用注视-跟随多分辨率（Reingold 等，2003）。这些显示器能够将操作者注视部分的分辨率调整得更高（见框 5.1）。我们将在本章中讨论影响视敏度的其他因素。

框 5.1 注视-跟随多分辨率显示器

很多人机交互任务需要用户在大屏幕和显示器上搜索信息。总体来说，高分辨率的显示器比低分辨率的显示器更受欢迎，因为使用高分辨率的显示器更容易识别目标。但是，高分辨率的显示器价格较高，同时处理需求可能超过相同计算机系统或者网络的处理能力和/或传输带宽。因此,高分辨率的显示器并不总适用或者可行。

注视-跟随多分辨率显示器(GCMRD)考虑的事实是高分辨率只对视网膜中央凹视力有帮助,而对外周视界是极大的浪费,因为外周视界的敏锐度很低(Reingold 等,2003)。对于注视-跟随多分辨率显示器只有一块有限区域的显示具有高分辨率,而这块区域对应视网膜中央凹的区域。用户佩戴一副眼镜观察显示器,而眼镜用来监视他/她所观察的区域,显示器实时刷新,只对用户当时注视的区域呈现高分辨率。

当使用注视-跟随多分辨率显示器时,设计的任务和显示对感知和行为会有怎样的影响? 例如,考虑注视-跟随多分辨率显示器背后的基本理念:用户只需要在中央视觉中具有高分辨率,而外周视界的线索只作为补偿。Loschky 和 McConkie 通过研究控制高分辨率区域的大小对寻找目标物体的影响发现了上述的结论。如果在外周视界中,低分辨率和高分辨率同样好,那么高分辨率区域的大小不应该影响响应时间。与这个结论相对的,较小的高分辨率区域比较大的高分辨率区域需要更多的搜索时间。这主要是由于眼动的原因造成。因为在较小的分辨率区域中,连续眼动的距离较短,观察者在找到目标时需要更多的注视。显而易见的是,观察者需要在较小的高分辨率区域进行更多的眼部移动。

虽然注视-跟随多分辨率显示器可能很有用,但是 Loschky 和 McConkie 的研究结果表明在注视-跟随多分辨率显示器上执行视觉搜索任务的绩效水平不一定比高分辨率显示器好。但是,他们的研究只使用了两种分辨率的图片:高和低。在每张图片中,高分辨率区域和低分辨率区域有明显的边界。如果图片使用从高到低的分辨率梯度时,由于人的视觉敏锐度从中央凹到外周视界是逐渐降低的,那么他/她在一小块高分辨率的区域的绩效水平会很高。

Loschky 等一直在验证这一结论。他们让被试观察高分辨率的显示器。有时显示器是正常的,但有时包含多种分辨率的注视-跟随多分辨率显示器也会呈现给被试。被试被要求当发现任意变模糊时,尽快按压按钮。当从注视点到外周的分辨率变化很微小时(小于视网膜上的限制),没有被试发现变模糊的情况;图片看起来很正常。

5.2.3 视觉通路

一旦视神经离开眼睛,视觉信号变得越来越完善。视神经一分为二,将一个眼睛获得的一半信息传递到半边大脑,将另一半信息传递到另一半大脑。落入右视界中的目标信息首先进入左半大脑,而落入左视界中的目标信息进入右半大脑。这些分离的信号随后将整合在一起再进行处理。当经过丘脑的一个称为外侧膝状体核(LGN)的区域后,当小细胞通路和大细胞通路保持分离,并且所有的神经都是单眼的情况(即神经只对一个眼睛的光线响应),视觉信息的下一站是初级视皮层。将手放在颈部后方:手部上边缘碰到的头颅的突起大约就是视觉皮层的位置。

1) 视觉皮层

视觉皮层是高度结构化的(Hubel 和 Wiesel,1979)。视觉皮层包含多个层级,大约有 10^8 个神经元。皮层神经元是对位映像的,即如果一个细胞响应视网膜上一个区域的刺激,那么临近的细胞会响应视网膜上临近区域的刺激。外侧膝状体核中大细胞和小细胞的输入对视觉皮层不同层级的神经元有影响。

皮层中的细胞依据响应的信息类别进行区分。最早、最基础的皮层细胞具有圆形的中心环绕的感受区。这意味着,它们对视网膜中首选位置的单一点光源响应最强烈,而当光线落在周边区域时,响应不强烈。但是,其他的细胞更加复杂。简单细胞对具体方向的线条和块状物响应最好。复杂的细胞也对给定方向的块状物响应最佳,但是主要是当块状物沿特定的方向移动经过视界时。同样地,超复杂细胞对移动的块状物响应最佳,但是如果刺激太长则会影响响应。因此,皮层细胞可能可以响应视线中具体特征出现或者消失的信号。

视觉皮层中的方向感觉细胞对视觉感知有很多有趣的影响。如果观察覆盖在斜线上方的垂直线,它们仿佛向另一个方向倾斜[见图 5.8(a)],这个现象称为**倾斜对比**(Tolhurst 和 Thompson,1975)。一个相类似的现象出现在注视稍微倾斜的线段区域一小段时间之后[见图 5.8(b)]。如果在注视倾斜的线之后观察一块垂直线区域,会发现垂直线向另外一个方向倾斜(Magnussen 和 Kurtenbach,1980)。倾斜滞后影响和倾斜对比是由于视觉皮层中的神经元交互的结果(Bednar 和 Miikkulainen,2000),这就类似于视网膜中的细胞交互引起的马赫带效应。

视觉皮层的方向-感觉细胞导致的另一个感知现象称为**方位倾斜效应**。人们更容易检测和识别水平方向和垂直方向的线条,而非倾斜方向的线条。这一

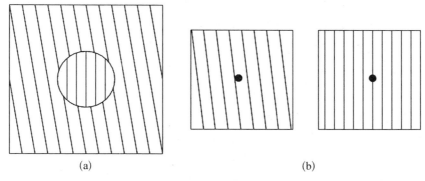

图 5.8　倾斜对比与倾斜副作用

(a) 倾斜对比　　(b) 倾斜副作用

效应主要是由于视觉皮层中的大部分神经元对垂直方向和水平方向敏感。并没有很多皮层神经元对倾斜的方向敏感(Gentaz 和 Tschopp,2002)。由于更多神经元专注于水平和垂直方向,这些方向容易检测和识别。

2) 背侧流和腹侧流

初级视皮层只是 30 个视觉信息处理区域中的第一个(Frishman,2001)。信息在两个通路中处理:背侧流(顶部)和腹侧流(底部),有时也称为"哪里(where)"和"什么(what)"流。背侧流主要从大细胞通路中接收输入,主要参与空间位置、移动的感知,并控制行为动作。对应地,腹侧流既从大细胞接收输入,也从小细胞接收输入,对于感知形状、目标和颜色很重要。因为不同的系统分析"哪里"和"什么",我们应当基于使用的通路,期望找到人们进行"哪里"和"什么"决策的更优条件。

例如,Barber 在模拟战斗中对短程防空武器操作者的行为进行了研究,并且测量了操作者基础的视觉感知能力。战斗任务包含检测飞机,识别是友机还是敌机,用枪瞄准敌机,以及一旦获得初始固定,使用武器系统跟踪敌机。他将每名操作者执行每个子任务的绩效水平与操作者在简单的视觉感知任务中的得分相关联。这个分析表明背侧流系统帮助控制检测和信息获取,而腹侧流系统则帮助控制检测和识别。

在另一个研究中,Leibowitz 和他的同事一起研究了不同的视觉通路对夜间驾驶行为的影响(Leibowitz,1996;Leibowitz 和 Owens,1986;Leibowitz 和 Post,1982;Leibowitz 等,1982)。他们依据是否需要"中央焦点"处理(主要在中央视界内,需要使用腹侧流系统),还是"背景区"处理(在整个视界内,需要使用背侧流系统），对感知任务进行了分类。他们假设对目标进行识别时需要使用中央焦点处理，而确定移动和空间方向时则使用背景区处理。对于驾驶，中央焦点模式包含对道理标识和环境目标的识别，而背景区模式则负责对车辆的导航。

夜间驾驶的死亡率是白天的 4～5 倍。为什么夜间的事故比白天的事故更容易致人死亡？Leibowitz 和他的同事认为在暗亮度等级的条件下，中央焦点系统有不利的影响，而背景区系统则没有。由于中央焦点系统在黑暗的条件下不能很好地工作，驾驶员无法容易地或者准确地识别目标。但是，因为背景区系统相对没有影响，驾驶员可以如白天一样轻松地驾驶汽车。此外，在夜间有更多的目标需要识别，例如，道路标识和仪表盘都被照亮或者是高度反光的。因此，驾驶员低估了中央焦点感知受损的程度，不会相应地减速。

只有当非发亮的物体出现在道路上时，中央焦点系统的受损才变得明显，例如停止的轿车、倒落的树木或者行人。驾驶员可能需要更多的时间识别这些目标，否则不能安全地将车停下。在很多实例中，驾驶员报告说在发生事故之前没有发现障碍物。Leibowitz 和 Owens 推荐驾驶员需要进行夜间认知视觉的选择性损害培训，从而减少夜间事故的发生。

5.3　视觉感知

如我们前面所介绍的，当一个人从家开车去工作，会有很多不同的视觉刺激冲击的研究，但是他实际上只感知了很少的一部分刺激并使用这些信息做出驾驶的决策。此外，决策并不是基于重要刺激的物理属性，例如强度或者波长，而是它们相应的感知属性，例如亮度或者颜色。尽管一些视觉刺激的感知属性直接对应刺激的物理属性，还有一些并不是这样，它们可能由超过一种条件设定的情况所引起。但是，所有的视觉感知现象都可以直接或者间接地追溯到视觉感觉系统结构。

在本章的剩余内容中，我们将讨论视觉感知的基本属性，从亮度和视敏度开始，以及亮度和视敏度的感知如何基于感知所发生的周围环境。

5.3.1　亮度

汽车驾驶员必须与其他的车辆共享道路，包括自行车和摩托车。由于很多的原因，驾驶员往往"看不见"这些其他的车辆，同时，因为摩托车或者自行车更小，也更缺乏保护措施，所以当与汽车发生交通事故时，这些车辆的驾驶员更容易重伤或者死亡。因此，在美国的有些州法律规定，即使在白天，摩托车车灯应当常亮,以增强摩托车的可见性。

假定汽车-摩托车事故就是由于可见性的问题,那么法律真的有效吗? 对于车灯增强摩托车的可见性,我们可以考虑车灯是否增加了摩托车的感知**亮度**。亮度的主要物理决定因素是光源产生的能量强度。光能量的测量称为**辐射线测定**。这种测量过程称为**光度测量**,依据光能量对视力的效力进行具体描述。光度测量包含辐射强度到亮度单位的转换,这种转换根据视觉系统的敏感度评价光的辐射。对应于特定的光谱敏感度区域,不同的转换功能可以用来具体说明每平方米的坎德拉(发光强度单位)。

在温暖的晴天(最适合驾驶摩托车的天气),一台新的摩托车的外壳和高度抛光的表面反射了很多光线。这时,即使不打开车灯,摩托车已经很亮。我们可以通过表面反射的光强度测量感知的亮度。亮度和光强度的关系可以通过下面的公式表示:

$$B = aI^{0.33}$$

式中,B 为亮度;I 为光的物理强度;a 为常数,对于不同的人是不同的。

尽管上面的公式在理论意义上很有用,但是在现实中,不同的人会将相同的物理强度判断为不同的亮度等级。辉度等级是定量化测量个体感知亮度的方式(Stevens,1975)。为了理解辉度等级,需要先理解**分贝**的概念。在噪声等级中使用的分贝也可以应用在与刺激强度相关的任意感知效应中。1 分贝(dB)是物理强度的单元,定义为

$$\lg \frac{I}{S}$$

其中,S 为一些标准刺激的强度。需要注意的是,分贝的测量完全依赖于强度 S。对于辉度等级,1 辉度是白光的亮度,比人能够检测到光线的绝对阈值大 40 dB。因此,对于 1 辉度,S 是在绝对阈值处白光的强度。

我们对于摩托车车灯的一个关注问题是它是否增强了可见的强度。从前面的介绍中,我们已经知道随着发光性的增加,需要更多的努力才能使得亮度发生相同的变化。这就意味着,如果太阳光已经让摩托车很亮,那么开着车灯和关着车灯的亮度差异很难感知。但是,在阴天,当太阳光无法将摩托车照亮时,打开车灯可以有效地增加感知的亮度,即使车灯在晴天和阴天具有相同的物理强度。

亮度是刺激强度的一个重要属性,它还受其他很多因素的影响(Fiorentini, 2003)。虽然在有些情况下打开摩托车车灯不会增加感知的亮度,但是在其他情

况下却有可能,因此,关于车灯的法律规定并不是一个坏主意。还有其他因素也会影响到感知的亮度。最重要的是观察者的适应状态和感知光线的波长,光线的持续时间以及与背景光亮的对比。

1)暗适应和光适应

在本章的开始部分,我们讨论了视杆细胞和视锥细胞的主要差别。一个重要的差别是汇聚:因为很多视杆细胞汇聚到一个单一的神经细胞上,所以视杆细胞比视锥细胞更容易检测到小量的光线。呈现在视界外周的光线显得更亮也是这个原因。可以通过观察夜晚的星空验证这个假设。找到一个昏暗的星星,先直接观察,再用外周视线观察。就会发现,有时可以用外周视线看到那颗星星,而直接观察却看不到。

视杆细胞和视锥细胞的差别是**暗适应**现象的原因。当一个人第一次进入黑暗的房间时,根本看不见任何东西。但是,在黑暗中待了几分钟后,人的能力逐渐提升,然后呈现平稳状态(见图 5.9)。在 8 min 之后,会感受到能力再一次的提升,并且一直持续到大约进入房间后的 45 min。此时,对光的敏感度是当进入房间时的 100 000 倍!

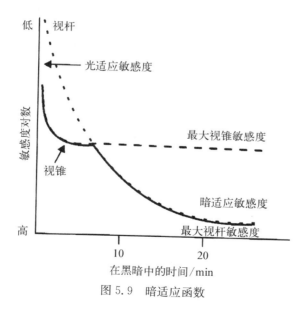

图 5.9　暗适应函数

为什么会发生这样的情况? 当一个人进入黑暗状态,很多光感受器包括视杆细胞和视锥细胞被漂白。它们之前从一个人进入的亮的环境中吸收光量子,尚未重新产生新的光色素。视锥细胞首先重新生成光色素,所以有了能力的第一次提升。在 3 min 后,视锥细胞完成光色素生成,但是记住视锥细胞在黑暗环境中表现不是很好。需要等待一小段时间直到视杆细胞帮助人提升视力。在 8 min 后,视杆细胞开始发挥效力,能力再一次得到提升。随后,随着时间进展,敏感性的增加完全是由于视杆细胞持续地产生光色素。

我们可以进行实验验证视杆细胞和视锥细胞对应于不同的暗适应阶段。例如,我们可以将人带入一个完全黑暗的房间,然后只让一点点光能量落到他的视网膜上(视网膜上没有视杆细胞),在不同的时间测量其敏感度。我们会发现在此条件下,3 min 后他的能力再也没有提升。同样,有些人没有视锥细胞(全色盲者)。如果我们将这些人带入黑暗的房间,他/她会在 8 min 内保持相对的盲视状态,当他/她的视杆细胞产生足够的光色素后,他/她的视力开始增强。

与暗适应相对的是光适应。光适应发生在人从黑暗的房间出来之后。如果一个人具有暗适应的能力,那么通常当他回到一个完全亮的环境时会感觉不舒适。这种不舒适是由于其眼睛长时间离开了有光的环境。事实上,如果我们测量一个人检测少量光线的能力,假设他是暗适应的,那么他的阈值会很低。当他回到一个光亮的环境中,他的阈值开始增加。在 10 min 后,阈值会稳定在相对较高的水平,意味着他不再会检测少量的光线(Hood 和 Finkelstein,1986)。阈值增加的原因与视网膜中被漂白的光感受器数量有关。越多的光线落入眼睛,越多的光感受器被漂白。被漂白的光感受器不对光产生响应,所以敏感度降低。

对于任何的环境,光亮的或是黑暗的,人的眼睛都会适应。光适应是夜间驾驶关注的一个问题。在夜间驾驶时,驾驶员需要暗适应保持对光线的敏感度。如果机动车前部的前照灯使得靠近车辆的光线强度过大,驾驶员的眼睛会变成光适应,那么他会无法看见远处的目标(Rice,2005)。但是,如果前部前照灯的光线更亮更宽,可以远离本车时,驾驶员的视线会更优(Tiesler-Witting 等,2005)。但是,增加的距离和强度必须不会对其他的驾驶员造成眩光的影响。

在一些情况下,环境的变化会导致适应程度的快速变化。我们仍然用驾驶为例,尽管有照明措施,但是高速公路上的隧道会迫使驾驶员发生适应程度的变化。在隧道外需要适应外部的环境,而在隧道内则要适应隧道灯光的环境。光线强度的问题在进入隧道和离开隧道时特别严重。当白天驾驶时,在进入隧道时,道路会变得很暗,而在隧道出口处,道路则变得非常亮。在隧道的进口和出口处安装更亮的路灯有助于提供更加舒缓的照度变化,减少对视力的伤害(Oyama,1987)。

2）光谱敏感度

不同的光感受器有不同的光谱敏感度。从图 5.10 中可以了解视杆细胞和视锥细胞的光色素是如何在 100～200 nm 的范围内广泛地调谐。3 个视锥细胞光色素结合吸收光谱的最大值大约为 560 nm，而视杆细胞吸光度最大值约为 500 nm。

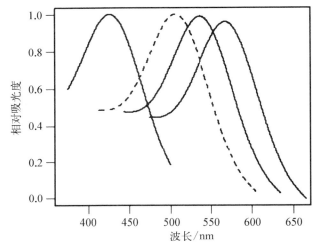

图 5.10　视杆细胞（虚线）和视锥细胞（实线）光色素的相对吸光度

视杆细胞对暗光观察条件很重要，而视锥细胞对亮光观察环境很重要。在光谱敏感度曲线中可以看到视杆细胞和视锥细胞在最大敏感度下的波长差异（见图 5.11）。这些曲线是通过波长检测光线的绝对阈值。亮视觉的敏感度曲线与联合的视锥细胞光色素吸收曲线类似，而暗视觉的敏感度曲线则与视杆细胞光色素吸收曲线类似。这些曲线表明不管是在暗视觉中，还是在亮视觉中，对光能力的敏感度在光谱上都是不同的。

一个有趣的现象是视杆细胞对低强度的长波长的光线（红光）不敏感。当呈现红光时，只有长波长的视锥细胞才会被漂白。暗适应的观察者如果进入亮着红光的房间，那么他还是保持暗适应。有很多类似的情况，观察者期望能够看到，并且保持他/她暗适应的状态。天文学家可能需要阅读图例的同时保持通过望远镜观察昏暗目标的能力。军事人员在夜间任务中，可能需要阅读地图，或者进行其他任务的同时，保持暗适应。这样的需求就产生了低强度的红光发生器，亮红光的驾驶室和控制室，阅读地图使用的红色手指灯，以及在车辆控制系统中的红色按钮和旋钮。

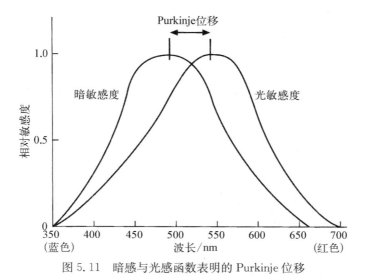

图 5.11　暗感与光感函数表明的 Purkinje 位移

3）Purkinje 位移

再次观察图 5.11，视杆细胞和视锥细胞最大敏感度的差异是 Purkinje 位移的感知效应的来源。Purkinje 位移是一种难以察觉的微妙的感知效应。Purkinje 位移是指两个光源，一个波长较长，一个波长较短。如果这两种光源在适光条件下亮度相同，那么在暗光条件下，它们的亮度则不一样。由于视杆细胞的作用，在暗适应条件下，短波长的光线比长波长的光线更明亮，而长波长的光线则显得更加昏暗。人们可以在黄昏时观察到 Purkinje 位移现象。在白天，红色和黄色的目标比绿色和蓝色的目标显得更明亮。当进入夜晚，视杆细胞开始工作，蓝色和绿色的目标则比红色和黄色的目标显得更亮。

4）时间和空间累加

亮度也受到光线持续时间和大小的影响。对于持续时间很短的光线（100 ms 或者更少时长），亮度是强度和曝光时间的函数（Di Lollo 等，2004）。这个关系式称为布里赫定理（Bloch's law）：

$$TI = C$$

式中，T 为曝光时间；I 为光线强度；C 为恒亮度。

换句话说，如果 100 ms 光线的强度是 50 ms 光线的一半，那么这两个光线呈现的强度是相同的，因为这两个光线的能量相同。对于闪烁的光线或者非常短时间的光线，在呈现时间内总的光能量决定了光线的亮度。

光线的区域和大小也影响其可检测性和亮度。对于很小的区域,大约 10 弧分的视角,里科定理(Ricco's law)表示为

$$AI = C$$

式中,A 为区域的面积。对于较大面积的刺激,派博定理(Piper's law)表示为

$$\sqrt{A}\, I = C$$

布里赫定理描述了光能量如何在时间上进行累加,里科定理和派博定理则描述了光能量在空间上的累加。空间累加效应的发生是由于视杆系统汇聚的作用。在中央凹,对亮度的感知受到刺激大小和区域的影响要小于周边视界(Lie,1980),这是由于在周边视界中,汇聚的程度更高。

5.3.2 明度

从发光的表面反射的光线量随着明亮度等级和反射光表面的区域不同而不同。亮度是与总的光线强度相关的感知属性,而**明度**则是与反射比相关的感知属性(Gilchrist,2006)。明度描述了目标物体在从黑到白的量表上的黑暗或者明亮的程度。黑表面的反射比很低,吸收了大部分落在表面上的光线,而白表面的反射比高,能够反射大部分落在表面上的光线。

明度与亮度在很多方面存在不同。其中之一是,亮度是强度的函数:随着强度增加,亮度增加。但是,考虑在两种不同照度等级情况下的两个表面的反射比。在高照度等级条件下,两个表面都会反射比低照度等级条件下更多的光能量,但是它们相对的明度保持相同(Rutherford 和 Brainard,2002)。这种现象称为**明度恒常性**。

例如,白色的纸和黑色的纸不管从逆光还是背光角度看大都仍然是白色和黑色。因为背光的照度强度通常要强于逆光的照度强度,黑色的纸在背光时反射的光线要多于白色的纸逆光时。明度的感知与目标物体的反射比有关,而不是反射光线的绝对量。

明度对比是指感受的目标物体明度受到周围环境强度的影响(Bressan 和 Actis-Grosso,2006)。明度对比和明度恒常性的关键差异在于前者只发生在周围环境的强度发生变化时,而后者则发生在整个视界内的照度强度变化。图 5.12 描述了明度对比的现象,随着周边亮度变大,强度恒定的中央方块显得越来越暗。

总之,如果两个刺激与它们对应背景的强度比相同,那么这两个刺激会表现

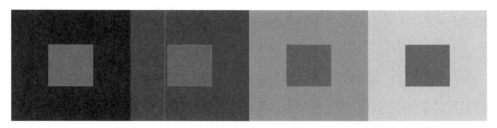

图 5.12 明度对比

出相同的明度(Wallach,1972)。图 5.12 中明度对比的变化是由于比值发生了改变。尽管中央方块的灰度等级保持恒定,但是周边环境的灰度等级发生了变化。Gelb 验证了对比率的重要性。他在黑暗的环境中悬挂一个黑色的磁盘。一个隐藏的光源只照射到黑色的磁盘上。在这种情况下,黑色的磁盘看起来是白色的。依据恒定比率原则,恒定的条件被违反,这是因为磁盘有照度的来源而背景没有。但是,当他在黑色磁盘旁边放置一张白纸,那么白纸也会被隐藏的光源照亮,而黑色磁盘看起来仍然是黑色的。

　　Gilchrist 做了一个引人注目的验证。他设置了一种场景,在该场景中,白色卡片会被看成是白灰色或者暗灰色取决于卡片在空间内的位置。如图 5.13 所示,观测者通过一个窥孔观察 3 张卡片。其中,两张卡片(白色测试卡片和黑色卡片)在前室,被微微照亮。第三张卡片(也是白色的)在后室,被明亮地照亮。通过改变白色测试卡片的形状,Gilchrist 让第三张卡片看起来既可能位于其他

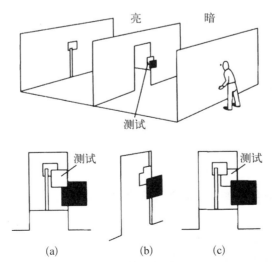

图 5.13　Gilchrist 的装置,通过测试刺激指引进入前方房间或者后方房间
(a) 前方房间　(b)(c) 后方房间

两张卡片前方[见图 5.13(c)]也可能位于后方[见图 5.13(a)]。

观测者判断测试卡片的明度(前室中的白色卡片)。当测试卡片看起来与黑色的卡片一起位于前室时,它是白色的。但是,当改变形状使得测试卡片位于后室时,它看起来是黑色的。这一现象强调照度的感知对明度非常重要。如果测试卡片位于明亮的后室中,它会比白色的卡片反射更少的光线,所以呈现黑色。很明显,感知系统使用这样的"逻辑"计算明度。因此,即使是感觉感受的基本方面都受到高等级的脑部活动的支配。

5.3.3　空间和时间分辨率

1) 视敏度

我们在前面简要地介绍过视敏度的概念。为了辨识视界内的目标物体,观测者必须解析在各个区域间不同强度的差异。更加正式化地对最小的**视角**进行测量。视角是对刺激大小的测量,并不依赖于距离:是测量视网膜上图像的大小。由于这一属性,视角是最常用的测量刺激大小的方法。如图 5.14 所示,视网膜上图片的大小是目标物体大小和目标到观测者距离的函数。视角可以表示为

$$\alpha = \arctan(S/D)$$

式中,S 为目标的大小;D 为观察距离。

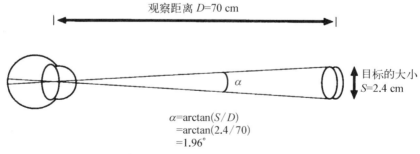

图 5.14　从 70 cm 观察的 1/4 视角

视敏度的类型有很多种。**识别视敏度**可以使用斯内伦测视力图。这个视力表可以在医生的办公室见到。视力表中包含逐行变小的字母。视敏度由观测者能够辨识的最小的字母确定。通常识别视敏度依赖于正常视觉的观测者在标准距离位置所能辨识的字母决定。在美国这一标准距离为 20 ft(6.1 m);因此,视力为 20/20,即指离开视力图 20 ft 的地方,看到正常人离 20 ft 远应该看到的字

母，属于标准视力。视力 20/40 则是指离开视力图 20 ft 的地方，只能看到正常人离 40 ft 远应该看到的字母。

另一种视敏度是游标视敏度和分辨视敏度。**游标视敏度**取决于观测者区分虚线和实线的能力（Westheimer，2005）。**分辨视敏度**则是测量观测者区分单个区域内具有相同平均强度的多重的柱状体的能力（Chui 等，2005）。

视敏度随着影响亮度的因素变化而变化。如上述讨论的内容，随着目标物体从中央凹移动到外周视界，视敏度逐渐变低。如果不相关的随机目标在周围呈现（Machworth，1965），或者观测者的注意力聚焦在中央视界中另外的刺激上（Williams，1985），这种变差情况会变得更糟糕。

视敏度在光适应的观察条件下比在暗的观察条件下更敏感。类似于亮度中的布里赫定理，视敏度在 300 ms 以内，是时间和对比度的函数（Kahneman 等，1967）。换句话说，当目标物体的呈现时间小于 300 ms，可以通过增加对比度或者增加曝光时间的方式提升视敏度。

通常，我们认为视敏度是分辨不随时间变化的静态显示或者图片中细节的能力。但是，运动状态也会影响视敏度。当目标物体和观测者之间存在相对运动时需要测量**动态视敏度**（Long 和 Johnson，1996）。典型地，动态视敏度比静态视敏度差（Morgan 等，1983；Scialfa 等，1988），但是它们是高度相关的。即如果一名观测者有良好的静态视敏度，那么他/她通常也具有良好的动态视敏度。两种视敏度都随着年龄的增长而变差，而动态视敏度变差的程度更大。

对于任意需要处理细节的视觉信息任务，视敏度都非常重要，例如驾驶。在美国驾驶执照的申请人需要通过视敏度检查。这些检查是在高的照度等级下的静态识别视敏度的测试，通常不需要视力矫正的驾驶员视敏度最小要求达到20/40 水平。因为驾驶包含动态的视觉，以及在低照度等级情况下的夜间驾驶，传统的驾驶视敏度测试并不测量真实驾驶条件下的视敏度。然而，动态视敏度预测的驾驶行为优于静态视敏度测量（Sheedy 和 Bailey，1993；Wood，2002）。一个对年轻的驾驶员的研究表明在动态观察条件下，动态视觉视敏度与识别高速公路上的路标有高度的相关性。这一研究也证明动态视觉视敏度和驾驶行为的相关性部分依赖于高速公路上的路标是否能够快速、准确地获取（Long 和 Kearns，1996）。

标准的视敏度测试看起来对年纪较大的驾驶员并不适用。超过 65 岁的观测者对标准的视敏度测试并没有明显的不足，但是在低照度条件下测量静态视敏度时，这些观测者相较于年轻的驾驶员有显著的差异（Sturr 等，1990）。此外，年纪较大的驾驶员报告动态视觉的具体问题,例如无法阅读移动巴士上的标语(Kosnik 等,1990),这是由于衰减的动态视敏度所导致(Scialfa 等,1988)。为了提供驾驶时视觉能力的评估,Sturr 等推荐了一组视敏度测试,包含在高照度等级和低照度等级中的静态和动态情况。

2) 空间敏感度

另一种观察视敏度的方式是依据空间对比敏感度,或者对亮区域和暗区域之间波动变化的敏感度。在视觉场景中的光线的空间分布是一种复杂的模式,可以通过分析亮、暗之间的波动变化的频率进行确定。在视觉场景的一部分区域中,波动变化可能很快,而另一部分区域则可能很慢。那么不同的区域就有不同的空间频率。事实上,观测者对所有的空间频率敏感度是不同的。

这个事实被认为是**对比敏感度功能**。这个功能反映了观测者区分相同平均照度条件下正弦波光栅和均匀场的能力。正弦波光栅是一系列交替的亮和暗的柱状体,相较于矩形波光栅,正弦波光栅的边缘是模糊的(见图 5.15)。高频光栅由很多细的柱状体组成,而低频光栅则由很少的粗的柱状体组成。通过寻找能够与均匀场相区别所需的最小的亮柱和暗柱之间的对比量,可以得到对比检测的阈值。

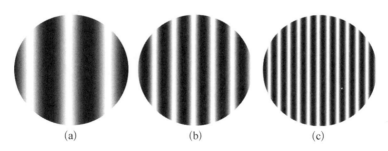

图 5.15　高、中、低空间频率的正弦光栅
(a) 高频率　(b) 中频率　(c) 低频率

成年人的对比敏感度功能表明我们对空间频率的敏感度可以高达视角范围内每一度包含 40 周(见图 5.16)。在一度包含 3～5 周的范围时,敏感度最高。随着空间频率变低或者变高,敏感度显著降低。视觉系统对非常低的空间频率和非常高的空间频率的敏感度都很差。因为高频率传递了图片详细细节,这就意味着在低等级的照度条件下,我们不能很好地观察这些细节,例如夜间驾驶情况。

对比敏感度功能具体描述了大小和对比对感知的限制,而标准的视觉视敏度只测量了大小的因素。Ginsburg 等比较了视觉视敏度测量的能力和对比敏感度功能,预测飞行员如何在减弱的能见度情况下观察目标(如黄昏或者雾天)。飞行员在模拟器中进行飞行试验并完成着陆。其中在一半的着陆过程中,跑道被其他目标物体占据,因此需要放弃着陆。他们的研究结果表明在最佳位置观察到目标物体的飞行员具有最高的对比敏感度。

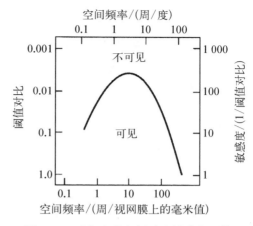

图 5.16　成年人的空间对比敏感度函数

　　中等和较低的空间频率的对比敏感度可以预测观测者能否在夜间很好地观察停车标志(Evans 和 Ginsburg,1982),以及观测者能否有效地辨识人脸(Harmon 和 Julesz,1973)。这个结果表明对比敏感度的测量可能对筛选需要大量视觉任务的应聘者有帮助。在动态观察条件下对对比敏感度的测量可以提供比其他视敏度测量更好的人的视觉功能的总体指示,同时也可以提高对驾驶行为和其他动态视觉-运动任务绩效水平的预测(Long 和 Zavod,2002)。遗憾的是,同时测量静态对比敏感度和动态敏感度比测量简单的静态视敏度更昂贵也更消耗时间,因此,对比敏感度的评价通常都被更便宜、更容易的斯内伦测视力图取代。

　　3)时间敏感度

　　在我们的环境中到处都是闪烁和闪光的光线。在一些情况下,例如火车会车信号中,闪烁提供了驾驶员需要看到的重要信息。在其他一些情况下,例如视频显示器上,并不希望出现闪烁。持续闪烁光线的可见性由**临界闪烁频率**(CFF)确定,或者是闪烁能够被感知的最高比率(Brown,1965;Davrache 和 Pichon,2005)。对于较大尺寸的高照度刺激,例如计算机显示器,临界闪烁频率可以高达 60 Hz。对于低照度和小尺寸的刺激,临界闪烁频率较低。很多其他的因素也会影响临界闪烁频率,例如视网膜的位置。

　　如果视频显示器或者照度源需要能够被持续看到,那么它们应当高于临界闪烁频率,而如果显示要被间断地看到,那么它们应当低于临界闪烁频率。例如,荧光灯闪烁的频率持续在 120 Hz,这一频率使得闪烁的情况不会被检测到。但是,因为临界闪烁频率在较低的照度情况下会降低,所以当需要更换灯泡时,旧灯泡降低的照度使得闪烁可见。

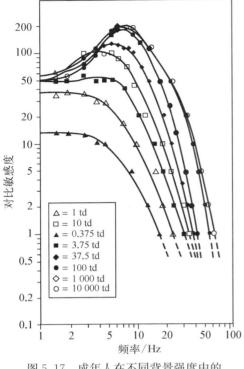

图 5.17　成年人在不同背景强度中的
时间对比敏感度函数
td＝cd/m²(亮度)×mm²(瞳孔面积)

使用类似于确定空间对比敏感度的方法,我们可以询问观测者如何区分照度等级增加的光线和恒定的光线。这个能力取决于光线总的强度(Watson,1986)。我们可以测量时间对比敏感度的不同时间频率和照度等级,并且绘制时间对比敏感度函数(见图 5.17)。类似于空间对比敏感度,随着时间频率的增加,时间对比敏感度增加到一个中间值(对亮的光线,大约为 8 Hz),之后随着时间频率逐渐增加到临界闪烁频率,大约为 60 Hz,时间对比敏感度逐步降低(de Lange,1958)。函数的形式受到多个因素的影响,例如周边环境光线的强度,以及相对于背景的光线空间布局。

4)遮蔽

当两个视觉图片呈现在视网膜上时,在空间或者时间上相互接近,对其中一个图片的感知(目标)会受到另外一个图片的干涉(遮蔽物)。这种干涉称为**遮蔽**,遮蔽在多种情况下都会发生(Breitmeyer 和 Ogmen,2006)。当目标和遮蔽物同时出现时,称为**同步遮蔽**。当遮蔽物领先或者跟随目标,引起感知问题时,相应地称为**前向遮蔽**和**后向遮蔽**。在前向遮蔽和后向遮蔽中,两个刺激开始的间隔时间决定了遮蔽程度。

我们可以依据遮蔽物在视网膜上覆盖目标刺激的位置,至少将遮蔽情况分为 3 类(Breitmeyer 和 Ogmen,2000)。在**单色光遮蔽**中,对于目标前、中、后都是遮挡相同的闪烁光线。对于**结构化**遮蔽,遮蔽与目标共享很多特征;对于视觉噪声遮蔽则是由一系列随机的轮廓线组成。通常,当目标和遮蔽物同时出现,这些遮蔽类型的影响最明显。如果目标和遮蔽物之间的时间差距变大,遮蔽的影响则会减小。一部分的影响是由于时间整合效应。即尽管目标和遮蔽物是不同时间出现,但是它们两者的光能至少在一定程度上会产生累积,从而减弱目标的可见性。

当目标和遮蔽物不重叠时,发生第四种类型的遮蔽,称为偏对比或者侧向遮蔽。随着刺激间的空间距离增加,偏对比遮蔽的幅度减小。此外,当目标和遮蔽物的照度大体相同时,如果目标超前遮蔽物 50～100 ms,那么遮蔽效应最大。偏对比现象的理论关注于视觉系统的侧向连接,将影响归结于小细胞和大细胞的不同属性(Breitmeyer 和 Ganz,1976),或者是神经元的时间动态行为(Francis,2000)。但是,偏对比现象有可能至少反映部分较高级别的注意力和决断过程(Shelley-Tremblay 和 Mack,1999)。不管视觉遮蔽的原因究竟是什么,人为因素专家需要意识到,当操作人员必须在相近的空间和时间范围内处理超过一个视觉刺激时,就会产生遮蔽现象。

5.4 总结

环境中的机器通过显示信息与操作者进行交互至少使用一种感觉形式,通常是视觉。优化信息显示的第一步是理解这些感觉输入过程的敏感性和特征。因为感觉对所有的刺激的敏感度不是完全相同的,所以好的显示必须建立在能够容易感知的基础之上。例如,如果一个显示期望被使用在较低的照度等级条件下,那么使用颜色编码是没有意义的,因为用户的视锥细胞在暗的条件下不会反应。

人为因素专家需要了解视觉感觉感受器所敏感的物理环境属性,物理能力转变为神经信号的过程特征,以及感觉通路上信号分析的方式。理解视觉的限制也很重要,这样设计的显示就能够弥补这些限制。

尽管视觉感觉系统限制了感知的内容,感知不仅包含了被动的感觉结果分析。通常,感知被认为是一种高度结构化的过程,感觉输入是构建我们感知经验的基础。在第 6 章中,我们将讨论影响我们组织和感知周围世界的因素。

推荐阅读

Boff, K. R., Kaufman, L. & Thomas, J. P. (Eds.) 1986. Handbook of Perception and Human Performance: Vol. 1, Sensory Processes and Perception. New York: Wiley.

Coren, S., Ward, L. M. & Enns, J. T. 2004. Sensation and Perception (6th ed.). San Diego, CA: Harcourt Brace.

Goldstein, E. R. (Ed.) 2001. Blackwell Handbook of Perception. Malden, MA: Blackwell.

Goldstein, E. R. 2007. Sensation and Perception (7th ed.). Belmont, CA: Wadsworth.

Sekuler, R. & Blake, R. 2005. Perception (5th ed.). New York: McGraw-Hill.

Wolfe，J. M. , Kluender, K. R. , Levi，D. M. , Bartoshuk，L. M. , Herz，R. S. , Klatzky，R. L. , and Lederman，S. J. 2006. Sensation and Perception. Sunderland，MA：Sinauer Associates.

6　感知世界中的目标

感知的研究包含解释事物为什么如它们本身所呈现。

——J. Hochberg(1988)

6.1　简介

在第 5 章中,我们介绍了视觉系统以及一些由视觉系统所引起的感知效应。在本章中,我们将继续展开讨论,重点关注感知感受的复杂部分。我们之前介绍了感知感受的强度(亮度和明度),现在我们将关注难以量化的感受,例如颜色或者形状。

现在已经了解大脑用于构建感知的基础信号。一个令人惊讶的感知现象特征是一个有意义、组织性的词汇如何通过非常简单的神经元信号进行自动和轻松的感知。通过二维的光能量阵列,我们可以在一定程度上确定光能量如何形成目标,这些目标在三维空间中的位置,以及视网膜上图片的位置变化是由于环境中目标的移动还是我们自身的移动。

在高速公路上行车,驾驶飞机,甚至只是走过一间房间,必须在二维和三维空间中准确地感知目标的位置。在仪表、指示器和标识上呈现的信息必须不仅能够见得到,还必须能够识别和正确解释。因此,控制面板、工作站或者其他环境的设计通常依赖于人类如何感知目标环境的信息。设计工程师必须意识到人类如何感知颜色和深度;如何将视觉世界组织到目标中以及如何组织模型。在本章中,我们将讨论这些问题。

6.2　颜色感知

在白天,大部分人看到的世界包含各种颜色的目标。颜色是我们情感生活和社会生活的最基础部分(Davis,2000)。艺术品使用颜色传递情感。着装的颜色告诉别人自己是什么样的人。通过颜色我们可以区分食物的好坏,或者确定某个人是否生病。颜色在我们获取知识的过程中扮演了重要的角色。它与其他的事物一起帮助我们定位和识别目标。

在最基础的层级上,颜色由目标物体发生或者反射的光线波长确定(Ohta和 Robertson,2005;Shevell,2003)。较长波长的光线看起来近似红色,而较短波长的光线看起来近似蓝色。但是一个人对蓝色的感受可能与另一个人对蓝色的感受完全不同。类似于亮度,对颜色的感知是心理学上的,而波长的差异则是物理上的。这就意味着其他的因素,例如环境光线和背景颜色,都对颜色的感知有影响。

6.2.1　颜色混合

我们在环境中看到的大部分颜色不是光谱色。即这些颜色不是由单一波长的光线组成,它们是不同波长光线的混合。我们将这些颜色称为混合非光谱色。非光谱色与光谱色的区别在于颜色的饱和度或者颜色纯度。根据定义光谱色是纯色或者具有完全的饱和度,非光谱色则是非完全饱和。

颜色的混合有两种方式。首先,想象一下混合两桶油漆会产生的颜色。油漆包含不同的颜料,反射(吸收)不同波长的光线。颜料的混合遵循减色混合法:你感知的颜色由没有被减去或者吸收的波长确定。其次,想象两个颜色的光源,例如在戏剧舞台上的灯光系统。如果这两个不同颜色的光源聚焦到相同的位置,它们的组合符合加色混合法。我们通常讨论的颜色混合规则是减色混合法(如"蓝色加黄色得到绿色"),估计加色混合法的结果比减色混合法要困难。

当两个波长的光线发生混合时会发生什么?这取决于每个光线的波长和相对量。在一些情况下,颜色组成的成分会造成颜色很大的差异。例如,如果我们将近似相同量的较长波长(红色)的光线和中等波长(黄色)的光线混合,混合色为橘色。如果中等波长的光线量增加,那么混合色更接近于黄色。不同光谱色光源的组合可能使得颜色消失。例如,如果我们将较短波长(蓝色)的光线与中上波长(黄色)的光线等量混合,就可能会让颜色消失。更一般地,我们可以使用3种主要的颜色(一个长波长、一个中波长和一个短波长)重新构建任意的色度。

描述色度和饱和度的颜色系统的色相环如图6.1所示。英国科学家牛顿在1666年发现,把太阳光经过三棱镜折射,然后投射到白色屏幕上,会显出一条像彩虹一样美丽的色光带谱,从红开始,依次为红、橙、黄、绿、青、蓝、紫七色。

在牛顿色相环上,表示着色相的序列以及色相间的相互关系,如果将圆环进行六等分,每一份里分别填入红、橙、黄、绿、青、紫六个色相,那么它们之间表示着三原色、三间色、邻近色、对比色、互补色等相互关系。牛顿色相环为后来的表色体系的建立奠定了一定的理论基础,在此基础上又发展成 10 色相环、12 色相环、24 色相环、100 色相环等。

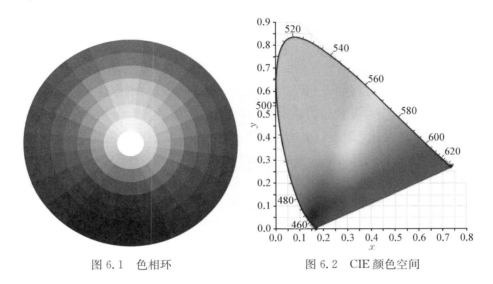

图 6.1　色相环　　　　　　　　　图 6.2　CIE 颜色空间

另一个更加复杂的颜色混合系统是由国际颜色委员会(CIE)在 1931 年建立的 CIE 色彩空间(Ohta 和 Robertson,2005)。色彩空间是指任何一种将每个颜色关联到三个数(或者三色刺激值)的方法。CIE 色彩空间就是这种色彩空间之一。但是 CIE 色彩空间比较特殊,因为它基于人类颜色视觉直接测定,并且充当很多其他色彩空间的定义基础(见图 6.2)。

在 CIE 色彩空间中,三色刺激值并不是指人类眼睛对短波、中波和长波的反应,而是一组 X、Y 和 Z 的值,约对应于红色、绿色和蓝色(从红色、绿色和蓝色中导出的参数),并使用颜色匹配函数进行计算。色彩空间中的坐标值由 x 和 y 的比例确定:

$$x = \frac{X}{X+Y+Z}$$

$$y = \frac{Y}{X+Y+Z}$$

因为 $x+y+z=1.0$,z 可以通过 x 和 y 进行确定;我们可以通过 x 和 y 的值描述空间。

6.2.2　三色理论

任何的色彩都可以由三原色组合而成,这一事实早在 19 世纪就已经认识到,同时人类的颜色视觉也是基于三原色的(Helmholtz,1852;Young,1802;Mollon,2003)。**三色颜色理论**提出有三种类型的光感受器:蓝色、绿色和红色,确定了我们对颜色的感知。根据三色理论,三种光感受器的相对活动确定了人类感知的颜色。

如三色理论预示的,有三种类型的视锥细胞对于不同的光色素。视锥细胞编码的颜色信息依据色素的相对敏感度。例如,500 nm 的光源会影响所有的视锥细胞类型,其中中等波长的视锥细胞受影响最大;短波长视锥细胞最少,而大波长视锥细胞居中。因为每个颜色都是由三个视锥系统中的相对活动等级提供信号,所有的光谱色都可以表示为三原色的组合。

由于只有一个视杆细胞光色素对视觉频谱中的波长范围敏感,因此无法确定高等级的视杆细胞活动是否由光色素不敏感的高强度的波长光线所致,还是由光色素较敏感的低强度波长光线所致。这就意味着在三个视锥细胞子系统中的相对活动等级实现了对颜色的感知。

大约 12 名男性中就有一名是色盲患者。大部分的色盲患者是二色性色盲。对于二色性色盲患者,他们无法辨别两种不同的颜色。根据三色理论,他们只能将任意的光谱色匹配成两种原色的组合。尽管这些患者的视锥细胞的总量与正常的三色视者相同,但是他们通常缺失三种视锥细胞光色素类型中的一种(Cicerone 和 Nerger,1989)。二色性色盲最常见的模式是第二型色盲,是由于绿色视锥细胞系统失效导致。尽管第二型色盲患者比想象中具有更多的颜色感受能力,但是他们难以区分红色和绿色(Wachtler 等,2004)。

有些人只表现为部分色盲,他们既不是三色视者,也不是二色视者。这些患者的三个光色素中的一个有缺陷,不是正常的三色视觉。此外,只有极少数的人没有视锥细胞或者只有一个视锥细胞类型。

使用颜色滤镜的商业产品通常是有色隐形眼镜形式,用来帮助色盲患者消除他们对颜色的混淆。红-绿色盲患者单眼佩戴红色隐形眼镜,光谱中的长波长的光线能够穿过这种眼镜。基本的概念是在过滤的图像中绿色看起来相对较暗,而红色则不会,这为区分红色和绿色提供了基础。遗憾的是,这种滤镜的好处是有限的(Sharpe 和 Jagle,2001)。事实上,它们有很严重的副作用:它们削弱了照度(因为部分光线被过滤掉),这会对夜间视觉和深度感受造成影响。

6.2.3 对立过程理论

虽然人类的颜色视觉是基于三色生理学,颜色感知的一些特征是由于视网膜上视锥细胞相互交互而产生的信号。我们已经介绍如果等量的蓝色光线和黄色光线相融合不会产生任何的色彩,只有白色或者灰色。当红色和绿色混合时也会产生相同的结果。

红色与绿色以及蓝色与黄色的关系还有其他的呈现方式。如果你注视一个黄色(或者红色)的调色板一段时间(适应阶段),随后再注视灰色或者白色的平面,就会发现平面变成蓝色(或者绿色)。类似地,如果你注视一个灰色的调色板,周围有一圈上述的颜色,那么灰色部分会呈现出补充颜色的色彩。一个被蓝色包围的灰色方块会呈现出黄色的色彩,而被红色包围的灰色方块会呈现出绿色的色彩。因此,除了三原色红、绿、蓝,黄色是第四种基本的颜色。

这些现象促使 Ewald Hering 建立了颜色视觉的**对立过程理论**。他提出神经通路将蓝色和黄色连接在一起,而将红色和绿色连接在一起。在每个通路中,对于一对颜色,只有其中一种会被激活,不会两种同时激活。例如注视蓝色一段时间再注视黄色,这时会觉得黄色比平时更黄。按对立过程理论,这种现象是由于延长注视蓝色的时间,使黄-蓝系统中的蓝色光色素消耗殆尽,因而在注视黄色时,黄-蓝系统中的黄色光色素能充分发挥作用。这种对比编码的神经心理学证据最初从金鱼的视网膜研究中获得(Svaetchin,1956),随后又在猕猴的神经通路中得以证明(DeMonasterio,1978;De Valois,1980)。

还有很多其他的感知现象支持对立颜色过程理论。很多现象依赖于刺激的方位(将颜色感知连接到视觉皮层的处理过程中)、移动的方向、空间频率等。我们可以通过最初的三原色颜色感觉编码和对立-处理的颜色编码排列的事实解释感知现象(Chichilnisky 和 Wandell,1999)。当颜色信号到达视觉皮层之后,颜色与视界中的其他特征一起进行编码。

6.2.4 人为因素问题

我们所处的环境中包含了大量由颜色传递的重要信息。交通信号、显示器和机器设备的设计都是基于每个人都能看见和理解颜色编码信息的假设。对于大部分的色盲患者,这些偏见并不太令人担忧。毕竟停止灯是红色的,并且总是位于交通灯的顶部,所以即使对于红绿色盲司机,也不是一个大问题。

但是,颜色感知在某些情况下更加重要。例如,民机飞行员必须具有良好的颜色视觉,从而他们能够快速、准确地感知驾驶舱中显示器的信息。电工必须能够区分不同颜色的电线,因为颜色指示了哪种电线是"热线",以及电线连接的组件(对于更加复杂的电工)。上色和染色的操作程序需要受过训练的能够区分不同色素颜色的操作人员。因此,虽然大部分的色盲患者不会认为自己在某种程度上是残疾的,但是色盲的确限制了在一些条件下的行为。

人为因素工程师必须考虑大量的色盲比例,并且,当可行时,减少可能由于混淆导致人为差错的可能性。最好的方式是不仅仅使用颜色作为单一的维度区分信号、按钮或者命令(MacDonald,1999)。一个实例就是上述介绍的交通灯的位置和颜色的冗余设计。

6.3　感知组织

我们的感知感受不是一个颜色板和颜色斑点,而是在我们周围具体位置不同颜色的目标。我们感受的感知世界是结构化的;感觉器官提供粗略的线索,例如相似的颜色和不同的颜色,这些线索用来评价对世界状态的假设,而假设本身则构成了感知。一个很好的例子是盲点。感觉输入不会接收落入盲点部分的图像。盲点部分的图像会基于图像其他部分提供的感觉信息进行填补。在本章的后续内容中,我们将介绍感知系统如何构建一个认知。

感知组织描述大脑如何确定视界中的哪些信息组合在一起(Kimchi 等,2003),或者"对具体的潜在分离刺激元素之间关系的理解过程"(Boff 和 Lincoln,1988)。在 20 世纪初期广泛接受的观点为复杂的感知是基本的感觉元素简单的叠加组合。例如,正方形就是水平线和垂直线的组合。但是,一些称为格式塔心理学的德国心理学家证明感知组织更为复杂,基本特征的复杂模式不能只通过特征本身进行预测(Koffka,1935)。

1912 年 Max Wertheimer 在一个称为闪动的明显的运动现象中证明了上述观点(Wade 和 Heller,2003)。两种光线被安置成一排。如果左侧的光线单独短暂呈现,那么看起来是单独的左侧光线打开或者关闭。类似地,如果右侧的光线短暂呈现,那么看起来是单独的右侧光线打开或者关闭。基于这些基本的特征,当左侧光线和右侧光线连续出现时,感知应当是左侧的光线出现和关闭,然后右侧的光线出现和关闭。但是,如果左侧光线和右侧光线依次快速出现,那么这两个光线看起来像从左侧移动到右侧。

6.3.1　图形和背景

感知系统的一个最基本的任务是必须组织图形和背景(Vecera 等,2002)。

在视觉场景中,能够轻松地区分目标和背景。但是,有时,当图形-背景的布置模糊不清时,视觉系统可能受骗。如图 6.3 所示,图片中的每个部分都既可以是图形,也可以是背景。图形-背景歧义会造成感知标志的问题,如图 6.4 所示。

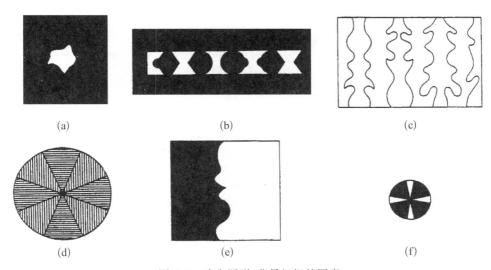

图 6.3 确定图形-背景组织的因素
(a) 包围 (b) 对称 (c) 凸面 (d) 方向 (e) 亮度或者对比度 (f) 区块

图 6.4 路牌指示"禁止左转"

图 6.3 中的例子表明将目标归类为图形以及将目标归类为背景的区别。图形比背景更明显,而且看起来位于上方;通常轮廓看起来属于图形;图形则被看

成目标物体,而背景不会。图形-背景组织的 6 个规则总结在表 6.1 中。区分图形和背景的线索包含对称、区块和凸面。此外,较低的区域比较高的区域更像图形(Vecera 等,2002)。违背图片-背景组织规则的图像、场景和显示会产生混淆,容易引起误解。

表 6.1　图形-背景组织规则

规　　则	描　　述
包围	当周围区域看起来像背景时,被包围的区域则看起来像图形
对称	对称的区域相较于不对称的区域更像图形
凸面	凸面轮廓比凹面轮廓更像图形
方向	水平方向或者垂直方向的区域更像图形
亮度或对比度	与总的包围对比度更强烈的区域更像图形
区块	占据面积较小的区域更像图形

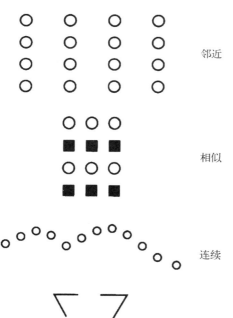

图 6.5　格式塔分组的邻近、相似、
连续以及闭包原则

6.3.2　分组规则

显示设计更加重要的准则是**格式塔分组**(Gillam,2001;Palmer,2003),如图 6.5 所示。该图说明了邻近、相似、连续和闭包规则。邻近规则是指元素在空间上靠得很近,被感知为一个整体。相似规则是指相似的元素(颜色、形式或者方向)被感知成一个整体。连续规则是指可以连接成直线的点或者平滑曲线的点被感知为一个整体。闭包规则是指开放的曲线被感知为完整的形式。最后一个重要的原则称为共同体,是指一系列沿相同方向以相同速度移动的元素被感知为一个整体。

图 6.6 描述了一个非常复杂的航天飞机 **Atlantis** 模拟器内部显示的布局。这个模拟器是 **Atlantis** 的真实复现。一些格式塔原则在驾驶舱设计中很明显。首先,具有相同功能的显示与控制器件

紧密地布置在一起,并且邻近原则保证它们被感知为一个组合。这对于驾驶舱中央上部的控制器件和显示器特别明显。邻近和相似性原则将顶部板下方的线性阀门组织成三个组合。阀门右侧排列的 LED 使用邻近和连续原则构成感知组合。

图 6.6 航天飞机 Atlantis 驾驶舱模拟器的内部

通过外部轮廓有两种方式进行人工分组(Rock 和 Palmer,1990)。实现相同功能的刻度盘和仪表可以通过显示面板上的外部边界或者通过外部的线段进行归类(见图 6.7)。Rock 和 Palmer 将这些方法相应称为共同区域分组和连通性。

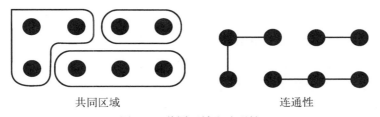

共同区域　　　　　　　　连通性

图 6.7 共同区域和连通性

　　Wickens 和 Andre(1990)验证了相较于需要关注在单一显示元素上的任务,当任务需要集成显示元素时,组织性因素对行为有不同的影响。任务中,他们使用了三个刻度盘,这样的构型在飞机驾驶舱中能够找到,指示空速、坡度和襟翼。飞行员要么估计失速的可能性(任务要求集成所有三个刻度盘的信息),要么读出一个刻度盘的指示(任务要求关注在一个刻度盘上)。

　　刻度盘的空间接近性对 Wickens 和 Andre 的试验没有影响。但是,他们发现当显示元素的颜色不同时,注意力关注任务的表现要优于颜色相同的情况。与此相反,当所有的显示元素的颜色相同时,集成任务的表现较好。同时,Wickens 和 Andre 还试验了将三个元素组合的信息显示在一个单独的矩形目标中,目标的位置和区域由空速、坡度和襟翼决定。他们总结到集成显示的可用性取决于现象特征如何很好地传递任务相关的信息。

　　决定感知组织的另一个显示特征是显示中不同组件的方向。人类对刺激的方向特别敏感(Beck,1966)。当只通过方向进行区别形状时(如垂直的 T 形和倾斜的 T 形),响应是快速和准确的。但是,当刺激的方向相同,例如垂直的 T 形和反向的 L 形时(见图 6.8),则较难区分。

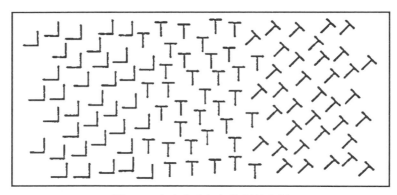

图 6.8　方向作为组织特征的实例

　　图 6.9 是一个通过方向进行分组有用的实例。这个图形显示了需要**检查阅读**的显示面板的两个例子。在检查阅读中,必须对每个仪表和刻度盘面板进行检测以确定它们是否都处于正常运行值。图 6.9 的右半边给出了一个正常设置的情况,所有的指针都是相同的方向,而上部则是不一致的情况。因为方向是基础的组织特征,从与底部的显示进行对比,很容易辨识出上部的刻度盘不是正常情况(Mital 和 Ramanan,1985;White 等,1953)。参考底部的布局,不一致的刻度盘将"弹出",从而能够快速、容易地确定问题。

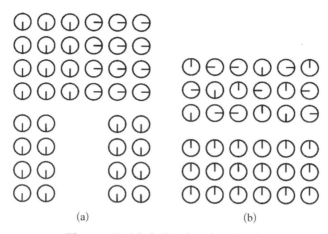

图 6.9　通过方向进行分组有用的实例

(a) 邻近与相似性原则组成的显示　(b) 相似与不相似方向组成的显示

更广泛地，当显示组织中重要的元素与干扰的元素分开布置，显示中的信息识别会较快而且更加准确。例如，当观察者必须在包含干扰元素的显示中指明是否含有 F 或者 T（见图 6.10），如果关键的字母"隐藏"在干扰项中，并且保持很好的一致性，那么响应较慢，如图 6.10（b）所示（Banks 和 Prinzmetal，1976；Prinzmetal 和 Banks，1977）。

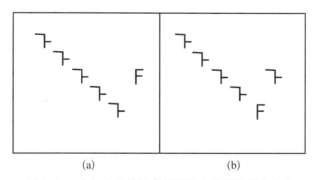

图 6.10　在包含干扰元素的显示中指明是否含有 F

格式塔分组原则可以提升网络页面的设计。但是，并不能评价页面总体的组织性"好坏"。使用 5 个分组原则（邻近、相似、连续、对称和闭包），Hsiao 和 Chou 建立了一个量表对组织性设计进行评价。它要求设计人员对一个 7 分制的量表进行打分（从非常差到非常好），包含页面中每个分组原则中的图形布局、文本的布置以及优化的颜色使用。从这些打分值中推导出一个从 0 到 1 的量表值。具有较高量表值的网络页面更好地使用了格式塔原则。这个测量可以被网页设计人员用来评价页面是否具有很好的组织性视觉效力。该效力应当与页面内容被用户理解和导航的难易程度相关。尽管该方法是专门针对网络页面设计，它也适用于更加广泛的视觉界面。

总的来说，可以使用格式塔组织性原则帮助确定视觉显示如何被感知，以及获取具体信息的难易程度。一个优秀的显示设计人员会使用这些原则将必需的信息突现出来。类似地，如果期望模糊一个目标，可以对目标着色或者形成图案，使得能够将目标和背景融合。

6.4 深度感知

我们的视觉系统中最令人吃惊的是对复杂的三维场景的重构，而在落入视网膜上的二维图片中，一个目标可能在深度上落入到其他目标的后面。做第一个假设，你可能会想到我们感知深度的能力来自两只眼睛的双目视觉线索。这是其中一部分原因。但是，闭上一只眼睛，你会发现当只使用一只眼睛观察世界时，仍然能够感知到一定程度的深度信息。

视觉系统使用一系列简单的线索构建深度（Howard，2002；Proffitt 和 Caudek，2003），图 6.11 进行了总结。需要注意的是，虽然大部分来自视网膜图片，还有一些则来自眼部的移动。很多深度线索是单眼的，这就解释了为什么使用一个眼睛也能感知到深度信息。事实上，单眼线索的深度感知足够精确，飞行员在遮挡了一只眼睛之后，着陆的能力并没有降低（Grosslight 等，1978）；年轻

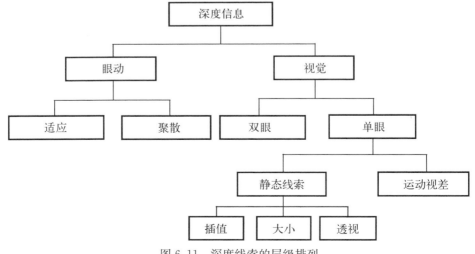

图 6.11　深度线索的层级排列

的司机在遮挡了一只眼睛之后，驾驶轿车的能力也没有降低（Wood 和 Troutbeck，1994）。另一项研究针对使用单眼和双眼的货车司机的驾驶行为，研究结果表明使用单眼和使用双眼的安全性几乎相同（McKnight 等，1991）。

图 6.11 中列出的线索有助于增强三维图像的感知。人类如何使用这些线索感知深度是很多研究重点关注的一个基本问题。我们将逐个介绍每个类型的线索、眼球运动和视觉，并解释视觉系统如何使用这些线索对深度进行感知。

6.4.1 眼球运动深度线索

眼球运动深度线索来自本体感受。本体感受是感觉肌肉动作和四肢位置的能力。眼部肌肉的位置也可以通过本体感受进行感知。我们在第 5 章中已经讨论过眼部肌肉的工作模式，以及过度使用这些小肌肉会导致眼疲劳。这些肌肉的两种运动模式是调节和聚散，而调节和聚散的状态则是深度的两条线索。

回忆一下，调节是指自动调整晶状体，使得关注的图片保持在视网膜上，而聚散则是指双眼相向运动保持聚焦在目标上的程度。控制聚散和调节程度的肌肉位置信息，可以作为反馈用在视觉系统中帮助确定深度信息。因为调节和聚散的程度都取决于固定目标到观察者的距离，较高等级的调节和聚散意味着目标靠近观察者，而眼部肌肉相对放松的信息则意味着目标离观察者较远。

调节只对距离观察者大约为 20 cm 到 3 m 之间的不同刺激敏感。即调节信息只对距离很近的目标有效。聚散对 6 m 的目标敏感，因此它比调节具有更大的距离范围。

Morrison 和 Whiteside 开展了一个有趣的研究，确定聚散和调节对深度感知的重要性。他们要求观察者估计光源的距离。在一些情况下，观察者聚散的程度保持不变，调节的程度随距离改变；在另外一些情况下，调节程度保持不变，而聚散程度随距离改变。研究结果表明聚散的变化能够对几米范围外的距离进行准确估计，但是调节的变化并不具备这样的能力。Mon-Williams 和 Tresilian 得到相似的结论：聚散在近-空间感知中扮演重要的角色，而调节对于正常视觉条件下的距离感知几乎没有帮助。

Morrison 和 Whiteside 的试验中一个重要的因素应当仔细考虑。光线呈现的时间极短，观察者并没有真正实施必需的聚散变化，因此聚散姿态提供的本体感受信息可能不是距离估计信息的来源。Morrison 和 Wihteside 提出如果观察者的暗聚散姿态保持恒定，那会使用其他的线索，例如双眼差异作为深度信息的来源。这个结果表明，虽然在一些情况下，聚散线索可能直接有助于深度感知，在另外一些情况下,聚散线索可能与其他的线索相结合提供深度信息。

6.4.2　单眼视觉线索

有时,单眼视觉线索称为**图画线索**,因为它们表达了静态图像的深度感觉。艺术家使用这些线索在图画上描绘深度。图 6.12 给出了一些这样的线索。

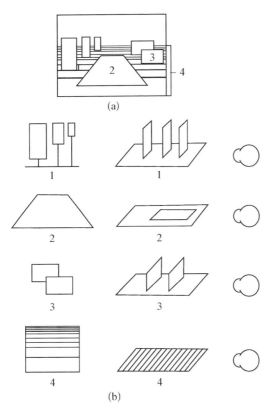

图 6.12(a)表现了一个复杂的三维场景。该场景看起来由一个大的矩形目标构成,左侧有三块巨柱,右侧有两块巨柱。图片中独立的组成部分如图 6.12(b)所示。纹理梯度的变化有助于水平方向的深度感知。三块巨柱的大小变化提供了相对的尺寸线索,这使得它们看起来具有相同的大小,位于不同的距离。前景中四边形不等的角度所暗示的直线透视图揭示了一个平坦的矩形。

干涉最重要的线索是基于近的目标会遮挡远距离的物体,如果它们位于同样的视线上。对于右侧的两块巨柱,其中一块巨柱部分被遮挡,这就意味着被遮挡的巨块位于较远的地方。

图 6.12　深度线索中的纹理梯度
(a) 完整图像　(b) 孤立图像
1—相对的大小;2—线条透视;3—插入;4—完整图像

干涉非常具有吸引力。Edward Collier 的画作 *Quod Libet*(见图 6.13)很大程度上依赖于干涉手法描绘了三维目标。在这幅画作中,Collier 还巧妙地使用了附加阴影提示。这一类的画作称为"**trompe l'oeuil**",意思为"错视画"。使用图画深度线索的画作有时候看起来非常逼真。

另一个重要的深度信息来源是感知目标的大小。大小线索可以分为两类。首先,类似于咖啡杯这样的目标,应当具有相似的大小。如果你感知到一个很小的咖啡杯,那么意味着你距离咖啡杯非常远。在 20 世纪 70 年代后期,轿车的平

图 6.13　Edward Collier 的画作，*Quod Libet*（1701）

均尺寸开始变小。在 1985 年，当人们仍然更加熟悉大型轿车时，小型轿车更容易出现在交通事故中（Eberts 和 MacMillan，1985）。这种现象的一个原因是人们对小型轿车的较小的视觉图形不熟悉，从而较小的视觉图形容易被理解为距离较远的大型轿车。这就意味这对小型轿车的距离判断要远于真实的距离，从而导致较高的交通事故。随着小型轿车的不断盛行，这种趋势转变为错误判断大型轿车的距离。

　　其次，目标的图像有一个视网膜大小，是指图像占据视网膜的区域。这个线索依赖于视角的概念。对于一个固定大小的目标，目标离得越近，视网膜图像的尺寸越大。因此，在视场中图像的相对大小可以作为距离的显示。

　　透视也是深度的一个重要线索。透视有两种类型：空中透视和直线透视。我们在图 6.12 中已经见到了一个直线透视的实例。更正式地，直线透视是指平面上的物体因各自在视网膜上所成视角的不同，从而在面积的大小、线条的长短以及线条之间距离远近等特征上显示出的能引起深度感知的单眼线索。直线透视不仅适用于可见的直线，也适用于通过不可见的直线获取的目标间的关系（见图 6.14）。

　　空中透视是指由空中的粒子产生的图像中的干涉。目标距离越远，那么来自目标的光线就越可能散乱和被吸收。这会导致远距离的目标比近距离的目标更加模糊。

　　直线透视和相对大小融合在纹理梯度中（见图 6.15 和图 6.12）。梯度的特征是随着深度的消退，纹理表面更小、更加紧密。系统化的纹理梯度专指深度和表面的关系。如果纹理是恒定的，那么目标肯定是正面直接面对观察者［见图 6.15（a）］。

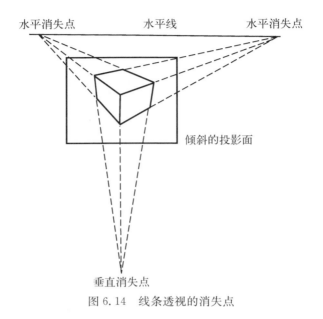

图 6.14 线条透视的消失点

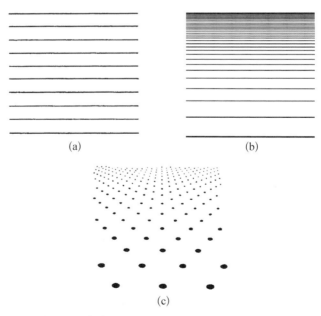

图 6.15 直线透视和相对大小融合在纹理梯度中

（a）纹理梯度的表面平行于正面 （b）（c）后退的深度

如果纹理系统化变化,说明表面随深度而消退。变化的速率表明了表面的角度。纹理密度增加越快,表面越垂直于观察者。

　　与背景的对比是深度的另一个线索(Dresp 等,2002)。一个目标具有相对于背景更高的对比度,比较低的对比度目标更容易发现,也显得更加接近(见图 6.16)。一个密切相关的线索是附加阴影,基于图片中阴影的位置(Ramachandran,1988;见图 6.17)。阴影位于底部的区域看起来像被提高了,而阴影位于顶部的区域仿佛陷入表面内部。这种感知是当光源从上部投射时我们所期望看到的。Collier 的 *Quod Libet* 的光源就是来自上部,因此所有的阴影位于下方的目标都仿佛从画作表面向前投射。

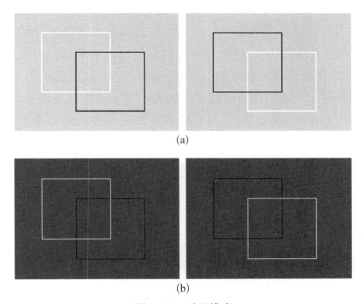

(a)

(b)

图 6.16　对比线索

　　当图像的光线从下部投射,附加阴影线索会产生误导。再一次观察图 6.17,这一次将书本反过来进行观察,那么当正向观察时图像突出的部分此时应当陷入。这种结果是因为不管是正向还是反向观察图像时,光源都是从上部投射。如果光源真的是来自于下部,结果应当与光线上部投射正好相反。

　　所有上述的单眼线索都适用于静止的观察者。因为当观察者相对于图像中的目标进行移动时,有时我们的感知会被愚弄。例如,通常有一个最佳的位置欣赏"错视画"画作。如果人移动,那么错视就会被损害。这意味着深度的一些信息通过运行进行传递。一个重要的基于运动的线索称为运动视差(Ono 和

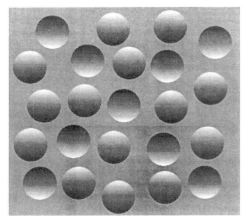

图 6.17　附加的阴影线索

Wade,2005)。如果一个人是轿车中的乘客,聚焦轿车外的一个固定目标,如一头奶牛,那么前景中的目标,例如电线杆或者篱笆桩,会仿佛向后运动;而背景中的目标,例如树木或者其他的奶牛,会向前运动。同时,目标离得越近,那么在视场中位置的变化越快。篱笆桩快速运动,而背景中的树木则移动缓慢。当人观察一幅图像时,移动头部也会产生相似的运动线索。

当观察者向着图像移动时会感知运动视差。当沿直线移动时,运动也会提供深度信息。你看向前方的目标移动称为光流,可以传递你移动速度的信息,以及相对于环境目标位置的变化信息。例如,沿着道路开车,道路两旁的树木落在视网膜上的图像逐渐变大,并向外移动到视网膜的边缘(见图 6.18)。当移动速度和光流模式的速率关系发生改变时,速度的感知也会变化。当飞机起飞时往窗外看,这一现象非常明显。随着飞机离开地面,高度增加,图像中的目标逐渐减小,光流改变,飞机的速度仿佛减慢了。

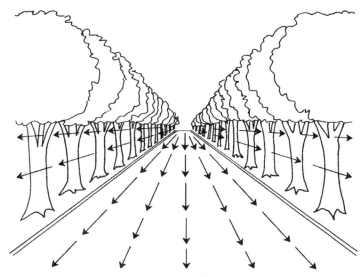

图 6.18　向前驾驶时道路图像的光流

6.4.3 双眼视觉线索

虽然只是用一只眼睛就可以观察到相对较好的深度,但是使用双眼可以感知到更加精确的深度关系。当比较从二维与三维的图片和电源中获得的深度信息时,更加明显(见框6.1)。立体图片模拟了双眼的深度信息可用于真实的三维场景。当使用双眼时,人们可以快速、准确地完成大部分包含深度信息的任务(Sheedy 等,1986)。例如在腹腔镜手术中,使用图像-引导的手术程序时,外科医生的感知-动作行为要差于使用标准程序时,这部分是由于双眼线索消失而导致的深度感知变差(DeLucia 等,2006)。

框6.1 三 维 显 示

标准的计算机显示屏是二维的,同时屏幕呈现的显示也是二维的。例如,Windows 操作系统的任何版本的开始页面都包含不同位置上的二维图像。同时,用于准备和编辑文档的文字处理软件显示了文档的一部分,这些软件还包含工具栏,执行不同的操作和规则的图标。二维显示对于图标选择很有效的一个主要原因是用于选择的输入设备,通常是一个计算机鼠标,是二维的操作模式。类似地,文本编辑的二维显示特意被设计为代表纸张。

但是,我们与世界的交互以及对目标物体之间关系的知识包含了深度的三维信息。例如,空中交通控制员必须能够解决他/她所控制的飞行环境中很多飞机的位置和飞行轨迹问题。同样地,遥控操作机器人系统必须能够操控远程的机器人进行三维运动。在这样的情况下,操作者的行为会从三维显示中获益。二维屏幕上的深度信息可以使用本章中提到的单眼线索表征。静态单眼线索可以用来提供深度信息,例如在Windows 系统中,很多图标用作表示目标。一个常用的描述文件夹中包含文件的图标,使用放入图形作为深度的信息。一些单眼线索也可以用来创造更加复杂的三维关系的透视显示。当在显示中引入运动时,对深度的感知会更具有说服力。使用特定的仪表,通过呈现在双眼中的不同图像可以构建立体视觉,从而产生更好的深度感受。这种技巧可以用在博彩和虚拟现实软件中。

三维显示具有审美学和直观性的吸引力,因为三维显示用正式的方

式描绘了目标的形状和相互关系。但是三维显示的缺点限制了它们的有效性。将三维图像渲染到二维屏幕上意味着得丢失一部分信息。这种丢失会引起目标位置沿视线方向上的歧义,距离和角度的扭曲,从而难以判断目标真实的位置。克服歧义和扭曲影响的一种方式(针对特定任务)是使用多角度的二维显示代替三维显示。

Park 和 Woldstad 研究了仿真遥控操作机器人任务中操作者的行为,目标是使用 Spaceball 2003 ♯ D 机器人捡起物体,放置在机架上。他们分别向操作者提供多角度的二维显示、单眼三维显示或者立体三维显示。多角度二维显示由两排六个显示组成(一排三个显示):力扭矩显示、平面视角、右侧视角、左侧视角、前视角和任务状态显示。

当使用多角度二维显示时,任务绩效最佳。当在三维显示中增加视觉增强线索时,绩效的差异减小,但是仍然差于多角度的二维显示。

三维显示的绩效水平差于多角度二维显示的结果令人惊讶。但是,这个结果可以复制(St. John 等,2001)。观测者要求对两个目标或者两个自然地形的位置进行评估,结果表明多角度二维显示优于三维显示。但是,当任务要求识别一个被遮挡的图形或者地形的形状时,三维显示更优。多角度二维显示在相对位置判断任务中的优势使得显示中的歧义和扭曲最小化,而三维显示在理解形状和布局的优势在于不需要用户使用额外的努力将三维感知信息综合到显示中。同时,三维显示还能够提供额外的深度线索以及对隐藏特征的描述,这都能够帮助进行形状识别。

三维显示的一个新兴领域是虚拟环境(VE),或者虚拟现实。在虚拟现实中,目标不仅是准确地描述三维环境,同时还提供更好的用户体验,即真实地处在环境中。

双眼深度感知线索来自双眼差异:由于每个眼睛的不同位置,它们接收到的图像存在细微的差异。两个图像经过融合的过程进行整合。当你注视一个目标时,注视区域的图像就会落入每个眼睛的中央凹中。通过注视的目标可以描绘一个虚构的曲面,位于该曲面上的目标图像都会落在每个视网膜的相同位置上。这个曲面称为双眼视界（见图 6.19）。在双眼视界前方或后方的目标会落在两个视网膜的不同位置形成视网膜图像。

离注视点很远的目标存在非交叉视差，而近于注视点的目标存在交叉视差。视差的量取决于目标到双眼视界的距离，视差的方向则表明目标在双眼视界的前方还是后方。因此，视差提供了相对于固定目标深度的准确信息。

立体图片利用双眼视差构建对深度的感知。一台照相机以一定的间隔拍两张照片对应两眼之间的距离。立体镜代表了每个研究对应的独立的图片。三维电影使用红的和绿的偏振光眼睛完成了相似的目标。三维眼镜让每个眼睛看到不同的图片。当观察随机点立体图时，也会产生类似的现象（Julesz,1971），右侧的立体图是通过轻微移动左侧立体图中点的位置获得（见图 6.20）。目标深度的感知发生在可视的轮廓缺失的条件下。"魔力眼"海报称为自动立体图，在单一的图片上使用相同的方式产生三维图像的感知（见图 6.21）。注视图片平面前方或者后方一个点，会让每个眼睛看到不同的图像（Hershenson,1999）。我们还没有理解在随机点立体图中，视觉系统如何确定哪些点或者图片部分结合在一起计算这些深度关系。

图 6.19　双眼视界

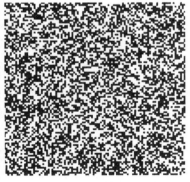

图 6.20　随机点立体图，左侧与右侧除了中间一块区域有微小偏移，其他均一致

图 6.21　随机点立体图

6.4.4　大小和形状的恒定

深度感知与**大小恒定**以及**形状恒定**现象紧密相关（Walsh 和 Kulikowski，1998）。这是指我们倾向于观察一个目标具有固定的大小和形状的事实，而不管它的视网膜图片的大小（随距离改变）和形状（随倾斜度改变）。恒定性和深度感知的关系通过大小-距离和形状-倾斜不变性的假设获得（Epstein 等，1961）。大小-距离假设表明感知的大小基于估计的距离；形状-倾斜度假设表明感知的形状随估计的倾斜度而变化。支持这种关系最有力的证据是当深度线索消失时，大小和形状的恒定性则不那么明显。没有深度线索，就无法估计目标的距离和倾斜度（Holway 和 Boring，1941）。

6.4.5　大小和方向错觉

在大多数情况下，格式塔组织性原则和深度线索能够在三维空间中提供一个明确的目标感知。但是，很多错觉的发生证明了感知的错误。图 6.22 和图 6.23 给出了一些大小和方向错觉的实例。

图 6.22 中包含 5 个大小错觉的例子。在每一个例子中，都有两个线条或者圆圈需要进行比较。例如，在穆勒-莱尔错觉中［见图 6.22(a)］，哪一根水平线更长？因为线段的边缘轮廓让左边的线段看起来比右边的线段要长。但是，这两个线段的长度却是相同的。在图 6.22 中，每一个比较的形状都有相同的大小。

图 6.23 给出了一些方向错觉的实例。在每个例子中，直线或者平行的线条都仿佛出现弯曲。例如，在波根多夫错觉中［见图 6.23(a)］，一条直线位于两条平行线的后方，并被平行线隔断。虽然该线条是直的，但是线条的上部和线条的

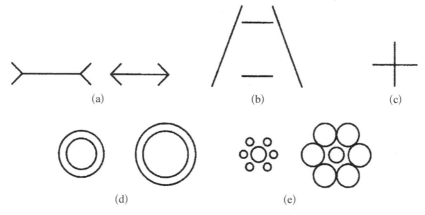

图 6.22　尺寸错觉

（a）Müller-Lyer 错觉　（b）Ponzo 错觉　（c）垂直-水平错觉　（d）Delboeuf 错觉的变化　（e）Ebbinghaus 错觉

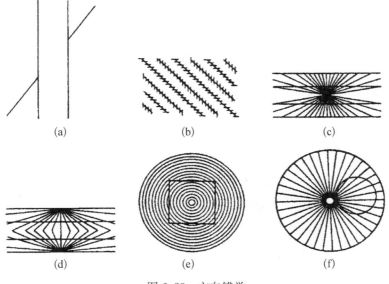

图 6.23　方向错觉

（a）Poggendorf 错觉　（b）Zöllner 错觉　（c）Hering 错觉　（d）Wundt 错觉
（e）Ehrenstein 错觉　（f）Orbison 错觉

下部看起来不是连续的。在图 6.23 的每个例子中，由于存在不相干的轮廓，导致了线条和形状的扭曲。

　　错觉的发生有很多原因（Coren 和 Girgus，1987）。这包含不正确的深度感知、轮廓的出现以及不精确的眼部运动等。例如，在蓬佐错觉中［见图 6.22

(b)]，这种错觉的关键特征是两条垂线交汇于图形的顶端，虽然两条水平线段长度完全相同，上部的线段看上去比下部的线段要稍微长一些。回忆一下，图 6.12 中类似于这样在顶部交汇的垂线会引起距离上的衰减。如果在这里使用深度线索（尽管不该使用），位于上部的水平线条比位于下部的水平线条更远。现在，这两条线段的视网膜图片就完全相同了。因此，如果上部的线段比下部的线段更远，它必须比下部的线段更长。从而，上部的线段长于下部的线段。

在图 6.12 中，可以观察到类似的错觉。被遮挡的巨块仿佛比位于前方的巨块更远，这种距离差异被后退的场地纹理梯度放大。但是，这两个巨块的大小却是相同的。

这些貌似人造的错觉会产生真实世界的问题。Coren 和 Girgus(1978)描述了两架民用客机在纽约城进近过程中，在 11 000 ft 到 10 000 ft 发生的碰撞事故。当时，白云位于 10 000 ft 之上，形成向上倾斜的白色条状物。位于下方飞机的飞行机组错误地认为两架飞机会发生碰撞，从而快速拉升高度，最终两架飞机在大约 11 000 ft 的地方发生碰撞。美国民用航空局将这个高度的错误判断归结为波根多夫错觉的自然表现。白云导致了飞行机组将两架本不在一条直线的飞机错误地感觉成在一条直线上的。

当飞行员在夜间进行降落时也会发生类似的问题，在这种"黑洞"条件下，只有跑道的灯光是可见的。在这种情况下，飞行员更容易比正常的进近飞得更低，从而导致了大量夜间飞行事故。试验表明由于不充分的深度线索，低进近容易高估进近时的角度，利于运动视差和线性透视(Mertens 和 Lewis,1981,1982)。因为飞行员必须基于一些相似的标准评估由跑道灯光提供的少许线索。当跑道具有更大的长宽比时，他/她会更容易低进近(Mertens 和 Lewis,1981)。

6.4.6 运动感知

我们不仅感知一个结构化的、有意义的世界，我们还将整个世界看成由独特的目标组合，一些静态物体和一些以不同速度向不同方向移动的物体。如何感知移动？你可能会想到的一个答案是图片在视网膜上位置的变化。但是，视觉系统如何确定是目标物体在移动还是观测者在移动？视网膜位置的变化既可能是由于目标的移动导致，也可能是由于观测者移动导致。感知系统如何解析运动轨迹是运动感知的主要问题。

1）目标移动

运动感知可以认为来自两个不同类型的系统(Gregory,1966)。图像-视网膜系统反映了视网膜位置的变化,而眼部-头部系统则从眼部和头部运动的角度进行考虑。图像-视网膜系统非常敏感,随着视网膜位置的变化,人类很容易识别运动。我们能够观察到静态背景中一个小点以 0.2°/s 的速度移动(位于 1 m 的距离,0.2°大约为 3 mm)。如果呈现静止的视觉参考点,对移动的感觉会更佳(Palmer,1986)。在这种情况下,小到 0.03°/s 的视角变化(位于 1 m 的距离,0.03°大约为 0.5 mm)都能够产生移动感知。

视网膜图形的位置不能充分表明目标再移动,因为位置的变化可能由于观测者的移动。但是如果目标再移动,我们会移动眼睛对目标进行跟踪。这种眼部运动称为滑移-跟踪运动。在滑移-跟踪运动中,图像保持在中央凹中,但是我们仍然感知目标在移动。这种移动感知是由眼部-头部运动系统造成的。

有两种理论解释了眼部-头部运动如何区分观测者自身的移动和目标的移动(Bridgeman,1995)。Sherrington 提出流入理论。根据这一理论,控制眼部运动的肌肉反馈由大脑监控。随后眼部位置的变化会减去图形在视网膜上的位移。相对应地,Helmholtz 提出了流出理论。在该理论中传递给眼部的运动信号由大脑监控。这个信号的拷贝称为伴随放电,用作抵消导致视网膜图像的移动。

对运动感知的研究更倾向于流出理论而不是流入理论。Helmholtz 发现当你观察一个目标时,轻轻按压眼睑,目标会发生移动。在这种情况下,眼部的移动是由于使用了手指移动的眼睛,而不是移动眼部的肌肉。因为肌肉没有移动,因此肌肉没有伴随放电。根据流出理论,这种放电必须减去视网膜图像的移动;如果没有这种放电,视网膜移动不正确,目标则会移动。

流出理论的一个预测是如果眼部的肌肉提供伴随放电,但是视网膜图像保持固定,那么也能感知到目标的运动。这个预测已经被证实(Bridgeman 和 Delgado,1984;Stark 和 Bridgeman,1983)。想象一种场景,当你使用手指按压眼睛时,利用眼部的肌肉保持眼睛不动,那么会产生伴随放电,但是视网膜图像则保持固定,而目标也会移动。在更加复杂的试验中,观测者临时陷入瘫痪状态,当观测者尝试移动他/她的眼睛时(并没有真实发生移动),场景仿佛移动到一个新的位置(Matin 等,1982;Stevens 等,1976)。

2) 诱导运动

虽然在有静态背景时,我们可以很好地感知很细小的移动,静态背景也可能导致移动的错觉。在这种错觉中,移动归结于场景中错误的部分。一个例子称为"瀑布效应"。当你近距离凝视瀑布有向下移动的水幕和静态背景的石头,你可能会感觉水是静止的,而石头向上运动。当在夜间观察云朵飘过月亮时,你也会感受到瀑布效应,月亮仿佛在移动,而云朵则保持静止。

运动错觉在实验室设计中很容易实现,只需要向观测者呈现一块静止的测试纹理,以及一个向下运动的诱导纹理。当测试目标和诱导目标位于邻近的空间时,这种效应称为**运动对比**。当测试目标和诱导目标在空间上分离时,称为**诱导移动**。当两个刺激中的一个大于并且围绕另一个刺激时,可以证明诱导移动。如果较大的刺激移动,至少一部分移动要归结于较小的被围绕的刺激。围绕的较大的刺激可以认为是较小刺激位置的一种参考(Mack,1986)。

3)表观运动

通常我们认为视网膜图像的运动是目标在视觉场景中做平滑的、持续的移动。但是视网膜图像离散的跳跃也能产生相同的平滑运动的感知。当讨论格式塔组织时,我们将这种现象称为表观运动。表观运动是感知剧院幕布灯光移动的基础,同时也是感知移动图片和电视信号的基础。我们从运动图片中感知平滑的移动体现了表观运动的价值。

我们已经了解很多关于从试验的很简单的显示中感知的表观运动的信息,例如使用两个光线表明断续运动。确定表观运动感知程度的因素有两个:连续视网膜图像的距离和每个视网膜图像出现的时间间隔。表观运动可以从18°的距离感知到,而提供最强的表观运动感知的间隔则依赖于观测距离。随着空间间距的增加,最强的表观运动感知的感知也随着增加。

目前,我们对表观运动的理解包含两个过程。短期过程负责计算非常短距离和快速呈现(100 ms 或者更小)的运动。长期过程则负责长距离和超过500 ms 时间间隔的运动。短期过程可能会产生非常低级别的视觉影响,而长期过程则包含更加复杂的推理性行为。

6.4.7　模式识别

到目前为止,我们已经介绍了感知系统如何使用不同的视觉信息构建连贯性的世界景象。感知系统的另一个重要职责是识别世界中相似的模式。换句话说,我们必须有能力识别我们所看见的目标。这个过程称为模式识别。

因为模式识别似乎是其他所有认知过程的基础,所以模式识别是很多基础研究的关注重点。很多试验检验了称为"视觉搜索"任务中的行为,在这类任务中需要观测者确定预先约定的目标项是否呈现在视觉显示中。在本章之前的部分中,我们介绍了使用显示元素分组可以或多或少帮助寻找字母"F"(见

图 6.10)。这是一个视觉搜索任务的实例。了解人类如何进行此类任务是设计显示和任务环境的关键。

根据视觉场景中目标物体的基本"特征"将其进行分解也是理解模式识别的一个重要概念(Treisman,1986)。基于基础特征进行搜索的视觉搜索非常快速和准确,例如颜色或者形状:在包含红色目标的显示中很容易找到一个绿色的目标而不管红色目标的数量多少。但是,如果目标由超过一种基础特征组成,同时这些特征被显示中的其他目标所共享,那么确定目标是否呈现的时间由非预定目标对象的数量决定。搜寻一个基础特征很快速也很容易,而搜索多个基础特征则需要付出更多的努力。

在视觉搜索中模式识别的基本事实能够对计算机界面的设计给予启示。对于菜单导航,通过使用不同的颜色突出选项的子集能够缩短用户搜索显示的时间。这在很多研究中已经证实(Fisher 等,1989;Fisher 和 Tan,1989)。当目标高亮或者突出时,用户搜索速度较快,而当没有高亮或者突出时,用户搜索速度则较慢。此外,即使不能保证目标总是高亮或者突出,但是如果高亮或者突出的概率较高,则仍然能够带来好处。

对于显示设计,基础特征的另一个重要特点是不可分的和可分的维度(Garner,1974)。如果一个特征是目标的基础特征,那么维度则是指所有可能的特征组合。例如,目标的一个特征是红色,那么我们关心的维度是目标的颜色,可能是红色、绿色或者蓝色。

如果维度之间是相互依赖的,那么这些维度称为不可分维度。例如有颜色目标的色彩和亮度。如果维度是相互独立的,那么这些维度是可分的,例如颜色和形状是可分的维度。可以重点关注可分维度中的任意一个,但是对于不可分维度却不行。因此,如果对目标的判断只需要基于一个维度,那么如果维度是可分的,则判断可以快速而准确。此外,如果需要目标维度的所有信息才能进行判断,那么维度是不可分时容易判断。另一种考虑维度不可分性的角度是目标特征之间的相互关系。如果一系列目标具有相关的维度,则在一个维度上的具体值总是伴随着另外一个维度上的数值一起出现。

另一种类型的维度称为构型维度。构型维度促成了新特征的产生(Pomerantz,1981)。如图 6.24 所示,新出现的特征既可能有利于模式识别,也可能妨碍模式识别。图 6.24 表示了一组视觉搜索任务,目标是找出向下倾斜的线段。对于上部和下部的图片,对每个目标增加相同的特征。这些特征本身不能对识别目标物体提供任何帮助。但是,当我们检查增加了新的特征后的目标最终构型时,会发现上部的图片中新特征加强了目标间的差异,识别时间很短,而下部的图片中,新特征妨碍了目标的识别,识别时间增长。

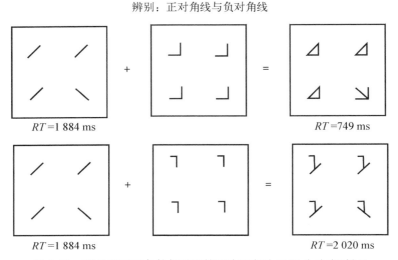

辨别:正对角线与负对角线

$RT = 1\,884\ ms$　　　　　　　　　　　　　　　　　　　$RT = 749\ ms$

$RT = 1\,884\ ms$　　　　　　　　　　　　　　　　　　　$RT = 2\,020\ ms$

图 6.24　额外的配置条件促进和妨碍表现行为(RT 为响应时间)

基于这一点,我们对模式识别的讨论关注于对感觉输入的基本特征的分析。分析本身不能决定我们的感知。对目标内容的预期也会影响我们的感知。图 6.25 是一个典型的内容影响感知的实例。图中给出了两个单词"CAT"和"THE"。我们很容易感知到 CAT 中间是字母 A,而 THE 中间是字母 H。但是,这两个字母的呈现特征是相同的:既不是 A,也不是 H。周围字母提供的内容决定了我们将其识别为 A 还是 H。

TAE CAT

图 6.25　内容对感知的影响

类似的预期效应也同样发生在真实世界中。Biederman 等向被试呈现有组织的和杂乱的图片,让被试在这些图片中搜索特定的目标。他们认为杂乱的图片使得被试不能使用他们的预期进行搜索。与这个假设一致的是,对连贯性场景的搜索时间要明显小于对杂乱场景的搜索时间。同时,Biederman 等还检验了连贯性场景中和杂乱场景中存在的目标和不存在的目标。他们发现对于两种图片,容易确定不存在的目标没有出现。这表明观测者建立了可能存在于场景中目标的预期。因此,我们的感知被预期的以及场景所提供的信息所影响。

当目标落在周边视界范围内时,预期的影响很关键(Biederman 等,1981)。在周边视界中很难检测到一个非预期的目标,特别是当目标很小时。当非预期目标位置从中央凹移动到 4°的周边视角时,视觉搜索中目标丢失的概念高达70%。当对目标有预期时,视觉搜索中目标丢失的概率减少大约一半。

6.5　总结

感知绝不仅仅只包含从感觉感受器被动的信息传输,被感知的环境由很多感觉源所提供的线索构建而成。这些线索提供了视觉信息二维和三维的组织,并进行模式识别。线索包含刺激项之间的相互关系,例如方向、深度和内容。

因为感知是结构化的,如果线索错误或者产生误导,或者显示与预期不一致,那么容易发生错觉。因此,显示的信息需要防止出现感知错乱,并且与观测者的预期一致。在第 5 章和第 6 章中,我们重点关注了视觉感知,因为视觉感知对人为因素非常重要,而且大量的研究工作在这方面展开。下一章中将着重介绍听觉感知以及味觉、嗅觉和触觉感知。

推荐阅读

Bruce, V., Green, P. R. & Georgeson, M. A. 2004. Visual Perception: Physiology, Psychology, and Ecology (4th ed.). Hove, UK: Psychology Press.

Cutting, J. E. 1986. Perception with an Eye to Motion. Cambridge, MA: MIT Press.

Hershenson, M. 1999. Visual Space Perception. Cambridge, MA: MIT Press.

Kimchi, R., Behrmann, M. & Olson, C. R. 2003. Perceptual Organization in Vision: Behavioral and Neural Perspectives. Mahwah, NJ: Lawrence Erlbaum.

Palmer, S. E. 1999. Vision Science: Photons to Phenomenology. Cambridge, MA: MIT Press.

Palmer, S. E. 2003. Visual perception of objects. In A. F. Healy & R. W. Proctor (Eds.), Experimental Psychology (pp. 179 - 211), Vol. 4 in I. B. Weiner (editor-in-chief) Handbook of Psychology. Hoboken, NJ: Wiley.

7 听觉、本体感觉和化学感觉

我们的生活是多感觉维度的，我们的交互行为从粗犷的到细微的也大为不同。

——F. Gemperle 等（2001）

7.1 简介

尽管视觉对于导航任务如驾驶非常重要，但我们还使用其他的感官，从其他感官获取的信息可能对导航任务非常重要，可能对其他同时进行的任务活动也很重要，例如听广播或者参与谈话讨论。对于驾驶行为，听觉刺激可以传递很重要的导航信息：如果轮胎传来怪异的声音，驾驶员可能会意识到他/她压到了路肩，或者他/她会从发动机不寻常的声音中发现机械问题。肌肤感受能够提供温度是否合适的反馈，以及他/她的手部是否位于合适的位置。振动和噪声能够对驾驶员产生一个警告，让他们对潜在的危险降低速度。速度和加速度的信息则由前庭系统提供，虽然通常驾驶员不会意识到。嗅觉和味觉在驾驶过程中所起的作用并不重要，尽管嗅觉可能让驾驶员意识到出现机械故障。若驾驶员在驾驶的时候吃东西，那么味觉对驾驶行为则是一个干扰。

如上述例子所示，所有的这些感官提供了我们所感受世界的输入。因此很多感觉通道可以被设计工程师以合适的方式将重要的信息传递给操作机械者。所以，人为因素专家需要理解这些感觉系统的基本属性、感知属性和相关现象。在本章中，我们重点关注听觉感知，因为听觉对于人为因素和人机工程学来说是除了视觉之外第二重要的属性。

7.2 听力

听力感觉在信息沟通中起了重要的作用（Plack，2005）。声音提供了目标位置、速度和运动方向的信息。在上面的例子中，声音不仅可以告知驾驶员汽车发动机故障,还可以指示左侧转向灯开启,轮胎磨平,轿车撞击到其他物体,风扇在工作等。听觉信号的一个重要作用是向操作人员提供潜在问题的告警。例如,大部分的轿车都会有为未关车门、未系安全带等提供声音的告警。听觉信号还可以用作提示紧急状态,例如烟雾告警信号。在飞机驾驶舱中,告警声音指示了潜在的危险情况,例如当飞机的高度很危险或者离另一架飞机很近时。

　　听觉信号的一个优点是不管它位于观测者的什么方位,都能够被检测和感知到。相对而言,视觉信号必须位于观测者的视界之内。听觉信号比视觉信号更容易获取注意力。此外,事实上我们与他人的交流取决于听觉感知到的语音信息。基于语音的信息在人机交互系统中经常使用。例如在大型的飞机场中,语音信息用来警示乘客大门将要关闭,或者车辆正在移动。

　　为了理解人类大脑如何处理听觉信号,我们需要了解听力感觉是如何工作的。这意味着我们需要理解声音的特点、解剖学和听觉感知系统的工作原理。类似于视觉感知,了解感知到的声音信号的具体特征和我们的响应方式也很重要。

7.2.1　听觉系统

1) 声音

　　声音来自机械扰动所产生的振动。例如,敲击两个平底锅,空气中的分子撞击会产生向平底锅四周发散的振动,速度为 340 m/s。音叉(tuning fork)是呈"Y"形的钢质或铝合金发声器。当我们敲击音叉时,会产生一个纯音。声音来自音叉的振荡运动。当音叉向外运动时,会推动空气中的分子(压缩)。这会使得气压有微小的增加。当音叉向外达到最大值时,气压也到达极大值。当音叉向内运动到最大值时,气压减小到极小值(稀疏)。这种循环的压缩和稀疏会产生声波,移动速度为 340 m/s。

　　我们可以测量距离音叉固定距离的气压变化。如果我们沿时间轴画出这些变化,可以发现变化服从正弦分布(见图 7.1)。正弦曲线可以通过多种方式进行特征化。首先我们考虑频率 F、周期 T 或者波长 λ。频率定义为 1 s 内出现的完整周期数,或者表示为赫兹(Hz)。例如,1 Hz 的音调表示在 1 s 内只出现一个完整的压缩/稀释周期;1 kHz 音调则表示 1 s 内出现 1 000 个周期。我们能感知的声音音调很大程度上取决于声音信号的频率。高频率的声音被感知到具有较高的音调,而低频率的声音则被感知具有较低的音调。波形的周期 T 是一个波的时间长度,同时是频率的倒数。声音的波长 λ 是两个相邻峰值间的距离。波

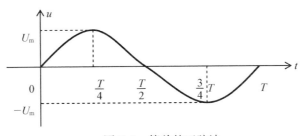

图 7.1 简单的正弦波

长 λ 可以通过声音的频率和速度 c 进行计算：

$$\lambda = \frac{c}{F}$$

其次,我们可以考虑声波的振幅,包括压力和强度。高强度的音调感觉比低强度的音调更响。声音的压力等级随着图 7.1 中最大压力和最小压力差异值的变化而变化,即正弦曲线顶点和底点的差值。但是,压力随时间快速变化。因此,通常在一个时间间隔中,压力被多次测量。例如我们在时间 $t_1, t_2, \cdots, t_n$ 测量不同的气压值变化 $p(t_1), p(t_2), \cdots, p(t_n)$。这些气压变化是相对于没有声音条件的静态气压值 p_0 而言的。最终,声音压力等于气压变化值与静态气压值差值的均方根(RMS),或者

$$\sqrt{\frac{\sum_{i=1}^{n}\left[p(t_i) - p_0\right]^2}{n}}$$

强度与 RMS 压力紧密相关,单位为瓦特每平方米(W/m^2)。对于音叉,幅度取决于音叉移动的距离。用大力敲击音叉会引起大幅度的移动,从而产生大幅度的声波,而用小力敲击音叉则只能导致小幅度的移动,产生小幅度的声波。声音的幅度和强度也依赖于测量点距声源的距离。测量点距声源越远,强度就越低。强度遵循平方反比定律:强度与距声源距离的平方成反比。

音叉产生的音调是"纯音":空气压力变化遵循完美的正弦波。但是,我们很少会遇到纯音。通常声波更加复杂。但是所有的声波,不管是飞机起飞时还是歌唱家唱歌时,都可以描述成一系列纯的正弦音调的组合。将复杂的声音分解为纯音的过程称为**傅里叶分析**(Kammler,2000)。

波形不断地重复,例如单一的正弦波,称为周期性变化。一个复杂的、周期

性的音调,例如由乐器产生的音调,具有一个基本的频率 f_o,是周期 T_o 的倒数:

$$f_o = \frac{1}{T_o}$$

如果波形包含频率整数倍的基波,那么称为谐波。在频率范围内,幅度随机变化的非周期的复杂波形称为噪声。噪声有很多种。白噪声是指一段声音中的频率分量的功率在整个可听范围(0~20 kHz)内都是均匀的。由于人耳对高频敏感,这种声音听上去是很吵的沙沙声。宽带噪声的频率遍布于整个听觉谱中,而窄带噪声只有有限的频率范围。

2) 外耳和中耳

人类的耳朵是声波的接收器(见图 7.2)。声音由耳郭收集,耳郭是耳朵外部勺形部分。耳郭可以增强或者弱化声音,特别是对于高频率的声音,同时,对于声音的定位,耳郭也起到重要的作用。耳郭将声音传递到耳道中,耳道将中耳和内耳中的敏感结构与外界世界相隔离,从而减少受伤的可能性。耳道的共振频率为 3~5 kHz(Shaw,1974),这意味着如果声音在这个频率范围内,例如正常的说话声音,幅度会被增强。耳道的远端是耳膜,或者称为鼓膜。当声压撞击到耳膜时,耳膜会发生振动。换句话说,如果声波是 1 kHz 的声调,那么耳膜每秒钟会振动 1 000 次。耳膜穿孔会诱发瘢痕组织和膜的厚度增加,从而使得对振动的敏感度降低。这会导致检测音调能力的减弱,特别是高频率和中等频率的音调(Anthony 和 Harrison,1972)。

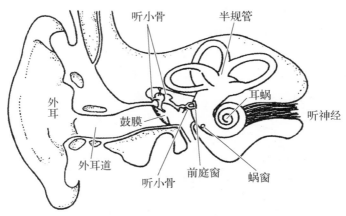

图 7.2　耳部结构

耳膜将外耳和中耳区分开。中耳的功能类似于耳膜:将振动传递到听觉系统中更远的结构中。中耳将耳膜的振动传递到一个很小的薄膜上,这个薄膜是前庭窗。通过前庭窗可以进入内耳。这两个薄膜之间的传递通过 3 根骨头完成，这 3 块骨头一起称为**听小骨**。单独地，根据它们各自的行为称为**锤骨**（锤子）、**砧骨**（铁砧）和**镫骨**（马镫）。锤骨连接着耳膜的中部，镫骨的踏板部分连接着前庭窗，而砧骨则将两者连接起来。因此耳膜的运动会引起 3 块骨头的运动，从而使得前庭窗的振动模式与耳膜相近。通常，听小骨的功能可描述为一种阻抗匹配。内耳充满液体。如果耳膜直接将振动传递给液体，空气到液体的密度增加会削弱声波的幅度。从耳膜和听小骨到较小区域前庭窗过程中的声波的传递能够将声波放大，从而抵消由于介质变化导致的声波削弱。

中耳通过耳咽管连接到喉咙。耳咽管保证中耳内的空气压力与外部环境压力处于相同的水平，这对于中耳系统有效工作是必需的。通常，当飞机改变高度时，我们会感到不适和听觉困难，这是因为中耳的空气压力还没有调整为新的环境压力。张大嘴巴/打哈欠可以打开耳咽管，使得压力平衡。如果使用滴耳液，就有可能在口部的后方感受到药的味道。这是由于滴耳液渗透耳膜进入耳咽管。

中耳内包含一些小肌肉连接着耳膜和镫骨，当声音很响时，会产生听觉反射（Fletcher 和 Riopelle，1960；Schlauch，2004）。这种反射能够通过减小耳膜和耳小骨的运动，减弱从外耳到内耳的振动，使得内耳不会受到声音的潜在伤害。对于具有正常的中耳结构和正常听力水平的人来说，听觉反射抑制 85 dB 以上的声音（Olsen 等，1999），当然，对不同的人也是有区别的。听觉反射需要 20 ms 稳定听小骨，并削弱主要的低频声音。因此，听觉反射不能提供对快速发生的声音的防护（如枪声），也不能削弱强烈的高频声音。

听觉反射的一个功能是减弱人对自身声音的敏感度，因为当说话时，听觉反射优先发生（Schlauch，2004）。由于说话时，低频部分通常会覆盖高频部分，因此，选择性削弱低频部分可以提高对语音的感知。

3）内耳

当声音振动穿过中耳后，它们通过前庭窗到达内耳。内耳包含多个构件，其中一个很重要的是耳蜗（Dallos 等，1996）。耳蜗中充满液体，形似盘旋的蜗牛，是传导并感受声波的结构（见图 7.3）。耳蜗分为三个腔：前庭管、耳蜗管和鼓膜管。这三个腔体都充满液

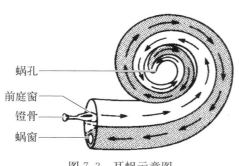

蜗孔
前庭窗
镫骨
蜗窗

图 7.3　耳蜗示意图

体。其中,耳蜗管与前庭管和鼓膜管完全隔离,包含着不同的液体。后两个腔体通过耳蜗顶部针头大小的通路连接,从而液体可以在两个腔体中流动。前庭窗跟随镫骨进行振动,位于前庭管的底部,蜗窗则位于鼓膜管的底部。这个窗体一起对耳蜗中的压力进行分配。

分割耳蜗管和鼓膜管的薄膜称为**基膜**。基膜的功能类似于视网膜。声音通过中耳时会引起基膜底部的运动,再扩散到顶部(Bekesy,1960)。但是,基膜的宽度和厚度在其长度方向上是不同的,因此,基膜中振动的幅度不完全相同。低频音调在远离前庭窗的地方引起剧烈的运动,而随着音调频率的增加,峰值位移逐渐向前庭窗靠近。所以,不同频率的音调会导致基膜上产生不同位置的峰值位移。

听觉感觉接收器是基膜上成排的毛细胞。这些毛细胞的纤毛黏附在耳膜管的液体中,有些纤毛的顶部触碰到盖膜(见图 7.4)。毛细胞分为内毛细胞和外毛细胞。在基膜上,大约 3 500 根内毛细胞排成一列,而大约 25 000 根外毛细胞则排成 3～5 列。这两类毛细胞纤毛的弯曲都会触发神经信号。

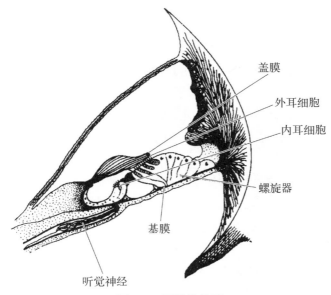

图 7.4　耳蜗横截面

纤毛如何产生弯曲?耳部中的声波会导致内耳中液体的运动(波动)。因为基膜是可动的,它随着液体的波动而运动。但是,盖膜只会发生细微的运动,而且运动方向与基膜相反。这两种反向的运动使得液体流过毛细胞的顶部,引起纤毛的弯曲。当纤毛弯曲时，就触发电性变化。

我们并不像了解视网膜那样了解基膜，似乎是内毛细胞提供了听觉刺激特征的详细信息。但是，外毛细胞真正的作用一直是个难题，因为大部分的外毛细胞都连接着内毛细胞。外毛细胞既对外部的电场产生响应振动，也形成自身的电场。因此，它们既产生一个场，又进行响应，类似于一个主动反馈系统。这个系统可能会增强基膜的运动，增强内毛细胞对不同声音频率的响应，还使得对不同的声音具有更好的区分性(Puel 等，2002)。

外部毛细胞的振动是称为耳声发射的奇怪现象的基础(Maat 等，2000)。即不仅是基膜记录和传递外部的声波，毛细胞本身也产生声波。这种反射在听觉中发挥怎样的作用还在研究中。但是它们的存在具有普遍性，同时对这些放射的测量提供了对基膜功能的基础评价，特别是对于新生儿。

4）听觉通路

耳蜗中的毛细胞的电活动在其底部释放出传输物质。这些物质作用于神经元的接收器，形成听觉神经。大约有 30 000 个神经元，其中 90% 为内部毛细胞工作。因此，虽然外部毛细胞要显著多于内部毛细胞，在听觉神经中，为外部毛细胞工作的神经元少于内部毛细胞。

组成听觉神经的神经元有偏好的或者特征频率。每个神经元都对特定的频率响应最强烈。特征频率被认为取决于基膜上具体毛细胞的位置。特征频率会导致基膜上的一个点位移最大，而这个点上的细胞响应最强烈。这些细胞上的神经元的特征频率近似等于细胞响应最强烈的频率。神经元完整的敏感度曲线称为频率调频曲线(见图 7.5)。所以，听觉神经由一系列具有不同特征频率的神经元组成。

在听觉神经中，具有相似特征频率的神经元彼此靠近，这个属性称为音质编码。类似于颜色视觉，听觉刺激的特定频率必须通过神经元集合的完整的动作模式进行传递，而不仅是响应最剧烈的神经元。听觉神经元一个重要的特征是它们如何响应持续的刺激。如果一个持续的声音，那么一个特定的频率持续被传递到基膜，对具体的毛细胞产生持续的刺激，会导致神经活动等级的降低。这种现象就是适应。

对一个音调的听觉神经元活动会被另一个音调抑制。这个现象称为双音抑制。当第二个音调的频率刚落在神经元的调谐曲线外侧时，会发生双音抑制。这种抑制能够反映基膜的响应能力(Pickles，1988)，在听觉掩蔽的心理学现象中起重要的作用。

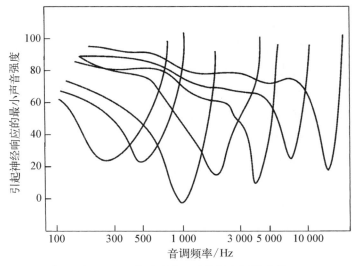

图 7.5 几种听觉神经元的频率调谐曲线

与视觉神经不同的是，在到达丘脑之前，听觉神经会投射到一些小的神经结构。这些结构处理听觉信号中一些重要的内容，例如**双耳时间差**和**双耳强度差**。这能够提取出空间信息或者声音的来源。通路的一些部分对声音的频率进行复杂的分析，从本质上对基膜中神经元组合的声波进行频率分解。最终，听觉信号达到丘脑，然后将这些信号传递到位于大脑颞叶上的听觉皮层。大脑颞叶位于枕叶的前方，大约在每个耳朵的水平位置。

所有听觉神经投射的神经结构的神经元都可以进行音质编码。对给定频率响应最佳的神经元靠近响应相似频率最佳的神经元。在这些结构中的神经元也对信号中的复杂模式敏感。有些神经元只响应音调的触发，有些神经元既响应音调的触发，在短暂停止后又持续响应。丘脑中包含的细胞类似于视觉中的中央/围绕细胞。这些细胞对特定频率范围的能量有最优响应。

听觉皮层也呈现出音质组织（Palmer，1995）。此外，很多皮层细胞对相对较简单的刺激特征有响应。其他的细胞则响应更加复杂的声音，例如爆炸声或者滴答声。有一种细胞称为频率扫描检测器，它只响应在一个有限频率范围中的沿特定方向（变高或者变低）发生的频率变化。简而言之，与视觉皮层类似，听觉皮层的神经元从刺激中提取重要的特征。听觉皮层"对声音的区分和定位，特定发声的识别，将声音线索融入行为环境，听觉学习和记忆等方面非常重要"（Budinger，2005）。

5) 小结

一个听觉刺激使得气压产生变化,激活一系列复杂的活动触发对声音的感知。耳膜、听小骨和前庭窗的物理振动引起了内耳中液体的波动。这种波动导致基膜上的纤毛发生弯曲形成神经信号。听觉信息沿着通路进行传递,在通路上神经元对不同的声音频率和其他特征进行响应。与视觉类似,听觉系统进行的感觉信号处理提供了听觉感知的基础。

7.2.2 基本特征感知

与视觉类似,一些听觉感知的属性与声音对感觉系统的影响紧密相关,而其他的一些属性则不然。因此,听觉系统中的接收器细胞对声音的幅度和频率敏感,而对响度和音高的感知与听觉系统的结构紧密相关。我们将在本节中介绍这些听觉感知属性以及其他一些定性特征。

1) 响度

听觉感知的定量化维度是响度(Schlaudch,2004)。类似于感知的亮度和物理明度,响度是心理学指标,与物理的强度相关。使用级别评估程序,Stevens 发现响度的感知可以用幂指数描述:

$$L = aI^{0.6}$$

式中,L 为响度;I 为声音的物理强度;a 为常数。

作为这个函数的基础,Stevens 设计了一个量表用于测量响度,单位为**宋**(sone)。1 宋表示 1 000 Hz 的刺激强度为 40 dB 时的响度。图 7.6 给出了宋的量表和一些具有代表性的声音。这个量表在人为因素学中用来描述不同环境条件下的噪声的相对响度。例如,我们可以使用宋量表描述不同汽车中的内部噪声。

音调的响度还受到频率的影响。图 7.7 描述了等响曲

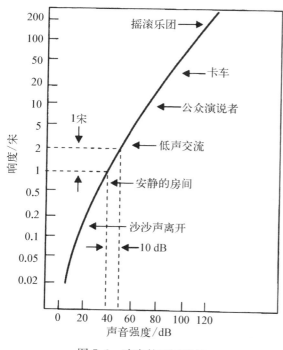

图 7.6 响度的不同等级

线。等响曲线是典型的听音者感觉响度相同的纯音的声压级与频率关系的曲线。首先,先呈现标准的给定强度的 1 000 Hz 音调,再调整其他频率的音调使得它们具有相同的响度。等响曲线中包含一些重要的信息。首先,对于听起来响度相同的不同频率的音调,它们的强度等级是不同的。另外一种描述这种关系的方式是,如果不同频率的音调呈现出相同的强度,那么它们的响度是不同的。其次,频率范围在 3~4 kHz 的音调最容易被检测到,因为它们不会像这个范围以外的听起来很响的音调那么强烈。再次,在大约 200 Hz 以下的低频音调最难被发觉。最后,随着强度的增加,频率上响度的差异逐渐减小。

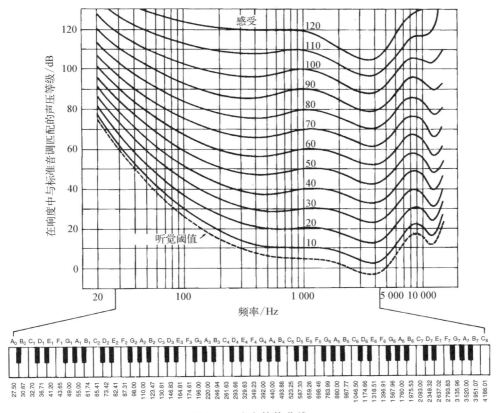

图 7.7 响度等值曲线

强度和响度关系的一个结果是在高强度等级下记录的音乐,当在低强度等级下进行回放时,听起来不大相同。最明显的是低音部分将"消失"。虽然是呈现相同的声波的相对范围,但在低强度等级条件下很难听见信号中的低频能量。一些高保真度的放大器有一个"响度"开关补偿这种变化。当开关打开时,低频的强度会增加。这样，如果在低强度等级条件下播放记录的声音时，就能够更接近于正常的状态。

与视觉强度相同，我们需要根据人类对不同频率的敏感度，校准声音强度的测量。对于具体的声音 p，声压等级 L_p 描述为

$$L_p = 20\lg\left(\frac{p}{p_r}\right)$$

其中 p_r 的参考值是 20 微帕斯卡（μPa，1 Pa＝1 N/m^2）。20 μPa 的参考压力是年轻人可以检测到音调的最小压力变化。

回忆一下我们讨论亮度时介绍的视觉系统如何在时间和空间上给出响应。听觉系统也类似。如果一个声音维持一小段时间（200 ms），时间综合效应发生。感知到的响度不仅与音调的强度相关，还与音调呈现的时间相关。较长的音调比较小的音调听起来更响。但是，听觉系统会逐渐适应持续呈现的音调，这意味着音调的响度随着时间会减弱。最后，复杂音调的响度受到带宽的影响，或者音调中所包含频率范围的影响。随着带宽的增加而总的强度保持不变，当达到**临界带宽**时，响度会受到影响。超过临界带宽后，因为较高和较低的频率会增加到复杂的音调中，响度会增加。

一个声音是否能被听见取决于环境中的其他声音。如果一个声音能被听见，而其他的声音听不见，那么其他声音就被掩蔽。与视觉系统中相同，当刺激音调和掩蔽音调同时出现，就称为同时掩蔽。随着掩蔽的强度增加，为了能够检测到刺激，刺激的强度也必须增加。当刺激和掩蔽音调的频率相同或者相近时，会产生最大的掩蔽效应。如果刺激的频率小于掩蔽音调，掩蔽效应很微弱，刺激音调就容易被检测（Zwicker，1958）。当刺激的频率大于掩蔽音调，掩蔽效应就很强烈（见图 7.8）。较高频率和较低频率音调的非对称掩蔽效应被认为是由基膜的运动模式所致的。

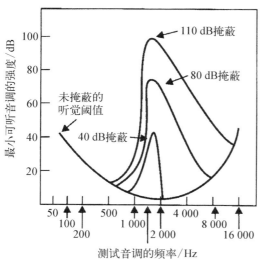

图 7.8　掩蔽噪声中心频率为 1 200 Hz 的窄带中呈现的音调刺激阈值

考虑在相对嘈杂的环境中设计一个警告信号的问题。为了避免适应性情况的出现,警告应当是间歇性、短促的,而不是持续的。警告还应当具有较宽的带宽,使得能感知的响度最大。最后,警告的频率应当小于环境中噪声的频率,避免警告声被背景声掩蔽。人为因素专家需要记住低频的音调不容易被背景声遮蔽,但是低频的噪声可能会影响较高频率音调的感知。

个体的听觉能力差异很大。例如,不吸烟者比吸烟者更容易感受到高频音调(Zelman,1973)。经常使用大剂量的阿司匹林的患者感知 $10 \sim 40$ dB 声音的能力会降低,还经常伴随着耳鸣现象(McCabe 和 Dey,1965)。这种现象是由于尼古丁和阿司匹林会改变流入内耳的血液情况。

在人的一生中,能够听见的频率范围逐渐减小。年轻人可以听见 20 Hz 到 20 kHz 的音调。随着年纪的增加,听见高频音调的能力降低。到 30 岁时,大部分人听不见 15 kHz 频率以上的音调。到了 50 岁,能够听见的频率上限为 12 kHz,而到了 70 岁,只有 6 kHz。70 岁之后,能够听见的音调频率会进一步降低到 2 kHz。

老年人高频音调听觉能力的丧失意味着当需要感知高频音调时,他们不能表现得很好。很多现代的电话机使用电子铃声或者电子嗡鸣音,这与老式的机械铃声不同。电铃的频率谱范围为 315 Hz$\sim$20 kHz,电子嗡鸣音的频率谱范围为 1.6$\sim$ 20 kHz,而老式的机械铃声的频率谱范围为 80 Hz$\sim$ 20 kHz。Berkowitz 和 Casali 对不同年龄的被试呈现这三种铃声。电子嗡鸣音最不容易被老年人发觉,也最容易被噪声掩蔽。这个结果并不令人吃惊,因为嗡鸣音不包含老年人最容易感觉的声音频率。电子铃声比机械铃声更容易被老年人发觉,因为电子铃声的能量集中于 1 kHz。

2) 音高

音高是听觉中的定性属性,类似于视觉中的色度。音高主要由听觉刺激的频率决定(Schmuckler,2004)。但是,就像声音的响度受到强度的影响,还受其他变量影响一样,音高也受除了频率以外其他变量的影响。例如,**等音高曲线**可以通过在给定频率条件下改变刺激的强度评价音高的方式进行构建。如图 7.9 所示,在大约 3 kHz 以下,音高随着强度的增加而降低,而高于 3 kHz,音高随着强度的增加而增加。

音高还受到音调持续时间的影响。当持续时间小于 10 ms,任何的纯音都听起来是滴答声。当音调的持续时间增加到大约 250 ms 时,音调的质量得到改善。这使得辨识较长持续时间音调音高的能力增加。

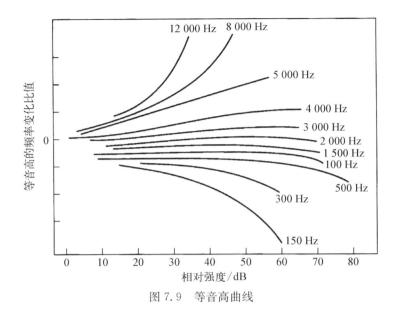

图 7.9　等音高曲线

　　音高感知的两个理论建立于 20 世纪,同时期的研究表明这两个理论可以解释音高感知现象。第一个理论由 Rutherford 提出,称为**频率理论**。这个理论认为基膜在听觉刺激的频率上发生振动。然后,基膜振动的频率传递到相同频率的一种神经放电模式。因此,1 kHz 的音调会使得基膜的振动频率也为 1 kHz,从而导致神经元也以同样的频率进行响应。

　　第二个理论是**位置理论**,由 Helmholtz 提出。他发现基膜是三角形的,并认为由一系列响应不同频率的长度逐渐减小的谐振器组成。所以,音调的频率会影响基膜上特定的位置;然后这个位置上的神经末梢会沿着神经元传递信号。

　　Georg von Bekesy 将位置理论进行了改进。生理学研究发现基膜并不像 Helmholtz 认为的那样,是一系列谐振器的活动。但是,通过观察豚鼠耳部中基膜的活动,Bekesy 认为不同的频率会引起行进波,在基膜上形成最大的位移。如我们已经介绍的,低频音调的位移在基膜的远端,远离前庭窗。随着音调的频率增加,最大位移的位置逐渐靠近前庭窗。**行进波**来自基膜对一捆线束一端固定,另一端摇动的现象的响应;基膜上出现涟漪(见图 7.10)。

　　行进波理论的一个重要问题是在大约 500 Hz 以下的所有音调产生的最大位移都在基膜的远端。所以对于这些频率,位置编码不太可能。在基膜上发生位移的位置信息对于所有的低频音调上都是相同的。因为小于 4 kHz 的音调可以适用于频率理论,被广泛接受的观点是超过 500 Hz 的音调适用位置编码,而小于 4 kHz 的音调适用频率编码。因此,在 500 Hz 到 4 kHz 之间的音调,位置编码和频率编码都影响音高。

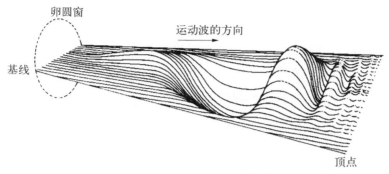

图 7.10 基底膜的波运动

3）音色、和音与不和谐音

当相同的音符由不同的乐器演奏时,声音听起来不完全相同,这是因为不同的乐器的共鸣不同。这种定性的听觉感知现象即使对于相同响度的声音和音高也会出现,称为**音色**（Plomp,2002）。音色由很多因素确定,其中一个因素是声波中谐音的相对强度。图 7.11 给出了由低音管、吉他、中音萨克斯管和小提琴演奏的基础频率为 196 Hz 音符的频率谱。由基础频率决定的音高听起来相同。但是,不同乐器中的谐波频率能量也不同;这种不同的谱模式是音调具有不同音色的原因之一。音色还受到音调构建的时间进程,以及音调起始和结束时的衰

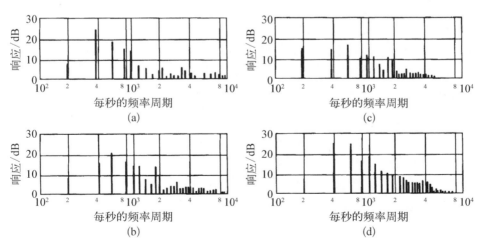

图 7.11 由各种乐器演奏的基频为 169 Hz 的音调调和结构

(a) 大管　(b) 吉他　(c) 萨克斯管　(d) 小提琴

退状况影响。

和音与不和谐音是指两个或者多个音调组合后的平和程度。当结合多个纯音时,相对的失调与临界带宽有关。在临界带宽以内的音调听起来失调,而在临界带宽之外的音调则听起来很和谐。在临界带宽内,频率上小的差异会产生敲击音或者感受到响度的振荡,而音高则听起来像两部分频率的中间频率。对于更加复杂的音乐音调,在确定音调组合和谐还是不和谐时,谐波也很重要。

7.2.3 较高等级属性的感知

我们的听觉感知范围几乎与我们的视觉感知范围一样广。我们可以感知复杂的模式,确定环境中刺激的位置,辨识语言。所以,理解听觉感知如何受组织性因素、空间线索和语言刺激特征影响很重要。

1）感知组织

虽然主要在视界领域中研究感知组织原则,这些原则还适用于其他的感觉系统。对于听觉,相近性原则和相似性原则很重要。音调的时间相近性比空间相近性还要重要。在时间上相近的音调容易被感知成一个整体。

相似性主要由音调的音高决定。具有相似音高的音调通常是组合在一起进行感知的。Heise 和 Miller 对这种现象进行了阐述。他们演奏了一系列音调,频率线性增加。听者会在这一系列音调中间听到一个高于线性变换值的音调。但是,当这个音调的频率偏差值过大时,听者会听到一个孤立的音调,而不是和谐的线性变化。

在音乐中,高频和低频音符的快速变化能够产生两种不同旋律的感知,一个音高高,一个音高低。这种感知效应称为**听觉流隔离**。Bregman 和 Rudnicky 表明了音调如何进行组织进而影响感知活动。他们向被试呈现两个标准的音调:A 和 B,这两个音调具有不同的频率(见图 7.12)。被试的任务是确定哪一个音调先出现。当只呈现音调时,被试的表现都很好,但是当音调在一个外部的干扰性低频音调之前或者之后出现,效果就变差。但是,如果相同频率的捕获者音调作为干扰音调时,效果又变好。显而易见的是,捕获者音调将干扰音调隔离到一个听觉流中,而标准音调则进入另一个听觉流中。所以,标准音调不会在干扰音中"迷失"而容易被感知。

回忆一下当视网膜图片落在盲点上时会发生什么。视觉系统会尽可能地"填补"丢失的信息。在听觉系统中也存在类似的现象。当一个音调被一个短暂的宽带噪声打断,听觉系统会填补这个音调的间隙,从而产生一个连续的音调。

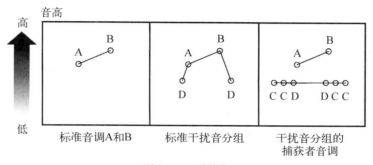

图 7.12　听觉流

Bregman 等发现一些变量对虚构的连续性和单一的听觉流感知有相似的效应，虚构的连续性和听觉流都依赖于早期的感知处理过程将序列中相似频率的部分组合在一起。

2）声音定位

虽然听觉不是主要的空间感觉，我们在空间中定位声音的能力却很强。听觉系统使用多种重要的线索进行声音定位（Blauert，1997）。例如，当一列火车向人开来，然后经过人身边，随着位置的变化，声音模式的频率会产生系统性的变换，形成相应的音高漂移。这就是**多普勒效应**。大部分听觉的空间感知的研究方向是方位上的声音定位。

我们定位短暂呈现的声音的能力很强。在一个典型的声音定位试验中，被试是遮住眼睛的。然后，研究人员会在被试周围不同的位置呈现声音，被试要求准确地辨识水平面上声音的位置。

准确的声音定位依赖于两只耳朵。我们之前介绍了两种信息的来源：双耳强度差和双耳时间差，通过不同的神经机制进行分析（Marsalek 和 Kofranek，2004）。当声音的位置从前移到后时，两只耳朵相对的强度发生系统性变化。当声音位于听者的前方时，两耳的强度是相同的。当声音位置逐渐移动到右侧，右耳相对于左耳的强度增加，当差异达到最大时，声音直接进入右耳。当声音位置移动到听者的后方，两耳的差异又逐渐恢复到零。

是什么造成了强度的差异？这个问题的答案是我们的大脑形成了一个声影区，这就好像水流中的一块大石在其后方形成一个"死点"。这个声影区只对超过 2 kHz 频率的声音产生影响。频率限制的原因是对于低频的声波，我们的头部太小，所以不会产生干扰。

当音调源发生移动时，双耳时间差的变化模式类似于双耳强度差。不同于强度差,时间差对于 1 000 Hz 以下的低频音调特别有效。因此,似乎是双耳时间差用来定位低频的声音,而双耳强度差则用来定位高频的声音。并不令人惊讶的是,定位准确度最差的音调范围是 1～2 kHz,在这个范围内,强度差和时间差都不能提供很好的空间线索。

应当注意的是时间线索和强度线索都是模棱两可的,因为在每一边都有两个不同的位置(一个向前,另一个向后)产生相似的时间和强度差异。一些单耳的信息区分了由耳郭提供的来自不同的声音声染色(高频的扭曲)的位置(Van Wanrooij 和 Van Opstal,2005)。同时,头部的移动提供了动态变化能够让声音定位更加准确(Makous 和 Middlerbrooks,1990)。当头部移动受限时,最常见的人为差错类型是定位时的前后颠倒。

达到耳朵的听觉信号发生任意的强度衰减都会导致定位准确性的降低,特别是如果影响了两耳之间相对的时间和强度关系。Caelli 和 Porter 让听者坐在轿车里判断汽笛的方向。当所有的窗户都摇上时,定位的准确性很差,听者经常前后颠倒。当司机一侧的窗户摇下时,准确性变得更差,这是因为相对强度线索的改变造成的。

垂直的声音定位没有水平的声音定位那么准确。主要是因为垂直的声音定位不能依赖于两耳的差异。躯干、头部和耳郭都能改善听觉信号,提供垂直位置的信息,形成复杂的频率谱线索(Van Wanrooij 和 Van Opstal,2005)。但是,这些线索不如双耳时间和强度线索那么强烈。判断声音的垂直距离很困难。它依赖于声音的强度以及声波在附近物体上的反射。对于一个固定强度的声源,当听者靠近时比远离时听起来更响。

在军用飞机中,三维听觉显示用来增强驾驶舱显示。对于这些显示,准确的定位非常重要。在空间中综合一个声音的位置,显示器的设计师必须首先测量耳部和头部对不同的声源声波的影响(Langendijk 和 Bronkhorst,2000)。随后,设计师将这些变化融入数字滤波器中,用来仿真不同位置的声音。这些信号的带宽决定了它们的可用性。King 和 Oldfield 指出,虽然在大部分的军机中,通信系统相对较窄,但是听者至少需要从 0～13 kHz 的宽频信号中准确地进行信号定位。这意味着驾驶舱的听觉显示带宽必须足够以实现具体的目标。

3) 语音感知

为了感知语音,我们必须能够认识和识别复杂的听觉模式(Pisoni 和 Remez,2005)。通常我们能够快速、轻松地处理语音模式。在最复杂的感知过程中,我们对语音的轻松感知并不能反映在语音模式-认知系统中必须处理的问题的复杂度。

语音的基本单元是**音素**,是语音的最小组成部分,当音素发生变化,会改变词语的意思。图 7.13 给出了英语的音素,包含元音和辅音。因为音素的一个变化会导致不同的话语感知,人类必须能够在音素的层级识别语音。语音和听觉感知的研究很多都关注于识别过程。

英文中主要的辅音与元音以及语音符号

	辅　　音				元　　音		
p	pea	θ	thigh	i	beet	o	go
b	beet	ð	thy	ɪ	bit	ɔ	ought
m	man	s	see	e	ate	a	dot
t	toy	ʒ	measure	ɛ	bet	ə	sofa
d	dog	tʃ	chip	æ	bat	ɜ	urn
n	neat	dʒ	jet	u	boot	ai	bite
k	kill	l	lap	U	put	aU	out
g	good	r	rope	ʌ	but	ɔɪ	toy
f	foot	y	year	ɒ	odd	oU	own
ç	huge	w	wet				
h	hot	ŋ	sing				
v	vote	z	zip				
ʍ	when	ʃ	show				

图 7.13　英语的音素

图 7.14 描述了一个短词组的语音图谱。其中横轴是时间,纵轴则是声音的频率。黑色阴影部分是语音信号在某一时刻对应频率上所包含的能量。能量最大的部分在不同的水平波段的频率上,称为共振峰。共振峰代表了元音。初始的辅音音素对应共振峰的转换(或者变化),发生于信号的开始阶段。研究人员

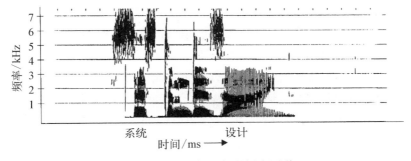

图 7.14　"系统设计"的语音图谱

需要研究的问题是识别听觉信号中的标识具体音素的不同内容。

　　识别音素会寻找不变的听觉线索的开始，即在所有的语音环境中，听觉信号中独特、具体的音素内容。但是，如果我们检测广泛的语音图谱，则并没有明显不变的线索。图 7.15 使用一个图谱示意图描述了产生 **dee** 和 **do** 两种语音的情况。因为元音不同，所以两种语音的共振峰也不同。但是，尽管两种语音的辅音是相同的，共振峰的转换是不同的。对于 **dee**，共振峰转换的频率变化较大，而对于 **do**，共振峰转换的频率变化较小。

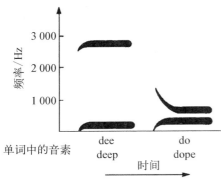

图 7.15　"dee"和"do"的人造语音声谱

　　因为语音图谱中这些音素听觉变化的实例，音素的感知必须依赖于其他的方式，而不是基于无变化的线索。一个假设是音素的感知不仅随听觉信号而变化，还与声音产生的方式有关，例如，如果音素通过说话的方式传递，那么嘴部、舌头和咽喉产生的本体感受反馈也会影响音素的感知（Galantucci，2005；Mattingly 和 Studdert-Kennedy，1991）。

　　语音感知的一个重要现象是**分类感知**（Seniclaes 等，2005）。我们使用 **da** 和 **ta** 对这种现象进行说明。**da** 和 **ta** 的主要区别在于辅音的释放时间。对于 **da**，辅音的释放时间约为 17 ms，而对于 **ta**，辅音的释放时间约为 91 ms。对于仿真语音，释放时间在 17～91 ms 之间。那么问题是，听者如何感知这种中间的释放时间？答案是当听到 **da** 或者 **ta** 刺激时，在中间释放时刻会伴随着一个相对尖锐的边界。此外，即使当辅音的释放时间不同时，刺激边界的相同一边听起来都是一样的。换句话说，人们并没有听出刺激的物理差异；刺激被严格地分类为 **da** 或者 **ta**。

　　我们所了解的关于语音感知中人类是如何处理音素的知识是有限的。其他对于语音感知的研究更多关注于自然的会话性语音。当然，对于会话性语音，我们需要解决的问题更加复杂。在会话性语音中，单词之间没有物理边界。我们认为听到的任意边界都来自自己的感知系统。此外，在会话性语音中，人们经常发音不清楚。如果我们对会话流进行录音，然后回听录音中的每个单词，会发现很难识别。单词的上下文决定了我们感知单词的方式。当上下文不清楚时，单词可能与相近发音的其他单词混淆。在 1990 年，一名州际巴士的乘客大叫道："卫生间里有一个流浪汉（bum）！"但是，巴士司机错误地听成："卫生间里有一个炸弹(bomb)!"所以司机停下了巴士,并报警。警察对高速公路进行了封锁,并安排警犬进行炸弹搜索。最后,躲在卫生间里的旅客只被起诉逃票行为。

由于会话性语音的复杂性,语音感知很大程度上依赖于语义和语法内容。Miller 和 Isard 通过一个经典的试验进行了证明。他们让被试大声重复他们所听到的单词串。这些单词串包括如下内容:① 正常的句子(如狗熊从蜂巢中偷取蜂蜜);② 语法正确、语义不正确的句子(如狗熊在农场里开枪);③ 语法不正确的单词串。听者完整重复语法不正确的单词串的正确概率最低(56%)。语法正确、语义不正确的句子完整重复率较高(79%),表明与语法规则的一致性可以增强感知的能力。同时,对于有意义的句子,正确率更高(89%),这说明语义对于感知能力也很重要。

在语音感知中一个有趣的情景效应是语音复原效应。Warren 让被试听一段文字,"州长们在首府召开各自立法机构(leigislatures)会议",在这段文字中,用咳嗽声代替 leigislatures 中的第一个"s"。没有人意识到第一个"s"丢失,也没有注意到咳嗽声的位置。当文字之前的内容模糊不清,音素需要根据后续的单词进行确定时,也会出现这种效应。再强调一下的是,由听者感知系统构建的音素需要基于句子的内容。对于语言恢复以及非语言性的听觉刺激,上下文的内容不仅必须提供足够的线索,并且插入的声音也必须在能够覆盖被替代声音的频率范围内(Bashford 等,1992)。会话性语音的研究结果表明听者的预期会影响语音的感知,这比视觉模式认知中更为严重。

7.3 前庭系统

前庭系统的感觉感受器位于内耳的膜迷路中(Highstein 等,2004)。这个感觉器官能够让我们感受到自己身体的运动。它还能在我们移动头部的时候,帮助控制眼睛的位置,并保持上肢的姿态。前庭器官由 3 部分组成:椭圆囊、耳石器骨和半规管。在耳石器骨和半规管中,存在着类似基膜上的感受器细胞(Lackner 和 DiZio,2005)。这些器官上纤毛的位移会产生神经信号。

耳石器骨两侧有发细胞,细胞的纤毛嵌在凝胶状液体中,包含"耳石"。当倾斜头部时,石头在液体中滚动。这种运动会提供纤毛的位置,从而提供重力方向和线性加速度的信息。这些信息用来控制姿态。半规管位于 3 个大致正交的平面上。当转动头部时,就形成液体和半规管之间的相互运动,从而在每个管路中的毛细胞会产生剪切运动。这些感受器提供选择和角加速度的信息。

视觉和本体感知的系统功能一起帮助控制运动。所做的动作大部分依赖于前庭系统自发产生的信号。例如,当将眼睛注视在某个目标物体上时,然后转动头部,注视会通过**前庭-眼球反射**进行保持,使得眼睛会向着头部移动的相反方向运动。相类似的眼部反射移动能够计量身体的运动,帮助人在其他的条件下稳定注视。前庭系统在保持姿态和平衡时也非常重要。老年人容易摔倒就是因为前庭系统的衰退。

当一个人处于不熟悉的运动或者振动模式中时,他/她可能会感受到视觉和听觉定位的错觉,或者对自身的方位产生错觉。不熟悉的运动模式可能会导致晕动症(Lackner 和 DiZio,2005),这是由于前庭线索和其他感官系统的线索的不一致性所致。晕动症通常发生在移动的交通工具中(飞机、轮船、汽车、火车等),同时,在仿真的环境和虚拟环境中也容易发生(仿真的交通工具没有发生真实的移动)(Harm,2002;见框 7.1)。晕动症的症状包括头痛、视疲劳、恶心和呕吐。症状的严重程度根据个人的敏感度和运动的幅度而不同。

框 7.1　虚 拟 环 境

虚拟现实(VR)和虚拟环境(VE)是复杂的人机交互界面(Stanney,2002)。虚拟环境的设计让用户仿佛沉浸在真实的"世界"中,从而做出与在真实世界中相同的反应。对于虚拟环境的构成并没有一个完全统一的说法,但是最基本的属性是三维视觉显示。不是所有的三维显示都是虚拟环境显示。Wann 和 Mon-Williams 认为"虚拟现实/虚拟环境应当用来描述能够支持明确感知标准的系统(如头部运动视差、双目视觉),使得用户能够感知到计算机产生的包含深度的图像"。换而言之,虚拟环境系统应当向用户提供真实发生在物理世界中的感知变化。虚拟环境系统的另一个特征属性是它必须能够让用户通过操作目标物体直接与环境进行交互。

通常虚拟环境的设计人员努力创造逼真的临场感觉,即用户在虚拟环境中的感受与在真实的物理环境中的感受一致。临场感的体验与融入程度有关,或者依赖于用户关注虚拟环境中活动的程度、沉浸感等(Witmer 和 Singer,1998)。很多因素会影响临场感觉,包括视觉显示的逼真度,用户与虚拟环境交互的难易程度,用户能够控制自己动作的程度,以及虚拟环境硬件和软件的质量(Sadowski 和 Stanney,2002)。

虽然虚拟环境设计人员非常关注如何显示三维信息,虚拟环境系统的目标是向用户提供与在物理环境中相同的所有感受体验。因为在真实世界中,听觉与视觉一样重要,三维听觉显示通常包含在虚拟环境中,增加逼真度和临场感觉体验。逼真的空间定位可以通过使用基于头部相关的转换公式的耳机过滤器实现,指明传递到耳中的不同位置的听觉信号。尽管没有广泛使用,触觉显示能够用来让用户在操作虚拟设备时,"感受"到被操作的目标物体,并接收到力反馈。加速系统可以惟妙惟肖地仿真前庭系统中的身体加速效应。

由于技术的限制,并不是所有的虚拟现实中的感觉变化都能准确地反映物理世界的时间和方式情况,这会导致感觉系统之间一定程度的矛盾。因此,通常虚拟环境的用户会感受到一种形式的晕动症,称为"电脑病"。

超过 80% 的虚拟环境用户会感受到一定程度的电脑病,从轻微的症状到恶心(Stanney,2003)。在虚拟环境中,会产生生理适应性以缓解这些症状。但是生理适应性可能会产生后遗症,例如身体不能平衡,或者头-眼不协调等(Stoffregen 等,2002)。虚拟环境设计人员和操作人员必须使得潜在的身体伤害和安全性风险降至最小。

针对不同用途构建虚拟环境的可能性不断增加。应用的领域包括工程设计过程、医务培训、新颖环境和紧急场景的仿真、团队训练以及科学可视化等。正如 Wann 和 Mon-Williams 强调的,虚拟环境的一个优点是它没有限制我们与物理世界的交互,很多实用的虚拟环境应用就是利用了这一优点。

在载人太空飞行中,前庭系统保证了宇航员的能力(Young,2000)。在整个太空阶段,从起飞到发射再到着陆,宇航员感受到的前庭线索与通常情况是不同的。在太空中重力消失,使得宇航员的前庭响应发生变化。这种变化的响应会导致空间定向障碍和晕动症,这通常发生在发射的前几个小时,并会持续大约 3 天。太空晕动症使得宇航员在太空中的初始几天只能进行少量的工作。在这段时间的工作计划必须考虑到他们工作能力的丧失。宇航员可能还会感受到空间定向错觉。定向障碍以及姿态控制的困难可能会贯穿整个太空任务期间。

在零重力环境下解决这个长期问题的一个方法是通过太空交通工具的旋转提供人造重力。但是，也会由于旋转产生不寻常的前庭刺激。总的来说，与前庭反应相关的人为因素问题有很多。

7.4　躯体感觉系统

当驾驶汽车时，你可能会不用看着档位的方向进行换挡操作。当你接触到换挡器时手部会提供感觉。同时不需要看换挡器就可以随心所欲地操作。能够让你识别换挡器和其位置的信息由**躯体感觉系统**提供。躯体感觉系统包含触感，以及压力感觉、振动感觉、温度感觉、疼痛感觉和本体感受。

7.4.1　感觉系统

躯体感觉系统的大部分感觉感受器位于皮肤上，由两部分组成。表皮的最外面是几层死细胞，下方是一层活细胞。真皮是内部层，分布着大部分的神经末梢。这些神经末梢有多种类型。一些主要响应压力刺激，其他主要响应疼痛刺激。这些神经通过产生一个动作电位响应机械刺激、温度刺激或者电刺激，动作电位再通过轴突纤维传递给大脑。

神经通路根据两个主要的原则进行组织（Coren 等，2004）：神经纤维的类型以及通道在大脑皮层上的终止位置。纤维依据对不同类型刺激的响应程度进行分类，它们是快速适应或者慢速适应，以及它们的接收区域大或小。接收区域具有如视觉系统中相似的中心-环绕组织类型。

神经纤维有两个主要的通路。第一条称为内侧丘系通路。在内侧丘系通路中的纤维快速执行信息，通过通路上升到身体同侧的脊髓后部。在脑干处大部分的纤维又交叉到身体的另一侧。通路一直持续到躯体感觉皮层。这个系统中的纤维主要对触摸和运动产生响应。另一条通路是脊髓丘脑通路。在这条通路中，纤维相较于丘系通路中执行信息速度较慢。这条通路从身体的另一侧上升到大脑，穿过大脑中一些重要的区域，并直到躯体感觉皮层结束。脊髓丘脑通路传递疼痛、温度和触摸信息。

躯体感觉皮层与视觉皮层的组织架构很类似（见图 7.16）。它由两个部分组成，每个部分都有不同的层级。每一个层级的组织使得皮肤上两个相邻区域的刺激能够产生皮层上两个相邻区域的神经活动，细胞对刺激的特征做出响应。

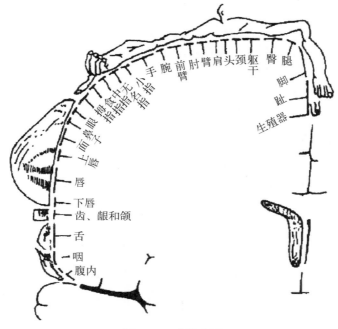

图 7.16 感觉皮层

感受器位于肌肉的肌腱和关节以及皮肤上,提供关于四肢位置的信息。这个信息称为本体感受,当与运动相关时,称为运动觉。运动觉在保持身体协调和控制身体运动中起关键作用。本体感受的输入来自多种类型的感受器。触觉感受器位于皮肤下层的深度组织层中。牵张感受器连接着肌肉纤维,对肌肉的拉伸做出响应。高尔肌腱器官对肌肉张力敏感,高尔肌腱器官连接着肌肉和骨头之间的肌腱。关节感受器位于关节上,提供关节的角度信息。携带本体感受信息的神经元通过与触觉相同的两条通路将信息传递到大脑。同时,它们也投射到躯体感觉皮层的相同区域。

7.4.2 触觉感知

触摸感受可以来自身体的任何一个部分。身体各个部分的触觉感知绝对阈值是不同的,其中,阈值最低的为脸部(见图 7.17)。振动刺激比点状刺激更容易检测。使用生理学方法,我们可以通过询问被试确定两个同时发生的刺激点何时被感知为两个独立的事件,从而获得**两点阈值**。这个阈值测量两点之间的空间距离,提供哪一个在皮肤上可以定位的准确信息。身体上的两点阈值与触摸上的绝对阈值的功能类似。两点阈值和绝对阈值的主要差异在手指,而不是在脸部，手指上的两点阈值最小。

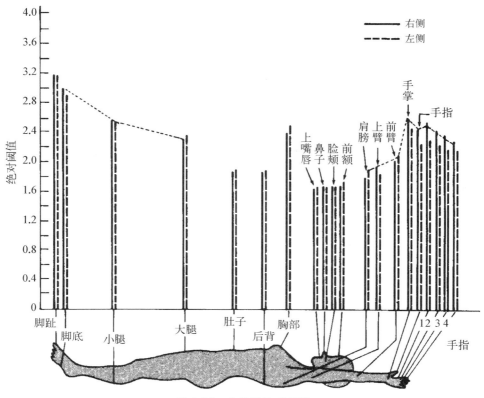

图 7.17　人体的绝对阈值

对于振动刺激，我们可以通过振动频率计算阈值，以及大于阈值的感觉幅度。图 7.18 给出了等敏感度曲线，这类似于不同的听觉频率中的等响度曲线。人类对于频率在 200～400 Hz 的振动最敏感。

除了直接的触觉刺激，我们同样能够通过使用工具、戴手套，或者其他皮肤和刺激之间的介质接收到非直接的刺激。如果直接接触可能会受伤，那么操作人员可以使用工具检测产品的质量。例如，工人会被要求检查玻璃表面的边缘，我们并不希望他直接用手进行检查，而是使用一些工具和仪器。Kleiner 等研究了影响人们进行非直接瑕疵检测工作的因素。他们发现当瑕疵的面积增大时，检测的准确性也增大，而检测仪器探头直径的增加，则会减小检测的准确性。

在触觉感知中一个最主要的区分是**被动接触**和**主动接触**。在被动接触中，

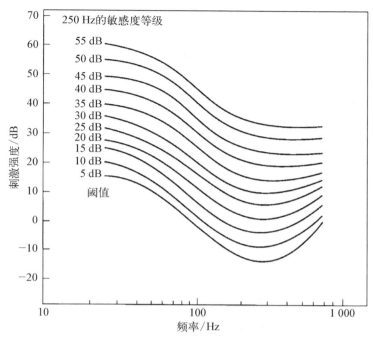

图 7.18　振动刺激的等敏感度曲线

皮肤是静止的,外部的压力刺激作用在皮肤上。这个过程我们可以用来获得绝对阈值和两点阈值,在主动接触中,通过移动皮肤接触到刺激。当我们抓取目标物体进行识别时就是主动接触。

　　Gibson 强调被动接触会使得皮肤上感知到压力,而主动接触则会感觉到触碰到目标物体。虽然我们还不了解这两种不同感知体验的原因,很大程度是因为主动接触是目的性的。即控制一个目标物体的目的是识别或者使用它;使用了对目标的各种探索程序和预期,对感知的顺序关系进行编码(Klatzky 和 Lederman,2003)。例如,用手指触碰目标物体的表面能够了解其纹理。人为因素学需要准确地感知皮肤上刺激的移动。

　　我们知道人类可以从触觉输入以及视觉输入中获取信息。因为触觉感受不如视觉感受那样对空间细节敏感,所以需要识别的模式应当更大,更具有特点。布莱叶拼音(盲文)是能够满足这一要求的系统。但是一个受过训练的盲文阅读者一分钟智能阅读 100 个单词,而视觉阅读者则可以每分钟阅读 250～300 个单词。盲文阅读速度较慢说明触觉的准确性低于视觉的准确性。正因为这样,盲文必须足够的宽,并且字与字之间需要有足够的空间,能够让阅读者一次感知到一个单独的字母。

非文本的材料也可以是触觉的。例如,可以使用凸起的表面呈现图片材料。考虑过去一年的道琼斯工业指数走势的图片,指数走势可以使用凸起的线条进行描绘。一个问题是图片中是否需要包含网格帮助定位,这样能够更好地确定具体时刻的指数值。问题的答案依赖于必须从图片中识别的信息。对于位置问题,例如指数值,当有网格时更佳,而对于指数走势的整个全貌,指数是涨了还是跌了,那么没有网格更好(Parkin,1987;Lederman 和 Campbell,1982)。另外一个触觉信息的例子是人行道上的导航符号(Courtney 和 Chow,2001)。视力不好的行人能够从人行道上的脚步区分符号中获取信息。即使穿着鞋,人们也可以使用脚部准确地区分 10 种不同的符号。

触觉和力反馈装置能够改变用户与计算机和其他技术系统的交互方式(Brewster 和 Murray-Smith,2001)。触觉设备使用在医疗模拟器中,训练医生动手术的技术;在空中交通工具或者太空交通工具中,当大重力环境、视觉受限时向飞行员提供信息,以及在虚拟环境中帮助人们进行导航。

7.4.3　温度和疼痛感知

我们通过温度对皮肤的刺激测量温度敏感度。温度阈值的时间总合作用为 $0.5 \sim 1.0$ s(Stevens 等,1973),而空间总合作用是很大的区域(Kenshalo,1972)。这意味着如果按压一个热的平面,会感觉比仅仅触碰边缘要更烫。在几分钟之后,会适应热刺激。一个人能够识别身体上热刺激和冷刺激的位置,但不是非常精确。

有很多研究专注于疼痛的神经生理学和心理学基础(Pappagallo,2005)。疼痛可以来自极端的外部条件,例如很响的噪声或者寒冷的天气,疼痛意味着如果长时间地暴露在这样的条件下可能会造成身体损伤。疼痛也是有益处的:疼痛意味着你应当尽可能减少活动(如扭伤时停止走路),并进行恢复。

疼痛感知和它的测量是物理人机工效学中重要的组成部分。下背疼痛和与上肢肌肉骨骼疾患相关的疼痛非常普遍,而这种疼痛对于工作者和雇主的代价却很高(Feuerstein 等,1999;Garofolo 和 Polatin,1999)。如何预防和减少受伤和累积劳损带来的疼痛将在第 16 章中进行介绍。

疼痛感受器有两种类型:身体上的游离神经末梢以及称为施万细胞的神经末梢。施万细胞位于皮肤的外侧。疼痛感受器以及它们所连接的纤维只对高强度的刺激产生响应。纤维主要连接着脊髓丘脑通路。疼痛研究使用很多设备产生对身体各个部分的强烈的机械刺激、热刺激、化学刺激和皮肤电刺激。

在身体的不同部位,疼痛的感觉也是不同的。其中,鼻尖、脚底和大拇指底部的肉瘤上最不敏感,而膝盖后部、肘部弯曲处和颈部区域最敏感(Geldard,1972)。与触摸和温度相比,疼痛阈值几乎没有时间和空间总合作用。但是,疼痛感受器在长时间的刺激中表现出适应性。换句话说,你会慢慢习惯于疼痛感。

7.5 化学系统

味觉和嗅觉属于化学系统,因为在嘴里和鼻腔中,刺激是分子物质(Di Lorenzo 和 Youngentob,2003)。味觉和嗅觉对于美学和生存都非常重要。闻起来或者尝起来不好的东西通常是有毒的。因此,味觉和嗅觉为我们提供了环境中目标和物质重要的信息。

例如,一个网页专门从事区分伪造的和真实的 1938 年德国明信片,推荐的方式是气味测试。"不开玩笑,你闻一闻旧的明信片!试着闻一下旧的明信片和新的明信片。你肯定会感觉不一样——通常,旧明信片闻起来像来自阁楼"(Forgery Warning I,1999)。在一些情况下,我们可以在无味的物体中加入一些有味道的物体,传递一些潜在的危险信息。例如硫醇,一种气味强烈的化合物,被加入无味的天然气中。硫醇使得天然气泄漏时很容易检测到。天然的硫醇是臭鼬用来抵御潜在的捕食者的。

味觉的物理刺激是唾液中溶解的物质。溶解的物质影响位于舌头和喉咙中的感受器。味觉的感受器是一组称为**味蕾**的细胞,每个味蕾都由一些靠在一起的感受器细胞组成。这些细胞持续地产生,生命周期只有短短的几天。味觉感受器机制来自味觉小孔。各种物质溶于水后,通过味觉小孔刺激味觉细胞,并通过味觉神经传给大脑产生味觉。

至少有四种基本的味觉品味:甜味、咸味、酸味和苦味,此外,鲜味由谷氨酸钠引起,可以认为是第五种味道。这些味道与产生它们的物质的分子结构相关。舌头上的所有区域都能够对味道做出响应,每种味道的敏感度取决于舌头的位置。我们还不知道分子如何影响感觉感受器产生一个神经信号。味蕾上的纤维产生三种大的神经信号,传递到一些核心中,包括丘脑中心,在投射到靠近躯体感觉皮层的主要区域之前。第二个皮层区域位于前颞叶中。

我们可以闻到挥发/蒸发的物质。气流携带着分子到达鼻腔,影响我们的嗅觉感受器。感受器细胞位于鼻孔中,称为**嗅觉上皮**。每个感受器细胞都有一个突出,称为嗅觉杆,延伸到上皮的表面。触觉杆底端包含一个瘤状物,类似头发的结构,称为**嗅觉纤毛**,这些纤毛是感受器。类似于味觉感受器,嗅觉感受器只有有限的生命周期,它们可以工作 4～8 周。嗅觉感受器上的轴突构成嗅觉神经,将嗅觉传递到大脑前部的嗅球处。从嗅球到皮层的主要通路称为外侧嗅束。

　　嗅觉和味觉是紧密相关的。你可以通过捏住鼻子后尝试不同口味的食物进行验证。味觉和嗅觉之间的关系部分解释了为什么感冒时感觉不到味道。品酒师对酒精性饮料的品尝更加强调味觉和嗅觉的关系。一个生产威士忌的酒厂在感觉评价部门和质量控制部门中使用品酒师。在第一个部门中,有经验的品酒师在 3～5 年的周期内监督陈年威士忌的进展。在质量控制部门,品酒师在融合过程中和装瓶过程后进行测试。虽然品酒师使用嘴对威士忌进行品尝,但是他们的评价主要基于威士忌的气味。如一名品酒师所说:"当我品尝时,我是依据它的芳香,这正如葡萄酒品酒师一样。你举起杯,摇晃一下,闻一闻,然后你就可以给出评价。我品尝威士忌是为了增强我的第一印象。"(Balthazar,1998)。

7.6　总结

　　除了视觉以外,感知还有多种感觉输入形式。听觉提供了世界中很多事件的重要信息。我们可以区分声音的多种强度和频率,以及其他更加复杂的属性。类似于视觉,构建听觉场景由很多感觉源提供线索,包括时间强度和内容。前庭感觉与听觉系统紧密相关,向我们提供外部环境中方向和空间关系的信息。皮肤感觉提供触觉、温度和疼痛的基础感知。化学感觉让我们有不同的味觉和嗅觉。

　　在第 5 章到第 7 章中,我们重点介绍了感知系统。我们知道如果刺激的线索是错误的或者具有误导性,或者如果刺激所包含的内容与我们预期的不一致,那么感知系统会发生差错。这一点很重要,所以在显示信息时,应当使得感知的混淆最小,并且遵循观察者的预期。在第 8 章中,我们将阐述如何显示信息能够让感知的准确性最优。

推荐阅读

Dalton, P. 2002. Olfaction. In H. Pashler & S. Yantis (Eds.), Steven's Handbook of Experimental Psychology (3rd ed.), Vol. 1: Sensation and Perception (pp. 691 - 746). New York: Wiley.

Halpern, B. P. 2002. Taste. In H. Pashler & S. Yantis (Eds.), Steven's Handbook of Experimental Psychology (3rd ed.), Vol. 1: Sensation and Perception (pp. 653 - 690).

New York: Wiley.

Klatzky, R. L. & Lederman, S. J. 2003. Touch. In A. F. Healy & R. W. Proctor (Eds.), Experimental Psychology (pp. 147 – 176) Vol. 4 in I. B. Weiner (editor-in-chief) Handbook of Psychology. Hoboken, NJ: Wiley.

Krueger, L. (Ed.). 1996. Pain and Touch. Handbook of Perception and Cognition (2nd ed.). San Diego, CA: Academic Press.

Plack, C. J. 2005. The Sense of Hearing. Mahwah, NJ: Lawrence Erlbaum.

Stoffregen, T. A., Draper, M. H., Kennedy, R. S. & Compton, D. 2002. Vestibular adaptation and aftereffects. In K. M. Stanney (Ed.), Handbook of Virtual Environments: Design, Implementation, and Applications. Human Factors and Ergonomics (pp. 773 – 790). Mahwah, NJ: Lawrence Erlbaum.

Warren, R. M. 1999. Auditory Perception: A New Analysis and Synthesis. New York: Cambridge University Press.

Yost, W. A. 2003. Audition. In A. F. Healy & R. W. Proctor (Eds.), Experimental Psychology (pp. 121 – 146). Vol. 4 in I. B. Weiner (editor-in-chief) Handbook of Psychology. Hoboken, NJ: Wiley.

8 视觉显示、听觉显示和触觉信息显示

> 信息呈现的方式让操作人员产生混淆。
>
> ——三里岛事故的报告

8.1 简介

信息显示是我们日常生活背景的一部分。动画广告牌、等离子电视显示器、证券报价机和巨大的电子信号牌是大型城市中司空见惯的标识。从一开始,人为因素规则就用来设计最好的信息显示方式。最重要的规则是显示应当以尽可能简单、明确的方式传递预期的信息。对于广泛的应用方式,人为因素专家应当思考哪一种感觉方式最有效(视觉或者听觉),需要多少信息,以及信息应当如何编码。

对于更加复杂的人机界面,例如飞机驾驶舱或者核电站的控制室,精心设计的显示保证了系统操作的安全和有效性。但是,在其他没有那么复杂和重要的情况中,显示设计考虑也同样重要。例如,随着计算机工作站和微电脑中视觉显示终端的增加,如何设计最优的显示越来越重要。在公共场所使用的指示标识和标志应当选择合适的显示方式将重要的信息传递给行人。新的显示技术提供了广泛的信息显示选项,同时,随着新技术的使用,独特的人为因素问题也随之出现。

在本章中,我们将讨论显示设计中需要考虑的问题,特别是与人的感知相关的设计指南。除了描述整体的显示设计指南,我们还会考虑与最新的显示技术相关的特定问题。本章主要聚焦在视觉显示和听觉显示,因为绝大部分的显示都使用了这两种方式。触觉显示只使用在有限的目标中,例如控制器件必须通过"感受"的方式进行识别,以及向盲人传递空间分布的信息,而嗅觉显示和味觉显示则极少用到。

显示方式(特别是视觉或者听觉)的问题通常可以通过考虑预期需要传递的显示信息的内容解决。信息长或者短?简单或者复杂?信息接收者需要采取何种接收方式?接收者在哪种环境中活动?表 8.1 给出了确定对具体信息使用听觉方式或者视觉方式总的原则。这些原则是基于两种方式独特的属性以及所处的环境特征。

表 8.1 何时使用听觉显示和视觉显示

使用听觉显示的情况	(1) 信息简单
	(2) 信息内容短
	(3) 稍后将不提供信息
	(4) 信息与事件在时间上紧密相关
	(5) 信息需要立即处理
	(6) 视觉系统负担过重
	(7) 接收信息的位置很亮或者需要暗适应性环境
	(8) 人的工作要求持续的移动
使用视觉显示的情况	(1) 信息复杂
	(2) 信息内容长
	(3) 稍后仍将提供信息
	(4) 信息与事件在空间上紧密相关
	(5) 信息不需要立即处理
	(6) 听觉系统负担过重
	(7) 接收信息的位置很嘈杂
	(8) 人的工作能够保持在一个位置

如果环境很嘈杂,或者听觉系统还需要负担其他的听觉内容,那么听觉信息可能被遮蔽,难以感知。在这种情况下,通常视觉显示更加有效。当视场内发生杂乱,视觉显示信息可能难以感知,因此听觉显示更加合适。视觉显示如果要被看到,则必须位于观察者的视界范围内,而听觉显示对于人的位置却不那么重要。所以,人的位置和移动也在一定程度上决定了信息呈现的方式。

因为我们可以利用视觉准确地进行空间上的区分,空间信息最好使用视觉显示方式进行传递。另一方面,因为时间组织是听觉感知的主要属性,时间信息最好使用听觉显示方式进行传递。听觉信息必须在时间上进行整合,因此,听觉信息应当简短,不需要滞后的操作。最后,当动作需要理解执行时,听觉信号能够比视觉信号更容易获取注意力。

考虑一种情况:需要向自动流水线的工人传递信息。假设信息的内容是一个金属压片校准错误,导致了一个组件变形。自动流水线是一个嘈杂的环境,大部分流水线上的工人会佩戴一个耳塞装置,并不断地移动进行工作。校准错误的金属压片需要立即进行处理：必须重新进行校准。从表 8.1 中可以看出，在这种情况下的一些特征表明应当通过视觉显示的方式进行提示，而另一些特征则暗示可以使用听觉显示的方式。如果流水线上的工人佩戴耳塞，听觉信息必须足够响，这样工人才能感知到。但是，因为工人不停地移动，空间固定的信息，例如告警灯可能不能被快速地检测到。因为信息很简短（"重新校准"）并且需要立即处理，此时能够穿过耳塞的听觉告警会更适合于传递信息。

很多人的听力和视力水平可能受损。因此，当可能时使用多种显示方式会是一个很好的选择。例如，在大城市会遇到交通信号灯包含传统的视觉走/不走的信息，以及"滴滴滴"的声音。

还有一个实例是，患者可以"听到"他们的处方药的药物标签。如果患者不能阅读药瓶上的指示，他/她可能会在不合适的时间服错药，或者他/她没有意识到药物可能会导致困意。患者可能需要药剂师向他们重复已经在药物标签上的信息。为了更好地解决这个问题，在一些处方标签中嵌入了一个微芯片，能够传递由语音合成器形成的语音信息。如很多的人为因素创新产品一样，语音标签系统有多种好处，包括让药剂师花费更少的时间就能够处理与阅读障碍相关的问题，并且提高患者的安全性。此外，因为很多盲人都是老年人，语音标签帮助提高他们独居情况下的生活质量，而不需要待在养老院。

8.2　视觉显示

人为因素的应用之一是军用飞机显示面板的设计（Green 等，1995）。工程师花费了大量的工作确定最优的仪表显示面板的布局，以及对每个仪器、信息最有效的呈现方式。大量的研究在基础的工作上展开，形成了视觉显示设计优化的大型数据库。我们可以对视觉显示进行的一个最基本区分是**静态显示**和**动态显示**。静态显示是固定的，不发生变化，例如路标、建筑内部的标识或者设备上的标识等。动态显示随时间变化，包括速度指示器、压力指示器和高度指示器等。高速公路上可变的电子信息标识显示包含一系列独立的闪烁字符信息，属于两者之间。

有些视觉显示可以及时呈现复杂的系统或者环境变化———一旦变化被检测到。通常这种显示用作传递复杂的动态信息模式。例如，尽管电视天气地图只用作描述静态的风暴位置，现在我们还可以看到动态的传递风暴移动的方向和速度的显示。对于复杂系统的运行，例如过程控制设备，我们可以在不同的层级，使用多种显示动态地呈现系统的信息（见框 8.1）。

框 8.1 生态界面设计

生态界面设计(EID),由 Vicente 和 Rasmussen 建立,是建立和设计复杂工作领域中计算机界面(如核电站控制室)的通用方法。该方法的建立依据是,尽管复杂的人机系统的操作人员对于大部分的日常事件非常在行,但在某些情况下,他们必须对不熟悉的事件进行响应。这些情况有些是可预期的,有些是无法预期的(Torenvliet 和 Vicente,2006)。

生态界面设计方法基于两个概念工具。第一是抽象的层级结构(Rasmussen,1985)。任何的工作领域都可以描述成不同的抽象层级。对于过程控制包括如下:① 系统功能性的目标;② 系统的抽象功能(预期的因果结构);③ 总体功能(系统的基本功能);④ 物理功能(组件和相互交联);⑤ 系统的物理形式。在"非正常"情况下,界面应当传递目标结构和不同抽象层级的关系,让操作人员在不同的等级考虑系统的细节。

第二个抽象的概念是 Rasmussen 分类,在第 3 章中进行了介绍,包含基于技巧的行为、基于规则的行为和基于知识的行为。基于技巧的行为方式是描述一个有丰富经验的操作人员的日常工作。通过大量的训练,操作人员可以获得高级别的自动化感知-动作程序,这主要依赖于认知模式。

因此,基于技巧的方式比其他的方式需要较少的努力,有经验的操作人员更喜欢这种方式。这个事实的应用是应当尽可能将界面设计成能够让操作人员以基于技巧的方式工作。但是由于当面对复杂或者新的问题时,即使是有经验的操作人员在很多情况下也会依赖两个较高等级的行为模式中的一个,界面的设计应当同时也支持这些模式。

生态界面设计包含三个规范的原则,能够匹配控制合适层级的显示属性。在基于技巧层级,界面设计应当通过允许操作人员的行为直接由低层级的界面感知属性指导的方式,充分利用操作人员高度熟悉的程序,而信息显示的结构与将要形成的动作结构相匹配。换句话说,操作人员应当能够不用多大努力就可以观察显示,了解显示信息的内容,并做出动作。基于规则的行为模式依赖于从线索中提取出合适的规则,然后帮助选择正确的动作。在这里,生态界面设计的原则是提供工作领域的限制和界面所提供的线索之间的一致匹配。

　　基于知识的认知控制模式强调解决问题是最费力也最容易产生差错的。工作领域应当通过抽象的层级形式进行呈现,描述系统不同层级中的过程。基于系统层级的界面设计可以向操作人员提供外部的脑力模型,支持问题解决。

　　Vicente 在生态界面设计评价和应用中对过程进行了评估。他认为相较于目前所使用的基于传统设计方法设计的界面而言,根据生态界面设计原则设计的界面可以提高绩效水平,但是这种提高主要针对包含复杂问题解决的情况,即需要基于知识的行为的情况。Vicente 还认为生态界面设计中由界面提供的基础性信息能够支持较高等级的控制,并且更依赖于视觉空间显示,而不是文本显示。生态界面设计已经在很多领域中取得了广泛的应用,包括一些核电站的应用,新生儿重症监护室以及超文本信息检索(Chery 和 Vicente,2006),形成了对新的界面信息需求的识别。

通常动态显示比静态显示更加复杂。但是动态显示也包含很多静态特征,例如速度指示器上的刻度和数值。在天气地图上,市和省的边界以及城区的标识都是静态的,而风暴的行进却是移动的。因此在后续的内容中,我们先介绍静态显示设计,再介绍动态显示设计。

8.2.1　静态显示

1) 显示效果

设计一个好的静态显示或者符号时,需要考虑多种因素(Helander,1987)。表 8.2 给出了增强视觉显示效果的原则。首先的两个原则**醒目性**和**可见性**是最重要的。考虑一块路牌标识或者广告牌,醒目性表明标识吸引注意力的程度,而可见性是指标识能被看见的程度。不醒目和不可见的标识不能用来传递信息。

　　醒目性和可见性由标识的位置、吸引注意力的程度以及所处的环境决定。例如,我们知道随着刺激移动远离到外周视界中,视觉敏锐性和颜色敏感性逐步降低。这表明我们应当将显示或者标识放在人们希望看到的地方,或者能够吸

表 8.2 增强视觉显示效果的原则

醒目性	标识应当吸引注意力，并且位于人们会观察的位置。三个因素会决定人的注意力：突出性、新颖性和相关性
可见性	标识和符号应当在所有预期的观察条件中都可见，包括白天和夜间以及光亮条件等
易读性	通过增加字符和背景的对比度可以优化易读性，并且使用易读的字符
可理解性	表明危险，以及如果忽略一个警告的后果。使用尽可能少的词语，避免缩略语。告诉操作人员到底在做什么
强调	应当强调最重要的词语。例如，标识上应当使用较大的字符和边框强调"危险"
标准化	当存在时，使用标准化的单词和符号
可维护性	材料必须能够防止由于光照、雨水、腐蚀等情况造成的老化

引足够的注意力，使得人们会关注。此外，如果标识使用在黑暗、光亮、糟糕的天气等条件下，需要保证标识的可见性。例如，路牌应当在雨天、雾天、夜间和白天都可见。

可见性和醒目性对于紧急车辆，例如消防车非常重要，因为当出现紧急情况时，这些车辆必须高速通过道路。尽管我们考虑了紧急驾驶的危险特性，消防车出现的交通事故却依旧非常不成比例（Solomon 和 King，1997）。高的事故率部分因为消防车主体颜色红色不醒目，可见性不好。在 1950 年之前，道路上只有很少的红色车辆，这使得红色的消防车非常醒目，但是现在不是这样了。同时，我们的视觉系统在夜间对视觉频谱中的长波长（红色）区域非常不敏感，在白天相对不敏感；因此在外周视界的远距离区域，红色不能被检测到。此外，色盲患者很难识别红色。

可能在社区中会看到柠檬黄色的紧急车辆。人的光学灵敏度函数表明人对柠檬黄色最敏感。这意味着柠檬黄色能够很好地从背景中区分出来。Solomon 和 King 分析了 1997 年美国得克萨斯州达拉斯市红色的消防车和柠檬黄色的消防车的事故率。在 1997 年这两种颜色的消防车的数量大体相等。柠檬黄色的消防车的交通故事明显少于红色的消防车。因为柠檬黄色比红色更容易被检测，其他车辆的驾驶员有更多的时间能够采取避让措施。

可见性和醒目性的一个成功的人为因素分析应用是在从 1986 年开始要求汽车在中央、高位置安装刹车灯，以及从 1993 年开始要求轻型卡车也安装类似的刹车灯。一些研究针对不同的刹车灯的构型进行比较，结果表明当刹车灯位于中央-高位置时，追尾碰撞的事故率显著降低。车辆的受损程度也降低。

位于中央-高位置的刹车灯因为直接位于驾驶员的视线范围内,所以更加醒目,从而能够减少事故率和车辆受损程度(Malone,1986)。当时的美国国家高速公路交通安全局(NHTSA)的负责人 Ricardo Martinez 在 1998 年对刹车灯进行了高度的评价:"中央-高位置的刹车灯是仅用少许成本就显著提供安全性的完美实例。"一项评估研究表明,中央-高位置的刹车灯仅在美国一年中就防止了194 000～239 000 起交通事故,58 000～70 000 起非致命性损伤,以及 6.55 亿美元的财产损失(Kahane,1998)。

醒目性对于其他类型的车辆也很重要。如第 5 章中所描述的,在所有的驾驶条件下,摩托车都非常不醒目,可见性较差,拖拉机和露营车的拖钩在夜间也不容易发现。增加这些车辆的醒目性能够减少事故的发生率。对于摩托车,在白天,当打开车灯时,或者驾驶员穿一件反光背心时,醒目性会增加(Sivak,1987)。在夜间,摩托车、拖拉机和露营车可以通过使用反光材料增加醒目性。在较差的可视条件下,行人也不醒目(Langham 和 Moberly,2003)。鞋子和衣服上的反光材料能够增加行人夜间的醒目程度(Sayer 和 Mefford,2004)。缺乏醒目性也是水上摩托车致命事故率较高的一个原因,因为水上摩托车相对较小,运动不规律,用相同的方法可以增加水上摩托车的醒目性(Milligan 和 Tennant,1997)。

表 8.2 中其他的原则对应于显示更基本的属性,包括显示的构成以及看起来如何。一个重要的原则是**易读性**,易读性是指显示上呈现的符号和字母识别的容易程度。所以易读性与视敏度紧密相关,受到例如字母线宽等因素的影响(Woodson 等,1992)。在传统的 CRT 显示器上的图像易读性以及更加先进的薄膜晶体管 LCD 显示器的易读性随着像素密度的增加而增加,因为较高的像素密度允许更高的分辨率。

影响易读性的一个因素是显示图像和背景的对比度。通用的原则是,对比度越高,易读性越好。对比度由显示图片的反光量决定。红色、蓝色和绿色色素的反光量通常多于黑色的,而少于白色的,因此,黑色与白色的对比度最高。这意味着在白背景中,使用黑色字符比使用红色、蓝色或者绿色的字符具有更好的易读性。

与醒目性类似,我们可以利用在白天使用荧光色,在晚上使用反光材料的方式增强现实的易读性。这些材料对于**易读性距离**最大化很重要,这个距离是可以阅读显示的距离(Dewar,2006)。对于交通标识和信号,易读性距离需要足够大,使得驾驶员有足够的时间获取信息并做出响应。在白天使用相同颜色的荧光的交通信号灯比非荧光的交通信号灯具有更远的易读性距离(Schnell 等,

2001)。在夜间完全反光车牌比非反光车牌具有更好的易读性(Sivak,1987)。对于高速公路标识的易读性,已经颁布了指南对具体的反光值做出了要求。例如,完全反光的标识对比度应当达到 12∶1(Sivak 和 Olson,1985)。

可读性是视觉显示中另一个重要的特性,这个特性包含了可理解性、强调和标准化三个方面。一个可读的电视能够让人们快速、准确地识别信息,特别是当显示包含字母数字字符时。显示上的信息应当是简单、直接的。关键词语,例如**警告**或者**危险**,应当使用较大的字符或者独特的颜色进行突出。显示应当使用标准化的符号和单词,不应当使用不熟悉的或者容易引起混淆的符号和单词。

显示中的信息应当是明确的,这与**可理解性**有关。例如,考虑图 8.1 中的机场标识。在这个标识中,登机口与箭头指示方向不明确。为了解决这个问题,我们应当重新设计,将登机口和箭头组合在一起。

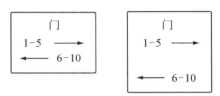

图 8.1　模糊的门位置指示与清晰的门位置指示

总的来说,好的标识应当是明确的,包含易读的字符,传递可读的、能够理解的信息。基于实用性目标,**可维修性**也很重要。标识的材料需要能够抵御腐蚀、击打和天气情况,并且保持一个较高的显著性、易读性和可读性水平。

2) 字母数字显示

字母数字显示使用字母、单词或者数字传递信息。这种显示无处不在,从升降机的底部,到路标和警示标志,再到书本、杂志、指导手册、报纸和网络上可用的文件中的文本内容。它们的使用最为广泛,也是我们遇到的最重要的显示,但是字母数字显示有一些缺陷。例如,一些单词和数字有多个意思,容易产生混淆。此外,在显示中使用单词或者短语意味着要求阅读者必须能够理解文本中的文字。

如上述介绍的,在字母数字显示的易读性和可读性中,对比度扮演了一个重要的角色。另一个重要的因素是构成字母数字的线宽。对于白背景中的黑色单词,在良好的照明条件下,最佳的线宽-高比是 1∶6～1∶8。对于黑背景中的白色单词,最佳的线宽-高比为 1∶8～1∶10。

因为黑字白背景显示和白字黑背景显示的对比度相同,线宽-高比不同的原因不是很明显。一般而言,在白字黑背景中要求较细的线是因为在黑背景中阅读白字要比在白背景中阅读黑字更加困难。这种困难是由于放射或者闪烁现象所致,使得白色的文字发生"发散"。

另一个影响易读性和可读性的因素是字符的大小。通常,较小的字符比较大的字符更难阅读,但是字符最大的尺寸受到显示大小的限制。最优字符大小的决定因素包括观察距离和环境亮度等。我们可以通过增加对比度部分去抵消较小字符的不良影响。类似地,我们可以通过增加字符的大小抵消低对比度造成的不良影响(Snyder 和 Taylor,1979)。

我们会碰到各种形式的打印资料,这些资料使用了各种各样不同的字体,这些字体在易读性方面是不同的(Chaparro 等,2006)。这些字体可以分为四类:衬线字体、无衬线字体、脚本字体以及其他字体。我们通常阅读的资料使用了衬线字体和无衬线字体,这两种字体适合于大部分的情况。衬线字体几乎没有什么装饰,适用于文本资料(现在阅读的文字就使用了衬线字体)。使用衬线字体容易将单词进行分离,易于识别(Craig,1980)。但是衬线字体和无衬线字体在阅读速度上没有区别(Cho,2005)。当我们在 CRT 和 LCD 计算机显示上确定字体类型时,还应当考虑屏幕分辨率、监视器尺寸等(Kingery 和 Furuta,1997)。在显示上确定字符的最佳呈现方式经历了很多试验和失败。

一种称为 Clearview 的字体专门用作提高道路标识的易读性和可读性(Garvey 等,1998)。在美国使用的道路标识字体在很多年前就已经确立,早于现在道路标识使用的高反光性材料。所以,我们之前提到的放射现象,在夜间就变成了一个问题,当路标被车灯照亮时,字母仿佛被填满,易读性很差。Clearview 字体有比一般路标更窄的线宽,从而放射问题可以减轻。此外,最早的路标全部使用大写字母,而 Clearview 字体除了第一个字母,其他都使用小写字母。人们更容易识别小写字母,因为"单词包络"提供了单词的线索,而当所有字母都为大写字母时,这种线索会消失。例如单词**"Blue"**和**"Bird"**的总体形状不同,而 BLUE 和 BIRD 的形状相同。

Clearview 的字体建立经历了多个阶段。在这个过程中构建了多个版本,最终的字体(见图 8.2)经过迭代的设计过程确定,包含试验和实验室研究。相较于传统的高速公路字体,Clearview 字体提升了 16% 的观察距离,这使得如果驾驶速度为 55 mi①/h 时,驾驶员有额外的 2 s 时间观察标识。图 8.2 中是两个宾夕法尼亚州的路标。下方一行的路标使用了 Clearview 字体,而上方一行则使用了传统的字体。在 2004 年,美国已经采用 Clearview 字体作为临时高速公路标准,并已经在宾夕法尼亚州、得克萨斯州和不列颠哥伦比亚省以及其他一些地方使用(Klein,2006)。

---

① mi 为英制长度单位英里,1 mi=1.609 km。

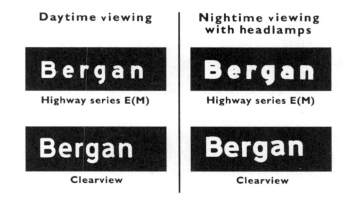

图 8.2 高速公路标准字体与 Clearview 字体的反光（右侧为白天观察，左侧为夜间使用汽车前照灯观察）

有四种基础的字母数字显示各式特征影响观察者阅读或者理解显示的能力，分别是总体密度、局部密度、分组和布局复杂度（Tullis, 1983）。显示的总体密度是在整个显示区域内出现的字符数［比较图 8.3(a)、8.3(b) 和 8.3(c)］。局部密度是指一个字符周围区域的密度［比较图 8.3(b) 和 8.3(c)］。分组与第 6 章中介绍的格式塔组织性原则相关［见图 8.3(d)］。布局复杂度是指布局的可预期程度。

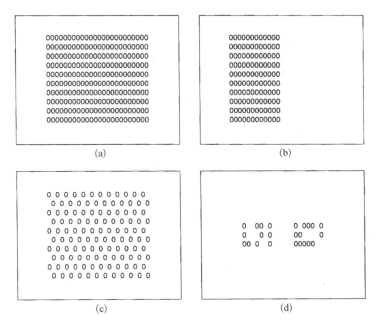

图 8.3 四种不同显示密度与分组的实例

Tulis 建立了基于计算机的分析方法帮助定量化评价显示格式。他总结如下：对于最佳的可读性，总体的显示密度应当尽可能低，而局部密度位于中等水平。这会减少显示字符之间的横向遮蔽，并且提升阅读者定位显示信息的容易程度。只要分组的方式合适，分组显示元素能够增加可读性，但是分组和布局复杂性之间存在权衡。越多的分组意味着越高的复杂度，随着布局复杂度的增加，可读性逐渐减低。

Parush 等研究了分组和复杂度对图形用户界面的影响。他们向计算机用户呈现一个对话框，要求他们从多个选项中选择一个合适的动作，这些动作通过框架进行分组（见图 6.7）。同时，他们通过在每个框架内调整选项改变复杂度。包含分组框架和较低复杂度的对话框比没有分组的框架和较高复杂度的对话框更容易产生快速的绩效水平。

尽管字母数字显示通常是一个表示或者其他静态的呈现，我们也可以使用随时间变化的电子字母数字显示呈现信息。这种显示可以用在工业应用中，例如机器状态显示和信息板。汽车中有很多动态的字母数字显示，例如电子钟和广播台设定；甚至有些速度表也是动态的字母数字显示。电子 LCD 显示需要一个光源形成字母和符号。这意味着电子显示的感知性依赖于周围的亮度等级。

考虑汽车中的电子显示亮度（如电子钟上的数字）。通常，当打开车灯时这些显示会变暗。这些设计特征假设你只在黑暗的情况下才会打开车灯。如果在暗条件下，人的视觉是暗适应的，所以会比在光亮条件中对光线更敏感。电子钟的亮度随着车灯的开关而变化是一个非常简单的显示调整实例。更加复杂的系统可能会更加复杂地自动控制亮度。

飞机的驾驶舱就是一个复杂的系统（Gallimore 和 Stouffer，2001）。很多驾驶舱仪表集成到单一的电子多功能显示中。动态的飞行环境意味着不同的显示需要不同的设置，并且这些需求可能随时间变化。飞行员不希望浪费时间和精力去手动调节每个显示的亮度。事实上，为了避免这种不必要的动作，飞行员通常会将显示的亮度调到最大值。这种操作可能会引起显示的可视性和易读性问题。现在民用飞机已经具有自动亮度控制系统，但是军机还没有。在军机中，确定最优显示亮度还取决于其他很多变量，包括任务的类型、不同种类的平视显示器以及夜视护目镜的使用等。

3）符号显示

符号，有时也称为**象形文字**，通常能够有效地传递信息（Wogalter 等，2006）。符号显示对于容易描述的具体目标最适用。对于抽象的或者复杂的概念,构建一个有效的符号比较困难。例如想象一下如何设计一个符号代表"出口",而不使用词语"出口"或者任何其他的文本。因为有效的符号能够直接描述代表的概念,阅读者不需要知道理解信息的具体语言。因此,符号显示在公共场所得到广泛的使用,例如飞机场和火车站,很多游客并不熟悉当地的语言。出于相同的原因,出口商品制造商也喜欢使用符号。

如果符号显示有效,那么它必须是可识别和可理解的。人们必须能够可靠地认知需要描述的目标或者概念,并确定指示物的标识。一个加拿大的研究针对人们如何解释使用象形文字的路标(Smiley 等,1998)。他们让被试在安大略省的高速公路上识别高速公路旅游标识,但是他们给被试的时间只相当于以 50 mi/h(80 km/h)速度驾驶轿车的司机所拥有的时间。然后他们让被试解释这些标识。标识上的象形文字增加了被试的错误率,因为被试不能理解其中的一些象形文字。

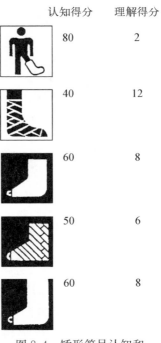

	认知得分	理解得分
	80	2
	40	12
	60	8
	50	6
	60	8

图 8.4 矫形符号认知和理解的分值

即使观察者可以认知象形文字描述的概率,也不能保证他/她可以理解显示的信息。一个研究检验了医院不同服务的信息符号,例如矫形术、牙科等(Zwaga,1989)。虽然人们能够容易理解一些特定的符号,但是他们错误理解这些符号的指示含义。图 8.4 给出的符号用于指示矫形诊所。尽管符号被识别为绑上石膏绷带的腿,大部分的人会错误地认为指示含义为"石膏室"。与此相反,每个人都能够认识和理解图 8.5 中的牙医的牙齿符号。

符号和象形文字使用的一个实例是检测可能接触了 HIV 病毒,患上 AIDS 的潜在献血者。在建立确定意向献血者是否是高风险患者,不应当献血的沟通手册时,Wicklund 和 Loring 提出使用符号方式描述信息,让低文化水平的人也能够理解。需要沟通的概念有些非常抽象,例如"如果自从 1977 年以来,你(男人)和另外一个男人有过性关系,那么不要献血"。因此,Wicklund 和 Loring 研究了使用符号设计表示期望信息的有效性。图 8.6 描述了他们对上述概念设计的评价。在这些符号中,D 非常有效。

对于一些显示,例如手册,我们可以使用具有代表性的包含详细的线条描绘

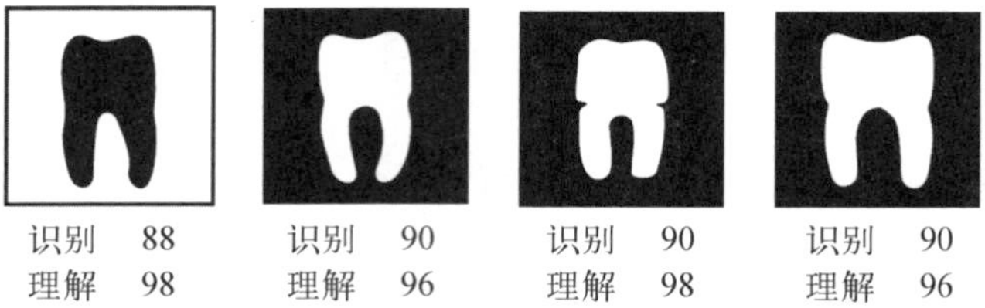

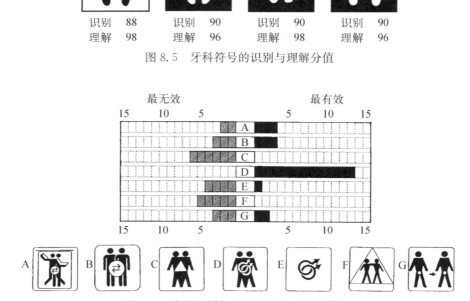

图 8.5 牙科符号的识别与理解分值

图 8.6 表示相同概念的图形的有效性等级

的象形文字。代表性的象形文字比抽象的象形文字更加明确。Wicklund 和 Loring 认为高风险行为的信息最好使用代表性的象形文字表示,并加以有限的文字说明。

如我们前面介绍的,人们识别符号显示的速度和准确性受格式塔组织原则的影响。Easterby 提供了如何通过保持与总体的组织性原则一致的方式设计符号,使得符号编码更容易理解的实例,这些原则包含图形-背景、对称性、封闭性和连续性(见图 8.7)。明确的图形-背景区别帮助提高显示中重要元素的清晰性。简单和对称性的符号可以增强可读性。封闭的图形比更复杂的未闭合的图形更容易理解。图形边缘应当平滑和连续,除非需要传递不连续的信息。Easterby 的实例阐述了显示设计中的微妙变化会影响感知显示的方式,进而改善显示总的有效性。

人为因素专家面临的一个问题是如何在字母数字显示和符号显示中进行选择。例如,高速公路标识应当用语音还是使用符号? 语言标识的优点是对于受过教育的人来说,他们很熟悉经常使用的语言,而不需要学习新的符号和概念之

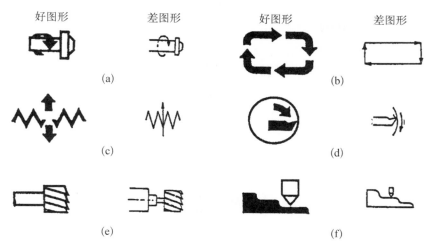

好图形　差图形　好图形　差图形

(a)

(c)　(d)

(e)　(f)

图 8.7　各种图形-背景的好图形和差图形

(a) 稳定性　(b) 连续性　(c) 一致与闭合　(d) 对称性　(e) 简易性　(f) 线条和对比边界

间的关系。但是,语言标识有很多劣势,包括需要理解显示的大量认知努力。因为符号显示能够直接描述预期的信息,所以符号显示比语言显示需要较少的处理过程。

通常人们理解符号标识要快于理解语言标识(Ells 和 Dewar,1979)。在不佳的观察条件情况下,这种差异更加明显。当显示难以观察时,符号显示处理速度更快。这可能是因为语言信息需要更加复杂的视觉模式,在较差的观察条件情况下,不容易识别和阅读。对于符号编码,易读性和可读性并不非常重要。

在一些情况下,信息可能通过符号和文字两种方式传递。一个研究让驾驶员对计算机三种信息的显示方式紧迫性进行打分,包括只提供符号的信息显示,所需动作的信息(如"水位不足"或者"立即充满")和两种信息都提供(Baber 和 Wankling,1992)。驾驶员认为符号加上动作信息紧迫性最高,这表明汽车中的告警符号和额外的文本信息在获取驾驶员注意力方面最有效。

4) 编码维度

有些信息可能既不通过语言方式,也不通过图形方式传递。有时我们可以依据不同的显示特征对目标或者概念进行编码。这些编码基于字母数字形式、非字母数字形式、颜色、尺寸、闪烁频率和其他各种不同的维度。在美国道路标识使用颜色传递信息:绿色标识是普通信息;棕色标识指示历史古迹或者度假区;蓝色标识指示提供服务场所,例如宾馆和加油站;黄色标识是警告,而白色标识则是管理条例。虽然具体合适的编码维度依赖于特定的任务，我们可以一些总体的规则作为基本准则（见表8.3）。

表8.3　编码方式对比

编码	编码步骤数			注解
	最大	最小	评价	
颜色				
灯光	10	3	良好	定位时间短。所需空间少。定性编码有优势。可以通过综合颜色编码饱和度和亮度获得较大的字母。环境因素不是一个重要的因素
表面	50	9	良好	与上述一致，除了必须控制环境亮度。有广泛的应用
形状				
数字和字母	不受限		一般	定位时间比颜色或者图像形状时间长。需要良好的分辨率。适用于定量和定性编码。特定的符号容易产生混淆
几何学	15	5	一般	解码需要记忆。需要良好的分辨率
图像	30	10	良好	能够直接解码。需要较好的分辨率。只对定性编码有效
量级				
区域	6	3	一般	需要大的符号空间。定位时间良好
长度	6	3	一般	需要大的符号空间。适用于有限的应用
亮度	4	2	较差	与其他信号产生干扰
视觉数量	6	4	一般	必须控制环境亮度
频率	4	2	较差	需要大的符号空间。有限的应用。容易分神。需要注意力时有优势
立体声深度	4	2	较差	有限的用户人数。对仪表不适用
倾斜角度	24	12	良好	对有限的应用有优势。推荐只对定量编码使用
复合编码	不受限		良好	对复杂的信息提供大的字母。允许定量和定性复合编码

回忆一下，在多种选项可用的情况下，对刺激分类的绝对评价（如当选择为高、中或低时，确定信号为"高"）。如果刺激在一个单一的维度上变化（如音调或色度），那么人们可以可靠地区分刺激的数量现在为5～7个。所以，如果我们需要做出绝对评价时，我们应当在特定的编码维度上保持数量较少。人们可以准确区分的项目数量比多维度刺激情况，或者需要做出相对评价时（或者直接比较两个项目）要多。

5）颜色编码

类似于美国的道路标识的信息颜色编码非常有效（Christ，1975），特别是当目标或者概念的颜色是独特的。当任务需要搜索一个项目或者对给定类型的项目进行计数，依据类型的颜色编码优势随着显示密度的增加突显出来。例如，想象一下需要确定一个大篮子中的苹果和橘子中苹果的数量。这比确定一大篮子橘子和芦柑中芦柑的个数要容易得多。颜色和显示密度的关系保持不变是因为从多种颜色中寻找一种颜色时，只要这种颜色能够容易被区别出，那么识别时间不受到其他颜色项目数量的影响。

颜色编码是帮助人们阅读地图的重要工具。特别地，颜色可以区分不同的层级和信息类型。Yeh 和 Wickens 让被试使用不同的电子地图信息类型，向他们询问关于战斗的问题，例如，坦克的位置或者如何部署部队。使用不同的颜色对不同类型的信息进行分类（例如，人使用红色，地形使用绿色，道路使用蓝色等）能够增强被试获取他们所需的信息的能力。他们最好能够将地图显示分为不同的部分，从任务中提取相关的信息，并且忽略其他信息产生的杂乱。

6）形状编码

形状是呈现信息特别有效的方式，因为人们可以区分大量的几何图形。形状不受我们提到的 7 个不同刺激的限制，因为形状可以在多个维度上发生变化（如区域、高度和宽度）。但是，有一些形状比其他形状更容易区分，所以我们需要仔细考虑所使用的形状。例如，圆形和三角形比圆形和椭圆形更容易区分。

形状的区分度受多个因素的影响（Easterby，1970）。三角形和椭圆形最容易通过它们的区域进行区分，矩形和菱形最容易通过最大的维度进行区分（如高度或宽度）。更加复杂的形状，例如星形和十字形，最容易通过周长进行区分。其他的编码维度，例如格式大小、格式数量、倾斜角度和亮度等使用的限制更多（Grether 和 Baker，1972）。

7）组合编码

我们有很多关于不同类型的编码、编码组合和最适用环境的数据。图 8.8 中有五种编码用来研究在地图的不同部分呈现信息，包含数字、字母、形状、构型和颜色（Hitt，1961）。被试观察显示，然后识别、定位、计数、比较或者验证不同目标的位置。被试在数字和颜色编码中表现最好，而构型编码的表现较差。但是，随着练习的增加，构型编码的表现差异也随之减少（Christ 和 Corso，1983）。这意味着，如果目标是提供长时绩效水平，那么选择的编码方式不是那么重要。

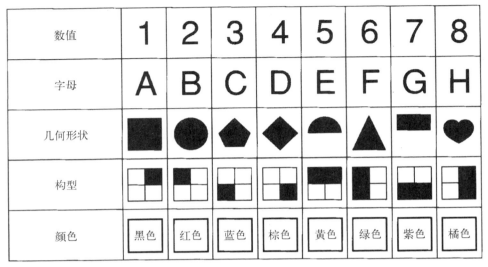

图 8.8　Hitt 使用的编码符号

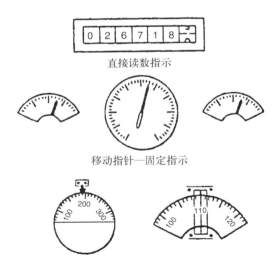

图 8.9　数字、移动指针和固定指针动态显示

8.2.2　动态显示

1）模拟和数字显示

对于动态显示,信息通过显示中的移动传递。即操作人员必须能够感知显示变化带来的系统状态变化。图 8.9 给出了几种类型的动态显示。这些显示要么是模拟的,要么是数字的。数字显示使用字母数字格式呈现信息。模拟显示有一个持续变化的量表和一个指针。指针的位置指示了量表上的瞬时值。

模拟显示的设计有两种方式,而这又确定了量表和指针的行为以及显示的形状。显示可以有移动的指针和一个固定的量表,或者是一个固定的指针和移动的量表。在大多数汽车中速度表都是移动的指针和固定的量表。指针在固定的数字背景中移动。与之相反,大部分的浴室中的仪器是固定的指针和移动的量表。数字转盘在固定的指针下方移动。显示的形状可以是圆形的(如速度表)、线性的(如温度计),或者半圆形的(如电压计)。

在设计动态显示中的一个主要问题是显示应当是模拟的还是数字的（见表8.4）。最佳的显示类型在所有的条件下不尽相同，因为模拟和数字显示的区别在于如何有效地传递不同类型的信息。数字显示在传递准确的数值时很有效。但是当测量值变化很快时，数字显示难以阅读。同样数字显示也很难观察到测量值的趋势，例如汽车中的温度是升高或者降低。模拟显示在传递空间信息和趋势方面较为有效，但是不提供准确的数值。从这些特点中，我们可以确定数字显示的总体规则：数字显示更适用于测量值不快速变化的设备，例如时钟和温度计。

表 8.4　选择显示作为任务功能指示

显示使用	任务类型	常用的显示	期望的显示类型
定量阅读	准确的数值	时钟，转速计	计数器
定性阅读	趋势，变化比例	温度增加，轨迹偏离	移动指针
检查阅读	验证数值	过程控制	移动指针
设置预期值	设定目标方位，设定航路	罗盘	计数器或者移动指针
追踪	持续调整预期值	使用十字光标跟踪移动目标	移动指针
空间定向	评价位置和移动	导航辅助	移动指针或者移动量表

但是即使这个简单的规则也依赖于观察者对显示需要进行的响应。例如，人们对于数字式的时钟显示的反应要明显快于模拟式的时钟显示（Miller 和 Penningroth，1997）。但是这只对简单的响应正确（"2 点 37 分"），或者只响应小时后的分钟值（"2 点过 37 分"）。对于小时前的分钟值（"3 点不到 23 分钟"），两种显示类型的时间响应差异不大，因为人们需要通过减法进行计算。所以即使任务要求识别一个准确的数值，也没有明显"最优"的显示类型，设计师必须考虑如何将显示信息映射到任务需求上。

模拟显示也具有代表性。这意味着不管是量表或者是指针，显示直接描述了系统的状态。通常，需要空间处理的任务使用模拟显示更佳。Schwartz 和 Howell 开展了一个模拟的飓风跟踪任务，向观察者提供飓风当前位置和之前位置的信息。观察者观察显示确定飓风是否会撞击到城市。当飓风使用图形化的模拟显示时，观察者的决策要早于和优于数字显示，特别是在有时间压力的情况下。

移动指针-固定量表显示很通用，通常最易于使用。这部分是因为静止的量表标识和符号最容易阅读。当显示直接与操作人员手动控制动作相关的系统变化时,通常移动指针显示最有效。圆形和线性的显示都可接受,这两者间阅读的难易程度几乎没有差别(Adams,1967)。但是,圆形方式比线性方式需要更少的空间,更容易构建。

　　当设计模拟显示时,还需要考虑一些其他的问题。使用标签和符号提高量表的易读性。我们需要确定量表的单元,如何表示以及使用的指针类型。量表数值之间的差值为 10 的倍数(如 10,20,30,…;100,200,300,…),比其他差值更容易阅读(如 1,7,13;Whitehurst,1982)。在一个单元量表中,较大的标记指示每 10 个单元(10,20,30,…),而较小的标记表示每个单独的单元。较大的标记应当是明显的,通常我们将这些标记变长或者变粗。如果知道显示将被使用在低亮度的条件下,标记应当比在正常亮度使用条件下更宽。增加宽度部分补偿了操作人员在暗视觉条件下变差的敏锐度。指针的尖端应当能够触及最小的量表标记,必须对尖端增加角度或者颜色,使得人们不会产生混淆。

　　2) 显示布置

　　在一些情况下,显示面板上有很多复杂的刻度盘和信号灯布置在一起。在这些情况下,人为因素专家不仅需要对每个单独的刻度盘中影响信息感知度的因素敏感,也需要对总体的显示组织敏感。如我们在第 6 章中讨论的,格式塔组织原则可以用来对具有相关功能的刻度盘进行分组。

　　我们可以用来帮助显示构型设计的技术是**链接分析**。链接是一对项目的链接,在这里是显示元素,指示相互之间的特定关系。对于显示构型,链接代表了眼部从一个显示移动到另一个显示的比例。我们设计的显示构型应当使得高数值链接之间的显示距离小于低数值链接之间的显示距离。同时,我们应当将最常使用的显示固定在最靠近视线的位置。

　　对于显示布置的链接分析包含 4 个步骤(Cullinane,1977)。第一,我们必须准备一个图表用来表示显示组件之间的相互关系。第二,我们必须检验所有的显示和依据显示间眼动频率建立的链接值之间的所有关系。第三,我们应当建立显示布置的初始链接图表,使得最常使用显示位于中央视界内。第四,对图表进行改进,形成最终的布局。有一个计算机应用可以进行链接分析,包含上述的 4 个步骤,并能够将链接分析的结果轻松应用到系统中(Glass 等,1991)。

　　链接分析已经存在了很长一段时间。Fitts 等在飞机仪表着陆过程中对飞行员的监视模式进行了链接分析。他们记录了每名飞行员从进近到着陆的过程中的眼动情况,标准的仪表布置如图 8.10 所示。最高的链接值(29%的眼动)来自高度指示器的交叉指针和定向陀螺仪。因此,改善的显示布置应当将交叉指针和方向陀螺仪安排在一起并且位于面板的中央位置。

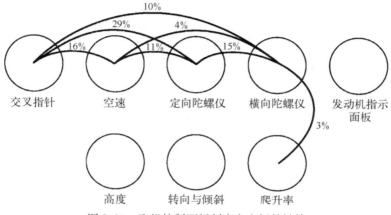

图 8.10 飞机控制面板刻度盘之间的链接

Dingus 使用链接分析评价了导航辅助(如 GPS 地图显示)对驾驶员眼部扫视行为的影响。他发现在所有的情况下,驾驶员会花费固定的、相对较少的时间监视仪表、后视镜和标识/路标。增加导航辅助后,会减少驾驶员监视前方、左侧和右侧道路的时间,可能增加碰撞的概率。语音显示可以减少导航辅助的视觉注视需求,让驾驶员有更多的时间监视道路情况。此外,当导航辅助自动规划路线时,驾驶员可以花费少量的时间监视导航辅助,将更多时间花在道路监视上,但是,当导航辅助需要驾驶员手动规划路径时,驾驶员会花费更多的时间在导航辅助上。这些研究表明链接分析可以用来评价新任务或者系统构型对操作人员行为的影响。

3) 运动可解释性

很多车辆使用代表性的显示传递操作人员控制的车辆运动信息。在这种情况下,表现车辆运动的最佳方式是什么? 即显示应当使用什么参考系? 应当保持车辆静止,描述外部世界的运动,还是保持外部世界静止,描绘车辆的运行? 这个问题在飞机的姿态显示中也存在,姿态显示指示了飞机相对于水平线的方向。

图 8.11 给出了两种姿态显示。由内到外的显示通过改变水平线的线段表示飞机的姿态。换句话说,水平标志代表了飞行员从飞机向外看出的真实的水平方向。与之相反,由外到内的显示保持水平线固定,而飞机的指示器倾斜角度

改变。这个显示描绘了观察者从外部观察的飞机姿态。

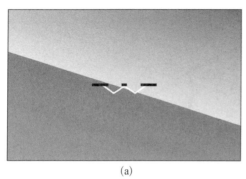 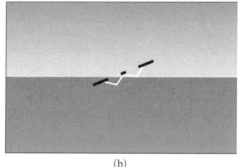

(a)　　　　　　　　　　　　　　　　　　　　(b)

图 8.11　两种不同的姿态显示

（a）由内向外　（b）由外向内

　　由内到外显示的优势在于它与飞行员的观察一致；缺点在于它与反馈给飞机级的控制操作不一致。即看起来飞行员应当逆时针控制将水平线保持水平，而事实上他/她应当顺时针控制。当显示和控制类似这样匹配不佳时，我们认为其兼容性较差。但是，由外到内的显示虽然具有较好的显示-控制兼容性，却不能反映飞行员观察到的真实世界。所以，哪一种显示更好？

　　Cohen 等比较了使用头盔式显示情况下，对于飞行员被试和非飞行员被试之间，由外到内以及由内到外显示的绩效差异。非飞行员被试在一个简单的导航任务中，使用显示-控制兼容性较好的由外到内的显示的绩效水平要优于由内到外的显示。与之不同，对于两种显示，飞行员被试的绩效水平差不多，但是他们更倾向于使用更加通用的由内到外的显示。飞行员被试与非飞行员被试之间的差异表明飞行员对于由内到外显示的经验能够让他们至少在一定程度上适应不太兼容的显示-控制关系。

　　另一种类型的显示为频率-分离显示，它综合了由内到外和由外到内显示的优点（Beringer 等，1975）。当飞行员不经常调整飞机的姿态时，这种显示类似于由内到外的显示，但是当飞行员经常调整姿态时，就变成了由外到内的显示。因此当飞行员做出快速的控制动作时，显示与这些动作兼容，减少响应逆转的数量；当飞行员不进行这样的动作时，显示反映飞行员观察到的世界。

　　当需要从未知的姿态进行恢复时，专业的飞行在由内到外的显示，以及频率-分离的显示情况下（当频率-分离显示类似于由内到外的显示时）表现要优于由外到内的显示（Beringer 等，1975）。但是，当飞行员需要在飞行过程中对姿态变化做出响应时,使用频率-分离显示的绩效水平更好。

飞行员对这些不同类型显示的感受程度非常重要。在东德和西德合并时,德国空军整合了东德和西德的设备(Pongratz 等,1999)。西德的空军飞行员习惯使用由外到内的显示指示器进行飞行。但是东德使用的苏联生产的米格-29飞机却使用了混合的显示方式,后掠角(机翼和水平面的夹角)使用由外到内的显示,而俯仰角则使用由内到外的显示。因为对东德飞机显示的不熟悉,所以西德的飞行员在不利条件情况下飞米格-29飞机时,出现了空间定向障碍的现象,包括低能见度条件和大重力条件。对新的显示进行模拟器训练是有效解决上述问题的一种方法。

8.2.3 其他显示

1)平视显示器

空军飞行员的飞行条件经常与民用飞机不同。空军飞行员甚至有时需要进行闪避动作;与其他飞机近距离编队飞行,或者与其他的飞机进行空中战斗。有时,空军飞行员只是花费很少的几秒钟去观察飞机内部的仪表显示,而不是注视驾驶舱外部的情况都有可能导致生命危险。为了能够让飞行员持续地监视驾驶舱外部的事件,空军开发了平视显示器(HUD)。平视显示器是一个虚拟的平行光学图像显示投射到飞行员前方的挡风玻璃上(见图 8.12;Crawford 和 Neal,2006)。平视显示器在 20 世纪 60 年代用于战斗机,到了 70 年代,所有的美军战

图 8.12 虚拟的平视显示器

机都配备了平视显示器。随后,平视显示器也逐渐装备到一些民用飞机上,在一些汽车中也可以看到平视显示器。

平视显示器的目的是为了使得在飞行导航过程中的眼动、注意力转移和调节及聚散的变化最小。由于平视显示是叠加在从前挡风玻璃看出去的视界之上,飞行员可以在快速或者准确的操作过程中监视来自显示的重要信息以及外部的视觉信息。平行光学图像让飞行员的调节保持在一个焦距无穷远状态,就好像飞行员的注视一直聚焦在驾驶舱窗外的一个远距离目标上。

平视显示器比装在面板上的显示器有很多优势(Ercoline,2000)。这些优势主要是因为平视显示器减少了飞行员注意力转移的次数。一些平视显示器还加入了飞行轨迹标志和加速线索。飞行轨迹标志是飞机在空间的投影,能够让飞行员直接观察飞机的方向。加速线索让飞行员能够立即检测到空速的瞬间变化。这些特征在飞行员准确操作飞机时显著地提高了他们的绩效水平。例如,一个在飞行模拟器中对飞行员的研究表明,在有限的视觉条件下,一个带飞行轨迹标志的平视显示器能够有效地减少着陆过程中的横向偏差(Goteman 等,2007)。

遗憾的是平视显示器也有一些缺陷。其中一个最主要的缺陷是使用平视显示器时飞行员更容易产生(空间)定向障碍。有时,飞行员会报告无法确定飞机相对地球的位置。这可能会导致灾难性的后果;在 1980 年到 1985 年之间,在晴朗天气时,飞行员使用平视显示器共发生了 54 起"控制飞行撞地"的飞机坠毁事故。一个主要的原因是在遇到湍流过程中,显示元素快速移动。另一个原因是平视显示器的姿态信息容易读错。但是,很多这些坠机事故是由于视觉调节的问题。

平行视觉图像的使用不能保证飞行员的眼睛能够适用聚焦点无穷远的远距离观测。事实上,当注视平视显示器上的目标时,很多飞行员更倾向于聚焦在一臂的距离,这个点更接近于暗适应点。这种**主动的错误调节**导致视场中的目标变得比实际更小,也更远。这还会使得远距离的目标显得更远,并且位于视线下方的目标显得比实际的位置要高,例如跑道。

另一个问题是视觉杂乱。因为所有的平视显示器元素都具有相同的颜色(绿色),显示更依赖于字母数字编码,从而显示上会出现很多字符。这些字符有可能会阻碍驾驶舱外重要的视觉信息。即便杂乱最小,当飞行员注视平视显示时,他/她可能无法观察到重要的事件,例如有一架飞机在预期着陆的跑道上(Foyle 等,2001)。如我们将在第 9 章中介绍的,"无意盲视"现象相对很普遍

(Simons,2000)。

尽管平视显示器有这样那样的问题,它仍不失为一个有用的工具。虽然飞行员使用这种显示时报告会出现定向障碍的问题,他们并不认为这个问题严重影响平视显示器的持续使用(Newman,1987)。事实上,定向障碍可以通过训练和/或更好的融合方式进行改善。Ercoline 认为平视显示器的问题都可以解决。

虽然平视显示器主要用在飞机中,在 20 世纪 80 年代,它们也逐渐应用到汽车中(Dellis,1988)。汽车设计师期望使用平视显示器的驾驶员能够将他们的视线保持在道路上而不是在汽车仪表盘上,可以减少从近距离到远距离的适应转换的需求。但是 Tufano 指出在汽车中使用平视显示器的潜在危险没有被充分考虑。

一些研究表明当显示的聚焦距离超过 2 m(大约为发动机罩边缘的距离)时,驾驶员不能快速地获取平视显示器上的信息。因此,设计师将聚焦距离设定在 2 m 的位置,而不是像平视显示器图像聚焦那样设定在无穷远。Tufano 认为这会加剧在飞机显示中发生的主动错误调节问题。聚焦在 2 m 的位置会让驾驶员的眼睛注视在比汽车外部真实目标更近的位置,导致目标大小和距离的错误判断。“认知捕获”是一种驾驶员注意力被平视显示器误导的现象,也可能导致驾驶员不能有效地对非预期的障碍做出响应。Gish 等证明了使用平视显示器能够提升驾驶员对外部关键事件以及碰撞规避告警的响应时间,但是平视显示器也会干扰驾驶员对关键事件的感知。

2) 头戴式显示器

头戴式显示器(HMD)的目标与平视显示器相类似。头戴式显示器用来呈现字母数字、场景和符号图像,增强飞行员操控军用飞机的能力。与平视显示器相同,头戴式显示器让飞行员能够获取重要的飞行信息,而不需要将他们的注意力从飞机外部场景中进行转移(Houck,1991)。相对于平视显示器,头戴式显示器的一个主要好处是飞行员可以从任何的角度观察外部世界,同时还能够看到显示器上的图像。头戴式显示器的主要问题是它过大的尺寸和重量。但是,微型 LCD 的发展以及日趋成熟的图形处理技术使得头戴式显示器更加实用(见图 8.13)。现在的头戴式显示器只有 2~4 lb(约为 0.91~1.82 kg),主要取决于它们的功能。

在头戴式显示器中,微型 CRT 或者 LCD 上的图像从分束器反射到眼部。显示可以提供单目视觉,从而让另外一只眼睛能够不受障碍地观察飞机外部的情况,或者使用一个透明的投影系统提供双目视觉。它可以向飞行员提供自身

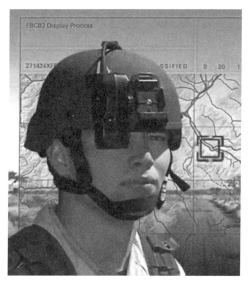

图 8.13 头戴式显示器

飞机的航迹信息，也可以提供其他飞机的航迹信息。

单一视图的头戴式显示器经常与热成像系统一起使用（Rash 等，1990）。热成像系统包含检测视场中由目标物体发射出的红外线辐射。它们能够在夜间和不利的天气状况下帮助飞行员完成任务。如今美国空军在阿帕奇AH－64 型直升机上使用了头戴式热成像系统。加装在飞机鼻尖的传感器提供了外部环境的图像。这个图像与指示速度、航向、高度等其他信息的显示耦合在一起提供给飞行员。

单一视图的头戴式显示器也有一些具体的问题。尽管有些头戴式显示器能够将视界保持在 40°～50°，但是有些头戴式显示的视界会被缩减到只有 20°。有限的视界范围限制了飞行员的行为，并且要求他们进行更多的头部动作。这些头部动作会在夜间引起定向障碍的问题，因为头盔很重，还会导致肌肉疲劳和持续性的颈部疼痛（Ang 和 Harms-Ringdahl，2006）。

通过训练可以缓解需要额外头部移动的问题。Seagull 和 Gopher 表明在飞行模拟器中经过训练的直升机飞行员在随后的进行视觉搜索任务的飞行试验过程中，表现要优于那么没有经过训练的飞行员。经过训练的飞行员能够更有效地移动他们的头部。

解决头部移动的另外一种方法是增加显示器的大小，从而获得更宽的视界。Rogers 等表明在 99°视界条件下的绩效水平要明显优于通常的 40°视界条件。

单一视图的头戴式显示器的一个独特的问题由安装在飞机鼻尖的传感器引起。显示的光流来自传感器的位置，这与飞行员位置所产生的光流不一致。因此，呈现给每个眼睛的视运动、运动视差和距离都是不同的图像。另一个可能的限制来自双目视差的消除，例如深度线索，以及未被阻挡的眼睛直接观察到的外部环境和头戴式显示器呈现的图像之间潜在的双目竞争。头盔不合适的位置以及不稳定性都可能造成图像混淆。尽管有各种各样的问题，单一视图的头戴式显示器能够有效增强飞行员的绩效水平。

双目、立体的头戴式显示器在军事领域也有广泛的应用。它们广泛地使用在构建沉浸式的虚拟现实环境中,例如远程手动操作危险的材料以及娱乐游戏中(Shibata,2002)。在这些应用中,需要佩戴一个头盔或者一副眼镜,系统会向每个眼睛呈现独立的图像。沉浸式感受依赖于系统重新构建正常立体观测条件下的视觉图像的能力。

立体三维显示使用的一个问题是调节距离和聚散距离可能的不匹配,从而造成深度线索间的矛盾,引起用户的视觉疲劳。另外一个问题是由于图像在多个维度上存在差异,例如尺寸和垂直偏差,在这些维度上任意左侧显示和右侧显示的差异都可能会引起不舒适感(Meltzer 和 Moffitt,1997)。同样,由于前庭线索和运动视觉线索的不一致会引起"晕屏症"。这个问题在仿真的环境中很普遍,在虚拟显示环境中需要重点关注的是头部运动和图像更新之间的时间间隔。在完全实现双目头戴式显示器之前还有很多人为因素的问题需要仔细考虑。

3) 警告信号和标志

我们可以使用视觉显示呈现警告信息,可以是一般的告警或者警告信号,或者警告标志。警告信号的种类有三种:警告、警戒和咨询(Meyer,2006)。警告信号能够立即引起关注,需要立即的响应;警戒信号能够立即引起关注,需要一个相对较快的响应;咨询信号能够引起对临界条件的总体意识。告警可以依据事件的结果以及结果发生的速度,如果没有信号可能导致的最差结果,那么纠正问题所需的时间以及系统恢复的时间等方面被归类到上述三种类别中。

显示设计应当能够将高优先级的告警信号的被检测率最大化。对于视觉信号,这意味着尽可能地将其呈现在靠近操作人员视线的位置,并且让信号足够大(至少 1°的视角)和足够亮(比面板上的其他显示亮 2 倍)。因为闪烁的刺激更容易检测,信号应当在一个固定背景的状态中闪烁。图例应当足够大到能够被识别。每个人都有一个先期的经验:红色用作警告信号,琥珀色用作警戒信号,例如交通信号灯,所以我们保留这些颜色作为特定的警告和咨询信号。如果不保持或者保留这种关系,对信号的响应将变慢,且不够准确。

在一些情况下,我们不得不将视觉告警信号安置在周边视场范围内。在这种情形下,我们可以使用一个中央位置的主信号指示一些告警信号的触发,这能够提供响应告警信号的准确性,减少响应时间(Siegel 和 Crain,1960)。容易检测的主信号告知操作人员出现了一个具体的告警信号,随后再进行定位。使用超过一个主信号是不必要的,也容易引起混淆。

前面讨论的与静态显示相关的很多问题也适用于警告标志的设计,例如在大多数家用电器上发现的问题。如警告描述不符合的后果;具有较宽的、有颜色的边缘;言简意赅;直接与用户的目标相关;呈现在可能的危险附件时,更加有效(Parsons 等,1999)。如果用户已经非常熟悉警告相关的目标或者产品,那么相较于不熟悉的目标来说,警告没有那么有效。类似地,如果用户不能感知与使用目标相关的危险,则警告标志也没有那么有效。警告标志的设计师必须尝试扫除这些障碍,我们在本章中讨论的很多显示设计原则都与好的标志设计紧密相关。

8.3　听觉显示

我们主要以较慢的传播速率使用听觉显示传递简单的信息。事实上,听觉显示的一个最主要的应用是紧急的告警和警告信号(Walker 和 Kramer,2006)。当我们需要传递更加复杂的听觉信息时,我们通常使用语音。还有一些其他类型的听觉显示,例如听觉图标(使用具有典型含义的声音)和耳标(使用可识别的音调序列提供信息,如接收到邮件的声音信号)(Hemple 和 Altinsoy,2005)。

8.3.1　警告和告警信号

听觉警告和告警信号必须能够在正常的操作环节中被检测到,同时,信号传递的信息应当容易被操作人员理解。对于可检测性,**掩蔽阈值**的概念很重要(Haas 和 Edworthy,2006;Sorkin,1987)。掩蔽阈值和绝对阈值之间的差异是掩蔽阈值由相对于背景噪声的一些等级决定,而绝对阈值则在没有噪声的条件下确定。因为警告信号通常呈现在噪声环境中,我们必须考虑在这种特定环境中的掩蔽阈值。为了测量这一阈值,向观测者呈现两种噪声(通常使用耳机),其中一个包含信号。随后,他/她必须指明哪一个噪声中包含信号(第一个或者第二个)。当正确率达到 75% 时,根据信号的强度定义掩蔽阈值。

一些指南可以用来定义最佳的听觉信号等级(Sorkin,1987)。为了保证较高的可检测性,信号的强度应当远高于阈值。通常最小的强度要求高于掩蔽阈值 6~10 dB。这可以从 Weber 定律中推导出,相较于较小的噪声等级,对于较大的噪声等级需要更大的高于掩蔽阈值的强度。有时,应急车辆的鸣笛声不能被其他驾驶员听见,就是因为鸣笛声的强度相较于背景噪声并不足够高(Miller 和 Beaton,1994)。一些因素导致了可检测性较差的问题。因为强度与距离成反比,即使只相距中等距离,可检测性也会显著下降。鸣笛声的强度不能超过特定的限制,以避免靠近的行人造成耳部损伤。可检测性也会由于车体造成显著的衰减。此外,轿车内部的背景噪声也很多(CD 播放器、空调风扇灯),更不用说汽车本身的防噪声设计,所以在很多情况下,无法检测到鸣笛声并不令人吃惊。

如果需要对警告信号做出快速的响应,那么强度应当高于掩蔽阈值至少15～16 dB。一个过于响亮的信号会干扰语音交流,所以在大多数情况下,听觉警告信号的强度不应当超过掩蔽阈值30 dB(Patterson,1982)。Antin 等研究了在不同的驾驶条件下听觉警告音调的强度等级。每个警告信号都需要驾驶员做出一个响应。他们测量了三种背景噪声情况下的相对掩蔽阈值:安静的(在平滑的道路上以 56 km/h 的速度驾驶)、嘈杂的(在崎岖的道路上以 89 km/h 的速度驾驶)和打开收音机条件(在平滑的道路上以 56 km/h 的速度驾驶,并打开收音机)。随后,他们确定在每个噪声条件下能够达到 95％检测率的音调强度。对于安静的噪声条件,警告音调平均高于掩蔽阈值 8.70 dB。对于嘈杂的和打开收音机条件,警告音调分别需要高出掩蔽阈值 17.50 dB 和 16.99 dB。驾驶员表示他们甚至喜欢更加响亮的音调,从而能够保证他们可以听见并做出快速响应。

听觉信号可以通过频率谱上能量的分布进行区分,这影响了信号的感知方式(Patterson,1982)。警告信号的基础频率应当为 150～1 000 Hz,因为低频的音调不容易受到掩蔽。此外,信号应当包含至少三个其他的谐振频率分量。从而,在各种掩蔽条件下,能够使得产生的不同信号数最大化,并且能够稳定音高和声音质量。包含固定谐振频率分量的信号要优于包含非谐振频率分量的信号,因为在不同的听觉环境中,包含固定谐振频率分量信号的音高也相对固定。这些额外的分量应当为 1～4 kHz,在这个范围内人的感知度较高。如果信号是动态的,即随着环境状态发生变化,那么听者的注意力会被信号的基础频率中包含的快速滑动(变化)所"吸引"。

听觉信号的时间形式和模式也很重要。因为听觉系统沿时间轴综合能量,那么信号最小的时间间隔应当为 100 ms。当语言交流很重要时,环境中的短暂的信号很有用,例如飞机的驾驶舱,以及当时间模式用作信息编码时。快速的开启频率会让听者感觉很意外。所以设计信号时应当使用较为平缓的开启和关闭,大约为 25 ms。

我们可以对信号的模式使用信息的时间编码。例如,我们可以对高优先级的消息使用快速的间歇信号,而对低优先级的消息使用较慢的间歇信号(Patterson,1982)。一种称为"三时间"的信号模式在 1993 年被美国国家消防协会采用作为火灾告警,随后成为美国和国际的标准(Rcihardson,2003)。使用时间编码的原因是它可以通过任意频率的听觉音调提供信号,同时在不同的听觉环境中模式相同。对于频率音高的编码信号却不成立。

不同的听觉警告信号有不同的紧迫程度。需要最高级别感知，最快速响应的警告信号具有高频率、高强度和较短的脉冲间隔时间（Haas 和 Edworthy，1996）。我们可以使用幅度评估程序，从音高、速度、重复频率、偏差音和长度（警告信号的总时长）等方面对感知的紧迫程度进行评级（Hellier 和 Edworthy，1999）。例如，对长度的感知紧迫度的幂指数规律为

$$PU = 1.65 \times I^{0.49}$$

式中，I 为脉冲的时长，单位为 ms。

在不同参数的计算中（音高、速度等），具有不同的指数。速度具有最大的指数值，为 1.35。这个相对较大的指数值（大于 1）意味着相对较小的警告速度的增加会产生感知紧迫度较大的变化。所有这些计量方法代表着我们可以对应用选择警告信号，并将信号匹配到事件相对的紧迫度等级，从而对最需要做出快速响应的警告信号提供最高的感知紧迫度。

在一些情况下，使用听觉图标比警告信号更加合适。例如，提示一个两辆车辆即将发生碰撞的警告图标可能是轮胎刹车声和破碎的玻璃声。Belz 等针对民用卡车驾驶员比较了传统听觉警告和听觉图标方式表示碰撞信息的有效性。传统的听觉警告是包含四种并发音调（500 Hz、1 000 Hz、2 000 Hz 和 3 000 Hz）的350 ms 的脉冲（前向碰撞），以及"锯齿形"波形（侧向碰撞），而听觉图标则是轮胎打滑音（前-后碰撞）和喇叭鸣音（侧向碰撞）。相较于传统的听觉信号条件，在听觉图标的条件下，驾驶员刹车的响应时间较短，碰撞数量也较少。听觉图标更加有效的部分原因是它们更容易识别。

另一种类型的听觉信号是**可能性告警**。可能性告警是警告一个即将发生的事件，告警音的差异取决于事件发生的可能性。通常，自动监视系统计算事件的可能性，并依据可能性提供告警声。所以，监视系统可以呈现例如工厂车间中目标可能发生碰撞的警告。当系统计算出碰撞的概率较小时（小于 20%），系统不发出声音。当系统计算出碰撞的概率为中等时（20%～40%），系统发出中等频率的警告音。当系统计算出碰撞的概率较高时（大于 40%），系统发出紧迫的警告信号。可能性告警可以提高处理信息和响应告警的能力，因为告警帮助操作人员在不同的任务中进行注意力分配，使得操作人员容易将告警提供的信息整合到他们的决策中（Sorkin 等，1988）。

在非常复杂的系统中，紧急状况会导致多种听觉警告信号出现（Edworthy 和 Hellier，2006）。三里岛核反应堆事故中，在系统失效的关键阶段，共出现了

超过 100 种听觉信号声。很明显,这个数量超过了操作人员处理信息的能力。类似地,一些现代飞机中可能产生 30 种以上听觉信号。多数量的告警不仅会引起混淆,还会增加错误告警的可能性,导致飞行员忽略真实的告警。在复杂的系统中,设计人员应当限制高优先级的警告信息数量为 5～6 个。1～2 个额外的信号可以用来指示低优先级的情况,从而操作人员可以通过语音或者计算机显示进行诊断(Patterson,1982)。

8.3.2 三维显示

尽管听觉主要不是空间上的,听觉线索可以提供空间信息。这种线索能够指导操作人员的注意力到特定的位置,而不需要改变他们的视觉注视。这种类型的线索使用在呈现给战斗机飞行员的显示中。听觉定位显示提供威胁和目标的位置信息,减少驾驶舱中的视觉杂乱,降低视觉负荷,显著地提高飞行员的绩效水平。

定位线索通过引入两耳强度和时间差异,在耳机中提供三维空间不同位置的声音仿真。这种类型的显示称为双耳两分显示(Shilling 和 Shinn-Cunningham,2002)。这些显示相对容易实现,但是只能提供声音横向位置的信息。为了更有效地提供位置的双耳两分信息,必须增加飞行员头部的方向调整强度和时间差异。例如,如果声音位于飞行员前方,当飞行员头部转向右侧时,左耳相对于右耳的强度应当增加(Sorkin 等,1989)。因为相较于语音或者纯音调,人最容易定位噪声(Valencia 和 Agnew,1990),呈现在双耳两分显示上的刺激应当包含一个宽频带的频率。

虚拟现实应用需要双耳两分显示保证用户感受的沉浸性。设计人员可以使用多种信号处理技术产生包含真实世界中大部分线索的立体信号(Shilling 和 Shinn-Cunningham,2002)。使用这些技术产生的听觉显示非常真实,产生位于听者周围的声音,几乎与真实的环境没有区别。但是提前定量化每个声音位置需要花费大量的时间和信息集成过程。因此通常情况下,声音的测量只在一个单独的距离上持续几分钟,声音的幅度通过校准滤波器进行控制,仿真声音来自多个距离。此外尽管对于相同刺激的声音,不同的人可能感知不同的位置,大部分的应用假设每个人都相同。

8.3.3 语音显示

语音消息常用来传递听觉信息。当设计一个语音显示时,设计人员可以选择自然产生的语音,也可以选择人造产生的语音(Stanton,2006)。不管设计人员选择了哪种类型的显示,语音必须是可以理解的。对于自然语音,可理解性主要依赖于 750～3 000 Hz 之间的频率。可理解性受到很多其他因素的影响(Boff 和 Lincoln,1988):语音构成类型、语音过滤、视觉显示呈现以及噪声条件等。语音的可理解性在结构化的构成类型情况下更佳,例如语句,这主要是因为结构化提供了额外的冗余。我们在第 7 章中介绍了语法和语义正确的语句相较于不相关的词汇串能够更准确地被感知。类似地,对于单个单词的识别阈值随着音节的数量、语义的内容以及应力图的变化而变化。

冗余不仅可以通过语音信号的结构提供,还可以通过视觉信息提供。在显示一个人说话的语音信号视觉图像的同时,提供一个唇读线索,能增加可理解性。即使当听觉和视觉显示单独呈现时不可理解,我们也可以通过与显示组合的方式,使得语音能够被理解。

因为完整的语音信号非常大且复杂,为了复述语音,我们需要了解什么样的频率可以在听觉信号中被过滤或删除,而不会降低可理解性。由于大部分的语音声能在 750～3 000 Hz 之间,当在这个区间内的频率被过滤后,可理解性会减低。高于或者低于这个区间的频率被滤去不会产生什么影响。感知语音准确度的能力随着年纪的增长而下降,特别是在 60 岁之后(Bergman 等,1976)。

与非语音听觉信号类似,人为因素专家必须考虑使用语音显示的具体环境中语音的可理解性。当语音的背景很嘈杂时,它的可理解性会降低。降低的程度取决于信噪比、语音和噪声重叠的频率部分以及其他因素。表 8.5 列出了减少语音被噪声遮蔽的方法。

表 8.5 减少语音被噪声遮蔽的方法

(1) 增加语音的冗余度
(2) 增加相对于噪声等级的语音等级
(3) 使用中等声音强度产生语音
(4) 剪辑峰值语音信号,重新放大到原先的等级
(5) 使用喉式扬声器、压力梯度麦克风或者噪声屏蔽装置消除噪声
(6) 将语音呈现在两耳内,提供耳内提示
(7) 当噪声等级很高时,使用耳塞

前两种方法不需要进行细化,只是增加了语音消息的冗余度和信噪比。使用中等声音强度产生语音是因为较低强度的语音会在噪声中"丢失",而较高强度的语音不管在什么样的噪声等级中,相较于中等强度的语音更加不容易被感知。峰值剪辑是指对声音波形设定一个最大的幅度,对超过这个幅度的信号进行剪辑。剪辑峰值语音信号,然后重新放大到原先的等级会在原始信号中产生

一个较低幅度频率强度相对增加的信号（见图 8.14）。这些较低幅度频率的信号传递辅音的信息，通常是语音感知中的限制因素。因此一个重新放大的峰值剪辑信号比具有相同平均强度的未剪辑的信号更容易被感知。

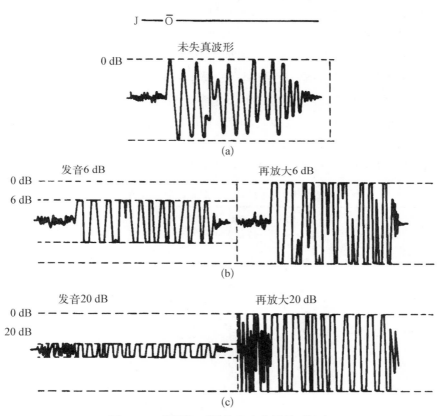

图 8.14　单词"Joe"峰值发音信号的再放大

在耳机中消除噪声能够在传输的时候使得噪声影响最小化。在两耳中呈现语音和噪声信号能够帮助听者更好地对语音信号和噪声信号进行定位，从而提高可理解性。耳塞可以在高强度噪声的条件下通过减少耳朵不能承受的声音强度，增加语音的可理解性。改善语音最佳的耳塞不会过滤到频率在 4 kHz 以下的信号。所以，语音信号的强度不会被削弱太多，而噪声却能够有效地削弱。

有一些方法可以评价噪声中语音的可理解性，包括**清晰度指数**（Kryter 和 Williams，1965；Webster 和 Klumpp，1963）。这个指数有两种计算方法：20 边界方法和加权三分之一倍频带方法。对于 20 边界方法，我们对每 20 频率带进行语音等级和噪声等级的强度测量，这些频率带对语音的可理解性都有相同的贡献。随后,对每个频率带中的语音等级和噪声等级的差值做均方化处理,得到一个 0.0～1.0 之间的清晰度指数。清晰度指数为 0.0 意味着语音不能被感知,而清晰度指数为 1.0 时则表示语音能够被清楚地感知。

加权三分之一倍频带方法更容易计算,但是不够精确。表 8.6 给出了加权三分之一倍频带方法的计算实例。计算步骤总共包含五步(Kryter,1972)。第一,确定如表 8.6 中 15 个三分之一倍频带中每一个的语音信号峰值强度等级。第二,对达到耳部的稳态噪声进行同样的操作。第三,找出每个频带中语音峰值和噪声等级的差值。如果差异为 30 dB 或者更多,标注 30;如果是负差值则标注 0.0(噪声强度减去语音峰值强度)。第四,将每个差值乘以合适的权重。这些权重基于对应的频率带对语音感知的相对重要程度。第五也是最后一步,将这些加权后的数值相加得到一个清晰度指数。可以参考 20 边界方法对这个指数进行解释。

表 8.6　三分之一倍频带方法工作表

三分之一倍频带/Hz	中心频率/Hz	语音峰值与噪声峰值的差值/dB	权　重	峰值差值×权重
180～224	200	_____	0.000 4	_____
224～280	250	_____	0.001 0	_____
280～355	315	_____	0.001 0	_____
355～450	400	_____	0.001 4	_____
450～560	500	_____	0.001 4	_____
560～710	630	_____	0.002 0	_____
710～900	800	_____	0.002 0	_____
900～1 120	1 000	_____	0.002 4	_____
1 120～1 400	1 250	_____	0.003 0	_____
1 400～1 790	1 600	_____	0.003 7	_____
1 790～2 240	2 000	_____	0.003 8	_____
2 240～2 800	2 500	_____	0.003 4	_____
2 800～3 530	3 150	_____	0.003 4	_____
3 530～4 480	4 000	_____	0.002 4	_____
4 480～5 600	5 000	_____	0.002 0	_____

清晰度指数是一个在各种条件下识别准确度较好的指标(Wilde 和 Humes,1990)。在 21 种不同的条件下,包括不同的噪声类型(宽带非语音或者宽带语音)、听力保护条件(不保护、耳塞或者耳套)以及信噪比(三个等级),清晰度指数均能够准确地估计正常听者和高频感音神经性听力损失的听者识别单词的概率。所以,清晰度指数不仅在最佳的条件下能够预测绩效水平,在向听者提供耳

部保护的情况以及听者失聪或者难以听见的情况下也能预测绩效水平。

清晰度指数和相关方法的一个限制是它们基于不同的频带对可理解性的贡献是附加性和独立性的假设。但是,语音中相邻等级的瞬间等级具有很高的正相关性,而不是独立的,这意味着频率带中提供的信息具有冗余度。当考虑倍频带中的相关性时,语音传输指数(类似于清晰度指数的语音可理解性指标)可以做出更加精确的预期。

当我们使用人造语音时,还需要考虑其他的问题。人造语音信号不如自然语音那样具有冗余度。因此,语音感知更容易受到背景噪声的影响(Luce 等,1983;Pisoni,1982)。如果只有少许数量的消息或者内容信息已经提前提供,那么低质量的语音合成可能就足够(Marics 和 Williges,1988),但是当消息不受限时,就需要高质量的语音。因为需要更多的努力去感知人造语音,呈现的信息保留性较差(Luce 等,1983;Thomas 等,1989)。但是,人造语音的优点是系统设计人员可以有效地控制语音参数,从而使得生成的语音能够适应特定的任务环境。

当评价合成语音时,审美方面的考虑与绩效方面的考虑同样重要。声音比音调更容易引起一种情感性的反应。如果声音令人不舒适,或者消息是听者不愿意听到的,那么声音会产生刺激性作用。这一点可以通过短时间使用的语音消息进行最简洁的说明,例如 20 世纪 80 年代早期在汽车中使用的"你没有系安全带"。对合成语音的可用性进行评价并不能可靠地说明语音的有效性,这些评价只反映了语音被感知的愉悦程度,而不是评价者的绩效水平(Rosson 和 Mellon,1985)。

单词的声学特性可以影响它们作为警告信号的有效性。Hellier 等发现口头词语和人造语音具有类似的声学特性,对以"紧急"方式(大声说、较高频率、较宽的频率范围)说出词语的评级比"非紧急"方式说出的词语更高。紧急性评级也受到单词含义的影响,例如,不管以何种方式呈现,"致命的"的评级要比"注释"的评级高得多。为了表达最紧急的状态,包含"紧急"含义的单词,例如"危险"应当重点读出。

8.4　触觉显示

当需要空间信息,而视觉不能实现或者负荷较大时,触觉感知就变得很重要。通常,对控制器件的编码可以通过接触进行区分,因为操作人员可能无法看到控制器件。类似地,当操作人员必须工作在黑暗的环境中,或者视力受损的情况下,触觉信息也非常重要。

触觉显示不适合告警信号,因为它们通常具有干扰性。想象一下当你专注地解决问题时,被什么东西戳了一下。但是如果你决定使用这种显示器,那么刺激应当是振动式的,使得可检测性最大化。振动的幅度应当使得传递到身体的特定部位能够感知到。身体上感知度最好的区域是手和脚心。一个使用触觉显示作为警告的实例是飞机上使用抖杆告知飞行员将要发生失速状况。

我们可以采用与视觉刺激和听觉刺激相同的方式,依据物理维度对触觉刺激进行编码识别。最重要的维度是形状和纹理,尽管也使用尺寸和位置。图 8.15 展示了一些在军用飞机上通过触摸可以进行区分的标准控制器件。

图 8.15　通过触觉区分的驾驶舱控制器件的标准设定

当视觉和听觉系统负荷过高时,触觉刺激可以作为补充。例如,Jagacinski 等比较了在一个系统控制任务中触觉显示和视觉显示绩效水平的差异。触觉显示是在控制手柄上的一个可变高度的滑动装置,指示真实控制设定与预期控制设定之间的方向和幅度的偏差。总体上,使用触觉显示时绩效水平较差,但是在一些情况下,绩效水平与视觉显示条件相当。在很多应用中触觉显示可以代替视觉显示,包括驾驶导航系统(Tan 等,2000)。嵌入在驾驶员座椅后部的一排"触手"可以通过沿特定方向快速、连续的刺激向驾驶员提供方向信息。

触觉显示还可以为盲人替代视觉显示。最常使用的触觉显示是盲文印刷。通常,类似于电梯中楼层数的视觉显示会通过浮雕的表面呈现出盲文特征。另一个广泛使用的触觉显示是盲人激光阅读器（激光-触觉转换器），用来帮助盲人进行阅读。使用者使用盲人激光阅读器时，将食指放置在一个 6×24 阵列的振感触觉刺激器上，振动频率为 230 Hz。随后，使用者通过需要检测的文本或者其他模式上方的光感探测器，探测器的扫描在振动触觉显示上形成一个空间响应的运动扫描模式。有经验的盲人激光阅读器使用者一分钟可以阅读 60～80 个单词。

虽然单个手指的刺激对于阅读相对较好，但它不支持三维的"虚拟现实"触觉显示。对虚拟现实的研究主要针对两只手指的使用，以及基于听觉反馈的触觉信息增强（Sevilla，2006）。这种设备让盲人能够通过触觉感受三维的虚拟世界。

触觉显示可以帮助耳聋的人感知语音。触觉对于语音感知的充分性通过一个"自然"的方法进行验证，称为 Todoma。耳聋患者将手放在说话者的脸部和颈部。通过这种方法，耳聋患者可以相对精通语音识别（Reed 等，1985）。近些年来，一些合成设备被设计用来进行语音的触觉交流。这些设备通过触觉刺激器的排列传递语音信号的特征。通常包含 3 种特征（Reed 等，1989）：① 依赖于刺激的不同位置传递信息；② 只刺激皮肤感受器，而不是整个躯体感受器；③ 所有刺激排列上的元素都相同。

有些设备已经获得了商业成功。Tactaid Ⅶ使用 7 个振动器，间隔 2～4 in。它通过振动的位置、振动的移动、振动的强度以及振动的时长对语音信息进行编码。Tactaid 2000 使用专门的触觉线索对高频语音声音进行区分，这些高频语音声音很难被听到。一个单一的振动器提供小于 2 000 Hz 的信息，而 5 个振动器则提供频率范围在 2 000～8 000 Hz 的信息。Tickle Talker 与 Tactaid 设备不同，它将语音信号的基础频率和第二共振峰的信息提取出来呈现给皮肤。这种设备使用 8 个佩戴在手指上（除了大拇指）的电脉冲指环。基础频率的变化会影响刺激强度的感知，而第二共振峰频率的变化则通过刺激位置提供（不同手指的前后）。

8.5　总结

信息显示具有各种各样的用途。本章的中心内容是所有的显示不尽相同，简单的或者复杂的人机交互系统的性能会受到显示设计显著的影响。一个指导性的原则是显示应当以尽可能直接的方式传递信息。选择合适的显示需要充分考虑感觉形态的特征，这些特征包括时间、空间和形态的绝对敏感度。这些因素与操作环境、系统目标、沟通信息的属性以及显示用户的能力相互交融。

对于静态视觉显示,可以充分地使用字母、数字刺激和符号。显示必须可见、明确,显示元素应当可读和可理解。对于动态显示,还包括其他的影响因素,例如数字格式或者模拟格式的选择,以及模拟显示呈现的物理环境,呈现环境时最佳的参考系。对于显示面板,显示的布局决定了操作人员在进行任务过程中处理信息的难易程度。对于其他的感觉形态,必须考虑很多类似的因素,尽管每种形态都有其特殊的考虑。

本章主要关注影响显示使用的感知因素。但是,因为显示最终的目标是向用户传递信息,绩效水平也受到认知因素的影响。这些因素将在本书的下一个部分进行介绍。

推荐阅读

Easterby, R. & Zwaga, H. (Eds.) 1984. Information Design. New York: Wiley.

Lehto, M. R. & Miller, J. D. 1986. Warnings (Vol. 1: Fundamentals, Design, and Evaluation Methodologies). Ann Arbor, MI: Fuller Technical Publications.

Meltzer, J. E. & Moffitt, K. 1997. Head-Mounted Displays: Designing for the User. New York: McGraw-Hill.

Stanney, K. M. (Ed.) 2002. Handbook of Virtual Environments: Design, Implementation, and Applications. Mahwah, NJ: Lawrence Erlbaum.

Wogalter, M. S. (Ed.) 2006. Handbook of Warnings. Mahwah, NJ: Lawrence Erlbaum.

Zwaga, H. J. G., Boersema, T. & Hoonhout, H. C. M. (Eds.) 1999. Visual Information for Everyday Use. London: Taylor & Francis.

第 3 部分
认知因素及其应用

9   注意力和脑力工作负荷评估

对注意力的研究于 20 世纪 50 年代在英国经历了一次重大的复兴。这次复兴发生在很多实验室中,一直持续到现在,并得到了极大的发展。大部分的研究受到航空与其他领域的驱动,在这些领域中,人们通常需要承受大量的感觉和认知工作负荷。

——H. Pashler(1998)

9.1   简介

驾驶轿车是一个由很多子任务组成的复杂任务,每个子任务都必须在合适的时间、合适的速度和准确性条件下进行。例如,你必须确定目的地,并且规划合理的路径,然后驾驶轿车到达目的地。你必须驾驶车辆保持在期望的道路上,使用油门和刹车保持合适的速度。你需要观察、阅读和理解位于道路两旁的指示信息,并据此纠正驾驶行为。你可能会发现需要改变娱乐设定或者空调系统的设定,或者打开转向灯和刮水器。你必须持续地监视环境,正确处理非预期的事件,例如道路上出现障碍物或者接近其他紧急车辆。可能还会与其他的乘客进行交流或者使用手提电话,虽然这不是驾驶任务的一部分。

因为驾驶行为对驾驶员施加了很多感知、认知及运动需求,所以驾驶任务几乎包含了本章中对注意力需要关注的所有方面。针对注意力的大量应用性研究关注在不同的认知需求条件下,地面车辆、空中交通工具和水上交通工具的驾驶员的行为。

历史上,我们对"注意力"的兴趣可以追溯到亚里士多德时期。对注意力正式的研究开始于 19 世纪下半叶和 20 世纪上半叶。这些早期的研究大部分是针对注意力在决定自觉意识中所扮演的角色。一部分由于注意力依赖于不可见的脑力活动,另一部分由于缺乏描述注意力机制的理论概念,在 1910 年到 1950 年间,对注意力的研究并没有引起广泛的关注。但是随着 Lovie 在 1983 年发表的论文,对注意力的研究就从未间断,并对我们现在的理解做出了巨大的贡献(见

第 1 章,Johnson 和 Proctor,2004)。

我们处理刺激的能力是有限的,而我们注意力的方向则确定了感知、获取和记忆信息的程度。没有被关注的信息或者目标通常落在我们的意识之外,因此,对我们的行为几乎不产生影响。所以,如果系统操作人员没有注意到对于任务重要的信息显示(如驾驶时的油量),那么这个信息也不会被使用。但是如果对于一个刺激,在以前已经给出过多次单一高度熟练的响应,那么准确或者快速的响应执行不需要注意力。这意味着高度熟悉但是不相关的刺激可能会干扰或者转移相关刺激所需的注意力。对于任意指定的任务,这些和其他因素一起决定了操作人员的行为等级。

注意力有两种类型。**选择注意力**决定我们注视特定的信息源而忽略其他信息源的能力:例如,你经常会发现自己在一个舞会或者教室中,有很多人同时在说话,而你只能听清一个人说话的内容。**分散注意力**决定我们处理多个任务的能力,例如驾驶的同时在聊天。不管进行任务时使用哪种注意力,为了理解让操作人员做得更好或者更坏的条件,我们需要了解在执行任务过程中操作人员所需的**脑力努力**的程度。我们将需要大量脑力努力的任务称为"关注需求"。我们还需要知道使用什么样的**执行控制**。执行控制是指操作人员在不同的任务环境中控制信息流所采取的策略以及任务绩效的水平。

脑力努力的概念与脑力工作负荷的概念非常接近,脑力工作负荷评估了操作人员任务的认知需求。很多广泛应用的工作负荷测量和预测技术是建立在基本的注意力研究的方法和概念的基础之上的。在本章中,我们会介绍注意力的不同模型,这些模型详细考虑了注意力的不同方面,此外我们还将介绍脑力工作负荷的评价方法。

9.2 注意力模型

有一些有用的注意力模型,每种模型都能增加我们对注意力的理解。因为每个模型都关注解释注意力的不同方面,所以应当明确每个模型关注的重点,从而可以针对具体的条件选择使用合适的模型。

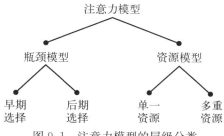
图 9.1 注意力模型的层级分类

图 9.1 给出了注意力模型的层级分类。第一层级分为瓶颈模型和资源模型。瓶颈模型是指在信息处理过程中的

特定阶段,我们能够关注的信息数量是有限的。与此相反,资源模型认为注意力
是有限能力的资源,能够分配给一个或者多个任务,而不是固定的瓶颈。对于瓶
颈模型,随着拥挤在瓶颈处的信息量增加,绩效水平逐渐变差。对于资源模型,
随着资源的减少,绩效水平逐渐变差。

我们可以对瓶颈模型和资源模型进行进一步的分类。瓶颈模型可以分为
"早期选择"和"后期选择",取决于瓶颈在信息处理过程中所处的位置(靠近感知
还是靠近响应)。资源模型可以依据执行任务中的资源库数量:只有一个资源
或者多重资源。瓶颈模型和资源模型认为所有的信息处理能力都是有限的。

最后一类模型尝试在不假设任何的能力限制条件下,解释人的行为。这些模
型称为执行控制模型。它们认为行为变差是因为需要协调和控制信息处理的不同
方面。我们将对这些模型的特征以及支持这些模型的试验证据进行具体介绍。

9.2.1 瓶颈模型

1) 滤波理论

在注意力重新引起关注之后,第一个关于注意力的详细模型由 Broadbent
于 1958 年提出,称为**滤波理论**。滤波理论是一个早期选择模型,指一次进入中
央处理通道的刺激只有一个能被识别。不相关的或者不希望的消息在识别阶段
之前就已经被过滤。过滤可以基于相对较粗略的物理属性,例如空间定位或者
声音的音高,从而使得只有一种来源的信息进入识别阶段(见图 9.2)。

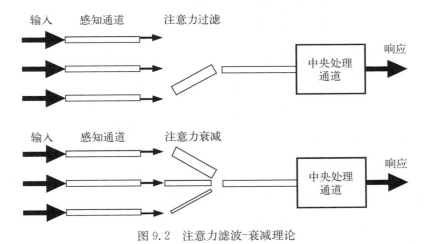

图 9.2 注意力滤波-衰减理论

Broadbent 基于当时对注意力的认识提出这种模型。在 20 世纪 50 年代,开
展了很多有关注意力的研究,主要针对听觉刺激。其中,最出名的是 Cherry 在

1953 年对"鸡尾酒舞会"现象的研究。"鸡尾酒舞会"现象是指在鸡尾酒舞会上会同时出现很多不同的对话。Cherry 向听者同时呈现一些不同的听觉消息。听者的任务是逐字逐句重复其中一个消息,而忽略其他的消息。这类似于身处鸡尾酒舞会的情况(虽然你并不希望重复对话)。只要消息能够以某种方式进行物理区分,听者就能够重复。例如,当消息通过耳机分别在右耳和左耳呈现时,听者可以识别右耳中的消息而忽略左耳的消息,反之亦然。

听者不仅可以选择性地关注某一个消息,还可以对不关注的消息表示很少的意识(不管消息是男声还是女声)。在一个研究中(Moray,1959),听者对一个不关注消息中重复 35 次的单词没有印象。在另一个研究中(Treisman,1964),不到 1/3 的听者意识到不关注的消息是捷克文而不是英文。与过滤理论一致,这些选择性注意力试验证明了不关注的消息在识别阶段之前就已经被过滤。

Broadbent 开展的另一个重要的试验称为分离-跨越技术。他以快的速度向听者同时呈现成对的单词,分别进入左耳和右耳。听者的任务是尽可能重复他们听到的单词。听者倾向于逐耳重复单词,即先按顺序重复左耳的单词,再重复右耳中记得的任意单词,反之亦然。因为呈现给双耳的消息都需要注意力,这个研究证明了一个耳朵中对单词的识别妨碍了另一个耳朵中单词的识别,这与滤波理论一致。

滤波理论很好地描述了注意力最基本的现象:**很难同时将注意力关注到多个信息上,也很难记住不关注的消息**。因此,直到现在,滤波理论仍然是人机系统设计和评价中关于注意力最有用的理论之一。例如,Moray 认为,出于设计目的,可以使用"Broadbent 的滤波理论,这对于指导设计人员的行为是必需和充分的"。

但是,大部分研究人员认为滤波理论不完全正确。正如其他人的行为理论被证伪一样,试验的证据表明与滤波理论不一致。例如,Moray 发现 33% 的听者意识到他们自己的名字出现在不关注的消息中。这个发现被 Wood 和 Cowan 在更加严酷的条件下重复。同时,Treisman 发现,当散文段落在两耳中交换时,听者仍旧能够重复转移到"错误耳朵"中的相同消息。所以,提供给听者的早期消息内容会导致听者的注意力转移到错误的耳朵中。这些研究以及其他的研究表明不关注的消息至少会在一些特定的条件下被识别,这种现象用滤波理论无法解释。

2)衰减和后期选择理论

Treisman 尝试解释滤波理论和这些矛盾的发现。她提出了**滤波-衰减模**

型,在这个模型中,早期的滤波只用于衰减不关注的消息,而不是完全屏蔽(见图 9.2)。这可以解释为什么滤波过程有时候好像发生"遗漏",正如上段内容中介绍的两个实例。换言之,在正常的情况下,衰减的消息不会被识别。但是如果内容很熟悉(如名字)或者内容充分降低了消息的识别阈值(如散文段落的关键词),消息能够被识别。虽然滤波-衰减模型相较于初始的滤波理论与试验结果更一致,但是这种模型不容易验证。

另一种解决滤波理论问题的方式是将滤波行为移动到处理过程的后期,即在识别发生之后。Deutsch 和 Norman 认为所有的消息都被识别,但是如果没有选择或者关注,则消息会快速地衰减。还有一些证据支持这个**后期选择模型**。例如,Lewis 以快的速率向听者的一个耳朵呈现一组 5 个单词,同时,向另一个耳朵中呈现一个不关注的单词。听者不能复述不关注的单词,但是单词的含义影响了他们复述关注单词的响应时间。但不关注单词是某一个关注单词的同义词时,响应时间会变慢,这表明不关注单词的含义干扰了对关注单词的理解。

对于这些发现的含义存在一些不同的意见。Treisman 等认为 Lewis 的发现只对较短的单词组适用,或者较长单词组的前段部分,随后滤波会被调整排除不关注的消息。对于争论的一种解释是早期或者后期的选择随着具体任务需求而变化。Johnston 和 Heinz 认为随着信息处理系统从早期选择模式变化到后期选择模式,更多的来自不相关输入的信息聚集在一起,需要更多的努力去关注这些不相关的信息来源。

最近,Lavie 列举了大量的证据支持混合的早期选择和后期选择注意力理论,称为"负荷理论"。在负荷理论中,早期选择或者后期选择取决于感知负荷的高低。如果有较多的刺激需要处理,或者必须进行感知区分,那么认为这种情况具有更高的感知负荷,也更加复杂。当感知负荷较高时,选择移动到处理的早期阶段,不相关的刺激不能被识别。当感知负荷较低时,选择可以推迟到处理的后期阶段,在这种情况下,相关和不相关的刺激都能够被识别。一些证据表明,当感知负荷较高时,观察短暂呈现显示的参与者不容易发现周边显示位置中的非预期刺激(Cartwright-Finch 和 Lavie,2007)。

9.2.2 资源模型

指明单一瓶颈位置的困难使得一些研究人员采用不同的方法建立注意力资源模型。不同于聚焦在信息处理过程中引起注意力限制的特定位置,资源模型假定注意力的限制是因为脑力活动可用的有限资源容量。

1）不可分资源模型

不可分资源模型在 20 世纪 70 年代早期提出。最出名的研究者是 Kahneman，模型如图 9.3 所示。根据这个模型，注意力是有限容量的资源，可以应用在各种过程和任务中。同时执行几个任务并不困难，除非超过了可用的注意力资源容量。当超过容量时，信息处理系统会设计一个策略，对不同的活动分配资源。这种分配策略依赖于短时的意图和对资源需求的评价。

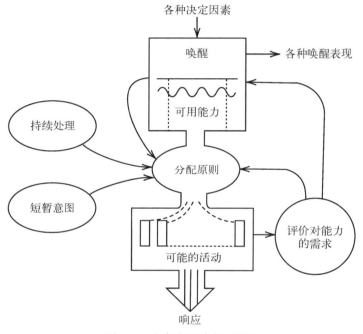

图 9.3　注意力的单资源模型

不可分资源模型认为不同的任务有不同的注意力需求。受这个思路的启发，研究人员开始设计实验测量注意力需求。Posner 和 Boise 使用双任务程序，在这个程序中，被试需要同时执行两个任务。他们将一个任务定义为主任务，另一个任务则定义为次任务，要求被试尽可能将主任务完成到最好。在注意力是一个单一的处理资源库的假设条件下，所有可用的资源都应当首先应用于主任务，而多余的空闲资源可以应用在次任务中。如果注意力资源在主任务中耗尽，那么次任务的绩效会变差。有时，Posner 和 Boies 的程序称为探测法，因为次任务通常在主任务执行过程中通过短暂的音调或者视觉刺激多次呈现。所以，次任务"探测"主任务短暂的注意力需求。通过在主任务序列中观察对这些探测的响应,我们可以获得主任务的注意力需求。

在 Posner 和 Boies 的实验中,主任务是呈现 2 个字母,时间间隔为 1 秒,要求被试判断这两个字母是否相同。次任务要求被试听到一个探测音调后按压一个按键。当音调发生在主任务序列后期时,对探测的反应时间变慢(见图 9.4)。因此,Posner 和 Boies 认为比较和响应选择的后期处理需要注意力。但是,后续的研究发现在前期呈现音调,也会产生较小的影响,这意味着即使在初期字母编码的过程中也明显需求少量的注意力资源(Johnston 等,1983;Paap 和 Ogden,1981)。

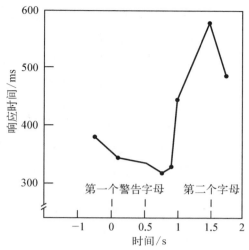

图 9.4 字母匹配任务中不同时间的探测响应时间

这些研究证明了双任务程序可以提供短暂注意力需求的敏感性测量。这个程序可以用来确定不同任务和子任务的复杂度,从而能够预计操作人员的绩效是否会变差。如后面将介绍的,双任务程序在人为因素学中有很长的应用历史:"为了找出操作人员在满足系统标准的条件下进行主任务的同时还能够承担多少额外的工作"(Knowles,1963)。

我们目前讨论的基础是假定不管执行时间和执行方式,对于特定的任务,所需的注意力资源量都是一样的。但是,Kahneman 认为可用的资源容量受到唤醒程度和任务的需求影响。如果任务很简单,可用的注意力资源会减少。Young 和 Stanton 据此构建了资源理论,称为可塑的注意力资源,用来解释为什么在脑力负荷过低,或者任务过于简单的情况下,绩效水平可能变差。他们使用了双任务程序,其中主任务是模拟驾驶,而次任务要求被试确定在驾驶显示边缘的一对旋转几何图形是否相同。驾驶任务在四种自动化等级进行,模拟驾驶中进行的子任务数相同(如控制速度和方向)。随着自动驾驶程度的增加,判断图形是否差异的次数也增加,表明主驾驶任务的注意力需求减低。

除了统计探测响应的正确率,Young 和 Stanton 还评估了长距离驾驶员如何观察几何图形。随着自动化程度的增加,正确的次任务响应数量与观察探测图形的时间比率变小。这个结果表明在较低的工作负荷条件下，驾驶员需要花费更多的时间观察图形做出响应，这还表明对图形处理的有效性减低。如果事实真是这样，那么自动驾驶的一个潜在危险是驾驶员的警觉性和注意力容量都减少，从而降低他们的绩效水平。

2）多资源模型

另一个主要的，特别是在人为因素学中主要的观点是**多资源理论**（Navon 和 Gopher，1979）。多资源理论认为注意力资源没有单独的库。取而代之的是，一些独立的任务子系统具有它们独自有限的资源库。Wickens 提出了四维度的资源系统，包括不同的处理阶段（编码、中央处理和响应）、信息编码（语言和空间）、输入形态（视觉和听觉）以及输出形态（手动和声音）（见图 9.5）。他还对视觉通道区分不同的资源（聚焦和周边）。这个模型认为两个任务所需的不同的资源库程度越高，这两个任务更容易一起执行。如果两个任务需要的资源不同，一个任务的复杂度变化不应当影响另外一个任务。

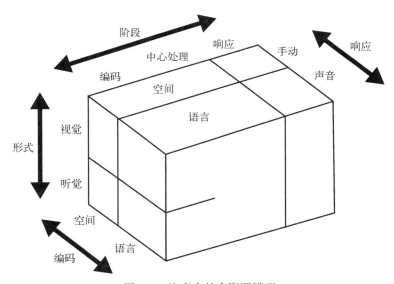

图 9.5　注意力的多资源模型

多资源模型的建立是因为多任务的绩效水平通常取决于每个任务的刺激形式和响应。例如，Wickens 让被试进行一个手动的跟踪任务，将移动的指针指向一个固定的目标。同时，还要求被试对一根手杖保持固定的压力，或者检测一个听觉音调。虽然听觉检测任务被认为更加复杂，被试执行听觉检测任务的绩效水平要优于固定压力任务。这是因为跟踪任务和固定压力任务具有相同的输出形态(手动),需要相同的资源库。多资源理论的总体原则是如果任务的维度(处理阶段、编码和形态)不发生重叠,多任务的绩效水平会较好。

Wickens 的多资源理论模型的具体特征对人为因素学有重要的影响,因为这个模型可以"估计在多任务条件下,操作上有意义的绩效差异"(Wickens, 2002)。换而言之,这个模型可以依据两个任务是否相同的资源判断任务间相互干扰的程度。尽管多资源观点是评价不同任务环境设计有效的方式,多资源模型并没有被广泛接受作为注意力的通用理论,这是因为双任务的干扰模式要比简单的多资源概率复杂得多(Navon 和 Miller,1987)。

9.2.3 执行控制模型

瓶颈模型和资源模型认为多任务绩效水平的降低是因为信息处理有限的容量。这些模型几乎没有考虑执行控制过程,这个过程管理有限的容量被分配到不同的任务中。但是自发的容量分配控制以及实施的控制如何完成具体的任务目标,是人的行为中重要的因素(Monsell 和 Driver,2000)。

从执行控制过程角度分析行为的最突出的研究之一来自 Meyer 和 Kieras。他们建立了一个认知任务分析的框架,称为执行过程交互控制(EPIC)理论,具体内容如框 4.1 所示。在 EPIC 理论中,多任务绩效水平的降低是因为人们在执行不同任务中采用的策略是不同的。这个理论与我们之前介绍的其他理论不同之处在于它假定中央、认知过程容量不受限。EPIC 认为在基础的层级,处理外周感知-运动等级的信息处理能力是有限的(如中央凹视觉中的详细的视觉信息是有限的;一个手臂不能同时向左和向右运动)。在较高的认知层级,EPIC 并不认为多任务绩效水平的降低是由于有限容量的瓶颈或者资源,而是因为用于适应任务优先级和外周感觉限制的可变的任务策略。执行认知过程控制这些策略,与当前的任务行为相协调。

例如,Meyer 和 Kieras 检验了执行两个任务的情况,分别为任务 1 和任务 2。两个任务的刺激快速连续呈现,同时指令强调任务 1 的响应应当发生在任务 2 之前。依据 EPIC,任务 2 的响应较慢,因为该响应策略性地推迟。即对任务 2 的处理延迟到任务 1 处理完成可能影响任务 2 中需要处理的内容之后。这种延迟策略保证了任务 2 的响应不会与任务 1 造成干扰,也不会超前任务 1 给出响应。

EPIC 计算模型不仅在实验室环境的多任务行为中成功应用,也在真实的世界环境中有效应用,包括人机交互和军用飞机操作。因为 EPIC 引入了我们当前理解的人-信息处理的固定机制,以及如何确定与认知操作相关的具体任务策略,所以这个模型对于认知任务分析特别具有吸引力(Kieras 和 Meyer,2000)。

9.2.4　小结

早期选择滤波理论解释了人们较少意识或者很难记住他们不关心的刺激事件的重要事实。早期选择衰减模型解释了由于内容或者过往的经验没有进入意识,所以未注意特别明显刺激的事实。后期选择瓶颈模型解释了为什么在感知和刺激识别过程之后,绩效水平会发生显著下降。单一资源模型准确地描述了如何在不同的任务中控制注意力分配,多资源模型解释了为什么当两个任务共用相同的感觉和运动形态或者处理编码时,绩效水平会变差。最后,执行控制过程理论强调,不管是否存在中央处理限制,多任务行为的一种重要方面是与任务策略性相协调。

9.3　注意力模式

9.3.1　选择性注意

选择性注意是很多任务的一个部分。例如,当阅读指导手册时,操作人员需要选择性地关注手册中的信息,忽略环境中不相关的听觉和视觉信息。通常选择性注意中的问题是关注的环境刺激的特征,以及可能干扰关注的非注意刺激的特征。例如,当操作人员阅读指导手册时,能够让他/她关注在手册上的具体的内容属性是什么?此外,什么样的环境事件可能干扰他/她的阅读?很多实验尝试确定什么获取了注意力,以及注意力如何被引开。大部分的这些实验使用听觉或者视觉任务。

1) 听觉任务

研究选择性注意的一个任务是选择性倾听。在这个任务中一个需要关注的听觉消息(目标)与其他的听觉信号(干扰)同时呈现。这个干扰可能会遮蔽或者混淆目标消息。

我们已经讨论过当目标消息能够从物理上与干扰内容相区分时,选择性倾听相对容易。空间分离的目标和干扰包括通过不同的扬声器向听者呈现信号或者使用耳机向不同的耳朵呈现信息,听者都能够较容易地关注目标消息(Spieth 等,1954;Treisman,1964)。类似地,当目标和干扰的强度不同时,或者在听觉频谱上不同的频率范围,选择性倾听容易实现(Egan 等,1954;Woods 等,2001)。

这些发现与滤波理论所强调的关注信息的早期选择依赖于粗略的物理特征相一致。

但是,不仅是目标和干扰信号的物理特征会影响绩效水平。当目标和干扰信号是语音消息时,语义和语法也会影响选择性倾听的绩效水平。当目标和干扰是不同的语言时,当目标消息是文章而不是随机单词时,以及当目标和干扰明显是不同类型的文章,例如小说和技术报告时,听者很少产生差错。此外,听者可能基于每个消息的内容建立预期,从而为了与内容保持一致产生对单词错误的感知(Marslen-Wilson,1975)。

我们已经讨论过当进行选择性倾听任务时,如果干扰消息与目标消息物理可区分,例如使用空间位置,听者不会记住很多干扰内容(Cherry,1953;Cherry和Taylor,1954)。他们可以识别基础声学特征中的变化,例如在消息的中间,声音由男声变成女声,而不会发现干扰中具体单词或者词汇的变化。Cherry发现只有1/3的听者发现非注意的消息被转换成滞后的语音。Wood和Cowan证实了这个结论,并且认为发现滞后语音的听者显然被干扰内容吸引了注意力。

尽管听者只能记住少量的听觉干扰消息的内容,当干扰信息变成视觉呈现时,听者随后识别干扰信息的能力增强。此外,当干扰以图像或者音阶的视觉方式呈现时,相对于单词式的视觉呈现,识别能力更强,这表明随着干扰消息的内容与目标消息内容的相似度的增加,干扰信息的保留程度降低(Allport等,1972)。

我们已经讨论了改善和抑制听者对特定目标(消息)选择性注意能力的因素。但是注意力可以关注于特定的消息特征上。Scharf等表明人们可以将注意力聚焦在听觉频谱中一个窄带的范围内。他们要求听者确定哪两个时间间隔包含频谱不同的音调。发生在实验早期的事件使得听者预期一个特定频率的音调。当呈现的音调接近预期的频率时容易被检测,但是如果音调明显与预期的频率不同时,那么完全不会被检测到。所以至少在一些情况下,集中注意力会改变对特定听觉频率带的敏感度。

2) 视觉任务

对视觉刺激的选择性注意通过同时呈现多个视觉信号,并要求观测者依据其中一个信号执行任务的方式进行研究。类似于在跟踪任务中呈现的消息,关注的视觉信号称为目标,而其他所有的信号称为干扰。与听觉选择性注意相同,观测者极少意识到他/她不关注的事件(见框9.1)。

框9.1　变化盲视

变化盲视是一个值得关注的现象,不仅吸引注意力的研究人员,还吸引大众媒体。变化盲视是指在视场中不具有检测引人注意的变化的能力。一个经典的变化盲视的证明是让观测者对篮球游戏中的运动员之间的传球数进行计数。在游戏过程中,有一个穿着大猩猩服饰的工作人员穿过球员。尽管穿着大猩猩服饰的工作人员直接穿过视场,明显且滑稽,只有相对较少的观测者发现了这名工作人员(见图 B9.1;Durlach,2004;Simons 和 Ambinder,2005;Simons 和 Chabirs;1999)。

图 B9.1　《我们中有大猩猩》影像中的 3 帧

研究变化盲视最通用的程序使用图片(Rensink 等,2000)。两张只在单独明显元素上有差异的图片循环呈现给被试。每次图片呈现之间有大约 1/10 秒的黑色屏幕干扰。显示间的变化包含目标的颜色、目标的位置以及目标是否出现,这些变化难以检测。一些图片可能包括一架没有引擎的飞机,一栋政府大楼和一个旗杆,旗杆位于大楼的左侧或者右侧,以及城市街道场景,出租车的颜色从黄色变成绿色。这些图片可能要向被试呈现很多遍,他们才能识别图片中的变化。

研究变化盲视的科研人员对为什么人们没有意识到这些明显的变化以及在什么条件下会导致这种意识的缺失很感兴趣。我们知道,例如当去掉两个显示之间的黑色屏幕后,变化很容易被检测到。这可能是因为两个图片的差异产生了"瞬态线索",是一种视角信号引导观测者的注意力直接落在变化的位置上。

现实世界中的很多任务受到变化盲视的影响。例如灾害响应中心和空中交通管理中心这样复杂的基于计算机系统的操作人员必须监视

多个、多方面的显示,并在需要的时候做出合适的控制动作(DiVita
等,2004)。如果操作人员不能发现显示的变化可能会导致灾难性的
后果。

变化盲视发生在各种各样的情况下,在这些情况中,观测者的注意
力被干扰或者在信息的可视性上有一个短暂的间隔。O'Regan 等表明
在屏幕上呈现随时间变化的"泥浆溅"(一系列叠加的点)图像会产生变
化盲视,即使"泥浆溅"本身并不处于变化的区域。如果变化的时间与眨
眼频率(O'Regan,2000)或者眼动扫视频率(Grimes,1996)一致,也会发
生变化盲视,因为眨眼和眼动扫视会形成观测者自身引起的短暂间隔。
Levin 和 Simons 验证了大部分的人不会检测到视频中场景裁剪这样相
对明显的变化,即使在观测者专心观察视频时。

变化盲视中最引人注目的验证之一来自真实世界事件。Simons 和
Levin 开展了一项实验,他们在道路上向行人问路。当行人提供方向
时,另外两个人搬着一块门板经过行人和实验者。经过精心的安排,实
验者抓住门板的末端离开,而原先搬门板的一个人则留下。只有50%
的行人发现他们前后交流的不是同一个人。

很多视觉选择性注意的实验使用字母作为信号,并要求观测者识别出现在
特定位置的字母。如果干扰距离目标至少超过 1°的视角,那么干扰不会影响观
测者识别目标的能力(Eriksen,1974)。如果干扰与目标很接近,它们会随着目
标一起被识别,从而导致任务绩效水平变差。

一般地说,如果干扰需要与目标相同的响应,那么对目标的响应会较快,但
是当干扰需要其他响应时,对目标响应则较慢(Rouder 和 King,2003)。例如,
我们可以向观测者呈现三个字母:"XAX",让观测者识别中间的那个字母。如
果中间字母是 A 或者 B,观测者按一个按键;如果中间字母是 X 或者 Y,观测者
则按另一个按键。显示"BAB"或者"YXY"时,观测者识别的时间短于"XAX"或
者"BYB"。但是,如果干扰字母和中央目标间的距离增加,例如"X A X",观测者
就不会认为那么困难。随着目标和干扰的距离增加,干扰距离对目标距离的影
响变小。

这样的结论表明注意力的聚焦点可以位于视场中不同的位置(Eriksen 和

St. James,1986;Treisman 等,1977)。由于聚焦点不可能总是小到能够防止其他刺激吸引到注意力,因此,视觉刺激间会发生干扰。例如"XAX"的刺激中,"X"是干扰项,虽然需要与目标"A"不同的响应,却包含在注意和识别的聚焦点内。对目标的响应受到干扰所需的响应的抑制。如果 X 与 A 分离足够的距离,那 X 就不再落入聚焦点的范围内,不会被识别。因此,对 X 的响应不会被"激活",也不会干扰对 A 的响应。

这些研究表明注意力关注点有一个下限:它可以变小,但不能太小。另一项研究表明注意力关注点可以变大。LaBerge 要求被试对 5 个字母的单词执行不同的任务。一个任务要求被试确定单词是否是一个专有名词,而另一个任务要求被试确定单词中间的字母是来自 A、B、…、G 字母集还是来自 N、O、…、U 字母集。单词任务需要对较大的整个单词级别的注意力,而字母任务要求被试关注中间字母。在这两个任务中,还会呈现一些非单词的组合探测项。在这些组合中,单独的字母或者数字呈现在 5 个位置中的一个,其他位置用 ♯ 号代替。例如,对于"HOUSE",被试可能会看见"♯Z♯♯♯"或者"♯♯7♯♯"。对于这个刺激,要求被试快速识别是否包含字母或者数字。如果被试进行单词任务,探测项的出现不会影响识别的速度。但是,如果被试进行一个字母任务(他/她的注意力只聚焦在中间字母上),当字母或者数字出现在中央位置时响应最快,而当字母或者数字远离中央位置时,响应逐渐变慢。

观测者选择性注意不同视觉刺激的一种方式是在视场中将眼睛移动到不同的位置(Nummenmaa 等,2006)。固定的目标能够清楚地观察到,而位于外周视觉中的目标却不能。但是,对聚焦点的研究表明关注点能够与注视方向分离开;即观测者应当有能力选择性地注意视场中的一个位置,而这个位置并不是他/她的注视点。这种过程称为隐蔽定向,与随眼部位置变化的明确定向相对。

Posner 等证明在单一的视觉任务中,观测者可以使用明确定向改善他们的绩效水平。他们的任务是检测显示中出现字母 X。X 出现在距离注视点左侧或者右侧 0.5°的位置。在呈现 X 之前,先在注视点的位置呈现一个线索。线索可能是一个加号或者指向左侧或右侧的箭头。线索的目标是向观测者提供 X 可能出现的位置信息。X 出现在箭头所指方向的概率为 80%,反方向的概率为 20%。当 X 位于线索的位置时,反应时间最快;当 X 位于非线索的位置时,反应时间最慢(见图 9.6)。观测者明显使用线索将注意力从注视点转移到 X 最可能出现的位置。

在 Posner 之后的实验尝试确定注意力是否逐渐从注视点移动到线索位置,或者注意力的转移是否是离散的。一些实验结果表明不管目标位于什么位置,注意力从注视点位置移动到目标刺激的时间相同。所以,注意力是以离散的方式从一个点"跳跃"到另外一个点(Yantis,1988)。

Posner 等的箭头线索指向某一个方向,会引起注意力的**内源性定向**,即个体自发形成的注意力转移。注意力还可以通过刺激的快速开启或者感知运动被动地转移到一个位置或者目标

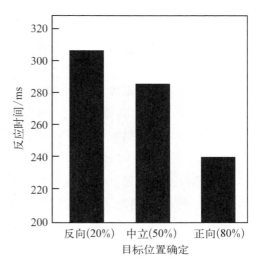

图 9.6 随目标位置确定性变化的反应时间

(Goldsmith 和 Yeari,2003),这种类型的转移称为**外生定向**。换而言之,即使当观测者不移动眼部,他/她的注意力可以主动地或者被动地转移到观察的刺激位置,或者非预期移动。

注意力的外生定向可以帮助或者妨碍任务的执行。考虑对 Posner 的任务进行修改,对目标可能位置的信息不使用箭头线索,而使用目标位置一个中心闪烁刺激。这种中性刺激突然的开启(闪烁)会吸引注意力。如果外生线索与目标的时间差异很小(小于 300 ms),对该位置目标的响应会很快。但是,如果线索和目标的时间差异大于 300 ms,对非线索位置目标的响应要明显快于对线索位置目标的响应(Los,2004)。这种现象称为**返回抑制**。我们可以认为随着线索-目标的延迟,注意力会(自发或者被动地)转移到视界的其他位置。一旦注意力从外生线索位置转移到其他地方,有一种趋势会防止注意力返回到原位置。虽然这种注意力机制的目的还没有被完全理解,但是它可以防止注意力重新返回到已经检查的位置,让复杂环境中的视觉搜索任务更加有效(Snyder 和 Kingstone,2007)。

3) 转换和控制注意力

内源和外生注意力的转移区别带来了注意力如何被控制的问题。很多任务,例如驾驶,需要在各种信息源之间进行快速的注意力转换。人们在不同的信息源之间的注意力转换的能力是不同的。Kahneman 和他的同事(Gopher 和 Kahneman,1971;Kahneman 等,1973)使用一个二分听觉任务对战斗机飞行学

员和巴士司机的注意力转换能力进行了评价。被试要求跟踪两耳中两个消息中的一个。在选择性注意一只耳中的信息后,音调转移到另一只耳中,使得被试应当将他们的注意力也转移到另一只耳中,跟踪另一只耳中的消息。注意力信号转移后的差错数与以色列空军飞行学校学员的成绩负相关,成绩越好的学员越不容易犯错。同时,差错数与巴士司机的事故率成正比,事故率越高的巴士司机越容易犯错。荷兰皇家海军在空中交通管理应用中也发现了类似的结论(Boer等,1997)。

虽然我们已经讨论的简单的实验室任务与人们遇到的真实世界中的复杂环境完全不同,这些研究表明注意力转移能够影响实验室以外的复杂导航任务的绩效水平。此外,Parasuraman 和 Nestor 强调对于年长的驾驶员,注意力转移能力会下降。由于个体在注意力转移能力上的差异,在评定驾驶能力时最好对注意力进行评价。

9.3.2　注意力分配

选择性注意任务需要人们只关注一些可能的信息源中的一个,而注意力分配任务则要求人们同时关注几个信息源。在很多情况下,当人们必须只关注一个单一的信息源时,他们表现最好。随着信息源的增加,人们的绩效水平越来越差。这种绩效水平变差通常表现为感知的准确度变差、较长的响应时间,或者刺激检测和识别有较高的阈值。

在很多的应用实例中,操作人员必须监视多个输入源,执行注意力分配任务,每个输入源都可能潜在地包含目标信号。考虑在一种环境中,操作人员必须监视很多仪表,每个仪表提供复杂系统性能的一些参数。操作人员可能需要通过一个或者多个仪表上不正常的读数显示检测一个或者多个系统的功能失效。这种环境在核电站控制室、过程控制系统界面和飞机驾驶舱中很常见。

操作人员监视多个信息源的绩效水平取决于他/她执行的任务。例如,假设当一个阵列中的仪表出现一个或者多个不正常的系统条件,操作人员的工作是关断系统,并告知管理人员。在这种情况下,操作人员检测目标的能力相较于必须只监视一个单一的仪表时仅仅是稍微下降(Duncan,1980;Ostry 等,1976;Pohlman 和 Sorkin,1976)。这是因为如果出现多个目标,那么操作人员检测到至少其中一个的概率增加,尽管操作人员检测到具体目标的概率变低。从单一信息源检测到目标的可能性变低,而从其他信息源同时检测到的目标数量增多。

当必须独立地识别两个或者多个目标时会产生问题。例如,操作人员可能需要在观察到一个非正常度数时,关闭一个进水阀,而在观察到另外一个非正常度数时,打开一个压力阀。在这个场景中,当操作人员只关注在单一的信息源时,他/她检测、识别以及响应具体目标的能力会变差。

尽管操作人员响应同时出现的多个目标的一些困难可以通过训练解决(Ostry 等,1976),他/她的行为不可能与只关注一个单一输入源一样优秀。在应用场景中,如果很容易同时出现多个目标,无法检测以及无法对目标进行响应可能会导致系统失效,那么每个输入源都应当由一个单独的操作人员进行监视。

在操作人员必须将注意力分配到不同任务或者信息源的情况中,他/她对每个任务的优先级可能有所不同。例如,在探测技术中,两个任务中一个任务被认为是主任务,而另一个任务则被认为是次任务。一般地说,可以给两个任务赋予任意的相对权重组合:例如,操作人员可以被指示对主任务付出两倍的关注度,而对次任务付出一倍的关注度。即操作人员可以在两个任务的行为中做出"权衡"。

双任务行为的权衡可以描述为**行为-操作特性**(POC)曲线(Norman 和 Bobrow,1976),有时也称为注意力操作特性(Alvarez 等,2005),与第 4 章中介绍的 ROC 曲线类似。图 9.7 中给出了一个 POC 曲线。对于两个任务 A 和 B,横坐标代表任务 A 的绩效水平,而纵坐标代表任务 B 的绩效水平。在 POC 中,较好的绩效水平由每个轴上较大的数值表示,绩效水平可以由任意方式的数值表示(速度、准确度等)。每个任务的绩效水平基准是只执行该任务时的绩效水平,标注为每个轴上的一个点。如果两个任务同时执行时,绩效水

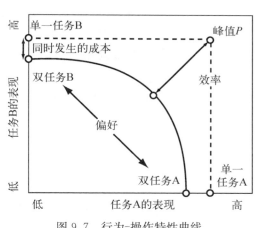

图 9.7 行为-操作特性曲线

平能够与单独执行时相同,那么绩效水平会落在**独立点** P 处。这个点表明当同时执行两个任务时,不会引起注意力限制。

从点 P 到两个轴的连线形成的框定义了 POC 空间,表示同时执行两个任务时所有可能的结合绩效水平的组合。两个任务的真实绩效水平会落在空间中的曲线上。**绩效效率**指示两个任务同时执行时的效率,是从 POC 曲线到独立点的距离。POC 曲线越靠近 P 点,执行任务的效率越高。类似 ROC 曲线,POC 曲线上的不同点只反映任务优先级变化引起的差异偏好。正对角线上的点反映

无偏好的绩效水平（对两个任务的注意力相同），而如果曲线上的点向横（纵）坐标靠近，则表示差异偏好偏向于任务 A(B)。最后，任务**同时发生的成本**由只执行一个任务与执行两个任务但是所有的资源都用于该任务之间的差异决定。

　　POC 曲线通过测试单任务和双任务条件中人的行为以及变化对两个任务的相对强调程度获得。在双任务场景中执行一个任务的绩效水平可能与只执行一个任务时大致相同或者更差，这取决于双任务条件中施加的条件。POC 分析可以用来评价很多复杂系统中需要操作人员同时执行两个或者多个任务时（如监视雷达或者操纵飞机）的绩效水平和任务设计的合理性。

　　为了表明 POC 曲线的可用性，我们将介绍 Ponds 等评价年轻人、中年人和老年人执行双任务时的绩效水平的研究。在该研究中，一个任务是模拟驾驶，而另一个任务是数点的个数。这些点呈现在仿真的挡风玻璃上，不会遮挡驾驶必需的视觉信息。对每个年龄组的绩效水平进行标准化，使得每个小组的平均单一任务的绩效水平用百分比进行表示。这个标准化处理使得在双任务的绩效水平中独立地评价不同小组之间的年龄差异成为可能。

　　对每个年龄小组，POC 曲线通过描述标准化的绩效水平分值获得，而这个分值则通过在双任务条件下，三种不同的驾驶和数点强调程度进行确定（见图 9.8）。在标准化的曲线中，独立点为(100,100)。老年人在注意力分配中有

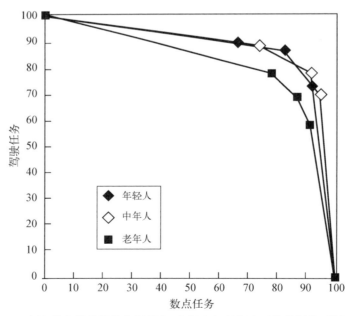

图 9.8　在注意力分配任务中年轻人、中年人与老年人正常的行为-操作曲线

一定的缺陷,他们的 POC 曲线相较于中年人和年轻人要远离于独立点。这种注意力分配的缺陷证实了 Parasuraman 和 Nestor 关于老年人驾驶时会发生注意力漂移,而不能通过训练给予改善的研究(McDowd,1986)。

人类的注意力能力受到其唤醒等级的影响。唤醒等级会影响可用于执行任务的注意力资源数量,以及向不同任务分配注意力的规则。注意力和环境的关系是一个广泛应用的行为定律的基础,这个定律称为耶德二氏定律(Yerkes-Dodson law,Yerkes 和 Dodson,1908)。根据该定律,绩效水平与唤醒等级成倒 U 形相关,而最佳绩效水平发生在简单任务较高的唤醒等级时(见图 9.9)。

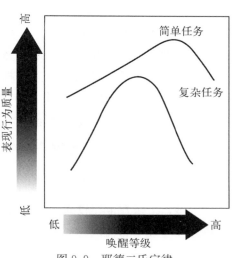

图 9.9　耶德二氏定律

当唤醒等级较低时,绩效水平较差,这并不令人吃惊。极低的唤醒程度会导致操作人员对需要执行的任务没有准备,或者无法监视行为,从而无法关注任务需求的变化。因为复杂任务中的特征数量通常多于简单任务,同时注意力协调也更加重要,所以在较低的唤醒等级时,复杂任务表现出更严重的绩效水平衰减。

在较高的唤醒等级,绩效水平趋于恶化,这更令人吃惊。多个因素导致了这种变差结果,但最主要的是由于注意力控制的减少。在较高的唤醒等级,个人的注意力变得更加集中(不管合适或者不合适),而他/她用于指导注意的线索范围受到限制变得更多(Easterbrook,1959)。同时人们区分相关和不相关线索的能力也减低。因此在较高的唤醒等级,极少或者几乎没有合适的情况特征控制注意力分配。这个理论在较高的唤醒等级情况下,认为如果注意力直接关注于正在处理的任务,绩效水平不会降低(Naatanen,1973)。

对耶德二氏定律的评价一直存在争议(Hancock 和 Ganey,2003;Hancock 和 Vitouch,2004),这是因为唤醒取决于很多不同的因素,并且包含很多不同的生理响应。所以,不能将绩效水平增加或者降低归结为一个总体的唤醒等级。但是,如 Mendl 所描述的"定律可以作为简略的概述方式,描述各种明显具有威胁性或者挑战性的刺激和不同的认知行为测量值之间的观测关系,而所有的关系都不能通过一个单一的压力或者唤醒机制进行调解"。我们将在本节中重点介绍唤醒对注意力的两个重要影响：感知窄化和警觉递减。

感知窄化是指在较高的唤醒等级情况下发生的注意力限制（Kahneman，1973）。Weltman 和 Egstrom 使用双任务研究了新手潜水员行为中的感知窄化现象。主任务要求潜水员添加一列集中显示的数字，或者监视一个刻度盘检测指针是否发生较大的偏差；次任务要求潜水员检测一个位于外周视场中的光亮。唤醒程度由潜水员所处的环境进行控制：正常环境（低压力）、水槽中（中等压力）以及在大海中（高压力）。压力的变化并不改变主任务的绩效水平，而随着压力的增加，潜水员需要更长的时间才能检测到外周光亮。这个发现表明在较高的压力等级情况下，潜水员的注意力关注范围变窄。我们在赛车（Janelle 等，1999）或者服用安非他命（Silber 等，2005）情况下所引起的较高唤醒等级的模拟驾驶行为中也发现类似的结果。

与感知窄化发生在较高的唤醒或者压力等级的情况不同，警觉递减则发生在唤醒程度很低的情况中。在定义警觉递减之前，我们必须定义警觉的含义。很多任务包含运行的自动人机系统需要持续注意，或者警觉。考虑仪表检测员，他/她必须同时监视很多仪表，观察是否发生系统失效。如果系统失效非常罕见，那么操作人员大部分时间无事可做，我们就认为他/她在执行**警觉任务**。警觉任务的定义特征是要求检测发生在非预期时间的相对少见的信号。

警觉的研究开始于第二次世界大战，问题来源于雷达操作人员无法检测到大量的潜艇目标。随着系统自动化程度越来越高，在很多情况下，操作人员的主要角色是被动地监视显示中的关键信号，所以警觉研究仍然很重要。警觉部分决定了在类似情形中人的行为的可靠性，例如机场安全检查、工业质量控制、空中交通控制、飞机和太空飞船飞行以及农业机器操纵（Warm，1984）。

警觉递减首次被 Mackworth 实验证明。他设计了一个装置，让观测者监视指针在空表盘上的移动。指针每秒移动 0.3 in，偶尔指针移动 0.6 in，监视的时长持续 2 h。Mackworth 发现检测到目标移动的命中率随着时间逐步降低。这一发现在很多任务中被验证。图 9.10 给出了在 2 h 的时间内三个任务中警觉递减情况。准确性最大的递减发生在任务开始的 30 min 内。不仅准确性减低，其他研究也表明反应时间也随着时间的增加而逐渐降低（Parasuraman 和 Davies，1976）。

为什么命中率会降低？这种降低可以反映对信号敏感度的降低或者一种向更加保守的响应判据（需要更多的证据）的转移。为了确定导致命中率降低的原

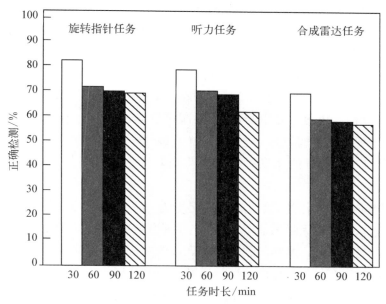

图 9.10　3 个任务中的警觉性衰减

因,我们可以进行信号检测分析。当对警觉递减进行分析时,在一些情况下,比较任务中早期的行为与后期的行为可以发现判据 β 会增加,而敏感度 d' 保持相对不变(Broadbent 和 Gregory,1965;Murrell,1975)。信号发生的频率越高,判据的变化越小。这表明使用人工信号增加事件的频率可以将判据保持在一个最佳的、较低的等级。

　　早期的信号检测理论应用表明在警觉任务中,敏感度降低的情况很少发生。但是随后的研究发现这种情况很常见(See 等,1995)。Parasuraman 和 Davies 认为敏感度降低主要发生在任务需要基于标准的记忆内容进行区分,特别是事件频率较高的情况下。例如,任务要求检测定期出现的灯光是否比通常的强度更亮。需要比较记忆信息的较高事件频率任务出现敏感度降低的原因是需要大量的认知资源保持对标准的记忆,并比较每个事件,从而使得可用于检测的资源数量减少(Caggiano 和 Parasuraman,2004)。在这种情况下,通过使用物理标准(图片、模型或者其他减少记忆负荷的参考)进行比较可以提高敏感度。

　　影响敏感度的警觉递减大小的因素有很多(Parasuraman 和 Mouloua,1987)。对于区分的警觉递减差异以感觉信息(如亮度检测)和认知信息为基础(如检测一串数字中的具体数指;See 等,1995)。如果区分行为需要记忆中的信息,那么通常感知区分比感觉区分具有更大的警觉递减。但是这种差异的大小取决于事件频率。如果事件频率较高,感觉区分和感知区分的敏感度降低的差异区别很小。如果区分不需要记忆中的信息,那么感觉区分比感知区分具有更大的警觉递减。

警觉任务中的行为还受到信号其他特征以及观测者的动机影响。较强的信号较容易被检测,警觉递减不那么明显(Baker,1963;Wiener,1964)。听觉信号比视觉信号更容易被检测,警觉递减可以通过经常性地交替听觉模式和视觉模式的方式(如每 5 min)进行削减(Galinsky 等,1990)。警觉递减还可以通过提供 5～10 min 的休息时间或者奖金刺激等方式降低(Davies 和 Tune,1969)。

乍看起来,警觉任务受脑力负荷不足影响,而警觉递减是较低级别的唤醒的结果。但是,现在有大量的证据表明执行警觉任务相当费力,警觉递减反映了注意力资源的消耗,而不是唤醒程度的降低。例如,Grier 等让被试执行两种类型的警觉任务,每个任务都会产生警觉递减。但是被试的脑力工作负荷和压力水平增加。因此,与看起来的情况相反,要求被试对不经常发生的事件保持注意力其实需要非常多的脑力需求。

对警觉研究的主要可用信息是实质性的警觉递减会发生在各种情况中。我们通过选择合适的刺激类型、所需的区分以及关键事件发生的频率使得这种递减最小化。同时,我们必须记住警觉任务需要大量的脑力,因此有必要向观测者提供合适的休息时间和行为刺激。使用合适的工作负荷评估技术,我们能够改善警觉任务的设计,减少操作人员的脑力需求。

9.4 脑力工作负荷评估

注意力模式能够有效地解决人为因素的问题。一个显著的应用领域是脑力工作负荷测量(Tsang 和 Vidulich,2006)。工作负荷是指在给定的时间内,操作人员或者一组操作人员执行的工作总量。脑力工作负荷是在给定时间内执行任务所需的脑力工作或者努力。随着任务需求的增加或者执行任务的时间减少,脑力工作负荷增加。Young 和 Stanton 对脑力工作负荷的定义如下:

任务的脑力工作负荷表示需要同时满足主观行为标准和客观行为标准的注意力资源等级,会受到任务需求、外部支持和过往经验的影响。

在工作环境中,与唤醒影响类似,如果脑力工作负荷过高或者过低都会影响表现行为。在上限极端情况下,很明显如果存在很多任务需求,表现行为会变差。但是如我们前面所介绍的,过低需求的任务也可能导致表现行为变差,因为操作人员的警觉性程度变低了。图 9.11 描述了脑力工作负荷与表现行为之间的倒 U 形关系。

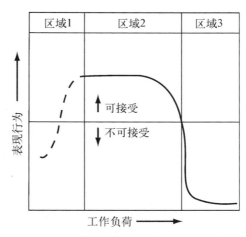

图 9.11 工作负荷与表现行为之间的关系

脑力工作负荷评估的目的是将工作负荷保持在一个等级,使得操作人员的任务表现行为是可接受的。施加在操作人员的工作负荷受到多种因素的影响。最重要的是操作人员必须执行的任务。随着所需的准确性等级的增加,时间需求变得更加严苛,以及执行任务的数量的增加等,工作负荷都会增加。工作负荷同样还受到执行任务所处的环境影响。例如,温度过高或者噪声都会影响工作负荷。同时,由于个人的认知能力和技巧水平不一样,对于不同的操作人员给定任务时所加的工作负荷也有所不同。

脑力工作负荷概念直接来源于单一资源注意力模型。这个模型认为操作人员处理信息的能力是有限的(Kantowitz,1987)。这个模型很适合于空余能力概念,或者在额外的任务中使用可用的注意力资源。但是很多现在使用的工作负荷技术与多资源模型更加相关。这些技术认为不同的任务成分需要使用有限的不同容量池中的资源。多资源观点的主要优点是让人为因素专家能够评价哪些特定的过程超负荷工作以及超负荷的程度。

工作负荷评估技术在很多方面存在不同(Gawron,2000)。一种有用的分类是区分经验技术和分析性技术(Lysaght 等,1989;见表 9.1)。经验技术在操作系统或者仿真环境中直接测量和评估工作负荷,而分析技术在系统建立过程早期预期工作负荷需求。我们将介绍这些技术,并重点关注经验技术。尽管在工作负荷评估中经验技术比分析技术多很多,很多设计人员直到将要完成系统时都没有仔细考虑人机工效问题。

表 9.1　工作负荷评估技术分类

技　　术	分　　类	子　　类
分析	比较	
	专家观点	手动控制模型

（续表）

技　　术	分　　类	子　　类
	数学模式 任务分析方法 仿真模型	信息理论模型 排队论模型
经验	主任务	系统响应 操作人员响应
	主观方法	评分量表 问卷/访谈
	次任务	辅助任务 探测任务 双任务
	生理学	经典 专项

9.4.1　经验技术

经验技术主要包含四种。前两种关注测量主任务或者次任务的绩效水平。后两种包含心理生理测量和主观量表。一个特定的情景可能需要使用一个或者多个技术，并排除使用其他的技术。表 9.2 列出了可以确定可用的最适合场景的工作负荷评估技术准则。

表 9.2　工作负荷评估技术选择准则

准　　则	解　　释
敏感性	技术区分施加在一个任务或者一组任务上工作负荷显著变化的能力
诊断性	技术区分施加在不同操作人员能力或者资源（如感知和中央处理以及运动资源）上的工作负荷的能力
侵扰性	技术导致在进行的主任务绩效水平较低的趋势
实现要求	与执行特定技术难易程度相关的因素
操作人员可接受	操作人员遵循指导，并真实使用特定技术的意愿程度

技术应当对施加的主任务变化敏感，特别是一旦达到超负荷等级。技术还应当具有一定程度的诊断性，使得评估可以孤立超负荷的特定处理资源。基于多资源理论，这需要区分处理阶段（感知、认知和运动）、编码（空间、手动和语音）和形态（听觉和视觉）三个维度的能力。如果特定场景使用的技术不能检测脑力

工作负荷的变化或者不能确定脑力能力是否超负荷，那么很明显，这种技术是不可用的。

想象一下一个系统要求操作人员进行大量的移动，例如控制机器臂。为了在不同的任务行为中评价脑力工作负荷，要求操作人员佩戴一些测量设备，一个不太舒服的头盔，另一个设备缠绕他/她的前臂，还有一个设备连接着他/她手指的末端。每个设备都包含一些电线缠绕着操作人员，所以操作人员需要协调他/她的运动，而有些电线会限制他/她的行为。

这些工作负荷评估方法违反了表 9.2 中第三条准则。我们称这些评估技术具有**侵扰性**。侵扰性技术会妨碍操作人员进行主任务的能力，使用这种方式获得的工作负荷估计也难以解释。观察到的绩效水平变差会由于测量的技术而不是由于任务本身。这种类型技术的**实现**也是个问题，因为这种复杂的测量设备很难获得或者保存。技术的实现应当包含最少的问题。最后，想象一下当操作人员佩戴着设备影响他/她执行任务，他/她有多不满意，特别是如果他/她并不知道佩戴设备的目的以及为什么要被监视。如果测量技术不为被评价的操作人员**接受**，那么很难获得有意义的工作负荷测量结果。操作人员不仅不情愿尽最大的努力执行任务，他们可能还会妨碍研究的开展。

这些考虑可以明确表明合适的工作负荷测量方法选择是工作负荷评价的一个关键部分。

1）主任务测量

主任务测量通过直接检测操作人员的表现或者整个系统的行为评价任务的脑力工作负荷需求。这种方法假定随着任务难度的增加，需要额外的处理资源。当工作负荷需求超过了可用的资源能力时，主任务的绩效水平变差。一些常用的主任务测量参数包括扫视时间和频率（较高的工作负荷与较长的扫视时间或者更高的扫视频率相关），以及控制动作/单元时间的数量（每分钟的刹车次数）。

使用超过一种主任务工作负荷测量很重要。因为不同的任务部分需要不同方式的脑力资源，一种单一的行为表现测量可能对工作负荷没有影响，而其他的测量则可能存在影响。例如，在一个评价交通情景显示对飞行员工作负荷的影响研究中，Kreifeldt 等在飞行模拟器中获取了 16 种飞行性能参数的测量值，包括最终的空速偏差和最佳的航向偏差等。一些测量值表明交通情景显示降低了工作负荷需求，而其他的测量值则不能表明。例如，飞行性能中的空速偏差没有随着显示的使用发生改善，而航向偏差则得到了改善。如果只使用空速偏差测量值，那么显示设计人员可能会总结交通情景显示不会减少飞行员的工作负荷。

使用尽可能多的测量值可以获得更加精确的工作负荷评价。

　　主任务测量能够有效地区分超负荷和非超负荷的情况,因为当操作人员超负荷工作时,绩效水平会变差。但是当操作人员的绩效水平没有变差时,主任务测量不容易识别脑力工作负荷的差异。检验主任务绩效水平,规避上述问题的另一种方式是检验随着任务需求的改变,操作人员选择策略的变化(Eggemeier,1988)。例如,在较低工作负荷等级条件下,仪表观察员对系统不正确情况依靠记忆内容处理,而不需要参考操作手册。但是在较高工作负荷等级条件下,他/她可能会依赖打印的纸质或者电子指示,例如操作手册,对系统进行恢复。任意明显的策略变化都可能导致工作负荷的增加。

　　同样,主任务测量对脑力资源是否超负荷也不具有诊断性。此外,尽管通常主任务测量是非侵扰式的,它们需要复杂的设备,使得它们在很多操作设定中难以被应用。

　　2) 次任务测量

　　次任务测量是基于之前介绍的双任务的逻辑。操作人员在执行主任务时被要求再执行一个次任务。工作负荷的评估通过对比在双任务条件下,主任务或者次任务相较于单独执行这些任务时绩效水平的恶化程度。因此,双任务干扰提供了两个任务施加在操作人员注意力资源上的需求指标。

　　次任务测量比主任务测量更加敏感。在非超负荷情况中,主任务能够有效执行,而次任务测量可以评估空闲能力的差异。因为特定的工作负荷源可以通过使用不同形态的次任务确定,所以次任务测量也具有诊断性。次任务测量可能的缺陷在于它们具有侵扰性,可能人为地改变任务环境。同时,操作人员在获得较为稳定的绩效水平之前可能需要大量的训练。

　　操作人员的工作负荷既可以通过控制主任务的复杂度,观察次任务的绩效水平的变化获得,也可以通过控制次任务的复杂度,观察主任务绩效水平的变化获得。在**加载任务范例**中,要求操作人员保持次任务的绩效水平,而不考虑主任务的绩效水平是否受到影响(Ogden 等,1979)。在这个范例中,绩效水平在复杂度较高的任务中下降更加严重。例如,Dougherty 等研究了两个显示对直升机飞行员的工作负荷需求:一个标准的直升机显示和一个图形显示。主任务是在按规定的高度、航向、航迹和空速飞行。次任务或者加载任务是阅读显示数值。当只执行飞行任务时,或者当次任务以较慢的速度进行呈现时,对于两种显示条件,主任务的绩效水平没有差异。但是如果数字快速呈现,图形显示比标准显示能够提供更好的飞行绩效水平。所以显然使用图形显示需要较少的脑力工作负荷需求。

在**辅助任务范例**中，要求操作人员保持主任务的绩效水平，而不考虑次任务的绩效水平是否受到影响。主任务复杂度的差异会表现为次任务绩效水平的变化。这个范例被 Bell 的研究证实。他检验了噪声和高温压力的影响。在这个研究中，主任务是让被试控制笔尖跟踪移动的目标。次任务中包含一组以听觉方式呈现的数字。如果后续数字比前一个数字小，那么按压电报键 1 次；如果后续数字比前一个数字大，那么按压电报键 2 次。在较高的噪声等级和较高的温度环境中，次任务的绩效水平都有所下降，尽管主任务的绩效水平并没有受到影响。

人为因素专家必须决定使用哪种类型的次任务测量工作负荷。次任务应当使用主任务所需的处理资源。如果次任务不要求使用这些资源，工作负荷测量对与任务相关的工作负荷不敏感。此外，可以选择一些独立的次任务提供对主任务所需的不同资源的概述。一些通用次任务是简单的反应时间，包含感知和响应-执行资源；选择反应时间，加入了中央-处理和响应-选择需求；监视是否出现刺激，强调感知过程；以及心算，需要中央-处理资源。

Verwey 使用了两种不同的次任务评价在不同道路情况下的驾驶员工作负荷（如在交通信号灯前停车，沿直线驾驶，沿曲线驾驶等）。当沿指定路线驾驶时，驾驶员还需要执行两个次任务中的一个：当在仪表盘显示上检测到一个视觉刺激（一个两位数）时，说出"是"，或者对听到的数字加上 12，并报出结果。视觉-检测任务测量视觉工作负荷，而额外的任务测量脑力负荷。在不同的道路情况条件下，视觉检测的行为表现有很大的差异，这表明不同的道路情况导致了低、中和高等级的工作负荷。额外的听觉任务绩效视频也随着道路情况的变化而不同，但是影响程度较低。所以，尽管道路情况的差异主要影响了视觉工作负荷，同时也一定程度上影响了脑力负荷。

次任务评估的一个问题是它的人为性。在真实的驾驶过程中，没有人会被强迫对随机数字进行加 12 计算。为了使得人为性的干扰最小化，可以使用嵌入式的次任务（Shingledecker，1980）。这种任务是操作人员正常职责的一部分，但是优先级比主任务低。例如，可以使用飞行员的无线电通信活动作为一个嵌入式任务测量他们的工作负荷。这种方式的侵扰性最小，因为任务本身就需要使用特定的设备。但是这种方法可能只能获得有限的工作负荷信息。

3）心理生理测量

关于认知的心理生理测量指标有很多，包括脑电图（EEG）、事件相关电位（ERP）以及功能性神经影像。有些心理生理指标可以用作测量工作负荷

（Baldwin，2003）。这些测量避免了次任务的侵扰，但是它们需要使用复杂的设备和仪器。此外，进行测量所需的设备和程序可能以其他的方式侵扰和妨碍主任务的执行，例如之前介绍的机械臂的操作人员。心理生理测量的最主要的优点在于有能力提供在任务环境中实时的、动态的操作人员的工作负荷变化。

工作负荷的心理生理测量方法主要分为两类：测量总体的唤醒程度以及测量脑部活动。随着脑力工作负荷的增加，总体唤醒程度也增加，所以唤醒程度的指标能够提供单一的工作负荷测量。其中一种技术是**瞳孔测量法**或者测量瞳孔直径。瞳孔直径提供了执行任务所花费的注意力资源的大小（Beatty，1982；Kahneman，1973）。工作负荷需求越大，瞳孔直径也越大。例如，空中交通管制员使用静态风暴预报工具时，比使用动态风暴预报工具时其瞳孔直径更大。这意味着动态工具能够降低工作负荷（Ahlstrom 和 Friedman-Berg，2006）。瞳孔的变化很小但是很可靠，需要瞳孔仪进行准确的敏感性测量。尽管瞳孔直径是一个有效的工作负荷总体测量方法，但是它不能区分任务执行中不同的资源是否超负荷。

除了瞳孔测量之外，另一种脑力工作负荷心理生理测量指标是心率。随着工作负荷的增加，心率也会增加（Wilson 和 O'Donnell，1988）。但是，因为心率主要由体力工作负荷和唤醒程度确定，心率的变化并不总能够指示脑力工作负荷的变化。另一种更好的测量指标是心率变异性，描述了心率随时间变化的程度（Meshkati，1988）。变异性的组成部分可以分离出来，而心率波动的周期大约为 10 s，随着脑力工作负荷的增加，变异性降低（Boucsein 和 Backs，2000）。心率变异性是仅有的几个能够测量自主神经系统活动的指标之一。为了解释各种心血管效应对脑力工作负荷的影响，研究人员建立了多种复杂的分析模型（Van Roon 等，2004）。

也可以通过估计与具体过程相关的脑部活动测量相关指标。最可靠的测量是 ERP。刺激的呈现会在脑部产生一个短暂或者瞬时的电响应形成一系列源自大脑皮层的电压振荡。这些瞬时响应可以通过连接在头皮上的电极进行测量；必须进行多次试验确定特定情景条件的 ERP 的平均波形。诱发响应的部分可以是主动的（P），也可以是被动的（N）。它们也可以依据刺激事件发生后的最小延迟进行识别（见图 9.12）。P300（主动部分在事件出现后的约 300 ms 发生）表明负荷和滞后的影响可以反映工作负荷。P300 峰值的滞后被认为是评价刺激复杂度的指标（Dien 等，2004；Donchin，1981），尽管其之后也会受到响应-选择复杂度的影响（Leuthold 和 Sommer，1998）。随着刺激的重复，P300 的幅度降低，但是如果出现一个非预期的刺激，那么幅度又会增加（Duncan-Johnson 和

Donchin,1977)。因此,P300 能够反映作用在刺激上的认知过程。

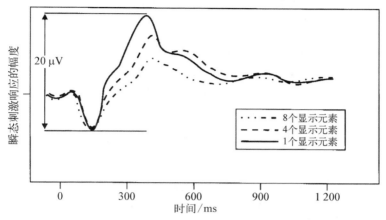

图 9.12　不同工作负荷任务的瞬态刺激响应幅度

　　P300 对真实世界任务的工作负荷需求很敏感。Kramer 等让飞行学员在飞行模拟器中执行一系列飞行任务。飞行是双任务中的主任务。主任务的复杂度通过控制风的条件、湍流以及系统失效概率进行改变。对于次任务,一旦出现两个音调中的一个,飞行员就需要按压一个按键。随着任务复杂度的增加,P300相对于音调的延迟增加,而幅度减少表明随着主任务工作负荷的增加,对音调的处理能力逐渐减少。

　　因为 P300 对刺激评价过程敏感,它可以通过对少数或者新颖的刺激事件的检测评估工作负荷(Spencer 等,1999)。ERP 的其他部分与早期的感觉和响应初始化过程更加紧密相关,可以对这些资源的需求进行评价。例如,Handy 等发现较高的感知负荷会削弱其他视觉刺激处理的程度。较高的感知负荷不仅降低了观测者检测外周视界刺激的能力,还会减弱 P100 ERP 响应刺激的幅度,表明在主视觉皮层中对刺激处理能力的降低。

　　总而言之,当我们必须以不干扰主任务绩效水平的方式评估工作负荷时,P300 和其他 ERP 测量是有效的。但是,记录 ERP 需要复杂的设备和控制程序,这可能使得这些测量难以获得。

　　4)主观测量方法

　　主观评估技术通过获取操作人员对任务的判断方式评价工作负荷。通常我们让操作人员对总体的脑力工作负荷或者工作负荷的一些方面进行打分。这些技术的优点在于他们相对容易实现,并且容易被操作人员接受。基于这些优点,主观工作负荷测量方法使用范围最广。的确，Brookhuis 和 De Waard 指出："在一些领域中，例如交通和运输研究中，主观测量和量表法非常通用。很难想象在这种领域的研究中不使用主观测量的方法。"

尽管主观测量方法很普遍，但是它们的缺点在于（Boff 和 Lincoln，1988）：① 它们可能对影响主任务绩效的任务环境方面不敏感，因此最好将它们与主任务测量方法结合使用；② 操作人员可能会对感知的努力程度产生混淆；③ 很多影响工作负荷的因素无法有意识地进行评估。

有很多主观脑力工作负荷工具或者标准化量表已经广泛使用。我们将介绍最常使用的四种。第一，当只需要获得总体的工作负荷测量时，使用改进的 Cooper-Harper 量表方法。其他三种方法：主观工作负荷评估技术（SWAT）、NASA 任务负荷指标（NASA - TLX）以及工作负荷概要（WP），提供不同的工作负荷方面的估计。

Cooper 和 Harper 建立了一个量表用作测量需要执行大量飞行操作的飞行员的工作负荷。从 Wierwille 和 Casali 开始，该量表不断完善以适应各种设定条件。图 9.13 中给出了量表如何遍历一个决策树，从而得出从 1（低工作负荷）到

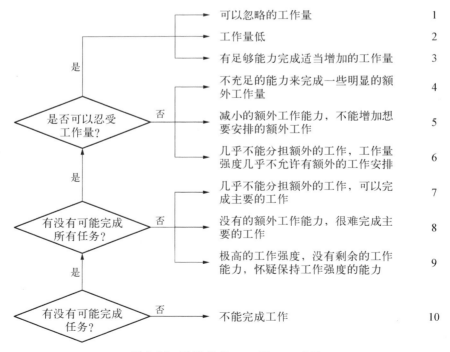

图 9.13　改进的 Cooper-Harper 方法

10(高工作负荷)的一个工作负荷值。改善的 Cooper-Harper 量表是一个单一的测量，对工作负荷的差异较为敏感，并且在不同的任务中保持一致（Skipper 等，1986）。

SWAT 的初始设计是为了在各种任务和系统中使用（Reid 等，1981）。SWAT 的过程要求操作人员使用卡片-分类程序判断哪些任务具有较高的工作负荷。每个卡片描述了任务中 3 种不同子类的工作负荷（时间负荷、脑力努力负荷和压力负荷），而每个子类中又包含 3 个分类（见表 9.3）。时间负荷是指在有限的时间内必须执行任务的程度。脑力努力负荷包含任务内在的注意力需求，例如关注多资源信息和执行计算。压力负荷包含了操作人员的变量，例如疲劳、培训等级和情感状态，这都影响了操作人员的焦虑程度。

表 9.3　主观工作负荷评估技术的时间、脑力努力和压力负荷维度的 3 个分类等级量表

时 间 负 荷	脑 力 努 力 负 荷	压 力 负 荷
(1) 通常有空余时间。活动间的干扰和重叠不经常发生或者根本不会发生	(1) 需要极少的、有意识的脑力努力关注。活动几乎都是自动化的，需要极少的注意力，或者不需要注意力	(1) 存在极少的混淆、风险、挫折感或者焦虑，容易被适应
(2) 偶尔有空余时间。活动间的干扰和重叠经常发生	(2) 中等的、有意识的脑力努力或者关注需求。活动的复杂度相对较高，由于不确定性、不可预期性或者不熟悉性	(2) 由于明显的混淆、挫折感或者焦虑而导致的中等压力。保持足够的绩效水平需要显著的补偿
(3) 几乎没有空余时间。活动间的干扰和重叠经常发生，或者一直发生	(3) 需要大量的脑力努力或者关注。非常复杂的活动需要完全的注意力	(3) 由于混淆、挫折感或者焦虑而导致的高级别的压力。需要极强的决心和自控

操作人员要求根据工作负荷对所有 27 种可能的组合进行排序。随后我们使用一个称为数据结合测量的过程推导出脑力工作负荷的量表。一旦推导出量表，我们可以估计不同场景中的工作负荷。SWAT 程序对由于任务复杂度、睡眠剥夺或者任务时间增加而引起的工作负荷增加较为敏感（Hankey 和 Dingus，1990）。但是，SWAT 程序对较低的脑力工作负荷不敏感，同时，任务前的卡片分类也很费时。因此，Luximon 和 Goonetilleke 建立了一个成对的比较版本供操作人员在两个任务描述中进行选择，其中一个任务具有较高的工作负荷。这个版本花费时间较少也具有较高的敏感度。

　　使用最广泛的主观技术可能是 NASA - TLX 量表(Hart 和 Staveland, 1988)。该指标包含工作负荷需求的六个方面(见表 9.4)。NASA - TLX 量表评价了脑力需求、体力需求、时间需求、绩效水平、努力程度和受挫程度。这些量表维度从大量的基础研究的维度集合中选择,每个维度都能够相对独立地表现主观工作负荷感受的一个方面。总的工作负荷测量首先依据每个维度在特定任务中的重要性分配权重值,再通过计算每个维度的加权平均值的方法获得。

表 9.4　NASA - TLX 量表法定义

维　度	终　值	描　　　述
脑力需求	低/高	脑力需求与所需认知活动的多少(如思考、决策、计算、记忆、观察、搜索等)? 任务是简单还是费劲的,简单的还是复杂的,宽容的还是苛求的?
体力需求	低/高	所需体力活动的多少? 例如推、拉、转动、控制、触发激活等。任务是简单的还是费劲的,缓慢的还是繁忙的,放松的还是紧张的,休闲的还是辛苦的?
时间需求	低/高	根据任务或任务成分出现时频率和进度所感受到的时间上的压力有多少大? 进度是慢而从容不迫还是快而紧张?
绩效水平	低/高	在完成既定任务目标过程中的满意程度。对自己完成这些目标的表现有多满意?
努力程度	低/高	为完成任务需要付出多大的努力(包括脑力的和体力的)?
受挫程度	低/高	在任务过程中相对于安全、满意、愉悦、轻松、得意来说,感到的不安全感、受挫感、恼怒、压力、烦恼有多大?

　　NASA - TLX 量表方法使用的一个实例来自对警觉的研究。虽然之前的研究认为警觉任务的工作负荷需求相对较少,但是 NASA - TLX 量表分值却较高,其中脑力需求和受挫程度是最主要的因素(Becker 等,1991)。如前所述,这些结果表明警觉度降低并不简单地反映唤醒程度的降低,同时警觉行为需要大量的努力。另一个使用 NASA - TLX 和 SWAT 方法的实例来自空客公司(De Keyser 和 Javaux,2000)。空客公司的目标是验证他们的大型客机可以安全地由两人制机组执行飞行任务。NASA - TLX 和 SWAT 方法表明两人制机组的工作负荷感受是可以接受的。

　　你可能注意到尽管 NASA - TLX 和 SWAT 方法测量了工作负荷的不同方面,它们并不能对应注意力的多资源模型。所以,Tsang 和 Velasquez 建立了一种主观技术,称为 WP。该技术使用的工作负荷维度与 Wickens 提出的多资源模型维度相同:处理阶段(感知/中央或者响应选择/执行)、处理编码(空间或者语言)、输入形态(视觉或者听觉)以及输出模态(手动输入或者语音)。对于所有的任务,操作人员对每个维度进行打分,分值从 0 到 1,其中 0 表示不需要注意力,1 表示需要完全的注意力。所以,如果没有视觉显示,那么视觉形态的分值为 0,如果视觉需求很大,那么分值就越接近于 1。Rubio 等在单一任务和双任务中评价了 WP、NASA - TLX 和 SWAT 方法的多个维度。他们的研究表明 WP 比其他两种广泛应用的方法具有更高的敏感度和更好的诊断性。

最后,主观测量方法使用和解释至少有两个方面的限制。第一,获取的工作负荷等级只对观测者所处的环境敏感。Colle 和 Reid 发现只经历过少数几种等级的任务复杂度的操作人员的主观工作负荷评价会高于经历过广泛任务复杂度的操作人员。第二,脑力工作负荷的主观估计会与生理心理和行为测量的结果不同,从而得出不同等级的工作负荷的结论。

9.4.2 分析技术

相较于经验技术,分析技术不需要操作人员与操作系统或者模拟器进行交互。因此,这种技术可以用在系统开发的早期进行工作负荷评估。各种不同的分析测量技术依赖于不同的工作负荷估计量。因此,最好使用一系列的技术评估具体系统的工作负荷需求。在随后的内容中,我们将讨论五类分析技术(Lysaght 等,1989):比较、专家意见、数学模型、任务分析和仿真模型。

1) 比较

比较技术的使用来自前任系统的工作负荷数据,评估在建立中的系统的工作负荷。一个系统的比较技术使用由 Shaffer 等报告。他们基于两人制机组直升机任务的经验工作负荷分析,评估了单人制机组的直升机任务工作负荷。这个技术只有当前任系统的工作负荷数据存在时才有效,而通常缺少这样的数据。

2) 专家意见

最早的也是使用最广泛的分析技术之一是专家意见。向相似系统的用户和设计人员提供预期的系统描述,让他们对工作负荷进行评价。意见可以以正式的方式或者非正式的方式(最好是正式的方式)获取。例如,SWAT 被改善供专家进行远景评价。最大的改变在于分值的基础是系统和特定场景的描述,而不是系统真实的操作。在军用飞机的飞行员工作负荷评价中,使用 SWAT 的远景分值与基于行为的工作负荷评价的结果高度相关(Eggleston 和 Quinn,1984;Vidulich 等,1991)。

3) 数学模型

研究人员为了建立脑力工作负荷的数学模型进行了很多尝试。在 20 世纪

60 年代,流行的模型基于信息论。其中,Senders 提出的一个模型认为操作人员的注意力能力是有限的,他/她从大量的显示中提取信息。每个显示的通道容量以及操作人员的处理速率决定了检验一个显示中的信息是否正确的频率。所以操作人员花费在具体显示上的时间可以用作视觉工作负荷的测量。

在 20 世纪 70 年代,基于手动控制理论和排队理论的模型变得更加流行。手动控制模型应用在持续任务中,例如跟踪目标。手动控制模型依赖于通过各种分析和理论方法将差错最小化。排队理论模型将操作人员看成处理各种任务的一个服务器。服务器被要求的次数提供了工作负荷的测量。尽管研究人员仍然在构建这些数学模型,但是随着近些年计算任务分析和仿真方法的建立,数学模型在工作负荷评价中的作用越来越小。

4)任务分析

如前所述,任务分析将整个系统目标分解成片段,而操作人员的任务最终分解成元素性的任务需求。分析提供了基于时间的操作人员需求分解。因此,大部分的脑力工作负荷测量的任务技术关注于时间压力的估计,评价了每个单元时间中的脑力资源需求。一个例外是 McCracken-Aldrich 技术(Aldrichhe Szado,1986;McCracken 和 Aldrich,1984)。这个技术中区分了五个工作负荷维度:视觉、听觉、动觉、认知和心理运动。对每个任务元素,每个任务维度的分值从 1(低工作负荷)到 7(高工作负荷)。在 0.5 s 的间隔内,通过累加所有任务部分的工作负荷估值,对每个维度的工作负荷进行估计。如果累加值超过 7,表明任务部分超负荷。

5)仿真模型

仿真模型是概率性的,所以每次使用的结果可能不同。提供工作负荷估计的仿真模型有多种。大部分是第 3 章中介绍的 Siegel 和 Wolf 的随机模型的变体。在该模型中,工作负荷通过称为"压力"的变量进行指示,工作负荷受到任务执行时间和任务数量的影响。压力等于各个任务的平均执行时间除以总的可用时间的总和。该技术的一些拓展使得工作负荷的估计具有更好的灵活性(Lysaghtdeng,1989)。

9.5   总结

注意力研究表明人为因素的基础研究和应用考虑有紧密的联系。对注意力的兴趣复苏来源于应用问题,却促进了很多注意力控制的基础理论研究。反过来,这些基础工作更好地帮助了应用性领域中的注意力需求测量。

通常操作人员必须执行的任务要求选择性地关注具体的信息资源；将注意力分配到信息的多个资源中，或者在一个显示上保持较长时间的注意力。可以应用我们所了解的注意力如何作用于系统设计，从而在不同的场景中获得更有效的绩效水平。例如，我们知道由于感知资源的竞争以及非关注信息对记忆力的提升，所以使用不同的信息呈现形态可以避免绩效水平降低。更广泛地，脑力工作负荷的评估可以帮助确定同时执行的任务是否有影响。因为脑力工作负荷随施加于操作人员的感知、认知和肌肉运动需求的变化而变化，任务的结构和执行环境显著影响工作负荷和绩效水平。

推荐阅读

Gopher, D. & Donchin, E. 1986. Workload: An examination of the concept. In K. R. Boff, L. Kaufman, & Thomas, J. P. (Eds.), Handbook of Perception and Human Performance, Vol. II: Cognitive Processes and Performance (pp. 41 - 49). New York: Wiley.

Hancock, P. A. & Meshkati, N. (Eds.) 1988. Human Mental Workload. Amsterdam: North-Holland.

Johnson, A. & Proctor, R. W. 2004. Attention: Theory and Practice. Thousand Oaks, CA: Sage.

Kahneman, D. 1973. Attention and Effort. Englewood Cliffs, NJ: Prentice-Hall.

Parasuraman, R. (Ed.) 1998. The Attentive Brain. Cambridge, MA: MIT Press.

Pashler, H. E. 1998. The Psychology of Attention. Cambridge, MA: MIT Press.

Posner, M. I. (Ed.) 2004. Cognitive Neuroscience of Attention. New York: Guilford Press.

Styles, E. A. 2006. The Psychology of Attention (2nd ed.). Hove, UK: Psychology Press.

10 信息的保留和理解

记忆力不是一个单一的系统组合,而是由一系列的交互系统构成。每个系统能够把信息编码、寄存和分类,使得信息可用。如果没有这种信息存储能力,我们就不能准确地感知,从经验中学习,理解现在或者规划未来。

——A. Baddeley(1999)

10.1 简介

人的记忆力复杂多样。在一生中你会学习大量的信息,并保持很长的时间。记忆力的重要作用在人类生活的每个方面都很明显。记忆力受损的阿尔茨海默病会有严重的后果(Lee 等,2004)。阿尔茨海默病的特点是患者后期会在熟悉的环境中迷失,甚至无法认出直系亲属。记忆力不仅包含对位置和人物的识别,还包含记忆任务目标、保持"设定"或者适当的准备,以执行任务。记忆力还包括将信息保持为一种可用的形式用以理解新的信息,解决问题,以及从以往的经验中获取事实和程序。

一个事实记忆力可以被扭曲,而记忆力提取的能力受到环境条件的影响(Roediger 和 Marsh,2003)。记忆力的这个特征可能导致很多类型的记忆力失效和差错。人为因素专业人员需要了解和重视操作人员的学习程度,以及记忆在人机系统中扮演的重要角色。在大部分情况下,系统的有效执行依赖于操作人员从记忆中识别和提取信息的能力。人为因素专家可以通过保证环境和训练材料能够支持重要信息的学习、保存和提取,从而提高人的绩效水平。

我们谈论记忆力的方式有很多,包括"保存"的信息类型,以及信息保持和提取的认知过程。一种思考记忆力中保存的信息类型的通用方式是区分**语义记忆**和**情景记忆**(Tulving,1999):语音记忆是指人的基础知识,例如狗是一种友善的动物,有四条腿,会叫的事实,而情景记忆指具体的事件(或者场景),例如Fido 今早咬了邮件派送员。不同类型的信息保存和提取如何受到具体环境特征的影响依赖于我们讨论的是语义记忆还是情景记忆。

在本章的第一部分,我们将主要关注情景记忆。一种普遍的思考情景记忆的方式称为"模态模型"(见图 10.1;Atkinson 和 Shiffrin,1968;Healy 和 McNamara,1996)。在这个模型中,当信息第一次呈现时,会以一种感觉记忆的形式几乎完美地保存很短的几秒钟。随后,只有信息的一部分会以一种更加持久的形式进行编码,称为短时记忆。短时记忆会保持约 10～20 s,除非这些记忆保持训练。最后,短时记忆中的一些信息会转换成长时记忆。

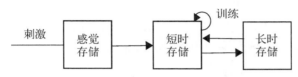

图 10.1　记忆模型中的三阶段存储模型

本章中我们将对人类记忆的知识聚焦在感觉、短时记忆和长期记忆中。每种记忆类型都有独特的属性,在各种环境条件下影响人的行为。我们将介绍这些属性,以及影响获取、保存和提取每种信息的重要因素。虽然我们知道模态模型并不能完整、准确地描述人的记忆系统,但是它能够帮助组织人类的记忆事实。在本章的后半部分,我们将讨论记忆在理解和保存书面信息和口头信息中所起的作用。

10.2　感觉记忆

当刺激从环境中消失后,刺激的感觉效应会持续一小段时间。例如当快速显示一个字母时,它的感知持续时间超过其物理存在时间(Haber 和 Standing,1970),即显示表现出**可见的持久性**。研究人员发现除了显示本身之外,还可以从显示的表征连续性中恢复信息。这些研究与相关的研究都表明对于每个感觉形态都存在感觉记忆。

10.2.1　视觉感觉记忆

对视觉感觉记忆的研究受到一种称为**理解广度**的记忆限制启发,对这种记忆限制的研究起源于 19 世纪(Cattell,1886)。广度是指能够被正确回忆起同时呈现的简短的视觉刺激。例如快速地呈现一组字母,任务是报告尽可能多的字母。这是一个完整的报告任务。如果字母的数量不多(4～5 个),那么你可以准确地报告所有的字母。但是,如果字母的数量较多,你报告的字母只是一个子集,通常是 4～5 个字母——这与在前一种情况中能准确报告的字母数量相同。这就是理解广度。

　　虽然大数量的刺激不能被完整、准确地识别,观测者通常首先声称他们能够观察所有的显示,但是在所有的刺激被识别之前,显示却"消失"了(Gill 和 Dallenbach,1926)。Sperling 以及 Averbach 和 Coriell 的研究发现观测者确实能够观察到比他们报告更多的字母。不同于完整报告,这些研究人员使用部分报告程序,在这个程序中只有部分字母被报告。Sperling 向被试快速呈现三行四个字母。在字母显示后的不同时间,Sperling 呈现一个高、中或者低频率的音调作为线索指示被试应当报告第一行、第二行或者第三行字母。当字母呈现后立即出现音调,被指示的字母行几乎能够被准确报告而不管指示的哪一行字母。由于被试事先不知道哪一行字母被指示,这就表明他们会观察到显示中所有的字母。尽管在完整报告中,被试只能观察 4～5 个字母,但是在部分报告中,他们却可以观察到所有的字母。这种差异称为部分报告优先效应。

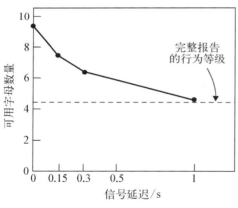

图 10.2　随延迟变化的部分报告准确性

当音调延迟 1/3 s,报告的准确性降低到理解广度测量的 4 个或者 5 个字母(见图 10.2)。即如果只有 4 个或者 5 个字母,报告的准确性能够达到预期的程度。在不同的时间,字母后以及 1/3 s 后呈现音调,表明部分报告优先效应快速消退。当显示后立即出现一个分散注意力的随机内容,它会烦扰显示的感觉记忆,从而导致部分报告优先效应不会发生。

　　Sperling 的这些研究和其他研究结果能够表明可见的刺激保存在一个高容量感觉记忆存储器中,在 1 s 内会发生衰减,并且容易受到随后的视觉刺激的干扰。Sperling 的研究非常具有影响力,指导了很多试验探索**图像记忆**(Crowder 和 Surprenant,2000;Nairne,2003)。这些试验表明部分报告优先效应的信息持久性证明与需要临时视觉信息集成的任务验证的可见持久性是不同的(Coltheart,1980)。除非刺激是"可见的",那么这些任务才能够完成。例如,Haber 和 Standing 让被试估计一个短暂闪烁的字母集可见的时间。被试感知的时间要长于字母集真实的呈现时间。在另一个试验中,Eriksen 和 Collins 让被试报告一个 3 个字母的无意义的音节,这个音节只能通过与后续的两个连续呈现的随机点模式进行识别。当这两个模式的间隔小于 50 ms 时，被试能够容易识别，但是当事件间隔为 1/3 s 时，他们报告的准确率显著降低。

尽管其他可见持久性的测量相互之间紧密相关，但是它们与部分报告行为测量的信息持久性却不相关（Loftus 和 Irwin，1998）。例如，可见持久性估计的时间小于信息持久性的时间。同时，随着刺激时长和亮度的增加，可见持久性降低，而部分报告准确性增加。因此，被普遍接受的是可以"观察"到的可见持久性与导致部分报告优先效应的信息持久性之间存在差异。

10.2.2　触觉和听觉感觉记忆

类似于图像记忆的感觉存储属性在其他的感官中也存在，特别是在触觉和听觉感觉存储中（Bliss 等，1966；Darwin 等，1972）。与视觉感觉记忆会受到令人分神的视觉信息干扰一样，听觉感觉记忆也会受到令人分神的听觉刺激的干扰（Beaman 和 Morton，2000）。人为因素专家需要时刻牢记这一事实。

这个事实被 Schilling 和 Weaver 的研究所证实。电话操作人员在每次电话号码查询服务的结尾都会说一句"祝一天好心情"。Schilling 和 Weaver 研究了这个独立的消息是否会干扰询问者对电话号码的记忆。试验中要求被试在相似的环境中获取并拨打电话。在每次试验中，被试拨打 411，询问并获取一个事先记录的七位电话号码，然后尝试拨打这一号码。在一种情况下，短语"祝一天好心情"立即出现在预先记录的电话号码之后，而在另外的情况中，在电话号码后被试要么听到一个音调或者什么也没有。在第一种情况下，被试准确拨打电话号码的次数要少于后两种情况。在"祝一天好心情"的情况中，被试最难以记住最后两位数字。所以电话公司的礼貌行为事实上可能会干扰顾客记住数字的目标。

10.2.3　感觉记忆的目标

我们对感觉记忆的早期理解是它是对感觉信息的临时存储，可以用作后续的处理。例如，有人认为视觉感觉记忆通过集成独立的眼动扫视视觉图像建立了一种对世界持续的感知（Breitmeyer 等，1982）。但是，可见持久性的时长太短不能实现这一目标，尽管它有时在集成临时的独立事件中很重要（Loftus 和 Irwin，1998）。听觉感觉已经在建立一种持续的感知中扮演了更加重要的角色，因为短时间的整合在理解复杂刺激如语音和音乐中是必需的（Crowder 和 Surprenant，2000）。

另一个可能性是持久性是一种在感觉系统内的不完美的时间分辨率上的简单结果(Loftus 和 Irwin,1998)。不管感觉记忆在人的信息处理中起什么作用,对于人为因素专家来说重要的一点是感觉刺激的影响会在刺激移除后持续一小段时间。这种效应可能会影响操作人员对他/她感知内容的判断。

10.3 短时记忆

有时,你会使用电话号码簿寻找一个电话号码联系某人。在找到电话号码后,你可能会自己重复号码直到拨打电话为止。如果被打扰,你可能会忘记号码,再重新寻找。类似的经历表明短时记忆的能力是有限的。短时记忆的信息必须"练习"才能够保持。

短时记忆在很多方面对操作人员的绩效产生了限制。例如,空中交通管制员必须记住很多不同飞机的位置和航向,并给每架飞机具体的指示(Garland等,1999)。类似地,出租车公司的广播调度员必须记住可用出租车的位置。对于依赖短时记忆的任务,绩效水平会显著地受到信息呈现方式和任务结构的影响。

10.3.1 基本特征

在不同的实验室中,由 Peterson 以及 Brown 开展的两项研究揭示了很多短时记忆的工作方式。这些研究人员在一次试验中向被试呈现 3 个辅音(如BZX)。这个三连音符不仅可以在呈现几秒后由被试回忆出来,如果没有干扰,

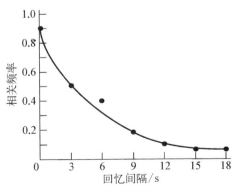

图 10.3 在短时记忆任务中,记忆表现随记忆间隔的变化

还能在几分钟之后再由被试回忆出来。但在这个试验中,被试要求对一个三位数字做减三的运算,直到要求回忆字母为止。Brown 和 Peterson 认为减法计算的脑力活动会妨碍对字母的训练,导致字母从记忆中丢失。在干扰后 8 s,只有一半的字母能够被正确地回忆,而在 18 s 后,非常少的字母能够被回忆(见图 10.3)。这表明不加以训练,短时记忆只能保持几秒钟。

当不能进行训练时,快速地遗忘反映了两种类型的记忆差错(Estes,1972)。当正确的内容以错误的顺序回忆时,

发生转换或者次序差错(如 BZX 被回忆成 BXZ)。当不在列表的内容被回忆时,发生侵入或者内容差错(如 BZX 被回忆成 BGX)。这两种类型的差错来自不同的处理类型(Nairne 和 Kelley,2004)。当内容必须在短时间内记住时,次序差错的发生频率更高。随着时间的增加,内容差错的频率也会增加。这表明对内容发生次序的记忆丢失比对内容本身的记忆丢失发生得更快。所以,如果操作人员的任务不需要记住信息发生的准确次序,那么响应的延迟对任务绩效水平的影响较少。

训练作用的一个重要限制被 Keppel 和 Underwood 证明。他们发现对于单一的内容集合,即使在 18 s 后,回忆也是完整的。但是在呈现了 3 个或者 4 个内容集后,回忆变成了纯粹的猜测。所以短期的遗忘不仅是"衰退"。呈现于不同时间的内容集会互相影响。**前摄干扰**是指记忆中早期的内容影响记忆中后期的内容。如果内容每隔几分钟只呈现一次,那么前摄干扰可以减少,短时记忆能够增加(Peterson 和 Gentile,1963)。前摄干扰还可以通过改变后期内容的语义特征的方式减小(如将单词分类从水果改变为鲜花),或者改变物理特征(如改变字符类型、大小或者颜色;Wickens,1972)。总而言之,短时记忆的准确性可以通过增加连续信息之间的间隔,或者增加不同消息之间的区分度的方式进行改善。

存储在短时记忆中的信息似乎有很强的声学部分。即虽然语义或者视觉信息会被存储(Shulman,1970;B. Tversky,1969),更多的信息通过声音的方式呈现(Conrad,1964)。Conrad 发现侵入差错与原始内容在声学上相近。例如,与 Brown 和 Peterson 的试验类似,视觉字母 B 经常被记忆成声学上相近的字母 V,尽管这两个字母看起来有很大区别。这表明在声学上容易引起混淆的内容集会产生更多的短时记忆差错。

人们可能已经很熟悉 George Miller 于 1956 年发表的一篇经典的文献"神奇的数字 7,加上或者减去 2:我们信息处理能力的一些限制"。在这篇文献中,Miller 通过 7 加减两个信息块或者单元的方式测量短时记忆能力。如果你记忆独立的数字或者字母,这个能力表明了你能够正确回忆的数字或者字母数量。但是如果你将内容分组成更大的信息块,那么回忆能力会显著提升。例如,如果尝试记住 CBSABCNBC 这样的字母串,这个字母串中包含 9 个信息块,大于在短时记忆中容易掌握的 7 个信息块。因为短时记忆超负荷,记住所有的这 9 个字母较为困难。但是,如果能够将这个字母串分解成 3 个主要的电视服务提供商的缩写,CBS、ABC 和 NBC,那么就很容易记住。最近的研究证实了短时记忆能力随信息块的数量变化,而不是需要记住的目标内容数量

（Cowan 等，2004）。

通常，数字串用作电话号码、银行账户、客户识别等。从用户的观点出发，这些数字本质上是随机的。记住随机的数字串非常困难，所以使用信息块是帮助记住的重要策略。一些重要的信息块策略包含呈现的信息块的大小和形态。Wickelgren 发现数字组合成最大 4 个信息块时最容易记住。当信息以听觉形式而不是视觉形式呈现时，分组能够提供更多的帮助，因为即使视觉数字没有被分组，人们也倾向于配对组合（Nordby 等，2002）。

10.3.2　改善短时记忆

短时记忆的有限能力对需要操作人员在一小段时间内准确地编码和保存信息的情况有影响。记忆行为的提升可以通过使用技术使得活动介入信息呈现和动作的程度最小化，使用不会造成听觉混淆的刺激集合，增加相邻消息的间隔，将需要记忆的材料与之前的材料相区分，以及将信息分组为信息块的方式。

这些技术的一部分被 Loftus 等的研究验证。他们研究了在短时记忆任务中地面控制和学生飞行员之间的交流差错。研究中对两种类型的消息进行记忆。① 飞行员联络的位置和电台频率（如"使用频率 1.829 联系西雅图中心"）；② 应答机代码（如"设置 4273"，表示将应答机编码审定为 4273）。代码用两位的信息块（如"42,73"）或者单独的数字（如"4,2,7,3"）呈现。在低的记忆负荷条件中，只呈现两种消息类型中的一个，而在高负荷条件中，则呈现两种消息类型。在呈现消息之后飞行员需要在不同的时间读出快速呈现的字母序列。当任务完成时飞行员在一张纸上写下原始的消息。

在高负荷条件下，回忆的情况最差。此外，当应答机代码组合成块时，对电台频率的回忆更佳。这表明组块使得更多的短时记忆能力可以供其他信息使用。Lofuts 等总结到在一定的时间内，尽可能少地向飞行员传递信息。他们还提出在相邻的信息间至少提供 10 s 的延迟，因为他们在试验中观察到随着消息间时间的增加，记忆行为增加。此外，他们还发现对消息的响应应当尽可能地快速以避免差错，而字母数字串应当尽可能地组合成块。

不仅信息块的大小会影响短时记忆的准确性，信息块的特性也会对准确性产生影响。Preczewski 和 Fisher 对军用无线电通信中的呼号格式进行了研究。美国军方使用两个音节代码序列字母-数字-字母（LDL），紧跟着一个数字-数字（DD）。这些代码使得无线电通信非常复杂，并且至少每天需要更换一次。Preczewski 和 Fisher 比较了当前的代码格式（LDL-DD）以及其他的三种格式：

DD - LDL、DD - LLL 和 LL - LLL。向操作人员呈现一个呼号,并让他们在随后进行回忆。当一个音节只由数字或者字母组成时(DD - LLL),绩效水平最好,而当前的编码最差。因此,在信息块中混合的字母和数字是不利的,而信息块间的混合则是有利的。

具体的字母数字特征对于记忆的影响是不同的。我们已经介绍了使用听起来不相似的字母能够减少混淆的情况(Conrad,1964)。Chapanis 和 Moulden 研究了在八位数据中单独的数字、两位数字和三位数字的记忆性。被试观察一个数据 5 s 的时间,随后立即将数据输入到数字键盘上。由于数据的长度大于正常的七位的记忆广度,所以会出现很多差错。单独的数字中,记忆性最好的是 0,随后是 1、7、8、2、6、5、3 和 9,最后是 4。对于两位数字,如果数字中包含 0 或者两个数字相同时,最容易回忆。对于三位数字也有类似的结果。基于这个研究结果,作者提供了容易记得的、可用于构建数字编码的表格。

10.3.3 记忆搜索

对于很多任务,准确的行为不仅需要信息保存在短时记忆中,还需要信息能够快速地执行。研究人员使用记忆搜索任务研究从短时记忆中搜索和提取信息的时间(Sternberg,1966,1998)。如在第 4 章所介绍,在这个任务中,向观测者提供保存在短时记忆中的一个或者多个内容集(数字、字母或者单词)。此后不久,再呈现一个单一的目标内容。观测者需要尽可能快速地反应目标是否包含在记忆集中,通常要求观测者按键选择包含或者不包含。

在 Sternberg 的研究中,记忆集包含 1 到 6 位数字,再提供一个单独的目标数字。随着记忆集大小的增加,响应时间线性增加(见图 10.4)。记忆集中时间增加的速率大约为 38 ms 每个项目。Sternberg 对这些数据进行解释,支持对记忆集中快速、连续的扫视行为的理论。即当呈现目标时,观测者将目标与记忆集中的每个内容进行对比。例如,如果每次对比花费 38 ms,那么响应时间与记忆集的函数关系是斜率为 38 ms,截距为不包含比较的其

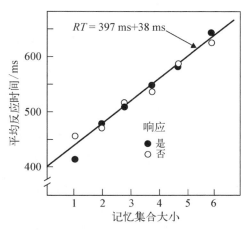

图 10.4 随集合大小与响应变化的记忆搜索时间(RT 为反应时间)

他所有过程（感知和响应过程）时间的直线。

尽管 Sternberg 的研究结果与记忆集中的序列搜索的预期一致，我们还可以设计更加复杂、非序列化的过程（如使用变化的对比时间），同样可以得到线性的响应时间函数（Atkinson 等，1969；Townsend，1974）。所以，Sternberg 的发现对序列比较过程不是确定性证据。此外，其他试验的结果与基础的序列搜索模型的假设不一致。这些试验包括快速地响应记忆集中重复的或者后期的内容（Baddeley 和 Ecob，1973；Corballis 等，1972）。

不管搜索过程的真实属性，响应时间和记忆集大小的函数斜率指示了短时记忆的能力。记忆广度较大的内容（如数字）的斜率要显著小于广度较小的内容（如无意义的音节；Cavanagh，1972）。斜率可以作为对短时记忆能力需求的指示。此外，记忆能力的测量还可以与影响截距的感知和运动因素相区分。因此，记忆搜索任务通常被当成次任务用来评估脑力工作负荷。

Wickens 等研究脑力工作负荷需求时，在不同的飞行阶段对使用仪表导航的飞行员施加记忆搜索任务。使用仪表导航的飞行员能够只依靠仪表飞行，而不需要与驾驶舱外部进行视觉对比。Wickens 等让飞行员在飞行模拟器中执行一个只有仪表的保持飞行任务和只有仪表的进近着陆任务，同时还需要执行一个记忆搜索任务。在进近阶段搜索函数的截距要大于飞行保持阶段，但是函数的斜率没有不同。因此，Wickens 等总结到进近阶段增加了感知和响应负荷。因为搜索函数的斜率没有变化，他们还认为短时记忆负荷在进近和保持飞行阶段没有明显变化。他们建议在进近着陆阶段，不要让飞行员执行需要感知-运动过程的任务。

10.3.4 短时记忆或者工作记忆模型

最近的短时记忆的工作关注于其功能，主要是临时存储和操作信息中的一个。为了与短时记忆的研究相区分，通常描述为**工作记忆**。工作记忆包含心算、语句含义理解、材料意义的说明等。如 Jonides 等指出的"如果没有，那么人类就无法思考、解决问题、说话，以及理解语言"。确实，像通过加入额外的任务，例如心算时，能够准确记住的刺激数量测量的工作记忆能力的个体差异，既可以预测较高等级的认知任务的行为，例如词汇学习，也可以预测较低等级的认知任务，例如二重听觉（Unsworth 和 Engle，2007）。

1) Baddeley 和 Hitch 的工作记忆模型

最常见的工作记忆模型是由 Baddeley 和 Hitch 提出的，如图 10.5 所示。

这个模型有两个存储系统,称为语音回路和视觉空间暂存,还有一个控制系统,称为中央执行。语音回路由一个语音存储组成,信息使用语音代码的方式呈现,此外还包含发音训练过程自己不断地重复内容。与之前介绍的内容一

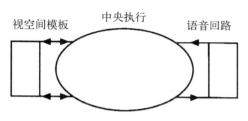

图 10.5　工作记忆模型

致,语音存储中的信息会在几秒钟内丢失,除非保持发音训练过程。模型这个方面的证据来自称为单词长度效应的结论。在单词长度效应中,能够在短时记忆中保存的单词数随着这些单词中音节数量的增加而减少。这种情况的原因是当音节数增加时,训练单词的时间会变长。在词汇学习、阅读学习以及语言理解中语言回路扮演了重要的角色。

视觉空间暂存是对视觉空间信息的存储。类似于语音回路,它仅限于对几个目标有效(Marois 和 Ivanoff,2005)。暂存不仅包含在视觉呈现的目标记忆中,还包含在视觉表象中。暂存的主要任务是保存和操作视觉空间表现,这对于艺术和科学活动很重要。**中央执行系统**是一个注意力控制系统监视和协调语音回路以及视觉空间暂存。对注意力控制的强调表明工作记忆与注意力紧密相关。事实上,中央执行系统执行的一些任务包含注意力关注和分配、注意力转移,以及工作记忆与长时记忆的协调。Baddeley 提出工作记忆的第四个部分,即情景缓冲器(见图 10.6)。这个子系统从其他的工作记忆子系统和长时记忆中将信息集成为通用的编码。这个子系统中的中央执行控制以及其中的信息都在意识经验的形成中扮演重要角色。

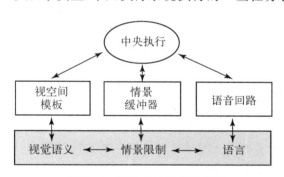

图 10.6　改进的工作记忆模型

思考工作记忆的方式意味着如果使用不同的子系统时,任务不应当发生干扰。例如,当人们被要求记住某些内容(如一个数字集),在执行另一个任务后进行回忆,通常记忆负荷(如数字量)对任务执行的影响很小。Baddeley 在被试执行一个需要中央处理过程而不是语音回路的推理任务或者学习任务时,改变让他们记忆的数字数量。与工作记忆理论一致,被试能够保持 8 个内容的记忆负荷而不太会干扰执行的任务。

　　从模型中得到的另一个推论是共享相同子系统的任务会产生干扰。Brooks 发现了在视觉空间暂存中类似干扰的证据。观测者需要想象一个空心的字母，例如字母 F（见图 10.7）。要求他们在脑海中勾勒这个字母的轮廓，一个指定的角落为起始点，沿着字母的周长，判断每个连续的拐点是否是图形的顶部或者底部，如果是则回答**是**，如果不是则回答**否**。第一组观测者用语言回答；第二组观测者使用他们任一食指进行轻击；第三组观测者需要在一张包含一系列交错配对的 Y 或者 N 中指出一列（见图 10.7）。在第三组中，观测者花费的时间更长，这是因为任务需要在视觉化字母位置的同时，对 Y 和 N 的位置也进行视觉感知。这个结果不是由于指向响应比其他类型的响应更加复杂，而是因为指向不会对相似的不需要视觉空间暂存的任务产生干扰。

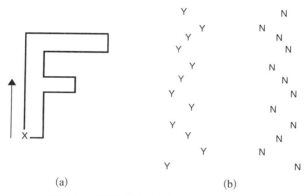

(a)　　　　　　　　　　　(b)

图 10.7　封闭字母刺激与"是"和"否"响应

　　人为因素专家和设计人员需要意识到不同任务之间会产生一定程度的干扰，如果它们需要工作记忆中相同的部分。根据 Fiore 等的描述：

　　　　对工作记忆和复杂任务行为之间关系的理解对于建立有效的训练和系统设计非常重要。因为现在很多任务需要操作人员监视多个系统参数，每个参数都可能由不同形态的输入组成，并且通常需要对信息进行整合。我们认为这些不同的任务部分独立地影响工作记忆的系统。

2）Cowan 的激活模型

　　另一个具有影响力的模型由 Cowan 提出，如图 10.8 所示。Cowan 的模型相较于工作记忆模型更加强调注意力和记忆之间的关系。在这个模型中，短时存储的内容被长时记忆激活，我们在任何时刻意识到的目标或者事件只是短时存储中可用信息的一个子集。Cowan 的模型包含一个简洁的感觉存储响应产

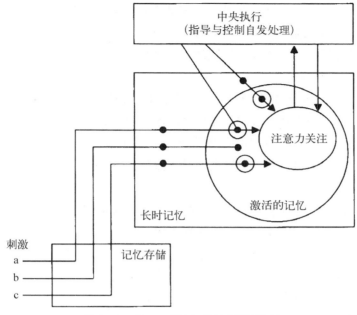

图 10.8 Cowan 的短时记忆激活模型

生感觉持久性的刺激。感觉以及其他部分如信息持久性是短时存储的一部分。类似于工作记忆模型，Cowan 的激活模型包含一个中央执行系统指导注意力和控制自发过程。

10.3.5 表象

视觉表象的特性是很多工作记忆试验的主题。我们已经在第 4 章中介绍了一些研究表明观测者能够在心里将目标旋转到同一方向，以确定目标是否相同。其他的研究人员，最出名的是 Kosslyn（Kosslyn 和 Thompson，2003；Kosslyn 等，2006），他们认为表象非常类似感知。他们的一些研究表明心理扫描图像的形式与视觉扫视图片的方式相似。例如，Kosslyn 等让观测者记忆包含几个目标的一个虚拟岛屿的地图（见图 10.9）。随后，试验者

图 10.9 Kosslyn 等使用的虚拟岛屿地图

大声地说出岛屿中一个目标的名字。被试需要想象整个地图，但是关注在一个具体目标上。5 s 之后，试验者说出第二个目标的名字。随后，观测者在心里对第二个目标进行定位，当定位到时按压一个响应按键。两个目标离得越远，说明心里定位的时间就越长。

Kosslyn 还提供证据表明对小图像内容的判断要难于大图像。他让观测者想象一个靠近苍蝇或者大象的具体动物。他认为靠近苍蝇的动物的心理图像要大于靠近大象的动物。当观测者被要求验证一个想象的动物的部分特定属性时，例如皮毛，如果想象的动物较大（靠近苍蝇），而不是较小（靠近大象）时，响应更加快速。

工作记忆中表象部分的概念已经扩展到**脑力模型**中：对世界动态的表征或者仿真（见第 11 章；Johnson-Laird，1983，1989）。Johnson-Laird 认为脑力模型是工作记忆中的一种表现形式，提供理解和推理很多方面的基础。脑力模型概念的关键要素是对事件在脑海中仿真不同可能的场景。这意味着，如果操作人员具有正确的任务或者系统的脑力模型，他/她可以通过对任务的行为或者系统的行为进行视觉化的仿真解决问题。具有较低工作记忆能力的操作人员很难从语言描述中构建正确的脑力模型，从而会导致更多的推理错误（Oberauer 等，2006）。

Fiore 等强调工作记忆概念和脑力模型之间的联系"可以将认知工程和决策制订研究联系在一起，对问题进行较为深入的理解"。在这一点上，Canas 等通过在判断电路是否被干扰的任务中，表明对保持视觉空间记忆负荷的需求，而不需要保持语言记忆负荷的结果，证实了人们对于设备控制电路的脑力模型很大程度上依赖于视觉工作记忆。

我们现在对短时记忆的理解明显比 20 世纪 60 年代短时记忆刚开始受到关注时更加具体。现在我们知道短时记忆不仅仅是对当前时间的一个存储，它还与注意力紧密相关，并在认知的很多方面扮演重要的角色。短时记忆用作临时表示和保持解决问题和理解所需的信息。仔细考虑施加在不同任务上的短时记忆和工作记忆需求能够更好地保证在很多人为因素条件下的行为。

10.4　长时记忆

长时记忆从孩童时开始，并贯穿我们整个生命过程。从定性的角度出发，长时记忆与短时记忆不同，如果需要保存，则必须持续地训练。Cowan 的模型描述了激活短时记忆的信息来自长时记忆，这表明场景记忆包含信息处理的所有方面。通常操作人员必须从长时记忆中提取信息理解当前的系统信息，并确定合适的动作。无法记住以往的指令可能会导致灾难性的后果。

日本在 1941 年 12 月 7 日对珍珠港的空袭是美国海军历史上最惨痛的灾难之一。很多原因导致了美国海军没有对这场空袭做好准备。一个重要的因素是军官们忘记了他们应当如何解释可能警告即将来临袭击的事件(Janis 和 Mann, 1977)。在袭击前的 5 小时，两艘美国的扫雷舰在珍珠港外发现了一艘疑似日本所属的潜水艇。这个情况没有报告，因为军官忘记了 2 个月之前的明确警告，潜水艇非常危险，因为这意味着周围可能会有航空母舰。如果军官记忆了这个警告，那么海军会对随后的袭击做好准备。如果这个警告信息能够以增强长时记忆保存的方式呈现，则军官提取所需信息的能力能够提高。

在对长时记忆的讨论中，我们必须对用作检验长时记忆特性的两种任务进行区分。第一种任务是**回忆**。在这种任务中，向被试呈现稍后需要提取的信息。我们在短时记忆中讨论的很多试验使用了回忆任务。第二种任务是**识别**。在识别任务中，向被试呈现一个列表需要学习的内容。随后向被试提供另一个列表，要求识别内容是否在第一个列表中出现。所以，在回忆任务中从记忆中提取的信息通常没有提示，而识别任务中则会提供研究内容。

10.4.1 基础特性

直到 20 世纪 70 年代，对长时记忆大部分的研究关注于情景记忆。这个研究主题仍然受到很多关注。相较于短时记忆中的语音编码，长时记忆中的编码反映了内容的含义。例如，在识别记忆的测试中，你会需要记住一长列的单词；然后在几分钟后进行第二列表测试。在第二个列表中，必须区分出在第一个列表中出现的单词。在这种情况下，当单词被错误识别时，通常该单词与原始列表中出现的单词是同义词(即具有相近的含义；Grossman 和 Eagle, 1970)。如果需要记住的内容是一段文字或者一个具体的事件，而不是一系列单词，只有文字或者事件的主旨和含义会被记住，而不是具体的单词。

现在我们理解长时记忆中的代码是可变的，不局限于语音代码。例如，有证据表明视觉代码存在于长时记忆中。在一个试验中，要求被试记住一些由线条勾勒的目标(如雨伞)图形。随后，再向他们呈现一些已经看过的目标图形和新的目标。对于已经观察的目标，被试对于相同的图形响应更快(Frost, 1972)。当向人们呈现一系列自然场景的目标，并要求他们进行关注时，他们对于最后两个关注的目标记忆最深刻，这表明了视觉短时记忆的角色(Hollingworth,

2004)。其他的证据表明具体的可以想象的单词(如雨伞)比抽象的单词(如诚实)更容易记住,这明显是因为对于具体的单词可以使用语义和视觉信息进行记忆,而对于抽象的单词只能使用语义信息(Paivio,1986)。

原始的模态模型表明信息通过训练能够从短时记忆转化成长时记忆(Atkinson 和 Shiffrin,1968;Waugh 和 Norman,1965)。根据模型,在短时记忆中的信息被训练的时间越长,越有可能转换为长时记忆。一个完善的结论是长时信息保存事实上增加了信息训练的次数(Hebb,1961)。但是,如何进行训练比训练执行量更重要。

我们应当区分**保持训练**,或者机械训练和**精细训练**。保持训练是指前面提到的材料的隐蔽重复,而精细训练包含相关的材料以新颖的方式结合,以及在长时记忆中集成新的信息。因为长时记忆依赖于概念之间的联系,所以对于长时记忆,精细训练比保持训练更加重要。只有精细训练能够产生更好的回忆任务的绩效水平。虽然保持训练也能提高识别任务的绩效水平,但是不如精细训练那么明显(Woodward 等,1973)。尽管精细训练会产生一个总体上优于保持训练的识别,但是精细训练需要花费更多的时间。因此,如果操作人员需要开始做出识别决定,精细训练的很多优势会丢失(Benjamin 和 Bjork,2000)。

关于长时记忆的容量和持久性的问题难以回答。对于获取、存储和提取的信息容量似乎是没有限制的(Magnussen 等,2006)。心理学家争论的一个焦点是长时记忆是否是永恒的(Loftus,1980)。这可能是一个没有答案的问题。很多年前,遗忘被认为反映了记忆中信息的丢失。问题聚焦在信息的丢失是简单的由于时间(衰减理论)或者相似的事件发生在记忆的事件之前(前摄)或是之后(后溯)(干涉理论)。很多试验的结果与干涉理论的预期是一致的(Postman 和 Underwood,1973)。但在很多情况下遗忘不是由于信息的丢失,而是因为无法从记忆中提取仍然存在的信息。

Tulving 和 Pearlstone 让被试学习 48 个单词,4 个为一组分为 12 类(如鲜花、食物等)。在学习过程中,合适的分类名(鲜花)与学习的单词(如郁金香、雏菊等)一起呈现给被试。随后,要求被试回忆单词;其中向一半被试提供分类名,而另一半则不提供。结果表明提供分类名的被试能够回忆出更多的单词。Tulving 和 Pearlstone 认为如果不向被试提供分类名,那么他们回忆时,尽管单词存在于长时记忆中,但是如果没有分类线索,这些单词仍不可能获得。

Tulving 和 Pearlstone 试验的重点是有效地提取线索能够增强记忆内容的可达性。这个概念有时称为**编码特异性原则**(Tulving 和 Thomson,1973):"执

行特定编码操作时,感知的内容决定了存储的内容,而存储的内容又决定了提供
访问后提取线索有效的内容。"换而言之,如果线索初始就与执行的编码相匹配,
那么它在一定程度上是有效的。适当的使用提取线索恢复内容是让操作人员在
后续记住信息的可能性最大化的一种方式。内容恢复对于老年人来说尤其重
要,因为他们提取信息有困难(Craik 和 Bialystock,2006)。

10.4.2　处理决策

我们之前提到的机械训练和精细编码在处理决策上有所区别。不同的处理
决策对长时记忆保留有显著的影响。Craik 和 Lockhart 阐述了**处理等级或者深
度**的概念。如 Craik 所描述"处理深度的概念不难理解——'深度'是指对含义、
推理和暗示的分析,这与'浅显'的分析例如表面形式、颜色、响度和亮度等不
同"。在处理等级框架中,存在三个基础的记忆力假设(Zechmeister 和 Nyberg,
1982)。第一,记忆产生于对刺激逐渐深入的执行所需的连续分析。第二,处理
得越深入,记忆越强烈,保存得也越好。第三,记忆只随着处理深度的增加而加
强,而不会由于已经执行的分析的重复而加强。处理等级的观点表明长时记忆
随着内容初始呈现时处理深度的变化而变化。

我们在"定向任务"中研究处理等级的影响。定向任务使用明确的学习环
节,让被试熟悉后续测试的材料。换而言之,被试执行一系列项目的特定任务,
并不会意识到他们随后将针对这些项目进行记忆测试。例如,Hyde 和 Jenkins
使用五种类型的定向任务,其中两个任务明显需要对单词的含义进行深层级的
语义处理(评价单词是褒义还是贬义,估计使用频率),而另外三个任务则需要浅
显的处理(检查字母是 E 还是 G;确定单词部分的发音;确定两个句子中哪个使
用的单词最合适)。结果表明进行深度任务的被试回忆单词的水平要高于执行
浅显任务的被试。此外,深度任务的回忆水平等于接收标准的、有意的记忆指
令,以及非定向任务中学习单词列表的被试的回忆水平。所以,这些研究表明是
否有意去记住呈现的信息并不重要,重要的是信息需要被深度处理。

虽然处理等级的概念似乎帮助解释了记忆在一些条件下是如何工作的,但
是这种概率也有局限性。第一,"深度"需要具体的定向任务,不能被客观测量。
这意味着我们不能确信回忆在某些条件下更好。我们的解释会变成一个循环:
即这个任务会产生更好的回忆,因此它包含更深层级的处理。第二,另外一个因
素,精细加工也会影响记忆保存。精细加工是指需要记忆材料所提供的细节数
量。例如,Craik 和 Tulving 发现在复杂的语句中对单词的记忆要优于较为简单

的语句中的单词。

最重要的是,编码的区别对于记忆非常关键(Jacoby 和 Craik,1979;Neath 和 Brown,2007)。较深层级的以及更加精细的处理能够通过产生与其他需要记忆内容不同的呈现而提高信息保存能力(Craik,2002)。我们可以基于内容不同的特征以及共享内容的通用信息对不同的信息进行区分(Einstein 和 Hunt,1980)。内容信息的质量对识别行为很重要,而关系信息则对回忆很重要。由具体材料和学习策略强调的信息类型部分决定了信息被记住的程度。

Philp 等研究了潜水员在回忆和识别行为中的差异,这些潜水员分别在水平面和急速下降的高压氧舱中进行记忆测试。在急速下降过程中,潜水员在 15 个单词列表立即回忆中表现出比在水平面时 10% 的总体衰减,而在立即回忆测试后的 2 min,延迟回忆测试中表现出 50% 的衰减。但是,他们在随后的旧-新单词识别测试中的差异却很小。所以,尽管信息明显完好地保存在长时记忆中,潜水员仍然难以回忆。这种自由回忆的损伤表明,当人们处于压力的环境之后,对他们记忆力准确的评估需要向他们提供能够刺激相关信息提取的线索。

在学习过程中进行的处理类型与记忆测试中类型的关系很重要。Morris 等让被试执行一个浅显的定向任务(在句子中,两个单词是否押韵)或者一个深度的定向任务(在句子中,单词是否有意义)。在识别测试中,对于尚未学习的,在语义上与已学习相近的单词,深度定向任务有更好的绩效。但是,当新单词与旧单词在声音上相近时,浅显的定向任务具有更好的绩效。换而言之,当识别测试需要基于单词的声音进行区分时,最好研究单词的发音而不是含义。这个结论验证了**转移-占用加工**原则:这个在学习中进行的加工过程对记忆有帮助,使得获得的知识能够进行记忆测试。Lockhart 认为深层级处理对记忆有益的一个原因是其增加了转移-占用处理的可能性。

长时记忆还能够从通过有效方式组织材料的策略中受益。对于来自相同类别的一组单词的回忆要优于没有明显类别结构的一组单词,并且对于特定类别的单词倾向于在一起进行回忆,即使它们可能呈现的时间不同(Bousfield,1953)。此外,通过单词分类进行组合学习比随机学习相同的单词记忆效果更佳(Bower 等,1969)。图 10.10 给出了一个矿产分类的概念层级。被试通过概念层级或者随机地学习这些单词。被试通过概念层级学习能够回忆的单词量是随机学习的 2 倍。很明显,被试使用层级的方式能够帮助从长时记忆中提取学习的内容。

即使对于不同类别的单词,单词回忆的顺序也会表现出学习过程中所没有

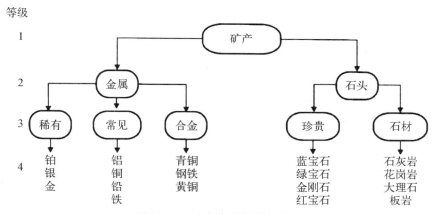

图 10.10 矿产分类的概念层级

的结构。在一个试验中,要求较为年轻的成年人和较为年长的成年人(平均年龄分别为 20 岁和 73 岁)学习一组 20 个单词,然后以任意的次序进行回忆(Kahana 和 Wingfield,2000)。随后他们以不同的顺序学习相同的单词列表,再进行另外一次回忆尝试,直到正确回忆出所有的 20 个单词。每次学习单词列表后,平均回忆水平都得到提升,尽管较为年长的成年人相对较差。回忆的单词倾向于以相同固定的具有组织性的分组方式输出,尽管每次学习时单词的呈现顺序都不同。即使较为年长的成年人花费更多的时间先学习单词,他们表现得与较为年轻的成年人一样,以相同的组织方式进行回忆。

组织学策略(或者缺失)对记忆行为的影响不仅存在于实验室中,还存在于我们的日常生活中。记忆力研究人员、自助大师以及需要记住较多内容的人们已经建立了很多组织性技术改善长时记忆。这些共同的技术是**记忆术**(Belleza,2000)。记忆术是一种编码策略,将材料组织成可以记忆的方式。除了提供组织外,记忆术策略使得材料更具有区分性。这种由记忆术技术导致的区分性可以在需要记忆的内容间产生新的连接方式。

记忆术技术通常分为两类:视觉和言语。视觉记忆术依赖于形象思维。对于这种技术,需要想象视觉图形与期望记忆内容间的物理关系。位置记忆法就是一个实例,将需要记忆的内容想象在熟悉环境中不同的位置,例如家里。当需要回忆内容时,你在脑海中进入家里,在不同的位置"寻找"存储的内容。视觉记忆术能够显著地提升学习外语词汇的能力(Raugh 和 Atkinson,1975)以及脑部-名字对应记忆(Geiselman 等,1984)。

言语记忆术将需要记忆的内容与知名的语句或者故事中的元素相结合。或者需要记住单词的首字母组合成新的单词或者短语,或者将新单词的首字母用在一个有意义的句子中。视觉和言语记忆术单独使用,或者作为复杂技术的一部分使用都很有效(Cook,1989)。记忆术对于年龄较大可能有较高记忆损伤风险的人群特别有帮助(Poon 等,1980)。但是,这些最能从记忆术中获益的人群,例如老年人,通常忘记使用记忆术。

到目前为止,我们只讨论了对记忆的内在帮助,即学习和提取技术。很多人也依赖于外部的记忆帮助,包括在手指上缠一块布条,记笔记用作提醒,个人数字助理等。外部的记忆帮助更多用来记住将要进行的事情,而不是记住信息(Intons-Peterson 和 Fournier,1986)。由 Sharps 和 Price-Sharps 建立的一个帮助老年人记忆的简单策略是在他们家中显著的位置放置一个有颜色的塑料盘。这个塑料盘用来放置容易遗忘的物品(钥匙、眼镜等),以及放置提醒后续活动的便签。这个简单的策略能够有效地减少老年人每天 50% 的记忆差错。

随着电子技术的不断发展,出现了越来越多的商用记忆帮助设备。这些设备从电子手表到个人数字助理。这种记忆帮助设备对老年人和记忆受损的患者特别有效。例如,Kurlychek 发现早期阿尔茨海默病的患者可以使用手表的小时提醒执行一个预定的计划,或者提醒自己需要做的事情。因为这些设备的目的是帮助在特定的环境中执行特定的任务,设备的有效性取决于使用的程度和在环境中的响应程度(Herrmann 和 Petros,1990)。Inglis 等评价了如个人数字助理的电子设备,并总结了当前可用技术的局限性,以及记忆受损者和老年人可能存在的使用困难。他们总结到需要有特定的、客户化的软件界面才能满足不用组别的用户需求。

10.5　理解言语和非言语材料

长时记忆和短时记忆一个重要的作用是理解语音,即阅读和倾听。阅读印刷的文本既包含阅读标牌上简单的单词"停止",也包含阅读操作系统所使用的技术手册。类似地,说话也包含单一的表达(单词"去")或者复杂的叙事。在任何条件下,理解和保存包含语言材料的信息都很重要。在本节中,我们将说明语义记忆与包含句子、文本和结构化短语的理解和保存过程之间的关系。

10.5.1　语义记忆

为了深入理解,我们需要了解语义记忆中的过程(Tulving 和 Donaldson,1972)。这个过程包括知识如何表现,以及知识如何获取(McNamara 和 Holbrook,

2003)。回答语言记忆问题的一个重要技术是语句验证技术。向被试呈现一个简单的句子,例如:"小猎犬是一种狗",然后让他们判断对与错。我们会发现被试在执行这一任务中的两种现象。第一,当句子中的宾语属于一个小的分类,而不是大分类时,正确-错误的决定很迅速。例如,判断小猎犬是一种狗比判断小猎犬是一种动物要快。我们将这种现象称为类别大小效应。第二,当句子中的物体是一个类别中的典型成员时,响应也很迅速。例如,判断金丝雀是一种鸟要快于判断秃鹰是一种鸟。我们将这种情况称为典型性效应。

为了解释类型大小和典型性效应,提出了两种类型的语义记忆模型。第一种类型是**网络模型**,该模型假定独立节点所表现的概念在组织性网络中是相互联系的(见图 10.11)。在一个网络模型中,验证一个语句的时间随着概念节点之间的距离以及节点间链接强度的变化而变化。例如,Collins 和 Loftus 提出一个使用两个独立网络的激活扩散模型。概念网络的一部分如图 10.11 所示,根据语义相似性,对概念进行组织。在词汇网络中,根据听觉相似性对每个概率的

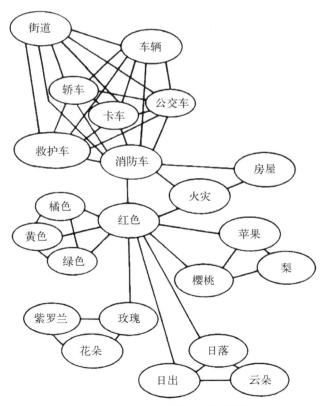

图 10.11　组织性网络的相互联系

标签进行组织。在这两个网络中的检索是一个概念的激活,或者是名字在整个网络中沿链接的传播。远离概念的节点接收到比靠近概念节点更晚、更弱的激活。

第二种类型的模型基于**特征比较**。这些模型提出概念存储于一系列的语义特征,当语句中的目标和分类共享匹配特性时,发生验证活动。例如,在 Smith 等的特征比较模型中,对所有目标和类别的特征进行比较,产生一个总的相似性值。当相似性很高或者很低时,会得到一个快速的正确或者错误的响应。当相似性模糊不清时,只有最重要的、典型的目标和类别特征会被仔细检验。随后正确或者错误的响应基于特征的子集是否匹配。

语句的网络和特征模型验证都提供了对类别大小和典型性效应很好的解释。在应用场景中,它们也很有用。这些模型用作构建知识数据库,例如专家系统和决策支持系统。

虽然网络和特征模型在语句验证中解释了类别大小效应和典型性效应,其他重要的模型能够解释更加宽泛的数据。其中,两个重要的模型是**分布式网络模型**和**高维度空间模型**。分布式网络模型与上述的网络模型之间的差别在于概念不是通过独立的节点表示,而是通过网络中节点间的激活模式表示。在分布式网络中,知识通过节点间链接的权重表示,决定了不同刺激产生的激活模式。分布式网络学习应用规则调整节点间的链接权重:具体刺激在网络中的输出与刺激预期的输出相比较,再通过调整权重减少真实输出与预期输出中的不匹配。这种类型的模型能够解释基于语义记忆任务研究获得的很多结论(Kawamoto 等,1994)。

高维度空间模型与分布式网络模型类似,概念由多维度空间中的点表示。这种表现形式可以在情景记忆任务中模拟回忆或者识别内容时语义记忆的影响(Steyvers 等,2006)。这种类型最有名的模型使用了潜在语义分析(LSA;Landauer,1998,1999;Landauer 等,2007)。潜在语义分析背后的基本思想是单词(概念)之间的相似性可以在共同出现的书面文本中推断出。当潜在语义分析应用在一个示例的文本中,它会产生一个语音空间将不同的概念群聚在一起。一项研究分析了英语阅读者在大学一年级可能会接触的 37 000 份文本资料中的 90 000 个单词。潜在语义分析的结果是一个大学一年级学生的语义网络。

令人惊讶的是,这种表示的构建只依赖于单词的共生如何完全地被使用。但是潜在语义分析能够产生很多语言现象的准确仿真,并且允许很多包含语言任务的自动执行。潜在语义分析最令人印象深刻的一个应用是论文的自动评分(Landauer 等,2003)。对于这个问题,潜在语义分析应用到一个大样本的文本中处理论文的主题。一个具有代表性的论文样本集由人工进行打分。这些被打分的论文和需要自动打分的论文作为潜在语义分析的载体。每篇未打分的论文与之前已经打分的论文计算相似性，这种相似性用作评分的标准。已经证明被自动打分的论文与人工打分的一样准确。Landauer 等认为这种技术一个立即可以应用的实例是书写教学系统。同时，很多标准化的入学考试，例如 SAT 和GRE 现在都要求撰写一篇论文，因此自动评分系统能够有效地减少评分时间，并能够使得结果标准化。

10.5.2　阅读书面信息

阅读是一个复杂的过程，需要从语义记忆中提取信息，并且从文本的语句和段落中组合信息。阅读有效性受很多因素的影响，包括阅读的目标、资料的特性、阅读者的教育背景和环境的特征。系统成功运行的条件取决于操作人员有效阅读的能力，人为因素专家必须考虑这些因素，并且用最佳的方式呈现书面材料。根据 Wright 所述，"随着工作和生活变得越来越信息化，更好地理解如何设计和管理书面信息变得更加急迫"。因此，虽然阅读和书写的内容通常不包含在人机工效学中，但是应当加以考虑。

在很多操作人员必须阅读信息的条件下，还需要他/她进行快速阅读。阅读的速度受很多因素的影响，包括语句的复杂度和阅读者的目标。一个句子可以分解为几个基本的思想或者命题。存在越多的命题，就需要花费越多的时间进行阅读，即便句子中单词的个数保持不变（Kintsch 和 Keenan，1973）。如果阅读者的目标是记住句子中的每一个单词，那么相较于只是理解句子的含义需要花费更多的时间（Aaronson 和 Scarborough，1976）。

如果信息理解较差，阅读速度就显得无关紧要。可理解性的改善可以通过改变材料的语法结构。如使用关系代词（that、which、whom）作为短语的起始，而不是省略它们（Fodor 和 Garrett，1967）。考虑句子"The barge floated down the river sank."通常，这样的句式称为花园小径句，因为这种句式的结构会让阅读者将单词 **floated** 理解为句子的谓语，但是这个句子真正的谓语应当是 **sank**。当句式改变为"The barge that floated down the river sank."时可以有效地消除这种歧义。但是，不是所有的花园小径句都可以通过这种方式纠正。例如，考虑句子"The man who whistled tunes pianos."相较于"The whistling man tunes pianos."原先的句子更难理解，尽管很明显 **tunes** 是谓语。

不同的语法结构对阅读理解的影响用作构建人们如何进行阅读和材料表现

的理论(Frazier 和 Clifton,1996)。这些理论关注各种语法特征,包括单词顺序和短语结构规则(短语中可能的单词构型模板),以及名词的实例(基于在句式结构中的主语、宾语或者所有格;Clifton 和 Duffy,2001)。含有嵌套式的句式更难以理解,例如"The man from whom the thief stole a watch called the police."(Schwartz 等,1970)这个结论用作研究阅读理解中的工作记忆限制的贡献。

语义结构与语法结构一样重要。在某些情况下,一些单词比其他的单词需要更多的精力才能够理解。例如,单词**踢**在下面的句子中"那个男人踢了它一段时间,以观察它是否还活着。"比单词**检查**在下面的句子中"那个男人检查了它一段时间,以观察它是否还活着"(Pinango 等,1999)。这个结论的一个解释是动词**检查**暗示一段时间的动作,这与短语**一段时间**保持一致。动词**踢**则必须从一个瞬时动作转化为重复一段时间的动作,才能与短语**一段时间**保持一致。这种对动词**踢**的转化需要时间和精力。

另一个证明语法结构重要性的例子是事件在句子中的排序方式。当句子中的事件遵循事件发生的先后次序时,句子最容易理解(Clark,1968)。这也表明了书面指导应当呈现的方式。Dixon 向被试呈现操作电子设备的多步骤指南,并测量他们阅读每个句子的时间。结果表明当阅读期望动作输出的具体描述(如"射线表为 20")之前的动作执行(如"旋转左侧旋钮")时,时间最短。所以当指示围绕执行的动作进行描述时,最容易理解。

复杂的交流包含多重句子之间的信息整合。成功的阅读者构建一种阅读内容的抽象表示,而不是文学的表示。这些阅读者对文字中的关系和事件进行推断,而不是进行直接的陈述。这些推断则被记忆成阅读材料的一部分(Johnson 等,1973)。工作记忆在理解中扮演了重要的角色,因为它能够使用和整合记忆中已经存在的信息和推断对新的信息进行解释。较差的阅读者与较好的阅读者之间的主要区别在于将新的命题整合到能够被执行的工作表现中的效率(Petros 等,1990)。

阅读者以组织结构形成的对材料的表示称为**架构**(Rumelhart 和 Norman,1988;Thorndyke,1984)。架构是组织我们所熟悉的目标、场景、事件、动作,以及事件和动作的顺序这些常识的框架。最重要的是,架构会使得人们对特定环境中具体事件的发生产生预期。这种预期使得对信息的解释更容易,也能够帮助阅读者确定信息的相对重要性(Brewer 和 Lichtenstein,1981)。

Bransford 和 Johnson 开展的一项著名的试验验证了在文本理解中合适的架构的重要性。学生阅读表 10.1 中的段落,随后对段落的可理解性做出评价,并尝试回忆段落中包含的内容。在阅读前被告知段落主题是"洗衣服"的学生对可理解性的评价更高,也能够回忆出更多的细节内容。类似地,我们应当围绕架构设计操作手册和其中的警告,以增加可理解性和可记忆性。

表 10.1　段　　落

　　流程其实很简单。首先,你将用品分为不同的组。当然,如果用品不多,一组也是可以接受的。如果你由于缺乏设备而需要去其他地方,这是另外需要考虑的问题;否则,你已经准备好了。很重要的一点是不要过度。即一次少处理一些用品比较合适。从短期来看,可能不重要,但是很容易引起并发症。错误的代价也很大。一开始整个流程似乎很复杂,但是,很快它就变成了仅仅是生活的另一方面。很难在不久的将来预见到这项任务结束的必要性,但是谁也说不准。在这个流程完成之后,将材料再一次安放成不同的分组。随后,可以将它们放置在更加合适的位置。最终,它们可以再一次被使用,而整个循环不断地重复。但是,这就是生活的一部分。

　　Young 和 Wogalter 指出,理解和记忆可以通过增加第一时间注意到警告的可能性,随后再提供与言语信息相对的视觉信息的方式提升理解和记忆。他们开展了两项试验,一项使用燃气发生器的安装说明,另一项则使用天然气炉的安装说明。警告信息的呈现使用朴素性的或者显著性的(较大的字符,橘色阴影),并选择性地配以图标。当警告信息以显著性的方式呈现并配有图标时,理解和记忆效果明显优于其他组合。作者认为显著性呈现和图标组合所表现出的有效性是由于言语编码和视觉编码更好的集成。

10.5.3　口语交流

　　操作人员小组之间通过说话的方式进行交流协调他们的行为。在很多组织中,团队负责人会在工作开始之前对组员进行简短的沟通。我们之前在阅读理解中介绍的语法、语义以及架构的概念都适用于对口语的理解(Jones 等,1987)。理解口语同样重要的是"韵律措辞",或者根据音调、持续时间和节奏将单词进行组合(Frazier 等,2006)。框 10.1 提供了一个现实生活中口语和书面沟通重要性的生动实例。

框 10.1　在空难中对文本的理解和交流

　　1989 年 7 月 19 日下午,美国联合航空 UA-232 航班从丹佛起飞。在飞往芝加哥的途中,这架 DC-10 客机发生了灾难性的中央发动机失效。发动机的碎片与飞机尾部发生碰撞,不仅损伤了主液压系统,还破坏了第二和第三备份系统。飞行控制系统无法正常工作,飞行机组只能进行右转操作(并且操作异常困难)。飞行机组只使用油门将飞机紧急降落在艾奥瓦州的苏市。飞机在着陆的时候被撕裂,但是292名乘客和机组中有184人幸存。

在 UA-232 航班坠毁事件中,有两个言语和书面交流的问题值得仔细考虑。第一,飞行工程师与地面维护人员之间的交流;第二,在紧急情况下,飞行手册的作用。

在灾难的早期阶段,飞行工程师 Dudley Dvorak 试着将液压系统失效的信息传递给地面维护人员。我们需要理解的是尽管对于驾驶舱中的机组来说所有的三个系统失效很明显,地面人员坚持将 Dvorak 的信息解释为不可能三个完全独立的系统全部失效。换言之,地面人员的架构不会出现所有三个系统都失效的情况,这妨碍了他们理解到底发生了什么。

Dvorak 第一次与地面维护人员联系中报告二号发动机不见了,并且他们"丢失了所有的液压"。维护人员向 Dvorak 询问第二台发动机,随后维护人员尝试确认(液压)系统 1 和系统 3 正常工作;Dvorak 回复"错误,所有的液压都失效了,所有的液压系统都失效了"。即便在这次交流之后,维护人员仍在询问液压油的等级。Dvorak 报告已经没有液压油。然后,维护人员才去查询飞行手册,直到几分钟之后 Dvorak 和地面维护人员之间才建立起所有的液压系统都不能工作的有效交流。

用机长 Haynes 的话:"Dudley 最难的问题是说服他们我们没有液压系统可用了。'噢,你们丢失了 2 号。''不,我们丢失了所有的 3 个。''噢,你们丢失了 3 号。''不,我们丢失了所有的 3 个。''那么,1 号和 2 号在工作。''不。'这样的对话当时持续了一段时间。"

地面维护人员提到的用来帮助恢复飞机的飞行手册,是飞机制造商提供的一本书。飞行手册中包含了对可能的场景和适用的程序的描述。在大部分飞机上,飞行工程师还有一本简略版的飞行手册,用作处理不寻常的情况或者紧急事件。在地面维护人员从手册中(日志和计算机数据库)查找液压失效的解决方案之前,Dvorak 已经在手册中找到了发动机失效的解决方案。

手册中的紧急程序以检查单的形式呈现,不进行解释。这能够减少在紧急情况下对记忆和问题解决资源的需求。例如,手册中提到飞行机组需要做的第一件事应当是关断失效发动机的推力。随后关断燃油。但是由于液压失效,这些控制不能得到有效的反馈,使得机组认为情况非常糟糕。

在飞行手册中没有提供所有液压失效的情况的处理程序,因为制造商想象通过工程实践,类似于这种独立的系统发生全部失效的情况是不可能的。因此,地面维护人员无法在手册中找到处理方式。因为维护人员不断地给出机组已经尝试的建议,并且这些建议需要一个正常工作的液压系统,机长忍无可忍地让 Dvorak 中断与维护人员的交流。在最终的分析中,维护人员确实无法为机组提供任何帮助。

当 Haynes 机长在描述 UA - 232 航班的经历时,他谨慎地强调帮助他和他的机组降落,拯救了许多人生命的一个因素是交流:机组成员之间的信息交流,机长与苏市空中交通管制员之间的交流,以及与苏市地面紧急小组之间的交流。言语和书面形式的交流是 UA - 232 航班"成功"着陆的重要组成部分。

需要强调的是,调查 UA - 232 航班事故的专家认为在机组遭遇的相同的环境条件下,在飞行模拟器中无法成功降落。因此,Haynes 机长和他的机组因为他们杰出的表现和拯救了 184 条生命而得到了嘉奖。Haynes 机长将机组杰出的表现归结为被称为机组资源管理的管理技术,这种技术鼓励所有的团队成员与团队主管进行有效的交流,解决问题。

对口语交流的研究关注于会话,即两个或者多个被试依次传递信息。当一个被试作为听者,那么他/她是尝试理解说话者希望传递的信息。因此,听者认为说话者说的内容是合乎情理的,并构建对说话者期望传递内容的解释。

可以对说话方式的一些部分进行区分(Miller 和 Glucksberg,1988)。这包含说话方式本身,话语的字面含义,以及说话者期望传递的内容。理解不仅包含字面意思,还必须包含说话者的期望。很多交流错误的发生就是由于听者误解了说话者的期望所造成。

　　听者使用大量的规则建立字面和预期的含义。根据 Grice 的研究,最重要的规则是**合作原则**:假定说话者是真诚的、合作的,以试图推进对话为目标。合作原则包含一些具体的交流规则或者准则(见表10.2)。这些准则可以分为交流数量、交流质量、交流关系和交流方式。总的来说,这些准则让听者认为说话者在进行相关的、明确的、可信的表达。如果有效地使用这些准则,那么听者从说话者的字面含义中构建预期含义的任务就很容易实现。

表 10.2　Grice 的交流准则

准　　则	细　　　则
数量准则	让你的贡献尽可能包含所需的信息 不要让你的贡献比所需的信息多
质量准则	试着让你的贡献是真实的 不要说你认为是错误的内容 不要说缺乏足够证据的内容
关系准则	具有相关性
方式准则	清晰明确 避免晦涩的表达 避免含糊其词 简洁 有序

　　说话者可以通过提供交流过程中早期信息的直接参考,提升听者的理解。听者会使用**已知-新信息策略**(Haviland 和 Clark,1974)。这个策略识别两种类型的信息:已知信息和新信息。已知信息是指说话者认为听者已经知道的信息,而新信息则附加在听者的旧信息之上。如果说话者能够区分已知信息和信息,那么听者的任务会变得更加容易。

　　某些话语的字面意思与说话者期望表达的意思不尽相同。这主要发生在间接请求中。这种请求从听者的角度不是直接的陈诉。例如"你知道现在是什么时间?"包含一个暗示的请求,让听者提供时刻信息。很多口语表达是比喻的形式,使用反讽、隐喻和习语等用法。一个既使用了隐喻又使用习语的例子是"由鼹鼠打洞扒出的泥土堆成的小丘(making a mountain out of a molehill,小题大做)"。在这样的例子中,听者会同时构建字面含义与非字面含义。听者理解句子比喻含义的速度通常要慢于他们理解字面含义的速度(Miller 和 Glucksberg,1988)。这个研究的一个应用是应当在与操作人员交流中避免使用比喻,除非含义非常明确。

在组内解决问题的情况下，语言是组内成员交流的最佳方式。Chapanis 等让包含两名成员的小组使用四种交流模式中的一种解决设备装配问题：打字、手写、语言交流以及不限制交流方式的情况。当使用语言交流以及不限制交流方式的情况下，问题解决的速度要比打字和书写方式快 2 倍。即使当语言交流和不受限方式需要很长时间时，这个结论也适用。在这些条件下表现较好的一个原因是小组成员可以同时参与到问题解决和交流活动中，而在打字和手写情况下则不能实现。

Clark 基于我们之前提到的思想建立了一个语言使用的通用理论。这个理论的中心思想是语言是两个人或者多个人之间协同合作的共同行动。这个理论的一个重要概念是**共同基础**：参与讨论或者其他协作的人使用共同的基础，或者共享的知识，使得交流更加有效。随着讨论的进行，他们构建起更加深入的共同基础。以协作的方式看待语言和交流对于包含口语交流的系统设计很重要，特别是说话者相互可见的情况。这个理论也适用于电子媒介适用的系统设计（如电子会议室），系统必须支持建立和保持共同基础所需的线索和活动（Monk，2003）。

10.5.4　情景意识

从记忆和理解问题中延伸出的一个重要的人为因素概念是**情景意识**（Endsley，2006；Endsley 等，2003）。情景意识定义为"对环境中元素的感知……，对元素含义的理解，以及对元素在不久将来的状态的投影"（Endsley，1988）。"意识"强调工作记忆的重要性，特别是 Baddeley 称为情节缓存的部分，这部分决定了知觉和意识。我们意识到的事物受到注意力因素的影响（即中央执行），这意味着如果注意力是关注在环境中不合适的元素上，那么我们的情景意识是有限的。Endsley 等指出选择性注意的失败可能会限制他/她的情景意识。

由于情景意识依赖于工作记忆，因此它会受到限制工作记忆能力和准确性的因素的影响。此外，脑力工作负荷的水平也会对情景意识产生影响。如果脑力工作负荷非常高，那么他/她的情景意识就会很差。即使当脑力工作负荷在一个可接受的水平以内，他/她的情景意识也有可能较差。也就是说，即使注意力和记忆资源没有发生超负荷的情况，在环境中对事件的理解可能也会受限。

通常对情景意识的研究让操作人员执行一个导航任务，例如汽车驾驶或者飞机驾驶。我们通过测量操作人员对任务中目标和时间的立即记忆，以及他/她预计系统未来表现的能力评价情景意识。与脑力工作负荷相同,情景意识的测量包含主观测量和客观测量。主观测量要求操作人员或者专家观察员对操作人员在具体场景或者时间段中的意识进行评级。客观测量则向操作人员询问任务某些方面的具体信息。例如,如果操作人员在执行一个仿真驾驶任务,试验者可以关闭仿真,向操作人员询问其他车辆的位置。测量情景意识所包含的问题,例如侵扰性、使用的难易、操作人员的接受度等,与脑力工作负荷中介绍的内容相似。

10.6　总结

任何任务的成功执行取决于记忆。如果在执行任务过程中,不能在合适的时间提取正确的信息,那么就可能出现差错。记忆的三种主要类型可以基于它们的持久性进行区分。感觉记忆将信息以一种具体形态的方式保持极短的一段时间;短时记忆以一种激活状态的形式保存信息,并用于推理和理解;长时记忆在意识之外,不处于高度激活状态,但是可以保存很长一段时间。随着我们对记忆理解的增强,对记忆的观点进化为一种包含多种编码格式的灵活的动态系统。在人机系统设计过程中,我们需要记住记忆不同类型的特征以及这些特征所包含的过程对人的行为有可预期的影响。

记忆与信息的理解和交流密切相关。在语义记忆中语言材料和环境事件通过信息获取的方式进行识别。书面语和口语的理解都是基于被传递信息的心理表象。这些表象由个体对材料和内容的感知构建而成。当信息与观测者心理表象的一致性到达一定的程度,就能够促进语言的理解。非言语事件也必须能够被理解,情景意识的概念强调准确理解复杂系统操作的重要性。记忆和理解在思考和决策制订中起到关键作用。

推荐阅读

Baddeley, A. 1986. Working Memory. London: Oxford University Press.

Baddeley, A. 1999. Essentials of Human Memory. Hove, UK: Psychology Press.

Just, M. A. & Carpenter, P. A. 1987. The Psychology of Reading Comprehension and Language. Boston, MA: Allyn & Bacon.

Marsh, E. , McDermott, K. B. & Roediger, H. L. III. (Eds.) 2006. Human Memory: Key Readings. New York: Psychology Press.

Neath, I. & Surprenant, A. 2003. Human Memory: An Introduction to Research, Data, and Theory (2nd ed.). Belmont, CA: Wadsworth.

Radvansky, G. A. 2006. Human Memory. Boston, MA: Allyn & Bacon.

Tulving, E. & Craik, F. I. M. (Eds.) 2000. The Oxford Handbook of Memory. Oxford, UK: Oxford University Press.

11　解决问题和决策

像任意的目标导向的活动,思考可以使得活动变好,也可以变坏。如果以达到目标的方式进行思考,那么思考会使活动变好。

——J. Baron(2000)

11.1　简介

复杂的问题解决和决策过程存在于所有的人类活动中。不管是简单的事件例如早上穿什么衣服,还是复杂的事件例如如何抚养孩童,都必须做出决策。决策会有持续性的影响。一个公司的首席执行官可能基于高估的公司财务能力做出扩大支出的决策,从而导致公司破产。这会进一步导致很多人失去工作,对当地的经济产生灾难性后果。类似地,一个政府决定参与战争的决策会使得很多人丧命,经济衰退,以及产生对未来具有深远影响的后遗症。科学家研究理解人们如何进行推理,如何进行决策,从而防止不良决策的出现。

考虑人机系统的操作人员。为了有效地操作系统,他/她必须理解系统的信息并决定合适的动作。操作人员有两种方式控制系统(Torenvliet 和 Vicente,2006)。当系统以熟悉、可预期的方式运行时,使用第一种操作模式。在这些条件下,操作人员依靠对系统行为娴熟的响应,使用很少的努力就可以控制系统(基于技巧的行为,参见第 3 章)。当系统信息表明出现不正常情况,需要操作人员转变到第二种操作模式时,他们会遭遇困难。在这个模式中,操作人员需要基于他们对系统状态的推理进行决策。这种推理包含从语义记忆和情节记忆中进行信息回忆(基于规则的行为),或者通过集成其他不同的信息资源形成新的解决方案(基于知识的行为)。

例如,在驾驶舱中,飞行员操作飞机的大部分努力是监视仪表。这不需要很多脑力活动。只有当仪表指示出现一个问题时,飞行员才需要努力地解决问题或者做出决策。当飞行员确定发生紧急情况,他/她必须整合驾驶舱中很多视觉显示和听觉显示中的信息,诊断紧急状况的特性,决定他/她应当做出的响应。但是,如我们前面所介绍的,飞行员的信息处理能力是有限的,尽管他/她经过良好的训练,并且出于善意的目的,也可能做出不好的决策。

本章将阐述人们会如何在不同的行动间进行思考和选择。描述人们做出决策的方式有两种:**规范性**和**描述性**。规范性模型强调一个理性的人应当在理性的条件下做出选择。但是,如 Johnson-Laird 所观察的:"人类通常不理智。他们有限的工作记忆限制了他们的行为。他们缺乏对反例的系统性搜索指南;他们缺乏得出结论的保护性原则;他们缺少逻辑。"换而言之,我们的决定往往脱离规范性模型的规定,这主要是因为我们处理信息的能力是有限的。推理和决策的描述性模型尝试解释人们如何进行真正的思考。通过理解人们如何脱离规范理性及其原因,人为因素专家可以呈现信息,设计支持系统,帮助操作人员找到最佳的问题解决方案。

11.2 问题解决

在大多数的问题解决任务中,个体遇到的问题具有明确的目标。在实验室中,问题解决是通过要求被试执行需要花费几分钟或者几个小时的多步骤任务的方式进行研究。通常,这些任务需要被试执行很多不同的动作实现目标。一个著名的问题是汉诺塔(见图 11.1),广泛地应用在评定被试的执行控制功能中(Welsh 和 Huizinga,2005)。目标是将所有的圆盘从 a 桩移动到 c 桩,条件是每次只能一个圆盘,并且大圆盘不能位于小圆盘之上。对汉诺塔任务及与其相似的任务的问题解决研究主要记录被试的动作,以及他/她的准确性和问题解决的时间。

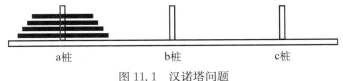

图 11.1 汉诺塔问题

另一种研究问题解决的方式是获取言语报告,有时称为"协议",从问题解决者的角度,协议描述了他/她解决问题的步骤。口语协议对于中间步骤需要心理作用,不能被观察的任务特别有用。口语协议分析应用在很多领域,例如专家系统的开发,以及问题解决机制的理解。协议被认为能够反映工作记忆中的信息和假设,虽然事实上,它们只能报告当时发生的想法(Ericsson 和 Simon,1993)。

协议通常产生于任务执行过程中,而不是在任务完成之后,因为如果报告是以追溯性方式获得的,人们可能忘记或者伪造信息(Russo 等,1989)。当协议是系统性收集的,它们可以提供有价值的关于具体任务所包含的认知过程的信息(Hughes 和 Parkes,2003)。但是,如果在执行任务过程中形成协议,他/她可能会改变执行任务的方式。这是由于产生协议和问题解决之间的资源竞争(Biehal 和 Chakravarti,1989;Russo 等,1989)。我们还必须记住协议提供的信息与给予问题解决者的指示以及调研者提出的问题相关(Hughes 和 Parkes,2003)。这能够确定需要报告的信息的内容和数量。此外,不好的指示和坏的问题会导致无用的协议。

11.2.1　问题空间假设

一种问题解决的思考方式是想象在虚拟的环境中如何操纵目标,即脑力**问题空间**。这个空间由问题解决者通过他/她对问题的理解进行构建,包括他/她认为对任务重要的相关事实和关系。所有的问题解决都发生在这个空间内。在这个空间中对目标的操纵依赖于由问题规则定义的问题解决者的可用动作的知识。最后,问题解决者有大量的规则或者策略,能够协调整个问题解决的过程。

Newell 和 Simon 提出了一个问题解决的框架,通过在问题空间中的移动实现目标。在这个框架中,不同的问题空间变现为不同的**任务环境**。这些问题空间通过一系列状态(在问题空间中的位置),以及一系列在状态间做出合理变化的操作人员(在问题空间中的移动)进行特征化。问题由起始状态以及它期望的结果或者目标、状态指明。对于汉诺塔问题,初始的状态是所有的圆盘处于 a 桩,目标状态是所有的圆盘位于 c 桩,操作人员需要在 3 个桩之间移动圆盘。

Newell 和 Simon 对问题解决的描述中有两个方面非常重要:问题如何呈现以及如何对问题空间进行搜索。首先,因为问题空间仅是对任务环境的一种心理表现,它可能与任务环境在某些重要方面有所不同。关于产品和系统的设计,一份计算方法的学术期刊特刊的编辑指出"通常,我们在设计早期做出的决策最具有影响力,这些决策对问题空间施加了关键的限制,从而形成后续的下游决策"(Nakakoji,2005)。类似地,对支持系统的开发组件的提倡(设计的计算机软件有利于组间或者组内成员之间的交互)强调开发人员和用户需要对问题空间具有共同的理解(Lukosch 和 Schummer,2006)。

其次,搜索问题空间需要对状态间可允许的移动进行考虑和评价。在任务环境中可允许的一些移动可能不包含在问题空间中,这意味着这些移动不会被考虑。此外,工作记忆的有限能力限制了可以同时考虑的移动数量。这意味着对于复杂问题,只有一小部分的问题空间会保留在记忆中,可以在任何时间进行搜索。因为只有有限数量的移动可以被检测,快速、有效地找到问题的解决方案需要使用直接搜索类似方案路径的策略。

考虑图 11.2 中九个点的问题。目标是使用四条线段一笔连接所有的九个点,即不需要从纸面上提起笔。很多人认为九点问题很有难度。这个问题的解决方案需要线段延伸出九个点形成的正方形区域(见图 11.3)。这种可允许的移动通常不包含在问题空间中,尽管问题的描述并没有排除这种移动,可能因为格式塔感知原则对节点形成的目标产生一个边界,这种先验知识对表现施加了不合适的限制(Kershaw 和 Ohlsson,2004)。当解决问题需要的移动不包含在问题空间中时,再多的搜索也找不到它。如这个实例,不完整的或者不正确的问题表现是问题解决困难度的常见来源。因此,提升问题解决的一种方式是在搜索方案之前花费更多的时间构建问题的心理表现(Rubinstein,1986)。

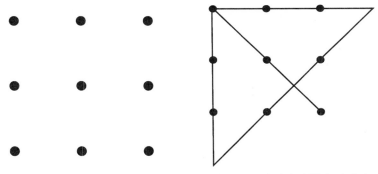

图 11.2　九点问题　　　　图 11.3　九点问题的解决方案

即使所有允许的移动都包含在问题空间中,还是需要一种策略在问题空间中找到解决方案的路径。当在不熟悉的领域内解决问题时,策略最重要。在这种情况下,问题解决者找到解决方案的能力是有限的。最差的策略可能包含为了实现目标进行的非系统性的或者随机的状态间移动的选择。两个更具系统性的策略是**前向推理**(前向工作)和**后向推理**(后向工作)。前向推理从初始状态开始。对所有可能的动作进行评价,选择和执行最优的一个,反馈则告知问题解决者动作的好坏。这个过程一直重复到得到解决方案为止。后向推理起始于目标的状态,尝试构建一个解决方案通路到初始状态。

第三种通用的策略称为**操作人员子目标**。选择一个移动而不考虑是否适用于当前的状态。如果移动不合适，就形成一个子目标。这个子目标是问题解决者试图确定如何改变当前的状态，使得预期的移动变得合适。

所有的这三种策略都融入了启发式的方法缩小可能移动的搜索范围。可以将启发法当成经验法则，能够增加找到正确解决方案的可能性。启发法允许问题解决者可以在任何时刻，在问题空间中的几种可能的动作中进行选择。例如，一种启发法称为**登山法**。在登山法中，问题解决者评估在执行完每个可能的移动后，是否距离目标更近。问题解决者选择的移动让他/她"更高"或者更接近目标状态(山顶)。因为只有考虑每次移动的方向，这种启发法才类似蒙着眼睛登到山顶。问题解决者可能会"困在某个小山丘上"；即尽管还没有到达目标状态，但每个可能的移动都可能导致向山下的运动。所以可能找不到最优的解决方案。

Chronicle 等提出登山启发法是人们难以解决九点问题的一个因素。他们认为人们针对令人满意的进展标准评价潜在的移动。在九点问题中是"每条线段必须消去一定数量的点，由剩余的点的数量与可用的线段比值给出"。选择满足该标准的移动使得问题解释者偏离正确的解决方案路径。

途径-目的分析是类似于登山法的启发法，关注于减少当前在问题空间中的位置和目标状态的距离。途径-目标分析与登山法的区别在于在问题空间中，对于途径-目标分析，接近目标需要的移动是可见的，这样就能够选择合适的移动减少距离。需要注意九点问题使用的启发法称为登山法而不是途径-目标分析，因为问题解决者评价的过程针对的标准来自问题陈述(必须消去点)，而不是已知的目标状态。

途径-目标分析是一个基于识别当前状态和目标状态差异，并试图减少这种差异的启发法。但是，有时解决方案路径需要增加到目标的距离。在途径-目标分析中，这种类型的动作特别困难。例如，Atwood 和 Polson 让被试解决水壶问题(如现有 8 升、5 升、3 升的水壶各一个，均无任何度量标记，其中 8 升的水壶装满水，其他两个为空。要求用上述水壶，分成两份 4 升的水)。问题解决者对于这个问题会有很大的困难，为了解决问题，需要他们在问题解决过程中远离目标状态(两份 4 升的水)。

问题空间假设作为人工智能的框架非常有效。这个框架嵌入到生产系统的理念中，包含一个数据库、数据库运行的生产规则以及一个确定规则应用的控制系统(Davis，2001；Nilsson，1998)。使用生产系统对问题解决进行建模的好处是我们可以使用与机器行为相同的分类方式描述人的行为。因此，理解人们如何解决问题可以促进人工智能。这种交互是帮助问题解决的认知工程计算机程序设计的基础,称为专家系统,我们将在第 12 章中进行具体介绍。

11.2.2　类比法

类比法是问题解决中另一个强有力的启发法(Bassok,2003;VanLehn,1998)。它包含新颖问题与熟悉的、相似的已知处理步骤的问题的对比。一种合适的类比可以提供对新颖问题结构性的表征,提出可能形成解决方案的操作,并提示潜在的错误。当问题的来源和目标有相似的表面特征时,人们倾向于使用类比(Bassok,2003;Holland 等,1986)。当表面特征相似,即使问题的结构不同,需要不同的解决方案路径时,问题解决者也会错误地尝试使用类比。相反地,如果来源于目标问题只有结构化相似,类比推理可能不会被有效使用。因此,有效使用类比解决问题需要问题解决者识别新颖问题与相似类比问题之间的结构化相似性,随后再正确地使用类比。

通常,人们会采用类比解决问题,但是他们经常无法从记忆中提取有用的类比。Gick 和 Holyoak 研究了在 Duncker 提出的"辐射问题"中使用类比。辐射问题描述如下:

> 假定你是一个医生,你的患者胃里有个恶性肿瘤。对患者做手术不可实现,但是必须摧毁肿瘤,否则患者会死亡。有一种射线具有足够的强度能够摧毁肿瘤。如果射线以足够高的强度一起达到肿瘤,那么肿瘤可以被摧毁。不幸的是,在这种强度下,射线达到肿瘤路径上健康的细胞也会被杀死。如果射线强度过低,射线对健康的细胞有害,也不会影响到肿瘤。那么应当采用何种程序才能让射线既能摧毁肿瘤,又能避免损害健康的细胞?

在这个问题中,并没有很好地定义问题解决者可能采取的行动。为了获得一个解决方案,可以使用类比法将问题转换成清晰的动作。在提出需要解决的问题之前,Gick 和 Holyoak 告诉被试一个军事故事,一名将军将他的部队分为几股小队,从不同的方向向一个地点聚集。拆分部队类似于将射线分裂为几道强度较低的射线会聚到肿瘤上(见图 11.4)。大约 75% 的被试在告知军事故事之后会形成类似的射线问题解决方案,但是这种类比法的使用只发生在告知故事和问题存在关系时。如果不告诉被试故事和问题之间存在关系,只有 10% 的被试解决了问题。简而言之,被试在认知故事和问题的类比性时存在困难,当时当告知他们时,他们能够容易使用类比法。

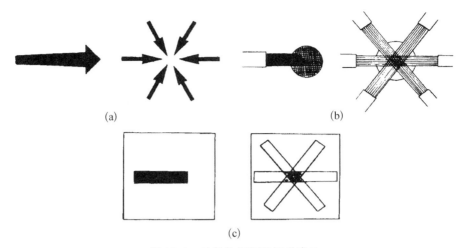

图 11.4　放射物问题的视觉类比

　　当被试理解两个不同的故事使用了相同的会聚方案时，相较于只理解军事故事时，更可能采用类比法解决问题。Gick 和 Holyoak 解释了在获取两个故事的抽象会聚模式后，被试能力的增加。特别地，当两个故事以相同的结构呈现，被试会形成结构的抽象模式。随后问题在该模式中进行解释，类比法也立即可用。需要某人在解决一个问题后产生一个类比的问题，对他/她解决其他相关问题的能力有相似的有益影响（Nikata 和 Shimada，2005）。

　　考虑射线问题具有空间表示，我们可以预计向被试提供一个视觉辅助能够帮助他们形成问题的解决方案。Gick 和 Holyoak 对射物问题使用如图 11.4(a) 中的图示，结论表明并没有改善绩效水平。但是，Beveridge 和 Parkins 指出这个图示并不能获取解决方案的一个重要特征，一些相对较弱的线束对它们交汇的位置有概述性的影响。当向被试呈现如图 11.4(b) 的图示，或者如图 11.4(c) 中相交的彩色塑料条时，他们解决问题的能力会有所提高。因此，为了更加有效，视觉辅助必须以合适的方式表示任务的重要特征。Holyoak 和 Koh 在军事故事中对言语类比得到了类似的结论，在呈现言语辅助之后，如果两个问题之间具有更加明确的结构和表面共享特征，被试更常使用。

　　这些结论表明为了保证有效的使用问题解决方案程序，操作人员应当在很多不同的需要使用程序的场景中进行训练。视觉辅助可以设计为清晰的、描述解决问题的重要特征，或者直接向参与者提供重要的特征（Grant 和 Spivey，2003）。通过利用能够增加识别类比概率的变量，人为因素专家可以将以往学习的方案应用到新颖的问题中。

虽然人们难以从经历过的类比问题中提取结构相似性,而不是表面非相似性,他们更容易使用结构相似性产生类比。Dunbar 和 Blanchette 指出当科学家参与类似形成假设的任务中时,他们更倾向于使用结构类比。他们的试验结果表明即使不是科学家,如果他们不受限地形成类比,也可以使用类比的表面非相似性源。

11.3　逻辑和推理

回忆一下问题空间的概念。我们已经介绍了问题解决就仿佛是在空间中探索移动方式。另一种思考问题解决的方式是考虑人们如何使用逻辑和推理,从旧问题中创建一种新的心理表现。推理可以定义为得出结论的过程(Leighton,2004),是认知形态的一个重要部分,包括解决问题和做出决策。

我们可以区分 3 种类型的推理:演绎、归纳和反绎。**演绎推理**的前提与结论之间的联系是必然的,是一种确实性推理。**归纳推理**是一种由个别到一般的推理。由一定程度的关于个别事物的观点过渡到范围较大的观点,由特殊具体的事例推导出一般原理、原则的解释方法。**反绎推理**是陈述新的假设最合理的解释观察的形态。人们发现所有类型的推理都有难度,而他们会产生系统性的差错得出错误的结论。随后,我们将阐述演绎推理和归纳推理,以及当人们面对不同类型的问题时,他们可能犯错误的方式。这两种推理已经广泛地研究。之后,我们将简要介绍反绎推理。

11.3.1　演绎推理

演绎推理依赖于形式逻辑规则。逻辑规则以一系列前提和结论的形式包含论点。考虑以下论述:

(1)教室里没有人愿意做可选的家庭作业。

(2)保罗是教室里的一名学生。

(3)因此,保罗不愿意做可选的家庭作业。

论述(1)和(2)是前提,或者是假设,而论述(3)则是从前提中演绎出的结论。这些论述组合在一起形成的"论点"称为**推论**。如果结论在逻辑上符合前提,那么推论是有效的,例如本例;如果结论不合逻辑,那么推论无效。

在某种程度上,任何的问题都可以形成推论,可以应用形式逻辑规则获得有效的结论。如果人们的推理确实以这种方式工作,我们可以将人们每天遇到的问题描述为"最优"。但是,事实并非如此。对人们如何进行演绎推理,以及他们在推理过程中使用形式逻辑的程度通过推论进行研究(Evans,2002;Rips,2002)。特别地,推论被用作探究**条件推理**和**范畴推理**。

1) 条件推理

考虑论述"如果系统被关断,那么存在一个系统故障"。在这个论述中,当给定一个系统条件(被关断),就能够得到一个结论(系统故障)。这种形式的条件论述的演绎推理称为条件推理。更加正式地,我们可以将该论述描述为条件推论。

(1) 如果系统被关断,那么就存在一个系统故障。

(2) 系统被关断。

(3) 因此系统存在故障。

当给定一个类似形式的推论时,有两种逻辑规则可以让我们获得结论:**肯定式**(也称为**肯定前件**)和**否定式**(也称为**否定后件**)。推论只提供了对肯定式规则的证明。肯定式的描述是如果 A 意味着 B(如系统关断意味着系统故障),并且 A 为**真**(系统关断),那么 B(系统故障)也必须是真。

现在,考虑基于相同的前提得出的不同的推论:

(1) 如果系统被关断,那么存在一个系统故障。

(2) 系统没有故障。

(3) 因此系统没有被关断。

否定式的描述是如果 A 意味着 B,并且 B 为**假**(系统没有故障),那么 A 也必须为假(系统没有故障)。

当我们尝试确定人们如何进行演绎推理时,我们使用推论进行描述,让人们去判断推论的结果是否正确。人们会发现有些推论比其他推论更简单。特别地,当一个推论正确使用肯定式规则时,人们更容易区分有效结论和无效结论(Rips 和 Marcus,1977)。但是,当提供的前提信息不能够充分地表明一个正确的结论,或者得出正确结论需要使用否定规则时,人们会出现问题。

例如,考虑前提"如果出现红灯,那么发动机过热"。通过该前提可以得到表 11.1 中的 4 个推论。两个正确的推论位于表的上部,分别使用肯定推论和否定推论。人们在判断肯定推论正确时没有问题,而当他们需要判断否定推论正确时却没有那么准确。表的下半部分给出两个不正确的推论。对于这些推论,由第二个前提提供的信息不能得出正确的结论。结论体现了两种常见的逻辑错误:**肯定后项**(affimation of the consequent)和**否定前项**(denial of the antecedent)。

在初始的前提中,前项是出现红灯,而后项则是发动机过热。为了理解为什么这些推论归类为典型的逻辑错误,需要重点理解在前提中并没有提到在发动机过热的情况下,不出现红灯的概率。两种不正确的结论都是基于无根据的假设基础之上,即"如果"意味着"如果并且仅如果",如果发动机过热总会出现红灯,反之亦然。

表 11.1　正确和不正确条件推论实例

	肯 定 式	否 定 式
正确	(1) 如果出现红灯,那么发动机过热 (2) 出现红灯 (3) 所以,发动机过热	(1) 如果出现红灯,那么发动机过热 (2) 发动机没有过热 (3) 所以,不出现红灯
	肯 定 后 项	否 定 前 项
不正确	(1) 如果出现红灯,那么发动机过热 (2) 发动机过热 (3) 所以,出现红灯	(1) 如果出现红灯,那么发动机过热 (2) 没有出现红色 (3) 所以,发动机没有过热

Wason 进行了一个著名的研究人们如果在推理过程中使用肯定和否定规则的实验。他向被试呈现四张卡片,其中两张包含字母,另外两张则包含数字(见图 11.5)。随后,他给予被试如下的条件语句:**如果一张卡片一面包含一个元音,那么卡片的另一面则是一个偶数**。被试的任务是确定需要翻转哪些卡片确定语句为真或者为假。

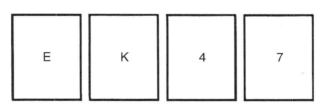

图 11.5　四张卡片问题

大部分被试翻转了 E,表明他们能够很好地运用肯定规则。但是,很多被试还翻转了 4,表明他们使用了肯定后项。这种错误是由于前提中并没有说明辅音的反面不能是偶数。根据否定规则,另一张被翻转的卡片应当是 7,因为它的反面肯定是辅音。很少有被试正确地翻转了 7。

被试应用否定规则的困难仿佛来自对问题空间不充分地搜索。Evans 认为被试偏向于选择符合条件的卡片(即元音和偶数),不管它们是否与问题相关。

令人惊讶的是,即使接受过形式逻辑课程的学生也没有表现出比没有接受过课程的学生更好的结果(Cheng 等,1986),这表明这种偏见是人类推理的基本特征。

尽管人们认为四张卡片问题有难度,但是只要框定在他们熟悉的上下文中,就能够很好地解决完全相同的问题(Griggs 和 Cox,1982;Johnson-Laird 等,1972)。考虑条件语句"如果一个人正在饮酒,那么他/她肯定大于 20 岁"。如果一个警察需要确定酒吧是否遵守最低饮酒年龄标准,学生能够正确地指出警察应当检查正在饮酒的人们的身份证,以及是否有 20 岁以下的人在饮酒。

如果我们能够类似条件语句中的肯定式和否定式一样应用逻辑规则,那么就不会在四张卡片问题以及最低饮酒年龄问题中观察到任何的差异。事实上,当呈现熟悉的内容时,人们能够更好地解决问题,这表明人们并不是习惯性地使用逻辑规则(Evans,1989)。推理似乎是特定背景的。对于饮酒年龄问题,推理的正确性是由于人们擅长使用"许可模式"解决允许和不允许问题(Cheng 和 Holyoak,1985)。

在四张卡片问题中,人们匹配条件中的强项和后项翻转卡片的趋势可以被认为是寻求证实而不是证明不成立的一种偏好。这种偏好影响了很多包含验证正确或者错误的其他情景的推理表现,例如医疗诊断、解决纷争以及故障诊断。即使是接受过高度训练的科学家,在试验中尝试去证实或者证伪假设时,也经常会陷入他们自己的偏好中。基于这些发现,一些研究人类推理的科研人员总结为"确认偏好是提供人类理性行为的关键障碍"(Silverman,1992)。

确认偏爱强烈的一个原因是人们期望能够保留他们认为正确的想法,而摒弃他们认为不正确的观点。一种消除确认偏爱的方式是向问题解决者提供对他们而言令人厌恶的前提,这样他/她期望拒绝这一前提。Dawson 等根据情感活动对被试进行分类。每名被试通过一个测试被分为具有较高的情感活动或者具有较低的情感活动。随后,他们被告知具有与其相类似的情感活动的人群容易出现早期死亡。这不是被试期望验证的理念,他们竭力否认这一点。之后,向他们呈现四张卡片,与 Wason 的四张卡片任务非常相似,只是卡片上的内容一面换成了高情感活动和低情感活动,另一面则是早死和晚死。被试被要求通过翻转两张卡片对早死假设进行测试。两张正确验证假设的卡片分别是指示被试活动等级(证实)和晚死(证伪)。告知他们存在早死风险的被试翻转正确卡片的次数大约是告知不存在早死风险被试的 5 倍。Dawson 在要求被试证实自己的种族偏见试验中也发现了类似的结果。

即使当人们打算寻找不确定的证据,当任务变得更加复杂,这也变得难以实现(Silverman,1992)。在这种情况下,使用电脑辅助显示能够帮助提升推理。这主要有两方面的原因。第一,显示持续提醒推理者不确定的证据比确定的证据更加重要。第二,显示能够减少由于复杂任务所导致的一部分认知工作负荷。

Rouse指出维护实习生在相互交联的单元网络中诊断一个故障存在困难。这种诊断需要确定操作单元在网络中的位置,并且跟随它们的链接寻找到潜在的故障单元。但是,实习生倾向于寻找故障,而忽略了哪些节点没有失效的信息。一种试验条件是向实习生提供电脑辅助显示帮助他们跟踪已经被测试过没有失效的节点。当使用显示时,实习生故障诊断的表现要好于没有显示时。此外,即使在训练结束之后不再使用显示,接受过使用显示训练的实习生也表现得更好。

2) 范畴推理

范畴推理与条件推理不同。范畴推理中包含量词,如**一些**、**所有**、**没有**或者**一些不是**。例如,一个有效的范畴推论如下:

(1) 所有的飞行员都是人类。

(2) 所有的人类都喝水。

(3) 所以,所有的飞行员都喝水。

如条件推论,判断范畴推论解决的有效性受到推论的上下文、前提的错误理解以及确认偏好的影响。

考虑推论:

(1) 一些飞行员是男人。

(2) 一些男人喝啤酒。

(3) 所以,一些飞行员喝啤酒。

一些飞行员喝啤酒的结论并不是来自前提,尽管很多人会认为这个结论是正确的。为了理解为什么这个结论不正确,考虑以下非常类似的推论:

(1) 一些飞行员是男人。

(2) 一些男人年长过100岁。

(3) 所以,一些飞行员年长过100岁。

没有飞行员会超过100岁。那么问题到底在哪里? 如果对一系列前提使用逻辑规则,那么不管那些前提的内容,结论都应当是正确的。在这两个推论中,完全使用了相同的逻辑规则得出了结论。但是,一些飞行员喝啤酒的结论似乎是合理的,而一些飞行员超过100岁的结论完全不合理。这意味着第一个结论,不管看起来多合理(或者正确),都是一个无效的推论。这种类型推论的差错假定作为飞行员的男性的子集和饮酒的男性的子集(超过 100 岁的男性的子集)是重叠的,但是并没有前提表明这种假定的正确性。

这些类型的差错可以部分通过**大气假说(atmosphere hypothesis)**进行解释(Woodworth 和 Sells,1935)。根据这一假说,在前提中设定一个"大气",而人们倾向于接受与大气保持一致的结论(Leighton,2004)。在上述的两个推论中,在前提中还出现了量词**一些**,这造成了倾向于接受也适用量词**一些**的结论的偏好。

范畴推论中的很多错误也来自对一个或者多个前提的不合适的心理表征。例如,**一些男人喝啤酒**的前提可能被不正确地转换为**所有男人都喝啤酒**。推理的正确性还受到前提呈现方式的影响,特别地,在前提中名词的顺序。例如,在上面的推论中,名词呈现的方式是飞行员-男人(前提 1),以及男人-啤酒(前提 2)。当前提以这种方式呈现时,人们更容易产生的结论形式是飞行员-啤酒,而不是啤酒-飞行员,不管结论是否正确(Morley 等,2004)。我们可以将这种形式归纳为"A - B,B - C",其中 A、B 和 C 表示前提中的名词。对于形式为 B - A,C - B 的前提,人们倾向于得出 C - A 为正确的结论。下面的推论是这种形式的一个实例:

(1)一些男人是飞行员。

(2)一些喝酒的人是男人。

(3)所以,一些喝酒的人是飞行员。

同样,这是一个错误的结论。人们会支持这一结论的一个原因是它们改变了前提被编码的顺序,从而第二个前提被率先呈现,而第一个前提则第二个被呈现(Johnson-Laird,1983)。对前提的重新排序使得人们认为饮酒者是男人的子集,而男人是飞行员的子集,从而形成一个"更容易理解的"A - B,B - C 的形式。

Johnson-Laird 提出推理来自对关系描述的心理模型的构建。例如,给定以下的前提:

> 所有的飞行员都是男人。
>
> 所有的男人都喝啤酒。

基于这些前提,构建一个心理表。第一个前提表明每个飞行员都是男人,但是有些男人可以不是飞行员。那么心理表如下面的形式:

> 飞行员＝男人
>
> 飞行员＝男人
>
> 飞行员＝男人

（男人）

（男人）

括号里表示不是飞行员的男人，或者不存在。心理表可以扩展到第二个前提，所有的男人都喝啤酒，但是一些喝啤酒的人不是男人，从而形成下面的模型：

飞行员＝男人＝喝啤酒的人

飞行员＝男人＝喝啤酒的人

飞行员＝男人＝喝啤酒的人

（男人）＝（喝啤酒的人）

（男人）＝（喝啤酒的人）

（喝啤酒的人）

当被问到例如**所有的飞行员都是喝啤酒的人**的结论是否正确时，心理模型能够帮助确定结论是否正确。在这个例子中，结论正确。

根据 Johnson-Laird 的研究，两个因素会影响推论的难易。第一个因素是与前提保持一致的不同心理模型的数量。当尝试确定一个结论是否为真时，人们需要构建和考虑所有的模型。这会对工作记忆资源施加较高的负荷。第二个因素是前提呈现的顺序，以及前提中名词的顺序。顺序决定了两个相关的前提形成一个综合的心理模型的难易程度。同时，推理好像没有通过形式逻辑规则产生，而是通过具有偏好和工作记忆限制的认知过程。

11.3.2　归纳和概念

归纳与演绎不同。如果前提为真，归纳的结论不一定为真，而演绎的结论则为真。归纳推理的完成是通过从具体条件中得出结论。我们每天都在进行归纳推理而不需要使用形式逻辑规则。例如，一个学生可能归纳得出结论所有的期中考试都是在整个学期的中间一周。虽然这个结论大体上是正确的，学生有可能在下学期的其他时间进行期中考试。归纳推理的过程包含分类，对规则和事件的推理，以及解决问题（Holyoak 和 Nisbett，1988）。

我们对地球如何运转的理解来自归纳（Holland 等，1986）。归纳完善了我们对程序或者处理问题的方式的理解，以及我们对地球或者物体和概念如何进行相关的概念性理解。概念和程序可以通过相关的规则束进行表征。规则和规则束类似于心理模型，可以仿真作用在不同物体可能动作的影响。

概念是规则和控制特定物体行为的抽象。概念如何从实例中进行学习和应用是归纳推理的基础内容。概念至少包含两个功能(Smith,1989)：使得信息存储最小化，并且提供对过往经验的类比。概念能够使得存储在记忆的信息最小化，因为通用的规则以及应用的物体可以通过更加经济的形式呈现，而不需要呈现在特定的分类中所有目标的具体关系。例如，规则"有翅膀，会飞"可以容易地应用在大部分的"鸟"类目标中，而单独地记忆"知更鸟有翅膀，会飞""麻雀有翅膀，会飞""金丝雀有翅膀，会飞"等则显得浪费时间。

以往的经验表明概念可以作为类比解决问题。回忆一下学生归纳出所有的期中考试都发生在学期中间的一周。如果学生习惯性地翘课，那么他/她会使用这一归纳结果避免错过期中考试。

归纳不会使用任意的规则发生在任意的概念分类中。我们可以假定归纳发生在概念分类的活动中，并且规则适应于那些分类。激活的概念被表述成心理模式，类似于之前介绍的"问题空间"。归纳受到个体能够引入问题空间的信息，以及能够保存在工作记忆中的信息限制。一个具体的问题解决条件只会激发有限数量的概念知识分类，而且不是所有正确归纳所需的信息都会被引入到心理模型中。如果激活了错误的分类，在该条件下形成的结论都有可能不正确。类似地，如果重要的信息没有进入心理模型，任何基于模型的归纳推理都不会使用这些信息，那么结论也可能不正确。

心理模型可以用来模拟可能的动作输出(Gentner 和 Stevens,1983)。即给定一个引入具体概念分类的模型，归纳会通过"运行"模型的不同配置"观测"结果。这些模型以及人们使用模型的能力依赖于他们与系统的交互或者其他相关的经验。就像任意的归纳推理，这些模拟可能会产生正确的结论，但是并非确定无疑的。结论的准确性依赖于心理模型的准确性。心理模型的准确性是专家比新手在特定领域更容易获得正确推理的一个因素。

McCloskey 证明了一个不正确的心理模型如何导致一个错误的推论。他从每天与世界的交互中检验了简单的运动理论。他让被试解决图 11.6 中的问题。对螺旋管问题，他让被试想象将一个金属球放入螺旋管内，并在末端用小箭头标记。对球和绳的问题，他让被试想象球在他们上方高速摇摆。随后让被试描绘出球的轨迹。第一种情况存在一个管道，在第二种情况下绳子断裂。每一种情况下正确的轨迹都是一条直线，但是很多人认为球会继续沿曲线运动。这使得McCloskey 提出人们使用一种"简单的动力理论"归纳球的轨迹：物体的运动产生一个动力，并持续沿着相同的轨迹运动。这个理论，当引入心理模型时，会产生不正确的推论。

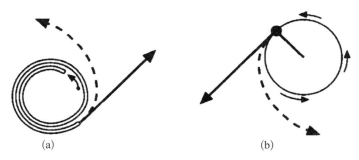

图 11.6 旋转管与球绳问题正确(实线)与不正确(虚线)的解决方案
(a) 旋转管 (b) 球绳

概念分类建立中的一个重要问题是如何将具体的目标归为特定的类别。一个思想是如果目标包含且只包含该类别定义的特征时,目标被归为该类别(Smith 和 Medin,1981)。例如,"知更鸟"可以归为"鸟",因为它有翅膀,并且会飞。这个思想尽管对目标的分类很重要,但是并没有解释概念的建立。对于很多类别,界定的特征并不存在。例如,对于概念**游戏**,并没有统一的、单独的特征。此外,原型效应,即如果目标是类别(鸟)中典型性成员(知更鸟),那么分类判断比非典型性成员(企鹅)要更加迅速和准确,表明类别中所有的实体并不是平等地位的成员。

原型效应会导致错误的推论(Tversky 和 Kahneman,1983)。一个试验向被试提供不同个体的个性特征,例如"Linda""非常关注种族歧视和社会正义问题,还参与反核游行"。随后,让被试判断 Linda 是"银行柜员"或者"女性银行柜员"的可能性。因为女性银行柜员是较大类别银行柜员的子集,人们应当估计 Linda 是银行柜员的概率高于其是女性银行柜员的概率。但是 Linda 通常被认为是更加典型的女性银行柜员,所以试验结果表明人们估计 Linda 是女性银行柜员的概率高于其是银行柜员的概率。

这种错误是记忆信息错误重组(Kahneman 和 Tversky,1972;Shafir 等,1990;Tversky 和 Kahneman,1983),来自代表性启发法。代表性启发法是一种概测法,基于目标归属类别的程度进行分类。

还有其他的方式可以确定类别成员,包括评估目标与类别"原型"(最理想或者最典型的类别成员)的相似度,以及使用其他的信息将归纳问题转换成一个演绎问题(Osherson 等,1986)。例如,给定一个目标的体积,确定目标是网球还是茶壶,那么如果目标的体积更接近于网球,则会被归类为网球(Rips,1989)。很明显,对于网球固定大小的知识被引入了类别的判断,从而归纳问题变成了演绎问题。

11.3.3 反绎和假设

Peirce 提出第三种形式的推论称为反绎。反绎推理包含 3 个相关的元素(Holcomb,1998;Proctor 和 Capaldi,2006):解释数据模式,提出多种假设,推断最佳解释。在解释数据模式中,人们使用反绎检验现象、观察模式,然后建立假设进行解释。这种推理不是演绎,因为假设不是来自现象;这种推理也不是归纳,因为不存在现象共享的通用属性。

后两个元素来自人们并非只通过单一的假设进行思考。因此,当进行反绎推理时,人们会评估多个假设,得到最优的解释。如第 2 章中所介绍的,这种推理在科学界广泛使用(Haig,2005)。此外,在其他方面也有广泛的应用。例如,在医学诊断(Patel 等,2005)和司法判决(Ciampoloni 和 Torroni,2004)中,人们会产生和考虑多种假设,而他们的诊断和决定会选择能够提供对证据最佳解释的假设。同样,当诊断复杂系统中的一个故障时,操作人员通常也会使用反绎推理,形成并评价不同的假设(Lozinskii,2000)。

11.4 决策

个体做出的决策不仅影响其本人,也影响他/她周围的其他人。此外,决策时所处的环境对决策也会产生影响。决策可以在确定的条件下做出,即每个选择的结果都清晰明确;决策也可以在不确定的条件下做出,即每个选择的结果不明确。赌博就是在不确定的条件下做出决策的实例。大部分真实生活中的决策都需要在不确定的情况下做出。如果决定明显超速驾驶,那么可能会有以下的结果:可能早到目的地,节省很多时间;可能被警察拦下,接收罚单,并晚到目的地;或者可能导致严重的交通事故,根本到不了目的地。决策问题的一个应用实例是是否选择帘式安全气囊作为汽车生产线上的标准设备,给出估计的花费,当前的市场条件,安全气囊的有效性等。

当人们不知道他们的行为的结果时,如何做出选择? 人为因素专家和人机系统的操作人员经常需要在确定或者不确定的条件下做出决策。因此,理解决策的方式和影响因素很重要。有两种方式可以理解人们如何进行决策。规范理论解释了做出可能的最佳决策时,人们需要考虑哪些内容。但是通常人们无法做出最佳的决策,所以描述性理论解释了事实上人们是如何进行决策的,包括人们如何战胜认知局限,以及人们如何受到决策环境的影响。

11.4.1　规范理论

决策的规范理论关注在理想的条件下,我们应当如何在可能的动作中进行选择。规范理论基于**效力**的概念,或者特定的选择结果对决策者有多少价值。效力是测量具体结果实现决策者目标的程度。决策者选择的行为应当能够提供最大的效用。如果结果是不确定的,不同结果和对应效用的概率都应当列入决策过程中。

科研人员使用赌博研究人们如何将效力引入决策过程。表 11.2 包含两种不同的输赢概率。通常,在决策试验中,给予被试相同数量的赌资,让他们选择自己喜欢的项目。在表 11.2 的选择中,决策者应当选择哪一种项目? A 是否优于 B,或者 B 优于 A? **预期效力理论**为该问题提供了答案。对于货币赌博游戏,假设一美元的效力与它的价值相等。预期效力 $E(u)$ 可以通过每个可能结果的效力乘以其概率再累加得到。即

$$E(u) = \sum_{i=1}^{n} p(i) u(i)$$

式中,$p(i)$ 为第 i 次结果的概率;$u(i)$ 为第 i 次结果的价值。

表 11.2　赌博游戏的不同预期效力

赌 博 游 戏 A		赌 博 游 戏 B	
结　　果	概　　率	结　　果	概　　率
赢 10 美元	0.10	赢 1 美元	0.90
输 1 美元	0.90	输 10 美元	0.10

我们可以将决策者对具体赌博游戏赢钱的平均数量当成预期的效力。在这两个赌博游戏之间进行决策,理性的选择是具有最高预期效力的游戏。

我们可以表 11.2 中的预期效力,对赌博游戏 A,预期效力为

$$0.10 \times (\$10) - 0.90 \times (\$1) = \$1 - \$0.90 = \$0.10$$

而游戏 B 的预期效力是

$$0.90 \times (\$1) - 0.10 \times (\$10) = \$0.90 - \$1 = -\$0.10$$

所以,游戏 A 具有最高的预期效力。

一个理性的决策者做出决定是为了实现相同的目标。我们已经定义效力是实现目标的程度。因此,预期效力理论能够指导理性的行为,因为理性的决策必

须与获得最佳效力相一致。

预期效力理论构成了一个新学科的基础,称为行为经济学,研究人们如何做出经济决策。预期效力理论具有广泛影响力的一个原因是理性的选择必须基于数字这一事实。这就意味着只有少量基础的行为规则可以用来推断非常复杂的决策行为。这些基础的行为规则称为原则(Wright,1984)。一个基本的原则是传递性,即如果在 A 和 B 中倾向于选择 A,而在 B 和 C 中倾向于选择 B,那么在 A 和 C 中,会倾向于选择 A。另一个原则是支配性,即如果在所有可能的状态中,选项 A 至少能产生与选项 B 一样令人满意的结果,应当选择 A。最重要的是,对不同选项的选择不应当受到其描述方式或者呈现环境的影响;只应当考虑预期效力。正如我们所看到的,在真实生活的决定中,并不总是能坚持这些原则,这也是为什么心理学家使用描述性理论解释人类行为的原因。

11.4.2　描述性理论

人们是否会依据预期效力理论进行决策优化? 答案是否定的。人们一直在违背预期效力理论的原则,做出不合理的选择。在这一节中,我们将讨论人们违反这些原则的方式和原因,随后,在下一节中,将讨论提高决策表现的方法。

1) 传递性和框架

考虑上述的传递性原则。如果在 A 和 B 中倾向于选择 A,而在 B 和 C 中倾向于选择 B,那么在 A 和 C 中,会倾向于选择 A。但是违背传递性原则的情况经常发生(A. Tversky,1969),这部分是因为在一些情况下选项间细微的差异被忽略,而在另外一些情况下则没有被忽略。考虑表 11.3 中的 3 个健身俱乐部(Kivetz 和 Simonson,2000),表中给出了可用的价格信息、健身器材的评价以及距离信息。你会发现如下现象:基于价格信息,你会选择 A 俱乐部而不是 B 俱乐部;基于距离信息,你会选择 B 俱乐部而不是 C 俱乐部;基于器材评价,你会选择 C 俱乐部而不是 A 俱乐部。这种传递性的违背来自选项间不同特征的比较,并不一定代表非理性的行为。

表 11.3　健身俱乐部描述

	俱乐部 A	俱乐部 B	俱乐部 C
会员年费	$230	$420	(信息不可用)
健身器材评价	一般	(信息不可用)	很好
距离(驾车)	(信息不可用)	6 min	18 min

另一种对预期效力原则的重要违背来自**框架**。当决定的环境发生变化,即使环境并没有改变选项的预期效力时,选择行为也会发生改变(Tversky 和 Kahneman,1981)。对于相同的问题,通过强调获得或者损失,可以控制人们做出不同的选择。例如:想象一下美国对一种不常见的、病毒性疾病的爆发做准备,预计将要死亡 600 人。两种不同的战胜疾病的方案被提出。假定方案的结果如下。

一种描述强调两种方法的存活率:

如果采用方案 A,将会拯救 200 个人的性命。如果采用方案 B,在 600 人中将会拯救 1/3 人的性命,而 2/3 人将会死亡。将会选择哪一种方案?

另一种描述强调两种方法的死亡率:

如果采用方案 C,400 个人会丧命。如果采用方案 D,在 600 人中 1/3 的人不会死亡,而 2/3 的人会死亡。将会选择哪一种方案?

注意到这两种描述在形式上是相同的。例如在第一个描述中的第一个方案中,200 人会幸存,这与第二个描述中 400 个死亡一致。通常,在第一种描述中,人们会选择方案 A,而第二种描述中则会选择方案 D。第一种描述提供了"拯救性命"的正向框架,而第二种描述则给出了一个负向框架"会丧命"。这表明重要信息的呈现方式会显著影响人们的决定,主要影响人们对不同选择属性的关注度。

预期效力理论的另一个与框架紧密相关的原则是偏好的稳定性。如果在一种条件下,偏向于 A 而不是 B,那么在其他所有的条件下,都应当偏向于 A 而不是 B。但是,在不同的环境中,很容易让人们改变他们的偏好。Lichtenstein 和 Slovic 发现当选择高概率赢取中等水平奖金,抑或是低概率赢取大量奖金时,大部分人会选择前者。在另一种情况下,要求他们说明出售价格,可以将赌注交给买家,并由买家进行赌博游戏。在这种情况下,大部分人则会选择概率较低,出售价格较高的事件。

这就是偏好转变,因为出售价格表明非选择的选项比选择的选项具有更高的价值或者效力。Tversky 等总结到这种转变的发生是由于人们必须进行赌博游戏时,他们的注意力在概率上,而当设定了出售价格,他们的注意力则在钱的数量之上。同样,选择框架的内容对人的偏好也有影响,他们会关注不同内容的选择特征。

2)有限理性

对传递性和框架效应的违背使得 Simon 引入了**有限理性**的概念。这个概念中包含的理念是决策者基于对世界的简易模型进行判断。根据 Simon 所述，决策者对（简易的）模型表现出理性，但是在真实世界中这种表现并不是最优的。为了对表现进行评估，我们必须理解简易模型构建的方式，模型的结构肯定与心理学特征，例如感知、思考和学习相关。

有限理性认为决策者在任一时间能够处理的信息量是有限的，对于一个复杂的决策，不可能考虑所有选项的各个方面。例如，当要购置一辆轿车，你不会比较所有的轿车的所有可能的特征。对于这样的决策，你会思考一些最关注的特征，并且如果可以基于这些特征做出决定，那么你就会这样做。这种决策策略称为**满意法**（Simon，1957）。尽管满意法并不总能形成一个最佳的决策，但大部分情况下都能产生较好的决定。

我们之前定义了启发法，作为经验法则，让人们在复杂的条件中进行理性的思考。虽然启发法并不总能提供正确的或者最优的决定，它能够帮助人们超越认知和注意局限。随后，通过使用启发法，实现满意法。

3）特征方面消减

满意式启发法的应用在复杂决策中的一个例子称为**特征方面消减**（Tversky，1972）。当人们使用启发法时，他们在选项中减少特征的数量，只关注他们认为最重要的特征。从认为最重要的特征开始，你会评价所有的选项，并只关注单独的特征基础。当选择一辆新的轿车时，价格可能是你认为最重要的特征。你决定不考虑超过 $15 000 的轿车；大小可能是第二位重要的，所以，在不超过 $15 000 的轿车中，你不考虑所有紧凑型轿车。这种消减程序贯彻所有重要的特征，直到只剩下少许的选项，再进行更加详细的比较。类似于很多满意式启发法，虽然程序减少了处理的负荷，但是也可能导致最优的选择被排除。

通常决策者基于选项中单独主导的特征做出决策，而不愿意考虑其他重要的特征。在加利福尼亚海岸线建设方案的研究中，Gardiner 和 Edwars 发现人们可以通过是否建设或者环境因素是否对他们最重要进行分类。建设组成员只关注不同选项中的建设维度，而环境组的成员则只关心环境因素。但是，当让人们对每个方案中的环境因素与建设维度进行打分时，他们对两个维度给予相同的权重。这表明如果必须，人们可以基于不是特别明显的特征对选项进行公正的评价。

在压力的情况下，决定依赖于显著的维度的趋势更加明显。压力增加了唤醒的等级，在较高的唤醒等级下，人们的注意力变窄，并且更加不可控。Wright 在购买轿车车主的决策中发现了这些影响的证据。在一种情况中，Wright 通过减少决策时可用的时间，增加与任务相关的时间压力；在另一种情况中，他播放一段电台脱口秀节目作为转移注意力的一种方式。这些设定使得决策者更多地关注轿车负面的特征。这个研究与其他的研究表明通过减少不必要的压力源，以及构建决策过程使得决策者考虑所有特征的方式最小化注意力变窄的趋势，从而做出良好的选择。

4）可用性

另一种有效的启发法称为**可用性**，用作估计时间的概率或者频率（Kahneman 等,1982）。可用性是从记忆中提取事件的难易程度。更容易记忆的事件比不易记忆的事件具有更高的可用性。例如,如果要求判断在英语条件中,字母 R 更容易出现在单词的第一位置还是第三位置,通常他/她更倾向于选择第一位置。在实际情况中,字母 R 出现在第三位置的频率是第一位置的 2 倍。Tversky 和 Kahneman 认为这是因为更容易回忆字母 R 位于第一位置的单词。可用性还会导致人们高估事故中的死亡率,而低估日常疾病中的病死率（Lichtenstein 等,1978）。灾难性事故例如飞机坠毁的可用性高于大部分的疾病,因为灾难性事故有更多的媒体报道,所以灾难性事故的影响会被高估。

代表性。代表性启发法使用不同事件的相似程度作为事件发生可能性的指示。更具代表性的输出会被认为更容易发生。Kahneman 和 Tversky 使用了以下的例子说明这一观点：

城市中所有拥有 6 个孩子的家庭都被调查。其中,72 个被调查的家庭中,男孩（B）和女孩（G）出生的**确切的顺序**为 GBGBBG。那么,在调查中估计孩子出生**确切顺序**为 BGBBBB 的家庭数量是多少？

因为男孩、女孩的出生比例为 50%,所以孩子出生顺序为 BGBBBB 的概率应当与 GBGBBG 的概率一样。尽管事实上这两种顺序的概率应当相同,判断 BGBBBB 的数量通常小于 GBGBBG 的数量。我们可以将这种错误解释为 5 个男孩和 1 个女孩的顺序相对于实际情况中男孩女孩的比例缺乏代表性。

代表性与赌徒谬误紧密相关,这种错误的理念认为随机序列中一个事件发生的概率与之前发生的事件有关,即其发生的概率会随着之前没有发生该事件的次数而上升。例如,假定上述 BGBBBB 的出生顺序代表某人做出的概率判断。当连续出现 4 个男孩后,预估下一个孩子为女孩的概率变高,尽管概率总是50%。赌徒谬误的发生是因为人们错误地对待一系列随机事件的独立性,即生男孩并不会影响后续生女孩的概率。

5）概率估计

人们很难做出准确的概率估计。例如,赌徒谬误无法将独立事件认为是独立的。简短地,我们发现人们也很难准确考虑不同类别的成员所占相对比例的信息。代表性和锚定(后续介绍)启发法允许人们对复杂的事件做出概率估计。特别地,这些启发法允许人们对由一些简单事件(如出生顺序)组成的复杂事件进行概率估计,而不需要进行复杂的数学计算。对于满意法的所有情况,当启发法用作概率判断时,会表现出系统性偏差。

这种偏差可以通过在真实生活中判断情况而被证实(Fleming,1970)。Fleming 让被试想象他们处于战斗情况。他让被试估计 3 艘战船被敌机攻击的概率,给定战机的高度、航向和类型。被试的目标是保护最有可能被攻击的战船。虽然战机的每个特性都是独立的,并且重要性相当,被试倾向于将不同的概率进行叠加,而不是相乘(将不同的概率相乘更加合适)。因为这种错误,被试低估了最可能被攻击战船的概率,而高估了最不可能被攻击战船的概率。显然,决策者在集合多种来源的概率时感受到相当的难度,这表明在可能的情况下,这种评估应当自动化处理。

当事件的基础比例或者先验概率已知,当前事件的信息必须整合基础比例信息。在之前的实例中,如果 3 艘战船中每艘船被攻击的先验概率不同,那么这个信息应当与高度、航向以及类型信息相结合。但是,在这些情况中,人们通常不会考虑基础比例。

基础比例的一个著名的实例是目击者证词可靠性评价(Tversky 和 Kahneman,1980)。一名目击者,我们称他为 Foster 先生,在深夜目睹了一起轿车和出租车的交通事故。在这个小镇上,90% 的出租车都是蓝色的,而 10% 的出租车则为绿色的。Foster 先生看见一辆出租车快速行驶。由于天黑,Foster 先生不能明确地指出出租车是绿色或是蓝色。他认为出租车是绿色。为了确定 Foster 先生在夜间区分出租车是绿色或是蓝色的能力,交通警察以随机的顺序向他呈现 50 辆绿色出租车和 50 辆蓝色出租车,所有这些出租车都处于相同的光线条件。Foster 先生能够准确识别出 80% 的绿色出租车和 80% 的蓝色出租车。根据 Foster 先生的识别表现,他能够正确辨认交通事故中的出租车颜色的可能性是多少?

大部分人估计 Foster 先生的证词的正确率大约为 80%。但是,这个估计"忽略"了问题中之前提供的信息:在镇子上,只有 10% 的出租车是绿色。当考虑这一问题时,Foster 先生发现绿色出租车正确概率仅为 31%。

我们可以证明人们依赖于代表性启发法解决这一类的问题。例如,Kahneman 和 Tversky 向被试描述 100 个工程师和律师的随机分布情况。一组被试被告知包含 70 个工程师和 30 个律师,而另一组被试则被告知包含 30 个工程师和 70 个律师。这种先验概率并没有影响被试的判断,他们仅依靠工程师和律师所具有的代表性进行判断。

当告知决策者关注基础比例信息时,决策者会调整他们的概率估计,但是他们调整的估计不够精确。所以在 Foster 先生的例子中,如果一个法学家被告知应当考虑只有 10% 的出租车是绿色这一事实,他/她可能会将 Foster 先生的正确率估计从 80% 降到 50%,而不太会降到 31%。这种在概率估计调整中保守的趋势可以归结为锚定启发法的使用(Tversky 和 Kahneman,1974)。Foster 先生在判断绿色和蓝色出租车时,80% 的正确率的证据形成了初步判断的基础,或者称为锚定。基础比例信息通过锚定进行评估。锚定对最终的判断施加不成比例的影响。

锚定的重要性被 Lichtenstein 等验证,他让被试估计在美国 40 种死亡原因发生的频率。首先向被试给出一个初始的锚定,"每年有 50 000 人死于机动车事故",或者"每年有 1 000 人死于触电事故",随后让他们估计其他原因导致的死亡频率。当给出"50 000 人死亡"时,对其他因素的频率估计要明显高于给定"1 000 人死亡"。

总之,当进行复杂推理任务时,通常人们使用启发法减少脑力工作负荷。这些启发法在很多情况下会产生正确的判断,特别是当推理者对问题的领域有一定的了解。启发法的优点是通过以往的知识使得复杂的任务能够解决。但是,启发法可能会导致操作人员和决策者产生很多差错。

11.5　改善决策

我们刚刚讨论了由于有限的关注能力和工作信息,人们不得不做出非最优的决策。因为这个原因,人为因素的一个方面重点关注如何在设计中改善决策。有三种方式可以改善决策的质量:设计教育和训练程序、改善任务环境设计以及建立决策辅助(Evans,1989)。

11.5.1　训练和任务环境

我们之前提到经过正式逻辑训练的人会与未经过训练的人犯同样类型的推理错误。例如,Cheng 等的试验发现在经过一个学期的逻辑课程后,人们处理 Wason 四卡片问题的表现并没有改善。这意味着针对普遍适用的逻辑与决策改善训练对特定任务的逻辑与决策改善并没有帮助。训练应当重点关注具体任务环境中的行为改善,因为大部分的推理基于具体类型的知识。

这个通用规则的一个例外是概率估计。Fong 等发现通过训练,人们可以更准确地进行概率估计。Fong 等的任务让被试使用一种统计规则,称为大数法则。该法则表明采集越多的数据,概率估计越准确。Fong 等对一些被试进行了大数法则的基础训练,随后要求他们进行 18 个测试程序(Fong 等,1986)。

美国国税局的一名审计员希望研究所得税申报表上的算术错误特性。她使用由"Electronic Mastermind"计算机产生的随机数字选择 4 000 个社会保险号。对于每个被选择的社会保险号,她检查 1978 年的所得税申报表中的算术错误。她发现申报表上存在大量的错误,通常在单一的申报表上有 2~6 个错误。对每个单独的错误进行制表,她发现事实上利于纳税人的错误与利于政府的错误一样多。她的老板强烈反对她的结论,认为人们明显会注意和更正利于政府的错误,而"忽略"利于他们自己的错误。即使她的结论是正确的,研究更多的申报表会推翻她的结论。

审计员推理的基础是她使用了随机样本,这个随机样本是一个中立的、相对较大的所得税申报样本。她的老板则认为样本的数量不足以支持准确的估计。接受过大数法则训练的人更可能使用统计推理,得出合理的结论。例如,在上述的问题中,接受过训练的人更可能认为审计员的发现是基于所得税申报的大数随机样本。

任意训练程序或者任务环境中的一个重要因素是信息如何呈现给受训人员或者决策者。我们将在下一章中进一步介绍训练。目前,我们希望强调如果信息不能明确地呈现,太笼统或者太抽象,人们将不能接受到信息与任务之间的关联,从而他们不能使用经验解决新颖的问题。

我们已经介绍了一个呈现信息的不同方式如何影响决策的实例:框架效应。以不同方式呈现信息可能会产生不同的决策。例如,人们推理负面的信息存在困难,如果信息框架能够使得信息重要的属性正向编码,那么人们的表现会更好(Griggs 和 Newstead,1982)。

框架可以让决策者关注一个或者多个问题特征,很多推论和偏见的错误可以归结为信息的呈现增加了决策者信息处理的工作负荷(Evans,1989)。遗憾的是,以复杂或者不清楚方式呈现的信息很容易引起推论和偏见的错误。例如,研究顾客行为的科研人员很关注杂货店货架上商品的价格是如何呈现的。人们可能熟悉杂货店的货架上商品下方呈现单价的小标签。这些标签向顾客提供单价,让他们能够容易地在相似的商品中进行价格比较。但是,每个标签上的计量单位通常不同,标签也不总是与它们指示的商品对应。此外,对于相隔几米的标签,需要进行寻找、记忆和比较才能确定最优的价格。Russo 进行了一个简单的试验比较自主-标签系统与一个靠近商品的简单单价列表。当使用列表时,顾客认为在不同的商品间进行比较更加容易,顾客通常可以买到更加便宜的商品。

11.5.2 决策辅助

通过向决策者提供辅助减少任务中记忆和信息处理的需求能够改善决策行为。这种辅助有很多种,从非常简单的形式(如在索引卡片上记笔记)到非常复杂的形式(使用人工智能的基于计算机决策支持系统)。决策辅助可能甚至不是一个目标。它可以是人们在熟悉的但是不确定的环境中使用的简单规则。例如,内科医生通常使用称为 Alvarado 评分的方式诊断急性阑尾炎。Alvarado 评分采用 10 分评价系统,根据患者的症状、体征以及检查结果进行评分,评分大于等于 7 分作为诊断急性阑尾炎,建议手术切除的判断标准。

通常决策辅助的作用是让决策者遵循规范理论规定的选择。急性阑尾炎使用的 Alvarado 评分使得内科医生考虑所有可能的症状,并依据诊断进行打分,所以这更像一种预期效力测量。进行复杂决策的一个方法是决策分析,使用一系列技术构建复杂的问题,并将这些问题分解为较为简单的部分(Lehto 和 Nah,2006)。可以认为决策分析是一种决策辅助,或者为了更好地理解决策,或者构建一种新的决策辅助。

为决策分析构建的问题包含建立决策树表明所有可能的决策以及相关的结果。对每一种结果的概率和效力进行评估。随后,对每种可能的决策计算预期效力,并用作建议最佳的选项(von Winterfeldt 和 Edwards,1986)。决策分析已经成功地应用在很多问题中,例如防止自杀、山体塌方危险以及天气预测(Edwards,1988)。这些成功的应用绝大部分因为可以充分地构建复杂问题。

必须警惕使用决策分析。因为使用决策分析估计概率和效力,当概率和效力不能准确地评估时,会引起偏好。此外,即使在一个决策分析中,也有可能忽略决策问题特定的关键特征。决策分析的一个惊人的失效案例是福特斑马(Ford Pinto,1971—1980)将油箱置于后梁之后(von Winterfeldt 和 Edwards,1986)。当斑马被后方车辆撞击时,油箱有可能发生破裂和爆炸。重新将油箱放置在梁前方的代价(11 美元/辆)与油箱重置挽救的预期生命价值(200 000 美元/人)进行了比较。结果表明油箱重置的成本远大于挽救生命及避免受伤的效力,因此对油箱的位置并没有更改设计。在这个分析中没有考虑责任诉讼中的惩罚性损害赔偿成本，以及分析报告发布后产生的负面影响成本。斑马的声誉再也没有恢复，在 1980 年该项目停止。

　　一个基于计算机的决策分析系统是多属性效力分解（MAUD；Humphreys 和 McFadden，1980）。MAUD 不包含具体范畴的知识，但是能够引出关于问题的信息，以及解决问题可用的不同选项。基于这些输入，使用规范决策理论构建问题和推荐的决策。因为 MAUD 向决策者询问问题的方式，可以有效地减少决策偏好。

　　在很多学科中，建立基于计算机的**决策支持系统**用作辅助复杂的决策过程（Marakas，2003）。一个决策支持系统可以在决策过程中对操作人员进行指导。决策支持系统包含三个主要部分：**用户界面**、**控制结构**和**事实库**。界面从用户处接受输入，并向用户呈现问题相关的信息。用户可以检索和过滤数据，要求计算机进行仿真，并获得推荐的动作（Keen 和 Scott-Morton，1978）。

　　决策支持系统的控制结构包含一个数据库管理系统和一个模型管理系统（Liebowitz，1990）。数据库管理系统是依据用户需求组织创建数据文件的一系列程序。模型管理系统通过从数据库中读取信息对决策条件进行建模。最后，决策支持系统的事实库不仅包含数据库，也包含可以应用的模型。

　　一个良好的决策支持系统具有大量的特征，同时，人为因素工程学可以对其的可用性做出积极的贡献。从用户角度出发，最重要的是界面设计。这个界面应当允许用户和计算机之间进行有效的诊断。设计应当考虑信息如何呈现和引出，提供数据分析和显示的灵活性。如我们将在随后介绍的，在灵活性与可用性之间通常需要权衡。人为因素工程师可以帮助确定适应特定应用的灵活性等级。需要认识到，决策支持系统不能取代决策者，只能向他们提供信息改善决策行为。即使一个决策支持系统被证实是有效的，使用者的态度决定了系统能够广泛使用，正如在框 11.1 中阐述的。

框 11.1　诊断支持系统

　　一个最重要的决策辅助是诊断支持系统（DSS），用作辅助医疗诊断。基于计算机的诊断支持系统在医疗领域广泛地使用，例如诊断急性阑尾炎和心力衰竭。此外，还有一些诊断支持系统使用非常普遍。这些辅助非常有效。一些研究表明当内科医生使用诊断支持系统时，他们诊断的准确性显著提高。遗憾的是，内科医生不太愿意使用诊断支持系统。

一项研究检验了内科医生诊断急性心肌缺血（ACI）的诊断能力，包含心脏动脉阻塞导致的胸痛，以及完全梗阻和心脏肌肉死亡。这种诊断非常昂贵，因为使用的程序能够挽救患者的生命，但是忽略可能的急性心肌缺血的代价也很高，因为患者死亡的风险很高。因为死亡的高风险，在诊断急性心肌缺血时，即使没有特征出现，内科医生出于谨慎的考虑，也会认为存在急性心肌缺血，即他们的诊断制造了很多虚警。

有一种非常准确的诊断支持系统可以用作辅助急性心肌缺血的诊断，这种系统考虑患者患有急性心肌缺血的真实风险。例如，一位年轻的、健康的女士不抽烟，但是抱怨胸疼，那么她不太可能患有急性心肌缺血，而一位年长的、肥胖的女士经常抽烟，那么她更可能患有急性心肌缺血。当内科医生使用诊断支持系统时，诊断虚警的概率从71%减低到0%。但是，随后提供一个机会使用诊断支持系统，只有2.8%的医生会选择使用，他们认为诊断支持系统提供的帮助是有限的（Corey 和 Merenstein，1987）。

内科医生不愿意使用诊断支持系统有多个原因，但是"无效"肯定不是原因之一。一个更可能的解释是医生顾虑患者和同事如何评价他/她的专业资质。即使被告知使用诊断支持系统能够减少错误的概率，患者还是会认为不使用诊断支持系统的医生比使用系统的医生更加聪明、可靠。

在最近的研究中，Arkes 发现上述现象在当前仍然非常普遍，尽管我们可以认为患者已经习惯了医疗中使用计算机技术。在试验中，患者经历一些场景，有些医生使用基于计算机的诊断支持系统，有些则完全不使用。患者认为不使用诊断支持系统的医生比使用诊断支持系统的医生更加仔细、专业，诊断能力更强。此外，他们也不满意自己接受使用诊断支持系统的医生的治疗。但是，如果患者被告知诊断支持系统是由著名的梅奥医学中心（Mayo Clinic）设计时，评价会得到改善。

这些发现对于患者和医生都是一种困扰。一名期望诊断尽可能准确的医生会尽他/她最大的努力，但是却会让患者产生负面感受。还有一些证据表明这种负面感受可能会蔓延到医生的同事之间。这些负面感受会导致患者不满意度和不信任度的增加,在最坏的情况下,会导致医疗事故的指控增加。

总之,诊断支持系统是现代医疗实践中重要的部分。系统设计人员必须意识到使用过程中的问题。一些诊断系统,例如 EEG,包含了诊断支持系统,通过诊断性指导增强了系统输出。设计师的挑战是呈现这些信息让医生愿意使用。患者的接受度是一个更加复杂的问题,但是如果医生在实际诊断过程中更多地使用诊断支持系统,那么该问题也能迎刃而解。

一种基于决策理论的,对支持系统替代的选项是基于实例的辅助系统(Lenz等,1998)。基于实例的辅助系统使用具体场景的信息为决策者提供支持。这些基于计算机的系统尝试为决策者提供适用于问题的合适类比。Kolodener 认为这种方法应当对很多条件有利,因为对这些问题的推理使用了之前的知识。基于实例的支持系统,存储并检索合适的类比,能够辅助决策,因为人们使用类比进行推理更加容易。

基于实例的支持系统的实例是考虑一名建筑师遇到的问题。

设计一家老年医院:地点是一个 4 英亩的树木茂盛的倾斜广场;医生每天可以服务 150 位住院患者和 50 位非住院患者;需要为 40 名医生提供工作空间。需要长期的设备和短期的设备。医院应当更像一个温暖的家而不是公共设施,并且应当允许家庭成员的探访(Kolodner,1991)。

建筑师关注具体问题中的关键词,而支持系统能够检索类似设计标准的老年医院的实例。随后,建筑师可以评价一个或者多个实例是否具有有效性,并根据目标采纳相似的设计。

决策支持的最后一个实例是建议系统(Stohr 和 Viswanathan,1999)。建议系统提供选择的动作或者产品的相对优势信息。在线零售商使用建议系统基于顾客以往的购买模式向顾客推荐书籍或者音乐。基于网络的代理商可能推荐各种各样的网页。例如,隐私鸟(Privacy Bird)是一个用户代理,告知用户以机器可读形式发布的网站隐私政策是否与用户偏好相一致(Cranor 等,2006)。一只开心的绿鸟表示网站政策符合用户的偏好,一只愤怒的红鸟则表示不符合,而黄色的鸟意味着网站没有机器可读的隐私政策。

建议系统的设计向用户提供帮助决策的信息。在隐私鸟的例子中,决策时是否向不同的公司提供个人信息。由于所有的系统都为操作人员使用,在设计建议系统时,大量的使用性问题应当仔细考虑。例如,对特定隐私偏好的界面设计,向用户显示的信息和显示方式等。

11.6　总结

人们解决问题,进行推理以及做出决策时很容易犯错。即使在非常简单或者直接的例子中,人们的行为也会系统性地偏离正确的或者最优的选择。但是,这些偏离并不意味着人们是不理智的。相反,它们反映了人信息处理系统的特征。决策行为受到人们有限能力的限制。这些有限的能力包括关注多种来源的信息,在工作记忆中保持信息,以及从长时记忆中提取信息。因此,人们使用启发法解决问题,做出决策。这些启发法能够管理复杂的条件,但是增加了出现差错的可能性。事实上,对于所有的情况,个体的表现依赖于他/她对问题模型的心理表现准确性。如果这种表现的不合适性累积到一定的程度,那么就会出现差错。

人为因素工程学关注于训练程序、信息呈现的方式,以及决策支持系统的设计,从而提高推理和决策的表现。我们已经介绍了在统计和特定领域的问题解决中,训练至少在一定程度上可以提高绩效水平。但是,信息的呈现很容易误导决策者,或者让他们产生偏好。基于计算机的决策支持系统能够避免很多这样的问题。建议系统向用户提供动作或者产品的意见,通常在他们与互联网的交互过程中。但是,很多决策支持系统专门供特定领域的专家使用,未受过训练的人使用决策支持系统后并不能表现得像一名专家。在某一领域中专家所拥有的知识与初学者相去甚远。这些差异以及专家如何融入专家系统中是下一章的主要内容。

推荐阅读

Baron, J. 2000. Thinking and Deciding (3rd ed.). New York: Cambridge University Press.

Davidson, J. E. & Sternberg, R. J. (Eds.) 2003. The Psychology of Problem Solving. Cambridge, UK: Cambridge University Press.

Holyoak, K. J. & Morrison, R. G. (Eds.) 2005. The Cambridge Handbook of Thinking and Reasoning. New York: Cambridge University Press.

Kahneman, D. , Slovic, P. & Tversky, A. （Eds.） 1983. Judgment under Uncertainty: Heuristics and Biases. New York: Cambridge University Press.

Kahneman, D. & Tversky, A. （Eds.） 2000. Choices, Values, and Frames. New York: Cambridge University Press.

Koehler, D. & Harvey, N. （Eds.） 2004. Blackwell Handbook of Judgment and Decision Making. Malden, MA: Blackwell.

Leighton, J. P. & Sternberg, R. J. （Eds.） 2004. The Nature of Reasoning. Cambridge, UK: Cambridge University Press.

Yates, J. F. 1990. Judgment and Decision Making. Englewood Cliffs, NJ: Prentice-Hall.

12　专家与专家系统

对专业知识的研究覆盖了大量的领域,例如体育、象棋、音乐、医学,以及艺术和科学,并且对从初学者到世界级的专家的专业能力进行检验。所有领域中很高等级的成就事实上都是通过长期的训练和发展获得的。

——K. A. Ericsson(2005)

12.1　简介

在上一章中,我们介绍了关注、记忆和思考的过程,并特别强调了人们在处理信息方面的能力是有限的。在第 9 章中,我们讨论了人们关注多种来源的信息的能力是有限的。在第 10 章中,我们强调了类似的局限性影响了我们在工作记忆中保持和进行计算的能力,以及从长期记忆中提取信息的能力。在第 11 章中,我们阐述了人们进行抽象推理的能力也是有限的,并且因为这些局限性,人们的推理很大程度上依赖于简单的启发法和以往的经验。

尽管信息处理的能力是有限的,人们也可以在特定的领域成为专家。在某个领域的专家能够更加快速、准确地处理问题。专家与新手的差异、新手如何进行训练或者得到帮助成为专家是人类工程学重点关注的内容。如我们将在本章中介绍的,专家和新手在行为上的差异并不是因为普遍能力的区别,而是来自专家具体的知识(Ericsson,2006)。专家观察问题的方式与新手不同,并且使用不同的策略获得解决方案。

本章重点关注人们如何获得专业知识,以及这些知识如何影响他们的信息处理和行为。我们会检验行为的速度和准确度与如何学习和练习任务之间的关系。为了解释和理解训练的效力,考虑一些不同的技巧获取观点很有帮助。通过比较专家和新手如何处理一个任务,这种基础策略能够帮助我们理解什么是专业知识。这种比较还能够揭示为什么专家能够更有效地思考,以及新手如何接受最佳的训练。

通常大型的、复杂的系统需要专业知识进行操作以及解决问题。但是专家往往较少,任务较多,当问题出现时可能没有空闲处理。因此,设计专家系统用来帮助新手处理那些通常由专家处理的任务。这些基于计算机的系统依据我们对专家处理问题时的知识以及推理过程的理解进行设计。当然,这种理解来源于对专家行为的研究。Eberts 等指出"为了设计更加有效的专家系统,我们必须理解人类专家的认知能力和运行机理"。在本章中,我们将介绍专家系统的特点,以及在建立、应用和评估专家系统中人为因素专家扮演的角色。

12.2　认知技能的获得

自从早期对人的行为研究开始,如何获得技能就是一个热点问题。但是,很多这方面的研究关注于建立感知-运动技能。今天的技术性专业工作更多需要认知的专业知识,而非感知-运动专业知识,尽管在专家处理任务时,这两种专业知识在一定程度上都需要(Hunt,2007)。因此,现在我们更加关心如何获得认知技能,而现在的研究也更多关注专家与新手之间的认知差异。这些研究提高了我们对获得特定领域的知识后如何改变认知过程的理解。

当在某个特定的领域中,一个人的行为相对精确和省力,那么就认为他/她擅长该领域。认知任务可以很简单也可以很复杂。简单的认知任务例如当出现刺激事件时按压按键,而复杂的认知任务例如空中交通管理。因此,某个人擅长的任务可能包含很少的几个部分,也可能包含很多的部分(Colley 和 Beech,1989)。对于这些部分,重要的是我们应当区分不同的任务需求,以及识别完成任务所需的信息种类。

一种二分法是区分收敛任务和发散任务。如果任务只有一个可接受的、预先决定的响应,那么认为是收敛任务;如果需要一个新颖的响应,那么认为是发散任务。另一种二分法是区分规则任务和非规则任务。规则任务可以经过系列的步骤,正确地获得响应,所以不需要深入理解任务的需求。非规则任务则需要对问题的潜在原则进行理解。此外,任务行为技能可以要求演绎推理或者反绎推理,可以在封闭的环境(可预期的)或者开放的环境(不可预期的)中进行。最后,技能有高度专业的任务技能例如下象棋,也有普遍的技能例如阅读。鉴于这些区别,我们应当根据具体的任务需求,评价技能获取的通用原则。

12.2.1　练习的幂指数定律

练习对人的行为有正面的影响。特别地,当人们长时间练习一个任务时,他/她会变得更快、更准确。在大量的感知、认知和运动任务中,行为速度由一个幂指数函数定义(Newell 和 Rosenbloom,1981)。函数表示为

$$T = BN^{-a}$$

式中,T 为执行任务的时间;N 为练习任务或者执行任务的次数;B 和 a 为正常数。

这个函数称为**练习的幂指数定律**。这个定律的一个特点是对一个任务练习的时间越长,那么额外练习的帮助就越小。在早期,当某个人对任务缺乏练习时,增加练习会使得执行任务时间显著降低,但是随后,这种改善变得不那么明显。执行任务时间减低的速度随着参数 a 变化。对于幂指数函数曲线,改善的数量与剩余需要学习的内容保持固定比例。

Neves 和 Anderson 让被试进行 100 个几何相似证明。在第一次证明中,被试平均花费 25 min,随后证明速度越来越快。最后一个证明的平均时间为 3 min。图 12.1(a)给出了证明时间与证明次数之间在线性坐标系中的关系图。幂指数定律的两个特征很明显。第一,持续练习的好处是无限的:即使到了最后的证明,被试的速度仍然在减小。第二,练习最佳的好处发生在初始阶段:开始的加速更加明显,而后续则变缓。图 12.1(b)给出了在对数坐标系下的关系图。如果符合幂指数定律,那么函数是线性的,因为

$$\ln(T) = \ln(BN^{-a}) = \ln(B) - a\ln(N)$$

由于数据表现出线性特征,所以几何相似性证明练习基本符合幂指数函数。

公式中的一个问题是当 N 无穷大时(即进行广泛的练习),完成任务的时间应当接近 0。这是没有意义的,因为即使非常专业,执行任务也需要时间。基于这一原因,我们可以增加一条非零的渐近线,重新定义幂指数定律。同时,我们还希望考虑个体以往的经验。加入这些因素后,幂指数定律可以表示为

$$T = A + B(N + E)^{-a}$$

式中,A 为可能最快的执行速度;E 为个人以往的练习数量,即以往的经验。

当在对数坐标系中进行绘制时,该函数仍然是斜率为 $-a$ 的直线。

这种广义的幂函数定律可以描述广泛的任务行为。例如,一项研究发现花费在电子商务网站上的时间(如亚马逊)随着访问次数的增加而减少,其关系为负幂指数函数(Johnson 等,2003)。研究人员总结到人们可以快速地学习到如何浏览网站,而精心设计的网站比设计较差的网站更能体现这一点。因此,在几

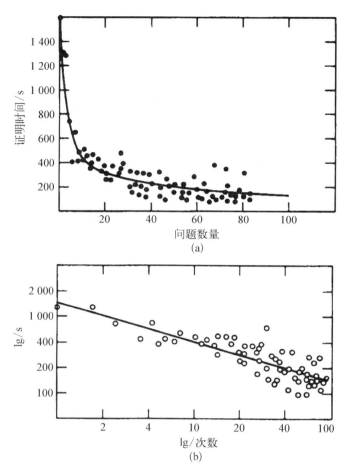

图 12.1　证明时间与证明次数之间在两种坐标系中的关系

（a）线性坐标系　（b）对数坐标系

次网站浏览后,可用性的初始差异变得更加明显,使得用户更偏向于使用精心设计的网站。

　　最后需要注意的一点是幂指数定律不仅表示个体经过练习之后的行为改善,还能够描述在生产过程中由于一组操作者对系统经验的增加而增强的生产力水平(Lane,1987;Nanda 和 Adler,1977)。这种生产过程函数能够预计产品生产的速度,却不能估计单个操作者执行任务的时间。

12.2.2　技能分类

　　虽然练习的幂指数定律表明行为的改善一直会发生,同时也会出现质变。

这意味着基于不同的技能等级，人们处理问题的方式是不同的。随着专业技能的获取，人们执行任务的方式发生改变。一些分类建立用作研究这种行为中的差异。两个互补的、有影响力的分类是 Fitts 的技能获取阶段以及 Ramussen 的行为等级。

　　1) 技能获取阶段

　　Fitts 和 Posner 区分了从最不熟练到最熟练的三种技能获取阶段，**认知、联想和自发**。初始的认知阶段的行为由给定的说明和演示的好坏决定。Fitts 使用**认知**表示新手仍然在努力地理解任务，所以必须关注在后续阶段不需要注意的线索和事件。在联想阶段，将认知阶段学习到的任务内容联系在一起。这通过将这些内容组合到一个单独的程序中实现，类似于计算机程序的子程序。最后的自发阶段表示这些程序的自动实现，几乎不需要受到认知的控制。

　　自动处理不需要有限能力的注意力资源。自动处理包含 4 个普遍的特征（Schneider 和 Chein，2003；Schneider 和 Fisk，1983；Shiffirn，1988）：① 自动处理不需要在任务执行过程中有意识的目的；② 可以与其他需要注意力的任务同时进行；③ 需要很少的努力，并且发生可能并不需要意识；④ 不会受到高工作负荷或者压力的影响。

　　容易证明随着练习的增加，任务表现明显地从需要大量努力和关注变成需要少量的努力和关注（Kristofferson，1972；Schneider 和 Shiffrin，1977）。绝大部分的证明使用了单一的任务，例如视觉或者记忆搜索，要求被试确定内容（如字母或者数字）是否呈现在视觉显示器上，或者之前是否记忆过内容。随着搜索内容数量的增加（通常通过增加干扰内容），响应时间增加，反映更加严格的认知需求。但是随着练习的增加，只要内容能够一致地"映射"到任务中相同的刺激类别、目标或者干扰，响应时间与需要搜索的内容之间变得愈发独立。如果数字"8"是搜索的目标，当出现其他目标时，它就不会出现在搜索的内容中。

　　在任务程序变为自发后，使用其他方式执行任务变得很困难，即使任务的需求发生改变。Shiffrin 和 Schneider 让被试练习一个记忆搜索任务，任务中使用一致的映射，进行 2 100 次试验。随后，映射反转，之前的干扰项变成目标，反之亦然。对于反转的任务被试需要进行 900 次试验练习才能够达到之前不需要练习的正确率水平，而在反转任务中的 1 500 次试验的正确率仍然低于之前任务中 1 500 次试验的正确率水平（见图 12.2）。Shiffrin 和 Schneider 认为在初始练习中建立的目标识别的自发程序明显延续到刺激条件呈现时，即便任务的需求发生了变化。

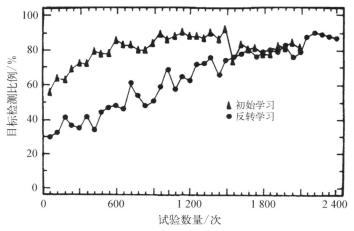

图 12.2　初始学习与反转学习的一致性匹配

2）技能-规则-知识框架

Fitts 的分类聚焦于技能获取的不同阶段，而 Rasmussen 的分类则关注于三种不同的行为控制层级，决定了在特定条件下的表现，如第 3 章中所介绍的。这些层级（基于技能、基于规则与基于知识）大致对应 Fitts 的技能获取阶段，除了 Rasmussen 认为在特定的条件下，即使是技能高超的执行者返回到早期的控制层级。

基于技能的行为包括刺激与响应之间相对简单的关联。任务表现由自发的高度集成的动作决定，不需要有意识地控制。在熟悉环境中日常活动的行为可以归为这一类，还包括前面介绍的记忆搜索行为。对于一些技能，例如简单的装配和重复的操作，高度集成的、自发的活动能够使得绩效水平最大化（Singleton，1978）。但是，很多技能不仅需要快速、准确的行为，还需要高度的灵活性。灵活性来自使用不同方式组织基本技能元素完成不同的、有时是新颖的目标的能力。

基于规则的行为由以往经验或者通过说明学习的规则或者程序控制。当不可能产生自发的表现时，会引起这种行为控制层级，例如当执行者感受到与计划的或者预期的任务条件发生偏差。基于规则的行为是目标导向的，并且通常处于有意识的控制中。

基于知识的行为出现在无可用的规则的情况下。在尝试使用基于规则的解决方案失败后，人们可能会表现出基于知识的行为。基于知识的行为依赖于感兴趣领域或者系统的概念模型。个体必须形成一个具体的目标，随后建立有效的计划。基于知识的行为包含问题解决、推理和决策。因此。行为表现取决于执行者的心理模型,并受到解决问题和决策所使用的启发法的影响。

依据 Reason 的理论,不同类型的失败可以归结为不同的行为层级。对于基于技能的行为,大部分的差错包括错误的注意。当主动地从一个正常的动作行为产生偏差时,经常会发生由于疏忽而造成的错误,但是"自发"行为会习惯性产生干扰。相反,当执行者使用不合适的方式将他/她的注意力转移到一个自发序列的一些组成部分时,可能会发生过度关注的错误;即执行者将他/她尝试完成的任务"想得太困难"。在基于规则的层级上,错误可能来自对良好规则的不合理使用,或者使用坏的规则。在基于知识的层级上,错误主要来自问题解决者策略的不可靠性,以及他们使用的启发法在推理和问题表现方面的局限性。

总之,最佳的技能获取不仅是将日程程序转变成自发的形式,还需要学习合适的知识进行充分的基于规则和基于知识的推理。

12.2.3　技能获取理论

技能获取和技能表现理论的价值基于以下几个方面。第一,它们帮助我们理解人们在某些情况下表现得更好。第二,它们向我们提供了设计新的试验的基础,从而能够更好地理解技能和专业知识。基于这些更好的理解,人为因素工程师可以帮助设计和引用训练程序,从而实现最佳的技能获取。

技能获取理论通过模型表现,这些模型主要包含两大类:**生产系统模型**和**联结模型**。生产系统模型认为技能获取通过生产规则的方式,强调如果一些条件为真,那么需要执行一些动作。这些模型描述了生产规则如何改变,以及人们如何在不同的实践阶段灵活地应用。联结模型基于联结单元网络,类似于第 10 章中介绍的网络记忆模型。这些单元会根据任务需求,以及与它们相联结的其他单元的强度更大程度或者较小程度地被激活。结果是在网络单元中形成一种激活模式,决定表现行为。例如在其他环境中学习和记忆,技能的获取来自网络联结的变化。

1) 生产系统模型

Anderson 的 ACT 认知结构以及更新版本的 ACT - R(Anderson 等,2004)将技能获取区分为 3 个阶段,类似于 Fitts 所提出的 3 个阶段。这个模型依赖于一个程序记忆,包含用于执行任务的产品;一个陈述式记忆,包含语义网络中的事实;以及一个工作记忆,连接陈述式知识和程序知识。技能获取的第一个阶段称为陈述性阶段,因为这个阶段依赖陈述性知识。在这个阶段,表现行为取决于通用的问题解决,使用第 11 章中描述的较弱的启发式方法。在陈述性记忆中,人们在任务学习中对必需执行任务的事实进行编码。学习者必须在工作记忆中保存这些事实,可能通过练习的方式,使其普遍适用。

在第二个关联阶段中,学习者逐步检测和消除差错。学习者开始建立具体领域的产品,而不需要对他们操作行为的陈述性记忆。这个过程能够获取特定领域的产品,称为知识汇编,包含两个子过程:组合和程序化。组合子过程将多个产品组合成一个单独的、新的产品产生相同的输出。程序化子过程移除产品中需要陈述性知识的条件。组合和程序化一起可以认为是产品汇编。

在关联阶段获得的特定领域的产品在第三阶段变得更加具体,并具有自发性,而表现行为则变得更具有技巧性。这些产品在子过程中通过不断的应用进行概括(建立更加广泛适用的产品)、区分(限制产品适用的条件,只在这些条件下产品才能成功)和增强。

想象一名空中交通管理员必须学习能够将他/她的注意力集中到显示屏的左底部阅读即将着陆的一系列飞机(保持等级 1;Taatgen 和 Lee,2003)。表 12.1 给出了最初所需的 3 个通用规则,解释适用条件和方法。这些规则如下:① 检索一个指令;② 转移注意力;③ 将眼睛移动到显示合适的位置。所有这些规则都包含一个"如果语句",描述了应当适用的条件,以及一个"那么语句",列举了执行的动作。

表 12.1 学习将注意力集中到显示屏的左底部阅读即将着陆的一系列飞机的规则

检索指令:
如果　你要执行一个具体的任务
那么　对这个任务中的下一个指令发送一个检索请求到陈述性记忆
移动注意力:
如果　你要执行一个任务,并且已经检索一个指令移动注意力到特定的位置
那么　从陈述性记忆中检索一个位置
移动到位置:
如果　你要执行一个任务,并且已经从陈述性记忆中检索一个位置
那么　对视觉系统发出一个运动指令将眼睛移动到显示屏的左下方

来源:Taatgen 和 Lee(2003)。

由于空中交通管理员变得更加熟练,产品汇编对他们的任务组合了这些通用的程序以及具体的陈述性指令,产生如表 12.2 中新的规则集合。新的规则是原始规则的两两配对。在技能的最高层级,这些组合规则将和原始集合中的剩余规则进行编译。这些结果在随后的单一、特定任务的规则中。

表 12. 2　从产品编译中建立的规则集

指令与注意力：
如果　你要着陆
那么　对保持等级 1 的位置发送一个检索要求到陈述性记忆
注意力与位置：
如果　你要执行一个任务,并且已经检索了一个指令移动注意力到保持等级 1
那么　对视觉系统发出一个运动指令将眼睛移动到显示屏的左下方

来源：Taatgen 和 Lee(2003)。

所有规则：

如果　你要着陆,

那么　对视觉系统发出一个运动指令将眼睛移动到显示屏的左下方。

产品汇编过程产生一个单一的、简洁的产品规则可以比原始的规则更加有效地执行。

2) 联结模型

Gluck 和 Bower 提出了一个早期的技能获取联结模型。他们的模型阐述了学生学习基于患者症状的描述进行医学诊断的行为。在每个疾病中不同的症状有不同的概率,所以学生 100% 正确是不可能的。学生对每个患者进行诊断,而每个诊断都有一个诊断正确率的反馈。

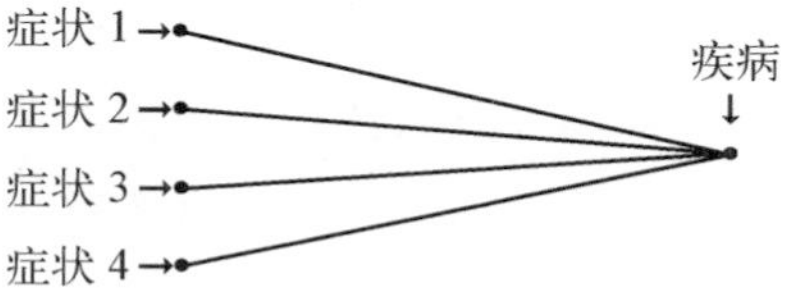

不同的症状通过在模型中输入单一网络中的激活方式表现。这些激活作用进行加权叠加得到一个输出单元(见图 12.3)。输出单元的激活作用反映了可能出现某种疾病的程度。这种激活作用用作对疾病进行分类,而诊断准确性反馈则用作完善权重值。对权重值的完善给予网络检测症状和疾病之间相关性的能力,并通过这些相关性进行诊断。

图 12.3　Gluck 和 Bower 的联结模型

有些模型加入了产品-系统和联结模型的属性(Schneider 和 Chein,2003)。这些更加复杂的模型通过联结式成分实现,包括输入的数据矩阵、内部运行和输出模块,以及包含多处理器接收输入、传递输出的控制系统。Schneider 和 Chein 的模型包含自主和控制处理模块,可以解释由于获得技能而产生的控制处理、自主性以及行为的改善。

12.2.4　学习转移

人为因素中的一个重要问题是在一项任务或者一个领域中的练习的效益能够**转移**到相关任务和领域的程度。通过转移,我们指由于经过相关任务的训练,执行者能够进行新任务的程度。转移在基础科研和应用科研中都有广泛的研究（Cormier 和 Hagman，1987；Healy 等，2005）。

1）转移的观点

关于转移主要有两种极端的观点（Cox，1997）。一种观点是在任何领域中专业技能的获得应当改善在其他任何领域中的任务行为。这是一种形式训练原则，由 John Locke 提出（Dewey，1916）。该原则将任意领域的专业知识归结于执行广泛任务所需的通用技能。从产品-系统的角度，在特定领域中对问题解决的扩展训练让学习者获取与推理和问题解决相关的程序。这些通用的程序可以用在其他的领域解决新的问题。

另一种观点是 Thorndike 的相同元素理论。这个理论认为如果两个任务具有相同的刺激响应元素，那么应当发生一定程度的转移。如果两个领域具有相同的元素，那么在一个领域中对问题解决的训练应当对另一个领域的问题解决表现有帮助。因此，转移发生的程度取决于训练任务和新颖任务的特征，这种转移可能是很有限的，或者根本不存在。

在不同任务中，对转移程度的试验研究结果表明这两种极端的观点都不正确。通用问题解决技能（形式训练原则）的转移证据主要是负面的。例如，在一项研究中，学生接受了为期数周的使用一种通用的问题解决程序去解决代数应用题的训练，目标是将启发法应用到广泛的问题中。这些学生在随后的测试中对新问题并没有体现出更优的表现，因此研究者总结道："这项研究的结果表明在启发法模型中的针对问题解决过程的通用组成的形式指令对问题解决能力的增加并没有帮助。"（Post 和 Brennan，1976）

通用技能转移缺乏证据可能是由于在这些以及相似的试验中使用的培训方案关注于已经被大部分成年人高度练习的那些通用的较弱的方法（Singley 和 Anderson，1989）。其他证据表明转移并不像 Thorndike 期望的那样具体。使用解释为许可模式的任务研究表明当刺激元素和响应元素不同时，也会发生转移。但是技能获取似乎更符合 Thorndike 的相同元素观点，而不是形式原则观点。

Singley 和 Anderson 提出的观点将相同元素观点与心理表现结合在一起。基于表现中的陈述性阶段和程序性阶段的差异，他们提出通过练习具体建立的产品是认知技能元素。如果执行一个任务获得的结果与执行另外一个任务有重叠，那么会发生转移。换而言之，具体的刺激和响应元素并不需要一致时才会发生转移，而获得的结果必须适合于第二个任务。

这个观点在 Singley 和 Anderson 的学习微积分问题试验中被证明。不熟悉一年级微积分课程的学生学习时将文字问题转换成方程式,并选择在方程式上进行运算。这些运算方法包括微分和积分。当问题从几何学应用转换为经济学应用时,获取的将问题转换为方程式的技能需要进行完全转移。他们也观察到转移发生在需要积分的问题与需要微分的问题之间,但是仅当在这两类问题中运算方法是共享的情况。总之,只有当经济学问题和几何学问题所需的积分和微分相似时,才会发生转移。

2) 部分-总体转移

通常,人机系统的操作人员需要执行由很多子任务组成的复杂任务。部分-总体转移问题包含是否可以通过学习如何执行子任务从而学习如何执行总体任务。从实用的角度出发,部分训练能够影响总体训练的原因很多。例如,Adams 指出: ① 总体任务的仿真既复杂又昂贵;② 对成功执行总体任务关键的子任务可能在总体任务条件下只接受相对较少的练习;③ 有经验的操作人员可以被训练得对新机器或者任务所需的子任务更加熟练,而不是重复一个宽泛的训练程序;④ 相对简单的训练设备可以用作保持必需的技能。

将任务分解为子任务的方法有 3 种(Wightman 和 Lintern,1985)。分割可以用作由连续的子任务组成的任务。子任务可以单独执行或者分组执行,随后重新组合成完整的任务。分离类似于分割,但是应用在两个或者多个子任务同时执行的任务中,这个程序包含在组合子任务之前独立执行每个子任务集。最后,简化是指通过简化任务的几个方面将复杂的任务简单化。这种方法更适用于子任务不明确的任务。

当部分方法的使用合适时,重要的是计划一旦这些部分执行完成后如何将它们重新组合成完整的任务。部分-任务训练的计划方案有 3 种:纯粹-部分、重复-部分以及渐近-部分(Wightman 和 Lintern,1985)。在纯粹-部分计划方案中,所有的部分都在组合成总体任务之前独立练习。在重复-部分计划方案中,子任务以预先确定的顺序呈现,随着它们被掌握逐步地与其他部分组合。渐近-部分计划方案与重复-部分计划方案类似,但是每个部分在加入前序的子任务之前,独立地进行训练。在特定情况下总体任务可能在初始时呈现,用作识别可能特别困难的子任务。随后这些子任务使用部分方法进行训练。

没有一种最佳的训练方法适合于所有的情况。部分-任务训练对由一系列相对持续时间较长的子任务组合的复杂任务最有效。例如,Adams 和 Hufford 发现对复杂的飞行操作的部分-任务训练对总的飞行任务产生正向的转移。快速、简单或者相对连续的任务表现出极小的部分-总体转移。分割方法和分离方法比简化方法更加有效。不管部分-任务训练是否优于总体-任务训练,总是至少存在一些部分到总体的转移。

12.3　专家行为

　　我们讨论的试验主要集中于实验室任务的技能获取。这些人造的、过于简单的任务很容易掌握,但是它们与真实世界的任务几乎没有相似点。在进行了一些实验室任务后认为某人是专家,这拓展了单词"专家"的定义。专家获取了某个领域的具体知识(如昆虫学家或者内科医生),或者获取一系列复杂的感知-运动技能(如钢琴演奏家或者专业运动员)。通常在某人的能力达到专业水平之前,需要进行至少 10 年的大量训练和练习(Ericsson 等,1993)。

　　实验室研究的优点是在控制的条件下,我们能够观察简单的技能获取是如何实现的(Proctor 和 Vu,2006)。但是,真实的专业技能的获取不能在实验室中研究,专业技能的研究专注于专家与新手的差异。这些研究尝试理解专家与新手的区别,包括专家**执行方面**与新手的区别,以及**思考方面**与新手的区别。这些研究增强了我们对认知技能的理解,并提供了建立专家系统的基础。

　　显而易见,专家能执行新手所不能执行的任务(Glaser 和 Chi,1988)。表12.3 总结了专家行为的一些特征。这些特征反映在专家擅长的领域中,能够容易理解、组织事实和程序的能力;即专家的特别能力来自他们在特定领域中大量的知识量,而非更加有效的思考能力。例如,专业的出租车司机会比新手司机拥有更多的、鲜为人知的备用路径(Chase,1983)。另一个例子是,尽管化学家和物理学家被认为具有相同的科学复杂度,化学家在处理物理问题时,表现得和新手一样(Voss 和 Post,1988)。

表 12.3　专家行为的特征

　　(1)专家主要擅长他们自己的领域
　　(2)专家在他们自己的领域中感知大量有意义的模式
　　(3)专家是快速的;他们在擅长的领域中执行技能时比新手更快,并且他们能够快速地解决问题,差错更少
　　(4)专家对于擅长领域中的材料有卓越的短时记忆和长时记忆
　　(5)专家对于擅长领域中的问题比新手观察和理解得更加深刻(更加原则化);新手只能理解问题的表面
　　(6)专家花费大量的时间定性分析问题
　　(7)专家具有更加准确的自我监控的能力
　　(8)专家擅长于选择最适合使用条件的策略

来源:Chi 和 Glaser(2003)。

国际象棋是一个研究专业技能很有效的领域（Gobet 和 Charness，2007）。国家级和国际级的组织通过严谨的积分系统对专家进行排名。同时国际象棋也是一项容易引入实验室的任务。因此，虽然我们不能观察专业技能如何随着时间的增加而建立，我们能够观察在控制条件下专家与新手之间的差异。一些最具影响力的针对专业技能的研究是比较国际象棋专家和一般水平选手的行为表现（Chase 和 Simon，1973；de Groot，1966）。

一个著名的试验是向国际象棋专家和新手呈现一个棋子布局，并让他们记住这个布局（de Groot，1966）。棋子在棋盘上位置可能是随机的，也可能是来自某一棋局。当棋子布局来自某一棋局时，即使只呈现 5 s，专家也可以记住超过 20 枚棋子的位置。相对应地，新手只能记住 5 枚棋子的位置。但是，当棋子的布局是随机的，专家和新手都只能记住 5 枚棋子的位置。

Chase 和 Simon 随后研究了专家是如何将棋盘上的棋子组合成"区块"。他们发现区块的建立依赖于棋子之间的相关性策略。象棋专家可以识别大约 50 000 个棋盘模式（Simon 和 Gilmartin，1973）。我们可以假设每一种模式与其本身的自发程序相关，而这种自发程序包含对应模式中所有可能的棋子移动。因为象棋专家已经学习了合理的棋盘布局以及相对应的程序，他们可以轻松地将这些布局保存在工作记忆中，而新手却做不到。

我们从对国际象棋的研究中发现专家可以巧妙地通过心理表现保存目标信息和程序信息以及它们之间的相关性。其他的研究证明了专家对他们擅长的领域的心理表现可以作为一个支架帮助记忆其他类型的信息。Chase 和 Ericsson 花费了较长的时间更加详细地研究了熟练记忆。在 2 年的时间内，他对一名长跑运动员被试（S. F.）进行了超过 250 h 的简单记忆任务训练。这是一个数字广度任务，需要被试记忆随机产生的数字序列，并按顺序进行回忆。在初始阶段被试的数字广度为 7 个数字，这符合工作记忆预期的正常限制。但是 2 年之后，被试的数字广度大约达到 80 个随机数字。

S. F. 是如何实现超过 10 倍记忆的表现提升的？口头报告和行为分析表明他使用了记忆术。开始时，S. F. 和大多数人一样，对每个数字进行音素编码。但是在 5 天之后，他开始使用与跑步次数相关的辅助记忆术，建立长距离跑的心理表现。S. F. 首先使用 3 位数字编码，随后发展为 4 位数字编码和 10 位数字编码。随着不断练习他还建立了其他的数字分组记忆术。

基于 S. F. 和其他人的行为，Chase 和 Ericsson 建立了一个熟练记忆的模型。根据这一模型，某人记忆广度的增加反映为更加有效地使用长时记忆，而非短时记忆。这个模型总结了熟练记忆的 5 个特征：① 使用已经存在的概念性知识能够对需要记忆的信息有效地编码,例如 S. F. 对跑步次数的知识;② 存储的信息能够通过检索的线索快速获取;③ 需要记忆的信息存储在长期记忆中;④ 编码的速度能够持续地增加;⑤ 获取的记忆技能针对具体的刺激领域,例如在 S. F. 的实例中为数字串。

Ericsson 和 Polson 使用这个模型作为一个框架研究了一名餐厅的服务领班的记忆技能,服务领班可以同时记住多个餐桌上超过 20 位就餐者的点餐情况。不同于 S. F. ,服务领班不依赖于他在其他领域的专业技能,只作为一名专业的服务员。但是,与 S. F. 类似他使用高度组织的记忆术方案。他将所有的订单组织成四组,然后使用一个二维的位置和菜品的矩阵表现。此外,他还使用成像法将每名用餐者和点餐情况联系在一起。

服务领班的记忆展现了由熟练记忆模型预示的所有特征,以及技能转移到其他刺激材料的例外情况。Ericsson 和 Polson 将服务领班记忆技能相对宽泛的普遍性归结为需要记忆的大量的情况。因此,服务领班不仅建立了对点餐编码相当可观的灵活性,还建立了对自身记忆结构更普遍的理解,包括长时记忆的属性,以及广泛适用的"元认知"的策略。

我们讨论了专家对于记忆的信息具有不同的心理表现的事实。专家与新手的另一个不同是他们心理模型的质量。回忆一下心理模型允许个体基于心理表现对不同动作的输出进行模拟。因为专家具有更优的心理表现以及更好的心理模型,所以他们的行为表现更优秀。在一个试验中,Hanisch 等评价了商业电话系统的新用户的心理模型。他让用户对电话的 9 个标准特征,两两对比进行打分。随后他们将打分情况与系统培训师的结果进行比较,这些培训师充分了解系统的特点。用户的心理模型与培训师的心理模型有很大区别。培训师的心理模型紧密对应系统特征的描述文件,而新用户的心理模型包含很多缺陷和不确定性。Hanish 等指出优良的培训程序应当以培训师如何组织电话系统特征的方式强调和解决系统的特征。

到目前为止我们主要讨论了为什么专家比新手更加准确,专家在执行任务时间方面与新手也存在差异。虽然专家总体上比新手在执行任务方面更加快速,他们会花费更长的时间定性地分析问题得到一个解决方案。专家会使用这种冗长的、定性的分析构建一个融合问题中元素间关系的心理模型。他们花费在定性分析上的额外的时间也让他们对问题增加限制,从而缩小了问题的范围。尽管这些分析花费时间,但专家能够更有效地获取解决方案。

专家花费更多的时间分析问题的一个原因是他们能够更好地识别问题的概念性结构以及与相关问题的对应关系。专家还能够更好地确定他们何时发生了差错,无法理解材料或者需要检查解决方案。他们可以更加准确地评价问题的复杂度以及解决问题所需的时间。这使得专家能够更有效地在问题间分配时间。Chi 等认为物理学家将物理学根据物理原则把问题进行分类,而新手则可能依据问题描述中的文字目标的相似性将问题进行分类。但是,Hardiman 等发现新手也有好差之分:较好的新手通过基础原则对问题进行组织,而较差的新手则不然。

12.4　自然决策

在第 11 章中,我们介绍了不确定性情况下的决策问题。我们描述的大部分的研究检验了由新手在相对没有真实后果的人为问题中进行的选择。但是日常生活中的大部分决策都需要在复杂条件下做出,通常还有时间压力,这对决策者来说是熟悉的、有意义的。因此在自然环境中做出决策比在实验室研究中更依赖于专家知识。从 1989 年开始,建立了一种自然主义的决策方法,强调专家如何进行决策(Lipshitz 等,2001;Ross 等,2007)。

Klein 进行了很多研究观察消防队长、排长以及设计工程师如何进行决策。以下是决策者进行思考和行动的一个实例(Klein,1989):

> 营救小队的队长到达车祸事故现场。驾驶员撞上了立交桥混凝土柱被卡在轿车中,已经丧失意识。在观察了轿车是否有车门可以打开后(无),他注意到混凝土的顶部被割断。他思考营救小队如何从顶部滑落再将受害者救出,而不是花费时间去打开车门。他告诉我们他想象了解救过程,如何对受害者进行支撑,如何举起,再旋转。他还想象了如何对受害者的颈部和后部进行保护。他说在下达解救命令之前,他在脑海中至少模拟了解救过程两次,最终获得了成功。

这个例子表明专业的决策者如何对情景进行评价,并考虑执行过程的多种选择。Klein 总结心理模拟是专家决策的重要组成部分。这些心理模拟让专家能够快速地评价执行过程多种选择的可能结果。

大部分对自然主义决策的解释强调预认知决策的重要性(Klein,1989;Lipshitz 等,2001)。一个专业的决策者必须首先识别在他们进行判断的特定情景中的条件。决策者会识别很多具体行为合适的场景。在这些场景中决策者知道如何执行过程,因为他们之前有过相似的经历。但是很多场景不能识别,在这种情况下决策者可以采用心理模拟的策略明确场景的条件,并采取合适的行为。

这些决策策略很大程度上依赖于专业知识。正如 Meso 等指出的:"现实生活中的决策需要问题领域和解决问题领域中大量的专业知识。"根据预认知决策模型,专业的决策者应当通过训练提升他们在专业领域中识别和心理模拟的能力(Ross 等,2005)。

12.5　专家系统

专家与新手的比较证明两者之间的差异来自专家在专业领域中所拥有的大量知识。我们之前已经介绍了当出现一个问题时,专家并不总是有时间提供咨询服务,而且邀请专家也较为昂贵。这就引起了人工系统的产生,称为**专家系统**。专家系统帮助非专家解决专业问题(Buchanan 等,2007)。专家系统能够解决的问题非常广泛,例如学校中的光能管理(Fonseca 等,2006),软件设计模式的选择(Moynihan 等,2006),以及废品回收站选址的优化(Wey,2005)。

不同于向专业提供信息帮助的决策支持系统,专家系统是一种用来代替专家的计算机应用(Liebowitz,1990)。更加具体地,如 Parsye 和 Chignell 所述:

专家系统是一种程序,建立在通常由人类专家处理特定复杂任务所需的大量知识基础之上。专家系统的原则是从系统包含的知识中进行推导,而不是源自搜索算法以及具体的推理方法。专家系统中没有明确的算法方案,但是能够有效地解决问题。

大部分的专家系统不仅是简单地充满专家了解的事实,还融入了信息处理策略模拟专家思考和推理的方式。这种设计特征称为认知仿真(Slatter,1987);即专家系统模仿决策者所有方面的思维和行为(Giarratano 和 Riley,2004)。

人为因素的一个问题是设计有效的专家系统。一个专家系统可能包含技术上准确的信息,但是难以使用,无法改善用户的行为。一个设计优良的专家系统不仅是技术上准确的(给出合适的推荐),还遵循优秀的人类工程学原理(Madni,1988;Preece,1990;Wheeler,1989)。在本节中,我们将阐述专家系统的特征,并重点强调人为因素贡献的重要性。

12.5.1　专家系统的特征

专家系统具有模块化的结构(Gallant,1988)。系统模块包括**知识库**,包含决策所需的具体领域的知识;**推理引擎**控制系统以及系统和用户沟通的用户界面。

1）知识库

在专家系统中知识可以用多种方式进行表示（Buchanan 等，2007；Ramsey 和 Schultz，1989；Tseng 等，1992）。每种表示的选择对应在人的信息处理模型中知识的表现方式。三种选择是生产规则、语义网络和结构目标。生产规则是指如果一些条件为真，那么执行一些动作。语义网络系统包含节点的组合和链接元素。每个节点表示一种事实，而每个链接则是事实之间的关系。结构目标通过称为框架的抽象模式表示事实。框架是一种数据结构，包含一种事件的普遍信息以及非具体的事实和执行的动作。连接在一起的框架称为框架系统。

设计者选择某种特定表现方式的原因基于以下 3 方面的考虑。

（1）表现能力：专家是否能够使用他们的知识有效地与系统沟通？

（2）可理解性：专家是否能够理解系统了解的内容？

（3）可达性：系统是否能够使用给定的信息（Tseng 等，1992）？

没有一种表现形式能够完美地满足所有的标准，因此最佳的方式是基于特定专家系统的目标。生产系统易于表现程序化知识，因为当条件满足时它们以动作执行的形式出现。生产系统还容易实现完善和理解。语义网络适于表现描述性知识，例如目标的属性。当需要使用一致的行为模式实现系统目标时，选择使用框架。有时一个专家系统可能使用多种知识的表现方式。

2）推理引擎

推理引擎在专家系统中实现思考和推理的功能。推理引擎搜索知识库，产生并评价假设，通常使用前向链或者后向链。使用的推理引擎的类型往往与使用的知识表现形式紧密相关。例如在基于案例的推理系统中，知识库是以往解决的案例；推理引擎将新的问题与这些案例进行匹配，并选择最佳匹配的案例。

由于很多决定是在不确定的情况下做出的，推理引擎以及事实库必须能够表现不确定性，并产生合适的行为方案（Hamburger 和 Booker，1989）。推理引擎的一个功能是对输出的偏好、不同的行为代价等进行可用性计算，并做出最终的推荐。一种实现方式是在系统中加入"信任网络"。信任网络代表了不同事实和输出之间的相互依赖性，所以每个事实都不是单独处理的，而是认为是一组单元系统地进行相互作用。

3）用户界面

用户界面必须支持用户和专家系统之间的 3 种交互模式：① 获得问题的解决方案；② 增加系统知识库；③ 检验系统的推理过程（Liebowitz，1990）。构建一种有效的对话结构需要设计者理解用户需要什么样的信息以及如何和何时进行显示。对话结构应当向用户明确表示计算机需要的信息,并使得用户的输入任务尽可能地简单。

专家系统用户界面的一个重要部分是解释机构(Buchanan 等,2007)。当用户要求时,解释机构将系统的推理过程呈现给用户。通过检验推理过程用户可以评价系统的诊断和推荐是否合适。通常可以检测到向系统输入信息时的错误。

12.5.2　人为因素问题

专家系统的建立通常包含多人的共同努力(Parsaye 和 Chignell,1987)。一个领域的专家提供知识库中的知识,专家系统的建立者或者"知识工程师"设计系统和系统界面,并对知识库的接入和操作进行编程。通常用户在早期就参与专家系统的建立,特别是设计和评价不同的用户界面,从而保证产品最终的适用性。

在构建专家系统的过程中寻找那些必须考虑人为因素的问题包括如下几方面(Chignell 和 Peterson,1988;Nelson,1988):① 选择建模的任务和问题;② 确定知识的表现方式;③ 如何设计界面;④ 验证最终的产品,并评价用户行为。

1) 任务选择

虽然看起来任务选择是专家系统建立中最简单的部分,其实并不然。很多交给专家系统的问题很难解决。专家系统的设计人员当面交互问题时,必须确定如何将问题进行分解并传递给系统。专家和系统设计人员必须就如何最优地执行任务达成一致。一旦设计小组达成一致,那么就可以开始处理如何向系统呈现这些任务。很明显,任务结构的简易性取决于所关注的知识领域能够在专家系统中最好地进行表现。此外任务能否以演绎问题的方式呈现决定了其是否能够很容易以一系列的规则执行。反绎问题更加难以解决(Wheeler,1989)。

2) 知识的表现

知识的表现与相应的推理引擎必须反映专家的知识结构。一种保证方式是从专家处获取系统的知识和推理规则(见框 12.1)。更加普遍的是,知识来自对专家执行任务时进行建模的访谈、问卷和口头报告。在自然主义的研究中,一些因素决定了有效的数据如何进行采集。这些因素如下:① 知识工程师与专家是能够共享一种通用的参考框架,使得他们能够有效地交流;② 保证从专家处提取的信息与他们对问题的心理模型一致;③ 检测和补偿专家响应的偏好

(Madni,1988)。这些因素很重要,因为大部分的专家技能是高度自发性的,所以口头报告可能不能产生最重要的系统设计信息。

框12.1　知 识 提 取

　　如果要在专家系统中融入专家的知识,我们必须首先从专家的领域中提取知识。如果没有准确的专家处理具体问题的信息和策略的表现,专家系统无法合适地执行任务。两个基础的问题定义了知识提取的核心(Shadbolt 和 Burton,1995):"我们如何让专家告诉我们或者其他人告诉我们,他们所拥有的什么知识让他们成为专家?"以及"我们如何确定什么构成了专家解决问题的能力?"

　　这些问题很难回答,因为①很多专家的知识是缄默的,很难用言语表达;②通常专家解决一个问题快速且准确,而不需要中间明显的推理;③专家可能对于提取他们的知识有抵触心理;④知识提取过程对信息可能产生偏好(Chervinskaya 和 Wasserman,2000)。

　　我们可以使用大量的技术有效地从专家处提取知识,包括在专家执行任务过程中,对专家描述他们考虑的假设、他们使用的策略等进行口头报告分析;将各种概念整理成相关的集合,因为在一个领域中不同的专家可能具有不同的知识表现,所以较好的策略是从多个专家处提取知识。

　　除了建立专家系统之外,出于其他目的的知识提取也很重要。例如Peterson描述了在军事地面导航器中的知识提取和表现,目标是使用这些信息进行培训应用的设计。知识提取也是确定电子商务网站中包含的内容以及内容管理的必要步骤(Proctor 等,2003)。从专家处提取的知识能够揭示用户需要可用的信息,如何将信息结构化使其能够容易获得,以及不同的用户可能使用的搜索和获取信息的策略。当我们处于可用性的考虑提取信息时,例如在网站的设计实例中,必须不仅从专家处获取知识,还需要从使用信息的广大的用户处获取信息。从用户处获取信息通常发生在尝试理解他们的知识、能力、需求和偏好的过程中,而不是从具体的设计中去获取。

　　一些信息提取技术例如口头报告分析针对从专家处提取知识,但是其他一些技术(如问卷和焦点小组)则针对新手和终端用户。此外一些方法基于对行为的观察,而另一些则源于自我报告。表 B12.1 总结了一些方法的优点和缺点。一个总体的规则是,我们推荐同时使用多个方法以增加相关信息的质量和数量。

表 B12.1 信息提取方法以及主要的优点和缺点

方　法	简要介绍	主要优点	主要缺点
访谈	访谈者向专家或者终端用户询问一个具体专题的相关问题	最有名的信息提取方法 定性数据	耗时 开销大
口头报告分析	专家报告执行任务或者解决问题的思考过程	定性数据 与行为相关的思考过程记录	耗时 难以分析
分组任务分析	一组专家描述、讨论与某一具体专题相关的过程	获得不同的观点 与行为相关的思考过程记录	没有研究验证这一方法
叙事,场景和重要性事件报告	专家和终端用户构建故事解释一系列观察结果	提供对推理过程和隐藏知识的理解 解决定义偏差的问题	依赖于自我汇报
问卷	用户组对一个相关的专题报告信息或偏好	定量数据 容易编码	较低的返回率 反馈不能反映真实的行为
焦点小组	一组用户针对系统的特征讨论不同的问题	允许想法的交换 容易产生一系列功能和特征	某个人可能主导讨论 不利于探索具体的问题
期望和需求分析	用户组/专家针对系统的期望和需求内容进行的头脑风暴	想法的交换 确定关注点 对功能和特征的优先排序	用户报告的期望和需求可能不现实
观察和情景问答	在自然环境中观察用户与产品的交互	在自然环境中研究 定性和定量数据	耗时 依赖于观察者的详细描述
种族研究	观察用户的文化和工作环境	在自然环境中研究 利于探索新产品	耗时 难以产生其他产生设计的结果
用户日记	用户记录和评价一段时间的动作	实时跟踪 定性数据	侵入式或者难以实施 用户的输入可能延迟

（续表）

方　法	简要介绍	主要优点	主要缺点
概念整理	用户/专家建立一系列固定概念之间的关系	确定组件之间的关系帮助结构信息	分组可能不是最佳选择 结构可能过于复杂
记录文件	记录用户行为，理解用户与系统的交互	使用真实记录的行为从广泛的用户处收集数据	可能记录不相关或者错误的信息 数据不能反映认知过程

　　用户友好的专家系统外壳可以用于建立具体的专家系统。系统外壳包括独立领域的推理机制和建立知识库所需的广泛的知识表现模式。一个广泛使用的专家系统外壳是 C 语音集成生产系统（CLIPS；Giarratano 和 Riley，2004）。CLIPS 由 NASA 在 1985 年创建。这个专家系统外壳中的知识表现方式既可以是生产规则，也可以是面向目标的层级数据库，从而使得系统表现为相互链接的、模块化的组件。

　　专家系统外壳的一个优势是让某个领域的专家直接参与专家系统的建立而不是只提供知识源。这就使得更多的专家知识信息融入系统中，因为输入更加直接。Naruo 等描述了使用这种方式设计一个专家系统，用于诊断在集成电路板安装芯片时的机器故障。一个具体的知识提取过程用作组织机器设计人员的知识。这个过程耗费几周的时间，但是使用基于规则的专家系统外壳的实现只耗时一周。现场评价表明专家系统诊断芯片安装机器故障的成功率为 92%。

　　一种基于专家口头报告的替代专家系统知识的方式是让系统自己建立来自不同场景下专家行为的知识。使用基于联结主义取向的方式进行建模特别适合这个方法。因为联结主义取向的神经网络系统通过经验获取知识（Gallant，1988）。系统通过编码的输入和输出呈现，对应一系列具体问题中的环境刺激和专家行为。学习算法调整节点间连接的权重，从而与模拟的行为匹配。不同于以往的方法，联结主义取向方法不依赖于形式规则或者推理引擎，而只依赖于专家执行特定任务和不同环境场景发生的频率。

　　Hunt 描述了一些试验的结果表明联结主义取向方法的潜力。在一个试验中,要求学生想象他们正在学习如何解决内燃机故障。检查图 12.4 中的仪表,例如冷却剂温度和燃料消耗。通过读数可以诊断出四种故障(散热器、空气过滤器、发电机和垫圈)中的一种。在这个问题中,学生的表现从初始的 25% 正确率提升到最终的 75% 正确率。

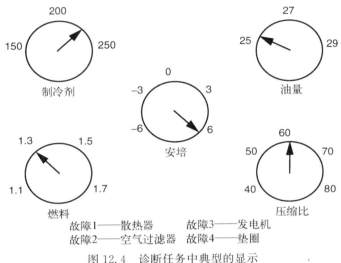

图 12.4　诊断任务中典型的显示

Hunt 基于每个学生的反应建立连接主义模型。模型准确地估计每个学生的表现,平均分类准确性为 72%。与之相对,在基于规则的系统中受访者获取的知识比例只有 55%。这些结果表明更多的信息提取客观方法,结合从专家行为中学习的系统,可以建立更好的专家系统。

3)界面设计

我们已经讨论了好的界面设计的重要性。如果界面设计不够好,专家系统带来的好处都可能消失。用户会产生差错而最终选择放弃这个系统。人为因素专家能够提供专家系统和用户应当如何交互的指南。这些指南可以确定信息呈现给用户最有效的方式。特别需要关注的是,使用系统推理这种呈现方式能够让用户更好理解。

专家系统界面通常使用两种交互模式(Hanne 和 Hoepelman,1990)。自然语言界面最常见,使用用户的自然语言呈现信息。这种界面几乎对每个用户都是友善的,但是它们可能让用户过高地估计系统的"理解力"。因为系统看起来像与用户在交谈,用户倾向于赋予系统人格化。

自然语言界面的一种替代方式是工作环境用图像化呈现。图像用户界面对沟通是有效的,例如随时间的系统变化以及解决方案的路径。一个好的设计策略是让用户在开放过程的早期参与评价预期界面的原型,因此界面决策不仅是在其余的专家系统建立之后。

4) 验证系统

即使是完美设计的专家系统也必须经过验证。在知识库中可能有差错或者在推理引擎中存在错误规则,从而会导致系统给出不正确的推荐。不正确的推荐可能是危险的,因为很多人倾向于直接采纳系统的建议。Dijkstra 让被试阅读 3 个刑法案例和辩护律师的论据,这些都是正确的。在阅读这些案例资料之后,被试咨询一个总是给出错误建议的专家系统,通过使用三种解释功能对构建专家系统的基础进行检验。被试的决定中有多达 79% 的与专家系统所给出的错误建议一致,大约超过一半的被试同意专家系统所给出的 3 个案例的建议。与之相对地,只有 28% 的被试决定既不受专家系统的影响,也不受辩护律师论据的影响。一些计算表明总是同意专家系统的被试并不研究专家系统的建议,而只是简单地信任那些建议。

系统可以通过历史数据模拟表现以及让专家对系统的推荐进行评价。因为最终系统将会被操作人员用在一个工作环境中,所以检验操作人员的行为也很重要。当不完美的系统安装完成之后很难再对其进行修改,所以对系统行为的检测以及知识验证就需要在安装之前完成。这些检测可以通过在实验室环境中建立仿真条件,以及以不使用专家系统评价操作人员行为的方式完成。

遗憾的是,专家系统的设计人员通常忽略了评价操作人员表现这个步骤,而这会导致不利的结果。Nelson 和 Blackman 评价了供核反应装置操作人员使用的两种专家系统原型。系统都使用响应树帮助操作人员监视关键的安全性功能,以及在一个安全性功能产生危险时识别一个具体的问题解决路径。一个系统需要操作人员发现组件故障时,提供关于故障的组件的输入,并且当需要时请求一个推荐;另一个系统当组件发生故障时自动进行记录,检查确定是否需要一个新的问题解决推荐,并直接进行显示。

这两个系统并没有显著地改善操作人员的绩效水平。即使是自动化系统看起来比操作人员控制的系统更加有用,也没有提升操作人员的绩效。对于操作人员控制系统,容易输入不正确的信息从而导致错误和混淆的推荐。因此我们不能认为专家系统总是能够改善操作人员的绩效水平,即使系统很容易使用。

验证过程中一个重要的部分是评价用户接受系统的程度。在工作中引入新的技术总是会由于很多原因产生疑虑、怨气和抵触。专家系统的设计人员可以通过在系统设计的各个阶段引入用户参与的方式使得不可接受的问题减至最少。他/她必须同时建立训练程序保证操作人员理解专家系统如何整合到日常的任务中。设计人员也需要建立维护程序保证系统的可靠性。最后他/她应当评价系统可能的延伸。

12.5.3　示例系统

如前所述,专家系统已成功地应用在很多领域,包括设备诊断和系统失效(Buchanan 等,2007)。最早的专家系统,MYCIN,用作诊断和治疗传染性疾病。数字设备公司成功使用 XCON 系统对用户具体需要的硬件/软件系统进行配置。电话公司使用 ACE 系统识别线路中的故障以及需要进行预防性维护的线路。虽然专家系统有自身的局限性,但它们的应用和复杂度将会在未来不断地增长。现在我们介绍两个专家系统,一个是用作诊断钢板形状的差错,一个是用作船舶设计。

1) 钢板诊断专家系统

钢板诊断专家系统(DESPLATE)用来诊断钢板形状的差错(Ng 等,1990)。再加热的钢板被轧制成规定厚度和形状,最终的成品是矩形的,但是很难轧成完美的矩形。图 12.5 给出了 5 种错误形状的实例。有些钢板可能因为存在偏差而必须裁剪成更小的尺寸,这是一个耗时又费钱的过程。因此,DESPLATE 设计用于找出具体错误形状的原因,并推荐纠正该问题的建议。

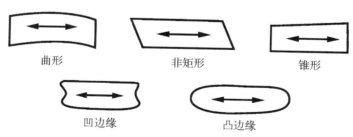

图 12.5　5 种错误的形状

DESPLATE 使用前向链接与后向链接混合的方式获得一个结论。该系统在错误钢板生产之前或者过程中通过一系列观察向用户进行提示。从观察的数据中,DESPLATE 前向链接对解析空间进行约束。如果找到一个原因,后向链接进行验证。否则仍然执行前向链接。

DESPLATE 搜索一个按层级排列的知识库,整个知识库按照检测一个差错的时间和频率进行组织。容易观察或者测试的差错比难以观察或者测试的具有更高的优先级,信息以优先级的顺序进行呈现。知识库中的信息有 3 类:① 观察或者症状,用以识别不同类型的差错;② 用于诊断差错的测试;③ 差错本身,根据特性进行层级排列。

1987 年 BHP 钢铁国际集团位于澳大利亚坎布拉港的板材产品部内安装了 DESPLATE。它能够提供针对 3 种错误形状令人满意的解决方案和推荐,包括曲形、非矩形和锥形。

2)住宿布局设计专家系统

住宿布局设计专家系统(ALDES)用于提供船舶设计过程中的专家辅助 (Helvacioglu 和 Insel,2005)。建立的任务模块提供船舶设计中 3 种任务的专业建议:① 形成一个总体的布置图;② 确定所需的最少船员人数;③ 形成住宿区域的布局。为了建立 ALDES,一个视觉程序界面外壳与 CLIPS 专家系统外壳进行匹配作为推理引擎。界面外壳提供用户数据输入,结果输出的功能,并在设计过程中维持一个目标数据库,视觉化描述布局以及执行一些基本的运算。

ALDES 中的知识来自对船舶设计人员的访谈,国内和国际规章调研,对社会准则和船舶住宿情况的检查,以及相同类型船舶的数据库。船舶表现为一个目标的层级数据库,而从专家处获得的程序化知识作为产生规则。ALDES 的推理行为通过对船舶初始原型的改进和适应实现。选择一个原型,随后将其分解成主要的一些部分,每个主要部分再分解成子部分,以此类推直到可以使用演绎逻辑对设计进行描述。

12.6　总结

在广泛的认知任务中,技能获取以有序的方式发生。在训练的初期任务表现依赖于通用的、较弱的问题解决方法。通过练习个体获得特定领域的知识和技能,能够处理当前的任务。这些知识定义了一个专家。专家所拥有的特定领域的知识以及知识的组织方式使得他们能够感知、记忆和更好地解决问题。专家的行为可以被认为是基于技能的。当专家遇到一个不熟悉的问题而需要一个新颖的解决方案时,他/她采用一系列通用的解决问题策略和心理模型。

专家系统是仿真专家的计算机程序。专家系统包含 3 个基本部分:知识库、推理引擎和用户界面。专家系统的潜在优势受到人的行为表现问题的限制。人为因素专家可以通过多种方式帮助设计决定,包括提供能够对任务成功建模的输入;从专家处提取知识的最合适方式;在知识库中呈现知识的最佳方式;用户界面中有效对话结构的设计;专家系统行为的评价以及系统和工作环境的集成。

推荐阅读

Berry, D. & Hart, A. (Eds.) 1990. Expert Systems: Human Issues. Cambridge, MA: MIT Press.

Chi, M. T. H., Glaser, R. & Farr, M. J. 1988. The Nature of Expertise. Hillsdale, NJ: Lawrence Erlbaum.

Ericsson, K. A. (Ed.) 1996. The Road to Excellence: The Acquisition of Expert Performance in the Arts and Sciences, Sports, and Games. Hillsdale, NJ: Lawrence Erlbaum.

Ericsson, K. A., Charness, N., Feltovich, P. & Hoffman, R. R. (Eds.) 2007. Cambridge Handbook of Expertise and Expert Performance. Cambridge, UK: Cambridge University Press.

Giarratano, J. C. & Riley, G. D. 2004. Expert Systems: Principles and Programming (4th ed.). Boston, MA: Course Technology.

Parsaye, K. & Chignell, M. 1988. Expert Systems for Experts. New York: Wiley.

Proctor, R. W. & Dutta, A. 1995. Skill Acquisition and Human Performance. Thousand Oaks, CA: Sage.

Sternberg, R. J. & Grigorenko, E. L. (Eds.) 2003. The Psychology of Abilities, Competencies, and Expertise. Cambridge, UK: Cambridge University Press.

第 4 部分
动作因素及其应用

13 响应选择与兼容性原则

是左发……是右发。

——David McClelland

1989 年 1 月英格兰中部坠毁航班副驾驶，

关错故障发动机之前

13.1 简介

在人机交互中，操作人员感知信息，认知处理，最终选择和执行一个动作。即使感知和认知过程能够完美地进行，操作人员仍然可能执行一个不合适或者不正确的动作。本章的引言中引用的内容描述了飞行机组关错故障发动机的情景，最终导致了飞机坠毁，这种类型的差错称为响应选择差错。响应选择差错不可能完全避免，但是合理的设计可以增加操作人员选择响应的速度和准确度。

在实验室中，使用响应时间任务对响应选择进行研究。如前所述，这些任务需要观测者对刺激做出快速的响应。我们可以区分响应时间任务中三个基本的过程（见图 13.1）：刺激识别、响应选择和响应执行。刺激识别的好坏与刺激的属性有关，例如亮度、对比度等。响应执行则与响应属性相关，例如必须进行移动的复杂度和准确度，响应选择则聚焦于如何对刺激进行快速和准确的响应。响应选择的好坏主要受到刺激集成员与对应响应的关系的影响。

图 13.1 响应时间任务的三个基本过程

如果期望某人有效地操作机器,那么他/她控制机器的界面必须设计使得显示的信息能够有效地转换为所需的控制响应。理解响应选择中包含的处理过程对于更加广泛地理解动作非常关键。本章将介绍在不同响应之间影响选择的时间的因素,以及如何设计试验评价供选择的界面。

13.2　简单反应

一些任务需要操作人员对信号做出简单的、预先确定的响应(Teichner,1962)。例如如果出现一个警报声,操作人员可能需要尽快按压按钮关闭设备。对于一个刺激事件必须进行单一的响应的情况称为简单反应任务。响应选择过程在简单反应任务中几乎不起作用,因为对于这种情况只有一种响应:不需要在多个响应中进行选择。但是即使对于简单反应,仍然需要确定是否存在刺激的问题(Rizzolatti等,1979)。

通过考虑响应过程模型可以帮助理解简单反应任务的执行。响应过程模型包含刺激随时间累积的证据,并保存在大脑中。当观测者获得刺激出现足够的证据时,可以执行一个响应(Diederich 和 Busemeyer,2003;Miller 和 Schwarz,2006)。在一些情况中,观测者在确定响应之前需要很多证据。例如,如果观测者的任务是关闭一个大型机器,并且中断生产线,他/她可能需要在响应之前非常确定信号的出现。在其他一些情况中,观测者却不需要这么多证据。因此即使在简单反应任务中不需要进行响应选择,反应时间仍然受到响应所需的证据数量的影响。

在简单反应任务中的反应时间更容易受到刺激因素的影响。随着刺激显著度的增加,反应时间逐渐减少。使得刺激显著度增加的方式有多种。例如,随着视觉刺激的亮度、大小和时长的增加,反应时间会缩短(Mansfield,1973;Miller 和 Ulrich,2003;Teichner 和 Krebs,1972)。对于视觉刺激最快速的简单反应大约为 150 ms,而对于听觉和触觉刺激大约为 120 ms(Boff 和 Lincoln,1988)。回忆一下包含刺激随时间累积的证据的模型、刺激因素,例如强度,主要影响刺激累积信息的呈现速率。与该模型相一致,如果两个或者多个冗余信号同时呈现(如听觉刺激和视觉刺激),那么反应时间更快,因为这能够更快地对信息进行累积。

另一个影响简单反应时间的因素是观测者是否准备好对刺激进行响应。当观测者没有准备好,他/她的响应时间会比准备好的耗时更长。在一些情况下(如在大部分的实验室试验中),观测者会准备好,或者被告知警告信号即将出现。一个警告信号可以增加操作人员准备的状态,减少响应所需的证据数量。但是对响应的准备需要集中注意力。当观测者必须同时进行其他任务时,简单反应会显著变慢(Henderson 和 Dittrich,1998)。

13.3 选择反应

通常,当需要做出一个动作时,操作人员需要在多个选项中进行选择。需要在多个可能的响应中进行选择的情景称为选择反应任务。在大部分的选择反应任务中,对很多不同的刺激可以做出多种响应。例如,一些不同的听觉告警信号可以用在过程控制室中,每一个信号都有自己指定的响应。当出现一个告警音,控制室操作人员必须进行识别,并选择合适的动作步骤。

对响应选择的研究大部分开展于要求对多个可能的刺激中的一个做出多种响应中的一个响应的任务中。大部分的影响简单反应时间的变量,例如刺激强度和准备状态,也会影响选择反应的时间。此外其他因素也很重要,例如相对强调速度或者准确性、警告间隔、不确定性、刺激与响应的兼容性以及练习。

13.3.1 速度-准确性权衡

在一个简单反应任务中,不会选择一个不合适的响应,因为这种任务只有一个响应;差错是没有响应或者在错误的时间响应。但是,在选择反应任务中,可能会选择一个不合适的响应。在选择反应任务中做出响应的时间依赖于选择准确性的程度。例如,如果准确性没有问题,不管你何时检测到刺激出现,都可以做出期望的任意响应(极端强调速度,见图 13.2)。你可以简单地猜测合适的响应,这样便能够做出快速的响应,但是准确性不高。相反,也可以等到你确定能够识别刺激以及相应的响应(极端强调准确性,见图 13.2),你的响应可能较为缓慢,但是准确性却非常高。

在这两个极端之间,你可以选择任意等级的速度,从而对应相对等级的准确性,反之亦然。图 13.2 中速度和准确性之间的关系函数称为速度-准确性权衡(Osman 等,2000)。速度-准确性权衡函数表明在一个单一的选择情景中可以获得不同的速度和准确性的组合,这类似于受试者工作特征曲线(ROC),显示给定灵敏度情况下不同的命中率和误报率。与 ROC 相同,速度-准确性函数曲线上点的选择受到例如指令和收益的影响。某人的速度-准确性标准可以通过增加不同的响应限制或者在刺激发生后,在不同的延迟情况下呈现信号的实验方法进行控制(Boldini 等,2004)。

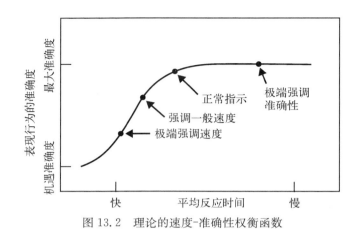

图 13.2　理论的速度-准确性权衡函数

考虑速度-准确性权衡最简单的方式是通过信息累积模型,类似于简单反应任务(Van Zandt 等,2000)。假定对于每个响应证据的累积和存储是独立的,并且当证据累积足够时选择该响应。基于少量信息做出的响应是快速的但不够准确。此外,类似于信号检测理论中的准则反映观测者回答"是"或者"否"的偏好,不同响应的证据数量阈值也反映了观测者的偏好。较低的阈值体现了对该响应较高的偏好。对于人为因素学,速度-准确性权衡的主要应用是可能影响信息累积有效性的变量,或者每个响应所需的证据数量阈值。

酒精对个体的速度-准确性权衡有显著的影响(Rundell 和 Williams,1979)。在一项针对酒精影响的研究中,被试执行一个两项选择任务。要求他们对低频音调或者高频音调分别按压左侧按键和右侧按键。通过让被试以 3 种不同的速度(慢、中、快)进行响应,形成每个人的速度-准确性权衡函数。在试验之前饮酒的被试做出响应的速度与未饮酒的被试相当,但是差错率较高。速度-准确性权衡函数的形状显示酒精会干扰信息的累积。这些结果表明酗酒者应当更慢地做出响应,以避免产生差错。

13.3.2　时间不确定性

正如我们在简单反应中所介绍的,关于将要发生的刺激的知识也影响选择反应中响应的速度。如果某人知道刺激将在某个特定的时刻发生,他/她就可以做准备。Warrick 等让秘书对嗡鸣声做出响应,按压他们打字机左侧的一个按键。告知其中一半的秘书嗡鸣声将出现,而未告知另一半。嗡鸣声在 6 个月中每周响一次或者两次。他们的响应时间在 6 个月中逐渐降低,但是未被告知的秘书的响应时间总是比被告知的秘书慢约 150 ms。

在实验室中,预备的影响通过改变警告信号和观测者响应的刺激之间的时间差进行研究。我们可以通过响应时间和警告语刺激之间时间差的关系绘制"预备函数"。图 13.3 中的数据来自 Posner 等的研究数据。他们让观测者对于出现在垂直线左侧或者右侧的"X"使用左侧或者右侧的按键进行响应。在每一次试验中,要么没有警告,要么在"X"出现之后的变化延迟时产生一个的警告语音。图 13.3(a)表明反应时间与警告间隔的关系成"U"形,当警告音提前于刺激 200 ms 时,响应速度最快。这个函数非常典型,在警告间隔处于 200～500 ms 之间时,反应时间减少到最低,之后随着间隔的变长而增加。心理生理和行为证据都表明"U"形的预备函数并非由于包含执行响应的处理过程(Bausenhart 等,2006;Müller-Gethmann 等,2003)。

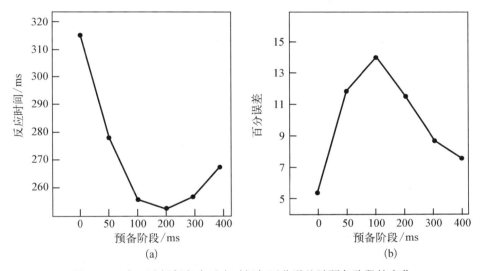

图 13.3　在双选择任务中反应时间与百分误差随预备阶段的变化

但是需要指出,如图 13.3(b)所示,在这项研究中差错比例与反应时间相反。随着警告间隔的增加,差错先增多后减少。较慢的响应时间对应较高的准确性,表明了速度-准确性权衡关系。依据之前描述的信息累积模型,这个结果意味着准备好进行响应会形成较低的响应阈值,但不会提升信息累积的效力。

有时警告信号是指操作环境中的告警信号(Gupta 等,2002)。某个信号的有效性,或者信号如何改善对事件的响应,依赖于操作人员的响应时间。如果必须快速进行响应,处理告警信号会占用原本用于处理和响应事件的时间。Simpson 和 Williams 让航线飞行员在飞行模拟器中飞行时对一个合成语音消息进行响应。从消息发生时测量的反应时间，当消息前 1 s 出现一个告警音时，反应时间比没有告警音时更快。但是，当考虑告警音的额外时间时，总响应时间则变长（见图 13.4）。因此，Simpson 和 Williams 总结在驾驶舱环境中，对于合成语音消息不需要提供一个额外的告警音。

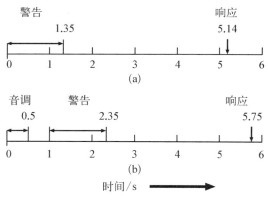

图 13.4　两种响应时间

（a）响应警告消息的平均时间　（b）在警告前出现一个告警音调的平均响应时间

13.3.3　刺激-响应不确定性

我们在第 4 章中介绍的信息论阐述了一系列刺激或者响应中的信息量随着可能的选择数量和对应的概率而变化。信息论流行的一个原因是选择-反应时间与信息传输数量呈线性关系，这种关系称为 Hick 定律，或者 Hick-Hyman 定律。为了理解 Hick-Hyman 定律，需要重点理解的是在信息论中计算的"信息"实际上是对不确定性的测量：随着不确定性的增加，反应时间也增加。

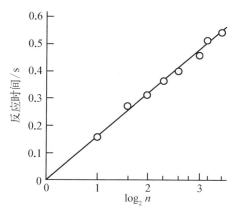

图 13.5　随选项数量增加的反应时间变化

Hick 将 10 个小灯安置在一个不规则的圆环中，并提供 10 个对应的响应按键。当一个小灯亮时，按压对应的按键。在不同的实验设计中，可能的刺激从 2 到 10 变化。反应时间与刺激集中信息量呈线性关系（见图 13.5）。

在 Hick 的试验中刺激出现的频率相等，并且没有响应差错发生。如果没有差错那么信息就完美地传递，且传递的信息量等于刺激的信息量。如果存在差错,传递的信息量取决于刺激-响应频率。因此在第二个试验中,Hick 鼓励被试更快地进行响应而较少地考虑准确性。反应时间的减少与传递信息量的减少保持一致。

当一些刺激出现的频率高于其他的刺激时,信息量(不确定性)也会减少。Hyman 发现当不确定性降低或者引入顺序依赖关系,平均反应时间仍然与传递的信息量呈线性关系。

Hick-Hyman 定律表示为

$$反应时间 = a + b[T(S, R)]$$

式中,a 为反映感觉和运动因素的常数;b 为传递 1 bit 信息的时间;$T(S, R)$ 为传递的信息。

Hick-Hyman 定律适用于很多其他选择-反应任务的数据,但是信息传输速率与特定任务紧密相关。Hick-Hyman 定律的一个通用观点是在大部分的情况下,对于每增加 1 倍的独立信号与相应的响应,操作人员的反应时间的增加是固定值。选择越少,操作人员的响应越快。

Hick 和 Hyman 的研究重新燃起了对选择反应时间的兴趣。早在 19 世纪晚期和 20 世纪早期,科学家就对选择反应时间进行了广泛的研究。很多追随 Hick 和 Hyman 的研究关注于 Hick-Hyman 定律的适用范围。例如,Leonard 指出虽然 Hick-Hyman 定律描述了信息对响应时间的影响,一种基于信息论的二元决策模型不能解释人们如何在选择-反应任务中进行响应。

Usher 等(Usher 和 McClelland,2001)发现 Hick-Hyman 定律适用于被试对所有的刺激-响应集合期望保持一个固定等级的准确性。他们认为人们使用上述信息累加机制从 N 个可能的响应中选择一个:首先会选择达到阈值的响应。较低的阈值会产生较快的响应,反之亦然。因为在刺激出现之后,很快就能够达到低的阈值。但是不管什么样的信息出现时,较低阈值的选项都容易达到,因此这些选项更容易被错误地选择,导致较高的差错率。

随着响应选择数量的增加,必须增加另外一种累加机制。因此每个额外的选项都会增加选择不正确响应的概率。为了防止较高的差错率,所有的响应阈值都必须向上调整。Usher 等认为如果响应个数 N 的增加与阈值的增加保持对数关系,那么差错的概率不会增加。阈值的对数增加会导致反应时间的对数增加。因此,Hick-Hyman 定律是随着可能的响应数的增加,人们努力不犯更多差错的副产品。

虽然反应时间通常随着刺激-响应选项的增加而增加,Hick-Hyman 函数的斜率不是固定值,通过足够的练习可以减少到几乎为零(Mowbray,1960;Mowbray 和 Rhoades,1959;Seibel,1963)。此外,对于高度兼容的刺激-响应映射,即使不经过练习斜率也可以几乎为零。Leonard 使用指尖振动作为刺激,被刺激的手指的凹陷作为响应对上述的结论进行了证明。在这些触觉刺激中,随着选择数从 2 增加到 8,反应时间并没有系统性地增加。我们在需要眼部移动到视觉刺激位置的任务中(Kveraga 等,2002),以及需要说出数字或者字母的名字的任务中(Berryhill 等,2005)也没有发现刺激-响应不确定性对反应时间的影响。所以对于高度兼容和高度熟练的刺激-响应关系,选项的数量几乎没有影响。

13.4 兼容性原则

13.4.1 刺激-响应兼容性

与 Hick 和 Hyman 同时期的 Fitts 和 Seeger 开展了另一项经典的选择-反应研究。他们使用 3 种不同的刺激和响应集合,所有都包含 8 个选项。因此,在每个集合中包含的刺激数量和响应信息都相等。刺激集合的差异在于信息显示信号的方式,如图 13.6 所示。对于集合 A,8 个小灯中的任意一个会亮起;对于

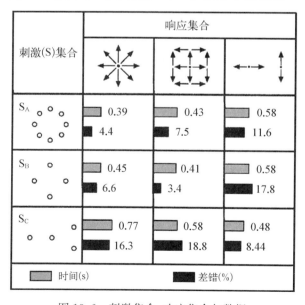

图 13.6 刺激集合、响应集合与数据

刺激集合 B 和 C,任意的 4 个小灯或者任意的 4 对小灯会亮起。3 种响应集合与显示相对应。对于集合 A 和 B,要求被试移动一个单独的触针到目标位置,而对于集合 C,移动两个触针到目标位置。对于响应集合 A,在一个圆形结构中,存在 8 个位置;对于响应集合 B,同样有 8 个位置,但是通过选择沿起始点的四条路径中的一条进行移动做出响应;对于响应集合 C,左手边是上-下的位置,而右手边则是左-右的位置,以及通过双手的移动组合发出 8 个响应信号。

在这个研究中,对成对的刺激集合与自然对应的响应集合的响应更快,更准确。Fitts 和 Seeger 将这种现象称为**刺激-响应(S - R)兼容性**,并将其归结为基于刺激集合与响应集合空间位置的认知表现或者编码。

在第二个经典的研究中,Fitts 和 Deininger 在一个单一的刺激和响应集合(来自之前研究中的圆形集合)中对刺激与响应的映射进行控制。操作人员的任务是当出现一个刺激时,将触针移动到分配的响应位置。刺激-响应分配有 3 种方式:直接、镜像和随机。在直接分配中,每个刺激的位置对应响应的位置。在镜像分配中,左侧刺激位置分配给对应的右侧响应集合,反之亦然。最后,在随机分配中,在刺激和响应之间不存在系统性对应关系。研究结果表明,在直接分配中的响应比镜像分配更快,更准确。更令人吃惊的是,在随机分配中的反应时间和差错率是镜像分配中的 2 倍。

Morin 和 Grant 之后研究了相对兼容性的影响。他们让被试使用按键的组合响应排列成排的 10 个小灯。当刺激与响应位置间存在直接对应关系时,响应最迅速(见图 13.7)。当刺激和响应位置成完美的镜像关系时(即如果出现最左侧的刺激,那么做出最右侧的响应),响应也很迅速,这与 Fitts 和 Deininger 的研究结果保持一致。当刺激-响应对应关系由相关系数定量化时,他们发现相关系数越接近零,反应时间越长。这些结果表明当一个简单的原则能够描述刺激与响应之间对应关系时,人们可以在两者间做出快速转换(Duncan,1977)。这些结果还表明相关系数可以为真实世界场

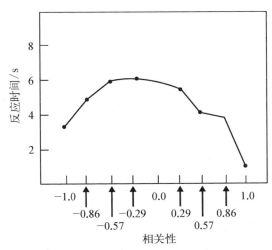

图 13.7 反应时间随刺激与响应之间位置的相关性变化

景中的刺激-响应提供兼容性的测量(Kantowitz 等,1990)。

在这些早期的刺激-响应兼容性的试验中,证明了很多基础的、应用性的兼容性效应(Proctor 和 Vu,2006)。这些兼容性研究对显示和控制面板设计有影响。其中最重要的是当控制器将和显示原则在空间上存在兼容性时,机器操作最容易实现。一个经典的兼容性原则的应用证明来自 Chapanis 和 Lindenbaum 以及 Shinar 和 Acton 关于四个燃烧炉排列的研究。通常的设计是两个后置燃烧炉位于两个前置燃烧炉的正后方,而控制器件则线性排列[见图 13.8(b)～(e)]。对于这些设计,控制器件和燃烧炉之间没有明显的相关性,所以厨师在选择合适的燃烧炉时会产生混淆。但是,通过将燃烧炉沿左-右顺序交错地排列[见图 13.8(a)],每个控制器件的位置直接对应燃烧炉的位置,而控制器件和燃烧炉之间的混淆也会减少。

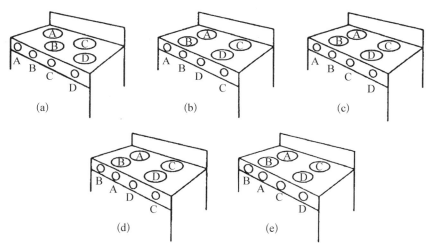

图 13.8　控制器件和燃烧炉的位置关系

1) 相对位置编码

研究刺激-响应兼容性的广泛的程序是一个双选择任务。在这个任务中,视觉刺激呈现在中央注视点的左侧或者右侧[见图 13.9(a)和(b)]。在可兼容性的条件下,观测者通过左侧按键响应左侧刺激,通过右侧按键响应右侧刺激。在非兼容性情况下,刺激位置与响应按键的排列是相反的。在双选择任务中,当响应与刺激位置兼容时,响应更快,更准确(Proctor 和 Vu,2006)。

当刺激的位置不能决定正确的响应时,刺激-响应兼容性效应也会发生(Lu 和 Proctor,1995)。例如,如果操作人员需要对一个指示灯的颜色进行响应,那

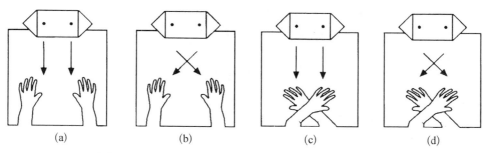

图 13.9　双选择任务中刺激与响应的一致性与不一致性
(a)(c) 一致性　　(b)(d) 不一致性

么指示灯的位置也会对操作人员的响应产生影响。更加具体地,假定需要对红灯做出一个响应,对绿灯做出另一个响应,而这些灯会出现在中央注视点的左侧或者右侧。如果通过按压右侧的按键响应红灯,通过按压左侧的按键响应绿灯,那么当红灯出现在右侧或者绿灯出现在左侧时,被试的响应最快。灯的位置与响应之间的空间一致性影响称为 **Simon 效应**(Simon,1990)。注意 Simon 效应是刺激-响应兼容性的一个具体形式,当刺激的位置与响应不相干时会出现。我们将在本章的后续内容中继续介绍 Simon 效应。

当操作人员使用左手和右手操作左侧按键和右侧按键时,可以认为左侧响应位置与右侧响应位置之间的差异是左手与右手区别的冗余。这意味着我们不知道刺激-响应兼容性是否由于响应的位置或者做出响应所使用的手。为了确定哪一个因素更重要,可以将左右手交叉,使得左手响应右侧位置,右手响应左侧位置。在这种组合中,当刺激与响应位置直接关联时,响应仍然很迅速(Brebner 等,1972;Roswarski 和 Proctor,2000;Wallace,1971)。这意味着响应位置比执行响应的手更加重要。甚至当操作人员手持触针交叉按压按键时,刺激与响应位置的一致性优点也会显现(Riggio 等,1986)。

在很多场景中研究了空间刺激-响应兼容性效应(Heister 等,1990;Reeve 和 Proctor,1984),甚至研究了当"左侧"和"右侧"刺激或者响应位置并非与人体位置进行相关定义的情况(Nicoletti 等,1982;Umilta 和 Liotti,1987)。换而言之,并非刺激和响应的绝对物理位置决定了兼容性程度,而是两者之间相对的位置。这些研究与之前的研究表明刺激与操作行为通过相对的位置进行明确的心理编码(Umilta 和 Nicoletti,1990)。

当刺激和/或响应并非位于物理空间中时,刺激-响应兼容性效应同样也会出现。例如,当"左侧"和"右侧"单词对应于左侧按键和右侧按键或者"左边"和

"右边"的声音响应时,被试的响应很迅速(Proctor 等,2002)。当在固定位置呈现左和右指针时,也会得到相同的结果(Proctor 和 Wang,1997)。甚至当刺激沿垂直方向变化以及刺激沿水平方向变化时,也能获得相同的结果(Cho 和 Proctor,2003)。此外对于各种非空间刺激和响应维度,兼容性效应也会出现,例如数量表征(如出现一个或者两个短暂的刺激映射到按压一个单独的按键一次或者两次;Miller 等,2005)。这些结果表明只要刺激集合与响应集合的认知表现存在相似性时,刺激-响应兼容性效应就会发生。

2)理论解释

大部分的刺激-响应兼容性依赖于通过感知和概率特征对刺激和响应进行编码的思想。当刺激集合和响应集合的特征维度存在相似性时,会引起一定程度的刺激-响应兼容性(称为维度重叠;Kornblum,1991)。只要刺激-响应在概念上发生维度重叠,就会引起兼容性效应。例如,刺激与响应都可以通过左与右的概念进行定义,如果刺激使用"左侧"和"右侧"词汇,并且响应通过左侧按键、右侧按键实现,那么就会产生兼容性效应。但是,当维度同时也是物理相似时,兼容性效应最强。例如,将响应从左右按键换成说出"左侧"和"右侧"单词时,会引起更强烈的兼容性效应(Proctor 和 Wang,1997)。

Kornblum 和 Lee 描述了刺激和响应相似的另一种方式,称为结构相似性。结构相似性可以通过以下的实例进行证明。字母 A、B、C 和 D 以及数字 1、2、3 和 4 具有共同的自然顺序,而不依赖于概率相似性和或者物理相似性。字母 A、B、C 和 D 可以作为刺激,而直接让被试响应"1""2""3"和"4"。当分配与自然顺序保持一致时,即 A 对应"1",B 对应"2"等,响应最快、最准确。当人们进行刺激与响应维度不相关的二元决策时,结构相似性是引起兼容性效应的原因(如上下刺激位置映射左右响应;Proctor 和 Cho,2006)。

刺激-响应兼容性的形式模型关注于当发生刺激和响应维度重叠,操作人员在选择响应时进行的计算。这些明确定义的模型可以在应用场景中预期人们的表现。

Rosenbloom 建立了一个刺激-响应兼容性模型,将兼容性效应归结于进行响应选择时需要的转换次数。该模型"基于人们通过执行算法(或者程序)表现任务的反应时间的假设"(Rosenbloom,1986)。这种类型的模型包括 GOMS 模型(Kieras,2004),其中 GOMS 表示目标、操作人员、模型和选择规则。当使用这类模型解释兼容性效应时,研究人员必须首先进行任务分析确定可以用作执行任务的算法。较低刺激-响应兼容性的任务比较高刺激-响应兼容性的任务需要使用更多步骤的算法。在分析任务之后,研究人员必须估计算法中每个操作所需的时间。基于这些估计研究人员可以预计兼容性效应对响应时间的影响程度。框13.1描述了这种方法的一个应用,用作估计从缩写到命令名称的替代映射的兼容性程度,这是人机交互中的一个典型问题。

框13.1　人机交互中的兼容性效应

刺激-响应兼容性问题通常出现在人机交互(HCI)过程中(John等,1985)。很明显空间关系会影响表现,这同样适用于空间关系。例如很多应用使用了缩写的命令,如"DEL"或者"INS",表示"删除"或者"插入"。John等在一个简单的实验中检验了人们理解缩略语的程度。

在实验中,一个拼写的命令出现在显示器上(如"delete"),要求被试尽可能快地输入该命令的缩写。John等观察两种缩写方式:**元音删除**,表示将单词中的元音删除,从而形成缩略语(如 **delete** 缩略成 **dlt**);**特定字符**,表示使用单词的第一字母,再在字母之前增加一个任意的特殊字符(如 **delete** 缩略成/**d**)。每名被试也执行一个无缩写输入(如输入单词 **delete** 作为对 **delete** 命令的响应),以及一个无意义缩写输入(如输入一个指定的无意义的三个字母代表 **delete** 命令)。在测试之前,每名被试都学习和练习缩略语。他们的输入时间记录为初始的响应时间(按压第一个键的时间)和执行时间(按第一个键到最后一个键之间的时间)。

在无缩写条件下,初始响应时间最短(842 ms),随后是元音删除条件(1 091 ms),无意义缩写条件(1 490 ms),以及特定字符条件(1 823 ms)。在特定字符条件下,执行时间最短(369 ms),随后是无意义缩写条件(866 ms),无缩写条件(131 ms),以及元音删除条件(1 394 ms)。

通过分析人物和关注被试的执行行为,John等描述了被试从刺激呈现到完成响应执行过程中的处理步骤。他们认为被试使用了四种方式的操作:感知(单词识别)、映射(或者认知;找出一个缩写)、提取(从记忆中提取信息)以及动作(输入响应)。每个任务需要这些操作的不同组合(尽管所有的任务都需要使用感知)。John等估计每个映射行为需要花费60 ms,每个提取行为需要花费1 200 ms,而每个动作行为则需要花费120 ms。

　　John 等的数据表明特定字符映射比元音删除映射更加复杂。他们对任务与完成任务步骤的检验揭示了字符映射的复杂程度,并解释了在初始响应时间和执行时间的变化原因。

　　John 等在算法上解释行为表现,即具体强调完成任务的数量和步骤。John 和 Newell 使用相同的方法评价两个额外的缩写规则:最小区分原则,使用最少的字母区分集合中的命令(如对于 **define** 使用 **def**,对于 **delete** 使用 **del**),以及两字母异常截断(如对于 **define** 使用 **de**,对于 **delete** 使用 **dl**)。在很多应用中,广泛使用了最小区分原则,例如键盘上的快捷键可以代替指针命令。虽然在这些任务中的算法与之前的实验不同,但是也使用了之前对初始响应和执行时间估计的研究中映射、运动以及提取的相关数据。从算法中推导出的估计与人们的响应时间非常匹配,即使完全依赖之前的实验结果。

　　当我们需要对计算机应用设计进行决策时,这类工作到底有多重要? John 和 Newell 将这些实验的结果应用到一些转录输入任务,以及刺激-响应兼容性任务中。他们发现即使对于与之前实验完全不同的任务,也可以依据四种操作方式建立合适的算法估计响应时间。这样的估计与真实行为的偏差小于 20%。因此,这样的工具可以让设计人员感受到哪些类型的"小工具"最容易使用,哪些类型的命令最容易输入,虽然最终的设计必须依赖于详细的测试。这种类型的设计工具将在第 19 章中进行更详细的介绍。

　　Rosenbloom 的模型是称为"单一路径"模型的一个实例。在这些模型中,响应选择是选择指示响应的一种意识加工过程。虽然这类模型可以表示很多兼容性效应,他们并不能提供对 Simon 效应现象的解释。在 Simon 效应中,刺激维度与任务不相关。因此最有效的刺激-响应兼容性模型是"双路径"模型。这些模型不仅包括意识加工过程,还包含自动响应-选择机制。

　　Kornblum 等提出一个双路径维度重叠模型。在这个模型中,刺激会自动激活最兼容的响应,不管响应是否正确。正确的响应通过有意的响应-选择路径方式进行识别。如果自动激活的响应与有意路径识别的响应不同,那么必须在正确的响应能够被编程和执行之前对自动激活的响应进行抑制。与正确响应矛盾时抑制自动激活的响应解释了 Simon 效应。响应抑制和有意响应-选择路径所需的时间都会引起模型中相关刺激维度的兼容性效应。

Hommel 等建立了**事件编码理论**,用以解释更普遍的感知-动作之间的关系,包括刺激-响应兼容性效应。这个理论认为刺激和响应编码共享了能够为感知、注视和动作提供帮助的认知系统。这个理论强调的结构称为事件编码或者事件文档(Hommel,2004;Hommel 等,2001)。文档是临时的,是定义事件的特征链接集合(Kahneman 等,1992)。Homme 等提出在事件文档中刺激和相应的响应被编码成链接的以及集成的特征。事件文档对应的特征对于其他的感知和动作并没有那么有效。

这个模型对事件编码的通用表征系统的强调意味着动作应当影响感知。这种预期在很多研究中被证实。这些研究表明人们不太可能识别一个简短呈现的刺激,当这个刺激中包含与预备的响应兼容的特征时,这种现象称为对响应-可兼容刺激的盲视(Müsseler 和 Hommel,1997;Wühr 和 Müsseler,2001)。

事件编码理论同样也强调通过动作的影响对动作进行编码。Kunde 开展了一项实验让被试使用四个手指中的一个按压按键响应四种不同颜色的刺激。按压按键会使得显示底部一排四个小盒中的一个弹出。弹出的小盒称为响应的效应。在一种条件下小盒的位置与按键的位置对应,而在另一种条件下则不对应。在存在响应效应的情况下,响应更加快速,即使效应直到按压按键之后出现。如果对于动作没有进行效应编码,那么小盒的位置不会影响响应时间。

13.4.2 刺激-中央处理-响应兼容性

大部分的刺激-响应兼容性研究关注于与刺激响应相关的简单规则适用的场景(Kantowitz 等,1990)。但是,通过将兼容性效应归结于用以表现刺激和响应集合的认知编码,这意味着中央认知过程必须对效应负责。因为在响应选择中,认知的角色对不包含简单规则或者响应趋势的复杂的任务更加重要。Wickens 等使用刺激-中央处理-响应(S-C-R)兼容性强调中央处理。中间的处理过程(C)反映了操作人员对任务的脑力模型。兼容性的程度取决于刺激和响应在脑力模型特征上的对应。

Wickens 等围绕注意力的多资源观点构建了刺激-中央处理-响应兼容性理论,从而强调了任务中认知编码(听觉和视觉)的重要性。他们提出编码必须与输入和输出模型相匹配,使得刺激-中央处理-响应的兼容性最大化。Wickens 等证明了使用听觉编码的任务呈现最适用于语音刺激与响应,而使用空间编码的任务呈现最适用于视觉刺激与手动响应。Robinson 和 Eberts 在模拟驾驶舱环境中获取了与刺激-中央处理-响应兼容性理论一致的证据。合成语音显示或者图形显示可以用于呈现紧急的信息。根据刺激-中央处理-响应兼容性理论，当手动进行响应时，图形显示比语音显示更加快速。

Greenwald 提出当刺激与响应具有观念运动兼容性时，它们之间的兼容性最强。观念运动反馈是指来自动作的感受。当刺激的模态与响应的观念运动反馈相同时，刺激与响应具有较高的观念运动兼容性。例如，当需要对听觉字母（耳机播放字母"A"）进行口头响应（说出"A"）时，观念运动兼容性高。Greenwald 开展了一项实验，通过视觉或者听觉呈现字母，让被试用语音说出或者书写的方式进行响应。他发现当听觉字母与语音说出相对应，或者视觉字母与书写方式相对应时，响应时间最短。当响应模式与刺激模式相反时，响应时间较长。

Eberts 和 Posey 对刺激-中央处理-响应兼容性理论进行了扩展，强调在解释兼容性效应中脑力模型的重要性。特别地，他们提出能够准确体现任务概念关系的较好的脑力模型应当实现更好的、更加有效的表现行为。Eberts 和 Schneider 开展了一系列的针对复杂控制任务的研究。他们发现当在训练中融入合适的脑力模型时，人们的表现会更优秀。通过这些实验以及 John 与 Newell 关于人机交互中的兼容性效应的研究，我们知道兼容性效应会影响比实验室研究更加复杂的各种各样的任务。

13.4.3　练习与响应选择

类似于其他的人类活动，选择响应任务的行为可以通过练习进行改善。但如第 12 章指出，当刺激与响应的映射不同时优势会变小。例如，Reynolds 和 Tansey 引用心理学家 Richard Gregory 的表达：

> 具有刹车踏板和加速器的矿车是一个非常有名的例子——当向一个方向运动时，加速器在右侧，而刹车踏板在左侧——但是如果向另外一个方向运动时则相反——驾驶员需要坐在不同的位置使用相同的踏板。不管是否相信，这导致了很多事故的发生。

当刺激-响应的映射不经常变化，符合第 12 章中描述的幂指数定律的特征时，表现行为能够改善（Newell 和 Rosenbloom，1981）。这意味着虽然表现行为可以无限地持续改善，但是当个体一直执行该任务时，固定数量练习的优势会减少。此外。因为对于有多种刺激-响应选项的任务，练习效应更加明显，随着个体的不断练习,表示反应时间与选项数量关系的 Hick-Hyman 定律函数斜率逐渐变小(Teichner 和 Hrebs,1974)。

Crossman 的一个经典的研究阐述了通过练习人的行为能够提高的程度。他检验了操作人员在手动操作机器上制作雪茄的时间。根据操作人员的经验进行测试,经验等级范围从新手到具有 6 年的操作经验。依据幂指数函数,到第四年操作人员的表现速度增加,意味着操作人员的速度比机器的速度更快。换而言之,机器比操作人员更早达到极限。

Seibel 对 10 个水平小灯的点亮进行了 1 023 个选择的反应任务。他按压每个通过小灯指示的响应按键作为响应。初始阶段,他的平均反应时间超过 1 s,但是经过 70 000 次练习后,反应时间减低到 450 ms。如图 13.10 所示,随着不断的练习,绩效水平持续提升。

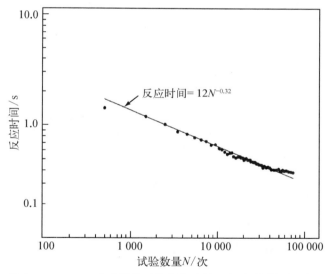

图 13.10　1 023 个选择的反应任务中练习与反应时间的关系

有一些研究解释了随着操作人员熟练执行一个任务,响应-选择过程如何变化。幂指数定律体现了一个逐步从未训练到经过练习的状态,使得一些人认为训练效应是随时间定量变化的。例如,在第 12 章中介绍的生产系统中,随着程序数量的增加,可能会引起变化(Rosenbloom,1986)。另一方面,在训练结束时使用的程序与开始时使用的程序不同时,会发生随时间的定性变化(Teichner 和 Krebs,1974)。

通过训练不仅使得响应变快,还会减少刺激-响应兼容性效应。但效应不会完全消失(Dutta 和 Proctor,1992)。例如,Fitts 和 Seeger 发现对于显示-控制器件不兼容的布局以及兼容的布局,在经过 16 次试验后,前者的响应仍然显著慢于后者。这些结果与 Eberts 和 Posey,以及 Gopher 等提出的即使经过充分的练习,操作人员的心理表征在刺激和响应的转换中仍然扮演重要角色的结论保持一致。虽然我们还不知道为什么刺激-响应兼容性效应一直存在,需要记住的是显示-控制器件不兼容性导致的绩效水平降低不能通过练习完全消除。

13.5　不相关的刺激

　　之前的章节讨论了由于与任务相关的刺激与响应集合特征,兼容性对表现行为的影响。之前我们还介绍了与兼容性效应类似的 Simon 效应,但是形成Simon 效应的因素与任务不相关。研究表明 Simon 效应概括了各种感觉方式;Simon 的初始实验使用听觉刺激:被试基于出现在左耳或者右耳中的高频音调或者低频音调做出左侧或者右侧的响应。最初 Simon 提出对于听觉刺激效应反映了方向,或者响应的固有趋势(Simon,1969)。当这种响应趋势与正确的响应发生冲突时,例如,当检测到一个左侧的刺激,但是要求一个右侧的响应,必须在做出正确响应之前对左侧响应的趋势进行抑制。对 Simon 效应的另一种解释认为这种响应具有竞争性,自动激活对应刺激位置的空间响应编码,从而当产生错误的编码被激活时会产生干扰(Umiltà 和 Nicoletti,1990;Kornblum 等,1990)。

　　位置编码的自动激活归结为高度过量学习的,甚至可能是固有的刺激与响应位置之间的相关性(Barber 和 O'Leary,1997)。例如其他的刺激-响应兼容性效应,即使经过大量的联系 Simon 效应仍然存在。但是,通过提前练习刺激位于响应位置不兼容的双选择任务,可以逆转 Simon 效应(Proctor 和 Lu,1999;Tagliabue 等,2000)。因此,操作人员在特定环境中的经验可能逆转设计人员期望的空间对应带来的优势。

　　在很多情况下,很多的参考框架可以用作对刺激和响应的位置进行编码。例如,刺激位置可以编码为人体中心线的左侧或者右侧,或者计算机屏幕上一根线段的上方或者下方。强调不同参考坐标和指示的相对显著性可以确定哪一个参考框架对表现行为的影响最严重。例如在驾驶过程中,顺时针转动方向盘通常会使车辆右转。但是,当握住方向盘底部顺时针转动时,手向左侧运动,这与车辆右转相反。如果我们观察在这种情况下,人们如何对响应编码,就会发现大约一半的人会使用基于方向盘的参考坐标,而另一半则用手作为参考坐标

(Guiard,1983;Proctor 等,2004)。但是,如果让驾驶员在一种刺激下左转方向盘,在另一种刺激下右转方向盘,每个人都使用基于方向盘的参考坐标。对于刺激和响应位置可以通过多参考坐标编码的情况,如果我们知道哪种坐标系能够主导编码,我们就可以预期兼容性最好的映射。

与 Simon 效应紧密相关的一个现象是 Stroop 效应(Stroop,1935/1992)。被试执行一个 Stroop 任务,任务中给出一个颜色的单词,与实际的颜色可能不一致,要求被试说出实际的颜色。例如,单词"绿色"可能使用红色显示,被试应当说出"红色"。当单词与实际颜色发生矛盾时,出现 Stroop 效应。对于上述的情况,被试很难准确地说出"红色"。在很多任务中都会发生 Stroop 干扰,不仅是在颜色领域(MacLeod,1991)。Stroop 效应与 Simon 效应的差异在于 Stroop 效应来自刺激维度的矛盾,而 Simon 效应则来自响应维度的冲突。对 Stroop 效应的解释更倾向于关注响应竞争,这与对 Simon 效应的解释很类似(DeHouwer,2003)。

最后一个相关的现象称为 Eriksen 侧边效应(Eriksen,1974)。要求观测者识别一个呈现在注视点的目标刺激(通常是一个字母)。在大部分的实验中,目标的每一边都被不相关的字母包围。例如,要求观测者看到字母 H 时,按压左侧按键,看到字母 S 时,按压右侧按键。在这个实验中,观测者可能会看到字母串"XHX",或者"SHS"。对字母串"SHS"的响应,相较于对字母串"XHX"的响应更缓慢,更加不准确。对这种效应的解释又一次包含了响应竞争(Sanders 和 Lamers,2002):字母 S 激活右侧的响应,并且这种激活必须在左侧响应做出之前减弱或抑制。

所有的这三种效应,Simon、Stroop 和 Eriksen 侧边效应,表明当不相关的刺激属性与任务相关的刺激与响应属性产生矛盾时,会干扰表现行为。这反映了人们选择性关注相关任务维度,同时忽略不相关任务的有限能力。显示面板与其他交互设备的设计应当尽可能地减小信息资源之间的干扰和冲突。

13.6 双任务和顺序行为

在大部分的真实世界场景中,需要人们同时进行多个任务。例如,驾驶赛车时需要领航员手动执行一些动作,同时还需要监视环境中可能出现的障碍物。在这种情况下一些刺激需要快速、连续地响应。在更加复杂的任务中我们需要考虑人们如何选择和协调多种响应。

13.6.1 心理不应期效应

人们如何对多个刺激同时做出多个响应的问题在称为双任务范例的简单的实验室任务中研究。在这个范例中两个刺激连续出现。每个刺激需要不同的响应,类似于简单的按压按键。在这种情况下如果第二个刺激出现的时间越接近第一个刺激,那么对第二个刺激的反应时间越长。随着两个刺激之间的间隔时间变长,对第二个刺激的反应时间减少,直到逐渐达到只出现第二个刺激的情况。这个现象由 Telford 发现,他将这种现象定义为**心理不应期(PRP)效应**。

对心理不应期效应的大部分解释来源于中央响应-选择瓶颈(Pashler,1994;Welford,1952;见图 13.11)。根据这个解释,直到第一个刺激完全结束,第二个刺激的响应选择才会开始。当两个刺激的开始间隔很短,需要对第一个响应进行选择和准备,同时识别第二个刺激。如果刺激之间的间隔足够短,则对于第二个刺激的响应选择和准备需要等到第一个响应准备完成之后。响应-选择瓶颈模型预计对第二个刺激的反应时间应当与刺激开始间隔的时间成线性反比关系。当间隔时间足够长,两个响应选择过程不会发生重叠时,对于第二个刺激的响应时间不会进一步减少。

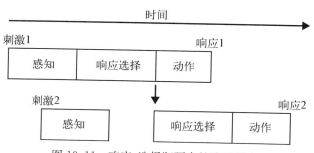

图 13.11 响应-选择瓶颈中的阶段顺序

此外,响应-选择瓶颈模型也预计识别第二个任务中刺激的复杂度的增加(如将刺激变小或者更难看见)并不会像响应选择复杂度增加一样,对响应时间产生类似的影响(Schweickert,1983)。由于在刺激识别中没有瓶颈,对第二个刺激变得难以识别不应当对第二个任务的响应时间产生任何的影响,只要刺激识别时间的增加不超过瓶颈的等待时间。与之相对,由于影响第二个任务的响应-选择复杂度的变量在瓶颈也是仍有影响,所以不应期效应的程度不依赖于两个刺激开始的间隔。

一些研究已经证实了这些基本的假设。Pashler 和 Johnston 让被试通过按压左手手指上的按键识别一个高频或者低频音调。在音调之后,再向被试以视觉方式呈现一个字母(A、B 或者 C),要求被试按压三个右手手指上的一个按键进行识别。这是一个标准的双任务范例。

Pashler 和 Johnson 仔细地控制刺激识别和响应选择复杂度,以及音调与字母之间的间隔时间。音调与字母之间的延迟或长或短。通过在一半的实验中降低字母的对比度(在黑色背景中的灰色),另一半的实验中增加字母的对比度(在黑色背景中的白色),提高刺激识别的难度。响应选择的难易程度则通过在随后的实验中重复一个响应,或者要求一个新的响应予以区分。在一定比例的实验中,字母与之前的实验相同,而另一些则不相同。

如图 13.12 所示,在短间隔的情况下,响应字母的时间较慢,这符合心理不应期效应。更加重要的是,如响应-选择瓶颈模型所预期的,当字母识别容易时,心理不应期效应更加显著[见图 13.12(a)],但是效应的大小与是否重复之前实验中的字母不相关[见图 13.12(b)]。

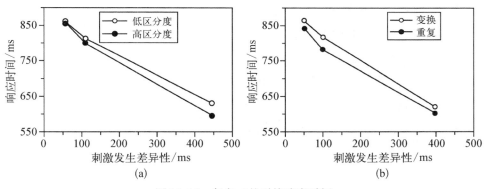

图 13.12　任务二的平均响应时间

虽然我们可以发现很多数据与响应-选择瓶颈模型保持一致,但是也可以找到不一致的数据。例如,根据模型对于第二个任务的响应选择应当直到第一个任务完成之后才开始。这意味着第一个任务的表现行为不应当受到与第二个任务的响应选择相关的变量的干扰。但是,一些实验表明**反向串扰效应(backward cross-talk effect)**(Homme,1998;Lien 和 Proctor,2000;Logan 和 Schulkind,2000;Miller,2006)。在一个实验中,Hommel 让被试首先使用左侧或者右侧的按键响应一个红色或者绿色的矩形,随后通过说出"绿色"或者"红色"响应字母 H 或者 S。当矩形和字母出现的时间很接近时,如果字母响应与矩形颜色一致,那么被试按压按键更加快速。

反向串扰效应衍生出两个模型解释响应-选择瓶颈。一个模型认为响应选择使用一个容量有限的中央资源,部分分配给每个任务(Navon 和 Miller,2002;Tombu 和 Jolicoeur,2005);另一个模型提出响应选择的中央资源容量是无限的,策略性地设置瓶颈是为了保证对第一个任务的响应优先于对第二个任务的响应(Meyer 和 Kieras,1997)。

这两个模型都意味着应当存在不会出现心理不应期效应的情况。确实当人们练习以任意的顺序做出响应,那么心理不应期效应可能会消失(Schumancher 等,2001)。Greenwald 和 Shulman 提供的证据表明即使不经过训练,如果两个任务具有观念运动兼容性,而处理过程又相对自动的情况下,心理不应期效应也会消失。但是正如 Greenwald 和 Shulman 指出的,虽然当个体经过训练可以以任意的顺序做出响应,或者两个任务具有观念运动兼容性时,心理不应期效应会显著降低,仍然很难确定是否真的可以忽略瓶颈效应(Lien 等,2002;Ruthruff 等,2001)。对于人为因素专家主要需要掌握的是,当两个或者多个任务必须紧密地执行时响应选择会变慢,但是在特定的情况下可以发生改变。

13.6.2　刺激与响应重复

如我们之前所介绍的,当实验中的刺激和响应与之前实验中相同时,反应时间会更快。当下一个实验中的刺激快速发生于响应之后时,重复效应最强烈。重复效应的幅度还受其他一些因素的影响(Kornblum,1973):它会随着刺激-响应选择数量的增多而变大,随着刺激-响应选择兼容性的增加而变小。当响应不重复,刺激-响应兼容性效应相对较大。换而言之,当响应-选择困难时,响应重复最有优势。

Pashler 和 Baylis 认为重复与响应选择的容易程度之间存在相互作用,因为当刺激-响应联结处于一个激活的状态时,重复能够让个体绕开响应选择的正常过程。当两个刺激分配到三个按键响应中的每一个时,只有在刺激和响应都重复的情况下,重复的优势才会体现,单独的响应重复并不能体现优势。在大部分极端的情况下,当响应与刺激的对应关系在每次实验中都发生变化时,刺激重复或者响应重复都不会减少响应的时间。一种解释是,在这种类型的任务中,人们对于下一次的刺激以及相应的响应有预期,可能帮助或者妨碍响应-选择过程。

13.7　控制动作的偏好

在本章所有讨论的研究检验的场景中,被试必须对不同的刺激选择正确的响应。这些场景类似于操作人员与显示和控制面板的交互,当出现具体的显示信息时,必须按压特定按钮或者推动开关。更实际地,可能有很多的方式可以操作控制器件,例如,顺时针或者逆时针旋转旋钮。一个操作人员需要从这些响应选择中选出一个动作,从而实现具体的目标。例如,调整音量。我们对于在这种情况下如何选择控制动作知道得并不多,但是对握持方式和显示-控制关系的研究提供了一些启示。

1) 握持方式

握持方式是人们用来抓住以及控制一个目标时的肢体运动和手指位置。握持方式至少受到两个因素的影响(Rosenbaum 等,2006)。第一个因素是目标的属性,包含大小、形状、纹理和距离。例如,当某人抓某个物体时,手握孔径(手握住物体的程度)与目标的大小直接相关(Cuijpers 等,2004;Jeannerod,1981)。物体越大,手握孔径越大。但是,手握孔径几乎不受目标距离的影响。

第二个影响握持方式的因素是目标预期的用途。图 13.13 描绘了一个 Rosenbaum 等使用的实验设备。在这个实验中,要求被试拿起一根水平横杆,放置在左侧或者右侧的平台上。被试用右手使用正手握的方式将横杆的白色(右侧)底端放在任意的目标盘上[见图 13.13(b)],或者用反手握的方式将横杆的黑色(左侧)底端放在任意的目标盘上[见图 13.13(c)]。

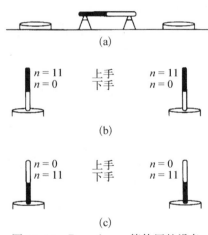

图 13.13　Rosenbaum 等使用的设备

Rosenbaum 等强调由关节角度和目标位置确定的限制条件中最小移动努力的重要性。他们提出一种最小化努力的方式是避免过度的关节角度,这需要更多力量进行维持。他们观察的握持方式保证被试最后的姿势是舒服、自然的。很明显,人们初始选择的握持方式使得他们预期的最终姿势最舒适。

2) 人口定型

对控制活动中的选择行为进行研究的另个方面是显示-控制器件相关性。在典型的任务中,要求被试指示控制器件和视觉指示器之间最自然的关系,或者将指示器与特定拨号设定对齐。对于很多类型的显示和控制器件,某些特定的显示-控制关系优于其他的关系(Loveless,1962)。在最简单的情况下,考虑一

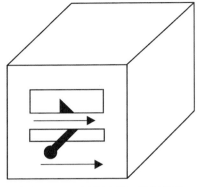

图 13.14　水平显示与控制器件
布置,指明偏好的动作

个水平显示,由平行、水平的控制杆的移动控制(见图 13.14)。从我们之前讨论的刺激-响应兼容性的讨论中获知,控制杆向右的移动应当导致指示器向右的移动,反之亦然。因为大部分的人都会在控制杆和指示器之间建立这种直观的联系,这种联系称为**人口定型**。

更加有趣的是,当显示和控制器件之间没有直接联系时,也会存在人口定型现象。通常线性显示的控制由旋钮控制,例如在收音机上的控制器件。对于这种情况,下列四种原则可以用于确定较好的相关性。

(1)顺时针对应向右或者向上原则——对控制器件进行顺时针旋转,期望将指针移动到水平显示的右侧,或者垂直显示的上方。

(2)Warrick 原则——当控制器件在显示的一侧(见图 13.15)时,指针应当移动的方向与最靠近显示的控制器件相一致。

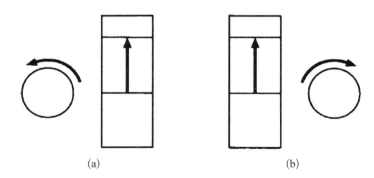

(a)　　　　　　　　　　　　　　(b)

图 13.15　Warrick 原则说明,用双向立体控制运动产生显示指示向上的运动
(a)逆时针　(b)顺时针

(3)顺时针对应增加原则——对控制器件进行顺时针旋转,期望对应显示刻度上读数的增加。

(4)刻度-侧向原则——期望指示器移动的方向与最靠近显示刻度的控制器件一致。类似于格式塔组织,改变与这些原则一致的特定的显示-控制器件相关性程度是可行的。Hoffman 评价了对于水平显示中每个原则的相对贡献。由工程师和心理学家组成的小组指出了在 8 个控制位置构成的 64 个显示-控制

器件布局方式中,他们偏好的移动方
向(见图 13.16):两种刻度增加的方
向(左、右),两种类型的指示方式(中
性线或者方向箭头),以及刻度的两端
(上部、下部)。对于这些情况,顺时针
对应向右原则,以及 Warrick 原则主
导了偏好,并使用个体原则的加权强度值对期望的运动方向进行很好的预测。

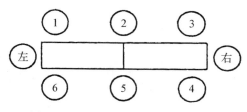

图 13.16 Hoffman 检测的刻度位置

对于工程师,Warrick 原则是最重要的,而对于心理学家,顺时针对应向右原则
最重要。Hoffman 将这种差别归结于工程师对控制器件和指针之间机械链接
的知识,这与 Warrick 原则相一致。可以推断工程师的控制器件-显示相关性的
脑力模型中加入了这些知识。更加概括地说,工程师与心理学家的差异表明在
评价显示-控制器件关系时,必须考虑不同人群的特点。

影响预期显示-控制器件关系的另一个因素是操作人员的方位。Worringham
和 Beringer 让被试使用操作杆将光标指向 16 个目标位置中的一个。操作杆总
是用右手进行控制,但是手臂、头部和躯体的位置在 11 个实验条件中有所不同
(见图 13.17)。通过这个程序,可以对 3 种类型的兼容性效应进行区分。视觉-
运动兼容性定义如下:如果操作人员在观察控制器件,由于控制器件运动而造
成的显示同方向的运行。控制器件-显示兼容性则定义为控制器件相对于显示
的真实运动方向;视觉-躯体兼容性是指相对于操作人员的躯体位置,控制器件
的移动是否与显示的移动同方向。其中,不管个体的物体姿态如何,视觉-运动
兼容性都是最重要的因素。

如果观测者头部转向左侧观察显示,而控制器件位于躯体的右侧,那么能够
更好地理解视觉-运动兼容性这个最重要的因素。在这种情况下,当操作杆向前
运动,光标也向前运动;操作杆向后运动,光标也向后运动时,显示-控制器件兼
容性也适用。当操作杆向前运动,光标向后运动;操作杆向后运动,光标向前运
动时,视觉-运动兼容性适用。但是,视觉-运动兼容性映射会产生比显示-控制
器件兼容性更好的表现行为。Worringham 和 Beringer 复制了这一结果,并排
除了另一种称为肌肉协调兼容性的可能性。Chua 等在一个更加标准的双选择
反应任务,以及一个需要被试与振动的视觉显示同步运动的任务中也得到了类
似的结论。视觉-运动兼容性的优势地位表明当操作人员在运动时,最好将控制
器件保持与操作人员相对固定。

对于复杂的三维显示,也存在人口定型。Kaminaka 和 Egli 发现,对于三维

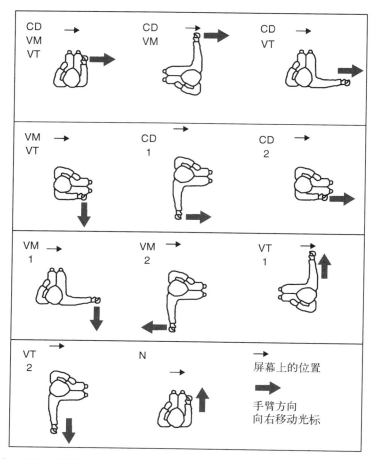

图 13.17　手臂运动与光标运动、手部位置、躯干位置以及手部位置的关系
CD—控制-显示；VM—视觉-运动；VT—视觉-躯干；N—无

显示，向右移动、向后移动以及顺时针转动时，被试倾向于推的动作，而不是推的动作。当向上移动以及向着被试旋转时，他们更倾向于使用拉的动作。

　　定式响应也在显示不相关的控制器件中得以证明。Hotta 等对日常生活中经常使用的控制器件的期望运动方向开展了一项研究。他们向被试呈现不同的立方体，有的有一个旋转杆或者一个滑动杆，或者在前部、顶部、底部、左侧或右侧有一个按钮。给定的任务包括旋转门把手，打开水龙头，打开煤气或者电气开关，以及更加常用的"输出增加"方式，要求被试选择不同偏好的动作。Hotta 等发现了不同定式的证据，如表 13.1 所示。偏好的方向依赖于控制目标以及控制器件所在的位置。

表 13.1　与控制目标和控制器件面板相关的通用的运动方向定式

目　　标	面　板	旋　钮	旋转杆	按　键	滑动杆		双按键
门	前侧		逆时针	拉			
水龙头/煤气	前侧	顺时针	逆时针		向下		
	顶部		逆时针		向后		
	底部	顺时针	顺时针	拉	向后	右侧	
	右侧	顺时针	顺时针	拉	向下	向后	
	左侧	逆时针	逆时针				
电气开关	前侧	顺时针	逆时针	推	向下		
	顶部	顺时针	逆时针	推	向后		向后
	底部	顺时针	顺时针		向后	右侧	向后
	右侧		顺时针	推	向下	向后	
	左侧		逆时针	推	向下		向上
输出增加	前侧	顺时针	逆时针		向上		
	顶部	顺时针	逆时针		向前	右侧	
	底部	顺时针	顺时针	拉	向前		
	右侧	顺时针	顺时针	拉		向前	
	左侧		逆时针			向后	

　　当显示-控制器件的相关性不兼容或者与人口定型不一致时，在正常的运行条件下，表现行为会变差。可以通过将控制器件功能与定式保持一致的方式，使得差错最小化。表 13.2 总结了一些推荐的控制器件动作与功能之间的关系。在紧急情况下，响应的自动化程度越高，定式响应的趋势越明显。Loveless 描述了一种情况，在这种情况下，通过推杠杆可以抬起大型液压机的冲压件。当出现紧急情况需要抬起冲压件时，操作人员错误地使用了更加定式化的响应-拉杠杆，从而使得冲压件向下运动，损坏了液压机。这个描述表明最好一直使用与人口定型高度一致的显示-控制器件相关性。

表 13.2　推荐的控制器件移动

控制器件功能	响　应　输　出	控制器件功能	响　应　输　出
开	向上、向右、向前、拉	向下	向下、向前
关	向下、向左、向后、推	收回	向后、拉、逆时针、向上
向右	顺时针、向右	伸出	向前、推、逆时针、向下
向左	逆时针、向左	增加	向右、向上、向前
向上	向上、向后	减少	向左、向下、向后

13.8 总结

选择响应是人的表现行为中重要的组成部分。人机系统的操作人员接收的信息显示向他/她指示了需要执行的具体动作。在很多系统中,这些响应-选择决策所花费的时间以及准确性非常重要。在特定环境中响应的相对速度和准确性受到用作评价累积信息的阈值的影响。在较高的阈值条件下,响应较慢,但是准确率较高;当阈值较低时,响应较快,但是准确率较差。

响应选择的有效性受到很多因素的影响。这些因素包括可能刺激的数量、可能响应的数量、刺激与响应之间的内在关系以及操作人员的训练程序。此外,很多在多任务中表现行为的限制可以归结于响应-选择阶段。影响响应-选择有效性最重要的因素可能是刺激与响应的兼容性。兼容性原则可以保证对显示信息进行响应所需的控制动作是最简单、最自然的。

当在环境中控制物体时,操作人员有大量其他的动作选择可以实现目标。获取到的关于物体的信息,以及对应的肢体姿势都包含在具体的动作选择中。在第 14 章中,我们将介绍动作控制的方式。

推荐阅读

Hommel, B. & Prinz, W. (Eds.) 1997. Theoretical Issues in Stimulus-Response Compatibility. Amsterdam: North-Holland.

Newell, A. & Rosenbloom, P. S. 1981. Mechanisms of skill acquisition and the law of practice. In J. R. Anderson (Eds.), Cognitive Skills and their Acquisition (pp. 1 - 55). Hillsdale, NJ: Lawrence Erlbaum.

Pachella, R. G. 1974. The interpretation of reaction time in information-processing research. In B. H. Kantowitz (Ed.), Human Information Processing: Tutorials in Performance and Cognition (pp. 41 - 82). Hillsdale, NJ: Lawrence Erlbaum.

Proctor, R. W. & Reeve, T. G. (Eds.) 1990. Stimulus-Response Compatibility: An Integrated Perspective. Amsterdam: North-Holland.

Proctor, R. W. & Vu, K.-P. L. 2006. Stimulus-Response Compatibility Principles: Data, Theory, and Application. Boca Raton, FL: CRC Press.

Sanders, A. F. 1998. Elements of Human Performance: Reaction Processes and Attention in Human Skill. Mahwah, NJ: Lawrence Erlbaum.

14　动作控制与运动技能学习

与其将感知-动作行为看成一系列为了实现一些目标所做出的动作响应,我认为如果将这种行为当作由一些通用的计划或者程序指导的信息处理行为会更有益处。

——P. M. Fitts(1964)

14.1　简介

人与机器之间的交互,或者人与自然环境的交互需要人执行一个动作响应——移动他/她的躯体。这种移动可以是简单地推一个按钮或者是很复杂的协调动作,例如进行一个心脏手术或者操作一个大型机器。在所有这些情况中,人们必须不仅需要正确地感知信息,做出合理的决策,选择合适的响应,还需要有效地执行预期的动作。通常,表现行为的限制性因素是执行动作的速度和准确度。因为动作控制是很多任务的重要组成部分,人为因素专家必须理解计划和执行不同类别的简单和复杂动作的方式。

每个动作都需要不同的肌肉组合和神经机制。必须选择执行动作的肢体并做好准备,动作的次序必须协调一致,最终以合适的力量和速度执行动作,完成目标。神经系统的作用是以精确的顺序驱动合适的肌肉组,并使用来自不同感觉器官的反馈协调和修正当前的动作,保持姿势以及规划随后的动作。

思考一下骑自行车所需要的技巧,保持平衡是一个重要的组成部分。腿必须充分地蹬踏板从而保持希望的速度。需要使用手臂和刹车控制自行车的方向。所有这些动作的协调需要对本体感知、视觉和前庭反馈保持持续的监视。当你第一次试着骑自行车时,同时做所有这些动作似乎不太可能。但是大部分人很快就能学会骑自行车。在本章中,我们将讨论动作控制的潜在原则,以及如何学习复杂的动作技能。这些领域的大部分研究关注于两个方向:认知科学和人的信息处理,或者生态心理学和动态系统(Rosenbaum 等,2006)。在本章中,我们将强调认知科学和人的信息处理方法,但是应当记住的是,上述两方面的内容是相互补充,而不是相互对立的(Anson 等,2005)。

14.2 运动的生理基础

在第 5 章和第 7 章中,当我们讨论视觉和听觉感知系统时也对构成感知基础的感觉架构进行了简要的介绍。在本章对运动系统的介绍中,我们也会首先讨论人体如何为运动需求而设计,以及在神经系统中参与运动的结构。

14.2.1 肌肉骨骼系统

在成年人的骨骼中有 200 块骨头用以支撑人的身体。骨头由称为韧带的结缔组织连接,而肌肉和骨头则通过肌腱连接。运动通过作用于骨头上的肌肉收缩来实现,所有的运动都是通过肌肉关节角度的变化而实现的。

一些关节上的运动只发生在二维空间,涉及一个自由度(在单一平面上的运动)。前臂相对于上臂的运动就是这种类型。其他的运动可以发生于更高的维度空间,包含多个自由度。例如,上臂相对于肩部的运动包含三个自由度(左-右、上-下及旋转)。因为大部分的肢体运动涉及多个关节,如果要将肢体从一个位置移动到另一个位置,就存在不同的关节运动组合以及相应的轨迹。但是,运动系统限制了自由度,使用一个简单的、平滑执行的轨迹。这项现象称为**自由度问题**(Rosenbaum,2002)。运动系统使用的一些限制是生物力学的,例如特定关节的运动范围或者特定肌肉的坚硬程度,而其他的一些限制则来自认知过程对动作进行的协调。

肌肉以相对的动作排列成组合。一组(主动肌)参与屈曲动作,相对的一组(对抗肌)则参与伸展动作。关节的运动由主动肌和对抗肌的联合作用进行控制。当收到来自动作神经的信号时肌肉进行收缩。我们将讨论动作控制中包含的不同机制。

14.2.2 运动控制

神经系统通过层级结构的机制控制动作。在最底层,运动神经元和肌肉本身的弹性特性控制肌肉的收缩。在较高的层级,中央神经系统通过脊髓控制动作。我们将检验这些不同层级的控制,首先是肌肉和骨骼的物理属性,随后是运动神经,最后则是大脑介入的较高层级的动作组合和执行。

1) 质量-弹簧属性和运动单元

一种描述肌肉行为的便捷的方式是质量-弹簧系统(Bernstin,1967;de

Lussanet 等,2002)。可以认为有弹性的肌肉是连接在骨骼上的弹簧。每一根弹簧都有一个平衡点或者静止长度,静止长度表示为最大张力时的长度。当弹簧离开平衡点后释放,那么它会恢复到静止长度。

每个关节处的主动肌和对抗肌群的屈曲和伸展的静止程度,即静止关节角度由肌肉的平衡点决定。当一些外部的力量改变了关节角度,组内的肌肉会伸展,而组外的肌肉则会收缩。当力量移去后,肌肉会恢复到平衡点,而关节角度则恢复到初始位置。这是动作最基本的层级,从而在没有神经信号的情况下,动作也能够发生。但更加复杂的动作也同样依赖于肌肉的质量-弹簧属性。在一些情况下讨论动作很有必要,例如肘部的弯曲由每条肌肉的硬度和平衡点的系统性变化实现。肌肉的弹性特性使得肢体的位置随平衡点的变化而变化。

由于肌肉收缩造成的硬度变化是运动神经信号的结果。每块肌肉由肌肉纤维组成,而肌肉纤维则受到数百个运动神经支配。一个单独的运动神经支配一块肌肉上很多的肌肉纤维;神经和纤维一起称为一个**运动单元**。当运动神经"被点燃",那么所有该单元内的肌肉纤维都会受到影响。可以认为运动单元是最小的运动控制单元。单块肌肉的收缩由同时被激活的运动单元的位置和数量决定(Gielen 等,1998)。

虽然运动单元活动仿佛与人体工效学的研究内容相去甚远,Zennaro 等的研究却表明并非如此。他们让被试敲击桌面上的一个按键 5 min,并使用表面肌电(EMG)测量肩部肌肉的运动单元活动。桌面要么处于合适的高度(上臂可以处于放松状态,下臂平行于桌面),要么再高出 5 cm。对于较高的桌面,EMG 活动更加剧烈。这个结果主要是由于单独的运动单元被激活了较长的时间,而不是运动单元数量的增加。这一研究表明人体工效学的问题可以在运动单元的层级进行评价。在办公室中,对办公设备进行不合适的调整可能会使得运动单元长时间处于激活状态,从而导致肌肉骨骼疾病。

2) 脊髓控制

脊髓通过脊髓反射控制特定的动作(Abernethy 等,2005;Bonnet 等,1997)。这种反射来源于感觉接收器的刺激,提供肢体位置(本体感受)的信息。本体感受接收器位于骨骼、肌腱、关节和皮肤中。它们的信号传递给脊髓,进而快速引起一个运动信号,并传递给合适的肌肉。脊髓反射使得在刺激开始的几毫秒内就可以做出动作。例如,当一个感觉神经接收到一个刺痛信号,肢体收回反射会使得合适的肌肉收缩,让肢体远离刺痛源。这种情况发生得很迅速,因为信号不需要传递到大脑再返回。

　　脊髓运动控制不仅局限于反射响应的触发。步伐和其他运动模式尽管由大脑发起,但是一旦形成就由脊髓控制(Grillner,1975;Pearson 和 Gordon,2000)。甚至有证据表明脊髓可以进行复杂的控制行为(Schmidt 和 Lee,2005)。脊髓对复杂信息的处理能力解放了大脑,使得大脑可以进行其他的活动。

　　大脑控制。除了脊髓还有 3 种控制运动的重要结构,包括脑干、小脑和基底核(见图 14.1)。脑干控制头部和面部的运动、呼吸和心率,以及部分的眼部运动。

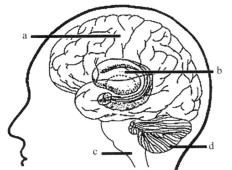

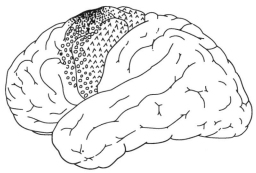

图 14.1　大脑结构
a—大脑皮层;b—基底核;c—脑干;d—小脑

图 14.2　运动皮质(ˇ)、前驱运动皮质(°)以及补充运动皮质(.)

　　小脑参与运动控制的多个方面(Rosenbaum,1991),包括肌肉张力和保持平衡,快速动作顺序的排序和协调以及运动的计划和执行(见图 14.2)。小脑还会帮助计划和激活运动,而不需要从感觉反馈中接收输入(Bastian,2006)。

　　基底核是底层的大脑结构,也参与运动的计划。证据表明基底核形成一个动作-选择回路,帮助在使用常用的运动路径的动作中进行选择(Humphries 等,2006)。基底核还控制运动的大小或者幅度,并集成感知和运动信息。它们控制缓慢、平滑的运动,例如姿态调整以及持续用力。运动学习需要小脑和基底核(Doya,2000)。

　　除了脑干、小脑和基底核,运动控制的最高层级位于皮质中。运动皮质、前驱运动皮质和补充运动皮质位于额叶后部的相邻区域。这些不同运动区域之间的关系非常复杂,虽然在不断地研究中,目前还没有完全理解这些关系(Pockett,2006)。所有的区域都或多或少与其他区域相互联系。

　　我们知道运动皮质的结构类似于"侏儒"或者"小矮人"的地形图(见图 14.3)。运动皮质涉及自发运动的触发。前运动皮质控制躯干和肩部的运动,它还集成了视觉和运动信息,并让身体对即将到来的运动做好准备。补充运动皮层参与技巧性运动序列的计划和执行。它与前运动皮层不同,因为它的运动似乎不取决于感知信息。

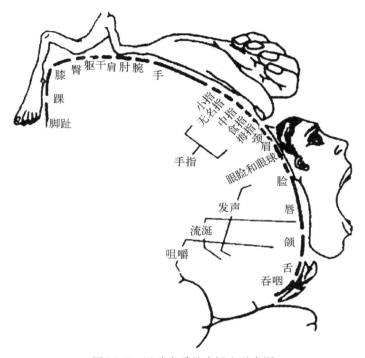

图 14.3 运动皮质的小矮人示意图

14.3 动作控制

运动行为由认知过程控制。我们对这些过程的理解大部分基于在各种环境条件中对人的行为的测量。特别地,我们期望理解如何选择和控制运动,以及感知和动作如何形成联系(Rosenbaum,2005)。

动作的目的是为了完成一个任务。不同类型的任务需要不同类型的动作,从而需要不同的认知过程。一些任务是离散的,例如扔一个球或者按压一个按键,因为动作的开始和结束是离散的。与之相反,有些任务则是连续的,例如驾驶汽车。一些任务包含一系列离散的动作,例如在装配线上的任务。为了理解运动控制中包含的过程,我们需要理解认知系统中的需求,这可能在不同类型的任务中是不一样的。

　　我们还需要区分开放式运动技能和封闭式运动技能(Poulton,1957)。在动态环境中需要使用开放式技能,运动的时间和速度都由环境中发生的事件所决定。在静态的环境以及自定步调的环境中则需要使用封闭技能。足球和篮球主要需要开放式技能,而体操和田径运动则主要需要封闭式技能。因为开放式技能由环境决定,它们需要能够快速适应环境。当运动员被要求执行不相关的任务时,从事开放式技能运动的运动员受到环境因素的影响更大(Liu,2003)。

　　任务的类型,不管是离散的还是连续的,以及技能的类型,不管是开放式的还是封闭式的,会互相交互确定如何控制运动。运动的控制包含开环或者闭环。这些术语是指动作行为中使用反馈的程度(Heath 等,2005)。不要混淆开放式技能控制和封闭式技能控制,因为开放式技能事实上使用了更多的闭环控制,而封闭式技能则使用了更多的开环控制。

14.3.1　闭环控制

　　回忆第 3 章的内容,闭环系统的特点是使用负反馈调节输出。将这个思想应用在运动控制中,我们认为人们知道需要执行什么动作,并产生一个期望动作的心理表征(见图 14.4)。在动作过程中,执行动作所产生的感觉反馈与心理表征进行对比。从而人们会感知到肢体真实位置和期望位置之间的差异。随后使用这种差异选择纠正动作将他/她的肢体接近期望的位置。人们会一直将真实位置与期望位置进行比较,直到差异完全消除。

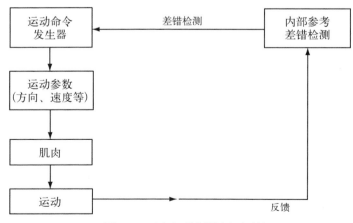

图 14.4　运动-控制的闭环系统

　　闭环控制依赖于个体在环境中执行动作产生的感觉反馈。那么什么样的反馈源可用? 如 Smetacek 和 Mechsner 指出的"我们日常的行为由三个独立的感官系统协调和运行：本体感受、视觉和内耳的前庭机构"。在本章之前的部分我们提到本体感受在反应中扮演的角色，但是 Smetacek 和 Mechsner 强调"所有有目的性的移动，不管是有意还是无意的，都由本体感受控制"。当个体移动他/她的头部靠近目标时，视觉反馈提供头部和目标的位置信息，用来执行纠正的动作。前庭感觉提供他/她的姿势和头部朝向的反馈。反馈也由触觉（Niederberger 和 Gerber，1999）和听觉（Winstein 和 Schmidt，1989）提供。例如，某人正在走下铺有地毯的台阶，当他/她接触到没有地毯的台阶时可以通过触觉和声音变化传递的反馈进行确认。

14.3.2　开环控制

相对于闭环控制，开环控制不依赖于反馈（见图 14.5）。受开环控制的运动，要么过于快速而不能从反馈中进行修正，要么过度学习。开环控制通过建立一系列由通用的心理表征形成的运动指示实现。这一系列的运动指示称为**运动程序**。运动程序的选择以及运动序列的形成发生在运动开始之前。

运动程序的概念可以追溯到 James，他提出了动作的开始起始于动作的"图像"。运动程序的理念首先被 Keele 形式化，随后由 Schmidt 发展和延伸。运动程序是控制具体运动类别的抽象计划。为了在一个类别中执行特定的运动，需要使用参数，例如肌肉，包括肌肉的次序、用力、持续时间和收缩时间。在本节的后续部分，我们将介绍运动程序思想的

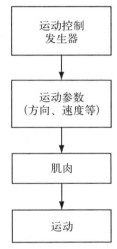

图 14.5　运动-控制
开环系统

具体含义，运动程序中不变的特征，它的模块、层级结构以及反馈特性。

1）含义

运动程序概念有多个含义。首先，因为运动程序包含一个期望运动的通用模板或者示意图，当没有反馈时应当可以实现协同运动。研究证明缺乏本体感受反馈的猴子或者人类（由于手术干预或者疾病原因）仍然可以进行一些技巧性的动作，例如抓取、行走和跑步（Bizzi 和 Abend，1983；Rothwell 等，1982；Taub 和 Berman，1968）。这些发现与运动程序概念一致。

运动程序概念也意味着即使当感觉反馈的传递和处理时间比本身运动时间更长时，也能够实现准确的快速移动。例如使用键盘进行输入就会存在这种类型的运行。在使用键盘进行输入时，敲击的速度非常快（Lashley，1951；见

框 14.1）。基于敲击键盘的速度,可以假定敲击键盘的动作是提前准备好的。另一个运动程序概念的含义是对于越复杂的运动,需要花费的准备时间越长。对于复杂的动作,的确需要更加多的响应时间才能激发该动作(Henry 和 Rogers,1960;Klapp,1977)。因此,人们反应刺激的速度直接与随后运动的复杂度有关。

框 14.1 键盘输入与打字

　　键盘输入是人们与计算机以及其他一些机器的交互方式。因此键盘输入是人为因素与人机交互非常感兴趣的领域。此外,很容易找到不同技能等级的打字员,因此容易在实验室中开展研究(Salthouse,1986)。

　　打字机于 1874 年首次上市(Cooper,1983)。早期的打字员使用“看着键盘打字”的方式,只是用每只手的两个手指进行输入,他们需要一直注视键盘。在 1888 年,Frank McGurrin 在一项比赛中证明了盲打比看着键盘打字要快得多。他的胜利促使在接下来的 10 年里盲打的方法逐渐被采纳。

　　Salthouse 提出键盘输入需要打字员执行 4 个过程。首先打字员必须阅读文字,并将其转换成“语块”。随后打字员将这些语块分解成需要输入的字符串。之后,他/她必须将字符转化成动作规范(运动程序),并实现这些动作。因此,我们认为键盘输入的技能需要感知、认知和运动处理。

　　熟练的打字员速度很快。一个职业的打字员平均每分钟可以输入 60 个单词,或者大约每秒敲击键盘 5 下(敲击间隔为 200 ms)。打字员世界冠军每分钟可以输入 200 个单词,敲击间隔仅为 60 ms。这些速度远低于选择反应的最小时间,但是熟练的打字员在进行选择反应时的速度与其他人相同。例如,Salthouse 发现敲击间隔平均为 177 ms 的打字员,在执行一个刺激的响应触发了下一个刺激的开始时连续的两种选择反应的任务中,他/她的敲击间隔大约为 560 ms。这个结果表明打字员并不是单独地对每一个字母进行准备,而是字母块以及键盘敲击一起进行准备。

　　打字员看起来是对整个字母,而非单独的字母进行编码和准备。因此一个字母块所依赖的最小单元是单词。为了支持这一观点,如果文本从单词变成随机的字母块,那么打字员的输入会变差(Shaffer 和Hardwick,1968;West 和 Sabban,1982)。同样,打字员可以以输入有意义的文本一样的速度输入随机单词串,因为有意义的文本提供的语义和语法对键盘输入没有帮助,我们可以总结得出打字员并不需要执行比单词认知更加复杂认知过程的结论。对于熟练的打字员,每个单词都对应于一个运动程序控制击键的执行(Rumelhart 和 Norman,1982)。

快速和慢速的打字员都会出现错误。与打字使用单词级别表示的结论一致,大部分的差错是单词的错误拼写。拼写错误有四种可能:字母替换(**word** 拼成 **work**);字母添加(**word** 拼成 **worrd**);字母遗漏(**word**拼成 **wrd**),以及字母调换(**word** 拼成 **wrod**)。所有这些差错都基于运动相关的转化和执行过程(Salthouse,1986)。

当不正确的按键接近正确的按键时,容易引起字母替换和字母添加的差错,这表明这些差错的来源是错误的动作规范或者手部的错误位置。当打字员出现字母遗漏错误时,在遗漏之前的击键(**w**)与随后击键(**r**)之间的时间间隔大约是正常击键时间的 2 倍。这表明打字员尝试去敲击忽略的字母(**o**),但是敲击的力道不够。当邻近的字母需要使用两个手的手指进行输入时,容易出现字母调换错误,所以这种错误来自两次敲击键盘的时机。

除了总体速度变快,输入行为随着技能的获取还会发生哪些变化?特定类型的动作会提速,但不是全部。例如,输入合体字母(双字母),不管是双手还是单手上的两个手指都会更加快速(Gentner,1983)。对于新手,使用两个手指输入合体字母比使用一个手指输入两次更加困难(缓慢)。但是,对于熟练的打字员,情况则刚好相反。这是因为输入的技能包含了协调手指的快速平行运动(Rumenlhart 和 Norman,1982)。因为包含两个手指的运动可以并行准备,熟练的打字员可以使用两个手指输入合体字母,这比使用单一的手指输入两次更加快速。

熟练的打字员使用不同手部的两个手指输入合体字母也比使用一只手上的两个手指要快得多。这种差异可以使用动作的生物力学限制进行解释。具体来说,同时协调一只手部的前向和外指的运动很困难

（Schmuckler 和 Bosman，1997）。

对于不同类型的合体字母输入的速度是不同的，这不能仅仅归结于物理的难易程度（Gentner 等，1988）。复杂度由合体字母的频率、单词的频率以及单词的音节边界决定。这些因素的共同影响在程度上与基于物理约束的影响相似。

在输入技能的获取过程中，最重要的变化是更加有效地进行字符和动作之间的转化，以及对随后的键入更加有效的执行和协调。这些在响应选择和控制中的改善通过感知变化实现，增加了编码书面材料的跨度。如 Ericsson 总结道："总之，专业人士的快速反应，例如打字员和运动员，主要依赖于熟练期望所带来的认知表征。"

2）不变特征

运行程序具有的不变特征是指由具体程序控制的运动类别的重要结构部分。不变的特征与具体用作执行运动的特定肌肉是相互独立的。这些特征可能包括运动部分的次序、每个部分任务的相对时间以及分配给每个部分的作用力。在不同肌肉群所形成的书写样本中可以看到不变特征的证据（Merton，1972；见图 14.6）。例如，只要使用惯用手进行书写，就会发现使用手臂和肩部肌肉的书写样本与使用手部和手指肌肉的书写样本的相似性。使用非惯用手进行手写也与使用惯用手进行手写类似，这表明书写的运动程序与用于执行的效应器是相互独立的（Lindemannn 和 Wright，1998）。

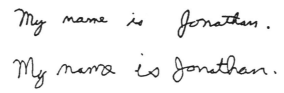

图 14.6　使用手部肌肉群（上方）和手臂肌肉群（下方）书写的实例

3）模块化组织

大量的证据表明运动程序由反映动作的不变特性的一些模块组成。例如，动作的时间包含独立的模块或者控制部分（Keele 等，1990）。这些证据来自要求被试对身体的不同部位进行及时动作的研究。没有人能够非常准确地进行动作,并且这些人之间的差异表现为运动时间的不同。越不准确的人,动作差异越显著。此外,不管个体使用何种效应器进行动作,他/她的差异程度都是相似的。

身体各部位差异之间的相关性主要表现在动作时间尤为突出的任务中,例如敲打节拍器(Ivry 等,2002;Zelaznik 等,2005)。其他任务也可能对动作时间产生影响,但是动作轨迹(或者一些其他的动作特征)可能更加显著。例如,一些研究人员让被试以固定的速度画圆(Ivry 等,2002)。在这些任务中动作时间的变化与敲击任务中的动作时间变化不相关。因此,动作时间不如动作轨迹那么明显时,动作时间来自自身的轨迹控制过程。

4)层级安排

控制的时机和轨迹是运动程序的高层级模态的实例。运动程序是层级化的,即高层级的模块向较低层级的模块传递控制。层级控制的证据来自对敲击行为的研究。例如,一项研究让被试使用手指响应一个 6 位数字序列(Povel 和Collard,1982)。数字序列 123321 用作指示 3 个手指的次序,对应标识为 1、2和 3。不管使用哪个手指,第一次和第四次的响应延迟长于其他的响应延迟(见图 14.7)。这个发现表明层级程序的执行是为了实现次序,而顶层程序首先向第一次响应子集(123)传递控制,随后再传递给第二次响应子集(321)。第一次敲击与第四次敲击较长的响应延迟反映了将控制传递到下一个子集所需的时间。

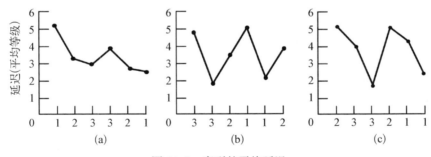

图 14.7　序列的平均延迟
(a) 123321　(b) 332112　(c) 233211

5)反馈的角色

虽然运动程序的思想允许动作的执行不需要反馈,但仍然认为反馈在动作控制的多个方面起作用。首先,从感觉器官反馈的信息指明了正在运动的身体部位以及运动方向。如果没有这些信息,就无法选择合适的运动程序参数。其次,对于缓慢的动作,反馈可以用来纠正正在进行的程序的参数以及在合适时选择一个新的程序。最后,在一些情况下,基于本体感受和视觉反馈的快速动作纠正可以发生在 100 ms 以内(Saunders 和 Knill,2004)。

14.3.3　目标性动作

目标性动作是指需要手臂或者身体的其他部位移动到目标位置。例如操作人员将手指移动到按键上,或者将脚从加速踏板移动到刹车踏板上。这种动作的速度和准确度有很多因素的影响,包括使用的效应器、动作的距离以及是否存在视觉反馈。为了保证操作人员的动作速度和准确性在可接受的范围内,设计人员必须考虑目标性动作的控制方式。

Woodworth 首先研究了目标性动作,他对视觉反馈所需要的时间感兴趣,为了研究这个问题,Woodworth 让被试在一卷沿着桌面上的垂直缝隙移动的纸上重复划线。Woodworth 对线长进行了规定,而纸张移动的速度则由一个节拍器进行控制,节拍器的变化频率为每分钟 20～200 次。在每一次节拍变化时,完成一个动作循环(上和下)。视觉反馈作用的评价通过要求被试睁眼或者闭眼的方式实现。在这两种情况下,当动作循环的频率大于等于 180 次/分钟时,动作准确性基本相同,因此视觉反馈几乎对表现行为没有影响。但是,当动作循环的频率小于等于 140 次/分钟时,睁眼情况下会有更好的表现。因此,Woodworth 总结到处理视觉反馈的最小时间是(60 秒/140 次)×1 000 毫秒/秒=429 毫秒/次[①](虽然现在估计的时间更短)。

为了解释这些和其他的结果,Woodworth 提出快速的目标性动作包含两个阶段,称为初始调整和当前控制,分别对应于开环模型和闭环模型。初始阶段将身体靠近目标位置。第二个阶段使用感觉器官反馈纠正与目标位置之间的差异。如 Elliott 等在回顾 Woodworth 对目标指向的上肢移动的研究影响时指出的,"他对于速度-准确性的理解和快速目标指向动作的控制方向理论的贡献,经受住了时间的考验"。

在 20 世纪上半叶,并没有很多科研人员紧随 Woodworth 的工作,但是,从 20 世纪 50 年代以来,大量的研究针对目标性动作展开。除了使用 Woodworth 会用的时间匹配任务,时间最小化任务也广泛使用(Meyer 等,1990)。在这个任务中,被试需要用最小的动作时间达到规定的目标准确值。在这两种任务中,对单独的动作和重复的动作都进行了研究。

1) Fitts 定律

Fitts 建立了目标性动作时间与距离和准确性之间的基本关系,这个关系是

---

① 原文有误,429 原文为 450,现已修正。——编注

Fitts 定律。他对重复的敲击任务的行为进行了研究。在这个任务中,要求被试在两个目标位置之间前后快速移动一个触针。随着目标之间的距离增加,动作时间也增加。相反,随着目标宽度的增加,动作时间增加。因为目标的宽度决定了动作的精度,可以认为这个关系是速度-准确性之间的权衡。

从这些关系中,Fitts 定义了目标性动作的**难易度指数**(I):

$$I = \log_2\left(\frac{2D}{W}\right)$$

式中,D 为目标中心之间的距离;W 为目标的宽度。

Fitts 发现这个指数与动作时间 MT 呈线性关系:

$$MT = a + bI$$

式中,a 和 b 为常数(见图 14.8)。根据 Fitts 定律,当动作所需的距离变成 2 倍时,如果目标宽度也对应变成 2 倍,那么动作时间没有变化。

Fitts 定律适用于大量的任务。Fitts 在需要将垫圈放置在挂钩或者将针插入洞中的任务中也获得相似的结果。其他研究人员已经发现 Fitts 定律适用于手腕角度位置任务(Crossman 和 Goodeve,1963/1983),手臂伸展任务(Kerr 和 Langolf,1977),使用操作杆进行指针定位的

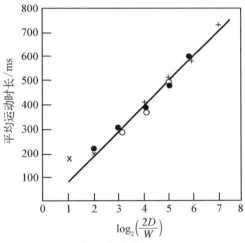

图 14.8 随复杂度变化的平均运动时长

任务(Jagacinski 和 Monk,1985),在显微镜下使用镊子的任务(Langolf 和 Hancock,1975),以及在水下进行目标性动作的任务中(Kerr,1973)。Fitts 定律在人机交互研究中也很重要,很多任务要求将指针移动到目标位置(Seow,2005)。

在 2004 年,**人-计算机研究国际期刊**用一个专刊纪念 Fitts 的研究 50 周年。在专刊中,编辑强调"Fitts 定律能够可靠地估计人们在指向任务中达到具体目标的最小时间"(Guiard 和 Beaudouin-Lafon,2004)。Newell 将 Fitts 定律的通用性描述为"Fitts 定律非常强大……事实上,它是如此的整洁。但是,令人惊讶的是,它并不会出现在每一年级的教科书中作为心理定量定律的范式"。

自从 1954 年以来,对 Fitts 定律有很多解释。最常用的解释是**优化的初始脉冲模型**(Meyer 等,1988)。一个朝向具体目标位置的目标性动作包含一个主要的子动作和一个如果初始的子动作"偏离目标"时的可选的备用子动作。对子动作进行程序化使得总的动作的平均时间最小化。支持这个模型的证据是动作极少表现为超过两个子动作,并且执行这些子动作的时间受 Fitts 定律的限制。有趣的是,优化的脉冲模型与 Woodworth 初始提出的动作受两个阶段控制的理念一致。

2)应用

Fitts 定律可以用作评价在真实世界条件中广泛的动作的效率。效率可以通过动作时间与难易度指数的相关性函数的斜率 b 表示。效率的测量可以评价不同的工作空间设计。例如,Wiker 等指出很多手动装配任务要求操作人员将工具举过肩部。Wiker 和他的同事要求被试手部举在不同的位置(相对于肩部位置−15°～60°),研究他们进行重复的动作将触针移动到小孔中的能力(见图 14.9)。当被试在最高位置进行任务时,相对于最低位置,动作时间会更长(20%)。Wiker 和他的同事将这种较长时间的动作归结于需要长时间举手而产生的肌肉张力。他们建议尽可能地将手动操作保持在肩部以下的位置。

另一个例子使用辅助技术设备,例如下巴贴、头部贴和口部贴等,用以限制被试按压计算机按键上的移动能力。Andres 和 Hartung 让被试使用下巴贴按压不同宽度和间距的目标。Fitts 定律

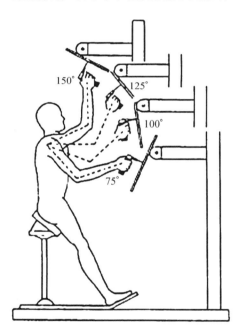

图 14.9 Wiker 等的试验中采用的任务姿势

仍然有效,但是评价信息传输时间为 7 b/s。这个数据明显小于我们通常观察的手部或者脚步动作。这种低的传输速度部分是由于对脖子和肩部肌肉的控制,部分则是因为下巴贴的设计。

Baird 等让被试使用不同长度的手持指针进行目标性动作。对于相同难易度指数的任务,指针越长,动作时间越长。越长指针的尾部"抖动"越剧烈,这是

因为指针放大了小肌肉的颤动。这种抖动使得被试很难将指针的尾部对准目标。这个研究结果表明,对于辅助技术设备例如撑托,以及其他手持设备例如螺丝刀和烙铁,长度越短的工具越容易使用。当工具不能缩短时,那么必须增加目标的大小进行补偿。

3)视觉反馈

目标性动作控制的另一个因素是视觉反馈的作用。记住 Woodworth 估计的视觉反馈处理时间为 429 ms,因为人们只有在缓慢地动作情况下才能从视觉中得到好处。这个估计时间看起来很长因为我们知道如果人们基于视觉信息做出准确的决定只需要一半的时间。

基于 Woodworth 最初的试验,这个问题已经关注了很多次(Keele 和 Posner,1968;Zelaznik 等,1983)。现在,我们知道视觉反馈处理的时间依赖于执行的任务类型,以及人们是否提前知道反馈可用。例如,Zelaznik 和他的同事让被试进行定时的、针对性的目标性移动,并且在一些试验中,他们在移动开始时将灯关闭。当被试知道灯将要关闭时,只能在 100 ms 的时间范围内使用视觉反馈。目标性动作中的视觉处理时间极短这一事实意味着,主要存在视觉反馈,即使非常快速的动作都可以更加准确。

4)双手控制

我们之前讨论的研究手动控制的试验要求被试只使用一个单独的目标性手部动作。自然身体动作通常包含四肢的协调动作。一些任务,例如电灯装配,要求人们同时使用双手进行不同的目标性动作。不难想象在一些情况下,这两种不同的动作可能具有不同的难易度。但是,Fitts 定律对每个肢体的动作并不适用。

Kelso 等让被试使用双手同时进行两个动作,这两个动作的难度不同。右手向一个近的、较大的目标移动(动作的难度较低),而左手则向一个远的、较小的目标移动(动作的难度较高)。如果两只手分别移动,右手的动作应当比左手动作花费更少的时间,因为右手的难度较低。但是,被试的双手几乎同时达到目标。这表明被试移动双手的速度是不同的。被试同时做加速和减速两个动作。总之,双手移动的时间大致与单独进行较复杂的动作的时间相同。因此,较容易的动作与较复杂的动作相耦合。

我们可以通过运动程序解释为什么动作以这种方式进行耦合。如果程序负责执行相似动作的类别,那么这两个动作都需要相同的程序(Schmidt 等,1979)。动作特征,例如速度和移动距离,可以由单独的肢体决定。如果相似的手部动作通过相同的运动程序进行控制,那么我们可以期望一个肢体运动路径上的障碍可以对两个肢体的动作路径都产生影响(见图 14.10;Kelso 等,1983)。同样,通过练习,人们可以独立地移动两个肢体,Schmidt 等提出,在这种情况下运动程序被优化,从而能够让不同轨迹的肢体协调动作。

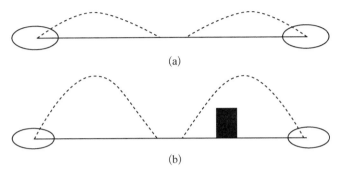

图 14.10　双手控制的运动

(a) 无障碍　　(b) 有障碍

这些试验表明当设计控制面板时,不同控制器件的难易度指数可以不同。当这些控制器件被同时激活时,操作人员不需要太多的努力就可以协调他/她的动作。但是,虽然双手动作看起来由单一的动作程序控制,它们并非同时完成的。Warrick 和 Turner 让被试用左食指和右食指按住按键,当出现"就绪"信号后同时放开按键。通常,被试能够同时释放他们的手指。但是,在释放时间上存在大量的差异,一只手指的释放时间可能快于另一只手指 20 ms。对于更加复杂的任务,Warrick 和 Turner 担心这种差异时间可能更长,这可能对于需要几乎同时进行左手和右手控制的操作出现潜在的问题。

14.3.4　抓取和拦截目标

抓取是一系列动作的基本组成成分,例如拿起一杯咖啡,拿起锤子,打开门或者打开电灯开关。抓取目标物体的动作可以分解为两个部分:移动过程(到达)以及抓取形成过程(抓取)。移动部分非常类似于之前介绍的将手部移动到目标的目标性动作。抓取部分则包含用手指抓住目标。手部的手指逐渐张大到最大程度,然后闭合到能够适合抓取目标的大小(见图 14.11)。

图 14.11　抓握运动过程

人们对于影响转移和抓取部分的影响因素以及转移与抓取的相互影响作用感兴趣。大部分的试验观察抓取的目标大小或者位置发生变化时的动作(Castiello 等,1993;Paulignan 等,1990)。当物体移动到更远的位置,移动部分变长,但是抓取部分不变。不管移动的时间,抓取的孔径在动作进行到 $60\%\sim$ 70%阶段时达到最大(Jeannerod,1981/1984)。但是,转移部分和抓取部分之间不是相互独立的。当目标的形状或者位置发生非预期改变时,转移和抓取部分的变化同时发生,这表明转移和抓取是相互耦合的(Rosenbaum 等,2001;Schmidt 和 Lee,2005)。

虽然大部分的试验中使用了静态目标,人们通常需要抓住动态的目标。对于一个移动的目标,人们不仅需要以与接近静态目标相同的方式接近动态目标,他们还需要计算动作时间,从而可以在目标运动轨迹的合适位置抓住目标。这可能不仅需要手臂和手部的运动,还需要全身的动作。例如,外场手只在估计球的飞行轨迹后就可以抓住一个正在飞行的棒球(Whiting,1969)。运动员必须计算截获棒球的最佳位置,进行移动达到位置,随后执行合适的抓取动作抓住棒球。

决定在何处拦截运动目标的一个重要变量是基于目标的视网膜图像如何快速地增长。增长速度的倒数称为 *tau*,决定了目标的"接触时间"(Lee,1976)。如果图像快速增长,*tau* 很小,而接触时间很短;如果图像增长缓慢,*tau* 变大,接触时间变长。当要求人们估计接触时间时,*tau* 很重要,但是其他的因素,例如图形深度线索也很重要(Hecht 和 Salvesbergh,2004;Lee,1976)。

14.3.5 运动控制的其他方面

人的动作可能很简单,但是通常都非常复杂。我们不能断定运动控制的所有方面都与人为因素问题相关。但是在结束这个话题之前,还有 3 个方面的问题需要简要介绍:姿态、移动以及眼部和头部运动。

1) 姿态

姿态和平衡控制主要通过脊髓实现,并通过闭环控制保持。姿态的调整来自本体感受、前庭系统以及视觉感官提供的基础信息。反馈回路控制的一些参数包括动作的力度、速度和距离。有趣的是,在低重力条件下这些参数最终都会改变。通常,在长时间的空间飞行之后,航天员都难以保持姿态和平衡,很明显,这是因为他们的脊柱神经适应了较低的重力环境,从而需要时间重新适应正常的重力条件(Lackner,1990)。

2）移动

大部分的人花费了大量的时间在他们的环境中行走或者移动。移动包含 4 个阶段的步伐循环,如图 14.12 所示。类似于姿态和平衡,步伐循环由脊髓控制。步伐循环也可以通过本体感受、前庭系统以及视觉感官提供的基础信息加以改善。视觉反馈在移动中发挥两个重要的作用(Corlett,1992)。人们使用视觉线索规划从当前位置到预期目的地的路径,并且在移动中使用这些线索完善他们的轨迹。

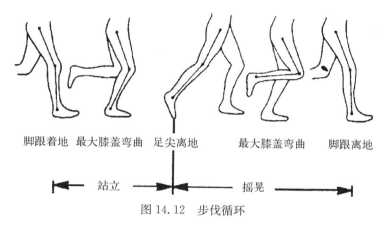

脚跟着地　最大膝盖弯曲　足尖离地　　最大膝盖弯曲　　脚跟离地

站立　　　　　　　摇晃

图 14.12　步伐循环

3）眼部和头部运动

我们已经强调了视觉反馈在保持姿态和平衡以及在移动中的重要性。将这些信息传递到动作控制中心需要大量的眼部和头部的运动,以保证能够获取完整的环境感知。例如,考虑一个人的眼动必须紧跟着一个移动的目标。他/她眼部移动的速度必须与目标移动的速度匹配,并且如果目标移动了一个较长的距离,那么他的头部也必须随之运动。

眼动移动通过前庭眼球反馈与头部移动保持一致。当注视一个目标时,头部或者身体的转动会激发前庭眼球反馈。眼睛会朝着头部相反的方向移动,从而补偿由于头部运动造成的视觉图像变化。当头部运动很快时,这种补偿不是非常准确(Pulaski 等,1981)。此外,当一个人在转动头部时注视一个目标图像,例如在头戴式显示器中的图像,前庭眼球反馈就会被抑制。因为反馈被抑制,他/她就无法在环境中很好地跟踪目标。

14.4　动作学习

对如何控制动作的部分了解包含了理解人们如何学习进行复杂的动作。在这个领域中,研究人员关注的一些问题包括动作如何表征并保存在记忆中;反馈在动作技能获取中扮演的角色;什么类型的练习和反馈能够形成最佳的学习;以及动作技能如何与其他技能相联系。这些问题的答案对训练程序的结构以及在工作环境中设计使用的设备都有帮助(Druckman 和 Swets,1988;Druckman 和 Bjork,1991;Schmidt 和 Bjork,1992)。

很多当前对于动作学习的研究受到 Schmidt 的**模式理论**的启发。模式理论的核心是动作程序的概念。回忆一下动作程序是控制具体运动类型的抽象计划。准确的表现行为不仅需要选择合适的动作程序,还需要选择正确的参数,例如力度和时间。两种类型的运动模式决定了参数值:回忆模式和识别模式。

当进行一个动作时,通过回忆模式,使用初始条件(人所处的位置)以及结果目标(人期望去的地方)选择动作程序的响应参数。识别模式指明了运动期望的感觉结果。回忆模式和识别模式在快速和缓慢的动作中使用的方式不同。对于快速动作,使用回忆模式激活和控制动作。随后在动作完成之后,感知结果可以与识别模式中的期望进行比较。这两者之间任意的不匹配都可以作为修正回忆模式的基础。回忆模式还激活缓慢的动作。但是,感觉反馈和识别模式中的感觉预期之间的比较可以发生在动作之中,一旦发现错误,就可以立即对动作参数进行纠正。

感觉反馈在模式理论中起到关键作用,并融合了动作程序,包含两个记忆部分(一个包含动作激活,另一个包含反馈评价)。模式理论还考虑学习中反馈的重要性,以及在执行动作和动作发生之后提供一个方式检测差错。虽然我们现在知道模式理论并不完全正确(Shea 和 Wulf,2005),这些通用的特征是当前动作技能获取研究中的主要观点。

"训练"是指重复地执行一个任务,目标是保持对任务的熟练度。个体如何练习动作技能决定了他/她能够快速获得任务的熟练度;他/她能够记住技能多久,以及技能能够提升其他任务表现行为的程度。有很多方式可以传授具体的动作技能。可以认为不同的练习方式是不同类型的训练程序,不是所有的训练程序的效力都相同。因此,很多研究针对不同类型的动作技能的不同训练程序。特别地,大部分的训练程序设计的目标是用最少的时间获得最好的行为表现。

通常训练程序通过达到行为表现的标准等级的练习数量,而非练习时间进行评价。在训练过程中,个体达到的行为表现等级受到很多因素的影响,并不总能表明他/她已经学习的数量。因此,重要的是区分能够影响学习,并且对行为有相对持续变化的变量,以及那些只是短时影响表现行为的变量。例如,个体的表现行为会在长时间、较为复杂的练习课程快要结束时变差，这是因为个体的疲劳，但是一旦他/她不疲劳时，表现行为能够大幅改善。

学习的程度可以通过在训练后的一段延迟之后进行行为测量的方式评价，这个程序称为记忆保持测试。更加有效的训练程序会在延迟后形成更好的表现。另一种测量学习的方式是观察个体进行与训练程序中所学习的任务相关但不同的新任务的能力，这个程序称为转移任务。在本节的后续部分中，我们将主要介绍不同的练习条件对记忆保持和转移的影响。

1）练习量

通常，增加练习可以提升记忆保持。即使操作人员已经达到了一个可接受的技能水平，如果他/她不断地练习，那么他/她可以更好地保持技能。一个试验让战士装配和拆卸 M60 机关枪（Schendel 和 Hagman，1982）。要求三组战士装配和拆卸枪支直到没有差错为止。其中一组是控制组，不接受额外的训练，并在 8 周后进行测试。其他两个小组则接受额外的训练，在这些小组中的战士进行的额外装配等于他们在第一次无差错装配之前的装配数。对于一个小组，额外的训练与初始训练在同一天，而另外一组，额外训练则在 4 周之后，在初始训练与记忆保持测试中间的时间。两个试验组都比控制组具有更好的记忆保持。虽然额外训练可能是多余的，但是它也是一种能够保证技能记住的有效方式。

在另一项试验中，让大学篮球运动员进行罚篮（距离为 15 ft），以及在其他 6 个位置进行投篮（3 个位置更近，3 个位置更远；Keetch 等，2005）。运动员在罚球线投篮的命中率为 81%，这比他们在其他任何位置进行投篮时更高。一种解释是，由于篮球运动在罚球线投篮的练习比其他任务位置都要更多，罚篮是过度学习的。注意，很难用模式理论对这个结果进行解释，因为投篮的动作都是同一个类型，而差别只是在于距离（Keetch 等，2005）。

2）疲劳与练习

过度的身体活动会导致疲劳。因此，我们必须确定当学习者疲劳时，他/她的练习是否与不疲劳时一样有效。至少对于一些实验室任务，疲劳对于个体获得新的动作技能有不利的影响（Pack 等，1974；Williams 和 Singer，1975）。但是，在疲劳时获得的技能几乎与在非疲劳条件下获得的技能一样能够得以保持（Cotton 等，1972；Heitamen 等，1987）。

例如，Godwin 和 Schmidt 让被试进行一个试验，要求他们先顺时针旋转一个把手，再逆时针旋转，最后再推倒一个木制栅栏。在第一天，疲劳组在进行每个任务之前，需要转动曲柄 2 min。非疲劳组的被试只需要动动手指。疲劳组进行任务的速度慢于非疲劳组(见图 14.13)。但是,在 3 天休息之后,这两组之间的差异变得很小。这个差异通过第四次记忆保持实验消除,表明疲劳对学习几乎没有影响。

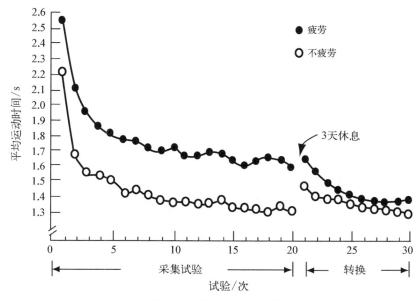

图 14.13　疲劳对初始表现行为与学习的影响

当疲劳程度最高时,疲劳对学习的影响最大。Pack 等让被试进行一个爬梯子的任务,要求他们保持平衡。通过让被试进行剧烈的运动,使得他们的心率保持在 120 次/秒、150 次/秒以及 180 次/秒的方式引入三种不同等级的疲劳。心率维持在 150 次/秒和 180 次/秒的被试在记忆保持实验中的表现行为差于心率维持在 120 次/秒的被试,而心率维持在 120 次/秒的被试的表现行为与没有进行剧烈运动的被试相当。

3) 练习分布

练习分布是指练习过程和工作时间的计划对动作技能获取的影响。练习过程分为两类:集中式的或者分布式的。在**集中式练习**中,个体在很长的时间内重复进行相同的任务,而在**分布式练习**中,在不同的实验中间个体会进行休息。当我们比较集中式练习和分布式练习的表现行为时,我们会观察两者的练习次数相同的情况。在分布式的情况下,练习时间更长,而在集中式的情况下,练习则一次完成。

集中式练习比分布式练习获取技能的速率要慢得多。Lorge 让被试通过镜子跟踪一个星星的运动。使用分布式练习的被试表现得比使用集中式练习的被试更好。随后,Lorge 将一些被试从分布式练习转移到集中式练习,他们的表现行为降低到一直进行集中式练习的被试的程度。这表明集中式练习和分布式练习的表现行为差异只是暂时的。

练习计划的类型影响记忆保持的程度还不明确。一些研究指出集中式练习和分布式练习主要影响需要连续动作的任务。这些研究表明集中式练习对这些类型任务的记忆保持有负面影响,而分布式练习则可以改善记忆保持(Donovan 和 Radosevich,1999;Lee 和 Genovese,1988)。当练习的间隔由天进行分割,而非在同一天内较短的时间内,连续任务的分布式练习可能更加有益(Shea 等,2000)。

还有一些少量的研究使用离散动作任务检验了练习分布的效应。一个研究让被试从洞里取出一根销子,翻转销子,再放回到洞中(Carron,1969)。与连续任务相比较,在记忆保持方面,集中式练习只比分布式练习好一点点。当触笔在 500 ms 内从一个金属板移动到另一个金属板时,这个结果可以被复制(Lee 和 Genovese,1989)。但是,Dail 和 Christina 发现在分布式练习的情况下,人们获取和保持高尔夫球的能力更强。这表明在任务类型(离散或者连续)与集中式练习或者分布式练习能够产生更好的学习效果之间没有简单的联系。

4)练习的可变性

练习的可变性是指每次练习中所需动作的差异程度。当个体在每次练习中执行相同的动作,可变性几乎没有,但是当他/她在每次练习中进行不同的动作,可变性就很大。根据模式理论,变化练习应当产生更好的表现行为。因为当遇到一个新的动作变化时,变化练习会形成更加具体的回忆模式可供使用。

练习的可变性对转移试验的影响最大。接受过变化练习的个体在进行转移试验时表现更优秀。例如,一项研究让被试进行两部分的定时动作,要求他们推倒两个障碍(Lee 等,1985)。告知他们每一个动作部分应当花费多少时间。一组被试在四种不同的时间需求下练习动作(随机练习组),另外一组被试在单一的时间需求下练习动作(固定练习组)。每组进行相同次数的试验,随后再转换成一个新的、不熟悉的时间需求。在新的时间需求条件下,随机练习组中的被试表现要优于固定练习组中的被试(见图 14.14)。第三组被试接受变化练习,但是时间需求被组合成块,从而他们进行的所有试验都只有一组时间需求(成块的练习组)。在转移试验中,成块的练习组的表现行为并不比固定练习组优秀。

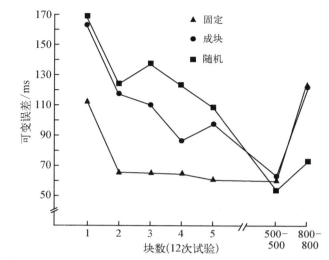

图 14.14 对于固定练习、成块练习、随机练习的运动时间准确性

如果我们考虑 Batting 在解释口语学习行为时提出的**背景干扰**的概念,那么模式理论就可以解释为什么变化练习主要对随机练习有帮助(Sherwood 和 Lee,2003)。当连续动作相同时,背景干扰最小;而连续动作不同时,背景干扰最大。当背景干扰最小时,动作可以相对容易地执行,甚至保持得很好,但是结果模式可能不是非常详细或者准确。模式可能只包含对单一动作的需求,因为较早试验块所需的动作参数已经被"写完"。相反,当背景干扰最大时,动作难以学习,但是结果模式限制了所有动作所需的参数。越复杂和灵活的方案,对转移试验的表现行为越有效。

随机练习对动作-技能获取的大部分优势强调认知因素如何对学习起作用。但是,激励因素也非常重要(Holladay 和 Quinones,2003)。考虑自我效能的概念,是指判断某人执行不同任务的能力。随机练习条件能够形成更优的学习效果,也能够形成各种转移条件下更加普遍的自我效能。这意味着如果对个体的评价时能够胜任任务,那么他们更愿意尝试转移任务。

通常,重复的钻取式训练用作教授动作技能。例如,在线教师学院对于如何教授小学生键盘输入技巧时指出"教师必须提供重复的钻取式训练来建立技能"。虽然重复训练有效,但是从本节介绍的研究中可以发现,技能的学习和保持可以通过改变试验间程序的方式显著改善。

5)心理练习

心理练习用来描述进行任务过程中执行期望动作的心理图像。运动员在进行困难的例行训练或运动顺序之前,通常会进行心理练习。尽管这种做法很普遍,但它在多大程度上实际提高了表现行为或者促使一项技能的获取,还是存在一些问题。

为了回答这些问题,实验人员比较了通过心理练习辅助,以及没有经过心理练习辅助的被试组在获取技能方面的行为表现。例如,一组被试只在物理上练习任务,另一组被试使用相同的时间只进行心理上的练习,而第三组被试则既进行物理上的练习,也进行心理上的练习。此外,还有一个控制组不接受任务练习(Driskell 等,1994;Feltz 和 Landers,1983;Wulf 等,1995)。但是,对于转移任务,我们可以预期学习一种技能会让人们难以完成一种新的技能,心理练习不会像物理练习那样对表现行为产生巨大的影响(Shanks 和 Cameron,2000)。这意味着尽管心理练习有帮助,但并不像物理练习那么明显。

心理练习的主要优点很明显是对任务进行认知部分的演练(Sackett,1934)。例如,网球运动员必须不仅能够完美地反手击球,还必须能够预估对手的回球并选取合适的位置。这意味着心理练习对于包含一个较大认知部分的动作任务(卡片分类)应当更加有效。

一项对序列学习的研究证实了这个假设(Wohldmann 等,2007)。被试要么练习快速输入四位的字符串,要么只想象输入相同的字符串而不进行实际的输入。在随后的测试中,使用心理想象的被试与进行实际输入的被试在表现行为上提高的幅度相当。心理练习与物理练习间不存在差异表明练习的好处来自认知表征,而非物理效应。

另一种心理练习主要利于认知部分的假设预期是心理练习的程度应当与任务所需的动作相独立;如果两个任务共享相同的认知部分,但是需要不同的动作,那么心理练习的好处对于两个任务应当是相同的。一个包含较大认知部分的动作任务是使用外语阅读语句。MacKay 让双语人士使用德语和英语尽可能快地阅读语句。使用一种语言默读(心理练习)语句不仅减少了阅读时间,还能够使得同样的语句更快地翻译成另一种语言。心理练习比物理练习减少更多翻译语句的阅读时间,心理练习的好处不依赖于使用德语或者英语进行阅读时所需的肌肉活动的不同模式。

通常,当操作人员将心理练习与物理练习相结合时,动作技能的获取最有效(Druckman 和 Swets,1988)。这可能是因为心理练习和物理练习的结合会形成更加详细和准确的动作程序。一个优化的训练程序会同时使用心理练习和物理练习。除了改善技能获取以外,心理练习还有其他的优点,包括不需要设备,没有物理疲劳以及没有危险。

14.5　使用模拟器训练

我们已经讨论了转移任务,以及一组动作的练习多大程度上改善了另一组新动作的表现行为。练习转移的程度是设计和使用军事和工业模拟器训练设备重点关注的内容(Baudhuin,1987),例如飞行员的训练。模拟器用来仿真无法让操作人员在真实系统中训练的场景,例如,飞行学员不应当在真实的、全载荷的波音 787 中进行训练,但是他们可以在模拟器中训练。

使用模拟器进行训练的目的是保证用尽可能小的成本将模拟器的仿真尽可能多地转移到真实的运行系统中。如果在模拟器中的训练能够转移到运行系统中,那么会节省大量的资金。此外,真实系统的物理伤害和风险会降到最小。在飞行模拟中“坠机”不会产生真正的伤害。

模拟器设计的一个重要因素是对真实系统的逼真度。通常,设计人员认为物理相似度很重要,模拟器的物理特征应当很接近真实系统。这对于商业航空中使用的飞行模拟器很重要,这些模拟器试图完美地复制真实的驾驶舱环境(Lee,2005)。全动飞行模拟器的驾驶舱是飞机的精确复制品。提供高逼真度的环绕视觉显示以及听觉显示,并对真实飞行中控制器件操作力的变化进行仿真。驾驶舱安装在一个可以三维运动的平台上,仿真飞行中产生前庭系统作用力。最终的结果是一种接近真实飞行的体验。

另一种高逼真度的模拟器是开火指挥员单元(U-COFT),被美国军方使用。这个系统模拟坦克的内部,在仿真环境中对坦克兵进行训练和测试。系统包含完整的坦克内部仿真。坦克兵配备了地形视频显示器和功能齐全的仪器设备。从模拟器中到真实坦克的转移很完美。坦克兵在模拟器中的表现可以很好地预测实弹射击的分数(Hagman 和 Smith,1996)。

但是,高逼真度对于有效的模拟器训练并非必要。主要在仿真环境和运行环境中执行的程序相同,那么就能够得到好的转移效果,即使特定的刺激元素和响应元素不相同。考虑到高保真仿真的成本以及在某些情况下防止完全相似的技术限制,训练程序必须强调**功能对等**:在模拟环境和真实环境中要求操作人员进行的任务对等(Baudhuin,1987)。决定转移好坏的因素是模拟器与被仿真系统功能对等的程度。

随着相对价格较低的、拥有强力图形生成系统的计算机的普及,基于个人计算机开发廉价的模拟器变得很容易。例如,微软飞行模拟器和 X-Plane 都是可以运行在个人计算机上的强大的飞行模拟。只要计算机能够支持,它们可以用作桌面模拟器(Bradley 和 Abelson,1995),甚至在"真实"的低成本的飞行模拟器中提供外部世界的显示以及驾驶舱仪表(Proctor 等,2005)。类似于这样的低仿真度的模拟器只在计算机显示上提供有限的视角,并省去了高逼真度,全动模拟器中的感觉线索。但是,它们足以传授基础的感知-动作控制技能、空间定向技能以及如何阅读飞行仪表(Bradley 和 Abelson,1995)。

基于虚拟现实发生器的虚拟现实系统,构建了一个能够完全浸入的仿真环境。在虚拟现实中,人与系统的交互方式与"硬"模拟器非常相似。虚拟环境可以代替更加昂贵的训练(Lathan 等,2002)。因为这些环境对物理模拟器没有过多的限制,它们能够保证以廉价的方式将良好的技能转移到运行环境中。

14.6　反馈和技能获取

在一个人的运动过程中(当前反馈)以及运动完成后(终端反馈),许多感觉器官的反馈都是可用的。这些信息的来源是固有的:来自操作人员。固有的反馈不仅在动作控制中很重要,如前所述,也提供了动作技能学习的基础(Mulder 和 Hulstijn)。但是,仅依靠固有反馈的动作学习非常缓慢,所以大部分的训练程序使用一些来自训练师或者其他来源的增强反馈形式。通常,这个反馈采用**结果知识**(KR),**行为知识**(KP)或者**观察学习**的形式。

14.6.1　结果知识

结果知识是指在完成预期目标的过程中,操作人员成功程度的反馈。这种反馈可以通过教员或者一个自动的设备提供。例如,飞行教员可以告诉飞行学员具体的操作目标是否实现,或者飞行模拟器会指示是否安全着陆。结果知识可靠地改善了动作学习任务的初始行为,以及随后的记忆保持(Newell,1976;Salmoni 等,1984)。但是,结果知识的呈现方式有很多种,其中一些方式比其他的方式更加有效。对结果知识的研究主要关注于频率、延迟和准确性的影响。

1) 结果知识的频率

模式理论提出当在每次试验之后提供结果知识时,效果最佳,而结果知识的效力随着试验给出结果知识的比例减少而减少。如果表现是用获得技能的速度来衡量的,这个结论正确(Salmoni 等,1984),但是,越多的结果知识会导致越差的记忆保持。这表明越少的结果知识会产生越好的学习效果。

一项研究让被试学习杠杆运动模式（Winstein 和 Schimidt,1990）。这个模式由四个动作组成,持续 800 ms。在计算机上给出结果知识表明真实的运动与目标运动相符。一组被试在每次试验之后都接收结果知识,而另一组被试则只在一半的试验之后接收结果知识。尽管两组被试都很好地学习了任务,但是接收较少结果知识的小组往往能够保持任务的最佳状态。另一项研究在观察被试学习发音任务时也发现了类似的结论（Steinhauer 和 Grayhack,2000）。但是,在一些非常复杂的任务中,例如在滑雪模拟器上执行的障碍滑雪类型任务,低频率的结果知识并不能产生更好的表现行为。这说明如果动作任务非常复杂,那么更加频繁的结果知识可能更加有效（Wulf 等,1998）。

当不是在每次试验之后都提供结果知识时能够获得更好的记忆保持这一事实表明,在一系列试验完成之后提供总体的结果知识可能更加有效。一些研究证明了这一事实（Lavery,1962;Schmidt 等,1989）。其中一项研究（Schmidt 等,1989）让被试学习一个定时的杠杆运动任务,类似于我们之前所描述的（Winstein 和 Schmidt,1990）。他们对四组被试分别在 1 次试验后、5 次试验后、10 次试验后以及 15 次试验后提供总体的结果知识。在训练过程中,每个人的表现行为都得到了提高,但是接收结果知识频率较低的被试的表现行为没有接收结果知识频率较高的被试那么出色（见图 14.15）。但是,在一个延迟的记忆保持测试中,被试的表现行为结果则正好相反。每 15 次试验后提供总体的结果知识的被试的表现行为最佳,而每次试验后提供总体的结果知识的被试的表现行为最差。

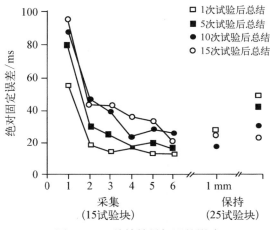

图 14.15　总结结果知识的影响

2) 结果知识延迟

在一个动作执行结束或者一个试验完成之后,在结果知识呈现之前有一些延迟。这个间隔称为结果知识延迟。当结果知识延迟非常短暂时才很重要(Salmoni 等,1984)。当立即提供结果延迟时,它与学习的任务产生干涉(Swinnen 等,1990)。在一项研究中,要求被试进行一个定时的动作。一组被试立即接收结果知识,而另一组在一小段延迟后接收结果知识。在一段时间之后,立即接收结果知识的被试相较于接收延迟结果知识的被试,表现出较差的记忆保持。研究人员认为试验后的一小段时间对于评价固有的行为反馈非常重要,这种评价帮助人们检测自身的错误。但是,理解的结果知识呈现会干扰这个过程。

在另一项研究中,Swinnen 让被试在结果知识延迟的过程中,进行一个需要注意力的次要任务。这些被试对主要的动作任务表现出较差的记忆保持,证明了次要任务会干扰学习过程。但是,当次要任务出现在结果知识之后,下一次试验之前,记忆保持要好得多。还有一项研究让被试在结果知识延迟的过程中,进行一个额外的动作。只有当要求这个动作与主任务一起记住时才会影响记忆保持(Marteniuk,1986)。当要求人们在结果知识的延迟过程中解决一个数字问题时,他们的记忆保持能力变差。所有这些结果都表明动作学习的一部分包括动作尝试后相关的信息处理。同时,在结果知识的延迟过程中进行任何与动作不相关的较高等级的认知活动都会影响记忆保持。

3) 结果知识的准确度

有两种类型的结果知识。定性的结果知识提供表现行为的一般信息(如正确/不正确),而定量的结果知识则指明方向和差错程度。因此,定量的结果知识比定性的结果知识更加精确。通常,定量的结果知识比定性的结果知识在技能获取中能够产生更好的行为表现(Salmoni 等,1984)。即使定量的结果知识和定性的结果知识在技能获取中产生相同的行为表现,定量的结果知识还能够形成更好的记忆保持(Magill 和 Wood,1986;Reeve 等,1990)。

4) 结果知识的作用

很明显,结果知识在动作技能的获取中很重要。结果知识的主要作用有3 点(Salmoni 等,1984)。首先,结果知识可能提升积极性,当呈现结果知识时,可以产生更好的驱动或者努力。其次,结果知识可以帮助形成记忆的关联性。这对于模式理论特别重要,因为结果知识能够形成刺激特征与响应特征之间的关联,构建回忆和识别模式。最后,结果知识在技能获取过程中可以提供指导,并且帮助表现行为（Anderson 等，2005）。当在每一次试验后都提供结果知识时，不需要学习所必需的更深层级的处理就能够产生准确的表现行为。

　　总之，应当记住以下三点。第一，个体学习动作技能时，如果结果知识提供的信息有益，那么必须积极处理。第二，如果结果知识是准确的，并且在提供时不需要学习者同时进行其他的信息处理，那么结果知识最有效。第三，当提供的结果知识过于频繁，那么学习者可能无法处理来自他/她的行为表现中固有的信息，而只能依靠结果知识提供的指导。

14.6.2　表现行为知识

　　结果知识提供动作输入的信息，但是表现行为知识则提供运动行为的信息，例如如何控制动作，如何协调动作。我们有理由相信表现行为知识比结果知识更加有效（Newell 等，1985；Newell 和 Walter，1981），但是我们必须区分运动学的表现行为知识（一个动作包含的移动的一些方面）和动力学的表现行为知识（产生这些移动的力）。对表现行为知识的有效性研究体现了动作的运动学反馈和动力学反馈，通常是比较有效动作中的运动学信息和/或动力学信息。

　　运动学表现行为知识包括肢体的空间位置信息、速度信息以及加速信息。一个古老的、经典的运动学表现行为知识研究针对从钨丝棒上切割圆盘的机器操作人员（Lindahl，1945）。机器的操作需要协调的手脚动作，脚部的动作特别重要，因为其决定了操作人员的切割效率和圆盘的质量。Lindahl 记录了技巧最高超的操作人员的脚部动作（见图 14.16），并使用这些记录训练

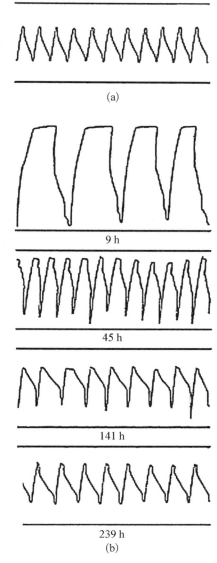

(a)

9 h

45 h

141 h

239 h

(b)

图 14.16　使用动态表现行为知识进行不同训练量后的两类人的脚部动作模式

（a）专家操作员　（b）新手操作员

新的操作人员。这种运动学的表现行为知识不仅让新的操作人员更快地学习任务,表现更好,还同时提高了更加具有经验的操作人员的表现行为。

可能已经发现 Lindahl 试验中的运动学表现行为知识实际上是一种定量的结果知识,因为动作的目标与动作本身一致。同时,Lindahl 没有检验操作人员保持记忆的能力,只关注行为表现。如果我们的目标是确定运动学表现行为知识是否优于结果知识,或者在什么情况下使用表现行为知识或者结果知识,那么我们需要区分动作和动作目标,观察记忆的保持和(或)转移(Schmidt 和 Young,1991)。

如图 14.17 所示,一项研究向被试呈现一系列发光二极管,它们看起来像一个移动的球。要求被试操作一个水平安置的杠杆,类似于网球拍的方式。当灯光开始移动,被试将杠杆向后扳动,使其位于灯光的左侧。随后向前移动杠杆尝试"击打球",以截断运动的灯光。在这种任务中,表现行为的知识很容易与结果知识分离。结果知识告诉操作人员小球是否被成功击中,而表现行为知识提供来回移动杠杆的信息。注意表现行为知识在这个任务中很重要,因为设备并没有对操作人员的动作产生限制:操作人员需要选择后摆的位置,并在合适的时间以合适的力度向前移动杠杆。

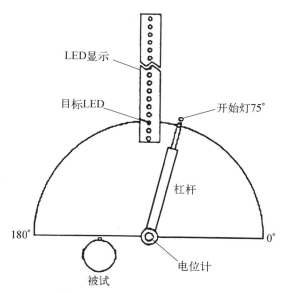

图 14.17　同时计时装置原理图

当操作人员将杠杆向后移动大约 165°时,能够获得最佳的击打准确性。比较两种情况,只向被试提供关于他们摆动准确性的结果知识,或者结果知识加上向后摆动位置的表现行为知识。第二种情况下,被试在技能获取试验和记忆保持试验中会表现得更好。因此,我们可以认为运动学表现行为知识相较于单独的结果知识,对动作学习更加有效。

动力学表现行为知识的好处通过需要力度控制和动作持续的技能进行研究。例如,一些等距的任务(在肢体不发生动作的情况下改变肌肉力)应当从动力学表现行为中获益,因为这些任务的准确行为完全由动力学变量决定。一个由美国军方开展研究新兵学习射击步枪的早期的试验证明了这个观点(English,1942)。好的枪法要求士兵在扣动扳机的同时捏紧步枪的枪托。因为这个技术很难学习,English 使用了一种全新的训练程序,提供动力学表现行为知识。步枪的枪托被掏空,里面放了一个充满液体的球状物。球状物连接在一个充满液体的管子上,显示了新兵射击时施加的力。新兵可以比较他/她射击步枪时管子里液体的水平与专业射手的水平。这种方法非常有效,即使是"绝望得要放弃"的新兵也能很快达到最低标准。

最新的一些关于动力学表现行为知识的研究不仅关注需要施加一定力量的任务,还关注随着时间变化,力量控制逐渐变化的任务(Newell 和 Carlton,1987;Newell 等,1985)。在一项任务中,被试能够对一个固定的手柄产生最大30 N 的力,而另一项任务中,被试能够产生一个特定的力-时间曲线。两项任务的被试都接收动力学表现行为知识形成自身的力-时间曲线。表现行为知识改善了力-时间标准任务的初始表现和记忆保持,但对于峰值力标准的任务却不适用。进一步的研究针对当实际的力-时间曲线和期望的力-时间曲线叠加时,应当呈现表现行为知识评价行为的有效性。只有当期望的力-时间曲线不对称时,或者操作人员不熟悉这种形态时,叠加曲线才有益。

一种呈现表现行为的通用方法是向操作人员提供一个他/她动作行为的视频回放(Newell 和 Walter,1981;Rothstein 和 Arnold,1976)。但是,在很多情况下,这种类型的表现行为知识可以提供更多的信息,因此对人们如何改善他们的行为产生混淆而不是帮助。当操作人员被告知只需要对与学习相关的行为的具体方面进行关注时,视频回放才有效。

这项工作产生的一般原则如下:任何类型的增强反馈是否成功取决于它提供的相关信息的形式能够改善表现行为的程度。这就意味着在决定提供哪种类型的结果知识或者表现行为知识之前,训练者必须首先分析任务需求的细节。

14.6.3　观察学习

有时,人们通过观察其他人(模型)的行为学习如何进行一个动作任务,称为**观察学习**。对人们如何通过观察进行学习的解释可以基于 Bandura 的社会认知理论。根据这一理论,观察者通过注意模型行为的显著特征形成一个学习任务的认知表征。随后这个表征可以在观察者进行任务时形成指导动作。表征还能够提供与观察者自身行为反馈的对比参考。并不令人感到吃惊的是,当人们观察模型进行任务时,很多影响动作学习的相同变量具有相似的效应,例如结果知识的频率(Badets 和 Blandin,2004)。

只能通过观察学习部分的动作序列,完整的却不行(Adams,1984)。这是因为重要的任务因素(如静力、肌肉张力以及动作中任何不可见的部分)只有通过实践才能够学习,而认知表征中的不确定性或者分歧只有在任务执行时才能解决。因此,通常将观察学习与物理实践相结合更加有效(Shea 等,2000)。在观察学习过程中,如果训练者能够提供有关任务因素的信息并解决模棱两可的问题,那么学习者的表现可能会受益。一项研究证实了这个观点,并验证了如何通过向学习者展示运动中不可观察的部分提高观察学习的效果(Carroll 和 Bandura,1982)。这项研究让学习者以一种复杂的方式操作一个桨叶装置(见图 14.18)。一个演示视频展示了模特如何进行桨叶控制任务,记录的图片是模

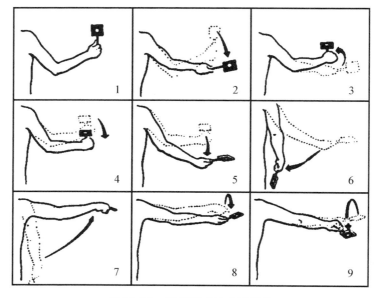

图 14.18　动作模式的响应部分

特身体的右后方,如图 14.18 所示,从而模特手臂和手部的方向与学习者手臂和手部的方面正好对应。演示视频向每名学习者播放六次。在每次演示后,他/她执行一次动作。试验人员选择性地向学习者呈现他们执行动作的视频(视频反馈):不呈现、前三次试验呈现、后三次试验呈现或者所有的六次试验都呈现。在六次试验之后,学习者需要在没有演示视频和视觉反馈的情况下额外执行动作三次。每三次试验之后,实验人员让被试对九张图片进行排序表示动作顺序的方式评价学习者认知表征的准确性。

只有在前三次试验呈现视觉反馈时不能改善表现行为,而在后三次试验以及所有六次试验都呈现视觉反馈时都能够改善表现行为。对图片排序的正确性在第二次试验集与第三次试验集之后比第一次试验集后更加准确。研究人员使用社会认知理论对结果进行了解释,观察行为的准确认知表征必须建立在自身行为的视觉反馈之前才有益。

Carroll 和 Bandura 认为视频增强是一种有效的训练工具,但是只有当其与学习者的动作同时呈现时才有效。当视频增强延迟 1 min,表现行为并不会改善。让学习者匹配模特的动作对表现行为的改善与提供视频增强对表现行为的改善效果相当,但是匹配模特的动作并不依赖于呈现的时间。随后的研究也表明学习者越多地观察模特的动作,表现行为改善的效果越佳(Carroll 和 Bandura,1990)。

总之,观察学习是一种有效的训练工具,但是只是在一定程度上促进了学习者对任务准确的认知表征的建立。观察学习对复杂动作技能获取的帮助程度与其他表现行为知识方法的相关性仍然有待解决。可以认为,观察对学习任务的大体方面有帮助,例如不同动作在序列中的次序和程度,但是在学习细节时作用有限(Newell 等,1985)。

14.7 总结

理解人们如何执行运动、控制动作是理解人为因素的一个基础部分。我们在本章中提出了一些重要的观点。首先,动作控制是层级化的。运动皮层接收本体感受的反馈,传递信号进行控制和动作纠正。这些信号通过脊髓传输,能够在一定程度上控制动作。目前对较高层级的动作控制的理解是脑部建立执行复杂动作的计划,而脊髓则进行精密的细节调整。

脑部的动作计划称为运动程序,是层级化和模块化的,类似于神经系统的组织。包含不止一个肌肉组的复杂动作可以通过单一的运动程序控制。运动程序依赖于感觉器官反馈确定具体动作的合适的参数,例如力度和距离。同时,感觉器官反馈的使用方式取决于动作是否需要开环控制或者闭环控制。感觉器官反馈可以在较缓慢的闭环动作进行时对其进行修正,但是当动作快速时作用就很小。

　　关于人们如何控制动作最有兴趣的问题可能是理解如何学习高级别技能的行为。运动技能获取的难易程度根据使用的训练程序变化很大。高等级的练习可用性可以形成更好的记忆保持和被练习动作的表现,以及在类似运动类型中的转移。学习和表现同样也从增强的反馈中受益。当仔细选取提供结果和表现行为的知识信息时,可以提高学习质量。人为因素专家有机会提供最佳的训练程序,使得操作人员在技能获取阶段更快地进步。

推荐阅读

Enoka, R. M. 2002. Neuromechanics of Human Movement (3rd ed.). Champaign, IL: Human Kinetics.

Jeannerod, M. (Ed.) 1990. Attention and Performance XIII: Motor Representation and Control. Hillsdale, NJ: Lawrence Erlbaum.

Jeannerod, M. 1990. The Neural and Behavioural Organization of Goal-Directed Movements. New York: Oxford University Press.

Magill, R. A. 2004. Motor Learning: Concepts and Applications (7th ed.). New York: McGraw-Hill.

Rosenbaum, D. A. 1991. Human Motor Control. San Diego, CA: Academic Press.

Schmidt, R. A. & Lee, T. D. 2005. Motor Control and Learning (4th ed.). Champaign, IL: Human Kinetics.

15　控制器件和动作控制

操作人员如何避免偶尔发生的错误、混淆或者意外地碰错了控制器件？或者定位错误？他们并不能避免。幸运的是，飞机和核电站具有足够的鲁棒性。通常，每小时发生的一些差错并不重要。

——D. A. Norman(2002)

15.1　简介

机器通过显示与操作人员交互信息。操作人员通过操作器件告知机器他们所期望的机器状态变化。有很多种类的物理控制器件，包括按钮、拨动开关、操纵杆和旋钮。它们可以通过手部、脚部进行操作，在一些情况下，还可以使用眼部和头部动作控制。响应人类语音的声音-敏感控制器件使用于限制了操作人员操作控制面板能力的机器上。例如，在汽车中交互式语音导航系统可以响应声音命令给出驾驶方向，而不需要驾驶员用眼睛观察外面的道路(Chengalur等,2004)。

不同种类的控制器件需要不同类型的动作。这意味着一个在某一种条件下正常工作的控制器件，在另一种情况下不一定能够正常工作。此外，技术的快速变化保证了在控制器件的设计中总有新的问题需要克服。手持式设备，例如掌上电脑就存在数据输入(和显示)的新问题，因为它们非常小。用户可以从新颖的控制器件中受益(如特定的压力-敏感控制器件；Paepcke等,2004)。人为因素工程师工作时使用人机工效数据确定具体的控制器件和面板的布局，保证操作人员和系统有最佳的表现。

有效的控制器件有一些通用的特征。第一，用户容易使用它们。第二，它们的尺寸和形状由生物力学和人体测量学(见第16章)以及将控制器件设定映射到系统状态的人口原型(见第13章)决定。第三，它们适合通过设计的控制动作进行操作，适应移动它们所需的肌肉力，提供足够的速度和准确度响应(Bullinger

等,1997)。

通常,多个控制器件布置在一个面板上。一个好的控制面板保证操作人员可以容易地识别每个控制器件,并确定其功能。同样,操作人员必须能够触及所有的控制器件,并使用合适的力进行操作。在本章中,我们将介绍控制器件的特征,以及使得控制器件可用的控制面板,此外,还包括人为因素工程师如何进行设计。

15.2　控制器件特征

不同的控制器件包含很多不同的控制属性。一些需要很大的力度才能够进行操作(可能为了避免偶然的激活),而其他的可能只需要很小的力度。一些控制器件是推动的,一些是拉动的,还有一些是转动的。它们可以在一个维度、两个维度或者三个维度上移动。操作人员可以使用他/她的手部或者脚部进行操作。它们的表面可能是平滑的或者粗糙的。

系统响应控制动作的方式也有很多种。它可以在操作人员移动控制器件后立即响应或者延迟一段时间。产生的系统变化可能很大,也可能很小。在行驶的轿车中踩刹车可以产生立即的系统变化,而打开加热器只缓慢地产生微小的系统变化。在本节中我们将介绍控制器件的这些特征。当确定控制器件的特定应用时,必须考虑这些特征。

15.2.1　基础维度

区分控制器件最简单的方法是确定它们是离散的还是连续的。**离散控制器件**可以设定一系列固定数值的状态。例如,电灯开关有两种设定,一种是"电灯开",另一种是"电灯关"。一些离散控制器件有多个状态。一个立体声放大器可以使用离散的控制器件选择听力设备(光盘、收音机调谐器、磁带或视频源)。轿车变速器也是一种离散的控制器件。

连续控制器件(有时称为模拟控制器件)可以在连续的状态上设置任意的值。电灯的"调亮开关"是对光线强度的连续模拟;模拟收音机调谐器使用连续的旋钮选择电台频率;轿车的方向盘也是一种连续控制器件。当少量系统状态离散或者准确选择合适的状态很重要时,使用离散的控制器件。当系统状态连续或者大量控制状态离散时,使用连续的控制器件。连续的控制器件还可以用于指针控制,与视觉计算机显示进行交互。

我们还可以将控制器件分为线性的和旋转式的。电灯开关不仅是离散的,还是线性的,因为它沿单轴运动。立体均衡器通常使用连续的线性控制器件选择不同频率范围的输出。之前提到的放大器的输入器件和调亮开关既可以是线性的,也可以是旋转式的。轿车的方向盘是旋转式的。

图 15.1 给出了一些常用的线性和旋转式的控制器件。该图对操作时必须进行的动作进行分类。例如,转动运动的控制器件需要在单轴或者多轴上旋转,通常位于控制器件与控制机构相连接的位置。线性运动控制器件包含之前介绍的控制器件。旋转运动控制器件包括旋钮和滚珠(通常用于定位装置)。

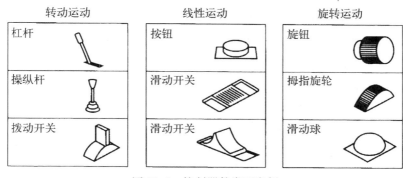

图 15.1　控制器件类型实例

控制器件要么是单一维度的,要么是多维度的。线性和调亮开关是单一维度的,因为它们调整了单一维度的光亮等级。相对地,操作杆或者计算机鼠标是二维的,因为它的控制位置在二维空间内。确定在一维空间或者多维空间内系统位置的控制器件通常使用一维或者多维表征对应期望的系统变化。例如,将电脑鼠标向上和向左运动通常会使得指针在计算机显示屏中向上和向左运动。这些类型的可移动的以及对位移有响应的控制器件称为**等渗控制器件**。在一些情况下,可以使用**等距控制器件**得到相似的结果。等距控制器件是固定的,对力做出响应。一些定位设备,例如一些笔记本电脑上使用的指针定位的指点杆是等距的。

控制器件在大小、形状、运动范围以及阻抗方面都存在差异。一个具体控制器件的可用性,以及人们进行操作的相对难易程度随着各种因素而变化。例如,使用操纵杆的表现行为可能随着操纵杆手柄的大小(因为影响了操作人员握住操纵杆的方式)、物理运动范围以及操纵杆的运动是否只要依靠手腕和手部完成,或者依靠手臂完成确定(Huysmans 等,2006)。表 15.1 和表 15.2 总结了不同类型的离散和连续控制器件的使用。这些指导被美国军用设计标准接受，由 Boff 和 Lincoln 编辑。这些表格可以帮助确定具体的条件下使用哪种类型的控制器件。

表 15.1　离散控制器件的使用

类　型	使　用
线性	
按钮	当一个控制器件或者一组控制器件需要瞬时的接触或者激活一个锁定的电路时
图例	当按钮应用程序需要一个完整的图例时
滑动	当需要两个或者多个位置时
拨动	当需要两个位置或者空间非常有限时 三个位置拨动只用于弹簧装载的中央切断类型，或者旋转或图例控制器件不可用
推-拉	当需要两个位置，并且需要类似的构型（如自动头灯），或者缺乏面板空间，并且相关的功能可以进行组合（如开-关/音量控制）时 当随意的定位不重要，只使用三个位置推-拉时
旋转	
选择器	当需要三个或者更多的位置时 在两个位置应用中，当快速的视觉识别比定位速度更重要时
钥匙型	在两个位置应用中，防止非授权的操作
拇指轮	当需要一个包含读数的紧凑型数字控制输入设备时

表 15.2　连续控制器件的使用

类　型	使　用
线性	
控制杆	当涉及大量的力或位移或者需要多维控制运动时
等渗控制器件	当在两个或者更多相关的维度上需要精确的或者连续的控制时 当定位准确性比定位速度更重要时 从阴极射线管或者自由绘制的图形中提取数据
等距控制器件	当需要读数或者每个输入后返回中心时，操作人员反馈的主要是系统响应的视觉反馈，而非操纵杆的动态反馈，以及在控制器件、输入和系统响应之间存在的最小延迟和紧密耦合
轨迹球	从阴极射线管提取数据；在给定的方向上有累积的移动；只进行零级控制
鼠标	从阴极射线管提取数据或者坐标输入；只进行零级控制
光触笔	跟踪定向读出装置；数据提取；阴极射线管数据输入

（续表）

类　型	使　用
旋转	
连续选择	当需要较少的力和精度时
同轴	适用于有限的应用场合，由于面板空间有限，所以无法使用单一连续旋转控制
拇指轮	在需要紧凑控制装置的情况下，作为连续旋转控制器件的替代

15.2.2　控制器件阻力

　　任意的控制器件都至少存在一定的阻力，需要一些力量才能够移动。界面的设计人员可以调整（一定程度上）每个控制器件上阻力的类型和大小。阻力的改变对控制器件的影响不仅在于控制力度，而且也影响控制感受、操作的速度和准确性以及如何进行平滑的连续控制运动。

　　阻力的类型。阻力的类型有四种：弹性阻力、摩擦阻力、黏性阻力和惯性阻力（Adams，2006；Bahrick，1957）。每一种阻力都有不同的影响，设计人员在设计控制器件时必须仔细考虑。弹簧-装载控制器件具有**弹性阻力**。随着控制器件远离中立位置，弹性阻力增加。控制器件的阻力与其位置的直接关系为操作人员提供了关于控制器件远离距离的本体感受反馈。在很长的时间内，很多人认为当控制器件（如计算机鼠标）的位置与其控制的机器或者显示元素的位置直接相关时，弹性阻力的这种特性是有益的。但是，并没有科学证据证明这种观点（Anderson，1999）。不管有没有弹性阻力，离散的目标性移动都一样准确，甚至当操作人员对结果知识进行了大量的练习时。此外，当测试人们之后使用控制器件的能力时，他们的运动准确性差于使用包含弹性阻力的控制器件。

　　当释放包含弹性阻力的控制器件后，它将返回中立位置。一些包含弹性阻力的控制器件利用了这一属性，称为"死人开关"。如果操作人员发生特殊情况，死人开关保证机器不需要任何操作就不会继续运行。例如，美国联邦标准要求所有位于后方的电动割草机的手柄上都需要一个弹簧控制杆，操作者在割草的时候握住（压紧）手柄。如果操作人员松开手柄，自动闸必须在 3 s 内使刀片停止。这个开关防止割草机在没人操作时发生移动，同时也防止操作人员在刀片仍在旋转时，试图清除刀片上卡住的草屑。

　　摩擦阻力是第二种类型的阻力。有两种类型的摩擦。当控制器件静止时，静摩擦力最大。一旦开始运动，这种摩擦力减小。相对应地，当控制器件开始运动时,产生动摩擦力。动摩擦力的大小不受控制器件的速度或者位置的影响。这两种类型的摩擦阻力都会影响用户使用设备。一项研究检测了假肢手臂的控制(Farell 等,2005)。随着静摩擦力的消除,人们可以更加平缓和准确地移动假肢手臂。具有较大摩擦力的控制器件适合作为通断开关,因为摩擦力减小了无意操作控制器件的可能性。

　　黏性阻力,或者称为黏性阻尼,随着运动的控制器件的速度而变化。想象一下用汤勺搅拌厚厚的糖浆。搅拌的速度越快,遇到的阻力越大。因为黏性阻力与控制速度相关,它提供了控制器件运动速度重要的本体感受反馈。黏性阻力还能帮助平缓地控制运动,这是因为控制器件不会对速度的突然变化做出响应。例如,对于船只,虽然被控制的是系统,而不是控制器件本身,但是水对船体的黏性阻力会显著影响转向和航行。

　　惯性阻力,即改变运动状态的阻力,随控制器件加速度而变化。对于这些控制器件,可能很难从静止位置开始进行移动。但是一旦它们开始运动,就更容易移动。当它们开始运动时,惯性阻力帮助保持运动,并防止其停止。所以,控制器件的开始运动和停止运动都需要用很大的力。

　　通常,旋转门具有很大的惯性阻力。由于它们的质量,需要用力推动才能让它们开始旋转,但是当停止推动时,它们依然保持旋转。对于需要以特定的方向向具体的目标位置或者设置移动的控制器件,惯性阻力会使操作人员倾向超越目标设定。

　　表现和阻力。控制器件应当具有多少阻力?阻力如何影响操作人员使用控制器件的能力?Knowles 和 Sheridan 开展了一项研究回答这些问题。他们对旋转控制中的摩擦阻力和惯性阻力特别感兴趣。首先,他们使用心理物理方法评价人们对摩擦阻力和惯性阻力变化的敏感度。对于摩擦阻力和惯性阻力,恰好可观察的差异都在"标准"阻力的 10%～20% 之间。这意味着,如果一个操作人员习惯于控制器件的摩擦阻力或者惯性阻力等级,当阻力增加 10%～20% 时,他/她才会发现控制器件的差异。在 Knowles 和 Sheridan 确定阻力的恰好可观察的差异后,他们让操作人员对不同摩擦阻力、黏性阻力和惯性阻力条件下的控制器件的不同重量进行打分。操作人员始终偏好较轻的具有黏性阻力的控制器件。

　　在这个实验中的被试还偏好具有惯性阻力的控制器件。但是,当人们需要使用控制器件进行持续的任务,例如驾驶时,惯性阻力会让任务变得更加困难。Howland 和 Noble 让被试使用一个旋转控制器件移动鼠标跟踪一个沿正弦函数运动的目标。控制器件包含弹性阻力、黏性阻力和惯性阻力的多种组合,对每种组合下,被试控制鼠标的跟随目标的能力进行测量。对于包含惯性阻力的所有控制器件,表现行为最差(见图 15.2 中包含字母 J 的组合)。表现行为最佳的是只包含弹性阻力的情况。因为任务的空间属性,包含弹性阻力的控制器件可以提供控制器件位置这样重要的本体感受反馈。

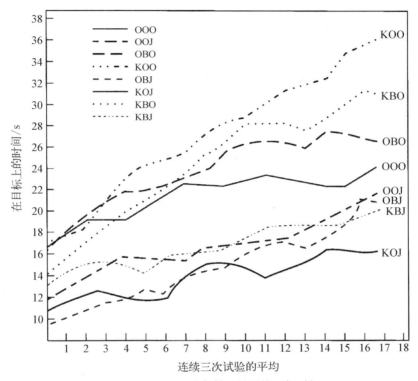

图 15.2　八种试验条件下的平均目标时间

通过这些研究,控制器件的设计人员需要记住,当阻力与单一的控制器件进行组合时,不同类型的阻力可以产生交互效应。例如,虽然单独的弹性阻力可以改善表现行为(见图 15.2 中的 KOO 和 OOO),但是将弹性阻力与惯性阻力相结合则会让表现行为变差(OOJ 和 KOJ)。通过只使用一种阻力类型的控制器件观察表现行为,这些影响是不可预测的。

15.2.3　操作-结果相关性

操作人员操作控制器件的目的是在被控制的系统中产生一个响应。对于连续的控制器件,操作人员操作控制器件的速度和准确度受多个因素的影响。我们已经讨论了不同类型的控制器件阻力的一些影响。其他因素包括死区和间隙，控制-显示比以及控制顺序。这些因素对连续控制器件的影响通常通过观察人们在跟踪任务中的表现的方式进行研究。

　　1) 跟踪任务

　　在形式上，跟踪任务有一个路径或者跟踪目标以及一个设备或者控制对象，用于跟踪路径（Jagacinski 和 Flach，2003）。驾驶是一种跟踪任务，而道路是路径，轿车是必须在道路上行驶的设备。这种任务被 Howland 和 Noble 使用，作为实验室跟踪任务。

　　有两种类型的跟踪任务或跟踪模式：追随和补偿（见图 15.3；Hammerton，1989；Jagacinski 和 Flach，2003）。追随跟踪任务同时可见一个轨迹和控制目标，例如，一个追随跟踪任务在计算机上实现一个运动的点或者轨迹标记。被试操作操纵杆控制鼠标始终位于轨迹标记的顶部。鼠标位置和轨迹标记位置的差异定义为"误差"。相对地，虽然补充跟踪任务与追随跟踪任务具有相同的任务需求，但是只向被试显示轨迹位置和鼠标位置之间的差异。被试可能只在显示器上的"零"点周围观察到一个单一的点。补充跟踪任务的所有动作都是为了减少差异，将单一的点保持在"零"点位置。

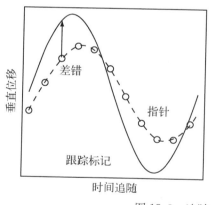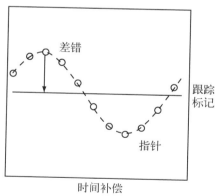

图 15.3　追随和补偿跟踪显示

　　跟踪任务的表现行为可以通过多种方式进行测量。一种简单的方式是测量花费在目标上的总的跟踪时间或比例。这个时间越长（或者比例越大），跟踪的表现行为越好。另一种广泛采用的测量方法是检验位置差错。特别地，均方根误差（Jagacinski 和 Flach，2003）通过整个任务固定时刻（如每 300 ms）的轨迹位置和光标位置的差值进行计算。这些差异（误差）是按平方和平均的，均方根误差是结果的平方根。其他的误差数据可能更加适用于特定的条件(Buck 等，2000)。相较于补偿显示，人们在追随显示中表现得更好。因为在追随显示中，显示与纠正跟踪错误所需的操作之间的关系更加兼容(Chernikoff 等，1956)。

2) 死区和间隙

控制器件的死区是控制器件能够在中心位置进行移动而不影响系统的程序。例如，计算机键盘上的按键存在一小段"区域"，所以轻轻地向下按压按键一小段距离时，不会产生任何结果。反冲是在任意的控制器件位置呈现的"死区"。例如，当驾驶轿车时，在顺时针转弯之后，必须逆时针转动一定的距离才能使车轮开始转回原方向。

为了理解间隙，想象一下将一个像厕纸管一样的空心圆柱体放在一个操纵杆上(Poulton，1974)。如果向左侧移动圆柱体，那么操纵杆直到与圆柱体的右侧发生接触后才会运动。如果你希望改变方向向右侧移动，那么操纵杆直到与圆柱体的左侧发生接触后才会运动。

有时，死区被用作类似以弹簧为中心的操纵杆或力杆这样的计算机-控制设备，使使用者更容易找到中性或者中空位置(Jagacinski 和 Flach，2003)。尽管一小段死区有帮助，但是过度的死区或者间隙会导致人们控制动作的准确性的降低，特别是对于敏感的控制系统(Rockway 和 Franks，1959；Rogers，1970)。例如，Rockway 系统性地总结了跟踪任务中的死区，而 Rockway 和 Franks 则系统性地总结了跟踪任务中的间隙。随着死区和间隙的增加，跟踪的表现变差。我们之前介绍了一项研究针对用户控制假肢的能力(Farell 等，2005)。在这项研究中，间隙也会产生不利的影响。消除间隙能够减少肢体的抽搐。

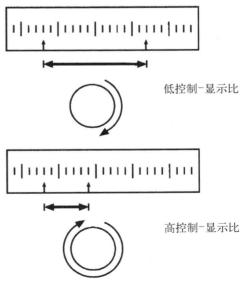

低控制-显示比

高控制-显示比

3) 控制-显示比

我们通常通过控制-显示比测量控制器件的敏感度。这个比例是控制器件调整的幅度与指示器上显示变化幅度的比值(见图 15.4)。当我们对控制器件的移动与系统响应之间的相关性感兴趣时，我们使用**控制-响应比**，

图 15.4　低控制-显示比与高控制-显示比

还可以使用更加广泛的控制增益,描述控制器件如何进行响应:控制-显示比较低的控制器件的增益较高,而控制-显示比较高的控制器件增益较低。

控制器件的移动和系统响应既可以通过线性距离描述,也可以使用径向角或者转数描述。线性距离用于杠杆状的控制器件,而径向角或转数则用于方向盘、旋钮和曲柄。控制-显示比如何进行计算取决于控制器件如何运动。对于使用线性显示的线性杠杆,控制-显示比 C/D 等于杠杆的线性位移 C 除以对应的显示元素位移 D。对于一个操纵杆控制器件,线性位移 C 表示为

$$C = \left(\frac{a}{360}\right) \times 2\pi L$$

式中,a 为角度变化;L 为操纵杆的长度。对于使用线性显示的选择控制器件,显示-控制比是显示位移 D 的倒数乘以控制器件的一次旋转。

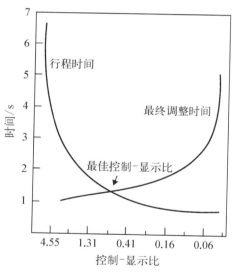

图 15.5　行程时间与最终调整时间随
控制-显示比的变化

当我们对人们能够以多快的速度对控制器件进行位置控制时,需要区分**行程时间**和**最终调整时间**。行程时间是指将控制器件移动到预期设定位置附近的时间,而最终调整时间是将控制器件准确地调整到所需位置的时间。图 15.5 表明了控制-显示比如何影响行程时间和最终调整时间。低的控制-显示比能够将行程时间最小化,而高的控制-显示比则能够将最终调整时间最小化。为了理解这一点,想象一下使用高度灵敏的调谐旋钮调整广播电台。能够快速地将指示器从一端旋转到另一端,但是很难选择希望的具体电台。如果灵敏度较低,那么情况刚好相反。

最佳的控制-显示比是一个既不太高又不太低的值。一个中间比例使得行程时间和最终调整时间都相对较短。最优的控制-显示比还取决于控制器件的类型、显示的大小、系统对调整误差的冗余以及控制器件的运动与相应显示或者系统变化的延迟。所有的控制器件都有有限的行程范围,而这限制了控制器件的灵敏度(Hammerton,1989)。例如,操纵杆最大的位移限制在垂直位 40° 的范

围内,所以一个较高的控制-显示比(即低灵敏度)不合适。当控制器件的范围有限时,最佳的控制-显示比通常具有可能的最低灵敏度。此外,我们可以针对这些类型的调整,设计两种控制器件:对于粗略的调整使用高增益,而对于精细调整使用低增益,但是在两种控制器件之间进行转换需要付出一定的代价(时间)。

很多变量会影响控制器件的最佳增益。例如,对于手柄较短的操纵杆,最优的增益较小,因为较短的手柄需要较少的手部动作就能够覆盖相同的角度范围(Huysmans 等,2006)。这种变量的影响意味着,对于任何的设计问题,控制器件需要在正常的场景中,由具有代表性的潜在用户进行测试。Ellis 等研究了外科医生进行机器人辅助手术时,使用手术机器人进行瞄准动作的能力。外科医生在一个能够进行不同等级缩放的视频显示器上观察机器人的动作,或者通过改变手术显微镜的设置,放大机器人末端执行器和目标位置周围的区域。控制-响应比(即控制器件运动与机器人运动之间的比值)从 7.6∶1 变化到 2.8∶1。当增益位于中间等级时,运动时间最短,而随着光学焦距变小,最佳增加变大。这个结果表明,在显微镜较低放大的情况下,行程时间比总的运动到目标的时间更加重要。

控制-显示比本身并不能完全描述控制器件的性能(Arnaut 和 Greenstein,1990)。控制器件与其输出包含四个部分:显示与控制幅度(或者运动距离),以及显示与控制目标宽度(目标位置的范围)。到目前为止已经了解,增益定义为显示与控制幅度的比值。但是,Arnaut 和 Greenstein 发现使用鼠标进行指针定位时,表现行为也受到显示目标宽度的影响,这与 Fitts 定律一致。Thompson等也证明了这一结论,高增益控制器件不仅能够减少较长距离的运动时间,还能够减少较大目标的运动时间。但是,当增益非常高时,运动时间比 Fitts 定律预期的要长,这是因为对于较小的目标,最终-调整时间会增加。

4)控制系统阶数

目前,我们所讨论的控制-显示比都聚焦在通过控制器件位于确定显示元素位置的任务中。但是,控制器件的位置并不总是直接与显示(或者系统)位置相关。控制系统阶层描述了在控制器件位置的时间导数上显示或者其他系统如何发生变化。直到目前为止,我们只讨论了零阶控制器件,即控制位置与显示元素位置有直接关系。计算机鼠标和电台调谐旋钮是零阶控制器件。一阶控制器件确定速度,轿车中的加速踏板是一阶控制器件:如果将踏板保持在一个特定的位置,轿车会在平整的道路上以固定速度运动。一些操纵杆可以作为一阶控制器件：当它们位于固定的位置，显示指针将会以固定的速度沿特定的方向运动。

二阶控制器件决定控制目标或者系统输出的加速度。通常认为汽车方向盘是一个二阶控制器件，因为方向盘朝某个方向的旋转决定了在该方向上速率的变化。同样，在核反应堆和化工厂的控制室内也使用了一些二阶控制器件。甚至在其他的复杂系统中还使用了更加高阶的控制器件。例如，船舶或者潜水艇的转向机制最好使用三阶控制进行描述，因为控制动作和系统响应之间有相当显著的滞后，而飞机则使用了三阶纵向和四阶横向控制（Roscoe 等，1980）。

使用低阶控制比使用高阶控制更容易。为了理解这一点，考虑一个操纵杆和需要将指针从计算机屏幕中心移动到位于左侧目标位置，再回到中心的动作。对于零阶操纵杆，向左移动到目标位置相对应的位置，然后保持住该位置。为了恢复到中心，将操纵杆移动回中立位置。对于一阶操纵杆，每个任务部分至少需要两个动作。将操纵杆置于左侧会给指针带来向左的速度。为了将指针停止在目标位置（即形成零速度），操纵杆必须恢复到中立设定。随后，必须以相反的方向重复这些动作，将指针移动到中心位置。对于二阶操纵杆，每个部分至少需要三个动作。向左侧移动操纵杆会产生一个朝向目标位置的恒定加速度。为了减速，必须将操纵杆移动到右侧相对的位置，随后在指针达到目标位置时，将操纵杆恢复到中立位置。对于三阶或者四阶这样更加复杂的系统，控制动作和系统变化之间的关系变得更加复杂和隐晦。所以应当理解为什么人为因素的一个重要原则是使用尽可能低的控制阶数。

控制阶数在确定最佳增益时也扮演重要角色。Kantowitz 和 Elvers 让被试使用一个等距的操纵杆进行零阶位置控制和一阶速度控制执行一个跟踪任务。与低阶比高阶更容易控制原则相一致，零阶控制时的表现显著优于一阶控制。但是，高增益改善了一阶控制的绩效，损害了零阶控制的绩效。

Anzai 使用模拟船只研究人们需要学习使用高阶控制操纵一个复杂系统。他让被试操纵船只尽快通过一系列门框，好像他们将一艘大油轮驶入狭窄的港口。操纵系统使用二阶控制。有一些因素使得这个任务非常困难。首先，为了能够有效地使用二阶控制，驾驶员需要记住以往控制动作的顺序，确定之后最合适地控制动作。其次，大船有很大的惯性，在具体的控制动作和船只响应之间有很长的延迟。最后，船只的运行方向（可以认为是角度变化）以及为了完成转向，对方向盘必须进行的旋转角度控制都非常复杂。

Anzai 采集了被试的口头报告，通过口头报告了解被试如何操纵船只。这些报告表现新手驾驶员花费了更多的时间弄清控制动作如何改变船只的轨迹。驾驶员将大量的注意力关注在控制动作的立即效应上,而不是预期未来或者选择策略。更加有经验的操作人员却关注如何做出预期,以及使用设计的策略实现更远的目标。Anzai 将驾驶员获取技能的行为描述为一个启发式的过程"船只向前运动,但是下一个门框位于右侧,所以我将控制盘向右转",并随着时间进行修正。驾驶员监视船只的路径以发现误差为目标,并将与这些误差相关的动作融入更加复杂的策略中。总之,学习如何控制一个复杂系统包含认知策略的大量使用,最终形成一个准确的操作-结果相关性的心理模型。

一种改善较高阶数控制系统性能的方式是使用增强显示,向驾驶员提供与显示-控制相关性一致的视觉反馈(Hammerton,1989)。例如,比例-增强显示器不仅提供系统的当前状态,还提供改变的比例。所以,飞机的飞行员可以观察到高度信息以及高度的变化速率。在进近和保持期望高度飞行时,比例信息非常有效。

另一种增强显示是预期显示。这种显示既给出了系统的当前状态以及在不久的将来会如何变化。又对系统的未来状态通过当前状态、速度、加速度等进行预期,显示能够表现多远的未来取决于系统响应的速度。如果飞行员保持控制当前设置,显示会呈现系统的状态将是什么。图 15.6 给出了一个预期显示,用

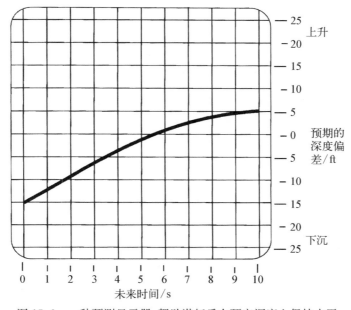

图 15.6 一种预测显示器,帮助潜艇兵在预定深度上保持水平

来帮助潜水艇驾驶员将潜水艇保持在期望的深度(Kelley,1962)。

一种相似类型的高速列车服务预期显示在仿真研究中是有效的(Askey 和 Sheridan,1996)。显示包含前方路线的预览,包括信号位置、车站位置、速度限制等。它还向操作人员显示 20 s 后预期的速度以及如果正常刹车或者紧急刹车后火车的轨迹。更加复杂的显示版本包括一个提供最佳速度曲线的咨询功能,使火车准时到达车站,同时遵守速度限制,减少能源消耗。预期显示将车站停车的误差(真实停车点与车站之间的差值)从 12.7 m 减小到 1 m。在信号开始减小后,操作人员将油门恢复到中立位的响应时间从 8.6 s 降低为 1.8 s。

增强显示还能够帮助操作人员获取系统合适的心理模型。Eberts 和 Schneider 让被试执行一个二阶跟踪任务,并向其中的一些被试提供增强显示,显示给定加速度所需的控制位置(见图 15.7)。显示向操作人员呈现操纵杆位置和指针加速度的关系。在训练过程中使用增强显示的被试,即使在显示移除后也能正确地执行跟踪任务。增强显示不仅帮助提高绩效,还向操作人员提供学习二阶关系必要的信息。

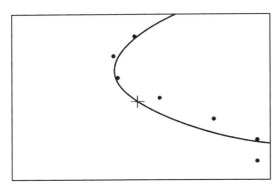

图 15.7　一种抛物线显示,指示给定
加速度所需的位置

很多系统是高度自动化的,所以操作人员的一个重要职责是监视控制器件。过程控制系统或者化工厂和制造商会使用这样的控制器件。操作人员监视半自动子系统的行为,并在发现问题时执行控制动作。这种类型的监视需要具备解决复杂问题的能力,所以操作人员的认知过程比复杂的手动控制任务更加重要。良好的表现行为很大程度上依赖操作人员的心理模型的准确度。但是,需要意识到手动控制也很重要。正如 Wieringa 和 van Wijk 强调的"读者应当意识到监视的控制任务仍然包含手动控制。事实上,这些动作,例如按压按钮或者拨动一个开关,在监视控制中起非常重要的作用,因为它们实现了人机交互"。

Moray 指出因为操作人员只对系统有限范围的状态有经验,他/她的心理模型是描述系统的完整模型的缩减形式。这个缩减的心理模型由子系统组成。在子系统中,将一些状态组合并标注为异常状态。相较于完整的模式,缩减的心理模型更加简单,需求更少。但是它不能清楚地推断系统真实的状态。

在正常的操作条件下,缩减模式是充分的。Moray 建议如果正常操作的决策辅助和显示是基于包含在操作人员心理模型的子系统分析基础之上,那么它们是有益的。但是对紧急状态的处理方案通常需要考虑完整的系统模型。紧急状态的支持系统应当帮助操作人员打破心理模型限制强加的"认知设置",并鼓励操作人员以完整模型的形式进行思考。决策支持工具基于专家知识,提供可靠的方式辅助监视控制中的正常和紧急程序(Wieringa 和 van Wijk,1997；Zimolong 等,1987)。

15.3　控制面板

在大部分情况下,一个控制器件不是单独安装的,通常与其他控制器件一起安装在一个面板上。可能还包含一个视觉显示表明系统的状态,此外,在车辆中,还显示外部世界的场景。操作人员必须能够依据显示信息触碰、识别、选择和操作合适的控制器件,并同时持续监视视觉输入,避免操作不合适的控制器件。我们需要意识到在这些情景下影响操作人员表现行为的因素,并在设计控制面板时考虑这些因素。

15.3.1　控制器件编码

当控制面板上包含多个控制器件时,操作人员必须能够识别面板上的每一个控制器件。如果选择了错误的控制器件,他/她不能做出合适的控制动作,并且操作错误的控制器件所导致的系统变化可能导致系统失效。总之,操作人员必须能够快速、准确地识别合适的控制器件。为了使识别混淆最小化,必须对控制器件进行编码,使得它们能够容易区分和识别。良好的控制器件编码增加了操作人员在面板上快速、准确定位控制器件的概率。

一些编码方式可以应用于特定的情景中。适合性的主要依据：① 操作人员的需求；② 已经使用的编码方式；③ 亮度等级；④ 控制器件识别的速度和准确性；⑤ 可用的空间；⑥ 必须编码的控制器件数量(Hunt,1953)。

1) 位置编码

在大部分的应用中,控制器件可以通过位置进行区分,例如轿车中的油门踏板和刹车踏板。刹车踏板总是位于油门踏板的左侧,只有当控制器件之间的距离足够操作人员能够可靠地区分不同控制器件位置时,位置编码才有效。

那么多少距离才足够？对于这个问题并没有一致的答案。一项实验室研究认为在一些情况下，如果持续运动的最终位置至少距离 1.25 cm 时，可以可靠地区分（Magill 和 Parks，1983）。但在大多数情况下，控制器件之间必须显著地大于这一距离。

在第二次世界大战中，很多飞行事故是由于飞行员无法区分襟翼和起落架控制器件（Fitts 和 Jones，1947）。这两种控制器件靠得很近，并且没有其他明显的特征区分它们的位置。因此，当在着陆过程中需要调整襟翼时，飞行员经常错误地收回起落架。尽管众所周知，通过使用其他形式的控制器件编码能够缓解这个问题，国家交通安全局（NTSB）报告称控制器件的错误识别仍然是某一种畅销的小型飞机事故的主要原因（Norman，2002）。

在垂直维度上对控制器件进行定位比在水平维度上进行定位能够提供更加准确的识别。Fitts 和 Crannell 让被蒙上眼睛的被试分别触碰和激活垂直排列或者水平排列的九个拨动开关中的一个。对垂直排列的开关，被试的选择更加准确。当垂直排列的开关间隔大于等于 6.3 cm 时，被试的错误率很低。当水平排列的开关间隔大于等于 10.2 cm 时，被试的错误率才会很低。

因为操作人员对控制器件的位置表征不是非常精确，对于大部分的情况单独使用位置编码并不充分。通常，控制面板设计人员使用一些其他的编码方式对位置编码进行增强。事实上，当系统设计人员不提供其他形式的编码方式时，操作人员往往使用自己的方式对编码系统进行增强（见图 15.8）。

图 15.8　核电站控制室的工作人员使用啤酒标签区分不同的开关

2）标签

字母数字标签和符号标签都可以用作识别控制器件。但是，只使用标签指示控制器件的功能并不是一种好的设计。如果只是用标签，操作人员必须总是能够看到标签，不管是在昏暗的灯光条件下，还是在操作人员不能看到控制器件的情况下。同样，标签的使用假定所有的操作人员都具有读写能力，并且他们都能够正确地理解符号。当只通过标签区分大量相似的控制器件时，操作人员的反应较为缓慢且不准确。最后，标签需要控制面板上的空间，但是并不是所有的面板都有足够的空间。

当控制面板的设计人员对控制器件进行标注时，他们使用下列通用的原则（Chapanis 和 Kinkade，1972）：

（1）系统性地将标签布置在与控制器件相关的位置。

（2）使标签简洁，不使用技术术语。

（3）避免使用需要特殊训练的抽象符号，并用传统的方式使用通用的符号。

（4）对字母数字字符使用标准的、易于阅读的字体。

（5）标签的定位能够指示操作人员使用的控制器件。

人们可能没有意识到，电视机远程控制器也是一个控制面板。因为数字电视比标准的模拟电视提供更多的功能，数字电视远程控制器是一个控制面板上标签重要的例子。数字电视远程控制器上越来越多的控制器件和有限的空间意味着标签必须仔细设计。但是，很多用户发现这些标签很难理解。

设计人员选择标签的过程较为复杂，可能需要使用不止一种研究方法。一项研究使用了焦点小组、问卷和行为试验（Lessiter 等，2003）。由一些英国公民组成的焦点小组对控制器上不同的功能形成一些标签，例如"系统设置菜单"。随后，这些标签由数字电视专家进行检查。这些专家去除不合适的一些建议，例如按压按键过长时间。

剩下的建议标签以问卷的方式邮寄给一个更大样本的英国公民。问卷让受访者对每一个功能选择喜好的标签。随后，设计人员选择少量的标签和功能在控制试验中进行测试。他们让被试使用不同标签的控制器件。设计人员发现虽然存在一些特殊情况，被试对按钮标签识别的速度和准确性通常与问卷数据中的偏好高度相关。这项研究的结果表明主观偏好可以作为选择控制器件标签的一个基础。此外，控制测试的客观表现行为也能够为用户选择不同标签的原因提供重要的信息。

3）颜色编码

另一种对可见的控制器件进行编码的方式是赋予不同的颜色。回忆一下第 8 章中，操作人员进行绝对判断的能力限制在单一维度上的五个分类。这意味着在大部分情况下，应当使用不超过五种颜色区分控制器件。当控制器件靠得很近能够并排进行颜色比对时，颜色的数量可以大于五个。颜色编码的主要缺点在于颜色的感知受到工作环境亮度的影响。如果这是一个重点关注问题，设计人员可以进行心理、物理试验确定在工作环境的亮度条件下，如何区分不同的颜色。设计人员也必须记住色盲人士显著的比例（高达 10％），这意味着颜色编码的使用应当与其他类型的编码相结合（标签、形状等）。

当显示信号也有颜色时，颜色编码可以改善表现行为。一项研究使用一个包含四个刺激灯的 2×2 显示，以及四个拨动开关的 2×2 面板（Poock，1969）。在控制条件中，所有的灯都是红色，而开关是白色（没有颜色编码）。在试验条件中，刺激灯呈现出四种不同的颜色，并对相同的颜色指派响应（颜色编码）。当拨动开关位于与被指派的刺激灯相同的相对位置时，被试在控制条件和颜色编码条件下的表现都很好。但是，当指派在空间上不兼容时（例如，如果左侧顶部的拨动开关激活右侧底部的刺激灯），被试在颜色编码条件下，比控制条件时的反应要快得多。因此，当显示和控制元素在空间上不匹配时，颜色匹配能够让人们快速地确定控制器件与显示元素之间的对应关系。

4）形状编码

控制器件的形状编码非常有用，特别是在视觉不可靠的情况下。虽然形状也提供区分控制器件的视觉特征，当视觉条件很差或者操作人员的视线需要关注在其他地方时，触觉特征非常有效。人们可以通过触摸准确地区分大量的形状（如果仔细选择，则可以多达 8～10 种形状）。形状编码的主要缺点是难以操纵控制器件以及监视它的设置。

对形状编码早期的研究由 Jenkins 展开。这项研究中的被试被蒙住眼睛，随后被要求识别旋钮的形状。研究中总共包含 25 种不同形状的旋钮。Jenkins 分析被试出现的错误——不同的形状之间如何产生混淆——并且识别组间混淆最小的两组旋钮（见图 15.9）。从这个早期研究之后，其他的研究形成了更多难以混淆的形状集合（Hunt，1953）。

5）尺寸编码

尺寸编码是另一种当视觉受限时的有效方案。但是，人们不能准确地区分像形状一样多的尺寸数量。这意味着两个通过尺寸编码的控制器件需要尺寸上

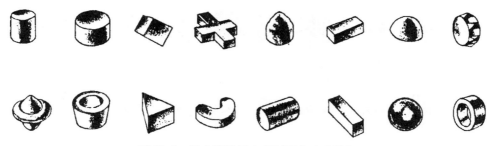

图 15.9　组内混淆最小的两组各八个旋钮

有非常大的差异才能进行区分,而这可能导致一个控制器件难以操作。非常大或者非常小的控制器件可能难以抓取和操纵。因此,尺寸编码最好与其他的编码方式共同使用。

尺寸编码的控制器件不仅在控制把手的直径上不同,在粗细上也可以有所不同。一个通用的原则如下:直径差异为 1.3 cm 或者厚度差异为 0.9 cm 的把手不容易混淆(Bradley,1967)。因此,设计人员可以通过改变直径和厚度,设计出容易区分的控制器件集合。

尺寸编码对于同轴安装的两个(或者多个)组合式旋钮非常重要,能够节省空间。轿车中的音量和音调控制器件可以是组合式旋钮。在这种情况下,不同的旋钮必须有不同的尺寸,从而可以对它们进行区分,并且能独立地控制。

6) 纹理编码

表面纹理是另一种区分控制器件的维度。在 Bradley 初始的旋钮混淆性的研究中,他还研究了人们触觉区分图 15.10 中旋钮的能力。他发现人们能够可靠地识别三种类型的纹理:平滑的、有凹槽的以及凸起的。即人们永远不会将平滑的旋钮与其他的旋钮混淆,也极少将有凹槽的旋钮与凸起的旋钮混淆。但是,人们无法区分不同类型的有凹槽的旋钮或者凸起的旋钮。Bradley 提出这三种纹理类型可以作为控制器件编码。当设计人员使用直径和厚度的尺寸编码与纹理编码相结合,他/她可以构建一个触觉可识别旋钮的大集合。

7) 其他编码

除了常用的标签、颜色、形状、尺寸和纹理的编码维度,编码还可以基于控制器件操作的类型。例如,一个幅度的旋转控制器件不太可能与按压式的开关混淆。但在大部分情况下,操作模式编码不是防止选择性差错的一种有效的方式,因为操作人员需要在操作控制器件之前进行选择。另一种方式是我们之前介绍

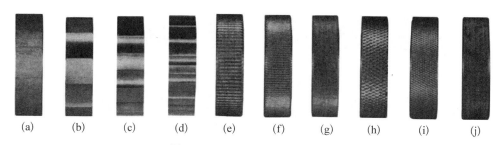

(a)　　(b)　　(c)　　(d)　　(e)　　(f)　　(g)　　(h)　　(i)　　(j)

图 15.10　不同表面纹理的旋钮

（a）平滑的　（b）～（d）有凹槽的　（e）～（j）凸起的

的冗余编码。冗余编码使用两个或者多个维度。如果设计人员将标签或者颜色形式的视觉编码与触觉编码相结合，他/她能够保证操作人员可以使用超过一种感觉形态识别控制器件。有了这些可选的编码方案，设计人员可以从各种最优编码系统中选择适合任何系统环境的编码组合。

15.3.2 控制器件布置

当我们在第 8 章中讨论视觉显示时，强调了对显示进行功能性分组的重要性。功能性分组也是组织控制器件面板的有效方式（Proctor 和 Vu，2006）。当显示分组与控制器件分组相匹配时特别有益。控制器件的分组通过在面板上将相关的控制器件安装在邻近位置，或者通过设计相似的尺寸和形状的方式实现。

在第 13 章中，我们讨论了人们是如何将视觉刺激的空间位置和反应的位置联系起来的刻板偏好，除了这些偏好之外人们还表现出对控制器件位置的人口定型。一项研究评价了拖拉机上控制器件的位置（Casey 和 Kiso，1990）。拖拉机上包含三种重要的控制器件（油门、变速箱和远程液压），研究人员从操作不同型号的拖拉机驾驶员处获得这些控制器件位置的主观评分。在不同的拖拉机上这些控制器件的位置是不同的，这对用户的评分有显著的影响。用户对每个控制器件最偏好的位置取决于它们的功能。对其他类型的机器研究表明控制器件功能与位置偏好有相似的相关性（如大型挖掘机；Hubbard 等，2001）。

在设计人员确定控制器件在面板上的位置之后，他/她必须保证控制器件能够触及，并且最经常使用的控制器件最容易触碰到。例如，考虑标准汽车"驾驶室"设计的问题。轿车驾驶员需要将目光从道路上移开才能进行正确的控制。控制器件离正常视线位置越远，驾驶员需要更长的时间将目光移开，动作更大，更不好进行控制(Dukic 等,2006)。这会很危险,定位和操作控制器件的所需时间应该尽可能短(Abendroth 和 Landau,2006)。针对这一问题,设计人员在方向盘上增加开关的方式很常用(Murata 和 Moriwaka,2005)。

　　如第 16 章中介绍的,人体测量数据(用户人群的物理特征)可以用于设计适合大多数人群的工作环境。相似的考虑和策略也应当用在控制面板的设计中。为了保证 95% 的用户能够触碰到面板上的控制器件,设计人员需要建立 5% 人群触碰距离的**可达范围**。图 15.11 给出了男性操作人员坐式操作的可达范围。直接可达范围是指操作人员不需要探身就可以触碰控制器件的区域,而最大可达范围是指操作人员在探身的情况下能够触碰控制器件的区域。设计人员努力将经常使用的控制器件安置于直接可达范围内,而将较少使用的控制器件安置于最大可达范围内。

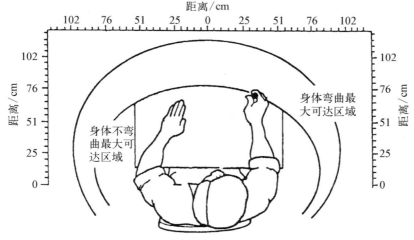

图 15.11　男性操作人员坐式操作的可达范围

　　控制面板设计可以使用融入每个控制器件距离和使用频率的指标进行评价(Banks 和 Boone,1981)。**可达性指标**(index of accessibility,IA)基于直接可达范围、单独控制器件使用频率以及控制器件与操作人员的相对位置。可达性指标定义为

$$IA = r_{xy} - \frac{1}{s}\sum_{i=1}^{s}\left(\frac{\sum_{j=1}^{n_i}\hat{f}_{ij}}{\sum_{j=1}^{N}f_j}\right)$$

式中，r_{xy} 为每个控制器件的使用频率排名与距操作人员距离的相关系数；s 为测试人员的数量；f_j 为第 j 个控制器件相对使用频率的排名；$\hat{f}_{ij}$ 为第 j 个控制器件在第 i 个操作人员的直接可达范围外的排名；N 为总的控制器件数量；n_i 为第 i 个操作人员的直接可达范围外的控制器件数量。

这个指标是使用频率和距离之间的相关性，还考虑了直接可达范围之外的控制器件的使用频率。指标可以从 1（最佳可达性）到 2（最差可达性）。可达性指标计算的结果如表 15.3 所示。可达性指标的主要局限性在于没有考虑功能、顺序或者空间的分组。

表 15.3　可达性指标的计算

控制器件使用 频率排名 x	距离 y/cm	直接可达范围/cm
1	65	操作人员 1:68
2	72	操作人员 2:76
3	65	操作人员 3:88
4	87	
5	87	

$$r_{xy} = \frac{N(\sum xy) - (\sum x)(\sum y)}{\sqrt{\left[N(\sum x^2) - (\sum x)^2\right]\left[N(\sum y^2) - (\sum y)^2\right]}} \qquad N = 5$$

$$= \frac{5(1\,187) - (15)(376)}{\sqrt{[5(55) - 15^2][5(28\,772) - 376^2]}}$$
$$= 0.837 \qquad\qquad s = 3$$

$$IA = r_{xy} - \frac{1}{s}\sum_{i=1}^{s}\left(\frac{\sum_{j=1}^{n_i}\hat{f}_{ij}}{\sum_{j=1}^{N}f_j}\right) \qquad \sum_{j=1}^{N}f_j = 15$$

$$= 0.837 - \left(\frac{1}{3}\right)\left(\frac{2+4+5}{15} + \frac{4+5}{15} + \frac{0}{15}\right)$$
$$= 0.393$$

计算可达性指标需要输入很多变量。如果设计人员期望设计一个控制面板的可达性指标尽可能大，他/她会面临一个很难解决的问题。我们解决这类问题的方法是使用最佳算法，通常通过计算机程序实现。基于设计人员识别的最重要的因素，可以得到一个最优化的指标。例如，一项研究设计了一种控制面板，目标是使得操作人员的动作距离最小（Freund 和 Sadosky，1967）。距离计算时考虑了用户使用每个控制器件的频率、从中心点到控制器件的距离以及控制器件之间的距离。

指标最优化需要融入很多设计考虑(Holman 等,2003)。例如,为了使得动作距离最优化(最小化),如果操作人员使用左手和右手操纵不同的控制器件时,则测量每个控制器件到单一的中心点的距离可能不太合适。一个拓展性的指标可以使用两个原始点,一个位于左侧,一个位于右侧。此外,还需要考虑控制器件使用的顺序,控制器件如何聚集(如计算机键盘上的数字按键),控制器件如何与控制面板的左侧和右侧对齐,以及控制器件是否必须由左手、右手或者双手操作。

15.3.3 防止无意操作

如果操作人员无意错误地操纵了面板上的控制器件,则被控制的系统可能失效。无意激活控制器件的后果是严重的,设计人员需要保证这种无意的激活很难发生。但是若设计使得控制器件难以被无意操纵,可能也会使得其难以被有意操纵。

有多种方式可以让设计人员使无意激活控制器件的可能性最小化(Chapanis 和 Kinkade,1972;NASA,1995)。最简单的方式可能是让控制器件远离操作人员,从而使得无意触碰的可能性最低。我们还可以增加控制器件的阻力,从而增加操作人员激活控制器件所需的力量。可以将控制器件嵌入控制面板或者放置在障碍物之后。如果控制器件不经常使用,还可以安装一个保护盖或者锁定控制器件的位置。这些选项不仅让控制器件难以操纵,还构建了一系列操作人员激活控制器件必须进行的操纵顺序(如揭开保护盖,解锁控制器件,然后移动控制器件)。如果操作需要不止一个步骤,则操作人员必须不仅要执行动作顺序,还需要对每个动作进行决策。激活过程中的每个步骤都向操作人员提供重新考虑决策的机会。

15.4 特殊的控制器件

到目前为止,我们已经讨论了设计控制器件的通用原则。但是独特控制器件的特点让它们或多或少适应于不同的应用。因此,我们将详细地介绍一些特殊的控制器件类型及其应用。

15.4.1 手部操纵控制器件

大部分的控制器件是手动操作的。如我们在本章开始时指出的,这些控制器件在形状和尺寸上存在差异。最常使用的控制器件包括按钮、拨动开关、旋转选择器开关和旋钮。表 15.4 总结了这四种控制器件的特性。

表 15.4　通用控制器件类型比较

特　　征	按钮	拨动开关	旋转选择器	连续开关旋钮
设置控制器件所需的时间	很快	很快	一般	
推荐的控制器件位置数量	2	2～3	3～24	
无意激活的可能性	中等	中等	较低	中等
编码的有效性	一般	一般	良好	良好
控制器件位置视觉辨识难易度	较差	较差	一般	一般
当属于一组类型的控制器件时,确定控制器件位置交叉阅读的难易度	较差	良好	良好	良好

来源：Chapanis 和 Kinkade(1972)。

1) 按钮和拨动开关

我们在各种各样的控制器件上都能看到按钮控制器件,例如从电话机到计算机,再到工业控制面板。它们用作停止和开启机器、激活和断开特定的运行模式。例如,轿车音响系统界面使用按钮选择 CD、AM 电台和 FM 电台。与所有的控制器件一样,设计人员必须设计和安置按钮在能够触及和按压的位置。当在 20 世纪 60 年代按钮式电话机取代旋转式电话机时,按钮的布局和属性基于详尽的人为因素试验,评价按钮的布置,按压所需的力度,按钮的运动量以及按压的反馈(Deininger,1960；Lutz 和 Chapanis,1955)。

决定按钮可用性的因素包括阻力、位移、直径和按钮之间的距离。表 15.5 给出了基于按钮功能和按钮是否由手指或者拇指驱动时所推荐的物理维度(Chengalur 等,2004；Moore,1975)。影响最佳按钮阻力的因素包括必须避免的无意激活的程度以及用户人群的力量。例如,年纪较大的人群不如年轻人那么有力气,更容易发生关节炎和手部抖动等问题。因此他们可能在操作需要更大的力气或者更远的行程距离的按钮(按钮的移动距离)时有困难。特别是必须按压按钮较长时间的情况(如电视遥控器上快进或者后退按钮；Rahman 等,1998)。除了考虑阻力、位移等因素,我们设计按钮时,还应当考虑向用户提供一些按钮被激活的视觉或者听觉反馈,例如大部分计算机键盘上按键可听见的点击声。类似的简单反馈可以提高很多应用中按钮的可用性(Ivergard,2006)。

表 15.5 使用手指或者拇指进行操作的按钮推荐的最小、最大和偏好的物理维度

操作类型	直径/mm 最小	位移/mm 最小	位移/mm 最大	阻力/g 最小	阻力/g 最大	控制器件间距/mm 最小	控制器件间距/mm 偏好
指尖							
一个手指-随机	13	3	6	283	1 133	13	50
一个手指-顺序	13	3	6	283	1 133	6	13
不同手指-随机或顺序	13	3	6	140	560	6	13
拇指（或手掌）	19	3	38	283	2 272	25	150
应用							
大型工业按钮	19	6	38	283	2 272	25	50
汽车仪表板开关	13	6	13	283	1 133	13	25
计算机按键	13	3		100	200	3	
打字机	13	0.75	4.75	26	152	6	6

来源：Moore(1975)。

我们在第 14 章中介绍了 Fitts 定律。回忆一下 Fitts 定律提出响应时间与复杂度指标线性相关，从而随目标的大小与距离的变化而变化。如果期望不同的按钮具有相同的操作容易度，我们需要依据按钮距操作人员的距离增加按钮的大小。按钮间的距离也很重要（Bradley 和 Wallis,1958）。如果我们保持按钮中心位置之间的距离固定不变，减小按钮的大小会减少操作人员的差错而不会影响响应时间。如果我们保持按钮边缘之间的距离固定不变，随着按钮直径的增加，响应的准确性和速度增加。这意味着随着我们将按钮靠得越近，表现行为的影响越严重。如果视觉反馈不可用，如操作人员必须在很差的光线条件下工作，则表现行为会变得更差。如果期望操作人员在有限的视觉条件下工作，则设计的控制面板需要使用宽间距的按钮。

我们可以使用上述介绍的编码方式改善操作人员识别不同按钮的能力。通常会使用一些按钮标签。当按钮靠得很近时可以将辨识标签直接安置在按钮之上以避免产生混淆。但是，我们希望考虑将标签置于按钮的上方，便于操作人员可以在观察标签的同时按压按钮。当控制面板上空间足够时这是一种可行的方式。在一些情况下，我们可以使用软件在屏幕上显示可编程的"虚拟"标签，所以单一的按钮可以在不同的应用中提供不同的功能。我们将在后续的内容进行详细的介绍。

同样我们还考虑触觉编码。为了实现有效性，每个编码使用的形状和纹理必须能够通过触发大部分按钮控制器件的指尖或者中指触碰方式以进行区分。在最简单的应用中,我们可能期望进行一些测试寻找出最容易区分的形状以及形状对应的功能。例如,我们会考虑 Moore 进行的一项试验。

　　Moore 对英国邮局使用的复杂的邮件分类设备感兴趣。这个设备需要 6 个按钮执行控制功能:开始、停止、减速、延迟停止、缓慢前进以及反向。他在直径为 2 cm 的按钮上设计了 25 种形状(见图 15.12)。为了确定这些按钮的易混淆性,他让被试透过窗帘上的一个小孔,用食指尖触碰每个按钮。通过测量被试识别按钮的能力,他确定形状 1、4、21、22、23 和 24 很少发生混淆,能够提供容易识别的集合。

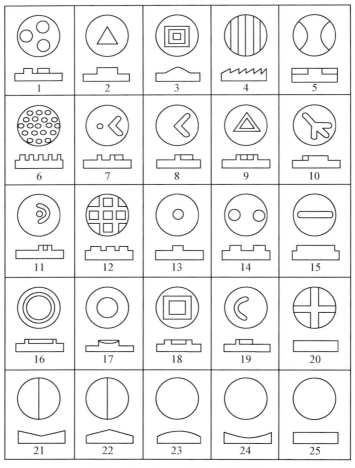

图 15.12　Moore 检验的按钮形状

在 Moore 确定最容易识别的 6 种控制器件之后,他仍然需要解决控制器件与功能对应关系的问题。因此,他进行了另外一项试验,让蒙住眼睛的被试对 6 个按钮针对每一个控制功能的适合性进行打分。他使用这些评价确定最终的分配。事实上,Moore 的工作确定了每个按钮形状对应的原型功能,从而使按钮的形状可以一致性使用。对于更大或者更加复杂的问题,我们可以使用最优化算法选择合适的编码集合(Theise,1989)。

拨动开关中也有很多类似的问题,但是拨动开关也有新的设计问题。根据经验,我们期望不需要手部太多的动作就能够操作拨动开关。当拨动开关水平安装,开关上下拨动时,人们能够最快速地响应(Bradley 和 Wallis,1960)。如果将拨动开关垂直安装,那么开关应当左右拨动。与容易无意地按压的按钮相比较,操作人员并不容易无意地触动拨动开关,特别是按钮和开关非常靠近时。当中心的空间距离限制在 2.54 cm 之内时,为了使得控制器件无意激活的可能性最小,应当使用拨动开关而非按钮。但是,即使对于拨动开关差错的概率很小,随着控制器件密度的增加(即间距减小),人们仍然需要更多的时间去操作开关(Siegel 等,1963)。

2)旋转选择器开关和旋钮

旋转选择器开关可以最多包含 24 种可区分的设置(Ivergard,2006)。这类开关的主要缺点是操作它们不如拨动开关或者按钮那么迅速。图 15.13 给出了旋转开关推荐的尺寸。除了开关的物理尺寸,我们还需要考虑指针和刻度。指针应当容易看见且靠近刻度。刻度范围的起始和终止处应当有起止位,从而开关不会移动超出刻度的范围,并且对每个设定开关应当"发出滴答声",使得对选择的设定不会造成混淆。

进入位置能"发出滴答声"的开关是离散的控制器件。旋转开关和旋钮也可以是连续的。立体声放大器的音量控制通常是连续的旋钮。很多在其他控制器件上的考虑也适用于连续的旋钮。例如,旋钮之间的空隙、旋钮的直径以及旋钮的构型都决定了控制器件的可用性(Bradley,1969)。当旋钮间距为 2.54 cm 时(从旋钮边缘测量),人们的表现行为最佳。对于直径较小而其他参数保持不变(如旋钮中心之间的距离)的控制器件,人们犯错误的可能性较低。但是,如果旋钮边缘之间的距离保持不变,旋钮越大人们的表现行为越好。

这意味着如果在控制面板上有足够的空间,那么我们应当使用尺寸较大、间距较大的旋钮。如果空间有限,我们需要保证旋钮至少间距 2.54 cm 并且更小。其他的考虑包括面板上旋钮的布置以及用作识别不同旋钮的编码策略。对于垂

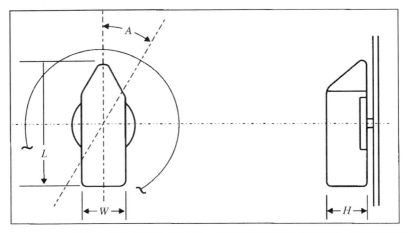

维　　度			阻力/mN·m
长度 L/mm	宽度 W/mm	深度 H/mm	
最小　　25		16	113
最大　　100	25	75	678

位移 A		间距	
普通的/(°)	较大的/(°)	一手随机/mm	两手操作/mm
最小　　15	30	25	75
最大　　40	90		
偏好		50	125

图 15.13　旋转开关推荐的尺寸

直布置的旋钮,人们很少错误地触碰其他控制器件;水平布置会导致手臂、手肘等更有可能无意碰撞和碰触旋钮。如果我们决定使用尺寸编码,不同旋钮的直径差异必须至少为 1.27 cm,或者厚度差异为 0.95 cm,才能使得混淆最小化(Bradley,1967)。

　　例如开关、按钮和旋钮的控制器件在控制面板背后与设备相连。一种减少连接所需空间的方式是使用同轴安装的旋钮。当控制功能相关、控制器件必须顺序操作而一些旋钮又必须较大以及当无意激活某一个联动旋钮并不重要时,这种控制器件很有用。图 15.14 概括了联动旋钮的一些特征(Bradley,1969)。考虑一个直径大约为 4 cm 的旋钮。如果旋钮与一个较小的旋钮联动(顶部),较小的旋钮直径应当不超过 1.5 cm。如果旋钮与一个较大的旋钮联动(底部),较大旋钮的直接应当不小于 7 cm。这些尺寸差异保证操作人员能够容易地识别每个旋钮并进行操作。遗憾的是,因为我们需要使用较大的尺寸差异保证联动旋钮可用时,可能并不会减少面板上控制器件可用的空间。

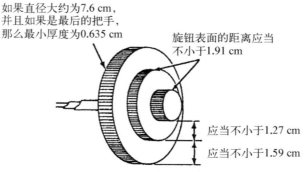

如果直径大约为7.6 cm,并且如果是最后的把手,那么最小厚度为0.635 cm

旋钮表面的距离应当不小于1.91 cm

应当不小于1.27 cm

应当不小于1.59 cm

图 15.14 推荐的同轴控制器件尺寸

一些人在使用旋转控制器件时有困难。例如,有关节炎或者肌肉萎缩症的人们可能不能使用有些类型的旋转控制器件。关节炎减少了人们作用在旋钮上的扭矩(转动力)(Metz 等,1990)。女性平均只能使用男性 66% 的扭矩(Mital 和 Sanghavi,1986)。使用人群的差异会影响我们设计最佳的控制面板。

3)多功能控制器件

复杂系统较简单的系统拥有更多的控制功能。我们可以在控制面板上布置的控制器件数量是有限的,操作人员同时能够操纵的控制器件数量也是有限的。我们可以使用多功能控制器件节省空间,减少控制器件的数量(Wierwille,1984)。例如,计算机操纵杆上在靠近手握的位置还设有一些按钮。

在军用飞机上使用这种类型的控制器件已经很多年。F - 18 战斗机是最早大量使用多功能显示/控制器件的飞机之一。我们设计了两个多功能控制器件,一个供飞行员左手使用,另一个供飞行员右手使用(Wierwille,1984)。这些控制器件如图 15.15 所示。左手控制器件的主要目标是通过将控制器件向前/向后运动决定每个发动机的推力。右手控制器件是一个二维的操纵杆,控制俯仰和滚转。此外,每个控制器件包括大量通过拇指和手指操作的辅助控制器件。这些多功能控制器件的设计使得飞行员能够操纵独立的控制器件,而不需要进行观察。与平视显示器相比,这种方式能够让飞行员操作飞机、开火时,不需要将视线从目标上转移。

大部分现代商用飞机的驾驶舱有高度自动化的飞行管理系统,称为"玻璃驾驶舱",因为驾驶舱内使用了大量的电子视觉显示单元(见图 15.16)。飞行员通

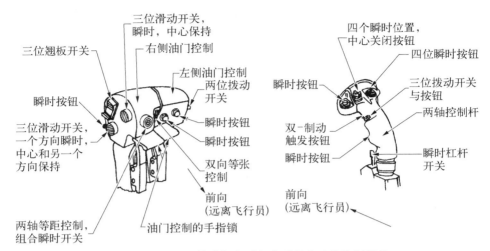

图 15.15　F－18 战斗机左手与右手的多功能控制器件

过多功能控制显示单元与飞行管理系统进行交互。这个界面位于主驾驶和副驾驶中间,用于在飞行机组和飞机之间进行飞行信息交互(Kaber 等,2002)。多功能控制显示单元由一个视频显示终端,以及一个用于飞行信息输入的包含数字按键和字母按键的键盘组成。它还包含模式按键,用于确定呈现在显示终端上的信息,以及特定关键功能的功能按键。此外,它还用于修改飞行计划。因为多功能控制显示单元是飞行机组与飞行管理系统交互的最主要方式,因此,最关键的是需要使多功能控制显示单元的可用性最大化。

多功能控制显示单元的一个主要缺点是当记住功能对应的按键时可能会引起潜在的混淆——这种情况有时称为“按键绑定”。为了避免这种混淆,Kaber 等建议功能按键应当只执行单一的功能。当设计人员必须将多个功能分配给一个按键时,应当显示每个操作模式的按键绑定。这些显示有时称为“软”按键。

控制器件的复杂度不仅对飞行员是一个问题,对汽车驾驶员也同样是问题。多功能界面也可以使用在汽车中减少复杂度。例如,很多轿车有一些电子设备,如 GPS 导航系统、广播系统以及 DVD 播放器、电话、环境控制系统等。Bhise 设计了一个多功能界面显示和提取各种信息,例如音乐文件和电话号码。这个界面类似于典型的汽车电塔,但是一些“软”按钮被赋予了特定的功能(见图 15.17)。

这个界面有一个可修改的中央显示,下方布置了 6 个按钮。每个按钮在屏幕的下方都有对应的标签,并允许驾驶员通过控制操作改变每个按钮的按键绑定。虽然这是在保持真实按钮不变的条件下,增加虚拟按钮的一种有效方式,菜

图 15.16   MD-11 驾驶舱,包括中央控制台和 MCDU 界面

图 15.17   Bhise 使用的"软"按键界面

单的结构可能很复杂使得驾驶员的注意力从主要的驾驶任务中转移。使用计算机界面控制器件引起的问题如框 15.1 所述。

框 15.1　计算机界面控制器件

回忆一下你最喜欢使用的计算机界面。你使用鼠标或者键盘与图形目标进行交互,这些目标让计算机直接执行不同的功能。当提到计算机界面控制器件时,我们不仅指鼠标或者键盘,还指表示到底层软件的接口的对象(Blankenship,2003)。

计算机界面上的控制器件与轿车、飞机驾驶舱中的控制器件类型不同。首先,很多计算机界面控制器件是非直接的或者由软件生产;为了操作这些器件需要感知和识别目标或者阅读显示的文字。点击鼠标的效果取决于指针所处位置上的菜单或者按钮的内容。其次,需要同时进行离散的控制动作(如使用键盘打字、点击图标或者菜单内容),以及连续动作(如使用鼠标定位指针)。

直接的计算机控制器件是类似键盘和鼠标的硬件。大部分的计算机键盘由打字键盘、数字键盘和一系列的能够通过编程执行大量命令的"功能键"组成。尽管打字键盘在字母按键的上方提供了数字按键,但是这些数字按键不利于进行数字输入,所以在计算机键盘上又提供了额外的数字键盘。

当计算机从只有文本、命令界面转变成图形界面,计算机鼠标的使用使得在屏幕上对指针定位变得容易。还有一些其他的定位设备,例如轨迹球、激光笔、触碰屏以及操纵杆,但是鼠标的优点在于其类似于手的形状,由能够使用更大力量的手臂和肩部轻松控制,并且当指针到达特定的图标或者位置时,能够用手指进行点击。大部分的计算机界面很大程度上依赖于鼠标能够轻易实现的指向、点击、滚动以及其他动作。

较小的笔记本电脑空间有限,使用标准的打字键盘,但使用不同类型的控制器件。笔记本电脑可能不包含数字键盘,很多按键,特别是功能键,比标准键盘上要小。鼠标由指向杆取代,通常是一个力传感器,位于键盘中间,或者位于按键下方的触摸板。大部分人认为这些指针控制比鼠标难操作。全尺寸键盘和笔记本键盘间的差异体现了功能性与空间(尺寸)之间的权衡。

软件中的数字与屏幕上控制器件类型的应用只受到设计人员想象力的限制。例如,考虑在典型的网页上会发现的控制器件类型。如果期望从在线商城中购物,页面是商城目录中特定商品的指定页面,如数字照相机。页面会显示所选择的照相机的信息。它可能还提供控制方式,让人从不同的角度观察照相机的图片。它可能还提供控制器件让人选择照相机可选的特征,例如颜色或者存储容量。它可能还提供相似照相机或者配件的链接,例如相机包、镜头、记忆卡,让人能够同时进行购买。页面还包括导航工具让人进入下一个页面进行预订,获得帮助,购买其他商品,阅读顾客须知等。

所有这些页面元素,包括可以点击的或者修改的都是控制器件。有时,我们将这些控制器件称为"小工具",可以根据不同控制器件的功能进行分类(Blankenship,2003)。

(1) 信息显示控制器件:这些控制器件通知访问者进入页面。实例包括过程指示器(在用户可以继续使用之前必须完成的过程状态),以及一个网站地图。

(2) 功能控制器件:这些控制器件向主机系统发送命令。实例包括访问者可以点击的具体偏好按钮,以及访问者进入其他页面的链接。

(3) 输入控制器件:这些控制器件让访问者在页面上进行信息输入。文本框允许访问者输入扩充文本,例如提出建议和意见。其他的控制器件允许访问者从有限的可能的输入中进行选择。实例包括单选按钮、列表框和复选框,每个控制器件都让访问者能够从固定的列表中选择一个或者多个选项。

(4) 导航控制器件:这些控制器件能够让访问者转移到其他的信息位置。链接是这类控制器件最主要的例子。另一个实例是面包屑导航。面包屑导航通常位于页面的顶部,向访问者提供位置的网址层级。如果购买一个数字照相机,面包屑导航可能呈现出"电子产品>数字产品>照相机>小于 \$200"。序列中的每个面包屑都是一个链接可以让访问者跳转到相应的层级页面。

(5) 内含控制器件:这些控制器件将其他的控制器件在一个限定的

区域内进行组合。内含控制器件最简单的例子是组合一个视觉元素,如显示一组控制器件的框或彩色区域。选项卡作为一系列分隔符,允许在一个页面的相同区域访问多个页面。

(6)分离的控制器件:这些控制器件包含一根线段分割两个或者多个控制器件。通常,这些控制器件是页面上或者工具栏里未激活的元素。例如,在工具栏上分组的控制器件之间显示一个工具栏分隔符。

(7)布局控制器件:这些控制器件将其他的控制器件排列成行或者排列成列。复选框和单选按钮可以由复选框和单选按钮组来组织。

(8)技术控制器件:这是不可视的控制器件,通常访问者无法观察到。实例包括拖动和拖放目标,用于监视鼠标位置和点击的信息。这些控制器件实现拖放动作,例如将一个文件移动到文本框中。

页面设计的一个重要部分包括确定使用何种类型的控制器件,以及这种决策所依赖的控制器件目标和行为。例如,考虑选项卡控制器件,我们会问自己,如果选项卡控制器件中有很多选项,是否应当提供滚动或者页面机制? 如果需要,何时提供? 如何实现?

在我们回答了所有这些问题之后,我们必须确定设计,建立一个原型页面。随后,我们需要在很多不同的计算机、操作系统和页面浏览器上测试页面,保证页面对所有可能的使用者都可以使用。

设计较差的网络页面很简单。超文本标记语言(HTML)是页面语言,不难学习,所有大部分有一些编程基础的人都可以设计自己的网站。这些设计人员可能对好的设计不感兴趣,只是为了能够进入自己的页面。人们可能访问过一些这样的页面。还记得当设计师决定使用文本忽明忽暗的方式强调他或她的信息时,阅读网页有多困难吗?

较好地使用视觉元素和控制器件,不如学习使用超文本标记语言一样简单。即使非常熟练的编程人员和设计人员也会设计出无法使用的网页(见图 B15.1)。

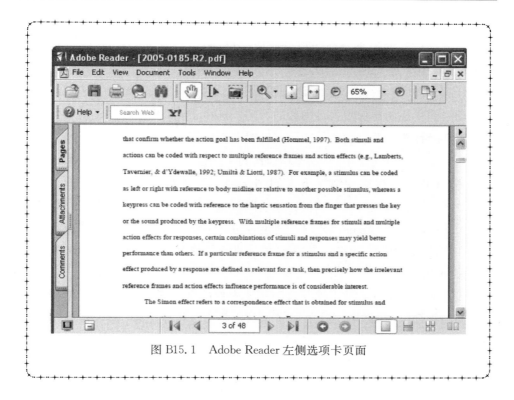

图 B15.1　Adobe Reader 左侧选项卡页面

15.4.2　脚部操纵控制器件

虽然当我们考虑设计控制面板时尽量使用脚部操纵控制器件,脚部操纵控制器件非常常见。它们使用在汽车和飞机中。它们用作驱动车辆,例如自行车以及操作一些音乐器材(如钢琴)和电力机械(如缝纫机)。作为一个通用的准则,当人们需要使用手部进行其他任务时,或者如果控制器件的作用力大于人们手部和手臂的力量时,可以使用脚部控制器件。

如果我们决定对于特定的设计问题,使用脚部控制器件非常合适,我们需要首先考虑操作人员能够快速、准确地激活它。记住 Fitts 定律描述了人们可以以多快的速度移动一个固定尺寸和距离的目标。我们可以如评价按钮控制器件一样,将 Fitts 定律应用到脚部控制器件中。一个有趣的差异是确定目标有效宽度时,需要考虑人们脚部的大小(脚部操纵开关;Drury,1975)。一个修正的复杂度指标表示为

$$I = \log_2\left(\frac{D}{W+S} + 0.5\right)$$

式中，D 为目标尺寸；W 为目标宽度；S 为单鞋宽度。

　　只要踏板间的最小安全间距设置为 130 ms（百分之 99 分位的鞋号），踏板的宽度不会影响运动时间。通过练习，人们可以像手部操纵开关一样迅速地移动到任意方向（前、后、左、右）的脚部操纵开关上（Kroemer，1971）。达到踏板后的驱动时间受控制器件阻力等因素的影响（Southall，1985）。

　　大部分针对脚部控制器件的研究针对人们如何在汽车中使用刹车踏板和加速踏板。在大部分的轿车中，加速踏板比刹车踏板要低。但是，相较于踏板位于同一高度的情况，在这种情况下人们刹车的速度较慢（Davies 和 Watt，1969；Snyder，1976）。甚至当刹车踏板比加速踏板低 2.5～5.1 cm 时，人们刹车的速度也更快（Glass 和 Suggs，1977）。刹车时间之间差异的原因是因为司机在刹车之前在踩油门。因此，如果刹车高于油门，那么司机必须抬起脚。较低的刹车减少了移动距离。

　　无意的加速事件经常出现在汽车加速失控的交通事故报告中，即使司机声称他们的脚部位于刹车踏板上。这些事故不是由于机械故障：这种场景出现在各式的变速箱中，但是测试表明轿车并没有设计缺陷。相反，无意的加速是由于脚部位置错误导致（Brick，2001）。即当需要踩刹车时，司机无意地踩了加速踏板。在实验室中，很容易让被试犯这样的错误。得克萨斯交通局报告称当司机驾驶不熟悉的轿车时，不同的轿车构型以及刹车踏板和加速踏板位置的差异很容易让他们踩错踏板。肌肉和脊髓中的神经冲突变化也会导致踩错踏板（Schmidt，1989），并且这种变化也解释了为什么司机没有意识到错误。司机的确按照通常刹车的方式移动脚部，但是动作细微的随机差异却使得司机踩在了加速踏板之上。因为他们没有意识到脚部的位置，所以他们无法刹停轿车。

　　我们之前讨论了不同的控制器件阻力可以提供的反馈类型，以及这些反馈如何真实地改善表现行为。可以针对刹车和加速踏板设计相似的反馈系统。例如，主动加速踏板提供关于汽车速度相对于道路限速的反馈（Varhelyi 等，2004）。它使用 GPS 接收器识别车辆的位置和数字地面，并提供每条道路的限速信息。当轿车接近道路限速时，加速踏板提供一个反作用力使得驾驶员难以踩压踏板。当人们使用主动加速踏板时，他们对道路限速的符合性更好，速度变化更小。此外，车辆排放也减少了。

15.4.3　专业控制器件

　　对于特定的情况，我们需要在不移动手臂和腿部的条件下使用控制器件。

在一些系统中，人们需要使用手臂和腿部处理其他的事情。这些控制器件还可以被移动力有限的人群使用。我们将要讨论的控制器件包括自动语音控制器件、注视和头部运动控制器件、基于姿态的控制器件和遥控器件。

1）语音控制器件

语音或者声音激活控制器件可以在计算机系统、导航系统以及其他系统中找到（Simpson 等，1985）。这些控制器件依赖于声音识别软件。语音控制器件可以在人们手部处理其他事情时使用；可以在听写中使用，从而人们进行的文本输入要明显快于打字输入，还可以供有身体残疾的人群使用（Noyes 等，1989）。考虑到老年人的身体限制，不难发现老年人比年轻人更容易接受语音激活的控制器件（Stephens 等，2000）。

语音控制器件需要用户通过麦克风说话。随后语音信号被转换成数字信号。语音识别软件处理数字信号，使用算法识别单词或者短语。有两种类型的语音识别系统：特定人与非特定人（Entwistle，2003）。最常用的是特定人系统。这样的语音识别系统只对单独的使用者适用，他/她必须使用自己的语音对系统进行训练。非特定人系统能够识别任何人的语音。当词汇量较小并且说话者是同类人群时，非特定人系统能够更好地工作。

语音识别系统的另一个区别在于它们是否需要处理独立的单词、连接词或者连续的语音。独立的单词系统响应孤立的单词，并需要说话者在每个单词间间隔至少 100 ms。连接词系统不需要人工的暂停，但是说话者不能使用音调变化，好像他/她正在阅读列表里的单词一样。连续语音系统用于自然语音。每个系统的复杂度随着能否识别更加自然的语音而增加。连续语音系统的一个主要问题是在单词与单词之间，或者句子与句子之间没有明确的分割。这增加了系统无法识别语音的可能性。

识别准确性是语音识别系统的主要限制。形成语音模式变化的条件，例如环境因素，会降低识别准确性。例如，一项研究发现比较被试处于休息状态和努力工作之后的状态，语音识别准确性从 78% 减低到 60%（Entwistle，2003）。

语音系统的成功应用需要与其他的设备相结合。语音控制器件可能只对高度需求视觉和手动行为的复杂系统有益，例如驾驶。

基于语音的控制器件可以用在空战管理中。Vidulich 等研究了 12 名来自美国空军的机载警告和控制系统（AWACS）的操作人员如何进行交互。搭载AWACS 的飞机监视所有战斗区域内飞行的飞机，并指导该区域内的任务。很多任务由多人执行，包括由武器指挥员组成的武器小组。武器指挥员在控制台指挥各种飞行器的运动。指挥员的任务很复杂,由很多子任务组成,脑力工作负荷很高。Vidulich 等开展了模拟战斗研究,对一些任务使用了语音控制器件。武器指挥官使用语音控制器件能够更快地执行一些任务。使用语音控制器件能够让指挥官更加有效地在子任务中进行时间共享。当提供语音控制器件和标准控制器件两种选择时,参与者倾向于选择语音控制器件。

2）基于注视和头部运动的控制器件

另一种控制系统的方式是通过眼部和头部的运动。我们可以在用户的头上佩戴设备监视眼部和头部的运动,并且通过用户的注视激活控制器件。头部控制器件需要在用户的头上安装一个控制杆或者指向设备,可以用作敲击。

使用基于注视控制器件的用户通过观察屏幕上某个内容超过一定的"驻留时间"标准进行选择(Calhoun,2006)。例如,用户期望打开计算机中的一个文件夹。他/她注视一个图表（"打开新文件夹"),并将注视保持到控制被激活位置。在一些情况下,用户可能需要再按压一个按钮驱动控制动作。基于注视的控制器件能够比手动控制器件实现更快的目标选择和指针定位。

头部运动控制器件让有限运动能力的用户可以使用计算机或者其他相似的设备(LoPresti 等,2002)。在第 14 章中,我们讨论了 Fitts 定律在头部控制的敲击任务中的应用,还介绍了使用头部运动控制指针的运动时间(Radwin 等,1990;Spitz,1990)。使用头部控制的运动时间和复杂度指数之间函数关系斜率要大于手动操作鼠标或者数字面板的运动时间与复杂度指数之间函数关系斜率。因为通过头部运动进行指向不像手动输入设备那么有效,头部运动控制器件应当限制在运动时间不是关键因素,或者操作人员的运动能力受限的情况中。

运动能力受限的人群可能也不能移动他们的头部,或者不能很好地控制头部运动。这些问题可以通过使用包含不同类型阻力的不同种类控制器件解决。一项研究让肌肉硬化的被试通过头部运动控制器件执行图标采集任务(Lopresti 等,2002)。他们使用一些不同的控制器件类型补偿头部运动的限制。他们的结果表明,与标准的头部控制器件界面相比,被试在使用灵敏度更高的界面时准确度更高。他们还发现一阶控制器件（用户头部运动控制指针速度而不是指针位置）能够提升被试的目标对准。

3）基于姿态的控制器件

基于姿态的控制器件使用动态的手部或者身体运动(McMillan 和 Calhoun,2006)。这种类型的设备有很多,但是最常用的是数据手套。数据手套测量手指与手部其他部分的距离。静态姿势是用户保持一个特定的姿态一小段时间。大部分的姿态控制器件可以准确地识别静态姿势。但是，控制器件的目标是识别动态姿势，从而使运动与控制动作相对应。除了由数据手套提供的姿态控制是与虚拟现实环境的重要交互，由计算机通过手套向用户传递信号反馈的触觉控制器件也允许用户在虚拟世界中进行交互。

4）遥控器件

远程受控者是远程延伸操作人员手臂、手部、腿部和脚部的机器（人）(Johnsen 和 Corliss，1971；Kheddar 等，2002)。远程受控者让操作人员能够在地球上执行例如在月球表面采集样本或者操作放射性化合物的任务。遥控器件不仅控制移动机器人，还可以也指导微仪器的外科手术和控制微纳米设备(Kheddar 等，2002)。

我们在设计其他控制器件遇到的很多人为因素问题也适用于遥控器件。我们需要确定将哪些面向控制的任务分配给操作人员，哪些分配给远程受控者。在控制器件位置与远程受控者被控制的部分之间存在空间对应问题。视觉和其他感觉器官反馈必须加入到控制器件中。我们还需要确定对于远程受控者，需要使用哪些类型的控制器件。

限制远程受控者运动的很多因素与限制人体运动的很多因素相同。虽然与人体手臂运动相比斜率要大很多，Fitts 定律仍然能够描述远程受控者手臂运动的速度和准确度的关系(Draper 等，1990)。当远程受控者的动态动作与操作人员自身的动作一致时，操作人员的表现行为最佳(Wallace 和 Carlson，1992)。

因特网使得在世界各地控制远程受控者变得可能。但是因特网用户经常感受到的延迟也会影响操作人员和远程受控者，而这些延迟还会使得表现行为变差。Sheik-Nainar 等评价了网络延迟对控制"teleover"的影响，"teleover"是一个带轮子的机器人小车。他们发现网络延迟导致的表现行为变差可以通过使用系统增益适应算法补偿。这个算法自动调整遥控系统控制人员的增益（灵敏度），当发现网络延迟时减小增益。基础的思路是降低灵敏度会减少操作人员在延迟器件进行的任意控制调整的影响，减少导航差错和与物体相撞的可能性。事实上，算法的确让用户的表现行为变差减小，并提供一个增强的"远程呈现"的感受，即控制机器人的感受。

15.5　总结

人们通过操纵控制器件与机器进行交互。控制器件有大量的类型、形状和尺寸。它们的机械属性产生不同的"感受"，能够在不同的应用中最优化人们的表现行为。人口定型也可以保证与控制器件功能相关的动作是与操作人员相关的最自然的动作。操作人员的表现行为随着控制器件位移和系统响应相关性变化而变化。

通常,我们在单一的控制面板上碰到很多控制器件。控制面板的良好设计能够避免操作哪个控制器件以及显示元素和控制器件相关性的混淆。控制器件编码可以用作帮助识别,并且经常使用的控制器件应当容易接近。我们应当设计面板使得对系统完整性重要的控制器件不会被无意激活。

在本章内,我们不仅总结了操作人员控制自身运动的方式,还介绍了在环境中的物体和机器。我们已经从信息处理的角度描述了操作人员和机器之间的关系。操作人员和机器组成一个闭环系统,信息在人机界面中来回传递。但是,需要意识到人机系统不是独立运作的,而是处于周围的环境中。本书最后的部分讨论环境因素如何影响操作人员的表现行为,反之决定整个系统的性能。

推荐阅读

Adams, S. K. 2006. Input devices and controls: Manual, foot, and computer. In W. Karwowski (Ed.), International Encyclopedia of Ergonomics and Human Factors (2nd ed., Vol. 1, pp. 1419 - 1439). Boca Raton, FL: CRC Press.

Bullinger, H.-J., Kern, P. & Braun, M. 1997. Controls. In G. Salvendy (Ed.), Handbook of Human Factors (2nd ed., pp. 697 - 728). New York: Wiley.

Chapanis, A. & Kinkade, R. G. 1972. Design of controls. In H. P. Van Cott & R. G. Kinkade (Eds.), Human Engineering Guide to Equipment Design (pp. 345 - 379). Washington, DC: U. S. Superintendent of Documents.

Chengalur, S. N., Rodgers, S. H. & Bernard, T. E. 2004. Kodak's Ergonomic Design for People at Work. Hoboken, NJ: Wiley.

Ivergard, T. 2006. Manual control devices. In W. Karwowski (Ed.), International Encyclopedia of Ergonomics and Human Factors (2nd ed., Vol. 1, pp. 1457 - 1462). Boca Raton, FL: CRC Press.

第 5 部分
环境因素及其应用

16　人体测量学和工作空间设计

人体测量学是整个系统的一个主要组成部分,它是良好的人为因素或人体工程学实践的标志。

——John A. Roebuck, Jr. (1995)

16.1　简介

人的物理特征测量称为**人体测量学**,**工程人体测量学**是指设备、任务和工作空间的设计,使得它们能够与使用者的物理特征兼容(Das,2006)。第 15 章中介绍的可达性区域是人为因素专家如何使用人体测量数据的实例。根据百分之五分位的可达性距离设计的范围保证 95% 的潜在用户能够在这个范围内触碰到控制器件。

良好的工作空间设计不仅取决于保证用户触碰到工作空间内的控制器件或者目标。此外,我们必须考虑身体关节的运动和运动范围。生物力学关注人的身体如何运动(Kedzior 和 Roman-Liu,2006)。人为因素专家经常将生物力学数据应用到设备的设计中,使得设备和任务适应用户人群的生物力学。

工作空间和工作站是容纳人们工作一段时间的区域(Grobelny 和 Karwowski,2006)。工作空间包括书桌、控制面板、计算机工作站、装配线站、卡车等。在设计较差的工作空间中长时间工作对于工作人员来说会造成物理上和心理上的创伤,并且可能损害工作人员操作设备的能力。我们已经在之前的章节中介绍了工作空间设计的一些内容,例如信息显示和控制面板组织。但是,组成工作空间的完整设备设计和布置必须与操作人员的物理能力保持一致(见图 16.1)。

在本章中,我们会总结工程人体测量学和生理力学的重要原则。当违反这些原则时,操作人员可能会感觉疼痛或受伤。人体测量学和生物力学在工具设计和人工搬运工作中扮演重要的角色。因为工具的使用和人工搬运工作包含很多可能引起与任务相关的受伤的情况,我们会评价这些影响工具和搬运工作有

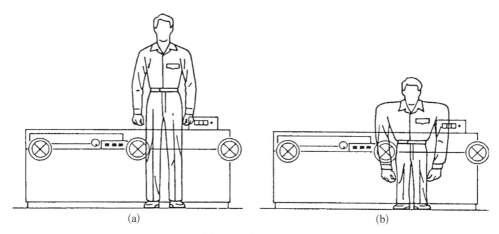

图 16.1　设计师概念中理想的车床操作人员

(a) 大部分人看起来是这样的,但是……　(b) 一些设计师认为人是这样的

效性和安全性的因素。我们还会考虑如何将人体测量学和生物力学因素应用到实际的工作空间设计中。

16.2　工程人体测量学

　　人体测量学是指对人的身体维度的测量。当测量一个具体的身体维度,例如可达距离时,我们会选择尽可能多的人进行测试。很重要的一点是样本应当从目标人群中进行随机选择,因为我们的目标是得到我们所关注的准确的测量分布。我们能够进行的所有测量(高度、重量、可达距离、腿部长度等)一起构成了对人群的人体测量学描述。几乎在所有的情况下,测量值都遵循正态分布。因此,人体测量学数据包含集中趋势(均值)和变异性(标准差)的测量。此外,有时包含以表格形式发布的分位数,供设计工程师使用。

　　最常用的人体测量学数据是第 5 百分位,第 50 百分位以及第 95 百分位,分布对应于人群比例剩余 5%、50%和 95%的情况。例如,表 16.1 给出了美国男性和女性人体测量学特征的分布情况。这个分布的目标是提供一个最小、平均和最大的测量值。这些数据可以用作构建设备的设计标准,并提供对现有设备的评价标准。它们还可以用作选择适合工作空间维度的操作人员(Kroemer,1983)。例如,阿波罗命令模块(Apollo command module)于 1968 年至 1972 年用于载人登月任务,设计符合第 90 百分位的站立高度,所有航天员的身高可以达到 1.83 m(大约 6 ft)。

表 16.1 20～60 岁的女性/男性美国公民身体维度(cm)

	第 5 百分位	第 50 百分位	第 95 百分位	标准差
高度				
身高	149.5/161.8	160.5/173.6	171.3/184.4	6.6/6.9
眼部高度	138.3/151.1	148.9/162.4	159.3/172.7	6.4/6.6
肩部高度	121.1/132.3	131.1/142.8	141.9/152.4	6.1/6.1
肘部高度	93.6/100.0	101.2/109.9	108.8/119.0	4.6/5.8
关节高度	64.3/69.8	70.2/75.4	75.9/80.4	3.5/3.2
坐姿高度	78.6/84.2	85.0/90.6	90.7/96.7	3.5/3.7
坐姿眼高	67.5/72.6	73.3/78.6	78.5/84.4	3.3/3.6
坐姿肩高	49.2/52.7	55.7/59.4	61.7/65.8	3.8/4.0
坐姿肘高	18.1/19.0	23.3/24.3	28.1/29.4	2.9/3.0
坐姿膝高	45.2/49.3	49.8/54.3	54.5/59.3	2.7/2.9
坐姿腘高	35.5/39.2	39.8/44.2	44.3/48.8	2.6/2.8
坐姿大腿径高	10.6/11.4	13.7/14.4	17.5/17.7	1.8/1.7
深度				
胸部深度	21.4/21.4	24.2/24.2	29.7/27.6	2.5/1.9
肘部-指尖距离	38.5/44.1	42.1/47.9	56.0/51.4	2.2/2.2
坐姿臀部-膝盖距离	51.8/54.0	56.9/59.4	62.5/64.2	3.1/3.0
坐姿臀部-腘距离	43.0/44.2	48.1/49.5	53.5/54.8	3.1/3.0
前向可达,功能性	64.0/76.3	71.0/82.5	79.0/88.3	4.5/5.0
宽度				
肘肘宽度	31.5/35.0	38.4/41.7	49.1/50.6	5.4/4.6
坐姿臀宽	31.2/30.8	36.4/35.4	43.7/40.6	3.7/2.8
头部维度				
头部宽度	13.6/14.4	14.54/15.42	15.5/16.4	0.57/0.59
头部周长	52.3/53.8	54.9/56.8	57.7/59.3	1.63/1.68
瞳孔间距	5.1/5.5	5.83/6.20	6.5/6.8	0.44/0.39
脚部维度				
脚部长度	22.3/24.8	24.1/26.9	26.2/29.0	1.19/1.28
脚部宽度	8.1/9.0	8.84/9.79	9.7/10.7	0.50/0.53
外踝骨高度	5.8/6.2	6.78/7.03	7.8/8.0	0.59/0.54
手部维度				
手部长度	16.4/17.6	17.95/19.05	19.8/20.6	1.04/0.93
宽度,手掌	7.0/8.2	7.66/8.88	8.4/9.8	0.41/0.47
周长,手掌	16.9/19.9	18.36/21.55	19.9/23.5	0.89/1.09
厚度	2.5/2.4	2.77/2.76	3.1/3.1	0.18/0.21

	百 分 位			
	第 5 百分位	第 50 百分位	第 95 百分位	标准差
第一根手指				
指节间宽度	1.7/2.1	1.98/2.29	2.1/2.5	0.12/0.21
指根-指尖长度	4.7/5.1	5.36/5.88	6.1/6.6	0.44/0.45
第二根手指				
指节间宽度	1.4/1.7	1.55/1.85	1.7/2.0	0.10/0.12
指根-指尖长度	6.1/6.8	6.88/7.52	7.8/8.2	0.52/0.46
第三根手指				
指节间宽度	1.4/1.7	1.53/1.85	1.7/2.0	0.09/0.12
指根-指尖长度	7.0/7.8	7.77/8.53	8.7/9.5	0.51/0.51
第四根手指				
指节间宽度	1.3/1.6	1.42/1.70	1.6/1.9	0.09/0.11
指根-指尖长度	6.5/7.4	7.29/7.99	8.2/8.9	0.53/0.47
第五根手指				
指节间宽度	1.2/1.4	1.32/1.57	1.5/1.8	0.09/0.12
指根-指尖长度	4.8/5.4	5.44/6.08	6.2/6.99	0.44/0.47
体重/kg	46.2/56.2	61.1/74.0	89.9/97.1	13.8/12.6

人体测量学数据的分位数被设计工程师用作保证设备能够被几乎所有人群成员使用。例如，"净空"问题，包括头室、膝室、肘室以及通道和设备的出入，要求工程师的设计能够满足任何人群中最大或者最高的个体。最常用的第95百分位的高度或者宽度测量值用作保证充分的净空度。对于可达性的问题，关注点包括控制器件的位置等，设计人员应当考虑用户人群中最小的个体情况，或者第5百分位。如果一个物体在设计的可达性范围之外，例如不期望被无意激活的控制器件，那么标准应当相反。

其他设计问题关注平均人群情况（第50百分位）。例如，工作平面的理想高度不应当是人群中较高的个体，也不应当是较矮的个体，而应当是中间高度的个体。但是，这意味着，对于一半的人群工作平面较高，而对于另一半人群工作平面较低。这个问题可以通过加入可调整的座椅和工作平面解决，使得每个人都可以将工作空间调整到适应于自身的最佳状态。

设计最小、最大或者平均情况时，需要特别小心。Robinette 和 Hudson 指出"早在1952年……我们已经意识到人体测量学的均值对很多应用不适用"，并且"针对第5百分位的女性和第95百分位的男性进行设计会导致较差的、不安全的设计"。出现这种情况的一个原因是当包含多个维度时,一些人会在某些维度上偏大,而在其他的维度上偏小。如果设计是基于单独的维度,针对特定的百分位值进行独立设计,能够舒适适用设备的用户百分比要显著小于设计人员的期望值。

16.2.1　人体测量方法

在传统的人体测量学中,静态(或者结构化)测量的获得基于某人保持不同的姿态。例如,某个人可能在保持站姿和坐姿的情况下被测量(Roebuck,1995)。静态测量例如站高和坐高形成了人体测量数据库的核心。但是,动态(或者功能性)的人体测量,加入了生物力学限制,对于当我们的目标是确定操作人员能否正确地执行特定的任务时非常重要。可达性范围是一个功能性测量的实例,因为个体最大的可达距离根据姿态、抓握和任务的不同而不同。通常,工作空间维度由功能性人体测量获得,而非静态人体测量。

人体测量通过机械仪器实现,例如卷尺、量尺和刻度盘。当描述一个特定的测量时,我们使用以下的定义(Kroemer 等,1997):

高度是直线,点到点的垂直测量。

宽度是直线,点到点,穿过身体或者身体一部分的水平测量。

深度是直线,点到点,从身体前部到身体后部的水平测量。

距离是直线,点到点的身体两个标志位的测量。

曲率是点到点沿曲面的测量,这个测量既不是封闭的,通常也不是圆形的。

周长是身体曲面的封闭测量,这个测量通常不是圆形的。

可达性是沿手臂或者腿部长轴的点到点测量。

人体测量的描述术语针对身体的位置、被测量的身体部位以及被测量的方向。加入了这些术语的人体"图"如图 16.2所示,而图 16.3 给出了人体测量中使用

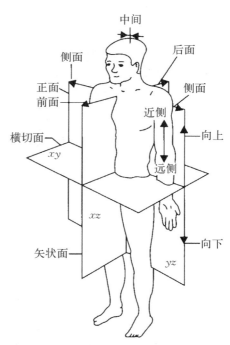

图 16.2　人体测量中使用的描述性术语以及测量平面

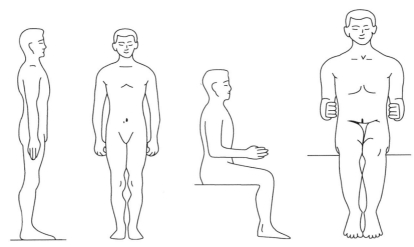

图 16.3　人体测量中使用的被测姿势

的被测姿势。

　　穿过身体的三维平面是横切面、矢状面和冠状面。矢状面纵向切割身体，把身体分成左半部分和右半部分。横切面横向切割身体，把身体分成上半部分和下半部分。冠状面也是纵向切割，形成身体的前半部分和后半部分。方向术语以对立配对的方式使用，并且特用于测量平面。横切面以上的身体部分是上半身，以下的身体部分是下半身。矢状面左侧或右侧的身体部位是外侧的，而靠近它（被测量身体的中心）的部位是内侧的。冠状面前面的身体部分是前半面，后面的部分是后半面。最后，身体远离躯干的部分是远端，而靠近躯干的部分是近端。

　　现代的人体测量不再完全依赖于卡尺和卷尺的测量。三维人体扫描技术能够提供非常准确的人体表面测量数据（Bubb，2004；Perkins 等，2000）。扫描器通常使用光学技术（Istook 和 Hwang，2001）。被测人员在扫描器扫描过程中保持一个特定的姿态，通常只穿合身的短裤和（女性的）吊带衫，扫描器扫描整个身体。扫描技术对传统的技术是更加完整、准确和可重复的测量补充。但是，因为扫描器获取形状并不是直接的测量，它们产生大量难以总结的数据（Roebuck，1995；Seidl 和 Bubb，2006）。可以在身体标志性的位置做上标记，使得软件能够对特定的测量进行计算。

　　美国和欧洲民用人体表面测量资源（CAESAR）项目是第一项使用三维扫描器提供三维人体测量的研究（Robinette 和 Daanen，2003）。这个项目由政府机构和私营企业合作完成，收集了超过 6 000 名美国、加拿大和欧洲公民的人体测量数据。对每个人的站姿和坐姿都进行了扫描和测量，并且还使用了卡尺和卷尺进行测量。结果数据库详细包含了从 18 岁到 65 岁的男性和女性的人体测量数据。这些人具有不同的体重和社会经济学地位，来自不同的民族和地理区域。

生物力学测量比人体测量更加复杂。不是所有的生物力学测量都直接来自人的身体或者运动，但是有一部分可以。例如，某人能够产生的力量可以直接测量，这是人体工程学特别关注的内容。静态强度是一个人在一次努力中所能施加的最大的力，相对来说比较容易测量（Kroemer，2006）。静态测量为慢速运动提供了良好的指标，但对于快速运动则不适用，例如锤击。动态强度是指某人能够在一段运动范围中施加的力量，则难以测量（Kroemer 等，1997）。因此，在很多情况下，当我们期望估计人体特定部分的运动范围和压力时，我们需要依赖肌肉骨骼系统的模型（Sesto 等，2005）。这些模型使用人体测量数据和生物力学测量数据作为输入，计算投影公差作为输出。不同设计的不同输出用来确定设计的好坏。

16.2.2 人体测量数据源

在选择设计参数之前，设计人员不需要进行数据选择。有一些人体测量数据可以供设计人员参考。其中，**NASA 人体测量数据源手册**和**人-系统信息分析中心人体测量数据集**可以从人类系统信息分析中心获得，包括很多不同研究的结论以及之前提到的 **CAESAR 三维人体测量数据库**。Kroemer 等推荐的由 Gordon 等采集的美军士兵数据集还提供美国成年人身体大小的最佳估计。

设计人员在使用任何数据源之前，必须保证这些数据对他们的设计适用。如果设计人员正在设计针对特定人群使用的工作空间，那么只有该人群的数据有用。例如，亚洲人明显要比美国人和欧洲人矮（Li 等，1990；Seidl 和 Bubb，2006）。如果设计人员决定使用美国人的人体测量特征设计日本人的工作空间参数，那么最终的设计对日本人是没有吸引力、不合适或者不可用的。

民用的人体测量数据是有限的，因为大部分发表的数据是针对军事人口获取的（Van Cott，1980）。CAESAR 人体测量项目在一定程度上缓解了这一限制。军用和民用人口在头部、手部和脚部尺寸上相似，但是在很多其他的维度上有所不同（Kroemer 等，1997）。例如，军事人口的腰围更小，因为测量的人群主要在 40 岁以下，还排除了一些极端尺寸的情况（Chengalur 等，2004）。如果有民用方法的数据和可用的差值，则可以调整军用数据，改变其中值和百分位。对于一些问题，一些男性的军用数据也可以作为民用数据，如果这些人符合军用数据的身高和体重（McConville 等，1981）。但是，这一策略对女性不适用：即使当平民女性与军人女性在高度和体重上匹配，但人群差异仍然很大。

从一般人群中获得的人体测量数据也并不总是适用于具体的子人群。例如，在美国，农业设备操作员的平均体重比一般人群的平均体重重 14%（Casey，1989）。如果拖拉机的座椅设计满足一般人群的人体测量标准，那么对于农业设备操作员来说可能太小。美国农业工作者的人体测量数据包含三个姿势：站姿、在拖拉机座位上的坐姿以及前倾姿势，通过三维全身扫描和传统测量方法，由 Hsiao 等提供数据。根据这些数据，现行标准中的拖拉机驾驶室垂直间隙太小。即使较矮的工作人员也很难适应当前的设计。Hsiao 等建立了三维拖拉机驾驶员模型，帮助设计人员确定最佳的控制器件安放位置。

Kroemer 出版了一本专著，针对特定人群的设计，包括孕妇、老年人、儿童和残疾人。例如，孕妇的腰围要大得多，她们的身形与没有怀孕的女性相比差很多。较大的腰围会导致在标准的汽车中方向盘间隙和适当的安全带定位的问题（Ascar 和 Weekes，2005）。Culver 和 Viano 在美国女性不同的怀孕阶段采集了她们的人体测量学数据。此外，Yamana 等以及 Ascar 和 Weekes 分别采集了日本怀孕女性和英国怀孕女性。这些数据可以用于设计汽车内饰和限制，以满足孕妇快速变化的腰围，为她们和胎儿提供最大的安全性。

遗憾的是，对于超过 65 岁的人群并没有足够的人体测量数据（Kroemer，1997）。对老年人最多的研究是健康的白人（Kelly 和 Kroemer，1990）。因此，对于老年女性以及患有常见老年病如关节炎和骨质疏松的人群，我们尚缺乏数据。这些老年病削弱了老年人的能力和运动力，但是这些限制并没有表现在人体测量数据中。更普遍地，老年人的人体测量特征随着年龄的增加而变化（Shatenstein 等，2001），并且老年人群是非常多样化的。因此，将老年人认为是单一的、同类的群体是错误的。

类似地，虽然发育不健全和身体有障碍的人群的人体测量数据与普通人群的人体测量数据不同，但是相对较少的数据可供于设计工作空间和工具，这些设计对于特殊的人群从人机工效学的角度是可以接受的。例如，Goswami 指出"尽管在一些特殊的领域有分散的尝试，对于身体上有缺陷的人群，物理维度的数据仍然是不足够的"。他总结这是由于身体有缺陷人群的特征多样性。一项针对大脑麻痹人群座椅设计的人体测量数据采集的研究表明即使同样残疾的人也会表现出不同的肌肉发育和骨骼结构（Hobson 和 Molenbroek，1990）。从这些人群中获取的人体测量数据是有用的,因为对于差异给予了较多的关注和考虑。

16.2.3　生物力学因素

优秀的工作空间设计不仅依赖于准确的人体测量。大部分人会在工作空间中花上整天的时间,在环境中运动并使用设备超过 8 h,或者更多。人们进行很多动作,有一些是重复性的,另一些则很少发生。因此,生物力学限制是任务和工作空间设计和评价中的重要因素。将生物力学应用到工作空间设计中称为**职业生物力学**(occupational biomechanics),可以定义为"工作人员与工具、机器以及材料的物理交互,在肌肉骨骼受伤风险最小的情况下,提升工作人员的表现行为"(Chaffin 等,2006)。通过考虑这些生物力学因素以及人体测量因素,使我们可以在工作空间设计初期减少可能造成受伤和不舒适的情况。要在工作空间使用之后进行改善,总会比在设计时第一时间纠正昂贵得多。

Tichauer 将**工作容忍度**定义为"单个的工作人员以一种经济可接受的状态工作,并且享有高水平的情感和生理健康"。这个定义强调对工作人员工作效率和身心健康的期望。三类生物力学因素影响了工作的容忍度(见表 16.2)。

表 16.2　最大化生物力学工作容忍度的因素

姿　　态	工　程　学	人 体 运 动 学
P1 手肘向下	E1 避免压迫缺血	K1 保持前向触碰较短
P2 施加在脊柱上的力最小	E2 避免严重震动	K2 避免肌肉功能不全
P3 考虑性别差异	E3 个性化座椅设计	K3 避免直线运动
P4 骨骼构型优化	E4 避免压力集中	K4 考虑工作手套
P5 避免头部运动	E5 保持手腕伸直	K5 避免拮抗剂肌肉疲劳

第一个分类是姿态。良好的姿态能够减少骨骼和肌肉的压力,建议在工作空间设计中使用,从而使得工作人员能够将他/她的肘部靠近身体,并减少头部的移动。这个姿态还能保证施加在脊柱上的力较小,压力最小。因为男性的身体与女性的身体有所不同,对于两者的姿态考虑有所不同。例如,男性和女性中心的差别使得女性举起物体时感受多出 15% 的压力。

第二个分类是系统界面设计中包含的工程学考虑。不合理的设计或者设备的误用可能会导致压迫缺血,或者血流阻塞。如第 17 章所述,暴露在震动中会导致组织损伤和心理压力。工作人员的座椅必须提供合适的支持,特别是需要长时间使用的情况。重复的任务会将压力集中到特定的组织上,从而导致慢性炎症和永久性损伤。专用设备,例如保持手腕伸直的工具,可以用来防止受伤。

第三个分类是人体运动学因素,或者运动的类型和范围。较长的、前向的触碰会对脊柱造成压力,应当避免。这样的前向触碰会导致"肌肉功能不全",从而造成由于肌肉的过度伸展和收缩而减少人体的运动范围。这可以通过工作空间设计进行避免,使得人们可以在肌肉伸缩的极限范围内操作控制器件、工具和其他物体。某个人的运动轨迹应当是曲线而非直线,因为曲线更容易学习和实现,也更加省力。

有时,考虑工作人员服饰也很重要。人体的运动可能被防护性服饰阻碍,例如手套和化学服饰。穿着这样服饰的工作人员的运动范围是有限的,并且这些限制可帮助确定工作空间的设计参数。在不同任务中使用的肌肉组也是影响工作空间设计的因素。因为拮抗剂肌肉比激动剂肌肉小,而较小肌肉比较大肌肉更容易疲劳,工程师设计的任务必须防止执行任务过程中最小肌肉的疲劳。

16.3　累积创伤失调

当某种特定类型的人工动作重复执行会导致**累积创伤失调**。这种失调是"无论是否有生理表现,出现关节、肌肉、肌腱和其他软组织不适、损伤、残疾或者持续疼痛的综合症状"(Kroemer,1989)。累积创伤失调与很多工作活动相关,包括手工装配、包装、键盘与鼠标操作以及休闲活动,例如运动和电子游戏。失调来自重复受力的关节,进而导致组织和/或神经纤维受伤。失调会导致工作人员极度疼痛和身体损伤,并降低生产力。在进行医疗诊治和残疾补偿方面也非常昂贵。

累积创伤失调的发病率从1982年的每10 000人中3.6例增长到2001年的每10 000人中23.8例(Brenner等,2004)。这个增加可能是由于在过去的几十年间工作空间发生的变化导致。例如,很多行业现在使用"准时制"的库存系统。这些系统要求物料在生产过程中精确送达。这些系统非常流行,因为它们降低了库存成本,提高了生产质量以及减少劳动力。但是,尽管系统提升了生产力,它却减少了工作人员对工作时间和节奏的控制(Brenner等,2004)。

累积创伤失调的症状包括受影响区域的疼痛、肿胀、虚弱和麻木。症状出现通常包括三个阶段(Chatterjee,1987)。在第一阶段,人们会在工作时感受到疼痛和虚弱,但是这些症状在休息之后会缓解。在第二阶段,即使在休息之后症状仍然存在,并且人们进行重复工作的能力减弱。最后,在第三阶段,人们的疼痛是持续的。他/她的睡眠会被干扰,并且在处理一些任务时会感到困难。前两个阶段可能都会持续几周或者几个月,而第三个阶段则可能持续很多年。这些症状的早期检测(第一阶段)非常重要;通常它们能够完全好转,只要通过移除身体压力来源或者将压力保持在可接受的范围内。

　　累积创伤失调可能发生在任意的关节和周边的解剖结构中。但是大部分发生在肩部、手臂和手部,而其中60%包含了手腕和手部。表16.3列出了手部与手腕的一些症状以及相关的风险因素。其中最多出现的症状是腕管综合征,包括拇指、食指和中指的麻木(见框16.1)。

表 16.3　关于上肢累积性创伤失调的职业危险因素报告

失调	报告的职业危险因素
腕管综合征	(1) 习惯与不习惯用手重复性工作 (2) 腕关节重复弯曲或者过度伸展的动作,尤其是与用力按压相结合的动作 (3) 手腕与手掌底部的重复用力
桡茎突外展肌和伸肌腱的腱鞘炎和腹膜炎	(1) 每小时200次的动作 (2) 进行不习惯的工作 (3) 单一或者重复的局部应变 (4) 局部直接钝挫伤 (5) 用力,快速的简单重复运动 (6) 腕关节反复的径向偏移,尤其是与拇指用力的结合 (7) 腕关节尺侧反复偏移,尤其是与拇指用力的结合
手指屈肌腱腱鞘炎	弯曲手腕的运动
指伸肌腱腱鞘炎	腕尺向外旋转时的偏移
上髁炎	手腕向内旋转时的径向偏移
神经节的囊肿	(1) 突发地或不习惯地使用肌腱或者关节 (2) 重复伸直手腕 (3) 重复弯曲手腕
手指神经炎	用手工具触碰手指两侧的神经

框 16.1　腕 管 综 合 征

　　腕管综合征是一种累积创伤/重复压力失调,指由手腕较大力量产生的正中神经穿过的位于手底部小通道内的韧带和肌腱的炎症和肿胀。这个通道称为腕管。肿胀对正中神经施加压力,与拇指、食指和中指交换神经信号。慢性压力会损害正中神经。

早期的腕管综合征症状包括手指的疼痛、麻痹或者刺痛，通常发生在夜间。在之后的阶段，患者可能感受肌肉萎缩以及手指灵敏度和抓取力度的显著降低。当尺神经在手腕内侧的腕尺管中被阻塞时，相似的症状也会发生在无名指和小指上。但是腕尺管综合征相较于腕管综合征并不那么常见，影响较小。

手腕重复施力或受力会导致腕管综合征（Dillon 和 Sanders，2006）。需要反复或用力抓握的活动；手腕在尺桡平面上的偏差使手部沿手臂向外倾斜；将前臂置于坚硬的表面或边缘，以及肘部的重复屈曲都可能导致腕管综合征。腕管综合征与外科、牙科、手工装配、木工、钢琴演奏以及其他需要大量重复使用工具的职业有关。

随着新技术的大量使用，大部分人认为腕管综合征由于计算机键盘打字和数据输入导致。虽然打字不是腕管综合征的唯一原因，一项研究表明一年中报告的症状中 21％ 是由于打字或者数据输入（Szabo，1998）。使用计算机键盘会导致腕管综合征的一个原因是标准的键盘需要用户沿着手腕向外旋转手部，从而在正中神经上产生压力（Amell 和 Kumar，1999）。打字员必须将手部保持在一个不舒适的姿势一段时间，因为专业的打字员每天需要敲击键盘 100 000 下（Adams，2006）。

分离式键盘（见图 B16.1）可能可以解决这一问题（Markin 和 Simoneau，2006）。这些键盘在中间分开，每一半都旋转一定角度，使得用户手腕伸直，减少对正中神经的压力。当两半打开的角度大约为 25°时（即每一半相对水平的角度为 12.5°），用户的手腕处于正常偏离姿势（Marklin 等，1999）。这种更加自然的姿势能够减少打字时产生腕管综合征的可能性。

图 B16.1　分离式键盘

但是,分离式键盘能够减低腕管综合征发生的可能性的程度还存在疑问。当用户的手腕处于自然姿势下进行输入时,腕管中的压力并不小于标准键盘输入的情况。同时,分离式键盘仅消除尺桡平面的尺侧偏差,而不包括腕部屈曲平面的伸展,而这也会导致腕管综合征的发生。

计算机鼠标的扩展使用与键盘的扩展使用具有类似的效应。Keir等对用户使用三种不同的鼠标进行拖曳和指向任务进行了测量。他们发现当执行这些任务时,用户腕管中的压力较大(高于简单地将手放置在鼠标之上)。对于很多人来说,这些压力等级会影响神经功能。这些研究表明计算机任务的设计应当避免长时间地使用鼠标进行拖曳,同时,用户应当周期性地使用操作鼠标的手部执行其他的任务。

计算机用户减少腕管综合征的一种方式是使用不同的数据输入方法,例如,语音。这可以通过使用语音增强界面实现(Zhang 和 Luximon,2006)。语音增强界面使用语音识别软件进行语音输入,作为键盘和鼠标输入的补充。通过增加用户语音命令作为输入,总的与手动输入相关的手部和手腕的体力负荷则显著减少。

如第 15 章所述,肌腱是连接肌肉和骨骼的肉质纽带。大部分的肌腱由包含润滑液的鞘进行保护。受伤和过度使用会导致肌腱炎、腱鞘炎和神经节囊肿。肌腱炎是肌腱反复绷紧或者移动导致的炎症。腱鞘炎是肌腱与鞘的炎症。神经节囊肿可以透过皮肤看到,是鞘内含有多余的水。肌腱炎症和神经压迫并不仅限于手腕和手部。这种炎症也发生在肘部和手臂、膝盖和脚踝以及颈部和肩部。一些肩部和肘部的肌腱不包含鞘,这些区域的肌腱炎可能会发展成肌腱钙化。

患上累积创伤失调的风险取决于一些因素,包括工作或者工作空间的人机工效学设计缺陷、管理实践以及针对个体的因素(You 等,2004)。我们已经讨论了合适设计的重要性。通过在设计中引入人体测量和生物力学限制,工具、工作站或者工作的设计应当满足使用者的物理能力。此外,任务不应当要求重复的动作:长时间地使用超过人体肌肉强度 30％的力量,不舒适或者极限的姿势,或者保持一种姿势过长时间(Kroemer,1989)。

我们已经提到管理实践,例如准时制的库存系统。这些实践也影响累积创伤失调的发生。管理者必须愿意分析任务和工作可能产生的失调,并进行重新设计使得风险最小化。此外,工作人员和医疗人员必须能够识别早期的症状,使得诊断和治疗能够在早期容易恢复的阶段进行。被诊断为累积创伤失调的患者需要重新分配不同的工作,这些工作包含不同的姿态和运动特征。这种重新分配的政策和程序必须实施。如果管理者不愿意为工作人员分配不同的工作和/或重新指派任务和工作空间,工作人员的创伤会变得更加严重。

有很多与失调相关的单独风险因素(Gell 等,2005)。女性比男性更容易患病,并且随着年龄的增长,患病率也会上升。一些兴趣爱好(木匠、拉小提琴等)会增加累积创伤失调的可能性。家族史、怀孕和饮食习惯也都会有影响风险。减缓血液循环的疾病以及过往的损伤和其他的创伤性疾病都会增加风险。身体健康的人比身体不健康的人更容易患上累积创伤失调。

16.4　手动工具

Baber 将工具定义为"与世界中的目标接触的用户外界目标"。我们可以将手动工具分为两类:手工和动力。手工工具的操作力完全来自人的肌肉,而动力工具的操作力则部分来自外部。不管是什么类型的工具,工具的目标是便于执行任务。如果没有这些工具,任务难以或者根本不可能执行,例如拆下螺丝,拧紧螺母,或者切一块金属片。动力手工工具使用不同的能量源,可以取代或者增强用户的物理理论力量,从而减少用户需要付出的身体能量,增加他/她能产生的力量。

一个有效的工具必须能够满足一些要求(Anonymous,2000;Drillis,1963):①有效地执行预期的任务;②适应用户的身体;③能够依据用户的力量和工作能力进行调整;④疲劳最小;⑤使用用户的感觉能力;⑥便宜并且易于维护。

手动工具是简单的设备,所以容易忽略人为因素在其设计中的重要性。但是,就如上述的要求,很多人机工效学的指导决定了一个良好的工具。由于使用手动工具导致的工业损伤的比例约为 9%(Cacha,1999)。很多这些问题可以归结为不合适的工具设计,包括如下:

(1)指尖或者整个手指的刺痛、挤压和切断。

(2)外部物体进入眼睛,可能导致失明。

(3)肌肉肌腱的紧张或"撕裂",引起急性和慢性疼痛,功能减弱。

(4)手腕/手部肌腱鞘和神经炎症,使得手指和手腕运动疼痛和受限。

(5)后背疼痛,导致躯干运动和举物困难。

(6)肌肉疲劳,使得工作变慢以及容易出现差错。

（7）脑力疲劳使得工作进度变慢以及容易出现差错。

（8）延长操作人员学习时间（Greenberg 和 Chaffin，1987）。

问题（7）和（8）表明，除了人体测量和生物力学因素，在工具设计中还需要重点考虑认知因素（Baber，2006）。部分原因是因为人们对工具的形状以及如何进行使用有心理表征。这些表征会决定如何握住工具与如何操作，以及用户尝试使用工具时的移动序列。对这些表征更好的理解能够使得工具设计提升训练水平，减少认知负荷。

16.4.1　手动工具的设计原则

手动工具设计的主要目标是使得用户使用工具时能产生的力量最大，同时，使得用户身体承受的物理压力最小。这个目标对于需要长时间执行的任务以及任务需要较大的力量使用工具时特别重要（Sperling 等，1993）。以下的原则对于实现这样的目标很重要。

1）弯曲手柄，而非手腕

正如我们已经介绍的，当某人的手腕弯曲，在支撑组织和正中神经上的压力显著增加。因此，使得累积创伤失调最小化的一个步骤是重新设计工具形状，避免手腕弯曲。例如，图 16.4 中的弯柄烙铁可以在使用时保持手腕伸直，而更加标准的直柄烙铁在使用时必须弯曲手腕。

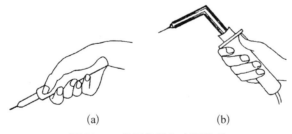

(a)　　　　　　　(b)

图 16.4　直柄烙铁与弯柄烙铁

当一个工具需要弯曲手腕时，用户通常抬起他/她的手臂（外展）进行补偿。用户手臂外展得越严重，他/她越容易感到疲劳（Chaffin，1973）。这意味着使用弯曲手柄的工具不仅减少了用户患累积创伤失调的风险，还能使得由于手臂外展导致的疲劳最小化。

一项研究比较了电子装配线的两组实习生。他们分别使用弯柄的钳子与直柄的钳子（见图 16.5）。难以置信的是，在工作 12 周以后，使用直柄钳的实习生中有 60% 患上了相同类型的与手腕相关的累积创伤失调，而使用弯柄钳的实习

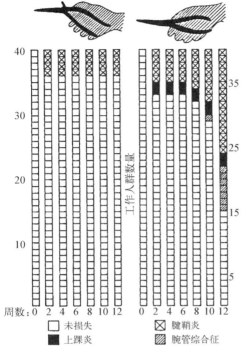

图 16.5　电子装配线的两组实习生使用弯柄的钳子与直柄的钳子 0～12 周表现出的累积创伤失调

生中患病的比例仅为 10%。

另一项研究关注两个锤击任务手柄角度的影响（Schoenmarklin 和 Marras, 1989）。被试使用三种不同的小锤既在水平面上（一个长凳）锤击，也在垂直面上（一面墙）锤击。三种小锤的把手分别距离重心的角度为 0°、20°或者 40°（见图 16.6）。对于 40°把手的小锤，手腕在受到冲击时的屈曲量最小，而 0°把手的小锤，手腕的屈曲量最大。

被试在水平面上可以准确地进行锤击，不管把手的角度多少。在垂直面上，对于有角度的把手，锤击的准确度就那么高（虽然仍然较好）。带角度的把手不会影响疲劳或者不适，每个人都更加喜欢水平锤击，而非垂直锤击。通过这些研究，研究人员建议使用手柄弯曲的小锤，因为它们并不会显著地影响表现行为或者增加疲劳与不适，但是在一定程度上减少了用户必须进行的手腕弯曲。

2）允许最佳的抓握

用户有两种方式可以抓握工具：用力抓握与精准抓握。在用力抓握中，用户的四个手指环绕住工具进行抓握，拇指缠绕工具，从另一侧触碰食指。锤子、锯子和铁锹需要用力抓握。用力抓握可以让力平行于前臂（使用锯子），与前臂成一定角度（锤子），以及作用在前臂上（旋转螺丝刀）。

在精准抓握中，食指与指尖相对。钢笔、叉子以及焊接烙铁需要精确地抓握。精准抓握相较于用力抓握能够提供更加准确的运动控制。有两种类型的精准抓握：外部的和内部的。内部的精准抓握将工具手柄放在用户手掌上，例如餐刀。外部的精准抓握则将工具手柄放置在用户的拇指和食指之间的虎口上，例如钢笔。

设计的工具手柄应当支持和适应任务所需的手部抓握（Cal/OSHA

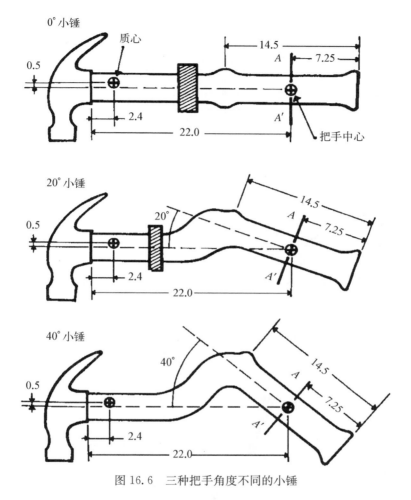

图 16.6　三种把手角度不同的小锤

Consultation Service 和 NIOSH,2004)。一些重要的参数包括工具手柄直径、长度和表面材料。每一个参数都取决于工具适用的任务和使用方式。例如,单一把手的工具如锤子,需要比两个把手的工具如钳子有更大的把手直径(Cal/OSHA Consultation Service 和 NIOSH,2004;见表 16.4)。需要用力抓握的工具必须有一个相对于所有四个手指都足够长的把手。类似地,通过外部精准抓握的工具必须有足够长的手柄,可以依靠在用户的拇指之上,以提供支持。带防滑的可压缩的抓握表面优于坚硬的、光滑的表面,因为前者能够防止组织压缩以及局部血液循环丧失(Konz,1974)。总之,工具把手应当具有平滑表面,不应当导热或者导电。

表 16.4　不同类型的抓握与手柄个数条件中推荐的手柄直径

	单个手柄/cm	两个手柄/cm
用力抓握	3.8~5.1	5.1(关闭)~8.9(打开)
精准抓握	0.6~1.3	2.5(关闭)~7.6(打开)

来源：Cal/OSHA Consultation Service 和 NIOSH(2004)。

3）使用可压缩的抓握表面

一个良好的抓握表面能够给用户手部和工具之间提供良好的接触，同时避免挤压点和组织压缩。轻微压缩的防滑材料，例如泡沫橡胶，能够让手柄的压力更加均匀地分布在用户手部。此外，它还能抵抗震动和外部温度，这些都会对使用工具的用户造成问题。

4）设计问题的实例

在食品服务业中的食物铲勺被工作人员使用了很长时间，通常一天中要使用多次。使用铲勺将食物转移到餐盘或者餐碗包含了广泛的范围，从很小（如通心粉和芝士）到很大（如冰激淋）。大部分的食物铲勺在设计时并没有考虑人机工效学，它们的把手是笔直的，抓握表面不可压缩（见图 16.7）。基于人机工效学原则，Williams 提出了一种食物铲勺的全新设计，能够保持伸直的手腕，以及最优的提升角度，手柄大小和手柄组成。新设计的食物铲勺相对于勺柄，手柄的角度为 70°，铲勺顶部的角度为 35°（见图 16.7）。比以往更宽的铲勺把手能够提供更优的抓握直径，包含可压缩的材料。

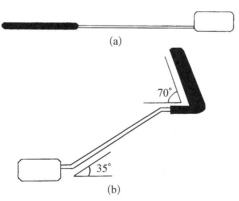

图 16.7　标准铲勺与重新设计的铲勺

虽然我们相信 William 的新设计比旧设计更好，但是它还没有进行测试。在使用新工具之前，新的工具必须进行有效性评估，以及评价潜在增加疲劳或者累积创伤失调的可能性。在一些情况下，一个新的工具需要用户重新训练。所以，虽然重新设计的铲勺看起来很有吸引力，还应当记住人机工效学设计在取代旧的、有效的（但是可能并非最优）设计之前总是需要进行测试和评价。

16.4.2 手工工具或者动力工具

动力工具能够产生比人的肌肉更多的力量,因此能够执行手工无法完成的任务。此外,动力工具能够更快地执行任务,还可以减少用户的疲劳。在大多数情况下,考虑使用动力工具取代手工工具是有意义的(Konz,1974)。

使用动力工具可以使得与重复动作相关的潜在累积创伤失调最小化。例如,操作手工螺丝刀所需的扭转或者脊柱运动,在使用动力螺丝刀时大量减少。虽然这对于很少使用螺丝刀的操作人员并没有什么影响,但是对于必须重复使用螺丝刀的操作人员就非常重要。例如,如果一个工作人员必须在一天内使用螺丝刀拧紧 1 000 个螺丝,他/她可能需要进行 5 000 次用力的动作。在使用动力螺丝刀后,动作(更少的力量)的数量减少为 1 000 次(Armstrong 等,1990)。

但是,我们并不能总是认为动力工具可以自动减少疲劳或者累积创伤失调的风险。控制工具可能需要用户抓握得更用力。同时,用户可能需要适应不同的或者压力更大的姿势,这可能会否定任何减少重复动作的好处。例如,电子螺丝刀可能需要操作人员在工件上施加更多的力,有时需要使用双臂操作。

另一个使用动力工具的缺点是震动。震动会导致创伤失调(McDowell 等,2006)。我们会在第 17 章中讨论震动的影响,以及与震动相关的创伤失调。动力工具还有一些特有的危险需要控制,包括电击、无意驱动以及受伤的风险(Cacha,1999)。电击可以通过合适的接地和隔离进行避免。安全保护如安全性和"死人"开关能够防止无意驱动。运动的部件会导致受伤,例如圆盘锯齿,必须包含保护罩。

16.4.3 其他原则

在手动工具设计时还有一个其他的原则:特定目标工具的作用、用户的用手习惯以及作用于工具的肌肉群产生的限制(Konz,1974)。

在大部分情况下,使用特定目标工具优于使用通用目标工具。因为通用目标工具适用于各式各样的任务,相较于特定目标的工具,它们更加廉价。但是,使用通用目标工具取代特定目标工具可能意味着需要更多时间完成任务:特定目标工具更适合进行工具针对的具体任务。如果工具经常使用,在长期的过程中,特定目标工具的性价比可能更高。

用户习惯使用左手或者习惯使用右手不应当是决定性因素。但是,很多工具不能被左手用户使用。例如,通常剪纸刀的下半部手柄上有一个较大的孔,可以放入右手的两个或者更多的手指,而在上半部手柄上则有一个较小的孔,可以放入右手拇指。这种剪刀不能容易地用左手操作,因为刀片的位置很重要。为了使用左手操作剪刀,它们必须上下颠倒,将较小的孔置于底部,而较大的孔置于顶部。这意味着左手用户可能无法很好地控制刀片,并且相较于右手用户,这种颠倒的抓握方式更容易导致不适。需要设计有效的、双手都可以使用的工具有两个原因:第一,左手用户可以与右手用户一样有效地使用工具;第二,因为大部分工具会导致肌肉疲劳,双手都可以使用的工具能够缓解这种疲劳。

最后,工具应当开发最合适的肌肉群的力量。例如,前臂的肌肉相较于手指肌肉更加有力,所以当工作需要使用大量的力时,工具应当使用前臂操作而非手部操作。此外,手臂更容易施加挤压的力,而非张开的力,所以通常,例如较重的剪刀需要通过弹簧保持打开状态,从而不需要额外的力量张开剪刀。

16.5　人工物料搬运

物料搬运指人们移动产品/物品时进行的操作。例如,在工厂中,工人经常使用手工或者机械设备,如卡车或者铲车装卸设备箱或者产品,并将物料从一处移动到另一处。这种类型的工作极易导致物理受伤,通常是急性创伤。例如,考虑一个超市面包店和熟食店的主管的受伤实例(Showalter,2006)。她向新员工演示如何将油脂灌入一个 20 gal① 的容器,随后提起容器。用她自己的话"听到骨头裂开的声音"。而员工们听到的则更加严重。

在 2001 年到 2002 年,英国开展的一项研究估计人工物料搬运大约占所有3 天或者更长时间的工伤的 38%(HSE,2004)。对于需要举重物的工作,风险更高,例如,行李搬运和护理(需要举起或者移动较重的人群),高达 50% 的受伤是由于搬运和举物所致(Pheasant 和 Halegrave,2006)。

有两种重要的方式减少由于物理搬运导致的受伤情况。第一,工作人员必须被教育使用合适的搬运方式,例如如何举物、放低或者搬运重物或者不规则外形的物品。第二,工作系统的构建必须包含防止受伤的目标。

导致人工搬运受伤可能性的因素如下(Chaffin 等,2006):工作人员特征、物料-容器特征、任务-工作空间特征以及工作实践。工作人员特征包括个体的身体健康水平以及如何进行训练。一些工作人员特征容易改变,而另一些特征不容易改变,物料和容器的特征包括重量、形状和周长。虽然物料的一些方面能够改变,还有一些则由生产的产品和生产设备确定,一些任务特征如工作速度、

---

①　gal 为容积单位加仑,1 gal(us)=3.785 L。

工作空间设计以及使用的工具和设备能够改变而减少受伤的风险,但是也有一些因素是由工作特征决定的。例如,航线行李搬运的速度总是很快,这由飞行计划决定。工作实践如行政安全政策和激励、轮班调度以及管理方式可能是最简单的减低受伤风险的方法。

在本节中,我们将介绍在人工物料搬运中工作人员执行的任务(举高和放低、推和拉和搬运),以及与影响身体受伤可能性的每个任务相关的因素。这些因素包括方向、速度和运动频率。搬运的容器通过体积、形状和重量直接影响受伤的风险,并通过搬运时施加的限制间接影响受伤的风险(Drury 和 Coury,1982)。

16.5.1　举高和放低

对于举高和放低,有三个静态力部分很重要(Davis 和 Marras,2005;Tichauer,1978)。这些部分称为**力矩**,指作用力使物体绕着一个或者多个转动轴或支点转动的趋向(类似于人体)。有时,我们使用**扭矩**指代这些力。人体力矩的命名依据测量的人体解剖学平面(见图 16.2)。一个特定的力矩会产生在其平面的转动。对于举高和放低,三个力矩是矢状、外侧(冠状)和扭转(横向)。

矢状力矩是矢状面向下作用力的测量。矢状力矩的大小取决于人体的重力、工作平面的高度、姿势(坐姿或者站姿)等。矢状力矩产生前向与后向的运动。外侧力矩测量外侧面向下的作用力。当某人的重量从一只脚转移到另一只脚时,会引起外侧力矩。扭转力矩测量横向平面的作用力,当某人扭动腰部时会引起扭转力矩。所有这些力矩都会对人体的脊柱和其他关节造成压力。最小化这些压力可以减少受伤的风险。

回忆一下经典物理学中,物体的力等于质量乘以加速度。这意味着随着举起物体的重量增加,操作人员脊柱上的拉力会增加。其他影响脊柱的压力的因素包括物体能否被容易地抓取,物体的重量分布是否对称,形状是否正常等。当举物的起始高度和结束高度过高或者过低时,对于不对称的举物,人体需要扭转或者弯曲时,以及举物的距离、速度和频率增加时,脊柱压力都会增加。

例如,Davis 和 Marras 让被试将一个箱子从一个架子移动到另一个架子上。他们发现两个架子的高度以及在举起箱子时被试的姿势都决定了他们脊柱受压的程度。第二个架子的高度是决定矢状力矩和脊柱上剪切力最重要的因素。此外,当两个架子的高度差变大时,脊柱上的压力也会增加。当箱子从膝盖的高度举高到肩膀的高度时,力矩最大。这些结果强调了当确定举物任务是否安全时,评价举物的起始位置和终止位置以及位置之间的相对关系非常重要。

人工举物的指南由 NIOSH 建立,并发布在《**人工举物工作实践**》一书中(NIOSH,1981)。这些指南根据举物的频率对工作进行了分类,包括不频繁举物、频繁举物小于 1 h 以及一整天频繁举物。指南包括"举物等式",融入了上述的一些因素。这个等式建议了双手对称举物的最大重量,称为**动作限制**。动作限制是举物条件的上限,需要特殊设备的介入。3 倍的动作限制是最大的可接受的限制,在任何情况下都不能超过这个限制。

在 1991 年,NIOSH 等式经修正以适应更加宽泛的举物条件(Waters 等,1993/1994)。推荐的重量限制(RWL)给出了一个健康的操作人员每天 8 h 举物,而不会增加下背疼痛风险的物体重量。等式表示为

$$RWL = LC \times HM \times VM \times DM \times AM \times FM \times CM$$

式中,LC 为负荷常数,23 kg,是在最优的举物条件下,能够安全地举起的最大负荷重量。在条件非最优的情况下,推荐的重量会变小。HM 为水平乘数,取决于脚踝的中点到手部的水平距离。VM 为垂直乘数,取决于举物起始位置和终止位置的手部垂直变化距离。DM 为距离乘数,取决于举物后搬运的距离。AM 为非对称乘数,基于目标在举物者前方的角度,或者目标距举物者的距离。FM 为频率乘数,取决于在 15 min 内每分钟举物的平均次数。CM 为耦合乘数,依赖于手部和目标的耦合,或者目标抓握的难易程度。

RWL 用作提供举力系数 LI,估计与举起负荷 L(单位为 kg)相关的压力:

$$LI = L/RWL$$

LI 应当总是不超过 1,并且数值越小,下背部受伤的风险越低。RWL 和 LI 等式只用作估计站立姿势下双手举物的任务。它们没有考虑不稳定的负荷,由于工作人员/地板不充分的结合导致的滑倒或者摔跤,以及其他可能影响受伤可能性的因素。

NIOSH 指南假设人体承受的身体压力是固定的。即压力是静态的。Mirka 和 Marras 认为基于静态力的测量是不准确的,不能完全确定举物任务的安全限制。他们测量了在低速和高速举物条件下,人体的速度和加速度。举物最终会导致椎间盘损伤。对于对称和非对称的举物姿势,Mirka 和 Marras 发现,快速举物相较于慢速举物,躯体的加速度峰值要快得多。但是,对于慢速举物,躯体加速度峰值通常导致施加在脊柱上的力要大于快速举物。大部分指南

强调缓慢的、控制的举物动作在最小化(静态)脊柱压力的重要性。但是,在举物过程中固定力的假设可能会导致低估在慢速举物中脊柱的负荷。这些数据表明很多其他的变量,例如外部力以及累积创伤效应,应当在确定最佳举物条件时予以考虑。

Marras 等发明了一种称为腰椎运动监控(LMM)的设备。LMM 跟踪人们在执行不同任务时躯干的运动。LMM 确定任务中人体躯干在三维空间内的位置变化、速度以及加速度。它可以基于躯干运动学和工作措施的组合定量化评价下背部损伤的风险。

例如,Ferguson 等使用 LMM 估计工作人员的风险。这些工作人员包括最近感受的下背部损伤,以及还没有背部损伤的信号。这两组工作人员在运动躯体时没有区别。风险估计基于的 LMM 测量也是一样的。这些研究表明风险主要源于工作设计。

一项高强度的举重工作(对脊柱有很大的压力)是垃圾收集。Kemper 等报告了一项在荷兰开展的针对垃圾收集人员的广泛研究。他们比较了工作人员处理(搬运、举起以及扔)垃圾桶和塑料袋的能力。他们发现,对比垃圾桶,工作人员能够搬运更重的垃圾袋,并能使用更大的力量将垃圾袋扔出去。垃圾收集人员从塑料袋中收集的垃圾比垃圾桶中要多 70%。所以,哈勒姆市将垃圾桶替换成塑料垃圾袋,并将一周收集两次改为一周收集一次。这项研究还发现,即使垃圾收集人员的效率变得更高,但是他们仍然处于工作负荷可接受的范围之外,因此,他们背部损伤的风险仍旧很高。

我们已经介绍了一种减少背部损伤的方式:依据工作人员举物的能力进行监测;只有那些健康的,身体力量足够安全处理材料的人员才能被分派任务。这种监测可以通过三种不同的方式完成:等距力度测试,测量某人能够施加在静态目标上的力量;等速测试,测量某人处于固定速度运动时的力量;等惯性测试,测量某人能够举起的最大重量。等距和等速的力量测量不需要被测人员进行动作。等惯性测量是动态的,因为人们正在进行举物的动作。正如 Marras 和 Mirka 不建议使用静态力度测量,Kroemer 总结认为这些测量通常不适合监测工作人员的能力。他验证了等惯性测量方法提供的动态测量比静态测量方法更加可靠。

在很多情况下,需要举起的负荷超过了一个工作人员的能力范围。在这些情况下,工作人员使用机械帮助。例如,高架起重装置通常作为长期护理设备,举起和启动病人。这种设备减少了护理人员手动举起病人受伤的风险(Engst等,2005)。此外,举物可能由两个或者一组人员进行。组队举物减少了施加在每个人身上的生物力学压力。但是,小组总的举物能力要小于每个小组成员能力的累加(Barrett 和 Dennis,2005)。例如,组队举物可能削弱每个小组成员抓握目标的能力,或者限制小组成员的运动范围。很多因素会影响人们在组队举物时感受到的生物力学压力水平。

16.5.2 搬运与推/拉

包裹递送、邮件递送、仓库加载操作,以及很多其他的工作除了需要举物之外还需要搬运物料。搬运需要工作人员施加一个举起物体的力量,并保持这个力量直至到达目的地。这意味着人们能够搬运的最大重量要小于他/她能够举起物体的重量。

搬运任务可能需要单手或者双手,例如一个行李箱是一个单手任务。人们使用单手搬运不能产生双手搬运一样的力量,单手搬运也意味着人们必须承受由于不对称举物导致的有害的压力。图 16.8 给出了推荐的最大重量随搬运距离和姿势的变化。随着距离的增加,最大重量减少。

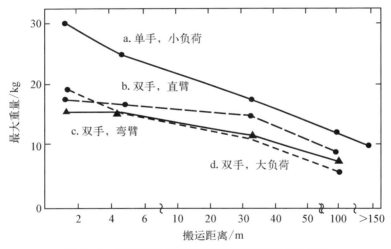

图 16.8 推荐的最大重量随搬运距离和姿势的变化

一些工业任务,例如工具操作,需要人们进行推或拉操作。一些工具的设计使得较重的物体通过货车进行移动,而不需要举起搬运,这样通过推和拉的操作取代了举起和搬运动作。通常,通过推和拉,人们可以移动更重的物体。

人们可以施加的推力和拉力取决于操作人员的体重、施加力的高度和角度、目标离操作人员的距离、操作人员鞋底与地面之间的摩擦力以及施加力度的时间(Chengalur 等,2004)。为了确定推和拉任务中可接受的参数,我们可以参考

Snook 和 Ciriello 收集的数据库,这个数据库提供了这些类型任务最佳的信息来源。它指明了男性和女性操作人员最大可接受的推力和拉力随着任务的频率、距离、高度和持续时间变化而变化(Ciriello,2004)。

Chaffin 等记录了不同体型的男性和女性被要求使用手柄施加推力和拉力进行等距力度测试时的数据。当他们肩并肩站立时,不管是男性还是女性,在推力和拉力上都没有差别。当他们前后站立,可以施加更大的力,因为他们可以更靠近和远离设备。此外,男性的推力比拉力更大。当把手的位置变高时,每个人的力量减少。

这项研究关注影响水平推力和拉力的因素。相似的因素也影响垂直推拉的能力,并施加横向的力。垂直推力和拉力由必须施加力的高度决定。如果力作用点相对于人体过高或者过低,力量会减小。此外,力度很大程度上依赖于人们使用腿部肌肉帮助推或拉的程度,正如我们看到在很多的水平推拉任务中,操作人员使用交错的脚部。当操作人员保持坐姿时施加的力要显著小于站立的情况。类似地,操作人员坐着时产生的侧向力(大约为一半)要比水平推拉产生的侧向力小得多,因为腿部肌肉不能为侧向力提供帮助。

当通过重新设计需要举物、搬运和推拉任务减少受伤的风险时,我们需要考虑执行任务的整个系统。例如,考虑 Nygard 和 Ilmarinen 针对乳制品卡车司机进行的研究。这些卡车司机每天必须装卸大量的乳制品。在芬兰,旋转的传送系统能够让司机将乳制品从奶场转移到卡车上,再从卡车上转移到商店的运输推车上。新系统的目的是减少施加给司机的体力负荷。通过这种方法,司机进行的搬运工作减少,而推动任务则增加。

然而,使用旋转的传送系统在改善生理压力方面却令人失望。这种改善在奶场是明显的,在商店却不明显。这是因为奶场能够采用传送系统,而很多商店却不能。很多商店没有装卸平台,司机需要通过台阶和阶梯进行卸载。作者指出,人机工效学改善应当在整个传送系统中实施。

16.6 工作空间设计

目前,我们已经讨论了一些工作空间设计元素。将这些元素整合在一起,我们发现工作空间的设计依赖于运行的硬件,显示和控制器件的位置,工作人员的姿态,工作人员使用的计算机软件(如果有),物体环境以及工作如何组织和安排(见图 16.9)。

良好的工作空间设计帮助保证大多数人可以安全有效地工作。良好的工作空间使得无效的动作最小化,让工作人员容易接触控制器件和其他设备,并消除可能导致疲劳和损伤的生物力学压力(Chaffin,1997)。为此,我们必须考虑如

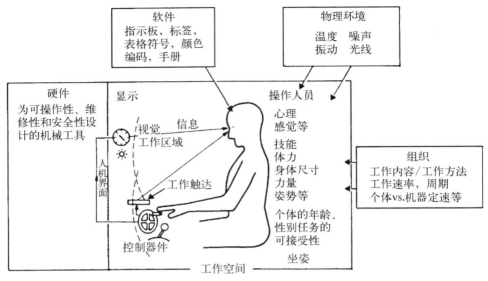

图 16.9　工作空间设计中的工效学考虑

下几方面：① 工作人员是站着还是坐着；② 工作平面的布局和高度；③ 座椅的设计和高度；④ 视觉显示的位置。

16.6.1　工作位置

　　工作人员使用工作空间时可能坐着、站着或者两者都可能（Chengalur 等，2004；Kroemer 和 Grandjean，1997）。通常，工作空间的设计针对一个单独的姿势。工作空间的类型适合哪种特定的工作并没有太多的争论。大部分现代工作只要人们坐在车辆中或者办公室中就可以完成（Robinette 和 Daanen，2003）。那些姿势可以选择的情况，我们需要考虑一些因素。

　　站着的工作人员具有更多的机动性。如果一个工作需要工作人员经常移动，站立工作站比坐姿工作站更有效。类似地，如果工作需要工作人员施加较大的力（如在包装过程中处理较重的物体或者向下压），站立工作站更加合适，因为站立姿势可以施加更大的力量。当工作站空间有限时，例如，膝盖没有空间，那么站立工作站可能也更加合适。

　　站立工作表面的最佳高度依赖于执行的任务类型。对于写作和轻装配等任务，最优的工作高度为 107 cm（见图 16.10）。这个高度能够进行详细的视觉工作，并使得颈部不适最小化，以及让手臂保持稳定，但是代价是会产生肩部不适（Marras，2006）。对于需要较大的向下或者侧向力或者较重的工作，最佳高度较低(91 cm),因为人们在较低的位置能够产生更大的力。在这两种情况下,操作物体的高度部分决定了工作平面的高度。高度可调工作平面让不同的用户选择最佳的高度,还能够使得平面高度适应不同类型的工作。

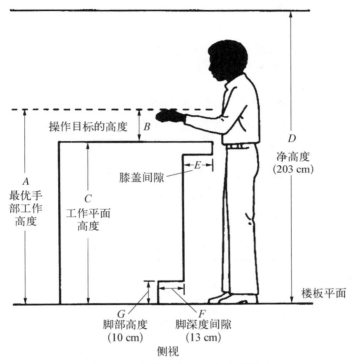

图 16.10 推荐的标准工作空间尺寸

需要精确手动控制的动作最好在坐姿的工作站中进行。当人们能够尽可能保证身体不运动时,这种工作能够很好地执行。坐姿是增加稳定性的一种方式,因为人们能够将前臂置于工作平面之上。不需要大力或者接触的近距离视觉工作最好也在坐姿工作站中进行。

与站立工作空间相同,坐姿工作站最佳的工作高度也依赖于工作人员执行的任务。对于大部分任务,例如写作,工作平面的高度应当与人们坐着时手肘的高度相同。较高的平面可以用作精细的工作,这种工作需要更加良好的稳定性和区分度。例如,缝纫机的高度应当至少比手肘高出 5 cm(Delleman 和 Dul,1990)。坐姿工作平面也应当是可调的,从高于第 5 百分位用户坐姿手肘高度 5 cm 到高于第 95 百分位用户坐姿手肘高度 15 cm。

一些工作站可以服务于坐姿工作和站立工作两种目标。当人们需要保留移动性,执行不同任务时,坐姿/站立工作空间是有效的,一些任务最好坐着执行,而一些任务则最好站着执行。坐姿/站立工作空间引起的设计问题是复杂的。设计人员必须解决的一个问题是工作空间如何能够同时服务于坐姿和站立。在这种情况下,工作空间的高度应当怎样?设计人员可能将工作空间的高度设计为站立任务的最低可接受水平,并为坐姿任务提供一个较高的座椅。如果这种座椅不安全或者不可调,那么是不可接受的。

16.6.2　坐姿

座椅在舒适度方面扮演了重要的角色,因此,影响到它们执行任务的质量。座椅的主要功能是提供脊柱和关节支撑,减少压力。如其他很多的设备,座椅的设计有好有坏(Coombini 等,2006)。表 16.5 列出了工作座椅设计时必须考虑的一些因素(Corlett,2005)。最佳的座椅设计取决于工作人员执行的任务,以及这些工作人员的特征。例如,座椅靠背可以为需要推力的任务提供帮助。类似地,为了防止腿部不适,工作人员体重不少于 2/3 应当由座椅和靠背支撑,而不是脚部。

表 16.5　工作座椅设计需要考虑的因素

任务	坐者
观察	支撑高度
触碰	阻力加速度
座椅	大腿下部间隙
坐高	躯体-大腿角度
座椅形状	腿部负荷
靠背形状	脊柱负荷
稳定性	颈部/手臂负荷
腰椎支撑	腹部不适
调整范围	稳定性
进入/退出	姿态变化
	长时使用
	可接受性
	舒适性

当操作人员坐着时,他/她身体的大部分重量传递给座椅(见图 16.11)。还有一部分重量也传递给座椅靠背和座椅扶手,以及地面和工作平面。在座椅上和身体部位上力的分布取决于他/她的姿势,从而直接影响座椅设计和任务的执行(Andersson,1986;Chaffin 等,2006)。坐姿增加了腰椎间盘的压力(见

图 16.12),进而限制脊髓液流(Serber,1990)。良好的姿势可以使得压力最小化。如果一个座椅会导致较差的姿势,这些因素会导致慢性背部疼痛、椎间盘突出以及神经紧张。由于较差的座椅设计导致的下背部疼痛对于车辆操作人员是一个问题,例如公交车司机,他们必须长时间保持坐姿,还会暴露在震动的环境中(Okunribido 等,2007)。

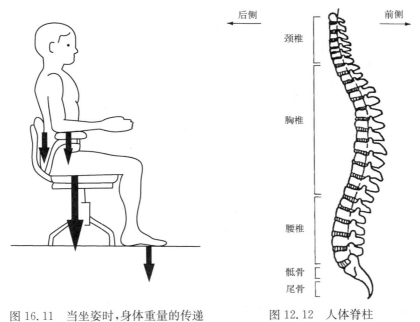

图 16.11　当坐姿时,身体重量的传递　　　图 12.12　人体脊柱

　　良好的姿势需要合适的坐高和支撑。当坐高合适时,操作人员的脊柱是笔直的,同时,他/她的大腿应当对座椅施加很小的力。大腿后侧过大的压力会导致腿部的血液流通不畅(压缩缺血),从而导致疼痛和肿胀。坐着的操作人员的重量应当通过脚部和臀部提供支撑,有时还需要提供一个脚凳以减少对大腿的压力。

　　合适的坐高依据膝盖高度确定。即使身高相同的人也会需要不同的坐高。在大部分工作空间中,可调高度的座椅非常有效,特别是当工作站需要被多人使用时。只要坐高能够调整,不会影响座椅的稳定性,可调性让工作人员能够选择合适自己的高度。可调性还能使得工作人员在进行不同任务时,根据工作平面的高度调整他/她的姿势。

　　可以改变座椅的形状以及高度来减少坐者身体的压力。例如,将座椅靠背向后倾斜,可以增加座椅靠背的载荷,减少椎间盘的压力(Andersson,1986; Kroemer 和 Grandjean,1997)。一个腰椎的支撑也能够减少腰椎间盘的压力。当座椅扶手合适时,可以帮助支撑坐者手臂的重量。

　　如我们之前介绍的,选择适合任务需求的座椅可以减少人体的压力,让他/她更加舒适。这些优势能够直接改善任务的表现水平(Eklund 和 Corlett, 1986)。一项研究评估了三种座椅设计,用在三种不同类型任务中(见图 16.13)。一个座椅包含坐立位[见图 16.13(a)],另一个座椅包含一个低的靠背提供腰椎支撑[见图 16.13(b)],还有一个座椅包含一个高的靠背[见图 16.13 (c)]。被试进行三个任务。在向前推任务中,用双手抓住一个把手,并使劲向前推。在侧面观察任务中,被试观察一个位于左侧 90°的电视。最后,在装配任务中,需要在螺钉上旋上螺母,这个任务限制了膝盖的空间。当座椅包含高靠背时,被试执行向前推的任务表现最好;当座椅包含低靠背时,侧向观察任务表现最佳;当座椅包含坐立位时,装配任务表现最好。

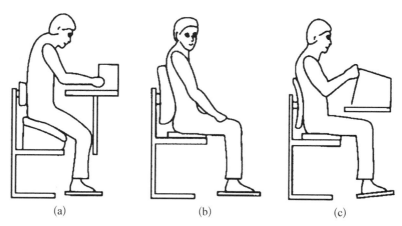

图 16.13　三种类型任务的姿态

(a) 装配任务　(b) 侧视任务　(c) 推动任务

　　Yu 和 Keyserling 对工业缝纫机操作人员的工作座椅进行了设计和评价。新的座椅能够让工作人员保持喜欢的较低的坐姿/站姿。他们重新设计座椅靠背,对胸椎和腰椎提供更多的支撑,而坐面则对骨盆和大腿提供更多的支撑。对于新设计的座椅,工作人员不舒适性报告显著减少,50 名工作人员中有 41 名喜欢新的设计。

　　所以,我们可以发现类似座椅重新设计这样简单的事情是改善工作环境,增强工作容忍性的第一步。相反,不好的设计可能导致身体的上部和下部的不适

(Hunting 和 Grandjean,1976)。但是,腰椎间盘处没有神经末端,也是最容易受到不良座椅设计的脊柱部分。这意味着人们并不总能感受到良好座椅设计与不良座椅设计之间的差异。根据 Helander 所述:除非座椅明显违反了生物力学设计规则,用户不会抱怨不舒适性。重要的人机工效学设计特征包括座面前缘弧形设计,使得腿部的血液流动不会受阻,靠背角度能够调整到 20°,带缓冲的座面和靠背以及腿部支撑。目前,大部分的座椅包含这些特征。但是,用户对座椅细微的变化并不特别敏感,这些变化往往难以察觉。

因此,Helander 建议座椅设计应当更多强调"舒适性因素",例如美学和柔软度。

座椅设计人员还需要面对特定人群的挑战。例如,老年人有特定的生理限制,需要进行专门的设计考虑。特别地,坐者能否容易地进出座椅通常被忽略,而这对于老年人非常重要(Corlett,2005)。进出问题对于轿车座位也很重要,老年人在进出车辆时可能会有困难(Namamoto 等,2003)。

16.6.3 视觉显示的位置

不管工作人员是站着或者坐着,所有的工作所需的视觉显示都必须位于容易观察的位置,不会对观测者的骨骼肌肉施加过度的压力(Straker,2006)。在确定显示位置之前,工作空间设计人员需要了解工作人员的**视线**和**视场**(Kroemer 和 Grandjean,1997;Rühmann,1984)。视线是观测者眼部的注视方向,视场是在工作空间中,用户使用特定的视线能够有限"观察"的区域。

水平视线是当观测者的头部和眼睛保持正直时的眼部方向(见图 16.14)。这个位置并非最舒适,对于具体的任务也并非最有效。观测者保持一个放松的、舒适的头部姿势,并让眼睛直视前方时,头部会自然向下移动 10°~15°。所以,相对于头部的视线会低于水平视线 10°~15°。最后,在正常视线情况下,观测者的眼部也保持放松,视线会低于水平视线 25°~30°。如果视觉显示的位置能够让观测者保持较长时间的正常视线,可以减少疲劳(眼部和颈部)。

最大的直接视场是固定视线能够刺激视觉感受器(在视网膜上)对应的工作空间的一部分。对于双目条件,观测者使用双眼,这个空间包含视线上下各 45°,以及左右各 95°。最大的直接视场与功能视场不同,通常,后者偏小。当使用一只眼观测时,当观测者必须区分不同的颜色时,功能视场会减小。当观测者移动眼部和头部时,功能视场可能大于直接视场。

为了确定不同显示的最佳位置,设计人员必须能够对显示进行优先次序评

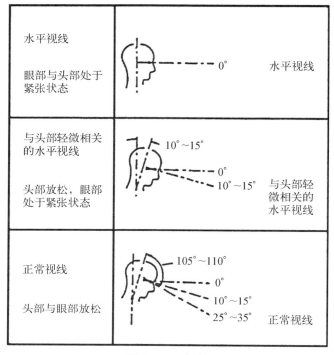

水平视线 眼部与头部处于紧张状态	0° 水平视线
与头部轻微相关的水平视线 头部放松，眼部处于紧张状态	10°~15° 0° 10°~15° 与头部轻微相关的水平视线
正常视线 头部与眼部放松	105°~110° 0° 10°~15° 25°~35° 正常视线

图 16.14　视线

定,或者确定它们对任务表现的重要性程度。较高优先级的显示通常位于正常视线的直接视场内。中等优先级的显示应当位于只需要观测者移动眼部时就能够观察到的区域,而较低优先级的显示可以位于视场之外(观测者必须移动头部或者转动躯体)。

16.6.4　控制器件和目标的位置

在第 15 章中,当我们介绍控制器件的位置时,讨论了二维的可达区域。我们可以将可达区域扩展到身体周围的三维表面(见图 16.15)。这个图示表明了工作空间中所有位置的**正常可达表面**,不需要人们倾斜或伸展。所

图 16.15　正常坐姿可达表面

有常用的控制器件或者目标都应当位于正常可达表面范围内。偶尔使用的目标可以位于这个区域之外,但是必须位于**最大可达表面**之内。最大可达表面与正常可达表面类似,但是人们可以通过倾斜和伸展触及。

三维可达区域的形状取决于在工作空间内是坐着还是站着。它还随其他影响操作人员移动性因素变化,例如办公桌高度,是否使用单臂或双臂,衣服限制以及身体限制。当人们需要使用双臂执行任务时,向前的可达程度随着办公桌高度的增加而减小(见图 16.16)。类似地,笨重的防护服以及安全性要求限制了人员的运动(见图 16.17),从而缩小了三维可达区域的范围。

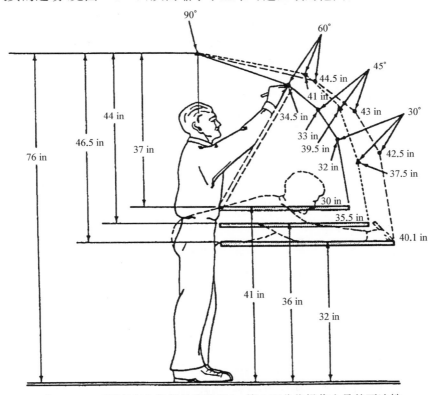

图 16.16　不同高度和长度的草稿板上,第 5 百分位操作人员的可达性

16.6.5　工作空间设计的步骤

虽然人体测量数据和生物力学数据提供了有效的工作空间设计的基础,设计过程本身包含很多设计和评价步骤。这个过程依赖于将表格数据转换为有效的图纸、尺寸模型、仿制品和原型。Roebuck 列出了工作空间设计的步骤:

(1) 建立需求。确定系统的目标以及其他相关的需求。

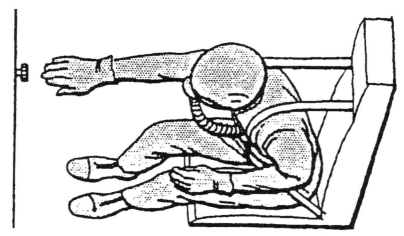

图 16.17   穿着保护服,并系着安全带的第 5 百分位操作人员的最大可达性

（2）定义和描述人群。人体测量数据合理地使用包括用户人群的定义,以及相应的人体测量数据。如果可用的表格对于感兴趣的人群不合适,那么就需要进行新的测量。

（3）选择设计限制。指定设计标准人群,确定工作场所设计针对的人群百分位。

（4）准备基础人体维度工程图纸。合适的人体测量数据用作设计一个针对期望百分位的"个体"。

（5）准备绘图辅助。通常,个体的物理重叠在这一步进行准备,有时使用二维的绘图人体模型。使用电脑绘制的三维数字人体模型可以在这一步提供帮助。

（6）准备工作空间布局。在这一步,设计人员使用人体测量数据构建功能性布局满足预期的个体百分位。

（7）数学分析。计算人体和工作空间之间的几何学关系。

（8）建立一个小尺寸的物理模型。构建为了验证需求所用的尺寸模型,确定是否存在明显的设计缺陷。

（9）准备功能性测试需求。建立明确的试验测试或者评价需求,以验证满足系统设计标准。

（10）准备实物模型和原型。构建全尺寸实物模型评价设计适合真实的用户。

（11）准备可达域和间隙范围。人们在全尺寸实物模型中进行操作,位置与真实的操作环境相同,可以确定功能性范围。这些范围的几何学尺寸能够容易地加入三维计算机模型中,从而显著简化程序。

(12)准备具体的测量设备。可能需要新的测量设备评价工作空间。

(13)测试实物模型和原型。使用合适的被试进行一系列的测试。他们可以帮助修正工作空间设计。

(14)准备设计信函、备忘录、标准和规范。基于工作空间评价的结果,记录推荐的设计。必须明确表示满足推荐,或者不满足推荐的结果和成本。

应当在工作空间的设计和评价中遵循这些步骤的一些变化。我们在本章中介绍的内容可以归纳于一些通用的设计准则,如表 16.6 所示。如果设计人员遵循这些原则和程序,他/她设计的工作空间能够适应任务和用户的概率最高。

表 16.6 工作场所设计的通用准则

(1)避免静态工作
(2)避免关节过度的位置
(3)避免肌肉系统过度负荷
(4)以最高的机械优势为目标
(5)避免不自然的姿势
(6)保持一个合适的坐姿
(7)允许姿势变化
(8)能够让身材较小的操作人员触碰到,并适合身材较高的操作人员操作
(9)训练操作人员使用物理设备
(10)使工作需求和操作人员能力相匹配
(11)在工作时,保持操作人员正向,面部向前的姿势
(12)当任务需要视觉时,允许必要的工作点在头部和躯干直立时,或者头部稍微倾斜时充分可见
(13)避免工作高度等于或者高于心脏高度

16.7 总结

人体测量与生物力学测量提供了人体维度和物理属性的信息,这些信息必须在设备设计和工作空间设计中充分考虑。良好的设计能够让期望的用户人员有效地操作设备和控制目标。较差的设计会迫使操作人员必须重复进行运动,或者需要很大的力量进行操作,从而导致累积创伤失调。工具和设备的设计必须通过防止过度使用关节,以及防止需要操作人员大力操作,使得累积创伤失调的可能性最小。

由于操作笨重的目标可能会导致严重的受伤,所以我们需要仔细构建举物和搬运任务,使得受伤的风险最小。工作空间设计也会导致受伤。我们设计工

作空间时,应当考虑生理学、生物力学因素以及人体测量学因素,使得舒适性和可用性最大化。在环境的物理限制中,必要的设备必须位于用户的可达范围内,从而他/她能够有效地进行操作。显示的位置必须位于容易观察的位置。需要避免重复运动导致的肌肉骨骼系统压力,并且座椅应当提供合适的支撑,并让用户保持一个良好的姿势。

推荐阅读

Cacha, C. A. 1999. Ergonomics and Safety in Hand Tool Design. Boca Raton, FL: Lewis Publishers.

Chaffin, D. B., Andersson, G. B. J. & Martin, B. J. 2006. Occupational Biomechanics (4th ed.). New York: Wiley.

Chengalur, S. N., Rodgers, S. H. & Bernard, T. E. 2004. Kodak's Ergonomic Design for People at Work. Hoboken, NJ: Wiley.

Corlett, E. N. & Clark, T. S. 1995. The Ergonomics of Workspaces and Machines: A Design Manual (2nd ed.). Boca Raton, FL: CRC Press.

Karwowski, W., Wogalter, M. S. & Dempsey, P. G. (Eds.) 1997. Ergonomics and Musculoskeletal Disorders: Research on Manual Materials Handling, 1983 – 1996. Santa Monica, CA: Human Factors and Ergonomics Society.

17 环境工效学

有很多因素组成工作环境。这些因素包括噪声、震动、灯光、冷热、大气中的悬浮粒子、气体、气压、重力等。应用工效学专家必须考虑在一个综合的环境中，这些因素如何影响环境中的人们。

——K. C. Parsons(2000)

17.1 简介

到目前为止，我们已经讨论了工作空间设计的问题，控制器件和工具对人为表现的影响是显著的、直接的。但是个体的表现也受到开展任务时所处的物理环境影响。任何人在夏日炎热的午后修整草坪，或者在婴儿啼哭时填写支票簿，都会感受到这些微妙环境变化的影响。通常，环境的影响在工作空间或者任务设计时不明显。一些物理因素的影响只有当工作空间应用在较大的工作环境中时才变得显著。

关于物理环境的人为因素问题的研究称为**环境工效学**。Hedge 说："环境工效学研究我们对于周围环境的生理和行为反应，并且有效的设计边界保证我们能够在不友善的环境中生存。"通过预期可能的问题，例如视觉显示器的眩光，人为因素专家尝试设计的任务和工作空间受到不良环境变量的影响最小。但是，尽管所有的努力都是为了减少环境因素的不良影响，一些问题只有在工作空间协同时才会产生。设计人员必须"在现场"对发现的问题进行改善。

在本章中，我们将介绍四个重要的环境因素：光线、噪声、震动和气候。我们会在办公室、建筑物以及其他环境条件中遇到这些因素。我们还必须意识到这些因素是生理压力的来源，所以它们可能带来生理和心理上的不良后果。

17.2 光线

光线对操作人员执行任务的影响程度由它所限制的视觉感知决定。但是，较差的光线也会导致具体的健康问题,并对情绪造成负面的影响。通常,人为因素专家关注于提供良好的内部光线,这对于在家里,或者在工作环境中很重要。此外,在一些情况下,我们也必须考虑室外的光线条件,例如道路、户外运动场等。在本节中,我们将主要关注内部的光线问题。

光线考虑由四个主要的人为因素问题确定(Megaw 和 Bellamy,1983):① 光线等级对于人们执行任务能力的重要性;② 人们必须执行任务的速度和准确性;③ 舒适度;④ 人们对光线质量的主观感受。与所有的设计问题一样,不同的光线解决方案或多或少都是昂贵的。人为因素专家需要在成本和结果之间做出权衡。"良好的"光线解决方案能够使用最小的成本提供最佳的视觉条件。

我们对光线的讨论主要关注四个方面。首先,我们会介绍如何测量光线。其次,介绍不同类型人造光线的特征。再次,我们会讨论光线如何影响人们执行具体任务的能力。最后,我们会通过讨论眩光的影响阐述光线与表现行为的关系。眩光是工作环境表面的反射。

17.2.1　光线测量

对家庭环境或者工作环境的光线条件评价必须起始于对光线强度的有效测量,或者光度测定(Nilsson,2006)。但是,我们必须区分测量的是反射光线,还是直接生成的光线。**照度**是光线落在一个平面上的量,而**亮度**则是一个平面生成的光线量(光源或者反射)。照度和亮度都由**光通量**决定,光通量的单位是**流明**。流明表示光源中可见光的数量,所以光源的能量校正了视觉系统的光谱灵敏度。照度是一个单位区域中(1 m²)的光通量,而亮度是光源射向每个方向的光通量。反射的亮度和照度与平面的反射比相关。

照度和亮度都通过光度计进行测量。光度计测量光线的方式类似于在白天可见条件下人的视觉系统:进入光度计的每个波长都由光谱灵敏度曲线上相应的阈值进行加权。对于亮度测量,带有小孔径的透镜连接在光度计上。透镜从任意距离聚焦到关注的平面上。如果在聚焦区域内的光能不一致,那么光度计会综合聚焦区域计算出一个平均的亮度。光度计测量的亮度单位为坎德拉每平方米(cd/m²)(**坎德拉**是固定锥体中固定的光通量)。

在照度测量中,一个连接光度计的照度探测器放置在需要测量照度的平面上,或者使用专门的照度计。不同于亮度,照度的量随着平面距光源的距离而变化。光度计或者照度计测量每平方米内的光通量(lm/m²),或者流明(lx)。

我们在第 6 章中已经讨论了对比度的重要性。回忆一下对比度是在视场内两个区域的亮度的差异。对比度可以通过光度计进行测量(Wolska,2006)。对比度 C 与物体亮度 L_o 以及背景亮度 L_b 的关系通常定义为

$$C = \frac{L_o - L_b}{L_b}$$

区分照度和亮度差异的一种方式是亮度测量来自一个平面的光线量,而照度则测量落到平面上的光线量。工作空间和工作空间光线的设计人员通常考虑照度,因为它是具体工作平面或者区域内有效的光能。办公室中工作平面的照度应当在 $300 \sim 500$ lx 之间,而在家中照度则相对较低。

17.2.2 光源

不同类型的光源有不同的照度和成本。设计人员必须考虑的一个重要因素是颜色感知的准确性(称为显色性)也依赖于光源。最优的光源方案提供的光线质量适合任务执行的环境,使得光源系统的费用最少。这意味着对于不同的工作环境,没有一种"普遍适用的"方案。每种环境都需要不同类型的光线。

1) 日光

我们能够区分自然光(太阳光)和人造光。太阳光包含整个可见波长光线频谱范围内的能量,而相对较多的能量集中在长波长的光线(红光)中。这个事实解释了太阳光为什么是黄色。建筑物内部的窗户和天窗提供了自然光。自然光是免费的,还能够提供良好的显色性。但是,自然光并不非常可靠。照度等级随着一天和一年的时间以及天气变化。自然光的分布不容易控制。一些工作空间容易靠近窗户或者天窗,但是有些工作空间却不能。

在建筑物内部使用的自然光有时称为"日光"。虽然透过窗户和天窗的自然光是免费的,但是日光的采暖和制冷成本却是不可忽略的。在商业建筑中,使得建筑物总能源使用量降至最低的天窗与建筑面积比大约为 0.2(Nemri 和 Krarti,2006)。这意味着 $10 \text{ ft} \times 10 \text{ ft}$ 的房间(100 ft^2)使用的天窗不超过 $4 \times 5 \text{ ft}$(20 ft^2)。天窗的大小对于一些情况可能使用,但是对于其他的情况可能偏小,所以房间内的光线分布问题仍然存在。

对于日光,有一些架构选择。屋顶监视器在建筑物屋顶放置一些小盒,让日光能够透过,配合一系列扩散器和镜子,将光线分布到建筑物中。光架能够反光,置于窗外的水平光架能够"捕获"光线,并将光线更加均匀地分布到内部空间中。管状天窗,例如屋顶监视器,使用安装在屋顶的光线收集器。随后光线穿过管道,通过一个扩散器透镜均匀地照射到内部空间中。

大部分的办公室建筑物并没有考虑使用日光，所以透过窗户和天窗的光线分布并不总是均匀的。解决这个问题的一个方式是提供永恒的辅助人造光线装置（PSALI）。设计方法首先分析内部空间中可用的自然光，以及能够依靠自然光实现的尽可能多的功能。随后，增加人造光线补充自然光，在所有区域中构建一致的光线分布（Hopkinson 和 Longmore，1959）。通过 PSALI 方法，可以对于远离窗户的区域和工作台安装更多的人造光线装置，反之亦然。

2）人造光线

最常用的人造光线系统是照明装置使用的灯泡。两种最常用的人造灯泡是白炽灯和荧光灯（Mumford，2002）。白炽灯光由流经玻璃灯泡内钨丝的电流产生。钨卤素灯也是白炽灯。它们与普通灯泡不同点在于其包含卤素气体。钨灯长期用于汽车的前照灯和泛光灯（Zukauskas，2002）。

白炽灯有很多优点，包括初始成本较低；能够产生整个视觉频谱中的光能，以及提供打开后能够立即提供完整的光线输出（Wolska，2006）。但是，使用流明每瓦计算，白炽灯的效率很低。因此，白炽灯对于只需要少量电灯的住宅来说有效，对于需要更加多光线需求的商业和其他更大的组织却不适用。荧光灯通过气体放电实现。电流通过惰性气体交替产生不可见的紫外光，这激发了覆盖在灯泡内部的荧光粉。虽然看起来光线是稳定的，实际上，光线以很高的频率进行闪烁（等于交变电流的频率）。荧光灯只需要白炽灯 25％ 的能量，并且具有更长的寿命。由于荧光灯的相对效率较高，它们可以用在学校、办公室、工业建筑物，甚至家中。

荧光灯的一个缺点在于光线的输出随着灯泡的寿命逐渐变差（Wolska，2006）。同样，常用的冷-白色荧光灯的频谱分布与日光不同，这可能导致不良的颜色渲染。冷-白色荧光灯的一种替代是更加昂贵的全频谱或者高色彩重现灯，这种灯使用了不同的荧光粉混合，使得其更接近自然光线的频谱。Mumford（2002）认为荧光灯技术"与 20 年前只有荧光灯相比，现在有很多荧光设备能够减少办公室和视频终端的疲劳，使用经济，帮助满足阅读者具体要求"。应该意识到，关于全光谱荧光照明对个体的知觉和认知任务的表现影响，甚至对一个人的身体和心理健康的好处，还有更多的猜测。然而，几乎没有科学证据证明这些所谓的好处（McColl 和 Veitch，2001；Veitch 和 McColl，2001）。

白炽灯和荧光灯并非十分高效。还有一些其他的气体放电灯，包括感应灯、金属卤化物灯以及钠灯，这些灯都更加高效。但是，这些灯更加昂贵，颜色渲染能力也较差，因为它们的频谱分布含有峰值。图 17.1 给出了四种类型灯的相对谱功率：白炽灯、冷白荧光灯、金属卤化物灯以及高压钠灯。金属卤化物灯和高压钠灯中的峰值频率意味着这些灯中大部分的光线只来自很小的波长范围。这些极小范围的波长可以"洗刷"工作区域中其他波长的色调，使得准确的颜色渲染很难实现或者不可能。例如，低压钠灯主要用于道路灯光。它们能够产生黄色/橙色的光线，但是不能提供颜色渲染(Wolska，2006)。

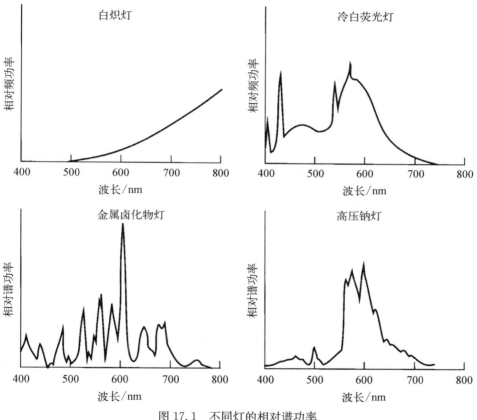

图 17.1 不同灯的相对谱功率

我们讨论的最后一种类型的照明方式称为固态照明，使用发光二极管(LED)阵列。当需要小尺寸和长寿命时，使用 LED，如颜色指示灯。例如，现在 LED 广泛应用在交通灯、收费站、行车指示牌以及轻轨信号灯(Boyce，2006)。尽管高亮度的 LED 可以应用很广泛，包括交通信号以及机场跑道灯光(Zukauskas 等，2002)，但还有一系列技术问题需要解决，例如生产成本、颜色渲染等。Zukauskas 等认为高亮度的 LED 最终将在很多应用中取代白炽灯、荧光灯以及钠灯。

除了光源使用的不同类型的灯泡(白炽灯、荧光灯、气体放电灯或者固态灯),另一个常见的光源区别是光线是直接的或者间接的(Wolska,2006)。直接光线从光源直接落在平面上。相对应地,间接的光线在落到工作平面之前,从其他平面反射,通常是天花板。理论上,如果大于等于90%的光线直接从光源照向工作平面(向下),那么认为光源是直接的。如果90%的光线远离平面(向上),那么认为光线是间接的。当60%~90%的光线照向工作平面,或者远离工作平面时,称为半直接或者半间接。直接光线通常会引起眩光,而需要近距离的视觉观察时,间接的光线并不非常有效。

17.2.3 照度和表现行为

我们在本书中强调了人们的表现行为包含感知、认知和动作部分,也讨论了依据任务完成所需的每个部分的程度以及如何对任务进行分类。照度对于依赖于视觉感知部分的任务有重要的影响。

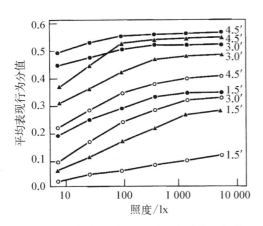

图 17.2 大小、照度以及对比度对表现行为的影响(实心圆:高对比度;三角形:中对比度;空心圆:低对比度)

我们可以通过考察最小关键要素的大小,或者人们必须执行的项目,以及这些要素与背景的对比度,来定义视觉任务的复杂度。通常,简单地增加照度不会让视觉任务变简单。图 17.2 给出了目标大小、照度以及对比度对表现行为的影响(Weston,1945)。尽管随着尺寸、照度和对比度的增加,表现行为会变好,对于小的、低对比度的目标,表现行为总是差于较大的、较高对比度的目标。

很多现场研究直接评价不同照度等级和光线类型条件下的表现行为。例如,一项研究观察了一家皮具厂在 4 年的时间内,随着光线的不同而引起的生产力变化(Stenzel,1962)。工作人员的任务包含切割皮件,制成皮具产品,例如皮包和皮带。在前 2 年的研究中,工作在日光条件下进行,并配合荧光灯,总共在工厂地面提供 350 lx 的照度。在第三年之前,去掉日光,并安装荧光灯提供统一的 1 000 lx 的照度。如图 17.3 所示,工作人员的表现形式在安装 1 000 lx 的荧光灯后显著提升。

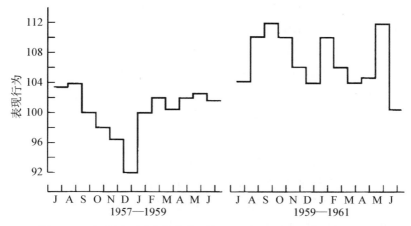

图 17.3　皮具厂不同光线条件下的工人表现行为（左侧为旧光线，右侧为新光线，J‑J 表示从 7 月至 6 月）

　　那么我们可以总结增加的照度等级导致了生产力的增加？遗憾的是，虽然在这项研究中结果是这样的，但是事实并非如此。表现行为的变化可能由于其他的因素，例如增加的照明一致性，颜色修正，或者光线变化时引起的其他不相关的变量（如收入增加或者不同的工作计划）的变化。

　　著名的 Hawthorne 光线试验证明了控制工作环境中外部变量的难度。在1924 年至 1927 年间在西方电力公司 Hawthorne 工厂开展了三项试验，评价光线对生产力的影响（Gillespie，1991）。试验的动力来自电力公司，他们认为良好的光线可以显著增加生产力。为了获得工作人员的合作，在试验之前告知他们研究的性质。

　　在初始的试验中，三个工作人员测试组在比正常光线等级较高的条件下进行电话部件装配任务，而一个控制组则在正常光线条件下进行任务。在三个试验组中，生产力相较于试验之前显著增加，但是增加的量与控制组相类似。同时，在每个试验组中，生产力与光线等级之间没有相关性。研究人员认为生产力的增加是由于增加的管理因素引入，管理因素既需要评估光线等级，又需要评价生产力，而非光线等级本身。这也就是说，因为工作人员要么知道他们被管理人员密切关注，要么享受来自管理人员更多的关注，他们比试验开始之前工作更加努力。

　　负责 Hawthorne 研究的科研人员开展了更多的试验，对管理关注的影响进行了精细的控制。即使在这些试验中，光线等级几乎对表现行为没有影响，除了在光线非常差的情况下。一种解释是在低照度的情况下,工作人员使用更多的努力补偿增加的任务复杂度。

工作环境中新的光线还有一些其他的机制会影响表现形式(Juslen 和 Tenner,2005),包括视觉舒适性、视觉环境、人际关系、工作满意度以及生理效应,例如昼夜节律和警觉性(van Bommel,2006)。一项研究表明当装配线安装可控制的任务光线系统,能够让工作人员将光线调整到他们最期望的强度等级时,工作人员的生产力会增加(Juslen 等,2007)。生产力的增加来自增强的视觉感知或者一些与可控制光线系统相关的其他心理和生理机制。Juslen 和 Tenner 认为:"将光线变化看成包含多个机制的过程,部分为'与光线相关的机制',部分为通用机制,能够帮助设计人员和管理任务评估光线变化是否值得投资。"

尽管在现场研究中很难得出光线与任务表现行为之间关系的结论,但是当我们使用实验室环境时,观察的结果更加可信。这也要求研究人员设计一个真实世界任务的仿真,在保留关键因素的同时,消除那些难以建立因果关系的因素。Stenzel 和 Sommer 进行了一项实验室试验让被试进行螺丝钉分类,或者钩针编织。他们在任务过程中将照度从 100 lx 变化到 1 700 lx。随着照度的增加,在编织任务中差错的数量减少,但是在分类任务中却并没有减少。对于分类任务,当照度增加到 700 lx 时差错减少,但是当照度变化为 1 700 lx 时,差错却增加。因此,照度增加的影响取决于执行的任务。

针对老年人设计的工作空间,照度和对比度特别重要,因为视力随着年龄的增长迅速下降。一项研究让年轻人(18~22 岁)和老年人(49~62 岁)分别校对拼写错误的单词(Smith 和 Rea,1978)。研究人员分别在白纸和蓝纸上提供较好质量、中等质量、较差质量的文本,照度变化从 10 lx 到 4 900 lx。读者的表现行为随着文本质量的增加而增加,同样,照度的增加也会改善他们的表现行为。但是,随着照度的增加,年轻人的表现行为几乎没有变化,而老年人行为改善却是显著的(见图 17.4)。因此,照度和文本质量对于老年人更加重要。这个事实在另一项研究中也得到验证,该研究表明相对于由于正常年龄增长而导致的视力变差的老年人,较高的照度等级对于由于与年龄相关的黄斑变性导致的视觉损伤的老年人更加重要(Fosse 和 Valberg,2004)。

表现行为不是光线设计中唯一需要考虑的因素。视觉"舒适性"也很重要。当工作人员在所处的环境中能够以较少的努力,或者没有压力的情况下完成感知任务,那么视觉环境是舒适的。当视觉任务很复杂时(如需要处理详细的细节;在雾天条件下驾驶);不相干的因素会转移工作人员的注意力时,以及工作空

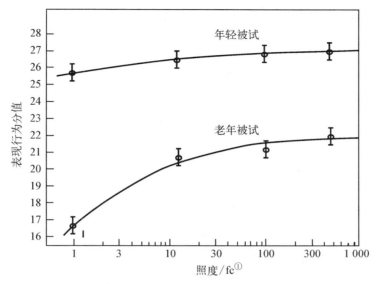

图 17.4 随照度等级变化,年轻被试与老年被试校对的表现行为

间中的物体会产生令人混淆的光线反射时,会发生视觉不适(Boyce,2006)。

　　预测视觉舒适度的一个重要因素是目标亮度或者任务区域的亮度与背景亮度的比值。只要亮度比值不超过 5∶1,就能够保证视觉舒适度(Cushman 和 Crist,1987)。但是,即使亮度比值增大到 110∶1 时,舒适度和表现行为也不会有显著影响。Cushman 等让被试在从 3.4∶1 到 110∶1 的亮度比例条件下,制作照相底片的印刷品。随着亮度比例的降低,印刷速度略微下降,同时差错率也增加。当向参与研究的被试提供可以调整的亮度比时,他们报告称,可以减少眼部不适合和整体疲劳。

　　哪种光线方案更受欢迎的判读通常是主观的,即不能由设计人员客观测量。一些环境品质,例如清晰度、愉悦度、宽敞度以及舒适度,不会影响亮度通量。Flynn 让被试对不同类型的光线的各种品质进行主观打分,并发布了研究结果。在这些研究中的光线方案在多个维度上不同。头部以及周边维度确定了光线安装在头顶或者安装在墙上。均匀与非均匀维度描述了房间内的光线分布,与房间中的物体和表面位置相关性。光线还可以调亮或者调暗以及调热或者调冷。表 17.1 给出了不同的光线维度如何唤醒积极的品质,例如宽敞性和隐蔽性。基于不同任务,有些品质可能更加重要。

―――――――――――――

　　①　fc 为光照度的单位英尺烛光,1 fc＝0.092 9 lx。

表 17.1　光线增强的主观效应

主观感受	增强的光线模式
视觉清晰度	明亮的、一致的光线模式 一些周边的增强,例如高反射率的墙壁或者墙壁照明
宽敞度	一致的、周边(墙壁)光线 亮度是一个增强因素,但是非决定性因素
舒适度	非一致光线模式 周边(墙壁)增强,非顶部光线
隐私	非一致光线模式 在用户直接使用的区域提供较低的光线强度,而在远离用户的地方提供较高的光线强度 周边(墙壁)增强是一个增强因素,但是非决定性因素
愉悦度和喜好	非一致光线模式 周边(墙壁)增强

　　Hedge 等开展了一项现场试验研究在大型、无窗办公场所中两种不同光线系统对生产力和舒适度的影响,分别为透镜间接向上照明(LIL)和直接抛物面照明(DPL)。LIL 使用了悬挂在天花板上的装置,将光线向上投射到墙壁和天花板上。DPL 使用嵌入天花板的装置,通过抛物线型的百叶窗遮蔽。办公室工作人员被问询是否满意办公室的光线系统。工作人员对 DPL 系统有更多的抱怨,包括闪烁、眩光等。在这些光线问题条件中,工作人员的生产力减低至 1/4。DPL 组的工作人员还报告称由于视觉健康问题工作效率下降至 1/3～1/4,例如,注视问题、泪液分泌或者疲劳等。

17.2.4　眩光

　　眩光是强度较高的光线导致的不适,以及由于较低强度光线导致的目标感知干扰。有两种不同类型的眩光:直接和非直接。视场内的光源,例如窗户和光线装备会产生直接眩光。反射眩光则由反射光线的物体和平面产生。反射眩光可以通过将光源与工作平面的位置置于"刺眼区域"之外的方式避免。刺眼区域是可以通过工作平面反射进入眼部的光源区域(见图 17.5)。

　　反射眩光有不同的类型。镜面反

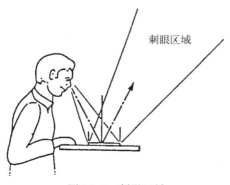

图 17.5　刺眼区域

射在房间的可视平面上产生物体的图像。光幕反射导致部分被观测的平面对比度完全降低。直接眩光和反射眩光对使用视觉显示单元工作站的影响尤为严重。

眩光可以通过依据严重程度进行分类。**失能眩光**，通过增加显示背景与字符的亮度，降低显示字符的对比度。这会降低显示字符的可检测性、可读性和易读性。通常，失能眩光是由于靠近视线的光源所致。**不适眩光**，可能与失能眩光一起出现，当工作人员观察工作平面一段时间后会感受到不适。

眩光引起的不适随着亮度和眩光源数量的增加而增加（Wolska，2006）。但是，由于不适是一种主观事件，除了光线强度以外，还有很多因素也会造成不适。例如，某人在进行视觉需求任务时会报告更严重的不适。个体对任务的过往经验也很重要。

例如，为了证明过往经验的重要性，考虑欧洲汽车的前照灯提供低强度的琥珀色（过滤的）光线，而美国汽车的前照灯则提供光亮的白色（无过滤的）光线。Sivak 等认为欧洲的司机由于习惯了低强度的琥珀色光线，当他们在美国的公路上驾驶时，更容易受到眩光的困扰。事实的确如此。西德的司机比美国的司机认为不同亮度的过滤和无过滤的前照灯更加不适。司机过往的经验帮助他们确定不适的程度。

视觉不适度的计算有多种方法。一种评价直接不适眩光的方法是视觉舒适概率（VCP）（Guth，1963）。这些计算考虑了眩光源的方向、亮度、立体角以及背景亮度。VCP 方法依赖于眩光敏感度指数 M 计算：

$$M = \frac{L_s Q}{2PF^{0.44}}$$

式中，L_s 为眩光源的亮度；P 为眩光源到光线的距离；F 为整个视场，包括眩光源的亮度；并且

$$Q = 20.4W_s + 1.52W_s^{0.2} - 0.075$$

其中 W_s 为眩光源的（立体）视角，Q 与 W_s 相关。有时，影响单一位置的眩光源不止一个。在这种情况下，每个单独的眩光源的眩光敏感度指数 M_i（$i = 1, 2, 3, \cdots, n$）都应计算，随后组合成一个单一的不适度眩光指标（DGR）：

$$DGR = \left[\sum_{i=1}^{n} (M_i) \right]^a$$

其中 n 为眩光源的数量,并且

$$a = n^{-0.0914}$$

VCP 定义为能够接受环境中直接眩光等级的人群的比例。DGR 和 VCP（主要范围为 $20\% \sim 85\%$）之间的关系如下式所示：

$$VCP = 279 - 110(\lg DGR)$$

如果 VCP 大于等于 70,通常不认为直接眩光是个问题。

我们可以通过多种方式减少眩光。窗户亮度可以用百叶窗或者阴影控制。同样,光线装置上的阴影和挡板可以减少直接从装置发出的光量。我们还可以将亮的光源布置在视场之外,并且不会在显示器上观察到反射。一些显示器通过倾斜或者旋转屏幕来避免产生眩光。防眩光设备,例如屏幕过滤器可以用作视觉显示单元,但是它们也降低了对比度以及可视性。使用 LCD 代替老式的 CRT 显示也能够减少眩光。

眩光对于夜间驾驶是一个重要的因素。相向车辆前照灯的直接眩光以及后方车辆的间接眩光都会引起驾驶员的不适,对视线造成影响。一项研究通过在仪表化车辆的引擎盖上安装模拟前照灯,测试驾驶员在直接眩光下的表现行为（Theeuwes 等,2002）。在直接眩光条件下,当模拟前照灯打开时,驾驶员驾驶得更慢,不容易发现道路两旁的行人。年老的驾驶员比年轻的驾驶员受到的影响更大。另一项研究表明当在驾驶员一侧的镜子中呈现相同等级的眩光时,年纪较大的驾驶员更容易感到不适（Lockhart 等,2006）。

另一项研究在卡车模拟器中考察了卡车司机在侧方后视镜中间接眩光条件下的表现行为（Ranney 等,2000）。要求卡车司机检测静态的行人,并在卡车后视镜中确定目标 X 的位置。研究人员通过直接的光束在后视镜中制造眩光,包括没有衰减的眩光和高度衰减的眩光（反射率减少 80%）。当不衰减眩光时,卡车司机难以很好地在镜子中观察到目标,并且他们对于卡车的控制也较差:他们的轨迹变化增大,沿曲线驾驶的速度变慢,并且操作变化增加。但是,在眩光衰减情况下,卡车司机的表现并没有显著改善,不管是目标检测还是车辆控制。尽管如此,卡车司机报告称更倾向于使用眩光衰减的镜子。

17.3 噪声

噪声是与任务不相关的、非预期的背景声音（School,2006）。几乎在所有的工作环境中,都存在一定程度的噪声。噪声的产生可能来自办公室设备、机器、对话、通风系统,以及交通或者其他混杂的事件,例如关门。较高的噪声等级会引起不适,并且会影响表现行为,引起工作人员永久性的听觉损伤。人为因素专家可以通过确定噪声是否可忍受,以及建立适用的工作环境噪声标准的方式减少噪声的不良影响。

在本节中,我们首先会讨论如何测量噪声等级,以及噪声如何影响工作人员的表现行为。随后我们将介绍噪声如何导致听觉损伤,以及听觉损伤对行为的影响。最后,我们会讨论在工作空间中减少噪声的策略。

17.3.1 噪声测量

记住听觉刺激(一个音调或者一个声音)可以分解为其组成部分的频率,正如光源可以分解为其组成部分的波长。一个声音中的每个频率都有一个幅度,用以描述该频率对整个声音的贡献程度。当测量一个噪声的强度(幅度),我们需要考虑不同的频率,因为人们更容易听见一些频率范围内的声音。

声级计(见图 17.6)给出听觉频谱上平均振幅的单一测度。正如光度计能够通过人们对不同波长光线的敏感度进行校准,声级计的校准也是基于人们对不同频率音调的敏感度。但是,记住**相对敏感度**(对不同频率的音调感受到的响度)也会影响音调的幅度。这意味着使用声级计测量不同强度等级的噪声时,需要进行差异性的校准。

声级计通常有 3 种校准表,一种适合低强度的声音(A表),一种适合中等强度的声音(B 表),还有一种适合高强度的声音(C 表)。图 17.7 描述了 3 种量表的差异,而这种差异主要源于声级计对低于 500 Hz 频率部分的不同加权。如果我们使用 A 表和 C 表分别测量相同的声音两次,测量的差异可以表明声音中低频率的部分。如果两次测量的结果类似,那么大部分的声音能量大于 500 Hz。如果基于 C 表的测量显著高于基于 A 表的测量,那么声音能量的主要部分小于500 Hz。一些复杂的测量计中包含带通滤波器,能够对具体频率范围的声音能量进行测量。

图 17.6 声级计

在大部分环境中,噪声等级不是固定的,而是不停波动的,可能随时间变化很快,也可能较为平缓。大部分的声级计可以适应这种变

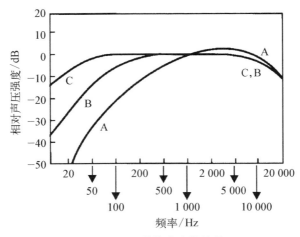

图 17.7　3 种校准表的差异

化,因为它们具备"快速(125 ms)"和"慢速(1 s)"设定,适用于不同时间间隔长度的平均噪声。相较于快速设定,在慢速设定情况下,声级计会平均一段更长时间内的噪声。如果噪声等级快速变化,慢速设定表现出更少的波动。一些声级计在使用快速设定时提供"保持"按钮,可以显示最大和/或最小的强度等级。

我们还需要关注某人在一天内暴露在噪声中的总量。我们可以通过称为音频剂量计的设备累积测量工作人员暴露在噪声中的总量(Casali,2006)。这个设备需要工作人员佩戴一整天。这些设备小巧、便宜,但是测量精度不高。这是因为这些设备会记录下靠近麦克风的噪声源所产生的高等级噪声。虽然这些声音被考虑,但是,其他的一些声音,例如工作人员自己的声音则没有被考虑。

17.3.2　噪声等级与表现行为

如果工作人员需要在非常嘈杂的环境中工作,他/她的表现行为会变差。我们在第 8 章中介绍了噪声如何遮蔽语音声音和非语音声音。遮蔽会干扰人与人之间的交流以及对听觉显示的感知。当某人大声说话试图压倒较高的背景噪声等级时,他/她的语音模式发生变化,而这些变化也会对交流造成不利的影响。甚至当工作人员不与人交流时,背景中其他人之间的交流也会阻碍他/她专注阅读或者听语音材料。

噪声会引起强烈的情感反应。任何一个听过指甲划过黑板声音的人都能体会在这种声音多么引人注意。例如,几乎每个人都干手工,当听到突然的一个声响引起的惊愕反应,这种反应包含肌肉收缩、心率和呼吸频率的变化,通常还会导致唤醒的增加。幸运的是，通常一些反应是短暂的，并且在噪声重复出现的情况下，反应的强度会降低。

音爆是一种令人不悦的噪声，会引起强烈的情感反应。当飞机的速度超越声速时会产生音爆。音爆的发生是非预期的，迅速出现，并且足够响会导致建筑物晃动，并惊吓人群。一项臭名昭著的音爆影响研究由 FAA[①] 在 1964 年进行（FAA；Borsky，1965）。在当年的 2 月 3 日至 7 月 30 日之间，俄克拉荷马城的居民每天经历 8 次音爆，用以评价居民对超声速运输机的态度。在测试开始后的第 11 周、第 19 周和第 25 周对差不多 3 000 人进行访谈，并收集居民所有的抱怨。Gordon Bain，之后的 FAA 超声速运输机发展部副部长指出"俄克拉荷马城音爆研究……是第一次专门针对音爆的、较长时间的公众反应的研究"（Borsky，1965）。

几乎所有的受访者报告称音爆使得他们的房子晃动，并且音爆震碎了城市中大型建筑的很多玻璃。此外，物理损伤很小。在被采访的人员中，35％报告对于音爆有惊愕和恐惧的反应，有 10％～15％报告称交流、休息和睡眠被打断。在第一次被访问阶段，只有 37％的受访者表示受到音爆的困扰，而到了最后一个阶段，超过一半的受访者（56％）表示受到困扰。这表明在长时间暴露情况下，音爆会带来更多的困扰。但是，因为在每次采访之间音爆的强度增加，所以困扰的产生也可能来自音爆强度的增加。

在最后一次采访中，大约 75％的居民表示他们不觉得每天 8 次音爆很烦人。此外，整个人群中的 3％，大约 15 000 人，决定提出正式的投诉或者诉讼。这个数字可能被低估了，正如报告中指出的，较低的投诉比例的一个原因是"人们普遍不知道去哪里投诉"（Borsky，1965）。

大于等于 80 dB 的噪声会对表现行为造成不良的影响。如果工作人员处于噪声环境中，他们在进行下列任务时存在困扰：① 长时任务，如果背景噪声是连续的；② 任务需要一个稳定的注视或者固定的姿势，如果工作人员被突然的噪声惊吓；③ 不重要或者不频繁的任务；④ 任务需要理解语音资料；⑤ 开放性任务，可能需要一个快速变化的响应（Jones 和 Broadbent，1987）。

因此，在环境中综合性的评价噪声等级是复杂的。这是因为不同等级的噪声的接受度取决于所执行的任务，同时，噪声等级的测量方式取决于环境中的背景强度以及其他噪声的频率。这些背景噪声源于机械系统，例如空调系统会产

---

① FAA 是指美国联邦航空管理局（Federal Aviation Administration）。

生低频率的声波,引起地板和墙壁的振动。这些振动产生咯咯声,甚至隆隆的噪声。

有多种已经建立的方法能够对噪声评级,并评价它们的可接受性(Broner, 2005)。每种方法都基于类似于图 17.8 所示的噪声标准曲线。噪声标准是指在不同的环境中不会影响语音或者不会造成其他影响的不同频率的最大噪声强度等级。

Beranek 建立了如图 17.8 所示的具体的噪声标准曲线。称它们为均衡噪声标准(NCB)曲线,目标是适用于车辆和建筑物。任务环境中的噪声频率在八音度带中进行测量。八音度带的频率范围从参考频率或者中心频率的一半到2 倍。所以,对于中心频率为 500 Hz 的八音度带,测量频率应当从 250 Hz 到1 000 Hz。每个 NCB 对应一个不同的环境类型,对于较响的环境,在超过 NCB 数值之前,允许较高的频率。类似地,在超过任意 NCB 数值之前,较低的噪声频

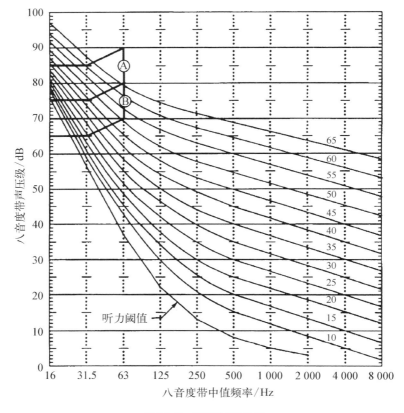

图 17.8 噪声标准曲线

率有较高的强度。图形中左上角的 A 和 B 区域表示那些可以产生清晰、适度振动的强度和频率组合。

　　为了使用曲线，我们必须首先确定讨论的环境中适用的 NCB 等级，可以通过参考表 17.2 完成。例如，工作环境是一个电话销售办公室，任务是工作人员与潜在的用户电话交流。我们可以决定这个环境不安静，也不嘈杂，只是很多人同时在通电话，因此，将 NCB 等级定义为 35（表 17.2 中"中等良好的听觉条件"）。随后，对于每个八音度带，我们测量声音等级。如果在 4 个对于语音重要的频带中（500 Hz、1 000 Hz、2 000 Hz 和 4 000 Hz），噪声等级的均值超过所选择的 NCB 值（在本例中为 35），那么环境噪声太大，需要进行降噪。我们使用相同的方法评价隆隆声，只是仅在 31.5～500 Hz 的八音度带的声压等级范围内进行考虑。对于振动，我们确定八音度带最低的 3 个频率等级是否落在 A 区域或者B 区域内。

表 17.2　推荐的 NCB 曲线以及一些活动分类中的声压等级

声　音　需　求	NCB 曲线[a]	近似等级[b]/dBA
听微弱的声音或者使用远距离麦克风	10～20	21～30
出色的听觉条件	不超过 20	不超过 30
只有近距离的麦克风	不超过 25	不超过 34
良好的听觉条件	不超过 35	不超过 42
睡眠、休息和放松	25～40	34～47
谈话或者收听广播和看电视	30～40	38～47
中等良好的听觉条件	35～45	42～52
一般的听觉条件	40～50	47～56
中等一般的听觉条件	45～55	52～61
仅可接受的语音和电话沟通	50～60	56～66
不需要语音，但不会对听觉造成损伤	60～75	66～80

　　[a] NCB 曲线在很多装置中使用，用以建立噪声谱；
　　[b] 这些等级只用于近似估计，因为总的声压等级无法提供频谱指示。

　　在美国，已广泛使用 NCB 曲线，而在欧洲，由 Kosten 和 van Os 提出的一种类似的曲线集则使用更加广泛，这个曲线集称为噪声等级曲线。噪声评级曲线对八音度带中的每个频带强度进行加权，以修正听觉系统的灵敏度。因此，这个系统对较高的频率赋予较高的权重。噪声评级曲线还能够基于时长（如噪声呈现 5% 的时间），以及噪声质量（如间隔式与连续式）进行修正。还有一些其他的噪声评价方法关注声环境中的一些其他维度。例如,房间标准曲线能够优化声音质量(Blazier,1981,1997)。

使用的噪声评估方法取决于评价的环境以及环境中工作人员的优先级。例如,在音乐厅中评价噪声等级与在工厂中评价噪声等级关注的问题不同。不管选择何种方式,工作空间最优声学设计的第一步是测量和评价噪声等级。

17.3.3　听觉损伤

很多著名的音乐人在长时间处于舞台放大器前方之后,都有严重的听觉损伤和耳鸣,包括 Sting、Pete Townshend、Jeff Beck 和 Eric Clapton。对于这些音乐人,长时间暴露在很高噪声等级的环境中会导致他们听觉敏感度永久性降低。这种降低称为阈值漂移(Haslegrave,2005)。短暂的暴露在高强度的噪声等级条件下会引起短时的阈值漂移。短时的阈值漂移定义为在暴露 2 min 之后听觉阈值的增加。短时阈值漂移的幅度随着噪声等级、频率和暴露时间长度不同而不同(见图 17.9)。

人为因素工程师需要确定他们研究的环境中的噪声暴露是否过大会引起短时听觉损伤。例如,通常军用飞机没有隔离驾驶舱,所以对于发动机和风的噪声需要飞行员佩戴耳罩进行保护。但是,美军每年都会因为永久性听觉损伤退役

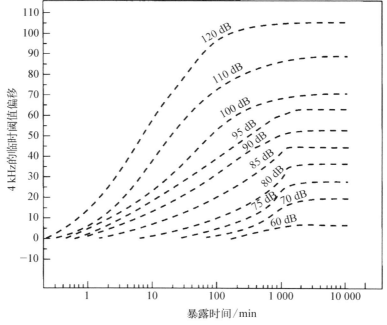

图 17.9　随暴露时间变化的临时阈值偏移

一批飞行员。通过耳塞或者其他适用的耳部保护可以防止飞行员永久性损伤，但是他们仍然可能会感受到短时阈值漂移（Kuronen 等，2003）。这些漂移对于飞过很多类型飞机的飞行员时常发生，但是这些漂移很小不足以导致飞行员患上永久性阈值漂移。

永久性阈值漂移是一种不可逆的听觉阈值的增加，即永久性损伤。永久性阈值漂移的幅度取决于暴露的年数以及噪声的频率。一个人听觉损伤的程度通过阈值偏移幅度进行量化表示，小于 40 dB 的损伤称为"轻度损伤"，41～50 dB 的损伤称为"中度损伤"，56～70 dB 的损伤称为"中重度损伤"，71～90 dB 的损伤称为"严重损伤"，大于 90 dB 的损伤称为"深度损伤"。通常，长时噪声暴露所导致的听觉损伤主要来自 4 000 Hz 的频率。图 17.10 显示了一个黄麻织布厂工人的听觉损伤情况。在工厂中工作时间最长的工人（一些超过 50 年），在 500～6 000 Hz 的噪声环境中表现出中度损伤，而最严重的损伤来自 4 000 Hz 左右的频率。

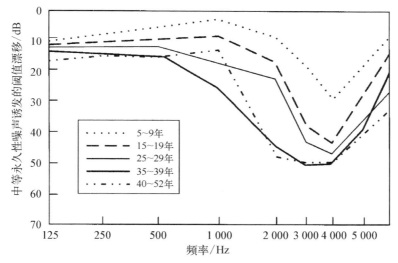

图 17.10　随暴露时间与频率变化的永久性阈值漂移

噪声强度和频率的关系如图 17.11 所示。这个图给出了每天工作 8 h，工作 10 年以上的工人暴露在不同等级和不同频率噪声下的永久性阈值漂移情况。暴露在 80 dB 噪声环境中每天 8 h，连续 10 年以上的累积效应可以忽略（Passchier-Vermeer，1974），但是当噪声等级大于等于 85 dB 时，影响显著增加。图 17.12 给出了工人能够暴露在存在潜在危险噪声等级的环境中而不会引起永久性阈值漂移的最长时间(h)。随着噪声等级的增加,最大暴露时间逐渐减少。

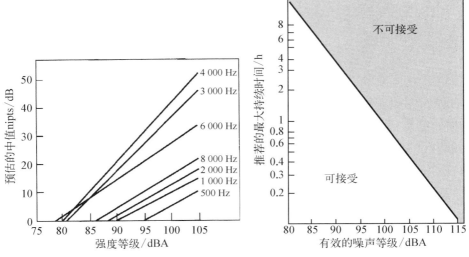

图 17.11　暴露在噪声中的累积效应(噪声　　图 17.12　在较高噪声等级条件下可
诱导的永久性阈值漂移)　　　　　　　　　　接受的最大暴露持续时间

　　在第 7 章中,我们介绍了内耳解剖结构的精密性,还讨论了声能源自气压的变化,气压的变化推动了这些精密的结构。突然的声响会向内耳传递极度的高压,类似使用铅笔戳一个机械装置。因此,这种类型的噪声会导致声音创伤,并对内耳的结构造成永久性损伤。

　　考虑类似枪响和电喇叭之类的声音效应,这类声音开始得非常迅速,或者是阶梯式的。例如,当战场上的士兵开枪射击,或者靠近爆炸的炸弹时,他们经常暴露在这样的噪声中。一项研究表明,29%的士兵在当兵时遭遇急性声创伤,并且在退伍后仍然会感受到耳鸣(Mrena 等,2002)。此外,在这群人中,有 60%的人在 10 年后仍然感觉到耳鸣。美国医学院在 2005 年的一份报告中指出在治疗爆炸创伤的士兵中有 62%也同样遭受急性声创伤。这份报道还估计患有永久性听觉损伤的老兵人数超过 25%。急性声创伤的后果很严重:每年支付给听觉损伤的美国老兵的残疾救济金超过 10 亿美元,而士兵认为耳鸣是生活困难的来源之一(Schutte,2006)。

17.3.4　降噪

　　因为噪声的影响有严重的物理后果,所以降噪是人为因素工程重点关注的内容之一。机器和设备设计人员应当使得他们产品的噪声输出最小。在使用所有的工程努力后,工作人员可以使用阻音隔板隔离嘈杂的设备,这种隔板在工作人员和噪声源之间提供一个物理的声音吸收阻隔,或者通过使用耳部防护设备。

耳部防护是最简单可用的噪声控制资源。这些设备分为两类:耳塞和耳罩。一些类型的耳塞和耳罩可以直接在货架上进行购买,并且它们能够提供的降噪等级通常明确地标注在包装上。但是,它们实际提供的防护等级通常小于制造商的评级(Casali,2006;Park 和 Casali,1991)。解决这个问题的一种方法是使用耳罩,耳罩通常比耳塞贵,但是更加有效。另一个方案是使用定制耳塞。因为定制耳塞只能使用正确的方式塞入耳中,可以比标准耳塞提供更好的舒适性和保护(Bjorn,2004)。

标准耳塞并不非常有效的原因可能是用户不知道如何正确使用耳塞(Park 和 Casali,1991)。经过训练以及没有经过训练的用户使用三种类型的耳塞和一种通用的耳罩进行的降噪打分,以及制造商的评级如图 17.13 所示。对于未接受训练的用户,耳罩提供更多的保护,可能是因为耳罩更容易使用。但是,对于接受过训练的用户,可塑泡沫耳塞,E-A-R,提供最大的降噪水平。但是,需要注意的是,不管是接受过训练的用户,还是没有接受过训练的用户,降噪打分都小于制造商评级。

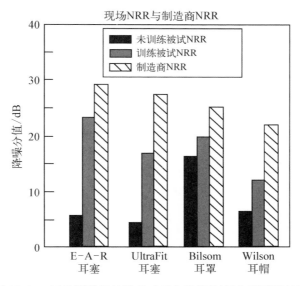

图 17.13　四种听觉保护设备对于未训练的被试、训练的被试以及制造商提供的降噪等级(NRR)

　　通常耳罩能够有效地衰减声音,但是对于频率高于 2 000 Hz 的声音更加有效(Zannin 和 Gerges,2006)。耳罩的一个优点在于,当与电话听筒结合使用时,既能够提供对外部噪声的保护,又能够在嘈杂的环境中传递听觉信息。内置电子的定制耳塞也很有效,但是它们非常昂贵。一些耳罩包含"主动降噪"功能(Casali 等,2004)。对于很多耳罩,麦克风能够感受耳罩内部声音的频率和幅度,然后产生一个反向的信号,与感知的声音在相位上相差 180°,用于消除声波的能力。主动降噪对于重复的噪声以及低于 1 000 Hz 的低频噪声最有效。

　　当我们尝试使得人们暴露在噪声中的时间最小化时,不管决定使用哪一类的耳部防护类型,都需要考虑两个问题。首先,由于制造商提供的降噪等级与耳部防护设备实际能够提供的降噪水平之间存在差异,我们必须允许真实噪声等级与设备降噪评级之间足够的安全裕度。其次,需要训练用户使用耳部防护设备,并让他们理解耳部防护的重要性(Behar 等,2000;Park 和 Casali,1991)。现在,很多公司和机构(包括美国空军)已经有听力保护项目,而使用耳部防护设备只有强调符合性的总体训练计划中的一部分。在没有这类完整项目的公司,大约 40%～70% 的工作人员根本不适用耳部防护设备。

17.4　振动

　　振动是指围绕一个中心点的任意振荡运动,并且通常在三维空间中进行描述。与声波类似,振动可以通过幅度和频率进行特征化。通常,产生噪声的相同机制也会造成机械振动。如果一个设备或者机器发生振动,操作人员也能够感受到。例如,海上石油钻机振动很厉害,并且很嘈杂,所以所有在钻机上的工作人员都能感受到振动和噪声(Health and Safety Executive,2002)。

　　振动通过加速计进行测量,加速计可以连接在振动源上或者人体的一个骨骼位置。设备测量一个或者多个维度上的位移加速度。最常用的振动描述性测量是均方根(RMS):

$$RMS = \sqrt{\frac{1}{T}\int_0^T x^2(t)\,\mathrm{d}t}$$

式中,$x(t)$ 是一个特定维度上随时间变化的位移(在三维空间中通常使用 x,y 或者 z 进行描述)。大体上,RMS 是固定间隔时间 T 内平均平方位移的均方根。加速计应当尽可能小,并且对振动源的加速度和频率范围敏感。

　　使用动力设备的操作人员,例如大型车辆或者液压设备,在较长时间内感受到身体振动。类似于任意的重复性动作,这种长时间的暴露对操作人员的身体有害。振动还会对操作人员的表现行为产生负面影响,因为振动干扰了他们的动作控制。当我们评价振动时,我们必须区分全身振动与局部振动,或者手部传递的,作用于特定身体局部的振动(Griffin,2006;Wasserman,2006)。我们将具体介绍每一种类型的振动。

17.4.1 全身振动

全身振动通过支撑物传递给操作人员,例如地板、座椅和靠背。随着振动幅度的增加,振动引起的不适也会增加。大部分人感受到大于或等于 1 m/s^2 的 RMS 幅度时会感受到不适(Griffin,2006)。但是,RMS 不是唯一决定振动是否舒适的重要因素。不适会随着暴露时间而增加,所以如果某人要承受很长的时间,那么即使微小的振动也会变得不可忍受。振动的频率也很重要。每个物体,包括人体,都有一个谐振频率。如果传递给物体的振动频率接近目标的谐振频率,那么物体的振动幅度会大于振动源的幅度。对于人体,谐振频率大约为 5 Hz。这意味着处在 5 Hz 振动频率附近的人体更容易受伤。

如我们之前介绍的,振动发生在三个维度中。那么我们如何评价振动并预期振动是否会引起不适?一项研究观察了实验室中与现场的振动评价(Mistrot 等,1990)。在实验室中,他们让被试处在一轴运动振动或者两轴运动振动中,并让他们对不适打分。在现场研究中,一些专业的卡车司机用不同的速度驾驶不同重量的卡车,行驶在路况水平参差不齐的路面上。他们通过在驾驶座位上安装加速计测量三维的振动,并让司机评价他们的不适等级。研究人员将司机对不适的判断与实验室被试的评价进行比较,并总结在每个轴上使用 RMS 位移,可以得到最佳的不适估计。即单一方向的振动不会产生不适。

全身振动会干扰视觉和手动控制。它还会影响身体健康。如果经常处于振动条件下会导致下半背部疼痛,并会对脊柱的腰椎部分造成伤害。这些症状经常发生在卡车司机、直升机飞行员(Smith,2006),以及大型建筑设备操作人员(Kittusamy 和 Buchholz,2004)。直升机飞行员在座位上会感受到很多振动(Bongers 等,1990)。与美国空军其他非飞行人员相比,直升机飞行员更容易患急性和慢性的背部疼痛。飞行员的疼痛程度与他们感受的振动量和他们的年龄相关。飞行员年纪越大,他们处在振动环境中的时间越长,更容易患慢性背部疼痛。

减少车辆操作人员全身振动的一种方式是重新设计操作人员座椅。如果设计能够使得操作人员与座位之间的接触最少,那么可以减少全身振动。一项研究表明一种新的汽车座椅,倾斜座椅的靠背,减少驾驶者与座椅的接触,并包含一个突出垫支撑腰椎,这样的设计能够减少 30% 的全身振动幅度(Makhsous 等,2005)。这种类型的座椅可以减少轿车、卡车以及其他车辆驾驶员的肌肉骨骼病症。

17.4.2　局部振动

使用电力工具时,手部和手臂会产生局部振动。我们将主要介绍手部-手臂振动,但是在一些情况下,人为因素专家还需要处理头部-肩部振动以及头部-眼部振动。回忆一下人体的谐振频率大约为 5 Hz,但是,人类的手臂几乎没有共振。这意味着对于大部分的振动,我们从手部吸收,并传递到手臂上(Reynolds 和 Angevine,1977)。对于频率大约为 100 Hz 的振动,整个振动都被手部吸收。

局部振动会导致人们错误感知振动部分的运动和位置,从而导致不准确的定向运动并造成意外事故(Goodwin 等,1972)。振动直接作用于主要肘部肌肉之一的肌腱,可能是二头肌,也可能是三头肌,这会引起手臂的反射性运动。如果让某人用另一只手臂匹配振动手臂的运动,人们感受与真实事件之间的不匹配是明显的。人们会过度移动他们的手臂,并且方向可能错误。振动的感觉好似肌肉拉伸,会导致肘部运动的错误感知。对于其他的关节也会出现类似的情况,这表明振动会严重影响人的运动行为,特别是当人们看不见振动部分,无法验证如何运动时。

长时间使用振动的电力工具导致的累积创伤称为振动诱导的白手指,Raynaud 疾病,或者手臂振动综合征(HAVS;Griffin 和 Bovenzi,2002;Wasserman,2006)。HAVS 来自血管和神经的结构损伤,表现为受伤的手或者手指极度的麻木以及间歇性刺痛。在病症的晚期,手指时而发白,时而发紫,这是手指血液供应中断的症状。这种血液供应中断可能最终导致坏疽,需要切除受影响的手指。

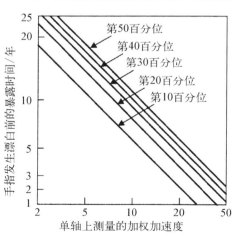

图 17.14　手指发生漂白前的暴露时间
随振动强度的变化

人们能够忍受的振动暴露量随着振动强度的增加而减少。图 17.14 表明了暴露在不同振动幅度条件下(横坐标为 RMS）一段较长的时间后（纵坐标为年数），发生漂白症状的人群数量。大部分的手部-手臂振动数据来自男性。女性对振动引起的不适更加敏感，这意味着当我们评价局部振动时，需要仔细考虑可能存在的性别差异（Neely 和 Burstom，2006）。

很多因素会导致手臂振动综合征的恶化。例如，如果一个人在寒冷的环境下工作，工具握得很紧，导致动脉收缩，那么他/她很容易患上手臂振动综合征。同样，一些振动频率更容易导致手臂振动综合征。特别地，暴露在 40～125 Hz 的振动频率范围内会增加患上手臂振动综合征的可能性（Kroemer，1989）。

17.5　热舒适性和空气质量

通常，工作环境的气候是指人们所处环境的温度和相对湿度。有一些工作场所容易保持正常的温度和湿度。但是，还有一些工作场所却较难。冰冻食物储藏室不能保持舒适温暖；沙漠中的帐篷不能保持舒适凉爽。极端的温度和湿度会严重影响个体的能力，降低他/她的耐力、运动能力和整体表现。

为了评价工作场所的气候，我们通常使用"舒适区"（Fanger，1977）。舒适区是考虑人们所进行的任务、穿着的衣服、空气运动等条件下，可接受的温度和湿度范围。图 17.15 描绘了在温和的空速下，工作负荷较轻，穿衣较少时的舒适区。这个区域如图中温度-湿度范围内中央的虚线四边形所示。对于这个区域，干球温度（由标准温度计进行测量）为 19～26℃（66～79℉），并且在极端情况下，相对湿度为 20%～85%（Eastman Kodak Company，1983）。在特定的条件下，只要温度和湿度的组合保持在舒适区内，那么人们就会感到舒适。

人们对舒适度的感受受到很多因素的影响。繁重的工作会将舒适区转移到较低的温度。通常，工作人员不会长时间地持续从事繁重的工作，也不是所有的工作人员都会从事繁重的工作，所以工作区域的温度应该是久坐工作舒适区和繁重工作舒适区的折中。我们可以通过向从事较少体力任务的工作人员提供保暖的衣物的方式解决这一问题，例如毛衣和夹克衫。较高的空气速度会降低衣物的隔绝能力，需要我们将温度调高。在舒适的温度范围内，相对湿度对热感觉的影响很小。

Fanger 的舒适区概念是建立主动定制热舒适控制器件的基础（Andreoni 等，2006）。定制的控制器件使用一系列传感器测量房间内以及在房间内工作人员的温度和相对湿度。气候控制系统收集测量的数据，并基于舒适区进行热舒适估计，随后快速地改变气候条件和活跃等级，保持人体的舒适度。

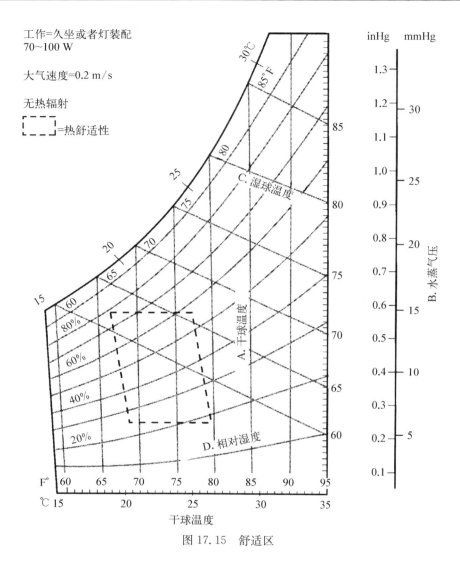

图 17.15 舒适区

我们还可以确定不舒适区。当人体的人调节系统超出正常的范围时，会引起不适。在温度、湿度和工作负荷的一些组合条件下会引起不适。例如，当人很热时会出很多汗。通常，出汗是不舒适的。此外，工具和控制器件可能很湿滑，那么当衣物变湿时，工具变得难以控制。心理敏锐度也会受到影响（Parsons，2000），同样敏捷性也会受到影响（Ramsey，1995）。在温度高于 30℃（86℉）的情况下，人们进行跟踪和警觉任务的能力变差。

热的环境需要管理人员开展一定的工作练习，防止中暑或者体温过高。必须向工作人员提供充足的水分，以及凉爽的区域进行休息。必须向工作人员提供培训，能够让他们识别中暑的症状，并且在他们第一次开展工作时，或者度假结束归来后，提供足够的时间让他们适应热的环境。

人们的表现也会受到冷环境的不利影响。由于关节僵硬等生理现象，手部的灵活度会下降（Marrao 等，2005；Parsons，2000）。同样，冷环境需要更多的衣物，这会限制人们的运动范围和速度。我们可能需要重新设计一些任务以满足操作人员运动能力的降低。我们还需要意识到当人们穿着笨重的衣物时，工作环境可能变得危险：一些正在工作的机器可能会与织物缠绕在一起。冷风会增加工作人员的不适，所以我们需要尽一切可能消除冷风，并提供热辐射来源。工作负荷的增加会使得冷环境更容易忍受。就像在热环境中一样，工作人员必须接受培训，能够识别体温过低和冻伤的症状。

极热和极冷的条件都会影响人们执行复杂任务的能力（Daanen 等，2003；Pilcher 等，2002）。当温度低于 10℃（50℉）或者高于 32℃（90℉）时，认知任务表现行为会降低 14%。类似地，在高温或者低温条件下，驾驶行为水平也会降低 13%～16%。这些结果表明环境工程师和人为因素工程师需要尽最大的努力保持工作场所适宜的温度，因为这直接影响着安全。

除了温度和湿度，我们还需要考虑室内的空气质量。通常，我们关注空气中的气体和悬浮颗粒物，这些污染物的浓度在室内可能会增加好几倍。

污染物可以分为三类（ASHRAE，1985）：

（1）固体颗粒，如灰尘、花粉、霉菌、烟雾等。

（2）以雾的形式存在的液体微粒。

（3）无颗粒气体。

为了评价环境中的空气质量，我们测量每一种污染物。如果我们发现某种污染物等级较高，就需要确定其来源。室内污染物通常的来源包括生命体（宠物、鼠类、害虫、细菌和霉菌）、香烟、建筑材料和家具，以及清洁、复印机和杀虫剂中所含的化学物质（美国环境保护署，2007）。

污染物通过空气的流动进行传播，空气的流动包括室外环境中的风以及室内环境中的通风系统。因为通风系统将室外的空气引入室内，所以室内污染物的来源既可能来自建筑物内部，也可能来自建筑物外部。较差的通风系统会创造霉菌和真菌大量繁殖的条件（Peterman 等，2002）。霉菌会导致过敏，甚至中毒。霉菌通常生长于潮湿的环境，例如天花板。发霉的味道会泄露霉菌的踪迹。空调冷却塔也会滋生霉菌和细菌，例如军团病的细菌，并通过通风系统传播。

较差的空气质量对表现行为也有负面的影响。在一项研究中,研究人员通过引入或者移除污染源,如一块旧地毯,控制空气污染程度(Wargocki 等,1999)。此前,这块地毯因为散发出难闻的味道,刺激工作人员的眼睛和喉咙,从而从一个办公室里被移走。被试置于存在或者不存在污染源的房间内 265 min,他们本身不会意识到污染源的存在,因为地毯放置在一个隔离的区域内。在这段时间内,参与者模拟办公室任务,并填写空气质量评价表。当存在污染物时,更多的参与者报告出现头疼的症状,并且对空气质量的打分也较差。当存在污染物时,参与者的打字数度比没有污染物时慢至少 6.5%,这与汇报的努力程度较低相对应。因此,较差的空气质量导致的不适对表现行为和生产力有负面的影响。

当建筑物的很多使用者感受到经常性的呼吸症状、头疼以及眼部刺激,可以认为这栋建筑物有**病态建筑综合征**(室内空气综合征)(Runeson 和 Norback,2005)。这种综合征存在争议,因为它还受到其他医学、心理学和社会学因素的影响(Thorn,2006)。病态建筑综合征起源于 20 世纪 70 年代末为节约能源而首次建造的密封式建筑。这些建筑几乎没有外部通风,导致内部的污染物堆积。在这段时间内,全球大约有 30% 的建筑物都被认为存在病态建筑物综合征(美国环境保护署,1991)。通过改善室内的空气质量,可以治疗病态建筑物综合征。

我们可以通过两种方法中的一种改善空气质量。我们可以在空气净化器中使用类似高能颗粒吸收过滤器(HEPA)的装置。这些过滤器可以过滤超过 99% 的直径为 0.3 μm 的颗粒,对于更大和更小的颗粒,过滤效果更好(如 HIV 病毒的直径为 0.1 μm)。此外,如果室外空气没有被污染,可以通过增加通风效率,引入室外空气,稀释室内浑浊的空气(Cunningham,1990)。所有的通风系统都是将室外的空气引入室内,但是不同的建筑物需要不同的空气循环速率。在美国,州建筑法规定了不同条件下所需的室外空气量,包括木材燃烧、干洗、油漆、医院等。

17.6   压力

压力是生理和心理上对不舒适或者不常见条件的响应,这些条件称为压力源(Sonnentag 和 Frese,2003)。这些条件会通过物理环境、需要执行的任务、个体特性与社会的交融以及在工作或者家中其他的一些由压力的情景体现。虽然特定的压力源,例如极端天气,会对个体的生理响应造成影响,它们都会对身体产生类似的非特殊性需求,以适应其自身。这种适应需求即为压力。与当前事前相关的急性压力是强烈的,并会影响表现行为。一段时间的长期压力会对身体和心理有害。

17.6.1 一般适应综合征与压力源

在 1936 年,Hans Selye 首先将压力描述为生理响应。他注意到尽管注射了不同的毒性药物,老鼠表现出很多相同的症状。他还从生病的老鼠的肾上腺、胸腺和胃壁内壁的组织变化中发现一个特征模式。生病的老鼠,或者有压力的老鼠出现肾上腺肿胀、胸腺萎缩以及胃溃疡。这三种症状称为**一般适应综合征**(Selye,1973)。这种综合征通过增加的生理响应强度阶段进行特征化。

综合征的第一个阶段是告警反应,是身体对其状态变化的初始响应。该阶段的特征是肾上腺素进入血液中。如果压力源诱发的告警反应不会强烈到致使动物死亡,那么身体就会进入第二个"抵抗"阶段。在这个阶段,肾上腺素不再分泌,身体开始适应压力源的存在。随着暴露在压力源下的时间增长,身体进入最后的"衰竭"阶段,在这个阶段身体的资源被耗尽,并且组织开始分解。

压力并不只影响生理因素,还影响心理因素。最重要的因素是某人如何评价和解释他/她的处境(Lazarus 和 Folkman,1984)。如果人们认为已经出现了伤害,那么随后会产生对伤害的恐惧,以及处理压力源可用的资源。基于这一评价,人们能够确定压力的环境是否仅仅是不舒适的或者不能忍受的,以及随后将如何处理压力源。评价受到多种因素的影响,例如个体对所处环境的控制程度,以及他/她对现状的理解。

极大的压力会严重损害人们进行决断的能力,特别是如果他/她感觉自己处在很高的时间压力条件下。在这种情形下,人们的反应可能是**过度警觉**(Janis 和 Mann,1977)。过度警觉是一种恐慌的状态,在这种状态中,人的记忆跨度会减小,并且思考会变得过度简单。人们可能会疯狂地、随意地搜索问题的一种解决方案,却没有考虑所有的可能性。为了战胜决策截止时间,人们可能做出一些草率、冲动的决定,而这些决定可能能够即时地解决问题,但是会引起长期的负面影响。

过度警觉会造成人们在紧急状况下发生一些错误。紧急状况的特点是一起急性压力,这是由于面对突发的潜在危及生命的情况,必须迅速找到一个解决方案。过度警觉与意外加速事件有关,例如,当汽车失控时所引起的恐慌会降低人们发觉自己将油门当成刹车的能力。

　　有三种类型的压力源：物理压力源、社会压力源和药物（Hockey，1986）。我们还可以区分外部压力源和内部压力源，以及短时压力和持续压力。外部压力源来自环境的变化，例如冷热、光线等级或者噪声，而内部压力源来自人体的自然运动。短暂的压力源是临时的，而持续的压力源则会维持较长时间。

　　图 17.16 给出了不同的压力源与人体内部认知状态的关系。人体通过较大的虚线框表示，而内部的认知状态则由其中的小框表示。药物以及物理和社会因素提供外部的压力，而周期性波动与疲劳提供内部的压力。本章中讨论的物理压力由嘈杂的、不舒适的外部环境引起。物理压力源直接影响个体的压力状态，虽然它们的影响力由于人们对情景的认知评价会减弱。物理压力源也会导致疲劳。

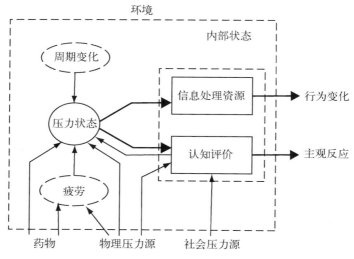

图 17.16　不同的压力源与人体内部认知状态的关系

　　社会压力源的影响，例如对个体表现和激励评估感到焦虑，会通过认知评价减弱。在压力情况下，人们可能通过食用镇静药物管理身体的状态。因此，药物对人的压力状态有显著影响。药物还能够影响人的疲劳等级，进而影响其压力状态。

　　疲劳是人们会感觉到累的一种广泛的现象。它可以由过度的身体和脑力工作负荷，以及失眠和睡眠剥夺引起。疲劳不仅使人感到疲倦，而且使人感到厌倦。周期性压力源涉及自然生理节律。通常，通过打乱节律的方式对这些压力源研究,例如,轮班工作或者长时间飞行。较高的疲劳程度和周期性节律的打断会增加压力。

表 17.3 总结了不同类型的压力源以及相应的影响。不同的人对压力的敏感程度有很大的区别。相同的压力源作用于不同的人会有不同的影响。此外,给定压力源影响随着任务的不同而变化。一个特定变量(如低温)所引起的压力水平在需求不高的任务中可能没有在需求较高的任务中那么大。还需要注意,特定压力源对压力状态的影响可能被其他存在的压力源所放大。

表 17.3　压力源分类

压力源种类	实　　例	影　响　模　式	交　互　变　量
物理	冷-热,噪声-振动,光线条件,大气条件	通过感受接收器的变化对中央神经系统产生直接影响	个体差异、任务、控制的可能性、其他压力源
社会	焦虑,刺激	认知变缓	个体差异、任务类型、其他压力源
药物	医药(镇静剂),社会性(咖啡因、尼古丁、酒精)	对中央神经系统直接影响	个体差异、任务、其他压力源
疲劳	疲倦、疲劳、睡眠剥夺	生理与认知变缓	个体差异、任务类型、其他压力源
周期性	睡-醒周期,身体-温度节律,其他生理节律;通常的研究通过打乱轮班工作节律或者飞行习惯	一些依赖于环境变化;其他是内部驱动	个体差异、任务、干扰形式

17.6.2　职业压力

职业压力是指与工作相关的压力(Gwozdz,2006)。工作环境中的压力来自物理环境和社会环境、组织因素、任务类型,以及个体属性和能力(Smith,1987)。

如我们之前讨论的,环境源是工作场所中的气候、光线等。对于体力劳动者,物理环境压力源比脑力劳动者和管理者更多。组织性因素包含工作投入与组织支持。例如,专制的管理风格会导致员工对工作不满意,进而增加压力。缺乏表现行为反馈或者持续的负反馈也会导致压力的产生。允许组织内的雇员参与影响工作的决策能够减少他们的压力。提供职业发展的机遇同样能够减轻职业压力。

工作-任务影响压力的因素包括较高的心理和生理负荷、轮班工作、截止日以及工作需求的冲突。在一定程度上,个体必须与具体的工作"匹配"(Edwards

等,1998)。训练必须是合适的,工作必须能够被个体所接受,并且个体必须有足够的生理和心理条件保障能够进行工作。在训练中和能力方面,工作人员不能够与工作很好匹配的程度部分决定了他/她会感受到的压力等级。

一些类型的干预方式可以帮助缓解职业压力(Kivimaki 和 Lindstrom,2006)。这些方式关注于个体,包括压力管理训练,即人们学习如何减压,以及应对压力的策略,例如放松肌肉。认知-行为干预的目的是改变人们对情景的评价。在单一的创伤事件情形下,例如一名同事意外死亡,那么在事故发生的一两天后进行情况汇报能够将压力降到最低。对于工作人员整体,组织还可以通过雇员辅助项目,提升安全工作意识,并改进工作场所的人机工程学设计。工作的重新设计以及组织性变化都是减少职业压力的有效手段。

一些工作环境,例如空间站(见框 17.1)或者南极研究站,是封闭的,工作人员不能离开工作环境,因为只有在该环境中工作人员才能生存。强制的封闭性限制了工作人员缓解压力的行为,而本身这种限制也会导致压力的产生,包括如下几方面:① 周围危险的环境;② 有限的生命支持资源供给;③ 狭窄的生活空间和强制的亲密关系;④ 远离家人和朋友;⑤ 极少的娱乐活动;⑥ 人造环境;⑦ 无法离开封闭的环境(Blair,1991)。

框 17.1　空 间 环 境

随着科技的进步,人类已经进入越来越恶劣的环境。现在,人们开始乘坐飞机跨洋飞行,在海底的潜水艇中生存一段时间,或者在外太空旅行。所有这些场景都需要封闭的环境,在环境中,空气、光线和温度都是人为提供的。它们还具有外部环境所强加的独特属性,因此在设计时必须适应这些属性。

最引人注目的是将生命延伸到外太空。如 Harrison 指出"太空旅行是技术和人类的结合"。进入太空的人们完全依赖技术生存。他们还必须使用所处的地球之外的环境特征。

Yuri Gagarin 在 1961 年进行的第一次太空飞行只有不到一天的时间。自从那次短暂的太空飞行以来,太空旅行的时间大大增加。NASA的航天飞机项目能够让宇航员在地球大气层以外连续生活几周,而国际空间站的宇航员甚至可以居住 6 个月(Mount,2006)。目前,最长的太空生活时间是在俄罗斯的 Mir 空间站中生活了 438 天，但是，计划前往火星执行任务的宇航员需要在航天器的相对狭窄的空间中待上几年。因此，不仅需要保证宇航员能够在空间中生存，还需要保证整个飞行过程中，系统工作正常。

太空飞行包含一系列独特的物理、心理和文化因素会导致问题。在这里，我们只关注物理环境（Mount，2006；Woolford 和 Mount，2006）。必须提供可以呼吸的空气支持生命。其他的资源也必须提供，例如食物和水。在短暂的旅途中，所需的空气和水都可以提供，但是在较长的旅途中，空气和水必须是可循环的，以减少更换的需求。

噪声是一个潜在的问题，因为太空飞船包含支持生命所必需的硬件系统，以及其他可能会产生较高噪声等级的功能件。光线也是一个潜在问题，在地球轨道中，由于太阳光导致的眩光在阅读显示时会产生困扰。对于探索火星的任务，工程师可能需要考虑行星环境的尘埃。

当然，太空飞行与在地球上最显著的差异是正常重力的消失。在发射以及再次进入大气层的过程中，机组成员会面临长达 17 min 从加速到减速的超重力状态（Harrison，2001）。但是，在太空中，他们会感受很长时间的微重力状态。重力的缺失以及失重的感受增加了工作空间设计时新的因素。例如，在失重的情况下，人体的长度会增加 3%，自然身体姿态会变得更加灵活（见图 17B.1；Louviere 和 Jackson，1982；

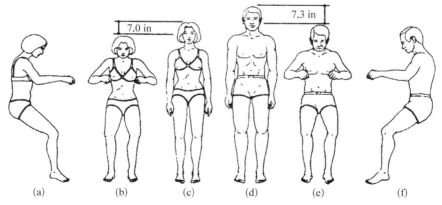

图 B17.1　有重力与无重力的身体自然姿态

(a)(b)(e)(f) 无重力　(c)(d) 有重力

Woolford 和 Mount，2006）。由于重力变小，腿部和后背肌肉会在几天内丢失约 10%～20% 的力量（Fitts 等，2000；Jahweed，1994）。

在太空飞行中，认知任务受损通常较小（Manzey 和 Lorenz，1998）。但是，手动跟踪任务的表现行为会变差（Heuer 等，2003）。这种变差的原意是否是由于微重力对动作控制的具体影响仍然存在争议。Heuer 等报告称跟踪任务行为受损的宇航员在执行快速定向运动时也有类似的变化，这表明跟踪任务行为受损是微重力对动作控制影响的直接后果。

在未来，整个人群可能都可以在太空生活和工作。必须容纳的人员范围以及需要执行的任务变得更加多样化。因此，在工作和生活空间中的设计问题变得更加突出，需要考虑地球以外环境的具体特征。南极洲的冬季研究站是研究孤立的人群在严苛的环境中工作一段时间影响的最佳之地（Harrison 等，1991）。除了没有失重条件之外，这些工作站环境恶劣，并与太空殖民地有大量相关的特征。Harrison 指出极地人为因素研究尤其能够有效地帮助火星任务，因为任务条件以及机组成员的人数和构成能够很好地匹配预期的真实火星任务。

封闭环境带来的压力表现在以下的一些方面。人们可能会感受到食欲增加以及体重增加，因为进食变得与娱乐一样非常重要。人们减少的活动以及光亮与黑暗周期的缺失影响了其睡眠模式。由于在环境中强制性地与其他人接近，某人的睡眠/苏醒周期会被他人的睡眠/苏醒周期打破。焦虑和抑郁很常见，并且人们对时间的感知可能是混乱的。

因为这些压力源可以从封闭的环境中消除，在这些环境中控制压力最好的方式是仔细筛选候选人。应当选择适应能力强，不容易受到环境引起压力过度影响的人群。Blair 认为良好的候选人是那些主要兴趣是工作，以及能够与人和睦相处，但是不太需要社交的人们。他将这些环境中工作的最佳候选人描述为"通常不是非常有兴趣的人"。

17.7 总结

人的表现行为、健康以及安全并不仅由显示、控制器件以及工作站的设计所决定。同时,一个人生活和工作的大环境也决定了可接受和不可接受的工作条件之间的差异。环境工效学的目标是保证工程师在设计工作空间时,合理地考虑物理环境。一些重要的因素包括合适的照明,可容忍的噪声等级范围,极端噪声和振动的防护,适合任务的气候,以及良好的空气质量。

　　不充分的环境条件容易引起压力。压力还会由其他很多因素引起,包括社会环境、任务需求以及长时间的封闭。高等级的压力会导致疾病和较差的表现。通过有效的筛选机制选择合适的候选人,以及设计环境和任务使得压力最小,我们可以将压力控制在可接受的范围内。

推荐阅读

Behar,A.,Chasin,M. & Cheesman,M. 2000. Noise Control:A Primer. San Diego,CA:Singular.

Boyce,P. R. 2003. Human Factors in Lighting (2nd ed.). London:Taylor & Francis.

Harrison,A. A. 2001. Spacefaring:The Human Dimension. Berkeley,CA:University of California Press.

Kroemer,K. H. D. & Kroemer,A. D. 2001. Office Ergonomics. London:Taylor & Francis.

Mansfield,N. J. 2005. Human Response to Vibration. Boca Raton,FL:CRC Press.

Oborne,D. J. & Gruneberg,M. M. (Eds.) 1983. The Physical Environment at Work. New York:Wiley.

18 人力资源管理和宏观工效学

近年来,人机工效学领域出现了新的发展趋势,人们越来越广泛地关注社会系统和组织系统间的交互,以及系统内的设计、实现与技术使用。

———O. Brown,Jr(1990)

18.1 简介

人的表现行为除了受到工作空间的物理设计和较大的工作环境影响,还受到很多社会和组织因素的影响。工作满意度随着必须执行的任务、工作计划,以及人员的能力是否能够应对工作而变化。工作人员能够参与政策决定的程度,组织内部可用的沟通渠道,以及同事和主管每天所感受的社会交互都在确定工作满意度方面起到关键作用。工作满意度进而影响个体的身体和心理健康,以及生产力水平。

生产力水平直接关系到一个组织的底线,以及其他衡量组织是否成功的标准。由于意识到组织效益由个体员工的生产力决定,人为因素专家已经将注意力转移到传统的管理领域。与工作和组织设计、雇员选择和评价以及管理因素相关的问题构成了工业/组织心理学和人力资源管理的基础。但是,因为雇员必须在具体的工作预期和组织结构条件内工作,这些组织设计和管理问题同样也是人为因素关系的问题。

人为因素专家对工作和组织设计问题引入的独特观点是系统的角度。组织是社会技术系统传递输入输出(Clegg,2000;Emery 和 Trist,1960)。社会技术系统包含技术部分(技术子系统)和社会部分(人的子系统),以及在更大环境中的运行(Kleiner,2006)。如果社会技术系统整体有效运行,那么在外部环境施加的需求内,技术和人员子系统必须以一种集成的方式有效地工作。

宏观工效学描述了人-组织-环境-机器界面的方法,开始于组织,随后考察组织目标内容中的环境和工作空间设计的微观工效学问题(Hendrick,1991)。因此,宏观工效学关注组织和人机交互中的问题(Kleiner,2004)。人为因素专家的目标是在整个社会技术系统中(组织和商业领域)将人和系统的行为最优化。专家考虑的一些问题包括工作设计、人员选择、培训、工作计划,以及组织结构对决策的影响。如 Nagamachi 指出:

> 宏观工效学对寻求人员与先进的制造技术集成,提供了有效的概念、方法和技术。虽然制造技术的发展和变化日新月异,宏观工效学的使用将带给我们最佳的解决方案,并为制造和组织的各个阶段提供帮助。

本章将介绍影响组织系统行为和个体员工表现行为的社会和组织因素。我们将从个体员工开始,介绍与工作相关的因素,例如员工雇用和工作设计。随后,我们将讨论员工互动,以及社会心理学如何为组织团体提供帮助。最后,我们将总结与组织结构相关的问题,例如,团队如何合作,雇员如何参与决策,以及组织变化的过程。

18.2 个体员工

我们已经讨论了很多影响工作人员行为和满意度的因素。这些因素包括人机交互的物理方面、周围环境以及任务需求。人为因素的核心包含执行特定任务时生理和心理需求的分析。因为通常一项工作包含很多任务的行为,所以人为因素专家可能需要完成一个工作分析。

18.2.1 工作分析和设计

通常,大部分工作需要的广泛的活动要求工作人员必须具有类似的广泛的技能。**工作分析**是一个定义明确、严格的过程,提供工作中所包含任务和需求的信息,以及完成工作所需的技能(Brannick 和 Levine,2002)。工作分析用作描述、分类和设计工作。它提供挑选潜在雇员合适的选择标准,确定雇员能够有效完成工作所需的训练量和类型,以及评价雇员的表现行为。它还可以用作确定工作是否符合工效学设计,即工作是否安全以及有效执行。如果我们确定工作设计不合理,那么工作分析可以作为工作重新设计的基础。因此,工作分析对雇员的行为有显著的影响。

任何的工作分析都使用系统性程序将工作分解为多个组件,再对这些组件进行描述。有两种类型的工作分析方式:面向工作的以及面向人员的(Spector,

2006)。面向工作的工作分析可以提供工作描述，包括列举必须执行的任务，工作人员在职位上所承担的责任，以及完成该任务和职责的条件（Brannick 和 Levine，2002）。关注于具体工作中单一元素的技术包括功能性工作分析（Fine，1974），聚焦执行工作的功能。例如，一个分析可能产生监视人员、分析数据以及驾驶汽车等功能。

面向人员的工作分析关注执行工作的人员的知识、技能和能力需求。职位分析问卷（PAQ；McCormick 等，1972）评估了工作环境和工作人员的心理特征，是面向人员分析的一个实例。我们还可以组合使用面向工作和面向人员的分析方法（Brannick 和 Levine，2002）。任意的工作分析最终会提供工作说明或者工作描述，列举出工作的特征以及工作人员的需求。

表 18.1 提供了一个工作分析可能产生的信息概要，这些信息可能有多个来源（Jewell，1998）。我们可以从监督评价、公司档案，以及美国劳动就业和培训管理局的职业名称词典所提供的记录开始。其中，大部分来自人们真实开展的工作。我们使用访谈和问卷不仅确定所分析的工作中包含的任务，还确定雇员对任务需求和所需技能的感知。我们还可以开展现场研究，观察工作中的人员。最后，我们可以询问那些了解工作的其他人员，例如监察员、经理以及外部专家，将他们的知识融入工作分析数据库中。

表 18.1　工作分析中可以收集的信息

（1）工作本身的信息
  a. 工作任务
  b. 工作程序
  c. 使用的机器、工具、设备、材料
  d. 包含的职责
（2）工作人员活动结果的信息
  a. 生产的产品或者提供的服务
  b. 工作标准（时间限制、质量等）
（3）工作环境的信息
  a. 在组织结构中工作的位置
  b. 工作计划
  c. 物理工作条件
  d. 激励（财物或者其他）
（4）工作的人员需求信息
  a. 物理需求
  b. 工作经验
  c. 教育/培训
  d. 人员特征，例如兴趣

很明显,最有价值的信息来源是在职员工,即正在从事工作的人员。如果我们决定访问在职员工,会得到很多非结构化的问题,难以进行组织和分析。访谈的另一种方式是结构化问卷,可以使用一系列标准的问题引出开放式访谈能够获取的相似的信息。

一个常用的进行工作分析的结构化问卷是 PAQ(McCormick 等,1972)。PAQ 包含大约 200 个问题,涵盖了工作的 6 个主要子部分(见表 18.2)。这些子部分的内容如下:① 信息输入(人员如何获取工作所需的信息);② 中间过程(执行的认知任务);③ 工作输出(工作的物理需求);④ 人员之间的活动;⑤ 工作场景和工作内容(物理和社会环境);⑥ 所有其他方面(换班制、服装、薪水等)。每个主要的子部分都与一系列的工作元素相关。对于每个工作元素,PAQ 有一个合适的响应量表。例如,采访者会让在职人员对键盘设备的"使用程度"进行打分,从 0(不可用)到 5(经常使用)。

表 18.2　职位分析问卷(括号内的数字表示调查问卷中与主题相关的项目数量)

信息输入(35)
　　工作信息资源(20):书面材料的使用
　　区分和感知活动(15):估计运动目标的速度
中间过程(14)
　　决策和推理(2):问题解决过程中的推理
　　信息处理(6):编码/解码
　　存储信息的使用(6):使用数学运算
工作输出(50)
　　物理设备的使用(29);使用键盘设备
　　综合的体力活动(8):操纵物体/材料
　　一般身体活动(7):攀爬
　　控制/协调活动(6):手部-手臂控制
人员之间的活动(36)
　　沟通(10):指导
　　人际关系(3):餐饮服务
　　人员交往(15):人员接触公共客户
　　监察和协作(8):接受监察的等级
工作场景和工作内容(18)
　　物理工作条件(12):低温
　　心理和社会方面(6):公民义务
其他方面(36)
　　工作计划,薪酬支付方式,以及服饰(21):不规则小时数
　　工作需求(12):具体的(受控的)工作空间
　　职责(3):他人安全的职责

虽然 PAQ 有很多优点，但是，也有一些工作不适合使用结构化的问卷。例如，对于阅读能力差的工作人员，不适合使用 PAQ，因为它需要较高水平的阅读能力。同样，对于很多工作，PAQ 也会得到"不可用"的回答。在这些情况下，我们需要考虑采用开放式访谈，另一种问卷，或者甚至使用不同的信息源。

人们可能怀疑积极的工作分析，即依赖于工作分析提前发现问题，主动纠正组织行为。但是，这似乎是事实（Siddique，2004）。一项对阿拉伯联合酋长国的148 个公司的研究表明，进行积极的工作分析的组织绩效要优于没有进行工作分析的组织，特别是对于人力资源管理很重要的公司。

主动的任务分析能够提供工作设计的基础，而被动执行的任务分析可以为工作提供基础。**工作设计**是宏观工效学中重要的组成部分（Nagamachi，2002），需要我们确定期望工作人员执行的任务，以及如何将这些任务分组，并指派给个人（Davis 和 Wacker，1987）。合适的工作设计能够为表现行为、安全性、心理健康，以及生理健康等方面带来好处（Morgeson 等，2006）。

开展工作设计的方法有很多种。我们可能希望强调最有效的工作方式，工作人员的心理需求和激励需求，信息处理能力，以及人的生理机能。此外，我们还期望工作设计强调团队合作，检验工作人员小组和他们的社会、组织需求。两种常用的工作设计方法是社会技术理论和工作特征方法（Holman 等，2002）。

社会技术理论基于社会技术系统的概念。在这个方法中，我们认为理想的工作特征包括对工作人员提供合理的质量和数量要求，学习的机会，在某些方面让工作人员进行决策，以及社会支持和信用（Holman 等，2002）。工作特征方法更加强调工作满意度以及开展工作的 5 个特征：自主权（工作人员可以针对与其相关的工作进行决策的程度）、反馈（工作人员开展工作好坏的信息）、技能多样性（他/她在工作中使用技能的范围）、任务识别（一项任务要求完成可识别的全部工作的程度）以及任务重要性（Hackman 和 Oldham，1976）。工作人员感知他/她有机会使用自身技能的程度（不仅是他们真是使用那些技能的程度）也与工作满意度相关（Morrison 等，2005）。

社会技术和工作特征方法都能够帮助我们设计和重新设计工作。简而言之，我们应当尝试使用各种方法将工作设计好（Morgesn 等，2006）。但是，有时可供选择的方法会导致矛盾的发生。例如，使用社会技术方法，合理的需求可能会排除工作特征方法中强调的自主权。当出现这些矛盾时，需要考虑哪种方法最适合工作人员开展工作，以及我们需要工作人员如何完成工作。

18.2.2 人员选择

几乎没有脑科医生能够具有驾驶波音 747 的能力,尽管他们的训练水平非常高。不管脑科医生如何聪明,训练如何完善,将他们雇为商用飞机的飞行员都是莫名其妙的。

雇主的主要目标是选择经过训练的适合工作的人员。那么雇主如何确定最小的需求,并从很多申请人中选择最合适的人员?这些决策很大程度上依赖工作分析,第一步就是人员选择(Hedge 和 Borman,2006)。通常,我们使用工作分析中的工作说明建立雇用标准、训练程序以及雇员评价。

为了填补一个职位,雇主必须建立一个合适的申请人池,并将此池缩小到最合适的个人。通过工作分析建立的工作描述可以是工作招聘广告或者其他招聘方式的基础。通常,很难针对正确的申请人书写工作描述,也难以让池子里的申请人意识到该职位。

招聘既可以是内部的也可以是外部的。内部招聘产生一个已经被组织聘用的申请人池。内部招聘有很多优势。内部招聘不仅能够解决招聘包含的困难,还能够为雇员提供更好的职业发展机会。外部招聘直接面对与组织无关的外部人员。通常,外部招聘会形成一个较大的申请人池,给雇主提供更多的选择。

从池子中选择申请人是一个筛选过程。雇主的目标是确定谁最适合工作,或者,换而言之,谁与工作分析的行为标准最匹配。几乎每个人都申请过工作,所以一定很熟悉最常用的筛选工具:申请表。这份表格包含很多重要的信息,例如申请人的教育背景,雇主可能通过教育背景快速地在申请人池中进行筛选。在雇主检验了申请表后,他/她通常会电话访谈潜在的雇员。

非结构化的人员访谈可能是最常用的筛选工具(Sackett,2000)。尽管广泛使用,非结构化访谈既不可靠,又不能有效地预测未来的工作表现。与其他主观评价方法一样,对受访者的偏好影响对申请人的评价。我们可以使用标准化程序减少这种偏好的影响,并增加可靠性和有效性(van der Zee 等,2002)。

当你申请一份工作,可能还被其他方式进行筛选。一种通用的筛选工具是标准化测试。这些测试测量认知能力、物理能力以及性格。其他的测试为未来的雇主提供一个工作样本。例如,如果申请商店里的收银员职位,可能会被测试算术技能。所有这些测试的结果都表明,对于没有经验的人,"对未来表现最有效的预测是一般认知能力"(Hedge 和 Borman,2006)。

不管雇主使用何种方式的筛选方法,都是在法律框架下的测试。这是因为申请人对一些重要问题的响应确定了雇主是否会考虑他们的未来。在法律框架下,筛选标准中所使用的问题和测试必须能够有效地指示未来工作表现。在美国,雇主受到 1964 年《民权法案》第七条的约束(Barrett,2000)。第七条禁止不公正的招聘行为。不公正的招聘行为包含基于种族、肤色、性别、宗教或者国籍等进行雇员筛选。第七条是必要的,能够防止雇主为了将黑人从申请人名单中删除而对他们进行额外困难的、不必要的考试。

多年以来,《民权法案》不断地发展。在 1967 年颁布的《年龄歧视法》规定基于年龄的歧视在美国是非法的;1990 年颁布的《美国残疾人法》也对歧视精神与身体残疾,以及对孕妇的歧视做出了同样的规定。

在 1966 年平等就业机遇协会(EEOC)建立了第一条关于公正招聘行为的规定。尽管《民权法案》已经生效,直到 1972 年,EEOC 才能合法授权,能够执行法案第七条。现在,EEOC 能够起诉违反平等就业机遇法律的雇主。在许多工业国家都有类似于美国的反歧视法。

如果选择程序违反了"五分之四法则",那么就会被认为是歧视或者造成不利影响。这项法则是一般性准则,规定任意针对多数人群产生的招聘比率的选拔程序,例如针对白人男性,必须保证对少数人群的招聘率不低于该比率的五分之四。如果选择程序有不良影响,那么要求雇主表明程序是有效的,即存在工作相关性。此外,法律还规定,对于大型组织的平等权利行动计划,不仅要阐述组织的招聘计划,还要描述招聘不具代表性的少数人群的计划。

18.2.3 培训

很少有新进的员工接受过完整的培训。通常,他们的雇主会提供培训课程,保证雇员具有开展工作所必需的技能。如何设计训练,以及如何开展培训是组织中需要考虑的一个重点内容。

除了设计和提供培训课程,还有另外一种选择。我们还可以雇用技能高超的申请人。但是,技能高超的申请人需要更高的薪水,进而增加成本。此外,可能很难找到工作所需具体技能的申请人,即使找到,那些申请人通常也需要经过至少一些培训才能熟悉具体的工作。所以,培训课程在组织中是很重要的。

培训越有效,组织内的员工和产品销售就越好(Salas 等,2006)。系统方法提供有效的指导和培训框架(Goldstein 和 Ford,2002)。使用系统的方法进行教学设计,我们依赖**需求评估**。需求评估会指明潜在的学习者,必要的知识或技能,以及教学目标。它会帮助我们设计培训课程,实现那些目标,提供标准验证培训的有效性，并让我们评价培训是否适当。

很多因素都会影响培训课程的有效性。这些因素包括培训条件的变化，管理培训的时间表，以及提供的反馈。还有一个因素是培训者的技巧。培训者如何教育、激励和说服员工，并让他们相信会在工作中取得成功？培训可以在工作中，可以是现场，也可以是非现场。每种选择都有优点和缺点，我们将逐一讨论。

1）在岗培训

接受在岗培训的雇员能够立即提高工作效率，并且不需要特殊的培训设施。但是，受训者的错误可能引起严重的后果，例如损坏设备或者人员受伤。

因为在岗培训通常是非正式的，我们可能担心雇员无法学习到正确的、安全的程序。即使在非正式的场合，我们也可以使用程序评价雇员的进步（Rothwell,1999）。结构化分析类似于工作分析、工作设计以及培训需求评价，可以在在岗培训中进行。这些分析的结果将决定课程是否有效，如果无效，那么找出需要修改的内容，保证受训者学习合适的程序。

与在岗培训类似的是工作轮换，是指雇员以一定的周期在不同的工作中转换。一些组织使用工作轮换向员工教授一系列的任务。这种策略能够保证组织中有较多的员工接受过广泛的培训，如果一个员工缺席，或者突然辞职，那么组织仍然能够正常运行。在和平时期，美国军方采用了轮岗制（轮岗和业务调动），即士兵和文职雇员每两到三年接受一项新的任务。美国国防部指出，这一战略保证了人力资源的灵活和快速部署（Wolfowitz,2005）。

工作轮换可以建立灵活的劳动力，组织内的成员熟悉多种与组织运作至关重要的工作。工作轮换还能够帮助组织了解员工在不同工作中的生产效率，从而确定员工如何与工作最佳匹配（Ortega,2001）。但是，当具体的工作需要高超的技能才能完成时，工作轮换就不太合适。

2）现场和非现场培训

现场培训发生在工作现场。培训区域可以是为培训目的而准备的房间，或者为培训目的而建造的整个设施，或者是非正式的区域，例如员工餐厅。

现场培训比在职培训更加可控和系统化。但是，即使新的员工已经开始领薪水，他/她无法立即投入到生产过程中。设计和提供培训设施会带来额外的成本。

非现场培训发生在工作场所之外。在一些组织中，技术学校或者大学会提供培训课程。例如"持续教育"课程，可能是一两天的工作坊或者持续几周的课程，为员工提供提升工作水平、增加薪水以及升职的机遇。一些专业机构（如个别州的医疗许可委员会以及美国医学协会）要求专业人士定期完成持续教育课程,以保证他们对专业领域的持证许可。

　　一些雇员可能需要更多的培训。在这种情况下,人们可能会期望换一份工作。很多公司鼓励员工返回学校获得认证或者获得更高的学位。远程教育为期望获得更高学位的人提供了在家学习的机会(Neal 和 Miller,2005)。随着网络课程的增加,远程教育变得越来越普及。

18.2.4　业绩考核

　　组织中员工的表现行为可以通过正式和非正式的方式进行评价。非正式的评价是持续性的,形成员工是否被同事接受的基础,管理者对员工的影响,以及员工自身归属组织的感受。**业绩考核**是正式地评价员工表现行为的过程,通常使用结构化和系统化的方式展开。业绩考核提供员工和管理层的反馈(Brannick 和 Levine,2002;Spector,2006)。它向员工提供需要改进的建议,并向管理层提供管理决策所必需的评价信息,例如升职和加薪(Boswell 和 Boudreau,2002)。

　　绩效考核有一些积极的效果,包括记录员工更好的表现,提供对员工更好的理解,澄清工作和表现预期,并公平地确定奖励(Mohrman 等,1989)。但是,如果员工接受的考核不公正或者管理者操纵惩罚员工,他们可能变得不积极,不满意,甚至辞职(Poon,2004)。同样,如果评价过程中的问题扩散开,员工之间的关系会变差,一些员工甚至可能起诉。因为绩效考核可能对组织内的员工职位带来毁灭性的影响,并且因为组织需要拥有尽可能好的员工,管理者必须尽最大的努力保证绩效考核做得很好。但是,建立有效的绩效考核程序不容易。

　　有效的绩效考核从理解必须对什么进行评价开始。回忆管理者在正式绩效考核之前对员工已经有了印象,这基于他/她平时与员工的交流。这个印象(或者偏见)可能受员工表现不相关的因素的影响,例如员工的外貌和性格,这与工作无关。管理者需要非常小心,不让这些偏见影响正式的绩效考核,并尽可能依据与工作表现相关的因素对员工进行评价。

　　一个公司可能选择基于工作表现的结果对员工进行评价,例如员工完成的销售量,或者引起的事故数量(Spector,2006)。基于结果的评价听起来很诱人,因为管理者可以客观地评价表现行为,并且任意的人员偏见可以被最小化。但是,客观评价存在严重的局限性。通常,客观评价类似销售量强度行为的数量,而非质量,而质量更难以评价。例如,考虑两个员工的工作是向数据库中输入数据。一名员工完成了大量的数据录入,但是这些输入都很简单。而第二名员工只完成了第一名员工一半的工作量,但是他/她完成的输入非常复杂,需要大量的解决问题的技能。那么谁是更有效率的员工?

　　员工行为的结果可能还受到很多自身无法控制的因素的影响。例如,销售人员较差的销售记录可能由于当地变差的经济环境。这意味着,尽管在员工考核中包含一些客观评价是合适的,但一个公正的考核也需要使用主观评价。

　　一个良好的行为考核起始于工作描述。准确的工作描述提供一系列重要的行为和/或职责,可以用于确定员工是否表现良好。换而言之,描述能够区分与工作相关的行为,以及与工作无关的行为。它还能帮助识别表现可以改善的方面,或者是否需要额外的培训。

　　一旦我们已经建立了员工评价的基础,我们必须确定谁会对员工的行为进行考核,以及如何进行评价。这两个决定都取决于组织性设计和评价的目标(Mohrman 等,1989)。考核者可以是直接领导、较高级别的管理者、被考核人员自己、下属和/或独立的观察员。每个考核者都会带着独特的观点强调具体类型的行为信息。考核方法的选择依赖于评估的缘由。如果我们的目标是只选择一组员工中的几个接受激励或者被解雇,那么我们会使用对比评价的方案,对员工依次打分。但是,通常评价是独立的,而我们的目标是提供员工可以改善表现行为的反馈。

　　有一些标准化量表可以用作独立的表现行为评价(Landy 和 Farr,1980;Spector,2006)。最常用的两个是行为锚定量表(BARS)与行为观察量表(BOS)。通常,BARS 行为评价使用一些独立的等级。具体的"锚点"行为与BARS 中的每个点对应,使得评分"锚定"在行为上。图 18.1 给出了一个的BARS 实例。

考核内容	考核项目	说　　明	评　　定				
基本能力	知识	是否充分具备现任职务所要求的基础知识和实际业务知识	A 10	B 8	C 6	D 4	E 2
业务能力	理解力	是否能充分理解上级指示,干脆利落地完成本职工作,不需要上级反复指示	A 10	B 8	C 6	D 4	E 2
	判断力	是否能充分理解上级意图,正确把握现状,随机应变,恰当处理	A 10	B 8	C 6	D 4	E 2
	表达力	是否具备现任所要求的表达力,能否进行一般联络、说明工作	A 10	B 8	C 6	D 4	E 2
	交涉力	在和企业内外的人员交涉时,是否具备使双方诚服接受同意或达成协议的能力	A 10	B 8	C 6	D 4	E 2

图 18.1　BARS 实例

　　BOS 与 BARS 不同,评价者必须给出员工从事不同行为的频率(时间百分比),分值则由每一种行为发生的频率决定。BARS 和 BOS 都对以往的评价方法有显著的提高,这大部分是因为它们依赖于工作描述,以及减少了考核偏见的敏感度。

　　在业绩考核中存在考核错误的幽灵,尤其是对评价者的偏见。正如我们前面提到的,如果考核人员将他/她的偏见引入评估过程中,那么可能在不相关的因素上会对员工做出不公正的评价。如果员工感觉考核过程不公平,可能会导致他们之间的矛盾。尽管 BOS 和 BARS 这样的量表可以减少这些差错,但是这些评价工具仍然可能存在偏见,或者利用考核者的偏见。例如,词语"平均"和"满意"可能对不同的考核者的含义不同。如果一个量表让考核者判断员工的表现低于平均水平,达到平均水平,或者高于平均水平,这种模糊的表达会导致不同考核者不同的评分。量表也可能不适用于工作相关的所有方面。例如,与孩童交流的社工可能需要养育和同情心,但量表中可能不包含"养育行为"。相反,如果使用量表评价与行为无关的方面,那么量表可能失效。社工可能在业余时间提供社会服务,但是考核者可能使用量表评价他的工作时间与人交流的频率。最后,量表可能与任何标准化测试一样无效:它可能不能评价预期评价的内容。

　　在一定程度上,考核偏见是不可避免的。考核者给行为考核设定引入许多误解和偏见。人们并非有意为之,但是他/她同样受到信息处理的局限,这种局限在其他需要认知和决策的情况中也会出现。偏见能够减少考核者的记忆负荷。将员工归类为"较差"意味着考核者不需要努力评价员工的每个行为,它们都是"较差的"。这种类型的偏见是最普遍的,称为**晕圈错误**。当考核者评价中庸(既不好又不坏)行为时,对于"较差的"员工评价较差,而对于"较好的"员工评价较好。虽然不能完全消除考核者的偏见,我们可以通过使用接受过大量训练的考核者有效地减少偏见(Landy 和 Farr,1980)。

　　考核发生的社会与组织性环境也会导致偏见和差错(Levy 和 Williams,2004;Tziner 等,2005)。组织氛围和文化不仅影响行为考核,还会影响考核过程的开展以及自身的考核结构。例如,我们已经讨论只评价员工与工作相关的表现行为的重要性。但是,组织松散或者非正式的管理结构可能导致不同管理者对同一员工不同的期望,进而使得难以确定如何最好地收集和组织评价数据,如何确定需要强调的反馈,以及如何进行忽略。

18.2.5　昼夜节律与工作时间表

　　在 2004 年,Lewis Wolpert 提出:"大部分重大灾难发生在夜间并非偶然,例如切尔诺贝利核爆炸、沉船或者火车相撞事故。"何时工作是我们能否有效工作的一个重要因素。工作设计的一个重要部分是建立有效的工作时间表。在不同的时间计划中人们工作的好坏,部分取决于他们的生物节律。

1) 昼夜节律

生物节律是人体正常的振荡。特别地,**昼夜节律**是大约 24 h 内的振荡(Mistlberger,2003)。我们可以通过检验个人的睡眠/苏醒周期以及身体温度,跟踪他/她的昼夜节律。一些昼夜节律是内生的,这意味着它们是内部驱动的,而有一些则是外在的,这意味着它们是外部驱动的。

我们可以通过人体的温度研究他/她的内生节律,这容易测量并且是可靠的。人体的温度在深夜时最高,并稳步降低直到清晨,再开始上升(见图 18.2)。即使在没有时间线索的环境中,这种周期也会保持,例如白天/夜晚光周期(即在极点研究站),尽管这个周期可能漂移到稍微长些的24.1 h(Mistlberger,2003)。

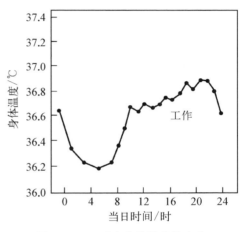

图 18.2　一天中身体温度的变化

很多任务的表现行为,例如那些需要手部灵活度(如处理卡片),或者检查和监视的任务,与个人的身体温度周期变化正相关(Mallis 和 Deroshia,2005)。行为等级与温度周期的模式很类似,但稍微滞后(Colquhoun,1971)。例如,Browne 研究了 24 h 内总机操作员的表现,发现与昼夜温度节律平行(见图 18.3):操作人员在白天的表现行为优于夜间。

长时记忆表现也遵循昼夜温度节律(Hasher 等,2005)。但是,短时记忆行为则相反:人们在清晨的表现最好(Folkard 和 Monk,1980;Waterhouse 等,2001)。

个体的表现行为仅部分与内生的昼夜节律有关。执行更加复杂的包含推理和决策的任务似乎不遵循身体温度节律(Folkard,1975)。当人们被要求完成逻辑推理测试,他们从早上到傍晚都会越来越快,而在傍晚之后则开始变慢。有一段时间内速度和身体温度都在增加,但是速度降低比温度降低要来得早。不管个人的速度如何,准确性不依赖于时间因素。

我们都感受过时差,或者由于工作以及非预期的需求让我们无法在通常的

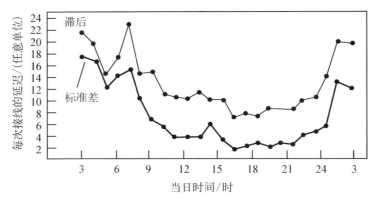

图 18.3 电话接线的延迟随一天时间的变化

时间睡觉。例如,如果需要熬夜完成一个项目文件,那么在完成之后,你可能尝试白天睡觉。尽管已经筋疲力尽,但是你还是难以入睡。这是由于正常的夜间睡眠模式被打破后,生物周期节律让你难以在白天入睡。

习惯晚上睡觉的人们具有内生的节律促进其白天保持清醒而非瞌睡状态,所以这些节律让睡眠变得困难。此外,外在的因素如日光和噪声也会影响睡眠,即使这些因素已消除(通过使用眼罩、耳塞等)。在习惯的夜间睡眠推迟后,那些尝试在早上睡觉的人们只能睡到夜晚时长的 60%(Akerstedt 和 Gillberg,1982)。良好的睡眠只在与昼夜节律相一致的睡眠阶段才会发生。

当标准的白天/黑夜、清醒/睡眠周期被长时间打破时,你的昼夜节律会开始进行调整。这是因为外部刺激如光线周期改变了个体内在昼夜节律的振荡。最终你会适应工作时间或者时区的变化,但是这种变化需要时间。通常,1 h 的时差需要花 1 天进行调整,而对于工作时间变化可能持续更长的时间。如果某人开始在夜间工作,那么昼夜体温节律至少需要 1 周的时间才能适应 8 h 的滞后。

2)工作时间表

在美国,标准的工作时间是一周 40 h,大部分的人在白天工作。一些人工作的时间超过 40 h,而另外一些人则不足 40 h,还有些人的工作时间很奇怪。工作超过 40 h 的工作人员有加班计划。加班计划可能是每天工作超过 8 h,或者一周超过 5 天。在这两种情况下,人们会感觉到疲劳,工作效率相对会降低。此外,通常当人们在 8 h 之外工作时,这些时间是警觉性和表现行为变差的昼夜节律时间段。这意味着需要在加班安排总的工作效率与加班期间的工作质量之间做出权衡。虽然使用加班计划,绝对的生产力总值会增加,但这种增加的成本可能并不足以证明加班是合理的。

很多在晚上和夜间的工作是轮班制。轮班工人受雇于必须每天工作 8 h 以上的组织。很多企业是 24 h 工作的,例如医院、执法机构、托管服务机构等。在美国大约 20% 的劳动力从事轮班工作(Monk,2006)。连续运作的组织通常聘请三班工作人员:早班、中班和晚班。大部分的人都倾向于一个固定的轮班,但是并非所有人都喜欢早班。

一个人可能已经很清楚自己是否是一个"早起的人"。这种喜好不仅决定了他/她偏好哪一种班制,还能决定他/她是否很好地执行其他的任务(Horne 等,1980)。一项试验将被试分为早间类型和夜间类型,并让他们执行警觉性任务。结果如图 18.4 所示,图中还包含了一天内的体温变化(从早上 7 点到中午 12点,或者凌晨)。在一天内,对于夜间类型,检测到目标的数量持续增加,而对于早间类型,检测到目标的数量则持续减少。在早晨,早间类型在内生的昼夜节律中存在峰值(通过体温测量),而夜间模式则没有。

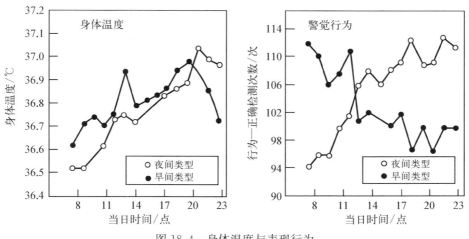

图 18.4　身体温度与表现行为

相较于早间类型,夜间类型更适合于轮班工作,因为早间类型的节律调整更加困难(Dahlgren,1988)。年轻人更喜欢夜间活动,而老年人则喜欢早间活动(Hasher 等,2005)。这意味着如果你认为自己现在是夜间人士,那么随着年龄的增加,你会越来越倾向于早一点活动。这种随着年龄向早间类型的转变部分表明老年人难以适应轮班工作(Monk,2006)。

鉴于很难适应新的时间表,很多人不喜欢轮班制。在轮班制中某人的休息日之后会有一个不同班次的变动。问题是适应换班的时间通常比被分配的那个班的时间要长（Hughes 和 Folkard，1976）。在南极洲研究站的 6 名科研人员在工作时间变化之后执行各种简单的任务。即使在 8 h 变化的 10 天之后，他们的表现行为节律也没有完全适应。完全适应需要 21 天的时间（Colquhoun 等，1968）。

有很多原因会导致适应新的节律需要较长的时间。最重要的原因是昼夜交替只与白班有关。因此，大部分的人都是白天工作，意味着社会环境也是依据白天工作构建的。但是，如果某人以固定的时间表工作，不管是晚班或者夜班，他/她的节律系统通常能够完全适应时间表。

在美国，采用轮班制的组织通常每周换一次时间表。员工每工作 4～7 天更换一次班制。如果我们考虑某人需要多长时间才能适应班制变化，这可能是最糟糕的轮换周期。每周变化意味着某人的内生节律一直处于适应过程，并且他/她可能处于长期的失眠状态。我们既可以轮换得更快（1～2 天），也可以轮换得更慢（3～4 周）（Knauth 和 Hornberger，2003）。欧洲组织喜欢快速的轮班制（Monk，2006）。快速轮班能够保持工作人员正常的节律周期。这些工作人员会经历一些睡眠不足，但不是很多，因为他/她能够在白班或晚班以及休息日时保持习惯的睡眠时间。

相比较而言，3～4 周这样较慢的轮班制能够让工作人员完全适应新的班次。当人们花费 1 周的时间适应新的日程安排，那么他/她会有 2～3 周的时间做最擅长的事情。较慢的轮班制还能够防止过度的失眠。

我们还可以使用另外两种类型的日程安排：弹性工作时间和压缩的工作时间。每一种方法都有自己的优点和缺点。在需要持续运行的组织中，弹性工作时间和压缩的工作时间能够很好地运作，特别是劳动力偏好弹性时。

我们已经讨论不同的人如何偏好不同的工作计划。基于这一原因，弹性工作时间是传统的轮班制的很好的替代。弹性计划安排允许员工工作小时数的变化（Baltes 等，1999；Ralston 等，1985）。员工每天必须在规定的时间内工作，例如 8 h；并且必须在规定的时间段内工作，例如上午 10 点到下午 2 点。这个间隔称为核心时间。在核心时间以外，员工可以自由地控制工作时间。

弹性工作时间能够让员工将其自身的需求与工作责任相协调。这种灵活性还可能减轻员工的压力。例如，一项关于乔治亚州亚特兰大乘坐通勤车上下班的研究表明，弹性的工作时间能够减少驾驶员的压力，以及通勤的时间压力（Lucas 和 Heady，2002）。通过允许员工根据自身喜好构建工作计划，员工的生产力也会得到提升。

弹性工作时间主要应用在不包含制造的组织中。当装配线以及其他连续过程的操作处于危险境地时,允许弹性工作时间就更加困难(Baltes 等,1999)。由于协调弹性工作时间与连续生产制造过程之间存在难度,生产制造组织通常使用压缩时间表代替传统的轮班制。

压缩时间表需要员工每周工作 4 天,每天工作 10 h(Baltes 等,1999)。美国政府提供另一种可供选择的压缩时间表,2 周为一个周期。其中,在 8 天的时间内员工每天工作 9 h,还有 1 天工作 8 h,随后他们有 1 天固定的假期。许多工作的夫妻利用压缩时间表减少孩子们在日托中心的时间。需要长距离通勤的员工也能够减少上下班花费的时间。尽管有这些潜在的优势,疲劳可能是工作较长时间员工的一个问题。即人员的生产力或者总的表现行为可能在 5 个工作日情况下,比 4 个工作日更加出色。将压缩时间表与轮班制同步也很困难,除非员工在休息日以及工作日都小心翼翼地保持相同的睡眠时间表。

弹性工作时间和压缩时间表与传统的 5 天/8 h 工作时间比较的好处可以科学性地检验(Baltes 等,1999)。在弹性工作时间下,员工缺勤的时间变少,生产力更高,并且对工作和工作时间更加满意。在压缩时间表条件下,员工也汇报对工作和工作计划更高的满意度,但是缺勤的天数与生产力方面相对传统的工作时间没有变化。

轮班工作不容易。通常轮班的员工还需要处理其他影响他们工作表现的问题(Monk,1989,2006)。固定晚班的员工出于经济上的考虑,更容易从事副业。从事两份工作的员工更容易疲倦和有压力,并且工作表现更容易变差。轮班制还会引起家庭和社会问题。员工可能多日见不到配偶和子女。他们可能会感到被家庭和社会孤立。如果这些家庭和社会因素没有被员工很好地处理,那么它们会对生产力造成不利的影响。

雇主能够战胜轮班制引起问题的一种方式是提供充分的员工教育和心理咨询(Monk,1989,2006)。员工应当被教授如何使自己的昼夜节律适应工作时间。例如,一个固定夜间工作的员工,或者较慢轮班制的员工需要能够快速地变化到并且保持夜间活动模式。晚班的员工还需要学习良好的睡眠卫生:他们应当保持规律的作息、饮食,身体活动和社会活动,但是它们在白天睡觉,晚上活动,就像在工作一样。

学习睡眠卫生的员工可以最大化他们的睡眠时间,并且一个培训课程能够强调那些白天成功睡眠人士的小技巧。这些技巧包括安装厚重的遮光罩以及窗帘遮挡阳光,拔掉电话插头。员工在睡觉之前避免饮用咖啡也很重要。员工的整个家庭都应当使用同样的方式进行训练,从而他们不会无意地干扰员工白天睡觉的努力。

但是,员工的家庭需要更多的训练,而不仅仅是睡眠卫生。因为轮班制引起的家庭和社会问题,员工家庭应当接受广泛的培训或者心理咨询课程。如果整个家庭意识到轮班制的潜在问题,并有相应的应对措施,那么雇主能够使得员工安全生产水平以及工作满意度最大化。

18.3　员工交流

在大部分的组织中,员工每天至少要与其他几个员工进行交流。

通常两个人共享关系的类型通过相互之间保持的距离反映。人们管理周围空间的方式称为**人际距离学**(Hall,1959;Harrigan,2005)。人际距离学的研究强调人们如何利用周围的空间以及与他人的距离传递社会消息。人际距离学对人为因素专家很重要,因为一个人到另一个人的距离会反映他/她的压力和攻击性程度,以及他/她的表现行为。一些环境设计推荐就是基于个人空间、领地以及隐私(Oliver,2002)。

18.3.1　个人空间

个人空间是人身体周围的一个区域,当别人进入这个区域会引起强烈的情感(Sommer,2002)。个人空间的大小随着社交类型以及人员之间的自然关系而变化。个人空间有四个等级,每个等级都有一个较近和较远的相位:亲密距离、个人距离、社会距离以及公共距离(Hall,1966;Harrigan,2005)。

亲密距离位于人体周围 0～45 cm 的范围内。亲密距离较近的阶段靠得很近,为 0～15 cm,通常包含两个人之间的接触。亲密距离较远的阶段为 15～45 cm,通常是密友之间的距离。个人距离为 45～120 cm——这是手臂的长度。45～75 cm 为较近的阶段,是好友交流的距离。较远的阶段为 75～120 cm,则是普通朋友交流的距离。

社会/咨询距离为 1.2～3.5 m。在这个距离里,没有人期望被碰到。商务谈判或者陌生人之间的交流发生在较近的阶段,为 1.2～2.0 m。较远的阶段为 2.0～3.5 m,交流者没有友情,交流更加正式。公众距离大于 3.5 m。这个距离是公众演讲者与听者之间的距离。人们必须提高音调进行交流。在较近的阶段为 3.5～7.0 m,用于教室内的教师,而较远的阶段超过 7.0 m,则对于公众演讲很重要。

当一个人的空间或者较近的边界被其他排除在该空间之外的人侵犯时,通常他/她会警觉和不适。人们第一次感受焦虑的距离随着交互特性的变化而变化。此外,焦虑还受到文化、心理以及物理因素的影响(Moser 和 Uzzell 等,2003)。例如,一些证据表明老年人活动力下降,需要更大的个人空间(Webb 和 Weber,2003)。

个人空间也可以作为关系特征的线索,包含交互的人员以及观察交互的人员。如果人员 A 不确定他/她与人员 B 的关系是否进入友谊的程度,他/她可以使用与人员 B 之间的距离帮助决定。类似地,如果人员 A 和人员 B 经常接触,那么第三个观察人员可以将他们的关系理解为亲密关系。

一组人员之间的距离保持会影响小组成员执行任务的好坏。当组员之间的距离保持合适时,成员的表现会更好。例如,如果组员之间进行竞争,当组员之间的距离大于个人距离时,个体的表现会更好(Seta 等,1976)。类似地,如果任务需要合作,当员工的座位距离小于个人距离时,他们的任务表现更好。

一个称为囚徒困境的游戏(见图 18.5)经常用来研究人们如何合作和完成任务。两名玩家是被控犯罪(抢劫)的“囚徒”。每名玩家必须确定他/她是否向警方坦白(涉及另一名玩家)或者保持沉默。每名玩家并不知道另一名玩家的决定。但是,最佳的决策却依赖于另一名玩家的决定。如果两名玩家都选择坦白,他们会被判处持械抢劫,但是被减刑到 6 年。如果两名玩家都选择沉默,他们会得到最小的判刑,偷窃判刑 4 个月。但是,如果一名玩家选择坦白,而另一名玩

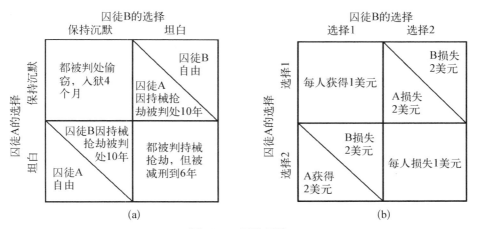

图 18.5　囚徒困境

(a) 囚徒困境　(b) 囚徒困境游戏实例

家保持沉默,那么坦白者会得到自由,而沉默者则会被判处最长的刑期 10 年。这个游戏可以很容易转换成货币游戏。在货币游戏中,竞争和合作模式会导致两名玩家货币的得失。

我们可以使用囚徒困境研究竞争和合作行为如何进化成玩家的接触和眼神交流(Gradin 等,1973)。当玩家坐得很近时,合作行为经常发生(肩并肩)。但是,当玩家面对面坐可以看见对方的眼睛时,会发生更多的合作行为。因此,当人与人之间的距离超过个人距离时,我们可以通过维持眼神接触的方式保证合作程度。

18.3.2　领域性

领域性是指当人们占据并控制一个固定的物理空间,例如在家或者在办公室时,他们表现出的行为模式(Moser 和 Uzzell,2003)。我们可以将领域性的定义从物理空间拓展到思想和物体。领域行为包含财产的个性化或标记;对空间的习惯性占有,以及在一些情况下,对空间或者物体的保护。人们还通过专利和著作权的方式保护思想。

领域分为主要的、次要的或者公共的,这取决于每个领域所允许的隐私权以及可访问的级别(Altamen 和 Chemers,1980)。主要的领域例如自己的家,能够永远地拥有和控制。这些地方是日常生活的中心。次要领域比主要领域更容易被分享,但是可以至少在一定程度上控制其他人员进入。办公室或者工作的桌子既可能是主要领域,也可能是次要领域。公共领域对任何人都是开放的,尽管有些人因为不合适的行为或者被歧视不能进入。公共领域的特点是使用这些领域的人流动迅速。

一个人可以通过入侵、侵犯或者污染的方式侵扰他人的领域(Lyman 和 Scott,1967)。当他/她的目标是控制他人的领域时,则发生入侵。当他/她偶尔进入他人的领域时,就发生侵犯。侵犯可以是有意的,也可以是无意的。当他/她临时进入他人的领域,并留下一些令人不悦的东西时,则发生污染。入侵者的方法和风格不同。他们可以使用回避型或者攻击型的方式(Sommer,1967)。回避型方式是恭敬的,非对抗性的,而攻击型方式则是直接的,对抗性的。

一个人可以使用两种方式保护自己的领域:预防和反应(Knapp,1978)。预防防御发生在侵犯之前,例如将财物标记上自己的名字。反应防御发生在侵犯之后,通常是物理上的。例如,张贴"禁止入内"的标识是一种预防措施,而命令入侵者在枪口下离开则是一种反应防御。反应的激烈程度取决于被侵犯的领域。当主要领域被侵犯时,反应最激烈;而公共领域被侵犯时,则反应最不激烈。当发生一些公共领域侵犯时,一个人的响应可能甚至是放任的——离开去另一个地方。

主要领域很重要,因为在主要领域内会感觉最安全,并且一切尽在掌控之中。作为设计人员,你可以利用这一事实构建工作空间,培养对主要领域的感知,从而建立让人们感觉舒服的区域。能够区分个体和团队的独立领域的建筑学特征可以用作家庭、工作空间以及公共场所的设计(Davis 和 Altman,1976;Lennard,1977)。一些简单的功能,例如允许员工个性化设计自己的工作空间可以鼓励自我认同和团队认同。

18.3.3 拥挤与隐私

个人空间和领域性可以认为是人们获得一定程度隐私的方式。当某人侵犯他人的领域,这可能是相当大的压力源。类似地,拥挤也会对行为产生深远的影响。拥挤发生在例如监狱(Lawrence 和 Andrews,2004)和精神科病房(Kumar 和 Ng,2001)等环境中。这种影响的发生会因为拥挤导致人的领域受限,并且持续地、不可避免地对较小的领域造成侵扰。我们将犯罪、贫困以及其他一些社会问题与拥挤相关联。

拥挤是与给定区域范围内的人员密度相关的感受,类似于与光线波长相关的颜色感知。密度是区域内人员数量的测量,而拥挤则是密度的感知。一个人对拥挤的感知还基于自己的个性、物理与社会设定的特征以及处理高密度的能力。对于不同的人,相同密度感知的拥挤程度可能是不同的。例如,文化对于拥挤的感知有显著的影响。没有人喜欢拥挤,并且事实上,人们在对拥挤的容忍度方面没有文化差异。在同样的人口密度条件下,越南裔美国人和墨西哥裔的美国人比非洲裔和英裔美国人更少感到拥挤(Evans 等,2000)。

密度的类型有两种:社会型和空间型(Gifford,2002)。当小组中加入新人,那么社会密度增加。当一组人移动到一个较小的空间,空间密度增加。但是,密度与邻近不是一个概念,邻近是指人与人之间的距离。拥挤与一个区域内人员的数量直接相关,与他们的距离呈反比(Knowles,1983)。当人们被要求对不同群体大小和距离的照片评价拥挤印象时,结果得出的比值随着照片中人数的增加而增加,随着距离的增加而减少(见图 18.6)。这些关系可以通过邻近指数进行量化:

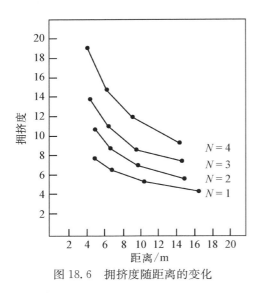

图 18.6　拥挤度随距离的变化

$$E_i = k\sqrt{N/D}$$

式中，E_i 为在点 i 总的交互能量，或者拥挤印象；D 为每个人到点 i 的距离；N 为小组的大小。

换而言之，拥挤随着小组大小均方根的增加而增加，随着距离均方根的减小而增加。

拥挤会产生高等级的压力和觉醒。我们可以使用血压、皮肤电以及出汗情况测量这些响应。随着压力和觉醒的增加，这些生理参数也增加。拥挤的试验研究表明在高密度环境中人们感觉的压力等级与他/她个人空间的大小有关（Aiello 等，1977）。喜欢与他人保持距离的人在高密度条件下更容易感受到压力（见图 18.7）。这意味着个体的因素在确定高密度是否会产生压力时非常重要。

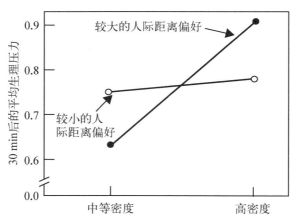

图 18.7　随着距离偏好与拥挤度变化的生理压力

第 9 章中讨论的 Yekes-Dodson 定律，描述了人的表现行为与他/她的觉醒呈倒 U 字形关系。从某种程度上，拥挤会影响人的觉醒，进而影响人的表现行为。对于复杂任务，这种影响最明显（Baum 和 Paulus，1987），因为在高觉醒程度条件下，复杂任务的表现行为比简单任务的表现行为更容易受影响。一项研究让超市外的人员在拥挤的时间段与不拥挤的时间段完成一份需要体力和脑力任务的购物清单(Bruins 和 Barber,2000)。在拥挤的条件下,人们完成脑力任务的能力不如体力任务,这可能是因为脑力任务更加复杂。拥挤的影响可能还会持续:在他/她离开拥挤的环境之后,任务表现行为仍然受到影响。

人们对拥挤的响应行为可以分为退缩型或者攻击型。如果可以选择,人们是尝试通过从拥挤的区域离开以避免拥挤。当不能离开时,他/她可能会选择"排斥"他人或者攻击那些被认为会引起压力的人员的方式。在这些情况下,攻击型建立一种控制的方式。当一个人不能掌控他/她的环境时,他/她可能不再尝试应付或者改善处境,而是选择被动地接受。这种反应称为习得性无助。

很多对拥挤的响应解释强调人们在高密度环境中失去控制的感受(Baron 和 Rodin,1978)。我们可以区分四种类型的控制丧失:决策、结果、开始以及抵消。决策控制是人们选择自身目标的能力。结果控制是这些目标的实现多大程度上取决于个人的行动。开始控制是个体在拥挤环境中的暴露程度,而抵消控制则是从拥挤环境中解脱的能力。

社会调查研究证实拥挤直接影响个体对控制的感知。Pandey 让来自大型城市中高密度区域和低密度区域的居民完成关于拥挤、感知运动以及健康的问卷。拥挤度越高的报告,对应对环境越少的感知控制以及较高的生病概率。

18.3.4   办公室空间及布置

社会心理因素,例如领域性和拥挤度,是工作空间中最重要的因素。我们可以使用宏观工效学方法分析和设计办公场所,预期这些因素可能引起的问题(Robertson,2006)。通过合理的设计,我们可以从这些因素中获得优势,并避免负面影响。

首先,我们必须从用户的角度系统性地评估房间或者办公室设计(Harrigan,1987)。我们需要回答房间或者建筑物的目标问题,即将展开的运营的特征,以及人员与小组之间的信息交互的特性和频率。谁将使用这些设施,他们的特征是什么?必须适应多少人,什么样的循环模式会促进他们在空间中的运动?

在获取建筑物目标的信息、执行的任务以及用户的信息之后,我们会使用这些信息确定设计标准和目标。我们使用**空间设计**确定空间需求、空间尺寸以及如何进行布置。在建筑物的办公室和房间内,我们应选择必须提供的家具和器材,以及保持可接受的周围环境的设备。根据工作空间的大小,这个项目中不仅包含人为因素工程师,还包含小组管理人员、工程师、人力资源管理者、设计师、建筑师和工作人员。

办公室是我们可以应用社会交互的概念设计问题的工作场所。人为因素评价起始于考虑办公室目标,工作人员与其他用户,以及在办公室中执行的任务。设计办公室工作空间的目标是使得这些任务,以及任意相关的活动尽可能容易完成。

促进办公室工作人员的活动和任务只是办公室设计的一个方面,我们称之为工具性(Vilnai-Yavetz 等,2005)。此外,还有两个重要的方面:美学与象征意义。美学是指对办公室的感知是否令人愉悦。象征意义是指状态与自我表现。一个良好设计的办公室应当提供工具,在美学上令人愉悦,并允许适当的象征表达。

有两种类型的办公室:传统的和开放式的。传统的办公室是固定的(地板到天花板)墙体,通常可供少数几位工作人员使用。这样的办公室提供隐私保护以及相对较小的噪声等级。开放式的办公室没有地板到天花板的墙体,可以容纳很多工作人员。这样的办公室不提供很多隐私权,噪声等级相对较高。

1) 传统办公室

在传统办公室的设计中,最主要考虑的人为因素问题是家具选择和安置。办公室设计最早的一项研究由 Propst 在 1966 年发表,他报道了针对办公室设备的设计和安置多年研究的结果。他从多个领域的专家处获得信息,研究被认为异常情况的工作人员办公室模式,在办公室原型中进行试验,并测试一些不同的办公室环境。根据研究的结果,他强调灵活性的需求,并指出当时大多数的办公室设计依赖于过度简化与限制性的概念。他还认为办公室需要围绕一个活跃的个人设计,而不是刻板久坐的伏案工作人员。Propst 设计的家具和布局已经统称为行动办公室(见图 18.8)。

Propst 认为行动办公室不能提供创造性去改善决策,但是可以便于获取事实和信息处理,从而使得表现行为更加有效。不管 Propst 的主张,工作人员对行动办公室的正式评价表明他们非常喜欢行动办公室的设计(Fucigna,1967)。在从标准的办公室转换为行动办公室之后,工作人员感到他们能更好地组织,效率更高,从而他们可以使用更多可用的信息,更不容易忘记重要的事情。因此,行动办公室比标准办公室更能满足使用者的需求。

2) 开放式办公室

传统办公室的一种替代方式是开放式办公室(Brennan 等,2002)。开放式办公室的目标是方便工作人员进行交流,并提供更加灵活的空间适用。但是,这会增加干扰和分神的情况。有三种类型的开放式办公室:牛棚式、景观式以及非领域式办公室。

图 18.8　行动办公室

　　牛棚式办公室是最古老的开放式办公室设计,办公桌成排和成列安放。图 18.9 是 2004 年雅典奥运会众多办公室中的一个。这种安排能够让大量的工作人员在有限的空间内办公,同时还考虑了交通流量和维护。但是,大部分工作人员发现牛棚式办公室不够人性化。一家加拿大公司的员工从传统办公室转移到可容纳 9 人的开放式牛棚办公室(Brennan 等,2002)。员工们表达了深深的

图 18.9　2004 年雅典奥运会的牛棚式办公室

不满,并且不满的情绪并没有随着时间的推移而减少。员工感到隐私权的缺失,从而较少沟通,而非增加沟通。

景观式设计并非将办公桌成排或者成列安放,而是根据功能以及员工的交互组织办公桌和私人办公室(见图 18.10)。景观式设计使用可移动的边界提供相较于牛棚式办公室更好的隐私性。

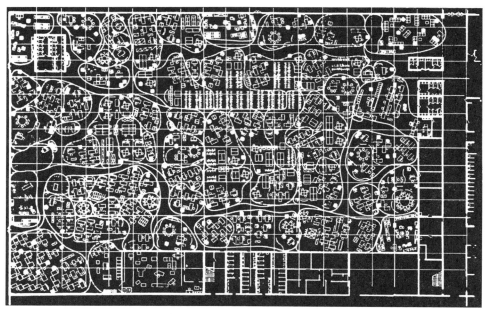

图 18.10　景观式办公室的蓝图

一项针对景观式办公室有效性的研究首先考察在直线形、牛棚式办公室中工作的员工的生产力、小组交流、美学以及环境描述(Brookes 和 Kaplan,1972)。随后,这个办公室使用景观式进行重新设计,消除私人办公室和办公桌之间的直线交流。在办公室重新设计的 9 个月之后,他们对员工进行了相同的重新考察。虽然员工认为新的办公室比旧办公室看起来更好,但是他们并不认为自己可以工作得更好。生产力并没有提高,同时,员工也不喜欢景观式设计的噪声,缺乏隐私以及视觉干扰。

这个研究表明任意开放式办公室的主要问题是存在视觉和听觉干扰。表 18.3 给出了一些控制这些干扰影响的方法。我们可以使用障碍物(隔板)有效地防止视觉干扰。听觉干扰是更严重的一个问题。开放式办公室中的噪声主要有两个来源:建筑物设备如空调系统以及人的活动(Tang,1997)。办公室职员暴露在低噪声环境中3h以上会对生理和行为产生影响,这表明他们的压力水平有所增加(Evans 和 Johnson,2000)。一些研究表明开放式办公室计划的失败,例如 Brookes 和 Kaplan 的研究,是由于坚硬天花板反射的噪声(Turley,1978)。尽管有一些方法能够缓解这些问题,例如在天花板上使用吸音材料,以及使用类似白噪声发生器这样的声音屏蔽设备,我们仍然需要在开放式办公室空间的早期设计阶段考虑这些潜在的问题。

表 18.3 控制视觉和听觉干扰

— 使用屏障阻挡声音传输,防止视觉干扰。障碍物应当至少 5 ft(最好 6 ft)高,并且应该到达地面
— 在天花板(最重要的),以及屏障和墙壁上使用高效的,具有高吸声系数的材料。对于墙壁,最重要的区域是从桌面高度到地面 6 ft 的距离
— 将顶灯放置在合适的位置,减少从镜头材料反射的声音
— 窗户顶部略微向外倾斜,使得声能反射到吸声天花板上
— 考虑使用补充吸音挡板
— 使用噪声掩蔽系统,以便在整个工作空间的吸音挡板上吸收连续的、不显眼的以及难以分辨的杂音

另一种开放式办公室的类型是非领域式办公室。在这种类型的办公室中,员工没有自身的空间,所有的工作都在长椅、桌子或者办公桌上完成。员工可以选择合适的地方办公,但是可能需要提前预留工作空间。一项研究关注这种布局对产品工程部门中的表现行为和沟通的影响(Allen 和 Gerstberger,1973)。在移除办公室墙体以及指定固定工作空间之前和之后,产品工程师完成一个问卷。在非领域式办公室中,部门成员之间的沟通比例增加了 50%。尽管表现行为没有变化,相较于传统的办公室布局,工程师更喜欢非领域式办公室。

这种对非领域式办公室的偏好似乎与之前介绍的领域性研究存在矛盾。这可能源于研究小组的协作特性,而在不需要员工之间高度合作的环境中,我们可能不会发现这种偏好(Elsbach,2003)。一家高科技公司使用了新的非领域式的办公方式,但是员工的反应与研究小组不同。这些员工感觉他们的工作空间受到威胁,因为他们不能将自己的工作区域个性化。

一个小型的办公室需要重新进行设计,在这个办公室中包含两个独立的工作活动:商业设计和政策咨询。4 名工作人员在办公室中工作,其中 3 名工作人员负责商业设计,1 名工作人员负责政策咨询。办公室较小,有地面层和主楼层(见图 18.11)。重新规划受到预算的限制,不改变建筑结构,尽可能地使用目前的办公家具。

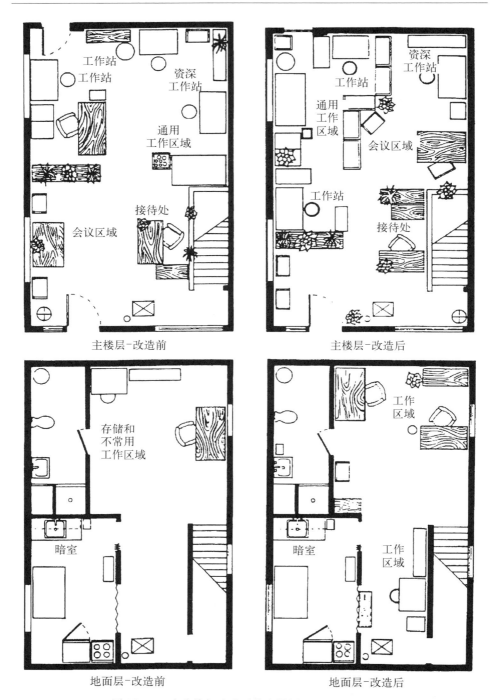

图 18.11　改造前与改造后的主楼层和地面层的布局

Dumesnil 在整个工作计划的不同阶段,使用不引人注目的观察方法和集中访谈的方法,确定现有办公室存在的社会-行为问题。这些问题如下:① 领域混淆;② 缺乏隐私权,导致很多非工作相关的干扰并难以保护沟通的隐私权;③ 缺乏公共领域和私人领域的定义;④ 缺乏个人空间保持合适的人与人之间的距离。Dumensnil 通过将政策咨询人员的接待桌从主要楼层移动到地面层;在工作站间安装高的模块柜作为屏障;指定一个新的等待区域,并将接待区域安置在等待区域和工作站之间的方式解决这些问题。接待区域的位置为到访者进入工作区域提供了视觉线索,她还为设计人员和政策咨询人员构建独立的会议区域。这些变化减少了空间的矛盾,从而形成更加面向任务的言语交互,更加重要的是,增加了生产力和用户满意度。

18.4　组织小组间的交流

员工的表现行为不仅受到工作设计和办公室环境的影响,还受到组织环境的影响。例如管理方式、福利待遇和晋升机会都会影响员工的幸福感、公司忠诚度以及工作主动程度。一个健康的组织应当包含四个方面的特征(Dettinger 和 Smith,2006):① 努力实现一系列明确的目标;② 尊重的文化;③ 灵活度和以敏锐、有效的方式对变化的情况做出响应的能力;④ 及时有效的决策。最重要的可能是组织中的管理者选择与员工交流的方式,以及员工之间的交流方式。

18.4.1　组织中的交流

组织沟通是指两个或者多个个体或小组之间的信息传递。除了福利待遇,沟通可能是工作满意度最重要的影响因素。沟通是所有组织运作的基础,也是组织和小组取得成功的方式(见框 18.1)。信息传递可以使用正式或者非正式的通道,并且信息可能与工作相关,也可能并不与工作相关。

框 18.1　团队表现与群组软件

正式地,一个团队是"可区分的两个或多个人员的组合,他们动态地、相互依赖地、自适应地进行交互,以实现共同的、有价值的目标/目的/任务,每个人被分配特定的角色或功能,并且团队成员的生命周期是有限的"(Salas 等,1992)。团队合作很重要,是因为很多人一起工作能够(更好地)完成一个人所能完成的工作。

很多组织依赖技术人员团队解决问题。这些组织意识到复杂的问题更容易由一群具有宽泛知识和技能的人员一同解决。

团队合作不仅对于创造性地解决问题很重要。一些复杂的系统,例如核电站与商业飞机,需要团队进行操控。一些工作,例如铺路和心脏移植,需要很多人执行不同的任务才能完成。

如何有效地进行团队合作? 团队如何"思考"? 我们已经很了解团队的表现(Bowers 等,2006)以及影响因素。我们也知道"团队认知"的概念(Salas 和 Fiore,2004),或者团队如何理解和思考正在处理的问题。影响团队行为的因素包括团队的大小,团队成员的差异以及团队内的领导结构。

不管什么样的工作,随着团队人数的增加成员之间的沟通和协作都变得更加困难。团队中成员不同的态度和技能水平都会影响团队的表现:同质的团队能够更加有效地一起工作,而异质则可能促进创新性。权威性也会对团队的表现形成影响:在时间压力下,具有结构化层级结构的团队比不具有正式结构化的团队表现得更好。但是,通常在所有其他方面,较少正式结构化团队提供的灵活性会产生更好的团队表现。

在第 11 章中,我们讨论了人们如何解决问题;在第 10 章中,我们介绍了沟通。在小组内一群人不仅要解决问题和沟通,还需要与他人协作。协作强调每个小组成员如何共享真实的任务心理模型(Cooke 和 Gorman,2006;Salas 和 Fiore,2004)。心理模型让小组成员保持良好的"情景意识"——对任务条件持续变化的意识。当所有的小组成员对当前以及将要发生的事件有正确的感知,他们可以有效地计划、沟通与协作。

团队认知不是每个人员心理过程的收集过程,而是来自小组成员之间的交互过程(Kiekel 和 Cooke,2005)。在团队内工作可以改变小组成员思考和考虑不同问题的方式,进而改变他们团队合作中的信息处理方式。社会心理学家研究了这些变化,可以在介绍心理学的书籍中读到:风险转移和群体思维是团队成员交互过程中重点研究的两种现象。尽管人为因素专家接受过良好的训练,并且相当熟悉设计问题中涉及的个人的思想和经验,他们还需要考虑团队的认知和行为。

计算机技术和因特网改变了团队成员相互交互的方式。所有的团队成员不需要再在同一个办公室中工作,甚至不需要在同一个城市中工作。虚拟团队是指小组成员可能位于全球的各个位置。虚拟团队的合作主要依靠软件应用,并统称为群组软件(Lukosch 和 Schummer,2006)或者小组软件(van Tilburg 和 Briggs,2005)。群组软件由一个集合工具组成,帮助团队工作的多个方面,特别是沟通、信息交流和决策。很多软件用户每天都会使用,例如电子邮件或者即时消息,群组软件还为每个小组成员提供一个共享数据和共用计算机环境的界面。

群组软件应用分为三类:促进沟通、会议和协作的软件。沟通工具,例如电子邮件和即时消息,允许小组成员之间相互发送文件、数据和其他信息。会议工具让不同地理位置上的成员一起工作。有一些应用,例如 Citrix GoToMeeting,使用网络建立在线会议。很多人可以通过自己的个人电脑进行注册进入会议,旁听和准备汇报,以及使用相同的文件进行工作。本书的部分准备通过 Citrix GoToMeeting 完成。另一个例子是微软 Windows SharePoint 服务,也是一个基于网络的应用(van Tilbrug 和 Briggs,2005)。

协作应用程序允许团队根据特定的需求定制工具。团队成员可以担任不同的角色(读者、贡献者、设计者、管理者),应用会针对不同的角色提供合适的工具。SharePoint 还集成了很多其他的 Windows 应用,并在开发过程中进行了大量的可用性测试。

协作软件不仅仅可以完成文件编辑或者呈现汇报的功能。在 2005年 9 月,加州大学欧文分校的 2 名生物工程师汇报他们在欧文分校的实验室内成功地使用机器人显微镜对细胞进行了显微激光手术。这本身没有什么特别的,因为这种类型的手术已经成功了几十年。突出的成就在于他们当时身处澳大利亚的布里斯班(Botvinick 和 Berns,2005)。使用一个通用的协作工作(LogMeIn,Inc.),他们登录进实验室的计算机,准备幻灯片,并在网上进行手术,没有时间延时。他们执行的任务要求"捕捉"移动的细胞,如果连接或者传输出现问题,试验就会失败。

尽管取得了类似的成功,一些批评抱怨群组软件并没有实现它们的承诺(Driskell 和 Salas,2006)。Grudin 指出,虽然 1990 年关于群组软件的会议是在电子会议室举行的,但是2001年关于同一主题的会议并没有使用数字技术。这意味着即使是群组软件的支持者也发现其局限性。这些批评表明群组软件应用的改善需要考虑更多的团队动态性问题,以及小组的行为和认知。

为了理解在组织内信息如何利用,需要重点了解组织层级(见图18.12)。层级的最高层是公司的董事长或者CEO。层级结构从管理层一直延伸到普通员工。沟通可以在层级中沿三个方面移动:向上、向下或者水平。向上沟通从下属到上级,用于告知或者说服。例如,下属说"我已经完成了我的任务",或者"我想这个项目需要更多的人力资源"。向下的沟通从上级传递给下属,用于告知和命令。例如,上级说"Jane负责这个项目",或者"我们完成了这个月的生产目标"。水平沟通发生在层级的同一级,是影响同事和整合信息的一种方式。例如,一个员工可能告知另一个员工"我已经完成了项目的A部分,我在等待你完成B部分后,可以开始C部分"。

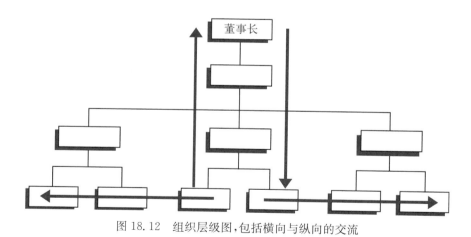

图 18.12　组织层级图,包括横向与纵向的交流

不正式的沟通避免组织正式沟通原则。这些消息往往是"小道消息",来自饮水机旁或者午餐时的对话(Sutton 和 Porter,1968)。尽管小道消息的表现形式和用途受到社会心理学家的极大关注,我们还是关注于组织中正式的信息流,即沟通网络。

正式的沟通网络要么是中心化的,要么是去中心化的。中心化网络的信息从一个单一的源传递到层级的子组中,并且在这些子组中很少发生沟通。去中心化的网络没有单一的信息源;子组之间相互沟通并与上级交流。当员工任务简单并定义良好时,中心化网络是有效的;而当员工必须与其他员工沟通一起解决问题时,去中心化网络更加有效(Jewell,1998)。

总之,知识就是力量。信息如何在网络中移动传递了社会消息。即选择接收信息的个人比不接收信息的个人更重要。上级可以选择奖励特定的下属,让他们成为信息的接收者。工作满意度直接与员工认为执行任务所需信息的接收程度相关(O'Reilly,1980)。因此,信息发布应当仔细考虑。

随着在沟通网络中流动信息会发生改变。这些变化与信息在网络中传递的方向有关(Nichols,1962)。从上级传递给下属的信息通常会被过滤,从而部分信息会丢失,与之相对地,向上传递的信息往往会被扭曲,从而部分信息发生变化。类似的扭曲也发生在信息的水平传递过程中,通常会被夸大。信息在组织层级结构中无法完美、可靠地传输。

我们已经讨论了基于员工工作的中心化和去中心化网络的有效性。工作表现和满意度也与沟通网络相关(Shaw,1981)。当组成工作的任务简单时,更好的表现行为与中心化网络有关。相对地,当组成工作的任务复杂时,去中心化网络更容易产生好的表现行为。在去中心化沟通网络中,工作满意度更佳,但是在这两种网络中,工作满意度最高的是提供信息的人。

很多组织使用虚拟工作场所,员工可以在不用的地方和时间工作。可能预期在这种情况下,沟通变得困难,所以员工的满意度下降。但是,虚拟办公室工作人员报告比传统办公室工作人员的满意度更高(Akkirman 和 Harris,2005)。所以,即使在虚拟办公室中可能存在沟通中断,合理的沟通结构设计和实践能够防止沟通问题的出现。

18.4.2 员工参与

组织沟通网络依赖于管理方式。有四种类型的方式:剥削型权威、仁慈型权威、协商型与参与型(Likert,1961)。对于权威型,组织决定由较高等级的层级决定,信息流是向下的。通常,剥削性权威漠视来自较低等级层级的建议,并使用恐吓驱动员工;仁慈型权威考虑下属的建议,使用奖励和惩罚作为激励;协商型允许较低等级层级的员工做一些决定,并使用奖励作为主要的激励源;在参与型中,组织内所有等级层级的员工都参与组织决策。在参与型中,给对组织正向变化有贡献的员工进行经济奖励作为激励。

员工参与有时称为参与型人体工效学,是宏观工效学的一个重要标志
(Brown,2002)。当使用参与型管理时,员工满意度最高,表现行为最佳,因为
他们更容易接受自己参与的决策。但是,只用一些特定方式的参与能够可靠
地保证工作的良好表现(Cotton 等,1988)。第一种方式是员工所有权,即每个
员工都是组织的股东。在美国,员工持股超过 50% 的公司拥有多达 13.6 万
名员工(National Center for Employee Ownership,2005)。第二种是非正式的
参与,是指上司和下属之间的人际关系。第三种是针对具体的个人工作参与
决策。

在组织决策中员工参与的一些形式被很多公司设定为工作生活质量项目的
一部分(Brown,2002)。通常,工作生活质量项目包含工作丰富化机会、工作设
计,以及员工对于项目的实时反馈和其他组织问题。这些项目背后的设计动机
是,当组织满足员工个人的需求时,员工会更加愉悦,更有效率。

18.4.3　组织发展

在正常的运作过程中,管理人员经常发现组织政策的不足,会对效率和产出
造成不利的影响。为了保证利润,每个组织都有一个结构和一组目标。与结构
和目标相关的是组织的效率,或者实现目标的好坏。评估组织效率的方式有很
多种,例如上述的利润以及其他的要素。组织发展是通过合理改变结构和目标,
提升组织的效率。

组织结构有三个部分(Hendrick 和 Kleiner,2001;Robbins,1983):复杂
度、形式化和中心化。复杂度是组织活动差异性的程度,例如,部门的数量
以及信息在不同部门间传递的方式。垂直差异是从首席执行官到直接对产
品负责的员工之间的层级等级数量。水平差异是一个层级等级中的专业化
程度以及部门的数量。例如,有些大学只有一个文理学院,而其他大学既有
文学院又有理学院。在学院等级方面,前者的差异小于后者。差异性的增
加会导致组织复杂度的增加。组织沟通网络整合了组织层级中不同的部门
和等级。

形式化是指导组织人员行为的规则和程序。组织越形式化,组织的程序越
标准。通常员工培训的等级越高,组织结构形式化越低。一个组织(如医院)雇
用接受过良好训练的、具有良好问题解决能力的员工(如内科医生和护士),那么
组织的结构必须灵活,能够让他们运用自己的技能。

中心化是权力在组织层级中分布的程度。权力产生于一个单一的等级,或

者是在不同的较低等级中分布。中心化最佳程度受多个因素的影响,例如,组织环境的可预测性;为达到组织目标所需要的协调性、战略性计划的数量。例如,医院是一个相当不可预测的组织,所以在组织中有多个不同的权力层,包括护士、内科医生、看护等。另一方面,工厂是一个很好预测的组织,所以权力集中在管理层。

　　组织的结构定义运行的规则,目标定义组织试图实现的内容。目标的差异主要在于时间框架、聚焦点和标准(Szilagyi 和 Wallace,1983)。目标可能是简短的、即时的,或者是长时的,此外,实现目标的方法可能是维护、改善或者创建。目标可能包括生产力增加,提升资源和创新以及更好的收益。

　　组织发展是通过结构和目标的变化以提高组织的效率。变化的过程包括如下几方面:

　　(1)识别系统的目的或目标。

　　(2)明确组织效率的有关措施,赋予不同的权值,随后利用这些组织效率方式作为评价可行结构的标准。

　　(3)系统性建立组织结构三个主要部分的设计。

　　(4)系统性考虑系统的技术、社会心理以及相关的外部环境变量,以调节组织结构。

　　(5)确定系统通用的组织结构类型(Hendrick,1987)。

　　虽然通常组织发展从顶端的管理层开始,变化的推动者也往往是外部的管理顾问。变化的即时刺激通常是一个问题,例如员工流动率高,或者较差的劳动/管理关系。但是,变化可能来自组织的成功,例如,随着组织的增长和扩张,对需求重新组织的情况。

　　组织发展过程与其他系统的建立和评价有很多相似的地方。我们遵循一系列步骤从初始的问题或者机遇感知到变化的实施和评估。图 18.13 给出了Lewin 提出的组织发展的理想模型。在组织感知和诊断一个问题后,它必须建立计划实施特定的变化。在计划实施之后,组织必须收集数据评价变化的影响,并使用这些信息进行进一步的计划。

　　Jewell 指出,这个模型需要很多组织可能缺失的大量资源,例如时间、金钱和外部专家。它还会使得组织依赖变化驱动者。因此,在很多情况下,这个模型可能不会严格执行,或者甚至是不合适的。

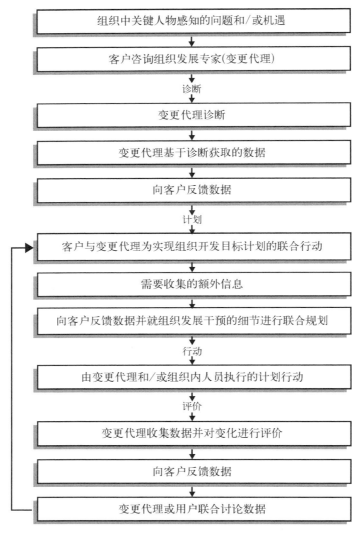

图 18.13　组织发展的理想模型

18.5　总结

　　组织的行为和生产力与组织如何管理人力资源有关。在本章中,我们已经讨论了社会和管理因素会直接或者间接地影响员工的行为,进而对生产力产生影响,并决定一个组织是否能够有效地实现目标。

　　一开始,我们介绍了工作分析,工作分析提供工作人员必须执行的任务描述。这可以作为工作设计、员工选择以及培训的基础。实施工作时间表是工作设计的一部分。工作时间表影响表现行为和工作满意度。工作时间表多种多样，可以针对不同的具体条件进行选择，当可能时，应调整工作时间表满足工作人员的偏好。

工作场所的设计依赖于我们统称为宏观工程学的概念。社会影响在工作满意度和表现行为中扮演了重要的角色。我们可以通过选择合适的社会交互方式设计良好的工作场所。我们还必须考虑组织结构。信息在组织个体间传递的方式，以及员工参与组织决策的程度对组织效率有直接的影响。如果从系统的角度观察整个组织，我们需要保证仔细考虑这些宏观工效学因素，以及对工作场所设计的影响。因为人为因素专家对人机系统有丰富的知识，所以在帮助组织发展和工作设计中扮演独特的角色。

推荐阅读

Burke, W. W. 2002. Organization Change: Theory and Practice. Thousand Oaks, CA: Sage.

Gifford, R. 2002. Environmental Psychology: Principles and Practice (3rd ed.). Colville, WA: Optimal Books.

Goldstein, I. L. & Ford, J. K. 2002. Training in Organizations (4th ed.). Belmont, CA: Wadsworth.

Grandjean, E. 1987. Ergonomics in Computerized Offices. London: Taylor & Francis.

Foster, R. G. & Kreitzman, L. 2004. Rhythms of Life: The Biological Clocks that Control the Daily Lives of Every Living Thing. New Haven, CT: Yale University Press.

Hendrick, H. W. & Kleiner, B. M. 2001. Macroergonomics: An Introduction to Work System Design. Santa Monica, CA: Human Factors and Ergonomics Society.

Smither, R. D. 1998. The Psychology of Work and Human Performance (3rd ed.). Boston, MA: Addison-Wesley.

19　人为因素实践

我们不需要感受混淆或者遭遇未被发觉的错误。合适的设计可以改变我们的生活质量……现在只有靠你自己了。如果你是设计人员，那么为可用性战斗；如果你是用户，那么与需要可用性产品的人们一起呐喊。

——D. Norman(2002)

19.1　简介

我们基础的前提是通过用户使用性设计改善系统的性能、安全性和满意度。不管是简单如小锤的物体，还是复杂如拖拉机的车辆，或是更加复杂的工厂中的人机交互界面，人为因素分析都能提供帮助。纸上谈兵的评价，或者常识性的方法对于大部分的设计无法保证其符合人机工效学的设计。如果常识对于设计安全和可用性是充分的，那么每个人都能够使用 DVD 机，飞行员差错也不再是很多空中交通事故的原因，秘书不再抱怨计算机工作站，而人为因素也不会成为科学和专业。

对实验室和工作环境中人的表现行为的生理和心理方面研究已经超过 150 年，因此我们已经了解很多影响人的表现行为的因素，以及在不同条件下评价行为的方法。在本书中，我们介绍了表现行为的感知、认知、运动和社会方面的内容，并始终将人的概念定义为信息-处理系统。这个观点的价值在于对大型系统人和机器部分都能够使用相同的标准进行评价。

系统的概念是研究设计变量因素影响的框架。在这个框架中，我们针对系统的目标评价不同部分的行为以及整个系统的行为。如果没有这个框架，人为因素将由无数的不相关的因素组成，我们对于如何将这些因素应用在具体设计中也一筹莫展。我们能够指导用户倾向于使用某一种软件界面进行数据输入，或者当一个关键的开关位于左侧而非右侧时，控制面板的操作人员能够快速、准确地响应。但是，我们不能使用这信息形成新颖的任务或者环境。一旦出现新的设计问题,我们都需要从头开始。

人为因素研究提供的与设计相关的知识内容称为**人-系统界面技术**,可以分为五类(Hendrick,2000)。

(1)人机界面技术:为增强可用性和安全性进行的人机系统界面设计。

(2)人-环境技术:为增强舒适性和表现行为进行的物理环境设计。

(3)人-软件技术:为满足人的认知能力进行的计算机计算设计。

(4)人-工作界面技术:为提高表现行为和生产效率进行的工作设计。

(5)人-组织界面技术:在大型的组织系统中考虑人员操作的社会技术-系统方法。

我们研究每个技术背后所包含的科学方法,并将其应用到具体的设计问题中。人们已经了解了很多这样的问题以及解决这些问题的技术。你可能还意识到,面向人类使用的设计需要很多来自不同观点的贡献。事实上,人为因素/人机工效是多学科的交融(Dempsey 等,2000)。本章将讨论人为因素实践中的问题,以及人为因素专家与其他设计小组成员交流时的问题。

人为因素专家应当在系统和产品的设计过程的多个阶段扮演重要的角色(Meister 和 Enderwick,2002)。通常,第一步是说服管理层,进行人为因素分析能够减少他们的开支。当每个人都认为这样的分析很重要时,人为因素专家应注意不要给出模糊的意见,例如不要将控制器件放得太远。当可能时,他/她必须向设计小组中其他成员提供不同设计选项的表现行为的定量预测,这并非一项简单的任务。最详尽的人的表现行为模型可能无法适应设计团队的目标。因此,人为因素专家可以使用一个工程模型,对特定的应用进行概括性预测,或者从综合认知框架中建立更加精确的预测。

在设计阶段结束,产品准备投入市场时,组织应当考虑安全性和责任。如果产品会导致事故或者使人员受伤,或者如果客户使用产品时发生事故或者受伤,那么组织负有责任。可用性工程的问题可能引起诉讼,例如在执行任务过程中,产品是否会引起一个不合理的风险等。

19.2　系统开发

19.2.1　人为因素实例化

人为因素专家需要说服管理者、工程师以及其他组织领导值得在人为因素项目上投入,这并非总是容易的。人为因素分析的时间和资源方面的成本容易被管理层观察到,但通常其优点却不是立竿见影的,在一些情况下,难以用金钱衡量(Rensink 和 van Uden,2006;Rouse 和 Boff,2006)。但是,目前能够明确的是人为因素分析能够提升安全性和表现行为,进而带来经济收益(Karat,2005)。这些优点来自组织内的设备、设施和程序的改善,并提升产品的可用性。

组织内的人机工效学项目可以增加效率和减小成本,增加可靠性,减少维护成本,增加安全性,以及提升员工的工作满意度和健康水平(Dillon,2006;Rensink 和 van Uden,2006)。产品设计的人机工效学方法通过在早期的开发阶段,产品开发和测试之前,识别设计问题,从而减少成本。最终的产品能够减少培训的成本,提供更好的用户效率和接受度,减少用户差错,以及减少维护和支持成本(Marcus,2005)。保证可用性的优点对于网页的设计特别显著,因为较差设计的网页会促使用户选择使用其他竞争网页(Bertus,2005;Mayhew 和 Bias,2003)。

成本收益分析是一种说服管理层去支持人机工效学项目和可用性工程的有效方式。进行成本收益分析的方式有很多(Rouse 和 Boff,2006)。我们必须提供支持这种项目能够节省的成本分析(Simpson,1990)。

例如,壳牌荷兰炼油厂与化工公司建立了一套系统性的成本收益分析方法,确定符合人体工效学工厂设计的成本和收益(Rensink 和 van Uden,2006)。这种方法能够向设计人员"视觉化提供人机工效学设计的潜在收益,并在改善项目中为技术员、人为因素工程师和项目管理者提供帮助"(Rensink 和 van Uden,2006)。这个过程可以生成一个表格,其中,表格的列可以用于改善设计的八个领域中的每一个(如工作人员健康水平)。表格的行表示可能为多个领域带来收益的特定好处(如减少在岗事故率,见表 19.1)。通过这个表格可以观察特定的优点对多个领域的影响,进而容易对收益赋值。这意味着设计人员和管理者能够更加容易地识别节省的成本,以及为安全性和健康带来的不易觉察的好处。

表 19.1 交叉参考快速扫描效益表

效 益 描 述	操作	维护	可靠性	安全性	健康	环境	法规	轮换
(1) 节省时间/人力资源	是	是						
(2) 节能	是							
(3) 减少废物	是	是				是		
(4) 减少/预防差错	是	是	是	是	是	是		

效 益 描 述	操作	维护	可靠性	安全性	健康	环境	法规	轮换
（5）减少/消除压力	是	是						
（6）减少训练成本	是	是						
（7）提高产品质量	是							
（8）预防在岗事故/风险	是	是						
（9）提高维修质量	是			是				
（10）节省部件		是						
（11）节省交通成本	是	是						
（12）节省工具	是	是						
（13）节省清洁成本	是	是			是	是		

通过成本收益分析，人为因素专家不仅为自己的价值正名，还体现了如下几方面：

（1）教育自己和他人关于人为因素的经济贡献。

（2）支持资源分配的产品管理决策。

（3）与产品管理者和高级管理层交流共享的经济和组织目标。

（4）支持组织中的其他团队（如市场、教育、维护）。

（5）接收如何将人为因素资源从个人提升的组织层级的反馈（Karat，1992，2005）。

进行基本的成本收益分析有三个步骤（Karat，2005）。首先，识别影响项目成本和收益的变量以及对应的数值。成本包括人为因素人员的薪水、建筑物和设备进行可用性测试的花费，以及测试参与人员的薪资等。其次，分析成本和收益之间的关系。在这个阶段，可能会建立一系列可选的可用性方案，并进行比较。最后，必须确定人为因素分析需要投入多少经费和资源。

在系统和产品的开发过程中，评估与职业工效学项目或者人为因素项目实施相关的成本和收益较为困难（Beevis，2003）。但是，评估可以是有效的，并通常能够说明项目的价值。

1）职业工效学项目

当使用工效学项目重新设计工作时，我们会评估很多不同的成本输出（Macy 和 Mirvis，1976），包括旷工、倒班、迟到、人为差错、意外事故、冤屈和纠纷、学习率、生产率、盗窃与破坏、低效率或产量、合作活动以及维护等。良好的工作条件也能够通过增加舒适度、满意度以及对工作积极的态度的方式提供商业和个人收益(Corlett,1988)。一个案例研究了在木材加工公司应用工效学项目,证明项目能够带来收益(Lahiri 等,2005)。公司对叉车操作员、机器操作员、起重机操作员、技术员以及普通生产工人进行评估,基于这些评估,能够更好地改善工作站,包括可调节座椅、可升降的桌子、输送机、抓斗、地毯以及代替梯子的步道。此外,公司聘请一名物理理疗师教导工作人员开展锻炼,防止肌肉骨骼不适。公司汇报这些方式能够减少下背疼痛的数量(增加工作时间的效力率),并能够增加 10%的总的生产力。他们估计总体的经济收益是整个项目成本的 15 倍。

　　另一家公司报告了类似的收益。一家大型的啤酒厂为啤酒运送人员制订了一套人工操作工效学程序(Butler,2003)。大部分的啤酒运送人员从二十几岁开始在公司工作,一直工作到退休为止。运送人员每天运送的啤酒重量很大,并随着公司提供产品的增加而增加。这种较重的物理需求迫使他们在 45 岁左右就要退休。

　　人工操作工效学程序从 1991 年开始建立和实施。公司对所有需要运送人员的手工材料活动进行的任务进行分析,并且他们还研究了交付地点的物理变化是否能够减少困难度。变化包括降低啤酒运输车辆的装载高度,以及在啤酒放入酒窖的地点提供升降机。他们还建立一套培训程序。每名啤酒运送人员都接受 3 天的合适的举物和操作方式的培训。公司报告了逐步降低的与工作相关的保险索赔和手工操作事故率。他们估计工效学项目的成本为 37 500 美元,而受益大约为 2 400 000 美元。

　　很多公司可能没有开展职业工效学项目的资源。但是,一些供应商在设备出售时向用户提供用户工效学服务(IBM,2006;Sluchak,1990)。这些服务包括工作站设计的咨询,帮助开展设备店内评价,帮助实施员工培训项目,提供界面和网页设计的推荐,以及提供关于累积创伤失调等主题的简报。

　　2)系统与产品开发

　　将人为因素引入与系统和产品的开发过程相关的成本包括人为因素人员的薪水。此外,人为因素过程包含多个不同的成本(Mantei 和 Teorey,1988):初始研究、产品或者系统建模、设计和完善原型、建立实验室、开展高级用户研究和用户调研。

　　对于类似计算机软件的产品,成本-收益比依赖于受工效学变化影响的用户数量。Karat 对两个考虑人为因素的软件开发项目进行了成本-收益分析。其中一个项目规模较小,而另一个项目规模较大。她估计对于规模较小的项目节省成本比为 2∶1,而对于规模较大的项目,成本节省比则为 100∶1。人为因素测试节省的成本随着用户人数的增长显著增加(Mantei 和 Teorey,1988)。对于规模较小的项目，一个完整的人为因素测试项目并不经济。这里，我们又一次证明了成本-收益分析的重要性：不仅能够验证人为因素研究，还可以将研究的投入与预期的成本节省比相对应。

即使在军方，我们也需要考虑在新的系统中为了增强人与系统行为而投入的收益(Rouse 和 Boff，2006)。这些收益包括更加准确和有效的武器系统，增加系统的操作性，使用新技术改善设计，以及提供新的军事策略的机遇。成本与初始的研究和开发、反复出现的运营费用以及开发时间有关。这些成本和收益还由其他组织承担，包括开发者(从接收研发资金中受益的合同公司)和公众(从军事任务绩效增长中受益的个人和组织)。

19.2.2 系统开发过程

1) 阶段

系统开发由系统的需求驱动(Meister，1989；Meister 和 Enderwick，2002)。系统开发起始于广泛定义的目标和收益，随后分解到更多和更小的任务和子任务。大部分的系统需求不包括人的表现行为目标；一开始，需求只说明物理系统如何工作。因此，人为因素专家必须确定用户需要哪些系统的物理需求。

我们已经多次提到从项目的开始阶段，人为因素专家就进行参与的重要性。系统开发初始阶段的设计决策对后续阶段有影响。从最初的决定开始，如果期望系统最优工作，那么必须满足人为因素标准和物理行为标准。美国军方也很认同这一点。例如，美国陆军的 MANPRINT 项目从系统开发过程一开始就考虑人为因素的问题(Booher，1990)。

MANPRINT 项目以及其他类似项目的建立是由于之前没有在设计初始阶段考虑人为因素的项目导致设备产品无法有效使用，或者不能达到性能目标。例如，美国陆军的 Stinger 反飞机导弹系统设计时没有考虑人为因素问题，预计能够成功击落来袭敌机的概率是 60%。但是，因为设计人员没有考虑士兵的技能和训练，真实的击落概率只有 30%(Booher，2003)。

系统开发包含多个阶段(Czaja 和 Nair，2006；Meister，1989)。第一个阶段是**系统计划**。在这个阶段，我们会识别系统的需求，即需要系统完成什么。第二个阶段是**初始设计**或者初步设计，在这个阶段，我们会考虑系统设计的选项，同时，我们还会开始测试，构建原型，并创建未来测试和系统评价的计划。第三个阶段是**详细设计**，在这个阶段，我们将完成系统的开发，并对产品做出计划。第四个阶段是**设计验证**，在这个阶段，我们生产系统，在运行中进行试验并评价。

在每个系统开发阶段都会引起一些人的表现行为问题。这些问题如表19.2所示。在系统计划阶段,人为因素专家评估了任务需求的变化、所需的人员以及对于新的系统所需的培训特征和数量。人为因素专家保证人为因素问题关乎系统的设计目标和需求。

表 19. 2　系统开发引起的行为问题

系统设计
　(1) 假设一个前继系统,新的系统与前继系统的构型有什么差异? 包括人员的数量和内容、选择方式、培训方式,以及系统运行的方法
初始设计
　(2) 从行为的角度,在可选的设计中,哪一种更加有效?
　(3) 在这些选项中,系统人员是否能够在没有过度工作负荷的情况下有效地完成所有所需功能?
　(4) 哪些因素是复杂度或者差错的潜在来源,是否能够在设计中消除或者改善?
详细设计
　(5) 提出的设计选项哪个更优或者最优?
　(6) 每种不同的设计构型能够获得的人员行为等级,这些等级是否能够满足系统需求?
　(7) 人员是否会遇到过度的工作负荷,如果有,如何处理?
　(8) 为了达到具体的行为等级,应当向人员提供哪些培训?
　(9) 硬件/软件、程序、技术数据和总体的工作设计是否充分从人的观点进行考虑?
设计验证
　(10) 系统人员能否有效地开展工作?
　(11) 系统是否满足人员需求?
　(12) 受行为变量影响的系统维度是否从人的观点进行合理考虑?
　(13) 哪些设计缺陷必须修正?

不管是在系统设计的初始设计阶段,还是详细设计阶段,都关注产生和评价可选择的设计概念。人为因素专家关心的问题如功能的人机分配、任务分析、工作设计、界面设计等(Czaja 和 Nair,2006)。在初始设计阶段,专家会依据可用性评判可选择的设计概念。他会推荐能够使得人为差错概率最小的设计。当系统开发从初始阶段进入详细阶段,很多在初始阶段出现的问题将重新进行检查。最终的系统设计会考虑符合人的行为限制。

设计验证阶段的人为因素活动能够帮助确定在最终设计时是否有遗漏的缺陷。在与运行条件相近的环境中,我们将对最终的系统进行测试。我们会通过这些测试,在系统或者产品生产之前判断是否存在需要更改的设计特征。

在每个阶段,人为因素专家会从四个方面对设计团队提供支持。第一个方面,他/她会提供系统硬件、软件和操作程序的输入,目标是为了最优化人的表现行为。第二个方面,他/她还会推荐如何选择和雇用系统人员。第三个方面的支

持是培训问题：应当给予什么类型的培训，以及需要多少培训？第四个方面，他/她将开展研究，评价整个系统以及更加详细的人的子系统的有效性。

在所有系统开发阶段的人的行为数据、原则和方法的系统性应用保证系统的设计能够被操作人员最优使用。这种优化能够增加安全性、实用性和效率，并最终对所有参与人员有利。

2）促进人为因素输入

人为因素与人机工效学的一个中心关注点是如何让人为因素专家参与设计过程，特别是在需要进行初始设计决策的早期阶段。通常，设计团队有时间节点的压力，并且他们更主要关注建立系统或者产品满足首要的开发和运行目标。因此，团队可能认为融入人为因素方法以及用户/可用性测试是昂贵的选项，不像其他因素那么重要（Shepherd 和 Marshall，2005；Steiner 和 Vaught，2006）。

人为因素项目应当安排在组织结构的什么位置，组织是在什么时候实施？大部分人认为人为因素专家应当在一个独立的、集中的团队或者部门，受对人为因素组织性问题敏感的管理者领导（Hawkins，1990；Hendrick，1990）。集中团队有一些优势，能够让人为因素专家对整个项目的贡献最大化。管理者可以从组织更高的等级对人为因素关注点予以支持，这对于创造人为因素蓬勃发展的环境非常重要。通过建立对权利层的汇报，增加他们对系统设计中人为因素重要性的意识，管理者和团队可以保证组织支持他们的努力。此外，如果有独立的人为因素团队或者部门，而并非从不同的部门抽调人手，那么对于实验室与研究设备的经济支持更加可靠。一个稳定的人为因素团队还能够帮助建立系统设计人员和工程师的信心。项目管理者更倾向于从人为因素专家处寻求建议，这是因为人为因素专家的可信度和可见性。最后，团队能够培养职业认同感，这能够提升士气，并有助于招聘其他的人为因素专家。

遗憾的是，很多工程设计人员并不能完全理解人为因素，或者认为具有项目知识的人都能够解决人为因素问题。因此，人为因素专家应当意识到在设计过程中，合理地解决人为因素问题不仅依靠常识（Helander，1999）。

除了被设计团队欢迎的程度以外，人为因素专家需要面对的另一个问题是系统设计的每个人都会从他们的专业看待问题。每个人都使用自己熟悉的词汇讨论问题，并尝试使用特定专业的方法提供解决方案（Rouse 等，1991）。设计人员可能不知道如何向人为因素专家提问题，或者如何解释人为因素专家提供的答案。沟通困难度会导致人为因素信息的丢失，从而使人为因素专家提供的推荐对系统开发过程的影响有限。

为了防止信息丢失，人为因素专家有责任至少了解一些核心设计领域的内容（如轿车仪表显示）。类似地，设计人员、工程师以及管理者需要学习人为因素和人机工效学的知识。一个轿车生产商为了解决沟通的问题，直接让工程师进行2期的人为因素/人机工效学持续工程教育，以满足公司在这方面的要求（Coppula，1997）。Blackwell和Green建议人为因素专家、设计人员和用户都学习一组常见的认知维度，在这些维度上设计的可选方案可能不同。这些维度提供的结构能够为可用性问题的沟通提供共同的基础。

我们已经多次指出在系统开发的计划和设计早期，很难获得合适的人为因素输入。事实上，设计人员往往到详细设计阶段才担心人为因素问题，在这个阶段很多重要的内容已经决定（Rouse和Cody，1988）。因此，人为因素专家的贡献被围绕系统设计开展的既定特征工作的必要性所削弱。正如Shepherd和Marshall强调的"人为因素专家必须持续关注如何对组织提供最佳支持，从而能够在系统开展的合适阶段考虑显著的人为因素问题，并使用最小的代价解决这些问题"。

我们解决这个问题的一种方式是采用基于场景的设计，人为因素专家建立场景描述产品、工具，或者系统可能的使用情况（见框19.1）。另一种方法是参与性设计方法，使用例如焦点小组的方法从预期用户处获取所需的产品和系统信息（Clemensen等，2007）。最后使用系统模型，让人为因素专家和设计人员在原型建立之前合作评价可选择的设计选项，人的行为和运动的综合性工程模型，将现有的知识应用到初始的设计决策中。

框19.1　基于场景的设计

基于场景的设计是将人为因素融入设计过程的可选方法之一（Carroll，2006）。基于场景的设计在人机交互领域广泛使用，Carroll指出"现在是范例式的"，即是被认可的惯例。但是，基于场景的设计在系统设计中还没有被广泛接受（van den Anker和Schulze，2006）。

人为因素专家使用基于场景的方法对人员使用软件工具或者产品形成不同方式的叙事性描述。随后这些描述指导设计过程，包括解决人为因素需求以及测试与评价工具。通过开发可能的场景，设计人员可以发现用户可能碰到的潜在困难以及识别功能，这对具体的目标有帮助。

基于场景的设计很重要，因为它解决了技术设计中的一些挑战

（Carroll，2006）。第一，场景需要设计人员反映使用产品或者系统人员的目标，以及他们使用的原因。场景让设计人员关注使用产品的环境。第二，场景能够使得任务环境更加具体：它们描述详细的情景，便于视觉化。这意味着设计人员能够从多个不同的角度观察问题，并考虑其他可能的解决方案。第三，因为场景面向人们进行的任务，它们能够提升设计人员与用户之间面向工作的沟通。第四，具体的场景能够从更加通用的场景分类中抽象获得。设计人员实现这些更加具体场景的方式可以依赖于实现更加通用场景的先验知识。基于这个观点，特定的设计问题可以首先通过基于场景的种类对问题进行分类的方式得以解决。

场景在场景和内容上有所不同（van den Anker 和 Schulze，2006）。通常，场景是叙事描述或者故事。随着这些叙述变得更加精炼，它们可以在故事板绘图和图形中进行可视化描述，甚至可以使用模拟或者虚拟环境的方式进行描述。它们可以关注个体用户的活动，或者多个用户之间的协同活动。第18章中描述的计算机支持的合作是协同活动的一个实例，能够实现良好的基于场景的设计。此外，抽象的等级可以是多样的；细节较少的通用场景可以指导早期的设计决策。当设计开始成形时，场景可能包含大量的细节。

设计人员可以使用多种方式建立应用场景。在较晚的设计阶段，例如在参与式的设计方法中，代表终端用户的人员可能对过程做出贡献。通常，设计人员使用故事板上的"标签"（如便签），表示不同用户使用的界面控制器件和显示功能（Bonner，2006）。随后，用户从板上拉下合适的标签，并放在模拟产品上，表明他们在特定任务点进行的动作。

一个案例是使用基于场景的设计关注美国国土安全局内部的部门如何监视和响应应急事件（Lacava 和 Mentis，2005）。Lockheed Marin 的工程师期望为 DHS 设计一个命令和控制系统。这个具体的问题特别适合使用基于场景的设计，因为软件工程师甚至不知道谁会使用系统。他们面临的其他问题包括不知道 DHS 可能面临的问题类型，同时，这些部门本身不能完全明确如何执行任务。

针对海岸警卫队的设计人员从场景设计开始。每个场景都有一个设定，参与人员在这个设定中努力实现具体的目标，并且描述他们详细的动作顺序,以响应设定中的事件。他们在设计过程中遇到的问题包括信息如何在不同的 DHS 部门之间共享;在海岸警卫队中,信息如何在顶层和较低层个人之间传递;谁响应信息,以及在层级的各个等级中信息如何呈现。通过对这些场景的持续改善,他们向海岸警卫队提交了一个原型系统。一旦海岸警卫队意识到设计团队准确识别包含管理第一响应小组的问题,并提供一些可靠的解决方案,设计人员能够说服海岸警卫队与他们紧密合作。通过一组真实用户的帮助,设计团队可以进行更加传统的以用户为中心的设计。

19.3　人的表现行为的认知和物理模型

人的信息处理和基本的人体测量学特征强调人的表现如何受任务特征和工作环境的限制。我们已经讨论了基本的原则,例如当人们的工作记忆超负荷时,表现行为会变差,以及人们的运动时间与运动困难度线性相关(Fitts 定律)。我们还介绍了很多理论可以解释这些现象。希望这些由数据和理论形成的基础必须让人为因素和人机工效学融入设计决策的人们所理解。

当面对具体的设计问题,人们可能一开始会搜寻类似的问题是如何解决的信息。你可以参考很多来源(Rouse 和 Cody,1989):人为因素教科书详细涵盖具体领域的内容(如注意力;Johnson 和 Proctor,2004);手册提供针对某主题的详细规定和规范(Salvendy,2006);期刊以及标准和指南(Karwowski,2006)。遗憾的是,没有一种容易的方式能够正确确定对具体的问题而言什么因素是重要的,以及因素之间是如何交互的。

这就是人的表现行为模型的来源。定量和计算模型在整个人为因素和人机工效学领域中都扮演重要的角色(Byrne 和 Gray,2003)。在本书中,我们已经介绍了很多这样的模型。但是,这些模型多数只针对一些狭隘的问题,所以它们对人为因素的工程问题可能帮助不大。一些研究人员更努力建立"通用目标"的模型,关注于人的表现行为中的信息处理(Byrne,2008),以及人的运动的物理模型(Chaffin,2005)。

例如,考虑注意力的问题。在本书中,我们已经讨论了如何在实验室中研究注意力,以及建立了很多针对注意力如何工作的模型。Logan 回顾了关于注意力的理论,并总结为两类:一类基于信号检测理论,而另一类称为相似性-选择理论,提供了对总体注意力现象的最佳考虑。Logan 指出:"它们的数学结构允许强有力的推断和准确的预测,并且能够理解各种现象。"这些模型和理论对于研究注意力的人来说同样重要,它们可能不会告诉人类因素专家,需要知道哪些设计问题。

虽然很多信息处理模型并非直接针对设计问题,建模对于设计工程师仍然很有价值(Gray 和 Altmannn,2006;Rouse 和 Cody,1989)。模型会强制进行严格的、一致的分析。模型还可作为组织信息的框架,并指示所需的额外信息。此外,模型能够提供对特定结果产生的解释。最重要的可能是,设计人员可以将模型提供的定量预测融入设计决策,但是只依据指南和其他来源得到的含糊推荐做出决策很困难。

提供形式化模型的好处是显著的,所以很多人建立通用的框架和模型让设计人员和建模人员在具体的任务环境中预测人的行为(Elkind 等,1990;Gluck 和 Pew,2005;McMillan 等,1989;Pew 和 Mavor,1998)。我们将在下一节总结这类方法。

19.3.1 人的表现行为的工程模型

人的表现行为的工程模型的主要目标是提供一些表现行为方面的"大体"价值,例如,以简单、直接方式执行任务的时间。人的表现行为的工程模型应当满足三个标准(Card 等,1983)。第一,模型应当基于将人作为信息处理器的观点。第二,模型应当基于任务分析强调近似计算。任务分析确定那些信息处理操作,以实现任务目标。第三,模型应当允许在开发设计阶段进行系统性能预测。

总之,人的表现行为的工程模型应当容易让设计人员对设计可选项的行为进行近似的定量预测。我们会介绍两类满足这些标准的人的表现行为的工程模型:认知模型,主要依据认知心理学研究而建立;数字人体模型,主要依据人体测量学和生物力学研究而建立。

1) 认知模型

最能广泛接受的认知工程模型基于 Card 等为人机交互领域建立的框架。这个框架在框 3.1 中进行了简要介绍,包含两个部分。第一部分是人的信息处理系统通用架构,被称为人类处理器模型。它由感知处理器、认知处理器、运动处理器以及工作记忆(具有独立的视觉和听觉图像存储)和长时记忆组成(见图 19.1)。每个处理器有一个定量参数:循环时间(处理最小信息单元的时间),

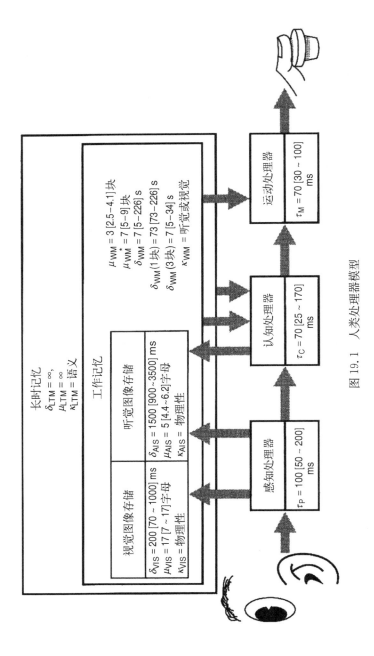

图 19.1　人类处理器模型

而每种记忆有三个参数：存储能力（成块）、延时（秒）和编码类型（听觉或者视觉）。这些参数被认为与条件无关，即不管任务是否执行，数值都是一样的。数据的估计依据基础的人的表现行为研究和插入方式进行确定。

表 19.3 总结了人类处理器模型的工作原理。这些原理很多是基于我们在前述章节中介绍的人的表现行为的基本法则。其中最基本的是合理性原则。

表 19.3　人类处理器模型的工作原理

P0. **认知处理器的识别-动作周期**：在认知处理器的每个周期，工作记忆的内容触发动作，并在长时记忆中与之关联；这些动作进而改善工作的内容

P1. **可变的感知处理器速率原则**：感知处理器周期时间 τ_p 与刺激强度成反比

P2. **编码特定性原则**：对感知内容执行的具体编码操作决定了存储的内容，而存储的内容决定了什么样的检索线索在提供存储内容访问方面是有效的

P3. **区分原则**：记忆检索的难度由存在于记忆中的候选内容决定，与检索线索有关

P4. **可变的认知处理器速率原则**：随着任务需求或者信息负荷的增加，努力程度随之增加，认知处理器周期 τ_c 变短；通过训练周期时间也会变短

P5. **Fitts 定律**：将手部移动到距离为 D、大小为 S 的目标的时间 T_{pos} 为
$$T_{pos} = I_M \log_2 (2D/S + 0.5)$$
其中，$I_M = 100 [70-120] ms/b$

P6. **幂指数定律的实践**：在第 n 次试验中执行任务的时间 T_n 符合幂指数定律：
$$T_n = T_1 n^{-a}$$
其中，$a = 0.4 [0.2-0.6]$，T_i 取决于任务

P7. **不确定性原则**：决策时间 T 随着决策和判断的不确定增加而增加：
$$T = I_C H$$
其中，H 为决策不确定性，并且 $I_C = 150 \, ms/b$

P8. **合理性原则**：个人的行为是为了通过理性的动作实现目标，给定任务的结构，以及信息的输入和知识与处理能力的限制。
目标＋任务＋操作人员＋输入＋知识＋处理限制→行为

P9. **问题空间原则**：人们解决问题的理性活动可以描述为① 一系列知识状态；② 操作人员将一个状态改变为另一个状态；③ 操作人员的应用限制；④ 决定操作人员下一步动作的控制知识

合理性原则假定用户为了实现目标所进行的行为是合理的。如果某人的行为不合理，分析任务的目标架构不会有任何有益的目的。合理性原则证明了工程模型的第二个主要标准：任务分析以目标和需求为框架。在人类处理器模型中，任务分析确定目标、操作人员，方法和选择规则（GOMS）描述任务。在分析确定目标结构之后，我们通过定义实现目标的方法构成方法的元素操作，以及在可选方法中进行抉择的规则详细说明信息处理顺序。最终的结果是一个信息处理模型，描述根据任务执行的情况，为达到目标而进行的一系列操作。表 19.4 给出了一个破译元音省略缩略语的示例模型，描述了目标结构。通过指明元素

操作的执行周期时间,模型能够产生执行任务的时间预期。

表 19.4　确定元音省略缩略语的 GOMS 算法

算　　　法	操作人员类型
开始	
刺激←获得-刺激("命令")	感知
拼写←获得-拼写(刺激)	认知
初始-响应(拼写[第一个字母])	认知
执行-响应(拼写[第一个字母])	运动
下一个-字母←获得-下一个-字母(拼写)	认知
重复开始	
如果-成功　是-辅音?(下一个-字母)	认知
则　开始	
初始-响应(下一个-字母)	认知
执行-响应(下一个-字母)	运动
下一个字母←获得-下一个-字母(拼写)	认知
结束	
否则　如果-成功　是-元音?(下一个-字母)	认知
则　下一个-字母←获得-下一个-字母(拼写)	认知
结束	
直到　0?(下一个-字母)	
如果-成功　0?(下一个-字母)	认知
则　开始	
初始-响应("返回")	认知
执行-响应("返回")	运动
结束	
结束	

　　为了证明如何使用这种模型,考虑 Card 等进行的一些试验。他们建模的任务来自计算机的文本编辑。他们以进行任务分析相同的方式使用试验的数据,即确定人们选择执行的子任务以及执行的顺序。Card 等通过多种方式分解任务,每种方法对应不同等级的分析,从人们选择的单独按键到他们执行的子任务。特别地,分析的功能性等级,即将子任务分解为子目标和操作人员每一步编辑的顺序,提供了最佳的行为预测。详细程度的不同等级不能提供很好的行为预测。

　　原始的 GOMS 和人类处理器模型框架有很多缺陷,限制了预测能力的准确度。它不能提供随着技能需求的变化引起的行为变化,不能预测差错,假定严格的串行处理,以及不能说明对脑力负荷的影响(Olson,1990)。但是,框架的扩展解决了学习和差错问题(Lerch 等,1989;Polson,1988),并且建立了一组 GOMS 模型能够成功预测包含人机交互的不同任务的行为有效性(John,2003;Olson,1990)。这包括文本编辑器的使用,图形程序和电子表格,输入不同类型的命令以及操作文件。GOMS 模型还被用于生成一系列的刺激 - 响应兼容性效应(Laird 等,1986),以及分析商用飞机飞行员使用飞行管理计算机执行任务(Irving 等,1994)。

GOMS 分析的变化被用作设计电话收费站和辅助操作人员的工作站(Gray 等,1993)。人为因素专家对电话公司考虑购买的新的工作站中的操作人员行为建模,并与旧的工作站中的操作人员的行为预测进行比较。根据工作站的设计人员,新的工作站能够减少每个操作人员花费在每次通话中的平均时间,并能节省公司成本。但是,GOMS 分析预期在新的工作站中每次通话的时间比旧的工作站要长。研究人员在随后的现场研究中确认了这个预期。

2) 数字人体模型

数字人体模型是主要用于物理人体工效学的软件设计工具,处理人体采用的姿势和施加在人体上的负荷(Chaffin,2005;Woldstad,2006)。这些工具让设计人员构建一个包含具体物理属性的虚拟人体(也称数字人体)。随后,设计人员将数字人体放在不同的环境中,编程执行具体的任务,例如进入轿车或者在特定的工作环境中使用工具。这让设计人员能够快速、容易地评价物理优势,以及其他可选设计的不足。表现行为更加详细的部分,例如时间和运动、视场、工作姿势以及可达性,也适用于额外的分析。

建立数字人体的任意软件系统必须包含 5 个元素(Seidl 和 Bubb,2006):① 数字人体的设计必须考虑关节的数量和移动能力,并准确地描述衣物;② 软件必须集成人体测量数据库,帮助形成特定人体测量特征的数字人体;③ 软件必须模拟姿态和运动;④ 软件必须包含与产品或者系统相关的属性分析方式;⑤ 应当将数字人体模型集成到虚拟世界中表征设计环境。不同的数字模型系统随着使用的人体测量学数据库、用于模拟运动的算法以及可用的分析工具的不同而不同。

数字模型不能完成所有的事。它们在引入不同的人体尺寸和形状,重现人体姿势,以及预测人的运行模式方面的能力有限(Woldstad,2006)。同样,因为这些程序如何选择算法构建模型并非总是明确的,设计人员难以判断数字人体的准确性。

Jack 和 RAMSIS 是汽车内饰设计中设计人员使用的两种数字人体模型（Hanson 等，2006；Seidl 和 Bubb，2006）。为了增加这些工具的适用性，以及使得工具在组织中广泛可用（Saab Automobile，Sweden），Hanson 等建立了一个内部的基于网页的使用指南和文件系统，让设计小组中的所有成员都能使用。指南给出了一系列步骤，从识别模型目标开始，如何准备和使用模型工具（对人体、物理环境和任务进行建模），以及如何形成推荐（包括结果和讨论）。它们在中央数据库中存储所有分析的数据。这个结果对于组织、开展和记录仿真项目是一个有效的系统。

19.3.2 综合认知架构

我们目前所讨论的工程模型非常不精确，虽然它们对于很多目标是充分的。但是，在一些情况下，我们可能需要更加准确的预期。这可以由综合认知架构提供。综合认知架构是一个相对完整的信息处理系统，或者统一的理论，目的是在特定的任务范围内提供建立行为的计算模型的基础。这个方法在框 4.1 中进行了讨论，我们介绍了三种最主要的认知架构：ACT－R（Anderson 等，1997）、SOAR（Howes 和 Young，1997）以及 EPIC（Kieras 和 Meyer，1997）。

所有这些架构都是生产系统，依赖于生产规则（当满足特定条件时，使用如果……则指明具体的动作），以及任务的记忆表征对认知过程进行建模。当给定的生产条件在工作记忆中呈现，那么生产就会"着火"，从而产生一种心理或者生理动作。架构的细节不同，例如串行处理或者并行处理的程度，以及架构是否适用于更高等级的认知任务，如语言学习和问题解决，或者感知-运动任务，如响应两个同时的刺激。

ACT－R 和 SOAR 架构最先的应用是需要解决问题，学习和记忆的认知任务。相对地，因为 EPIC 包括感知和运动处理器，EPIC 可以仿真多任务表现行为的多个方面（如驾驶）。ACT－R 最新的版本还包括感知（视觉和听觉模块）和运动（运动和语音模块）处理器，并且可以对多任务行为进行建模（Anderson 等，2005）。虽然所有这些架构最初都是为了提供对基础认知现象的完整描述而建立，它们都已经用作解决应用问题，例如人机交互和驾驶。

在其中任一架构中建立模型是复杂、费时的过程，需要一些训练。即使技能高超的建模者对具体的设计问题进行建模也是一个挑战，例如确定几个可选的界面中最适合的那一个。因此，一些建模者尝试简化建模过程。例如，ACT－简

易型使用一种简单的描述语言,随后根据架构细节进行编译,这就是 ACT-R
(Salvucci 和 Lee,2003)。

其他工程模型可以仿真复杂人机系统中人的表现行为。这种模型称为人类
操作人员模拟器(Harris 等,1989;Pew 和 Mavor,1998),帮助设计武器系统界
面。软件系统包含一个常驻的人类操作人员模型和一种设计人员指明设备特征
和操作人员程序的语言。与其他的认知架构类似,人类操作人员模型包含执行
不同子任务的信息-处理子模型(微动作)。人类操作人员模拟器的主处理子模
型如图 19.2 所示。

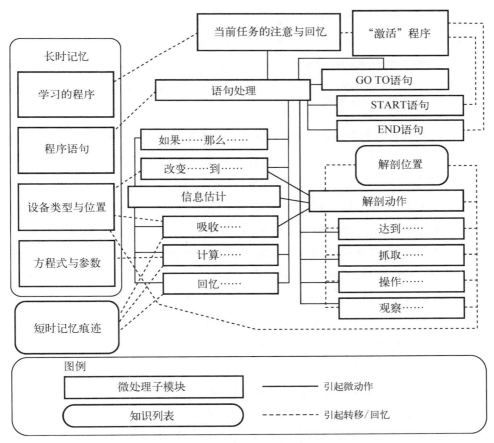

图 19.2　人类操作人员模拟器的主处理子模型

为了仿真大量武器和飞行系统的行为,设计人员必须说明任务的三个主要
部分(见图 19.3;Harris 等,1989):

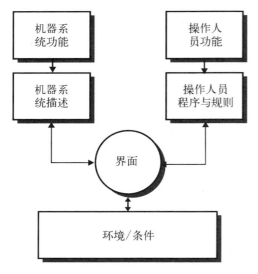

图 19.3　通过界面连接的人类操作人员模拟器三个主要部分

（1）环境（如数字、位置、速度，以及目标的方向）。

（2）硬件系统（如传感器、信号处理器、显示和控制器件）。

（3）操作人员程序，以及与系统交互和完成目标的策略。

设计人员还必须说明三个部分之间的界面：信息如何从一个部分传递到另一个部分。这些界面确定了硬件能否良好地检测到环境的变化，热压力与其他的环境压力如何影响表现行为，以及操作人员执行所需任务的难度。仿真会生成时间线，以及对任务与系统行为的准确预测。人类操作人员模拟器能够有效地分析控制器件/显示设计的影响，工作站布局和任务设计。

军方使用的另一项人的行为建模技术称为任务网络建模，或者离散事件仿真。建模的策略是引入商业可用的应用，例如 Micro Saint（Schunk 等，2002），这个应用很多人为因素建模者熟悉。为了使用任务网络模型，设计人员必须首先进行任务分析，将人的功能分解到任务，随后构建一个网络描述任务序列。在初始的任务分析后，任务网络建模相对容易进行和理解。它可以包含硬件模型和软件模型（"插入"任务网络合适的位置），这意味着完整的人机系统可以在模型中呈现（Dahn 和 Laughery，1997）。另一个商业应用，综合行为建模环境，组合了 Micro Saint 的网络建模能力与 HOS 提供的人的信息处理模型。

其他广泛使用的综合架构建立的目标如下（Pew 和 Mavor，1998）：任务网络认知（COGENT），用于建立智能界面的用户模型；人机综合设计和分析系统（MIDAS），对飞行环境中的人的行为进行建模；操作人员模型架构（OMAR），目标是评价复杂系统中操作人员的程序。目前，存在一系列可用的综合架构，并持续建立和修正。设计人员必须基于需求和考虑检验每个模型架构的具体细节，并做出最适合特定目标的最佳选择。

19.3.3　控制理论模型

控制理论模型在人为因素中已经使用了很长的时间（Jagacinski 和 Flach，

2003)。它们针对具体的任务,例如驾驶飞机,需要监视和操作复杂的系统。控
制理论模型将操作人员当作闭环系统中的一个控制元素(见图 19.4)。它们假
定操作人员受人的信息处理固有的局限,具有近似良好的机电控制系统的特征。
早期这类模型的应用是有局限的,它们只适用于包含一个或者多个手动控制任
务的动态系统。现在,我们有全面的模型,涵盖复杂系统操作人员开展的广泛的
监视活动范围。

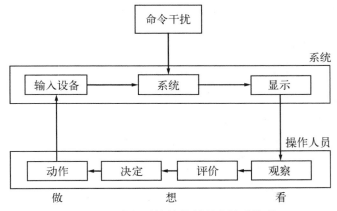

图 19.4   人机系统的控制理论闭环模型

　　一些基础的要求促使综合的、多任务的控制理论模型的建立(Baron 和
Corker,1989)。首先,系统模型必须表征操作人员与系统中非人的部分。其次,
在复杂系统环境中描述人的行为的认知和决策过程必须明确。最后,必须对小
组成员和操作人员以及机器之间的交流进行建模,并应当建立关于系统状态、目
标的每个小组成员的脑力模型。

　　例如,面向程序的机组模型(PROCRU)能够评价系统设计中的变化,以及
飞机着陆安全性程序变化的影响(Baron 和 Corker,1989;Baron 等,1990)。这
个应用阐明了控制理论方法如何帮助设计人员对非常复杂的系统建立全面的模
型。PROCRU 是一个闭环系统,包含一些独立的部分,包括空中交通管理人员、
空中交通控制系统提供的着陆辅助、飞机,以及两人机组中的一个(机长和副
驾驶)。

　　飞行员模型类似其他的系统部分,是基于控制-理论信息处理结构。认为飞
行员需要执行一系列任务或者程序。初始执行特定程序的选择以及前一个程序
何时完成是基于执行每个剩余任务相关的预期收益。预期收益与飞行目标建立
的任务优先级,以及执行特定任务的紧迫感的估计有关。当选择执行一个程序

时，在完成选择任务的所需时间内不会考虑其他的程序。

PROCRU 以及其他综合的控制理论模型不仅可预测人的准确性和速度，它们还产生动态输出：对系统如何随时间工作进行持续模拟。随着场景的变化，模拟仿真也发生变化（Baron 等,1990）。虽然我们知道在很多条件下，控制理论模型的一些部分表现良好，但我们不能说它们能正确地解释复杂系统如何随时间工作。我们没有对例如 PROCRU 这样的综合模型进行过实验验证，并且我们不能认为它们能够正确表征系统运行过程中的事件。

19.4　司法人为因素

设计人员做出的决策，不管是否基于数据或者其他的依据，决定公司出售的最终产品的可用性和安全性。当出现问题时，如果用户使用产品时受伤，如果人为因素专家参与了产品设计，那么他/她必须为设计缺陷分担责任。即使人为因素专家没有参与产品的开发，他们也会被要求评价产品以及开发过程，确定出现了什么问题。在法律体系中人为因素的考虑称为司法人为因素和人机工效学（Noy 和 Karwowski,2005）。

19.4.1　责任

组织需要对很多人的安全性负责。主要针对使用产品和接受服务的用户以及组织内的工作人员。如果组织不能满足，那就需要在法律上承担责任。因此，组织必须维护安全规范，并保证这些规范是合法的。

在美国，工作场所的安全性由职业安全与健康管理局（OSHA）和国家职业安全与健康研究所（NIOSH）进行管理。我们在第 16 章介绍了由 OSHA 和 NIOSH 确定的一些指南。OSHA 在 1970 年由《职业安全和健康法》通过，旨在保证安全的工作环境。OSHA 负责安全性和健康管理，要求雇主减少工作场所风险，并使用安全性和健康项目对员工进行告知和培训。有意或者无意违反这些标准的组织可能受到 OSHA 的传讯和罚款。

NIOSH 和 OSHA 共同建立并提供对 OSHA 管理条例的基础研究和信息，以及提供职业安全性和健康的教育和培训。人为因素专家也设计安全性和培训指南，使得雇主符合 OSHA 管理条例，并保证运动遵循安全性程序。

当一个员工（或者参观者）在组织的工作场所受伤或者死亡，组织可能负有责任。这种责任也延伸到购买或者销售组织产品或服务的组织外部人员。如果组织负有责任，法律认为组织存在过失。过失可能是刑事犯罪，也可能是民事犯罪。当组织故意违反保证产品和工作环境安全的法律时是刑事犯罪。如果组织不是刑事责任,它也可能对员工或者顾客负有民事责任。法律区分了产品责任(Wardell,2005)和服务责任案件;两者都来自行为的失效,第一种案件针对的是产品,而第二种案件针对的则是个人。如果某人因此受伤,他/她的家人可以提起诉讼,如果在理,能够获得赔偿。法律依据是否在产品和设备的设计和维护中进行合理的关注以确定是否存在过失(Cohen 和 LaRue,2006)。

1976 年《**周六夜现场**》(*Saturday Night Live*)播出了一则现在很出名的小品。该片由丹·阿克罗伊德(Dan Akroyd)主演,他饰演的玩具制造商欧文·迈因韦(Irwin Mainway)肮脏不堪。他试图向一位不相信消费者权益的女士(甘蒂丝·柏根扮演)证明,"Bag O'Glass"和"Johnny Switchblade"等儿童玩具的安全性是可接受的。这个小品在几十年后依然很有趣,因为不管迈因韦先生给予如何疯狂的解释,产品(他的胳膊下夹着一个装有弹簧刀的洋娃娃)明显对于预期用户是不合适的。这种产品设计和用户能力之间的不匹配会产生威胁、风险和危险。威胁是存在潜在受伤或者死亡的场景;风险是受伤或者死亡的概率;危险是威胁和风险的组合。当存在风险概率很大的威胁时,就存在危险。所以,我们立即能够发现"Bag O'Glass"和"Johnny Switchblade"是不合理的危险玩具。

不同于"Johnny Switchblade",通常,很难确定产品是否存在不合理的危险。高频率的受伤并不意味产品存在不合理的风险,反之亦然(Statler,2005)。例如,链锯是危险的,但是至少一部分使用风险是产品本身所固有的。在进行"不合理的危险"测试时,应当遵循以下的一些基础标准(Weinstein 等,1978):

(1) 产品的有用性和功能性。

(2) 提供相同目的、类似的、更加安全产品的可用性。

(3) 受伤的可能性和严重程度。

(4) 危险的明显程度。

(5) 危险的常识和正常的公众预期。

(6) 仔细使用产品能够避免受伤(包括指示或者告警的影响)。

(7) 在不损害产品的有用性和经济性的情况下能够重新设计产品。

例如美国国家标准协会(ANSI)颁布的标准,使得大批量生产的产品合同协议和鉴定成为可能。标准的目的是保证大批量生产的产品的一致性,并且安全性只是很多考虑因素中的一个。但是,符合发布的安全性标准不能充分保证产品的安全,也不并能让制造商免除责任。ANSI 和法庭认为标准只是合理化产品的最低要求。标准的细则可能已经过时,不同协会发布的标准可能不一致,标准允许的风险也可能是显著的,并且产品设计的很多方面也许不能被标准覆盖。总之,标准可能不完美,并且花费在满足标准中规定的最低要求上的时间和金钱可以更好地花在研究和设计上(Peters,1977)。

某种电动割草机事故的案例可以表明工业标准的不充分性(Statler,2005)。大量的事故发生在电动割草机向后移动,并且割草机刀片仍在运动时,通常伤及孩童。这种事故的发生是因为在割草机后方的孩童很难观察到,并且驾驶员向后移动时仍然需要向前关注割草机的控制器件。在 20 世纪 70 年代,美国顾客产品安全性委员会(CPSC)强烈要求制造商重新设计,当割草机向后运动时,停止刀片。尽管这种更加安全的设计在经济上是可行的,大部分公司并没有重新设计,而工业标准也没有修订要求这种设计变化。Stuart Statler,CPSC 的前任委员指出,这并不令人意外,在过去 20 年里,电动割草机的行业标准基本上代表了一种产品的安全底线。本质上,这种产品对生命造成的风险最高,即严重的背部受伤或死亡。

Weinstein 等将"合理危险"测试重新定义为一组设计人员可以应用的标准,以确保危险是合理的:

(1)描述产品的用途范围。

(2)识别产品使用的环境。

(3)描述用户人群。

(4)假定所有的威胁,包括估计发生的可能性和严重程度。

(5)描述所有可选的设计特征或者生产技术,包括警告和指示,这能够被期望有效地减低或者消除威胁。

(6)评价与产品预期行为标准相关的选项,包括以下几方面:① 选项可能引起的其他威胁;② 它们对产品后续使用的影响;③ 它们对产品最终成本的影响;④ 相似产品的比较。

(7)确定在最终设计中包含哪些特征。

当可能与产品相关的受伤发生时,可以向民事法院起诉。原告(受害人)必须不仅证明产品可能导致受伤,还须确定产品制造商没有履行对顾客的法律责任。制造商可能以三种方式中的一种违背了他们的责任:过失、严格责任和违背保证(Moll 等,2005)。我们之前介绍了过失,过失关注于被告(制造商)的行为,即被告没有采取合理的动作防止事故的发生。如果被告存在不顾后果,或者恣意妄为的不当行为,那么被控为重大过失(这可能是刑事过失)。

严格责任关注产品,而非被告。虽然制造商不存在任何过失,但是如果产品缺陷是造成受伤的原因,则制造商仍然应对产品的缺陷承担责任。在严格责任下,不仅制造商需要承担责任。制造商已经将产品出售给原告,或者出售给分销链中许多成员中的一个,所有这些人都可能被列为被告(Weinstein 等,1978):① 原材料的生产商;② 部件供应商;③ 装配商或者子装配商;④ 最终产品的包装商;⑤ 总销、分销或者中间人;⑥ 将产品视为自己产品的人;⑦ 零售商。只要证明产品离开时存在缺陷,这些成员都有可能需要承担责任。

当产品无法实现被告声明的功能时,就会发生**违背保证**。明示保证是一个明确的口头和书面协议申明。默示保证没有明确的表示,但是人们可以进行合理的推理,例如,在产品的使用广告中或者产品的名字中。如药物 Rogaine,没有在其他国家用作治疗秃顶,在很多欧洲国家以 Regaine 的名字进行销售。在美国的产品责任法中,Regaine 对产品能够治疗秃顶是一种明示保证(如果你是使用者,你将重新长出"regain"头发)。

19.4.2　专家证词

人为因素专家被要求参与产品或者系统的开发,对产品进行改进,从而减少制造商的责任风险。在对人的限制和产品问题的起诉中,他们还可能被聘请提供专家证词(Cohen 和 LaRue,2006)。作为一名专家证人,司法人为因素顾问将首先由原告或被告的律师联系。顾问必须确保问题在他/她的专业范围之内,即他/她不会反感,能够与律师合作(Hess,2005)。在顾问和律师达成一致之后,顾问将检查案件中所有的信息,并确定相关事实(Askren 和 Howard,2005)。他/她还会检查产品或者事故发生的地址。顾问可能还需要进行一些研究,包括阅读标准、指南和相关的科学文献,甚至进行一个试验。

在此之后,顾问将向律师提交一份报告,他/她将汇总所有不同来源的信息,并总结与案件相关的观点。如果顾问被要求提供专家证词,那么包括两个阶段。首先,他/她在证词中提供意见,并回答对方律师的问题。其次,如果顾问的证据确凿,那么案件将就此结束,因为对方律师不希望陪审团听到不利于客户的证据。如果在提供证词时没有结束,那么顾问将在陪审团面前作证,回答本方律师和对方律师的问题。一个著名的例子涉及奥迪 5000 轿车意外加速案件。如我们在第 15 章中介绍的,自从 20 世纪 40 年代以来,装有自动变速箱的车辆意外加速时有发生(Schmidt,1989)。这种事件相对较少,并且不限于特定的产品和型号。但是,在 20 世纪 80 年代后期,很多人起诉奥迪 5000 轿车存在不正常的、大量意外加速的事故。

　　这些指控在 1986 年 2 月达到了一个顶峰，当时一名妇女在驾驶奥迪 5000 时，突然加速失控，发生车祸，她的 6 岁的儿子在车祸中丧生。她于同年 4 月提起诉讼，称奥迪变速箱的设计缺陷是导致意外加速的原因。这个案件被媒体大肆报道，并在 11 月哥伦比亚广播公司(CBS)的调查报告节目《**60 分钟**》播出后到达高潮。在这个节目之后，出现针对奥迪 5000 意外加速事件大量的索赔。

　　针对奥迪母公司美国大众的诉讼分两个阶段进行(Huber，1991)。在第一阶段，原告声称奥迪的变速箱存在设计缺陷，如一开始案件所描述的。但是，压倒性的证据表明意外加速是由于脚部放错了位置，而非机械故障，这使得在 1988 年 6 月，在初始的案件中，陪审团做出有利于被告的判决(Baker，1989)。在那时，至少有一名原告上诉称，如果踏板的设计是不同的，那么由于脚部踩错而导致的突然加速不会发生。

　　许多产品责任案件取决于人的能力和设计，这一点在奥迪 5000 的案例中非常明显。在奥迪诉讼案的第一个阶段，人为因素专家能够证明由于非检测的脚部位置差错而导致的意外加速的可能性的大小。这个证词，以及踏板尺寸和大小的信息，可以在奥迪诉讼的第二阶段被原告使用。但是，在这类案件中，还需要证明奥迪的意外加速事件要多于其他的制造商，并且踏板的布置更容易引起脚部踩错的发生。因为只要这些证明一旦不正确，被告可以使用人为因素专家的证词防止奥迪被不公正地裁定为存在过失。

　　尽管事实上奥迪在任何的案件中都没有被裁定存在过失，并且证据表明所有的意外加速都是由于驾驶员踩错了踏板，意外加速案件仍然不断地在法庭出现。2006 年 8 月 6 日，陪审团判决一位越野车司机获赔 1 800 万美元，因为该司机起诉越野车的速度控制系统存在缺陷，导致其在州级公路上发生撞车事故(Alongi 和 Davis，2006)。在这类案件中，汽车制造商和原告的高风险意味着人为因素专家在产品责任案件中仍将扮演重要的角色。

　　奥迪 5000 的案例说明了人为因素专家在司法程序中的价值。在诉讼过程中，人为因素专家可以提供信息的问题包括如下几方面：

　　(1) 产品的设计、服务或者生产是否能够满足在预期的运行环境中正常用户的知识、技巧和能力(KSA)预期？

　　(2) 如果不能，服务和产品设计是否有优化，以满足预期用户人群的知识、技巧和能力？

　　(3) 如果产品的设计与预期用户人群之间的 KSA 不能最优匹配，那么是否尝试通过充分的选择程序改善用户人群的 KSA 和/或提供充分的训练、指示和警告,以及合适的信息?

（4）如果没有,那么提供类似选择程序和/或信息转化在技术上是否可行?

（5）如果（证词表明）提供的信息不适合受伤一方的特点,那么改变产品的设计、选择和/或信息的交换能够适应哪些特点(Kurke,1986)?

因为诉讼是对抗性的,原告律师和被告律师都想尽一切方法保护各自客户的利益。因此,发表专家意见通常是一种不愉快的经历。在交叉检验过程中,人为因素专家可能会受到人身攻击。专家将被要求保护好他/她的资格和意见的基础。他/她将被问到具有误导性的问题,并可能根据对方律师的反对意见,限制他/她的证词之外的相关资料。

专家证人在他/她作证的问题上具有权威性。专家证人的收入通常很丰厚,并由受益的一方支付。毋庸置疑的权威性和物质补偿使得专家证人,包括人为因素专家的专业性和科学性受到质疑。正因为如此,人为因素与人机工效学协会在其道德规范中规定了司法实践的原则。这些原则中列举的行为保证证人的公正性,并且不会被个人的收益驱使。证人需要遵守较高等级的科学和人员标准,并且他们不能滥用权威性,损害人为因素专业的声誉。

19.5　人为因素与社会

在二战期间,人为因素刚出现时,它强调军方进行遇到的"光线和按键"系统。随着时间的推移,人为因素的领域快速发展。现在,它包含了军用和民用广泛的领域。很多驱动力促进了人为因素的发展,而最引人注目的是高科技系统的快速发展,使得人的表现行为往往成为限制系统性能的变量。随着每一种新技术的出现,大量相关的具体人为因素问题也随之产生,尽管基础的、通过大量研究获得的实用性人的表现行为原则依然适用。其他使得人为因素问题愈加突出的因素包括对工作人员健康和安全性的更加重视,产品易于用户使用的需求,以及人与机器匹配改善带来的经济效益。

随着人为因素与人机工效学的发展,构成其基础知识库的交叉学科也不断增加。研究参与者不仅包括人为因素学科的毕业生,还包括心理学、工业工程学、民用工程学、生物力学、生理学、医学、认知科学、机器智能、计算机科学、人类学、社会学,以及教育学的毕业生。这种高度跨学科的特性促进了不同学科之间的交流。跨学科的交流为科学理解的进步提供了基础,从而通过更加可用、更安全的产品和服务为社会做出贡献。

人为因素的一个直接应用是为小朋友、老年人和采集人设计设备和环境。

近些年来,我们的社会已经开始意识到这些特殊人群带来的挑战。人为因素的一个挑战是通过设计帮助这些人群实现目标,改善他们的生活质量。人为因素专家有责任确保供特殊人群使用的产品不仅仅只做了针对广大人群而进行的设计更改。

随着因特网和万维网的发展,以及越来越多以计算机为媒介的活动,我们经常谈到普遍接入的概念(Stephanidis 和 Akoumianakis,2005)。普遍接入保证每个人都能够随时随地地获取信息。普遍接入支持者的一个目标是建立普遍接入设计实用的编码。这个实用的编码可以在产品和系统开发过程中检验可用性,这种检验不仅限于主要的用户人群,而是整个用户群体。为了倡议系统应当为所有的用户提供良好的工作环境,Vanderheiden 强调,"残疾人士更容易使用的网络内容也更容易被拥有移动技术的个人使用,并且,通常所有的用户都更容易理解和使用"。我们几乎可以在产品与系统设计的所有方面都提出这个要求。

因为促使人为因素专业创立和扩张的力量仍然在发挥作用,人为因素也将不断发展。此外,由于技术的突飞猛进,我们拥有了更加新颖和复杂的机器,而这些机器的有效使用要求我们更加直观、自然地与它们进行交互。所以,人为因素与人机工效学知识的应用将继续处于科学的前沿。我们致力于更好地综合人的表现行为的基础事实以及系统与产品设计人员的关注点,强调可用性工程师任何设计过程的基本组成。

推荐阅读

Bias,R. G. & Mayhew,D. J.(Eds.)2005. Cost-Justifying Usability:An Update for the Internet Age. San Francisco,CA:Morgan Kaufman.

Card,S. K.,Moran,T. P. & Newell,A. 1983. The Psychology of Human-Computer Interaction. Hillsdale,NJ:Lawrence Erlbaum.

Gluck,K. A. & Pew,R. W.(Eds.)2005. Modeling Human Behavior with Integrated Cognitive Architectures:Comparison,Evaluation,and Validation. Mahwah,NJ:Lawrence Erlbaum.

Meister,D. & Enderwick,T. P. 2002. Human Factors in System Design,Development,and Testing. Mahwah,NJ:Lawrence Erlbaum.

Noy,Y. I. & Karwowski,W.(Eds.)2005. Handbook of Human Factors in Litigation. Boca Raton,FL:CRC Press.

参 考 文 献

Aaronson, D. & Scarborough, H. 1976. Performance theories for sentence coding: Some qualitative evidence. Journal of Experimental Psychology: Human Perception and Performance, 2, 56 – 70.

Abendroth, B. & Landau, K. 2006. Ergonomics of cockpits in cars. In W. Karwowski (Ed.), International Encyclopedia of Ergonomics and Human Factors (2nd ed., Vol. 2, pp. 1626 – 1635). Boca Raton, FL: CRC Press.

Abernethy, B., Hanrahan, S. J., Vaughan, K., Mackinnon, L. T. & Pandy, M. G. 2005. The Biophysical Foundations of Human Movement (2nd ed.). Champaign, IL: Human Kinetics.

Adams, J. A. 1967. Engineering psychology. In H. Helson & W. Bevan (Eds.), Contemporary Approaches to Psychology (pp. 345 – 383). Princeton, NJ: Van Nostrand Reinhold.

Adams, J. A. 1972. Research and the future of engineering psychology. American Psychologist, 27, 615 – 622.

Adams, J. A. 1984. Learning of movement sequences. Psychological Bulletin, 96, 3 – 28.

Adams, J. A. 1987. Historical review and appraisal of research on the learning, retention, and transfer of human motor skills. Psychological Bulletin, 101, 41 – 74.

Adams, J. A. & Hufford, L. E. 1962. Contributions of a part-task trainer to the learning and relearning of a timeshared flight maneuver. Human Factors, 4, 159 – 170.

Adams, S. K. 2006. Input devices and controls: Manual, foot, and computer. In W. Karwowski (Ed.), International Encyclopedia of Ergonomics and Human Factors (2nd ed., Vol. 1, pp. 1419 – 1439). Boca Raton, FL: CRC Press.

Ahlstrom, U. & Friedman-Berg, F. J. 2006. Using eye movement activity as a correlate of cognitive workload. International Journal of Industrial Ergonomics, 36, 623 – 636.

Aiello, J. R., DeRisi, D. T., Epstein, Y. M. & Karlin, R. A. 1977. Crowding and the role of interpersonal distance preference. Sociometry, 40, 271 – 282.

Åkerstedt, T. & Gillberg, M. 1982. Displacement of the sleep period and sleep deprivation: Implications for shift work. Human Neurobiology, 1, 163 – 171.

Akkirman, A. D. & Harris, D. L. 2005. Organizational communication satisfaction in the virtual workplace. Journal of Management Development, 24, 397 – 409.

Aldrich, F. K. & Parkin, A. J. 1987. Tangible line graphs: An experimental investigation of three formats using capsule paper. Human Factors, 20, 301 - 309.

Aldrich, T. B. & Szabo, S. M. 1986. A methodology for predicting crew workload in new weapon systems. In Proceedings of the Human Factors Society 30th Annual Meeting (pp. 633 - 637). Santa Monica, CA: Human Factors Society.

Allen, T. J. & Gerstberger, P. G. 1973. A field experiment to improve communications in a product engineering department: The nonterritorial office. Human Factors, 15, 487 - 498.

Allport, D. A., Antonis, B. & Reynolds, P. 1972. On the division of attention: A disproof of the single channel hypothesis. Quarterly Journal of Experimental Psychology, 24, 225 - 235.

Alongi, P. & Davis, J. 2006. Cruise control led to crash, jury says. The Greenville News.

Altman, I. & Chemers, M. 1980. Culture and Environment. Monterey, CA: Brooks=Cole.

Alvarez, G. A., Horowitz, T. S., Arsenio, H. C., DiMase, J. S. & Wolfe, J. M. 2005. Do multielement visual tracking and visual search draw continuously on the same visual attention resources? Journal of Experimental Psychology: Human Perception and Performance, 31, 643 - 667.

Amar, J. 1920. The Human Motor. New York: Dutton.

Amell, T. K. & Kumar, S. 1999. Cumulative trauma disorders and keyboarding work. International Journal of Industrial Ergonomics, 25, 69 - 78.

American Society of Heating, Refrigerating, and Air Conditioning Engineers (ASHRAE). 1985. ASHRAE Handbook 1985: Fundamentals. Atlanta, GA: ASHRAE.

Anderson, D. I. 1999. The discrimination, acquisition, and retention of aiming movements made with and without elastic resistance. Human Factors, 41, 129 - 138.

Anderson, D. I., Magill, R. A., Sekiya, H. & Ryan, G. 2005a. Support for an explanation of the guidance effect in motor skill learning. Journal of Motor Behavior, 37, 231 - 238.

Anderson, J. R. 1983. The Architecture of Cognition. Cambridge, MA: Harvard University Press.

Anderson, J. R., Bothell, D., Byrne, M. D., Douglass, S., Lebiere, C. & Qin, Y. 2004. An integrated theory of the mind. Psychological Review, 111, 1036 - 1060.

Anderson, J. R., Douglass, S. & Qin, Y. 2005b. How should a theory of learning and cognition inform instruction? In A. F. Healy (Ed.), Experimental Cognitive Psychology and Its Applications (pp. 47 - 58). Washington, DC: American Psychological Association.

Anderson, J. R., Matessa, M. & Lebiere, C. 1997. ACT-R: A theory of higher level cognition and its relation to visual attention. Human-Computer Interaction, 12, 439 - 462.

Anderson, J. R., Taatgen, N. A. & Byrne, M. D. 2005c. Learning to achieve perfect timesharing: Architectural implications of Hazeltine, Teague, and Ivry (2002). Journal of Experimental Psychology: Human Perception and Performance, 31, 749 - 761.

Andersson, G. B. J. 1986. Loads on the spine during sitting. In N. Corlett, J. Wilson & I.

Manenica (Eds.), The Ergonomics of Working Postures (pp. 309 – 318). London: Taylor & Francis.

Andre, J. 2003. Controversies concerning the resting state of accommodation: Focusing on Leibowitz. In J. Andre, D. A. Owens & L. O. Harvey, Jr. (Eds.), Visual Perception: The Influence of H. W. Leibowitz (pp. 69 – 79). Washington, DC: American Psychological Association.

Andre, J. T. & Owens, D. A. 1999. Predicting optimal accommodative performance from measures of the dark focus of accommodation. Human Factors, 4, 139 – 145.

Andreoni, G., Piccini, L. & Maggi, L. 2006. Active customized control of thermal comfort. In W. Karwowski (Ed.), International Encyclopedia of Ergonomics and Human Factors (2nd ed., Vol. 2, pp. 1761 – 1766). Boca Raton, FL: CRC Press.

Andres, R. O. & Hartung, K. J. 1989. Prediction of head movement time using Fitts' law. Human Factors, 31, 703 – 713.

Ang, B. & Harms-Ringdahl, K. 2006. Neck pain and related disability in helicopter pilots: A survey of prevalence and risk factors. Aviation, Space, and Environmental Medicine, 77, 713 – 719.

Annett, J. 2004. Hierarchical task analysis. In D. Diaper & N. Stanton (Eds.), The Handbook of Task Analysis for Human-Computer Interaction (pp. 67 – 82). Mahwah, NJ: Lawrence Erlbaum.

Anonymous. 2000. Basic ergonomics for hand tool users. Occupational Health and Safety, 69 (7), 68 – 74.

Anson, G., Elliott, D. & Davids, K. 2005. Information processing and constraints-based views of skill acquisition: Divergent or complementary? Motor Control, 9, 217 – 241.

Anthony, W. P. & Harrison, C. W. 1972. Tympanic membrane perforations: Effect on audiograms. Archives of Otolaryngology, 95, 506 – 510.

Antin, J. F., Lauretta, D. J. & Wolf, L. D. 1991. The intensity of auditory warning tones in the automobile environment: Detection and preference evaluations. Applied Ergonomics, 22, 13 – 19.

Anzai, Y. 1984. Cognitive control of real-time event-driven systems. Cognitive Science, 8, 221 – 254.

Arditi, A. & Cho, J. 2005. Serifs and font legibility. Vision Research, 45, 2926 – 2933.

Arkes, H. R., Shaffer, V. A. & Medow, M. A. 2007. Patients derogate physicians who use a computer-assisted diagnostic aid. Medical Decision Making, 27, 189 – 202.

Armstrong, T. J., Foulke, J. A., Joseph, B. S. & Goldstein, S. A. 1982. Investigation of cumulative trauma disorders in a poultry processing plant. American Industrial Hygiene Association Journal, 43, 103 – 116.

Armstrong, T. J., Ulin, S. & Ways, C. 1990. Hand tools and control of cumulative trauma disorders of the upper limb. In C. M. Haslegrave, J. R. Wilson, E. N. Corlett & I. Manenica (Eds.), Work Design in Practice (pp. 43 – 50). London: Taylor & Francis.

Arnaut, L. Y. & Greenstein, J. S. 1990. Is display = control gain a useful metric for optimizing an interference? Human Factors, 32, 651 – 663.

Ascar, B. S. & Weekes, A. M. 2005. Design guidelines for pregnant occupant safety. Journal of Automobile Engineering, 219, 857 - 867.

Askey, S. & Sheridan, T. 1996. Safety of high-speed ground transportation systems — Human factors phase II: Design and evaluation of decision aids for control of high-speed trains: Experiments and model. Report No. DOT＝FRA＝ORD-96＝09. Washington, DC: U. S. Department of Transportation.

Askren, W. B. & Howard, J. M. 2005. A road map for the practice of forensic human factors and ergonomics. In Y. I. Noy & W. Karwowski (Eds.), Handbook of Human Factors in Litigation (pp. 5-1 - 5-16). Boca Raton, FL: CRC Press.

Associated Press wire story 1990a. Drinking on the job. April 29, 1990.

Associated Press wire story 1990b. Failure to enunciate causes bus chaos. July 31, 1990.

Atkins, P. 2003. Galileo's Finger: The Ten Great Ideas of Science. London: Oxford University Press.

Atkinson, R. C. & Shiffrin, R. M. 1968. Human memory: A proposed system and its control processes. In K. W. Spence (Ed.), The Psychology of Learning and Motivation (Vol. 2, pp. 89 - 195). New York: Academic Press.

Atkinson, R. C., Holmgren, J. E. & Juola, J. F. 1969. Processing time as influenced by the number of elements in a visual display. Perception and Psychophysics, 6, 321 - 326.

Atwood, M. E. & Polson, P. G. 1976. A process model for water jug problems. Cognitive Psychology, 8, 191 - 216.

Averbach, E. & Coriell, A. S. 1961. Short-term memory in vision. Bell Systems Technical Journal, 40, 309 - 328.

Awater, H., Kerlin, J. R., Evans, K. K. & Tong, F. 2005. Cortical representation of space around the blind spot. Journal of Neurophysiology, 94, 3314 - 3324.

Ayas, N. T., Barger, L. K., Cade, B. E., et al. 2006. Extended work duration and the risk of self-reported percutaneous injuries in interns. Journal of the American Medical Association, 296, 1055 - 1062.

Babbage, C. 1832. On the Economy of Machinery and Manufactures. Philadelphia, PA: Carey & Lea. Baber, C. 2006. Cognitive aspects of tool use. Applied Ergonomics, 37, 3 - 15.

Baber, C. & Wankling, J. 1992. An experimental comparison of text and symbols for in-car reconfigurable displays. Applied Ergonomics, 23, 255 - 262.

Baddeley, A. 1986. Working Memory. New York: Oxford University Press.

Baddeley, A. 1999. Essentials of Human Memory. Hove, UK: Psychology Press.

Baddeley, A. 2000. The episodic buffer: A new component of working memory? Trends in Cognitive Sciences, 4, 417 - 423.

Baddeley, A. 2003. Working memory: Looking back and looking forward. Nature Reviews: Neuroscience, 4, 829 - 839.

Baddeley, A. D. & Ecob, J. R. 1973. Reaction time and short-term memory: A trace strength alternative to the high-speed scanning hypothesis. Quarterly Journal of Experimental Psychology, 25, 229 - 240.

Baddeley, A. & Hitch, G. J. 1974. Working memory. In G. H. Bower (Ed.), The Psychology of Learning and Motivation (Vol. 8, pp. 47 – 89). New York: Academic Press.

Badets, A. & Blandin, Y. 2004. The role of knowledge of results frequency in learning through observation. Journal of Motor Behavior, 36, 62 – 70.

Bahrick, H. P. 1957. An analysis of stimulus variables influencing the proprioceptive control of movements. Psychological Review, 64, 324 – 328.

Bailey, R. W. 1996. Human Performance Engineering: Designing High Quality Professional User Interfaces for Computer Products, Applications, and Systems (3rd ed.). Englewood Cliffs, NJ: Prentice-Hall.

Baird, K. M., Hoffmann, E. R. & Drury, C. G. 2002. The effects of probe length on Fitts' law. Applied Ergonomics, 33, 9 – 14.

Baker, C. H. 1963. Signal duration as a factor in vigilance tasks. Science, 141, 1196 – 1197.

Baker, D. S. 1989. Major defense verdicts of 1988. ABA Journal, November, 82 – 86.

Baldwin, C. L. 2003. Neuroergonomics of mental workload: New insights from the convergence of brain and behaviour in ergonomics research. Theoretical Issues in Ergonomics Science, 4, 132 – 141.

Baltes, B. B., Briggs, T. E., Huff, J. W., Wright, J. A. & Neuman, G. A. 1999. Flexible and compressed workweek schedules: A meta-analysis of their effects on work-related criteria. Journal of Applied Psychology, 84, 496 – 513.

Balthazar, B. 1998. Imagine it's Friday and you've got to hurry off to work, where you taste whiskey for Jack Daniel Distillery. Life is good.

Bandura, A. 1986. Social Foundations of Thought and Action: A Social Cognitive Theory. Englewood Cliffs, NJ: Prentice-Hall.

Banks, W. P. & Prinzmetal, W. 1976. Configurational effects in visual information processing. Perception and Psychophysics, 19, 361 – 367.

Banks, W. W. & Boone, M. P. 1981. A method for quantifying control accessibility. Human Factors, 23, 299 – 303.

Barber, A. V. 1990. Visual mechanisms and predictors of far field visual task performance. Human Factors, 32, 217 – 234.

Barber, P. & O'Leary, M. 1997. The relevance of salience: Towards an activation account of irrelevant stimulus-response compatibility effects. In B. Hommel & W. Prinz (Eds.), Theoretical Issues in Stimulus-Response Compatibility (pp. 135 – 172). Amsterdam: North-Holland.

Barger, L. K., Cole, B. E., Ayas, N. T., et al. 2005. Extended work shifts and the risk of motor vehicle crashes among interns. The New England Journal of Medicine, 352, 125 – 134.

Barlow, R. E. & Proschan, F. 1965. Mathematical Theory of Reliability. New York: Wiley.

Baron, J. 2000. Thinking and Deciding (3rd ed.). New York: Cambridge University Press.

Baron, R. & Rodin, J. 1978. Personal control as a mediator of crowding. In A. Baum, J. E. Singer & S. Valins (Eds.), Advances in Environmental Psychology (Vol. 1: The Urban

Environment, pp. 145 - 190). Hillsdale, NJ: Lawrence Erlbaum.

Baron, S. & Corker, K. 1989. Engineering-based approaches to human performance modeling. In G. R. McMillan, D. Beevis, E. Salas, M. H. Strub, R. Sutton & L. Van Breda (Eds.), Applications of Human Performance Models to System Design (pp. 203 - 217). New York: Plenum Press.

Baron, S., Kruser, D. S. & Huey, B. M. (Eds.) 1990. Quantitative Modeling of Human Performance in Complex, Dynamic Systems. Washington, DC: National Academy Press.

Barrett, G. V. 2000. Personnel selection: Selection and the law. In A. E. Kazdin (Ed.), Encyclopedia of Psychology (Vol. 6, pp. 156 - 160). Washington, DC: American Psychological Association.

Barrett, H. H. & Swindell, W. 1981. Radiological Imaging: The Theory of Image Formation, Detection and Processing. New York: Academic Press.

Barrett, R. S. & Dennis, G. J. 2005. Ergonomic issues in team lifting. Human Factors and Ergonomics in Manufacturing, 15, 293 - 307.

Bartleson, C. J. 1968. Pupil diameters and retinal illuminances in interocular brightness matching. Journal of the Optical Society of America, 58, 853 - 855.

Bashford, J. A., Jr., Riener, K. R. & Warren, R. M. 1992. Increasing the intelligibility of speech through multiple phonemic restorations. Perception and Psychophysics, 51, 211 - 217.

Bassok, M. 2003. Analogical transfer in problem solving. In J. E. Davidson & R. J. Sternberg (Eds.), The Psychology of Problem Solving (pp. 343 - 369). New York: Cambridge University Press.

Bastian, A. J. 2006. Learning to predict the future: The cerebellum adapts feedforward movement control. Current Opinion in Neurobiology, 16, 645 - 649.

Battig, W. F. 1979. The flexibility of human memory. In L. S. Cermak & F. I. M. Craik (Eds.), Levels of Processing in Human Memory (pp. 23 - 44). Hillsdale, NJ: Lawrence Erlbaum.

Baudhuin, E. A. 1987. The design of industrial and flight simulators. In S. M. Cormier & J. D. Hagman (Eds.), Transfer of Learning (pp. 217 - 237). New York: Academic Press.

Baum, A. & Paulus, P. B. 1987. Crowding. In D. Stokols & I. Altman (Eds.), Handbook of Environmental Psychology (Vol. 1, pp. 533 - 570). New York: Wiley.

Bausenhart, K. M., Rolke, B., Hackley, S. A. & Ulrich, R. 2006. The locus of temporal preparation effects: Evidence from the psychological refractory period paradigm. Psychonomic Bulletin and Review, 13, 536 - 542.

Bazovsky, I. 1961. Reliability: Theory and Practice. Englewood Cliffs, NJ: Prentice-Hall.

Beaman, C. P. & Morton, J. 2000. The effects of rime on auditory recency and the suffix effect. European Journal of Cognitive Psychology, 12, 223 - 242.

Beatty, J. 1982. Task-evoked pupillary responses, processing load, and the structure of processing resources. Psychological Bulletin, 91, 276 - 292.

Beck, J. 1966. Effects of orientation and of shape similarity on perceptual grouping.

Perception and Psychophysics, 1, 300 – 302.

Becker, A. B. , Warm, J. S. , Dember, W. N. & Hancock, P. A. 1991. Effects of feedback on perceived workload in vigilance performance. In Proceedings of the Human Factors Society 35th Annual Meeting (Vol. 2, pp. 1491 – 1494). Santa Monica, CA: Human Factors Society.

Becker, A. B. , Warm, J. S. , Dember, W. N. & Hancock, P. A. 1995. Effects of jet engine noise and performance feedback on perceived workload in a monitoring task. International Journal of Aviation Psychology, 5, 49 – 62.

Bedford, T. & Cooke, R. 2001. Probabilistic Risk Analysis: Foundations and Methods. Cambridge: Cambridge University Press.

Bednar, J. A. & Miikkulainen, R. 2000. Tilt aftereffects in a self-organizing model of the primary visual cortex. Neural Computation, 12, 1721 – 1740.

Beevis, D. 2003. Ergonomics — Costs and benefits revisted. Applied Ergonomics, 34, 491 – 496.

Behar, A. , Chasin, M. & Cheesman, M. 2000. Noise Control: A Primer. San Diego, CA: Singular.

Beith, B. H. 2006. The ABCs of career development: Attitude, basics, and communication. In Proceedings of the Human Factors and Ergonomics Society 50th Annual Meeting (pp. 2302 – 2303). Santa Barbara, CA: Human Factors and Ergonomics Society.

Békésy, G. von. 1960. Experiments in Hearing. New York: McGraw-Hill.

Bell, P. A. 1978. Effects of heat and noise stress of primary and subsidiary task performance. Human Factors, 20, 749 – 752.

Belleza, F. S. 2000. Mnemonic devices. In A. E. Kazdin (Ed.), Encyclopedia of Psychology (Vol. 5, pp. 286 – 287). Washington, DC: American Psychological Association.

Belz, S. M. , Robinson, G. S. & Casali, J. G. 1999. A new class of auditory warning signals for complex systems: Auditory icons. Human Factors, 41, 608 – 618.

Benjamin, A. S. & Bjork, R. A. 2000. On the relationship between recognition speed and accuracy for words rehearsed via rote versus elaborative rehearsal. Journal of Experimental Psychology: Learning, Memory, and Cognition, 26, 638 – 648.

Beranek, L. L. 1989. Balanced noise-criterion (NCB) curves. Journal of the Acoustical Society of America, 86, 650 – 664.

Berglund, B. 1991. Quality assurance in environmental psychophysics. In S. J. Bolanowski, Jr. & G. A. Gescheider (Eds.), Ratio Scaling of Psychological Magnitude (pp. 140 – 162). Hillsdale, NJ: Lawrence Erlbaum.

Berglund, B. , Berglund, U. & Lindvall, T. 1974. A psychological detection method in environmental research. Environmental Research, 7, 342 – 352.

Bergman, A. E. & Erbug, C. 2005. Accommodating individual differences in usability studies on consumer products. In Proceedings of the 11th International Conference on Human-Computer Interaction (Vol. 3: Human-Computer Interfaces: Concepts, New Ideas, Better Usability, and Applications). Mahwah, NJ: Lawrence Erlbaum (CD – ROM).

Bergman, M., Blumenfeld, V. G., Cascardo, D., Dash, B., Levitt, H. & Margulies, M. K. 1976. Agerelated decrement in hearing for speech: Sampling and longitudinal studies. Journal of Gerontology, 31, 533 – 538.

Beringer, D. B., Williges, R. C. & Roscoe, S. N. 1975. The transition of experienced pilots to a frequencyseparated aircraft attitude display. Human Factors, 17, 401 – 414.

Berkowitz, P. & Casalli, S. P. 1990. Influence of age on the ability to hear telephone ringers of different spectral content. In Proceeding of the Human Factors Society 34th Annual Meeting (Vol. 1, pp. 132 – 136). Santa Monica, CA: Human Factors Society.

Berliner, D. C., Angell, D. & Shearer, J. W. 1964. Behaviors, measures and instruments for performance evaluation in simulated environments. Paper presented at a Symposium and Worskhop on Quantification of Human Performance, Albuquerque, NM.

Bernstein, I. H. 2005. A brief history of computers and the internet. In R. W. Proctor & K.-P. L. Vu (Eds.), Handbook of Human Factors in Web Design (pp. 13 – 27). Mahwah, NJ: Lawrence Erlbaum.

Bernstein, N. 1967. The Coordination and Regulation of Movements. New York: Pergamon Press.

Berryhill, M. E., Kveraga, K., Webb, L. & Hughes, H. C. 2005. Effect of uncertainty on the time course for selection of verbal name codes. Perception and Psychophysics, 67, 1437 – 1445.

Bertus, E. & Bertus, M. 2005. Determining the value of human factors in Web design. In R. W. Proctor & K.-P. L. Vu (Eds.), Handbook of Human Factors in Web Design (pp. 679 – 687). Mahwah, NJ: Lawrence Erlbaum.

Best, P. S., Littleton, M. H., Gramopadhye, A. K. & Tyrrell, R. A. 1996. Relations between individual differences in oculomotor resting states and visual inspection performance. Ergonomics, 39, 35 – 40.

Beveridge, M. & Parkins, E. 1987. Visual representation in analogical problem solving. Memory and Cognition, 15, 230 – 234.

Beyer, H. & Holtzblatt, K. 1998. Contextual Design: A Customer Centered Approach to Systems Designs. San Francisco, CA: Morgan Kaufmann.

Bhise, V. D. 2006. Incorporating hard disks in vehicles — Uses and challenges. SAE Technical Paper Series (2006 – 01 – 0814). Warrendale, PA: SAE International.

Biederman, I., Glass, A. L. & Stacy, E. W., Jr. 1973. Searching for objects in real-world scenes. Journal of Experimental Psychology, 97, 22 – 27.

Biederman, I., Mezzanotte, R. J., Rabinowitz, J. C., Francolini, C. M. & Plude, D. 1981. Detecting the unexpected in photo interpretation. Human Factors, 23, 153 – 164.

Biehal, G. & Chakravarti, D. 1989. The effects of concurrent verbalization on choice processing. Journal of Marketing Research, 26, 84 – 96.

Birolini, A. 1999. Reliability Engineering: Theory and Practice. New York: Springer.

Bisantz, A. M. & Drury, C. G. 2005. Applications of archival and observational data. In J. R. Wilson & N. Corlett (Eds.), Evaluation of Human Work (3rd ed., pp. 61 – 82). Boca Raton, FL: CRC Press.

Bizzi, E. & Abend, W. 1983. Posture control and trajectory formation in single- and multi-joint arm movements. In J. E. Desmedt (Ed.), Motor Control Mechanisms in Health and Disease (pp. 31 - 45). New York: Raven Press.

Bjorn, V. 2004. New twists to an old design. Air Force Research Technology Horizons, Human Effectiveness Directorate.

Blackwell, A. & Green, T. 2003. Notational systems — The cognitive dimensions of notations framework. In J. M. Carroll (Ed.), HCI Models, Theories, and Frameworks: Toward a Multidisciplinary Science (pp. 103 - 133). San Francisco, CA: Morgan Kaufman.

Blair, S. M. 1991. The Antarctic experience. In A. A. Harrison, Y. A. Clearwater & C. P. McKay (Eds.), From Anatarctica to Outer Space: Life in Isolation and Confinement (pp. 57 - 64). New York: Springer.

Blankenship, E. 2003. An introduction to designing user interface controls at SAP. SAP Design Guild. Downloaded on August 10, 2006.

Blauert, J. 1997. Spatial Hearing. The Psychophysics of Human Sound Localization. Cambridge, MA: MIT Press.

Blazier, W. E. 1981. Revised noise criteria for application in the acoustical design and rating of HVAC systems. Noise Control Engineering, 16, 64 - 73.

Blazier, W. E. 1997. RC Mark II: A refined procedure for rating the noise of heating, ventilating and airconditioning (HVAC) systems in buildings. Noise Control Engineering Journal, 45, 243 - 250.

Bliss, J. C., Crane, H. D., Mansfield, P. K. & Townsend, J. T. 1966. Information available in brief tactile presentations. Perception and Psychophysics, 1, 273 - 283.

Boer, L. C., Harsveld, M. & Hermans, P. H. 1997. The selective-listening task as a test for pilots and air traffic controllers. Military Psychology, 9, 136 - 149.

Boff, K. R. & Lincoln, J. E. (Eds.) 1988. Engineering Data Compendium: Human Perception and Performance. Wright-Patterson Air Force Base, OH: Harry G. Armstrong Aerospace Medical Research Laboratory.

Boldini, A., Russo, R. & Avons, S. E. 2004. One process is not enough! A speed-accuracy tradeoff study of recognition memory. Psychonomic Bulletin and Review, 11, 353 - 361.

Bongers, P. M., Hulshof, C. T. J., Dijkstra, L., Boshuizen, H. C., Groenhout, H. J. M. & Valken, E. 1990. Back pain and exposure to whole body vibration in helicopter pilots. Ergonomics, 33, 1007 - 1026.

Bonner, J. V. H. 2006. Human factors design tools for consumer-product interfaces. In W. Karwowski (Ed.), International Encyclopedia of Ergonomics and Human Factors (2nd ed., Vol. 3, pp. 3203 - 3206). Boca Raton, FL: CRC Press.

Bonnet, M., Decety, J., Jeannerod, M. & Requin, J. 1997. Mental simulation of an action modulates the excitability of spinal reflex pathways in man. Cognitive Brain Research, 5, 221 - 228.

Booher, H. R. (Ed.) 1990. Manprint: An Approach to Systems Integration. New York: Van Nostrand Reinhold.

Booher, H. R. (Ed.) 2003a. Handbook of Human Systems Integration. Hoboken, NJ: Wiley.

Booher, H. R. 2003b. Introduction: Human systems integration. In H. R. Booher (Ed.), Handbook of Human Systems Integration (pp. 1 – 30). Hoboken, NJ: Wiley.

Borelli, G. A. 1679＝1989. On the Movement of Animals (P. Maquet, Trans.). New York: Springer.

Boring, E. G. 1942. Sensation and Perception in the History of Experimental Psychology. New York: Appleton Century-Crofts.

Borsky, P. N. 1965. Community reactions to sonic booms in the Oklahoma City area. USAF Aerospace Medical Research Laboratory Rep. AMRL-TR-65-37. OH: Wright-Patterson Air Force Base.

Boswell, W. R. & Boudreau, J. W. 2002. Separating the developmental and evaluative performance appraisal uses. Journal of Business and Psychology, 16, 391 – 412.

Botvinick, E. L. & Berns, M. W. 2005. Internet-based robotic laser scissors and tweezers microscopy. Microscopy Research and Technique, 68, 65 – 74.

Boucsein, W. & Backs, R. W. 2000. Engineering psychophysiology as a discipline: Historical and theoretical aspects. In R. W. Backs & W. Boucsein (Eds.), Engineering Psychophysiology: Issues and Applications (pp. 3 – 30). Mahwah, NJ: Lawrence Erlbaum.

Bousfield, W. A. 1953. The occurrence of clustering in recall of randomly arranged associates. Journal of General Psychology, 49, 229 – 240.

Bower, G. H., Clark, M. C., Lesgold, A. M. & Winzenz, D. 1969. Hierarchical retrieval schemes in recall of categorized word lists. Journal of Verbal Learning and Verbal Behavior, 8, 323 – 343.

Bowers, C., Jentsch, F. & Morgan, B. B., Jr. 2006. Team performance. In W. Karwowski (Ed.), International Encyclopedia of Ergonomics and Human Factors (2nd ed., Vol. 2, pp. 2390 – 2393). Boca Raton, FL: CRC Press.

Boyce, P. R. 2006. Illumination. In G. Salvendy (Ed.), Handbook of Human Factors and Ergonomics (3rd ed., pp. 643 – 669). Hoboken, NJ: Wiley.

Bradley, D. R. & Abelson, S. B. 1995. Desktop flight simulators: Simulation fidelity and pilot performance. Behavior Research Methods, Instruments and Computers, 27, 152 – 159.

Bradley, J. V. 1967. Tactual coding of cylindrical knobs. Human Factors, 9, 483 – 496.

Bradley, J. V. 1969a. Desirable dimensions for concentric controls. Human Factors, 11, 213 – 226.

Bradley, J. V. 1969b. Optimum knob crowding. Human Factors, 11, 227 – 238.

Bradley, J. V. & Wallis, R. A. 1958. Spacing of on-off controls. 1: Pushbuttons (WADC-TR 58 – 2). WrightPatterson Air Force Base, OH: Wright Air Development Center.

Bradley, J. V. & Wallis, R. A. 1960. Spacing of toggle switch on-off controls. Engineering and Industrial Psychology, 2, 8 – 19.

Brannick, M. T. & Levine, E. 2002. Job Analysis: Methods, Research, and Applications for Human Resource Management in the New Millenium. Thousand Oaks, CA: Sage.

Bransford, J. D. & Johnson, M. K. 1972. Contextual prerequisites for understanding: Some investigations of comprehension and recall. Journal of Verbal Learning and Verbal Behavior, 11, 717 – 726.

Brebner, J. , Shephard, M. & Cairney, P. T. 1972. Spatial relationships and S – R compatibility, Acta Psychologica, 36, 1 – 15.

Bregman, A. S. , Colantonio, C. & Ahad, P. A. 1999. Is a common grouping mechanism involved in the phenomena of illusory continuity and stream segregation? Perception and Psychophysics, 61, 195 – 205.

Bregman, A. S. & Rudnicky, A. I. 1975. Auditory segregation: Stream or streams? Journal of Experimental Psychology: Human Perception and Performance, 1, 263 – 267.

Breitmeyer, B. G. & Ganz, L. 1976. Implications of sustained and transient channels for theories of visual pattern masking, saccadic suppression, and information processing. Psychological Review, 83, 1 – 36.

Breitmeyer, B. G. , Kropfl, W. & Julesz, B. 1982. The existence and role of retinotopic and spatiotopic forms of visual persistence. Acta Psychologica, 52, 175 – 196.

Breitmeyer, B. G. & Ög men, H. 2000. Recent models and findings in visual backward masking: A comparison, review, and update. Perception and Psychophysics, 62, 1572 – 1595.

Breitmeyer, B. G. & Ög men, H. 2006. Visual Masking: Time Slices through Conscious and Unconscious Vision. Oxford: Oxford University Press.

Brennan, A. , Chugh, J. S. & Kline, T. 2002. Traditional versus open office design: A longitudinal study. Environment and Behavior, 34, 279 – 299.

Brenner, M. D. , Fairris, D. & Ruser, J. 2004. "Flexible" work practices and occupational safety and health: Exploring the relationship between cumulative trauma disorders and workplace transformation. Industrial Relations, 43, 242 – 266.

Bressan, P. & Actis-Grosso, R. 2006. Simultaneous lightness contrast on plain and articulated surrounds. Perception, 35, 445 – 452.

Brewer, W. F. & Lichtenstein, E. H. 1981. Event schemas, story schemas, and story grammars. In J. L. Long & A. Baddeley (Eds.), Attention and Performance IX (pp. 363 – 379). Hillsdale, NJ: Lawrence Erlbaum.

Brewster, S. & Murray-Smith, R. (Eds.) 2001. Haptic Human-Computer Interaction. New York: Springer.

Brick, J. 2001. Biobehavioral factors: In unintended acceleration. Forensic Examiner, 10(5 – 6), 26 – 31.

Bridgeman, B. 1995. Extraretinal signals in visual orientation. In W. Prinz & B. Bridgeman (Eds.), Handbook of Perception and Action (Vol. 1: Perception, pp. 191 – 223). San Diego, CA: Academic Press.

Bridgeman, B. & Delgado, D. 1984. Sensory effects of eyepress are due to efference. Perception and Psychophysics, 36, 482 – 484.

Broadbent, D. E. 1958. Perception and Communication. New York: Pergamon Press.

Broadbent, D. E. & Gregory, M. 1965. Effects of noise and of signal rate upon vigilance analyzed by means of decision theory. Human Factors, 7, 155 – 162.

Broner, N. 2005. Rating and assessment of noise. EcoLibrium, March, 21 – 25.

Brookes, M. J. & Kaplan, A. 1972. The office environment: Space planning and affective behavior. Human Factors, 14, 373 – 391.

Brookhuis, K. A. & De Waard, D. 2002. On the assessment of (mental) workload and other subjective qualifications. Ergonomics, 45, 1026 – 1030.

Brooks, L. R. 1968. Spatial and verbal components of the act of recall. Canadian Journal of Psychology, 22, 349 – 368.

Brown, J. 1958. Some tests of the decay theory of immediate memory. Quarterly Journal of Experimental Psychology, 10, 12 – 21.

Brown, J. L. 1965. Flicker and intermittent stimulation. In C. H. Graham (Ed.), Vision and Visual Perception (pp. 251 – 320). New York: Wiley.

Brown, O., Jr. 1990. Macroergonomics: A review. In K. Noro & O. Brown, Jr. (Eds.), Human Factors in Organizational Design and Management — III (pp. 15 – 20). Amsterdam: North-Holland.

Brown, O., Jr. 2002. Macroergonomic methods: Participation. In H. W. Hendrick & B. M. Kleiner (Eds.), Macroergonomics: Theory, Methods, and Applications (pp. 111 – 131). Mahwah, NJ: Lawrence Erlbaum.

Browne, R. C. 1949. The day and night performance of teleprinter switchboard operators. Journal of Occupational Psychology, 23, 121 – 126.

Bruins, J. & Barber, A. 2000. Crowding, performance, and affect: A field experiment investigating mediational processes. Journal of Applied Social Psychology, 30, 1268 – 1280.

Brush, S. G. 1989. Prediction and theory evaluation: The case of light bending. Science, 246, 1124 – 1129.

Bryan, W. L. & Harter, N. 1899. Studies of the telegraphic language. The acquisition of a hierarchy of habits. Psychological Review, 6, 345 – 375.

Bubb, H. 2004. Challenges in the application of anthropometric measurements. Theoretical Issues in Ergonomics Science, 5, 154 – 168.

Bubb, H. 2005. Human reliability: A key to improved quality in manufacturing. Human Factors and Ergonomics in Manufacturing, 15, 353 – 368.

Buchanan, B. G., Davis, R. & Feigenbaum, E. A. 2007. Expert systems: A perspective from computer science. In K. A. Ericsson, N. Charness, P. J. Feltovich & R. R. Hoffman (Eds.), Cambridge Handbook of Expertise and Expert Performance (pp. 87 – 103). Cambridge: Cambridge University Press.

Buck, J. R., Zellers, S. M. & Opar, M. E. 2000. Control error statistics. Ergonomics, 43, 1 – 16.

Budinger, E. 2005. Introduction: Auditory corticalfields andtheirfunctions. In R. König, P. Heil, E. Budinger & H. Schleich (Eds.), The Auditory Cortex: A Synthesis of Human and Animal Research (pp. 3 – 6). Mahwah, NJ: Lawrence Erlbaum.

Bullinger, H. -J. , Kern, P. & Braun, M. 1997. Controls. In G. Salvendy (Ed.), Handbook of Human Factors (2nd ed. , pp. 697 – 728). New York: Wiley.

Butler, M. P. 2003. Corporate ergonomics programme at Scottish & Newcastle. Applied Ergonomics, 34, 35 – 38.

Byrne, M. D. 2008. Cognitive architecture. In A. Sears & J. A. Jacko (Eds.), The Human-Computer Interaction Handbook: Fundamentals, Evolving Technologies, and Emerging Applications (2nd ed. , pp. 93 – 113). Boca Raton, FL: CRC Press.

Byrne, M. D. & Gray, W. D. 2003. Steps toward building mathematical and computer models from cognitive task analyses. Human Factors, 45, 1 – 4.

Cacciabue, P. C. 1997. Methodology of human factors analysis for systems engineering: Theory and applications. IEEE Transactions on Systems, Man, and Cybernetics Part A: Systems and Humans, 27, 325 – 339.

Cacha, C. A. 1999. Ergonomics and Safety in Hand Tool Design. Boca Raton, FL: Lewis Publishers.

Caelli, T. & Porter, D. 1980. On difficulties in localizing ambulance sirens. Human Factors, 22, 719 – 724.

Caggiano, D. M. & Parasuraman, R. 2004. The role of memory representation in the vigilance decrement. Psychonomic Bulletin and Review, 11, 932 – 937.

Calhoun, G. L. 2006. Gaze-based control. In W. Karwowski (Ed.), International Encyclopedia of Ergonomics and Human Factors (2nd ed. , Vol. 1, pp. 352 – 355). Boca Raton, FL: CRC Press.

Campbell, F. W. & Westheimer, G. 1960. Dynamics of accommodation responses in the human eye. Journal of Physiology, 151, 285 – 295.

Canas, J. J. , Salmeron, L. , Antoli, A. , Fajardo, I. , Chisalita, C. & Escudero, J. T. 2003. Differential roles for visuospatial and verbal working memory in the construction of mental models of physical systems. International Journal of Cognitive Technology, 8, 45 – 53.

Card, S. K. , Moran, T. P. & Newell, A. 1983. The Psychology of Human-Computer Interaction. Hillsdale, NJ: Lawrence Erlbaum.

Carroll, J. M. 2002. Making use is more than a matter of task analysis. Interacting with Computers, 14, 619 – 627.

Carroll, J. M. (Ed.) 2003. HCI Models, Theories, and Frameworks: Toward a Multidisciplinary Science. San Francisco, CA: Morgan Kaufman.

Carroll, J. M. 2006. Scenario-based design. In W. Karwowski (Ed.), International Encyclopedia of Ergonomics and Human Factors (2nd ed. , Vol. 1, pp. 198 – 202). Boca Raton, FL: CRC Press.

Carroll, W. R. & Bandura, A. 1982. The role of visual monitoring in observational learning of action patterns: Making the unobservable observable. Journal of Motor Behavior, 14, 153 – 167.

Carroll, W. R. & Bandura, A. 1985. Role of timing of visual monitoring and motor rehearsal in observational learning of action patterns. Journal of Motor Behavior, 17, 269 – 281.

Carroll, W. R. & Bandura, A. 1987. Translating cognition into action: The role of visual avoidance in observational learning. Journal of Motor Behavior, 19, 385 – 398.

Carroll, W. R. & Bandura, A. 1990. Representational guidance of action production in observational learning: A causal analysis. Journal of Motor Behavior, 22, 85 – 97.

Carron, A. V. 1969. Performance and learning in a discrete motor task under massed versus distributed practice. Research Quarterly, 40, 481 – 4989.

Cartwright-Finch, U. & Lavie, N. 2007. The role of perceptual load in inattentional blindness. Cognition, 102, 321 – 340.

Casagrande, V. A. , Guillery, R. W. & Sherman, S. M. (Eds.) 2005. Cortical Function: A View from the Thalamus. Amsterdam: Elsevier.

Casali, J. G. 2006. Sound and noise. In G. Salvendy (Ed.), Handbook of Human Factors and Ergonomics (3rd ed. , pp. 612 – 642). Hoboken, NJ: Wiley.

Casali, J. G. , Robinson, G. S. , Dabney, E. C. & Gauger, D. 2004. Effect of electronic ANR and conventional hearing protectors on vehicle backup alarm detection in noise. Human Factors, 46, 1 – 10.

Casey, S. M. 1989. Anthropometry of farm equipment operators. Human Factors Society Bulletin, 32(7), 1 – 3.

Casey, S. M. & Kiso, J. L. 1990. The acceptability of control locations and related features in agricultural tractor cabs. Proceedings of the Human Factors Society 34th Annual Meeting (pp. 743 – 747). Santa Monica, CA: Human Factors Society.

Castiello, U. , Bennett, K. M. & Stelmach, G. E. 1993. The bilateral reach to grasp movement. Behavioural Brain Research, 56, 43 – 57.

Cattell, J. M. 1886. The time it takes to see and name objects. Mind, 11, 63 – 65.

Cavanagh, J. P. 1972. Relation between immediate memory span and the memory search rate. Psychological Review, 79, 525 – 530.

Chaffin, D. B. 1973. Localized muscle fatigue-definition and measurement. Journal of Occupational Measurement, 15, 346 – 334.

Chaffin, D. B. 1997. Biomechanical aspects of workplace design. In G. Salvendy (Ed.), Handbook of Human Factors (2nd ed. , pp. 772 – 789). New York: Wiley.

Chaffin, D. B. 2005. Improving digital human modelling for proactive ergonomics in design. Ergonomics, 48, 478 – 491.

Chaffin, D. B. , Andersson, G. B. J. & Martin, B. J. 2006. Occupational Biomechanics (4th ed.). New York: Wiley. Chaffin, D. B. , Andres, R. O. & Garg, A. 1983. Volitional postures during maximal push=pull exertions in the sagittal plane. Human Factors, 25, 541 – 550.

Chapanis, A. , Garner, W. R. & Morgan, C. T. 1949. Applied Experimental Psychology: Human Factors in Engineering Design. New York: Wiley.

Chapanis, A. & Kinkade, R. G. 1972. Design of controls. In H. P. Van Cott & R. G. Kinkade (Eds.), Human Engineering Guide to Equipment Design (pp. 345 – 379). Washington, DC: U. S. Superintendent of Documents.

Chapanis, A. & Lindenbaum, L. E. 1959. A reaction time study of four control-display linkages. Human Factors, 1, 1 – 7.

Chapanis, A. & Moulden, J. V. 1990. Short-term memory for numbers. Human Factors, 32, 123 – 138.

Chapanis, A., Parrish, R. N., Ochsman, R. B. & Weeks, G. D. 1977. Studies in interactive communication: II. The effects of four communication modes on the linguistic performance of teams during cooperative problem solving. Human Factors, 19, 101 – 126.

Chaparro, B. S., Shaikh, D. & Chaparro, A. 2006. The legibility of cleartype fonts. Proceedings of the Human Factors and Ergonomics Society 30th Annual Meeting (pp. 1829 – 1833). Santa Monica, CA: Human Factors and Ergonomics Society.

Charles, J. M. 2002. Contemporary Kinesiology. Champaign, IL: Stipes Publisher.

Charlton, S. G. 2002. Questionnaire techniques for test and evaluation. In T. G. O'Brien & S. G. Charlton (Eds.), Handbook of Human Factors Testing and Evaluation (2nd ed., pp. 225 – 246). Mahwah, NJ: Lawrence Erlbaum.

Chase, W. G. 1983. Spatial representations of taxi drivers. In D. R. Rogers & J. H. Sloboda (Eds.), Acquisition of Symbolic Skills (pp. 391 – 405). New York: Plenum Press.

Chase, W. G. & Ericsson, K. A. 1981. Skilled memory. In J. R. Anderson (Ed.), Cognitive Skills and Their

Acquisition (pp. 141 – 189). Hillsdale, NJ: Lawrence Erlbaum.

Chase, W. G. & Simon, H. A. 1973. Perception in chess. Cognitive Psychology, 4, 55 – 81.

Chatterjee, D. S. 1987. Repetition strain injury — A recent review. Journal of the Society of Occupational Medicine, 37, 100 – 105.

Cheng, P. W. & Holyoak, K. J. 1985. Pragmatic reasoning schemas. Cognitive Psychology, 17, 391 – 416.

Cheng, P. W., Holyoak, K. J., Nisbett, R. E. & Oliver, L. M. 1986. Pragmatic Versus Syntactic Approaches to Training Deductive Reasoning. Cognitive Psychology, 18, 293 – 328.

Chengalur, S. N., Rodgers, S. H. & Bernard, T. E. 2004. Kodak's Ergonomic Design for People at Work. Hoboken, NJ: Wiley.

Chernikoff, R., Birmingham, H. P. & Taylor, F. V. 1956. A comparison of pursuit and compensatory tracking in a simulated aircraft control loop. Journal of Applied Psychology, 40, 47 – 52.

Cherry, E. C. 1953. Some experiments on the recognition of speech, with one and with two ears. Journal of the Acoustical Society of America, 25, 975 – 979.

Cherry, E. C. & Taylor, W. K. 1954. Some further experiments on the recognition of speech with one and two ears. Journal of the Acoustical Society of America, 26, 554 – 559.

Chervinskaya, K. R. & Wasserman, E. L. 2000. Some methodological aspects of tacit knowledge elicitation. Journal of Experimental and Theoretical Artificial Intelligence, 12, 43 – 55.

Chery, S. & Vicente, K. J. 2006. Ecological interface design: Applications. In W. Karwowski (Ed.), International Encyclopedia of Ergonomics and Human Factors (2nd ed. , Vol. 3, pp. 3101 – 3106). Boca Raton, FL: CRC Press.

Cheung, B. S. K. , Howard, I. P. & Money, K. E. 1991. Visually induced sickness in normal and bilaterally labrynthine-defective subjects. Aviation, Space, and Environmental Medicine, 62, 527 – 531.

Chi, M. T. H. , Feltovich, P. J. & Glaser, R. 1981. Categorization and representation of physics problems by experts and novices. Cognitive Science, 5, 121 – 125.

Chichilnisky, E. J. & Wandell, B. A. 1999. Trichromatic opponent color classification. Vision Research, 39, 3444 – 3458.

Chignell, M. H. & Peterson, J. G. 1988. Strategic issues in knowledge engineering. Human Factors, 30, 381 – 394.

Cho, Y. S. & Proctor, R. W. 2003. Stimulus and response representations underlying orthogonal stimulus-response compatibility effects. Psychonomic Bulletin and Review, 10, 45 – 73.

Christ, R. E. 1975. Review and analysis of color coding research for visual displays. Human Factors, 17, 542 – 570.

Christ, R. E. & Corso, G. M. 1983. The effects of extended practice on the evaluation of visual display codes. Human Factors, 25, 71 – 84.

Chronicle, E. P. , MacGregor, J. N. & Ormerod, T. C. 2004. What makes an insight problem? The roles of heuristics, goal conception, and solution recoding in knowledge-lean problems. Journal of Experimental Psychology: Learning, Memory, and Cognition, 30, 14 – 27.

Chua, R. , Weeks, D. J. , Ricker, K. L. & Poon, P. 2001. Influence of operator orientation on relative organizational mapping and spatial compatibility. Ergonomics, 44, 751 – 765.

Chui, T. Y. P. , Yap, M. K. H. , Chan, H. H. L. & Thibos, L. N. 2005. Retinal stretching limits peripheral visual acuity in myopia. Vision Research, 45, 593 – 605.

Ciampolini, A. & Torroni, P. 2004. Using abductive logic agents for modeling the judicial evaluation of criminal evidence. Applied Artificial Intelligence, 18, 251 – 275.

Cicerone, C. M. & Nerger, J. L. 1989. The density of cones in the fovea centralis of the human dichromat. Vision Research, 24, 1587 – 1595.

Ciriello, V. M. 2004. Comparison of two techniques to establish maximum acceptable forces of dynamic pushing for female industrial workers. International Journal of Industrial Ergonomics, 34, 93 – 99.

Clark, H. H. 1996. Using Language. New York: Cambridge University Press.

Clark, H. H. & Clark, E. V. 1968. Semantic distinctions and memory for complex sentences. Quarterly Journal of Experimental Psychology, 20, 129 – 138.

Clegg, C. W. 2000. Sociotechnical principles for system design. Applied Ergonomics, 31, 463 – 477.

Clemensen, J. , Larsen, S. B. , Kyng, M. & Kirkevold, M. 2007. Participatory design in health sciences: Using cooperative experimental methods in developing health services and computer technology. Qualitative Health Research, 17, 122 – 130.

Clifton, C. , Jr. & Duffy, S. A. 2001. Sentence and text comprehension: Roles of linguistic structure. Annual Review of Psychology, 52, 167 - 196.

Cockton, G. , Lavery, D. & Woolrych, A. , 2003. Inspection-based evaluations. In J. A. Jacko & A. Sears (Eds.), The Human-Computer Interaction Handbook: Fundamentals, Evolving Technologies and Emerging Applications (pp. 1118 - 1138). Mahwah, NJ: Lawrence Erlbaum.

Cohen, D. , Otakeno, S. , Previc, F. H. & Ercoline, W. R. 2001. Effects of "inside-out" and "outside-in" attitude displays on off-axis tracking in pilots and nonpilots. Aviation, Space, and Environmental Medicine, 72, 170 - 176.

Cohen, H. H. & LaRue, C. A. 2006. Forensic human factors = ergonomics. In W. Karwowski (Ed.), International Encyclopedia of Ergonomics and Human Factors (2nd ed. , Vol. 3, pp. 2909 - 2916). Boca Raton, FL: CRC Press.

Cohen, M. M. 2000. Perception of facial features and face-to-face communications in space. Aviation, Space, and Environmental Medicine, 71(9, Sect. 2, Suppl.), A51 - A57.

Coles, M. G. H. , Gratton, G. , Bashore, T. R. , Eriksen, C. W. & Donchin, E. 1985. A psychophysiological investigation of the continuous flow model of human information processing. Journal of Experimental Psychology: Human Perception and Performance, 11, 529 - 553.

Colle, H. A. & Reid, G. B. 1998. Context effects in subjective mental workload ratings. Human Factors, 40, 591 - 600.

Colley, A. M. & Beech, J. R. 1989. Acquiring and performing cognitive skills. In A. M. Colley & J. R. Beech (Eds.), Acquisition and Performance of Cognitive Skills (pp. 1 - 16). New York: Wiley.

Collier, S. , Ludvigsen, J. T. & Svengren, H. 2004. Human reliability data from simulator experiments: Principles and context-sensitive analysis. Paper presented at PSAM 7 - ESREL'04 International Conference, Berlin.

Collins, A. M. & Loftus, E. F. 1975. A spreading-activation theory of semantic memory. Psychological Review, 82, 407 - 428.

Colombini, D. , Occhipinti, E. , Molteni, G. & Grieco, A. 2006. Evaluation of work chairs. In W. Karwowski (Ed.), International Encyclopedia of Ergonomics and Human Factors (2nd ed. , Vol. 2, pp. 1636 - 1642). Boca Raton, FL: CRC Press.

Colquhoun, W. P. 1971. Biological Rhythms and Human Performance. New York: Academic Press.

Colquhoun, W. P. , Blake, M. J. F. & Edwards, R. S. 1968. Experimental studies of shift-work II: Stabilized eighthour shift systems. Ergonomics, 11, 527 - 546.

Coltheart, M. 1980. Iconic memory and visible persistence. Perception and Psychophysics, 27, 183 - 228.

Conrad, R. 1964. Acoustic confusion in immediate memory. British Journal of Psychology, 55, 75 - 84.

Cook, N. L. 1989. The applicability of verbal mnemonics for different populations: A review. Applied Cognitive Psychology, 3, 3 - 22.

Cooke, N. J. & Gorman, J. C. 2006. Assessment of team cognition. In W. Karwowski

(Ed.), International Encyclopedia of Ergonomics and Human Factors (2nd ed. , Vol. 1, pp. 271 - 276). Boca Raton, FL: CRC Press.

Cooper, G. E. & Harper, R. P. , Jr. 1969. The Use of Pilot Rating in the Evaluation of Aircraft Handling Qualities. (NASA TN-D-5153). Washington, DC: National Aeronautics and Space Administration.

Cooper, W. E. 1983. Introduction. In W. E. Cooper (Ed.), Cognitive Aspects of Skilled Typewriting (pp. 1 - 38). New York: Springer.

Coppula, D. 1997. Continuing education: Hyperlink to growth. Prism, May=June, 22 - 24.

Corballis, M. C. , Kirby, J. & Miller, A. 1972. Access to elements of a memorized list. Journal of Experimental Psychology, 94, 185 - 190.

Coren, S. & Girgus, J. S. 1978. Seeing Is Deceiving: The Psychology of Visual Illusions. Hillsdale, NJ=Mahwah, NJ: Lawrence Erlbaum.

Coren, S. , Ward, L. M. & Enns, J. T. 2004. Sensation and Perception (6th ed.). Hoboken, NJ: Wiley.

Corey, G. A. & Merenstein J. H. 1987. Applying the acute ischemic heart disease predictive instrument. Journal of Family Practice, 25, 127 - 133.

Corlett, E. N. 1988. Cost-benefit analysis of ergonomic and work design changes. In D. J. Oborne (Ed.), International Reviews of Ergonomics (Vol. 2, pp. 85 - 104). London: Taylor & Francis.

Corlett, E. N. 2005. The evaluation of industrial seating. In J. R. Wilson & N. Corlett (Eds.), Evaluation of Human Work (3rd ed. , pp. 729 - 741). Boca Raton, FL: CRC Press.

Corlett, J. 1992. The role of vision in the planning, guidance and adaptation of locomotion through the environment. In D. Elliott & L. Proteau (Eds.), Vision and Motor Control (pp. 375 - 397). Amsterdam: North-Holland.

Cormier, S. M. & Hagman, J. D. (Eds.) 1987. Transfer of Learning: Contemporary Research and Applications. San Diego, CA: Academic Press.

Cornsweet, T. N. 1970. Visual Perception. New York: Academic Press.

Cotten, D. J. , Thomas, J. R. , Spieth, W. R. & Biasiotto, J. 1972. Temporary fatigue effects in a gross motor skill. Journal of Motor Behavior, 4, 217 - 222.

Cotton, J. L. , Vollrath, D. A. , Froggatt, K. L. , Lengnick-Hall, M. L. & Jennings, K. R. 1988. Employee participation: Diverse forms and different outcomes. Academy of Management Review, 13, 8 - 22.

Courtney, A. J. & Chow, H. M. 2001. A study of the discriminability of shape symbols by the foot. Ergonomics, 44, 328 - 338.

Cowan, N. 1997. Attention and Memory: An Integrated Framework. New York: Oxford University Press.

Cowan, N. , Chen, Z. & Rouder, J. N. 2004. Constant capacity in an immediate serial-recall task: A logical sequel to Miller 1956. Psychological Science, 15, 634 - 640.

Cox, B. D. 1997. The rediscovery of the active learner in adaptive contexts: A developmental-historical analysis of transfer of training. Educational Psychologist, 32, 41 - 55.

Craig, J. 1980. Designing with Type (rev. ed.). New York: Watson-Guptill.

Craik, F. I. M. 2002. Levels of processing: Past, present, and ... future? Memory, 10, 305 – 318.

Craik, F. I. M. & Bialystock, E. 2006. Cognition through the lifespan: Mechanisms of change. Trends in Cognitive Sciences, 10, 131 – 138.

Craik, F. I. M. & Lockhart, R. S. 1972. Levels of processing: A framework for memory research. Journal of Verbal Learning and Verbal Behavior, 11, 671 – 684.

Craik, F. I. M. & Tulving, E. 1975. Depth of processing and the retention of words in episodic memory. Journal of Experimental Psychology: General, 104, 268 – 294.

Cranor, L. F. , Guduru, P. & Arjula, M. 2006. User interfaces for privacy agents. ACM Transactions on Computer-Human Interaction, 13, 135 – 178.

Crawford, J. & Neal, A. 2006. A review of the perceptual and cognitive issues associated with the use of headup displays in commercial aviation. International Journal of Aviation Psychology, 16, 1 – 19.

Crossman, E. R. F. W. 1959. A theory of the acquisition of speed-skill. Ergonomics, 2, 153 – 156.

Crossman, E. R. F. W. & Goodeve, P. J. 1983. Feedback control of hand-movement and Fitts' Law. Quarterly Journal of Experimental Psychology, 35A, 251 – 278. (Originally presented at a meeting of the Experimental Psychology Society, Oxford, England, 1963.)

Crowder, R. G. & Surprenant, A. M. 2000. Sensory stores. In A. E. Kazdin (Ed.), Encyclopedia of Psychology (Vol. 7, pp. 227 – 229). Washington, DC: American Psychological Association.

Cruikshank, P. J. 1985. Patient ratings of doctors using computers. Social Science Medicine, 21, 615 – 622.

Cuijpers, R. H. , Smeets, J. B. J. & Brenner, E. 2004. On the relation between object shape and grasping kinematics. Journal of Neurophysiology, 91, 2598 – 2606.

Cullinane, T. P. 1977. Minimizing cost and effort in performing a link analysis. Human Factors, 19, 151 – 156.

Culver, C. C. & Viano, D. C. 1990. Anthropometry of seated women during pregnancy: Defining a fetal region for crash protection research. Human Factors, 32, 625 – 636.

Cunningham, G. 1990. Air quality. In N. C. Ruck (Ed.), Building Design and Human Performance (pp. 29 – 39). New York: Van Nostrand Reinhold.

Cushman, W. H. & Crist, B. 1987. Illumination. In G. Salvendy (Ed.), Handbook of Human Factors (pp. 670 – 695). New York: Wiley.

Cushman, W. H. , Dunn, J. E. & Peters, K. A. 1984. Workplace luminance ratios: Do they affect subjective fatigue and performance? Proceedings of the Human Factors Society 28th Annual Meeting (p. 991). Santa Monica, CA: Human Factors Society.

Czaja, S. J. & Nair, S. N. 2006. Human factors engineering and systems design. In G. Salvendy (Ed.), Handbook of Human Factors and Ergonomics (Vol. 3, pp. 32 – 49). Hoboken, NJ: Wiley.

Daanen, H. A. M. , van de Vliert, E. & Huang, X. 2003. Driving performance in cold, warm, and thermoneutral environments. Applied Ergonomics, 34, 597 - 602.

Dahlgren, K. 1988. Shiftwork scheduling and their impact upon operators in nuclear power plants. IEEE Fourth Conference on Human Factors in Power Plants (pp. 517 - 521). Piscataway, NJ: IEEE.

Dahn, D. & Laughery, K. R. 1997. The integrated performance modeling environment — Simulating humansystem performance. In S. Andradóttir, K. J. Healy, D. H. Withers & B. L. Nelson (Eds.), Proceedings of the 1997 Winter Simulation Conference (pp. 1141 - 1145).

Dail, T. E. & Christina, R. W. 2004. Distribution of practice and metacognition in learning and long-term retention of a discrete motor task. Research Quarterly for Exercise and Sport, 75, 148 - 155.

Dallos, P. , Popper, A. N. & Fay, R. R. (Eds.) 1996. The Cochlea. New York: Springer.

Danziger, K. 2001. Wundt and the temptations of psychology. In R. W. Rieber & D. K. Robinson (Eds.), Wilhlem Wundt in History: The Making of Scientific Psychology (pp. 69 - 94). New York: Kluwer Academic=Plenum Press.

Darwin, C. J. , Turvey, M. T. & Crowder, R. G. 1972. An auditory analogue of the Sperling partial report procedure: Evidence for brief auditory storage. Cognitive Psychology, 3, 255 - 267.

Das, B. 2006. Ergonomic workstation design. In W. Karwowski (Ed.), International Encyclopedia of Ergonomics and Human Factors (2nd ed. , Vol. 2, pp. 1596 - 1607). Boca Raton, FL: CRC Press.

Davies, B. T. & Watt, J. M. , Jr. 1969. Preliminary investigation of movement time between brake and accelerator pedals in automobiles. Human Factors, 11, 407 - 410.

Davies, D. R. & Tune, G. S. 1969. Human Vigilance Performance. New York: Elsevier.

Davis, D. N. 2001. Control states and complete agent architectures. Computational Intelligence, 17, 621 - 650.

Davis, G. & Altman, I. 1976. Territories at the work-place: Theory into design guidelines. Man-Environment Systems, 6, 46 - 53.

Davis, K. & Marras, W. 2005. Load spatial pathway and spine loading: How does lift origin and destination influence low back response? Ergonomics, 48, 1031 - 1046.

Davis, L. E. & Wacker, G. J. 1987. Job design. In G. Salvendy (Ed.), Handbook of Human Factors (pp. 431 - 452). New York: Wiley.

Davis, S. (Ed.) 2000. Color Perception: Philosophical, Psychological, Artistic, and Computational Perspectives. New York: Oxford University Press.

Davranche, K. & Pichon, A. 2005. Critical flicker frequency threshold increment after an exhausting exercise. Journal of Sport and Exercise Psychology, 27, 515 - 520.

Dawson, E. , Gilovich, T. & Regan, D. T. 2002. Motivated reasoning and performance on the Wason selection task. Personality and Social Psychology Bulletin, 28, 1379 - 1387.

de Groot, A. 1966. Perception and memory versus thought: Some old ideas and recent findings. In B. Kleinmuntz (Ed.), Problem Solving (pp. 19 - 50). New York: Wiley.

De Houwer, J. 2003. On the role of stimulus-response and stimulus-stimulus compatibility in the Stroop effect. Memory and Cognition, 31, 353 – 359.

De Keyser, V. & Javaux, D. 2000. Mental workload and cognitive complexity. In N. B. Sarter & R. Amalberti (Eds.), Cognitive Engineering in the Aviation Domain (pp. 43 – 63). Mahwah, NJ: Lawrence Erlbaum.

de Lange, H. 1958. Research into the dynamic nature of human fovea-cortex systems with intermittent and modulated light. I. Attenuation characteristics with white and colored light. Journal of the Optical Society of America, 48, 777 – 784.

de Lussanet, M. H. E, Smeets, J. B. J. & Brenner, E. 2002. Relative damping improves linear mass-spring models of goal-directed movements. Human Movement Science, 21, 85 – 100.

De Valois, R. L. & De Valois, K. K. 1980. Spatial vision. Annual Review of Psychology, 31, 309 – 341.

Deininger, R. L. 1960. Human factors engineering studies of the design and use of push button telephone tests. Bell System Technical Journal, 39, 995 – 1012.

Dekker, S. W. A. 2005. Ten Questions about Human Error: A New View of Human Factors and System Safety. Mahwah, NJ: Lawrence Erlbaum.

Delleman, N. J. & Dul, J. 1990. Ergonomic guidelines for adjustment and redesign of sewing machine workplaces. In C. M. Haslegrave, J. R. Wilson, E. N. Corlett & I. Manenica (Eds.), Work Design in Practice (pp. 155 – 160). London: Taylor & Francis.

Dellis, E. 1988. Automotive head-up displays: Just around the corner. Automotive Engineering, 96, 107 – 110.

DeLucia, P. R., Mather, R. D., Griswold, J. A. & Mitra, S. 2006. Toward the improvement of imageguided interventions for minimally invasive surgery: Three factors that affect performance. Human Factors, 48, 23 – 38.

DeMonasterio, F. M. 1978. Center and surround mechanisms of opponent-color X and Y ganglion cells of retina of macaques. Journal of Neurophysiology, 41, 1418 – 1434.

Dempsey, P. G., Wogalter, M. S. & Hancock, P. A. 2000. What's in a name? Using terms from definitions to examine the fundamental foundation of human factors and ergonomics science. Theoretical Issues in Ergonomics Science, 1, 3 – 10.

Dempsey, P. G., Wogalter, M. S. & Hancock, P. A. 2006. Defining ergonomics = human factors. In W. Karwowski (Ed.), International Encyclopedia of Ergonomics and Human Factors (2nd ed., Vol. 1, pp. 32 – 35). Boca Raton, FL: CRC Press.

Denson, W. 1998. The history of reliability prediction. IEEE Transactions on Reliability, 47 (3 – SP), 321 – 328.

Dettinger, K. M. & Smith, M. J. 2006. Human factors in organizational design and management. In G. Salvendy (Ed.), Handbook of Human Factors and Ergonomics (3rd ed., pp. 513 – 527). New York: Wiley.

Deutsch, J. A. & Deutsch, D. 1963. Attention: Some theoretical considerations. Psychological Review, 70, 80 – 90.

Dewar, R. E. 2006. Road warnings with traffic control devices. In M. S. Wogalter (Ed.),

Handbook of Warnings (pp. 177 - 185). Mahwah, NJ: Lawrence Erlbaum.

Dewey, J. 1916. Democracy and Education: An Introduction to the Philosophy of Education. New York: Macmillan.

Dhillon, B. S. 1999. Design Reliability: Fundamentals and Applications. Boca Raton, FL: CRC Press.

Di Lollo, V. , von Muhlenen, A. , Enns, J. T. & Bridgeman, B. 2004. Decoupling stimulus duration from brightness in metacontrast masking: Data and models. Journal of Experimental Psychology: Human Perception and Performance, 30, 733 - 745.

Di Lorenzo, P. M. & Youngentob, S. L. 2003. Olfaction and taste. In M. Gallagher & R. J. Nelson (Eds.), Biological Psychology (Vol. 3: Handbook of Psychology, pp. 269 - 297). Hoboken, NJ: Wiley.

Diaper, D. & Stanton, N. (Eds.) 2004. The Handbook of Task Analysis for Human-Computer Interaction. Mahwah, NJ: Lawrence Erlbaum.

Diederich, A. & Busemeyer, J. R. 2003. Simple matrix methods for analyzing diffusion models of choice probability, choice response time, and simple response time. Journal of Mathematical Psychology, 47, 304 - 322.

Dien, J. , Spencer, K. M. & Donchin, E. 2004. Parsing the late positive complex: Mental chronometry and the ERP components that inhabit the neighborhood of the P300. Psychophysiology, 41, 665 - 678.

Dijkstra, J. J. 1999. User agreement with incorrect expert system advice. Behaviour and Information Technology, 18, 299 - 411.

Dillon, C. 2006. Management perspectives for workplace ergonomics. In W. Karwowski (Ed.), International

Encyclopedia of Ergonomics and Human Factors (2nd ed. , Vol. 3, pp. 2930 - 2935). Boca Raton, FL: CRC Press.

Dillon, C. & Sanders, M. 2006. Diagnosis of work-related musculoskeletal disorders. In W. Karwowski (Ed.), International Encyclopedia of Ergonomics and Human Factors (2nd ed. , Vol. 3, pp. 2584 - 2588). Boca Raton, FL: CRC Press.

Dingus, T. A. 1995. A meta-analysis of driver eye-scanning behavior while navigating. Proceedings of the Human Factors and Ergonomics Society 39th Annual Meeting (pp. 1127 - 1131). Santa Monica, CA: HFES.

DiVita, J. , Obermayer, R. , Nugent, W. & Linville, J. M. 2004. Verification of the change blindness phenomenon while managing critical events on a combat information display. Human Factors, 46, 205 - 218.

Dix, A. J. , Finlay, J. E. , Abowd, G. D. & Beale, R. 2003. Human-Computer Interaction (3rd ed.). Upper Saddle River, NJ: Prentice-Hall.

Dixon, P. 1982. Plans and written directions for complex tasks. Journal of Verbal Learning and Verbal Behavior, 21, 70 - 84.

Donchin, E. 1981. Event-related brain potentials: A tool in the study of human information processing. In H. Begleiter (Ed.), Evoked Potentials in Psychiatry. New York: Plenum Press.

Donders, F. C. 1868 = 1969. On the speed of mental processes (W. G. Koster, Trans.). Acta Psychologica, 30, 412 – 431.

Donovan, J. J. & Radosevich, D. J. 1999. A meta-analytic review of the distribution of practice effect: Now you see it, now you don't. Journal of Applied Psychology, 84, 795 – 805.

Dougherty, D. J., Emery, J. H. & Curtin, J. G. 1964. Comparison of perceptual workload in flying standard instrumentation and the contact analogy vertical display (JANAIR – D278 – 421 – 019). Fort Worth, TX: Bell Helicopter Co. (DTIC NO. 610617).

Dougherty, E. 1997. Human reliability analysis — Where shouldst thou turn? Reliability Engineering and System Safety, 29, 283 – 299.

Dougherty, E. M. & Fragola, J. R. 1988. Human Reliability Analysis. New York: Wiley.

Doya, K. 2000. Complementary roles of basal ganglia and cerebellum in learning and motor control. Current Opinion in Neurobiology, 10, 732 – 739.

Draper, J. V., Handel, S. & Hood, C. C. 1990. Fitts' task by teleoperator: Movement time, velocity, and acceleration. Proceedings of the Human Factors Society 34th Annual Meeting (pp. 127 – 131). Santa Monica, CA: Human Factors Society.

Dresp, B. Durand, S. & Grossberg, S. 2002. Depth perception from pairs of overlapping cues in pictorial displays. Spatial Vision, 15, 255 – 276.

Drillis, R. J. 1963. Folk norms and biomechanics. Human Factors, 5, 427 – 441.

Driskell, J. E. & Salas, E. 2006. Groupware, group dynamics, and team performance. In C. Bowers, E. Salas & F. Jentsch (Eds.), Creating High-Tech Teams: Practical Guidance on Work Performance and Technology (pp. 11 – 34). Washington, DC: American Psychological Association.

Driskell, J. E., Copper, C. & Moran, A. 1994. Does mental practice enhance performance? Journal of Applied Psychology, 79, 481 – 492.

Druckman, D. & Bjork, R. A. (Eds.) 1991. In the Mind's Eye: Enhancing Human Performance. Washington, DC: National Academy Press.

Druckman, D. & Swets, J. A. (Eds.) 1988. Enhancing Human Performance: Issues, Theories, and Techniques. Washington, DC: National Academy Press.

Drury, C. 1975. Application of Fitts' Law to foot-pedal design. Human Factors, 17, 368 – 373.

Drury, C. G. & Coury, B. G. 1982. Container and handle design for manual handling. In R. Easterby, K. H. E. Kroemer & D. B. Chaffin (Eds.), Anthropometry and Biomechanics: Theory and Application (pp. 259 – 268). New York: Plenum Press.

Dukic, T., Hanson, L. & Falkmer, T. 2006. Effect of drivers' age and push button locations on visual time off road, steering wheel deviation and safety perception. Ergonomics, 49, 78 – 92.

Dumas, J. S. 2003. User-based evaluations. In J. A. Jacko & A. Sears (Eds.), The Human-Computer Interaction Handbook: Fundamentals, Evolving Technologies and Emerging Applications (pp. 1093 – 1117). Mahwah, NJ: Lawrence Erlbaum.

Dumesnil, C. D. 1987. Office case study: Social behavior in relation to the design of the environment. The Journal of Architectural and Planning Research, 4, 7 - 13.

Dunbar, K. & Blanchette, I. 2001. The in vivo=in vitro approach to cognition: The case of analogy. Trends in Cognitive Sciences, 5, 334 - 339.

Duncan, J. 1977. Response selection rules in spatial choice reaction tasks. In S. Dornic (Ed.), Attention and Performance IV (pp. 49 - 61). Hillsdale, NJ: Lawrence Erlbaum.

Duncan, J. 1980. The locus of interference in the perception of simultaneous stimuli. Psychological Review, 87, 272 - 300.

Duncan-Johnson, C. C. & Donchin, E. 1977. On quantifying surprise: The variation in event-related potentials with subjective probability. Psychophysiology, 14, 456 - 467.

Duncker, K. 1945. On problem solving. Psychological Monographs, 58 (5, Whole No. 270).

Durlach, P. J. 2004. Change blindness and its implications for complex monitoring and control systems design and operator training. Human-Computer Interaction, 19, 423 - 451.

Dutta, A. & Proctor, R. W. 1992. Persistence of stimulus-response compatibility effects with extended practice. Journal of Experimental Psychology: Learning, Memory, and Cognition, 18, 801 - 809.

Dzhafarov, E. N. & Colonius, H. 2006. Reconstructing distances among objects from their discriminability. In H. Colonius & E. N. Dzhafarov (Ed.), Measurement and Representation of Sensations (pp. 47 - 88). Mahwah, NJ: Lawrence Erlbaum.

Easterbrook, J. A. 1959. The effect of emotion on cue utilization and the organization of behavior. Psychological Review, 66, 183 - 201.

Easterby, R. S. 1967. Perceptual organization in static displays for man=machine systems. Ergonomics, 10, 193 - 205.

Easterby, R. S. 1970. The perception of symbols for machine displays. Ergonomics, 13, 149 - 158.

Eastman Kodak Company. 1983. Ergonomic Design for People at Work (Vol. 1). New York: Van Nostrand Reinhold.

Ebbinghaus, H. 1885=1964. Memory (H. A. Ruger & C. E. Bussenius, Trans.). New York: Dover Press.

Eberts, R., Lang, G. T. & Gabel, M. 1987. Expert=novice differences in designing with a CAD system. Proceedings of 1987 IEEE Conference on Systems, Man, and Cybernetics (pp. 985 - 989). New York: IEEE.

Eberts, R. E. & MacMillan, A. G. 1985. Misperception of small cars. In R. E. Eberts & C. G. Eberts (Eds.), Trends in Ergonomics = Human Factors II (pp. 33 - 39). Amsterdam: North-Holland.

Eberts, R. E. & Posey, J. W. 1990. The mental model in stimulus-response compatibility. In R. W. Proctor & T. G. Reeve (Eds.), Stimulus-Response Compatibility: An Integrated Perspective (pp. 389 - 425). Amsterdam: North-Holland.

Eberts, R. E. & Schneider, W. 1985. Internalizing the system dynamics for a second-order system. Human Factors, 27, 371 - 393.

Edwards, J. R., Caplan, R. D. & van Harrison, R. 1998. Person-environment fit theory. In

C. L. Cooper (Ed.), Theories of Organizational Stress (pp. 28 – 67). Oxford: Oxford University Press.

Edwards, W. 1998. Hailfinder: Tools for and experiences with Bayesian normative modeling. American Psychologist, 53, 416 – 428.

Edworthy, J. & Hellier, E. J. 2006. Auditory warnings. In W. Karwowski (Ed.), International Encyclopedia of Ergonomics and Human Factors (2nd ed., Vol. 1, pp. 1026 – 1028). Boca Raton, FL: CRC Press.

Egan, J. P., Carterette, E. C. & Thwing, E. J. 1954. Some factors affecting multichannel listening. Journal of the Acoustical Society of America, 26, 774 – 782.

Eggemeier, F. T. 1988. Properties of workload assessment techniques. In P. A. Hancock & N. Meshkati (Eds.), Human Mental Workload (pp. 41 – 62). Amsterdam: North-Holland.

Eggleston, R. G. & Quinn, T. J. 1984. A preliminary evaluation of a projective workload assessment procedure. In Proceedings of the Human Factors Society 28th Annual Meeting (pp. 695 – 699). Santa Monica, CA: Human Factors Society.

Einstein, G. O. & Hunt, R. R. 1980. Levels of processing and organization: Additive effects of individualitem and relational processing. Journal of Experimental Psychology: Human Learning and Memory, 6, 588 – 598.

Eklund, J. A. E. & Corlett, E. N. 1986. Experimental and biomechanical analysis of seating. In N. Corlett, J. W. Wilson & I. Manenica (Eds.), The Ergonomics of Working Postures (pp. 319 – 330). London: Taylor & Francis.

Elkind, J. I., Card, S. K., Hochberg, J. & Huey, B. M. (Eds.) 1990. Human Performance Models for ComputerAided Engineering. New York: Academic Press.

Elliott, D., Helsen, W. F. & Chua, R. 2001. A century later: Woodworth's 1899 two-component model of goal-directed aiming. Psychological Bulletin, 127, 342 – 357.

Ellis, R. D., Cao, A., Pandya, A., Composto, A., Chacko, M., Klein, M. & Auner, G. 2004. Optimizing the surgeon-robot interface: The effect of control-display gain and zoom level on movement time. Proceedings of the Human Factors and Ergonomics Society 48th Annual Meeting (pp. 1713 – 1717). Santa Monica, CA: Human Factors and Ergonomics Society.

Ellis, S. E. 2000. Collision in space. Ergonomics in Design, 8(1), 4 – 9.

Ells, J. G. & Dewar, R. E. 1979. Rapid comprehension of verbal and symbolic traffic sign messages. Human Factors, 21, 161 – 168.

Elsbach, K. D. 2003. Relating physical environment to self-categorizations: Identity threat and affirmation in a non-territorial office space. Administrative Science Quarterly, 48, 622 – 654.

Embrey, D. E. 1986. SHERPA: A systematic human error reduction and prediction approach. Paper presented at the International Meeting on Advances in Nuclear Power Systems, Knoxville, TN.

Emery, F. E. & Trist, E. L. 1960. Sociotechnical systems. In C. W. Churchman & M. Verhulst (Eds.), Management Science, Models and Techniques II (pp. 83 – 97).

London: Pergamon Press.

Endsley, M. R. 1988. Design and evaluation for situation awareness enhancement. Proceedings of the Human Factors Society 30th Annual Meeting (pp. 97 – 101). Santa Monica, CA: Human Factors Society.

Endsley, M. R. 2006. Situation awareness. In G. Salvendy (Ed.), Handbook of Human Factors and Ergonomics (3rd ed., pp. 528 – 542). Hoboken, NJ: Wiley.

Endsley, M. R., Bolté, B. & Jones, D. G. 2003. Designing for Situation Awareness: An Approach to User Centered Design. London: Taylor & Francis.

English, H. B. 1942. How psychology can facilitate military training — A concrete example. Journal of Applied Psychology, 26, 3 – 7.

Engst, C., Chhokar, R., Miller, A., Tate, R. B. & Yassi, A. 2005. Effectiveness of overhead lifting devices in reducing the risk of injury to care staff in extended care facilities. Ergonomics, 48, 187 – 199.

Entwistle, M. S. 2003. The performance of automated speech recognition systems under adverse conditions of human exertion. International Journal of Human-Computer Interaction, 16, 127 – 140.

Epstein, W., Park, J. & Casey, A. 1961. The current status of the size-distance hypothesis. Psychological Bulletin, 58, 491 – 514.

Ercoline, W. 2000. The good, the bad, and the ugly of head-up displays. IEEE Engineering in Medicine and Biology Magazine, 19(2), 66 – 70.

Ericsson, K. A. 2005. Recent advances in expertise research: A commentary on the contributions to the special issue. Applied Cognitive Psychology, 19, 233 – 241.

Ericsson, K. A. 2006a. An introduction to Cambridge Handbook of Expertise and Expert Performance: Its development, organization, and content. In K. A. Ericsson, N. Charness, P. J. Feltovich & R. R. Hoffman (Eds.), Cambridge Handbook of Expertise and Expert Performance (pp. 3 – 19). Cambridge: Cambridge University Press.

Ericsson, K. A. 2006b. The influence of experience and deliberate practice on the development of superior expert performance. In K. A. Ericsson, N. Charness, P. J. Feltovich & R. R. Hoffman (Eds.), The Cambridge Handbook of Expertise and Expert Performance (pp. 683 – 703). New York: Cambridge University Press.

Ericsson, K. A. & Polson, P. G. 1988. A cognitive analysis of exceptional memory for restaurant orders. In M. T. H. Chi, R. Glaser & M. J. Farr (Eds.), The Nature of Expertise (pp. 23 – 70). Hillsdale, NJ: Lawrence Erlbaum.

Ericsson, K. A. & Simon, H. A. 1993. Protocol Analysis: Verbal Reports as Data (rev. ed.). Cambridge, MA: MIT Press.

Ericsson, K. A., Krampe, R. T. & Tesch-Romer, C. 1993. The role of deliberate practice in the acquisition of expert performance. Psychological Review, 100, 363 – 406.

Eriksen, B. A. & Eriksen, C. W. 1974. Effects of noise letters upon the identification of a target letter in a nonsearch task. Perception and Psychophysics, 16, 143 – 149.

Eriksen, C. W. & Collins, J. F. 1967. Some temporal characteristics of visual pattern perception. Journal of Experimental Psychology, 74, 476 – 484.

Eriksen, C. W. & Schultz, D. W. 1979. Information processing in visual search: A continuous flow conception and experimental results. Perception and Psychophysics, 25, 249 – 263.

Eriksen, C. W. & St. James, J. D. 1986. Visual attention within and around the field of focal attention: A zoom lens model. Perception and Psychophysics, 40, 225 – 240.

Estes, W. K. 1972. An associative basis for coding and organization in memory. In A. W. Melton & E. Martin (Eds.), Coding Processes in Human Memory (pp. 161 – 190). Washington, DC: Winston.

Evans, D. W. & Ginsburg, A. P. 1982. Predicting age-related differences in discriminating road signs using contrast sensitivity. Journal of the Optical Society of America, 72, 1785 – 1786 (Abstract).

Evans, G. W. & Johnson, D. 2000. Stress and open-office noise. Journal of Applied Psychology, 85, 779 – 783.

Evans, G. W., Lepore, S. J. & Allen, K. M. 2000. Cross-cultural differences in tolerance for crowding: Fact or fiction? Journal of Personality and Social Psychology, 79, 204 – 210.

Evans, J. St. B. T. 1989. Bias in Human Reasoning: Causes and Consequences. Hillsdale, NJ: Lawrence Erlbaum.

Evans, J. St. B. T. 1998. Matching bias in conditional reasoning: Do we understand it after 25 years? Thinking and Reasoning, 4, 45 – 82.

Evans, J. St. B. T. 2002. Logic and human reasoning: An assessment of the deduction paradigm. Psychological Review, 128, 978 – 996.

Fain, G. L. 2003. Sensory Transduction. Sunderland, MA: Sinauer Associates.

Fanger, P. O. 1977. Local discomfort to the human body caused by nonuniform thermal environments. Annals of Occupational Hygiene, 20, 285 – 291.

Farell, T. R., Weir, R. F., Heckathorne, C. W. & Childress, D. S. 2005. The effects of static friction and backlash on extended physiological proprioception control of a power prosthesis. Journal of Rehabilitation Research and Development, 42, 327 – 342.

Fechner, G. T. (1860 = 1966). Elements of Psychophysics (Vol. 1; E. G. Boring & D. H. Howes, Eds.; H. E. Adler, Trans.). New York: Holt, Rinehart & Winston.

Feltz, D. & Landers, D. M. 1983. The effects of mental practice on motor skill learning and performance: A meta-analysis. Journal of Sport Psychology, 5, 25 – 57.

Ferguson, S. A., Marras, W. S. & Burr, D. L. 2004. The influence of individual low back health status on workplace trunk kinematics and risk of low back disorder. Ergonomics, 47, 1226 – 1237.

Feuerstein, M., Huang, G. D. & Pransky, G. 1999. Low back pain: An epidemic in industrialized countries. In R. J. Gatchel & D. C. Turk (Eds.), Psychosocial Factors in Pain: Critical Perspectives (pp. 175 – 192). New York: Guilford Press.

Fine, S. A. 1974. Functional job analysis: An approach to a technology for manpower planning. Personnel Journal, 53, 813 – 818.

Fiore, S. M., Cuevas, H. M. & Salas, E. 2003. Putting working memory to work:

Integrating cognitive science theories with cognitive science research. In Proceedings of the Human Factors and Ergonomics Society 47th Annual Meeting (pp. 508 – 512). Santa Monica, CA: HFES.

Fiorentini, A. 2003. Brightness and lightness. In L. M. Chalupa & J. S. Werner (Eds.), The Visual Neurosciences. Cambridge, MA: MIT Press.

Fisher, D. L., Coury, B. G., Tengs, T. O. & Duffy, S. A. 1989. Minimizing the time to search visual displays: The role of highlighting. Human Factors, 31, 167 – 182.

Fisher, D. L. & Tan, K. C. 1989. Visual displays: The highlighting paradox. Human Factors, 31, 17 – 30.

Fitts, D. 2000. An overview of NASA ISS human engineering and habitability: Past, present, and future. Aviation, Space, and Environmental Medicine, 71 (9, Sect. 2, Suppl.), A112 – A116.

Fitts, P. M. 1954. The information capacity of the human motor system in controlling the amplitude of movement. Journal of Experimental Psychology, 47, 381 – 391.

Fitts, P. M. 1964. Perceptual-motor skill learning. In A. W. Melton (Ed.), Categories of Human Learning (pp. 243 – 285). New York: Academic Press.

Fitts, P. M. & Crannell, C. W. 1953. Studies in location discrimination. Wright Air Development Center Technical Report.

Fitts, P. M. & Deininger, R. L. 1954. S – R compatibility: Correspondence among paired elements within stimulus and response codes. Journal of Experimental Psychology, 48, 483 – 491.

Fitts, P. M. & Jones, R. E. 1947. Analysis of factors contributing to 460 "pilot-error" experiences in operating aircraft controls. Report TSEAA-694-12, Air Material Command, Wright Patterson Air Force Base.

Reprinted in H. W. Sinaiko (Ed.) 1961. Selected Papers on Human Factors in the Design and Use of Control Systems. New York: Dover.

Fitts, P. M. & Posner, M. I. 1967. Human Performance. Belmont, CA: Brooks=Cole.

Fitts, P. M. & Seeger, C. M. 1953. S – R compatibility: Spatial characteristics of stimulus and response codes. Journal of Experimental Psychology, 46, 199 – 210.

Fitts, P. M., Jones, R. E. & Milton, J. L. 1950. Eye movements of aircraft pilots during instrument-landing approaches. Aeronautical Engineering Review, 9, 1 – 16.

Fitts, R. H., Riley, D. R. & Widrick, J. J. 2000. Invited review: Microgravity and skeletal muscle. Journal of Applied Physiology, 89, 823 – 839.

Fitzgerald, K. 1989. Probing Boeing's crossed connections. IEEE Spectrum, May, 30 – 35.

Fleming, R. A. 1970. The processing of conflicting information in a simulated tactical decision-making task. Human Factors, 12, 375 – 385.

Fletcher, J. L. & Riopelle, A. J. 1960. Protective effect of the acoustic reflex for impulsive noises. Journal of the Acoustical Society of America, 32, 401 – 404.

Flynn, J. E. 1977. A study of subjective responses to low energy and nonuniform lighting systems. Lighting Design and Application, 7(2), 6 – 15.

Fodor, J. A. & Garrett, M. 1967. Some syntactic determinants of sentential complexity.

Perception and Psychophysics, 2, 289 – 296.

Folkard, S. 1975. Diurnal variation in logical reasoning. British Journal of Psychology, 66, 1 – 8.

Folkard, S. & Monk, T. H. 1980. Circadian rhythms in human memory. British Journal of Psychology, 71, 295 – 307.

Fong, G. T. , Krantz, D. H. & Nisbett, R. E. 1986. The effects of statistical training on thinking about everyday problems. Cognitive Psychology, 18, 253 – 292.

Fonseca, D. J. , Bisen, K. B, Midkiff, K. C. & Moynihan, G. P. 2006. An expert system for lighting energy management in public school facilities. Expert Systems: International Journal of Knowledge Engineering and Neural Networks, 23, 194 – 211.

Forgery Warning I (Oct. 1999). Downloaded on July 27, 2002.

Fosse, P. & Valberg, A. 2004. Lighting needs and lighting comfort during reading with age-related macular degeneration. Journal of Visual Impairment and Blindness, July, 389 – 409.

Fowler, C. A. & Galantucci, B. 2005. The relation of speech perception and speech production. In D. B. Pisoni & R. E. Remez (Eds.), The Handbook of Speech Perception (633 – 652). Malden, MA: Blackwell.

Foyle, D. C. , Dowell, S. R. & Hooey, B. L. 2001. Cognitive tunneling in head-up display (HUD) superimposed symbology: Effects of information location. In R. S. Jensen, L. Chang & K. Singleton (Eds.), Proceedings of the Eleventh International Symposium on Aviation Psychology (pp. 143: 1 – 143: 6). Columbus, OH: Ohio State University.

Francis, G. 2000. Quantitative theories of metacontrast masking. Psychological Review, 107, 768 – 785.

Frazier, L. & Clifton, C. , Jr. 1996. Construal. Cambridge, MA: MIT Press.

Frazier, L. , Carlson, K. & Clifton, C. Jr. 2006. Prosodic phrasing is central to language comprehension. Trends in Cognitive Sciences, 10, 244 – 249.

Freund, L. E. & Sadosky, T. L. 1967. Linear programming applied to optimization of instrument panel and workplace layout. Human Factors, 9, 295 – 300.

Frishman, L. J. 2001. Basic visual processes. In E. B. Goldstein (Ed.), Blackwell Handbook of Perception (pp. 53 – 91). Malden, MA: Blackwell.

Frost, N. 1972. Encoding and retrieval in visual memory tasks. Journal of Experimental Psychology, 95, 317 – 326.

Fucigna, J. T. 1967. The ergonomics of offices. Ergonomics, 10, 589 – 604.

Fulton-Suri, J. 1999. The next 50 years: Future challenges and opportunities. The Ergonomics Society Annual Conference 1999. University of Leicester, April 7 – 9, 1999.

Gajilan, A. C. 2006. Today's medical training — Better or worse for patients. Health, CNN. com, September 6, 2006.

Galinsky, T. L. , Warm, J. S. , Dember, W. N. , Weiler, E. M. & Scerbo, M. W. 1990. Sensory alternation and vigilance performance: The role of pathway inhibition. Human Factors, 32, 717 – 728.

Gallant, S. I. 1988. Connectionist expert systems. Communications of the ACM, 31, 152 –

169.

Gallaway, G. 2007. Aviation psychology research — Extending scientific method to incorporate value and application. Proceedings of the 14th International Symposium on Aviation Psychology (pp. 224 - 229). Dayton, OH (CD - ROM).

Gallimore, J. J. & Stouffer, J. M. 2001. Research and development toward automatic luminance control of electronic displays. International Journal of Aviation Psychology, 11, 149 - 168.

Gardin, H., Kaplan, K. J., Firestone, I. & Cowan, G. 1973. Proxemic effects on cooperation, attitude, and approach-avoidance in a prisoner's dilemma game. Journal of Personality and Social Psychology, 27, 13 - 18.

Gardiner, P. C. & Edwards, W. 1975. Public values: Multiattribute utility measurement for social decisionmaking. In M. F. Kaplan & S. Schwartz (Eds.), Human Judgment and Decision Processes (pp. 1 - 37). New York: Academic Press.

Garland, D. J., Stein, E. S. & Muller, J. K. 1999. Air traffic controller memory: Capabilities, limitations, and volatility. In D. J. Garland, J. A. Wise & V. D. Hopkin (Eds.), Handbook of Aviation Human Factors (pp. 455 - 496). Mahwah, NJ: Lawrence Erlbaum.

Garner, W. R. 1962. Uncertainty and Structure as Psychological Concepts. New York: Wiley.

Garner, W. R. 1974. The Processing of Information and Structure. Hillsdale, NJ: Lawrence Erlbaum.

Garofolo, J. P. & Polatin, P. 1999. Low back pain: An epidemic in industrialized countries. In R. J. Gatchel & D. C. Turk (Eds.), Psychosocial Factors in Pain: Critical Perspectives (pp. 164 - 174). New York: Guilford Press.

Garvey, P. G., Pietrucha, M. T. & Meeker, D. T. 1998. Clearer road signs ahead. Ergonomics in Design, 6(3), 7 - 11.

Gawron, V. J. 2000. Human Performance Measures Handbook. Mahwah, NJ: Lawrence Erlbaum.

Geiselman, R. E., McCloskey, B. P., Mossler, R. A. & Zielan, D. S. 1984. An empirical evaluation of mnemonic instruction for remembering names. Human Learning, 3, 1 - 7.

Gelb, A. 1929. Die "Farbenkonstanz" der Sehding. Handbook of Normal Pathological Physiology, 12, 594 - 678.

Geldard, F. A. 1972. The Human Senses (2nd ed.). New York: Wiley.

Gell, N., Werner, R. A., Franzblau, A., Ulin, S. S. & Armstrong, T. J. 2005. A longitudinal study of industrial and clerical workers: Incidence of carpal tunnel syndrome and assessment of risk factors. Journal of Occupational Rehabilitation, 15, 47 - 55.

Gentaz, E. & Tschopp, C. 2002. The oblique effect in the visual perception of orientations. In S. P. Shohov (Ed.), Advances in Psychology Research (Vol. 10, pp. 3 - 28). Huntington, NY: Nova Science Publishers.

Gentner, D. & Stevens, A. L. (Eds.) 1983. Mental Models. Hillsdale, NJ: Lawrence Erlbaum.

Gentner, D. R. 1983. Keystroke timing in transcription typing. In W. E. Cooper (Ed.), Cognitive Aspects of Skilled Typewriting (pp. 95 - 120). New York: Springer.

Gentner, D. R., Larochelle, S. & Grudin, J. 1988. Lexical, sublexical, and peripheral effects in skilled typewriting. Cognitive Psychology, 20, 524 - 548.

Gescheider, G. A. 1997. Psychophysics: The Fundamentals (3rd ed.). Mahwah, NJ: Lawrence Erlbaum.

Giarratano, J. C. & Riley, G. D. 2004. Expert Systems: Principles and Programming (4th ed.). Boston, MA: Course Technology.

Gibson, J. J. 1950. The Perception of the Visual World. Boston, MA: Houghton Mifflin.

Gick, M. L. & Holyoak, K. J. 1980. Analogical problem solving. Cognitive Psychology, 12, 306 - 355.

Gick, M. L. & Holyoak, K. J. 1983. Schema induction and analogical transfer. Cognitive Psychology, 15, 1 - 38.

Gielen, S., van Bolhuis, B. & Vrijenhoek, E. 1998. On the number of degrees of freedom in biological limbs. In M. L. Latash (Ed.), Progress in Motor Control (Vol. 1, pp. 173 - 190). Champaign, IL: Human Kinetics.

Gies, J. 1991. Automating the worker. American Heritage of Invention and Technology, 6 (3), 56 - 63.

Gifford, R. 2002. Environmental Psychology: Principles and Practice (3rd ed.). Colville, WA: Optimal Books.

Gilbreth, F. B. 1909. Bricklaying System. New York: Clark.

Gilbreth, F. B. & Gilbreth, L. M. 1924. Classifying the elements of work. Management and Administration, 8, 151 - 154.

Gilchrist, A. L. 1977. Perceived lightness depends on perceived spatial arrangement. Science, 195, 185 - 187.

Gilchrist, A. L. 2006. Seeing Black and White. Oxford: Oxford University Press.

Gill, N. F. & Dallenbach, K. M. 1926. A preliminary study of the range of attention. American Journal of Psychology, 37, 247 - 256.

Gillam, B. 2001. Varieties of grouping and its role in determining surface layout. In T. F. Shipley & P. J. Kellman (Eds.), From Fragments to Objects: Segmentation and Grouping in Vision (pp. 247 - 264). Amsterdam: North-Holland.

Gillan, D. J., Burns, M. J., Nicodemus, C. L. & Smith, R. L. 1986. The space station: Human factors and productivity. Human Factors Society Bulletin, 29(11), 1 - 3.

Gillespie, R. 1991. Manufacturing Knowledge: A History of the Hawthorne Experiments. New York: Cambridge University Press.

Ginsburg, A. P., Evans, D. W., Sekuler, R. & Harp, S. A. 1982. Contrast sensitivity predicts pilots' performance in aircraft simulators. American Journal of Optometry and Physiological Optics, 59, 105 - 108.

Gish, K. W., Staplin, L., Stewart, J. & Perel, M. 1999. Sensory and cognitive factors affecting automotive headup display effectiveness. Transportation Research Record, No. 1694 (November), 10 - 19.

Glaser, R. & Chi, M. T. H. 1988. Overview. In M. T. H. Chi, R. Glaser & M. J. Farr (Eds.), The Nature of Expertise (pp. xv-xxviii). Hillsdale, NJ: Lawrence Erlbaum.

Glass, J. T., Zaloom, V. & Gates, D. 1991. Computer-aided link analysis (CALA). Computers in Industry, 16, 179 – 187.

Glass, S. & Suggs, C. 1977. Optimization of vehicle-brake foot pedal travel time. Applied Ergonomics, 8, 215 – 218.

Glavin, R. J. & Maran, N. J. 2003. Integrating human factors into the medical curriculum. Medical Education, 37(Suppl. 1), 59 – 74.

Gluck, K. A. & Pew, R. W. (Eds.) 2005. Modeling Human Behavior with Integrated Cognitive Architectures: Comparison, Evaluation, and Validation. Mahwah, NJ: Lawrence Erlbaum.

Gluck, M. A. & Bower, G. H. 1988. Evaluating an adaptive network model of human learning. Journal of Memory and Language, 27, 166 – 195.

Gobet, F. & Charness, N. 2007. Expertise in chess. In K. A. Ericsson, N. Charness, P. J. Feltovich & R. R.

Hoffman (Eds.), Cambridge Handbook of Expertise and Expert Performance (pp. 523 – 538). Cambridge: Cambridge University Press.

Godwin, M. A. & Schmidt, R. A. 1971. Muscular fatigue and discrete motor learning. Research Quarterly, 42, 374 – 383.

Goldsmith, M. & Yeari, M. 2003. Modulation of object-based attention by spatial focus under endogenous and exogenous orienting. Journal of Experimental Psychology: Human Perception and Performance, 29, 897 – 918.

Goldstein, E. B. 2007. Sensation and Perception (7th ed.). Pacific Grove, CA: Wadsworth.

Goldstein, I. L. & Ford, J. K. 2002. Training in Organizations (4th ed.). Belmont, CA: Wadsworth.

Goodwin, G. M., McCloskey, D. J. & Matthews, P. B. C. 1972. The contribution of muscle afferents to kinaesthesia shown by vibration-induced illusions of movement and by the effect of paralysing joint afferents. Brain, 95, 705 – 748.

Gopher, D. & Kahneman, D. 1971. Individual differences in attention and the prediction of flight criteria. Perceptual and Motor Skills, 33, 1335 – 1342.

Gopher, D., Karis, D & Koenig, W. 1985. The representation of movement schemas in long-term memory: Lessons from the acquisition of a transcription skill. Acta Psychologica, 60, 105 – 134.

Gordon, C. C., Churchill, T., Clauser, C. C., Bradtmiller, B., McConville, J. T., Tebbets, I. & Walker, R. A. 1989. 1988 anthropometric survey of U. S. Army personnel: Summary statistics interm report. Natick TR-89＝027. Matcik, MA: U. S. Army Natick Research, Development and Engineering Center.

Goswami, A. 1997. Anthropometry of people with disability. S. Kumar (Ed.), Perspectives in Rehabilitation Ergonomics (pp. 339 – 359). London: Taylor & Francis.

Goteman, O., Smith, K. & Dekker, S. 2007. HUD with a velocity (flight-path) vector reduces lateral error during landing in restricted visibility. International Journal of

Aviation Psychology, 17, 91 – 108.

Grant, E. R. & Spivey, M. J. 2003. Eye movements and problem solving: Guiding attention guides thought. Psychological Science, 14, 462 – 466.

Gray, W. D. 2000. The nature and processing of errors in interactive behavior. Cognitive Science, 24, 205 – 248.

Gray, W. D. & Altmann, E. M. 2006. Cognitive modeling in human-computer interaction. In W. Karwowski (Ed.), International Encyclopedia of Ergonomics and Human Factors (2nd ed., Vol. 1, pp. 609 – 614). Boca Raton, FL: CRC Press.

Gray, W. D., John, B. E. & Atwood, M. E. 1993. Project Ernestine: Validating a GOMS analysis for predicting and explaining real-world performance. Human-Computer Interaction, 8, 237 – 309.

Green, D. M. & Swets, J. A. 1966. Signal Detection Theory and Psychophysics. New York: Wiley.

Green, R. J., Self, H. C. & Ellifritt, T. S. (Eds.) 1995. 50 Years of Human Engineering: History and Cumulative Bibliography of the Fitts Human Engineering Division. Wright-Patterson Air Force Base, OH: Armstrong Laboratory.

Greenberg, L. & Chaffin, D. 1978. Workers and Their Tools: A Guide to the Ergonomic Design of Handtools and Small Presses (rev. ed.). Midland, MI: Pendell Publishing.

Greenwald, A. G. 1970. A choice reaction time test of ideomotor theory. Journal of Experimental Psychology, 86, 20 – 25.

Greenwald, A. G. & Shulman, H. G. 1973. On doing two things at once: II. Elimination of the psychological refractory period effect. Journal of Experimental Psychology, 101, 70 – 76.

Gregory, R. L. 1966. Eye and Brain: The Psychology of Seeing. New York: McGraw-Hill.

Grether, W. F. & Baker, C. A. 1972. Visual presentation of information. In H. A. Van Cott & R. G. Kinkade (Eds.), Human Engineering Guide to Equipment Design (rev. ed., pp. 41 – 121). Washington, DC: U. S. Government Printing Office.

Glass, J. T., Zaloom, V. & Gates, D. 1991. Computer-aided link analysis (CALA). Computers in Industry, 16, 179 – 187.

Glass, S. & Suggs, C. 1977. Optimization of vehicle-brake foot pedal travel time. Applied Ergonomics, 8, 215 – 218.

Glavin, R. J. & Maran, N. J. 2003. Integrating human factors into the medical curriculum. Medical Education, 37(Suppl. 1), 59 – 74.

Gluck, K. A. & Pew, R. W. (Eds.) 2005. Modeling Human Behavior with Integrated Cognitive Architectures: Comparison, Evaluation, and Validation. Mahwah, NJ: Lawrence Erlbaum.

Gluck, M. A. & Bower, G. H. 1988. Evaluating an adaptive network model of human learning. Journal of Memory and Language, 27, 166 – 195.

Gobet, F. & Charness, N. 2007. Expertise in chess. In K. A. Ericsson, N. Charness, P. J. Feltovich & R. R.

Hoffman (Eds.), Cambridge Handbook of Expertise and Expert Performance (pp. 523 –

538). Cambridge: Cambridge University Press.

Godwin, M. A. & Schmidt, R. A. 1971. Muscular fatigue and discrete motor learning. Research Quarterly, 42, 374 – 383.

Goldsmith, M. & Yeari, M. 2003. Modulation of object-based attention by spatial focus under endogenous and exogenous orienting. Journal of Experimental Psychology: Human Perception and Performance, 29, 897 – 918.

Goldstein, E. B. 2007. Sensation and Perception (7th ed.). Pacific Grove, CA: Wadsworth.

Goldstein, I. L. & Ford, J. K. 2002. Training in Organizations (4th ed.). Belmont, CA: Wadsworth.

Goodwin, G. M., McCloskey, D. J. & Matthews, P. B. C. 1972. The contribution of muscle afferents to kinaesthesia shown by vibration-induced illusions of movement and by the effect of paralysing joint afferents. Brain, 95, 705 – 748.

Gopher, D. & Kahneman, D. 1971. Individual differences in attention and the prediction of flight criteria.

Perceptual and Motor Skills, 33, 1335 – 1342.

Gopher, D., Karis, D & Koenig, W. 1985. The representation of movement schemas in long-term memory: Lessons from the acquisition of a transcription skill. Acta Psychologica, 60, 105 – 134.

Gordon, C. C., Churchill, T., Clauser, C. C., Bradtmiller, B., McConville, J. T., Tebbets, I. & Walker, R. A. 1989. 1988 anthropometric survey of U. S. Army personnel: Summary statistics interm report. Natick TR-89＝027. Matcik, MA: U. S. Army Natick Research, Development and Engineering Center.

Goswami, A. 1997. Anthropometry of people with disability. S. Kumar (Ed.), Perspectives in Rehabilitation Ergonomics (pp. 339 – 359). London: Taylor & Francis.

Goteman, O., Smith, K. & Dekker, S. 2007. HUD with a velocity (flight-path) vector reduces lateral error during landing in restricted visibility. International Journal of Aviation Psychology, 17, 91 – 108.

Grant, E. R. & Spivey, M. J. 2003. Eye movements and problem solving: Guiding attention guides thought. Psychological Science, 14, 462 – 466.

Gray, W. D. 2000. The nature and processing of errors in interactive behavior. Cognitive Science, 24, 205 – 248.

Gray, W. D. & Altmann, E. M. 2006. Cognitive modeling in human-computer interaction. In W. Karwowski (Ed.), International Encyclopedia of Ergonomics and Human Factors (2nd ed., Vol. 1, pp. 609 – 614). Boca Raton, FL: CRC Press.

Gray, W. D., John, B. E. & Atwood, M. E. 1993. Project Ernestine: Validating a GOMS analysis for predicting and explaining real-world performance. Human-Computer Interaction, 8, 237 – 309.

Green, D. M. & Swets, J. A. 1966. Signal Detection Theory and Psychophysics. New York: Wiley.

Green, R. J., Self, H. C. & Ellifritt, T. S. (Eds.) 1995. 50 Years of Human Engineering: History and Cumulative Bibliography of the Fitts Human Engineering Division. Wright-

Patterson Air Force Base, OH: Armstrong Laboratory.

Greenberg, L. & Chaffin, D. 1978. Workers and Their Tools: A Guide to the Ergonomic Design of Handtools and Small Presses (rev. ed.). Midland, MI: Pendell Publishing.

Greenwald, A. G. 1970. A choice reaction time test of ideomotor theory. Journal of Experimental Psychology, 86, 20 - 25.

Greenwald, A. G. & Shulman, H. G. 1973. On doing two things at once: II. Elimination of the psychological refractory period effect. Journal of Experimental Psychology, 101, 70 - 76.

Gregory, R. L. 1966. Eye and Brain: The Psychology of Seeing. New York: McGraw-Hill.

Grether, W. F. & Baker, C. A. 1972. Visual presentation of information. In H. A. Van Cott & R. G. Kinkade (Eds.), Human Engineering Guide to Equipment Design (rev. ed., pp. 41 - 121). Washington, DC: U. S. Government Printing Office.

Hammerton, M. 1989. Tracking. In D. H. Holding (Ed.), Human Skills (2nd ed., pp. 171 - 195). New York: Wiley.

Hancock, P. A. & Ganey, H. N. 2003. From the inverted-U to the extended-U: The evolution of a law of psychology. Journal of Human Performance in Extreme Environments, 7, 5 - 14.

Handy, T. C., Soltani, M. & Mangun, G. R. 2001. Perceptual load and visuocortical processing: Event-related potentials reveal sensory-level selection. Psychological Science, 12, 213 - 218.

Hanisch, K. A., Kramer, A. F. & Hulin, C. L. 1991. Cognitive representations, control, and understanding of complex systems: A field study focusing on components of users' mental models and expert=novice differences. Ergonomics, 34, 1129 - 1145.

Hankey, J. M. & Dingus, T. A. 1990. A validation of SWAT as a measure of workload induced by changes in operator capacity. Proceedings of the Human Factors Society 34th Annual Meeting (pp. 112 - 115). Santa Monica, CA: Human Factors Society.

Hannaman, G. W., Spurgin, A. J. & Lukic, Y. 1985. A model for assessing human cognitive reliability in PRA studies. 1985 IEEE Third Conference on Human Factors and Nuclear Safety (pp. 343 - 353). New York: Institute of Electrical and Electronics Engineers.

Hanne, K. -H. & Hoepelman, J. 1990. Natural language and direct manipulation interfaces for expert systems (multimodal communication). In D. Berry & A. Hart (Eds.), Expert Systems: Human Issues (pp. 156 - 168). Cambridge, MA: MIT Press.

Hanoch, Y. & Vitouch, O. 2004. When less is more: Information, emotional arousal and the ecological reframing of the Yerkes-Dodson law. Theory and Psychology, 14, 427 - 452.

Hanson, L., Blomé, M., Dukic, T. & Högberg, D. 2006. Guide and documentation system to support digital human modeling applications. International Journal of Industrial Ergonomics, 36, 17 - 24.

Hardiman, P. T., Dufresne, R. & Mestre, J. P. 1989. The relation between problem categorization and problem solving among experts and novices. Memory and Cognition,

17，627 – 638.

Harm，D. L. 2002. Motion sickness neurophysiology，physiological correlates，and treatment. In K. M. Stanney（Ed.），Handbook of Virtual Environments：Design，Implementation，and Applications（pp. 637 – 661）. Mahwah，NJ：Lawrence Erlbaum.

Harmon，L. D. & Julesz，B. 1973. Masking in visual recognition：Effects of two-dimensional filtered noise. Science，180，1194 – 1197.

Harrigan，J. E. 1987. Architecture and interior design. In G. Salvendy（Ed.），Handbook of Human Factors（pp. 742 – 764）. New York：Wiley.

Harrigan，J. A. 2005. Proxemics，kinesics，and gaze. In J. A. Harrigan，R. Rosenthal & K. R. Scherer（Eds.），The New Handbook of Methods in Nonverbal Behavior Research（pp. 137 – 198）. New York：Oxford.

Harris，R.，Iavecchia，H. P. & Dick，A. O. 1989. The human operator simulator（HOS – IV）. In G. R. McMillan，

D. Beevis，E. Salas，M. H. Strub，R. Sutton & L. Van Breda（Eds.），Applications of Human Performance Models to System Design（pp. 275 – 280）. New York：Plenum Press.

Harrison，A. A. 2001. Spacefaring：The Human Dimension. Berkeley，CA：University of California Press.

Harrison，A. A.，Clearwater，Y. A. & McKay，C. P.（Eds.）1991. From Anatarctica to Outer Space：Life in Isolation and Confinement. New York：Springer.

Hart，S. G. & Staveland，L. E. 1988. Development of NASA-TLX（Task Load Index）：Results of empirical and theoretical research. In P. A. Hancock & N. Meshkati（Eds.），Human Mental Workload（pp. 139 – 183）. Amsterdam：North-Holland.

Hasher，L.，Goldstein，D. & May，C. P. 2005. It's about time：Circadian rhythms，memory，and aging. In C. Izawa & N. Ohta（Eds.），Human Learning and Memory：Advances in Theory and Application（pp. 199 – 217）. Mahwah，NJ：Lawrence Erlbaum.

Haslegrave，C. M. 2005. Auditory environment and noise assessment. In J. R. Wilson & N. Corlett（Eds.），Evaluation of Human Work（3rd ed.，pp. 693 – 713）. Boca Raton，FL：CRC Press. Haviland，S. & Clark，H. H. 1974. What's new? Acquiring new information as a process in comprehension. Journal of Verbal Learning and Verbal Behavior，13，512 – 521.

Hawkins，W. H. 1990. Where does human factors fit in R&D organizations? IEEE Aerospace and Electronic Systems Magazine，5（9），31 – 33. Health & Safety Executive. 2002. Noise and vibration. Offshore Technology Report 2001＝068. Norwich：HSE Books.

Healy，A. F. & McNamara，D. S. 1996. Verbal learning and memory：Does the modal model still work? Annual Review of Psychology，47，143 – 172.

Healy，A. F.，Wohldmann，E. L. & Bourne，L. E.，Jr. 2005. The procedural reinstatement principle：Studies on training，retention，and transfer. In A. F. Healy（Ed.），Experimental Cognitive Psychology and Its Applications（pp. 59 – 71）. Washington，DC：American Psychological Association.

Heath，M.，Rival，C.，Westwood，D. A. & Neely，K. 2005. Time course analysis of closed-and open-loop grasping of the Muller-Lyer illusion. Journal of Motor Behavior, 37, 179 – 185.

Hebb, D. O. 1961. Distinctive features of learning in the higher animal. In J. F. Delafresnaye (Ed.), Brain Mechanisms and Learning (pp. 37 – 46). London: Oxford University Press.

Hecht, H. & Salvesbergh, G. J. P. (Eds.) 2004. Time-to-Contact. Amsterdam: Elsevier.

Hedge, A. 2006. Environmental ergonomics. In W. Karwowski (Ed.), International Encyclopedia of Ergonomics and Human Factors (2nd ed. , Vol. 2, pp. 1770 – 1775). Boca Raton, FL: CRC Press.

Hedge, A. , Sims, W. R. & Becker, F. D. 1995. Effects of lensed indirect and parabolic lighting on the satisfaction, visual health, and productivity of office workers. Ergonomics, 38, 260 – 280.

Hedge, J. W. & Borman, W. C. 2006. Personnel selection. In G. Salvendy (Ed.), Handbook of Human Factors and Ergonomics (3rd ed. , pp. 458 – 471). Hoboken, NJ: Wiley.

Heise, G. A. & Miller, G. A. 1951. An experimental study of auditory patterns. American Journal of Psychology, 64, 68 – 77.

Heister, G. , Schroeder-Heister, P. & Ehrenstein, W. H. 1990. Spatial coding and spatio-anatomical mapping: vidence for a hierarchical model of spatial stimulus-response compatibility. In R. W. Proctor & T. G. Reeve (Eds.), Stimulus-Response Compatibility: An Integrated Perspective (pp. 117 – 143). Amsterdam: North-Holland.

Heitman, R. J. , Stockton, C. A. & Lambert, C. 1987. The effects of fatigue on motor performance and learning in mentally retarded individuals. American Corrective Therapy Journal, 41, 40 – 43.

Helander, M. G. 1987. Design of visual displays. In G. Salvendy (Ed.), Handbook of Human Factors (pp. 507 – 549). New York: Wiley.

Helander, M. G. 1999. Seven common reasons to not implement ergonomics. International Journal of Industrial Ergonomics, 25, 97 – 101.

Helander, M. G. 2003. Forget about ergonomics in chair design? Focus on aesthetics and comfort! Ergonomics, 46, 1306 – 1319.

Helander, M. , Landauer, T. & Prabhu, P. (Eds.) 1997. Handbook of Human-Computer Interaction (2nd ed.). Amsterdam: North-Holland.

Hellier, E. & Edworthy, J. 1999. On using psychophysical techniques to achieve urgency mapping in auditory warnings. Applied Ergonomics, 30, 167 – 171.

Hellier, E. , Edworthy, J. , Weedon, B. , Walters, K. & Adams, A. 2002. The perceived urgency of speech warnings: Semantics versus acoustics. Human Factors, 44, 1 – 17.

Helmholtz, H. von. 1852. On the theory of compound colors. Philosophical Magazine, 4, 519 – 534.

Helmholtz, H. von. 1867. Handbook of Physiological Optics (Vol. 3). Leipzig: Voss.

Helvacioglu, S. & Insel, M. 2005. A reasoning method for a ship design expert system. Expert Systems, 22, 72 – 77.

Hempel, T. & Altinsoy, E. 2005. Multimodal user interfaces: Designing media for the auditory and tactile channel. In R. W. Proctor & K. -P. L. Vu (Eds.), Handbook of Human Factors in Web Design (pp. 134 - 155). Mahwah, NJ: Lawrence Erlbaum.

Henderson, L. & Dittrich, W. H. 1998. Preparing to react in the absence of uncertainty: I. New perspectives on simple reaction time. British Journal of Psychology, 89, 531 - 554.

Hendrick, H. W. 1987. Organizational design. In G. Salvendy (Ed.), Handbook of Human Factors (pp. 470 - 494). New York: Wiley.

Hendrick, H. W. 1990. Factors affecting the adequacy of ergonomic efforts on large-scale-system development programs. Ergonomics, 33, 639 - 642.

Hendrick, H. W. 1991. Ergonomics in organizational design and management. Ergonomics, 34, 743 - 756.

Hendrick, H. W. 2000. The technology of ergonomics. Theoretical Issues in Ergonomics Science, 1, 22 - 33.

Hendrick, H. W. & Kleiner, B. M. 2001. Macroergonomics: An Introduction to Work System Design. Santa Monica, CA: Human Factors and Ergonomics Society.

Hendrick, H. W. & Kleiner, B. M. (Eds.) 2002. Macroergonomics: Theory, Methods, and Applications. Mahwah, NJ: Lawrence Erlbaum.

Henry, F. M. & Rogers, D. E. 1960. Increased response latency for complicated movements and a "memory drum" theory of neuromotor reaction. Research Quarterly, 31, 448 - 458.

Herbart, J. F. 1816=1891. A Textbook in Psychology: An Attempt to Found the Science of Psychology on Experience, Metaphysics, and Mathematics (2nd ed., W. T. Harris, Ed.; M. K. Smith, Trans.). New York: Appleton.

Herrmann, D. J. & Petros, S. J. 1990. Commercial memory aids. Applied Cognitive Psychology, 4, 439 - 450.

Herrmann, D. J., Yoder, C. Y., Gruneberg, M. & Payne, D. G. 2006. Applied Cognitive Psychology: A Textbook. Mahwah, NJ: Lawrence Erlbaum.

Hershenson, M. 1999. Visual Space Perception. Cambridge, MA: MIT Press.

Hess, A. K. 2005. Practical ethics for the expert witness in ergonomics and human factors forensic cases. In Y. I. Noy & W. Karwowski (Eds.), Handbook of Human Factors in Litigation (pp. 4-1 - 4-11). Boca Raton, FL: CRC Press.

Heuer, H., Hollendiek, G., Kroger, H. & Romer, T. 1989. The resting position of the eyes and the influence of observation distance and visual fatigue on VDT work. Zeitschrift fur Experimentelle und Angewandte Psychologie, 36, 538 - 566.

Heuer, H., Manzey, D., Lorenz, B. & Sangals, J. 2003. Impairments of manual tracking performance during spaceflight are associated with specific effects of microgravity on visuomotor transformations. Ergonomics, 46, 920 - 934.

Hick, W. E. 1952. On the rate of gain of information. Quarterly Journal of Experimental Psychology, 4, 11 - 26.

Highstein, S. M., Fay, R. R. & Popper, A. N. (Eds.) 2004. The Vestibular System. New York: Springer.

Hitt, J. D. 1961. An evaluation of five different abstract coding methods — Experiment IV. Human Factors, 3, 120 – 130.

Hobson, D. A. & Molenbroek, J. F. M. 1990. Anthropometry and design for the disabled: Experience with seating design for the cerebral palsy population. Applied Ergonomics, 21, 43 – 54.

Hochberg, J. E. 1978. Perception (2nd ed.). Englewood Cliffs, NJ: Prentice-Hall.

Hochberg, J. E. 1988. Visual perception. In R. C. Atkinson, R. J. Herrnstein, G. Lindzey & R. D. Luce (Eds.), Stevens' Handbook of Experimental Psychology (2nd ed. , Vol. 1: Perception and Motivation, pp. 195 – 276). New York: Wiley.

Hockey, G. R. J. 1986. Changes in operational efficiency as a function of environmental stress, fatigue, and circadian rhythms. In K. R. Boff, L. Kaufman & J. P. Thomas (Eds.), Handbook of Perception and Human Performance (Vol. II: Cognitive Processes and Performance, pp. 44-1 – 44-49). New York: Wiley.

Hoffman, E. R. 1990. Strength of component principles determining direction-of-turn stereotypes for horizontally moving displays. Proceedings of the Human Factors Society 34th Annual Meeting (Vol. 1, pp. 457 – 461). Santa Monica, CA: Human Factors Society.

Hoffman, E. R. 1997. Strength of component principles determining direction of turn stereotypes-linear displays and rotary controls. Ergonomics, 40, 199 – 222.

Hofstetter, H. W. , Griffin, J. R. , Berman, M. S. & Everson, R. W. 2000. Dictionary of Visual Science and Related Clinical Terms (5th ed.). Boston, MA: Butterworth-Heinemann.

Holcomb, H. R. , III. 1998. Testing evolutionary hypotheses. In C. Crawford & D. L. Krebs (Eds.), Handbook of Evolutionary Psychology: Ideas, Issues, and Applications (pp. 303 – 334). Mahwah, NJ: Lawrence Erlbaum.

Holladay, C. L. & Quinones, M. A. 2003. Practice variability and transfer of training: The role of self-efficacy generality. Journal of Applied Psychology, 88, 1094 – 1103.

Holland, J. H. , Holyoak, K. J. , Nisbett, R. E. & Thagard, P. R. 1986. Induction: Processes of Inference, Learning, and Discovery. Cambridge, MA: MIT Press.

Hollingworth, A. 2004. Constructing visual representations of natural scenes: The roles of short- and long-term visual memory. Journal of Experimental Psychology: Human Perception and Performance, 30, 519 – 537.

Hollnagel, E. 1998. Cognitive Reliability and Error Analysis Method. London: Elsevier.

Hollnagel, E. 2000. Looking for errors of omission and commission of The Hunting of the Snark revisited. Reliability Engineering and System Safety, 68, 135 – 145.

Holman, D. , Clegg, C. & Waterson, P. 2002. Navigating the territory of job design. Applied Ergonomics, 33, 197 – 205.

Holman, G. T. , Carnahan, B. J. & Bulfin, R. L. 2003. Using linear programming to optimize control panel design from an ergonomics perspective. Proceedings of the Human Factors and Ergonomics Society 47th Annual Meeting (pp. 1317 – 1321). Santa Monica, CA: HFES.

Holton, G. & Brush, S. G. 2000. Physics, the Human Adventure. New Brunswick, NJ: Rutgers University Press.

Holway, A. H. & Boring, E. G. 1941. Determinants of apparent visual size with distance variant. American Journal of Psychology, 54, 21 - 37.

Holyoak, K. J. & Koh, K. 1987. Surface and structural similarity in analogical transfer. Memory and Cognition, 15, 332 - 340.

Holyoak, K. J. & Nisbett, R. E. 1988. Induction. In R. J. Sternberg & E. E. Smith (Eds.), The Psychology of Human Thought (pp. 50 - 91). New York: Cambridge University Press.

Hommel, B. 1998. Automatic stimulus-response translation in dual-task performance. Journal of Experimental Psychology: Human Perception and Performance, 24, 1368 - 1384.

Hommel, B. 2004. Event files: Feature binding in and across perception and action. Trends in Cognitive Science, 11, 494 - 500.

Hommel, B., Müsseler, J., Aschersleben, G. & Prinz, W. 2001. The theory of event-coding (TEC): A framework for perception and action planning. Behavioral and Brain Sciences, 24, 849 - 878.

Hood, P. C. & Finkelstein, M. A. 1986. Sensitivity to light. In K. R. Boff, L. Kaufman & J. P. Thomas (Eds.),

Handbook of Perception and Human Performance (Vol. I: Sensory Processes and Perception, pp. 5 - 66). New York: Wiley.

Hopkinson, R. G. & Longmore, J. 1959. Attention and distraction in the lighting of work places. Ergonomics, 2, 321 - 333.

Horne, J. A., Brass, C. G. & Pettitt, A. N. 1980. Circadian performance differences between morning and evening "types." Ergonomics, 23, 29 - 36.

Hotta, A., Takahashi, T., Takahashi, K. & Kogi, K. 1981. Relations between direction-of-motion stereotypes for control in living space. Journal of Human Ergology, 10, 73 - 82.

Houck, D. (1991, March). Fighter pilot display requirements for post-stall maneuvers. The Visual Performance Group Technical Newsletter, 13(1), 1 - 4.

Howard, I. P. 2002. Depth perception. In S. Yantis (Ed.), Stevens' Handbook of Experimental Psychology (3rd ed., Vol. 1: Sensation and Perception, pp. 77 - 120). New York: Wiley.

Howes, A. & Young, R. M. 1997. The role of cognitive architecture in modeling the user: Soar's learning mechanism. Human-Computer Interaction, 12, 311 - 343.

Howland, D. & Noble, M. E. 1953. The effect of physical constants of a control on tracking performance. Journal of Experimental Psychology, 46, 353 - 360. HSE. 2004. HSE Books.

Hsiao, H., Whitestone, J., Bradtmiller, B., Whisler, R., Zwiener, J., Lafferty, C., Kau, T.-Y. & Gross, M. 2005. Anthropometric criteria for the design of tractor cabs and protection frames. Ergonomics, 48, 323 - 352.

Hsiao, S. -W. & Chou, J. -R. 2006. A Gestalt-like perceptual measure for home page design using a fuzzy entropy approach. International Journal of Human-Computer Studies, 64, 137 - 156.

Hubbard, C. , Naqvi, S. A. & Capra, M. 2001. Heavy mining vehicle controls and skidding accidents. International Journal of Occupational Safety and Ergonomics, 7, 211 - 221.

Hubel, D. H. & Wiesel, T. N. 1979. Brain mechanisms of vision. Scientific American, 241, 150 - 163.

Huber, P. W. 1991. Galileo's Revenge: Junk Science in the Courtroom. New York: Basic Books.

Huettel, S. A. , Song, A. W. & McCarthy, G. 2004. Functional Magnetic Resonance Imaging. Sunderland, MA: Sinauer Associates.

Hughes, D. G. & Folkard, S. 1976. Adaptation to an 8-hr shift in living routine by members of a socially isolated community. Nature, 264, 432 - 434.

Hughes, J. & Parkes, S. 2003. Trends in use of verbal protocol analysis in software engineering research. Behaviour and Information Technology, 22, 127 - 140.

Human Factors and Ergonomics Society. 2007. 2007 - 2008 Directory and Yearbook. Santa Monica, CA: Human Factors and Ergonomics Society.

Humphreys, P. C. & McFadden, W. 1980. Experiences with MAUD: Aiding decision structuring verus bootstrapping the decision maker. Acta Psychologica, 45, 51 - 69.

Humphries, M. D. , Stewart, R. D. & Gurney, K. M. 2006. A physiologically plausible model of action selection and oscillatory activity in the Basal Ganglia. Journal of Neuroscience, 26(50), 12921 - 12942.

Hunt, D. P. 1953. The coding of aircraft controls (Report No. 53-221). Wright Air Development Center: U. S. Air Force.

Hunt, E. 1989. Connectionist and rule-based representations of expert knowledge. Behavior Research Methods, Instruments, and Computers, 21, 88 - 95.

Hunt, E. 2007. Expertise, talent, and social encouragement. In K. A. Ericsson, N. Charness, P. J. Feltovich & R. R. Hoffman (Eds.), Cambridge Handbook of Expertise and Expert Performance (pp. 31 - 38). Cambridge: Cambridge University Press.

Hunting, W. & Grandjean, E. 1976. Hunting and Grandjean high back. Design, 333, 34 - 35.

Huxley, J. 1934. Science and industry. The Human Factor, 8, 83 - 86.

Huysmans, M. A. , de Looze, M. P. , Hoozemans, M. J. M. , van der Beek, A. J. & van Dieen, J. H. 2006. The effect of joystick handle size and gain at two levels of required precision on performance and physical load on crane operators. Ergonomics, 49, 1021 - 1035.

Hyde, T. S. & Jenkins, J. J. 1973. Recall for words as a function of semantic, graphic, and syntactic orienting tasks. Journal of Verbal Learning and Verbal Behavior, 12, 471 - 480.

Hyman, R. 1953. Stimulus information as a determinant of reaction time. Journal of Experimental Psychology, 45, 188 - 196.

IBM, 2006. IBM Global Services consulting: With the right help you can beat the traffic. Downloaded on July 31, 2006.

Inglis, E. A., Szymkowiak, A., Gregor, P., Newell, A. F., Hine, N., Wilson, B. A., Evans, J. & Shah, P. 2004. Usable technology? Challenges in designing a memory aid with current electronic devices. Neuropsychological Rehabilitation, 14, 77 - 87.

Intons-Peterson, M. J. & Fournier, J. 1986. External and internal memory aids: When and how often do we use them? Journal of Experimental Psychology: General, 115, 267 - 280.

Irving, S., Polson, P. & Irving, J. E. 1994. A GOMS analysis of the advanced automated cockpit. Proceedings of the SIGCHI Conference on Human Factors in Computing Systems: Celebrating Interdependence (pp. 344 - 350). New York: ACM Press.

Istook, C. L. & Hwang, S.-J. 2001. 3D body scanning systems with application to the apparel industry. Journal of Fashion Marketing and Management, 5, 120 - 132.

Ivergard, T. 2006. Manual control devices. In W. Karwowski (Ed.), International Encyclopedia of Ergonomics and Human Factors (2nd ed., Vol. 1, pp. 1457 - 1462). Boca Raton, FL: CRC Press.

Ivry, R. B., Spencer, R. M., Zelaznik, H. N. & Diedrichsen, J. 2002. The cerebellum and event timing. In S. Highstein & W. Thach (Eds.), The Cerebellum: Recent Developments in Cerebellar Research (pp. 302 - 317). New York: New York Academy of Sciences.

Jacoby, L. L. & Craik, F. I. M. 1979. Effects of elaboration of processing at encoding and retrieval: Trace distinctiveness and recovery of initial context. In L. S. Cermak & F. I. M. Craik (Eds.), Levels of Processing in Human Memory (pp. 1 - 21). Hillsdale, NJ: Lawrence Erlbaum.

Jagacinski, R. J. & Flach, J. M. 2003. Control Theory for Humans: Quantitative Approaches to Modeling Performance. Mahwah, NJ: Lawrence Erlbaum.

Jagacinski, R. J. & Monk, D. L. 1985. Fitts' law in two dimensions with hand and head movements. Journal of Motor Behavior, 17, 77 - 95.

Jagacinski, R., Miller, D. & Gilson, R. 1979. A comparison of kinesthetic-tactual displays via a critical tracking task. Human Factors, 21, 79 - 86.

Jahweed, M. M. 1994. Muscle structure and function. In A. E. Nicogossian, C. L. Huntoon & S. L. Pool (Eds.), Space Physiology and Medicine (3rd ed.). Malvern, PA: Lea & Febiger.

James, W. (1890=1950). The Principles of Psychology (Vol. 1). New York: Dover Press.

Janelle, C. M., Singer, R. N. & Williams, A. M. 1999. External distraction and attentional narrowing: Visual search evidence. Journal of Sport and Exercise Psychology, 21, 70 - 91.

Janis, I. L. & Mann, L. 1977. Decision Making: A Psychological Analysis of Conflict, Choice, and Commitment. New York: Free Press.

Jaschinski-Kruza, W. 1991. Eyestrain in VDU users: Viewing distance and the resting position of ocular muscles. Human Factors, 33, 69 - 83.

Jastrzebowski, W. B. 1857. An outline of ergonomics of the science of work based upon the truths drawn from the science of nature, Part I. Nature and Industry, 29, 227 – 231.

Jeannerod, M. 1981. Intersegmental coordination during reaching at natural objects. In J. L. Long & A. Baddeley (Eds.), Attention and Performance IX (pp. 153 – 169). Hillsdale, NJ: Lawrence Erlbaum.

Jeannerod, M. 1984. The timing of natural prehension movement. Journal of Motor Behavior, 26, 235 – 254.

Jebaraj, D. , Tyrrell, R. A. & Gramopadhye, A. K. 1999. Industrial inspection performance depends on both viewing distance and oculomotor characteristics. Applied Ergonomics, 30, 223 – 228.

Jenkins, W. O. 1946. Investigation of shapes for use in coding aircraft control knobs. USAF Air Materiel Command Memorandum Report No. TSEAA-694-4.

Jewell, L. N. 1998. Contemporary Industrial = Organizational Psychology (3rd ed.). Belmont, CA: Wadsworth.

John, B. E. 2003. Information processing and skilled behavior. In J. M. Carroll (Ed.), HCI Models, Theories, and Frameworks: Toward a Multidisciplinary Science (pp. 55 – 101). San Francisco, CA: Morgan Kaufmann.

John, B. E. & Newell, A. 1987. Predicting the time to recall computer command abbreviations. In CHI & GI 1987 Conference Proceedings: Human Factors in Computing Systems and Graphics Interface (pp. 33 – 40). New York: ACM.

John, B. E. & Newell, A. 1990. Toward an engineering model of stimulus-response compatibility. In R. W. Proctor & T. G. Reeve (Eds.), Stimulus-Response Compatibility: An Integrated Perspective (pp. 427 – 479). Amsterdam: North-Holland.

John, B. E. , Rosenbloom, P. S. & Newell, A. 1985. A theory of stimulus-response compatibility applied to human-computer interaction. In CHI '85 Conference Proceedings: Human Factors in Computing Systems (pp. 213 – 219). New York: ACM.

Johnsen, E. G. & Corliss, W. R. 1971. Human Factors Applications in Teleoperator Design and Operation. New York: Wiley.

Johnson, A. & Proctor, R. W. 2004. Attention: Theory and Practice. Thousand Oaks, CA: Sage.

Johnson, E. J. , Bellman, S. & Lohse, G. L. 2003. Cognitive lock-in and the power law of practice. Journal of Marketing, 67, 62 – 75.

Johnson, M. K. , Bransford, J. D. & Solomon, S. K. 1973. Memory for tacit implications of sentences. Journal of Experimental Psychology, 98, 203 – 205.

Johnson, P. J. , Forester, J. A. , Calderwood, R. & Weisgerber, S. A. 1983. Resource allocation and the attentional demands of letter encoding. Journal of Experimental Psychology: General, 112, 616 – 638.

Johnson-Laird, P. N. 1983. Mental Models. Cambridge, MA: Harvard University Press.

Johnson-Laird, P. N. 1989. Mental models. In M. I. Posner (Ed.), Foundations of Cognitive Science (pp. 469 – 499). Cambridge, MA: MIT Press.

Johnson-Laird, P. N. , Legrenzi, P. & Legrenzi, M. S. 1972. Reasoning and a sense of reality. British Journal of Psychology, 63, 395 – 400.

Johnston, W. A. & Heinz, S. P. 1978. Flexibility and capacity demands of attention. Journal of Experimental Psychology: General, 107, 420 – 435.

Jones, D. M. & Broadbent, D. E. 1987. Noise. In G. Salvendy (Ed.), Handbook of Human Factors (pp. 623 – 649). New York: Wiley.

Jones, D. M., Morris, N. & Quayle, A. J. 1987. The psychology of briefing. Applied Ergonomics, 18, 335 – 339.

Jones, R. M., Laird, J. E., Nielsen, P. E., Coulter, K. J., Kenny, P. & Koss, F. V. 1999. Automated intelligent pilots for combat flight simulation. AI Magazine, 20(1), 27 – 41.

Jonides, J., Lacey, S. C. & Nee, D. E. 2005. Processes of working memory in mind and brain. Current Directions in Psychological Science, 14, 2 – 5.

Julesz, B. 1971. Foundations of Cyclopean Perception. Chicago, IL: University of Chicago Press.

Juslén, H. & Tenner, A. 2005. Mechanisms involved in enhancing human performance by changing the lighting in the industrial workplace. International Journal of Industrial Ergonomics, 35, 843 – 855.

Juslén, H., Wouters, M. & Tenner, A. 2007. The influence of controllable task-lighting on productivity: A field study in a factory. Applied Ergonomics, 38, 39 – 44.

Kaber, D. B., Riley, J. M. & Tan, K.-W. 2002. Improved usability of aviation automation through direct manipulation and graphical user interface design. International Journal of Aviation Psychology, 12, 153 – 178.

Kahana, M. J. & Wingfield, A. 2000. A functional relation between learning and organization in free recall. Psychonomic Bulletin and Review, 7, 516 – 521.

Kahane, C. J. 1998. The long-term effectiveness of center high mounted stop lamps in passenger cars and light trucks. NHTSA Technical Report Number DOT HS 808 696.

Kahneman, D. 1973. Attention and Effort. Englewood Cliffs, NJ: Prentice-Hall.

Kahneman, D. & Tversky, A. 1972. Subjective probability: A judgment of representativeness. Cognitive Psychology, 3, 430 – 454.

Jebaraj, D., Tyrrell, R. A. & Gramopadhye, A. K. 1999. Industrial inspection performance depends on both viewing distance and oculomotor characteristics. Applied Ergonomics, 30, 223 – 228.

Jenkins, W. O. 1946. Investigation of shapes for use in coding aircraft control knobs. USAF Air Materiel Command Memorandum Report No. TSEAA-694-4.

Jewell, L. N. 1998. Contemporary Industrial = Organizational Psychology (3rd ed.). Belmont, CA: Wadsworth.

John, B. E. 2003. Information processing and skilled behavior. In J. M. Carroll (Ed.), HCI Models, Theories, and Frameworks: Toward a Multidisciplinary Science (pp. 55 – 101). San Francisco, CA: Morgan Kaufmann.

John, B. E. & Newell, A. 1987. Predicting the time to recall computer command abbreviations. In CHI & GI 1987 Conference Proceedings: Human Factors in Computing

Systems and Graphics Interface (pp. 33 – 40). New York: ACM.

John, B. E. & Newell, A. 1990. Toward an engineering model of stimulus-response compatibility. In R. W. Proctor & T. G. Reeve (Eds.), Stimulus-Response Compatibility: An Integrated Perspective (pp. 427 – 479). Amsterdam: North-Holland.

John, B. E., Rosenbloom, P. S. & Newell, A. 1985. A theory of stimulus-response compatibility applied to human-computer interaction. In CHI '85 Conference Proceedings: Human Factors in Computing Systems (pp. 213 – 219). New York: ACM.

Johnsen, E. G. & Corliss, W. R. 1971. Human Factors Applications in Teleoperator Design and Operation. New York: Wiley.

Johnson, A. & Proctor, R. W. 2004. Attention: Theory and Practice. Thousand Oaks, CA: Sage.

Johnson, E. J., Bellman, S. & Lohse, G. L. 2003. Cognitive lock-in and the power law of practice. Journal of Marketing, 67, 62 – 75.

Johnson, M. K., Bransford, J. D. & Solomon, S. K. 1973. Memory for tacit implications of sentences. Journal of Experimental Psychology, 98, 203 – 205.

Johnson, P. J., Forester, J. A., Calderwood, R. & Weisgerber, S. A. 1983. Resource allocation and the attentional demands of letter encoding. Journal of Experimental Psychology: General, 112, 616 – 638.

Johnson-Laird, P. N. 1983. Mental Models. Cambridge, MA: Harvard University Press.

Johnson-Laird, P. N. 1989. Mental models. In M. I. Posner (Ed.), Foundations of Cognitive Science (pp. 469 – 499). Cambridge, MA: MIT Press.

Johnson-Laird, P. N., Legrenzi, P. & Legrenzi, M. S. 1972. Reasoning and a sense of reality. British Journal of Psychology, 63, 395 – 400.

Johnston, W. A. & Heinz, S. P. 1978. Flexibility and capacity demands of attention. Journal of Experimental Psychology: General, 107, 420 – 435.

Jones, D. M. & Broadbent, D. E. 1987. Noise. In G. Salvendy (Ed.), Handbook of Human Factors (pp. 623 – 649). New York: Wiley.

Jones, D. M., Morris, N. & Quayle, A. J. 1987. The psychology of briefing. Applied Ergonomics, 18, 335 – 339.

Jones, R. M., Laird, J. E., Nielsen, P. E., Coulter, K. J., Kenny, P. & Koss, F. V. 1999. Automated intelligent pilots for combat flight simulation. AI Magazine, 20(1), 27 – 41.

Jonides, J., Lacey, S. C. & Nee, D. E. 2005. Processes of working memory in mind and brain. Current Directions in Psychological Science, 14, 2 – 5.

Julesz, B. 1971. Foundations of Cyclopean Perception. Chicago, IL: University of Chicago Press.

Juslén, H. & Tenner, A. 2005. Mechanisms involved in enhancing human performance by changing the lighting in the industrial workplace. International Journal of Industrial Ergonomics, 35, 843 – 855.

Juslén, H., Wouters, M. & Tenner, A. 2007. The influence of controllable task-lighting on productivity: A field study in a factory. Applied Ergonomics, 38, 39 – 44.

Kaber, D. B. , Riley, J. M. & Tan, K. -W. 2002. Improved usability of aviation automation through direct manipulation and graphical user interface design. International Journal of Aviation Psychology, 12, 153 - 178.

Kahana, M. J. & Wingfield, A. 2000. A functional relation between learning and organization in free recall. Psychonomic Bulletin and Review, 7, 516 - 521.

Kahane, C. J. 1998. The long-term effectiveness of center high mounted stop lamps in passenger cars and light trucks. NHTSA Technical Report Number DOT HS 808 696.

Kahneman, D. 1973. Attention and Effort. Englewood Cliffs, NJ: Prentice-Hall. Kahneman, D. & Tversky, A. 1972. Subjective probability: A judgment of representativeness. Cognitive Psychology, 3, 430 - 454.

Keil, M. S. 2006. Smooth gradient representations as a unifying account of Chevreul's illusion, Mach bands, and a variant of the Ehrenstein disk. Neural Computation, 18, 871 - 903.

Keir, P. J. , Bach, J. M. & Rempel, D. 1999. Effects of computer mouse design and task on carpal tunnel pressure. Ergonomics, 42, 1350 - 1360.

Kelley, C. R. 1962. Predictor instruments look into the future. Control Engineering, 9, May, 86 - 90.

Kelly, P. L. & Kroemer, K. H. E. 1990. Anthropometry of the elderly: Status and recommendations. Human Factors, 32, 571 - 595.

Kelso, J. A. S. , Putnam, C. A. & Goodman, D. 1983. On the space-time structure of human interlimb coordination. Quarterly Journal of Experimental Psychology, 35A, 347 - 375.

Kelso, J. A. S. , Southard, D. L. & Goodman, D. 1979. On the nature of human interlimb coordination. Science, 203, 1029 - 1031.

Kemper, H. C. G. , van Aalst, R. , Leegwater, A. , Maas, S. & Knibbe, J. J. 1990. The physical and physiological workload of refuse collectors. Ergonomics, 33, 1471 - 1486.

Kenshalo, D. R. 1972. The cutaneous senses. In J. W. Kling & L. A. Riggs (Eds.), Woodworth and Schlosberg's Experimental Psychology (3rd ed.). New York: Holt, Rinehart & Winston.

Keppel, G. & Underwood, B. J. 1962. Proactive inhibition in short-term retention of single items. Journal of Verbal Learning and Verbal Behavior, 1, 153 - 161.

Kerlinger, F. N. & Lee, H. B. 2000. Foundations of Behavioral Research (4th ed.). Fort Worth, TX: Harcourt Brace.

Kerr, B. A. & Langolf, G. D. 1977. Speed of aiming movements. Quarterly Journal of Experimental Psychology, 29, 475 - 481.

Kerr, R. 1973. Movement time in an underwater environment. Journal of Motor Behavior, 5, 175 - 178.

Kershaw, T. C. & Ohlsson, S. 2004. Multiple causes of difficulty in insight: The case of the nine-dot problem. Journal of Experimental Psychology: Learning, Memory, and Cognition, 30, 3 - 13.

Kheddar, A. , Chellali, R. & Coiffet, P. 2002. Virtual environment — Assisted teleoperation. In K. M. Stanney (Ed.), Handbook of Virtual Environments: Design, Implementation, and Applications (pp. 959 – 997). Mahwah, NJ: Lawrence Erlbaum.

Kiekel, P. A. & Cooke, N. J. 2005. Human factors aspects of team cognition. In R. W. Proctor & K. -P. L. Vu (Eds.), Handbook of Human Factors in Web Design (pp. 90 – 103). Mahwah, NJ: Lawrence Erlbaum.

Kieras, D. 2004. GOMS models for task analysis. In D. Diaper & N. A. Stanton (Ed.), The Handbook of Task Analysis for Human-Computer Interaction (pp. 83 – 116). Mahwah, NJ: Lawrence Erlbaum.

Kieras, D. E. & Meyer, D. E. 1997. An overview of the EPIC architecture for cognition and performance with application to human-computer interaction. Human-Computer Interaction, 12, 391 – 438.

Kieras, D. E. & Meyer, D. E. 2000. The role of cognitive task analysis in the application of predictive models of human performance. In J. M. Schraagen, S. F. Chipman & V. L. Shalin (eds.), Cognitive Task Analysis (pp. 237 – 260). Mahwah, NJ: Lawrence Erlbaum.

Kim, I. S. 2001. Human reliability analysis in the man-machine interface design review. Annals of Nuclear Energy, 28, 1069 – 1081.

Kim, M. , Beversdorf, D. Q. & Heilman, K. M. 2000. Arousal response with aging: Pupillographic study. Journal of the International Neuropsychological Society, 6, 348 – 350.

Kimchi, R. , Behrmann, M. & Olson, C. R. 2003. Perceptual Organization in Vision: Behavioral and Neural Perspectives. Mahwah, NJ: Lawrence Erlbaum.

King, R. B. & Oldfield, S. R. 1997. The impact of signal bandwidth on auditory localization: Implications for the design of three-dimensional audio displays. Human Factors, 39, 287 – 295.

Kingery, D. & Furuta, R. 1997. Skimming electronic newspaper headlines: A study of typeface, point size, screen resolution, and monitor size. Information Processing and Management, 33, 685 – 696.

Kintsch, W. & Keenan, J. 1973. Reading rate and retention as a function of the number of propositions in the base structure of sentences. Cognitive Psychology, 5, 257 – 274.

Kirwan, B. 1988. A comparative evaluation of five human reliability assessment techniques. In B. A. Sayers (Ed.), Human Factors and Decision Making (pp. 87 – 109). New York: Elsevier Applied Sciences.

Kirwan, B. 1994. A Guide to Practical Human Reliability Assessment. London: Taylor & Francis.

Kirwan, B. 2005. Human reliability assessment. In J. R. Wilson & N. Corlett (Eds.), Evaluation of Human Work (3rd ed. , pp. 833 – 875). Boca Raton, FL: CRC Press.

Kittusamy, N. K. & Buchholz, B. 2004. Whole-body vibration and postural stress among operators of construction equipment: A literature review. Journal of Safety Research, 35, 255 – 261.

Kivetz, R. & Simonson, I. 2000. The effects of incomplete information on consumer choice.

Journal of Marketing Research, 37, 427 - 448.

Kivimäki, M. & Lindström, K. 2006. Psychosocial approach to occupational health. In G. Salvendy (Ed.), Handbook of Human Factors and Ergonomics (3rd ed., pp. 801 - 817). Hoboken, NJ: Wiley.

Klapp, S. T. 1977. Reaction time analysis of programmed control. Exercise and Sport Science Reviews, 5, 231 - 253.

Klatzky, R. L. & Lederman, S. J. 2003. Touch. In A. F. Healy & R. W. Proctor (Eds.), Experimental Psychology (pp. 147 - 176), Vol. 4 in I. B. Weiner (editor-in-chief) Handbook of Psychology. Hoboken, NJ: Wiley.

Kleffner, D. A. & Ramachandran, V. S. 1992. On the perception of shape from shading. Perception and Psychophysics, 52, 18 - 36.

Klein, G. A. 1989. Recognition-primed decisions. In W. B. Rouse (Ed.), Advances in Man-Machine Systems Research (Vol. 5, pp. 47 - 92). Greenwich, CT: JAI Press.

Klein, S. J. 2006. Clearview promises road sign legibility. Designorati: Typography. Retrieved March 16, 2007.

Kleiner, B. M. 2004. Macroergonomics as a large work-system transformation technology. Human Factors and Ergonomics in Manufacturing, 14, 99 - 115.

Kleiner, B. M. 2006a. Macroergonomics. In W. Karwowski (Ed.), International Encyclopedia of Ergonomics and Human Factors (2nd ed., Vol. 1, pp. 154 - 156). Boca Raton, FL: CRC Press.

Kleiner, B. M. 2006b. Macroergonomics: Analysis and design of work systems. Applied Ergonomics, 37, 81 - 89.

Kleiner, B. M., Drury, C. G. & Christopher, C. L. 1987. Sensitivity of human tactile inspection. Human Factors, 29, 1 - 7.

Knapp, M. L. 1978. Nonverbal Communication in Human Interaction. New York: Holt, Rinehart & Winston.

Knauth, P. & Hornberger, S. 2003. Preventive and compensatory measures for shift workers. Occupational Medicine, 53, 109 - 116.

Knoblich, G. (Ed.) 2006. Human Body Perception from Inside Out. New York: Oxford University Press.

Knowles, E. S. 1983. Social physics and the effects of others: Tests of the effects of audience size and distance on social judgments and behavior. Journal of Personality and Social Psychology, 45, 1263 - 1279.

Knowles, W. B. 1963. Operator loading tasks. Human Factors, 5, 151 - 161.

Knowles, W. B. & Sheridan, T. B. 1966. The "feel" of rotary controls: Friction and inertia. Human Factors, 8, 209 - 216.

Ko, Y. -C., Wu, C. -H. & Lee, M. 2006. Evaluation of the impact of SAMG on the level-2 PSA results of a pressurized water reactor. Nuclear Technology, 155, 22 - 33.

Koffka, K. 1935. Principles of Gestalt Psychology. New York: Harcourt, Brace & World.

Kohn, L., Corrigan, J. & Donaldson, M. (Eds.) 2000. To Err Is Human: Building a Safer Health System. Washington, DC: National Academy Press.

Kolodner, J. L. 1991. Improving human decision making through case-based decision aiding. AI Magazine, 12 (2), 52 - 68.

Konz, S. 1974. Design of hand tools. Proceedings of the Human Factors Society 18th Annual Meeting (pp. 292 - 300). Santa Monica, CA: Human Factors Society.

Koradecka, D. 2006. Wojciech Bogumil Jastrzebowski. In W. Karwowski (Ed.), International Encyclopedia of Ergonomics and Human Factors (2nd ed., Vol. 3, pp. 3447 - 3448). Boca Raton, FL: CRC Press.

Kornblum, S. 1973. Sequential effects in choice reaction time: A tutorial review. In S. Kornblum (Ed.), Attention and Performance IV (pp. 259 - 288). New York: Academic Press.

Kornblum, S. 1991. Stimulus-response coding in four classes of stimulus-response ensembles. In J. Requin & G. E. Stelmach (Eds.), Tutorials in Motor Neuroscience (pp. 3 - 15). Dordrecht, The Netherlands: Kluwer Academic.

Kornblum, S. & Lee, J.-W. 1995. Stimulus-response compatibility with relevant and irrelevant stimulus dimensions that do and do not overlap with the response. Journal of Experimental Psychology: Human Perception and Performance, 21, 855 - 875.

Kornblum, S., Hasbroucq, T. & Osman, A. 1990. Dimensional overlap: Cognitive basis for stimulus-response compatibility — A model and taxonomy. Psychological Review, 97, 253 - 270.

Kosnik, W. D., Sekuler, R. & Kline, D. W. 1990. Self-reported visual problems of older drivers. Human Factors, 5, 597 - 608.

Kossiakoff, A. & Sweet, W. N. 2003. Systems Engineering: Principles and Practice. Hoboken, NJ: Wiley.

Kosslyn, S. M. 1975. Information representation in visual images. Cognitive Psychology, 7, 341 - 370.

Kosslyn, S. M. & Thompson, W. L. 2003. When is early visual cortex activated during visual mental imagery? Psychological Bulletin, 129, 723 - 746.

Kosslyn, S. M., Ball, T. M. & Reiser, B. J. 1978. Visual images preserve metric spatial information: Evidence from studies of image scanning. Journal of Experimental Psychology: Human Perception and Performance, 4, 47 - 60.

Kosslyn, S. M., Thompson, W. L. & Ganis, G. 2006. The Case for Mental Imagery. New York: Oxford University Press.

Kosten, C. W. & Van Os, G. J. 1962. Community reaction criteria for external noises. National Physical Laboratory, Symposium No. 12 (pp. 373 - 387). London: Her Majesty's Stationary Office.

Kramer, A. F., Sirevaag, E. J. & Braune, R. 1987. A psychophysiological assessment of operator workload during simulated flight missions. Human Factors, 29, 145 - 160.

Kreifeldt, J., Parkin, L., Rothschild, P. & Wempe, T. (1976, May). Implications of a mixture of aircraft with and without traffic situation displays for air traffic management. Twelfth Annual Conference on Manual Control (pp. 179 - 200). Washington, DC: National Aeronautics and Space Administration.

Kremers, J. (Ed.) 2005. The Primate Visual System: A Comparative Approach. Hoboken, NJ: Wiley.

Kring, J. P. 2001. Multicultural factors for international spaceflight. Human Performance in Extreme Environments, 5, 11 – 32.

Kristofferson, M. W. 1972. When item recognition and visual search functions are similar. Perception and Psychophysics, 12, 379 – 384.

Kroemer, K. H. E. 1971. Foot operation of controls. Ergonomics, 14, 333 – 361.

Kroemer, K. H. E. 1983a. Engineering anthropometry: Workspace and equipment to fit the user. In D. J. Oborne & M. M. Gruneberg (Eds.), The Physical Environment at Work (pp. 39 – 68). New York: Wiley.

Kroemer, K. H. E. 1983b. Isoinertial technique to assess individual lifting capability. Human Factors, 25, 493 – 506.

Kroemer, K. H. E. 1989. Cumulative trauma disorders: Their recognition and ergonomics measures to avoid them. Applied Ergonomics, 20, 274 – 280.

Kroemer, K. H. E. 1997. Anthropometry and biomechanics. In A. D. Fisk & W. A. Rogers (Eds.), Handbook of Human Factors and the Older Adult (pp. 87 – 124). San Diego, CA: Academic Press.

Kroemer, K. H. E. 2006a. "Extra-Ordinary" Ergonomics: How to Accommodate Small and Big Persons, the Disabled and Elderly, Expectant Mothers, and Children. Boca Raton, FL: CRC Press.

Kroemer, K. H. E. 2006b. Static and dynamic strength. In W. Karwowski (Ed.), International Encyclopedia of Ergonomics and Human Factors (2nd ed., Vol. 1, pp. 511 – 512). Boca Raton, FL: CRC Press.

Kroemer, K. H. E. & Grandjean, E. 1997. Fitting the Task to the Human: A Textbook of Occupational Ergonomics (5th ed.). London: Taylor & Francis.

Kroemer, K. H. E., Kroemer, H. J. & Kroemer-Elbert, K. E. 1997. Engineering Physiology: Bases of Human Factors＝Ergonomics (3rd ed.). New York: Van Nostrand Reinhold.

Kryter, K. D. 1972. Speech communication. In H. P. Van Cott & R. G. Kinkade (Eds.), Human Engineering Guide to Equipment Design (pp. 161 – 226). Washington, DC: U. S. Government Printing Office.

Kryter, K. D. & Williams, C. E. 1965. Masking of speech by aircraft noise. Journal of the Acoustical Society of America, 37, 138 – 150.

Kumar, S. & Ng, B. 2001. Crowding and violence on psychiatric wards: Explanatory models. Canadian Journal of Psychiatry, 46, 433 – 437.

Kunde, W. 2001. Response-effect compatibility in manual choice reaction tasks. Journal of Experimental Psychology: Human Perception and Performance, 27, 387 – 394.

Kurke, M. I. 1986. Anatomy of product liability＝personal injury litigation. In Kurke, M. I. & Meyer, R. G. (Eds.), Psychology in Product Liability and Personal Injury Litigation (pp. 3 – 15). Washington, DC: Hemisphere Publishing.

Kurlychek, R. T. 1983. Use of a digital alarm chronograph as a memory aid in early dementia. Clinical Gerontologist, 1(3), 93 – 94.

Kuroda, I. , Young, L. &. Fitts, D. J. 2000. Summary of the international workshop on human factors in space. Aviation, Space, and Environmental Medicine, 71(9, Sect. 2, Suppl.), A3 – A5.

Kuronen, P. , Sorri, M. J. , Paakkonen, R. &. Muhli, A. 2003. Temporary threshold shift in military pilots measured using conventional and extended high-frequency audiometry after one flight. International Journal of Audiology, 42, 29 – 33.

Kvälseth, T. O. 1980. Factors influencing the implementation of ergonomics: An empirical study based on a psychophysical scaling technique. Ergonomics, 23, 821 – 826.

Kveraga, K. , Boucher, L. &. Hughes, H. C. 2002. Saccades operate in violation of Hick's law. Experimental Brain Research, 146, 307 – 314.

La Sala, K. P. 1998. Human performance reliability: A historical perspective. IEEE Transactions on Reliability, 47(3 – SP), 365 – 371.

LaBerge, D. 1983. Spatial extent of attention to letters and words. Journal of Experimental Psychology: Human Perception and Performance, 9, 371 – 379.

Lacava, D. &. Mentis, H. M. 2005. Beginning design without a user: Application of scenario-based design. Proceedings of the 11th International Conference on Human-Computer Interaction (HCII), Las Vegas, NV.

Lachman, R. , Lachman, J. L. &. Butterfield, E. C. 1979. Cognitive Psychology and Information Processing: An Introduction. Hillsdale, NJ: Lawrence Erlbaum.

Lackner, J. R. 1990. Sensory-motor adaptation to high force levels in parabolic flight maneuvers. In M. Jeannerod (Ed.), Attention and Performance XIII: Motor Representation and Control (pp. 527 – 548). Hillsdale, NJ: Lawrence Erlbaum.

Lackner, J. R. &. DiZio, P. 2005. Vestibular, proprioceptive, and haptic contributions to spatial orientation. Annual Review of Psychology, 56, 115 – 147.

Lahiri, S. , Gold, J. &. Levenstein, C. 2005. Net-cost model for workplace interventions. Journal of Safety Research, 36, 241 – 255.

Laird, J. , Rosenbloom, P. &. Newell, A. 1986. Universal Subgoaling and Chunking. New York: Kluwer Academic.

Lamberg, L. 2002. Long hours, little sleep: Bad medicine for physicians in training? Journal of the American Medical Association, 287, 303 – 306.

Landauer, T. K. 1998. Learning and representing verbal meaning: The latent semantic analysis theory. Current Directions in Psychological Science, 7, 161 – 164.

Landauer, T. K. 1999. Latent semantic analysis: A theory of the psychology of language and mind. Discourse Processes, 27, 303 – 310.

Landauer, T. K. , Laham, D. &. Foltz, P. 2003. Automatic essay assessment. Assessment in Education: Principles, Policy and Practice, 10, 295 – 308.

Landauer, T. K. , McNamara, D. S. , Dennis, S. &. Kintsch, W. (Eds.) 2007. The Handbook of Latent Semantic Analysis. Mahwah, NJ: Lawrence Erlbaum.

Landrigan, C. P. , Rothschild, J. M. , Cronin, J. W. , et al. 2004. Effect of reducing interns' work hours on serious medical errors in intensive care units. The New England Journal of

Medicine，351，1838 - 1848.

Landrigan, C. P. , Barger, L. K. , Cade, B. E. , et al. 2006. Interns' compliance with accreditation council for graduate medical education work-hour limits. Journal of the American Medical Association，296，1063 - 1070.

Landy, F. J. & Farr, J. L. 1980. Performance rating. Psychological Bulletin, 87, 72 - 107.

Lane, N. E. 1987. Skill Acquisition Rates and Patterns: Issues and Training Implications. New York: Springer.

Langendijk, E. H. A. & Bronkhorst, A. W. 2000. Fidelity of three-dimensional-sound reproduction using a virtual auditory display. Journal of the Acoustical Society of America, 107, 528 - 537.

Langham, M. P. & Moberly, N. J. 2003. Pedestrian conspicuity research: A review. Ergonomics, 46, 345 - 363.

Langolf, G. & Hancock, W. M. 1975. Human performance times in microscope work. AIEE Transactions, 7, 110 - 117.

Lashley, K. S. 1951. The problem of serial order in behavior. In L. A. Jefress (Ed.), Cerebral Mechanisms in Behavior (pp. 112 - 136). New York: Wiley.

Lathan, C. , Tracey, M. R. , Sebrechts, M. M. , Clawson, D. M. & Higgins, G. A. 2002. Using virtual environments as training simulators: Measuring transfer. In K. M. Stanney (Ed.), Handbook of Virtual Environments: Design, Implementation, and Applications (pp. 403 - 414). Mahwah, NJ: Lawrence Erlbaum.

Lavery, J. J. 1962. Retention of simple motor skills as a function of type of knowledge of results. Canadian Journal of Psychology, 16, 300 - 311.

Lavie, N. 2005. Distracted and confused?: Selective attention under load. Trends in Cognitive Sciences, 9, 75 - 82.

Lawrence, C. & Andrews, K. 2004. The influence of perceived prison crowding on male inmates' perception of aggressive events. Aggressive Behavior, 30, 273 - 283.

Lazarus, R. S. & Folkman, S. 1984. Stress, Appraisal, and Coping. New York: Springer.

Leake, D. B. (Ed.) 1996. Case-Based Reasoning: Experiences, Lessons, and Future Directions. Cambridge, MA: MIT Press.

Leape, L. L. 1994. Error in medicine. Journal of the American Medical Association, 272, 1851 - 1857.

Leape, L. L. & Berwick, D. M. 2005. Five years after To Err Is Human: What have we learned? The Journal of the American Medical Association, 293, 2083 - 2090.

Lederman, S. J. & Campbell, J. I. 1982. Tangible graphs for the blind. Human Factors, 24, 85 - 100.

Lee, A. T. 2005. Flight Simulation: Virtual Environments in Aviation. Burlington, VT: Ashgate.

Lee, D. N. 1976. A theory of visual control of braking based on information about time-to-collision. Perception, 5, 437 - 459.

Lee, J. H. , Flaquer, A. , Stern, Y. , Tycko, B. & Mayeux, R. 2004. Genetic influences on memory performance in familial Alzheimer disease. Neurology, 62, 414 - 421.

Lee, T. D. & Genovese, E. D. 1988. Distribution of practice in motor skill acquisition: Learning and performance effects reconsidered. Research Quarterly for Exercise and Sport, 59, 277 - 287.

Lee, T. D. & Genovese, E. D. 1989. Distribution of motor skill acquisition: Different effects for discrete and continuous tasks. Research Quarterly for Exercise and Sport, 70, 59 - 65.

Lee, T. D. , Magill, R. A. & Weeks, D. J. 1985. Influence of practice schedule on testing schema theory predictions in adults. Journal of Motor Behavior, 17, 283 - 299.

Lehman, J. F. , Laird, J. E. & Rosenbloom, P. 1998. A gentle introduction to SOAR: An architecture for human cognition. In D. Scarborough & S. Sternberg (Eds.), An Invitation to Cognitive Science (2nd ed. , Vol. 4: Methods, Models, and Conceptual Issues, pp. 211 - 253). Cambridge, MA: MIT Press.

Lehto, M. R. & Nah, F. 2006. Decision-making models and decision support. In G. Salvendy (Ed.), Handbook of Human Factors and Ergonomics (pp. 191 - 242). Hoboken, NJ: Wiley.

Leibowitz, H. W. 1996. The symbiosis between basic and applied research. American Psychologist, 51, 366 - 370.

Leibowitz, H. W. & Owens, D. A. 1986. We drive by night. Psychology Today, January, 55 - 58.

Leibowitz, H. W. & Post, R. B. 1982. The two modes of processing concept and some implications. In J. Beck (Ed.), Organization and Representation in Perception (pp. 343 - 363). Hillsdale, NJ: Lawrence Erlbaum.

Leibowitz, H. W. , Post, R. B. , Brandt, T. & Dichgans, J. 1982. Implications of recent developments in dynamic spatial orientation and visual resolution for vehicle guidance. In A. H. Wertheim, W. A. Wagenaar & H. W. Leibowitz (Eds.), Tutorials on Motion Perception (pp. 231 - 260). New York: Plenum Press.

Leighton, J. P. 2004a. Defining and describing reason. In J. P. Leighton & R. J. Sternberg (Eds.), The Nature of Reasoning (pp. 3 - 11). Cambridge: Cambridge University Press.

Leighton, J. P. 2004b. The assessment of logical reasoning. In J. P. Leighton & R. J. Sternberg (Eds.), The Nature of Reasoning (pp. 291 - 312). Cambridge: Cambridge University Press.

Lennard, S. H. C. & Lennard, H. L. 1977. Architecture: Effect of territory, boundary, and orientation on family functioning. Family Process, 16, 49 - 66.

Lennie, P. 2003. The physiology of color vision. In S. K. Shevell (Ed.), The Science of Color (2nd ed. , pp. 217 - 246). Amsterdam: Elsevier.

Lenz, M. , Bartsch-Sporl, B. , Burkhard, H. D. & Wess, S. (Eds.) 1998. Case-Based Reasoning Technology: from Foundations to Applications. Berlin: Springer.

Leonard, J. A. 1958. Partial advance information in a choice reaction task. British Journal of Psychology, 49, 89 - 96.

Leonard, J. A. 1959. Tactual choice reactions: I. Quarterly Journal of Experimental

Psychology, 11, 76 - 83.

Leonard, V. K. , Jacko, J. , Yi, J. S. & Sainfort, F. 2006. Human factors and ergonomics methods. In G. Salvendy (Ed.), Handbook of Human Factors and Ergonomics (3rd ed. , pp. 292 - 321). Hoboken, NJ: Wiley.

Lerch, F. J. , Mantei, M. M. & Olson, J. R. 1989. Translating ideas into action: Cognitive analysis of errors in spreadsheet formulas. Proceedings of the CHI '89 Conference on Human Factors in Computing Systems (pp. 121 - 126). New York: Van Nostrand Reinhold.

Lessiter, J. , Freeman, J. , Davis, R. & Drumbreck, A. 2003. Helping viewers press the right buttons: Generating intuitive labels for digital terrestrial TV remote controls. Psychology Journal, 1, 355 - 377.

Leuthold, H. & Sommer, W. 1998. Postperceptual effects and P300 latency. Psychophysiology, 35, 34 - 46.

Levin, D. T. & Simons, D. J. 1997. Failure to detect changes to attended objects in motion pictures. Psychonomic Bulletin and Review, 4, 501 - 506.

Levy, P. E. & Williams, J. R. 2004. The social context of performance appraisal: A review and framework for the future. Journal of Management, 30, 881 - 905.

Lewin, K. 1951. Field Theory in Social Science. New York: Harper.

Lewis, J. L. 1970. Semantic processing of unattended messages using dichotic listening. Journal of Experimental Psychology, 85, 225 - 228.

Lewis, R. 1990. Design economy in the creation of manned space systems. Human Factors Society Bulletin, 32(3), 5 - 6.

Li, C. -C. , Hwang, S. -L. & Wang, M. -Y. 1990. Static anthropometry of civilian Chinese in Taiwan using computer-analyzed photography. Human Factors, 32, 359 - 370.

Li, Wen-C. & Harris, D. 2005. HFACS analysis of ROC air force aviation accidents: Reliability analysis and cross-cultural comparison. International Journal of Applied Aviation Studies, 5, 65 - 81.

Lichtenstein, S. & Slovic, P. 1971. Reversal of preferences between bids and choices in gambling decision. Journal of Experimental Psychology, 89, 46 - 55.

Lichtenstein, S. , Slovic, P. , Fischoff, B. , Layman, M. & Combs, B. 1978. Judged frequency of lethal events. Journal of Experimental Psychology: Human Learning and Memory, 4, 551 - 578.

Lie, I. 1980. Visual detection and resolution as a function of retinal locus. Vision Research, 20, 967 - 974.

Liebowitz, J. 1990. The Dynamics of Decision Support Systems and Expert Systems. Chicago, IL: Dryden Press.

Lien, M. -C. & Proctor, R. W. 2000. Multiple spatial correspondence effects on dual-task performance. Journal of Experimental Psychology: Human Perception and Performance, 26, 1260 - 1280.

Lien, M. -C. , Proctor, R. W. & Allen, P. A. 2002. Ideomotor compatibility in the psychological refractory period effect: 29 years of oversimplification. Journal of

Experimental Psychology: Human Perception and Performance, 28, 396 – 409.

Likert, R. 1961. New Patterns of Management. New York: McGraw-Hill.

Lindahl, L. G. 1945. Movement analysis as an industrial training method. Journal of Applied Psychology, 29, 420 – 436.

Lindemann, P. G. & Wright, C. E. 1998. Skill acquisition and plans for actions: Learning to write with your other hand. In D. Scarborough & S. Sternberg (Eds.), Methods, Models, and Conceptual Issues: An Invitation to Cognitive Science (Vol. 4, pp. 523 – 584). Cambridge, MA: MIT Press.

Lipshitz, R. , Klein, G. , Orasanu, J. & Salas, E. 2001. Taking stock of naturalistic decision making. Journal of Behavioral Decision Making, 14, 331 – 352.

Liu, W. 2003. Field dependence-independence and sports with a preponderance of closed or open skill. Journal of Sport Behavior, 26, 285 – 297.

Lockhart, R. S. 2002. Levels of processing, transfer-appropriate processing, and the concept of robust encoding. Memory, 10, 397 – 403.

Lockhart, T. E. , Atsumi, B. , Ghosh, A. , Mekaroonreung, H. & Spaulding, J. 2006. Effects of planar and nonplanar driver-side mirrors on age-related discomfort-glare responses. Safety Science, 44, 187 – 195.

Loftus, E. F. & Loftus, G. R. 1980. On the permanence of stored information in the human brain. American Psychologist, 35, 409 – 420.

Loftus, G. R. & Irwin, D. E. 1998. On the relations among different measures of visible and informational persistence. Cognitive Psychology, 35, 135 – 199.

Loftus, G. R. , Dark, V. J. & Williams, D. 1979. Short-term memory factors in ground controller=pilot communication. Human Factors, 21, 169 – 181.

Logan, G. D. 2004. Cumulative progress in formal theories of attention. Annual Review of Psychology, 55, 207 – 234.

Logan, G. D. & Schulkind, M. D. 2000. Parallel memory retrieval in dual-task situations: I. Semantic memory.

Journal of Experimental Psychology: Human Perception and Performance, 26, 1260 – 1280.

Long, G. M. & Johnson, D. M. 1996. A comparison between methods for assessing the resolution of moving targets (dynamic visual acuity) Perception, 25, 1389 – 1399.

Long, G. M. & Kearns, D. F. 1996. Visibility of text and icon highway signs under dynamic viewing conditions. Human Factors, 38, 690 – 701.

Long, G. M. & Zavod, M. J. 2002. Contrast sensitivity in a dynamic environment: Effects of target conditions and visual impairment. Human Factors, 44, 120 – 132.

LoPresti, E. F. , Brienza, D. M. & Angelo, J. 2002. Head-operated computer controls: Effect of control method on performance for subjects with and without disability. Interacting with Computers, 14, 359 – 377.

Lorge, I. 1930. Influence of regularly interpolated time intervals upon subsequent learning (Teacher College Contributions to Education, No. 438). New York: Columbia University, Teachers College.

Los, S. A. 2004. Inhibition of return and nonspecific preparation: Separable inhibitory control mechanisms in space and time. Perception and Psychophysics, 66, 119 – 130.

Loschky, L. C. & McConkie, G. W. 2002. Investigating spatial vision and dynamic attentional selection using a gaze-contingent multi-resolutional display. Journal of Experimental Psychology: Applied, 8, 99 – 117.

Loschky, L. C., McConkie, G. W., Yang, J. & Miller, M. E. 2005. The limits of visual resolution in natural scene viewing. Visual Cognition, 12, 1057 – 1092.

Louviere, A. J. & Jackson, J. T. 1982. Man-machine design for spaceflight. In T. S. Cheston & D. L. Winter (Eds.), Human Factors of Outer Space Production (pp. 97 – 112). Boulder, CO: Westview Press.

Lovasik, J. V., Matthews, S. M. L. & Kergoat, H. 1989. Neural, optical, and search performance in prolonged viewing of chromatic displays. Human Factors, 31, 273 – 289.

Loveless, N. E. 1962. Direction-of-motion stereotypes: A review. Ergonomics, 5, 357 – 383.

Lovie, A. D. 1983. Attention and behaviourism. British Journal of Psychology, 74, 301 – 310.

Lozinskii, E. I. 2000. Explaining by evidence. Journal of Experimental and Theoretical Artificial Intelligence, 12, 69 – 89.

Lu, C.-H. & Proctor, R. W. 1995. The influence of irrelevant location information on performance: A review of the Simon and spatial Stroop effects. Psychonomic Bulletin and Review, 2, 174 – 207.

Lucas, J. L. & Heady, R. B. 2002. Flextime commuters and their driver stress, feelings of time urgency, and commute satisfaction. Journal of Business and Psychology, 16, 565 – 572.

Luce, P. A., Feustal, T. C. & Pisoni, D. B. 1983. Capacity demands in short-term memory for synthetic and natural speech. Human Factors, 25, 17 – 32.

Luck, S. J. 2005. An Introduction to the Event-Related Potential Technique. Cambridge, MA: MIT Press.

Lukosch, S. & Schummer, T. 2006. Groupware development support with technology patterns. International Journal of Human-Computer Studies, 64, 599 – 610.

Lusted, L. B. 1971. Signal detectability and medical decision-making. Science, 171, 1217 – 1219.

Lutz, M. C. & Chapanis, A. 1955. Expected locations of digits and letters on ten-button keysets. Journal of Applied Psychology, 39, 314 – 317.

Luximon, A. & Goonetilleke, R. S. 2001. Simplified subjective workload assessment technique. Ergonomics, 44, 229 – 243.

Lyman, S. L. & Scott, M. B. 1967. Territoriality: A neglected sociological dimension. Social Problems, 15, 235 – 249.

Lyons, M., Adams, S., Woloshynowych, M. & Vincent, C. 2004. Human reliability analysis in healthcare: A review of techniques. International Journal of Risk and Safety in Medicine, 16, 223 – 237.

Lysaght, R. S., Hill, S. G., Dick, A. O., Plamondon, B. D., Wherry, R. J., Zaklad, A. L. & Bittner, A. C. 1989. Operator workload: A comprehensive review of operator workload methodologies. Technical Report 851, U. S. Army Research Institute for the Social Sciences. Alexandria, VA.

Maat, B. , Wit, H. P. & van Dijk, P. 2000. Noise-evoked otoacoustic emissions in humans. Journal of the Acoustical Society of America, 108, 2272 – 2280.

MacDonald, L. W. 1999. Using color effectively in computer graphics. IEEE Computer Graphics and Applications, 19(4), 20 – 35.

Mack, A. 1986. Perceptual aspects of motion in the frontal plane. In K. R. Boff, L. Kaufman & J. P. Thomas (Eds.), Handbook of Perception and Human Performance (Vol. I: Sensory Processes and Perception, pp. 17 – 1 – 17 – 38). New York: Wiley.

MacKay, D. G. 1981. The problem of rehearsal or mental practice. Journal of Motor Behavior, 13, 274 – 285.

Mackworth, N. H. 1950. Researches on the measurement of human performance (Special Report No. 268). London: Medical Research Council, Her Majesty's Stationary Office.

Mackworth, N. H. 1965. Visual noise causes tunnel vision. Psychonomic Science, 3, 67 – 68.

MacLeod, C. M. 1991. Half a century of research on the Stroop effect: An integrative review. Psychological Review, 109, 163 – 203.

Macmillan, N. A. & Creelman, C. D. 2005. Detection Theory: A User's Guide (2nd ed.). Mahwah, NJ: Lawrence Erlbaum.

Macy, B. A. & Mirvis, P. H. 1976. A methodology for assessment of quality of work life and organizational effectiveness in behavioural-economic terms. Administrative Science Quarterly, 21, 212 – 216.

Madni, A. M. 1988. The role of human factors in expert systems design and acceptance. Human Factors, 30, 395 – 414.

Magill, R. A. & Parks, P. F. 1983. The psychophysics of kinesthesis for positioning responses: The physical stimulus-psychological response relationship. Research Quarterly for Exercise and Sport, 54, 346 – 351.

Magill, R. A. & Wood, C. A. 1986. Knowledge of results precision as a learning variable in motor skill acquisition. Research Quarterly for Exercise and Sport, 57, 170 – 173.

Magnussen, S. & Kurtenbach, W. 1980. Linear summation of tilt illusion and tilt aftereffect. Vision Research, 20, 39 – 42.

Magnussen, S. , Andersson, J. , Cornoldi, C. , De Beni, R. , Endestad, T. , Goodman, G. S. , Helstrup, T. , Koriat, A. , Larsson, M. , Melinder, A. , Nilsson, L. -G. , Ronnberg, J. & Zimmer, H. 2006. What people believe about memory. Memory, 14, 595 – 613.

Makhsous, M. , Hendrix, R. , Crowther, Z. , Nam, E. & Lin, F. 2005. Reducing whole-body vibration and musculoskeletal injury with a new car seat design. Ergonomics, 48, 1183 – 1199.

Makous, J. C. & Middlebrooks, J. C. 1990. Two-dimensional sound localization by human listeners. Journal of the Acoustical Society of America, 87, 2188 – 2200.

Mallis, M. M. & DeRoshia, C. W. 2005. Circadian rhythms, sleep, and performance in space. Aviation, Space, and Environmental Medicine, 76, B94 - B107.

Malone, T. B. 1986. The centered high-mounted brakelight: A human factors success story. Human Factors Society Bulletin, 29(10), 1 - 3.

MANPRINT Mission Statement 2000. Overview. Downloaded on September 16, 2006.

Mansfield, R. J. W. 1973. Latency functions in human vision. Vision Research, 13, 2219 - 2234.

Man-Systems Integration Standards 1987. Lockheed Missiles and Space Company, Inc., Man-Systems Division, NASA, Lyndon B. Johnson Space Center.

Mantei, M. M. & Teorey, T. J. 1988. Cost＝benefit analysis for incorporating human factors in the software cycle. Communications of the ACM, 31, 428 - 439.

Manzey, D. & Lorenz, B. 1998. Mental performance during short-term and long-term spaceflight. Brain Research Reviews, 28, 215 - 221.

Marakas, G. M. 2003. Decision Support Systems in the 21st Century. Upper Saddle River, NJ: Prentice-Hall. Marcos, S., Moreno, E. & Navarro, R. 1999. The depth-of-field of the human eye from objective and subjective measurements. Vision Research, 39, 2039 - 2049.

Marcus, A. 2005. User interface design's return on investment: Examples and statistics. In R. G. Bias & D. J. Mayhew (Eds.), Cost-Justifying Usability: An Update for the Internet Age (pp. 17 - 39). San Francisco, CA: Morgan Kaufman.

Marey, E. -J. 1902. The History of Chronophotography. Washington, DC: Smithsonian Institute.

Mariampolski, H. 2006. Ethnography for Marketers: A Guide to Consumer Immersion. Thousand Oaks, CA: Sage.

Marics, M. A. & Williges, B. H. 1988. The intelligibility of synthesized speech in data inquiry systems. Human Factors, 30, 719 - 732.

Marklin, R. W. & Simoneau, G. G. 2006. Biomechanics of the wrist in computer keyboarding. In W. Karwowski (Ed.), International Encyclopedia of Ergonomics and Human Factors (2nd ed., Vol. 2, pp. 1549 - 1554). Boca Raton, FL: CRC Press.

Marklin, R. W., Simoneau, G. G. & Monroe, J. F. 1999. Wrist and forearm posture from typing on split and vertically inclined computer keyboards. Human Factors, 41, 559 - 569.

Marks, L. E. & Algom, D. 1998. Psychophysical scaling. In M. H. Birnbaum (Ed.), Measurement and Decision Making (pp. 81 - 178). San Diego, CA: Academic Press.

Marois, R. & Ivanoff, J. 2005. Capacity limits of information processing in the brain. Trends in Cognitive Sciences, 9, 296 - 305.

Marrao, C., Tikuisis, P., Keefe, A. A., Gil, V. & Giesbrecht, G. G. 2005. Physical and cognitive performance during long-term cold weather operations. Aviation, Space, and Environmental Medicine, 76, 744 - 752.

Marras, W. S. 2006. Basic biomechanics and workstation design. In G. Salvendy (Ed.), Handbook of Human Factors and Ergonomics (3rd ed., pp. 340 - 370). Hoboken, NJ: Wiley.

Marras, W. S. & Kroemer, K. H. E. 1980. A method to evaluate human factors = ergonomics design variables of distress signals. Human Factors, 22, 389 – 399.

Marras, W. , Lavender, S. , Leurgans, S. , Rajulu, S. , Allread, W. , Fathallah, F. & Ferguson, S. 1993. The role of dynamic three-dimensional trunk motion in occupationally-related low back disorders, Spine, 18, 617 – 628.

Marsalek, P. & Kofranek, J. 2004. Sound localization at high frequencies and across the frequency range. Neurocomputing, 58 – 60, 999 – 1006.

Marslen-Wilson, W. D. 1975. Sentence perception as an interactive parallel process. Science, 189, 226 – 228.

Marteniuk, R. G. 1986. Information processes in movement learning: Capacity and structural interference effects. Journal of Motor Behavior, 18, 55 – 75.

Matin, L. , Picoult, E. , Stevens, J. , Edwards, M. & MacArthur, R. 1982. Oculoparalytic illusion: Visual-field dependent spatial mislocations by humans partially paralyzed with curare. Science, 216, 198 – 201.

Matthews, G. , Davies, D. R. , Westerman, S. J. & Stammers, R. B. 2000. Human Performance: Cognition, Stress and Individual Differences. Hove: Psychology Press.

Mattingly, I. G. & Studdert-Kennedy, M. (Eds.) 1991. Modularity and the Motor Theory of Speech Perception. Hillsdale, NJ: Lawrence Erlbaum.

May, J. & Barnard, P. J. 2004. Cognitive task analysis in interacting cognitive subsystems. In D. Diaper & N. Stanton (Eds.), The Handbook of Task Analysis for Human-Computer Interaction (pp. 291 – 325). Mahwah, NJ: Lawrence Erlbaum.

Mayhew, D. J. & Bias, R. G. 2003. Cost-justifying Web usability. In J. Ratner (Ed.), Human Factors and Web Development (2nd ed. , pp. 63 – 87). Mahwah, NJ: Lawrence Erlbaum.

Mazur, K. M. & Reising, J. M. 1990. The relative effectiveness of three visual depth cues in a dynamic air situation display. Proceedings of the Human Factors Society 34th Annual Meeting (pp. 16 – 19). Santa Monica, CA: Human Factors Society.

McBride, D. K. & Schmorrow, D. (Eds.) 2005. Quantifying Human Information Processing. Lanham, MA: Lexington Books.

McCabe, P. A. & Dey, F. L. 1965. The effect of aspirin upon auditory sensitivity. Annals of Otology, Rhinology, and Laryngology, 74, 312 – 325.

McClelland, J. L. 1979. On the time relations of mental processes: An examination of systems of processes in cascade. Psychological Review, 86, 287 – 330.

McCloskey, M. 1983. Naive theories of motion. In D. Gentner & A. L. Stevens, Mental Models (pp. 299 – 324). Hillsdale, NJ: Lawrence Erlbaum.

McColl, S. L. & Veitch, J. A. 2001. Full-spectrum fluorescent lighting: A review of its effects on physiology and health. Psychological Medicine, 31, 949 – 964.

McConville, J. T. , Robinette, K. M. & Churchill, T. D. 1981. An anthropometric data base for commercial design applications (Phase I). Final Report NSF = BNS-81001 (PB 81-211070). Washington, DC: National Science Foundation.

McCormick, E. J. , Jeanneret, P. R. & Mecham, R. C. 1972. A study of job characteristics and job dimensions as based on the Position Analysis Questionnaire (PAQ). Journal of Applied Psychology, 56, 347 - 368.

McCracken, J. H. & Aldrich, T. B. 1984. Analysis of selected LHX mission functions: Implications for operator workload and system automation goals (TNA AS1479 - 24 - 84). Fort Rucker, AL: Anacapa Sciences.

McDowd, J. M. 1986. The effects of age and extended practice on divided attention performance. Journal of Gerontology, 41, 764 - 769.

McDowell, T. W. , Wiker, S. F. , Dong, R. G. , Welcome, D. E. & Schopper, A. W. 2006. Evaluation of psychometric estimates of vibratory hand-tool grip and push forces. International Journal of Industrial Ergonomics, 36, 119 - 128.

McFarland, R. A. 1946. Human Factors in Air Transport Design. New York: McGraw-Hill.

McGrath, J. J. 1963. Irrelevant stimulation and vigilance performance. In D. N. Buckner & J. J. McGrath (Eds.), Vigilance: A Symposium. New York: McGraw-Hill.

McKnight, A. J. , Shinar, D. & Hilburn, B. 1991. The visual and driving performance of monocular and binocular heavy-duty truck drivers. Accident Analysis and Prevention, 23, 225 - 237.

McMillan, G. R. & Calhoun, G. L. 2006. Gesture-based control. In W. Karwowski (Ed.), International Encyclopedia of Ergonomics and Human Factors (2nd ed. , Vol. 1, pp. 356 - 359). Boca Raton, FL: CRC Press.

McMillan, G. R. , Beevis, D. , Salas, E. , Strub, M. H. , Sutton, R. & Van Breda, L. 1989. Applications of Human Performance Models to System Design. New York: Plenum Press.

McNamara, T. P. & Holbrook, J. B. 2003. Semantic memory and priming. In A. F. Healy & R. W. Proctor (Eds.), Experimental Psychology (Vol. 4: Handbook of Psychology, pp. 447 - 474). Hoboken, NJ: Wiley.

McNaughton, G. B. (1985, October). The problem. Presented at a workshop on flight attitude awareness.

Wright-Patterson Air Force Base, OH: Wright Aeronautical Laboratories and Life Support System Program Office.

Megaw, E. D. & Bellamy, L. J. 1983. Illumination at work. In D. J. Oborne & M. M. Gruneberg (Eds.), The Physical Environment at Work (pp. 109 - 141). New York: Wiley.

Meister, D. 1971. Human factors: Theory and Practice. New York: Wiley.

Meister, D. 1985. Behavioral Analysis and Measurement Methods. New York: Wiley.

Meister, D. 1989. Conceptual Aspects of Human Factors. Baltimore, MD: Johns Hopkins University Press.

Meister, D. 1991. The definition and measurement of systems. Human Factors Society Bulletin, 34(2), 3 - 5.

Meister, D. 2006a. History of human factors in the United States. In W. Karwowski (Ed.), International Encyclopedia of Ergonomics and Human Factors (2nd ed. , Vol. 1, pp. 98 - 101). Boca Raton, FL: CRC Press.

Meister, D. 2006b. Human factors system design. In W. Karwowski（Ed.）, International Encyclopedia of Ergonomics and Human Factors（2nd ed. , Vol. 2, pp. 1967 - 1971）. Boca Raton, FL: CRC Press.

Meister, D. & Enderwick, T. P. 2002. Human Factors in System Design, Development, and Testing. Mahwah, NJ: Lawrence Erlbaum.

Meister, D. & Rabideau, G. 1965. Human Factors Evaluation in System Development. New York: Wiley.

Meltzer, J. E. & Moffitt, K. 1997. Head-Mounted Displays: Designing for the User. New York: McGraw-Hill.

Mendl, M. 1999. Performing under pressure: Stress and cognitive function. Applied Animal Behaviour Science, 65, 221 - 244.

Mertens, H. W. & Lewis, M. F. 1981. Effect of different runway size on pilot performance during simulated night landing approaches. U. S. Federal Aviation Administration Office of Aviation Medicine Technical Report（FAA-AH-81-6）. Washington, DC: Federal Aviation Administration.

Mertens, H. W. & Lewis, M. F. 1982. Effects of approach lighting and visible runway length on perception of approach angle in simulated night landings. U. S. Federal Aviation Administration Office of Aviation Technical Report（FAA-AM-82-6）. Washington, DC: Federal Aviation Administration.

Merton, P. A. 1972. How we control the contraction of our muscles. Scientific American, 226, 30 - 37.

Meshkati, N. 1988. Heart rate variability and mental workload assessment. In P. A. Hancock & N. Meshkati（Eds.）, Human Mental Workload（pp. 101 - 115）. Amsterdam: North-Holland.

Meso, P. , Troutt, M. D. & Rudnicka, J. 2002. A review of naturalistic decision making research with some implications for knowledge management. Journal of Knowledge Management, 6, 63 - 73.

Mestre, D. R. 2002. Visual factors in driving. In R. Fuller & J. A. Santos（Eds.）, Human Factors for Highway Engineers（pp. 99 - 114）. Amsterdam: Pergamon Press.

Metz, S. , Isle, B. , Denno, S. & Li, W. 1990. Small rotary controls: Limitations for people with arthritis. Proceedings of the Human Factors Society 34th Annual Meeting（pp. 137 - 140）. Santa Monica, CA: Human Factors Society.

Meyer, D. E. & Kieras, D. E. 1997a. A computational theory of executive cognitive processes and mulitple-task performance: Part 2. Accounts of psychological refractory-period phenomena. Psychological Review, 104, 749 - 791.

Meyer, D. E. & Kieras, D. E. 1997b. A computational theory of executive cognitive processes and mulitple-task performance: Part 1. Basic mechanisms. Psychological Review, 104, 3 - 65.

Meyer, D. E. , Abrams, R. A. , Kornblum, S. , Wright, C. W. & Smith, J. E. K. 1988. Optimality in human motor performance: Ideal control of rapid aimed movements. Psychological Review, 95, 340 - 370.

Meyer, D. E. , Smith, J. E. K. , Kornblum, S. , Abrams, R. A. & Wright, C. E. 1990. Speed-accuracy tradeoffs inaimed movements: Toward a theory of rapid voluntary action. In M. Jeannerod (Ed.), Attention and Performance XIII (pp. 173 - 226). Hillsdale, NJ: Lawrence Erlbaum.

Meyer, J. 2006. Responses to dynamic warnings. In M. S. Wogalter (Ed.), Handbook of Warnings (pp. 221 - 229). Mahwah, NJ: Lawrence Erlbaum.

Michelson, G. & Mouly, V. S. 2004. Do loose lips sink ships? The meaning, antecedents and consequences of rumour and gossip in organisations. Corporate Communications, 9, 189 - 201.

Miller, D. P. & Swain, A. D. 1987. Human error and human reliability. In G. Salvendy (Ed.), Handbook of Human Factors (pp. 219 - 250). New York: Wiley.

Miller, G. A. 1956. The magical number seven, plus or minus two: Some limits on our capacity for processing information. Psychological Review, 63, 81 - 97.

Miller, G. A. & Glucksberg, S. 1988. Psycholinguistic aspects of pragmatics and semantics. In R. C. Atkinson, R. J. Herrnstein, G. Lindzey & R. D. Luce (Eds.), Stevens' Handbook of Experimental Psychology (2nd ed. , pp. 417 - 472). New York: Wiley.

Miller, G. A. & Isard, S. 1963. Some perceptual consequences of linguistic rules. Journal of Verbal Learning and Verbal Behavior, 2, 212 - 228.

Miller, J. 1988. Discrete and continuous models of human information processing: Theoretical distinctions and empirical results. Acta Psychologica, 67, 191 - 257.

Miller, J. 2006. Backward crosstalk effects in psychological refractory period paradigms: Effects of second-task response types on first-task response latencies. Psychological Research=Psychologische Forschung, 70, 484 - 493.

Miller, J. , Atkins, S. G. & Van Nes, F. 2005. Compatibility effects based on stimulus and response numerosity. Psychonomic Bulletin & Review, 12, 265 - 270.

Miller, J. & Schwarz, W. 2006. Dissociations between reaction times and temporal order judgments: A diffusion model approach. Journal of Experimental Psychology: Human Perception and Performance, 32, 394 - 412.

Miller, J. & Ulrich, R. 2003. Simple reaction time and statistical facilitation: A parallel grains model. Cognitive Psychology, 46, 101 - 151.

Miller, M. E. & Beaton, R. J. 1994. The alarming sounds of silence. Ergonomics in Design, January, 21 - 23.

Miller, R. J. & Penningroth, S. 1997. The effects of response format and other variables on comparisons of digital and dial displays. Human Factors, 39, 417 - 424.

Milligan, M. W. & Tennant, J. S. 1997. Enhancing the conspicuity of personal watercrafts. Marine Technology, Society Journal, 31(2), 50 - 55.

Mirka, G. A. & Marras, W. S. 1990. Lumbar motion response to a constant load velocity lift. Human Factors, 32, 493 - 501.

Mistlberger, R. E. 2003. Circadian rhythms. In L. Nadel (editor-in-chief), Encyclopedia of Cognitive Science (Vol. 1, pp. 514 - 518). New York: Nature Publishing Group.

Mistrot, P. , Donati, P. , Galimore, J. P. & Florentin, D. 1990. Assessing the discomfort of the whole-body multiaxis vibration: Laboratory and field experiments. Ergonomics, 33, 1523 – 1536.

Mital, A. & Ramanan, S. 1985. Accuracy of check-reading dials. In R. E. Eberts & C. G. Eberts (Eds.), Trends in Ergonomics=Human Factors II (pp. 105 – 113). Amsterdam: North-Holland.

Mital, A. & Sanghavi, N. 1986. Comparison of maximum volitional torque exertion capabilities of males and females using common hand tools. Human Factors, 28, 283 – 294.

Mohrman, A. M. , Jr. , Resnick-West, S. M. & Lawler, E. E. , II 1989. Designing Performance Appraisal Systems. San Francisco, CA: Jossey-Bass.

Moll, D. , Robinson, P. A. & Hobscheid, H. M. 2005. Products liability law: What engineering experts need to know. In Y. I. Noy & W. Karwowski (Eds.), Handbook of Human Factors in Litigation (pp. 27-1 – 27-9). Boca Raton, FL: CRC Press.

Mollon, J. D. 2003. The origins of modern color science. In S. K. Shevell (Ed.), The Science of Color (2nd ed. , pp. 1 – 39). Amsterdam: Elsevier.

Monk, A. 2003. Common ground in electronically mediated communication: Clark's theory of language use. In J. M. Carroll (Ed.), HCI Models, Theories, and Frameworks: Toward a Multidisciplinary Science (pp. 265 – 289). San Francisco, CA: Morgan Kaufman.

Monk, T. H. 1989. Human factors implications of shiftwork. International Reviews of Ergonomics, 2, 111 – 128.

Monk, T. H. 2006. Application of basic knowledge to the human body: Shiftwork. In W. Karwowski (Ed.), International Encyclopedia of Ergonomics and Human Factors (2nd ed. , Vol. 2, pp. 2049 – 2055). Boca Raton, FL: CRC Press.

Monsell, S. & Driver, J. (Eds.) 2000. Control of Cognitive Processes: Attention and Performance XVIII. Cambridge, MA: MIT Press.

Mon-Williams, M. & Tresilian, J. R. 1999. Some recent studies on the extraretinal contribution to distance perception. Perception, 28, 167 – 181.

Mon-Williams, M. & Tresilian, J. R. 2000. Ordinal depth information from accommodation? Ergonomics, 43, 391 – 404.

Moore, T. G. 1974. Tactile and kinesthetic aspects of pushbuttons. Applied Ergonomics, 52, 66 – 71.

Moore, T. G. 1975. Industrial push-bottons. Applied Ergonomics, 6, 33 – 38.

Morahan, P. , Meehan, J. W. , Patterson, J. & Hughes, P. K. 1998. Ocular vergence measurement in projected and collimated simulator displays. Human Factors, 40, 376 – 385.

Moray, N. 1959. Attention in dichotic listening: Affective cues and the influence of instructions. Quarterly Journal of Experimental Psychology, 11, 56 – 60.

Moray, N. 1982. Subjective mental workload. Human Factors, 24, 25 – 40.

Moray, N. 1987. Intelligent aids, mental models, and the theory of machines. International Journal of Man-Machine Studies, 27, 619 – 629.

Moray, N. 1993. Designing for attention. In A. Baddeley & L. Weiskrantz (Eds.), Attention: Selection. Awareness, and Control (pp. 111 – 134). Oxford: Oxford University Press.

Morgan, M. J., Watt, R. J. & McKee, S. P. 1983. Exposure duration affects the sensitivity of vernier acuity to target motion. Vision Research, 23, 541 – 546.

Morgeson, F. P., Medsker, G. J. & Campion, M. A. 2006. Job and team design. In G. Salvendy (Ed.), Handbook of Human Factors and Ergonomics (3rd ed., pp. 428 – 457). Hoboken, NJ: Wiley.

Morin, R. E. & Grant, D. A. 1955. Learning and performance on a key-pressing task as a function of the degree of spatial stimulus-response correspondence. Journal of Experimental Psychology, 49, 39 – 47.

Morley, N. J., Evans, J. St. B. T. & Handly, S. J. 2004. Belief bias and figural bias in syllogistic reasoning. Quarterly Journal of Experimental Psychology, 57A, 666 – 692.

Morris, C. D., Bransford, J. D. & Franks, J. J. 1977. Levels of processing versus transfer appropriate processing. Journal of Verbal Learning and Verbal Behavior, 16, 519 – 533.

Morrison, D., Cordery, J., Girardi, A. & Payne, R. 2005. Job design, opportunities for skill utilization, and intrinsic job satisfaction. European Journal of Work and Organizational Psychology, 14, 59 – 79.

Morrison, J. D. & Whiteside, T. C. D. 1984. Binocular cues in the perception of distance of a point source of light. Perception, 13, 555 – 566.

Moser, G. & Uzzell, D. 2003. Environmental psychology. In T. Millon & M. J. Lerner (Eds.), Handbook of Psychology: Personality and Social Psychology (Vol. 5, pp. 419 – 445). Hoboken, NJ: Wiley.

Mount, F. 2006. Human factors in space flight. In W. Karwowski (Ed.), International Encyclopedia of Ergonomics and Human Factors (2nd ed., Vol. 2, pp. 1956 – 1962). Boca Raton, FL: CRC Press.

Mowbray, G. H. 1960. Choice reaction time for skilled responses. Quarterly Journal of Experimental Psychology, 12, 193 – 202.

Mowbray, G. H. & Rhoades, M. U. 1959. On the reduction of choice-reaction times with practice. Quarterly Journal of Experimental Psychology, 11, 16 – 23.

Moynihan, G. P., Suki, A. & Fonseca, D. J. 2006. An expert system for the selection of software design patterns. Expert Systems: International Journal of Knowledge Engineering and Neural Networks, 23, 39 – 52.

Mrena, R., Savolainen, S., Kuokkanen, J. T. & Ylikoski, J. 2002. Characteristics of tinnitus induced by acute acoustic trauma: A long-term follow-up. Audiology and Neurotology, 7, 122 – 130.

Mulder, T. & Hulstijn, W. 1985. Sensory feedback in the learning of a novel motor task. Journal of Motor Behavior, 17, 110 – 128.

Müller-Gethmann, H., Ulrich, R. & Rinkenauer, G. 2003. Locus of the effect of temporal preparation: Evidence from the lateralized readiness potential. Psychophysiology, 40, 597 – 611.

Mumford, R. 2002. Improving visual efficiency with selected lighting. Journal of Optometric Visual Development, 33(3), 1 - 6.

Münsterberg, H. 1913. Psychology and Industrial Efficiency. Boston, MA: Mifflin.

Murata, A. & Moriwaka, M. 2005. Ergonomics of steering wheel mounted switch — How number and arrangement of steering wheel mounted switches interactively affects performance. International Journal of Industrial Ergonomics, 35, 1011 - 1020.

Murray, T. 2000. Lateral chest X-rays of no greater value in Dx: ER pediatricians with only frontal view more accurately tabbed pneumonia cases, also fewer false negatives. Medical Post, 36(25, July 4), 16.

Murrell, G. A. 1975. A reappraisal of artificial signals as an aid to a visual monitoring task. Ergonomics, 18, 693 - 700.

Murrell, K. F. H. 1969. The Ergonomics Research Society: The Society's lecture. Ergonomics, 12, 691 - 700.

Musseler, J. & Hommel, B. 1997. Blindness to response-compatible stimuli. Journal of Experimental Psychology: Human Perception and Performance, 23, 861 - 872.

Muybridge, E. 1955. The Human Figure in Motion. New York: Dover Press.

Näätänen, R. 1973. The inverted-U relationship between activation and performance. In S. Kornblum (Ed.), Attention and Performance IV (pp. 155 - 174). New York: Academic Press.

Naess, R. O. 2001. Optics for Technology Students. Upper Saddle River, NJ: Prentice-Hall.

Nagamachi, M. 2002. Relationships among job design, macroergonomics, and productivity. In H. W. Hendrick & B. M. Kleiner (Eds.), Macroergonomics: Theory, Methods, and Applications (pp. 111 - 131). Mahwah, NJ: Lawrence Erlbaum.

Nairne, J. S. 2003. Sensory and working memory. In A. F. Healy & R. W. Proctor (Eds.), Experimental Psychology (Vol. 4: Handbook of Psychology, pp. 423 - 444). Hoboken, NJ: Wiley.

Nairne, J. S. & Kelley, M. R. 2004. Separating item and order information through process dissociation. Journal of Memory and Language, 50, 113 - 133.

Nakakoji, K. 2005. Special issue on "Computational Approaches for Early Stages of Design." Knowledge Based Systems, 18, 381 - 382.

Namamoto, K., Atsumi, B., Kodera, H. & Kanamori, H. 2003. Quantitative analysis of muscular stress during ingress=egress of the vehicle. JSA Review, 24, 335 - 339.

Nanda, R. & Adler, G. L. (Eds.) 1977. Learning Curves: Theory and Application. Atlanta, GA: American Institute of Industrial Engineers.

Narumi, J., Miyazawa, S., Miyata, H., Suzuki, A., Kohsaka, S. & Kosugi, H. 1999. Analysis of human error in nursing care. Accident Analysis and Prevention, 31, 625 - 629.

Naruo, N., Lehto, M. & Salvendy, G. 1990. Development of a knowledge-based decision support system for diagnosing malfunctions of advanced production equipment. International Journal of Production Research, 28, 2259 - 2276.

NASA 1978. Anthropometric Source Book. NASA Reference Publication 1024. Springfield, VA: National Technical Information Service.

NASA 1995. Man-Systems Integration Standards. NASA-STD-3000 (Revision B). Houston, TX: NASA. National Academy of Engineering. 2004. The Engineer of 2020. Washington, DC: The National Academies Press.

National Academy of Engineering. 2005. Educating the Engineer of 2020. Washington, DC: The National Academies Press.

National Center for Employee Ownership. 2005. The employee ownership 100. Downloaded on August 19, 2006.

Navon, D. & Gopher, D. 1979. On the economy of the human information processing system. Psychological Review, 86, 214 - 255.

Navon, D. & Miller, J. 1987. Role of outcome conflict in dual-task interference. Journal of Experimental Psychology: Human Perception and Performance, 13, 435 - 448.

Navon, D. & Miller, J. 2002. Queuing or sharing? A critical evaluation of the single-bottleneck notion. Cognitive Psychology, 44, 193 - 251.

Neal, L. & Miller, D. 2005. Distance education. In R. W. Proctor & K. -P. L. Vu (Eds.), Handbook of Human Factors in Web Design (pp. 454 - 470). Mahwah, NJ: Lawrence Erlbaum.

Neath, I. & Brown, G. D. A. 2007. Making distinctiveness models of memory distinct. In J. S. Nairne (Ed.), The Foundations of Remembering: Essays in Honor of Henry L. Roediger, III (pp. 125 - 140). New York: Psychology Press.

Neely, G. & Burström, L. 2006. Gender differences in subjective responses to hand-arm vibration. International Journal of Industrial Ergonomics, 36, 135 - 140.

Neerincx, M. A., Ruijsendaal, M. & Wolff, M. 2001. Usability engineering guide for integrated operation support in space station payloads. International Journal of Cognitive Ergonomics, 5, 187 - 198.

Nelson, W. R. 1988. Human factors considerations for expert systems in the nuclear industry. Proceedings of the IEEE Conference on Human Factors and Power Plants (pp. 109 - 114).

Nelson, W. R. & Blackman, H. S. 1987. Experimental evaluation of expert systems for nuclear reactor operators: Human factors considerations. International Journal of Industrial Ergonomics, 2, 91 - 100.

Nemri, A. & Krarti, M. 2006. Analysis of electrical energy savings from daylighting through skylights. Proceedings of the 2005 International Solar Energy Conference (pp. 51 - 57). New York: American Society of Mechanical Engineers.

Neves, D. M. & Anderson, J. R. 1981. Knowledge compilation: Mechanisms for the automatization of cognitive skills. In J. R. Anderson (Ed.), Cognitive Skills and Their Acquisition (pp. 57 - 84). Hillsdale, NJ: Lawrence Erlbaum.

Newell, A. 1990. Unified Theories of Cognition. Cambridge, MA: Harvard University Press.

Newell, A. & Rosenbloom, P. S. 1981. Mechanisms of skill acquisition and the law of practice. In J. R. Anderson (Eds.), Cognitive Skills and Their Acquisition (pp. 1 - 55). Hillsdale, NJ: Lawrence Erlbaum.

Newell, A. & Simon, H. A. 1972. Human Problem Solving. Englewood Cliffs, NJ: Prentice-Hall.

Newell, K. M. 1976. Knowledge of results and motor learning. Exercise and Sport Sciences Reviews, 4, 195 - 227.

Newell, K. M. & Carlton, M. J. 1987. Augmented information and the acquisition of isometric tasks. Journal of Motor Behavior, 19, 4 - 12.

Newell, K. M. & Walter, C. B. 1981. Kinematic and kinetic parameters as information feedback in motor skill acquisition. Journal of Human Movement Studies, 7, 235 - 254.

Newell, K. M. , Morris, L. R. & Scully, D. M. 1985a. Augmented information and the acquisition of skill in physical activity. In R. L. Terjung (Ed.), Exercise and Sport Sciences Reviews (pp. 235 - 261). New York: Macmillan.

Newell, K. M. , Sparrow, W. A. & Quinn, J. T. 1985b. Kinetic information feedback for learning isometric tasks. Journal of Human Movement Studies, 11, 113 - 123.

Newman, R. L. 1987. Responses to Roscoe, "The trouble with HUDS and HMDS." Human Factors Society Bulletin, 30(10), 3 - 5.

Ng, T. S. , Cung, L. D. & Chicharo, J. F. 1990. DESPLATE: An expert system for abnormal shape diagnosis in the plate mill. IEEE Transactions on Industry Applications, 26, 1057 - 1062.

Nichols, R. G. 1962. Listening is good business. Management of Personnel Quarterly, 4, 4.

Nicolas, S. , Gyselinck, V. , Murray, D. J. & Bandomir, C. A. 2002. French descriptions of Wundt's laboratory in Leipzig in 1886. Psychological Research, 66, 208 - 214.

Nicoletti, R. , Anzola, G. P. , Luppino, G. , Rizzolatti, G. & Umiltà, C. 1982. Spatial compatibility effects on the same side of the body midline. Journal of Experimental Psychology: Human Perception and Performance, 8, 664 - 673.

Niederberger, U. & Gerber, W. -D. 1999. Human cerebral potentials during motor training under different forms of sensory feedback. Journal of Psychophysiology, 13, 234 - 244.

Nielsen, J. 2000. Designing Web Usability. Indianapolis, IN: New Riders.

Nikata, K. & Shimada, H. 2005. Facilitation of analogical transfer by posing an analogous problem for oneself. Japanese Journal of Educational Psychology, 53, 381 - 392.

Nilsson, N. J. 1998. Artificial Intelligence: A New Synthesis. Los Altos, CA: Morgan Kaufmann.

Nilsson, T. 2006. Photometry: An ergonomic perspective. In W. Karwowski (Ed.), International Encyclopedia of Ergonomics and Human Factors (2nd ed. , Vol. 1, pp. 1478 - 1485). Boca Raton, FL: CRC Press.

NIOSH 1981. Work Practices Guide for Manual Lifting. DHHS = NIOSH Publication No. 81 - 122. Washington, DC: U. S. Government Printing Office.

Nordby, K. , Raanaas, R. K. & Magnussen, S. 2002. The expanding telephone number part 1: Keying briefly presented multiple-digit numbers. Behaviour and Information Technology, 21, 27 - 38.

Norman, D. A. 1968. Toward a theory of memory and attention. Psychological Review, 75, 522 – 536.

Norman, D. A. 1981. Categorization of action slips. Psychological Review, 88, 1 – 15.

Norman, D. A. 2002. The Design of Everyday Things. New York: Basic Books.

Norman, D. A. & Bobrow, D. G. 1976. On the analysis of performance operating characteristics. Psychological Review, 83, 508 – 510.

Norman, D. A. & Bobrow, D. G. 1978. On data-limited and resource-limited processing. Cognitive Psychology, 7, 44 – 60.

Noy, Y. I. & Karwowski, W. (Eds.) 2005. Handbook of Human Factors in Litigation. Boca Raton, FL: CRC Press.

Noyes, J. M. 2006. Verbal protocol analysis. In W. Karwowski (Ed.), International Encyclopedia of Ergonomics and Human Factors (2nd ed., Vol. 3, pp. 3390 – 3392). Boca Raton, FL: CRC Press.

Noyes, J. M., Haigh, R. & Starr, A. F. 1989. Automatic speech recognition for disabled people. Applied Ergonomics, 20, 293 – 298.

Nummenmaa, L., Hyönä, J. & Calvo, M. G. 2006. Eye movement assessment of selective attentional capture by emotional pictures. Emotion, 6, 257 – 268.

Nygard, C.-H. & Ilmarinen, J. 1990. Effects of changes in delivery of dairy products on physical strain of truck drivers. In C. M. Haslegrave, J. R. Wilson, E. N. Corlett & I. Manenica (Eds.), Work Design in Practice (pp. 142 – 148). London: Taylor & Francis.

Oberauer, K., Weidenfeld, A. & Hornig, R. 2006. Working memory capacity and the construction of spatial mental models in comprehension and deductive reasoning. Quarterly Journal of Experimental Psychology, 59, 426 – 447.

Ogden, G. D., Levine, J. M. & Eisner, E. J. 1979. Measurement of workload by secondary tasks. Human Factors, 21, 529 – 548.

O'Hare, D., Wiggins, M., Batt, R. & Morrison, D. 1994. Cognitive failure analysis for aircraft accident investigation. Ergonomics, 37, 1855 – 1869.

Ohta, N. & Robertson, A. R. 2005. Colorimetry: Fundamentals and Applications. Hoboken, NJ: Wiley.

Okunribido, O. O., Shimbles, S. J., Magnusson, M. & Pope, M. 2007. City bus driving and low back pain: A study of the exposures to posture demands, manual materials handling and whole-body vibration. Applied Ergonomics, 38, 29 – 38.

Oliver, K. 2002. Psychology in Practice: Environment. Abingdon: Hodder & Stoughton.

Olsen, S. O., Rasmussen, A. N., Nielsen, L. H. & Borgkvist, B. V. 1999. The acoustical reflex threshold: Not predictive for loudness perception in normally-hearing listeners. Audiology, 38, 303 – 307.

Olson, J. R. & Olson, G. M. 1990. The growth of cognitive modeling in human-computer interaction since GOMS. Human-Computer Interaction, 5, 221 – 265.

O'Neil, W. M. 1957. Introduction to Method in Psychology. Carlton, Australia: Melbourne University Press.

Ono, H. & Wade, N. J. 2005. Depth and motion in historical descriptions of motion parallax. Perception, 34, 1263 – 1273.

O'Regan, J. K. , Rensink, R. A. & Clark, J. J. 1999. Change-blindness as a result of "mudsplashes." Nature, 398, 34.

O'Regan, J. K. , Deubel, H. , Clark, J. J. & Rensink, R. A. 2000. Picture changes during blinks: Looking without seeing and seeing without looking. Visual Cognition, 7, 191 – 211.

O'Reilly, C. A. , III 1980. Individuals and information overload in organizations: Is more necessarily better? Academy of Management Journal, 23, 684 – 696.

Ortega, J. 2001. Job rotation as a learning mechanism. Management Science, 47, 1361 – 1370.

OSHA 2003. OSHA: Employee Workplace Rights (rev.). Washington, DC: Department of Labor.

Osherson, D. W. , Smith, E. E. & Shafir, E. B. 1986. Some origins of belief. Cognition, 24, 197 – 224.

Osman, A. , Lou, L. , Muller-Gethmann, H. , Rinkenauer, G. , Mattes, S. & Ulrich, R. 2000. Mechanisms of speed-accuracy tradeoff: Evidence from covert motor processes. Biological Psychology, 51, 173 – 199.

Ostry, D. , Moray, N. & Marks, G. 1976. Attention, practice and semantic targets. Journal of Experimental Psychology: Human Perception and Performance, 2, 326 – 336.

Owens, D. A. & Leibowitz, H. W. 1980. Accommodation, convergence, and distance perception in low illumination. American Journal of Optometry and Physiological Optics, 57, 540 – 550.

Owens, D. A. & Leibowitz, H. W. 1983. Perceptual and motor consequences of tonic vergence. In C. M. Schor & K. J. Cuiffreda (Eds.), Vergence Eye Movements: Basic and Clinical Aspects (pp. 23 – 97). Boston, MA: Butterworth-Heinemann.

Owens, D. A. & Wolfe-Kelly, K. 1987. Nearwork, visual fatigue, and variations of oculomotor tonus. Investigative Opthamology and Visual Science, 28, 745 – 749.

Oyama, T. 1987. Perception studies and their applications to environmental design. International Journal of Psychology, 22, 447 – 451.

Paap, K. R. & Ogden, W. G. 1981. Letter encoding is an obligatory but capacity-demanding operation. Journal of Experimental Psychology: Human Perception and Performance, 7, 518 – 528.

Pachella, R. G. 1974. The interpretation of reaction time in information-processing research. In B. H. Kantowitz (Ed.), Human Information Processing: Tutorials in Performance and Cognition (pp. 41 – 82). Hillsdale, NJ: Lawrence Erlbaum.

Pack, M. , Cotten, D. J. & Biasiotto, J. 1974. Effect of four fatigue levels on performance and learning of a novel dynamic balance skill. Journal of Motor Behavior, 6, 191 – 197.

Packer, O. & Williams, D. R. 2003. Light, the retinal image, and photoreceptors. In S. K. Shevell (Ed.), The Science of Color. Amsterdam: Elsevier.

Paepcke, A. , Wang, Q. , Patel, S. , Wang, M. & Harada, S. 2004. A cost-effective three-in-one personal digital assistant input control. International Journal of Human-Computer

Studies，60，717 - 736.

Paivio, A. 1986. Mental Representations：A Dual Coding Approach. New York：Oxford University Press.

Palmer, A. R. 1995. Neural signal processing. In B. C. J. Moore（Ed.），Hearing（pp. 75 - 121）. San Diego, CA：Academic Press.

Palmer, J. 1986. Mechanisms of displacement discrimination with and without perceived movement. Journal of Experimental Psychology：Human Perception and Performance，12，411 - 421.

Palmer, S. E. 2003. Visual perception of objects. In A. F. Healy & R. W. Proctor（Eds.），Experimental Psychology（pp. 179 - 211），Vol. 4 in I. B. Weiner（editor-in-chief）Handbook of Psychology. Hoboken, NJ：Wiley.

Pandey, S. 1999. Role of perceived control in coping with crowding. Psychological Studies，44(3)，86 - 91.

Pappagallo, M. 2005. The Neurological Basis of Pain. New York：McGraw-Hill.

Parasuraman, R. 1979. Memory load and event rate control sensitivity decrements in sustained attention. Science，205，924 - 927.

Parasuraman, R. & Davies, D. R. 1976. Decision theory analysis of response latencies in vigilance. Journal of Experimental Psychology：Human Perception and Performance，2，569 - 582.

Parasuraman, R. & Mouloua, M. 1987. Interaction of signal discriminability and task type in vigilance decrement. Perception and Psychophysics，41，17 - 22.

Parasuraman, R. & Nestor, P. G. 1991. Attention and driving skills in aging and Alzheimer's disease. Human Factors，33，539 - 557.

Parasuraman, R. & Rizzo, M.（Eds.）2007. Neuroergonomics：The Brain at Work. New York：Oxford University Press.

Park, K. Y. 1987. Human reliability：Analysis, Prediction, and Prevention of Human Errors. Amsterdam：Elsevier.

Park, M. -Y. & Casali, J. G. 1991. A controlled investigation of in-field attenuation performance of selected insert, earmuff, and canal cap hearing protectors. Human Factors，33，693 - 714.

Park, S. H. & Woldstad, J. C. 2000. Multiple two-dimensional displays as an alternative to three-dimensional displays in telerobotic tasks. Human Factors，42，592 - 603.

Parsaye, K. & Chignell, M. 1987. Expert Systems for Experts. New York：Wiley.

Parsons, K. C. 2000. Environmental ergonomics：A review of principles, methods, and models. Applied Ergonomics，31，581 - 594.

Parsons, S. O. , Seminara, J. L. & Wogalter, M. S. 1999. A summary of warnings research. Ergonomics in Design，7(1)，21 - 31.

Parush, A. , Nadir, R. & Shtub, A. 1998. Evaluating the layout of graphical user interface screens：Validation of a numerical computerized model. International Journal of Human-Computer Interaction，10，343 - 360.

Pashler, H. 1989. Dissociations and dependencies between speed and accuracy：Evidence for a two-component theory of divided attention in simple tasks. Cognitive Psychology, 21, 469 - 514.

Pashler, H. 1994. Dual-task interference in simple tasks: Data and theory. Psychological Bulletin, 16, 220 - 224.

Pashler, H. 1998. Introduction. In H. Pashler (Ed.), Attention (pp. 1 - 11). Hove, UK: Psychology Press.

Pashler, H. & Baylis, G. 1991. Procedural learning: 2. Intertrial repetition effects in speeded choice tasks. Journal of Experimental Psychology: Learning, Memory, and Cognition, 17, 33 - 48.

Pashler, H. & Johnston, J. C. 1989. Chronometric evidence for central postponement in temporally overlapping tasks. Quarterly Journal of Experimental Psychology, 41A, 19 - 45.

Pashler, H. E. 1998. The Psychology of Attention. Cambridge, MA: MIT Press.

Passchier-Vermeer, W. 1974. Hearing loss due to continuous exposure to steady state broad-band noise. Journal of the Acoustical Society of America, 56, 1585 - 1593.

Páte-Cornell, E. 2002. Finding and fixing systems weaknesses: Probabilistic methods and applications of engineering risk analysis. Risk Analysis, 22, 319 - 334.

Patel, V. L. , Arocha, J. F. & Zhang, J. 2005. Thinking and reasoning in medicine. In K. J. Holyoak & R. G. Morrison (Eds.), The Cambridge Handbook of Thinking and Reasoning (pp. 727 - 750). New York: Cambridge University Press.

Patterson, R. D. 1982. Guidelines for auditory warning systems on civil aircraft: The learning and retention of warnings. MRC Applied Psychology Unit, Civil Aviation Authority Contract 7D=S=0142.

Paulignan, Y. , MacKenzie, C. , Marteniuk, R. & Jeannerod, M. 1990. The coupling of arm and finger movements during prehension. Experimental Brain Research, 79, 431 - 436.

Payne, D. & Altman, J. 1962. An index of electronic equipment operability: Report of development. Report AIR-C-43-1 = 62. Pittsburgh, PA: American Institutes of Research.

Pearson, K. & Gordon, J. 2000. Locomotion. In E. R. Kandel, J. H. Schwartz & T. M. Jessell (Eds.), Principles of Neural Science (4th ed. , pp. 737 - 755). New York: McGraw-Hill.

Peirce, C. S. 1940. Abduction and induction. In J. Buchler (Ed.), The Philosophy of Peirce: Selected Writings (pp. 150 - 156). London: Routledge & Kegan Paul.

Perkins, T. , Burnsides, D. B. , Robinette, K. M. & Naishadham, D. 2000. Comparative consistency of univariate measures from traditional and 3-D scan anthropometry [CD - ROM]. Proceedings of the SAE International Digital Human Modeling for Design and Engineering International Conference and Exposition, Dearborn, MI, PDF file 2145.

Perrow, C. 1999. Normal Accidents: Living with High-Risk Technologies. Princeton, NJ: Princeton University Press.

Peterman, T. K. , Jalongo, M. R. & Lin, Q. 2002. The effects of molds and fungi on young children's health: Families' and educators' roles in maintaining indoor air quality. Early Childhood Education Journal, 30, 21 - 26.

Peters, G. A. 1977. Why only a fool relies on safety standards. Hazard Prevention, 14(2).

Peters, G. A. & Peters, B. J. 2006. Human Error: Causes and Control. Boca Raton, FL: CRC Press.

Peterson, B., Stine, J. L. & Darken, R. P. 2005. Eliciting knowledge from military ground navigators. In H. Montgomery, R. Lipshitz & B. Brehmer (Eds.), How Professionals Make Decisions (pp. 351 - 364). Mahwah, NJ: Lawrence Erlbaum.

Peterson, L. R. & Gentile, A. 1963. Proactive interference as a function of time between tests. Journal of Experimental Psychology, 70, 473 - 478.

Peterson, L. R. & Peterson, M. J. 1959. Short-term retention of individual verbal items. Journal of Experimental Psychology, 58, 193 - 198.

Petros, T. V., Bentz, B., Hammes, K. & Zehr, H. D. 1990. The components of text that influence reading times and recall in skilled and less skilled college readers. Discourse Processes, 13, 387 - 400.

Pew, R. W. & Mavor, A. S. (Eds.) 1998. Modeling Human and Organizational Behavior. Washington, DC: National Academy Press.

Pheasant, S. & Haslegrave, C. M. 2006. Bodyspace: Anthropometry, Ergonomics, and the Design of Work. Boca Raton, FL: CRC Press.

Philp, R. B., Fields, G. N. & Roberts, W. A. 1989. Memory deficit caused by compressed air equivalent to 36 meters of seawater. Journal of Applied Psychology, 74, 443 - 446.

Pickles, J. O. 1988. An Introduction to the Physiology of Hearing (2nd ed.). San Diego, CA: Academic Press.

Pilcher, J. J., Nadler, E. & Busch, C. 2002. Effects of hot and cold temperature exposure on performance: A meta-analytic review. Ergonomics, 45, 682 - 698.

Piñango, M. M., Zurif, E. & Jackendoff, R. 1999. Real-time processing implications of enriched composition at the syntax-semantics interface. Journal of Psycholinguistic Research, 28, 395 - 414.

Pisoni, D. B. 1982. Perceptual evaluation of voice response systems: Intelligibility, recognition, and understanding. Workshop of Standardization for Speech I = O Technology (pp. 183 - 192). Gaithersburg, MD: National Bureau of Standards.

Pisoni, D. B. & Remez, R. E. (Eds.) 2005. The Handbook of Speech Perception. Malden, MA: Blackwell. Plack, C. J. 2005. The Sense of Hearing. Mahwah, NJ: Lawrence Erlbaum.

Plateau, J. A. F. 1872. Sur la mesure des sensations physiques, et sur la loi que lie l'intensite' de ces sensations a 'l'intensite' de la cause excitante. Bulletins de l'Academie Royal des Sciences, des Lettres, et des BeauxArts de Belgique, 33, 376 - 388.

Plomp, R. 2002. The Intelligent Ear: On the Nature of Sound Perception. Mahwah, NJ: Lawrence Erlbaum.

Pockett, S. 2006. The neuroscience of movement. In S. Pockett, W. P. Banks & S. Gallagher (Eds.), Does Consciousness Cause Behavior? (pp. 9 - 24). Cambridge, MA:

MIT Press.

Pohlman, L. D. & Sorkin, R. D. 1976. Simultaneous three-channel signal detection: Performance and criterion as a function of order of report. Perception and Psychophysics, 20, 179 – 186.

Pollack, I. 1952. The information of elementary and auditory displays. Journal of the Acoustical Society of America, 24, 745 – 749.

Pollack, S. R. 1990. Tech wrecks. Detroit Free Press, September 1, 1990, 1C.

Polson, P. G. 1988. The consequences of consistent and inconsistent interfaces. In R. Guindon (Ed.), Cognitive Science and its Applications for Human-Computer Interaction (pp. 59 – 108). Hillsdale, NJ: Lawrence Erlbaum.

Pomerantz, J. R. 1981. Perceptual organization in information processing. In M. Kubovy & J. R. Pomerantz (Eds.), Perceptual Organization (pp. 141 – 180). Hillsdale, NJ: Lawrence Erlbaum.

Ponds, R. W. H. N., Brouwer, W. B. & van Wolffelaar, P. C. 1988. Age differences in divided attention in a simulated driving task. Journal of Gerontology, 43, 151 – 156.

Pongratz, H., Vaic, H., Reinecke, M., Ercoline, W. & Cohen, D. 1999. Outside-in vs. inside-out: Flight problems caused by different flight attitude indicators. Safe Journal, 29, 7 – 11.

Poock, G. K. 1969. Color coding effects in compatible and noncompatible display-control arrangements. Journal of Applied Psychology, 53, 301 – 303.

Poon, J. M. L. 2004. Effects of performance appraisal politics on job satisfaction and turnover intention. Personnel Review, 33, 322 – 334.

Poon, L. W., Walsh-Sweeney, L. & Fozard, J. L. 1980. Memory skill training for the elderly: Salient issues on the use of imagery mnemonics. In L. W. Poon, J. L. Fozard, L. S. Cermak, D. Arenberg & L. W. Thompson (Eds.), New Directions in Memory and Aging. Hillsdale, NJ: Lawrence Erlbaum.

Posner, M. I. 1986. Overview. In K. R. Boff, L. Kaufman & J. P. Thomas (Eds.), Handbook of Perception and Human Performance (Vol. II, pp. V-3 – V-10). New York: Wiley.

Posner, M. I. & Boies, S. J. 1971. Components of attention. Psychological Review, 78, 391 – 408.

Posner, M. I., Klein, R., Summers, J. & Buggie, S. C. 1973. On the selection of signals. Memory and Cognition, 1, 2 – 12.

Posner, M. I., Nissen, M. J. & Ogden, W. C. 1978. Attended and unattended processing modes: The role of set for spatial location. In H. L. Pick & I. J. Saltzman (Eds.), Modes of Perceiving and Processing Information. Hillsdale, NJ: Lawrence Erlbaum.

Post, T. R. & Brennan, M. L. 1976. An experimental study of the effectiveness of a formal vs. an informal presentation of a general heuristic process on problem solving in tenth grade geometry. Journal for Research in Mathematics Education, 7, 59 – 64.

Postman, L. & Underwood, B. J. 1973. Critical issues in interference theory. Memory and Cognition, 1, 19 – 40.

Poulton, E. C. 1957. On prediction in skilled movements. Psychological Bulletin, 54, 467 – 478.

Poulton, E. C. 1974. Tracking Skill and Manual Control. San Diego, CA: Academic Press.

Povel, D.-J. & Collard, R. 1982. Structural factors in patterned finger tapping. Acta Psychologica, 52, 107 – 123.

Preczewski, S. C. & Fisher, D. L. 1990. The selection of alphanumeric code sequences. Proceedings of the Human Factors Society 34th Annual Meeting (pp. 224 – 228). Santa Monica, CA: Human Factors Society.

Preece, A. D. 1990. DISPLAN: Designing a usable medical expert system. In D. Berry & A. Hart (Eds.), Expert Systems: Human Issues (pp. 25 – 47). Cambridge, MA: MIT Press.

Prinz, W. & Hommel, B. (Eds.) 2002. Common Mechanisms in Perception and Action: Attention and Performance XIX. New York: Oxford University Press.

Prinzmetal, W. & Banks, W. P. 1977. Good continuation affects visual detection. Perception and Psychophysics, 21, 389 – 395.

Proctor, R. W. & Capaldi, E. J. 2001. Improving the science education of psychology students: Better teaching of methodology. Teaching of Psychology, 28, 173 – 181.

Proctor, R. W. & Capaldi, E. J. 2006. Why Science Matters: Understanding the Methods of Psychological Research. Malden, MA: Blackwell.

Proctor, R. W. & Cho, Y. S. 2006. Polarity correspondence: A general principle for performance of speeded binary classification tasks. Psychological Bulletin, 132, 416 – 442.

Proctor, R. W. & Dutta, A. 1995. Skill Acquisition and Human Performance. Thousand Oaks, CA: Sage.

Proctor, R. W. & Lu, C.-H. 1999. Processing irrelevant location information: Practice and transfer effects in choice-reaction tasks. Memory and Cognition, 27, 63 – 77.

Proctor, R. W. & Proctor, J. D. 2006. Sensation and perception. In G. Salvendy (Ed.), Handbook of Human Factors and Ergonomics (3rd ed., pp. 53 – 88). Hoboken, NJ: Wiley.

Proctor, R. W. & Vu, K.-P. L. 2004. Human factors and ergonomics for the Internet. In H. Bidgoli (Ed.), The Internet Encyclopedia (Vol. 2, pp. 141 – 149). Hoboken, NJ: Wiley.

Proctor, R. W. & Vu, K.-P. L. (Eds.) 2005. Handbook of Human Factors in Web Design. Mahwah, NJ: Lawrence Erlbaum.

Proctor, R. W. & Vu, K.-P. L. 2006a. Laboratory studies of training, skill acquisition, and retention of performance. In K. A. Ericsson, N. Charness, P. J. Feltovich & R. R. Hoffman (Eds.), Cambridge Handbook of Expertise and Expert Performance (pp. 265 – 286). Cambridge: Cambridge University Press.

Proctor, R. W. & Vu, K.-P. L. 2006b. Location and arrangement of displays and control actuators. In W. Karwowski (Ed.), Handbook of Standards and Guidelines in Ergonomics and Human Factors (pp. 309 – 409). Mahwah, NJ: Lawrence Erlbaum.

Proctor, R. W. & Vu, K. -P. L. 2006c. Stimulus-Response Compatibility Principles: Data, Theory, and Application. Boca Raton, FL: CRC Press.

Proctor, R. W. & Vu, K. -P. L. 2006d. The cognitive revolution at age 50: Has the promise of the human information-processing approach been fulfilled? International Journal of Human-Computer Interaction, 21, 253 – 284.

Proctor, R. W. & Wang, H. 1997. Differentiating types of set-level compatibility. In B. Hommel & W. Prinz (Eds.), Theoretical Issues in Stimulus-Response Compatibility (pp. 11 – 37). Amsterdam: North-Holland.

Proctor, R. W. , Wang, H. & Vu, K. -P. L. 2002. Influences of conceptual, physical, and structural similarity on stimulus-response compatibility. Quarterly Journal of Experimental Psychology, 55A, 59 – 74.

Proctor, R. W. , Vu, K. -P. L. , Najjar, L. J. , Vaughan, M. W. & Salvendy, G. 2003. Content preparation and management for e-commerce Web sites. Communications of the ACM, 46(12), 289 – 299.

Proctor, R. W. , Wang, D. -Y. D. & Pick, D. F. 2004. Stimulus-response compatibility with wheel-rotation responses: Will an incompatible response coding be used when a compatible coding is possible? Psychonomic Bulletin and Review, 11, 811 – 847.

Proctor, R. W. , Young, J. P. , Fanjoy, R. O. , Feyen, R. G. , Hartman, N. W. & Hiremath, V. V. 2005. Simulating glass cockpit displays in a general aviation flight environment. Proceedings of the 13th International Symposium on Aviation Psychology (pp. 481 – 484). Oklahoma City, OK.

Proffitt, D. R. & Caudek, C. 2003. Depth perception and the perception of events. In A. F. Healy & R. W. Proctor (Eds.), Experimental Psychology (pp. 213 – 236), Vol. 4 in I. B. Weiner (editor-in-chief) Handbook of Psychology. Hoboken, NJ: Wiley.

Propst, R. L. 1966. The action office. Human Factors, 8, 299 – 306.

Puel, J. -L. , Ruel, J. , Guitton, M. & Pujol, R. 2002. The inner hair cell afferent=efferent synapses revisited: A basis for new therapeutic strategies. In D. Felix & E. Oestreicher E (Eds.), Rational Pharmacotherapy of the Inner Ear. Advances in Otorhinolaryngology (Vol. 59, pp. 124 – 130). Basel, Switzerland: Karger.

Pulaski, P. D. , Zee, D. S. & Robinson, D. A. 1981. The behavior of the vestibulo-ocular reflex at high velocities of head rotation. Brain Research, 222, 159 – 165.

Radwin, R. G. , Vanderheiden, G. C. & Li, M. -L. 1990. A method for evaluating head-controlled computer input devices using Fitts' law. Human Factors, 32, 423 – 438.

Rahman, M. M. , Sprigle, S. & Sharit, J. 1998. Guidelines for force-travel combinations of push button switches for older populations. Applied Ergonomics, 29, 93 – 100.

Ralston, D. A. , Anthony, W. P. & Gustafson, D. J. 1985. Employees may love flextime, but what does it do to the organizations's performance. Journal of Applied Psychology, 70, 272 – 279.

Ramachandran, V. S. 1988. Perception of shape from shading. Nature, 33, 163 – 166.

Ramachandran, V. S. 1992. Filling in gaps in perception: I. Current Directions in Psychological Science, 1, 199 – 205.

Ramsey, C. L. & Schultz, A. C. 1989. Knowledge representation for expert systems development. In J. Liebowitz & D. A. De Salvo (Eds.), Structuring Expert Systems: Domain, Design, and Development (pp. 273 - 301). Englewood Cliffs, NJ: Yourdon Press.

Ramsey, J. D. 1995. Task performance in heat: A review. Ergonomics, 38, 154 - 165.

Randle, R. 1988. Visual accommodation: Mediated control and performance. In D. J. Oborne (Ed.), International Reviews of Ergonomics (Vol. 2, pp. 207 - 232).

Ranney, T. A., Simmons, L. A. & Masalonis, A. J. 2000. The immediate effects of glare and electrochromatic glare-reducing mirrors in simulated truck driving. Human Factors, 42, 337 - 347.

Rash, C. E., Verona, R. W. & Crowley, J. S. 1990. Night flight using thermal imaging systems. The Visual Performance Group Technical Newsletter, 12(3), 1 - 7.

Rasmussen, J. 1982. Human errors: A taxonomy for describing human malfunction in industrial installations. Journal of Occupational Accidents, 4, 311 - 333.

Rasmussen, J. 1983. Skills, rules, and knowledge; signals, signs, and symbols, and other distinctions in human performance models. IEEE Transactions on Systems, Man, and Cybernetics, SMC-13, 257 - 266.

Rasmussen, J. 1985. The role of hierarchical knowledge representation in decision making and system management. IEEE Transactions on Systems, Man, and Cybernetics, SMC-15, 234 - 243.

Rasmussen, J. 1986. Information Processing and Human-Machine Interaction: An Approach to Cognitive Engineering. Amsterdam: North-Holland.

Rasmussen, J. 1987. Cognitive control and human error mechanisms. In J. Rasmussen, K. Duncan & J. Leplat (Eds.), New Technology and Human Error (pp. 53 - 61). New York: Wiley.

Ratner, J. (Ed.) 2003. Human Factors and Web Development (2nd ed.). Mahwah, NJ: Lawrence Erlbaum.

Raugh, M. R. & Atkinson, R. C. 1975. A mnemonic method for learning a second-language vocabulary. Journal of Educational Psychology, 67, 1 - 16.

Raymond, M. W. & Moser, R. 1995. Aviators at risk. Aviation, Space, and Environmental Medicine, 66, 35 - 39.

Reason, J. 1987. The psychology of mistakes: A brief review of planning failures. In J. Rasmussen, K. Duncan & J. Leplat (Eds.), New Technology and Human Error (pp. 45 - 52). New York: Wiley.

Reason, J. 1990. Human Error. Cambridge: Cambridge University Press.

Reed, C. M., Rabinowitz, W. M., Durlach, N. I., Braida, L. D., Conway-Fithian, S. & Schultz, M. C. 1985. Research on the Tadoma method in speech communication. Journal of the Acoustical Society of America, 77, 247 - 257.

Reed, C. M., Durlach, N. I., Delhorne, L. A., Rabinowitz, W. M. & Grant, K. W. (1989, September). Research on tactual communication of speech: Ideas and findings. Volta Review, 91(5), 65 - 78.

Reeve, T. G. & Proctor, R. W. 1984. On the advance preparation of discrete finger responses. Journal of Experimental Psychology: Human Perception and Performance, 10, 541 – 553.

Reeve, T. G. , Dornier, L. & Weeks, D. J. 1990. Precision of knowledge of results: Consideration of the accuracy requirements imposed by the task. Research Quarterly for Exercise and Sport, 61, 284 – 291.

Reid, G. B. , Shingledecker, C. A. & Eggemeier, F. T. 1981. Application of conjoint measurement to workload scale development. Proceedings of the Human Factors Society 25th Annual Meeting (pp. 522 – 526). Rochester, NY: Human Factors Society.

Reinach, S. & Viale, A. 2006. Application of a human error framework to conduct train accident=incident investigations. Accident Analysis and Prevention, 38, 396 – 406.

Reingold, E. M. , Loschky, L. C. , McConkie, G. W. & Stampe, D. M. 2003. Gaze-contingent multiresolutional displays: An integrative review. Human Factors, 45, 307 – 328.

Rensink, H. J. T. & van Uden, M. E. J. 2006. The development of a human factors engineering strategy in petrochemical engineering and projects. In W. Karwowski (Ed.), International Encyclopedia of Ergonomics and Human Factors (2nd ed., Vol. 3, pp. 2577 – 2583). Boca Raton, FL: CRC Press.

Rensink, R. A. , O'Regan, J. K. & Clark, J. J. 2000. On the failure to detect changes in scenes across brief interruptions. Visual Cognition, 7, 127 – 145.

Reynolds, D. D. & Angevine, E. N. 1977. Hand-arm vibration. Part II: Vibration transmission and characteristics of the hand and arm. Journal of Sound and Vibration, 51, 255 – 265.

Reynolds, L. A. & Tansey, E. M. (Eds.) 2003. The MRC Applied Psychology Unit (Vol. 16: Wellcome Witnesses to Twentieth Century Medicine). London: The Wellcome Trust.

Rice, L. M. 2005. Improving lower beam visibility range. In Lighting Technology and Human Factors (SP-1932, pp. 17 – 25). Warrendale, PA: Society of Automotive Engineers.

Richardson, L. 2003. Fire alarm evacuation — Are you ready? NSFP Journal, Online exclusive, September 2003.

Rieman, J. 1996. A field study of exploratory learning strategies. ACM Transactions on Computer-Human Interaction, 3(3), 189 – 218.

Riggio, L. , Gawryszewski, L. G. & Umiltà, C. 1986. What is crossed in crossed-hand effects? Acta Psychologica, 62, 89 – 100.

Rips, L. J. 1989. Similarity, typicality, and categorization. In S. Voisniadou & A. Ortony (Eds.), Similarity Analogy, and Thought. New York: Cambridge University Press.

Rips, L. J. 2002. Reasoning. In H. Pashler & D. Medin (Eds.), Steven's Handbook of Experimental Psychology (3rd ed., Vol. 2: Memory and Cognitive Processes, pp. 363 – 411). Hoboken, NJ: Wiley.

Rips, L. J. & Marcus, S. L. 1977. Supposition and the analysis of conditional sentences. In

M. A. Just & P. A. Carpenter (Eds.), Cognitive Processes in Comprehension. Hillsdale, NJ: Lawrence Erlbaum.

Rizzolatti, G, Bertoloni, G. & Buchtel, H. A. 1979. Interference of concomitant motor and verbal tasks on simple reaction time: A hemispheric difference. Neuropsychologia, 17, 323 - 330.

Robbins, S. R. 1983. Organizational Theory: The Structure and Design of Organizations. Englewood Cliffs, NJ: Prentice-Hall.

Robertson, M. M. 2006. Analysis of office systems. In W. Karwowski (Ed.), International Encyclopedia of Ergonomics and Human Factors (Vol. 2, pp. 1528 - 1535). Boca Raton, FL: CRC Press.

Robinette, K. M. & Daanen, H. 2003. Lessons learned from CAESAR: A 3-D anthropometric survey. In International Ergonomics Association 2003 Conference Proceedings.

Robinette, K. M. & Hudson, J. A. 2006. Anthropometry. In G. Salvendy (Ed.), Handbook of Human Factors and Ergonomics (3rd ed. , pp. 322 - 339). Hoboken, NJ: Wiley.

Robinson, C. P. & Eberts, R. E. 1987. Comparison of speech and pictorial displays in a cockpit environment. Human Factors, 29, 31 - 44.

Rock, I. & Palmer, S. 1990. The legacy of Gestalt psychology. Scientific American, 263 (6), 84 - 90.

Rockway, M. & Franks, P. 1959. Effects of variations in control backlash and gain on tracking performance (Report No. 58 - 553). Wright Air Development Center: U. S. Air Force.

Rockway, M. R. 1957. Effects of variations in control deadspace and gain on tracking performance. (AF WADC TR 57 - 326). Wright Air Development Center: U. S. Air Force.

Roebuck, J. A. , Jr. 1995. Anthropometric Methods: Designing to Fit the Human Body. Santa Monica, CA: Human Factors and Ergonomics Society.

Roediger, H. L. , III & Marsh, E. J. 2003. Episodic and autobiographical memory. In A. F. Healy & R. W. Proctor (Eds.), Experimental Psychology (Vol. 4: Handbook of Psychology, pp. 475 - 497). Hoboken, NJ: Wiley.

Rogers, J. 1970. Discrete tracking performance with limited velocity resolution. Human Factors, 12, 331 - 339.

Rogers, K. F. 1987. Ergonomics today: Interviews with Julien Christensen, Harry Davis, Kate Ehrlich, Karl Kroemer, Rani Lueder, and Gavriel Salvendy. In K. H. Pelsma (Ed.), Ergonomics Sourcebook: A Guide to Human Factors Information. Lawrence, KS: Ergosyst Associates.

Rogers, S. P. , Asbury, C. N. & Haworth, L. A. 2001. Evaluations of new symbology for wide-field-of-view HMDs. Proceedings of SPIE — The International Society for Optical Engineering, 4361, 213 - 224.

Rojas, R. (Ed.) 2001. Encyclopedia of Computers and Computer History. Chicago, IL:

Fitzroy Dearborn.

Roscoe, S. N. 1987. The trouble with HUDS and HMDS. Human Factors Society Bulletin, 7 (10), 1 – 3.

Roscoe, S. N. , Eisele, J. E. & Bergman, C. A. 1980. Information and control requirements. In S. N. Roscoe (Ed.), Aviation Psychology (pp. 33 – 38). Ames, IA: Iowa State University Press.

Rosenbaum, D. A. 1991. Human Motor Control. San Diego, CA: Academic Press.

Rosenbaum, D. A. 2002. Motor control. In H. Pashler & S. Yantis (Eds.), Stevens' Handbook of Experimental Psychology, Vol. 1: Sensation and Perception (pp. 315 – 339). New York: Wiley.

Rosenbaum, D. A. 2005. The Cinderella of psychology: The neglect of motor control in the science of mental life and behavior. American Psychologist, 60, 308 – 317.

Rosenbaum, D. A. , Marchak, F. , Barnes, H. J. , Vaughan, J. , Slotta, J. D. & Jorgensen, M. J. 1990. Constraints for action selection: Overhand versus underhand grips. In M. Jeannerod (Ed.), Attention and Performance XIII (pp. 321 – 342). Hillsdale, NJ: Lawrence Erlbaum.

Rosenbaum, D. A. , Meulenbroek, R. J. , Vaughan, J. & Jansen, C. 2001. Posture-based motion planning: Applications to grasping. Psychological Review, 108, 709 – 734.

Rosenbaum, D. A. , Cohen, R. G. , Meulenbroek, R. G. J. & Vaughan, J. 2006a. Plans for grasping objects. In M. Latash & F. Lestienne (Eds.), Motor Control and Learning. New York: Springer.

Rosenbaum, D. A. , Augustyn, J. S. , Cohen, R. G. & Jax, S. A. 2006b. Perceptual-motor expertise. In K. A. Ericsson, N. Charness, P. Feltovich & R. R. Hoffman (Eds.), The Cambridge Handbook of Expertise and Expert Performance (pp. 505 – 520). New York: Cambridge University Press.

Rosenbloom, P. S. 1986. The chunking of goal hierarchies: A model of stimulus-response compatibility and practice. In J. Laird, J. , P. Rosenbloom & A. Newell (Eds.), Universal Subgoaling and Chunking: The Automatic Generation and Learning of Goal Hierarchies (pp. 133 – 282). Boston, MA: Kluwer Academic.

Rosenbloom, P. S. & Newell, A. 1987. An integrated computational model of stimulus-response compatibility and practice. In G. H. Bower (Ed.), The Psychology of Learning and Motivation (Vol. 21, pp. 1 – 52). New York: Academic Press.

Ross, K. G. , Lussier, J. W. & Klein, G. 2005. From the recognition primed decision model to training. In T. Betsch & S. Haberstroh (Eds.), The Routines of Decision Making (pp. 327 – 341). Mahwah, NJ: Lawrence Erlbaum.

Ross, K. G. , Shafer, J. L. & Klein, G. 2007. Professional judgments and "naturalistic decision making." In K. A. Ericsson, N. Charness, P. J. Feltovich & R. R. Hoffman (Eds.), Cambridge Handbook of Expertise and Expert Performance (pp. 403 – 420). Cambridge: Cambridge University Press.

Ross, S. & Aines, A. A. 1960. Human engineering — 1911 style. Human Factors, 2, 169 – 170.

Rosson, M. B. & Mellon, N. M. 1985. Behavioral issues in speech-based remote information retrieval. In L. Lerman (Ed.), Proceedings of the Voice I = O Systems Applications Conference '85. San Francisco, CA: AVIOS.

Roswarski, T. E. & Proctor, R. W. 2000. Auditory stimulus-response compatibility: Is there a contribution of stimulus-hand correspondence? Psychological Research, 63, 148 - 158.

Rothstein, A. L. & Arnold, R. K. 1976. Bridging the gap: Application of research on videotape feedback and bowling. Motor Skills: Theory Into Practice, 1, 35 - 62.

Rothwell, J. C., Traub, M. M., Day, B. L., Obeso, J. A., Thomas, P. K. & Marsden, D. 1982. Manual motor performance in a deafferented man. Brain, 105, 515 - 542.

Rothwell, W. J. 1999. On-the-job training. In D. G. Landon, K. S. Whiteside & M. M. McKenna (Eds.), Intervention Resource Guide: 50 Performance Improvement Tools. San Francisco, CA: Jossey-Bass.

Rouder, J. N. & King, J. W. 2003. Flanker and negative flanker effects in letter identification. Perception and Psychophysics, 65, 287 - 297.

Rouse, W. B. 1979. Problem solving performance of maintenance trainees in a fault diagnosis task. Human Factors, 21, 195 - 203.

Rouse, W. B. & Boff, K. R. 2006. Cost-benefit analysis of human systems investments. In G. Salvendy (Ed.), Handbook of Human Factors and Ergonomics (3rd ed., pp. 1133 - 1149). Hoboken, NJ: Wiley.

Rouse, W. B. & Cody, W. J. 1988. On the design of man-machine systems: Principles, practices and prospects. Automatica, 24, 227 - 238.

Rouse, W. B. & Cody, W. J. 1989. Designers' criteria for choosing human performance models. In G. R., McMillan, D. Beevis, E. Salas, M. H. Strub, R. Sutton & L. Van Breda (Eds.), Applications of Human Performance Models to System Design (pp. 7 - 14). New York: Plenum Press.

Rouse, W. B., Cody, W. J. & Boff, K. R. 1991. The human factors of system design: Understanding and enhancing the role of human factors engineering. International Journal of Human Factors in Manufacturing, 1, 87 - 104.

Rubinstein, M. F. 1986. Tools for Thinking and Problem Solving. Englewood Cliffs, NJ: Prentice-Hall.

Rubio, S., Díaz, E., Martín & Puente, J. M. 2004. Evaluation of subjective mental workload: A comparison of SWAT, NASA - TLX, and workload profile methods. Applied Psychology: An International Review, 53, 61 - 86.

Rugg, M. D. & Coles, M. G. H. (Eds.) 1995. Electrophysiology of Mind: Event-Related Brain Potentials and Cognition. Oxford: Oxford University Press.

Rühmann, H.-P. 1984. Basic data for the design of consoles. In H. Schmidtke (Ed.), Ergonomic Data for Equipment Design (pp. 15 - 144). New York: Plenum Press.

Rumelhart, D. E. & McClelland, J. L. 1986. Parallel Distributed Processing: Explorations in the Microstructure of Cognition (Vol. 1: Foundations and Vol. 2: Psychological and Biological Models). Cambridge, MA: MIT Press.

Rumelhart, D. E. & Norman, D. A. 1982. Simulating a skilled typist: A study of skilled cognitive-motor performance. Cognitive Science, 6, 1 - 36.

Rumelhart, D. E. & Norman, D. A. 1988. Representation in memory. In R. C. Atkinson, R. J. Herrnstein, G. Lindzey & R. D. Luce (Eds.), Stevens Handbook of Experimental Psychology (2nd ed., pp. 511 - 587). New York: Wiley.

Rundell, O. H. & Williams, H. L. 1979. Alcohol and speed-accuracy tradeoff. Human Factors, 21, 433 - 443.

Runeson, R. & Norbäck, D. 2005. Associations among sick building syndrome, psychosocial factors, and personality traits. Perceptual and Motor Skills, 100, 747 - 759.

Russo, J. E. 1977. The value of unit price information. Journal of Marketing Research, 14, 193 - 201.

Russo, J. E., Johnson, E. J. & Stephens, D. L. 1989. The validity of verbal protocols. Memory and Cognition, 17, 759 - 769.

Rutherford, M. D & Brainard, D. H. 2002. Lightness constancy: A direct test of the illumination-estimation hypothesis. Psychological Science, 13, 142 - 149.

Ruthruff, E., Johnston, J. C. & Van Selst, M. 2001. Why practice reduces dual-task interference. Journal of Experimental Psychology: Human Perception and Performance, 27, 3 - 21.

Ryan, S. J. 2001. Retina (Vol. 1: Basic Sciences and Inherited Retinal Diseases = Tumors). St. Louis, MO: Mosby.

Sackett, G. P., Ruppenthal, G. C. & Gluck, J. 1978. Introduction: An overview of methodological and statistical problems in observational research. In G. P. Sackett (Ed.), Observing Behavior, Vol. II: Data Collection and Analysis Methods (pp. 1 - 14). Baltimore, MD: University Park Press.

Sackett, P. R. 2000. Personnel selection: Techniques and instruments. In A. E. Kazdin (Ed.), Encyclopedia of Psychology (Vol. 6, pp. 152 - 156). Washington, DC: American Psychological Association.

Sackett, R. S. 1934. The influences of symbolic rehearsal upon the retention of a maze habit. Journal of General Psychology, 10, 376 - 395.

Sadowski, W. & Stanney, K. 2002. Presence in virtual environments. In K. M. Stanney (Ed.), Handbook of Virtual Environments: Design, Implementation, and Applications. Human Factors and Ergonomics (pp. 791 - 806). Mahwah, NJ: Lawrence Erlbaum.

Sagan, C. 1990. Why we need to understand science. Skeptical Inquirer, 14, 263 - 269.

Salas, E. & Fiore, S. M. (Eds.) 2004. Team Cognition: Understanding the Factors That Drive Process and Performance. Washington, DC: American Psychological Association.

Salas, E., Dickinson, T. L., Converse, S. A. & Tannenbaum, S. I. 1992. Toward an understanding of team performance and training. In R. W. Swezey & E. Salas (Eds.), Teams: Their Training and Performance (pp. 3 - 29). Norwood, NJ: Ablex.

Salas, E., Wilson, K. A., Priest, H. A. & Guthrie, J. W. 2006. Design, delivery, and evaluation of training systems. In G. Salvendy (Ed.), Handbook of Human Factors and Ergonomics (3rd ed., pp. 472 - 512). Hoboken, NJ: Wiley.

Salmoni, A. W. , Schmidt, R. A. & Walter, C. B. 1984. Knowledge of results and motor learning: A review and critical reappraisal. Psychological Bulletin, 95, 355 – 386.

Salthouse, T. A. 1984. Effects of age and skill in typing. Journal of Experimental Psychology: General, 113, 345 – 371.

Salthouse, T. A. 1986. Perceptual, cognitive, and motoric aspects of transcription typing. Psychological Bulletin, 99, 303 – 319.

Salvendy, G. (Ed.) 2006. Handbook of Human Factors and Ergonomics (3rd ed.). Hoboken, NJ: Wiley.

Salvucci, D. D. & Lee, F. J. 2003. Simple cognitive modeling in a complex cognitive architecture. CHI Letters, 5, 265 – 272.

Sandal, G. M. 2001. Crew tension during a space station simulation. Environment and Behavior, 33, 134 – 150.

Sanders, A. F. 1998. Elements of Human Performance. Mahwah, NJ: Lawrence Erlbaum.

Sanders, A. F. & Lamers, J. M. 2002. The Eriksen flanker effect revisited. Acta Psychologica, 109, 41 – 56.

Sanders, M. S. & McCormick, E. J. 1987. Human Factors in Engineering and Design (5th ed.). New York: McGraw-Hill.

Sanders, M. S. & McCormick, E. J. 1993. Human Factors in Engineering and Design (7th ed.). New York: McGraw-Hill.

Sanderson, P. M. 2003. Cognitive work analysis. In J. M. Carroll (Ed.), HCI Models, Theories, and Frameworks: Toward a Multidisciplinary Science (pp. 225 – 264). San Francisco, CA: Morgan Kaufman.

Saunders, J. A. & Knill, D. C. 2004. Visual feedback control of hand movements. Journal of Neuroscience, 24, 3223 – 3234.

Sayer, J. R. & Mefford, M. L. 2004. High visibility safety apparel and night time conspicuity of pedestrians in work zones. Journal of Safety Research, 35, 537 – 546.

Sayers, B. A. (Ed.) 1988. Human Factors and Decision Making. New York: Elsevier Applied Science.

Schall, J. D. & Thompson, K. G. 1999. Neural selection and control of visually guided eye movements. Annual Review of Neuroscience, 22, 241 – 259.

Scharf, B. , Quigley, S. , Aoki, C. , Peachey, N. & Reeves, A. 1987. Focused auditory attention and frequency selectivity. Perception and Psychophysics, 42, 215 – 223.

Schendel, J. D. & Hagman, J. D. 1982. On sustaining procedural skills over a prolonged retention interval. Journal of Applied Psychology, 67, 605 – 610.

Schiffman, H. R. 2003. Psychophysics. In S. F. Davis (Ed.), Handbook of Research Methods in Experimental Psychology (pp. 441 – 469). Malden, MA: Blackwell.

Schilling, R. F. & Weaver, G. E. 1983. Effect of extraneous verbal information on memory for telephone numbers. Journal of Applied Psychology, 68, 559 – 564.

Schlauch, R. S. 2004. Loudness. In J. G. Neuhoff (Ed.), Ecological Psychoacoustics (pp. 317 – 345). San Diego, CA: Elsevier Academic Press.

Schmidt, R. A. 1975. A schema theory of discrete motor skill learning. Psychological

Review, 82, 225 - 260.

Schmidt, R. A. 1989. Unintended acceleration: A review of human factors contributions. Human Factors, 31, 345 - 364.

Schmidt, R. A. & Bjork, R. A. 1992. New conceptualizations of practice: Common principles in three paradigms suggest new concepts for training. Psychological Science, 3, 207 - 217.

Schmidt, R. A. & Lee, T. D. 2005. Motor Control and Learning: A Behavioral Emphasis (4th ed.). Champaign, IL: Human Kinetics.

Schmidt, R. A. & Young, D. E. 1991. Methodology for motor learning: A paradigm for kinematic feedback. Journal of Motor Behavior, 23, 13 - 24.

Schmidt, R. A., Young, D. E., Swinnen, S. & Shapiro, D. C. 1989. Summary knowledge of results for skill acquisition: Support for the guidance hypothesis. Journal of Experimental Psychology: Learning, Memory and Cognition, 15, 352 - 359.

Schmidt, R. A., Heuer, H., Ghodsian, D. & Young, D. E. 1998. Generalized motor programs and units of action in bimanual coordination. In M. Latash (Ed.), Progress in Motor Control (Vol. 1, pp. 329 - 360). Champaign, IL: Human Kinetics.

Schmidt, R. A., Zelaznik, H. N., Hawkins, B., Frank, J. S. & Quinn, J. T. 1979. Motor-output variability: A theory for the accuracy of rapid motor acts. Psychological Review, 84, 415 - 451.

Schmorrow, D. D. (Ed.) 2005. Foundations of Augmented Cognition. Mahwah, NJ: Lawrence Erlbaum.

Schmuckler, M. A. 2004. Pitch and pitch structures. In J. G. Neuhoff (Ed.), Ecological Psychoacoustics (pp. 271 - 315). San Diego, CA: Elsevier Academic Press.

Schmuckler, M. A. & Bosman, E. L. 1997. Interkey timing in piano performance and typing. Canadian Journal of Experimental Psychology, 51, 99 - 111.

Schneider, W. & Chein, J. M. 2003. Controlled and automatic processing: Behavior, theory, and biological mechanisms. Cognitive Science, 27, 525 - 559.

Schneider, W. & Fisk, A. D. 1983. Attention theory and mechanisms of skilled performance. In R. A. Magill (Ed.), Memory and Control of Action (pp. 119 - 143). Amsterdam: North-Holland.

Schneider, W. & Shiffrin, R. M. 1977. Controlled and automatic human information processing: I. Detection, search, and attention. Psychological Review, 84, 1 - 66.

Schnell, T., Bentley, K. & Hayes, R. M. 2001. Legibility distances of fluorescent signs and their normal color counterparts. Transportation Research Record, 1754, 31 - 41.

Schoenmarklin, R. W. & Marras, W. S. 1989a. Effects of handle angle and work orientation on hammering: I. Wrist motion and hammering performance. Human Factors, 31, 397 - 412.

Schoenmarklin, R. W. & Marras, W. S. 1989b. Effects of handle angle and work orientation on hammering: II. Muscle fatigue and subjective ratings of body discomfort. Human Factors, 31, 413 - 420.

School, P. J. 2006. Noise at work. In W. Karwowski (Ed.), International Encyclopedia of

Ergonomics and Human Factors (2nd ed., Vol. 2, pp. 1821 - 1825). Boca Raton, FL: CRC Press.

Schowengerdt, B. T. & Seibel, E. J. 2004. True three-dimensional displays that allow viewers to dynamically shift accommodation, bringing objects displayed at different viewing distances into and out of focus. CyberPsychology and Behavior, 7, 610 - 620.

Schraagen, J. M., Chipman, S. F. & Shalin, V. L. (Eds.) 2000. Cognitive Task Analysis. Mahwah, NJ: Lawrence Erlbaum.

Schultz, E. E. 2005. Web security and privacy. In R. W. Proctor & K. -P. L. Vu (Eds.), The Handbook of Human Factors in Web Design (pp. 613 - 625). Mahwah, NJ: Lawrence Erlbaum.

Schultz, E. E. 2006. Human factors and information security. In G. Salvendy (Ed.), Handbook of Human Factors and Ergonomics (3rd ed., pp. 1262 - 1274). Hoboken, NJ: Wiley.

Schumacher, E. H., Seymour, T. L., Glass, J. M., Fencsik, D. E., Lauber, E. J., Kieras, D. E. & Meyer, D. E. 2001. Virtually perfect time sharing in dual-task performance: Uncorking the central cognitive bottleneck. Psychological Science, 12, 101 - 108.

Schunk, D. W., Bloechle, W. K. & Laughery, R. 2002. Micro Saint modeling and the human element. In E. Yücesan, C. -H. Chen, J. L. Snowden & J. M. Charnes (Eds.), Proceedings of the 2002 Winter Simulation Conference (pp. 187 - 191).

Schutte, J. 2006. AFRL seeks ways to prevent hearing loss in military environments. Air Force Research Technology Horizons. Human Effectiveness Directorate, Technical Article HE-H-05 - 03.

Schwartz, D., Sparkman, J. & Deese, J. 1970. The process of understanding and judgment of comprehensibility. Journal of Verbal Learning and Verbal Behavior, 9, 87 - 93.

Schwartz, D. R. & Howell, W. C. 1985. Optional stopping performance under graphic and numeric CRT formatting. Human Factors, 27, 433 - 444.

Schweickert, R. 1983. Latent network theory: Scheduling of processes in sentence verification and in the Stroop effect. Journal of Experimental Psychology: Learning, Memory, and Cognition, 9, 353 - 383.

Schweickert, R., Fisher, D. L. & Proctor, R. W. 2003. Steps toward building mathematical and computer models from cognitive task analyses. Human Factors, 45, 77 - 103.

Scialfa, C. T., Garvey, P. M., Gish, K. W., Deering, L. M., Leibowitz, H. W. & Goebel, C. C. 1988. Relationships among measures of static and dynamic visual sensitivity. Human Factors, 30, 677 - 687.

Seagull, F. J. & Gopher, D. 1997. Training head movement in visual scanning: An embedded approach to the development of piloting skills with helmet-mounted displays. Journal of Experimental Psychology: Applied, 3, 163 - 180.

Sears, A. & Jacko, J. A. (Eds.) 2008. The Human-Computer Interaction Handbook: Fundamentals, Evolving Technologies, and Emerging Applications (2nd ed.). Boca Raton, FL: CRC Press.

See, J. E., Howe, S. R., Warm, J. S. & Dember, W. N. 1995. Meta-analysis of the sensitivity decrement in vigilance. Psychological Bulletin, 117, 230 – 249.

Seibel, R. 1963. Discrimination reaction time for a 1,023 alternative task. Journal of Experimental Psychology, 66, 215 – 226.

Seidl, A. & Bubb, H. 2006. Standards in anthropometry. In W. Karwowski (Ed.), Handbook of Standards and Guidelines in Ergonomics and Human Factors (pp. 169 – 196). Mahwah, NJ: Lawrence Erlbaum.

Selye, H. 1973. The evolution of the stress concept. American Scientist, 61, 692 – 699.

Senders, J. W. 1964. The human operator as a monitor and controller of multi-degree of freedom systems. IEEE Transactions on Human Factors and Electronics, HFE-5, 2 – 5.

Senders, J. W. & Moray, N. P. 1991. Human Error: Cause, Prediction, and Reduction. Hillsdale, NJ: Lawrence Erlbaum.

Seow, S. C. 2005. Information theoretic models of HCI: A comparison of the Hick-Hyman law and Fitts' law. Human-Computer Interaction, 20, 315 – 352.

Serber, H. 1990. New developments in the science of seating. Human Factors Society Bulletin, 33(2), 1 – 3. Serniclaes, W., Ventura, P., Morais, J. & Kolinsky, R. 2005. Categorical perception of speech sounds in illiterate adults. Cognition, 98, B35 – B44.

Sesto, M. E., Radwin, R. G. & Richard, T. G. 2005. Short-term changes in upper extremity dynamic mechanical response parameters following power hand tool use. Ergonomics, 48, 807 – 820.

Seta, J. J., Paulus, P. B. & Schkade, J. K. 1976. Effects of group size and proximity under cooperative and competitive conditions. Journal of Personality and Social Psychology, 34, 47 – 53.

Sevilla, J. A. M. 2006. Tactile virtual reality: A new method applied to haptic exploration. In M. A. Heller & S. Ballesteros (Eds.), Touch and Blindness: Psychology and Neuroscience (pp. 121 – 136). Mahwah, NJ: Lawrence Erlbaum.

Shackel, B. 1991. Ergonomics from past to future: An overview. In M. Kumashiro & E. D. Megaw (Eds.), Towards Human Work: Solutions to Problems in Occupational Health and Safety (pp. 3 – 18). London: Taylor & Francis.

Shadbolt, N. & Burton, M. 1995. Knowledge elicitation: A systematic approach. In J. R. Wilson & E. N. Corlett (Eds.), Evaluation of Human Work: A Practical Ergonomics Methodology (2nd ed., pp. 406 – 440). Philadelphia, PA: Taylor & Francis.

Shaffer, L. H. & Hardwick, J. 1968. Typing performance as a function of text. Quarterly Journal of Experimental Psychology, 20, 360 – 369.

Shaffer, M. T., Shafer, J. B. & Kutch, G. B. 1986. Empirical workload and communication: Analysis of scout helicopter exercises. In Proceedings of the Human Factors Society 30th Annual Meeting (pp. 628 – 632). Santa Monica, CA: Human Factors Society.

Shafir, E. B., Smith, E. E. & Osherson, D. N. 1990. Typicality and reasoning fallacies. Memory and Cognition, 18, 229 – 239.

Shang, H. & Bishop, I. D. 2000. Visual thresholds for detection, recognition and visual impact in landscape settings. Journal of Environmental Psychology, 20, 125 – 140.

Shanks, D. R. & Cameron, A. 2000. The effect of mental practice on performance in a sequential reaction time task. Journal of Motor Behavior, 32, 305 – 313.

Shannon, C. E. 1948. A mathematical theory of communication. The Bell System Technical Journal, 27, 379 – 423.

Sharpe, L. T. & Jägle, H. 2001. Ergonomic consequences of dichromacy: I used to be color blind. Color Research and Application, 26, S269 – S272.

Sharps, M. J. & Price-Sharps, J. L. 1996. Visual memory support: An effective mnemonic device for older adults. Gerontologist, 36, 706 – 708.

Shatenstein, B., Kergoat, M. -J. & Nadon, S. 2001. Anthropometric indices and their correlates in cognitivelyintact and elderly Canadians with dementia. Canadian Journal on Aging, 20, 537 – 555.

Shaughnessy, J. J., Zechmeister, J. S. & Zechmeister, E. B. 2006. Research Methods in Psychology (7th ed.). Boston, MA: McGraw-Hill.

Shaw, E. A. G. 1974. The external ear. In W. D. Keidel & W. D. Neff (Eds.), Handbook of Sensory Physiology, Vol. 5: Auditory System (pp. 455 – 490). New York: Springer.

Shaw, M. E. 1981. Group Dynamics: The Psychology of Small Group Behavior (3rd ed.). New York: McGrawHill.

Shea, C. H., Lai, Q., Black, C. & Park, J. -H. 2000. Spacing practice sessions across days benefits the learning of motor skills. Human Movement Science, 19, 737 – 760.

Shea, C. H. & Wulf, G. 2005. Schema theory: A critical appraisal and reevaluation. Journal of Motor Behavior, 37, 85 – 101.

Sheedy, J. E. & Bailey, I. L. 1993. Vision and motor vehicle operation. In D. G. Pitts & R. N. Kleinstein (Eds.), Environmental Vision: Interactions of the Eye, Vision, and the Environment (pp. 351 – 357). Boston, MA: Butterworth-Heinemann.

Sheedy, J. E., Bailey, I. L., Burl, M. & Bass, E. 1986. Binocular vs. monocular task performance. American Journal of Optometry and Physiological Optics, 63, 839 – 846.

Sheik-Nainar, M. A., Kaber, D. B. & Chow, M. -Y. 2005. Control gain adaptation in virtual reality mediated human-telerobot interaction. Human Factors and Ergonomics in Manufacturing, 15, 259 – 274.

Shelley-Tremblay, J. & Mack, A. 1999. Metacontrast masking and attention. Psychological Science, 10, 508 – 515. Shepard, R. & Metzler, J. 1971. Mental rotation of three-dimensional objects. Science, 171, 701 – 703.

Shepherd, A. & Marshall, E. 2005. Timeliness and task specification in designing for human factors in railway operations. Applied Ergonomics, 36, 719 – 727.

Sherrick, C. E. & Cholewiak, R. W. 1986. Cutaneous sensitivity. In K. R. Boff, L. Kaufman & J. P. Thomas (Eds.), Handbook of Perception and Human Performance (Vol. I: Sensory Processes and Perception, pp. 12-1 – 12-58). New York: Wiley.

Sherrington, C. S. 1906. Integrative Action of the Nervous System. New Haven, CT: Yale University Press. Sherwood, D. E. & Lee, T. D. 2003. Schema theory: Critical review and implications for the role of cognition in a new theory of motor learning. Research Quarterly for Exercise and Sport, 74, 376 – 382.

Shevell, S. (Ed.) 2003. The Science of Color. Amsterdam: Elsevier.

Shibata, T. 2002. Head mounted display. Displays, 23, 57 – 64.

Shiffrin, R. M. 1988. Attention. In R. C. Atkinson, R. J. Herrnstein, G. Lindzey & R. D. Luce (Eds.), Stevens' Handbook of Experimental Psychology (2nd ed., Vol. 2, pp. 739 – 811). New York: Wiley.

Shiffrin, R. M. & Schneider, W. 1977. Controlled and automatic human information processing: II. Perceptual learning, automatic attending, and a general theory. Psychological Review, 84, 127 – 190.

Shilling, R. D. & Shinn-Cunningham, B. 2002. Virtual auditory displays. In K. M. Stanney (Ed.), Handbook of Virtual Environments: Design, Implementation, and Applications (pp. 65 – 92). Mahwah, NJ: Lawrence Erlbaum. Shinar, D. & Acton, M. B. 1978. Control-display relationships on the four-burner range: Population stereotypes versus standards. Human Factors, 20, 13 – 17.

Shingledecker, C. A. 1980. Enhancing operator acceptance and noninterference in secondary task measures of workload. Proceedings of the 24th Annual Meeting of the Human Factors Society (pp. 674 – 677). Santa Monica, CA: Human Factors Society.

Showalter, M. 2006. Now she can escort others down road to rehabilitation. Lafayette Journal and Courier, March 26.

Shulman, H. G. 1970. Encoding and retention of semantic and phonemic information in short-term memory. Journal of Verbal Learning and Verbal Behavior, 9, 499 – 508.

Siddique, C. M. 2004. Job analysis: A strategic human resource management practice. International Journal of Human Resource Management, 15, 219 – 244.

Siegel, A. & Wolf, J. 1969. Man-Machine Simulation Models. New York: Wiley.

Siegel, A. I. & Crain, K. 1960. Experimental investigations of cautionary signal presentations. Ergonomics, 3, 339 – 356.

Siegel, A. I., Schultz, D. G. & Lanterman, R. S. 1963. Factors affecting control activation time. Human Factors, 5, 71 – 80.

Silber, B. Y., Papafotiou, K., Croft, R. J., Ogden, E., Swann, P. & Stough, C. 2005. The effects of dexamphetamine on simulated driving performance. Psychopharmacology, 179, 536 – 543.

Silverman, B. G. 1992. Modeling and critiquing the confirmation bias in human reasoning. IEEE Transactions on Systems, Man, and Cybernetics, 22, 972 – 982.

Simon, H. A. 1957. Models of man. New York: Wiley.

Simon, H. A. & Gilmartin, K. 1973. A simulation of memory for chess positions. Cognitive Psychology, 5, 29 – 46.

Simon, J. R. 1969. Reactions toward the source of stimulation. Journal of Experimental Psychology, 81, 174 – 176.

Simon, J. R. 1990. The effects of an irrelevant directional cue on human information processing. In R. W. Proctor & T. G. Reeve (Eds.), Stimulus-Response Compatibility: An Integrated Perspective (pp. 31 – 86). Amsterdam: North-Holland.

Simons, D. J. 2000. Attentional capture and inattentional blindness. Trends in Cognitive

Sciences, 4, 147 - 155.

Simons, D. J. & Ambinder, M. S. 2005. Change blindness: Theory and consequences. Current Directions in Psychological Science, 14, 44 - 48.

Simons, D. J. & Chabris, C. F. 1999. Gorillas in our midst: Sustained inattentional blindness for dynamic events. Perception, 28, 1059 - 1074.

Simons, D. J. & Levin, D. T. 1998. Failure to detect changes to people during a real-world interaction. Psychonomic Bulletin and Review, 5, 644 - 649.

Simpson, C. A. & Williams, D. H. 1980. Response time effects of alerting tone and semantic context for synthesized voice cockpit warnings. Human Factors, 22, 319 - 330.

Simpson, C. A. , McCauley, M. E. , Roland, E. F. , Ruth, J. C. & Williges, B. H. 1985. System design for speech recognition and generation. Human Factors, 27, 115 - 141.

Simpson, G. C. 1990. Costs and benefits in occupational ergonomics. Ergonomics, 33, 261 - 268.

Sinclair, M. A. 2005. Participative assessment. In J. R. Wilson & N. Corlett (Eds.), Evaluation of Human Work (3rd ed. , pp. 83 - 111). Boca Raton, FL: CRC Press.

Singleton, W. T. (Ed.) 1978. The Analysis of Practical Skills. Baltimore, MD: University Park Press.

Singley, M. K. & Anderson, J. R. 1989. The Transfer of Cognitive Skill. Cambridge, MA: Harvard University Press.

Sivak, M. 1987. Human factors and road safety. Applied Ergonomics, 18, 289 - 296.

Sivak, M. & Olson, P. L. 1985. Optimal and minimal luminance characteristics for retro-reflective highway signs. Transportation Research Record, 1027, 53 - 57.

Sivak, M. , Olson, P. L. & Zeltner, K. A. 1989. Effect of prior headlighting experience on ratings of discomfort glare. Human Factors, 31, 391 - 395.

Skipper, J. H. , Rieger, C. A. & Wierwille, W. W. 1986. Evaluation of decision-tree rating scales for mental workload estimation. Ergonomics, 29, 383 - 399.

Slatter, P. E. 1987. Building Expert Systems: Cognitive Emulation. Chichester, England: Ellis Horwood.

Sluchak, T. J. 1990. Human factors: Added value to retail customers. In Proceedings of the Human Factors Society 34th Annual Meeting (pp. 752 - 756). Santa Monica, CA: Human Factors Society.

Smart, K. 2001. Human factors and life support issues in crew rescue from the International Space Station. Human Performance in Extreme Environments, 5, 2 - 6.

Smetacek, V. & Mechsner, F. 2004. Making sense: Proprioception: Is the sensory system that supports body posture and movement also the root of our understanding of physical laws? Nature, 432(7013).

Smiley, A. , MacGregor, C. , Dewar, R. E. & Blamey, C. 1998. Evaluation of prototype highway tourist signs for Ontario. Transportation Research Record, 1628, 34 - 40.

Smith, E. E. 1989. Concepts and induction. In M. I. Posner (Ed.), Foundations of Cognitive Science (pp. 501 - 526). Cambridge, MA: MIT Press.

Smith, E. E. & Medin, D. L. 1981. Categorization and Concepts. Cambridge, MA: Harvard

University Press.

Smith, E. E. , Shoben, E. J. & Rips, L. J. 1974. Structure and process in semantic memory: A feature model for semantic decision. Psychological Review, 81, 214 - 241.

Smith, M. J. 1987. Occupational stress. In G. Salvendy (Ed.), Handbook of Human Factors. New York: Wiley.

Smith, S. D. 2006. Seat vibration in military propeller aircraft: Characterization, exposure assessment, and mitigation. Aviation, Space, and Environmental Medicine, 77, 32 - 40.

Smith, S. W. & Rea, M. S. 1978. Proofreading under different levels of illumination. Journal of the Illuminating Engineering Society, 8, 47 - 52.

Snook, S. H. 1999. Future directions of psychophysical studies. Scandinavian Journal of Work Environment and Health, 25(Suppl. 4), 13 - 18.

Snook, S. H. & Ciriello, V. M. 1991. The design of manual tasks: Revised tables of maximum acceptable weights and forces. Ergonomics 34, 1197 - 1213.

Snyder, H. 1976. Braking movement time and accelerator-brake separation. Human Factors, 18, 201 - 204.

Snyder, H. L. & Taylor, G. B. 1979. The sensitivity of response measures of alphanumeric legibility to variations in dot matrix display parameters. Human Factors, 21, 457 - 471.

Snyder, J. J. & Kingstone, A. 2007. Inhibition of return at multiple locations and its impact on visual search. Visual Cognition, 15, 238 - 256.

Solomon, S. S. & King, J. G. 1997. Fire truck visibility. Ergonomics in Design, 5(2), 4 - 10.

Sommer, R. 1967. Sociofugal space. American Journal of Sociology, 72, 654 - 659.

Sommer, R. 2002. Personal space in a digital age. In R. B. Bechtel & A. Churchman (Eds.), Handbook of Environmental Psychology (pp. 647 - 660). Hoboken, NJ: Wiley.

Sonnentag, S. & Frese, M. 2003. Stress in organizations. In W. C. Borman, D. R. Ilgin & R. J. Klimoski (Eds.), Industrial and Organizational Psychology (Vol. 12: Handbook of Psychology, pp. 453 - 491). Hoboken, NJ: Wiley.

Sorkin, R. D. 1987. Design of auditory and tactile displays. In G. Salvendy (Ed.), Handbook of Human Factors (pp. 549 - 576). New York: Wiley.

Sorkin, R. D. 1989. Why are people turning off our alarms? Human Factors Society Bulletin, 32(4), 3 - 4.

Sorkin, R. D. , Kantowitz, B. H. & Kantowitz, S. C. 1988. Likelihood alarm displays. Human Factors, 30, 445 - 459.

Sorkin, R. D. , Wightman, F. L. , Kistler, D. S. & Elvers, G. C. 1989. An exploratory study of the use of movement-correlated cues in an auditory head-up display. Human Factors, 31, 161 - 166.

Southall, D. 1985. The discrimination of clutch-pedal resistances. Ergonomics, 28, 1311 - 1317.

Space Station Human Productivity Study, Vols. I - V 1985. Lockheed Missiles and Space Company, Inc. , Man-Systems Division, NASA, Lyndon B. Johnson Space Center.

Spalton, D. J. , Hitchings, R. A. & Hunter, P. A. 2005. Atlas of Clinical Ophthalmology

(3rd ed.). Philadelphia, PA: Elsevier Mosby.

Spector, P. E. 2006. Industrial and Organizational Psychology (4th ed.). Hoboken, NJ: Wiley.

Spencer, K. M. , Dien, J. & Donchin, E. 1999. A componential analysis of the ERP elicited by novel events using a dense electrode array. Psychophysiology, 36, 409 – 414.

Sperling, G. 1960. The information available in brief visual presentations. Psychological Monographs, 74, 1 – 29.

Sperling, L. , Dahlman, S. , Wikström, L. , Kilbom, Å. & Kadefors, R. 1993. A cube model for the classification of work with hand tools and the formulation of functional requirements. Applied Ergonomics, 24, 212 – 220.

Spieth, W. , Curtis, J. F. & Webster, J. C. 1954. Responding to one of two simultaneous messages. Journal of the Acoustical Society of America, 26, 391 – 396.

Spitz, G. 1990. Target acquisition performance using a head mounted cursor control device and a stylus with a digitizing table. Proceedings of the 34th Annual Meeting of the Human Factors Society (pp. 405 – 405). Santa Monica, CA: Human Factors Society.

St. John, M. , Cowen, M. B. , Smallman, H. S. & Oonk, H. M. 2001. The use of 2D and 3D displays for shapeunderstanding versus relative-position tasks. Human Factors, 43, 79 – 98.

Stammers, R. B. 2006. The history of the Ergonomics Society. Ergonomics, 49, 741 – 742.

Stanney, K. M. (Ed.) 2002. Handbook of Virtual Environments: Design, Implementation, and Applications. Mahwah, NJ: Lawrence Erlbaum.

Stanney, K. M. 2003. Virtual environments. In J. A. Jacko & A. Sears (Eds.), The Human-Computer Interaction Handbook: Fundamentals, Evolving Technologies and Emerging Applications (pp. 621 – 634). Mahwah, NJ: Lawrence Erlbaum.

Stanton, N. A. 2005. Systematic human error reduction and prediction approach (SHERPA). In N. A. Stanton, A. Hedge, K. Brookhuis, E. Salas & H. W. Hendrick (Eds.), Handbook of Human Factors and Ergonomics Methods (pp. 37-1 – 37-8). Boca Raton, FL: CRC Press.

Stanton, N. A. 2006a. Error taxonomies. In W. Karwowski (Ed.), International Encyclopedia of Ergonomics and Human Factors (2nd ed. , Vol. 1, pp. 706 – 709). Boca Raton, FL: CRC Press.

Stanton, N. A. 2006b. Hierarchical task analysis: Developments, applications, and extensions. Applied Ergonomics, 37, 55 – 79.

Stanton, N. A. 2006c. Speech-based alarm displays. In W. Karwowski (Ed.), International Encyclopedia of Ergonomics and Human Factors (2nd ed. , Vol. 1, pp. 1257 – 1259). Boca Raton, FL: CRC Press.

Stanton, N. A. & Baber, C. 2005. Task analysis for error identification. In N. A. Stanton, A. Hedge, K. Brookhuis, E. Salas & H. W. Hendrick (Eds.), Handbook of Human Factors and Ergonomics Methods (pp. 38-1 – 38-9). Boca Raton, FL: CRC Press.

Stark, L. & Bridgeman, B. 1983. Role of corollary discharge in space constancy. Perception and Psychophysics, 34, 371 – 380.

Statler, S. M. 2005. Preventing 'accidental' injury: Accountability for safer products by anticipating product risks and user behaviors. In Y. I. Noy & W. Karwowski (Eds.), Handbook of Human Factors in Litigation (pp. 25-1 – 25-14). Boca Raton, FL: CRC Press.

Steeneken, H. J. M. & Houtgast, T. 1999. Mutual dependence of the octave-band weights in predicting speech intelligibility. Speech Communication, 28, 109 – 123.

Steiner, L. J. & Vaught, C. 2006. Work design: Barriers facing the integration of ergonomics into system design. In W. Karwowski (Ed.), International Encyclopedia of Ergonomics and Human Factors (2nd ed., Vol. 2, pp. 2479 – 2483). Boca Raton, FL: CRC Press.

Steinhauer, K. & Grayhack, J. P. 2000. The role of knowledge of results in performance and learning of a voice motor task. Journal of Voice, 14, 137 – 145.

Stenzel, A. G. 1962. Erfahrungen mit 1000 lx in einer Kamerafabrik (Experience with a 1000 lx leather factory). Lichttechnik, 14, 16 – 18.

Stenzel, A. G. & Sommer, J. 1969. The effect of illumination on tasks which are largely independent of vision. Lichttechnik, 21, 143 – 146.

Stephanidis, C. & Akoumianakis, D. 2005. A design code of practice for universal access: Methods and techniques. In R. W. Proctor & K.-P. L. Vu (Eds.), Handbook of Human Factors in Web Design (pp. 239 – 250). Mahwah, NJ: Lawrence Erlbaum.

Stephens, E. C., Carswell, C. M. & Dallaire, J. 2000. The use of older adults on preference panels: Evidence from the Kentucky Interface Preference Inventory. International Journal of Cognitive Ergonomics, 4, 179 – 190.

Sternberg, S. 1966. High-speed scanning in human memory. Science, 153, 652 – 654.

Sternberg, S. 1969. The discovery of processing stages: Extensions of Donders' method. In W. G. Koster (Ed.), Attention and Performance II (pp. 276 – 315). Amsterdam: North-Holland.

Sternberg, S. 1998. Discovering mental processing stages: The method of additive factors. In D. Scarborough & S. Sternberg (Eds.), An Invitation to Cognitive Science (Vol. 4: Methods, Models, and Conceptual Issues, pp. 703 – 863). Cambridge, MA: MIT Press.

Stevens, J. C., Okulicz, W. C. & Marks, L. E. 1973. Temporal summation at the warmth threshold. Perception and Psychophysics, 14, 307 – 312.

Stevens, J. K., Emerson, R. C., Gerstein, G. L., Kallos, T., Neufeld, G. R., Nichols, C. W. & Rosenquist, A. C. 1976. Paralysis of the awake human: Visual perceptions. Vision Research, 16, 93 – 98.

Stevens, S. S. 1975. Psychophysics: Introduction to Its Perceptual, Neural, and Social Prospects. New York: Wiley.

Steyvers, M., Griffiths, T. L. & Dennis, S. 2006. Probabilistic inference in human semantic memory. Trends in Cognitive Sciences, 10, 327 – 334.

Stoffregen, T. A., Draper, M. H., Kennedy, R. S. & Compton, D. 2002. Vestibular adaptation and aftereffects. In K. M. Stanney (Ed.), Handbook of Virtual Environments: Design, Implementation, and Applications (pp. 773 – 790). Mahwah,

NJ: Lawrence Erlbaum.

Stohr, E. A. & Viswanathan, S. 1999. Recommendation systems: Decision support for the information economy. In K. E. Kendall (Ed.), Emerging Information Technologies: Improving Decisions, Cooperation, and Infrastructure (pp. 21 - 44). Thousand Oaks, CA: Sage.

Stokes, D. E. 1997. Pasteur's Quadrant: Basic Science and Technological Innovation. Washington, DC: Brookings.

Straker, L. M. 2006. Visual display units: Positioning for human use. In W. Karwowski (Ed.), International Encyclopedia of Ergonomics and Human Factors (2nd ed., Vol. 2, pp. 1742 - 1745). Boca Raton, FL: CRC Press.

Strange, B. A., Duggins, A., Penny, W., Dolan, R. J. & Friston, K. J. 2005. Information theory, novelty and hippocampal responses: Unpredicted or unpredictable? Neural Networks, 18, 225 - 230.

Sträter, O. 2005. Cognition and Safety. Burlington, VT: Ashgate.

Streeter, L., Laham, D., Dumais, S. & Rothkopf, E. Z. 2005. In A. F. Healy (Ed.), Experimental Cognitive Psychology and Its Applications (pp. 31 - 44). Washington, DC: American Psychological Association.

Stroop, J. R. 1935 = 1992. Studies of interference in serial verbal reactions. Journal of Experimental Psychology: General, 121, 15 - 23.

Strybel, T. Z. 2005. Task analysis for the design of Web applications. In R. W. Proctor & K. -P. L. Vu (Eds.), Handbook of Human Factors in Web Design (pp. 385 - 407). Mahwah, NJ: Lawrence Erlbaum.

Sturr, F., Kline, G. E. & Taub, H. A. 1990. Performance of young and older drivers on a static acuity test under photopic and mesopic luminance conditions. Human Factors, 32, 1 - 8.

Styles, E. F. 2006. The Psychology of Attention (2nd ed.). Philadelphia, PA: Psychology Press.

Sutton, H. & Porter, L. W. 1968. A study of the grapevine in a governmental organization. Personnel Psychology, 21, 223 - 230.

Svaetchin, A. 1956. Spectral response curves of single cones. Acta Psychologica, 1, 93 - 101.

Swain, A. D. & Guttman, H. E. 1983. Handbook of Human Reliability Analysis with Emphasis on Nuclear Power Plant Applications. Albuquerque, NM: Sandia National Laboratories.

Swets, J. A. & Pickett, R. M. 1982. Evaluation of Diagnostic Systems: Methods from Signal Detection Theory. New York: Academic Press.

Swinnen, S. P. 1990. Interpolated activities during the knowledge-of-results delay and post-knowledge-ofresults interval: Effects on performance and learning. Journal of Experimental Psychology: Learning, Memory, and Cognition, 16, 692 - 705.

Swinnen, S. P., Schmidt, R. A., Nicholson, D. E. & Shapiro, D. C. 1990. Information feedback for skill acquisition: Instantaneous knowledge of results degrades learning.

Journal of Experimental Psychology: Learning, Memory, and Cognition, 16, 706 – 716.

Szabo, R. M. 1998. Carpal tunnel syndrome as a repetitive motion disorder. Clinical Orthopedics and Related Research, 351, 78 – 89.

Szilagyi, A. D. , Jr. & Wallace, M. J. , Jr. 1983. Organizational Behavior and Performance (3rd ed.). Glenview, IL: Scott, Foresman.

Taatgen, N. A. & Lee, F. J. 2003. Production compilation: A simple mechanism to model complex skill acquisition. Human Factors, 45, 61 – 76.

Tagliabue, M. , Zorzi, M. , Umiltà, C. & Bassignani, F. 2000. The role of LTM links and STM links in the Simon effect. Journal of Experimental Psychology: Human Perception and Performance, 26, 648 – 670.

Tan, H. , Lim, A. & Traylor, R. 2000. A psychophysical study of sensory saltation with an open response paradigm. Proceedings of the ASME Dynamic Systems and Control Division, 69 – 2, 1109 – 1115.

Tang, S. K. 1997. Performance of noise indices in air-conditioned landscaped office buildings. Journal of the Acoustical Society of America, 102, 1657 – 1663.

Taub, E. & Berman, A. J. 1968. Movement and learning in the absence of sensory feedback. In S. J. Freedman (Ed.), The Neuropsychology of Spatially Oriented Behavior (pp. 173 – 192). Homewood, IL: Dorsey Press.

Taylor, F. W. 1911 – 1967. The Principles of Scientific Management. New York: W. W. Norton.

Teichner, W. H. 1962. Probability of detection and speed of response in simple monitoring. Human Factors, 4, 181 – 186.

Teichner, W. H. & Krebs, M. J. 1972. Laws of the simple visual reaction time. Psychological Review, 79, 344 – 358.

Teichner, W. H. & Krebs, M. J. 1974. Laws of visual choice reaction time. Psychological Review, 81, 75 – 98.

Telford, C. W. 1931. Refractory phase of voluntary and associative responses. Journal of Experimental Psychology, 14, 1 – 35.

Theeuwes, J. , Alferdinck, J. W. A. M. & Perel, M. 2002. Relation between glare and driving performance. Human Factors, 44, 95 – 107.

Theise, E. S. 1989. Finding a subset of stimulus-response pairs with a minimum of total confusion: A binary integer programming approach. Human Factors, 31, 291 – 305.

Thomas, M. , Gilson, R. , Ziulkowski, S. & Gibbons, S. 1989. Short term memory demands in processing synthetic speech. Proceedings of the Human Factors Society 33rd Annual Meeting (Vol. 1, pp. 239 – 241). Santa Monica, CA: Human Factors Society.

Thompson, S. , Slocum, J. & Bohan, M. 2004. Gain and angle of approach effects on cursor-positioning time with a mouse in consideration of Fitts' law. Proceedings of the Human Factors and Ergonomics Society 48th Annual Meeting (pp. 823 – 827). Santa Monica, CA: Human Factors and Ergonomics Society.

Thörn, Å. 2006. Emergence and preservation of a chronically sick building. Journal of Epidemiology and Community Health, 54, 552 – 556.

Thorndike, E. L. 1906. Principles of Teaching. New York: A. G. Seiler.

Thorndyke, P. W. 1984. Applications of schema theory in cognitive research. In J. R. Anderson & S. M. Kosslyn (Eds.), Tutorials in Learning and Memory. New York: W. H. Freeman.

Tichauer, E. 1978. The Biomechanical Basis of Ergonomics. New York: Wiley.

Tiesler-Wittig, H., Postma, P. & Springer, B. 2005. Brightness to the very limit — Headlighting sources with high luminance — Mercury free Xenon HID. In Lighting Technology and Human Factors (SP-1932, pp. 145 – 149). Warrendale, PA: Society of Automotive Engineers.

Tillman, B. 1987. Man-systems integration standards (NASA-STD-3000). Human Factors Society Bulletin, 30 (6), 5 – 6.

Tolhurst, D. J. & Thompson, P. G. 1975. Orientation illusions and aftereffects: Inhibition between channels. Vision Research, 15, 967 – 972.

Tombu, M. & Jolicœur, P. 2005. Testing the predictions of the central capacity sharing model. Journal of Experimental Psychology: Human Perception and Performance, 31, 790 – 802.

Topmiller, D., Eckel, J. & Kozinsky, E. 1982. Human Reliability Data Bank for Nuclear Power Plant Operators, Vol. 1: A Review of Existing Human Reliability Data Banks. Washington, DC: Nuclear Regulatory Commission.

Torenvliet, G. L. & Vicente, K. J. 2006. Ecological interface design — Theory. In W. Karwowski (Ed.), International Encyclopedia of Ergonomics and Human Factors (2nd ed., Vol. 1, pp. 1083 – 1987). Boca Raton, FL: CRC Press.

Townsend, J. T. 1974. Issues and models concerning the processing of a finite number of inputs. In B. H. Kantowitz (Ed.), Human Information Processing (pp. 133 – 185). Hillsdale, NJ: Lawrence Erlbaum.

Townsend, J. T. & Roos, R. N. 1973. Search reaction time for single targets in multiletter stimuli with brief visual displays. Memory and Cognition, 1, 319 – 332.

Treisman, A. M. 1960. Contextual cues in selective listening. Quarterly Journal of Experimental Psychology, 12, 242 – 248.

Treisman, A. M. 1964a. The effect of irrelevant material on the efficiency of selective listening. American Journal of Psychology, 77, 533 – 546.

Treisman, A. M. 1964b. Verbal cues, language, and meaning in selective attention. American Journal of Psychology, 77, 206 – 219.

Treisman, A. M. 1986. Features and objects in visual processing. Scientific American, 255, 114 – 125.

Treisman, A. M., Squire, R. & Green, J. 1974. Semantic processing in dichotic listening? A replication. Memory and Cognition, 2, 641 – 646.

Treisman, A. M., Sykes, M. & Gelade, G. 1977. Selective attention and stimulus integration. In S. Dornic (Ed.), Attention and Performance VI (pp. 333 – 361). Hillsdale, NJ: Lawrence Erlbaum.

Tsang, P. S. & Velazquez, V. L. 1996. Diagnosticity and multidimensional subjective workload ratings. Ergonomics, 39, 358 – 381.

Tsang, P. S. & Vidulich, M. A. 2006. Mental workload and situation awareness. In G. Salvendy (Ed.), Handbook of Human Factors and Ergonomics (3rd ed., 243 – 268). Hoboken, NJ: Wiley.

Tseng, M. M., Law, P.-H. & Cerva, T. 1992. Knowledge-based systems. In G. Salvendy (Ed.), Handbook of Industrial Engineering (2nd ed., pp. 184 – 210). New York: Wiley.

Tufano, D. R. 1997. Automotive HUDs: The overlooked safety issues. Human Factors, 39, 303 – 311.

Tullis, T. S. 1983. The formatting of alphanumeric displays: A review and analysis. Human Factors, 25, 657 – 682.

Tullis, T. S. 1986. Display Analysis Program (Version 4. 0). Lawrence, KS: The Report Store.

Tulving, E. 1999. Episodic vs semantic memory. In F. Keil & R. Wilson (Eds.), The MIT Encyclopedia of the Cognitive Sciences (pp. 278 – 280). Cambridge, MA: MIT Press.

Tulving, E. & Donaldson, W. (Eds.) 1972. Organization of Memory. New York: Academic Press.

Tulving, E. & Pearlstone, Z. 1966. Availability versus accessibility of information in memory for words. Journal of Verbal Learning and Verbal Behavior, 5, 381 – 391.

Tulving, E. & Thomson, D. M. 1973. Encoding specificity and retrieval processes in episodic memory. Psychological Review, 80, 352 – 373.

Turley, A. M. 1978. Acoustical privacy for the open office. The Office. Report in Space Planning, Office of the Future. Pasadena, CA: Office Technology Research Group.

Tvaryanas, A. P., Thompson, W. T. & Constable, S. H. 2006. Human factors in remotely piloted aircraft operations: HFACS analysis of 221 mishaps over 10 years. Aviation, Space, and Environmental Medicine, 77, 724 – 732.

Tversky, A. 1969. Intransitivity of preferences. Psychological Review, 76, 31 – 48.

Tversky, A. 1972. Elimination by aspects: A theory of choice. Psychological Review, 79, 281 – 299.

Tversky, A. & Kahneman, D. 1973. Availability: A heuristic for judging frequency and probability. Cognitive Psychology, 5, 207 – 232.

Tversky, A. & Kahneman, D. 1974. Judgment under uncertainty: Heuristics and biases. Science, 211, 453 – 458.

Tversky, A. & Kahneman, D. 1980. Causal schemas in judgments under uncertainty. In M. Fishbein (Ed.), Progress in Social Psychology (pp. 49 – 72). Hillsdale, NJ: Lawrence Erlbaum.

Tversky, A. & Kahneman, D. 1981. The framing of decisions and the psychology of choice. Science, 211, 453 – 458.

Tversky, A. & Kahneman, D. 1983. Extensional versus intuitive reasoning: The conjunction fallacy in probability judgment. Psychological Review, 90, 293 – 315.

Tversky, A., Sattath, S. & Slovic, P. 1988. Contingent weighting in judgment and choice.

Psychological Review, 95, 371 - 384.

Tversky, B. G. 1969. Pictorial and verbal encoding in a short-term memory task. Perception and Psychophysics, 6, 225 - 233.

Tyrrell, R. A. & Leibowitz, H. W. 1990. The relation of vergence effort to reports of visual fatigue following prolonged nearwork. Human Factors, 32, 341 - 357.

Tziner, A. , Murphy, K. R. & Cleveland, J. N. 2005. Performance appraisal: Evolution and change. Group and Organization Management, 30, 4 - 5.

U. S. Department of Transportation 1998. Center brake lights prevent crashes, save millions in property damage. Briefing NHTSA, 16 - 98.

U. S. Environmental Protection Agency. 1991. Indoor Air Facts no. 4 (revised) Sick Building Syndrome. Air and Radiation (6009J), Research and Development (MD-56).

U. S. Environmental Protection Agency. 2007. Guide to Air Cleaners in the Home. Office of Air and Radiation Indoor Environments Division (6609J), EPA-402 - F-07-018.

Umiltà, C. & Liotti, M. 1987. Egocentric and relative spatial codes in S - R compatibility. Psychological Research, 49, 81 - 90.

Umiltà, C. & Nicoletti, R. 1990. Spatial stimulus-response compatibility. In R. W. Proctor & T. G. Reeve (Eds.), Stimulus-Response Compatibility: An Integrated Perspective (pp. 89 - 116). Amsterdam: North-Holland.

Unsworth, N. & Engle, R. 2007. Individual differences in working memory capacity and retrieval: A cuedependent search approach. In J. S. Nairne (Ed.), The Foundations of Remembering: Essays in Honor of Henry L. Roediger, III (pp. 241 - 258). New York: Psychology Press.

Usher, M. & McClelland, J. L. 2001. The time course of perceptual choice: The leaky competing accumulator model. Psychological Review, 108, 550 - 592.

Usher, M. , Olami, Z. & McClelland, J. L. 2002. Hick's law in a stochastic race model with speed-accuracy tradeoff. Journal of Mathematical Psychology, 46, 704 - 715.

USNRC 2000. Technical Basis and Implementation Guidelines for Technique for Human Event Analysis (ATHEANA). NUREG-1624, Rev. 1.

Uttal, W. R. & Gibb, R. W. 2001. On the psychophysics of night vision goggles. In R. R. Hoffman & A. B.

Markman (Eds.), Interpreting Remote Sensing Imagery: Human Factors (pp. 117 - 136). Boca Raton, FL: Lewis Publishers.

Valencia, G. & Agnew, J. R. 1990. Evaluation of a directional audio display synthesizer. Proceedings of the Human Factors Society (Vol. 1, pp. 6 - 10). Santa Monica, CA: Human Factors Society.

van Bommel, W. M. 2006. Non-visual biological effect of lighting and the practical meaning for lighting for work. Applied Ergonomics, 37, 461 - 466.

Van Cott, H. P. 1980. Civilian anthropometry data bases. In Proceedings of the Human Factors Society 24th Annual Meeting (pp. 34 - 36). Santa Monica, CA: Human Factors Society.

van den Anker, F. W. G. & Schulze, H. 2006. Scenario-based design of ICT-supported work. In W. Karwowski (Ed.), International Encyclopedia of Ergonomics and Human Factors (2nd ed., Vol. 3, pp. 3348 - 3353). Boca Raton, FL: CRC Press.

van der Zee, K. I., Bakker, A. B. & Bakker, P. 2002. Why are structured interviews so rarely used in personnel selection? Journal of Applied Psychology, 87, 176 - 184.

Van Roon, A. M., Mulder, L. J. M., Althaus, M. & Mulder, G. 2004. Introducing a baroreflex model for studying cardiovascular effects of mental workload. Psychophysiology, 41, 961 - 981.

van Tilburg, M. & Briggs, T. 2005. Web-based collaboration. In R. W. Proctor & K. -P. L. Vu (Eds.), Handbook of Human Factors in Web Design (pp. 551 - 569). Mahwah, NJ: Lawrence Erlbaum.

Van Wanrooij M. M. & Van Opstal, A. J. 2005. Relearning sound localization with a new ear. Journal of Cognitive Neuroscience, 25, 5413 - 5424.

Van Zandt, T., Colonius, H. & Proctor, R. W. 2000. A comparison of two response time models applied to perceptual matching. Psychonomic Bulletin and Review, 7, 208 - 256.

Vandenbos, G. R. (editor-in-chief) 2007. APA Dictionary of Psychology. Washington, DC: American Psychological Association.

Vanderheiden, G. C. 2005. Access to Web content by those operating under constrained conditions. In R. W. Proctor & K. -P. L. Vu (Eds.), Handbook of Human Factors in Web Design (pp. 267 - 283). Mahwah, NJ: Lawrence Erlbaum.

VanLehn, K. 1998. Analogy events: How examples are used during problem solving. Cognitive Science, 22, 347 - 388.

Várhelyi, A., Hjälmdahl, M., Hydén, C. & Draskóczy, M. 2004. Effects of an active accelerator pedal on driver behaviour and traffic safety after long-term use in urban areas. Accident Analysis and Prevention, 36, 729 - 737.

Vecera, S. P., Vogel, E. K. & Woodman, G. F. 2002. Lower region: A new cue for figure-ground assignment. Journal of Experimental Psychology: General, 131, 194 - 205.

Veitch, J. A. & McColl, S. L. 2001. A critical examination of perceptual and cognitive effects attributed to fullspectrum fluorescent lighting. Ergonomics, 44, 255 - 279.

Verwey, W. B. 2000. On-line driver workload estimation. Effects of road situation and age on secondary task measures. Ergonomics, 43, 187 - 209.

Vicente, K. J. 2002. Ecological interface design: Progress and challenges. Human Factors, 44, 62 - 78.

Vicente, K. J. & Rasmussen, J. 1992. Ecological interface design: Theoretical foundations. IEEE Transactions on Systems, Man, and Cybernetics, SMC-22, 589 - 606.

Vidulich, M. A., Ward, G. F. & Schueren, J. 1991. Using the subjective workload dominance technique (SWORD) technique for projective workload assessment. Human Factors, 33, 677 - 691.

Vidulich, M. A., Nelson, W. T. & Bolia, R. S. 2006. Speech-based controls in simulated air battle management. International Journal of Aviation Psychology, 16, 197 - 213.

Vilnai-Yavetz, I., Rafaeli, A. & Yaacov, C. S. 2005. Instrumentality, aesthetics, and symbolism of office design. Environment and Behavior, 37, 533 - 551.

Volk, F. & Wang, H. 2005. Understanding users: Some qualitative and quantitative methods. In R. W. Proctor & K. -P. L. Vu (Eds.), Handbook of Human Factors in Web Design (pp. 303 - 320). Mahwah, NJ: Lawrence Erlbaum.

von Bismarck, W. -B., Bungard, W., Maslo, J. & Held, M. 2000. Developing a system to support informal communication. In M. Vartiainen, F. Avallone & N. Anderson (Eds.), Innovative Theories, Tools, and Practices in Work and Organizational Psychology (pp. 187 - 203). Ashland, OH: Hogrefe & Huber.

von Winterfeldt, D. & Edwards, W. 1986. Decision Analysis and Behavioral Research. New York: Cambridge University Press.

Voss, J. F. & Post, T. A. 1988. On the solving of ill-structured problems. In M. T. H. Chi, R. Glaser & M. J. Farr (Eds.), The Nature of Expertise (pp. 261 - 285). Hillsdale, NJ: Lawrence Erlbaum.

Vu, K. -P. L. & Proctor, R. W. 2006. Web site design and evaluation. In G. Salvendy (Ed.), Handbook of Human Factors and Ergonomics (pp. 1317 - 1343). Hoboken, NJ: Wiley.

Wachtler, T., Dohrmann, U. & Hertel, R. 2004. Modeling color percepts of dichromats. Vision Research, 44, 2843 - 2855.

Wade, N. 2001. Visual Perception: An Introduction. Hove, UK: Psychology Press.

Wade, N. J. & Heller, D. 2003. Visual motion illusions, eye movements, and the search for objectivity. Journal of the History of the Neurosciences, 12, 376 - 395.

Walker, B. N. & Kramer, G. 2006. Auditory displays, alarms, and auditory interfaces. In W. Karwowski (Ed.), International Encyclopedia of Ergonomics and Human Factors (2nd ed., Vol. 1, pp. 1021 - 1025). Boca Raton, FL: CRC Press.

Wallace, R. J. 1971. S - R compatibility and the idea of a response code. Journal of Experimental Psychology, 88, 354 - 360.

Wallace, S. A. & Carlson, L. E. 1992. Critical variables in the coordination of prosthetic and normal limbs. In G. E. Stelmach & J. Requin (Eds.), Tutorials in Motor Behavior II (pp. 321 - 341). Amsterdam: North-Holland.

Wallach, H. 1972. The perception of neutral colors. In T. Held & W. Richards (Eds.), Perception: Mechanisms and Models: Readings from Scientific American (pp. 278 - 285). San Francisco, CA: Freeman.

Waller, W. S. & Zimbelman, M. F. 2003. A cognitive footprint in archival data: Generalizing the dilution effect from laboratory to field settings. Organizational Behavior and Human Decision Processes, 91, 254 - 268.

Walsh, V. & Kulikowski, J. (Eds.) 1998. Perceptual Constancy: Why Things Look the Way They Do. Cambridge: Cambridge University Press.

Wann, J. & Mon-Williams, M. 1996. What does virtual reality NEED? Human factors issues in the design of threedimensional computer environments. International Journal of Human-Computer Studies, 44, 829 - 847.

Wardell, R. 2005. Product liability for the human factors practitioner. In Y. I. Noy & W. Karwowski (Eds.), Handbook of Human Factors in Litigation (pp. 29-1 - 29-6). Boca

Raton, FL: CRC Press.

Wargocki, P. , Wyon, D. P. , Baik, Y. K. , Clausen, G. & Fanger, P. O. 1999. Perceived air quality, sick building syndrome (SBS) symptoms and productivity in an office with two different pollution loads. Indoor Air, 9, 165 – 179.

Warm, J. S. 1984. An introduction to vigilance. In J. S. Warm (Ed.), Sustained Attention in Human Performance (pp. 1 – 14). New York: Wiley.

Warren, R. M. 1970. Perceptual restoration of missing speech sounds. Science, 167, 392 – 393.

Warrick, M. J. & Turner, L. 1963. Simultaneous activation of bimanual controls. Aerospace Medical Research Laboratories Technical Documentary Report No. AMRL-TDR-63-6.

Warrick, M. J. , Kibler, A. W. & Topmiller, D. A. 1965. Response time to unexpected stimuli. Human Factors, 7, 81 – 86.

Wason, P. 1969. Regression in reasoning. British Journal of Psychology, 60, 471 – 480.

Wasserman, D. E. 2006. Human exposure to vibration. In W. Karwowski (Ed.), International Encyclopedia of Ergonomics and Human Factors (2nd ed. , Vol. 2, pp. 1800 – 1801). Boca Raton, FL: CRC Press.

Waterhouse, J. M. , Minors, D. S. , Åkerstedt, T. , Reilly, T. & Atkinson, G. 2001. Rhythms of human performance. In J. S. Takahashi, F. W. Turek & R. Y. Moore (Eds.), Handbook of Behavioral Neurology (Vol. 12: Circadian Clocks, pp. 571 – 601). New York: Kluwer Academic-Plenum Press.

Waters, T. R. , Putz-Anderson, V. , Garg, A. & Fine, L. J. 1993. Revised NIOSH equation for the design and evaluation of manual lifting tasks. Ergonomics, 36, 749 – 776.

Waters, T. R. , Putz-Anderson, V. & Garg, A. 1994. Applications manual for the revised NIOSH lifting equation. DHHS (NIOSH) Publication No. 94 – 110. Washington, DC: National Institute for Occupational Safety and Health.

Watson, A. B. 1986. Temporal sensitivity. In K. R. Boff, L. Kaufman & J. P. Thomas (Eds.), Handbook of Human Perception and Performance (Vol. I: Sensory Processes and Perception, pp. 6-1 – 6-43). New York: Wiley.

Watson, A. B. 2006. Visual science for visual technology. Proceedings of the Human Factors and Ergonomics Society 30th Annual Meeting (pp. 899 – 903). Santa Monica, CA: Human Factors and Ergonomics Society.

Waugh, N. C. & Norman, D. A. 1965. Primary memory. Psychological Review, 72, 89 – 104.

Web Institute for Teachers 2002. Krazy Keyboarding for Kids. Downloaded on February 28, 2006.

Webb, J. D. & Weber, M. J. 2003. Influence of sensory abilities on the interpersonal distance of the elderly. Environment and Behavior, 35, 695 – 711.

Weber, E. H. 1846 = 1978. Der tastsinn und das gemeingefühl. In H. E. Ross & D. J. Murray (D. J. Murray, Trans.), E. H. Weber: The Sense of Touch. London: Academic Press.

Webster, J. C. & Klumpp, R. G. 1963. Articulation index and average curve-fitting methods of predicting speech interference. Journal of the Acoustical Society of America, 35, 1339 – 1344.

Weinstein, A. S., Twerski, A. D., Piehler, H. R. & Donaher, W. A. 1978. Product Liability and the Reasonably Safe Product. New York: Wiley.

Welford, A. T. 1952. The 'psychological refractory period' and the timing of high speed performance — A review and a theory. British Journal of Psychology, 43, 2 – 19.

Welsh, M. C. & Huizinga, M. 2005. Tower of Hanoi disk-transfer task: Influences of strategy knowledge and learning on performance. Learning and Individual Differences, 15, 283 – 298.

Weltman, G. & Egstrom, G. H. 1966. Perceptual narrowing in novice divers. Human Factors, 8, 499 – 505.

West, L. J. & Sabban, Y. 1982. Hierarchy of stroking habits at the typewriter. Journal of Applied Psychology, 67, 370 – 376.

Westheimer, G. 2005. Anisotropies in peripheral vernier acuity. Spatial Vision, 18, 159 – 167.

Weston, H. C. 1945. The relationship between illuminance and visual efficiency — the effect of brightness and contrast (Industrial Health Research Board Report No. 87). London: Great Britain Medical Research Council.

Wey, W. -M. 2005. An integrated expert system = operations research approach for the optimization of waste incinerator siting problems. Knowledge-Based Systems, 18, 267 – 278.

Wheeler, J. 1989. More thoughts on the human factors of expert systems development. Human Factors Society Bulletin, 32(12), 1 – 4.

White, W. J., Warrick, M. J. & Grether, W. F. 1953. Instrument reading: III. Check reading of instrument groups. Journal of Applied Psychology, 37, 302 – 307.

Whitehurst, H. O. 1982. Screening designs used to estimate the relative effects of display factors on dial reading. Human Factors, 24, 301 – 310.

Whiting, H. T. A. 1969. Acquiring Ball Skill: A Psychological Interpretation. London: G. Bell.

Whittingham, R. B. 1988. The application of the combined THERP = HCR model in human reliability assessment. In B. A. Sayers (Ed.), Human Factors and Decision Making (pp. 126 – 138). New York: Elsevier Applied Science.

Wickelgren, W. A. 1964. Size of rehearsal group in short-term memory. Journal of Experimental Psychology, 68, 413 – 419.

Wickens, C. D. 1976. The effects of divided attention in information processing in tracking. Journal of Experimental Psychology: Human Perception and Performance, 2, 1 – 13.

Wickens, C. D. 1984. Processing resources in attention. In R. Parasuraman & R. Davies (Eds.), Varieties of Attention (pp. 63 – 102). San Diego, CA: Academic Press.

Wickens, C. D. 2002a. Multiple resources and performance prediction. Theoretical Issues in Ergonomics Science, 3, 159 – 177.

Wickens, C. D. 2002b. Situation awareness and workload in aviation. Current Directions in Psychological Science, 11, 128 – 133.

Wickens, C. D. & Andre, A. D. 1990. Proximity compatibility and information display: Effects of color, space, and objectness on information integration. Human Factors, 32, 61 – 77.

Wickens, C. D. & Carswell, C. M. 2006. Information processing. In G. Salvendy (Ed.), Handbook of Human Factors and Ergonomics (3rd ed., pp. 111 – 149). Hoboken, NJ: Wiley.

Wickens, C. D., Sandry, D. L. & Vidulich, M. 1983. Compatibility and resource competition between modalities of input, central processing, and output. Human Factors, 25, 227 – 248.

Wickens, C. D., Hyman, F., Dellinger, J., Taylor, H. & Meador, M. 1986. The Sternberg memory search task as an index of pilot workload. Ergonomics, 29, 1371 – 1383.

Wickens, D. D. 1972. Characteristics of word encoding. In A. W. Melton & E. Martin (Eds.), Coding Processes in Human Memory (pp. 191 – 215). Washington, DC: Winston.

Wicklund, M. E. & Loring, B. A. 1990. Human factors design of an AIDS prevention pamphlet. Proceedings of the Human Factors Society 34th Annual Meeting (Vol. 2, pp. 988 – 992). Santa Monica, CA: Human Factors Society.

Wiegmann, D. A. & Shappell, S. A. 1997. Human factors analysis of postaccident data: Applying theoretical taxonomies of human error. International Journal of Aviation Psychology, 7, 67 – 81.

Wiegmann, D. A. & Shappell, S. A. 2001. Human error perspectives in aviation. International Journal of Aviation Psychology, 11, 341 – 357.

Wiegmann, D. A. & Shappell, S. A. 2003. A Human-Error Approach to Aviation Accident Analysis: The Human Factors Analysis and Classification System. Burlington, VT: Ashgate.

Wiegmann, D., Faaborg, T., Boquet, A., Detwiler, C., Holcomb, K. & Shappelll, S. A. 2005. Human error and general aviation accidents [electronic resource]: A comprehensive, fine-grained analysis using HFACS.

Wiener, E. L., 1964. Transfer of training in monitoring. Perceptual and Motor Skills, 18, 104.

Wieringa, P. A. & van Wijk, R. A. 1997. Operator support and supervisory control. In T. B. Sheridan & T. Van Luntern (Eds.), Perspectives on the Human Controller: Essays in Honor of Henk G. Stassen (pp. 251 – 260). Mahwah, NJ: Lawrence Erlbaum.

Wierwille, W. 1984. The design and location of controls: A brief review and an introduction to new problems. In H. Schmidtke (Ed.), Ergonomic Data for Equipment Design (pp. 179 – 194). New York: Plenum Press.

Wierwille, W. W. & Casali, J. G. 1983. A validated rating scale for global mental workload measurement applications. Proceedings of the Human Factors Society, 27, 129 – 133.

Wightman, D. C. & Lintern, G. 1985. Part-task training for tracking and manual control. Human Factors, 27, 267 – 283.

Wiker, S. F., Langolf, G. D. & Chaffin, D. B. 1989. Arm posture and human movement capability. Human Factors, 31, 421 – 441.

Wilde, G. & Humes, L. E. 1990. Application of the articulation index to the speech recognition of normal and impaired listeners wearing hearing protection. Journal of the Acoustical Society of America, 87, 1192 – 1199.

Williams, C. D. 2003. A novel redesign of food scoops in high volume food service organizations. Work: Journal of Prevention, Assessment and Rehabilitation, 20, 131 – 135.

Williams, J. & Singer, R. N. 1975. Muscular fatigue and the learning and performance of a motor control task. Journal of Motor Behavior, 7, 265 – 269.

Williams, L. J. 1985. Tunnel vision induced by a foveal load manipulation. Human Factors, 27, 221 – 227.

Wilson, G. F. & O'Donnell, R. D. 1988. Measurement of operator workload with the neuropsychological workload test battery. In P. A. Hancock & N. Meshkati (Eds.), Human Mental Workload (pp. 63 – 100). Amsterdam: North-Holland.

Wilson, J. R. 2005. Methods in the understanding of human factors. In J. R. Wilson & N. Corlett (Eds.), Evaluation of Human Work (3rd ed., pp. 1 – 31). Boca Raton, FL: CRC Press.

Winstein, C. J. & Schmidt, R. A. 1990. Reduced frequency of knowledge of results enhances motor skill learning. Journal of Experimental Psychology: Learning, Memory, and Cognition, 16, 677 – 691.

Winstein, C. & Schmidt, R. 1989. Sensorimotor feedback. In D. H. Holding (Ed.), Human Skills (2nd ed., pp. 17 – 47). New York: Wiley.

Wise, J. A. 1986. The space station: Human factors and habitability. Human Factors Society Bulletin, 29(5), 1 – 3.

Witmer, B. & Singer, M. 1998. Measuring presence in virtual environments: A presence questionnaire. Presence: Teleoperators and Virtual Environments, 7, 225 – 240.

Wogalter, M. S., Silver, N. C., Leonard, S. D. & Zaikina, H. 2006. Warning symbols. In M. S. Wogalter (Ed.), Handbook of Warnings (pp. 159 – 176). Mahwah, NJ: Lawrence Erlbaum

Wohldmann, E. L., Healy, A. F. & Bourne, L. E., Jr. 2007. Pushing the limits of imagination: Mental practice for learning sequences. Journal of Experimental Psychology: Learning, Memory, and Cognition, 33, 254 – 261.

Woldstad, J. C. 2006. Digital human models for ergonomics. In W. Karwowski (Ed.), International Encyclopedia of Ergonomics and Human Factors (2nd ed., Vol. 3, pp. 3093 – 3096). Boca Raton, FL: CRC Press.

Wolfe, J. M., Kluender, K. R., Levi, D. M., Bartoshuk, L. M., Herz, R. S., Klatzky, R. L. & Lederman, S. J. 2006. Sensation and Perception. Sunderland, MA: Sinauer Associates.

Wolfowitz, P. 2005. Department of defense directive. No. 1000. 4, February 12, 2005. Downloaded on August 19, 2006.

Wolpert, L. 2004. Foreword. In R. G. Foster & L. Kreitzman, Rhythms of Life: The Biological Clocks That Control the Lives of Every Living Thing. New Haven, CT: Yale University Press.

Wolska, A. 2006a. Human aspects of lighting in working interiors. In W. Karwowski (Ed.), International Encyclopedia of Ergonomics and Human Factors (2nd ed., Vol. 2, pp. 1793 – 1799). Boca Raton, FL: CRC Press.

Wolska, A. 2006b. Lighting equipment and lighting systems. In W. Karwowski (Ed.), International Encyclopedia of Ergonomics and Human Factors (2nd ed., Vol. 2, pp. 1810 – 1816). Boca Raton, FL: CRC Press.

Wood, J. M. 2002. Age and visual impairment decrease driving performance as measured on a closed-road circuit. Human Factors, 44, 482 – 494.

Wood, J. M. & Troutbeck, R. 1994. Effect of visual impairment on driving. Human Factors, 36, 476 – 487.

Wood, N. & Cowan, N. 1995a. The cocktail party phenomenon revisited: Attention and memory in the classic selective listening procedure of Cherry 1953. Journal of Experimental Psychology: General, 124, 243 – 262.

Wood, N. & Cowan, N. 1995b. The cocktail party phenomenon revisited: How frequent are attention shifts to one's name in an irrelevant auditory channel? Journal of Experimental Psychology: Learning, Memory, and Cognition, 21, 255 – 260.

Woods, D. L., Alain, C., Diaz, R., Rhodes, D. & Ogawa, K. H. 2001. Location and frequency cues in auditory selective attention. Journal of Experimental Psychology: Human Perception and Performance, 27, 65 – 74.

Woodson, W. E., Tillman, B. & Tillman, P. 1992. Human Factors Design Handbook: Information and Guidelines for the Design of Systems, Facilities, Equipment, and Products for Human Use. New York: McGraw-Hill.

Woodward, A. E., Bjork, R. A. & Jongeward, R. H. 1973. Recall and recognition as a function of primary rehearsal. Journal of Verbal Learning and Verbal Behavior, 12, 608 – 617.

Woodworth, R. S. 1899. The accuracy of voluntary movement. Psychological Review Monograph Supplements, 3, 1 – 119.

Woodworth, R. S. & Sells, S. B. 1935. An atmosphere effect in formal syllogistic reasoning. Journal of Experimental Psychology, 18, 451 – 460.

Woolford, B. & Mount, F. 2006. Human space flight. In G. Salvendy (Ed.), Handbook of Human Factors and rgonomics (3rd ed., pp. 929 – 944). Hoboken, NJ: Wiley.

Worledge, D. H., Joksimovich, V. & Spurgin, A. J. 1988. Interim results and conclusions of the EPRI operator eliability experiments program. In E. W. Hagen (Ed.), 1988 IEEE Fourth Conference on Human Factors and Power Plants (pp. 315 – 322). New York: Institute of Electrical and Electronics Engineers.

Worringham, C. J. & Beringer, D. B. 1989. Operator orientation and compatibility in visualmotor task performance. Ergonomics, 32, 387 - 399.

Worringham, C. J. & Beringer, D. B. 1998. Directional stimulus-response compatibility: A test of three alternative principles. Ergonomics, 41, 864 - 880.

Wright, G. 1984. Behavioral Decision Theory. Beverly Hills, CA: Sage.

Wright, P. 1976. The harassed decision maker: Time pressures, distraction, and the use of evidence. Journal of Applied Psychology, 59, 555 - 561.

Wright, P. 1988. Functional literacy: Reading and writing at work. Ergonomics, 31, 265 - 290.

Wühr, P. & Müsseler, J. 2001. Time course of the blindness to response-compatible stimuli. Journal of Experimental Psychology: Human Perception and Performance, 27, 1260 - 1270.

Wulf, G., Horstmann, G. & Choi, B. 1995. Does mental practice work like physical practice without information feedback? Research Quarterly for Exercise and Sport, 66, 262 - 267.

Wulf, G., Shea, C. H. & Matschiner, S. 1998. Frequent feedback enhances complex motor skill learning. Journal of Motor Behavior, 30, 180 - 192.

Yamana, N., Kabek, O., Nanako, C., Zenitani, Y. & Saita, T. 1984. The body form of pregnant women in monthly transitions. Japanese Journal of Ergonomics, 20, 171 - 178.

Yantis, S. 1988. On analog movements of visual attention. Perception and Psychophysics, 43, 203 - 206.

Yeh, M. & Wickens, C. D. 2001. Attentional filtering in the design of electronic map displays: A comparison of color coding, intensity coding, and decluttering techniques. Human Factors, 43, 543 - 562.

Yerkes, R. M. & Dodson, J. D. 1908. The relation of strength of stimulus to rapidity of habit-formation. Journal of Comparative Neurology of Psychology, 18, 459 - 482.

Yoshikawa, H. & Wu, W. 1999. An experimental study on estimating human error probability (HEP) parameters for PSA = HRA by using human model simulation. Ergonomics, 11, 1588 - 1595.

You, H., Simmons, Z., Freivalds, A., Kothari, M. J., Naidu, S. H. & Young, R. 2004. The development of risk assessment models for carpal tunnel syndrome: A case-referent study. Ergonomics, 47, 688 - 709.

Young, L. R. 2000. Vestibular reactions to spaceflight: Human factors issues. Aviation Space and Environmental Medicine, 71(9, Sect. 2, Suppl.), A100 - A104.

Young, M. S. & Stanton, N. A. 2002. Malleable attention resources theory: A new explanation for the effects of mental underload on performance. Human Factors, 44, 365 - 375.

Young, M. S. & Stanton, N. A. 2006. Mental workload: Theory, measurement, and application. In W. Karwowski (Ed.), International Encyclopedia of Ergonomics and Human Factors (2nd ed., Vol. 1, pp. 818 - 821). Boca Raton, FL: CRC Press.

Young, S. L. & Wogalter, M. S. 1990. Comprehension and memory of instruction manual warnings: Conspicuous print and pictorial icons. Human Factors, 32, 637 - 649.

Young, T. 1802. On the theory of light and colours. Philosophical Transactions of the Royal Society, 92, 12 – 48.

Yu, C. -Y. & Keyserling, W. M. 1989. Evaluation of a new workseat for industrial seating operations. Applied Ergonomics, 20, 17 – 25.

Zamanali, J. 1998. Probabilistic-risk-assessment applications in the nuclear-power industry. IEEE Transactions on Reliability, 47, 361 – 364.

Zannin, P. H. T. & Gerges, S. N. Y. 2006. Effects of cup, cushion, headband force, and foam lining on the attenuation of an earmuff. International Journal of Industrial Ergonomics, 36, 165 – 170.

Zechmeister, E. B. & Nyberg, S. E. 1982. Human Memory: An Introduction to Research and Theory. Monterey, CA: Brooks-Cole.

Zelaznik, H. N. , Hawkins, B. & Kisselburgh, L. 1983. Rapid visual feedback processing in single-aiming movements. Journal of Motor Behavior, 15, 217 – 236.

Zelaznik, H. N. , Spencer, R. M. C. , Ivry, R. B. , Baria, A. , Bloom, M. , Dolansky, L. , Justice, S. , Patterson, K. & Whetter, E. 2005. Timing variability in circle drawing and tapping: Probing the relationship between event and emergent timing. Journal of Motor Behavior, 37, 395 – 403.

Zelman, S. 1973. Correlation of smoking history with hearing loss. Journal of the American Medical Association, 223, 920.

Zennaro, D. , Laubli, T. , Krebs, D. , Krueger, H. & Klipstein, A. 2004. Trapezius muscle motor unit activity in symptomatic participants during finger tapping using properly and improperly adjusted desks. Human Factors, 46, 252 – 266.

Zhang, Y. & Luximon, A. 2006. Voice-enhanced interface. In W. Karwowski (Ed.), International Encyclopedia of Ergonomics and Human Factors (2nd ed. , Vol. 1, pp. 1357 – 1360). Boca Raton, FL: CRC Press.

Zhu, W. , Vu, K. -P. L. & Proctor, R. W. 2005. Evaluating Web usability. In R. W. Proctor & K. -P. L. Vu (Eds.), Handbook of Human Factors in Web Design (pp. 321 – 337). Mahwah, NJ: Lawrence Erlbaum.

Zimolong, B. , Nof, S. Y. , Eberts, R. E. & Salvendy, G. 1987. On the limits of expert systems and engineering models in process control. Behaviour and Information Technology, 6, 15 – 36.

Žukauskas, A. , Shur, M. S. & Gaska, R. 2002. Introduction to Solid-State Lighting. New York: Wiley.

Zwaga, H. J. 1989. Comprehensibility estimates of public information symbols: Their validity and use. Proceedings of the Human Factors Society 33rd Annual Meeting (Vol. 2, pp. 979 – 983). Santa Monica, CA: Human Factors Society.

Zwicker, E. 1958. Uber psychologische und methodische Grundlagen der Lautheit. Acustica, 8, 237 – 258.

术　语　表

诱导：一种推理形式,在这种推理中产生假设解释一些观察到的现象,提供最佳
　　　解释的假设是被接受的假设。

绝对阈值：个人能够检测到刺激时,刺激中最小的物理能量。

听觉反射：中耳的肌肉反射,限制中耳骨头的移动,保护内耳受响声的伤害。

主动式触觉：通过触摸以及操作目标,对目标进行感知。

敏锐度：感知细节的能力。

附加-因素逻辑：如果两个变量对反应时间的影响是叠加的(即两个变量的共同
　　　作用效果等于两个变量单独作用的效果之和),那么两个变量必然影响信息
　　　处理的不同阶段。附加-因素逻辑的系统应用可以使得我们对任务所需的
　　　处理阶段,以及这些阶段如何安排有一定的了解。

类比：一种问题解决的启发法,依赖于对不熟悉的问题以及熟知问题的比较。

锚定启发法：一种归纳的启发法,通过在可能不相关的上下文中给出的数字确
　　　定事件的估计概率。

人体测量学：人体参数测量。

表观运动：刺激位置离散变化引起的感知运动。

归档数据：之前存在的数据,已经被收集作为其他目的,例如医疗记录。

算术平均：独立变量所有数值的加和除以这个数值的数量。

清晰度指数：语音可理解性的测量,特别对背景噪声条件适用。

装配差错：**参考**制造差错。

关联阶段：技能获取的中间阶段,在此阶段中形成任务要素之间的联系。

散光：角膜形状不规则,模糊了图像在某些方向上的轮廓。

外耳道：外耳的通道位于耳郭和鼓膜之间。

自发阶段：技能获取的最后阶段,在这个阶段任务变成自动执行。

可用性启发法：一种归纳启发法,依据记忆事件的难易性,估计事件的概率。

反冲：对任何控制位置的控制运动不敏感。

基底膜：内耳中包含听觉感觉接收器的一个器官。

行为变量：人的动作中可以测量的部分，例如响应时间。

双目深度线索：图像中一个目标的距离线索，基于每只眼睛接收到的两张图像中的细微差异。

双目视差：每只眼睛接收到的图像中对应点在视网膜上的距离。

生物力学：人体运动的力学属性，包括作用在肌肉上的力。

盲点：视网膜上视神经离开眼睛的位置，因此，没有感觉感受器。

违反明示保证：一种产品不能如其制造商声明或者暗示的那样发挥作用。

亮度：主要与光波强度对应的感觉。

腕管综合征：一种累积创伤失调，特征是手指和收的疼痛与刺痛由腕部腕管中间神经受压引起。

延滞效应：在组内试验设计中出现的问题，其中处理条件的行为受之前接受处理的影响。

分类知觉：在离散的分类中感知刺激的倾向，而非连续不断地变化。

集中趋势：数值分布（如分值或者度量值），数值分布趋于集中。

确定性效应：倾向于选择具有高概率结果的博弈，而非具有较高数值概率较低的结果。

变化盲视：忽略显示或者视觉场景中明显的变化。

检验阅读：对每个刻度盘进行系统性检验，验证所有的正常操作值。

选择反应时间：从两个或者多个可选响应中选择刺激触发的合适响应所需的时间。

昼夜节律：身体的生物振荡周期约为 24 h。

闭环系统：使用反馈的系统。

耳蜗：内耳中包含基底膜的骨性、充满液体的盘状腔。

认知架构：一个完整的具体的信息处理系统，目的是提供建立适用于各种任务的行为计算模型基础。

认知阶段：技能获取的初始阶段，在这个阶段任务的表现依赖于规则和指令。

颜色环：使用非光谱紫色连接的可见光谱的短波和长波终端的颜色显示系统。

舒适区：让大部分人舒适的温度和湿度组合。

沟通错误：信息在一个小组的成员之间不准确地传输。

计算方法：一种人的可靠性分析方法，通过给定的相关的人和机器的差错表格

　　　　数据计算系统成功的概率。

视锥细胞：负责颜色视觉和细节感知的感觉接收器。

联结主义模型：认知功能的模型，使用"节点"间的联结存储信息，表示可能在大
　　　　脑中发现的认知和神经结构。

醒目性：一个显示获取注意力的能力，或者显眼的程度。

情景干扰：由于所呈现的情景而导致记住一项内容的困难度。

连续的控制器件：可以设置成连续数中任意值的控制器件。

对比敏感度函数：用正弦波的空间频率函数表示对对比度是否敏感的一种
　　　　曲线。

显示-控制比：控制器件调整幅度与显示指示变化幅度的比值。

控制知识：如何组织和协调一个问题获得解决方案的知识。

控制次序：控制器件的位置以及显示或者系统位置、速度或者加速度之间的
　　　　关系。

控制程序：在一项研究中用作减少外部变量影响的系统性方法。控制程序帮助
　　　　保证观察的应变量影响是由于自变量而非其他影响。

控制结构：驱动基于知识的软件系统的程序集合。

合作原则：一种假定，说话者是合作的、真诚的，目标是为了促进沟通。

正确拒绝：对不存在信号的正确响应。

成本-效益分析：相对于将获得的效益，通过相关的系统设计实现或者研究计算
　　　　成本，例如可用性研究。

同时发生成本：单独执行任务与不需要注意资源的其他任务同时执行时的表现
　　　　行为等级差异。

平衡程序：使用的程序使得混淆变量的影响最小。

临界带宽：一个复杂的音调中包含的频率范围，在此范围外包含额外的频率会
　　　　增加音量。

临界闪烁频率：当仍然能够感知闪烁刺激时，闪烁的最高比率。高于此临界频
　　　　率时，闪烁被感知为连续的刺激。

拥挤：与高人群密度相关的心理感受。

累积创伤失调：由于关节重复身体压力导致的一组综合征。

暗适应：在低照度条件下，光能敏感度提升的过程。

有限数据处理：由于输入不足导致的人类信息处理的局限性。

死区：控制器件在中心位置周围移动不会对系统产生影响的区域。

决策分析：将复杂的决策问题减弱为一系列较小的、较简单的部分问题。

决策-支持系统：指导决策过程的计算机程序。

陈述性知识：可用于语言化的知识。

演绎：基于应用于问题条件的形式逻辑对问题的解决方案进行的推理。

因变量：一种表示感兴趣现象的测量变量，随自变量变化。

景深：焦点中某个固定物体与其他物体的前后程度。

描述性模型：决策模型，能够获取人们的思考和决定的方式。

描述性统计：压缩数据的方法，能够对研究结果进行描述或者总结。

设计差错：机器设计中的差错，使得操作困难或者容易发生差错。

详细设计：系统开发的第三个阶段，对初始设计的进一步完善，并制定生产
　　计划。

可检测性：确定刺激是否存在的程度。

二色视觉：缺失三种锥状感光之一的色盲。

差异阈值：在两个刺激中检测不同刺激所必需的物理能量差的最小值。

差异性研究：在试验中使用主观变量作为自变量，评价个体差异对其他感兴趣
　　的变量的影响。

数字人体模型：软件设计工具允许设计人员构建一个虚拟的人体，包含具体的
　　物理属性，可以用在各种维度和特性的环境中。

失能眩光：眩光削弱显示字符的可检测性、易读性和可读性，从而损坏表现
　　行为。

不舒适眩光：当观察工作表面一段时间时，由眩光导致的视觉不适。

离散控制器件：可设置为多个固定状态之一的控制器件。

可辨别性：检验两个刺激之间差异的程序。

区分度：一个记忆项从其他记忆项中区分的程度。

分离练习：一项任务在练习过程中的完成，中间有多次休息。

分散注意：将注意同时关注在多个输入源上。

背侧流：大脑中的视觉通路，处理目标位置的信息。

动态灵敏度：处理运动刺激细节的能力。

动态显示：随时间变化的显示，例如高度计。

声像记忆：听觉系统的传感器存储。

生态界面设计：一种界面设计的方法，基于在不同层级对工作范围的抽象描述
　　以及技能-规则-知识框架。

生态有效性：在研究设定中观察到的影响能够应用在真实世界设定的程度。

精细复述：构建短时记忆中内容的关系，增强长时记忆。

弹性阻力：弹簧装置控制器件中感受到的阻力，当释放时，会使得控制器件恢复到中立位置。

逐步删除：描述性决策启发法，决策过程通过系统性地特征比较进行删除实现。

经验主义：通过手机基于受控的观察数据评价科学假设。

编码特定性原理：人们能够记住一个项目的能力事实上依赖于重新接受的内容与编码内容的匹配。

工程人体测量学：人体测量数据在设备设计中的应用。

人的行为的工程模型：能够产生快速、近似的人的行为预期的模型，可以用于设计决策。

情景记忆：对特定事件的记忆。

等响曲线：不同频率音调的强度等级，形成相同的响度感知。

类型性差错：执行了不正确的动作。

忽略性差错：没有执行必需的动作。

民族志方法：基于现场观察，提供对人的行为社会现象的定性描述的研究方法。

执行控制：协调认知功能（低级别）的过程，例如注视方向，信息演练等。

预期-效用理论：一种决策的规范理论，选择基于不同的对象或者结果的平均效用。

专家系统：基于知识的软件系统，目标是作为专家顾问。

外部效度：一项研究结果适用于其他条件的程度。

事实库：基于知识的软件系统使用的数据库和模型。

虚警：当信号不存在时发生的错误响应。

远点：固定目标距离增加，不需要进一步适应就能够保持图像焦点之外的点。

疲劳效应：表现行为变差，仅归咎于在一项任务上花费了时间。

特征-对比模型：记忆模型，假定概念的存储通过一系列的特征实现。

Fechner 定律：感觉的幅度与刺激物理强度的对数成比例。

图形-背景组织：将图形中的物体与背景相区分。

滤波器衰减模型：类似于滤波理论的注意力模型，假定不同来源的输入具有不同的权值，使得一些来自未注意源的信息进入中央处理通道。

滤波理论：一种注意力模型，假定中央处理通道的存在，能够处理来自单一来源的输入。

精确调整时间：行程时间之后，精确调整控制器件位置所需的时间。

Fitts 定律：移动时间与复杂度指数成线性相关。

焦点小组：从较大的人群中选择的一小组人，讨论对一个主题或者一个产品的观点和看法。

傅里叶分析：将复杂的波形分解为正弦信号分量的方法。

中央凹：视网膜上只包含视锥接收器的区域。敏锐度最高。

频率分布：观察到的一个因变量每个数值次数的图形。

使用频率：设计原则要求最常使用和最重要的显示或者控制器件应当位于中央视场范围内。

频率理论：音高感知理论，认为基底膜振动的频率由相同频率的神经放电模式表示。

摩擦阻力：由于控制器件的机械属性，在其运动过程中，在任一点遇到的阻力。

功能对等：在虚拟环境中执行任务与现实世界中相似的程度。

增益：控制器件响应的测量方式，与控制-显示比呈反比例关系。

注视-相关多分辨率显示：一种显示器，其固定图像周围的某个区域的分辨率高于显示的其他部分。高分辨率区域的位置随着注视的变化而变化。

一般适应综合征：一种对压力的生理反应，当在压力中暴露的时间过长和严重时，会出现肾上腺肿胀、胸腺萎缩、胃溃疡等现象。

格式塔分组：基于邻近、相似等原则，将相同趋势的元素归为一组。

新信息策略：在有效沟通中句子既包含旧知识，又包含新知识。

眩光：高强度的光线对低强度物体感知的干扰。

执行-不执行反应时间：对可能刺激的特定子集开始执行单个响应所需的时间。

重大过失：制造商不顾后果、肆意妄为，不顾对产品的法律责任。

群组软件：构建的计算机软件，支持组间交互与小组成员之间的沟通。

谐波：整数倍的复调基频。

Hawthorne 效应：表现行为或者生产率的变化可以归结为工作场所环境的变化，而不是因为由于影响更改而操作的任意特定变量的变化。

平视显示器：飞机、汽车，或者其他交通工具挡风玻璃上的显示，让操作人员不需要将其注视从外部世界转移就可以阅读显示信息。

头盔式显示器：一种安装在头盔上的显示器，不管人注视什么地方都能够看到。

Hick-Hyman 定律：选择反应时间与传输的信息量呈线性关系。

命中：正确响应呈现的信号。

人机交互：人为因素与人机工效学的子领域，关注设计可用的界面，供操作人员
　　与计算机系统进行交互。

人为差错：人的决定或者动作使得系统操作或者产品使用的后果是非预期的。

人为因素：对人的认知、行为和生物特征的研究，影响人与人机系统中非人部分
　　交互的效力。

人的信息处理：人的感知、认知和动作，基于环境中信息系统性处理的观点。

人机系统：由人类操作人员与机器构成的，为了合作实现一些目标的实体。

人的可靠性：当操作人员作为人机系统的一部分执行任务时不犯错的概率。

远视：不能看见近距离的物体。

过度警觉：一种恐慌状态，在这种状态下，思考变得过于简单，导致草率、糟糕的
　　决定。

假设：一种尝试性，可试验的，针对一些现象的原因声明。

图像记忆：视觉系统的感觉存储。

识别敏锐度：通过 Snellen 眼图测量的敏锐度；观察者能够识别字母的距离。

照度：落在表面上的光线量。

独立点：表现行为操作特征空间中的点，由单独执行任务时的表现行为决定。

自变量：在试验中确定是否会影响因变量的变量。

可达性指数：测量在面板上经常使用的控制器件能够容易地达到。

困难度指数：目标性运动困难度的测量。

诱导运动：由于静止部件的参照系运动而引起的运动。

归纳：由问题的特定条件产生问题的通解的推理。

惯性阻力：控制器件的一种阻力，随着控制器件加速度的增加而减小。

信息理论：通过确定集合中项目识别所需的二进制问题的平均最小数值，在一
　　个事件集合中对信息进行量化。

输入错误：在刺激感知过程中发生的错误。

安装错误：在机器安装中发生的错误导致系统失效。

双耳强度差异：提供位置线索的声音在每个耳朵中的强度差异。

双耳时间差异：提供位置线索的音调到达每个耳朵的时间差异。

内在有效性：在一项研究中，观察到的可以归结为感兴趣变量的影响程度。

平方反比定律：刺激的强度与距离源的平方成反比。

孤立效应：更多的注意力关注于不同选项的独特特征中，而非通用选项的特
　　征中。

等距控制：固定的控制器件，根据施加在其上的力度进行响应。

等张控制：可移动的控制器件，根据位移量进行响应。

迭代修正模型：移动控制理论，假定一个目的性的移动包含一系列独立的子运动，每个子运动都通过到目标距离的固定比例。

工作分析：对工作职位的分析，确定该职位工作人员的任务和责任，工作人员必须处于的环境，以及技能和所需的训练。

工作设计：构建任务的行为，以及将任务分配给不同的工作。

动觉：在运动过程中肢体位置的感觉信息。

基于知识的行为：一种行为模式，人们必须在未接受过训练，并且没有学习动作规则的情况下解决问题。

知识提取：提取专家或者用户所具备的某个领域或者某个任务的知识的方法。

行为知识：与运动行为相关的详细反馈。

结果的知识：关于动作成功或者失败的反馈。

潜在语义分析：一种分析，当应用于文本中时，产生一个语义空间，描述概念之间的关系。

侧向抑制：由于邻近细胞的活动而抑制细胞的放电速率。

后期-选择模型：一种注意力模型，假定来自所有输入通道的信息都被识别，但是只有来自参与输入源的信息起作用。

易读性：符号和字母能否容易被识别。

处理等级：在短期记忆中对信息进行加工或者对语义进行加工的程度。

亮度：目标感知的反射，或者物体在从黑到白的范围内黑暗或者光亮的程度。

亮度恒常性：在不同的照度等级下保持感知的相对亮度。

亮度对比：目标物体的亮度随着周围区域的强度变化而变化。

可能性告警：一个警告、警戒或者咨询信号也提供时间可能性的信息。

链接分析：一种显示面板设计分析，基于显示之间的链接，通过使用频率和顺序进行定义。链接分析也可以用作分析控制器件面板，并在工作站设计中提供帮助。

加载任务范式：在双任务条件中，强调次任务的情况下进行脑力工作负荷测量的方法，脑力工作负荷通过主任务的表现行为进行估计。

长时记忆：一个无限容量的记忆系统，保存了无限期时间内的信息。

宏观人机工效学：在人机系统功能中强调组织和社会环境的人为因素方法。

维修差错：在日常机器维修中的差错，会导致系统失效。

保持性复述：短时记忆中的对材料的隐蔽重复。

制造错误：在机器制造过程中的差错，会导致系统失效。

掩蔽阈：在噪声背景条件下，检测到一个刺激所必需的物理能量。

掩蔽：一种刺激呈现于另一种刺激的感知之间的干扰，表现在空间与时间上的
　　接近。

大量练习：长时间的持续执行一个任务。

脑力努力：执行任务所需的认知工作量。

脑力工作负荷：任务注意力需求的分析。

恒定刺激法：在随机序列中，确定大量刺激强度的方法。

极限法：一种确定阈值的方法，以递增或者递减的增量表示刺激的强度。

记忆术：组织和帮助信息记忆的脑力策略。

众数：因变量中最常出现的数值。

单色视觉：一种颜色盲视，这种人要么没有视锥细胞，要么只有一种类型的视锥
　　细胞。

单眼深度线索：单眼观察者可获得的图像中物体深度的线索。固定的单眼线索
　　用作描绘深度的静止绘图。当观察者移动时，提供额外的单眼线索。

蒙特卡洛方法：一种人的可靠性分析方法，通过仿真模型系统预测系统的行为。

运动对比：由于周边纹理运动引起的静态纹理的明显运动。

运动程序：控制特定运动类别的抽象计划。

运动单元：由单个运动神经支配的一小组肌肉纤维。

多资源模型：一种注意力模型，假定存在多个脑力资源池，每个适用于不同类型
　　的刺激、处理和响应形态。

近视：无法看到远处的目标。

自然式研究：在真实世界设定中的行为观察，不改变自变量。

近点：使物体移动得更近而不需要进一步调节的点。

疏忽：制造商未能采取合理行动履行其法律责任。

网络模型：记忆模型，概念表示为功能相关的神经单元之间的连接。

神经元：在神经系统中传递电化学信号的细胞。

规范性模型：一种决策模型，用作预测最优决策者可能做出的选择。

零假设：假设对因变量没有影响。

观察学习：通过观察其他的行为人进行任务学习。

职业工效学程序：重新设计工作环境的一个计划，要求符合工效学原则。

职业压力：由工作环境引起的压力。

双目深度线索：图像中目标物体的深度线索，基于眼部肌肉的本体感受反馈。

嗅觉纤毛：嗅觉的感觉接收器。

嗅觉上皮：鼻腔中包含嗅觉纤毛的区域。

开环系统：不适用反馈的系统。

操作差错：机器的不合适使用或者操作。

操作型定义：一种概念的定义，用被测量的变量表示。

对立机制理论：一种颜色视觉理论，认为神经机制将蓝色与黄色一起编码，红色与绿色一起编码，这样一对中的一种研究就能够被识别，但不能同时识别两种颜色。

组织发展：组织的结构和目标发生变化，提升组织的效率。

听小骨：内耳中的三块小骨头，将压力变化从鼓膜传递到前庭窗。

输出错误：选择和执行不合适的动作。

前庭窗：一种基膜，用于接收来自小骨的振动，并在周围的液体中产生波。

并行组件：同时接收输入并开始操作的系统组件。

部分-整体转换：对任务组成部分的练习能够提供整个任务行为的程度。

被动触碰：纹理压在皮肤上的感知。

绩效工资：工资方案依赖于工作人员的生产力水平。

百分位数：因变量的某一特定数值的度量，指定得分低于该数值的百分比。

感知组织：在图像的不同元素之间形成关系产生感知的方法。

绩效考核：对员工表现行为的正式评价。

绩效效率：对两个任务同时进行的效率测量，定义为行为操作特性曲线与独立点之间的最小距离。

行为操作特性：注意力分散情况的行为描述，一个任务的行为被描述与另一个任务在几个相对任务重要级别下的行为相关。

个人空间：某人身体周围的区域。

人员选择：基于人员特征或者资质与工作要求匹配程度选择员工。

音素：语音的最小单元，当改变时，变化了表达的含义。

光度测定：用于人类视觉的功能性光能测量。

亮视觉：白光条件下的视觉，主要由视锥控制。

耳郭：耳朵外部可见的部分。

位置理论：音高感知理论，音高的感知是由基底膜上活动受体及其所激活的神经元位置决定的。

群体模板：控制运动与相关效果之间的直观联系。

主动错误适应：使用平视显示时，观察员眼部适应比远点近的距离。这会导致大小和深度感知错误。

幂指数定律：经验研究发现，绩效随着练习任务时间的增加而提高。

练习效应：仅由于执行任务时间增加而使得行为表现改善。

偏好转换：在可供选择的条件中，最偏好目标的变化。

偏好噪声标准：对于给定的任务环境，最佳的背景噪声强度和频率等级。

初步设计：系统开发的第二个阶段，需要考虑多种设计方案，形成初始的试探性设计。

老花眼：随着年龄的增加，适应能力降低。

前摄干涉：由于记忆之前呈现的信息而忘记了出现的信息。

概率：0 到 1 之间的数值表示随机事件发生的可能性。

概率分布：随机变量取值的概率规律。

问题空间假设：问题解决的概念描述为一种心理空间，在这个空间中，问题解决者必须遵循解决方案的路径从起始状态移动到目标状态。

程序性知识：任务执行的知识无法用言语表达。

生产与开发阶段：系统建立的最终阶段，在这个阶段系统最终被建立、测试和评价。

生产系统：一个数据库，控制系统和如果-那么规则的几何，可以用作解决简单的或者复杂的问题。

本体感受：肢体位置的感觉信息。

人际距离学：人们管理周围空间以及到其他人员距离的方式。

心理不应期效应：当两个任务必须快速不断执行时，对第二响应增加的响应时间。

心理物理量表法：将刺激的物理强度与所感知的强度联系起来的数学表达。

心理物理学：物理刺激属性与生理感受关系的研究。

瞳孔测量法：瞳孔直径的测量。

朴金耶位移：短波长的物体在暗观察条件下相对较大的感知亮度。

定量误差：因不充分或者过度而导致的行为错误。

辐射测定术：光能的测量。

随机游动：信息处理的连续模型，假定证据随时间增加而累积，随可选响应的增加而减少。

可达范围：控制器件与其他目标的布置位置，保证一定数量的人群能够触碰。

反应性：由于当前言语化处理导致的心理过程变化。

可读性：能够快速准确认知字母或者字符显示的程度。

受试工作特性：在不同的响应偏差水平下，命中比例与虚报比例的关系图。

接受域：感觉感受器的区域，当受到刺激时，会影响特定神经元的放电速度。

推荐的重量限制：健康的个体能够在一天 8 h 举起的，不会造成下背痛的负荷重量。

反射效应：当预期效应为正时，即使预期效应较低，也偏向于较高可能性的输出。当预期效应为负时，偏向较低可能性的输出。

相对频率分布：因变量的数值被观察到的次数的比例图。

可靠性：系统、子系统或者组件不失效的概率。

代表性启发法：一种归纳启发法，根据事件与某些具有代表性结果的相似性分配事件的概率。

视觉分辨敏锐度：区分不同对比度的场与均匀强度场的能力。

有限资源处理：由于认知资源的缺乏而导致的人的信息处理能力限制，例如注意力或者工作记忆。

响应偏好：倾向于某一种响应的趋势，不管刺激的条件如何。

视网膜：眼睛后壁上两维的感觉接收器网格，以及相关的神经元排列。

风险分析：系统失效代价的完整分析，考虑系统和人的可靠性，以及特定失效的风险。

视杆：在较暗亮度条件下的负责视觉的感觉接收器。

基于规则的行为：人的技能不适用时的行为模式，他/她必须从以往学习过的规则记忆中进行提取。

基于场景的设计：建立叙事的一种设计策略，描述人们使用软件工具或者产品可能的方式，随后通过这些叙事指导设计过程。

（心理）图示：抽象的心理表示，用于组织时间的次序，类似于心理模型。

图示理论：运动技能理论，假定存在通用的运动程序，参数由通过训练获得的图示确定。

科学性方法：对某些现象的原因做出评价假设的过程。这些评价基于受控的观察的输出。

暗视觉：在较低亮度条件下的视觉，主要受视杆细胞控制。

选择错误：使用错误的控制器件进行的动作。

选择性注意：关注一个信息来源而忽视其他的。

语义语境：语境的含义对刺激知觉的影响。

语义记忆：通用知识的长时记忆。

感觉接收器：感觉系统中特定的细胞，将物理能量转化成神经刺激。

感觉存储：一个短暂保存感觉信息的缓存。

顺序错误：在一系列动作中，动作的位置错误。

使用顺序：一种设计原则，强调如果显示必须以固定的顺序进行扫视，那么显示应当以此顺序进行排列。

串联组件：系统组件的布置方式，每个组件都将前一个组件的输出作为输入，并将自身的输出传递给下一个组件。

形状恒常性：不管物体是否倾斜，感知目标具有相同形状的趋势。

短时存储：有限容量的记忆系统，通过练习进行信息保存。

病态建筑综合征：很多建筑使用者抱怨的慢性呼吸道疾病、头痛以及眼部刺激等情况。

信号检测理论：一种理论，假定信号存在与否的二元决策基于信号的可辨识性和响应准则。

简单反应时间：对任一刺激事件的开始做出单一反应所需的时间。

情景意识：对环境中目标的意识，它们的含义以及未来的状态。

大小恒常性：不管视角如何，感知目标具有相同大小的趋势。

基于技能的行为：一种行为模式，在这种模式中，人们从事的是他/她接受训练的充分学习的活动。

技能-规则-知识框架：认知行为框架，根据包含的技能等级分类行为。

错失：动作执行中出现的差错。

社会技术系统：由技术子系统和个人子系统组成的组织性系统。

躯体感受：哪些与皮肤、关节、肌肉和肌腱相关的感受，包括接触、压力、温度、疼痛、振动和本体感受。

理解广度：可以无差错地报告的简短显示视觉刺激的数量。

语音图谱：一段时间内出现在语音信号中的频谱图。

速度-准确性权衡：个人可以以较快的速度和较差的准确性执行任务，也可以以较慢的速度和较高的准确性执行任务。

脊反射：由脊髓控制的简单动作。

标准差：因变量方差的平方根。

静态显示：显示不随时间变化，例如道路信号。

刺激-响应兼容性：根据刺激对响应的分配选择刺激响应的易用性。

刺激变量：影响行为的环境因素。

严格责任：制造商对任意产品缺陷的责任。

断续运动：由两个或者两个以上空间分隔的灯连续照射而产生的运动感知。

强力方式：基于专家知识领域的问题解决方法。

结构性限制处理：当使用一个结构执行多个任务时，人的信息处理中的局限。

被试变量：个体差异，例如身体特征、脑力能力以及训练。

主观评价技术：通过操作人员对任务或者程序某些方面的评价进行的测量。这
　　些技术通常用于测量脑力负荷。

次任务范例：使用双任务场景测量脑力负荷的方法，强调通过估计次任务的表
　　现评价主任务的脑力负荷。

减法逻辑：测量一个心理过程的时间，可以通过测量包含该过程的任务的反应
　　时间，减去除这个过程以外的其他任务的反应时间获得。

句法环境：语法语境对刺激感知的影响。

系统：一组组件集合，共同实现任意单个组件无法完成的目标。

系统计划：系统开发的第一个阶段，需要识别一个系统。

系统工程：以实现系统目标为基础的复杂系统设计的跨学科方法。

任务分析：对任务进行分析，考虑感知、认知和运动部分。

任务环境：可用于实现问题解决方案的对象和允许的操作。

味蕾：舌头上的感觉接收器群。

团队行为：对两个人或者两个人以上作为一个团队的研究。

遥控机器人：通用的、灵巧的人机系统，通过允许操作人员远距离操控拾取和控
　　制目标增强其物理技能。

领域权：倾向于占据和控制物理空间的行为模式。

理论：因果关系陈述的组织性框架，允许对某些现象进行理解、预测和控制。

阈值漂移：由于暴露在高噪声等级条件下，导致听觉敏感度降低。

音色：复杂音调的纹理，由谐波的相对强度等因素决定。

时间-动作研究：分析工作所需的动作，以及每个动作所需的时间。

定时误差：在错误的时间执行某动作。

跟踪任务：需要将动态信号与相同的输出信号匹配的任务。

传播的信息：通过通信通道的信息量（以比特为单位），由输入的信息量与输出的信息量推导得到。

行程时间：将控制器件移动到期望位置区域的时间。

三色色彩理论：颜色视觉理论，认为颜色与蓝色、绿色和红色系统相对活动有关。

两点阈值：皮肤上两个刺激点之间的最小距离，允许感知两个不同的刺激。

鼓膜：一种精细的膜。随着听觉刺激产生的气压变化而振动。

单一资源模型：一种注意力模型，将注意力看成为脑力活动保留的单一资源池。

用户界面：软件系统的组成部分，负责向用户呈现输入和接收输入。

效用：事物或事件的主观价值。

有效性：测试或者其他测量设备测量应当测量对象的程度。

可变性：一种度量方法，表示从一个中心点开始的数字分布的"散布"程度，通常用方差表示。

可变性练习：在运动技能练习过程中所作动作的不同程度。

变量：变化或者被改变的关键事件或者目标。

方差：概率论和统计方差衡量随机变量或一组数据时离散程度的度量。

腹侧通路：大脑里处理目标对象信息的视觉通路。

口语报告分析：组织口语报告的一种方法，获得人员执行任务时的思考信息。

聚散：随着注视点的变化，眼球向外或者向内转动。

游标视敏度：区分隔断线与连续线的能力。

前庭神经：与身体运动和平衡感知相关的感觉。

警觉任务：一项任务，特征是需要在长时间内探测环境中微小的、不频繁的变化。

虚拟现实环境：计算机"世界"，旨在提供在三维空间中物体运动与交互的体验。

黏性阻力：控制器件的阻力，随着控制速度的增加而增加。

可见性：显示能够被观察的程度，或者显示效果如何。

视角：目标物体对应的视网膜图像大小的测量。

视觉皮质：大脑皮层的主要接收区域，处理和重新组合视觉信号。

视觉主导：当信息通过视觉系统和其他感知系统一起呈现时，视觉信息具有更高的优先级。

Warrick 原则：显示器指针的移动方向与离显示器最近一侧的控制器件相同。

Weber 定律：刺激最小可检测变化与原刺激大小的比例恒定。

工作容忍：操作人员在保持身心健康的同时，仍能出色完成工作的能力。

工作记忆：短时记忆，强调短时记忆对信息的操作。

Yerkes-Dodson 定律：表现行为与唤醒呈倒 U 型关系，最佳的表现出现在中等水平唤醒时。

索　引

Fechner 定律　　15

Fitts 定律　　414

Hick-Hyman 定律　　380

Warrick 原则　　398

A

暗视觉　　131

暗适应　　134

B

背侧流　　137

被试　　33

闭环系统　　30

表观运动　　178

病态建筑综合征　　542

C

差异性研究　　34

长时记忆　　287

刺激-响应兼容性　　382

刺激变量　　33

D

代表性启发法　　331

单一资源模型　　260

弹性阻力　　441

等响曲线　　190

动态显示　　214

短时存储　　296

多资源模型　　258

E

耳郭　　185

耳蜗　　186

F

傅里叶分析　　184

G

感觉存储　　289

感觉接收器　　187

感知组织　　158

格式塔　　158

工作记忆　　95

鼓膜　　185

惯性阻力　　441

光度测定　　516

H

合作原则　312

J

基底膜　195

基于场景的设计　　594

基于规则的行为　　84

基于技能的行为　　84

绩效考核　558

记忆术　303

减法逻辑　16

焦点小组　40

近视　128

经验主义　29

景深　126

静态显示　147

聚散　126

决策-支持系统　　91

绝对阈值　97

K

开环系统　63

可达性　33

可读性　219

可靠性　9

L

累积创伤失调　　488

亮度　33

亮视觉　131

临界带宽　192

零假设　53

滤波理论　253

卵圆窗　185

M

蒙特卡洛方法　　79

幂指数定律　348

描述性统计　40

摩擦阻力　441

N

脑力工作负荷　　251

黏性阻力　441

P

疲劳效应　43

频率分布　46

平视显示器　222

Q

清晰度指数　243

情景记忆　286

情景意识　313

区分度　103

躯体感受　247

R

人的可靠性　59

人际距离学　566

人体测量学　437

人为差错　59

认知架构　94

神经元　116

生态界面设计　215

生物力学　10

视杆细胞　130

视网膜　121

视锥细胞　130

舒适区　539

数字人体模型　512

双目视差　236

速度-准确性权衡　377

T

听小骨　186

瞳孔测量法　278

图像记忆　288

W

腕管综合征　12

维修差错　68

位置理论　194

味蕾　209

问题空间假设　318

X

系统工程　60

谐波　185

心理不应期效应　394

心理物理学　14

信号检测理论　53

行程时间　446

虚警　343

虚拟现实　171

嗅觉上皮　209

嗅觉纤毛　210

眩光　141

Y

掩蔽阈　238

演绎　323

一般适应综合征　543

易读性　217

因变量　33

音色　195

音素　199

用户界面　6

游标视敏度　147

诱导运动　177

语义记忆　286

语音图谱　199

阈值　97

阈值漂移　532

远点　125

远视　128

运动单元　404

Z

增益　446

正确拒绝　53

执行-不执行反应时间　112

职业压力　545

中央凹　126

昼夜节律　522

专家系统　306

自变量　33

自发阶段　351